B. M. Jaworski
A. A. Detlaf

PHYSIK griffbereit

B. M. Jaworski
A. A. Detlaf

PHYSIK griffbereit

Definitionen
Gesetze
Theorien

In deutscher Sprache herausgegeben und bearbeitet von
Ferdinand Cap Innsbruck

Mit 259 Abbildungen und 26 Tabellen

Friedr. Vieweg + Sohn · Braunschweig

Titel der russischen Originalausgabe:
Б. М. Яворский, А. А. Детлаф
Справочник по физике
Erschienen 1968 im Verlag NAUKA, Moskau

ISBN 3 528 08269 0

1972

Gesamtherstellung: Mohndruck Reinhard Mohn oHG, Gütersloh
Printed in Germany-West

Vorwort des Übersetzers

In Moskau, in New York und in Innsbruck stand ich vor der studentischen Frage nach der Stoffabgrenzung für Prüfungen, vor dem Problem „Was ist wichtig?". Es ist ein weltweites Problem, daß heute leider nur sehr wenige Studierende in der Lage sind, so selbständig in den Stoff einzudringen, daß sie die Entscheidung über die relative „Wichtigkeit" eines Teilgebietes selbst treffen können.
Herrn Prof. Dr. A. N. TICHONOW von der Mathematisch-Physikalischen Fakultät der Staatlichen Lomonossow-Universität Moskau verdanke ich den Hinweis auf das Werk von JAWORSKI-DETLAF, Lehrbuch der Physik, das nach meiner Meinung genau die eingangs gestellte Frage nach einem international üblichen „Grundwissen der Physik" beantwortet. Ich bin daher dem Verlag Vieweg, Braunschweig, und dem Akademie-Verlag, Berlin, sehr dankbar, daß sie meine Anregung, eine deutsche Ausgabe dieses Werkes herauszubringen, aufgegriffen haben.
Da international die in Mitteleuropa bei der Physikausbildung leider noch übliche Aufteilung in „experimentelle" und „theoretische" Physik nicht mehr besteht, ist es schwer zu sagen, ob das vorliegende Werk der experimentellen oder der theoretischen Physik zuzuordnen sei. Da Meßmethoden, Apparate und Meßergebnisse nicht behandelt werden, müßte man es nach mitteleuropäischem Sprachgebrauch eher der theoretischen Physik zuordnen. Es enthält nach meiner Meinung und der einiger Fachkollegen, mit denen ich darüber diskutieren konnte, gerade das international übliche Minimum an allgemeiner bzw. „theoretischer" Physik, das man bei jedem Physiker — gleich ob experimenteller oder theoretischer Richtung — als selbstverständlich voraussetzen kann.

Den großen Vorteil dieses Buches sehe ich darin, daß es kein Lehrbuch ist, sondern ein Repetitorium, ein knapp gefaßtes Nachschlagewerk. Deshalb eignet es sich besonders zur Vorbereitung für die Vorlesung, für das Wiederholen des Vorlesungsstoffes und das Erarbeiten des Prüfungsstoffes. Nicht zuletzt wird man dieses Buch immer dann gern zur Hand nehmen, wenn man sich im Berufsleben einzelne Teilgebiete der Physik ins Gedächtnis zurückrufen möchte.

Meinen Mitarbeitern, den Herren Dr. BIHELLER und Dr. TINHOFER, danke ich für die Hilfe bei der Übersetzung.

F. CAP

Vorwort zur vierten russischen Auflage

Die vierte Auflage des „Lehrbuchs der Physik“ wurde gegenüber den vorangegangenen Auflagen stark überarbeitet. Die Teile V und VI über Wellenvorgänge, Optik, Atom- und Kernphysik wurden praktisch neu geschrieben. Teil IV: Elektrizität und Magnetismus wurde ebenfalls weitgehend umgearbeitet. Zahlreiche Kapitel dieser Teile wurden erweitert und ergänzt. Sowohl das internationale als auch das Gausssche Maßsystem werden in diesem Lehrbuch konsequent benutzt. Eine Ausnahme bildet das Kapitel 12 in Teil IV über die Grundlagen der Magnetohydrodynamik, da es den Verfassern leider nicht mehr möglich war, dieses Kapitel zur vorliegenden Auflage umzuarbeiten.

Auch einige Kapitel der übrigen Teile wurden stark geändert, so z. B. Kapitel 5 von Teil I über die Grundlagen der analytischen Mechanik und die Kapitel 10 und 11 von Teil II über amorphe Stoffe bzw. über Polymere usw.

Im übrigen Text wurden Änderungen vorgenommen und Fehler berichtigt, wo immer solche in den früheren Auflagen festgestellt werden konnten.

Die Verfasser danken an dieser Stelle auch allen denjenigen Lesern ganz herzlich, die durch schriftliche oder mündliche Mitteilung von Bemerkungen und Wünschen die vierte Auflage mit vorbereiten halfen. Gleichzeitig hoffen die Verfasser auch auf Kritik zur vorliegenden Auflage, da ihnen diese bei ihrer weiteren Arbeit an dem Lehrbuch sehr zustatten kommt.

Inhalt

I. Die physikalischen Grundlagen der klassischen Mechanik

III. Die Grundlagen der Hydro- und Aeromechanik

IV. Elektrizität und Magnetismus

V. Wellen

VI. Atomphysik und Kernphysik

Anhang

I. Die physikalischen Grundlagen der klassischen Mechanik

1. Die Kinematik des Massenpunktes

1.1. Die Grundbegriffe

1. Die *Mechanik* ist die Wissenschaft von der einfachsten Form der Bewegung der Materie; eine *mechanische Bewegung* ist die zeitliche Veränderung der gegenseitigen Lage von Körpern oder ihrer Teile im Raum. *Körper* sind makroskopische Systeme, die aus einer so großen Zahl von Molekülen oder Atomen bestehen, daß die Dimensionen dieser Systeme um vieles größer sind als die intermolekularen Abstände. In der *klassischen Mechanik* betrachten wir die mechanischen Bewegungen von Körpern mit Geschwindigkeiten, die um vieles kleiner sind als die Vakuumlichtgeschwindigkeit. Die Erforschung der Bewegung von Körpern mit Geschwindigkeiten in der Größenordnung der Lichtgeschwindigkeit ist Aufgabe der *relativistischen Mechanik*, die auf der Relativitätstheorie basiert (S. 502). Die Untersuchung der speziellen Besonderheiten der Bewegung mikroskopischer Teilchen ist Aufgabe der *Quanten-* oder *Wellenmechanik* (S. 685). *Mikroskopisch* nennen wir solche Teilchen, deren Ruhmasse (S. 509) größenordnungsmäßig gleich oder kleiner ist als die Ruhmasse von Atomen.

2. Probleme der inneren Struktur der Körper sowie ihrer Wechselwirkungen und deren Gesetze gehen über den Rahmen der Mechanik hinaus und gehören zu anderen Gebieten der Physik. Je nach den Eigenschaften der Körper und der Art der Problemstellung verwenden wir in der klassischen Mechanik verschiedene Näherungsmethoden und Modelle, um reale Körper zu beschreiben: den Massenpunkt, den starren Körper und ähnliches.

3. *Massenpunkt* nennen wir einen Körper, dessen Größe und Form für die betrachtete Aufgabe unwesentlich ist. Wenn wir beispielsweise die Bewegung der Planeten um die Sonne betrachten, können wir die Planeten als Massenpunkte ansehen, da ihre Dimensionen um vieles kleiner sind als ihre Abstände zur Sonne.

Ein *System von Massenpunkten* oder Körpern (mechanisches System) nennen wir die gedanklich separierte Gesamtheit von Massenpunkten oder Körpern, die im allgemeinen Fall sowohl untereinander als auch mit Körpern, die nicht diesem System angehören, in Wechselwirkung stehen.

4. Ein *starrer Körper* ist ein solcher, bei dem der Abstand zwischen zwei beliebigen Punkten konstant bleibt. Mit anderen Worten, Größe und Form eines starren Körpers ändern sich nicht, wenn er sich bewegt. Jeder starre Körper kann als in eine genügend große Anzahl von Elementarteilchen zerlegt gedacht werden, die um vieles kleiner

sind als der ganze Körper. Daher wird der starre Körper oft als System von Massenpunkten aufgefaßt, die untereinander starr verbunden sind.

5. Die klassische Mechanik zerfällt in drei Hauptgebiete: die Statik, die Kinematik und die Dynamik. Die *Statik* behandelt die Gesetze der Addition von Kräften und die Gleichgewichtsbedingungen von festen, flüssigen und gasförmigen Körpern. Die *Kinematik* untersucht die mechanische Bewegung von Körpern, ohne die Wechselwirkungen zwischen ihnen zu berücksichtigen. Die *Dynamik* behandelt den Einfluß der Wechselwirkung von Körpern auf ihre mechanische Bewegung.

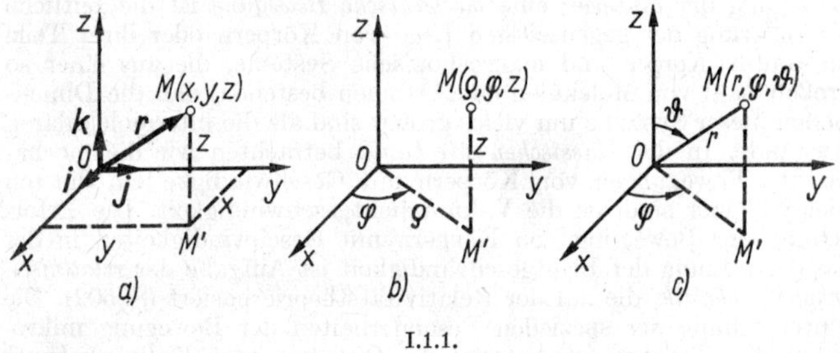

I.1.1.

6. Als *Bezugssystem* bezeichnen wir einen realen oder gedachten starren Körper, in bezug auf den wir die Bewegung des betrachteten Körpers verfolgen. Mit dem Bezugssystem ist ein beliebiges Koordinatensystem starr verbunden, so daß die Lage eines jeden Punktes des bewegten Körpers in bezug auf das Koordinatensystem durch die drei Koordinaten dieses Punktes eindeutig bestimmt ist. Außerdem muß das Bezugssystem sozusagen mit Uhren versehen sein, d. h., es muß eine Zeiteichung besitzen, die es ermöglicht, die den verschiedenen Lagen im Raum des bewegten Körpers entsprechenden Zeitpunkte eindeutig zu bestimmen (bis auf eine additive Konstante genau, die von der Wahl des Ursprungs der Zeitachse abhängt). In der Mechanik werden im wesentlichen die folgenden Koordinatensysteme verwendet: das rechtwinklige kartesische Rechtssystem (Bild I.1.1a), das zylindrische (Bild I.1.1b) und das sphärische Koordinatensystem (Bild I.1.1c). Die Transformationsgleichungen, die es uns ermöglichen, von kartesischen Koordinaten zu zylindrischen überzugehen und umgekehrt, lauten wie folgt:

$$\varrho = \sqrt{x^2 + y^2}, \qquad x = \varrho \cos \varphi,$$

$$\varphi = \arctan \frac{y}{x}, \qquad y = \varrho \sin \varphi,$$

$$z = z, \qquad z = z,$$

für den Übergang von kartesischen zu sphärischen Koordinaten und umgekehrt gilt:

$$r = \sqrt{x^2 + y^2 + z^2}, \qquad x = r \sin \vartheta \cos \varphi,$$

$$\varphi = \arctan \frac{y}{x}, \qquad y = r \sin \vartheta \sin \varphi,$$

$$\vartheta = \arctan \frac{\sqrt{x^2 + y^2}}{z}, \qquad z = r \cos \vartheta.$$

7. Die Bewegung eines Massenpunktes ist vollständig beschrieben, wenn ein eindeutiges Gesetz gegeben ist, das die Änderung seiner räumlichen Koordinaten q_1, q_2 und q_3 mit der Zeit t (in kartesischen, zylindrischen oder irgendwelchen anderen Koordinatensystemen) angibt:

$$q_1 = q_1(t), \qquad q_2 = q_2(t), \qquad q_3 = q_3(t).$$

Diese Gleichungen sind einer einzigen Vektorgleichung äquivalent:

$$\boldsymbol{r} = \boldsymbol{r}(t),$$

wobei $\boldsymbol{r}$ der Radiusvektor ist, der den Koordinatenursprung mit dem bewegten Punkt $M(q_1, q_2, q_3)$ verbindet. In rechtwinkligen kartesischen Koordinaten x, y, z ist der Radiusvektor zum Punkt M

$$\boldsymbol{r} = x\boldsymbol{i} + y\boldsymbol{j} + z\boldsymbol{k},$$

wobei $\boldsymbol{i}, \boldsymbol{j}$ und $\boldsymbol{k}$ Einheitsvektoren sind, die mit den positiven Richtungen der x-, y- bzw. z-Achse zusammenfallen; die Vektoren $x\boldsymbol{i}$, $y\boldsymbol{j}$ und $z\boldsymbol{k}$ sind die Komponenten des Vektors $\boldsymbol{r}$ längs dieser Achsen.
In der Mechanik verwenden wir für die zeitlichen Ableitungen des Radiusvektors $\boldsymbol{r}$ und der Koordinaten q_1, q_2, q_3 des sich bewegenden Punktes die folgenden Bezeichnungen:

$$\dot{\boldsymbol{r}} = \frac{d\boldsymbol{r}}{dt}, \qquad \ddot{\boldsymbol{r}} = \frac{d^2\boldsymbol{r}}{dt^2} \qquad \text{usw.},$$

$$\dot{q}_i = \frac{dq_i}{dt}, \qquad \ddot{q}_i = \frac{d^2 q_i}{dt^2} \qquad \text{usw.}$$

8. *Bahnkurven* nennen wir Linien, die die räumliche Bewegung des Punktes beschreiben. Die Gleichungen $q_i = q_i(t)$, wo $i = 1, 2, 3$, sind die *Gleichungen der Bahnkurve in Parameterform.* Löst man diese Gleichungen und eliminiert den Parameter t, so erhält man eine Relation zwischen den Koordinaten der Raumpunkte, durch welche die Bahnkurve verläuft:

$$F_1(q_1, q_2, q_3) = 0, \qquad F_2(q_1, q_2, q_3) = 0.$$

Beispiel. Die Bewegung eines Punktes befriedigt die Bedingungen $x = a \sin \omega t$, $y = b \cos \omega t$, $z = c \sin \omega t$, wobei a, b und c von Null verschiedene Konstanten sind und $\omega \neq 0$ ist. Eliminiert man die Zeit t, so erhält man

$$\frac{x^2}{a^2} + \frac{y^2}{b^2} = 1 \qquad \text{und} \qquad x = \frac{a}{c} z.$$

Die Bahnkurve des Punktes ist nun die Schnittkurve dieser beiden Flächen.

9. Die geometrische Form der Bahnkurve hängt von der Wahl des Bezugssystems ab. Betrachten wir z. B. eine Scheibe, die gleichförmig um eine feste Achse rotiert, und einen Massenpunkt, der sich gleichförmig entlang eines Radius der Scheibe bewegt, so daß die Bahnkurve dieses Punktes relativ zur Achse durch eine archimedische Spirale beschrieben werden kann. Je nach der Form der Bahnkurve unterscheiden wir eine *geradlinige und eine krummlinige* Bewegung des Punktes. Die Bewegung des Punktes nennen wir eben, wenn alle Teile der Bahnkurve in ein und derselben Ebene liegen. Gewöhnlich läßt man diese Ebene mit der Koordinatenebene $z = 0$ zusammenfallen, so daß die ebene Bewegung des Punktes allein durch die zeitliche Abhängigkeit seiner beiden restlichen kartesischen Koordinaten x und y oder der Polarkoordinaten ϱ und φ bestimmt ist.

10. Die *Weglänge* s ist die Summe der Längen aller Bahnelemente, die von dem Massenpunkt im betrachteten Zeitintervall t_0 bis t durchlaufen worden sind. Ist die Bewegungsgleichung (S. 46) in rechtwinkligen kartesischen Koordinaten gegeben, so ist

$$s = \int_{t_0}^{t} \sqrt{\left(\frac{dx}{dt}\right)^2 + \left(\frac{dy}{dt}\right)^2 + \left(\frac{dz}{dt}\right)^2}\, dt = \int_{t_0}^{t} \sqrt{\dot{x}^2 + \dot{y}^2 + \dot{z}^2}\, dt;$$

in zylindrischen Koordinaten ist

$$s = \int_{t_0}^{t} \sqrt{\left(\frac{d\varrho}{dt}\right)^2 + \left(\varrho \frac{d\varphi}{dt}\right)^2 + \left(\frac{dz}{dt}\right)^2}\, dt = \int_{t_0}^{t} \sqrt{\dot{\varrho}^2 + (\varrho\dot{\varphi})^2 + \dot{z}^2}\, dt,$$

und in sphärischen Koordinaten ist

$$s = \int_{t_0}^{t} \sqrt{\left(\frac{dr}{dt}\right)^2 + \left(r \frac{d\vartheta}{dt}\right)^2 + \left(r \sin\vartheta \frac{d\varphi}{dt}\right)^2}\, dt$$

$$= \int_{t_0}^{t} \sqrt{\dot{r}^2 + (r\dot{\vartheta})^2 + (r\dot{\varphi}\sin\vartheta)^2}\, dt.$$

Die Lage des sich bewegenden Punktes zu einem festgesetzten Zeitpunkt $t = t_0$ nennen wir die *Anfangslage*. Da es gleichgültig ist, wann wir die Zeitzählung beginnen, setzen wir gewöhnlich $t_0 = 0$. Die Länge des Weges, den der Körper ausgehend von seiner Anfangslage zurückgelegt hat, ist eine skalare Funktion der Zeit: $s = s(t)$.

11. Ein mechanisches System nennen wir *kräftefrei*, wenn alle Massenpunkte oder Körper dieses Systems sich im Raum mit beliebigen Geschwindigkeiten frei bewegen und beliebige Lagen einnehmen können. Anderenfalls ist das System *nicht kräftefrei.*

Nebenbedingungen (*Zwangsbindungen*) nennen wir Einschränkungen, die der Lage oder Bewegung des betrachteten mechanischen Systems im Raum auferlegt sind. Wir sprechen von *inneren* Bindungen, wenn diese das System in seiner freien Bewegung nicht beeinflussen, wie dies etwa nach einem plötzlichen Erstarren des Systems der Fall ist. Alle anderen Zwangsbindungen werden als *äußere* Bindungen bezeichnet. Systeme, in denen nur innere Bindungen wirken, sind kräftefrei.

Wir sprechen von *einschränkenden* Nebenbedingungen (*abhängige* oder *zweiseitige* Bindungen), wenn die durch eine solche Zwangsbindung verursachten Beziehungen zwischen den Koordinaten und den Geschwindigkeiten der Massenpunkte des Systems in folgender Form analytisch ausgedrückt werden können:

$$\Phi(\ldots, x_i, y_i, z_i, \ldots, \dot{x}_i, \dot{y}_i, \dot{z}_i, \ldots, t) = 0;$$

hier ist t die Zeit, x_i, y_i, z_i sind die Koordinaten des i-ten Punktes des Systems ($i = 1, 2, \ldots, n$), wobei

$$\dot{x}_i = \frac{dx_i}{dt}, \quad \dot{y}_i = \frac{dy_i}{dt} \quad \text{und} \quad \dot{z}_i = \frac{dz_i}{dt}$$

ist. Eine solche Beziehung ist die *mathematische Formulierung einer Nebenbedingung.* Als Beispiel für eine solche einschränkende Nebenbedingung können etwa die inneren Bindungen in einem starren Körper, die die Konstanz der gegenseitigen Abstände seiner Massenpunkte bedingen, genannt werden.

Nebenbedingungen sind *nicht einschränkend* (*unabhängig* oder *einseitig*), wenn die durch sie einem mechanischen System auferlegten Einschränkungen analytisch in Form folgender Ungleichung ausgedrückt werden können:

$$\Phi_1(\ldots, x_i, y_i, z_i, \ldots, \dot{x}_i, \dot{y}_i, \dot{z}_i, \ldots, t) \geqq 0.$$

Derartige Zwangsbindungen herrschen z. B. bei der Bewegung eines Körpers, der an einem biegsamen, doch nicht dehnbaren Faden befestigt ist, oder bei der Bewegung eines Körpers auf einer horizontalen Ebene.

Nebenbedingungen bezeichnen wir als *zeitunabhängig* (*skleronom*), wenn die sie formulierenden Gleichungen[1]) die Zeit nicht explizit enthalten. Anderenfalls sind sie *zeitabhängig* oder *rheonom.*

Wir sprechen von *geometrischen* Nebenbedingungen, wenn durch sie nur die räumliche Lage der Massenpunkte des Systems eingeschränkt wird; analytisch können wir sie wie folgt formulieren:

$$f(\ldots, x_i, y_i, z_i, \ldots, t) = 0.$$

---

[1]) Im folgenden betrachten wir nur einschränkende Nebenbedingungen.

Nebenbedingungen nennen wir *kinematisch*, wenn sie nicht nur die Lage der Massenpunkte des Systems, sondern auch ihre Geschwindigkeiten einschränken:

$$\varphi(\ldots, x_i, y_i, z_i, \ldots, \dot{x}_i, \dot{y}_i, \dot{z}_i, \ldots, t) = 0.$$

Wir sprechen von *holonomen* Nebenbedingungen, wenn die sie formulierenden Gleichungen keine Ableitungen der Koordinaten der Massenpunkte dieses Systems enthalten oder wenn sie durch Integration auf eine solche Form gebracht werden können. Anderenfalls sprechen wir von *nichtholonomen* Nebenbedingungen. Als Beispiel für letztere möge die Bedingung dienen, die besagt, daß die Geschwindigkeiten der Berührungspunkte einer Kugel, die gleitungsfrei über eine ruhende, rauhe Fläche rollt, gleich Null sein müssen.
Ein mechanisches System ist *holonom*, wenn es nur holonomen Nebenbedingungen unterworfen ist. Befindet sich unter all diesen Bedingungen auch nur eine einzige nichtholonome, so ist das ganze mechanische System *nichtholonom*.

1.2. Die Geschwindigkeit

1. *Geschwindigkeit* (oder *Momentangeschwindigkeit*) nennen wir den Vektor $\boldsymbol{v}$, der gleich ist der ersten zeitlichen Ableitung des Radiusvektors $\boldsymbol{r}$ des sich bewegenden Punktes:

$$\boldsymbol{v} = \frac{d\boldsymbol{r}}{dt} = \dot{\boldsymbol{r}}.$$

Die Richtung der Geschwindigkeit fällt in jedem Punkt mit der Tangente an die Bahnkurve des sich bewegenden Körpers zusammen, und ihr Absolutbetrag ist gleich der ersten zeitlichen Ableitung der Weglänge:

$$v = \frac{ds}{dt} = \dot{s}.$$

Die Projektionen der Geschwindigkeiten v_x, v_y und v_z auf die Achsen eines rechtwinkligen kartesischen Koordinatensystems sind gleich der ersten zeitlichen Ableitung der entsprechenden Koordinaten des sich bewegenden Punktes:

$$v_x = \dot{x}, \qquad v_y = \dot{y}, \qquad v_z = \dot{z}.$$

Hieraus folgt

$$\boldsymbol{v} = \dot{x}\boldsymbol{i} + \dot{y}\boldsymbol{j} + \dot{z}\boldsymbol{k}, \qquad v = \sqrt{\dot{x}^2 + \dot{y}^2 + \dot{z}^2}.$$

In zylindrischen Koordinaten ist $v = \sqrt{\dot{\varrho}^2 + (\varrho\dot{\varphi})^2 + \dot{z}^2}$; in sphärischen Koordinaten ist $v = \sqrt{\dot{r}^2 + (r\dot{\vartheta})^2 + (r\dot{\varphi}\sin\vartheta)^2}$.

2. Im Fall einer ebenen, in Polarkoordinaten beschriebenen Bewegung kann man die Geschwindigkeit $\boldsymbol{v}$ des Massenpunktes $M(\varrho, \varphi)$ in zwei zueinander senkrechte Komponenten zerlegen: die *Radial-*

geschwindigkeit $\boldsymbol{v}_\varrho$ und die *Transversalgeschwindigkeit* $\boldsymbol{v}_\varphi$ (Bild I.1.2):

$$\boldsymbol{v} = \boldsymbol{v}_\varrho + \boldsymbol{v}_\varphi$$

mit

$$\boldsymbol{v}_\varrho = \frac{\dot\varrho}{\varrho}\,\boldsymbol{\varrho}, \qquad \boldsymbol{v}_\varphi = \dot\varphi[\boldsymbol{k}\boldsymbol{\varrho}],$$

wobei $\boldsymbol{\varrho}$ der Radiusvektor in Polarkoordinaten ist; er beginnt im Pol O und endet im Massenpunkt M; $\boldsymbol{k}$ ist ein Einheitsvektor, der senkrecht zur Bewegungsebene des Punktes liegt, derart, daß von seiner Spitze aus gesehen die Rotation des Radiusvektors $\boldsymbol{\varrho}$ mit sich vergrößerndem Winkel φ im Gegenuhrzeigersinn erfolgt. Die numerischen Werte der Radial- und Transversalgeschwindigkeit des

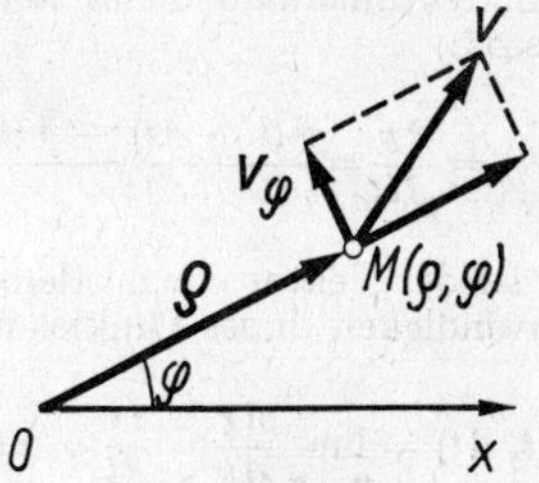

I.1.2.

Punktes sind gleich den algebraischen Werten der Projektion der Geschwindigkeit $\boldsymbol{v}$ auf die Richtung des Radiusvektors $\boldsymbol{\varrho}$ bzw. einer Geraden, die (in Richtung wachsenden Winkels φ) senkrecht zu $\boldsymbol{\varrho}$ verläuft:

$$v_\varrho = \dot\varrho, \qquad v_\varphi = \varrho\dot\varphi.$$

Beispiel. Die Bewegung eines Punktes sei gegeben durch die Gleichungen $x = at\cos bt$, $y = at\sin bt$ und $z = 0$, wobei a und b konstante Koeffizienten sind. In Polarkoordinaten lautet die Bewegungsgleichung des Punktes: $\varrho = at$ und $\varphi = bt$. Es ist also $\dot\varrho = a$, $\dot\varphi = b$, $v_\varrho = a$, $v_\varphi = abt$ und $v = \sqrt{v_\varrho^2 + v_\varphi^2} = a\sqrt{1 + b^2t^2}$.

3. Die Bewegung eines Punktes wird *gleichförmig* genannt, wenn der Betrag der Geschwindigkeit zeitunabhängig ist (v = const). Die von einem sich gleichförmig bewegenden Punkt zurückgelegte Weglänge ist eine lineare Funktion der Zeit:

$$s = v(t - t_0).$$

4. *Mittlere Geschwindigkeit* eines Punktes im Zeitraum t bis $t + \Delta t$ nennen wir die skalare Größe $\bar v$, die gleich dem Verhältnis der Weglänge Δs, die vom Punkt während dieses Zeitintervalls zurückgelegt

wurde, zur Größe dieses Zeitintervalls Δt ist:

$$\bar{v}(t, \Delta t) = \frac{\Delta s}{\Delta t} = \frac{s(t + \Delta t) - s(t)}{\Delta t}.$$

Im Grenzfall $\Delta t \to 0$ ist die mittlere Geschwindigkeit gleich dem Betrag v der Geschwindigkeit des Massenpunktes im Augenblick t:

$$\lim_{\Delta t \to 0} \bar{v}(t, \Delta t) = \lim_{\Delta t \to 0} \frac{\Delta s}{\Delta t} = \frac{ds}{dt} = v(t).$$

Im Fall gleichförmiger Bewegung ist $\bar{v} = v$.
Der *Vektor der mittleren Geschwindigkeit* $\bar{\boldsymbol{v}}$ des Punktes im Zeitintervall von t bis $t + \Delta t$ ist das Verhältnis des Zuwachses $\Delta \boldsymbol{r}$ des Radiusvektors des Punktes innerhalb dieses Zeitintervalls zu der Dauer dieses Intervalls Δt:

$$\bar{\boldsymbol{v}}(t, \Delta t) = \frac{\Delta \boldsymbol{r}}{\Delta t} = \frac{\boldsymbol{r}(t + \Delta t) - \boldsymbol{r}(t)}{\Delta t}.$$

Im Grenzfall $\Delta t \to 0$ ist der Vektor der mittleren Geschwindigkeit gleich der Vektorgeschwindigkeit dieses Punktes im Augenblick t:

$$\lim_{\Delta t \to 0} \bar{\boldsymbol{v}}(t, \Delta t) = \lim_{\Delta t \to 0} \frac{\Delta \boldsymbol{r}}{\Delta t} = \frac{d\boldsymbol{r}}{dt} = \boldsymbol{v}(t).$$

Im Fall einer gleichförmigen, geradlinigen Bewegung des Massenpunktes ist $\bar{\boldsymbol{v}} = \boldsymbol{v}$. Der Absolutbetrag des Vektors $\bar{\boldsymbol{v}}$ ist nur dann der mittleren skalaren Geschwindigkeit $\bar{v}$ gleich, wenn der Punkt sich geradlinig und gleichförmig in der Richtung der Geschwindigkeit $\boldsymbol{v}$ bewegt. In allen anderen Fällen ist $|\bar{\boldsymbol{v}}| < \bar{v}$.

5. *Flächengeschwindigkeit* eines Punktes relativ zu einem beliebigen Pol nennen wir die skalare Größe σ, die gleich ist der ersten zeitlichen Ableitung des Inhalts S der Fläche, die der Radiusvektor dieses Punktes ausgehend vom Pol beschreibt:

$$\sigma = \frac{dS}{dt} = \frac{1}{2} r v \sin(\boldsymbol{r}, \boldsymbol{v}),$$

wobei $\boldsymbol{r}$ der Radiusvektor und $\boldsymbol{v}$ die Geschwindigkeit des Punktes ist, r und v sind die Beträge dieser Vektoren. Erfolgt die Bewegung des Massenpunktes in einer Ebene und fällt der Pol mit dem Ursprung eines rechtwinkligen, kartesischen x, y-Koordinatensystems zusammen, der in dieser Ebene liegt, so ist

$$\sigma = \frac{1}{2}(x v_y - y v_x) = \frac{1}{2} \varrho^2 \dot{\varphi},$$

wobei ϱ und φ die Polarkoordinaten des Punktes sind.

1.3. Die Beschleunigung

1. *Beschleunigung* (oder *Momentanbeschleunigung*) nennen wir die Vektorgröße $\boldsymbol{w}$, die ein Maß für die Geschwindigkeitsänderung des sich bewegenden Punktes darstellt und gleich ist der ersten zeitlichen Ableitung dieser Geschwindigkeit:

$$\boldsymbol{w} = \frac{d\boldsymbol{v}}{dt} = \dot{\boldsymbol{v}} \quad \text{oder} \quad \boldsymbol{w} = \frac{d^2\boldsymbol{r}}{dt^2} = \ddot{\boldsymbol{r}}.$$

Der Vektor der Beschleunigung liegt in einer Tangentialebene, die durch die Hauptnormale und die Tangente an die Bahnkurve verläuft; die Richtung der Hauptnormalen fällt mit der Richtung des Krümmungsradius zusammen.

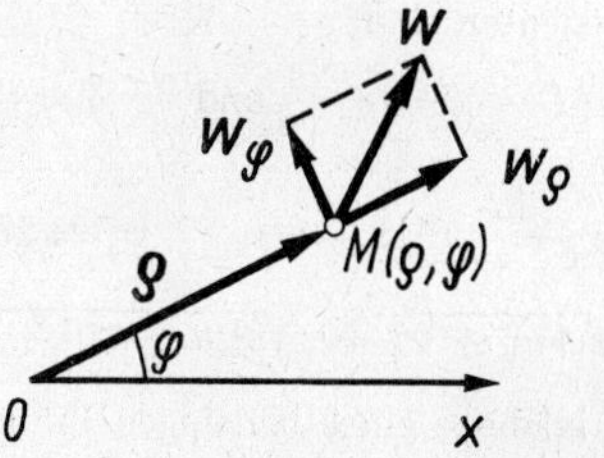

I.1.3.

Die Projektionen w_x, w_y, w_z der Beschleunigung auf die Achsen eines rechtwinkligen kartesischen Koordinatensystems sind gegeben durch

$$w_x = \dot{v}_x = \ddot{x}, \qquad w_y = \dot{v}_y = \ddot{y}, \qquad w_z = \dot{v}_z = \ddot{z}.$$

Hieraus folgt

$$\boldsymbol{w} = \ddot{x}\boldsymbol{i} + \ddot{y}\boldsymbol{j} + \ddot{z}\boldsymbol{k},$$

$$|\boldsymbol{w}| = w = \sqrt{\ddot{x}^2 + \ddot{y}^2 + \ddot{z}^2}.$$

In zylindrischen Koordinaten ist

$$w = \sqrt{(\ddot{\varrho} - \varrho\dot{\varphi})^2 + (\varrho\ddot{\varphi} + 2\dot{\varrho}\dot{\varphi})^2 + \ddot{z}^2}.$$

In sphärischen Koordinaten ist

$$w = [(\ddot{r} - r\dot{\varphi}^2 \sin^2\vartheta - r\dot{\vartheta}^2)^2 + (2\dot{r}\dot{\varphi}\sin\vartheta + r\ddot{\varphi}\sin\vartheta + 2r\dot{\vartheta}\dot{\varphi}\cos\vartheta)^2 + (2\dot{r}\dot{\vartheta} + r\ddot{\vartheta} - r\dot{\varphi}^2\sin\vartheta\cos\vartheta)^2]^{1/2}.$$

2. Im Fall einer ebenen Bewegung, die in Polarkoordinaten angegeben wird, kann die Beschleunigung $\boldsymbol{w}$ des Massenpunktes $M(\varrho, \varphi)$ in zwei zueinander senkrechte Komponenten zerlegt werden, nämlich in die *Radialbeschleunigung* $\boldsymbol{w}_\varrho$ und die *Transversalbeschleunigung* $\boldsymbol{w}_\varphi$ (Bild I.1.3):

$$\boldsymbol{w} = \boldsymbol{w}_\varrho + \boldsymbol{w}_\varphi$$

mit

$$\boldsymbol{w}_\varrho = (\ddot{\varrho} - \varrho\dot{\varphi}^2)\frac{\boldsymbol{\varrho}}{\varrho}, \qquad \boldsymbol{w}_\varphi = (\varrho\ddot{\varphi} + 2\dot{\varrho}\dot{\varphi})\left[\boldsymbol{k}\frac{\boldsymbol{\varrho}}{\varrho}\right];$$

die Vektoren $\boldsymbol{\varrho}$ und $\boldsymbol{k}$ haben hier die gleiche Bedeutung wie in den Formeln für $\boldsymbol{v}_\varrho$ und $\boldsymbol{v}_\varphi$ (S. 25). Die Beträge der radialen und transversalen Beschleunigung des Massenpunktes sind gleich den algebraischen Werten der Projektionen der Beschleunigung $\boldsymbol{w}$ auf die Richtung des polaren Radiusvektors $\boldsymbol{\varrho}$ bzw. einer Geraden, die senkrecht zu $\boldsymbol{\varrho}$ in Richtung wachsenden Winkels φ verläuft:

$$w_\varrho = \ddot{\varrho} - \varrho\dot{\varphi}^2, \qquad w_\varphi = \varrho\ddot{\varphi} + 2\dot{\varrho}\dot{\varphi}.$$

Beispiel. Die Bewegung eines Punktes sei in Polarkoordinaten durch die Gleichungen $\varrho = a + bt$, $\varphi = ct$ gegeben, wobei a, b und c konstante Koeffizienten sind;

$$\dot{\varrho} = b, \qquad \dot{\varphi} = c \qquad \text{und} \qquad \ddot{\varrho} = \ddot{\varphi} = 0.$$

Wir haben also

$$w_\varrho = -c^2(a + bt), \qquad w_\varphi = 2bc$$

und

$$w = \sqrt{w_\varrho^2 + w_\varphi^2} = c\sqrt{c^2(a + bt)^2 + 4b^2}.$$

3. In der Tangentialebene eines beliebigen Punktes der Bahnkurve kann man den Beschleunigungsvektor $\boldsymbol{w}$ in zwei zueinander senkrechte Komponenten $\boldsymbol{w}_n$ und $\boldsymbol{w}_t$ zerlegen: $\boldsymbol{w} = \boldsymbol{w}_n + \boldsymbol{w}_t$.
Die Komponente $\boldsymbol{w}_n$, die in der Hauptnormalen zur Bahnkurve liegt, nennen wir die *Normalbeschleunigung*; die Komponente $\boldsymbol{w}_t$, die in der Tangente zur Bahnkurve liegt, nennen wir *Tangentialbeschleunigung*. Die Beträge dieser Beschleunigungen sind

$$w_n = \frac{v^2}{R} \qquad \text{und} \qquad w_t = \dot{v},$$

so daß

$$w = \sqrt{w_n^2 + w_t^2} = \sqrt{\left(\frac{v^2}{R}\right)^2 + \dot{v}^2};$$

v ist der Betrag der Geschwindigkeit und R ist der Krümmungsradius der Bahnkurve. Die Normalbeschleunigung $\boldsymbol{w}_n$ ist immer zum Krümmungszentrum der Bahnkurve hin gerichtet.

4. Die Bewegung eines Punktes nennen wir *beschleunigt*, wenn der Absolutbetrag seiner Geschwindigkeit mit der Zeit zunimmt, d. h. wenn $w_t > 0$ ist. Die Bewegung eines Punktes nennen wir *verzögert*, wenn der Absolutbetrag seiner Geschwindigkeit mit der Zeit abnimmt, d. h. wenn $w_t < 0$ ist. Im Fall einer gleichförmigen Bewegung ist $w_t = 0$. In einer beschleunigten Bewegung fällt der Vektor $\boldsymbol{w}_t$ mit der Richtung des Geschwindigkeitsvektors $\boldsymbol{v}$ des Punktes zusammen. Bei einer verzögerten Bewegung ist seine Richtung der des Vektors $\boldsymbol{v}$ entgegengesetzt. Die Größen w_t und w_n charakterisieren die Änderungen des Absolutbetrages bzw. der Richtung der Geschwindig-

keit des bewegten Punktes. Eine Bewegung, bei der der Absolutbetrag der Tangentialbeschleunigung konstant ist, d. h. $w_t = \text{const}$, nennen wir *gleichförmig veränderlich.*

5. *Die mittlere Beschleunigung* eines Punktes im Zeitintervall t bis $t + \Delta t$ bezeichnen wir mit dem Vektor $\overline{\boldsymbol{w}}$, der gleich ist dem Verhältnis des Geschwindigkeitszuwachses $\Delta \boldsymbol{v}$ des Punktes in diesem Zeitintervall zur Dauer dieses Zeitintervalls Δt:

$$\overline{\boldsymbol{w}}(t, \Delta t) = \frac{\Delta \boldsymbol{v}}{\Delta t} = \frac{\boldsymbol{v}(t + \Delta t) - \boldsymbol{v}(t)}{\Delta t}.$$

Für den Grenzfall $\Delta t \to 0$ fällt die mittlere Beschleunigung mit der augenblicklichen Beschleunigung im Moment t zusammen:

$$\lim_{\Delta t \to 0} \overline{\boldsymbol{w}}(t, \Delta t) = \lim_{\Delta t \to 0} \frac{\Delta \boldsymbol{v}}{\Delta t} = \frac{d\boldsymbol{v}}{dt} = \boldsymbol{w}(t).$$

1.4. Translations- und Rotationsbewegung eines starren Körpers

1. Als *Translationsbewegung* bezeichnen wir die Bewegung eines starren Körpers, bei welcher eine beliebige, mit dem Körper fest verbundene Gerade ihre Richtung im Raum nicht ändert. Alle Punkte eines in Translationsbewegung befindlichen Körpers haben in jedem Augenblick dieselbe Geschwindigkeit und Beschleunigung, und ihre Bahnkurven können durch Parallelverschiebung zur Deckung gebracht werden. Daher kann eine kinematische Betrachtung der Translationsbewegung eines starren Körpers auf eine Untersuchung der Bewegung irgendeines Punktes dieses Körpers zurückgeführt werden. Im allgemeinsten Fall hat ein Körper in Translationsbewegung drei Freiheitsgrade.

2. Die Bewegung eines starren Körpers, bei welcher zwei seiner Punkte, A und B, unbewegt bleiben, nennen wir *Rotation* (*Rotationsbewegung*) um eine festliegende Gerade AB, die wir als die *Rotationsachse* bezeichnen. Bei der Rotation eines starren Körpers um eine feste Achse beschreiben alle Punkte des Körpers Kreise, deren Mittelpunkte auf der Rotationsachse liegen; die entsprechenden Kreisflächen liegen senkrecht zu dieser Achse. Ein Körper, der um eine starre Achse rotiert, hat einen einzigen Freiheitsgrad: seine Lage ist vollständig durch den Winkel φ der Drehung aus der Anfangslage heraus bestimmt.

3. Die *Winkelgeschwindigkeit* eines starren Körpers bezeichnen wir mit dem Vektor $\boldsymbol{\omega}$, dessen Absolutbetrag gleich ist der ersten zeitlichen Ableitung des Drehwinkels,

$$\omega = \frac{d\varphi}{dt} = \dot{\varphi},$$

und der in Richtung der Drehachse zeigt, und zwar so, daß von seinem Ende aus gesehen die Bewegung im Gegenuhrzeigersinn erfolgt

(Bild I.1.4). Die Richtung des Vektors $\boldsymbol{\omega}$ fällt mit der Richtung zusammen, in der ein Bohrer vordringt, wenn dieser in derselben Richtung wie der Körper gedreht wird.

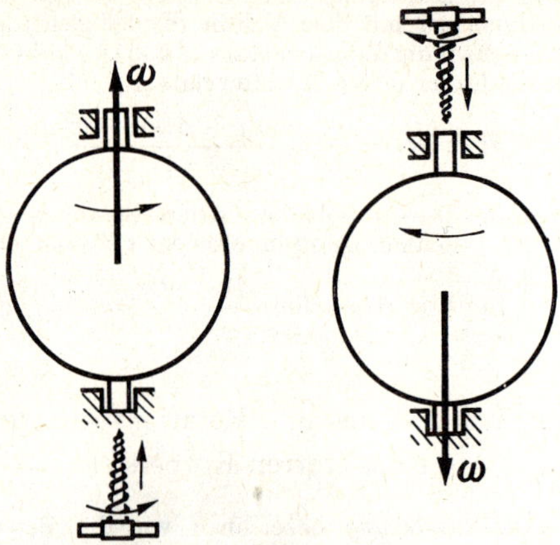

I.1.4.

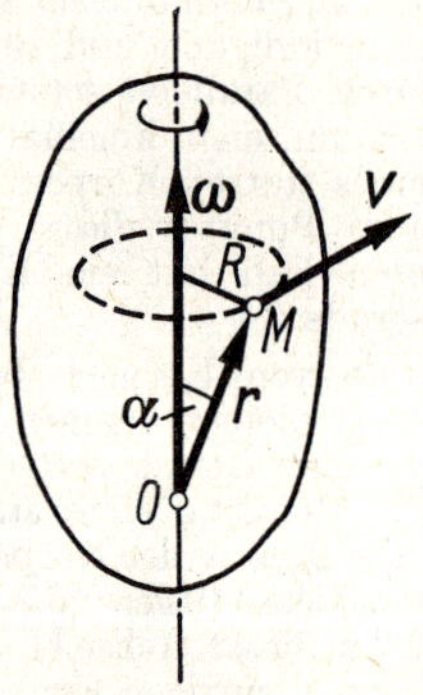

I.1.5.

4. Die *Lineargeschwindigkeit* $\boldsymbol{v}$ eines beliebigen Punktes M eines rotierenden Körpers wird nach der Euler*schen Formel* (Bild I.1.5) bestimmt:

$$\boldsymbol{v} = [\boldsymbol{\omega}\boldsymbol{r}];$$

$\boldsymbol{r}$ ist der Radiusvektor, der von einem beliebigen Punkt o der Rotationsachse des Körpers zum Punkt M führt. Der Betrag v der Lineargeschwindigkeit des Punktes M ist seinem Abstand R von der

Rotationsachse direkt proportional:

$$v = \omega r \sin \alpha = \omega R.$$

Die Projektionen v_x, v_y und v_z des Vektors $\boldsymbol{v}$ auf die Achsen eines rechtwinkligen kartesischen Koordinatensystems sind mit den Projektionen der Vektoren $\boldsymbol{\omega}$ und $\boldsymbol{r}$ auf diese Achsen durch folgende Relationen verknüpft:

$$v_x = \omega_y z - \omega_z y, \qquad v_y = \omega_z x - \omega_x z, \qquad v_z = \omega_x y - \omega_y x.$$

5. Als *Rotationsperiode* T eines Körpers bezeichnen wir diejenige Zeit, in der ein um eine feste Achse rotierender Körper sich um den Winkel $\varphi = 2\pi$ gedreht hat:

$$\int_0^T \omega\, dt = 2\pi.$$

Die *Anzahl n der Umdrehungen* eines Körpers *pro Zeiteinheit* ist gleich

$$n = \frac{1}{2\pi}\int_0^1 \omega\, dt.$$

6. Die Bewegung eines starren Körpers, bei der nur ein Punkt unbewegt bleibt, bezeichnen wir als *Rotation um einen festen Punkt* (*Rotationszentrum*). Diese Bewegung kann man in jedem Augenblick als Rotation um eine momentane Rotationsachse, die durch diesen festen Punkt verläuft, betrachten. Die Lage dieser momentanen Rotationsachse ändert sich stetig, sowohl relativ zum Bezugssystem, das mit dem rotierenden Körper verbunden ist (*bewegtes Bezugssystem*) als auch relativ zu einem unbewegten (raumfesten) Bezugssystem, das mit unbewegten Körpern in der Umgebung verbunden ist. Die Gleichungen der Momentandrehachse lauten in vektorieller und skalarer Form wie folgt:

$$\boldsymbol{v} = [\boldsymbol{\omega}\boldsymbol{r}] = 0,$$

$$\frac{\omega_x}{x} = \frac{\omega_y}{y} = \frac{\omega_z}{z};$$

$\boldsymbol{\omega}$ ist eine Vektorfunktion der Zeit, ω_x, ω_y und ω_z sind skalare Funktionen der Zeit t. Eliminiert man aus der letzten Gleichung den Parameter t, so erhält man die Gleichung des Spurkegels (Herpolhodiekegel), das ist die Fläche, die die jeweilige Lage der Momentandrehachse im Raum beschreibt.

Ein Körper, der um einen festen Punkt rotiert, besitzt drei Freiheitsgrade: Seine Lage, relativ zu einem raumfesten Koordinatensystem, ist durch die Angabe der drei Koordinaten vollständig bestimmt (z. B. zwei Richtungscosinusse beliebiger Achsen, die durch den Fixpunkt des Körpers hindurchgehen und fest mit ihm verbunden sind, und den Drehwinkel des Körpers um diese Achse). Als unabhängige Koordinaten wählt man gewöhnlich die drei Eulerschen *Winkel* ψ, θ

und φ (Bild I.1.6). Die x-, y- und z-Achse sind die Achsen eines raumfesten, rechtshändigen rechtwinkligen kartesischen Koordinatensystems; die x'-, y'- und z'-Achse sind die Achsen eines analogen, mitbewegten Koordinatensystems; $\boldsymbol{i}, \boldsymbol{j}, \boldsymbol{k}$, und $\boldsymbol{i}', \boldsymbol{j}', \boldsymbol{k}'$ sind die Einheitsvektoren der Koordinatenachsen; O ist das feste Zentrum; die Schnittkurve ON der x,y- und der x',y'-Ebene nennen wir die *Knotenlinie*. Die Knotenlinie verläuft senkrecht zur z,z'-Ebene, und der Einheitsvektor $\boldsymbol{n}$, der die positive Richtung auf der Knotenlinie bestimmt, fällt in seiner Richtung mit der des Vektorproduktes $[\boldsymbol{k}\boldsymbol{k}']$ zusammen, d. h., das Dreibein der Vektoren $\boldsymbol{k}$, $\boldsymbol{k}'$ und $\boldsymbol{n}$ hat dieselbe Orientierung wie das der Einheitsvektoren der Koordinatenachsen.

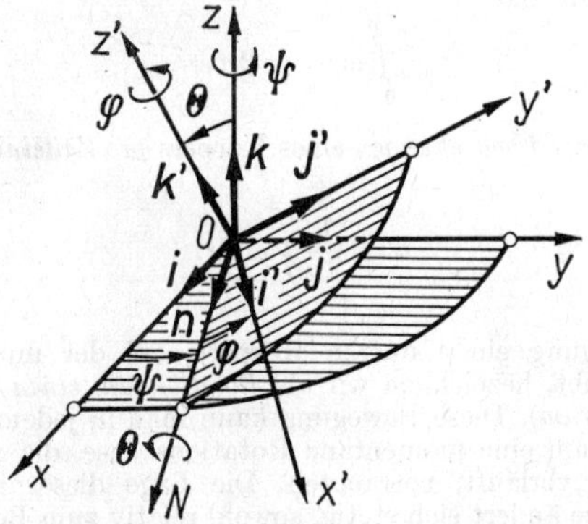

I.1.6.

Der von der x-Achse und der N-Achse eingeschlossene Winkel ψ wird *Präzessionswinkel* genannt; der von der z- und der z'-Achse eingeschlossene Winkel θ ist der *Nutationswinkel*, und der von den Achsen ON und Ox' eingeschlossene Winkel φ wird als *Raumwinkel* bezeichnet. Die Winkel ψ, θ und φ werden in den durch die Schraubenregel bestimmten Richtungen gerechnet, d. h., wenn wir Bild I.1.6 betrachten, in den Drehrichtungen um die z-Achse für den Winkel ψ, die Achse ON für den Winkel θ und die z'-Achse für den Winkel φ. Die EULERschen Winkel liegen zwischen den folgenden Werten:

$$0 \leqq \psi \leqq 2\pi, \qquad 0 \leqq \theta \leqq \pi, \qquad 0 \leqq \varphi \leqq 2\pi.$$

Die Projektionen des Vektors $\boldsymbol{\omega}$ der Winkelgeschwindigkeit eines Körpers auf die Achsen eines unbewegten x,y,z- und eines bewegten x',y',z'-Koordinatensystems gehorchen den *kinematischen* EULER-*Gleichungen* für den starren Körper:

$$\omega_x = \dot{\theta} \cos \psi + \dot{\varphi} \sin \theta \sin \psi,$$

$$\omega_{x'} = \dot{\theta} \cos \varphi + \dot{\psi} \sin \theta \sin \varphi,$$

$$\omega_y = \dot{\theta} \sin \psi - \dot{\varphi} \sin \theta \cos \psi,$$

$$\omega_{y'} = -\dot{\theta} \sin \dot{\varphi} + \dot{\psi} \sin \theta \cos \varphi,$$

$$\omega_z = \dot{\psi} + \dot{\varphi} \cos \theta,$$

$$\omega_{z'} = \dot{\varphi} + \dot{\psi} \cos \theta.$$

7. Die *Winkelbeschleunigung* bezeichnen wir mit dem Vektor $\boldsymbol{\varepsilon}$, der durch die erste Ableitung des Winkelgeschwindigkeitsvektors nach der Zeit gegeben ist:

$$\boldsymbol{\varepsilon} = \frac{d\boldsymbol{\omega}}{dt} = \dot{\boldsymbol{\omega}}.$$

Die Winkelbeschleunigung ist ein Maß für die zeitliche Änderung des Vektors der Winkelgeschwindigkeit des Körpers. Rotiert der Körper um eine feste Achse, so bleibt die Richtung des Vektors $\boldsymbol{\omega}$ unverändert und wir haben

$$\varepsilon = \frac{d\omega}{dt} = \frac{d^2\varphi}{dt^2} = \ddot{\varphi},$$

wobei der Vektor $\boldsymbol{\varepsilon}$ in seiner Richtung mit $\boldsymbol{\omega}$ zusammenfällt, wenn die Rotation beschleunigt ist ($\varepsilon = d\omega/dt > 0$), und entgegengesetzt der Richtung von $\boldsymbol{\omega}$ ist, wenn die Rotation verzögert ist ($\varepsilon = d\omega/dt < 0$). Die *Linearbeschleunigung* eines beliebigen Punktes $M(\boldsymbol{r})$ eines rotierenden Körpers ist gegeben durch

$$\boldsymbol{w} = \frac{d\boldsymbol{v}}{dt} = \frac{d}{dt}[\boldsymbol{\omega}\boldsymbol{r}] = [\boldsymbol{\varepsilon}\boldsymbol{r}] + [\boldsymbol{\omega}[\boldsymbol{\omega}\boldsymbol{r}]].$$

8. Der Vektor $\boldsymbol{w}_{\text{rot}} = [\boldsymbol{\varepsilon}\boldsymbol{r}]$, der senkrecht zu der von den Vektoren $\boldsymbol{\varepsilon}$ und $\boldsymbol{r}$ bestimmten Ebene liegt, wird *Rotationsbeschleunigung* genannt. Der Vektor $\boldsymbol{w}_z = [\boldsymbol{\omega}[\boldsymbol{\omega}\boldsymbol{r}]]$, der zur Rotationsachse senkrecht steht und vom Punkt M zur Achse hin gerichtet ist, wird als *Zentripetalbeschleunigung* bezeichnet. Rotiert der betrachtete Körper um eine feste Achse, so sind die Vektoren $\boldsymbol{w}_{\text{rot}}$ und $\boldsymbol{w}_z$ identisch der Tangentialbeschleunigung bzw. der Normalbeschleunigung:

$$\boldsymbol{w}_{\text{rot}} = \boldsymbol{w}_t = [\boldsymbol{\varepsilon}\boldsymbol{r}], \qquad \boldsymbol{w}_z = \boldsymbol{w}_n = [\boldsymbol{\omega}[\boldsymbol{\omega}\boldsymbol{r}]] = (\boldsymbol{\omega}\boldsymbol{r})\boldsymbol{\omega} - \omega^2\boldsymbol{r}.$$

1.5. Absolutbewegung, Relativbewegung und Führungsbewegung

1. *Absolutbewegung* eines Punktes nennen wir seine Bewegung relativ zu einem beliebigen Inertialsystem (S. 39); man ist übereingekommen, dieses System als unbewegt anzunehmen, und man bezeichnet es als *absolutes Bezugssystem*[1]). *Relativbewegung* eines Punktes nennen wir

[1]) Die Bezeichnung „Absolutbewegung" und „absolutes Bezugssystem" sind nicht sehr glücklich, da nach dem Relativitätsprinzip der Mechanik (S. 51) alle Inertialsysteme völlig gleichwertig sind.

seine Bewegung gegenüber einem bewegten Bezugssystem, das wir als relatives Bezugssystem bezeichnen. Die Führungsbewegung ist die Absolutbewegung desjenigen im bewegten System ruhenden Punktes, der vom bewegten Punkt im betrachteten Augenblick durchflogen wird.

Die Wahl des absoluten und relativen Bezugssystems hängt von der Problemstellung ab und erfolgt im allgemeinen so, daß sie eine weitestgehende Vereinfachung der Lösung gestattet.

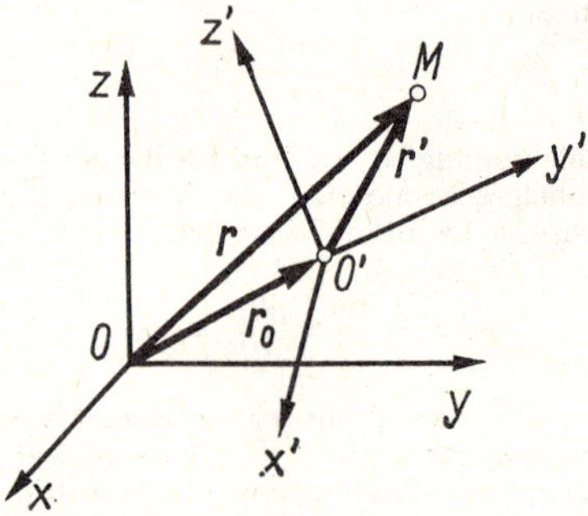

I.1.7

2. Der Zusammenhang zwischen den Radiusvektoren $\boldsymbol{r}$ und $\boldsymbol{r}'$ eines bewegten Punktes M, die vom Ursprung O des unbewegten Bezugssystems (x, y, z) bzw. vom Ursprung O' des bewegten Bezugssystems (x', y', z') ausgehen, ist durch folgende Relation gegeben (Bild I.1.7):

$$\boldsymbol{r} = \boldsymbol{r}_0 + \boldsymbol{r}' = \boldsymbol{r}_0 + (x'\boldsymbol{i}' + y'\boldsymbol{j}' + z'\boldsymbol{k}');$$

x', y' und z' sind die Projektionen von $\boldsymbol{r}'$ auf die Achsen des bewegten Systems, $\boldsymbol{i}'$, $\boldsymbol{j}'$ und $\boldsymbol{k}'$ sind die Einheitsvektoren dieser Achsen.

Die *absolute Geschwindigkeit* $\boldsymbol{v}_a$ des Punktes $M(\boldsymbol{r})$ ist gleich

$$\boldsymbol{v}_a = \frac{d\boldsymbol{r}}{dt} = \frac{d\boldsymbol{r}_0}{dt} + x'\frac{d\boldsymbol{i}'}{dt} + y'\frac{d\boldsymbol{j}'}{dt} + z'\frac{d\boldsymbol{k}'}{dt} + \frac{dx'}{dt}\boldsymbol{i}' + \frac{dy'}{dt}\boldsymbol{j}' + \frac{dz'}{dt}\boldsymbol{k}'.$$

Die *Relativgeschwindigkeit* $\boldsymbol{v}_r$ des Punktes $M(\boldsymbol{r}')$ ist gleich

$$\boldsymbol{v}_r = \frac{dx'}{dt}\boldsymbol{i}' + \frac{dy'}{dt}\boldsymbol{j}' + \frac{dz'}{dt}\boldsymbol{k}' = \frac{\tilde{d}\boldsymbol{r}'}{dt},$$

wobei $d\boldsymbol{r}'/dt$ die zeitliche Ableitung des Radiusvektors $\boldsymbol{r}'$ ist, bei deren Berechnung wir voraussetzen, daß die Richtungen der Einheitsvektoren $\boldsymbol{i}'$, $\boldsymbol{j}'$ und $\boldsymbol{k}'$ des bewegten Bezugssystems konstant sind.

Eine zeitliche Änderung der Einheitsvektoren $\boldsymbol{i}'$, $\boldsymbol{j}'$ und $\boldsymbol{k}'$ kann nur durch Drehung des bewegten Koordinatensystems hervorgerufen werden. Bezeichnen wir die (als konstant angenommene)[1]) Winkelgeschwindigkeit dieser Drehung mit ω, so ist

$$\frac{d\boldsymbol{i}'}{dt} = [\omega \boldsymbol{i}'], \qquad \frac{d\boldsymbol{j}'}{dt} = [\omega \boldsymbol{j}'], \qquad \frac{d\boldsymbol{k}'}{dt} = [\omega \boldsymbol{k}'].$$

Daher ist[2])

$$\boldsymbol{v}_a = \boldsymbol{v}_0 + [\omega \boldsymbol{r}'] + \boldsymbol{v}_r,$$

wo $\boldsymbol{v}_0 = d\boldsymbol{r}_0/dt = \dot{\boldsymbol{r}}_0$ die Geschwindigkeit der Translationsbewegung des bewegten Systems ist, und $\boldsymbol{v}_e = \boldsymbol{v}_0 + [\omega \boldsymbol{r}']$ die *Führungsgeschwindigkeit* des Punktes M.

Die Absolutgeschwindigkeit eines Punktes ist gleich der Vektorsumme seiner Führungsgeschwindigkeit und seiner Relativgeschwindigkeit (*Additionstheorem der Geschwindigkeiten*):

$$\boldsymbol{v}_a = \boldsymbol{v}_e + \boldsymbol{v}_r.$$

3. Die *Absolutbeschleunigung* $\boldsymbol{w}_a$ des Punktes $M(\boldsymbol{r})$ ist gleich

$$\boldsymbol{w}_a = \frac{d^2\boldsymbol{r}}{dt^2} = \frac{d\boldsymbol{v}_a}{dt} = \frac{d\boldsymbol{v}_0}{dt} + [\varepsilon \boldsymbol{r}'] + [\omega[\omega \boldsymbol{r}']] + 2[\omega \boldsymbol{v}_r] + \frac{\tilde{d}\boldsymbol{v}_r}{dt}.$$

Die *Relativbeschleunigung* $\boldsymbol{w}_r$ des Punktes $M(\boldsymbol{r}')$ ist gleich

$$\boldsymbol{w}_r = \frac{\tilde{d}\boldsymbol{v}_r}{dt} = \frac{d^2x'}{dt^2}\boldsymbol{i}' + \frac{d^2y'}{dt^2}\boldsymbol{j}' + \frac{d^2z'}{dt^2}\boldsymbol{k}'.$$

Die *Führungsbeschleunigung* $\boldsymbol{w}_e$ eines Punktes M ist gleich

$$\boldsymbol{w}_e = \boldsymbol{w}_0 + [\varepsilon \boldsymbol{r}'] + [\omega[\omega \boldsymbol{r}']] \qquad \text{mit} \qquad \boldsymbol{w}_0 = \frac{d\boldsymbol{v}_0}{dt}.$$

Die CORIOLIS-*Beschleunigung* $\boldsymbol{w}_k$ ist schließlich gleich

$$\boldsymbol{w}_k = 2[\omega \boldsymbol{v}_r].$$

Die Absolutbeschleunigung eines Punktes ist gleich der Vektorsumme seiner Führungsbeschleunigung, CORIOLIS-Beschleunigung und Relativbeschleunigung:

$$\boldsymbol{w}_a = \boldsymbol{w}_e + \boldsymbol{w}_k + \boldsymbol{w}_r.$$

Die CORIOLIS-Beschleunigung ist gleich Null, wenn a) das bewegte Bezugssystem eine Translationsbewegung ausführt ($\omega = 0$), oder b) wenn der Punkt relativ zum bewegten Bezugssystem ruht ($\boldsymbol{v}_r = 0$),

---

[1]) Anmerkung des Übersetzers.

[2]) Fallen die Ursprünge des bewegten und des unbewegten Koordinatensystems immer zusammen, so ist

$$\boldsymbol{r}' = \boldsymbol{r}, \qquad \boldsymbol{r}_0 = 0 \qquad \text{und} \qquad \frac{d\boldsymbol{r}}{dt} = \frac{\tilde{d}\boldsymbol{r}}{dt} + [\omega \boldsymbol{r}].$$

Diese Relation zwischen den absoluten und relativen zeitlichen Ableitungen gilt nicht nur für den Radiusvektor $\boldsymbol{r}$, sondern auch für jeden beliebigen Vektor, der im gemeinsamen Ursprung von bewegtem und unbewegtem Koordinatensystem angreift.

oder c) wenn sich der Punkt parallel zur Rotationsachse des bewegten Systems bewegt, d. h., wenn die Vektoren $\boldsymbol{v}_r$ und $\boldsymbol{\omega}$ zueinander parallel sind.

Beispiel. Ein Punkt bewege sich mit der Geschwindigkeit $\boldsymbol{v}_1$ längs des Radius einer ebenen Scheibe, die ihrerseits gleichförmig mit der Winkelgeschwindigkeit ω_2 um eine zu ihrer Ebene senkrechte Achse

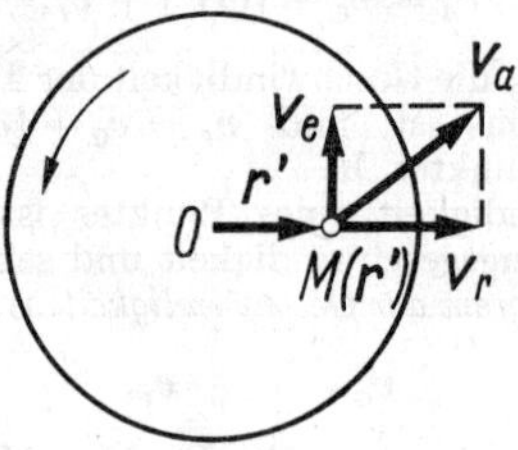

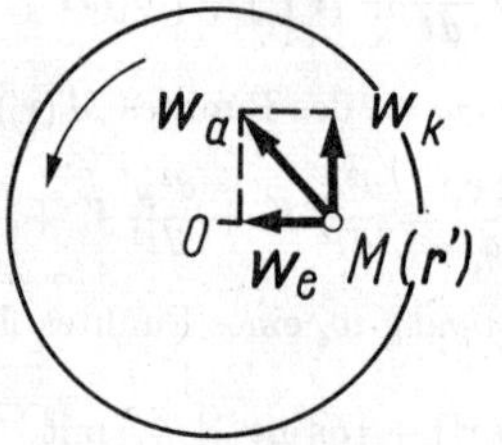

I.1.8

rotiert. Die Geschwindigkeit und die Beschleunigung eines beliebigen Punktes $M(\boldsymbol{r}')$ auf der Scheibe sind gegeben durch (Bild I.1.8)

$$\boldsymbol{v}_0 = 0, \qquad \boldsymbol{v}_e = [\boldsymbol{\omega}_2 \boldsymbol{r}'], \qquad \boldsymbol{v}_r = \boldsymbol{v}_1, \qquad \boldsymbol{v}_a = [\boldsymbol{\omega}_2 \boldsymbol{r}'] + \boldsymbol{v}_1,$$

$$v_a = \sqrt{(\omega_2 r')^2 + v_1^2},$$

$$\boldsymbol{w}_e = [\boldsymbol{\omega}_2[\boldsymbol{\omega}_2 \boldsymbol{r}']] = -\omega_2^2 \boldsymbol{r}', \qquad \boldsymbol{w}_k = 2[\boldsymbol{\omega}_2 \boldsymbol{v}_1], \qquad \boldsymbol{w}_r = 0,$$

$$\boldsymbol{w}_a = -\omega_2^2 \boldsymbol{r}' + 2[\boldsymbol{\omega}_2 \boldsymbol{v}_1], \qquad w_a = \omega_2 \sqrt{(\omega_2 r')^2 + 4 v_1^2}.$$

1.6. Einige Fälle zusammengesetzter Bewegungen eines starren Körpers

1. Betrachten wir einen Körper, der gleichzeitig mehrere Translationsbewegungen mit den Geschwindigkeiten $\boldsymbol{v}_1, \boldsymbol{v}_2, \ldots, \boldsymbol{v}_k$ ausführt. Seine resultierende Bewegung ist demnach auch eine Trans-

lationsbewegung, die mit der Geschwindigkeit $\boldsymbol{v}$ erfolgt; $\boldsymbol{v}$ ist gleich der Vektorsumme der Geschwindigkeiten $\boldsymbol{v}_1, \boldsymbol{v}_2, \ldots, \boldsymbol{v}_k$:

$$\boldsymbol{v} = \boldsymbol{v}_1 + \boldsymbol{v}_2 + \cdots + \boldsymbol{v}_k = \sum_{i=1}^{k} \boldsymbol{v}_i.$$

2. Ein Körper führe gleichzeitig eine Translationsbewegung mit der Geschwindigkeit $\boldsymbol{v}_0$ sowie eine Rotationsbewegung mit der Winkelgeschwindigkeit $\boldsymbol{\omega}$ aus. Die resultierende Geschwindigkeit $\boldsymbol{v}$ eines beliebigen Punktes M des Körpers ist dann gegeben durch

$$\boldsymbol{v} = \boldsymbol{v}_0 + [\boldsymbol{\omega}\boldsymbol{r}],$$

wobei $\boldsymbol{r}$ der Radiusvektor ist, der von einem beliebigen Punkt der Rotationsachse zu Punkt M führt.

Ist $\boldsymbol{\omega} \perp \boldsymbol{v}_0$, so bezeichnen wir die Bewegung des Körpers als *ebene Bewegung*: Die Geschwindigkeiten aller Punkte des Körpers sind im betrachteten Augenblick senkrecht zum Vektor $\boldsymbol{\omega}$ gerichtet.

3. Ein Körper führe gleichzeitig zwei Rotationsbewegungen aus: Er rotiere mit der Winkelgeschwindigkeit $\boldsymbol{\omega}_1$ um eine Achse A_1B_1, die ihrerseits mit der Winkelgeschwindigkeit $\boldsymbol{\omega}_2$ um eine starre Achse A_2B_2 rotiere. Betrachten wir die erste Rotation als Relativbewegung und die zweite als Führungsbewegung (S. 34), so erhalten wir folgende Werte für die Führungsgeschwindigkeit $\boldsymbol{v}_e$, die Relativgeschwindigkeit $\boldsymbol{v}_r$ und die Absolutgeschwindigkeit $\boldsymbol{v}$ eines beliebigen Punktes M in diesem Körper:

$$\boldsymbol{v}_e = [\boldsymbol{\omega}_2\boldsymbol{r}_0] + [\boldsymbol{\omega}_2\boldsymbol{r}'] = [\boldsymbol{\omega}_2\boldsymbol{r}],$$

$$\boldsymbol{v}_r = [\boldsymbol{\omega}_1\boldsymbol{r}'] = [\boldsymbol{\omega}_1\boldsymbol{r}] - [\boldsymbol{\omega}_1\boldsymbol{r}_0],$$

$$\boldsymbol{v} = \boldsymbol{v}_e + \boldsymbol{v}_r = [(\boldsymbol{\omega}_1 + \boldsymbol{\omega}_2)\boldsymbol{r}] - [\boldsymbol{\omega}_1\boldsymbol{r}_0];$$

$\boldsymbol{r}$, $\boldsymbol{r}'$ und $\boldsymbol{r}_0$ sind die Radiusvektoren, die den in Bild I.1.7 definierten analog sind.

4. Betrachten wir nun die Überlagerung von Rotationen um die sich schneidenden Achsen A_1B_1 und A_2B_2. Wir lassen hierzu den Ursprung des mit bewegten Bezugssystems und den des raumfesten Bezugssystems mit dem Schnittpunkt der Achsen (Bild I.1.9) zusammenfallen und erhalten

$$\boldsymbol{r}_0 = 0 \qquad \text{und} \qquad \boldsymbol{v} = [(\boldsymbol{\omega}_1 + \boldsymbol{\omega}_2)\boldsymbol{r}].$$

Die gleichzeitige Rotation eines Körpers um die sich schneidenden Achsen A_1B_1 und A_2B_2 mit den Winkelgeschwindigkeiten $\boldsymbol{\omega}_1$ und $\boldsymbol{\omega}_2$ ist in jedem Augenblick äquivalent der Rotation dieses Körpers um eine momentane Achse AB mit der Winkelgeschwindigkeit $\boldsymbol{\omega} = \boldsymbol{\omega}_1 + \boldsymbol{\omega}_2$.

5. Eine Überlagerung von Rotationen um parallele Achsen ($\boldsymbol{\omega}_1 \neq -\boldsymbol{\omega}_2$) kann folgendermaßen behandelt werden. Wir legen den Vektor $\boldsymbol{r}_0$ senkrecht zu den Rotationsachsen (Bild I.1.10) und setzen $\boldsymbol{r} = \boldsymbol{r}_1 + \boldsymbol{d}$ mit $\boldsymbol{d} = \boldsymbol{r}_0/(k+1)$ und $k = |\boldsymbol{\omega}_2|/|\boldsymbol{\omega}_1|$, wenn die Vektoren $\boldsymbol{\omega}_2$ und $\boldsymbol{\omega}_1$ auf dieselbe Seite gerichtet sind, und $k = -|\boldsymbol{\omega}_2|/|\boldsymbol{\omega}_1|$, wenn die

Vektoren entgegengesetzt zueinander gerichtet sind. Dann ist $\omega_2 = k\omega_1$, $\omega_1 + \omega_2 = (k+1)\omega_1$ und $v = [(\omega_1 + \omega_2) r_1]$. Eine gleichzeitige Rotation eines Körpers um zwei parallele Achsen A_1B_1 und A_2B_2 mit den Winkelgeschwindigkeiten ω_1 bzw. ω_2 ($\omega_1 \neq -\omega_2$)

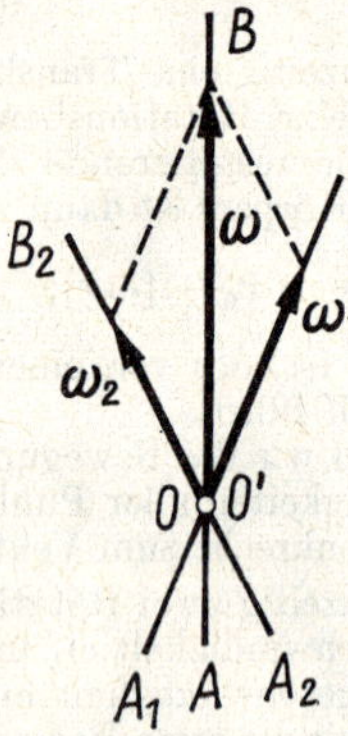

I.1.9

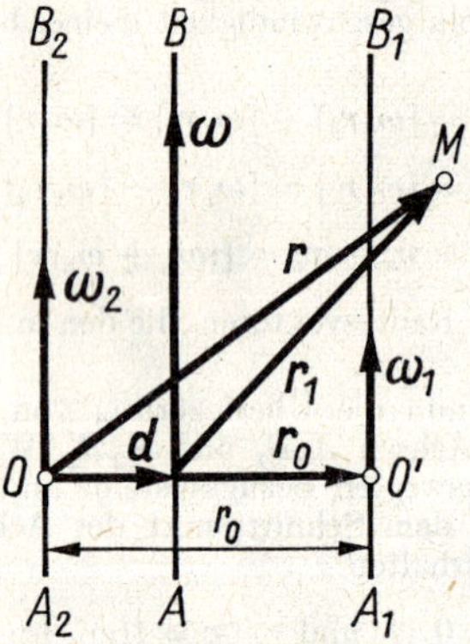

I.1.10

ist in jedem Augenblick einer Rotation mit der Winkelgeschwindigkeit $\omega = \omega_1 + \omega_2$ um eine parallele oder Momentanachse AB äquivalent; die Lage dieser Achse im Verhältnis zu den Achsen A_1B_1 und A_2B_2 wird durch den oben angegebenen Betrag des Vektors $\boldsymbol{d}$ bestimmt.

Die Rotation eines Körpers um parallele Achsen mit den Winkelgeschwindigkeiten ω_1 und $\omega_2 = -\omega_1$ nennen wir *Rotationspaar*. In diesem Fall ist die resultierende Geschwindigkeit aller Punkte des

Körpers gleich und gegeben durch $\boldsymbol{v} = [-\boldsymbol{\omega}_1 \boldsymbol{r}_0]$, wobei $\boldsymbol{r}_0$ der Radiusvektor ist, der die Punkte O und O' der Achsen verbindet (Bild I.1.10). Der Körper führt eine Translationsbewegung mit der Geschwindigkeit $\boldsymbol{v}$ aus, wobei $\boldsymbol{v}$ senkrecht zu der Ebene liegt, in der die Vektoren $\boldsymbol{\omega}_1$ und $\boldsymbol{\omega}_2$ liegen.

2. Die Dynamik der Translationsbewegung

2.1. Das erste NEWTONsche Gesetz

1. *Das erste* NEWTON*sche Gesetz*: Jeder Massenpunkt verharrt im Zustand der Ruhe oder der geradlinigen gleichförmigen Bewegung, bis dieser Zustand durch das Einwirken anderer Körper beendet wird.
Dieses Gesetz nennt man das *Trägheitsgesetz*, und die Eigenschaft von Massenpunkten, im Zustand der gleichförmigen geradlinigen Bewegung zu verharren, wenn keine äußeren Kräfte auf sie einwirken, nennt man die *Trägheit*.

2. Jede mechanische Bewegung ist eine *Relativ*-Bewegung: ihr Charakter hängt von der Wahl des Bezugssystems ab. Der betrachtete Körper kann gleichzeitig relativ zu dem einen Bezugssystem ruhen und sich relativ zu einem anderen Bezugssystem gleichförmig und geradlinig bewegen, während er sich relativ zu einem dritten beschleunigt bewegen kann. Daher gilt das Trägheitsgesetz nicht für jedes Bezugssystem. So wird sich ein Körper, der auf dem ebenen Boden eines sich relativ zur Erde geradlinig und gleichförmig bewegenden Eisenbahnwaggons ruht, jedesmal auf dem Boden zu bewegen beginnen, wenn die Bewegung des Waggons beschleunigt wird.

3. Als *Inertialsystem* bezeichnen wir in der klassischen Mechanik ein System, in welchem das Trägheitsgesetz gilt.[1]) Eine solche Art von System ist das *heliozentrische* Koordinatensystem, dessen Ursprung sich im Zentrum der Sonne befindet und dessen Achsen zu irgendwelchen bestimmten Sternen gerichtet sind, die als ruhend angesehen werden.
Jedes Bezugssystem, das relativ zu einem Inertialsystem ruht oder sich gleichförmig und geradlinig bewegt, ist selbst ein Inertialsystem. Umgekehrt ist jedes System, das sich relativ zu einem Inertialsystem beschleunigt bewegt, selbst *kein Inertialsystem*.

4. Ein mit der Erde fest verbundenes Bezugssystem (*geozentrisches* Bezugssystem) ist kein Inertialsystem, im wesentlichen wegen der Tagesrotation der Erde. Die experimentelle Verifikation dieser Tatsache und einer der Beweise des Vorhandenseins der Tagesrotation der Erde ist der Versuch mit dem FOUCAULTschen Pendel — ein schwerer Körper (meist eine Kugel), der an einem langen Faden auf-

---

[1]) Eine Verallgemeinerung dieses Begriffes auf den Fall der relativistischen Mechanik wird bei der Behandlung der Relativitätstheorie (S. 512) gebracht: Als Inertialsystem bezeichnen wir ein solches Bezugssystem, in welchem das Trägheitsgesetz gilt und die Lichtgeschwindigkeit im Vakuum eine universelle Konstante ist.

gehängt ist, frei in jeder Richtung schwingen kann, und eine praktisch reibungsfreie Aufhängung besitzt. Die Lage der Schwingungsebene eines solchen Pendels muß relativ zu einem Inertialsystem unverändert bleiben, da auf das Pendel nur die Kraft seines Gewichtes wirkt, die in dieser Ebene liegt. Relativ zum irdischen Bezugssystem vollführt jedoch die Schwingungsebene des FOUCAULTschen Pendels eine Rotation mit der Winkelgeschwindigkeit

$$\omega_M = \omega \sin \varphi,$$

wobei ω die Winkelgeschwindigkeit der Erddrehung ist, φ ist die geographische Breite des Beobachtungsortes. Die Maximalbeschleunigung eines Punktes auf der Erdoberfläche ist nicht größer als 0,5% der Beschleunigung im freien Fall. Daher kann man in den meisten praktischen Aufgaben das geozentrische Bezugssystem näherungsweise als Inertialsystem betrachten.

2.2. Die Kraft

1. *Die Kraft* ist eine vektorielle Größe und ein Maß für die mechanische Einwirkung auf einen Massenpunkt oder Körper von seiten anderer Körper oder Felder. Eine Kraft ist vollständig bestimmt, wenn man ihren Absolutbetrag, ihre Richtung und ihren Angriffspunkt kennt.

Wie aus dem ersten NEWTONschen Gesetz folgt, liegt die Ursache einer Änderung des Bewegungszustandes in der Wechselwirkung zwischen Körpern. Diese Wechselwirkung kann außerdem noch Deformationen dieser Körper verursachen. Mißt man die Deformationen x_1 und x_2 ein und desselben elastischen Körpers unter Einwirkung zweier gleichgerichteter Kräfte $\boldsymbol{F}_1$ und $\boldsymbol{F}_2$, die in ein und demselben Punkt angreifen, so kann man die Absolutbeträge dieser Kräfte gleich

$$\frac{F_2}{F_1} = \frac{x_2}{x_1}$$

setzen. Diese auf dem HOOKEschen Gesetz (S. 272) basierende Methode wird in Federwagen und Dynamometern angewendet.

2. Wirken auf einen Massenpunkt A (Bild I.2.1) mehrere Körper mit den Kräften $\boldsymbol{F}_1, \boldsymbol{F}_2, \ldots, \boldsymbol{F}_k$, so ist deren Wirkung der einer einzigen Kraft äquivalent, die wir als *resultierende Kraft* bezeichnen; sie ist gleich der Vektorsumme der wirkenden Kräfte:

$$\boldsymbol{F} = \sum_{i=1}^{k} \boldsymbol{F}_i.$$

Die resultierende Kraft kann durch ein geschlossenes Vieleck, das wir aus den Kräften $\boldsymbol{F}_1, \boldsymbol{F}_2, \ldots, \boldsymbol{F}_k$ konstruieren, dargestellt werden (Bild I.2.2). Die Projektionen dieser Kraft auf die Achsen eines kartesischen Koordinatensystems sind gleich den algebraischen

Summen der entsprechenden Projektionen aller Kräfte $\boldsymbol{F}_i$:

$$F_x = \sum_{i=1}^{k} F_{ix}, \qquad F_y = \sum_{i=1}^{k} F_{iy}, \qquad F_z = \sum_{i=1}^{k} F_{iz}.$$

Als *Wirkungslinie* der Kraft $\boldsymbol{F}_i$ bezeichnen wir die in der Richtung des Vektors $\boldsymbol{F}_i$ liegende Gerade. Die Wirkung auf einen starren Körper bleibt gleich, wenn man den Angriffspunkt einer Kraft längs ihrer

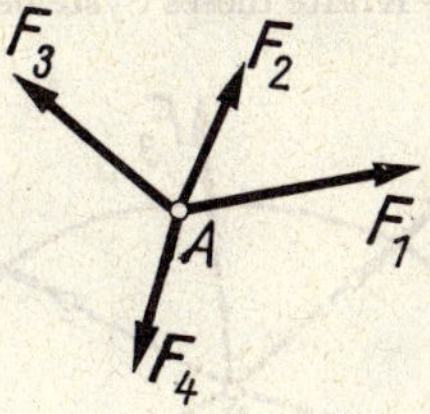

I.2.1.

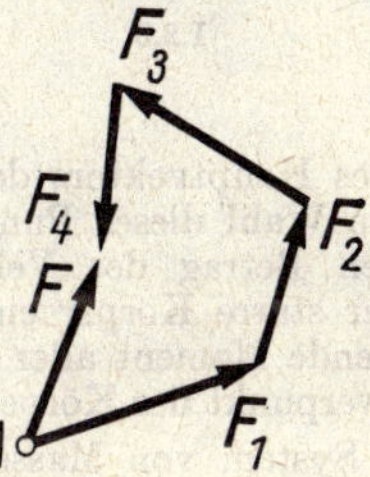

I.2.2.

Wirkungslinie verschiebt (unter der Voraussetzung, daß der Angriffspunkt der Kraft entweder im Körper selbst liegt oder mit ihm starr verbunden ist). Wir können daher die auf einen starren Körper wirkenden Kräfte als in ihrer Wirkungslinie verschiebbare Vektoren behandeln.

3. Unter einem *System von in einem Punkt angreifenden Kräften* (*Kräftebündel*) verstehen wir die Gesamtheit aller Kräfte, die an ein und demselben absolut starren Körper angreifen, derart, daß sich ihre Wirkungslinien in einem einzigen Punkt O schneiden (Bild I.2.3). Verschieben wir diese Kräfte längs ihrer Wirkungslinien bis zum Punkt O, so erhalten wir ein System von Kräften, die in ein und demselben Punkt angreifen und die einer resultierenden Kraft $\boldsymbol{F}$ äquivalent sind, welche ebenfalls im Punkt O angreift und gleich ist

der Vektorsumme aller Kräfte dieses Systems:

$$\boldsymbol{F} = \sum_{i=0}^{k} \boldsymbol{F}_i.$$

4. Im allgemeinsten Fall ist die Wirkung eines beliebigen Systems von Kräften auf einen absolut starren Körper äquivalent der Wirkung des resultierenden Momentes $\boldsymbol{M}$ des Kräftesystems (S. 74) und der *Resultierenden* $\boldsymbol{F}$ dieses Kräftesystems auf den Körper; sie ist gleich der Vektorsumme aller Kräfte dieses Systems: $\boldsymbol{F} = \sum_{i=1}^{k} \boldsymbol{F}_i$.

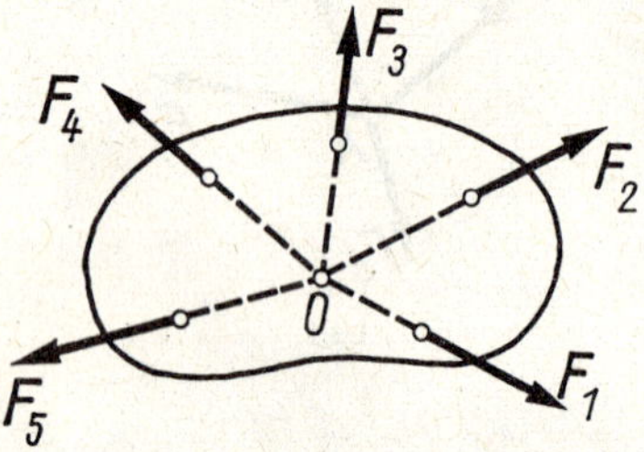

I.2.3

Den Angriffspunkt O des Hauptvektors des Kräftesystems nennen wir *Angriffszentrum*. Die Wahl dieses Punktes ist ganz willkürlich und beeinflußt nur den Betrag des Vektors des resultierenden Momentes $\boldsymbol{M}$. Führt der starre Körper eine Translationsbewegung aus, so ist das resultierende Moment aller am Körper angreifenden Kräfte relativ zum Schwerpunkt des Körpers (S. 82) gleich Null.

5. In einem beliebigen System von Massenpunkten oder Körpern nennen wir diejenigen Kräfte, die auf einen Punkt (Körper) des Systems seitens der andern Punkte (Körper) dieses Systems wirken, *innere Kräfte*. Diejenigen Kräfte hingegen, die von Massenpunkten oder Körpern, die nicht zum betrachteten System gehören, ausgeübt werden, nennen wir *äußere Kräfte*.

6. Als *abgeschlossenes* oder *isoliertes System* bezeichnen wir ein System von Körpern (oder Massenpunkten) auf welches keine äußeren Kräfte wirken.

7. Das *Unabhängigkeitsprinzip* kann wie folgt formuliert werden: Jedes abhängige mechanische System kann als unabhängig (kräftefrei) betrachtet werden, wenn man die auf dieses wirkenden Nebenbedingungen aufhebt und die Wirkung der diese Bedingungen realisierenden Körper auf das System durch entsprechende Kräfte ersetzt, die wir als Zwangskräfte bezeichnen. So können z. B. bei der Verschiebung eines Körpers auf einer rauhen Oberfläche die der Bewegung des Körpers auferlegten Einschränkungen völlig dadurch aufgehoben werden, daß man eine senkrecht auf die Berührungs-

fläche wirkende Zwangskraft einführt. Die zweite dieser Kräfte ist die Reibungskraft.
Im Gegensatz zu den Zwangskräften sind alle anderen (inneren und äußeren) auf das mechanische System wirkende Kräfte als *aktive Kräfte* zu bezeichnen. Betrachtet man eine Bewegungsaufgabe eines mechanischen Systems, so müssen alle aktiven Kräfte gegeben sein, während die Zwangskräfte zunächst unbekannt sind und erst bei der Lösung der Aufgabe bestimmt werden müssen.

2.3. Die Masse

1. Die *Masse eines Körpers* ist eine physikalische Größe und dient als Maß seiner trägen und schweren Eigenschaften.
In der NEWTONschen Mechanik ist die Masse eine additive Größe, d. h., die Masse m eines beliebigen Systems von Massenpunkten (z. B. eines festen Körpers) ist gleich der Summe der Massen m_i aller n Punkte des Systems:

$$m = \sum_{i=1}^{n} m_i.$$

Außerdem wird in der NEWTONschen Mechanik angenommen, daß a) die Masse eines Körpers von seiner Bewegungsgeschwindigkeit unabhängig ist, b) die Masse eines abgeschlossenen Systems von Körpern (oder Massenpunkten) von den sich in diesem System abspielenden Prozessen, gleich welcher Art diese sein mögen, unabhängig ist (*Satz von der Erhaltung der Masse*).
Die Trägheit eines Massenpunktes äußert sich darin, daß dieser unter dem Einfluß äußerer Kräfte eine endliche Beschleunigung erfährt, während er beim Fehlen äußerer Kräfte seinen Zustand der Ruhe oder gleichförmigen, geradlinigen Bewegung relativ zu einem Inertialsystem beibehält. Die Masse, die in das zweite NEWTONsche Gesetz eingeht, charakterisiert die Trägheitseigenschaften des Massenpunktes und wird als seine *träge Masse* bezeichnet.
Die Masse, die in das Gesetz der universellen Gravitation eingeht, charakterisiert die Gravitationseigenschaften der Masse und wird als seine *schwere Masse* bezeichnet.
Auf Grund von sehr genauen Messungen konnte festgestellt werden, daß für alle Körper das Verhältnis von träger Masse zu schwerer Masse gleich ist. Man kann daher bei entsprechender Wahl der Gravitationskonstante (S. 53) sagen, daß die träge Masse eines beliebigen Körpers gleich seiner schweren Masse ist; sie ist mit dem Gewicht P dieses Körpers durch die Beziehung $m = P/g$ verknüpft, wobei g die Schwerebeschleunigung ist. Diese ist, wie Versuche gezeigt haben, an ein und demselben Ort für alle Körper gleich. Daher können wir das Massenverhältnis zweier Körper durch ihr Gewichtsverhältnis ausdrücken: $m_2/m_1 = P_2/P_1$. Hierauf beruht der Massenvergleich von Körpern mittels Hebelwaagen.

2. Als *Dichte* ϱ eines Körpers bezeichnen wir den Grenzwert des Verhältnisses der Masse Δm eines Elements des Körpers zu seinem

Volumen ΔV, wobei wir ΔV gegen Null gehen lassen:

$$\varrho = \lim_{\Delta V \to 0} \frac{\Delta m}{\Delta V} = \frac{dm}{dV}.$$

Die Masse des ganzen Körpers ist gleich

$$m = \int_0^V \varrho \, dV,$$

wobei über das gesamte Volumen V des Körpers zu integrieren ist. Im Fall eines homogenen Körpers ist seine Dichte im ganzen Volumen V dieselbe, und die Masse des Körpers ist dann gleich $m = \varrho V$. Die mittlere Dichte $\bar{\varrho}$ eines inhomogenen Körpers ist das Verhältnis der Masse des Körpers zu seinem Volumen:

$$\bar{\varrho} = \frac{m}{V}.$$

3. *Schwerpunkt* oder *Massenmittelpunkt* eines Systems von Massenpunkten nennen wir jenen Punkt $C(x_c, y_c, z_c)$, dessen Radiusvektor $\boldsymbol{r}_c$ mit den Massen m_i und den Radiusvektoren $\boldsymbol{r}_i$ aller n Punkte dieses Systems wie folgt zusammenhängt:

$$\boldsymbol{r}_c = \frac{\sum_{i=1}^{n} m_i \boldsymbol{r}_i}{\sum_{i=1}^{n} m_i}.$$

Es ist demnach

$$x_c = \frac{\sum_{i=1}^{n} m_i x_i}{\sum_{i=1}^{n} m_i}, \quad y_c = \frac{\sum_{i=1}^{n} m_i y_i}{\sum_{i=1}^{n} m_i}, \quad z_c = \frac{\sum_{i=1}^{n} m_i z_i}{\sum_{i=1}^{n} m_i}.$$

Die Koordinaten des Schwerpunktes eines Körpers sind

$$x_c = \frac{\int_{(m)} x \, dm}{m} = \frac{\int_{(V)} \varrho x \, dV}{m}, \quad y_c = \frac{\int_{(m)} y \, dm}{m} = \frac{\int_{(V)} \varrho y \, dV}{m},$$

$$z_c = \frac{\int_{(m)} z \, dm}{m} = \frac{\int_{(V)} \varrho z \, dV}{m}.$$

Ist der Körper homogen, so ist

$$x_c = \frac{1}{V} \int_{(V)} x \, dV, \quad y_c = \frac{1}{V} \int_{(V)} y \, dV, \quad z_c = \frac{1}{V} \int_{(V)} z \, dV.$$

In rechtwinkligen kartesischen Koordinaten ist

$$dV = dx\,dy\,dz, \qquad \int\limits_{(V)} x\,dV = \iiint\limits_{(V)} x\,dx\,dy\,dz \qquad \text{usw.}$$

4. Als *Impuls* (*Bewegungsgröße*) eines Massenpunktes bezeichnen wir den Vektor $\boldsymbol{K}_i$, der gleich ist dem Produkt der Punktmasse m_i und ihrer Geschwindigkeit $\boldsymbol{v}_i$:

$$\boldsymbol{K}_i = m_i \boldsymbol{v}_i .$$

Der Impuls eines Systems von n Massenpunkten ist ein Vektor $\boldsymbol{K}$, der gleich ist der geometrischen Summe der Impulse aller Punkte dieses Systems:

$$\boldsymbol{K} = \sum_{i=1}^{n} \boldsymbol{K}_i = \sum_{i=1}^{n} m_i \boldsymbol{v}_i .$$

Für einen Körper ist

$$\boldsymbol{K} = \int\limits_{(m)} \boldsymbol{v}\,dm = \int\limits_{(V)} \boldsymbol{v}\varrho\,dV .$$

Der Impuls eines Systems von Massenpunkten ist gleich dem Produkt der Masse m des ganzen Systems mit der Geschwindigkeit $\boldsymbol{v}_c = d\boldsymbol{r}_c/dt$ seines Schwerpunktes: $\boldsymbol{K} = m\boldsymbol{v}_c$. Die Geschwindigkeit $\boldsymbol{v}_c$ ist die Geschwindigkeit der Translationsbewegung des Systems.

2.4. Das zweite NEWTONsche Gesetz

1. *Das zweite* NEWTON*sche Gesetz* lautet: Die erste zeitliche Ableitung des Impulses (Bewegungsgröße) eines Massenpunktes ist gleich der auf ihn wirkenden Kraft:

$$\frac{d\boldsymbol{K}_i}{dt} = \boldsymbol{F}_i \qquad \text{oder} \qquad \frac{d}{dt}(m_i \boldsymbol{v}_i) = \boldsymbol{F}_i .$$

Als *elementaren Kraftstoß* einer Kraft $\boldsymbol{F}_i$ während der Zeit dt bezeichnen wir die Vektorgröße $\boldsymbol{F}_i\,dt$. Der *Kraftstoß einer Kraft* $\boldsymbol{F}_i$ innerhalb einer endlichen Zeitspanne Δt ist gleich $\int\limits_0^{\Delta t} \boldsymbol{F}_i\,dt$. Ist die Kraft $\boldsymbol{F}_i$ konstant, so ist ihr Impuls im Zeitraum Δt gleich $\boldsymbol{F}_i\,\Delta t$. Man kann das zweite NEWTONsche Gesetz also auch so formulieren: Die elementare Änderung des Impulses eines Massenpunktes ist gleich dem elementaren Kraftstoß der auf ihn wirkenden Kraft:

$$d(m_i \boldsymbol{v}_i) = \boldsymbol{F}_i\,dt .$$

Da $m_i = \text{const}$ ist

$$\boldsymbol{w}_i = \frac{d\boldsymbol{v}_i}{dt} = \frac{\boldsymbol{F}_i}{m_i} .$$

Schließlich können wir das zweite NEWTONsche Gesetz auch folgendermaßen formulieren: Die Beschleunigung eines Massenpunktes ist der auf ihn wirkenden Kraft direkt proportional, der Masse des Punktes umgekehrt proportional und fällt mit der Richtung der Kraft zusammen.

Die den Zusammenhang zwischen $\boldsymbol{w}_i$ und $\boldsymbol{F}_i$ beschreibende *Differentialgleichung* nennen wir die *Bewegungsgleichung* des Punktes. Schreiben wir sie in den Projektionen auf die Achsen eines orthogonalen Koordinatensystems, so lautet sie wie folgt:

a) kartesische Koordinaten

$$m_i \ddot{x}_i = F_{ix}; \qquad m_i \ddot{y}_i = F_{iy}; \qquad m_i \ddot{z}_i = F_{iz};$$

b) zylindrische Koordinaten

$$m_i(\ddot{\varrho}_i - \varrho_i \dot{\varphi}_i^2) = F_{i\varrho}, \qquad m_i(\varrho_i \ddot{\varphi}_i + 2\dot{\varrho}_i \dot{\varphi}_i) = F_{i\varphi}, \qquad m_i \ddot{z}_i = F_{iz},$$

wobei $F_{i\varrho}$ und $F_{i\varphi}$ die entsprechenden Projektionen der Kraft $\boldsymbol{F}_i$ auf die Richtung der Geraden OM' sind (Bild I.1.1b, wobei M ein sich bewegender Massenpunkt mit der Masse m_i ist) und auf eine Gerade, die in der x,y-Ebene und senkrecht zu OM' liegt, in Richtung wachsenden Winkels φ;

c) sphärische Koordinaten

$$m_i(\ddot{r}_i - r_i \dot{\varphi}_i^2 \sin^2 \vartheta_i - r_i \dot{\vartheta}_i^2) = F_{ir},$$

$$m_i[(r_i \ddot{\varphi}_i + 2\dot{r}_i \dot{\varphi}_i) \sin \vartheta + 2 r_i \dot{\varphi}_i \dot{\vartheta}_i \cos \vartheta_i] = F_{i\varphi},$$

$$m_i(2\dot{r}_i \dot{\vartheta}_i + r_i \ddot{\vartheta}_i - r_i \dot{\varphi}_i^2 \sin \vartheta_i \cos \vartheta_i) = F_{i\vartheta},$$

wobei F_{ir} die Projektion der Kraft $\boldsymbol{F}_i$ auf die Richtung der Geraden OM ist (Bild I.1.1c), $F_{i\varphi}$ ist die Projektion von $\boldsymbol{F}_i$ auf die Richtung einer Geraden, die in der x, y-Ebene und senkrecht zu OM' liegt, in der Richtung wachsenden Winkels φ, und $F_{i\vartheta}$ ist die Projektion von $\boldsymbol{F}_i$ auf die Richtung einer Geraden, die in der Ebene OMM' und senkrecht zu OM liegt, in Richtung wachsenden Winkels ϑ.

2. *Das Superpositionsprinzip für Kräfte*: Wirken auf einen Massenpunkt gleichzeitig mehrere Kräfte, so wird jede dieser Kräfte auf den Punkt eine Beschleunigung ausüben, die durch das zweite NEWTONsche Gesetz bestimmt ist, so als ob keine anderen Kräfte vorhanden wären. Wir können also die resultierende Beschleunigung des Punktes nach dem zweiten NEWTONschen Gesetz bestimmen, wobei wir in ihm die resultierende Kraft $\boldsymbol{F}_i$ einzusetzen haben.

3. In der Tangentialebene können wir die Beschleunigung des Massenpunktes und die auf ihn wirkende Kraft in Normal- und Tangentialkomponenten zerlegen:

$$m_i(\boldsymbol{w}_{in} + \boldsymbol{w}_{it}) = \boldsymbol{F}_{in} + \boldsymbol{F}_{it},$$

mit

$$\boldsymbol{F}_{in} = m_i \boldsymbol{w}_{in} \qquad \text{und} \qquad \boldsymbol{F}_{it} = m_i \boldsymbol{w}_{it}.$$

Die Normalkomponente der Kraft ist ihrem Betrag nach (S. 28) gleich

$$F_{in} = m_i w_{in} = \frac{m_i v_i^2}{R_i}$$

und gegen den Krümmungsmittelpunkt der Bahnkurve des Massenpunktes gerichtet. Daher wird sie auch oft als *Zentripetalkraft* bezeichnet. Im Fall einer kreisförmigen Bahnkurve vom Radius R_i ist die Kraft $F_{in} = m_i \omega_i^2 R_i$, wobei ω_i die Winkelgeschwindigkeit des Punktes ist.

Der Betrag der Tangentialkomponente der Kraft (S. 28) ist durch

$$F_{it} = m_i w_{it} = m_i \dot{v}_i$$

gegeben. Ist $\dot{v}_i > 0$, dann hat die Kraft $\boldsymbol{F}$ dieselbe Richtung wie der Geschwindigkeitsvektor $\boldsymbol{v}_i$, und wir sprechen in diesem Fall von einer *beschleunigenden Kraft*; ist $\dot{v}_i < 0$, dann ist die Kraft $\boldsymbol{F}_{it}$ der Geschwindigkeit $\boldsymbol{v}_i$ entgegengesetzt gerichtet, und wir nennen sie *verzögernde Kraft*.

2.5. Das dritte NEWTONsche Gesetz

Die von zwei Massenpunkten aufeinander ausgeübten Kräfte haben gleiche Beträge und entgegengesetzte Richtungen:

$$\boldsymbol{F}_{ij} = -\boldsymbol{F}_{ji} \qquad (i \neq j),$$

wobei $\boldsymbol{F}_{ij}$ die Kraft ist, die vom j-ten Punkt auf den i-ten ausgeübt wird, $\boldsymbol{F}_{ji}$ ist die vom i-ten Punkt auf den j-ten Punkt ausgeübte Kraft. Diese Kräfte greifen also an verschiedenen Punkten an und können nur dann im Gleichgewicht sein, wenn die Punkte i und j ein und demselben starren Körper angehören.

2.6. Das Grundgesetz der Dynamik der Translationsbewegung

1. Die zeitliche Ableitung des Impulses $\boldsymbol{K}$ eines Massenpunktes oder eines Systems von Massenpunkten relativ zu einem unbewegten (Inertial-)Bezugssystem ist gleich der Resultierenden $\boldsymbol{F}$ aller äußeren Kräfte, die auf das System wirken:

$$\frac{d\boldsymbol{K}}{dt} = \boldsymbol{F} \qquad \text{oder} \qquad m\boldsymbol{w}_c = \boldsymbol{F},$$

wobei $\boldsymbol{w}_c$ die Beschleunigung des Schwerpunktes des Systems und m seine Masse ist.

Bei einer Translationsbewegung eines starren Körpers mit der Absolutgeschwindigkeit $\boldsymbol{v}$ ist die Geschwindigkeit des Schwerpunktes $\boldsymbol{v}_c = \boldsymbol{v}$. Betrachtet man also die Translationsbewegung eines starren Körpers, so kann man sich diesen Körper durch einen Massenpunkt ersetzt denken, der sich im Schwerpunkt des Körpers befindet, die ganze Masse des Körpers besitzt und sich unter der Wirkung der Resultierenden der äußeren, am Körper angreifenden Kräfte, bewegt. Demnach ist die Masse eines Körpers ein Maß für seine Trägheit bei einer Translationsbewegung.

In Projektionen auf die Achsen eines unbewegten, rechtwinkligen kartesischen Koordinatensystems ausgedrückt, lautet das Grundgesetz der Dynamik der Translationsbewegung des Systems wie folgt:

$$\frac{dK_x}{dt} = F_x, \qquad \frac{dK_y}{dt} = F_y, \qquad \frac{dK_z}{dt} = F_z$$

oder

$$m w_{cx} = F_x, \qquad m w_{cy} = F_y, \qquad m w_{cz} = F_z.$$

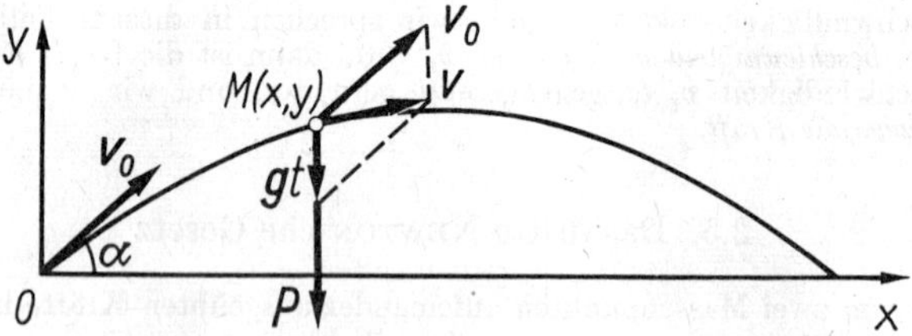

I.2.4.

2. Betrachten wir den einfachsten Fall einer Translationsbewegung eines festen Körpers.

a) Kraftfreie Bewegung (Trägheitsbahn) ($\boldsymbol{F} = 0$):

$$m\boldsymbol{v} = \text{const}, \qquad \boldsymbol{w} = 0;$$

b) Wirkung einer konstanten Kraft:

$$\frac{d}{dt}(m\boldsymbol{v}) = \boldsymbol{F} = \text{const}, \qquad m\boldsymbol{v} = \boldsymbol{F}t + m\boldsymbol{v}_0,$$

wobei $m\boldsymbol{v}_0$ der Impuls des Körpers zur Zeit $t = 0$ ist.

Beispiel. Betrachten wir die Bewegung eines Körpers, der in einer unter dem Winkel α gegen die Horizontale geneigten Richtung geworfen wird. Er bewegt sich unter der Wirkung der konstanten Kraft seines Gewichtes $\boldsymbol{P}$, die senkrecht nach unten gerichtet ist (Bild I.2.4). Für einen beliebigen Punkt $M(x, y)$ ist die Bahnkurve des Körpers gegeben durch

$$m\boldsymbol{v} = \boldsymbol{P}t + m\boldsymbol{v}_0 \qquad \text{oder} \qquad \boldsymbol{v} = \boldsymbol{g}t + \boldsymbol{v}_0,$$

$$v_x = v_0 \cos\alpha, \qquad v_y = v_0 \sin\alpha - gt,$$

$$x = v_0 t \cos\alpha, \qquad y = v_0 t \sin\alpha - \frac{gt^2}{2}.$$

Die Gleichung der Bahnkurve lautet

$$y = x \tan\alpha - \frac{gx^2}{2v_0^2 \cos^2\alpha}.$$

Die größte Höhe der Bahnkurve ist

$$y_{\max} = \frac{(v_0 \sin \alpha)^2}{2g}.$$

Die maximale Flugweite in der Richtung der Horizontalen (x-Achse) ist gegeben durch

$$x_{\max} = \frac{v_0^2 \sin 2\alpha}{g}.$$

c) Untersuchung der Bewegung unter der Einwirkung einer zeitlich veränderlichen Kraft. In der Zeitspanne zwischen t_1 und t_2 ändert sich der Impuls um

$$m\boldsymbol{v}_2 - m\boldsymbol{v}_1 = \overline{\boldsymbol{F}}(t_2 - t_1),$$

wobei $\overline{\boldsymbol{F}} = \dfrac{\int_{t_1}^{t_2} \boldsymbol{F}\,dt}{t_2 - t_1}$ der Mittelwert des Kraftvektors in der Zeitspanne t_1 bis t_2 ist.

2.7. Das Gesetz von der Erhaltung des Impulses

1. Der Impuls eines abgeschlossenen Systems ist zeitlich konstant:

$$\frac{d\boldsymbol{K}}{dt} = 0 \qquad \text{oder} \qquad \boldsymbol{K} = \sum_{i=1}^{n} m_i \boldsymbol{v}_i = \text{const}.$$

Dies ist eines der grundlegenden Naturgesetze und folgt aus der Homogenität des Raumes (S. 107). In Projektionen auf die Achsen eines unbewegten rechtwinkligen kartesischen Koordinatensystems ausgedrückt, können wir dieses Gesetz als System dreier skalarer Gleichungen schreiben:

$$\left.\begin{aligned} \frac{d}{dt}\sum_{i=1}^{n} m_i \dot{x}_i &= 0, \\ \frac{d}{dt}\sum_{i=1}^{n} m_i \dot{y}_i &= 0, \\ \frac{d}{dt}\sum_{i=1}^{n} m_i \dot{z}_i &= 0, \end{aligned}\right\} \text{ oder } \left\{\begin{aligned} \sum_{i=1}^{n} m_i \dot{x}_i &= a_1, \\ \sum_{i=1}^{n} m_i \dot{y}_i &= a_2, \\ \sum_{i=1}^{n} m_i \dot{z}_i &= a_3, \end{aligned}\right.$$

wobei $\dot{x}_i, \dot{y}_i, \dot{z}_i$ die Projektionen auf die x-, y- bzw. z-Achse des Vektors $\boldsymbol{v}_i$ der Geschwindigkeit des i-ten Punktes des Systems sind; a_1, a_2 und a_3 sind Konstanten und gleich den Projektionen des Impulsvektors $\boldsymbol{K}$ des Systems auf die Achsen des Koordinatensystems.

2. Das Gesetz der Erhaltung des Impulses zeigt, daß die Wechselwirkung von Körpern, die ein geschlossenes System bilden, nur zum

Austausch von Impuls zwischen diesen Körpern führen, nicht aber die Bewegung des Systems als ganzes ändern kann: Bei jeder Art von Wechselwirkung zwischen Körpern, die ein abgeschlossenes System bilden, bleibt die Geschwindigkeit des Schwerpunktes dieses Systems unverändert, d. h.

$$\frac{d\boldsymbol{v}_c}{dt} = 0 \quad \text{oder} \quad \frac{d^2 x_c}{dt^2} = \frac{d^2 y_c}{dt^2} = \frac{d^2 z_c}{dt^2} = 0,$$

wobei $\boldsymbol{v}_c$ die Geschwindigkeit des Schwerpunktes ist, x_c, y_c, z_c sind die kartesischen Koordinaten des Schwerpunktes.

Ist ein System von Körpern nicht abgeschlossen, die Projektion der Resultierenden $\boldsymbol{F}$ aller äußeren Kräfte auf eine beliebige Achse aber gleich Null, dann ist die Projektion des Impulsvektors des Systems auf diese Achse zeitunabhängig. Zum Beispiel ist für $F_x = 0$

$$\frac{d}{dt} \sum_{i=1}^{n} m_i \dot{x}_i = 0, \qquad \sum_{i=1}^{n} m_i \dot{x}_i = \text{const}.$$

2.8. Die Bewegung eines Körpers mit veränderlicher Masse

1. Die Differentialgleichung, die die Translationsbewegung eines starren Körpers, dessen Masse m eine Funktion der Zeit ist, beschreibt, lautet

$$\frac{d}{dt}(m\boldsymbol{v}) = \boldsymbol{F} + \boldsymbol{v}_1 \frac{dm}{dt},$$

$\boldsymbol{F}$ ist die Resultierende aller Kräfte, die auf den Körper wirken, $\boldsymbol{v}_1$ ist die Geschwindigkeit der hinzukommenden Masse vor der Vereinigung (wenn $dm/dt > 0$ ist) oder die Geschwindigkeit der wegfallenden Masse nach ihrer Abtrennung (wenn $dm/dt < 0$ ist).

2. Die Beschleunigung $\boldsymbol{w}$ eines Körpers variabler Masse ist gleich

$$\boldsymbol{w} = \frac{1}{m}(\boldsymbol{F} + \boldsymbol{F}_p),$$

wobei

$$\boldsymbol{F}_p = (\boldsymbol{v}_1 - \boldsymbol{v}) \frac{dm}{dt} = \boldsymbol{u} \frac{dm}{dt}$$

die *Reaktionskraft* ist; sie ist gleich dem Produkt der zeitlichen Ableitung der Masse des Körpers mit der Relativgeschwindigkeit $\boldsymbol{u} = \boldsymbol{v}_1 - \boldsymbol{v}$ der hinzukommenden oder wegfallenden Masse.

Beispiel 1. Betrachten wir die Rückstoßkraft, die bei einem Düsenantrieb wirkt. Diese Kraft $\boldsymbol{F}_p$ ist gleich der Vektorsumme der beiden, gleichzeitig wirkenden Reaktionskräfte: der Kraft $\boldsymbol{F}_{p1}$, die durch das Ansaugen der Luft verursacht wird, und der Kraft $\boldsymbol{F}_{p2}$, die durch den

Ausstoß der Verbrennungsprodukte verursacht wird:

$$\boldsymbol{F}_p = \boldsymbol{F}_{p1} + \boldsymbol{F}_{p2},$$

$$\boldsymbol{F}_{p1} = \boldsymbol{u}_1 \frac{dm_1}{dt}, \qquad \boldsymbol{F}_{p2} = -\boldsymbol{u}_2 \left(\frac{dm_1}{dt} + \frac{dm_2}{dt}\right),$$

$$\boldsymbol{F}_p = (\boldsymbol{u}_1 - \boldsymbol{u}_2) \frac{dm_1}{dt} - \boldsymbol{u}_2 \frac{dm_2}{dt};$$

$\boldsymbol{u}_1 = -\boldsymbol{v}$ ist die Relativgeschwindigkeit der Luft, $\boldsymbol{v}$ ist die Fluggeschwindigkeit, $\boldsymbol{u}_2$ ist die Relativgeschwindigkeit der Verbrennungsprodukte beim Austritt aus der Düse, dm_1/dt ist die Durchflußrate, Luftmasse/Sekunde, und dm_2/dt ist die Durchflußrate des Brennstoffs pro Sekunde.

Beispiel 2. Wir betrachten nun die Bewegung einer Rakete, auf die keine äußeren Kräfte einwirken. Die *Schubkraft der Rakete* erhalten wir aus obigen Formeln unter der Annahme, daß $\boldsymbol{u}_1 = 0$ (Oxydationsmittel und Treibstoff befinden sich beide in der Rakete selbst):

$$\boldsymbol{F}_p = \boldsymbol{u}_2 \frac{dm}{dt},$$

wobei dm/dt die zeitliche Abnahme der Raketenmasse infolge des Abbrennens des Treibstoffs angibt. Die Bewegungsgleichung der Rakete lautet

$$m \frac{d\boldsymbol{v}}{dt} = \boldsymbol{u}_2 \frac{dm}{dt},$$

wobei $\boldsymbol{v}$ die Geschwindigkeit und m die Masse zum Zeitpunkt t ist. Die Vektoren $d\boldsymbol{v}/dt$ und $\boldsymbol{u}_2$ sind entgegengesetzt gerichtet, daher ist

$$m \frac{dv}{dt} = -u_2 \frac{dm}{dt},$$

woraus bei $u_2 = \text{const}$ die *Gleichung von* K. E. Ziolkowski folgt:

$$v = v_0 + u_2 \ln \frac{m_0}{m},$$

wobei v_0 und m_0 die Anfangswerte von Geschwindigkeit und Masse der Rakete sind (bei $t = 0$).

2.9. Das Relativitätsprinzip der Mechanik

1. Für die Koordinaten und die Zeit in zwei beliebigen Inertialsystemen gilt die Galilei-*Transformation*:

$$\boldsymbol{r}' = \boldsymbol{r} - (\boldsymbol{r}_0 + \boldsymbol{v}_e t) \qquad (\boldsymbol{v}_e = \text{const}),$$
$$t' = t,$$

wobei $\boldsymbol{r}$ und $\boldsymbol{r}'$ die Radiusvektoren eines sich bewegenden Punktes im ersten bzw. zweiten Bezugssystem sind, $\boldsymbol{v}_e$ ist die Geschwindigkeit der gleichförmigen und geradlinigen Bewegung des zweiten Bezugssystems relativ zum ersten und $\boldsymbol{r}_0$ ist der Radiusvektor vom Ursprung des ersten Systems zum Ursprung des zweiten Systems zur Zeit $t = 0$. Die zweite Bedingung ($t' = t$) bringt den absoluten Charakter der Zeit in der klassischen Mechanik zum Ausdruck, d. h., sie besagt, daß die Zeit in allen Inertialsystemen in gleicher Weise abläuft (S. 106).

2. Der Zusammenhang zwischen den Geschwindigkeiten und den Beschleunigungen des Massenpunktes in den beiden Bezugssystemen ist durch folgende Beziehungen gegeben:

$$\boldsymbol{v}' = \frac{d\boldsymbol{r}'}{dt'} = \frac{d\boldsymbol{r}}{dt} - \boldsymbol{v}_e = \boldsymbol{v} - \boldsymbol{v}_e,$$

$$\boldsymbol{w}' = \frac{d\boldsymbol{v}'}{dt'} = \frac{d\boldsymbol{v}}{dt} = \boldsymbol{w}.$$

Die Beschleunigung eines beliebigen Massenpunktes ist in allen Inertialsystemen dieselbe.

Im allgemeinsten Fall hängen die Kräfte, die auf einen Massenpunkt von seiten anderer Körper oder der durch sie erzeugten Felder wirken, vom Abstand zwischen dem Massenpunkt und diesen Körpern, von der Relativgeschwindigkeit von Massenpunkt und Körpern sowie von der Zeit ab. Aus den GALILEIschen Transformationsgleichungen folgt, daß alle diese Größen in allen Inertialsystemen invariant sind:

$$\boldsymbol{r}_2' - \boldsymbol{r}_1' = \boldsymbol{r}_2 - \boldsymbol{r}_1 \qquad \text{und} \qquad \boldsymbol{v}_2' - \boldsymbol{v}_1' = \boldsymbol{v}_2 - \boldsymbol{v}_1.$$

Daher sind auch die Kräfte, die auf den sich bewegenden Massenpunkt wirken, einander gleich:

$$\boldsymbol{F}' = \boldsymbol{F}.$$

Daher ist

$$\frac{F'}{w'} = \frac{F}{w} = m,$$

d. h., die Bewegungsgleichung des Massenpunktes oder eines Systems von Massenpunkten ist in allen Inertialsystemen dieselbe, sie ist *invariant* bezüglich einer GALILEI-Transformation.

3. Dieses Ergebnis können wir als *mechanisches Relativitätsprinzip* formulieren: Eine gleichförmige und geradlinige Bewegung (relativ zu einem Inertialsystem) eines abgeschlossenen Systems beeinflußt nicht den Ablauf mechanischer Prozesse in diesem System.

Mit anderen Worten, in der Mechanik sind alle Inertialsysteme gleichwertig. Es gibt daher im Rahmen der klassischen Mechanik keinerlei Begründung dafür, irgendein Bezugssystem als „Haupt"-system zu betrachten, relativ zu welchem man Bewegung oder Ruhe von Körpern als absolut bezeichnen könnte.

Eine weitere Verallgemeinerung des Relativitätsprinzipes werden wir im Rahmen der Relativitätstheorie (S. 512) behandeln.

2.10. Das Gesetz der universellen Gravitation

1. Zwei beliebige Massenpunkte üben aufeinander *Anziehungskräfte* aus, die dem Produkt der Massen dieser Punkte direkt und dem Quadrat ihres Abstandes umgekehrt proportional sind (Bild I.2.5):

$$\boldsymbol{F}_{12} = f \frac{m_1 m_2}{R^2} \frac{\boldsymbol{R}_{12}}{R},$$

wobei $\boldsymbol{F}_{12}$ die auf den Punkt mit der Masse m_1 wirkende Schwerkraft ist, $\boldsymbol{R}_{12}$ ist der Radiusvektor von diesem Punkt zu dem Punkt mit der Masse m_2 und $R = |\boldsymbol{R}_{12}|$ der Abstand zwischen den beiden

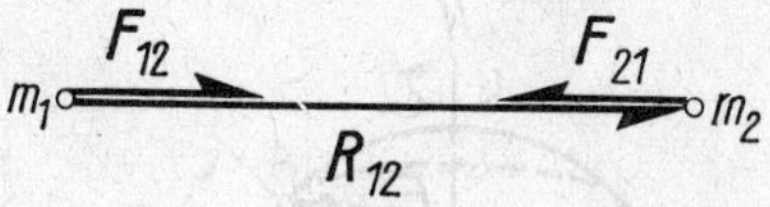

I.2.5.

Punkten. Den Koeffizienten f nennen wir *Gravitationskonstante*. Ihrem Betrag nach ist sie gleich der Kraft, die zwei Massenpunkte aufeinander ausüben, deren Masse gleich einer Masseneinheit ist und die sich in einem Abstand gleich einer Längeneinheit befinden. Die Gravitationskonstante kann experimentell bestimmt werden. Ihr numerischer Wert hängt nur von der Wahl der Maßeinheiten ab:

$$f = (6{,}67 \pm 0{,}01) \cdot 10^{-11}\,\mathrm{N \cdot m^2/kg^2} = (6{,}67 \pm 0{,}01) \cdot 10^{-8}\,\mathrm{dyn \cdot cm^2/g^2}.$$

Dem dritten Newtonschen Gesetz zufolge ist die Kraft $\boldsymbol{F}_{21}$, die auf den Massenpunkt mit der Masse m_2 wirkt, ihrem Betrag nach gleich der Kraft $\boldsymbol{F}_{12}$, doch entgegengesetzt gerichtet:

$$\boldsymbol{F}_{21} = -\boldsymbol{F}_{12} = -f \frac{m_1 m_2}{R^2} \frac{\boldsymbol{R}_{12}}{R} = f \frac{m_1 m_2}{R^2} \frac{\boldsymbol{R}_{21}}{R}.$$

2. Wir können genügend kleine Elemente zweier Körper von beliebiger Form und Größe als Massenpunkte betrachten, deren Masse gleich ist dem Produkt ihrer Volumina (dV_1 und dV_2) und ihrer Dichten (ϱ_1 und ϱ_2). Daher ist die Massenanziehungskraft $d\boldsymbol{F}_{12}$, die auf ein Element des ersten Körpers von einem Element des zweiten Körpers ausgeübt wird, gleich

$$d\boldsymbol{F}_{12} = f \frac{\varrho_1 \varrho_2}{r_{12}^2} \frac{\boldsymbol{r}_{12}}{r_{12}}\, dV_1\, dV_2.$$

Die resultierende Kraft $\boldsymbol{F}_{12}$, mit der der erste Körper vom zweiten angezogen wird, ist gleich

$$\boldsymbol{F}_{12} = f \int_{V_1} \varrho_1\, dV_1 \int_{V_2} \frac{\varrho_2}{r_{12}^3}\, \boldsymbol{r}_{12}\, dV_2,$$

wobei über das gesamte Volumen V_1 bzw. V_2 der beiden Körper zu integrieren ist. Sind die Körper homogen und ihre Dichten konstant, so ist

$$\boldsymbol{F}_{12} = f\,\varrho_1\varrho_2 \int\limits_{V_1} d\,V_1 \int\limits_{V_2} \frac{\boldsymbol{r}_{12}}{r_{12}^3}\,d\,V_2 .$$

Für zwei kugelförmige starre Körper, deren Dichten jeweils eine Funktion des Abstands zum Mittelpunkt sind, ist

$$\boldsymbol{F}_{12} = f\,\frac{m_1 m_2}{R^3}\,\boldsymbol{R}_{12},$$

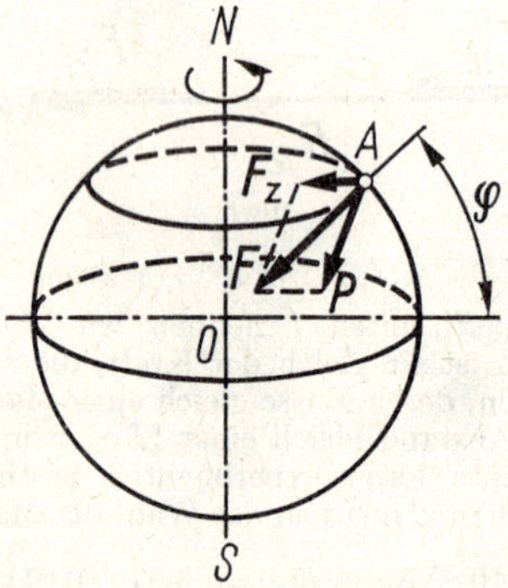

I.2.6.

wobei m_1 und m_2 die Massen der beiden Körper sind, $\boldsymbol{R}_{12}$ ist der die Mittelpunkte der beiden Körper verbindende Radiusvektor und $R = |\boldsymbol{R}_{12}|$.
Diese Formel gilt auch dann, wenn einer der beiden Körper eine beliebige Form hat, seine Größe aber um vieles kleiner ist als der Radius des zweiten Körpers.

3. Als *Gewicht eines Massenpunktes* bezeichnen wir die Kraft $\boldsymbol{P}$, die gleich ist der Vektordifferenz der auf diesen Massenpunkt wirkenden und zur Erde hin gerichteten Schwerkraft $\boldsymbol{F}$ und der Zentrifugalkraft $\boldsymbol{F}_z$, die auf diesen Punkt wirkt, da er an der Erdrotation teilnimmt (Bild I.2.6):

$$\boldsymbol{P} = \boldsymbol{F} - \boldsymbol{F}_z,$$

mit

$$F_z = m\omega^2 R \cos\varphi;$$

hier ist m die Masse des Punktes, ω die Winkelgeschwindigkeit der Erdrotation, R der Erdradius und φ die geographische Breite des betrachteten Punktes A.

Das Gewicht ist am größten an den Polen und am kleinsten am Äquator; der Unterschied ist jedoch nie größer als 0,55%. Das *Gewicht eines Körpers* ist gleich der geometrischen Summe der Gewichte aller Massenpunkte des betrachteten Körpers. Den Angriffspunkt dieser Kraft nennen wir den *Schwerpunkt* des Körpers. Der Schwerpunkt fällt mit dem Massenmittelpunkt des Körpers (S. 44) zusammen.

4. Der *freie Fall* ist diejenige Bewegung, die ein Körper vollführt, wenn nur die Schwerkraft auf ihn wirkt. Die *Beschleunigung im freien Fall* (*Schwerebeschleunigung*) ist $\boldsymbol{g} = \boldsymbol{P}/m$. Sie ist für alle Körper gleich und hängt nur von der geographischen Breite und der Meereshöhe ab.

Den Absolutbetrag von g (in $\mathrm{cm/s^2}$), der Beschleunigung im freien Fall bei geringen Höhen h (in m) über dem Meeresniveau kann man nach folgender Näherungsformel berechnen

$$g = 978{,}049\,(1 + 0{,}0052884 \sin^2\varphi - 0{,}0000059 \sin^2 2\varphi) - 0{,}0003086h - 0{,}011.$$

Der *Standardwert* (*Normalwert*) von g, der in barometrischen Berechnungen und bei der Definition von Einheitensystemen verwendet wird, ist gleich $980{,}665\ \mathrm{cm/s^2}$.

In den meisten technischen Berechnungen vernachlässigt man die Abhängigkeit des g-Wertes von φ und setzt $g = 981\ \mathrm{cm/s^2}$, und für die Bestimmung der Änderung von g mit zunehmendem Abstand von der Erdoberfläche verwendet man die Näherungsformel

$$g = f\frac{M}{(R_0 + h)^2} = g_0\left(\frac{R_0}{R_0 + h}\right)^2,$$

wobei M die Erdmasse, $R_0 = 6370$ km der mittlere Erdradius und $g_0 = 981\ \mathrm{cm/s^2}$ ist.

5. Das *Gewicht eines Körpers* ist diejenige Kraft, die der Körper infolge der Erdanziehung auf seine Unterlage (oder Aufhängung) ausübt und die ihn vor dem freien Fall bewahrt. Sind Körper und Unterlage relativ zur Erde in Ruhe, dann ist das Gewicht des Körpers gleich der auf ihn wirkenden Schwerkraft.

Das *spezifische Gewicht* eines Körpers ist ein Skalar, den wir mit γ bezeichnen; es ist gleich dem Grenzwert des Verhältnisses des Absolutbetrages ΔP des Gewichts eines Körperelements zu seinem Volumen ΔV, wobei wir ΔV gegen Null gehen lassen:

$$\gamma = \lim_{\Delta V \to 0} \frac{\Delta P}{\Delta V} = \frac{dP}{dV}.$$

Die auf den ganzen Körper wirkende Schwerkraft ist dann dem Betrag nach gleich

$$P = \int\limits_{(V)} \gamma\, dV,$$

wobei über das gesamte Volumen V des Körpers zu integrieren ist.

Als mittleres spezifisches Gewicht $\bar{\gamma}$ eines inhomogenen Körpers bezeichnen wir das Verhältnis des Absolutbetrages der auf ihn wirkenden Schwerkraft zu seinem Volumen:

$$\bar{\gamma} = \frac{P}{V}.$$

Der Zusammenhang zwischen spezifischem Gewicht und Dichte eines Körpers ist durch folgende Relationen ausgedrückt:

$$\gamma = \varrho g, \qquad \bar{\gamma} = \bar{\varrho} g.$$

2.11. Das Gravitationsfeld

1. Die Anziehung zwischen den Körpern erfolgt vermittels des *Gravitationsfeldes,* welches neben den anderen physikalischen Feldern eine der Erscheinungsformen der Materie darstellt. Eine charakteristische Besonderheit des Gravitationsfeldes besteht darin, daß auf einen in ihm befindlichen Massenpunkt eine Anziehungskraft wirkt, die der Masse dieses Punktes direkt proportional ist. Ein weiteres Charakteristikum des Gravitationsfeldes ist die Tatsache, daß es Vektorcharakter besitzt, wo $\boldsymbol{g}$ der *Feldstärke* entspricht; dieser Vektor ist gleich dem Verhältnis der auf den Massenpunkt wirkenden Schwerkraft $\boldsymbol{F}$ zu seiner Masse m: $\boldsymbol{g} = \boldsymbol{F}/m$.

2. Da die Schwerkraft alle Eigenschaften eines *Potentialfeldes* (S. 66) besitzt, können wir eine skalare Größe, das *Potential* φ einführen, das mit $\boldsymbol{g}$ durch folgende Beziehung verknüpft ist:

$$\boldsymbol{g} = -\operatorname{grad} \varphi = -\left(\frac{\partial \varphi}{\partial x}\boldsymbol{i} + \frac{\partial \varphi}{\partial y}\boldsymbol{j} + \frac{\partial \varphi}{\partial z}\boldsymbol{k}\right).$$

Zwischen Gravitationsfeld und elektrostatischem Feld (S. 327) besteht infolge der äußeren Ähnlichkeit zwischen den Ausdrücken für die gegenseitige Anziehung zweier Massenpunkte (S. 53) und die Kraft der elektrostatischen Wechselwirkung zweier Punktladungen (S. 325) eine formale Analogie. Wir können daher, um Feldstärke und Potential des Gravitationsfeldes, das von einem beliebigen System von Massenpunkten mit den Massen $m_1, m_2, \ldots, m_k$ erzeugt wird, zu erhalten, die Formeln, die für Feldstärke und Potential des elektrostatischen Feldes eines geometrisch identischen Systems von Punktladungen $q_1, q_2, \ldots, q_k$ gelten, verwenden, indem wir in diesen Ausdrücken, wenn sie im internationalen Maßsystem geschrieben sind, die Größe $q_i/4\pi\varepsilon_0\varepsilon$ durch $f m_i$ ersetzen, wobei f die Gravitationskonstante ist. So gilt z. B. für ein Gravitationsfeld, das von einem Massenpunkt mit der Masse M, der sich im Ursprung befindet, erzeugt wird,

$$\boldsymbol{g} = -f\frac{M}{r^3}\boldsymbol{r} \qquad \text{und} \qquad \varphi = -f\frac{M}{r} + C,$$

wobei $\boldsymbol{r}$ der Radiusvektor des Feldpunktes und C eine beliebige Konstante ist, die von der Wahl des Bezugssystems von φ abhängt.

Diese Ausdrücke gelten auch für das Gravitationsfeld einer Kugel der Masse M, deren Dichte sich nur in radialer Richtung ändert und deren Radius kleiner als r ist.
Im allgemeinen Fall genügt das Potential φ des Gravitationsfeldes, das von im Raum beliebig angeordneten Massen erzeugt wird, der POISSONschen *Differentialgleichung*:

$$\frac{\partial^2\varphi}{\partial x^2}+\frac{\partial^2\varphi}{\partial y^2}+\frac{\partial^2\varphi}{\partial z^2}=-4\pi f\varrho \qquad \text{oder} \qquad \Delta\varphi=-4\pi f\varrho,$$

wobei $\varrho = dm/dV$ die spezifische Dichte der Massenverteilung und $\Delta = \frac{\partial^2}{\partial x^2}+\frac{\partial^2}{\partial y^2}+\frac{\partial^2}{\partial z^2}$ der LAPLACE-Operator ist.
Die allgemeine Lösung dieser Gleichung lautet

$$\varphi = -f\int\limits_{(V)}\frac{\varrho\, dV}{r},$$

wobei r der Abstand zwischen dem Volumenelement dV mit der Masse $dm = \varrho\, dV$ und dem betrachteten Feldpunkt ist; integriert wird über das gesamte Volumen V, das die das Gravitationsfeld erzeugenden Massen einnehmen.

3. Als *gewichtslos* bezeichnet man einen solchen Zustand eines mechanischen Systems, bei dem das auf das System einwirkende äußere Gravitationsfeld keine Druckkräfte zwischen den einzelnen Teilen des Systems zur Folge hat. Wird ein im gewichtslosen Zustand befindlicher Körper an einer Feder aufgehängt, so verursacht er keinerlei Deformation dieser Feder, und ein solcher Körper, der auf einer ruhenden Unterlage liegt, übt keinerlei Kraftwirkungen auf diese aus.
Der Zustand der Gewichtslosigkeit tritt in einem beliebigen System ein, wenn die folgenden Bedingungen erfüllt sind: a) Auf das System wirken keine anderen äußeren Kräfte als die eines Gravitationsfeldes; b) dieses System ist nicht zu groß, so daß zu jedem Zeitpunkt das Gravitationspotential an allen Punkten des Systems dasselbe ist; c) das System befindet sich in Translationsbewegung. Diese Bedingungen sind erfüllt z. B. in einem frei fallenden Lift, einem künstlichen Erdtrabanten oder einem Raumschiff, das sich in freiem Flug befindet, d. h. bei abgeschalteten Antriebsaggregaten.

4. NEWTONS universelles Gravitationsgesetz und die auf ihm basierende sogenannte *nichtrelativistische Feldtheorie der Gravitation* sind Näherungen. Diese Theorie ist genau genug, um die Bewegung eines Körpers in einem Schwerefeld zu beschreiben, vorausgesetzt, das Feld ist relativ schwach, d. h. sein Potential $|\varphi| \ll c^2$, wobei c die Lichtgeschwindigkeit im Vakuum ist und die Geschwindigkeit des Körpers $v \ll c$.
Die moderne Gravitationstheorie, die auf der Relativitätstheorie basiert, wurde von A. EINSTEIN formuliert und wird als die *allgemeine Relativitätstheorie* bezeichnet. Sie stellt eine verallgemeinerte Theorie von Raum, Zeit und Gravitation dar. Dieser Theorie zufolge

sind die geometrischen Eigenschaften (die Metrik) des vierdimensionalen Raum-Zeit-Kontinuums (S. 503) nicht invariant, sondern hängen von der räumlichen Verteilung der schweren Massen und ihren Bewegungen ab. Massen, die ein Gravitationsfeld erzeugen, „krümmen" den realen dreidimensionalen Raum und ändern den Zeitablauf in den einzelnen Punkten dieses Raumes, d. h., sie verursachen eine Abweichung der Raum-Zeit-Metrik von der Metrik des „ebenen" raum-zeitlichen Kontinuums, wie es in der euklidischen Geometrie beschrieben und in der speziellen Relativitätstheorie behandelt wird (S. 502). Demzufolge ist ein Wegelement ds (S. 504) im Gravitationsfeld, das zwei Weltpunkte (S. 504) verbindet, durch

$$ds^2 = \sum_{i,k=0}^{3} g_{ik}\, dx^i\, dx^k = g_{00}(dx^0)^2 + g_{01}\, dx^0\, dx^1 + \cdots + g_{33}(dx^3)^2$$

gegeben, wobei $x^0 = ct$ die Zeitkoordinate ist, x^1, x^2 und x^3 sind die Raumkoordinaten, und es ist $g_{ik} = g_{ki}$. Es gibt keine Koordinatentransformation, die diesen Ausdruck im Raum-Zeit-Kontinuum auf die Form $ds^2 = c^2\, dt^2 - dx^2 - dy^2 - dz^2$ bringen könnte, eine Form, die das „ebene" (euklidische) Raum-Zeit-Kontinuum charakterisiert. Eine solche Transformation ist nur für die unendlich kleine Umgebung eines isolierten Weltpunktes möglich.

Eine Weltlinie (S. 504), die die Bewegung eines kräftefreien Massenpunktes in einem Gravitationsfeld beschreibt, ist eine geodätische Linie in einem vierdimensionalen Raum-Zeit-Kontinuum, d. h. eine Kurve, längs der das Integral $\int ds$ zwischen zwei beliebigen Weltpunkten einen Extremalwert annimmt. Infolge der „Krümmung" des Raum-Zeit-Kontinuums ist in ihm eine geodätische Linie keine Gerade. Demzufolge bewegt sich ein Massenpunkt im dreidimensionalen Raum in einem Gravitationsfeld weder geradlinig noch gleichförmig.

In der EINSTEINschen Theorie besteht die Berechnung eines Gravitationsfeldes in einer Darstellung der g_{ik} als Funktionen der Raumkoordinaten und der Zeit in dem gegebenen System von Körpern, die das Gravitationsfeld erzeugen. Das System der Feldgleichungen ist in den g_{ik} nichtlinear. Das bedeutet, daß für Gravitationsfelder das Superpositionsprinzip nicht gilt. Es ist jedoch als Näherung brauchbar, wenn es sich um die Überlagerung von genügend schwachen Gravitationsfeldern handelt, auf die die nichtrelativistische Theorie anwendbar ist.

2.12. Die äußere Reibung

1. Wir haben zwei Grundtypen der Reibung zu unterscheiden: die innere Reibung und die äußere Reibung. Unter *innerer Reibung* oder *Viskosität* verstehen wir die Tatsache, daß Tangentialkräfte auftreten, die einer Verschiebung von Teilchen einer Flüssigkeit oder eines Gases relativ zueinander entgegenwirken (S. 206). Als *äußere Reibung* bezeichnen wir die Wechselwirkung zwischen Körpern, die dort auftritt, wo sich diese Körper berühren, und die einer gegenseitigen Verschiebung entgegenwirkt. Je nach Charakter der gegen-

seitigen Bewegung der Körper unterscheiden wir: die *Gleitreibung*, die bei einer Translationsbewegung des einen Körpers längs der Oberfläche des anderen auftritt, und die *Rollreibung*, die dann auftritt, wenn ein Körper über die Oberfläche des anderen hinwegrollt. In reiner Form tritt die Rollreibung nur dann auf, wenn die Berührungslinie oder der Berührungspunkt des reibenden Körpers mit der momentanen Drehachse des rollenden Körpers zusammenfällt. In allen anderen Fällen tritt neben der Rollreibung auch Gleitreibung auf.

2. Die äußere Reibung, die zwischen sich bewegenden Körpern auftritt, bezeichnen wir als *kinematisch*. Die äußere Reibung, die zwischen relativ zueinander unbewegten Körpern auftritt, nennen wir *Haftreibung*. Sie kommt dadurch zum Ausdruck, daß man, will man einen von zwei einander berührenden Körpern relativ zum anderen verschieben, eine äußere Kraft $\boldsymbol{F} > \boldsymbol{F}_0$ aufwenden muß, wobei $\boldsymbol{F}_0$ als *Schwellwert der Reibung* bezeichnet wird. Die Tatsache, daß im Fall $\boldsymbol{F} \leqq \boldsymbol{F}_0$ die Körper sich nicht gegeneinander verschieben, bezeichnen wir als *Hafteffekt*. Von dieser Tatsache macht man in der Technik vielfach Gebrauch, um Kraft von einem Maschinenteil zu einem anderen zu übertragen (Treibriemen, Reibungsmuffen u. dgl.).
Die Gleitreibung zwischen Körpern, deren Oberflächen kein Schmiermittel aufweisen, bezeichnen wir als *trockene Reibung*, die Reibung zwischen Körpern, deren Berührungsflächen ausreichend und kontinuierlich mit Schmiermittel versorgt werden, als *Schmiermittelreibung*.
Je nach der Dicke der Schmiermittelschicht zwischen den reibenden Körpern und dem Grad der Rauheit ihrer Oberflächen gibt es noch eine Reihe von Übergangsfällen von Gleitreibung: *halbtrockene Reibung, Grenzreibung, halbflüssige Reibung*.

3. Im Fall trockener Reibung wird die Gleitreibungskraft im wesentlichen durch das mechanische Ineinandergreifen der Oberflächenunebenheiten der beiden Körper und die Kohäsion zwischen den Molekülen dieser Körper an den Berührungsflächen verursacht. In Näherungsberechnungen kann man annehmen, daß die Gleitreibungskraft F der Normalkomponente N der Druckkraft zwischen den Oberflächen der reibenden Körper proportional ist (COULOMB*sches Gesetz bzw. Gesetz von* AMONTONS):

$$F = fN,$$

wobei f der dimensionslose Koeffizient der Gleitreibung ist, der von den Materialeigenschaften der Körper abhängt. In Wirklichkeit hängt jedoch der Reibungskoeffizient noch von einer Vielzahl anderer Faktoren ab: von der Güte der Oberflächenbearbeitung der reibenden Körper, ihrer eventuellen Verschmutzung, der Gleitgeschwindigkeit usw. Man bestimmt ihn daher auf Grund experimenteller Daten, die man unter Bedingungen erhalten hat, die jenen des betrachteten Problems analog sind. Der Koeffizient f_0, der der extremen Haftreibung entspricht, ist gewöhnlich größer als der Koeffizient der kinematischen Reibung.
Oft verwendet man auch statt des Reibungskoeffizienten f den sogenannten *Reibungswinkel* φ, der eine Funktion von f ist: $\tan \varphi = f$.

Der Winkel $\varphi_0 = \arctan f_0$ ist gleich dem kleinsten Neigungswinkel einer Ebene zur Horizontalen, bei welchem ein auf ihr liegender Körper infolge seines Eigengewichtes nach unten zu gleiten beginnt.
Wir können das Reibungsgesetz genauer formulieren, wenn wir einen aus zwei Gliedern bestehenden Ausdruck verwenden, in dem der Einfluß der Anziehungskräfte zwischen den Molekülen der reibenden Körper berücksichtigt ist:

$$F = \mu(N + Sp_0),$$

wobei μ der *wahre Reibungskoeffizient* ist, p_0 ist ein zusätzlicher Druck, der eine Folge der intermolekularen Anziehungskräfte ist, und S ist die Gesamtfläche aller sich unmittelbar berührenden Oberflächen der Körper.

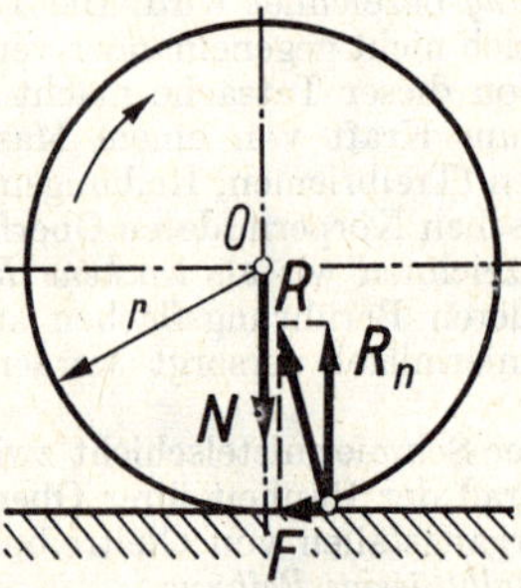

1.2.7.

4. Rollt man Körper von der Form eines Kreiszylinders oder einer Kugel über eine ebene Oberfläche, so treten nicht nur elastische, sondern auch plastische Deformationen auf (S. 272). Daher fällt die Wirkungslinie der Reaktionskraft $\boldsymbol{R}$ der Ebene nicht mit der Wirkungslinie der Kraft $\boldsymbol{N}$ des normalen Druckes zusammen (Bild I.2.7). Die zur Ebene normale Komponente $\boldsymbol{R}_n$ der Kraft $\boldsymbol{R}$ ist ihrem Betrag nach gleich N, die Horizontalkomponente $\boldsymbol{F}$ ist die Rollreibungskraft. In erster Näherung kann man annehmen, daß

$$F = k\frac{N}{r} \quad \text{(Coulombsches Gesetz)},$$

wobei r der Radius des rollenden Körpers ist und k der Rollreibungskoeffizient, der die Dimension einer Länge besitzt und vom Material des Körpers, seinem Oberflächenzustand und einer Reihe anderer Faktoren abhängt.
Das Kräftepaar $\boldsymbol{R}_n$ und $\boldsymbol{N}$, das am rollenden Körper angreift, erzeugt das *Reibungsmoment* M, das gleich ist

$$M = Fr = kN.$$

2.13. Die Bewegung in Bezugssystemen, die keine Inertialsysteme sind

1. Die Relativbeschleunigung $\boldsymbol{w}_r$ eines Punktes ist gleich der Differenz seiner Absolutbeschleunigung $\boldsymbol{w}_a$ und der Summe der Translationsbeschleunigung $\boldsymbol{w}_e$ und der CORIOLIS-Beschleunigung $\boldsymbol{w}_k$ (S. 35):

$$\boldsymbol{w}_r = \boldsymbol{w}_a - (\boldsymbol{w}_e + \boldsymbol{w}_k).$$

Daher lautet die Gleichung der Relativbewegung eines Massenpunktes der Masse m in einem beliebigen, nicht kräftefreien Bezugssystem wie folgt:

$$m\boldsymbol{w}_r = m\boldsymbol{w}_a - (m\boldsymbol{w}_e + m\boldsymbol{w}_k).$$

Wählt man als absolutes Bezugssystem ein beliebiges Inertialsystem und berücksichtigt man, daß für letzteres das zweite Newtonsche Gesetz gilt ($m\boldsymbol{w}_a = \boldsymbol{F}$), so erhält man

$$m\boldsymbol{w}_r = \boldsymbol{F} + \boldsymbol{I}_e + \boldsymbol{I}_k,$$

wobei $\boldsymbol{F}$ die Resultierende aller Kräfte ist, die auf den Massenpunkt seitens anderer Körper wirken, und $\boldsymbol{I}_e = -m\boldsymbol{w}_e$ und $\boldsymbol{I}_k = -m\boldsymbol{w}_k$ sind die *Führungs-* bzw. CORIOLIS-*Trägheitskraft*.

2. Die Gleichung der Relativbewegung eines Massenpunktes in einem beliebigen, nicht kräftefreien Bezugssystem ist formal der Bewegungsgleichung dieses Punktes in einem Inertialsystem ($m\boldsymbol{w} = \boldsymbol{F}$) ähnlich. Der Unterschied liegt darin, daß wir auf der rechten Seite der Gleichung zwei zusätzliche Trägheitskräfte einführen müssen Ein prinzipieller Unterschied zwischen Trägheitskräften und gewöhnlichen Wechselwirkungskräften zwischen Körpern besteht darin, daß man für erstere nicht beweisen kann, daß sie die Wirkung bestimmter Körper auf den Massenpunkt darstellen. Die obengenannten Trägheitskräfte darf man nicht mit der D'ALEMBERT*schen Trägheitskraft* $\boldsymbol{I}_D = -m\boldsymbol{w}$ verwechseln, wobei $\boldsymbol{w}$ die Beschleunigung eines Massenpunktes relativ zu einem Inertialsystem ist. Die Einführung einer solchen Trägheitskraft geschieht rein formal: Sie ermöglicht es, der Bewegungsgleichung eines Punktes in einem Inertialsystem die Form einer statischen Gleichung zu geben: $\boldsymbol{F} + \boldsymbol{I}_D = 0$, wobei $\boldsymbol{F}$ die Resultierende aller auf den Punkt wirkenden Kräfte ist. Während die Führungs-Trägheitskraft und die CORIOLIS-Trägheitskraft tatsächlich auf den Punkt im Inertialsystem wirken und mittels üblicher Methoden gemessen werden können (z. B. durch Federdynamometer), wirkt die D'ALEMBERTsche Trägheitskraft nicht auf den Punkt und kann daher nicht gemessen werden.

3. Die Trägheitskräfte sind den Massen der Massenpunkte proportional, und sie verleihen unter sonst gleichen Bedingungen diesen Punkten gleiche relative Beschleunigungen. Dieselbe Eigenschaft besitzen auch die Gravitationskräfte: In ein und demselben Punkt des Gravitationsfeldes sind diese Kräfte, ebenso wie die Trägheitskräfte, den Massen der Massenpunkte proportional und erteilen ihnen dieselben (dem Feldpotential entsprechenden) Beschleunigungen. Dem-

nach ist die kräftefreie Bewegung eines Körpers in einem System, das kein Inertialsystem ist, äquivalent einer Bewegung dieses Körpers in einem Inertialsystem unter dem Einfluß eines zusätzlichen („äquivalenten") Gravitationsfeldes. Diese Tatsache bezeichnet man als das *Äquivalenzprinzip*. So ist z. B. den Trägheitskräften, die in einem in Translationsbewegung befindlichen, gleichmäßig beschleunigten ($\boldsymbol{w}_e = \boldsymbol{w}_0 = \text{const}$) Bezugssystem auftreten, ein Gravitationsfeld äquivalent, das das konstante Potential $g = -\boldsymbol{w}_0$ besitzt. Durch das Äquivalenzprinzip werden keinesfalls Trägheitskräfte mit „wahren" Gravitationskräften identifiziert. In der Tat ist das Potential eines „wahren" Gravitationsfeldes, also eines von Körpern erzeugten Feldes, eine Größe, die mit zunehmender Entfernung von diesen Körpern gegen Null geht. Hingegen erfüllt das Potential eines „äquivalenten" Gravitationsfeldes diese Bedingung nicht. Betrachten wir wieder obiges Beispiel, so ist es in allen Raumpunkten gleich, während im Fall eines rotierenden Bezugssystems das Gravitationsfeld, das den zentrifugalen Trägheitskräften äquivalent ist, eine Größe, die mit der Entfernung von der Rotationsachse des Systems gegen Unendlich strebt. Ein „äquivalentes" Feld kann man vollkommen eliminieren, wenn man das Bezugssystem entsprechend wählt: In Inertialsystemen gibt es keine Trägheitskräfte und demnach auch kein ihnen „äquivalentes" Gravitationsfeld. „Wahre" Gravitationsfelder existieren auch in Inertialsystemen. Daher ist es nicht möglich, durch geänderte Wahl des Bezugssystems und Einführung eines entsprechenden Feldes von Trägheitskräften solche Felder im ganzen Raum restlos zu eliminieren. Eine derartige Substitution kann nur lokal durchgeführt werden, d. h., der betroffene Bereich des Gravitationsfeldes muß so klein sein, daß man in ihm das Feld als homogen betrachten kann, und die Zeitspanne muß so kurz sein, daß das Feld als konstant angesehen werden kann. Also ist das „wahre" Gravitationsfeld einem Feld von Trägheitskräften, die bei beschleunigter Bewegung auftreten, äquivalent, jedoch nur in einem begrenzten Raumbereich und während einer begrenzten Zeitspanne (*lokales Äquivalenzprinzip*).

3. Arbeit und mechanische Energie

3.1. Die Energie

1. *Die Energie*, eine skalare Größe, stellt ein Maß für die verschiedenen Formen von Bewegung dar. Um die qualitativ verschiedenen Formen von Bewegung, mit denen man es in der Physik zu tun hat, quantitativ zu charakterisieren, hat man die entsprechenden Energieformen eingeführt: *die mechanische Energie* (S. 67), *die innere Energie* (S. 154), *die elektromagnetische Energie* (S. 446), *die chemische und die Kernenergie* (S. 815), usw.

2. *Das Gesetz der Erhaltung und Umformung der Energie* kann so formuliert werden: Die gesamte, in einem abgeschlossenen System enthaltene Energie bleibt unverändert, unabhängig von den im System ablaufenden Prozessen.

Dieses Gesetz ist eine Folge der Gleichförmigkeit des Zeitablaufes (S. 106) und stellt eines der wichtigsten Naturgesetze dar. Es besagt, daß Energie weder erzeugt noch vernichtet werden kann — sie kann nur von einer Form in eine andere übergehen.

3. Ist das System nicht abgeschlossen, so ist die auf äußere Einflüsse zurückgehende Änderung seiner Energie dem Betrag nach gleich und bezüglich des Vorzeichens entgegengesetzt der algebraischen Summe der Energieänderungen aller äußeren Körper oder Felder, die mit dem System in Wechselwirkung stehen.

4. Es gibt zwei qualitativ verschiedene Möglichkeiten, Bewegung und die ihr entsprechende Energie von einem makroskopischen Körper auf einen anderen zu übertragen: durch das Leisten von *Arbeit* oder durch *Wärmeaustausch*[1]).

Bei Änderungen der Energie eines Körpers, die nach der ersten Methode erfolgen, sprechen wir von einer am Körper geleisteten *Arbeit*. Analog sprechen wir bei der zweiten Methode, die Energie eines Körpers zu ändern, von der Übertragung einer *Wärmemenge*.

Energieübertragung in der Form von Arbeit ist stets das Ergebnis einer Kräftewechselwirkung zwischen Körpern. Daher kann man sagen, daß die an einem betrachteten Körper geleistete Arbeit nichts anderes ist als die Arbeit der an diesem Körper angreifenden Kräfte, welche von anderen (äußeren) Körpern ausgeübt werden, die mit ersterem in Wechselwirkung stehen. Die an einem Körper geleistete Arbeit kann unmittelbar dazu verwendet werden, irgend eine andere Form von Energie dieses Körpers zu erhöhen.

Energieübertragung durch Wärmeaustausch zwischen Körpern ist die Folge einer Temperaturdifferenz und kann sowohl durch direkten Kontakt der Körper — Wärmeleitung (S. 205 u. 262) und Konvektion (S. 301) — als auch durch Emission und Absorption von elektromagnetischer Strahlung vor sich gehen. Die Energie, die der Körper in Form von Wärme erhält, kann unmittelbar nur zur Erhöhung seiner inneren Energie (S. 154) verwendet werden.

3.2. Die Arbeit

1. Die elementare Arbeit δA der Kraft $\boldsymbol{F}$, die geleistet wird, wenn ein Massenpunkt unter der Wirkung der Kraft $\boldsymbol{F}$ um $d\boldsymbol{r}$ verschoben wird, ist gleich dem skalaren Produkt der Vektoren $\boldsymbol{F}$ und $d\boldsymbol{r}$:

$$\delta A = (\boldsymbol{F}\, d\boldsymbol{r}) = F\, ds \cos\alpha = F_t\, ds$$

oder, in kartesischen Koordinaten,

$$\delta A = F_x\, dx + F_y\, dy + F_z\, dz;$$

$\boldsymbol{r}$ ist hier der Radiusvektor des Punktes, x, y und z sind seine kartesischen Koordinaten, F_x, F_y und F_z sind die Projektionen des Kraft-

[1]) Dies gilt nicht für die Wechselwirkung zwischen mikroskopischen Teilchen (Atome, Elektronen u. dgl.); in diesem Fall kann man nur davon sprechen, daß Arbeit geleistet wird.

vektors auf die Koordinatenachsen, α ist der Winkel zwischen $\boldsymbol{F}$ und $d\boldsymbol{r}$, $ds = |d\boldsymbol{r}|$ ist das vom Punkt längs seiner Bahnkurve zurückgelegte Wegelement, und $F_t = F \cos\alpha$ ist die Projektion der Kraft $\boldsymbol{F}$ auf die Tangente an die Bahnkurve.
Die elementare Arbeit bezeichnen wir mit δA und nicht mit dA, da sie im allgemeinen Fall kein vollständiges Differential ist, d. h., das Kurvenintegral von δA längs einer beliebigen geschlossenen Bahnkurve des Angriffspunktes der Kraft ist von Null verschieden, während ein solches Integral über ein vollständiges Differential identisch gleich Null sein muß. So ist z. B. die Arbeit der Reibungskräfte beim Verschieben eines Körpers längs einer geschlossenen Bahnkurve immer negativ.

2. Wirken auf einen Massenpunkt oder einen starren Körper die Kräfte $\boldsymbol{F}_1, \boldsymbol{F}_2, \ldots, \boldsymbol{F}_k$, so ist die von ihnen geleistete elementare Arbeit gleich der algebraischen Summe der elementaren Arbeiten aller Kräfte:

$$\delta A = \sum_{i=1}^{k} (\boldsymbol{F}_i \, d\boldsymbol{r}_i);$$

$d\boldsymbol{r}_i$ ist die elementare Verschiebung des Angriffspunktes der Kraft $\boldsymbol{F}_i$.
Führt ein starrer Körper eine Translationsbewegung aus, dann sind alle Vektoren $d\boldsymbol{r}_i$ gleich und gleich $d\boldsymbol{r}$. Die elementare Arbeit δA ist dann gleich der von der Resultierenden $\boldsymbol{F}$ des Kräftesystems $\boldsymbol{F}_1, \boldsymbol{F}_2, \ldots, \boldsymbol{F}_k$ (S. 42) geleisteten Arbeit

$$\delta A = \left(\sum_{i=1}^{k} \boldsymbol{F}_i \, d\boldsymbol{r}\right) = (\boldsymbol{F} \, d\boldsymbol{r}).$$

3. Im Fall einer Rotationsbewegung des starren Körpers ist die elementare Arbeit δA gleich dem Produkt aus dem resultierenden Moment M in bezug auf die Rotationsachse aller auf den Körper wirkenden Kräfte (S. 74) und dem Winkelelement $d\varphi$, um das der Körper um diese Achse gedreht wird: $\delta A = M \, d\varphi$.

4. Die Arbeit A einer Kraft $\boldsymbol{F}$ längs der endlichen Wegstrecke s der Bahnkurve, auf der sich der Angriffspunkt der Kraft verschiebt, ist gleich der algebraischen Summe der elementaren Arbeiten dieser Kraft längs der infinitesimalen Wegelemente der Bahnkurve:

$$A = \int_0^s (\boldsymbol{F} \, d\boldsymbol{r}) = \int_0^s F_t \, ds.$$

Ist $F_t = \text{const}$, dann ist $A = F_t s$.
Wirkt auf den starren Körper ein System von Kräften $F_1, F_2, \ldots, F_k$, das zu einer Translationsbewegung des Körpers führt, so ist

$$A = \sum_{i=1}^{k} \int_0^s (\boldsymbol{F}_i \, d\boldsymbol{r}) = \int_0^s (\boldsymbol{F} \, d\boldsymbol{r}) = \int_0^s F_t \, ds;$$

$\boldsymbol{F}$ ist wiederum die Resultierende des Kräftesystems, F_t ist ihre Projektion auf die elementare Verschiebung $d\boldsymbol{r}$ des Körpers.

5. Ist F_t als Funktion von s graphisch dargestellt (Bild I.3.1), dann ist die Arbeit A der Kraft $\boldsymbol{F}$ längs des Teiles der Bahnkurve zwischen den Punkten $B(s_1)$ und $C(s_2)$ proportional der Fläche S, die in Bild I.3.1. schraffiert ist:

$$A = k_1 k_2 S;$$

k_1 und k_2 sind dem Maßstab des Diagramms entsprechende Umrechnungsfaktoren für s und F_t, d. h., sie geben an, wie viele Wegeinheiten gleich einer Längeneinheit auf der Abszisse und wie viele Krafteinheiten gleich einer Längeneinheit auf der Ordinate sind.

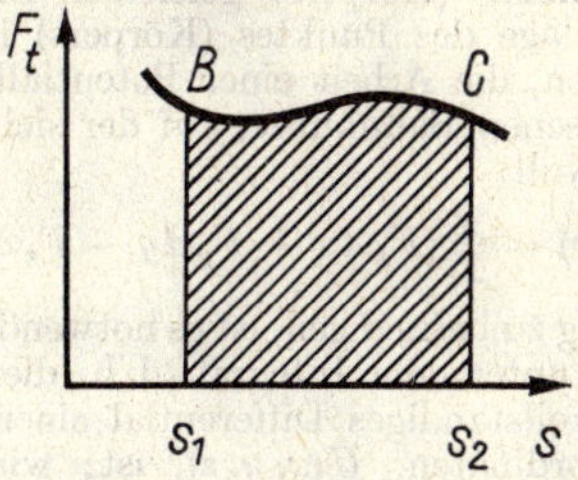

I.3.1.

3.3. Die Leistung

1. Die Leistung N einer Kraft $\boldsymbol{F}$ ist eine skalare Größe und charakterisiert die Schnelligkeit der Arbeit dieser Kraft; sie ist gleich der elementaren Arbeit δA, dividiert durch das Zeitelement dt, innerhalb dessen sie geleistet wird:

$$N = \frac{\delta A}{dt} = \left(\boldsymbol{F} \frac{d\boldsymbol{r}}{dt}\right) = (\boldsymbol{F}\boldsymbol{v}).$$

Die Leistung einer Kraft ist gleich dem skalaren Produkt dieser Kraft und der Geschwindigkeit, mit der sich ihr Angriffspunkt verschiebt:

$$N = F_t w,$$

wobei F_t die Projektion der Kraft $\boldsymbol{F}$ auf die Richtung des Vektors $\boldsymbol{v}$ ist. Führt ein Körper mit der Masse m unter der Einwirkung der Kraft F eine Translationsbewegung aus, dann ist $F_t = m\dot{v}$ und $N = mv\dot{v}$.

2. Im Fall einer beliebigen Bewegung eines starren Körpers ist die resultierende Leistung gleich der algebraischen Summe der Leistungen aller auf den Körper wirkenden Kräfte:

$$N = \sum_{i=1}^{k} \left(\boldsymbol{F}_i \frac{d\boldsymbol{r}_i}{dt}\right) = \sum_{i=1}^{k} (\boldsymbol{F}_i \boldsymbol{v}_i),$$

wobei $\boldsymbol{v}_i$ die Bewegungsgeschwindigkeit des Angriffspunktes der Kraft $\boldsymbol{F}_i$ ist.

3. Die Leistung einer Kraft oder eines Systems von Kräften, das eine Drehung eines starren Körpers verursacht, ist gleich dem Produkt

des resultierenden Moments dieser Kräfte in bezug auf die Drehachse und der Winkelgeschwindigkeit des Körpers:

$$N = M\omega .$$

3.4. Das Potential

1. Kräfte, die auf einen Massenpunkt oder einen Körper wirken, können als Potentialkräfte bezeichnet werden, wenn ihre bei der Verschiebung des Punktes (Körpers) geleistete Arbeit nur von der Anfangs- und Endlage des Punktes (Körpers) im Raum abhängt. Mit anderen Worten, die Arbeit einer Potentialkraft $\boldsymbol{F}$ längs einer beliebigen geschlossenen Bahnkurve, auf der sich ihr Angriffspunkt bewegt, ist gleich Null:

$$\oint (\boldsymbol{F}\, d\boldsymbol{r}) = \oint (F_x\, dx + F_y\, dy + F_z\, dz) \equiv 0 .$$

Um diese Bedingung zu befriedigen, ist es notwendig und hinreichend, daß der Ausdruck unter dem Integral (d. h. die elementare Arbeit der Kraft $\boldsymbol{F}$) ein vollständiges Differential einer gewissen skalaren Funktion der Koordinaten, $U(x, y, z)$, ist; wir bezeichnen diese Funktion als Potential:

$$F_x\, dx + F_y\, dy + F_z\, dz = dU .$$

Hieraus folgt

$$F_x = \frac{\partial U}{\partial x}, \qquad F_y = \frac{\partial U}{\partial y}, \qquad F_z = \frac{\partial U}{\partial z}$$

oder

$$\boldsymbol{F} = \frac{\partial U}{\partial x}\boldsymbol{i} + \frac{\partial U}{\partial y}\boldsymbol{j} + \frac{\partial U}{\partial z}\boldsymbol{k} = \operatorname{grad} U .$$

Die Potentialkraft $\boldsymbol{F}$ ist gleich dem Gradienten des Potentials U.

Beispiel 1. Im Fall der Gravitationswechselwirkung zweier Massenpunkte mit den Massen m_1 und m_2 im Abstand R voneinander (S. 53) ist

$$U = f\,\frac{m_1 m_2}{R} .$$

Beispiel 2. Befinden sich zwei Punktladungen q_1 und q_2 im Abstand R voneinander in elektrostatischer Wechselwirkung (S. 325), so ist

$$U = -\frac{1}{4\pi\varepsilon_0\varepsilon}\,\frac{q_1 q_2}{R} .$$

2. Im allgemeinsten Fall können die Potentialkräfte und das Potential nicht nur von den Koordinaten, sondern auch von der Zeit t explizit abhängen ($\partial \boldsymbol{F}/\partial t \neq 0$ und $\partial U/\partial t \neq 0$). Solche Kräfte bezeichnen wir als nichtstationär. Berechnet man das Integral $\oint (\boldsymbol{F}\, d\boldsymbol{r})$ im Fall von nichtstationären Kräften, so muß die Zeit als festgehaltener Parameter betrachtet werden.

Die Arbeit A, die von einer stationären Potentialkraft $\boldsymbol{F}$ bei der endlichen Verschiebung ihres Angriffspunktes vom Punkt *1* (x_1, y_1, z_1)

nach Punkt 2 (x_2, y_2, z_2) geleistet wird, ist gleich der Potentialdifferenz von Endpunkt und Ausgangspunkt:

$$A = \int_1^2 (\boldsymbol{F}\, d\boldsymbol{r}) = \int_1^2 dU = U_2 - U_1.$$

Im Fall einer nichtstationären Potentialkraft gilt diese Formel nur für die momentane Verschiebung ihres Angriffspunktes, da andernfalls der Integrand

$$(\boldsymbol{F}\, d\boldsymbol{r}) = \frac{\partial U}{\partial x} dx + \frac{\partial U}{\partial y} dy + \frac{\partial U}{\partial z} dz$$

kein vollständiges Differential der Funktion $U(x, y, z, t)$ ist.

3. Hängt die von den auf einen Massenpunkt oder Körper wirkenden Kräften geleistete Arbeit vom Weg, längs dessen der Punkt (oder Körper) verschoben wird, ab, so kann man nicht von Potentialkräften sprechen. Ein Beispiel für Kräfte ohne Potential ist die Reibungskraft, die immer entgegen der Richtung der Verschiebung $d\boldsymbol{r}$ wirkt, so daß $\oint (\boldsymbol{F}_R\, d\boldsymbol{r}) < 0$ ist.

3.5. Die mechanische Energie

1. *Als mechanische Energie* W bezeichnen wir die Energie der mechanischen Bewegung und der mechanischen Wechselwirkung von Körpern. Sie ist gleich der Summe der kinetischen Energie W_k und der potentiellen Energie W_p [1]:

$$W = W_k + W_p.$$

2. Die kinetische Energie eines Körpers ist ein Maß seiner mechanischen Bewegung und ein Maß für die Arbeit, die dieser Körper leisten kann, wenn er bis zum Stillstand abgebremst wird. Die kinetische Energie eines Massenpunktes der Masse m, der sich mit der Geschwindigkeit v bewegt, ist gleich dem halben Produkt der Masse m und dem Quadrat der Geschwindigkeit $\boldsymbol{v}$:

$$W_k = mv^2/2.$$

Im Fall einer ebenen in Polarkoordinaten (ϱ, φ) beschriebenen Bewegung ist

$$W_k = \frac{m}{2} (\dot{\varrho}^2 + \varrho^2 \dot{\varphi}^2).$$

Die *kinetische Energie* eines Körpers ist gleich der Summe der kinetischen Energien aller seiner Massenpunkte und kann durch folgenden Integralausdruck angegeben werden:

$$W_k = \frac{1}{2} \int_{(m)} v^2\, dm = \frac{1}{2} \int_{(V)} \varrho v^2\, dV;$$

[1]) In der analytischen Mechanik ist man übereingekommen, die kinetische Energie mit T und die potentielle mit U zu bezeichnen, die mechanische Energie erhält das Symbol E.

dm ist ein Massenelement des Körpers, dV ein Volumenelement, ϱ die Dichte und v der Absolutbetrag der Geschwindigkeit des betrachteten Elements; m und V sind Masse und Volumen des ganzen Körpers.

Im Fall einer Translationsbewegung des Körpers mit der Geschwindigkeit v ist

$$W_k = \frac{mv^2}{2}.$$

Rotiert der Körper um eine feststehende Achse, dann ist seine kinetische Energie gleich dem halben Produkt des Trägheitsmomentes J des Körpers in bezug auf seine Drehachse (S. 74) und dem Quadrat der Winkelgeschwindigkeit ω:

$$W_k = \frac{J\omega^2}{2}.$$

Die kinetische Energie eines um einen festen Punkt rotierenden Körpers wird durch dieselbe Formel beschrieben, nur ist hier J das Trägheitsmoment des Körpers in bezug auf seine momentane Drehachse.

Im allgemeinsten Fall ist die kinetische Energie eines Systems von Massenpunkten gleich der Summe der kinetischen Energie der Translationsbewegung des Systems (dessen Schwerpunkt die Geschwindigkeit $\boldsymbol{v}_c$ besitzt) und der kinetischen Energie W_k' der Relativbewegung des Systems, bezogen auf die Translationsbewegung des Bezugssystems, dessen Ursprung mit dem Schwerpunkt des Systems zusammenfällt (*Theorem von* König):

$$W_k = \sum_{i=1}^{k} \frac{m_i v_i^2}{2} = \frac{mi}{2} + W_k'$$

mit

$$W_k' = \sum_{i=1}^{k} \frac{m_i v_i'^2}{2}, \qquad \boldsymbol{v}_i' = \boldsymbol{v}_i - \boldsymbol{v}_c.$$

Die kinetische Energie eines Körpers, der eine fortschreitende Bewegung mit der Geschwindigkeit $\boldsymbol{v}$ und gleichzeitig eine Drehbewegung mit der Winkelgeschwindigkeit ω um eine durch seinen Schwerpunkt verlaufende Achse vollführt, ist gegeben durch

$$W_k = \frac{mv^2}{2} + \frac{J\omega^2}{2}.$$

Ein Beispiel für eine solche Bewegung ist das Rollen einer Kugel oder eines Zylinders auf einer Ebene.

3. Als *potentielle Energie* bezeichnet man jenen Teil der Energie eines mechanischen Systems, der von der *Konfiguration des Systems* abhängt, d. h. von der gegenseitigen Lage der Teile des Systems und ihrer Lage in einem äußeren Kraftfeld. Sie ist ein Maß für die Arbeit, die (innere oder äußere) Potentialkräfte, welche auf alle Teilchen des Systems wirken, beim Übergang[1]) von der betrachteten Kon-

[1]) Handelt es sich um instationäre Potentialkräfte, dann muß bei einem solchen Übergang die Zeit t als festgehaltener Parameter betrachtet werden.

figuration des Systems zur sogenannten *Nullkonfiguration* leisten; die potentielle Energie eines Systems in der Nullkonfiguration wird, wie verabredet, gleich Null gesetzt. Die Wahl dieser Konfiguration, d. h. des Nullpunktes der potentiellen Energie, ist ganz willkürlich, da man in jedem Versuch nur Änderungen der potentiellen Energie, nicht aber Absolutwerte messen kann. In einer konkreten Aufgabe wird man diese Wahl so treffen, daß sie eine möglichst einfache Lösung der Aufgabe gestattet.

Die potentielle Energie W_p charakterisiert, ähnlich wie das Potential U (S. 66), ein Kraftpotential und ist mit ihm durch die Beziehungen

$$dW_p = -dU \quad \text{und} \quad W_p = -U + C$$

verbunden, wobei C eine Integrationskonstante ist.

Die potentielle Energie eines Systems ist durch $W_p = W_p^a + W_p^i$ gegeben; hier ist W_p^a die *äußere potentielle Energie des Systems* das Ergebnis der Wirkung von äußeren Potentialkräften, d. h. von Kräften, die von nicht zum System gehörenden Körpern ausgehen, W_p^i ist die *innere potentielle Energie des Systems,* die von den Wechselwirkungs-Potentialkräften der Teilchen des Systems verursacht wird. Im allgemeinen Fall hängt W_p^i von den Koordinaten aller n Massenpunkte des Systems ab: $W_p^i = f(x_1, y_1, z_1, \ldots, x_n, y_n, z_n)$; W_p^a kann ebenfalls als explizite Funktion der Zeit geschrieben werden: $W_p^a = f_1(x_1, y_1, z_1, \ldots, x_n, y_n, z_n, t)$. Das hängt damit zusammen, daß sich die äußeren, auf das betrachtete System wirkenden Körper relativ zum Bezugssystem bewegen können (das Bewegungsgesetz wird in jedem konkreten Fall als bekannt vorausgesetzt).

Ist $\boldsymbol{F}_i^a = \boldsymbol{F}_i(\boldsymbol{r}_i, t)$ die Resultierende aller äußeren Potentialkräfte, die auf den i-ten Massenpunkt des Systems wirken, dann gilt

$$\frac{dW_p^a}{dt} = \frac{\partial W_p^a}{\partial t} - \sum_{i=1}^{n} (\boldsymbol{F}_i, \boldsymbol{v}_i),$$

wobei $\boldsymbol{v}_i = d\boldsymbol{r}_i/dt$ und $\boldsymbol{r}_i$ der Radiusvektor des i-ten Punktes ist. Im Fall eines stationären äußeren Kraftfeldes ist

$$\frac{\partial W_p^a}{\partial t} = 0 \quad \text{und} \quad dW_p^a = -\sum_{i=1}^{n} (\boldsymbol{F}_i, \boldsymbol{v}_i)\, dt.$$

Die innere potentielle Energie eines Systems ist gleich der algebraischen Summe der potentiellen Energien W_{ik} der Wechselwirkung aller möglichen Punktepaare dieses Systems:

$$W_p^i = \sum_{i=1}^{n} \sum_{k>i}^{n} W_{ik} = \frac{1}{2} \sum_{i=1}^{n} \sum_{\substack{k=1 \\ (k \neq i)}}^{n} W_{ik},$$

wobei $W_{ik} = -\int (\boldsymbol{F}_{ik}, d\boldsymbol{r}_{ik}) + \text{const} = -\int (\boldsymbol{F}_{ki}, d\boldsymbol{r}_{ki}) + \text{const} = W_{ki}$, $\boldsymbol{r}_{ik} = \boldsymbol{r}_i - \boldsymbol{r}_k$, $\boldsymbol{r}_{ki} = \boldsymbol{r}_k - \boldsymbol{r}_i$ ist, und $\boldsymbol{F}_{ik} = -\boldsymbol{F}_{ki}$ sind die Wechselwirkungs-Potentialkräfte zwischen dem i-ten und dem

k-ten Massenpunkt des Systems. Bei einem starren Körper ist $W_p^i = \text{const}$, und man kann $W_p = W_p^a$ setzen.

Beispiel 1. Die potentielle Energie eines elastisch deformierten Körpers (die eines nichtdeformierten Körpers wird gleich Null gesetzt) ist gleich

$$W_p = \int_V w_p \, dV,$$

wobei w_p die Volumendichte der potentiellen Energie ist (sie ist numerisch gleich der Deformationsenergie eines Volumenelementes des Körpers, $w_p = dW_p/dV$). Integriert wird über das Volumen V des Körpers. Im einfachsten Fall einer linearen Dehnung oder Kompression eines isotropen Körpers längs der x-Achse treten in ihm die Potentialkräfte der Elastizität auf, deren Resultierende $\boldsymbol{F}$ nach dem HOOKEschen Gesetz (S. 273) gleich $\boldsymbol{F} = -a\boldsymbol{x}$ ist, wobei a die Federkonstante (S. 114) ist, die von der Form und den Dimensionen des Körpers sowie von den elastischen Eigenschaften seines Materials abhängt, $\boldsymbol{x}$ ist ein Vektor, der seinem Betrag nach gleich der Deformation des Körpers ist und in seiner Richtung mit der diese verursachenden Kraft zusammenfällt. Wegen $F_x = -ax$ ist $F_y = F_z = 0$ und $U = -ax^2/2$ und

$$W_p = \frac{ax^2}{2}.$$

Beispiel 2. Die potentielle Energie U eines Körpers im Gravitationsfeld berechnet sich wie folgt. Die Kraft $\boldsymbol{F}$, die das Gravitationsfeld auf den Massenpunkt ausübt, ist gleich dem Produkt der Feldstärke $\boldsymbol{g}$ und der Masse m dieses Punktes (S. 56):

$$\boldsymbol{F} = m\boldsymbol{g} = -m \operatorname{grad} \varphi = -\operatorname{grad}(m\varphi) = \operatorname{grad} U;$$

φ wird auch das Potential des Feldes genannt (S. 57), $U = -m\varphi$ ist das eigentliche Potential (S. 66). Die potentielle Energie eines Massenpunktes im Gravitationsfeld ist gleich dem Produkt seiner Masse m und des Potentials φ im betrachteten Feldpunkt:

$$W_p = m\varphi.$$

Die Erde kann in erster Näherung als Kugel betrachtet werden, deren Dichte nur eine Funktion ihres Radius ist. Das Potential des Gravitationsfeldes der Erde in einem Punkt im Abstand r vom Erdmittelpunkt ist gleich (S. 56) $\varphi = -f\frac{M}{r} + C$ wobei M die Masse der Erde und R_0 ihr Radius ist ($r \geqq R_0$).

Die potentielle Energie eines Körpers der Masse m, der sich im Gravitationsfeld der Erde befindet, ist gleich

$$W_p = -f\frac{mM}{r} + mC,$$

oder setzt man für die Erdoberfläche ($r = R_0$) $W_p = 0$, so ist

$$W_p = fmM\left(\frac{1}{R_0} - \frac{1}{r}\right).$$

3.6. Das Gesetz von der Erhaltung der mechanischen Energie

1. Eine elementare Änderung der kinetischen Energie eines aus n Massenpunkten bestehenden Systems ist gleich der algebraischen Summe der elementaren Arbeiten aller Kräfte (der äußeren und inneren), die auf die Massenpunkte des Systems wirken:

$$d W_k = \sum_{i=1}^{n} \delta A_i = \sum_{i=1}^{n} (\boldsymbol{F}_i, d\boldsymbol{r}_i);$$

hier ist $\boldsymbol{F}_i$ die Resultierende aller im i-ten Massenpunkt angreifenden Kräfte.

Die elementare Änderung der mechanischen Energie eines Systems (S. 67) ist gleich

$$d W = \frac{\partial W_p}{\partial t} dt + \sum_{i=1}^{n} (\boldsymbol{f}_i, d\boldsymbol{r}_i),$$

wobei W_p die potentielle Energie des Systems und $\boldsymbol{f}_i$ die Resultierende aller auf den i-ten Massenpunkt des Systems wirkenden Kräfte ist. Sind alle Kräfte Potentialkräfte, dann ist die totale zeitliche Ableitung der mechanischen Energie des Systems gleich der partiellen zeitlichen Ableitung der potentiellen Energie dieses Systems: $dW/dt = \partial W_p/\partial t$.

2. Wir bezeichnen ein System von Körpern (Massenpunkten) als *konservativ*, wenn alle auf diese Körper wirkenden äußeren Kräfte stationär sind und ein Potential besitzen und wenn im Inneren nur Potentialkräfte[1]) herrschen. Die potentielle Energie eines konservativen Systems hängt nicht explizit von der Zeit ab. Daher ist

$$\frac{dW}{dt} = 0, \qquad W = W_k + W_p = \text{const}.$$

Die mechanische Energie eines konservativen Systems ist von der Bewegung des Systems unabhängig. Dieses Ergebnis bezeichnet man als das *Gesetz der Erhaltung der mechanischen Energie*. Es gilt insbesondere für jedes abgeschlossene System von Körpern, deren Wechselwirkungskräfte Potentialkräfte sind. Sind keine Potentialkräfte vorhanden (sondern z. B. Reibungskräfte), dann vermindert sich die mechanische Energie des abgeschlossenen Systems.

3. Ein System von Körpern wird als *dissipativ* bezeichnet, wenn seine mechanische Energie mit der Zeit abnimmt, was eine Folge ihrer Umwandlung in andere (nichtmechanische) Energieformen ist (z. B. in die innere Energie Brownscher Bewegung der Teilchen dieses Körpers). Dieser Prozeß der Verminderung der mechanischen Energie eines Systems wird als *Energiedissipation* bezeichnet.

---

[1]) Handelt es sich um ein abhängiges System, dann müssen die ihm auferlegten Nebenbedingungen ideal (S. 92) und zeitunabhängig (S. 23) sein.

3.7. Der Stoß

1. Unter einem *Stoß* verstehen wir die endliche Änderung der Geschwindigkeit starrer Körper, die innerhalb einer sehr kurzen Zeitspanne τ beim Zusammenstoß der Körper erfolgt. Bei der Deformation der Körper beim Stoß treten *Momentankräfte* (*Stoßkräfte*) auf, die sehr bedeutende Beträge annehmen können. Die im System zusammenstoßender Körper auftretenden Momentankräfte sind innere Kräfte. Ihre Impulse während der Stoßdauer τ werden als *momentane Impulse* bezeichnet. Sie sind um vieles größer als die Impulse der während dieser Zeit am System wirkenden äußeren Kräfte. Man kann daher während des Stoßprozesses den Einfluß der äußeren Kräfte vernachlässigen und annehmen, daß das System der zusammenstoßenden Körper ein abgeschlossenes System ist, d. h., daß das Gesetz der Erhaltung des Impulses gilt (S. 49), ebenso das Gesetz der Erhaltung des Drehimpulses (S. 81). Betrachtet man die zusammenstoßenden Körper als ein aus n Massenpunkten bestehendes System, so gilt

$$\sum_{i=1}^{n} m_i \boldsymbol{v}_i = \sum_{i=1}^{n} m_i \boldsymbol{u}_i$$

und

$$\sum_{i=1}^{n} [\boldsymbol{r}_i m_i \boldsymbol{v}_i] = \sum_{i=1}^{n} [\boldsymbol{r}_i m_i \boldsymbol{u}_i],$$

wobei $\boldsymbol{v}_i$ und $\boldsymbol{u}_i$ die Geschwindigkeiten des Massenpunktes mit der Masse m_i vor bzw. nach dem Stoß sind, $\boldsymbol{r}_i$ ist der Radiusvektor dieses Punktes.

2. Die gemeinsame Normale auf die Oberflächen der zusammenstoßenden Körper in ihrem Berührungspunkt wird als *Stoßgerade* bezeichnet. Wir sprechen von einem *geraden Stoß*, wenn die Geschwindigkeiten der Schwerpunkte der zusammenstoßenden Körper vor dem Stoß parallel zur Stoßgeraden sind. Andernfalls sprechen wir von einem *schiefen Stoß*. Ein Stoß erfolgt *zentral*, wenn beim Zusammenstoß die Schwerpunkte der beteiligten Körper auf der Stoßgeraden liegen.

Beispiel 1. Wir betrachten den geraden zentralen Stoß zweier in Translationsbewegung befindlicher Körper. Die Geschwindigkeiten der Körper vor dem Stoß ($\boldsymbol{v}_1, \boldsymbol{v}_2$) und die nach dem Stoß ($\boldsymbol{u}_1, \boldsymbol{u}_2$) liegen auf ein und derselben Geraden (der x-Achse), die durch die Schwerpunkte der Körper verläuft. Für die Projektionen dieser Geschwindigkeiten auf die x-Achse gilt:

$$u_1 = \frac{(m_1 - km_2)\, v_1 + m_2(1 + k) v_2}{m_1 + m_2},$$

$$u_2 = \frac{m_1(1 + k) v_1 + (m_2 - km_1) v_2}{m_1 + m_2},$$

$$k = \frac{u_2 - u_1}{v_1 - v_2},$$

wobei die Größen v_1, v_2, u_1 und u_2 positiv oder negativ sind, je nachdem, wie die Geschwindigkeitsvektoren gerichtet sind (längs der positiven oder negativen Richtung der x-Achse). Die Größe k bezeichnen wir als *Stoßkoeffizient*. Er ist gleich dem Verhältnis der Absolutwerte der Relativgeschwindigkeiten der Körper nach und vor dem Stoß und hängt nur von den elastischen Eigenschaften der zusammenstoßenden Körper ab. Die Verminderung der kinetischen Energie der Körper infolge des Stoßes ist gleich

$$-\Delta W_k = \frac{m_1 m_2}{2(m_1 + m_2)} (v_1 - v_2)^2 (1 - k^2).$$

Dieser Teil der mechanischen Energie des Systems wandelt sich in innere Energie des Systems um. Sind die Stoßkräfte Potentialkräfte, so bezeichnen wir den Stoß als *vollkommen elastisch* und $k = 1$. Ein Stoß, bei dem die Endgeschwindigkeiten der Körper gleich sind ($u_1 = u_2$), wird als *unelastisch* bezeichnet und $k = 0$. In allen anderen Fällen nennen wir den Stoß *nicht vollkommen elastisch* und $0 < k < 1$.

Beispiel 2. Betrachten wir nun den schiefen zentralen Stoß zweier in Translationsbewegung befindlicher Körper. Beim Stoß ändern sich nur die Normalkomponenten der Geschwindigkeiten der Körper, die parallel zu den Stoßgeraden sind:

$$u_{1n} = \frac{(m_1 - k m_2) v_{1n} + m_2(1 + k) v_{2n}}{m_1 + m_2},$$

$$u_{2n} = \frac{m_1(1 + k) v_{1n} + (m_2 - k m_1) v_{2n}}{m_1 + m_2},$$

und

$$k = \frac{u_{2n} - u_{1n}}{v_{1n} - v_{2n}}.$$

4. Die Dynamik der Rotationsbewegung

4.1. Das Kraftmoment

1. *Als das Moment* $\boldsymbol{M}_i$ *einer Kraft* in bezug auf den Punkt O bezeichnet man das Vektorprodukt des Radiusvektors $\boldsymbol{r}_i$ vom Punkt O zum Angriffspunkt der Kraft mit dem Kraftvektor $\boldsymbol{F}_i$:

$$\boldsymbol{M}_i = [\boldsymbol{r}_i \boldsymbol{F}_i].$$

Die Projektionen M_{ix}, M_{iy} und M_{iz} des Vektors $\boldsymbol{M}_i$ auf die Achsen eines rechtwinkligen kartesischen Koordinatensystems mit dem Ursprung im Punkt O und die Projektionen der Vektoren $\boldsymbol{r}_i$ und $\boldsymbol{F}_i$ auf diese Achsen sind durch die Relationen

$$M_{ix} = y_i F_{iz} - z_i F_{iy}, \qquad M_{iy} = z_i F_{ix} - x_i F_{iz},$$
$$M_{iz} = x_i F_{iy} - y_i F_{ix}$$

miteinander verknüpft; hier sind x_i, y_i und z_i die Koordinaten des Angriffspunktes der Kraft $\boldsymbol{F}_i$.

2. *Das Moment einer Kraft in bezug auf eine Achse* ist eine skalare Größe; sie ist gleich der Projektion des Vektors des Kraftmomentes bezüglich eines Achsenpunktes auf diese Achse.

Das *resultierende Moment* $\boldsymbol{M}$ eines Systems von k Kräften ist ein Vektor, der gleich ist der Vektorsumme der Momente aller Kräfte des Systems in bezug auf das Angriffszentrum aller Kräfte (S. 42):

$$\boldsymbol{M} = \sum_{i=1}^{k} \boldsymbol{M}_i = \sum_{i=1}^{k} [\boldsymbol{r}_i \boldsymbol{F}_i].$$

Die resultierenden Momente $\boldsymbol{M}$ und $\boldsymbol{M}'$ ein und desselben Kräftesystems sind für zwei verschiedene Angriffszentren O und O' durch die Beziehung

$$\boldsymbol{M}' = \boldsymbol{M} - [\boldsymbol{r}_{O'} \boldsymbol{F}]$$

verbunden, wobei $\boldsymbol{F} = \sum_{i=1}^{k} \boldsymbol{F}_i$ die Resultierende des Kräftesystems ist, $r_{O'}$ ist der Radiusvektor vom Punkt O zum Punkt O'.

Das Moment eines Systems von Kräften bezüglich einer Achse ist gleich der Projektion des resultierenden Momentes des Kräftesystems bezüglich irgendeines Achsenpunktes auf diese Achse.

4.2. Das Trägheitsmoment

1. Als *Trägheitsmoment eines Körpers* in bezug auf eine Achse bezeichnet man eine Größe, die ein Maß für die Trägheit eines Körpers, der um diese Achse rotiert, ist; es ist gleich der Summe der Produkte der Massen aller Teilchen des Körpers mit den Quadraten ihrer Abstände von dieser Achse. Die Trägheitsmomente eines Körpers in bezug auf die Achsen eines rechtwinkligen kartesischen Koordinatensystems sind

$$J_x = \int_{(m)} (y^2 + z^2)\, dm = \int_{(V)} (y^2 + z^2) \varrho\, dV = \iiint_{(V)} (y^2 + z^2) \varrho\, dx\, dy\, dz,$$

$$J_y = \int_{(m)} (x^2 + z^2)\, dm = \int_{(V)} (x^2 + z^2) \varrho\, dV = \iiint_{(V)} (x^2 + z^2) \varrho\, dx\, dy\, dz,$$

$$J_z = \int_{(m)} (x^2 + y^2)\, dm = \int_{(V)} (x^2 + y^2) \varrho\, dV = \iiint_{(V)} (x^2 + y^2) \varrho\, dx\, dy\, dz,$$

m, ϱ und V sind Masse, Dichte und Volumen des Körpers, x, y und z sind die Koordinaten eines Teilchens des Körpers mit dem Volumen dV und der Masse dm. Das Trägheitsmoment hängt nur von der Form des Körpers und der Massenverteilung in ihm ab.

Die Größen $r_x = \sqrt{J_x/m}$, $r_y = \sqrt{J_y/m}$ und $r_z = \sqrt{J_z/m}$ bezeichnet man als die *Trägheitsradien* des Körpers in bezug auf die x-, y- und z-Achse.

Für ein diskretes System aus n Massenpunkten ist

$$J_x = \sum_{i=1}^{n} (y_i^2 + z_i^2) m_i, \qquad J_y = \sum_{i=1}^{n} (x_i^2 + z_i^2) m_i,$$

$$J_z = \sum_{i=1}^{n} (x_i^2 + y_i^2) m_i.$$

2. Der *Satz von* Steiner lautet: Das Trägheitsmoment J_a eines Körpers in bezug auf eine beliebige Achse a ist gleich der Summe aus dem Trägheitsmoment $J_{a'}$ dieses Körpers in bezug auf die zu a parallele Achse a', die durch den Schwerpunkt des Körpers geht, und dem Produkt der Masse m des Körpers und des Quadrates des Abstandes d der Achsen a und a' (analog für ein beliebiges System von Massenpunkten):

$$J_a = J_{a'} + md^2.$$

Demnach ist das Trägheitsmoment eines Körpers relativ zu einer durch seinen Schwerpunkt gehenden Achse kleiner als das Trägheitsmoment relativ zu einer beliebigen, zu dieser parallelen Achse.

3. Das *Deviationsmoment eines Körpers* in bezug auf die Achsen eines rechtwinkligen x, y, z-Koordinatensystems wird durch folgende Beziehungen formuliert:

$$\left|\begin{aligned} J_{xy} &= \int_{(m)} xy\,dm = \int_{(V)} xy\varrho\,dV = \iiint_{(V)} xy\varrho\,dx\,dy\,dz, \\ J_{xz} &= \int_{(m)} xz\,dm = \int_{(V)} xz\varrho\,dV = \iiint_{(V)} xz\varrho\,dx\,dy\,dz, \\ J_{yz} &= \int_{(m)} yz\,dm = \int_{(V)} yz\varrho\,dV = \iiint_{(V)} yz\varrho\,dx\,dy\,dz. \end{aligned}\right|$$

Für ein System aus n Massenpunkten ist

$$J_{xy} = \sum_{i=1}^{n} x_i y_i m_i, \qquad J_{xz} = \sum_{i=1}^{n} x_i z_i m_i, \qquad J_{yz} = \sum_{i=1}^{n} y_i z_i m_i.$$

4. Das Trägheitsmoment J_a eines starren Körpers in bezug auf irgendeine, durch einen beliebigen Punkt O gehende Achse ist mit den Trägheitsmomenten dieses Körpers in bezug auf die x-, y- und z-Achse eines Koordinatensystems, dessen Ursprung mit O zusammenfällt, durch folgende Beziehung verknüpft:

$$\begin{aligned} J_a = {} & J_x \cos^2\alpha + J_y \cos^2\beta + J_z \cos^2\gamma - 2J_{xy} \cos\alpha \cos\beta \\ & - 2J_{xz} \cos\alpha \cos\gamma - 2J_{yz} \cos\beta \cos\gamma, \end{aligned}$$

wobei α, β und γ die Winkel sind, die die Achse a mit der x-, y- und z-Achse einschließt.

Die x-Achse bezeichnet man als die *Hauptträgheitsachse des Körpers,* wenn die Deviationsmomente J_{xy} und J_{xz} beide verschwinden. Man kann durch jeden Punkt des Körpers drei zueinander senkrechte

Hauptträgheitsachsen (x'-, y'- und z'-Achse) legen, so daß

$$J_a = J_1 \cos^2 \alpha' + J_2 \cos^2 \beta' + J_3 \cos^2 \gamma'$$

ist, wobei α', β' und γ' die Winkel sind, die die Achse a mit der x'-, y'- und der z'-Achse einschließt; J_1, J_2 und J_3 sind die Trägheitsmomente des Körpers in bezug auf die Hauptträgheitsachsen im Punkt O, die wir als *Hauptträgheitsmomente* bezeichnen.

5. Legt man durch den Punkt O eines starren Körpers alle möglichen Achsen a und trägt man auf ihnen die Strecken OA auf, die dem Betrag nach gleich $1/\sqrt{J_a}$ sind, so ist der geometrische Ort aller Punkte A ein Ellipsoid, das als das *Trägheitsellipsoid* des Körpers im Punkt O bezeichnet wird. Die Hauptachsen des Trägheitsellipsoids sind gleich den Hauptträgheitsachsen des Körpers im Punkt O. Die Gleichungen des Trägheitsellipsoids im x,y,z- und im x',y',z'-Koordinatensystem lauten

$$J_x x^2 + J_y y^2 + J_z z^2 - 2J_{xy}xy - 2J_{xz}xz - 2J_{yz}yz = 1,$$
$$J_1 x'^2 + J_2 y'^2 + J_3 z'^2 = 1.$$

Dasjenige Trägheitsellipsoid eines Körpers, das seinem Schwerpunkt entspricht, bezeichnen wir als das *zentrale Trägheitsellipsoid*. Die Hauptachsen des zentralen Trägheitsellipsoids eines Körpers bezeichnen wir als die zentralen Hauptträgheitsachsen und die Trägheitsmomente des Körpers in bezug auf diese Achsen als die *zentralen Hauptträgheitsmomente*. Eine zentrale Trägheitsachse ist eine Hauptträgheitsachse für alle Punkte des Körpers, die auf dieser Achse liegen.

6. Besitzt ein Körper eine Symmetrieachse, dann ist diese eine seiner zentralen Trägheitsachsen. Besitzt ein homogener Körper eine Symmetrieebene, dann ist jede zu dieser Ebene senkrechte Gerade eine Hauptträgheitsachse im Schnittpunkt dieser Geraden mit der Symmetrieebene.
Ein starrer Körper, der um einen festen Punkt O rotiert, wird als *Rotationskörper im dynamischen Sinn* bezeichnet, wenn sein Trägheitsellipsoid für den Punkt O ein Rotationsellipsoid ist. Die Rotationsachse des Trägheitsellipsoids bezeichnet man als die *dynamische Symmetrieachse des Körpers*.

7. Die zentralen Hauptträgheitsmomente einiger einfacher homogener Körper seien im folgenden angegeben (m ist die Masse des Körpers).
a) Für einen dünnen geradlinigen Stab der Länge l, der in der z-Achse liegt, gilt

$$J_x = J_y = \frac{1}{12} ml^2, \qquad J_z = 0.$$

b) Ein rechtwinkliges Parallelepiped mit den Seiten a, b und c, das parallel zur x-, y- und z-Achse liegt, hat die Hauptträgheitsmomente

$$J_x = \frac{m}{12}(b^2 + c^2), \qquad J_y = \frac{m}{12}(a^2 + c^2), \qquad J_z = \frac{m}{12}(a^2 + b^2).$$

c) Ein gerader, hohler Kreiszylinder der Höhe H, mit dem inneren Radius R_2 und dem äußeren Radius R_1, wobei die z-Achse die Zylinderachse ist, hat die Hauptträgheitsmomente

$$J_x = J_y = \frac{m}{12}(3R_1^2 + 3R_2^2 + H^2), \qquad J_z = \frac{m}{2}(R_1^2 + R_2^2).$$

Für einen Vollzylinder ($R_2 = 0$; $R_1 = R$) gilt

$$J_x = J_y = \frac{m}{12}(3R^2 + H^2), \qquad J_z = \frac{1}{2} m R^2.$$

Für die Seitenfläche eines dünnwandigen Hohlzylinders ($R_1 = R_2 = R$) ist

$$J_x = J_y = \frac{m}{12}(6R^2 + H^2), \qquad J_z = m R^2.$$

d) Für eine Hohlkugel mit den Radien R_1 (außen) und R_2 (innen) ist

$$J_x = J_y = J_z = \frac{2}{5} m \frac{R_1^5 - R_2^5}{R_1^3 - R_2^3}.$$

Für eine Vollkugel ($R_2 = 0$; $R_1 = R$) ist

$$J_x = J_y = J_z = \frac{2}{5} m R^2,$$

und für eine dünnwandige Hohlkugel haben wir ($R_1 = R_2 = R$)

$$J_x = J_y = J_z = \frac{2}{3} m R^2.$$

Ein Kugelsektor hat (wobei die z-Achse die Symmetrieachse ist) das Hauptträgheitsmoment

$$J_z = \frac{mh}{5}(3R - h),$$

wobei R der Radius der Kugeloberfläche und h die Höhe des Kugelsegmentes ist, das dem betrachteten Sektor entspricht.
Für dieses Kugelsegment selbst (die z-Achse ist wiederum die Symmetrieachse) ist

$$J_z = \frac{mh}{20} \frac{20R^2 - 15Rh + 3h^2}{3R - h}.$$

e) Im Fall eines geraden Kreiskegels der Höhe H, dessen Basis den Radius R hat und dessen Achse mit der z-Achse zusammenfällt, ist

$$J_x = J_y = \frac{3m}{20}\left(R^2 + \frac{H^2}{4}\right), \qquad J_z = \frac{3}{10} m R^2.$$

Für die Mantelfläche eines dünnwandigen Hohlkegels ist

$$J_z = \frac{1}{2} m R^2.$$

f) Haben wir einen geraden Kreiskegelstumpf der Höhe H mit den Radien R_1 und R_2 (die z-Achse ist die Kegelachse), so ist

$$J_z = \frac{3m}{10} \frac{R_1^5 - R_2^5}{R_1^3 - R_2^3}.$$

Für die Mantelfläche eines dünnwandigen Kegelstumpfes ist

$$J_z = \frac{m}{2} (R_1^2 + R_2^2).$$

g) Im Fall einer geraden Pyramide der Höhe H mit rechteckiger Grundfläche, deren Seiten a und b zur x- bzw. y-Achse parallel sind, ist

$$J_x = \frac{m}{20}\left(b^2 + \frac{3}{4} H^2\right), \qquad J_y = \frac{m}{20}\left(a^2 + \frac{3}{4} H^2\right),$$

$$J_z = \frac{m}{20} (a^2 + b^2).$$

h) Für ein Ellipsoid mit den Achsen a, b und c, die zur x-, y- bzw. z-Achse parallel sind, ist

$$J_x = \frac{m}{5} (b^2 + c^2), \qquad J_y = \frac{m}{5} (a^2 + c^2), \qquad J_z = \frac{m}{5} (a^2 + b^2).$$

i) Betrachten wir schließlich einen Ring vom Radius R mit kreisförmigem Querschnitt des Radius r (Torus); die z-Achse stehe senkrecht auf der Ebene, in der die Querschnittszentren liegen. In diesem Fall ist

$$J_x = J_y = \frac{m}{8} (4R^2 + 5r^2), \qquad J_z = m\left(R^2 + \frac{3}{4} r^2\right).$$

4.3. Der Drehimpuls

1. Als *Drehimpuls* (*Impulsmoment*) eines Massenpunktes in bezug auf einen Punkt (*Pol*) bezeichnen wir den Vektor $\boldsymbol{L}_i$, der gleich ist dem Vektorprodukt aus dem Radiusvektor $\boldsymbol{r}_i$ des Punktes vom Pol und dem Impuls $m_i \boldsymbol{v}_i$:

$$\boldsymbol{L}_i = [\boldsymbol{r}_i m_i \boldsymbol{v}_i].$$

Der Drehimpuls oder *Drall* eines Systems von Massenpunkten in bezug auf den Pol wird durch den Vektor $\boldsymbol{L}$ bezeichnet, der gleich ist der geometrischen Summe der Drehimpulse aller n Punkte des Systems in bezug auf diesen Pol:

$$\boldsymbol{L} = \sum_{i=1}^{n} [\boldsymbol{r}_i m_i \boldsymbol{v}_i].$$

Der Drehimpuls eines Körpers in bezug auf den Pol ist

$$\boldsymbol{L} = \int_{(m)} [\boldsymbol{r}\boldsymbol{v}]\, dm = \int_{(V)} [\boldsymbol{r}\boldsymbol{v}]\varrho\, dV = \iiint_{(V)} [\boldsymbol{r}\boldsymbol{v}]\varrho\, dx\, dy\, dz,$$

wobei $\boldsymbol{r}$, $\boldsymbol{v}$ und ϱ Radiusvektor, Geschwindigkeit und Dichte eines Elementes des Körpers bezeichnen, dessen Masse dm und dessen Volumen dV ist.

2. Für den Schwerpunkt C eines Systems von Massenpunkten gilt folgendes: Der Drehimpuls dieses Systems in bezug auf C ist im Fall einer Absolutbewegung der Punkte ($\boldsymbol{L}_c$) gleich dem im Fall einer Relativbewegung ($\boldsymbol{L}'_c$), bezogen auf eine Translationsbewegung eines Koordinatensystems, dessen Ursprung mit C zusammenfällt: $\boldsymbol{L}_c = \boldsymbol{L}'_c$; das bedeutet

$$\sum_{i=1}^{n} [\boldsymbol{r}_i m_i \boldsymbol{v}_i] = \sum_{i=1}^{n} [\boldsymbol{r}'_i m_i \boldsymbol{v}'_i],$$

wobei $\boldsymbol{v}_i$ und $\boldsymbol{v}'_i = \boldsymbol{v}_i - \boldsymbol{v}_c$ die Geschwindigkeiten der Absolut- bzw. Relativbewegung eines Punktes der Masse m_i sind; die Lage des Punktes in bezug auf C ist durch den Radiusvektor $\boldsymbol{r}'_i = \boldsymbol{r}_i - \boldsymbol{r}_c$ gegeben. Für die Drehimpulse des Systems in bezug auf seinen Schwerpunkt ($\boldsymbol{L}_c$) und seinen ruhenden Pol ($\boldsymbol{L}$) gilt

$$\boldsymbol{L}_c = \boldsymbol{L} - m[\boldsymbol{r}_c \boldsymbol{v}_c] = \boldsymbol{L} - [\boldsymbol{r}_c \boldsymbol{K}],$$

wobei $m = \sum_{i=1}^{n} m_i$ die Masse des Systems, $\boldsymbol{v}_c$ die Absolutgeschwindigkeit des Schwerpunktes in bezug auf den Pol und $\boldsymbol{K}$ der Impuls des Systems ist.

3. Der Drehimpuls eines Systems von Massenpunkten (Körpern) in bezug auf die Achse a ist eine skalare Größe L_a, die gleich ist der Projektion auf a des Drehimpulsvektors $\boldsymbol{L}$ des Systems (Körpers) in bezug auf einen beliebigen auf dieser Achse liegenden Punkt. Die Drehimpulse eines Systems von n Massenpunkten in bezug auf die Achsen eines ruhenden, rechtwinkligen kartesischen Koordinatensystems sind

$$L_x = \sum_{i=1}^{n} (y_i v_{iz} - z_i v_{iy}) m_i,$$

$$L_y = \sum_{i=1}^{n} (z_i v_{ix} - x_i v_{iz}) m_i,$$

$$L_z = \sum_{i=1}^{n} (x_i v_{iy} - y_i v_{ix}) m_i,$$

wobei x_i, y_i und z_i die Koordinaten des i-ten Massenpunktes des Systems und v_{ix}, v_{iy} und v_{iz} die Projektionen ihrer Geschwindigkeiten $\boldsymbol{v}_i$ auf die Koordinatenachsen sind.

Für einen Körper ist

$$L_x = \int_{(m)} (y v_z - z v_y) dm = \iiint_{(V)} (y v_z - z v_y) \varrho \, dx \, dy \, dz,$$

$$L_y = \int_{(m)} (z v_x - x v_z) dm = \iiint_{(V)} (z v_x - x v_z) \varrho \, dx \, dy \, dz,$$

$$L_z = \int_{(m)} (x v_y - y v_x) dm = \iiint_{(V)} (x v_y - y v_x) \varrho \, dx \, dy \, dz,$$

wobei x, y und z die Koordinaten eines Körperelements der Masse dm sind, v_x, v_y und v_z sind die Projektionen der Geschwindigkeit dieses Elements auf die Koordinatenachsen.
Der Drehimpuls eines Körpers oder eines Systems von Massenpunkten in bezug auf eine beliebige Achse a, die durch den Koordinatenursprung geht, ist

$$L_a = L_x \cos\alpha + L_y \cos\beta + L_z \cos\gamma,$$

wobei α, β und γ die von der Achse a mit der x-, y- bzw. z-Achse eingeschlossenen Winkel sind. Rotiert der Körper um die Achse a mit der Winkelgeschwindigkeit ω, dann ist

$$L_a = J_a \omega.$$

4.4. Das Grundgesetz der Dynamik der Rotationsbewegung

Die zeitliche Ableitung des Drehimpulses eines mechanischen Systems in bezug auf einen ruhenden Punkt[1]) oder den Schwerpunkt des Systems ist gleich dem resultierenden Moment aller äußeren, am System angreifenden Kräfte in bezug auf diesen Punkt:

$$\frac{d\boldsymbol{L}}{dt} = \boldsymbol{M};$$

für die Projektionen auf die Koordinatenachsen eines ruhenden (Inertial-)Systems gilt

$$\frac{dL_x}{dt} = M_x; \qquad \frac{dL_y}{dt} = M_y; \qquad \frac{dL_z}{dt} = M_z.$$

Beispiel 1. Für die Rotation eines Systems um eine feste z-Achse gilt $L_x = L_y = 0$ und $L_z = J_z \omega$, wobei ω die Winkelgeschwindigkeit und J_z das Trägheitsmoment des Systems in bezug auf die z-Achse ist. Die Bewegungsgleichung lautet $d(J_z \omega)/dt = M_z$. Handelt es sich bei dem System um einen starren Körper, dann ist $J_z \cdot d\omega/dt = M_z$.

---

1) In bezug auf ein Inertialsystem.

Beispiel 2. Betrachten wir die Rotation eines starren Körpers um den Fixpunkt O. In einem mit dem Körper fest verbundenen x', y', z'-Koordinatensystem, dessen Ursprung mit dem Punkt O zusammenfällt, lautet die Bewegungsgleichung des Körpers wie folgt:

$$\frac{\tilde{d}\boldsymbol{L}}{dt} = \boldsymbol{M} - [\boldsymbol{\omega}\boldsymbol{L}];$$

$\boldsymbol{L}$ ist der Drehimpuls des Körpers und $\boldsymbol{M}$ das resultierende Moment der an ihm angreifenden äußeren Kräfte in bezug auf den Punkt O, $\boldsymbol{\omega}$ ist die Winkelgeschwindigkeit und $\frac{\tilde{d}\boldsymbol{L}}{dt} = \frac{dL_{x'}}{dt}\boldsymbol{i}' + \frac{dL_{y'}}{dt}\boldsymbol{j}' + \frac{dL_{z'}}{dt}\boldsymbol{k}'$ ist die zeitliche Ableitung des Vektors $\boldsymbol{L}$, und $\boldsymbol{i}'$, $\boldsymbol{j}'$, $\boldsymbol{k}'$ sind die Einheitsvektoren im mitbewegten Bezugssystem. Fallen die Achsen des mitbewegten Koordinatensystems mit den Hauptträgheitsachsen des Körpers im Punkt O zusammen, dann können die Bewegungsgleichungen des Körpers, in den Projektionen auf diese Achsen ausgedrückt, so formuliert werden:

$$J_1\dot{\omega}_1 + (J_3 - J_2)\omega_2\omega_3 = M_1,$$

$$J_2\dot{\omega}_2 + (J_1 - J_3)\omega_3\omega_1 = M_2,$$

$$J_3\dot{\omega}_3 + (J_2 - J_1)\omega_1\omega_2 = M_3;$$

J_1, J_2 und J_3 sind die Hauptträgheitsmomente des Körpers im Punkt O, ω_1, ω_2 und ω_3 sind die Projektionen des Vektors der Winkelgeschwindigkeit des Körpers auf die Hauptträgheitsachsen, M_1, M_2 und M_3 sind die Momente aller äußeren Kräfte in bezug auf diese Achsen. Diese Gleichungen nennen wir die (*dynamischen*) EULER-*Gleichungen*.
Sie gelten auch für die Rotation eines freien starren Körpers um seinen Schwerpunkt. Nur sind in diesem Fall J_1, J_2 und J_3 die zentralen Hauptträgheitsmomente des Körpers, ω_1, ω_2 und ω_3 sind die Projektionen des Vektors der Winkelgeschwindigkeit des Körpers auf seine zentralen Hauptträgheitsachsen, und M_1, M_2 und M_3 sind die Momente aller äußeren Kräfte in bezug auf diese Achsen.

4.5. Das Gesetz von der Erhaltung des Drehimpulses

1. Ist das resultierende Moment der äußeren Kräfte in bezug auf einen Fixpunkt oder den Schwerpunkt eines mechanischen Systems identisch gleich Null, dann ist der Drehimpuls dieses Systems in bezug auf diesen Punkt zeitunabhängig:

$$\frac{d\boldsymbol{L}}{dt} = 0, \qquad \boldsymbol{L} = \text{const}.$$

In einem abgeschlossenen System treten keine äußeren Kräfte auf. Daher ist der Drehimpuls $\boldsymbol{L}$ eines abgeschlossenen Systems in bezug auf einen beliebigen ruhenden Punkt, ebenso wie die geometrische

Summe $\boldsymbol{L}'_c$ der Drehimpulse aller Teilchen des Systems in bezug auf seinen Schwerpunkt, nicht von der Zeit abhängig:

$$\frac{d\boldsymbol{L}}{dt} = \frac{d}{dt}\sum_{i=1}^{n}[\boldsymbol{r}_i m_i \boldsymbol{v}_i] = 0, \qquad \frac{d\boldsymbol{L}'_c}{dt} = \frac{d}{dt}\sum_{i=1}^{n}[\boldsymbol{r}'_i m_i \boldsymbol{v}'_i] = 0,$$

wobei $\boldsymbol{r}_i$ der Radiusvektor und $\boldsymbol{v}_i$ die absolute Geschwindigkeit des i-ten Massenpunktes des Systems in bezug auf ein ruhendes Inertialsystem (x, y, z) ist; $\boldsymbol{r}'_i = \boldsymbol{r}_i - \boldsymbol{r}_c$ und $\boldsymbol{v}'_i = \boldsymbol{v}_i - \boldsymbol{v}_c$ sind Radiusvektor und Relativgeschwindigkeit dieses Punktes in bezug auf den Schwerpunkt des Systems. In Projektionen auf die ruhende x-, y- und z-Achse und die x'-, y'- und z'-Achse des bewegten Systems (dessen Translationsbewegung so ist, daß sein Ursprung O' immer mit dem Schwerpunkt zusammenfällt) ausgedrückt, kann das Gesetz der Erhaltung des Drehimpulses in Form zweier Gleichungssysteme geschrieben werden:

$$\left.\begin{aligned}
\frac{d}{dt}\sum_{i=1}^{n} m_i(y_i v_{iz} - z_i v_{iy}) &= 0,\\
\frac{d}{dt}\sum_{i=1}^{n} m_i(z_i v_{ix} - x_i v_{iz}) &= 0,\\
\frac{d}{dt}\sum_{i=1}^{n} m_i(x_i v_{iy} - y_i v_{ix}) &= 0;
\end{aligned}\right\}$$

$$\left.\begin{aligned}
\frac{d}{dt}\sum_{i=1}^{n} m_i(y'_i v'_{iz} - z'_i v'_{iy}) &= 0,\\
\frac{d}{dt}\sum_{i=1}^{n} m_i(z'_i v'_{ix} - x'_i v'_{iz}) &= 0,\\
\frac{d}{dt}\sum_{i=1}^{n} m_i(x'_i v'_{iy} - y'_i v'_{ix}) &= 0.
\end{aligned}\right\}$$

2. Ist das Moment der äußeren Kräfte in bezug auf den Schwerpunkt eines starren Körpers gleich Null, so bezeichnen wir die Drehung eines Körpers um seinen Schwerpunkt als *freie* (*kräftefreie*) *Rotation*. Sie kann durch die folgenden drei Gleichungen, die aus den dynamischen EULER-Gleichungen (S. 81) gewonnen worden sind, beschrieben werden:

$$J_1\dot{\omega}_1 + (J_3 - J_2)\omega_2\omega_3 = 0,$$

$$J_2\dot{\omega}_2 + (J_1 - J_3)\omega_3\omega_1 = 0,$$

$$J_3\dot{\omega}_3 + (J_2 - J_1)\omega_1\omega_2 = 0;$$

J_1, J_2 und J_3 sind die Hauptträgheitsmomente des Körpers, ω_1, ω_2 und ω_3 sind die Projektionen des Vektors der Winkelgeschwindigkeit des Körpers auf die zentralen Hauptachsen. Hierbei gehorcht die

Bewegung des Schwerpunktes des Körpers dem Gesetz

$$m \ddot{\boldsymbol{r}}_c = \boldsymbol{F},$$

wobei $\boldsymbol{F}$ die Resultierende des Systems der äußeren Kräfte und m die Masse des Körpers ist.

3. Die freie Rotation eines Körpers bezeichnet man als *stationär*, wenn der Vektor $\boldsymbol{\omega}$ der Winkelgeschwindigkeit des Körpers konstant ist. Es ist eine notwendige und hinreichende Bedingung für eine derartige Bewegung, daß der Körper um eine der zentralen Hauptachsen rotiert. Stationäre freie Rotation ist daher in der Praxis nur um die zentralen Hauptachsen mit größtem und kleinstem Trägheitsmoment, die sogenannten *freien Achsen* des Körpers, zu beobachten; eine freie Rotation um die dritte Achse ist instabil.
Ist das mechanische System nicht abgeschlossen, aber das Moment aller äußerer Kräfte in bezug auf eine beliebige ruhende Achse identisch gleich Null, dann ändert sich der Drehimpuls des Systems in bezug auf diese Achse während der Bewegung nicht.

4.6. Die Bewegung unter dem Einfluß von Zentralkräften

1. Eine auf einen bewegten Massenpunkt oder Körper wirkende Kraft bezeichnet man als *Zentralkraft*, wenn ihre Wirkungslinie die ganze Zeit durch ein und denselben festen Punkt O geht, der als *Zentrum der Kraft* bezeichnet wird:

$$\boldsymbol{F} = F \frac{\boldsymbol{r}}{r},$$

$\boldsymbol{r}$ ist der Radiusvektor vom Zentrum O zum Angriffspunkt der Kraft $\boldsymbol{F}$, F ist die Projektion der Kraft auf die Richtung des Radiusvektors. Als Beispiele für Zentralkräfte seien die Anziehungskraft zwischen Massenpunkten und die Kräfte der elektrostatischen Wechselwirkung zwischen elektrischen Punktladungen erwähnt, bei denen F umgekehrt proportional zu r^2 ist.

2. Bewegt sich ein Massenpunkt unter dem Einfluß einer Zentralkraft, so bleibt sein Drehimpuls in bezug auf das Zentrum O unverändert:

$$\frac{d\boldsymbol{L}}{dt} = \boldsymbol{M} = 0, \qquad \boldsymbol{L} = [\boldsymbol{r} m \boldsymbol{v}] = \text{const}.$$

Der Punkt bewegt sich daher in der Ebene

$$L_x x + L_y y + L_z z = 0,$$

die auf $\boldsymbol{L}$ senkrecht steht und durch den Punkt O verläuft. Die Flächengeschwindigkeit eines Punktes (S. 26) ist konstant (Flächensatz, *zweites* KEPLER*sches Gesetz*):

$$2\sigma = r^2 \dot{\varphi} = \frac{L}{m},$$

wobei r und φ die Polarkoordinaten des Punktes in der Ebene seiner Bahnkurve sind (die kartesischen Koordinaten des Punktes sind ξ und η).

3. Hängt eine auf den betrachteten Massenpunkt wirkende Zentralkraft nur von r ab, d. h. $F = F(r)$, dann ist sie eine Potentialkraft (S. 66). Ihr Potential ist dann gleich

$$U(r) = \int_0^r F(r)\,dr + U_0,$$

wobei $U_0 = U(O)$ ist. Die potentielle, kinetische und totale Energie des Punktes sind dann gleich

$$W_p = -U(r) + C = W_p(r),$$

$$W_k = \frac{m}{2}(\dot{r}^2 + r^2\dot{\varphi}^2) = \frac{m\dot{r}^2}{2} + \frac{L^2}{2mr^2},$$

$$W = \frac{m\dot{r}^2}{2} + \frac{L^2}{2mr^2} + W_p(r).$$

Für den Zusammenhang zwischen den Polarkoordinaten und der Zeit gilt

$$t = \int \frac{dr}{\sqrt{\frac{2}{m}\left[W - W_p(r) - \frac{L^2}{2mr^2}\right]}} + C_1,$$

$$\varphi = \int \frac{\frac{L}{r^2}\,dr}{\sqrt{2m[W - W_p(r)] - \frac{L^2}{r^2}}} + C_2.$$

Die zweite Formel ist die Gleichung der Trajektorie (Bahnkurve) des Massenpunktes, die erste die Bewegungsgleichung des Punktes längs dieser Bahn.

4. Die gesamte Energie W eines Punktes ändert sich nicht während der Bewegung. Daher bestimmt sich der Bereich der möglichen Werte des Radius r des Punktes aus der Gleichung

$$\frac{L^2}{2mr_*^2} + W_p(r_*) = W;$$

r_* bezeichnet die Extremwerte von r, d. h. $r_{\max}$ und $r_{\min}$. Ist $r_{\max}$ eine endliche Größe, so bezeichnet man die Bewegung als *finit*. In diesem Fall liegt die Bahnkurve des Punktes innerhalb eines Ringes, der von den Kreisen $r = r_{\min}$ und $r = r_{\max}$ begrenzt wird. Alle Bahnkurven einer finiten Bewegung des Punktes sind geschlossen, wenn die potentielle Energie W_p proportional zu $1/r$ oder r^2 ist. Ist der Maximalwert von r unbegrenzt, so bezeichnen wir die Bewegung als *infinit*.

5. *Das* KEPLER-*Problem*[1]) ist das Problem der Bewegung eines Massenpunktes unter dem Einfluß einer Zentralkraft, die dem Quadrat des Abstandes vom Kraftzentrum umgekehrt proportional ist:

$$\boldsymbol{F} = -\frac{\alpha}{r^3}\boldsymbol{r} \quad \text{und} \quad W_p = -\frac{\alpha}{r};$$

α ist eine Konstante. Ist $\alpha < 0$, so wird der Punkt vom Zentrum abgestoßen (COULOMBsche Wechselwirkung gleichnamiger Punktladungen); ist $\alpha > 0$, so wird der Punkt vom Zentrum angezogen (Gravitationswechselwirkung von Massenpunkten und COULOMBsche Wechselwirkung ungleichnamiger Punktladungen).

Die Bahnkurven des Punktes sind Kegelschnitte, deren Gleichungen in Polarkoordinaten r und $\psi = \varphi - C_2$ (S. 28) folgende Form haben:

$$r = \frac{p}{1 + e\cos\psi} \; (\alpha > 0),$$

$$r = \frac{p}{-1 + e\cos\psi} \; (\alpha < 0);$$

$p = \dfrac{L^2}{m\,|\alpha|}$ ist der *Bahnparameter*, $e = \sqrt{1 + \dfrac{2\,W L^2}{m\alpha^2}}$ ist die Exzentrizität der Bahn, W ist die Gesamtenergie des Punktes, und L ist sein Drehimpuls in bezug auf das Zentrum.

a) $\alpha > 0$. Das Kraftzentrum liegt im Brennpunkt der Bahn des Massenpunktes. Sein Abstand zum nächsten Bahnpunkt wird als *Perihel* bezeichnet und ist gleich

$$r_{\text{min}} = \frac{p}{1+e}.$$

Ist $W > 0$, dann ist $e > 1$, und die Bahn ist eine Hyperbel; ist $W = 0$, dann ist $e = 1$, und die Bahn ist eine Parabel; ist schließlich $W < 0$, so ist auch $e < 1$, die Bahn ist eine Ellipse (Bild I.4.1), deren Achsen durch

$$a = \frac{p}{1-e^2} = \frac{\alpha}{2\,|W|}, \quad b = \frac{p}{\sqrt{1-e^2}} = \frac{L}{\sqrt{2m\,|W|}}$$

gegeben sind. Kreist der Punkt auf einer elliptischen Bahn, so gilt für die Bahnperiode

$$T = 2\pi\sqrt{\frac{ma^3}{\alpha}}$$

(*drittes* KEPLER*sches Gesetz*).

b) $\alpha < 0$. Die Gesamtenergie des Punktes ist gleich

$$W = \frac{m\dot{r}^2}{2} + \frac{L^2}{2mr^2} + \frac{|\alpha|}{r} \geqq 0.$$

---

[1]) Auch NEWTON-Problem genannt.

Eine solche Bewegung ist daher immer infinit, die Bahnkurve ist eine Hyperbel ($W > 0$) oder eine Parabel ($W = 0$). Das Kraftzentrum O und der Brennpunkt F der Bahn liegen auf ihrer Symmetrieachse auf verschiedenen Seiten vom Perihel P (Bild I.4.2), und es ist

$$r_{\min} = \frac{p}{e-1}.$$

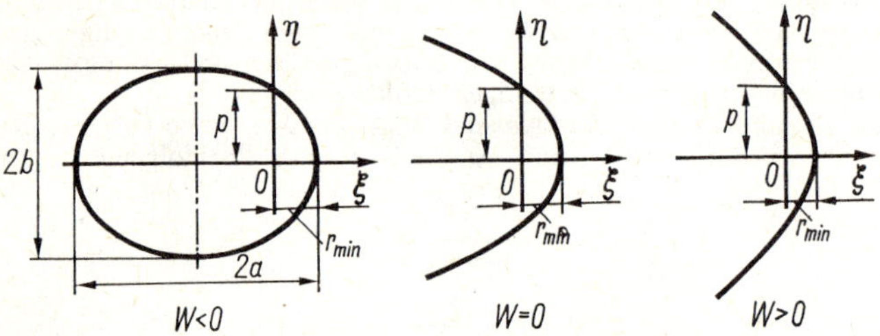

I.4.1.

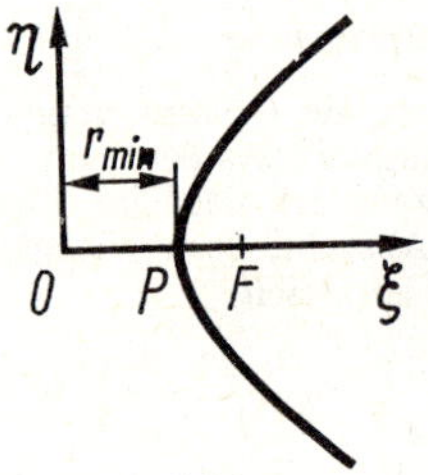

I.4.2.

Beispiel 1. Die Bewegung eines Planeten im Gravitationsfeld der Sonne: $\alpha = fmM > 0$, wobei m die Planetenmasse, M die Sonnenmasse und f die Gravitationskonstante ist. Die Bewegung des Planeten ist finit, d. h. $W < 0$. Daher gelten die folgenden beiden Gesetze:

a) Die Planeten bewegen sich auf elliptischen Bahnen, in deren einem Brennpunkt die Sonne steht (*erstes* Keplersches *Gesetz*).

b) Das Verhältnis der dritten Potenzen der großen Halbachsen der Bahnen zu den Quadraten der Umlaufzeiten ist für alle Planeten des Sonnensystems dasselbe (*drittes* Keplersches *Gesetz*):

$$4\pi^2 \frac{a^3}{T^2} = \frac{\alpha}{m} = fM = \text{const}.$$

Beispiel 2. Die Bewegung von Körpern im Gravitationsfeld der Erde: $\alpha = fmM = g_0 m r_0^2$, wobei M die Masse der Erde, m die Masse des Körpers und g_0 die Beschleunigung im freien Fall auf der

Erdoberfläche ist; r_0 ist der Erdradius (der Einfluß der Erdrotation wird vernachlässigt).

Als *erste kosmische* oder *Kreisgeschwindigkeit* v_1 bezeichnet man jene Geschwindigkeit, die einem Körper erteilt werden muß, um ihn zu einem Erdsatelliten zu machen, der sich auf einer kreisförmigen Umlaufbahn ($e = 0$) vom Radius r_0 bewegt:

$$v_1 = \sqrt{g_0 r_0} = 7{,}9 \text{ km/s}.$$ [1]

Die *zweite kosmische* oder *parabolische* Geschwindigkeit v_2 ist die Minimalgeschwindigkeit, die einem Körper mitgeteilt werden muß, damit er eine parabolische Bahn ($e = 1$) im Gravitationsfeld der Erde durchläuft, d. h., damit er die irdische Gravitation überwinden und zu einem Satelliten der Sonne werden kann:

$$v_2 = \sqrt{2 g_0 r_0} = 11{,}2 \text{ km/s}.$$ [1]

4.7. Der Kreisel

1. Als *Kreisel* (*symmetrischen Kreisel*) bezeichnet man einen starren Körper, der um einen festen Punkt rotiert und eine dynamische Symmetrieachse (z'-Achse) besitzt (S. 76), die durch seinen Schwerpunkt geht. Ein Kreisel wird als kräftefrei bezeichnet, wenn der Punkt O mit seinem Schwerpunkt zusammenfällt. Anderenfalls können wir von einem schweren Kreisel sprechen, da sein Gewicht ein von Null verschiedenes Moment in bezug auf den Punkt O besitzt und die Kreiselbewegung wesentlich beeinflußt.

Ist die Orientierung der momentanen Drehachse des Kreisels um Punkt O keinerlei Beschränkungen unterworfen, so besitzt er drei Freiheitsgrade. Kann diese Achse nur innerhalb einer festen durch O gehenden Ebene beliebige Lagen einnehmen, so hat der Kreisel zwei Freiheitsgrade.

2. Die kräftefreie Rotation (S. 82) eines im Gleichgewicht befindlichen Kreisels mit drei Freiheitsgraden sei im folgenden betrachtet.

Der Drehimpuls $\boldsymbol{L}$ des Kreisels in bezug auf Punkt O und seine kinetische Energie sind konstant. Außerdem folgt aus den Gleichungen der kräftefreien Rotation eines Körpers um einen Punkt (S. 82) bei $J_1 = J_2$

$$\dot{\omega}_3 = 0, \qquad \omega_1 \dot{\omega}_1 + \omega_2 \dot{\omega}_2 = 0,$$

d. h., ω_3, $\omega_1^2 + \omega_2^2$ und $\omega = \sqrt{\omega_1^2 + \omega_2^2 + \omega_3^2}$ sind konstant.

Hier gibt es zwei mögliche Fälle:

a) $\omega_1 = \omega_2 = 0$, da $\omega = \omega_3$ und $\boldsymbol{\omega} = \dfrac{1}{J_3} \boldsymbol{L} = \text{const}$ ist.

Bei der kräftefreien Rotation eines im Gleichgewicht befindlichen Kreisels um eine dynamische Symmetrieachse ist die Orientierung dieser Achse in bezug auf die Achsen eines Inertialsystems zeitlich konstant.

---

[1] Der Einfluß des Widerstandes der Atmosphäre wird vernachlässigt.

b) $\omega_1^2 + \omega_2^2 \neq 0$, d. h., die momentane Drehachse des Kreisels fällt nicht mit seiner dynamischen Symmetrieachse, der z-Achse, zusammen.
Die z'-Achse rotiert gleichmäßig um die feste z-Achse, die mit dem Vektor $\boldsymbol{L}$ zusammenfällt; sie beschreibt einen Kreiskegel mit der Spitze in O und dem Öffnungswinkel 2ϑ, der aus der Beziehung

$$\tan\vartheta = \frac{J_1}{J_3}\sqrt{\frac{\omega_1^2 + \omega_2^2}{\omega_3^2}}$$

zu berechnen ist.

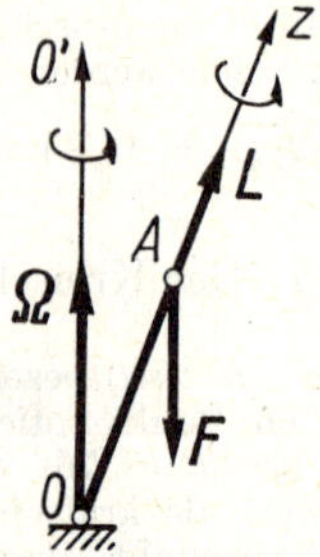

I.4.3.

Eine solche Bewegung bezeichnen wir als *reguläre Präzession* und den Winkel ϑ als *Nutationswinkel*. Die Winkelgeschwindigkeit der Präzessionsbewegung ist gleich

$$\Omega = \frac{\sqrt{\omega_1^2 + \omega_2^2}}{\sin\vartheta} = \omega_3\sqrt{\left(\frac{J_3}{J_1}\right)^2 + \frac{\omega_1^2 + \omega_2^2}{\omega_3^2}}\,.$$

Ist $\omega_1^2 + \omega_2^2 \ll \omega_3^2$, dann ist der Nutationswinkel in einer regulären Präzession klein, und die z'Achse fällt praktisch mit der festen z-Achse zusammen.
3. Betrachten wir nun den Einfluß von äußeren Kräften auf die Bewegung eines Kreisels mit drei Freiheitsgraden.
In der mit Näherungen arbeitenden Kreiseltheorie wird angenommen, daß der Kreisel sehr rasch um die dynamische Symmetrieachse, die z'-Achse, rotiert ($\omega = \omega_3$), die ihrerseits, unter dem Einfluß der auf sie wirkenden äußeren Kräfte, sich langsam um den festen Punkt O bewegt. Eine solche Bewegung des Kreisels bezeichnet man als Präzession. Die Vektoren $\boldsymbol{\omega}$ und $\boldsymbol{L} = J_3\boldsymbol{\omega}$ sind *Eigenwinkelgeschwindigkeit* und *Eigendrehimpuls des Kreisels.*
Greift die äußere Kraft $\boldsymbol{F}$ im Punkt A der z'-Achse an (Bild I.4.3), dann ist ihr Moment $\boldsymbol{M}$ in bezug auf Punkt O gleich

$$\boldsymbol{M} = [\boldsymbol{r}_a\boldsymbol{F}] = \frac{r_a}{J_3\omega}[\boldsymbol{L}\boldsymbol{F}],$$

wobei $\boldsymbol{r}_a$ der Radiusvektor von Punkt A und ω der algebraische Wert der Eigenwinkelgeschwindigkeit des Kreisels ist ($\omega > 0$, wenn der Vektor $\boldsymbol{L}$ in Richtung der positiven z'-Achse liegt).

4. Aus dem Grundgesetz der Dynamik der Rotationsbewegung (S. 80) folgt, daß für einen Kreisel mit drei Freiheitsgraden

$$\frac{d\boldsymbol{L}}{dt} = \frac{r_a}{J_3\omega}[\boldsymbol{L}\boldsymbol{F}]$$

ist. Die Vektoren $d\boldsymbol{L}$ und $\boldsymbol{L}$ stehen aufeinander senkrecht. Daher führen unter dem Einfluß der Kraft $\boldsymbol{F}$, die an der z'-Achse des Kreisels angreift, der Vektor $\boldsymbol{L}$ und die Kreiselachse eine Präzessionsbewegung um die momentane Achse OO' aus, die parallel zur Kraft $\boldsymbol{F}$ liegt, in Richtung des Vektors $\boldsymbol{M}$ des Momentes dieser Kraft in bezug auf den Punkt O. Die Winkelgeschwindigkeit der Präzession ist gleich

$$\boldsymbol{\Omega} = -\frac{r_a}{J_3\omega}\boldsymbol{F}.$$

Der Vektor

$$\boldsymbol{M}_g = -\boldsymbol{M} = [\boldsymbol{L}\boldsymbol{\Omega}] = J_3[\boldsymbol{\omega}\boldsymbol{\Omega}]$$

wird als *Kreiselmoment* bezeichnet. Das Kreiselmoment wirkt auf den äußeren Körper, der die Präzession des Kreisels mit der Winkelgeschwindigkeit $\boldsymbol{\Omega}$ verursacht.

Ist $\boldsymbol{\Omega} = \text{const}$ und der Winkel ϑ zwischen den Vektoren $\boldsymbol{L}$ und $\boldsymbol{\Omega}$ ebenfalls konstant, so bezeichnet man die Präzession als *regulär*. Die exakte Theorie zeigt, daß das Kreiselmoment bei regulärer Präzession gleich

$$\boldsymbol{M}_g = J_3[\boldsymbol{\omega}\boldsymbol{\Omega}]\left(1 + \frac{J_3 - J_1}{J_3}\frac{\Omega}{\omega}\cos\vartheta\right)$$

ist. Diese Formel ist gleich der Näherungsformel, wenn

a) $\omega \gg \Omega$ (Annahme, auf der die Näherungstheorie basiert),

b) $\vartheta = 90°$,

c) $J_3 = J_1 = J_2$ (*Kugelkreisel*).

Beispiel. Die reguläre Präzession eines schweren Kreisels ist eine Folge seines Gewichtes: $\boldsymbol{M}_g = [\boldsymbol{P}\boldsymbol{r}_c]$, wobei $\boldsymbol{r}_c$ der Radiusvektor des Schwerpunktes ist. Die Präzession erfolgt um die vertikale Achse, die mit der Kreiselachse den Winkel ϑ einschließt. Die Winkelgeschwindigkeit der Präzession bestimmt sich aus der Formel

$$J_3\omega\Omega\left(1 + \frac{J_3 - J_1}{J_3}\frac{\Omega}{\omega}\cos\vartheta\right) = Pr_c.$$

Reguläre Präzession ist möglich, wenn

$$J_3^2\omega^2 + 4(J_3 - J_1)Pr_c\cos\vartheta > 0$$

ist.

Die Präzession kann mit zwei verschiedenen Winkelgeschwindigkeiten erfolgen:

$$\Omega = \frac{-J_3\omega \pm \sqrt{J_3^2\omega^2 + 4(J_3 - J_1)\,P r_c \cos\vartheta}}{2(J_3 - J_1)\cos\vartheta}.$$

Ist die Eigenwinkelgeschwindigkeit des Kreisels hoch genug, dann ist

$$\Omega_1 = \frac{P r_c}{J_3\omega} \qquad \text{(langsame Präzession)},$$

$$\Omega_2 = \frac{J_3\omega}{(J_3 - J_1)\cos\vartheta} \qquad \text{(schnelle Präzession)}.$$

Um im Fall eines schweren Kreisels reguläre Präzession zu erreichen (oder bei einem im Gleichgewicht befindlichen Kreisel, der der Wirkung einer konstanten Kraft ausgesetzt wird), ist es notwendig, daß gewisse Anfangsbedingungen bei seiner Bewegung streng eingehalten werden. Andernfalls kommt es zu einer *pseudoregulären* Präzession, bei der der Nutationswinkel ϑ periodischen Änderungen unterworfen ist. Je größer die Eigenwinkelgeschwindigkeit ω des Kreisels ist, desto kleiner sind die Schwankungen von ϑ und die ihnen entsprechenden Bewegungen des Kreisels, die als *Nutation* bezeichnet werden.

Ist die dynamische Symmetrieachse eines schweren Kreisels mit drei Freiheitsgraden eine Vertikale und liegt der Schwerpunkt des Kreisels oberhalb des Unterstützungspunktes, so bezeichnet man die Rotation des Kreisels um diese Achse als stabil, wenn

$$J_3\omega > 2\sqrt{P J_1 r_c}$$

ist.

5. Betrachten wir nun einen Kreisel mit zwei Freiheitsgraden. Die Verminderung der Anzahl der Freiheitsgrade von drei auf zwei führt dazu, daß der Kreisel, unabhängig vom Betrag seiner Eigenwinkelgeschwindigkeit, seine Stabilität vollständig verliert. Die äußere Kraft $\boldsymbol{F}$, die an der dynamischen Symmetrieachse (z'-Achse) eines Kreisels mit zwei Freiheitsgraden angreift und die in einer Ebene senkrecht zu seiner zweiten Drehachse (x-Achse) liegt, verursacht eine freie Rotation des Kreisels um die x-Achse in der Richtung, in der die Kraft wirkt. Das hängt damit zusammen, daß unter dem Einfluß der Kraft $\boldsymbol{F}$ und der Eigenrotation des Kreisels in den festen Lagern der x-Achse ein Kräftepaar auftritt, das auf den Kreisel wirkt und das Moment $\boldsymbol{M}$ erzeugt, dessen Richtung mit der der Kraft $\boldsymbol{F}$ zusammenfällt und das den Kreisel in Richtung der z'-Achse dreht.

Infolge der Erdrotation kreist die dynamische Symmetrieachse eines Kreisels mit zwei Freiheitsgraden frei um eine vertikale Achse, die so in der Ebene des geographischen Meridians steht, daß die Winkelgeschwindigkeiten von Erde und Kreisel einen spitzen Winkel einschließen. FOUCAULT hat erstmals von dieser Eigenschaft eines Kreisels Gebrauch gemacht, um die vierundzwanzigstündige Erdrotation experimentell zu beweisen.

5. Die Grundlagen der analytischen Mechanik

5.1. Grundbegriffe und Definitionen

1. Als die *generalisierten Koordinaten* eines mechanischen Systems bezeichnet man die unabhängigen Parameter $q_1, q_2, \ldots, q_l$, die die Konfiguration dieses Systems, d. h. die Lage aller seiner Massenpunkte relativ zum Bezugssystem, vollständig bestimmen.
Die *generalisierten Geschwindigkeiten* eines Systems sind die totalen zeitlichen Ableitungen seiner generalisierten Koordinaten:

$$\dot{q}_i = \frac{dq_i}{dt} \qquad (i = 1, 2, \ldots, l).$$

2. Die *Anzahl der Freiheitsgrade* eines mechanischen Systems ist durch die Anzahl s der möglichen unabhängigen Bewegungen dieses Systems gegeben. Für ein holonomes System (S. 24) ist die Anzahl der Freiheitsgrade gleich der Anzahl der generalisierten Koordinaten des Systems: $s = l$. In einem nichtholonomen System (S. 24) ist $s = l - k$, wobei k die Anzahl der nichtholonomen Nebenbedingungen ist, die diesem System auferlegt sind. Im folgenden wollen wir nur holonome Systeme betrachten.

3. Als *virtuelle Verschiebung* eines mechanischen Systems bezeichnen wir jede infinitesimale Änderung der Konfiguration des Systems, die mit dem ihm im betrachteten Zeitpunkt t auferlegten Nebenbedingungen in Einklang steht. Sind die Nebenbedingungen skleronom (S. 23), dann fällt die tatsächliche Verschiebung des Systems innerhalb einer infinitesimalen Zeitspanne dt mit einer seiner virtuellen Verschiebungen zusammen. Im Fall von rheonomen Nebenbedingungen fällt die tatsächliche Verschiebung des Systems nicht mit der virtuellen zusammen, so daß sich die dem System auferlegten Nebenbedingungen innerhalb der Zeit dt ändern.
Die virtuelle Verschiebung $\delta \boldsymbol{r}_k$ des k-ten Massenpunktes eines Systems mit s Freiheitsgraden ist

$$\delta \boldsymbol{r}_k = \sum_{i=1}^{s} \frac{\partial \boldsymbol{r}_k}{\partial q_i} \delta q_i,$$

wobei δq_i unendlich kleine Inkremente der generalisierten Koordinaten sind, die einer virtuellen Verschiebung des Systems entsprechen, und als isochrone Variationen der generalisierten Koordinaten bezeichnet werden.

4. Die elementare Arbeit (*virtuelle Arbeit*), die bei einer virtuellen Verschiebung von den an allen n Massenpunkten eines holonomen Systems mit s Freiheitsgraden angreifenden Kräften geleistet wird, ist gleich

$$\delta A = \sum_{k=1}^{n} (\boldsymbol{F}_k \delta \boldsymbol{r}_k) = \sum_{i=1}^{s} Q_i \delta q_i,$$

wobei $\boldsymbol{F}_k = \boldsymbol{F}_k^{(a)} + \boldsymbol{R}_k$ ist; $\boldsymbol{F}_k^{(a)}$ und $\boldsymbol{R}_k$ sind die Resultierenden der aktiven Kräfte bzw. der Zwangskräfte (S. 23), die auf den k-ten

Massenpunkt wirken. Die Größe

$$Q_i = \sum_{k=1}^{n} \left(F_k \frac{\partial r_k}{\partial q_i} \right)$$

bezeichnen wir als *generalisierte Kraft*, die der generalisierten Koordinate q_i zugeordnet ist.
Wir sprechen von *idealen* Nebenbedingungen, wenn die Summe der virtuellen Arbeit der Zwangskräfte bei einer beliebigen virtuellen Verschiebung des Systems gleich Null ist:

$$\sum_{k=1}^{n} (R_k^{id}\, \delta r_k) \equiv 0.$$

Diese Bedingung gilt z. B. für einen Körper, der über eine ideal glatte Oberfläche gleitet oder über eine absolut rauhe Oberfläche gleitungsfrei rollt.
Im Fall von idealen Nebenbedingungen können die generalisierenden Kräfte nur durch wirkliche Kräfte ausgedrückt werden:

$$Q_i = \sum_{k=1}^{n} \left(F_k^{(a)} \frac{\partial r_k}{\partial q_i} \right).$$

Sind alle Kräfte $F_k^{(a)}$ konservativ, dann ist

$$Q_i = -\frac{\partial U}{\partial q_i},$$

wobei U die gesamte (innere und äußere, S. 69) potentielle Energie des Systems ist.
Im allgemeinen Fall ist

$$Q_i = -\frac{\partial U}{\partial q_i} + Q_i',$$

wobei $Q_i' = \sum_{k=1}^{n} \left(f_k \frac{\partial r_k}{\partial q_i} \right)$ eine generalisierte Nicht-Potentialkraft ist; f_k ist die Resultierende aller Nichtpotentialkräfte, die auf den k-ten Massenpunkt des betrachteten Systems wirken.
5. Die Lagrange-*Funktion* L ist die Differenz zwischen kinetischer Energie T und potentieller Energie U eines Systems. Sie ist eine Funktion der generalisierten Koordinaten, der generalisierten Geschwindigkeiten und der Zeit:

$$L(q, \dot{q}, t) = T(q, \dot{q}, t) - U(q, t).$$

Hier bezeichnen q und $\dot{q}$ die Gesamtheit aller s generalisierten Koordinaten bzw. aller s generalisierten Geschwindigkeiten eines holonomen Systems.
Die kinetische Energie eines holonomen Systems ist

$$T = \frac{1}{2} \sum_{k=1}^{n} m_k v_k^2 = a + \sum_{i=1}^{s} a_i \dot{q}_i + \sum_{i,j=1}^{s} a_{ij} \dot{q}_i \dot{q}_j$$

mit

$$a = \frac{1}{2} \sum_{k=1}^{n} m_k \left(\frac{\partial \boldsymbol{r}_k}{\partial t} \right)^2; \quad a_i = \sum_{k=1}^{n} m_k \left(\frac{\partial \boldsymbol{r}_k}{\partial t} \frac{\partial \boldsymbol{r}_k}{\partial q_i} \right);$$

$a_{ij} = \frac{1}{2} \sum_{k=1}^{n} m_k \left(\frac{\partial \boldsymbol{r}_k}{\partial q_i} \frac{\partial \boldsymbol{r}_k}{\partial q_j} \right)$; m_k ist die Masse des k-ten Punktes des Systems, $\boldsymbol{r}_k$ und $\boldsymbol{v}_k = d\boldsymbol{r}_k/dt$ ist der Radiusvektor bzw. die Geschwindigkeit dieses Massenpunktes.

In einem unabhängigen System oder einem System mit skleronomen Nebenbedingungen (S. 23) ist $\partial \boldsymbol{r}_k/\partial t = 0$ und $a = a_i = 0$, d. h., die kinetische Energie des Systems hängt nicht explizit von der Zeit ab und ist eine homogene Funktion zweiten Grades der generalisierten Geschwindigkeiten:

$$T = \sum_{i,j=1}^{s} a_{ij} \dot{q}_i \dot{q}_j = T(q, \dot{q}).$$

Dieses Ergebnis gilt insbesondere für konservative Systeme (S. 71), da solche Systeme entweder unabhängig oder skleronomen idealen Nebenbedingungen unterworfen sind. Die potentielle Energie und die LAGRANGE-Funktion eines beliebigen konservativen Systems hängen ebenfalls nicht explizit von der Zeit ab:

$$L(q, \dot{q}) = T(q, \dot{q}) - U(q).$$

Beispiel 1. Ein Massenpunkt der Masse m bewege sich im Feld von Zentralkräften. Die LAGRANGE-Funktion in kartesischen Koordinaten lautet

$$L = \frac{m}{2} (\dot{x}^2 + \dot{y}^2 + \dot{z}^2) - U\left(\sqrt{x^2 + y^2 + z^2}\right),$$

in Zylinderkoordinaten ist

$$L = \frac{m}{2} (\dot{\varrho}^2 + \varrho^2 \dot{\varphi}^2 + \dot{r}^2) - U\left(\sqrt{\varrho^2 + z^2}\right),$$

und in sphärischen Koordinaten ist

$$L = \frac{m}{2} (\dot{r}^2 + r^2 \dot{\vartheta}^2 + r^2 \sin^2 \vartheta \, \dot{\varphi}^2) - U(r).$$

Beispiel 2. In einem System, bestehend aus zwei Massenpunkten, mit den Massen m_1 und m_2, deren Bewegung durch den Radiusvektor $\boldsymbol{r}(x, y, z) = \boldsymbol{r}_1(x_1, y_1, z_1) - \boldsymbol{r}_2(x_2, y_2, z_2)$ beschrieben wird und wobei $\boldsymbol{r}_0(X_0, Y_0, Z_0)$ der Radiusvektor des Schwerpunktes ist, ist die LAGRANGE-Funktion

$$L = \frac{m_1 + m_2}{2} (\dot{X}_0^2 + \dot{Y}_0^2 + \dot{Z}_0^2)$$

$$+ \frac{m_1 m_2}{2(m_1 + m_2)} (\dot{x}^2 + \dot{y}^2 + \dot{z}^2) - U(x, y, z).$$

6. Der der generalisierten Koordinate q_i zugeordnete *generalisierte Impuls* p_i ist durch die partielle Ableitung der LAGRANGE-Funktion L nach der generalisierten Geschwindigkeit $\dot{q}_i$ gegeben:

$$p_i = \frac{\partial L}{\partial \dot{q}_i} = \frac{\partial T}{\partial \dot{q}_i}.$$

Beispiel 1. Für einen Massenpunkt mit der Masse m fallen die den Koordinaten x, y, z zugeordneten generalisierten Impulse mit den kartesischen Impulskomponenten zusammen:

$$p_x = m\dot{x}, \qquad p_y = m\dot{y}, \qquad p_z = m\dot{z}.$$

Beispiel 2. Der der Zylinderkoordinate φ zugeordnete generalisierte Impuls p_φ ist gleich dem Impulsmoment bezüglich der z-Achse:

$$p_\varphi = m\varrho^2\dot{\varphi}.$$

5.2. Die LAGRANGE-Gleichung zweiter Art

Beschreiben wir die Bewegung eines holonomen Systems in generalisierten Koordinaten $q_1, \ldots, q_s$ und in generalisierten Geschwindigkeiten $\dot{q}_1, \ldots, \dot{q}_s$, so lautet die Bewegungsgleichung

$$\frac{d}{dt}\left(\frac{\partial T}{\partial \dot{q}_i}\right) - \frac{\partial T}{\partial q_i} = Q_i \qquad (i = 1, 2, \ldots, s),$$

wobei T die kinetische Energie des Systems und Q_i die generalisierte Kraft ist.

Diese Gleichungen heißen LAGRANGE-*Gleichungen zweiter Art*. Erfolgt die Bewegung in einem Potentialfeld, so können die LAGRANGE-Gleichungen in der Form

$$\frac{d}{dt}\left(\frac{\partial T}{\partial \dot{q}_i}\right) - \frac{\partial T}{\partial q_i} = -\frac{\partial U}{\partial q_i},$$

$$\frac{d}{dt}\frac{\partial}{\partial \dot{q}_i}(T - U) - \frac{\partial}{\partial q_i}(T - U) = 0,$$

$$\frac{d}{dt}\left(\frac{\partial L}{\partial \dot{q}_i}\right) - \frac{\partial L}{\partial q_i} = 0$$

geschrieben werden.

Beispiel 1. Ein Massenpunkt m, der eine Translationsbewegung in einem Potentialfeld vollführt, wird durch LAGRANGE-Gleichungen beschrieben, die mit den NEWTONschen Bewegungsgleichungen identisch sind (S. 46):

$$m\ddot{x} = F_x, \qquad m\ddot{y} = F_y, \qquad m\ddot{z} = F_z,$$

mit

$$F_x = -\frac{\partial U}{\partial x}, \qquad F_y = -\frac{\partial U}{\partial y} \quad \text{und} \quad F_z = -\frac{\partial U}{\partial z}.$$

Beispiel 2. Die LAGRANGE-Gleichungen für den Schwerpunkt eines abgeschlossenen Zweikörpersystems lauten

$$\ddot{X}_0 = \ddot{Y}_0 = \ddot{Z}_0 = 0.$$

Der Schwerpunkt bewegt sich, unabhängig von der Relativbewegung der beiden Körper, geradlinig und gleichförmig.

Beispiel 3. Die LAGRANGE-Gleichungen, die die Relativbewegung eines abgeschlossenen Zweikörpersystems beschreiben, lauten

$$\frac{m_1 m_2}{m_1 + m_2}\ddot{x} = -\frac{\partial U}{\partial x}, \qquad \frac{m_1 m_2}{m_1 + m_2}\ddot{y} = -\frac{\partial U}{\partial y}$$

und

$$\frac{m_1 m_2}{m_1 + m_2}\ddot{z} = -\frac{\partial U}{\partial z},$$

wobei U die relative potentielle Energie der Punktmassen ist

$$\left(U = U\left(\sqrt{x^2 + y^2 + z^2}\right)\right), \qquad x = x_1 - x_2,\ y = y_1 - y_2$$

und

$$z = z_1 - z_2.$$

Auf diese Weise kann das Problem der Relativbewegung eines abgeschlossenen, aus zwei in Wechselwirkung stehenden Massenpunkten bestehenden Systems zurückgeführt werden auf das Problem der Bewegung eines einzigen Massenpunktes mit der Masse $m_{\text{red}} = m_1 m_2 / (m_1 + m_2)$, die als *reduzierte Masse* bezeichnet wird, in einem äußeren Potentialfeld $\boldsymbol{F} = -\operatorname{grad} U$.

2. Sind die auf ein holonomes System wirkenden Kräfte keine Potentialkräfte, kann man jedoch die generalisierten Kräfte mit Hilfe eines sogenannten *„generalisierten Potentials“* $U^*(q, \dot{q})$ in der Form

$$Q_i = -\frac{\partial U^*}{\partial q_i} + \frac{d}{dt}\left(\frac{\partial U^*}{\partial \dot{q}_i}\right)$$

darstellen, dann kann die LAGRANGE-Gleichung des Systems in der Form

$$\frac{d}{dt}\left(\frac{\partial L}{\partial \dot{q}_i}\right) - \frac{\partial L}{\partial q_i} = 0$$

geschrieben werden, wobei $L = T - U^*$ ist.

Beispiel. Für ein Teilchen mit der Ladung q und der Masse m, das sich in einem elektromagnetischen Feld bewegt, ist

$$U^* = q\varphi - q(\boldsymbol{A}\boldsymbol{v}) \qquad \text{und} \qquad L = \frac{mv^2}{2} - q\varphi + q(\boldsymbol{A}\boldsymbol{v}),$$

wobei φ das skalare und $\boldsymbol{A}$ das Vektor-Potential des Feldes bezeichnen (S. 487).

3. Für ein abgeschlossenes holonomes System, auf das sowohl Potentialkräfte als auch Nicht-Potentialkräfte einwirken, kann die

LAGRANGE-Gleichung in der Form

$$\frac{d}{dt}\left(\frac{\partial L}{\partial \dot{q}_i}\right) - \frac{\partial L}{\partial q_i} = Q'_i$$

geschrieben werden, wobei Q'_i eine generalisierte Nicht-Potentialkraft (S. 92) ist. Insbesondere gilt für ein System von Massenpunkten, das Reibungskräften ausgesetzt ist, welche den Geschwindigkeiten der Massenpunkte proportional sind,

$$Q'_i = -\frac{\partial \Phi}{\partial \dot{q}_i},$$

wobei $\Phi = \frac{1}{2} \sum_{i,j=1}^{s} a_{ij} \dot{q}_i \dot{q}_j$ RAYLEIGHS *Dissipations-Funktion* ist.

5.3. Die HAMILTON-Funktion. Die kanonischen Gleichungen

1. Die HAMILTON-Funktion eines holonomen Systems mit s Freiheitsgraden ist eine Funktion der generalisierten Koordinaten und Impulse des Systems sowie der Zeit:

$$H(q, p, t) = \sum_{i=1}^{s} p_i \dot{q}_i - L;$$

alle $\dot{q}_i$ und die LAGRANGE-Funktion L sind Funktionen der generalisierten Koordinaten und Impulse.
In einem konservativen System (S. 71) hängen die LAGRANGE- und die HAMILTON-Funktion nicht explizit von der Zeit ab, und es ist $dH/dt = 0$, d. h. $H = \text{const}$. Hier gilt außerdem

$$\sum_{i=1}^{s} p_i \dot{q}_i = \sum_{i=1}^{s} \frac{\partial T}{\delta \dot{q}_i} \dot{q}_i = 2T$$

(nach dem EULERschen Satz für homogene Funktionen zweiten Grades). Daher ist

$$H = \sum_{i=1}^{s} \frac{\partial T}{\partial \dot{q}_i} \dot{q}_i - L = T + U.$$

Die HAMILTON-Funktion eines konservativen Systems ist gleich seiner gesamten mechanischen Energie.

Beispiel 1. Für ein Teilchen der Masse m in einem Potentialfeld $U(x, y, z)$ ist

$$H = \frac{1}{2m}(p_x^2 + p_y^2 + p_z^2) + U(x, y, z).$$

Beispiel 2. Für den linearen harmonischen Oszillator (S. 113) gilt

$$T = \frac{1}{2} m \dot{x}^2 = \frac{p^2}{2m}, \qquad U = \frac{a x^2}{2},$$

wobei a die Federkonstante ist (S. 70), und

$$H = \frac{p^2}{2m} + \frac{a x^2}{2}.$$

Beispiel 3. Betrachten wir die Bewegung eines Planeten der Masse m auf einer elliptischen Bahn im Schwerefeld der Sonne (S. 85). In Polarkoordinaten haben wir

$$p_\varrho = m\dot{\varrho}, \qquad p_\varphi = m\varrho^2\dot{\varphi},$$

$$T = \frac{m}{2}(\dot{\varrho}^2 + \varrho^2\dot{\varphi}^2) = \frac{1}{2m}\left(p_\varrho^2 + \frac{1}{\varrho^2} p_\varphi^2\right).$$

Die potentielle Energie des Planeten ist

$$U(\varrho) = -f \frac{mM}{\varrho},$$

wobei f die Gravitationskonstante (S. 53) und M die Sonnenmasse ist.

Die HAMILTON-Funktion lautet

$$H = \frac{1}{2m}\left(p_\varrho^2 + \frac{1}{\varrho^2} p_\varphi^2\right) - f\frac{mM}{\varrho}.$$

2. Das System aus $2s$ Differentialgleichungen erster Ordnung

$$\dot{q}_i = \frac{\partial H}{\partial p_i}, \qquad \dot{p}_i = -\frac{\partial H}{\partial q_i} \qquad (i = 1, 2, \ldots, s)$$

bezeichnen wir als die *kanonischen Bewegungsgleichungen* für s Freiheitsgrade (für ein holonomes System).

Kennt man den Anfangszustand des Systems, d. h. alle q_i- und p_i-Werte zur Zeit $t = 0$, und integriert man die Bewegungsgleichungen, so kann man seinen Zustand zu jedem anderen Zeitpunkt t bestimmen, d. h., man erhält alle Werte von $q_i(t)$ und $p_i(t)$. Die kanonischen HAMILTON-Gleichungen formulieren das *klassische Kausalitätsprinzip.*

Wenn die LAGRANGE- und die HAMILTON-Funktion von einer der generalisierten Koordinaten q_k nicht explizit abhängt, dann bezeichnet man die betreffende Koordinate als *zyklisch.* Aus den kanonischen Gleichungen folgt, daß der generalisierte Impuls p_k, der der zyklischen Koordinate q_k zugeordnet ist, von den Bewegungen des Systems unabhängig ist:

$$\dot{p}_k = -\frac{\partial H}{\partial q_k} = 0 \qquad \text{und} \qquad p_k = \text{const}.$$

Die oben beschriebenen kanonischen Gleichungen gelten auch für ein holonomes System, das ein „generalisiertes Potential“ besitzt (S. 95).

Für ein beliebiges holonomes System haben die kanonischen Gleichungen die Form

$$\dot{q}_i = \frac{\partial H}{\partial p_i} \qquad \text{und} \qquad \dot{p}_i = -\frac{\partial H}{\partial q_i} + Q'_i,$$

wobei Q'_i eine generalisierte Kraft ist, die keine Potentialkraft ist (S. 96).

3. Um die Zustandsänderungen eines Systems anschaulich darzustellen, führt man den mehrdimensionalen Raum der generalisierten Koordinaten q_i und der generalisierten Impulse p_i ($i = 1, 2, \ldots, s$)

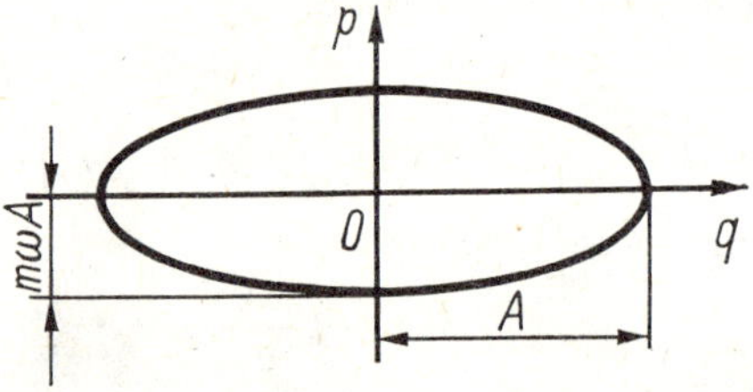

I.5.1.

ein. Einen solchen $2s$-dimensionalen Raum nennt man *Phasenraum* oder *Γ-Raum*. Der s-dimensionale Raum der generalisierten Koordinaten q_i wird *Konfigurationsraum* genannt. Der Zustand eines Systems kann durch einen Punkt im Phasenraum dargestellt werden (*Phasenpunkt*). Eine Zustandsänderung des Systems wird durch die Bahn des Phasenpunktes im Phasenraum (die *Phasentrajektorie*) dargestellt. Eine Phasentrajektorie kann sich niemals selbst schneiden, da dies einer nicht eindeutigen Lösung der HAMILTON-Gleichungen entsprechen würde. Der Phasenraum hat nichts mit einem realen Raum gemein; er ist nichts weiter als ein geometrisches Schema, mit dessen Hilfe man die Zustandsänderungen eines Systems geometrisch formulieren kann.

Beispiel 1. Ein linearer harmonischer Oszillator (S. 113) bewegt sich unter dem Einfluß einer elastischen Kraft $F = -aq$, wobei a die Federkonstante (S. 114) ist; er schwingt um die Gleichgewichtslage $q = 0$. Die Bewegungsgleichung

$$m\ddot{q} = -aq$$

liefert

$$q = A \sin(\omega t + \varphi), \qquad p = m\omega A \cos(\omega t + \varphi),$$

wobei A die Amplitude, φ die Anfangsphase der Schwingungen (S. 110), ν die Schwingungsfrequenz und $\omega = 2\pi\nu = \sqrt{a/m}$ ist. Eliminiert man die Zeit, so erhält man für die Phasenbahn

$$\left(\frac{q}{A}\right)^2 + \frac{p^2}{(m\omega A)^2} = 1.$$

Die Phasenbahn ist eine Ellipse mit den Scheiteln in $a = A$ und $b = m\omega A$. Der Phasenraum des Oszillators ist die p,q-Ebene (Bild I.5.1).

Die gesamte mechanische Energie des Oszillators (S. 113) ist

$$E = \frac{aA^2}{2}.$$

Sie ist proportional der Fläche der Ellipse $S = \oint p\,dq = \pi ab = \pi m\omega A^2$:

$$E = \frac{\omega}{2\pi} S = \nu \oint p\,dq.$$

Die Fläche der Ellipse hat die Dimension einer Wirkung (S. 101).

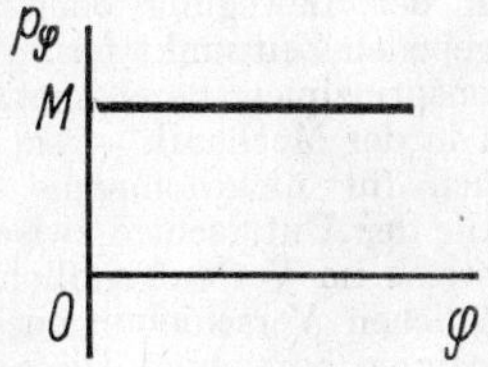

I.5.2.

Beispiel 2. Als *ebenen Rotator* bezeichnet man ein Teilchen, das in einer Ebene in gegebenem Abstand vom Koordinatenursprung um diesen rotiert. Als generalisierte Koordinate wählt man zweckmäßigerweise den Winkel φ, den der Radiusvektor $\boldsymbol{r}$ mit der x-Achse einschließt. Die HAMILTON-Funktion H ist gleich der kinetischen Energie, und die LAGRANGE-Funktion ist

$$H = T = \frac{mv^2}{2} = \frac{mr^2\dot{\varphi}^2}{2} = \frac{J\dot{\varphi}^2}{2},$$

wobei $\dot{\varphi}$ die Winkelgeschwindigkeit und $J = mr^2$ das Trägheitsmoment des Teilchens ist.
Der der Koordinate φ zugeordnete generalisierte Impuls ist (S. 94)

$$p_\varphi = \frac{\partial L}{\partial \dot{\varphi}} = mr^2\dot{\varphi} = J\dot{\varphi},$$

d. h., p_φ ist der Drehimpuls. H kann man in der Form $H = p_\varphi^2/2J$ schreiben, und nach den kanonischen HAMILTON-Gleichungen gilt

$$\dot{p}_\varphi = -\frac{\partial H}{\partial \varphi} = 0, \qquad \dot{\varphi} = \frac{\partial H}{\partial p_\varphi} = \frac{p_\varphi}{mr^2}.$$

Die erste Gleichung liefert $p_\varphi = M = \text{const}$, d. h. das Gesetz der Erhaltung des Drehimpulses (S. 81). Der Phasenraum ist die p_φ,φ-Ebene (Bild I.5.2). Die Phasenbahn ist eine Gerade: $p_\varphi = M$.

5.4. Die Grundbegriffe der Variationsprinzipien der Mechanik

1. Die Bewegungsgleichungen eines mechanischen Systems oder die das Gleichgewicht eines solchen Systems beschreibenden Gleichungen können aus gewissen allgemeinen Theoremen, den sogenannten *Variationsprinzipien der Mechanik*, abgeleitet werden. Die Variationsprinzipien zeigen auf, wodurch sich die wahre Bewegung oder der Zustand eines mechanischen Systems von allen kinematisch möglichen (d. h. durch die Nebenbedingungen auferlegten) Bewegungen oder Zuständen unterscheidet. Diejenigen Variationsprinzipien, die diesen Unterschied bezüglich der Bewegung oder des Zustandes eines Systems zu jedem gegebenen Zeitpunkt formulieren, werden als die *differentiellen* Variationsprinzipien bezeichnet. Diese sind die allgemeinsten Prinzipien in der Mechanik — sie gelten gleichermaßen für holonome als auch für nichtholonome Systeme. Diejenigen Variationsprinzipien, die den Unterschied zwischen den wahren Verschiebungen eines Systems im Verlauf endlicher Zeitintervalle und allen kinematisch möglichen Verschiebungen angeben, werden als *integrale* Variationsprinzipien bezeichnet. Diese sind nur auf holonome Systeme anwendbar. Sie werden jedoch meist so formuliert, daß sie für konservative holonome Systeme gelten.

2. Im folgenden betrachten wir die wichtigsten differentiellen Variationsprinzipien.

Das *Prinzip der virtuellen Verschiebungen*: Damit ein beliebiges mechanisches System mit idealen Nebenbedingungen im Gleichgewicht ist, muß folgende notwendige und hinreichende Bedingung erfüllt sein: Die Summe der virtuellen Arbeiten der auf das System wirkenden Kräfte muß bei jeder beliebigen virtuellen Verschiebung des Systems gleich Null (wenn alle Nebenbedingungen einschränkend sind) oder kleiner als Null sein (wenn unter den Nebenbedingungen auch nichteinschränkende sind) oder, unter Verwendung der in Punkt 2 und 3 (S. 64) definierten Größen,

$$\delta A^{(a)} = \sum_{k=1}^{n} (\boldsymbol{F}_k^{(a)} \, \delta \boldsymbol{r}_k) = \sum_{i=1}^{l} Q_i \delta q_i \leqq 0,$$

wobei l die Anzahl der generalisierten Koordinaten des Systems angibt.

Insbesondere sind in einem holonomen System mit s Freiheitsgraden, dem ideale, einschränkende Nebenbedingungen auferlegt sind, alle Variationen δq_i unabhängig, und die Gleichgewichtsbedingung lautet

$$Q_i = 0 \qquad (i = 1, 2, \ldots, s).$$

Das *Prinzip von* D'ALEMBERT *und* LAGRANGE besagt: Bei der wahren Bewegung eines beliebigen mechanischen Systems unter idealen, einschränkenden Nebenbedingungen ist die Summe der elementaren Arbeiten aller Kräfte und der Trägheitskräfte[1]) längs einer beliebigen

---

[1]) Wir haben hierbei D'ALEMBERTsche Trägheitskräfte im Auge, da ja vorausgesetzt wurde, daß das Bezugssystem ein Inertialsystem ist (S. 39).

virtuellen Verschiebung des Systems zu jedem gegebenen Zeitpunkt gleich Null, d. h.

$$\sum_{k=1}^{n} \left(\left(\boldsymbol{F}_k^{(a)} - m_k \frac{d^2 \boldsymbol{r}_k}{dt^2} \right) \delta \boldsymbol{r}_k \right) = 0,$$

wobei $d^2 \boldsymbol{r}_k / dt^2$ die Beschleunigung des k-ten Massenpunktes mit der Masse m_k und $m_k \dfrac{d^2 \boldsymbol{r}_k}{dt^2}$ die D'ALEMBERTsche Trägheitskraft ist.
In generalisierten Koordinaten ist

$$\sum_{i=1}^{l} \left\{ \left[\frac{d}{dt} \left(\frac{\partial T}{\partial \dot{q}_i} \right) - \frac{\partial T}{\partial q_i} \right] - Q_i \right\} \delta q_i = 0,$$

wobei T die kinetische Energie des Systems ist.
Das Prinzip der virtuellen Verschiebungen und das D'ALEMBERT-LAGRANGEsche Prinzip kann man auch auf Systeme anwenden, die nichtidealen Nebenbedingungen unterworfen sind, wenn man die diesen Bedingungen entsprechenden Reibungskräfte zu den Kräften rechnet.

3. Als *Wirkungsfunktion* (*im Sinne von* HAMILTON) bezeichnet man das Zeitintegral über die LAGRANGE-Funktion L:

$$S = \int_{t_0}^{t_1} L \, dt,$$

wobei t_0 einen Zeitpunkt bezeichnet, zu dem das System eine Lage einnimmt, die durch die Gesamtheit der s Werte der generalisierten Koordinaten q_{i0} beschrieben wird, t_1 ist der Zeitpunkt, zu dem die Lage des Systems durch die Gesamtheit der s Koordinaten q_{i1} charakterisiert ist.
Als *verkürzte Wirkungsfunktion* (*im Sinne von* LAGRANGE) bezeichnen wir ein Integral der Form

$$S_0 = \int_{t_0}^{t_1} (H + L) \, dt = \int_{t_0}^{t_1} \sum_{i=1}^{s} p_i \dot{q}_i \, dt,$$

wobei H die HAMILTON-Funktion eines holonomen Systems mit s Freiheitsgraden und p_i ein generalisierter Impuls (S. 94) ist. Für ein konservatives holonomes System ist $H = \text{const}$ und

$$S_0 = \int_{t_0}^{t_1} 2T \, dt = H(t_1 - t_0) + S,$$

wobei T die kinetische Energie des Systems und S die Wirkung ist.

4. Die integralen Variationsprinzipien der Mechanik sind die folgenden:
Das *Prinzip der kleinsten Wirkung* (HAMILTON-*Prinzip*): Die reale Verschiebung eines konservativen holonomen Systems aus der Lage $A_0(q_{i0})$, die es zur Zeit t_0 einnimmt, in die Lage $A_1(q_{i1})$ zur Zeit t_1 unterscheidet sich von allen kinematisch möglichen Verschiebungen

dieses Systems von A_0 nach A_1 während desselben Zeitintervalls $t_1 - t_0$ dadurch, daß für erstere die Wirkung extremal (genauer gesagt, stationär) ist, d. h.

$$\delta S \equiv \delta \int_{t_0}^{t_1} L\, dt = 0 \qquad \text{oder} \qquad \int_{t_0}^{t_1} \delta L\, dt = 0.$$

Das Symbol δ bezeichnet hier eine Variation bei konstanter Zeit, d. h., bei Variation der Wirkung wird die Zeit t (insbesondere t_0 und t_1) nicht variiert. Außerdem werden die Anfangs- und Endlage (A_0 und A_1) des Systems festgehalten, d. h. $\delta q_{i0} = \delta q_{i1} = 0$ $(i = 1, 2, \ldots, s)$.

Das HAMILTON-Prinzip kann für beliebige holonome Systeme verallgemeinert werden. Seine mathematische Formulierung lautet dann

$$\delta \int_{t_0}^{t_1} T\, dt + \int_{t_0}^{t_1} \sum_{i=1}^{s} Q_i \delta q_i\, dt = 0$$

oder

$$\int_{t_0}^{t_1} \left(\delta L + \sum_{i=1}^{s} Q_i' \delta q_i \right) dt = 0,$$

wobei Q_i eine generalisierte Kraft und Q_i' eine generalisierte Nicht-Potentialkraft ist.

Für ein holonomes nicht-konservatives System mit dem generalisierten Potential U^* lautet das HAMILTON-Prinzip

$$\delta \int_{t_0}^{t_1} L\, dt = 0 \qquad \text{mit} \qquad L = T - U^*.$$

Das *Prinzip von* MAUPERTUIS-LAGRANGE: Die reale Verschiebung eines konservativen holonomen Systems aus der Lage $A_0(q_{i0})$ in die Lage $A_1(q_{i1})$ unterscheidet sich von allen kinematisch möglichen Verschiebungen dieses Systems von A_0 nach A_1, bei denen die Energie konstant bleibt, dadurch, daß für erstere die verkürzte Wirkungsfunktion extremal (genauer gesagt, minimal) wird, d. h.

$$\Delta S_0 \equiv \Delta \int_{t_0}^{t_1} 2T\, dt = 0.$$

Hier ist Δ das Symbol der totalen Variation[1]), die man erhält, wenn man nicht nur q_i und $\dot{q}_i$ (wie bei der Variation δ), sondern auch die Zeit variiert, d. h. die Integrationsgrenzen. Es wird weiter vorausgesetzt, daß die gesamte mechanische Energie des Systems $E = H = \text{const}$ und die Anfangs- und Endlage (A_0 und A_1) des Systems fixiert sei, d. h. $\Delta q_{i0} = \Delta q_{i1} = 0$ $(i = 1, 2, \ldots, s)$.

---

[1]) Die totale Variation und die Variation bei $t = \text{const}$ sind für eine beliebige Funktion $f(q, t)$ durch folgende Beziehung verknüpft:

$$\Delta f = \sum_{i=1}^{s} \frac{\partial f}{\partial q_i} \Delta q_i + \frac{\partial f}{\partial t} \Delta t = \sum_{i=1}^{s} \frac{\partial f}{\partial q_i} \delta q_i + \left(\sum_{i=1}^{s} \frac{\partial f}{\partial q_i} \dot{q}_i + \frac{\partial f}{\partial t} \right) \Delta t = \delta f + \frac{df}{dt} \Delta t.$$

Das *Prinzip von* MAUPERTUIS-JACOBI lautet für ein konservatives holonomes System

$$\delta \int_{A_0}^{A_1} \sqrt{2(E-U)} \sqrt{2 \sum_{i,j=1}^{s} a_{ij}\, dq_i\, dq_j} = 0.$$

Es ergibt sich aus dem MAUPERTUIS-LAGRANGEschen Prinzip, da für ein konservetives System (S. 71) $\sqrt{2T} = \sqrt{2(E-U)}$ und

$$\sqrt{2T}\, dt = \sqrt{2 \sum_{i,j=1}^{s} a_{ij} \dot{q}_i \dot{q}_j\, dt^2} = \sqrt{2 \sum_{i,j=1}^{s} a_{ij}\, dq_i\, dq_j}$$

ist.

Insbesondere ist für einen kräftefreien Massenpunkt der Masse m und der Gesamtenergie E, der sich in einem stationären Potentialfeld bewegt,

$$\delta \int_{A_0}^{A_1} \sqrt{2m(E-U)}\, ds = 0,$$

wobei $U(x, y, z)$ die potentielle Energie des Massenpunktes und ds ein Wegelement ist. Diese Beziehung ist mit der mathematischen Formulierung des FERMATschen Prinzips identisch (S. 603), wenn man die Ausbreitung eines Lichtstrahls in einem isotropen, optisch inhomogenen Medium mit dem Brechungsindex $n(x, y, z) = C_1 \cdot \sqrt{E - U(x, y, z)}$ betrachtet, wobei C_1 ein konstanter (nicht zu variierender) Proportionalitätsfaktor ist. Es gibt hier also eine *optisch-mechanische Analogie*: Jedem Problem der Bewegung eines Massenpunktes in einem stationären Potentialfeld entspricht ein bestimmtes Problem der geometrischen Optik und umgekehrt.

5.5. Kanonische Transformationen

1. In den kanonischen Gleichungen der generalisierten Koordinaten $q_1, \ldots, q_s$ und der generalisierten Impulse $p_1, \ldots, p_s$ eines holonomen Systems spielen die unabhängigen Variablen eine Rolle. Transformationen dieser $2s$ Variablen in unabhängige Variable

$$q_i' = q_i'(q, p, t) \qquad \text{und} \qquad p_i' = p_i'(q, p, t)$$

bezeichnet man als *kanonisch*, wenn die Bewegungsgleichungen des Systems in den neuen Variablen auch in Form von kanonischen Gleichungen[1]) geschrieben werden können:

$$\dot{q}_i' = \frac{\partial H'}{\partial p_i'} \qquad \text{und} \qquad \dot{p}_i' = -\frac{\partial H'}{\partial q_i'} \qquad (i = 1, \ldots, s),$$

wobei $H' = H'(q', p', t)$ die neue HAMILTON-Funktion ist.

---

[1]) Wir betrachten ein System, auf das nur Potentialkräfte einwirken.

2. Eine notwendige und hinreichende Bedingung dafür, daß eine Transformation kanonisch ist, lautet

$$\left[\sum_{i=1}^{s} p_i\,dq_i - H(q,p,t)\,dt\right] - \left[\sum_{i=1}^{s} p'_i\,dq'_i - H'(q',p',t)\,dt\right] = dF;$$

hier ist F die *erzeugende Funktion der kanonischen Transformation*. Die erzeugende Funktion kann in einer der vier Formen angeschrieben werden:

$$F_1(q,q',t); \quad F_2(q,p',t); \quad F_3(p,q',t) \quad \text{und} \quad F_4(p,p',t).$$

Ist $F = F_1$, so ist

$$p_i = \frac{\partial F_1}{\partial q_i}, \quad p'_i = -\frac{\partial F_1}{\partial q'_i} \quad \text{und} \quad H' = H + \frac{\partial F_1}{\partial t}.$$

Ist $F = F_2$, so ist

$$p_i = \frac{\partial F_2}{\partial q_i}, \quad q' = \frac{\partial F_2}{\partial p'_i} \quad \text{und} \quad H' = H + \frac{\partial F_2}{\partial t}.$$

Ist $F = F_3$, so ist

$$q_i = -\frac{\partial F_3}{\partial p_i}, \quad p'_i = -\frac{\partial F_3}{\partial q'_i} \quad \text{und} \quad H' = H + \frac{\partial F_3}{\partial t}.$$

Ist $F = F_4$, so ist

$$q_i = -\frac{\partial F_4}{\partial p_i}, \quad q'_i = \frac{\partial F_4}{\partial p'_i} \quad \text{und} \quad H' = H + \frac{\partial F_4}{\partial t}.$$

Beispiel 1. Jede beliebige Transformation generalisierter Koordinaten der Form $q'_i = f_i(q,t)$ — eine sogenannte *Punkttransformation* — ist kanonisch, da sie mit Hilfe der erzeugenden Funktion $F_2(q,p',t) = \sum_{i=1}^{s} f_i(q_1,\ldots,q_s,t)\,p'_i$ gewonnen wird. Demnach sind die kanonischen Gleichungen invariant bezüglich der Wahl der generalisierten Koordinaten.

Beispiel 2. Mit Hilfe der erzeugenden Funktion $F_1(q,q',t) = \sum_{i=1}^{s} q_i q'_i$ wird die kanonische Transformation $q'_i = p_i$ durchgeführt und $p'_i = -q_i$ wird (bis auf das Vorzeichen genau) auf eine gegenseitige Umbenennung der generalisierten Koordinaten und Impulse zurückgeführt. Man bezeichnet daher die Größen q_i und p_i oft als *kanonisch konjugiert*.

Beispiel 3. Die der Bewegung des Systems entsprechende Änderung der Größen q_i und p_i kann man als kontinuierliche kanonische Transformation ansehen, deren erzeugende Funktion zu jedem Zeitpunkt durch $F_2(q, p', t) = \sum_{i=1}^{s} q_i p'_i + H(q, p', t)\, dt$ gegeben ist:

$$p_i = \frac{\partial F_2}{\partial q_i} = p'_i + \frac{\partial H}{\partial q_i} dt \qquad \text{und} \qquad q'_i = \frac{\partial F_2}{\partial p'_i} = q_i + \frac{\partial H}{\partial p'_i} dt;$$

da sich p'_i und q'_i von den p_i und q_i nur um unendlich kleine Beträge unterscheiden, kann man, mit einer Genauigkeit bis auf von erster Ordnung kleine Glieder, annehmen, daß $H(q, p', t) = H(q, p, t)$ und $\partial H/\partial p'_i = \partial H/\partial p_i$ ist, so daß

$$p'_i = p_i - \frac{\partial H}{\partial q_i} dt = p_i + \dot{p}_i\, dt = p_i + dp_i$$

und

$$q'_i = q_i + \frac{\partial H}{\partial p_i} dt = q_i + \dot{q}_i\, dt = q_i + dq_i$$

wird.

3. Bei kanonischen Transformationen bleibt das Volumen des Phasenraumes erhalten: $\int d\Gamma = \int d\Gamma'$ mit $d\Gamma = dq_1 \ldots dq_s \cdot dp_1 \ldots dp_s$, $d\Gamma' = dq'_1 \ldots dq'_s \cdot dp'_1 \ldots dp'_s$; integriert wird über einen beliebigen Bereich des Phasenraumes der Variablen (q, p) und den entsprechenden Bereich des Phasenraumes der Variablen (q', p'). Hieraus (s. auch Punkt 2, Beispiel 3) folgt das *Theorem von* LIOUVILLE: Wird zum Zeitpunkt t_0 das Volumenelement $d\Gamma_0$ des Phasenraumes kontinuierlich erfüllt von den den verschiedenen Anfangszuständen des Systems entsprechenden Phasenpunkten, deren Bewegungen von kanonischen Gleichungen beschrieben werden, dann wird von ihnen zu einem beliebigen Zeitpunkt t das Volumenelement $d\Gamma$ des Phasenraumes erfüllt, wobei $d\Gamma = d\Gamma_0$ ist.

4. In jedem konkreten Fall ist für ein System, dessen HAMILTON-Funktion H bewegungsinvariant ist, eine solche kanonische Transformation der generalisierten Koordinaten und Impulse realisierbar, und zwar so, daß alle generalisierten Koordinaten q'_i zyklisch (S. 97) werden. Hierbei sind alle generalisierten Impulse konstant: $p'_i = a_i$ und $H' = H'(a_1, \ldots, a_s)$, so daß $\dot{q}'_i = \frac{\partial H'}{\partial a_i} = \omega_i(a_1, \ldots, a_s) = \text{const}$ und $q_i = \omega_i t + \alpha_i$ ist, wobei α_i Integrationskonstante sind, die aus den Anfangsbedingungen zu bestimmen sind.

Beispiel. Der lineare harmonische Oszillator.

Die HAMILTON-Funktion lautet $H = \frac{p^2}{2m} + \frac{m\omega^2}{2} q^2 = E$, wobei m Masse, E Energie und ω Eigenkreisfrequenz des Oszillators sind. Die mit Hilfe der erzeugenden Funktion $F_1(q, q', t) = \frac{m\omega}{2} q^2 \cot q'$ durchgeführte kanonische Transformation lautet

$$p = \frac{\partial F_1}{\partial q} = m\omega q \cot q' \qquad \text{und} \qquad p' = -\frac{\partial F_1}{\partial q'} = \frac{m\omega q^2}{2 \sin^2 q'}$$

oder

$$q = \sqrt{\frac{2p'}{m\omega}} \sin q' \qquad \text{und} \qquad p = \sqrt{2m\omega p'} \cos q'.$$

Die neue HAMILTON-Funktion lautet $H' = H + \frac{\partial F_1}{\partial t} = H = p'\omega \cdot \cos^2 q' + p'\omega \sin^2 q' = \omega p'$. Demnach ist q' eine zyklische Koordinate, $p' = E/\omega = \text{const}$,

$$\dot{q}' = \frac{\partial H'}{\partial p'} = \omega, \qquad q' = \omega t + \alpha \qquad \text{und} \qquad q = \sqrt{\frac{2E}{m\omega^2}} \sin(\omega t + \alpha).$$

5.6. Die Erhaltungsgesetze

1. Die Lösungen der LAGRANGE-Gleichungen zweiter Art für ein mechanisches System mit s Freiheitsgraden enthalten $2s$ willkürliche Konstanten und können in folgender Form geschrieben werden:

$$\begin{aligned} q_i &= q_i(t, c_1, c_2, \ldots, c_{2s}), \\ \dot{q}_i &= \dot{q}_i(t, c_1, c_2, \ldots, c_{2s}), \end{aligned} \qquad (i = 1, 2, \ldots, s).$$

Man kann aus diesen $2s$ Gleichungen die Zeit t eliminieren und sich davon überzeugen, daß für jedes mechanische System Funktionen der generalisierten Koordinaten q_i und der generalisierten Geschwindigkeiten $\dot{q}_i$ existieren müssen, die Invarianten der Bewegung sind. Diese Funktionen werden *Vorintegrale der Bewegungsgleichung* genannt. Es ist nun Hauptaufgabe der Mechanik, solche Vorintegrale zu finden. Unter den Vorintegralen gibt es gewisse, deren Konstanz mit den grundlegenden Eigenschaften von Materie, Zeit und Raum zusammenhängt. Die Vorintegrale sind additiv: Für Systeme, die aus mehreren nicht wechselwirkenden Teilen bestehen, sind die Werte der Vorintegrale gleich der Summe der Werte für jeden Teil im einzelnen.

2. Das erste Bewegungsintegral eines beliebigen abgeschlossenen Systems ist seine Gesamtenergie (*Gesetz der Erhaltung der Energie*). Dieses Gesetz folgt aus der Gleichförmigkeit des Zeitablaufes, d. h. aus der Unabhängigkeit der Bewegungsgesetze eines Systems von der Wahl des Ursprungs der Zeitachse. Insbesondere ergibt sich für ein konservatives System aus der Gleichförmigkeit der Zeit das Gesetz der Erhaltung der mechanischen Energie dieses Systems. Tatsächlich hängt infolge der Gleichförmigkeit der Zeit die das Bewegungsgesetz des konservativen Systems bestimmende LAGRANGE-Funktion L nicht explizit von der Zeit ab, und es ist

$$\frac{dL}{dt} = \sum_{i=1}^{s} \left(\frac{\partial L}{\partial q_i} \dot{q}_i + \frac{\partial L}{\partial \dot{q}_i} \frac{d\dot{q}_i}{dt} \right).$$

Mittels der LAGRANGE-Gleichung kann man diese Gleichung auf die Form

$$\frac{dL}{dt} = \sum_{i=1}^{s} \left[\dot{q}_i \frac{d}{dt} \left(\frac{\partial L}{\partial \dot{q}_i} \right) + \frac{\partial L}{\partial \dot{q}_i} \frac{dq_i}{dt} \right] = \frac{d}{dt} \sum_{i=1}^{s} \frac{\partial L}{\partial \dot{q}_i} \dot{q}_i$$

oder

$$\frac{d}{dt} \left[\sum_{i=1}^{s} \frac{\partial L}{\partial \dot{q}_i} \dot{q}_i - L \right] = 0$$

bringen. Hieraus folgt

$$\sum_{i=1}^{s} \frac{\partial L}{\partial \dot{q}_i} \dot{q}_i - L = 2T - L = T + U = \text{const},$$

d. h., die gesamte mechanische Energie eines konservativen Systems $E = T(q, \dot{q}) + U(q)$ ist ein Bewegungsintegral. Die Additivität der Energie E des Systems ist eine Folge der Additivität der LAGRANGE-Funktion, von der E linear abhängt. Das Gesetz der Erhaltung der gesamten mechanischen Energie gilt für jedes beliebige konservative System, sowohl für ein abgeschlossenes, als auch für ein nicht abgeschlossenes.

3. Auch der Impuls eines abgeschlossenen Systems ist ein Bewegungsintegral dieses Systems. Das Gesetz von der Erhaltung des Impulses folgt aus der Homogenität des Raumes. Homogenität des Raumes bedeutet, daß eine Parallelverschiebung eines abgeschlossenen mechanischen Systems die mechanischen Eigenschaften dieses Systems beeinflußt, d. h., seine LAGRANGE-Funktion bleibt hierbei unverändert. Die LAGRANGE-Funktion für ein aus N Massenpunkten bestehendes abgeschlossenes System ist

$$L = \sum_{k=1}^{N} \frac{m_k}{2} \boldsymbol{v}_k^2 - U(\boldsymbol{r}_1, \boldsymbol{r}_2, \ldots, \boldsymbol{r}_N),$$

wobei $\boldsymbol{r}_k$ der Radiusvektor des k-ten Massenpunktes mit der Masse m_k und der Geschwindigkeit $\boldsymbol{v}_k = d\boldsymbol{r}_k/dt$ ist. Die Änderung der LAGRANGE-Funktion bei einer Parallelverschiebung des Systems um eine unendlich kleine Strecke, die durch den Verschiebungsvektor $\delta \boldsymbol{g}$ bestimmt ist, d. h. die Änderung, die sich ergibt, wenn alle $\boldsymbol{r}_k$ durch $\boldsymbol{r}_k + \delta \boldsymbol{g}$ ersetzt werden, ist

$$\delta L = \sum_{k=1}^{N} \frac{\partial L}{\partial \boldsymbol{r}_k} \delta \boldsymbol{g} = \delta \boldsymbol{g} \sum_{k=1}^{N} \frac{\partial L}{\partial \boldsymbol{r}_k}.$$

Da $\delta \boldsymbol{g}$ eine willkürlich gewählte Größe ist, so bedeutet die Forderung $\delta L = 0$, daß $\sum_{k=1}^{N} \frac{\partial L}{\partial \boldsymbol{r}_k} = 0$ sein muß. Aus den LAGRANGE-Gleichungen ergibt sich $\frac{d}{dt}\left(\frac{\partial L}{\partial \boldsymbol{v}_k}\right) - \frac{\partial L}{\partial \boldsymbol{r}_k} = \boldsymbol{f}_k$, wobei $\boldsymbol{f}_k$ die Resultierende aller Nicht-Potentialkräfte ist, die auf den k-ten Massenpunkt wirken. Bei einem abgeschlossenen System sind dies innere Kräfte,

d. h.

$$\sum_{k=1}^{N} \boldsymbol{f}_k = 0 \qquad \text{und} \qquad \sum_{k=1}^{N} \frac{d}{dt}\left(\frac{\partial L}{\partial \boldsymbol{v}_k}\right) = \frac{d}{dt}\sum_{k=1}^{N} \frac{\partial L}{\partial \boldsymbol{v}_k} = 0$$

oder

$$\boldsymbol{P} = \sum_{k=1}^{N} \frac{\partial L}{\partial \boldsymbol{v}_k} = \sum_{k=1}^{N} m_k \boldsymbol{v}_k = \text{const}.$$

Der Impuls eines abgeschlossenen Systems, der gleich ist der Vektorsumme der Impulse aller Massenpunkte des Systems, ist demnach ein Bewegungsintegral des Systems.

4. Der Drehimpuls (Impulsmoment) eines abgeschlossenen Systems ist ebenfalls ein Bewegungsintegral des Systems. Das Gesetz der Erhaltung des Drehimpulses hängt mit der Isotropie des Raumes zusammen. Die mechanischen Eigenschaften eines abgeschlossenen Systems ändern sich nicht, wenn das System als Ganzes in einem isotropen Raum gedreht wird. Die Lagrange-Funktion des Systems muß hierbei unverändert bleiben. Bei Drehung des Systems ändern sich die Richtungen der Radiusvektoren und der Geschwindigkeiten aller Teilchen, doch transformieren sich alle Vektoren $\boldsymbol{r}_k$ und $\boldsymbol{v}_k$ nach ein und demselben Gesetz:

$$\delta \boldsymbol{r} = [\delta \boldsymbol{\varphi} \boldsymbol{r}], \qquad \delta \boldsymbol{v} = [\delta \boldsymbol{\varphi} \boldsymbol{v}],$$

wobei $\delta \boldsymbol{\varphi}$ der Vektor einer infinitesimalen Drehung ist. Sein Betrag $\delta\varphi$ ist gleich dem Drehwinkel, und seine Richtung fällt mit der Drehachse zusammen (in einem Rechtssystem, S. 30). Die Änderung der Lagrange-Funktion bei der unendlich kleinen Drehung eines abgeschlossenen mechanischen Systems ist

$$\delta L = \sum_{k=1}^{N} \left(\frac{\partial L}{\partial \boldsymbol{r}_k} \delta \boldsymbol{r}_k + \frac{\partial L}{\partial \boldsymbol{v}_k} \delta \boldsymbol{v}_k\right);$$

es ist $\dfrac{\partial L}{\partial \boldsymbol{v}_k} = \boldsymbol{p}_k$ und $\dfrac{\partial L}{\partial \boldsymbol{r}_k} = \dot{\boldsymbol{p}}_k - \boldsymbol{f}_k$, was aus der Lagrange-Gleichung folgt. Daher ist

$$\delta L = \sum_{k=1}^{N} (\dot{\boldsymbol{p}}_k [\delta \boldsymbol{\varphi} \boldsymbol{r}_k] + \boldsymbol{p}_k [\delta \boldsymbol{\varphi} \boldsymbol{v}_k] - \boldsymbol{f}_k [\delta \boldsymbol{\varphi} \boldsymbol{r}_k])$$
$$= \delta \boldsymbol{\varphi} \sum_{k=1}^{N} ([\boldsymbol{r}_k \dot{\boldsymbol{p}}_k] + [\dot{\boldsymbol{r}}_k \boldsymbol{p}_k] - [\boldsymbol{r}_k \boldsymbol{f}_k]) = \delta \boldsymbol{\varphi} \frac{d}{dt} \sum_{k=1}^{N} [\boldsymbol{r}_k \boldsymbol{p}_k],$$

da für ein abgeschlossenes System $\sum_{k=1}^{N} [\boldsymbol{r}_k \boldsymbol{f}_k] = 0$ ist. Demnach hat, da $\delta \boldsymbol{\varphi}$ eine willkürliche Größe ist, die Bedingung $\delta L = 0$ die Form

$$\frac{d}{dt} \sum_{k=1}^{N} [\boldsymbol{r}_k \boldsymbol{p}_k] = 0.$$

Bei der Bewegung eines abgeschlossenen Systems bleibt die Vektorgröße

$$\boldsymbol{M} = \sum_{k=1}^{N} [\boldsymbol{r}_k \boldsymbol{p}_k] = \text{const}$$

konstant; sie wird als Drehimpuls (Impulsmoment) des Systems bezeichnet (s. auch S. 78).

5. Ein beliebiges abgeschlossenes System hat zumindest sieben additive Bewegungsintegrale (die sieben Gleichungen der Erhaltungssätze): eine Gleichung für den Erhaltungssatz der Gesamtenergie und je drei Gleichungen für die Erhaltung der Impuls- und Drehimpulsvektorkomponenten.

6. (Zusatz des Übersetzers). Die besprochenen Erhaltungssätze sind eine Folge des NÖTHER*schen Theorems,* das besagt, daß dann, wenn eine Differentialgleichung (z. B. NEWTONsche Bewegungsgleichung) gegenüber einer Transformation invariant ist, eine mit der Art der Transformation zusammenhängende, einem Erhaltungsgesetz gehorchende physikalische Größe existiert.

6. Mechanische Schwingungen

6.1. Die Grundbegriffe

1. Als *Schwingungen* oder *Oszillationen* bezeichnet man periodische Bewegungen. Ihrer physikalischen Natur nach können Schwingungen von ganz verschiedener Art sein: mechanische Schwingungen (Pendelschwingungen, die Bewegung der Kolben von Verbrennungsmotoren, Schwingungen von Saiten, Stäben oder Platten, Vibrationen von Fundamenten), elektromagnetische Schwingungen (S. 465), u.a.m.

2. Schwingungen werden als streng *periodisch* bezeichnet, wenn die variablen physikalischen Größen nach gleichen Zeitintervallen immer wieder dieselben Werte annehmen. Als *Schwingungsperiode* T bezeichnet man die kleinste Zeitspanne, nach der alle Schwingung charakterisierenden physikalischen Größen wieder denselben Wert annehmen. In diesem Zeitraum geht eine *volle Schwingung* vor sich. Die *Frequenz* ν ist die Anzahl der vollen Schwingungen, die pro Zeiteinheit vollführt werden:

$$\nu = \frac{1}{T}.$$

Die Zeitabhängigkeit einer streng periodisch schwingenden physikalischen Größe S wird in folgender Form ausgedrückt: $S = S_0 + x(t)$, wobei S_0 der Wert der Größe S in der Gleichgewichtslage ist, $x(t)$ ist eine periodische Funktion der Zeit: $x(t + T) = x(t)$.

3. Die einfachste Form periodischer Schwingungen sind die *harmonischen* (sinusförmigen) Schwingungen. Es gilt dann

$$x = A \sin (\omega t + \varphi_0)$$

oder

$$x = A \cos(\omega t + \varphi_1);$$

A, ω, φ_0 und φ_1 sind konstante Größen. Dabei gilt $A > 0$, $\omega > 0$ und $\varphi_1 = \varphi_0 - \frac{\pi}{2}$. Die Größe A, die gleich dem maximalen Absolutwert von x ist, heißt *Amplitude* der Schwingung. Der Ausdruck $\Phi = \omega t + \varphi_0$ bzw. $\Phi_1 = \omega t + \varphi_1$ bestimmt den Momentanwert von x in einem gegebenen Zeitpunkt t. Man nennt Φ die *Phase* der Schwingung. Zu Beginn der Zeitrechnung ($t = 0$) ist sie gleich der *Anfangsphase* φ_0 oder φ_1. Die Größe ω heißt *Kreisfrequenz*:

$$\omega = \frac{2\pi}{T} = 2\pi\nu.$$

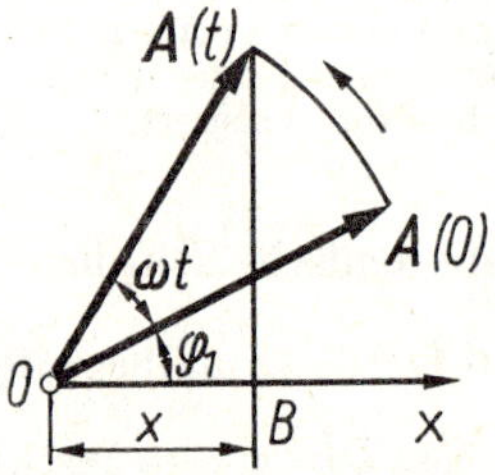

I.6.1.

Die ersten beiden zeitlichen Ableitungen der harmonisch veränderlichen Größe x sind ebenfalls harmonische Schwingungen:

$$\dot{x} = A\omega \cos(\omega t + \varphi_0) = A\omega \sin\left(\omega t + \varphi_0 + \frac{\pi}{2}\right),$$

$$\ddot{x} = -A\omega^2 \sin(\omega t + \varphi_0) = A\omega^2 \sin(\omega t + \varphi_0 + \pi) = -\omega^2 x.$$

Die harmonisch veränderliche Größe x genügt daher der Gleichung

$$\ddot{x} + \omega^2 x = 0,$$

die man Differentialgleichung der harmonischen Schwingungen nennt.

4. Die harmonischen Schwingungen stellt man graphisch mit Hilfe von Vektoren dar, die eine Drehung ausführen (Bild I.6.1). Der Vektor $\boldsymbol{A}$, dessen Betrag gleich der Amplitude der Schwingung ist, rotiere gleichförmig mit der Winkelgeschwindigkeit ω entgegen dem Uhrzeigersinn um die Achse O, die senkrecht zur Zeichenebene verläuft. Hat zum Zeitpunkt $t = 0$ der Winkel zwischen dem Vektor $\boldsymbol{A}$ und der x-Achse den Wert φ_1, so führt die Projektion B der Vektorspitze auf die x-Achse eine harmonische Schwingung aus, die durch $x = A \cos(\omega t + \varphi_1)$ gegeben ist.

5. Es sollen nun zwei harmonische Schwingungen derselben Frequenz gleichzeitig ausgeführt werden. Die skalare physikalische Größe $S = S_0 + x$ ändere sich gemäß

$$x_1 = A_1 \cos(\omega t + \varphi_1) \quad \text{und} \quad x_2 = A_2 \cos(\omega t + \varphi_2).$$

Die resultierende Veränderliche $x = x_1 + x_2$ der Größe S führt dann ebenfalls eine harmonische Schwingung aus, und zwar mit derselben Frequenz:

$$x = A \cos(\omega t + \varphi).$$

Zur Bestimmung von A und φ dient die *Methode des Vektordiagramms.* Die Methode benutzt die Beziehung $\boldsymbol{A} = \boldsymbol{A}_1 + \boldsymbol{A}_2$, die zwischen dem resultierenden Vektor $\boldsymbol{A}$ und den Vektoren $\boldsymbol{A}_1$ und $\boldsymbol{A}_2$ zu jedem Zeit-

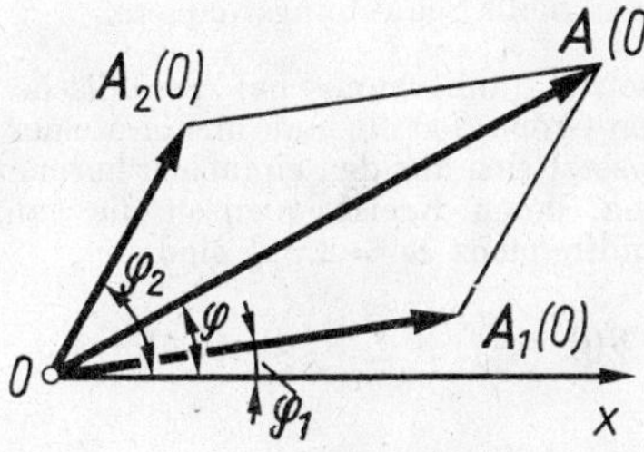

I.6.2.

punkt t bestehen muß. $\boldsymbol{A}_1$ und $\boldsymbol{A}_2$ entsprechen dabei den Amplituden der zu addierenden Schwingungen. Alle drei Vektoren drehen sich mit der gleichen Winkelgeschwindigkeit ω, so daß ihre gegenseitige Lage von der Zeit nicht abhängt. Aus Bild I.6.2, das dem Zustand zur Zeit $t = 0$ entspricht, ergibt sich

$$A^2 = A_1^2 + A_2^2 + 2 A_1 A_2 \cos(\varphi_2 - \varphi_1)$$

und

$$\tan \varphi = \frac{A_1 \sin \varphi_1 + A_2 \sin \varphi_2}{A_1 \cos \varphi_1 + A_2 \cos \varphi_2}.$$

Ist $\varphi_2 - \varphi_1 = 2n\pi$ $(n = 0, \pm 1, \pm 2, \ldots)$, dann ist $A = A_1 + A_2$. Ist $\varphi_2 - \varphi_1 = (2n+1)\pi$ $(n = 0, \pm 1, \pm 2, \ldots)$, dann gilt $A = |A_1 - A_2|$. Im allgemeinen ist $|A_1 - A_2| \leqq A \leqq A_1 + A_2$.

6. Bei der Überlagerung (*Superposition*) zweier harmonischer Schwingungen $x_1 = A_1 \cos(\omega_1 t + \varphi_1)$ und $x_2 = A_2 \cos(\omega_2 t + \varphi_2)$ mit verschiedenen Frequenzen und Amplituden ist die resultierende Schwingung nicht mehr harmonisch. Man kann sie in der folgenden Form darstellen:

$$x = x_1 + x_2 = A(t) \cos[\omega_1 t + \varphi(t)],$$

mit

$$A^2(t) = A_1^2 + A_2^2 + 2A_1A_2\cos[\psi(t) - \varphi_1],$$

$$\tan\varphi(t) = \frac{A_1\sin\varphi_1 + A_2\sin\psi(t)}{A_1\cos\varphi_1 + A_2\cos\psi(t)} \quad \text{und} \quad \psi(t) = (\omega_2 - \omega_1)t + \varphi_2.$$

Vom physikalischen Standpunkt ist eine derartige Darstellung der resultierenden anharmonischen Schwingung nur dann von Bedeutung, wenn es sich um die Überlagerung harmonischer Schwingungen handelt, deren Frequenzen sich hinreichend wenig unterscheiden. In diesem Fall sind $A(t)$ und $\varphi(t)$ langsam veränderliche Funktionen der Zeit. Man bezeichnet einen derartigen Schwingungsprozeß als *Schwebung*. Die Größe $A(t)$ ändert sich periodisch innerhalb der Grenzen $|A_1 - A_2|$ und $A_1 + A_2$ mit der Frequenz $\nu_S = |\nu_2 - \nu_1| = \frac{1}{2\pi}|\omega_2 - \omega_1|$; ν_S heißt Schwebungsfrequenz.

7. Zusammengesetzte (anharmonische) periodische Schwingungen der physikalischen Größe S stellt man in Form einer FOURIER-*Reihe* dar. Diese Reihe setzt sich aus den einfachen harmonischen Schwingungen zusammen, deren Kreisfrequenzen die ganzzahligen Vielfachen einer Grundfrequenz $\omega = 2\pi/T$ sind:

$$S(t) = \frac{a_0}{2} + \sum_{n=1}^{\infty} A_n \sin(n\omega t + \varphi_n)$$

mit

$$A_n = \sqrt{a_n^2 + b_n^2}, \quad \varphi_n = \arctan\frac{a_n}{b_n}.$$

Die Koeffizienten a_n und b_n bestimmt man mit Hilfe der EULER-FOURIERschen Gleichungen:

$$a_n = \frac{2}{T}\int_{-T/2}^{T/2} S(t)\cos n\omega t\,dt \qquad (n = 0, 1, 2, \ldots),$$

$$b_n = \frac{2}{T}\int_{-T/2}^{T/2} S(t)\sin n\omega t\,dt \qquad (n = 1, 2, \ldots).$$

Die Bestimmung der FOURIER-Reihe, die zu einer gegebenen zusammengesetzten Schwingung gehört, nennt man *harmonische Analyse*. Die Glieder dieser Reihe, deren Kreisfrequenzen ω, 2ω, 3ω usw. sind, nennt man dementsprechend erste (Grundschwingung), zweite, dritte usw. *Harmonische* der zusammengesetzten Schwingung.

8. Eine Schwingung der Form $x = A(t)[\cos\omega t + \varphi(t)]$ heißt *moduliert*, wenn $|dA/dt| \ll \omega A_{\max}$ und $|d\varphi/dt| \ll \omega$ ist. Eine Schwingung heißt *amplitudenmoduliert*, wenn $\varphi = \text{const}$ ist, sie heißt *frequenz-* oder *phasenmoduliert*, wenn $A = \text{const}$ ist. Ein einfaches Beispiel für eine Modulation ist die Schwebung, bei der $A(t)$ und $\varphi(t)$ periodische Funktionen der Zeit sind.

9. *Freie Schwingungen* sind Schwingungen eines Systems, das nicht dem Einfluß veränderlicher äußerer Kräfte unterworfen ist. Sie sind das Ergebnis irgendeiner einmaligen Auslenkung des Systems aus seiner stabilen Gleichgewichtslage.
Erzwungene Schwingungen eines Systems werden durch den Einfluß periodischer äußerer Kräfte hervorgerufen.
10. Ein System heißt *linear*, wenn sich seine Bewegung durch lineare Differentialgleichungen beschreiben läßt. Anderenfalls heißt das System *nichtlinear*, und seine Schwingungen nennt man *nichtlineare Schwingungen.*
Schwingende Systeme mit einem Freiheitsgrad nennt man eindimensionale *Oszillatoren* (*Vibratoren*). Sind die freien Schwingungen harmonisch, so spricht man von einem eindimensionalen *harmonischen Oszillator*. Andernfalls handelt es sich um einen *anharmonischen Oszillator*.

6.2. Kleine Schwingungen eines Systems mit einem Freiheitsgrad

A. Freie Schwingungen eines konservativen Systems

1. Die kinetische und die potentielle Energie des Systems ist gegeben durch

$$W_k = \frac{1}{2} b(q)\dot{q}^2 \qquad \text{und} \qquad W_p = W_p(q),$$

wobei q eine generalisierte Koordinate bedeutet (S. 91) und $b(q) \geqq 0$ gilt.
In der stabilen Gleichgewichtslage ($q = q_0$) muß die potentielle Energie ein Minimum haben. Es muß also gelten:

$$\left(\frac{dW_p}{dq}\right)_{q=q_0} = 0 \qquad \text{und} \qquad \left(\frac{d^2 W_p}{dq^2}\right)_{q=q_0} = \beta_0 \geqq 0 .$$

Subtrahiert man vom Betrag der potentiellen Energie ihren Wert für $q = q_0$, so gilt $W_p(q_0) = 0$, und die TAYLOR-Reihe für $W_p(q)$ hat die Gestalt

$$W_p(q) = \beta_0 \frac{(q - q_0)^2}{2!} + \left(\frac{d^3 W_p}{dq^3}\right)_{q=q_0} \frac{(q - q_0)^3}{3!} + \cdots .$$

2. Eine Schwingung heißt *klein*, wenn man auf der rechten Seite dieser Beziehung alle Glieder außer dem ersten vernachlässigen darf. Es muß also gelten:

$$W_p(q) = \frac{\beta_0}{2}(q - q_0)^2 = \frac{\beta_0 x^2}{2}$$

und

$$W_k(q) = \frac{1}{2} b(q_0)\dot{q}^2 = \frac{b_0 \dot{x}^2}{2},$$

wobei $x = q - q_0$ die Abweichung des Systems von seiner stabilen Gleichgewichtslage bedeutet.

3. Die Differentialgleichung kleiner Schwingungen hat die Form

$$b_0 \ddot{x} + \beta_0 x = 0.$$

Die Größe $-\beta_0 x = -dW_p/dx$ stellt die generalisierte Kraft F_x dar, die mit der generalisierten Koordinate x verknüpft ist (S. 92). Die generalisierte Kraft $F_x = -\beta_0 x$ mit $\beta_0 > 0$ heißt *quasielastische Kraft*. Die Größe β_0 heißt *Koeffizient der quasielastischen Kraft* (*Federkonstante*).

4. Die Schwingungen des Systems sind harmonisch:

$$x = A \cos(\omega_0 t + \varphi_1).$$

Die Kreisfrequenz $\omega_0 = \sqrt{\beta_0/b_0}$ ist durch die Eigenschaften des Systems bestimmt. Sie heißt *Eigenfrequenz* der Schwingungen des konservativen Systems. Die Periode der Schwingungen ist $T = 2\pi \cdot \sqrt{b_0/\beta_0}$. Die Amplitude A und die Anfangsphase φ_1 bestimmt man aus den Anfangsbedingungen. Ist z. B. $x = x_0$ und $\dot{x} = \dot{x}_0$ zum Zeitpunkt $t = 0$, so erhält man

$$A = \sqrt{x_0^2 + \left(\frac{\dot{x}_0}{\omega_0}\right)^2}, \qquad \tan\varphi_1 = -\frac{\dot{x}_0}{\omega_0 x_0}.$$

Die Amplitude der freien Schwingungen eines konservativen Systems hängt nicht von der Zeit ab. Solche Schwingungen nennt man daher *ungedämpft*.

5. Die kinetische und die potentielle Energie der harmonischen Schwingungen eines Systems sind periodische Funktionen der Zeit mit der Periode $T' = T/2 = \pi\sqrt{b_0/\beta_0}$:

$$W_k = \frac{1}{2} b_0 A^2 \omega_0^2 \sin^2(\omega_0 t + \varphi_1),$$

$$W_p = \frac{1}{2} \beta_0 A^2 \cos^2(\omega_0 t + \varphi_1) = \frac{1}{2} b_0 A^2 \omega_0^2 \cos^2(\omega_0 t + \varphi_1).$$

Die gesamte mechanische Energie der harmonischen Schwingungen des Systems ist

$$W = \frac{1}{2} b_0 A^2 \omega_0^2 = \text{const}.$$

Beispiel 1. Unter einem *Federpendel* versteht man einen Körper, der geradlinige Schwingungen längs der x-Achse unter der Einwirkung einer Federkraft $F = -ax$ ausführt (a ist die Federkonstante). Es gilt $\beta_0 = a$, $W_k = \frac{1}{2} m\dot{x}^2$ und $b_0 = m$, wobei m die Masse des Körpers ist. Die Kreisfrequenz und die Periode der Schwingung ergeben sich zu

$$\omega_0 = \sqrt{\frac{a}{m}}, \qquad T = 2\pi\sqrt{\frac{m}{a}}.$$

Beispiel 2. *Mathematisches Pendel* nennt man einen Massenpunkt M, der an einem schwerelosen, nicht dehnbaren, von einem festen Punkt herabhängenden Faden (Stange) befestigt ist und unter dem Einfluß der eigenen Schwere eine Bewegung in der Vertikalebene ausführt (Bild I.6.3):

$$W_k = \frac{1}{2} ml^2 \dot{\alpha}^2, \qquad b_0 = ml^2,$$

$$W_p = mgl(1 - \cos\alpha) = 2mgl \sin^2\frac{\alpha}{2}.$$

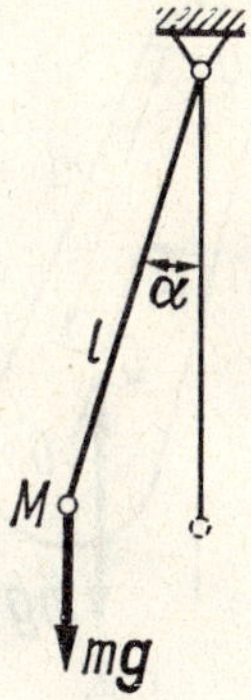

I.6.3.

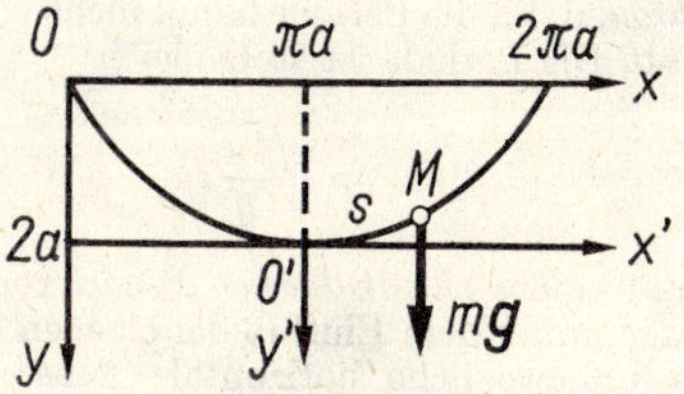

I.6.4.

Für kleine Schwingungen gilt $\sin\frac{\alpha}{2} \approx \frac{\alpha}{2}$, $W_p \approx \frac{mgl\alpha^2}{2}$, $\beta_0 = mgl$.
Die Periode der Schwingungen ist somit

$$T = 2\pi\sqrt{\frac{l}{g}}.$$

Läßt man beliebige Auslenkungswinkel α zu, so erweisen sich die Schwingungen des mathematischen Pendels als nichtlinear.

Beispiel 3. Ein *Zykloidenpendel* ist ein Massenpunkt M, der seine Bewegung unter der Einwirkung der Schwerkraft längs einer Zykloide ausführt, deren Achse vertikal verläuft und deren konvexe Seite nach unten gerichtet ist (Bild I.6.4). Nimmt man als Nullpunkt für die potentielle Energie den tiefsten Punkt O' der Zykloide und verwendet man als generalisierte Koordinate die Bogenlänge der Zykloide, vom Punkt O' aus gerechnet, so erhält man $W_k = \frac{1}{2} m \dot{s}^2$ und $W_p = \frac{mg}{8a} s^2$, so daß also $b_0 = m$ und $\beta_0 = \frac{mg}{4a}$ ist, wobei a der Parameter der Zykloide ist (Radius des erzeugenden Umkreises). Schwingungen treten auf, wenn die Gesamtenergie des Pendels $W = W_k + W_p < 2mga$ ist. Die Schwingungen des Zykloiden-

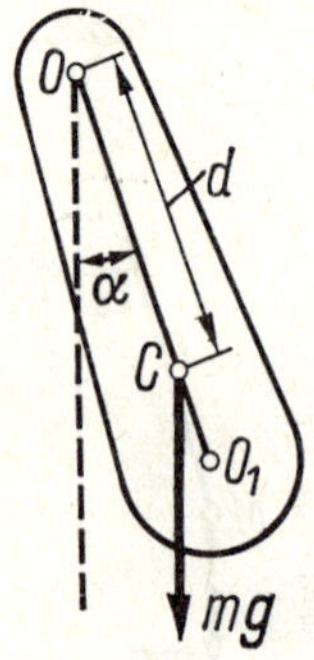

I.6.5.

pendels sind *isochron*, d. h., die Periode hängt nicht von der Amplitude der Schwingung ab. Die Periode ist stets gleich

$$T = 2\pi \sqrt{\frac{4a}{g}}.$$

Beispiel 4. Unter einem *physikalischen Pendel* versteht man einen starren Körper, der unter dem Einfluß der eigenen Schwere Schwingungen um eine unbewegliche horizontale Achse O ausführt, die nicht durch seinen Schwerpunkt C verläuft (Bild I.6.5):

$$W_k = \frac{1}{2} J \dot{\alpha}^2, \qquad b_0 = J,$$

$$W_p = mgd(1 - \cos\alpha) = 2mgd \sin^2 \frac{\alpha}{2};$$

α ist dabei der Winkel der Auslenkung aus der Gleichgewichtslage, J das Trägheitsmoment bezüglich der Schwingungsachse O.

Für kleine Schwingungen gilt $\sin \frac{\alpha}{2} \approx \frac{\alpha}{2}$, $W_p \approx \frac{1}{2} mgd\alpha^2$ und $\beta_0 = mgd$. Die Periode der Schwingung ist

$$T = 2\pi \sqrt{\frac{J}{mgd}}.$$

Reduzierte Länge l_r des physikalischen Pendels heißt jene Länge, die ein mathematisches Pendel hat, das dieselbe Schwingungsperiode besitzt: $l_r = J/md > d$, wobei nach dem STEINERschen Satz (S. 75) $J = J_c + md^2 > md^2$ ist. Der Punkt O_1, der im Abstand $OO_1 = l_r$ auf der Verlängerung der Verbindungsgeraden OC liegt, heißt *Schwingungszentrum des physikalischen Pendels.* Der Aufhängepunkt O und das Schwingungszentrum O_1 stehen in der folgenden Beziehung zueinander: Verlegt man den Aufhängepunkt in den Punkt O_1, so wird O zum Schwingungszentrum, und die Schwingungsperiode des Pendels ändert sich nicht.

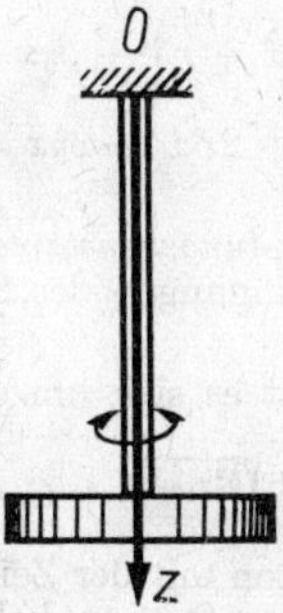

I.6.6.

Beispiel 5. Ein *Torsionspendel* ist ein starrer Körper, der an einer vertikalen, nicht dehnbaren, elastisch verdrehbaren Stange (Faden) befestigt ist, deren oberes Ende unbeweglich fixiert ist. Die z-Achse fällt mit einer der freien Achsen des Körpers zusammen (Bild I.6.6). Die Torsionsschwingungen werden von elastischen Kräften hervorgerufen, die bei einer Verdrehung der Stange um die z-Achse entstehen.

Im Fall kleiner Schwingungen gilt $W_k = \frac{1}{2} J \dot{\alpha}^2$ und $W_p = \frac{1}{2} c\, \alpha^2$. Damit ist $b_0 = J$ und $\beta_0 = c$. α ist der Winkel, um den das Pendel um die z-Achse aus der Ruhelage herausgedreht wurde. J ist das Trägheitsmoment des Pendels bezüglich der z-Achse und c ist das Richtmoment der Stange.

Die Schwingungsperiode ist

$$T = 2\pi \sqrt{\frac{J}{c}}.$$

Im Fall einer homogenen Verdrillung der Stange gilt $c = \pi d^4 G/32 l$, wobei d und l den Durchmesser und die Länge der Stange bezeichnen; G ist der Scherungsmodul des Stangenmaterials (S. 275).

B. Gedämpfte Schwingungen

1. Schwingungen heißen *gedämpft*, wenn ihre Energie mit zunehmender Zeit abnimmt. Die Dämpfung der freien Schwingungen eines mechanischen Systems ist bedingt durch den Verbrauch von Energie auf Grund des Einflusses von Widerstandskräften (Reibung) auf das System. Diese Kräfte sind nicht von einem Potential ableitbar.
Tritt im System keine trockene Reibung (S. 59) auf, so darf man im Fall kleiner Schwingungen annehmen, daß die generalisierte Reibungskraft in der Form $F_R = -r\dot{x}$ auftritt, wobei der generalisierte Koeffizient der Reibung $r > 0$ ist. Die Differentialgleichung kleiner gedämpfter Schwingungen des Systems nimmt dann die folgende Form an:

$$b_0\ddot{x} + r\dot{x} + \beta_0 x = 0$$

oder

$$\ddot{x} + 2\delta\dot{x} + \omega_0^2 x = 0,$$

wobei $\delta = r/2b_0$ die *Dämpfungskonstante* ist und unter ω_0 die Kreisfrequenz der freien Schwingungen des Systems ohne Reibung verstanden wird.

2. Ist $\delta > \omega_0$, so handelt es sich um ein *aperiodisches Abklingen*:

$$x = C_1 e^{-(\delta + \sqrt{\delta^2 - \omega_0^2})t} + C_2 e^{-(\delta - \sqrt{\delta^2 - \omega_0^2})t}.$$

Die Größe x nimmt monoton mit der Zeit ab. Das aus seiner Gleichgewichtslage herausgeführte System kehrt asymptotisch, d. h. für $t \to \infty$, in seine ursprüngliche Lage zurück.

3. Ist $\delta < \omega_0$, so führt das System gedämpfte Schwingungen aus:

$$x = A_0 e^{-\delta t} \sin(\omega t + \varphi_0),$$

wobei A_0 und φ_0 Konstante sind, die man aus den Anfangsbedingungen bestimmt. $\omega = \sqrt{\omega_0^2 + \delta^2}$ ist die Eigenfrequenz der Schwingungen des dissipativen Systems. Die Größe $A(t) = A_0 e^{-\delta t}$ heißt Amplitude der gedämpften Schwingungen. Die Werte der Amplitude zu den Zeitpunkten t, $t + \Delta t$, $t + 2\Delta t$ usw. bilden eine abnehmende geometrische Reihe, bei der die aufeinanderfolgenden Glieder im Verhältnis $e^{-\delta \Delta t}$ zueinander stehen. Die Abhängigkeit der Größe x von der Zeit t ist in Bild I.6.7 dargestellt.

4. Als Periode (*bedingte Periode*) der gedämpften Schwingungen[1]) bezeichnet man den Zeitraum zwischen zwei aufeinanderfolgenden Zuständen des Systems, bei denen die Größe x in derselben Richtung (z. B. in Richtung zunehmender Größe) die Gleichgewichtslage durchläuft:

$$T = \frac{2\pi}{\omega} = \frac{2\pi}{\sqrt{\omega_0^2 - \delta^2}}.$$

[1]) Eine gedämpfte Schwingung ist nicht periodisch (S. 109). Daher kann man hier die Begriffe Periode und Frequenz nicht anwenden.

5. Der natürliche Logarithmus des Quotienten aus den Amplituden zu den Zeitpunkten t und $t + T$ heißt *logarithmisches Dämpfungsdekrement* ϑ:

$$\vartheta = \ln \frac{A(t)}{A(t+T)} = \delta T.$$

Das logarithmische Dekrement der Dämpfung ist gleich dem Reziprokwert der Anzahl der Schwingungen, nach deren Ablauf die Amplitude auf das $(1/e)$-fache gesunken ist: $\vartheta = 1/N$. Die Zeit τ, die dafür notwendig ist, nennt man *Relaxationszeit*: $\tau = NT = 1/\delta$.

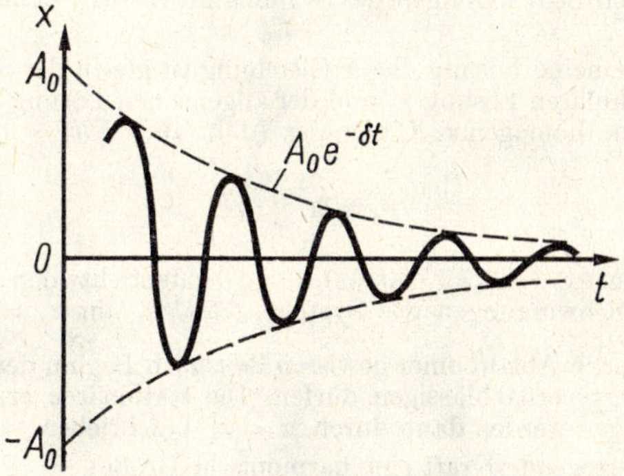

I.6.7.

6. Die Abhängigkeit der Gesamtenergie des mechanischen Systems von der Zeit läßt sich in der folgenden Form angeben:

$$W(t) = \frac{1}{2} b_0 A_0^2 e^{-2\delta t} [\omega_0^2 - \delta^2 \cos(2\omega t + 2\varphi_0) - \delta\omega \sin(2\omega t + 2\varphi_0)],$$

$$\frac{dW}{dt} = -r\dot{x}^2 = -2\Phi,$$

wobei $\Phi = \frac{1}{2} r\dot{x}^2$ als *Dämpfungsfunktion* bezeichnet wird.

7. Wird die Dämpfung der mechanischen Schwingungen eines Systems durch trockene Reibung hervorgerufen und ist $|\boldsymbol{F}_R| = \text{const}$, dann ist die Kreisfrequenz ω der gedämpften Schwingung gleich der Kreisfrequenz ω_0 der freien Schwingungen desselben Systems ohne Reibung $(\omega_0 = \sqrt{\beta_0/b_0})$. Die Abnahme der Amplitude erfolgt dann nach den Gesetzen einer arithmetischen Reihe: Mit jeder Halbschwingung nimmt die Amplitude um den gleichbleibenden Betrag $2|\boldsymbol{F}_R|/\beta_0$ ab. Die Schwingung hört auf, sobald die Amplitude kleiner als $|\boldsymbol{F}_R|/\beta_0$ geworden ist.

C. Erzwungene Schwingungen

1. Die Differentialgleichung kleiner erzwungener Schwingungen läßt sich in der folgenden Form schreiben:

$$b_0 \ddot{x} + r\dot{x} + \beta_0 x = F(t)$$

oder

$$\ddot{x} + 2\delta\dot{x} + \omega_0^2 x = \frac{1}{b_0} F(t),$$

wobei $F(t)$ eine periodische generalisierte äußere Kraft ist, die mit der generalisierten Koordinate x verknüpft ist. Die Kraft $F(t)$, die die erzwungenen Schwingungen des Systems hervorruft, heißt *erregende Kraft.*

2. Die allgemeine Lösung dieser Gleichung ist gleich der Summe aus einer partikulären Lösung x_1 und der allgemeinen Lösung x_2 der entsprechenden homogenen Gleichung (d. h. für $F(t) = 0$):

$$x = x_1 + x_2.$$

Die Lösung $x_2 = A_0 e^{-\delta t} \sin(\omega t + \varphi_0)$ entspricht den freien gedämpften Schwingungen des Systems (S. 118), $\lim_{t\to\infty} x_2 = 0$. Daher wird man nach Ablauf einer gewissen Zeit nach Beginn der Erregung die Größe x_2 vernachlässigen dürfen. Die stationären erzwungenen Schwingungen werden dann durch $x = x_1$ beschrieben.

3. Ist die erregende Kraft eine harmonische Größe:

$$F(t) = F_0 \cos \Omega t,$$

so sind auch die stationären erzwungenen Schwingungen harmonisch, und zwar ergibt sich dieselbe Frequenz Ω:

$$x = A \cos(\Omega t + \varphi_1)$$

mit

$$A = \frac{F_0}{b_0 \sqrt{(\omega_0^2 - \Omega^2)^2 + 4\delta^2\Omega^2}}$$

und

$$\tan \varphi_1 = -\frac{2\delta\Omega}{\omega_0^2 - \Omega^2}.$$

Der Verlauf der Amplitude A und der Phasenverschiebung φ_1 der erzwungenen Schwingungen in Abhängigkeit von Ω ist in den Bildern I.6.8 und I.6.9 dargestellt. Für $\Omega \ll \omega_0$ ist die Amplitude annähernd gleich der statischen Auslenkung des Systems unter dem Einfluß der konstanten Kraft F_0: $A \approx A_{st} = F_0/b_0\omega_0^2 = F_0/\beta_0$. Ist $\Omega \gg \omega_0$, so ist $A = F_0/b_0\Omega^2$. Der Maximalwert der Amplitude $A_{\max}$ entspricht der Frequenz

$$\Omega_0 = \sqrt{\omega_0^2 - 2\delta^2},$$

die etwas kleiner ist als die Eigenfrequenz ω der Schwingungen des Systems $\left(\omega = \sqrt{\omega_0^2 - \delta^2}\right)$:

$$A_{\max} = \frac{F_0}{2\delta b_0 \omega}.$$

Aus diesen Ausdrücken folgt $A_{\max} \to \infty$ für $\delta \to 0$. Allerdings hat eine derartige Extrapolation wenig Sinn, da bei wachsender Amplitude die Schwingungen nicht mehr klein genug sind und man dann notwendigerweise höhere Glieder in die Theorie einbeziehen muß.

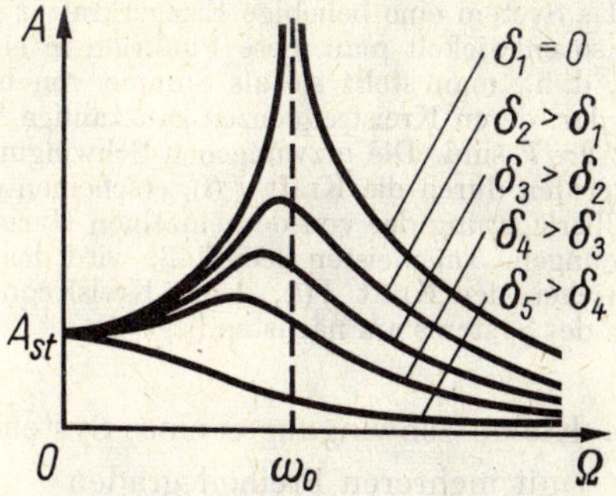

I.6.8.

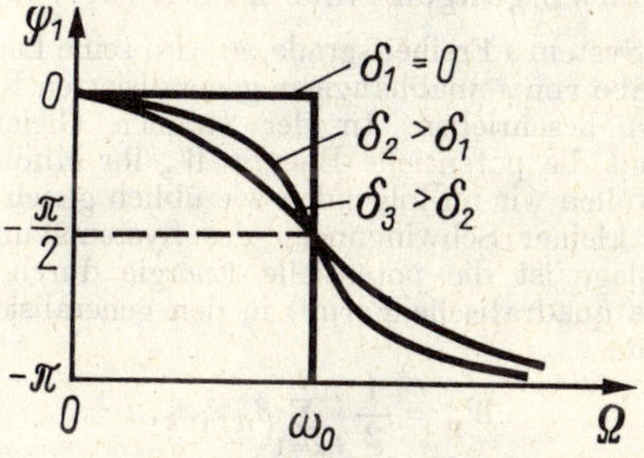

I.6.9.

4. Die Erscheinung des raschen Anstiegs der Amplitude erzwungener Schwingungen bei Annäherung der Kreisfrequenz der erregenden Kraft an den Wert Ω_0 nennt man *Resonanz*. Die Größe Ω_0 heißt *Resonanzfrequenz*. Die Kurven in Bild I.6.8, die die Abhängigkeit der Amplitude A von Ω wiedergeben, heißen *Resonanzkurven*.
Eine Vergrößerung der Dämpfungskonstante δ führt zu einer Glättung der Resonanzkurve und zu einer Abnahme von $A_{\max}$, d. h. zu einer merklichen Schwächung der Resonanzerscheinung. Bei $\delta \geqq \omega_0/\sqrt{2}$ verschwindet die Resonanz vollständig. Für eine angenäherte Berechnung der Resonanzeigenschaften eines Systems darf man annehmen, daß $\Omega_0 \approx \omega_0$ ist.

5. Die Abhängigkeit der Gesamtenergie eines mechanischen Systems wird ausgedrückt in der Form

$$\frac{dW}{dt} = -2\Phi + \dot{x} F_0 \cos \Omega t,$$

wobei $\Phi = r\dot{x}^2/2$ die Dämpfungsfunktion ist und $\dot{x} F_0 \cos \Omega t$ die Leistung der äußeren Energiequelle beschreibt, die die Schwingungen im System hervorruft.

6. Wirkt auf das System eine beliebige Erregerkraft $F(t)$ ein, deren Periode T ist, so entwickelt man diese Funktion in eine FOURIER-Reihe (S. 112), d. h., man stellt sie als Summe von harmonischen Schwingungen dar, deren Kreisfrequenzen ganzzahlige Vielfache der Grundfrequenz $2\pi/T$ sind. Die erzwungenen Schwingungen des Systems, hervorgerufen durch die Kraft $F(t)$, erscheinen dann als das Resultat der Überlagerung der von den einzelnen Harmonischen erregten Schwingungen. Am meisten beeinflußt wird das System von jener Harmonischen der Kraft $F(t)$, deren Kreisfrequenz der Resonanzfrequenz des Systems am nächsten liegt.

6.3. Kleine Schwingungen eines Systems mit mehreren Freiheitsgraden

A. Freie Schwingungen eines konservativen Systems

1. Besitzt das System s Freiheitsgrade, so wird seine Lage vollständig durch die Angabe von s unabhängigen generalisierten Koordinaten q_i $(i = 1, 2, \ldots, s)$ beschrieben. In der stabilen Gleichgewichtslage $(q_i = q_{i0})$ nimmt die potentielle Energie W_p ihr Minimum W_{p0} an. Diesen Wert wollen wir im folgenden wie üblich gleich 0 annehmen. Für den Fall kleiner Schwingungen des Systems um die stabile Gleichgewichtslage ist die potentielle Energie durch die folgende positiv definite quadratische Form[1]) in den generalisierten Koordinaten bestimmt:

$$W_p = \frac{1}{2} \sum_{i,k=1}^{s} \beta_{ik} x_i x_k,$$

wobei $x_i = q_i - q_{i0}$, $x_k = q_k - q_{k0}$ und wobei die Koeffizienten β_{ik} reelle Konstante sind, für die

$$\beta_{ik} = \beta_{ki} = \left(\frac{\partial^2 W_p}{\partial x_i \, \partial x_k}\right)_{x_1 = x_2 = \cdots = x_s = 0}$$

gilt.

---

[1]) Eine quadratische Form $\sum_{i,k=1}^{s} \beta_{ik} x_i x_k$ heißt positiv definit, wenn sie nur dann Null ergibt, wenn alle x_i Null sind, und wenn sie für beliebige andere Werte der Veränderlichen x_i positiv ist.

Die kinetische Energie W_k des Systems ist ebenfalls eine positiv definite quadratische Form in den generalisierten Geschwindigkeiten:

$$W_k = \frac{1}{2} \sum_{i,k=1}^{s} b_{ik} \dot{x}_i \dot{x}_k ,$$

wobei die b_{ik} reelle Konstante sind mit

$$b_{ik} = b_{ki} = \left(\frac{\partial^2 W_k}{\partial \dot{x}_i \, \partial \dot{x}_k} \right)_{x_1 = x_2 = \cdots = x_s = 0} .$$

2. Die LAGRANGE-Funktion des Systems (S. 92) lautet

$$L = W_k - W_p = \frac{1}{2} \sum_{i,k=1}^{s} (b_{ik} \dot{x}_i \dot{x}_k - \beta_{ik} x_i x_k).$$

Die Bewegung des Systems wird durch s LAGRANGE-Gleichungen zweiter Art beschrieben (S. 92), die in der folgenden Form geschrieben werden können:

$$\sum_{k=1}^{s} (b_{ik} \ddot{x}_k + \beta_{ik} x_k) = 0 \qquad (i = 1, 2, \ldots, s). \tag{*}$$

3. Für die unbekannten Funktionen der Zeit x_k setzt man an:

$$x_k = A_k e^{i\omega t}$$

mit $i = \sqrt{-1}$.
Zur Bestimmung der konstanten Koeffizienten erhält man ein System homogener linearer algebraischer Gleichungen:

$$\sum_{k=1}^{s} (\beta_{ik} - \omega^2 b_{ik}) A_k = 0 \qquad (i = 1, 2, \ldots, s). \tag{**}$$

Für die Existenz einer von Null verschiedenen Lösung dieses Systems ist notwendig und hinreichend, daß die Determinante des Systems verschwindet:

$$\begin{vmatrix} \beta_{11} - \omega^2 b_{11} & \beta_{12} - \omega^2 b_{12} & \cdots & \beta_{1s} - \omega^2 b_{1s} \\ \beta_{21} - \omega^2 b_{21} & \beta_{22} - \omega^2 b_{22} & \cdots & \beta_{2s} - \omega^2 b_{2s} \\ \cdots & \cdots & \cdots & \cdots \\ \beta_{s1} - \omega^2 b_{s1} & \beta_{s2} - \omega^2 b_{s2} & \cdots & \beta_{ss} - \omega^2 b_{ss} \end{vmatrix} = 0 .$$

Das ist eine Gleichung s-ten Grades für ω^2. Man nennt sie *charakteristische Gleichung* oder *Säkulargleichung*. Sie besitzt s reelle positive Wurzeln ω_l^2 $(l = 1, 2, \ldots, s)$. Die Größen ω_l heißen *Eigenfrequenzen* oder *Hauptfrequenzen* des Systems.

4. Für jede Wurzel ω_l^2 der Gleichungen (**) kann man nun das entsprechende System der Größen A_k[1]) ermitteln: $A_k = A_k(\omega_l^2)$. Die

[1]) Sind alle Wurzeln ω_l^2 verschieden, so kann man einen der Koeffizienten A_k willkürlich wählen. Im Fall mehrfacher Wurzeln wächst die Anzahl der willkürlichen Koeffizienten A_k.

allgemeine Lösung des Systems (*) hat die Form

$$x_k = \sum_{l=1}^{s} A_k(\omega_l^2) C_l \cos(\omega_l t + \varphi_l) \qquad (k = 1, 2, \ldots, s), \qquad (***)$$

wobei man die unbekannten reellen Konstanten aus den Anfangsbedingungen bestimmt:

$$\left.\begin{aligned} x_k(0) &= \sum_{l=1}^{s} A_k(\omega_l^2) C_l \cos \varphi_l, \\ \dot{x}_k(0) &= -\sum_{l=1}^{s} A_k(\omega_l^2) C_l \omega_l \sin \varphi_l \end{aligned}\right\} \quad (k = 1, 2, \ldots, s).$$

Aus (***) folgt, daß die Schwingungen der generalisierten Koordinaten x_k das Ergebnis einer Überlagerung von n harmonischen Schwingungen sind, von denen im allgemeinen jede eine willkürliche Amplitude und Anfangsphase besitzt, deren Frequenzen ω_l aber eindeutig bestimmt sind.

5. Die Ausdrücke $\theta_l = C_l \cos(\omega_l t + \varphi_l)$ mit $l = 1, 2, \ldots, s$ heißen *Normalkoordinaten* des mechanischen Systems. Sie sind mit den Koordinaten x_k durch die linearen homogenen Beziehungen

$$x_k = \sum_{l=1}^{s} A_k(\omega^2) \theta_l \qquad (k = 1, 2, \ldots, s)$$

verknüpft.
Andererseits gilt

$$\theta_l = \sum_{k=1}^{s} a_{lk} x_k \qquad (l = 1, 2, \ldots, s),$$

wobei die a_{lk} reelle konstante Koeffizienten sind.
Die kinetische und die potentielle Energie, ausgedrückt in Normalkoordinaten hat die Form einer Summe von Quadraten:

$$W_p = \frac{1}{2} \sum_{l=1}^{s} \beta_l \theta_l^2, \qquad W_k = \frac{1}{2} \sum_{l=1}^{s} b_l \dot{\theta}_l^2.$$

Die Lagrange-Funktion lautet

$$L = \frac{1}{2} \sum_{l=1}^{s} (b_l \dot{\theta}_l^2 - \beta_l \theta^2) = \frac{1}{2} \sum_{l=1}^{s} b_l (\dot{\theta}_l^2 - \omega_l^2 \theta_l^2),$$

wobei $\omega_l = \sqrt{\beta_l / b_l}$ die Eigenfrequenzen des Systems sind, die den Normalkoordinaten θ_l entsprechen. Anstelle von Normalkoordinaten verwendet man oft auch *normierte Normalkoordinaten* $Q_l = \sqrt{b_l} \theta_l$. Damit ergibt sich $L = \frac{1}{2} \sum_{l=1}^{n} (\dot{Q}_l^2 - \omega_l^2 Q_l^2)$. Die Differentialgleichungen der Bewegung des Systems lauten dann

$$\ddot{Q}_l + \omega_l^2 Q_l = 0 \qquad (l = 1, 2, \ldots, s).$$

6. Für ein System mit zwei Freiheitsgraden mit den entsprechenden generalisierten Koordinaten x_1 und x_2 ist

$$W_k = \frac{1}{2}(b_{11}\dot{x}_1^2 + 2b_{12}\dot{x}_1\dot{x}_2 + b_{22}\dot{x}_2^2),$$

$$W_p = \frac{1}{2}(\beta_{11}x_1^2 + 2\beta_{12}x_1x_2 + \beta_{22}x_2^2).$$

Die (nicht normierten) Normalkoordinaten θ_1 und θ_2 hängen mit x_1 und x_2 in folgender Weise zusammen:

$$\left.\begin{aligned} x_1 &= \gamma_1\theta_1 + \gamma_2\theta_2, \\ x_2 &= \theta_1 + \theta_2, \end{aligned}\right\} \qquad \left.\begin{aligned} \theta_1 &= \frac{x_1 - \gamma_2 x_2}{\gamma_1 - \gamma_2}, \\ \theta_2 &= \frac{x_1 - \gamma_1 x_2}{\gamma_2 - \gamma_1}, \end{aligned}\right\}$$

wobei γ_1 und γ_2 den folgenden Gleichungen genügen:

$$\left.\begin{aligned} b_{11}\gamma_1\gamma_2 + b_{12}(\gamma_1 + \gamma_2) + b_{22} &= 0, \\ \beta_{11}\gamma_1\gamma_2 + \beta_{12}(\gamma_1 + \gamma_2) + \beta_{22} &= 0. \end{aligned}\right\}$$

Die kinetische und die potentielle Energie, ausgedrückt in Normalkoordinaten, ist gegeben durch

$$W_k = \frac{1}{2}(b_1\dot{\theta}_1^2 + b_2\dot{\theta}_2^2),$$

$$W_p = \frac{1}{2}(\beta_1\theta_1^2 + \beta_2\theta_2^2)$$

mit

$$\left.\begin{aligned} b_l &= b_{11}\gamma_l^2 + 2b_{12}\gamma_l + b_{22}, \\ \beta_l &= \beta_{11}\gamma_l^2 + 2\beta_{12}\gamma_l + \beta_{22} \end{aligned}\right\} \quad (l = 1, 2).$$

Die Quadrate der Eigenfrequenzen des Systems sind gleich

$$\omega_l^2 = \frac{\beta_l}{b_l} = \frac{\beta_{11}\gamma_l^2 + 2\beta_{12}\gamma_l + \beta_{22}}{b_{11}\gamma_l^2 + 2b_{12}\gamma_l + b_{22}} \qquad (l = 1, 2).$$

Beispiel 1. *Ebenes Doppelpendel* (Bild I.6.10). Die potentielle Energie ist

$$W_p = m_1 g l_1(1 - \cos\alpha_1) + m_2 g[l_1(1 - \cos\alpha_1) + l_2(1 - \cos\alpha_2)].$$

Im Fall kleiner Schwingungen gilt $\sin\frac{\alpha_1}{2} \approx \frac{\alpha_1}{2}$ und $\sin\frac{\alpha_2}{2} \approx \frac{\alpha_2}{2}$, also

$$W_p = \frac{m_1 + m_2}{2} g l_1 \alpha_1^2 + \frac{m_2}{2} g l_2 \alpha_2^2,$$

$$\beta_{11} = (m_1 + m_2) g l_1, \qquad \beta_{12} = 0, \qquad \beta_{22} = m_2 g l_2.$$

Die kinetische Energie ist

$$W_k = \frac{m_1}{2}(\dot{x}_1^2 + \dot{y}_1^2) + \frac{m_2}{2}(\dot{x}_2^2 + \dot{y}_2^2),$$

mit $x_1 = l_1 \sin\alpha_1$, $y_1 = l_1 \cos\alpha_1$, $x_2 = l_1 \sin\alpha_1 + l_2 \sin\alpha_2$ und $y_2 = l_1 \cos\alpha_1 + l_2 \cos\alpha_2$.

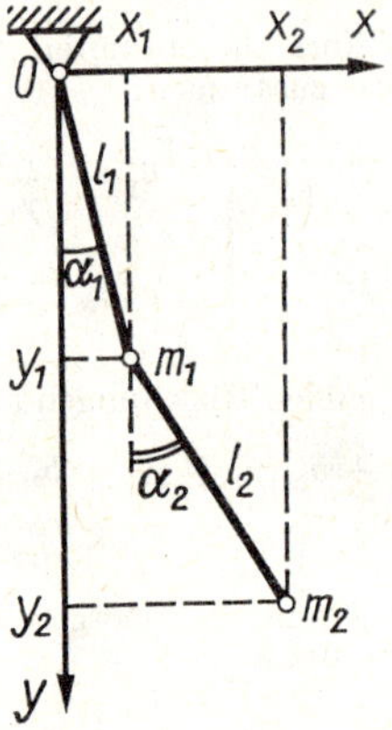

I.6.10.

Im Fall kleiner Schwingungen gilt

$$W_k = \frac{m_1 + m_2}{2} l_1^2 \dot{\alpha}_1^2 + m_2 l_1 l_2 \dot{\alpha}_1 \dot{\alpha}_2 + \frac{m_2}{2} l_2^2 \dot{\alpha}_2^2,$$

$$b_{11} = (m_1 + m_2) l_1^2, \qquad b_{12} = m_2 l_1 l_2, \qquad b_{22} = m_2 l_2^2.$$

Die LAGRANGE-Gleichung für kleine Schwingungen erhält die Form

$$\left.\begin{aligned} (m_1 + m_2)\, l_1 \ddot{\alpha}_1 + m_2 l_2 \ddot{\alpha}_2 - (m_1 + m_2) g \alpha_1 = 0, \\ l_1 \ddot{\alpha}_1 + l_2 \alpha_2 - g\alpha_2 = 0. \end{aligned}\right\}$$

Die charakteristische Gleichung lautet

$$\begin{vmatrix} (m_1 + m_2) g l_1 - \omega^2 (m_1 + m_2) l_1^2 & -\omega^2 m_2 l_1 l_2 \\ -\omega^2 m_2 l_1 l_2 & m_2 g l_2 - \omega^2 m_2 l_2^2 \end{vmatrix} = 0.$$

Die Quadrate der Eigenfrequenzen ω_1 und ω_2 sind

$$\omega_{1,2}^2 = \frac{g}{2 m l_1 l_2} \{(m_1 + m_2)(l_1 + l_2) \\ \pm \sqrt{(m_1 + m_2)\,[(m_1 + m_2)(l_1 + l_2)^2 - 4 m_1 l_1 l_2]}\}.$$

Die allgemeine Lösung erhält die Form

$$\alpha_1 = \left(\frac{g}{\omega_1^2 l_1} - \frac{l_2}{l_1}\right) C_1 \cos(\omega_1 t + \varphi_1) + \left(\frac{g}{\omega_2^2 l_1} - \frac{l_2}{l_1}\right) C_2 \cos(\omega_2 t + \varphi_2),$$

$$\alpha_2 = C_1 \cos(\omega_1 t + \varphi_1) + C_2 \cos(\omega_2 t + \varphi_2).$$

Beispiel 2. Ebene Bewegung eines Massenpunktes unter der Einwirkung zweier zueinander senkrechter quasielastischer Kräfte $\boldsymbol{F}_1$ und $\boldsymbol{F}_2$. In einem rechtwinkligen kartesischen Koordinatensystem,

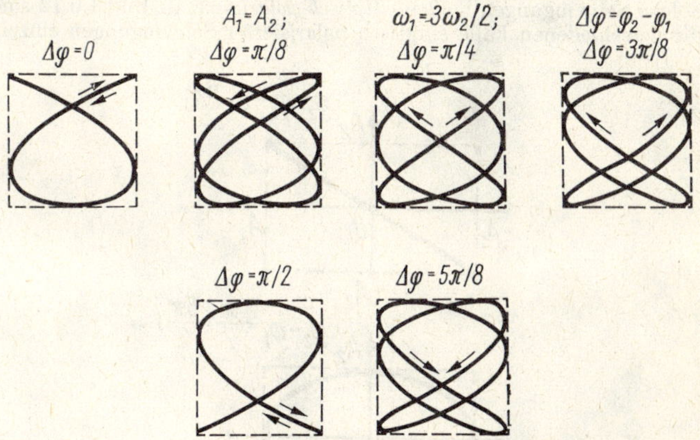

I.6.11.

dessen Ursprung O der Gleichgewichtslage des Massenpunktes entspricht und dessen x-Achse bzw. y-Achse mit der Wirkungslinie der Kraft $\boldsymbol{F}_1$ bzw. $\boldsymbol{F}_2$ zusammenfällt, lauten die Bewegungsgleichungen des Massenpunktes

$$\left.\begin{aligned} m\ddot{x} + \beta_1 x = 0, \\ m\ddot{y} + \beta_2 y = 0, \end{aligned}\right\}$$

wobei β_1 und β_2 die Koeffizienten der quasielastischen Kräfte $\boldsymbol{F}_1$ und $\boldsymbol{F}_2$ sind. Die Koordinaten x und y sind bereits Normalkoordinaten, ihre Zeitabhängigkeit wird ausgedrückt durch

$$x = A_1 \cos(\omega_1 t + \varphi_1) \qquad \text{und} \qquad y = A_2 \cos(\omega_2 t + \varphi_2),$$

wobei $\omega_1 = \sqrt{\beta_1/m}$ und $\omega_2 = \sqrt{\beta_2/m}$ die Eigenfrequenzen sind.
Auf diese Weise erscheint die Bewegung des Punktes als Ergebnis der Überlagerung zweier zueinander senkrechter harmonischer Schwingungen. Die Trajektorie des Punktes verläuft innerhalb eines Rechtecks, dessen Seiten die Längen $2A_1$ und $2A_2$ besitzen und parallel zur x- bzw. y-Achse verlaufen und dessen Mittelpunkt mit dem Punkt O zusammenfällt. Ist das Verhältnis von ω_1 zu ω_2 rational, so ist die Trajektorie geschlossen, und man spricht von einer LISSAJOUS-*Figur*. Die Gestalt der LISSAJOUS-Figur hängt von ω_2/ω_1, A_2/A_1 und $\varphi_2 - \varphi_1$ ab (Bild I.6.11). Das Verhältnis ω_2/ω_1 der Frequenzen

ist gleich dem Verhältnis der Anzahl der Berührungspunkte der LISSAJOUS-Figur auf der horizontalen Seite des Rechtecks zur entsprechenden Anzahl auf der vertikalen Seite des Rechtecks, von dem die Figur eingeschlossen wird.
Ist $\omega_1 = \omega_2$, so hat die LISSAJOUS-Figur die Form einer Ellipse:

$$\frac{x^2}{A_1^2} + \frac{y^2}{A_2^2} - \frac{2xy}{A_1 A_2} \cos(\varphi_2 - \varphi_1) = \sin^2(\varphi_2 - \varphi_1).$$

Solche Schwingungen heißen *elliptisch polarisiert*. In Bild I.6.12 sind die verschiedenen Fälle elliptisch polarisierter Schwingungen einzeln

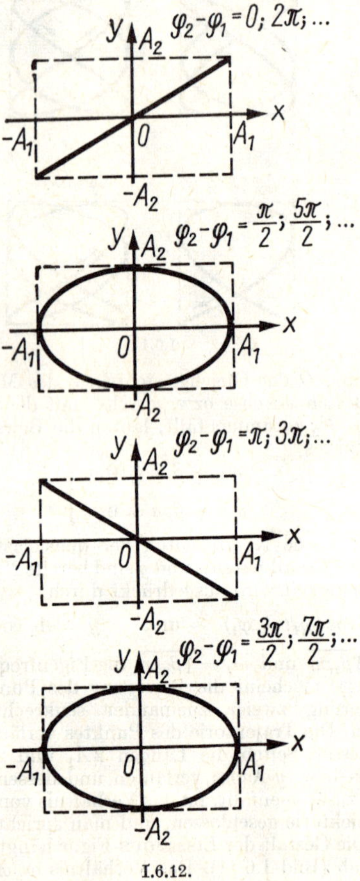

I.6.12.

dargestellt. Im Fall $\varphi_2 - \varphi_1 = (2k + 1)\frac{\pi}{2}$, $(k = 0, \pm 1, \ldots)$ handelt es sich um eine Ellipse mit den Achsen Ox und Oy. Ist außerdem $A_1 = A_2$, so hat die Trajektorie des Punktes die Form eines Kreises. Solche Schwingungen nennt man *zirkular polarisiert*. Ist $\varphi_2 - \varphi_1 = k\pi$, $(k = 0, \pm 1, \pm 2, \ldots)$, so entartet die Ellipse in ein Geradenstück, und die Schwingung heißt *linear polarisiert*.

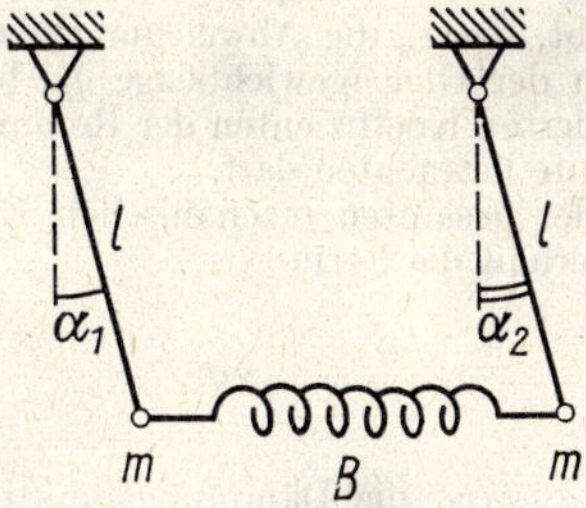

1.6.13.

Beispiel 3. Zwei gleichartige elastisch gekoppelte mathematische Pendel (Bild I.6.13). Darf die Masse der Feder vernachlässigt werden, so gilt im Fall kleiner Schwingungen

$$W_k = \frac{ml^2}{2}(\dot{\alpha}_1^2 + \dot{\alpha}_2^2)$$

und

$$W_p = \frac{mgl}{2}(\alpha_1^2 + \alpha_2^2) + \frac{1}{2}al^2(\alpha_2 - \alpha_1)^2,$$

wobei a eine Federkonstante ist und m die Masse des Pendels bedeutet.

Nach Einführung der neuen Veränderlichen $\theta_1 = \frac{\alpha_2 + \alpha_1}{2}$ und $\theta_2 = \frac{\alpha_2 - \alpha_1}{2}$ erhält man

$$W_k = ml^2(\dot{\theta}_1^2 + \dot{\theta}_2^2) \quad \text{und} \quad W_p = mgl(\theta_1^2 + \theta_2^2) + 2al^2\theta_2^2.$$

Die Koordinaten θ_1 und θ_2 sind bereits Normalkoordinaten. Die Lagrange-Gleichungen lauten nun

$$\left.\begin{aligned} \ddot{\theta}_1 + \omega_0^2\theta_1 = 0, \\ \theta_2 + \left(\omega_0^2 + \frac{2a}{m}\right)\theta_2 = 0, \end{aligned}\right\}$$

wobei $\omega_0 = \sqrt{g/l}$ die Kreisfrequenz der freien Schwingungen des Pendels ist. Die Eigenfrequenzen des Systems sind ω_0 und $\sqrt{\omega_0^2 + \frac{2a}{m}}$, und es ist

$$\theta_1 = A_1 \cos(\omega_0 t + \varphi_1) \quad \text{und} \quad \theta_2 = A_2 \cos\left(\omega_0\sqrt{1 + \frac{2a}{m\omega_0^2}}\,t + \varphi_2\right).$$

B. Gedämpfte Schwingungen

1. Tritt in dem betrachteten System keine trockene Reibung (S. 59) auf, so darf man im Fall kleiner Schwingungen annehmen, daß die generalisierten Reibungskräfte F_{iR}, die zu den generalisierten Koordinaten q_i gehören, lineare Funktionen der generalisierten Geschwindigkeiten sind: $F_{iR} = -\sum_{k=1}^{s} a_{ik}\dot{x}_k$, wobei s die Anzahl der Freiheitsgrade angibt, die x_k die Abweichungen der generalisierten Koordinaten q_k von der Gleichgewichtslage q_{k0} bedeuten, während die a_{ik} die generalisierten Koeffizienten der Reibung sind ($a_{ik} = a_{ki}$), die man als Konstante betrachten darf.

Die Abhängigkeit der gesamten mechanischen Energie W des Systems von der Zeit erhält die Form

$$\frac{dW}{dt} = -2\Phi,$$

wobei $\Phi = \frac{1}{2} \sum_{i,k=1}^{s} a_{ik}\dot{x}_i\dot{x}_k$ die Dämpfungsfunktion des Systems ist, die im allgemeinen positiv ist, so daß die Energie W während der Bewegung des Systems ununterbrochen abnimmt.

2. Die Lagrange-Gleichungen des Systems lauten

$$\frac{d}{dt}\frac{\partial L}{\partial \dot{x}_i} - \frac{\partial L}{\partial x_i} = F_{iR} = -\frac{\partial \Phi}{\partial \dot{x}_i} \qquad (i = 1, 2, \ldots, s).$$

Unter Benutzung des Ausdruckes von S. 92 für die Lagrange-Funktion erhält man

$$\sum_{k=1}^{s} (b_{ik}\ddot{x}_k + a_{ik}\dot{x}_k + \beta_{ik}x_k) = 0 \qquad (i = 1, 2, \ldots, s). \qquad (*)$$

3. Die Lösung dieses Systems linearer homogener Differentialgleichungen zweiter Ordnung ergibt sich analog zur Lösung des Systems (*) von S. 123. Die unbekannten Funktionen $x_k(t)$ setzt man in der Form $x_k = A_k e^{\lambda t}$ an. Zur Bestimmung der konstanten Koeffizienten A_k erhält man ein System homogener linearer algebraischer Gleichungen:

$$\sum_{k=1}^{s} (\beta_{ik} + a_{ik}\lambda + b_{ik}\lambda^2) A_k = 0 \qquad (i = 1, 2, \ldots, s). \qquad (**)$$

Die charakteristische Gleichung, die zur Bestimmung von λ dient, lautet nun

$$\begin{vmatrix} \beta_{11} + \lambda a_{11} + \lambda^2 b_{11} & \beta_{12} + \lambda a_{12} + \lambda^2 b_{12} & \ldots & \beta_{1s} + \lambda a_{1s} + \lambda^2 b_{1s} \\ \beta_{21} + \lambda a_{21} + \lambda^2 b_{21} & \beta_{22} + \lambda a_{22} + \lambda^2 b_{22} & \ldots & \beta_{2s} + \lambda a_{2s} + \lambda^2 b_{2s} \\ \cdots & \cdots & \cdots & \cdots \\ \beta_{s1} + \lambda a_{s1} + \lambda^2 b_{s1} & \beta_{s2} + \lambda a_{s2} + \lambda^2 b_{s2} & \ldots & \beta_{ss} + \lambda a_{ss} + \lambda^2 b_{ss} \end{vmatrix} = 0.$$

Diese Gleichung besitzt $2s$ Wurzeln λ_l ($l = 1, 2, \ldots, 2s$), die im Fall reeller Koeffizienten β_{ik}, a_{ik} und b_{ik} entweder ebenfalls reell oder paarweise konjugiert komplex sind, d. h. $\lambda_l = \mu_l + i\omega_l$ und $\lambda_l^* = \mu_l - i\omega_l$ mit $\mu_l < 0$ und $\omega_l \geqq 0$. Die Größen $A_k = A_k(\lambda_l)$, die sich aus dem System (**) berechnen lassen und die einem Paar konjugiert komplexer Wurzeln entsprechen, sind ebenfalls konjugiert komplex. Es gilt

$$A_k(\lambda_l) = \gamma_{kl} + i\delta_{kl}, \quad A_k(\lambda_l^*) = \gamma_{kl} - i\delta_{kl} = A_k^*(\lambda_l).$$

Für den Fall, daß alle Wurzeln λ_l verschieden und also paarweise konjugiert komplex sind, lautet die allgemeine Lösung des Systems (*)

$$x_k = \sum_{l=1}^{s} e^{\mu_l t} \operatorname{Re} \{A_k(\lambda_l) C_l e^{i\omega_l t}\},$$

wobei die C_l komplexe Konstante sind, die man aus den Anfangsbedingungen bestimmt (d. h. aus den Werten von x_k und $\dot{x}_k$ zur Zeit $t = 0$). Das Symbol Re bezeichnet den Realteil der komplexen Funktion in den geschlungenen Klammern.

Ist eine Wurzel λ_l reell ($\omega_l = 0$), so entspricht ihr im Ausdruck für $x_k(t)$ ein aperiodischer Bestandteil $e^{\lambda_l t} A_k(\lambda_l) \operatorname{Re}\{C_l\}$. Sind alle Wurzeln reell, so ist die Bewegung des Systems vollständig aperiodisch.

C. Erzwungene Schwingungen eines nichtdissipativen Systems

1. Bei Verwendung von normierten Normalkoordinaten Q_l (S. 124) zerfallen die Differentialgleichungen der Bewegung des Systems in n unabhängige Gleichungen für die eindimensionalen erzwungenen Schwingungen, welche den einzelnen Normalkoordinaten Q_l entsprechen:

$$\ddot{Q}_l + \omega_l^2 Q_l = f_l(t) \quad (l = 1, 2, \ldots, s),$$

wobei ω_l^2 und $f_l(t) = \sum_{k=1}^{s} F_k(t) \dfrac{A_k(\omega_l^2)}{\sqrt{b_l}}$ die Eigenfrequenzen der Schwingungen des Systems und die verallgemeinerten äußeren Kräfte sind, welche zu den Normalkoordinaten Q_l gehören. $F_k(t)$ ist die verallgemeinerte (erregende) äußere Kraft, die mit der verallgemeinerten Koordinate x_k verknüpft ist. $A_k(\omega_l^2)$ und b_l besitzen dieselbe Bedeutung wie auf S. 124.

Als Bedingung für das Auftreten von Resonanz ergibt sich wieder die Anwesenheit einer harmonischen Kraft $f_l(t)$, deren Kreisfrequenz in der Nähe von ω_l liegt.

2. Für ein System mit zwei Freiheitsgraden und mit den generalisierten Koordinaten x_1 und x_2 ergibt sich der Zusammenhang zwischen den generalisierten Kräften $F_k(t)$ und $f_l(t)$ in der folgenden

Form:

$$f_1(t) = \frac{\gamma_1 F_1(t) + F_2(t)}{\sqrt{b_1}},$$

$$f_2(t) = \frac{\gamma_2 F_1(t) + F_2(t)}{\sqrt{b_2}},$$

wobei γ_l und b_l dieselbe Bedeutung haben wie auf S. 125.

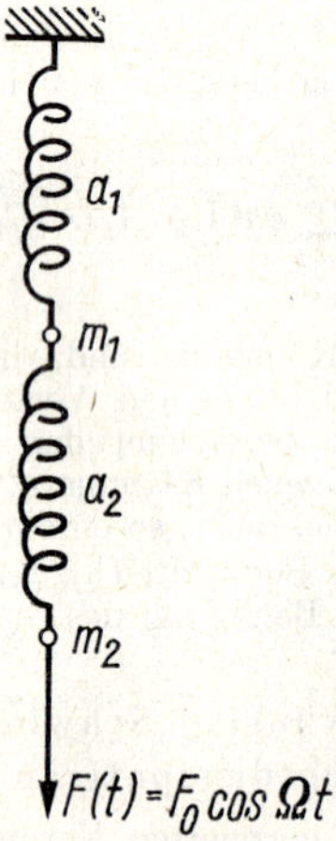

I.6.14.

Beispiel. *Doppeltes Federpendel* (Bild I.6.14). Die Schwingungen werden durch die erregende Kraft $F(t)$ hervorgerufen. Die kinetische und die potentielle Energie ist

$$W_k = \frac{1}{2}(m_1 \dot{x}_1^2 + m_2 \dot{x}_2^2), \qquad W_p = \frac{1}{2}[a_1 x_1^2 + a_2(x_2 - x_1)^2],$$

wobei x_1 und x_2 die Auslenkungen der Massenpunkte m_1 und m_2 aus der stabilen Gleichgewichtslage bedeuten;

$$b_{11} = m_1, \qquad b_{12} = 0, \qquad b_{22} = m_2;$$

$$\beta_{11} = a_1 + a_2, \qquad \beta_{12} = \beta_{21} = -a_2, \qquad \beta_{22} = a_2.$$

Aus den auf S. 125 angegebenen Gleichungen folgt

$$\gamma_1 = k + \sqrt{k^2 + \frac{m_2}{m_1}}, \qquad \gamma_2 = k - \sqrt{k^2 + \frac{m_2}{m_1}}$$

mit $k = \frac{1}{2} - \frac{m_2}{m_1} \frac{a_1 + a_2}{2a_2}$;

$$b_1 = m_1 p_1, \qquad b_2 = m_1 p_2, \qquad \beta_1 = a_1 n_1, \qquad \beta_2 = a_1 n_2$$

mit

$$p_1 = 2\left(k^2 + \frac{m_2}{m_1} + k\sqrt{k^2 + \frac{m_2}{m_1}}\right),$$

$$p_2 = 2\left(k^2 + \frac{m_2}{m_1} - k\sqrt{k^2 + \frac{m_2}{m_1}}\right),$$

$$n_1 = \left(1 + \frac{a_2}{a_1}\right)\left(2k^2 + \frac{m_2}{m_1} + 2k\sqrt{k^2 + \frac{m_2}{m_1}}\right) + \frac{a_2}{a_1}\left(1 - 2k - 2\sqrt{k^2 + \frac{m_2}{m_1}}\right),$$

$$n_2 = \left(1 + \frac{a_2}{a_1}\right)\left(2k^2 + \frac{m_2}{m_1} - 2k\sqrt{k^2 + \frac{m_2}{m_1}}\right) + \frac{a_2}{a_1}\left(1 - 2k + 2\sqrt{k^2 + \frac{m_2}{m_1}}\right).$$

Die Quadrate der Eigenfrequenzen sind

$$\omega_1^2 = \omega_0^2 \frac{n_1}{p_1}, \qquad \omega_2^2 = \omega_0^2 \frac{n_2}{p_2},$$

mit $\omega_0^2 = a_1/m_1$. Es gilt $F_1(t) = 0$ und $F_2(t) = F(t) = F_0 \cos \Omega t$, also

$$f_1(t) = \frac{F_0}{\sqrt{m_1 p_1}} \cos \Omega t, \qquad f_2(t) = \frac{F_0}{\sqrt{m_1 p_2}} \cos \Omega t.$$

Die Bewegungsgleichung in normierten Normalkoordinaten lautet somit

$$\ddot{Q}_l + \omega_l^2 Q_l = \frac{F_0}{\sqrt{m_1 p_l}} \cos \Omega t \qquad (l = 1, 2).$$

Die allgemeine Lösung ist

$$Q_l = A_l \cos(\Omega t + \varphi_l) + B_l \cos(\omega_l t + \psi_l),$$

wobei das zweite Glied die Eigenschwingungen des Systems beschreibt. Entsprechend den Formeln für die eindimensionalen erzwungenen Schwingungen auf S. 120 erhält man für A_l und φ_l:

$$A_l = \frac{F_0}{\sqrt{m_1 p_l}(\omega_l^2 - \Omega^2)}, \qquad \tan \varphi_l = 0.$$

Die unbekannten Funktionen $x_1(t)$ und $x_2(t)$ lauten also

$$x_1 = \frac{\gamma_1 Q_1}{\sqrt{m_1 p_1}} + \frac{\gamma_2 Q_2}{\sqrt{m_1 p_2}}, \qquad x_2 = \frac{Q_1}{\sqrt{m_1 p_1}} + \frac{Q_2}{\sqrt{m_1 p_2}}.$$

6.4. Nichtlineare Schwingungen eines Systems mit einem Freiheitsgrad

A. Grundlegende Definitionen

1. Die Differentialgleichung der Schwingungen eines nichtlinearen Systems lautet im allgemeinen Fall

$$\ddot{x} + f(x, \dot{x}, t) = 0.$$

2. Ein schwingendes System heißt *autonom*, wenn die Zeit nicht explizit in die Bewegungsgleichung eingeht:

$$\ddot{x} + f(x, \dot{x}) = 0. \qquad (*)$$

Die Differentialgleichung der Schwingungen eines *autonomen konservativen* Systems enthält nicht die generalisierte Geschwindigkeit $\dot{x}$:

$$\ddot{x} + f(x) = 0. \qquad (**)$$

Diese Gleichung beschreibt die freien Schwingungen.
Ein *autonomes nichtkonservatives* System heißt *dissipativ*, wenn seine Bewegung den Charakter einer gedämpften Schwingung besitzt. Kann ein autonomes nichtkonservatives System periodische Schwingungen ausführen, so heißt es *eigenschwingungsfähig*, und seine Schwingungen heißen *Eigenschwingungen*. Die Amplitude und die Frequenz der Eigenschwingungen sind durch die Eigenschaften des Systems allein völlig bestimmt.

3. Ein schwingendes System heißt *nichtautonom*, wenn die Zeit t explizit in den Bewegungsgleichungen auftritt. Addiert man auf der rechten Seite der Bewegungsgleichung eine gegebene periodische Funktion der Zeit, so wird durch die Gleichung

$$\ddot{x} + f(x, \dot{x}) = F(t)$$

eine *erzwungene Schwingung des nichtautonomen Systems* beschrieben. Die rechte Seite der Gleichung heißt *reduzierte erregende Kraft*. In Abhängigkeit von der speziellen Gestalt der Funktion $f(x, \dot{x})$ unterscheidet man erzwungene Schwingungen eines dissipativen Systems, eines nichtdissipativen Systems oder eines eigenschwingungsfähigen Systems.
Eine Schwingung heißt *parametrisiert*, wenn sie durch eine Differentialgleichung der folgenden Form beschrieben wird:

$$\ddot{x} + [a + P(t)]x = 0,$$

wobei $P(t)$ eine gegebene periodische Funktion der Zeit ist.

B. Freie Schwingungen eines konservativen Systems

1. In der Differentialgleichung (**) auf S. 134 ist $f(x)$ die in nichtlinearer Weise von der Koordinate x abhängige rücktreibende Kraft pro Masseneinheit.

Die Kurve $f(x)$ heißt *quasielastische Charakteristik* des Systems. Ist $f(x) = f(-x)$, so nennt man die quasielastische Charakteristik *symmetrisch.* In Abhängigkeit vom Vorzeichen der zweiten Ableitung d^2f/dx^2 heißt eine symmetrische quasielastische Charakteristik

hart, wenn $d^2f/dx^2 > 0$ für $x > 0$ (Bild I.6.15a),

weich, wenn $d^2f/dx^2 < 0$ für $x > 0$ (Bild I.6.15b).

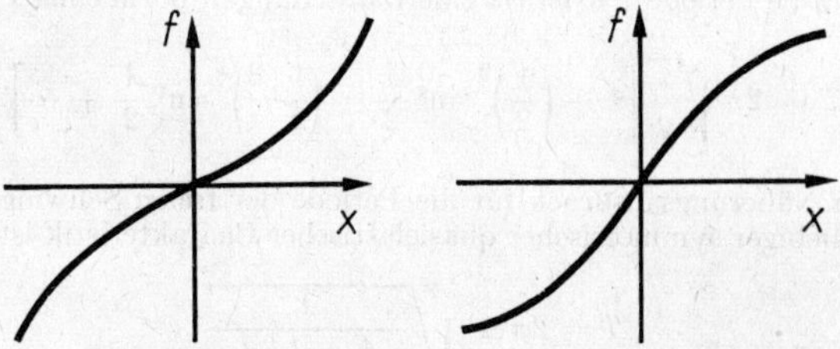

a) harte Charakteristik b) weiche Charakteristik

I.6.15.

2. Die freien Schwingungen eines konservativen Systems erweisen sich zwar als periodisch, sind jedoch anharmonisch. Die Periode der freien Schwingungen hängt von der Amplitude der Schwingung ab und ist für symmetrische quasielastische Charakteristiken gegeben durch

$$T = 2\sqrt{2} \int_0^A \frac{dx}{\sqrt{\int_x^A f(x)\,dx}},$$

wobei A die Amplitude der Schwingung ist.

Beispiel 1. Kubische quasielastische Charakteristik: $f(x) = x^3$. Die Periode der Schwingung ist hier

$$T = 4\sqrt{2} \int_0^A \frac{dx}{\sqrt{A^4 - x^4}} = \frac{7{,}316}{A}.$$

Beispiel 2. Mathematisches Pendel bei größeren Auslenkwinkeln α (Bild I.6.3). Die quasielastische Charakteristik ist

$$f(\alpha) = \frac{g}{l} \sin \alpha .$$

Die Periode der Schwingungen ist durch das folgende elliptische Integral gegeben:

$$T = 2 \sqrt{\frac{l}{g}} \int_0^A \frac{d\alpha}{\sqrt{\sin^2 \frac{A}{2} - \sin^2 \frac{\alpha}{2}}} ,$$

wobei A der maximale Auslenkwinkel (Amplitude der Schwingung) ist. Für die Periode T existiert eine Darstellung in Form einer Potenzreihe:

$$T = 2\pi \sqrt{\frac{l}{g}} \left[1 + \left(\frac{1}{2}\right)^2 \sin^2 \frac{A}{2} + \left(\frac{1 \cdot 3}{2 \cdot 4}\right)^2 \sin^4 \frac{A}{2} + \cdots \right].$$

3. Ein Näherungsausdruck für die Periode der freien Schwingungen bei beliebiger symmetrischer quasielastischer Charakteristik ist

$$T = 2\pi A^2 \sqrt{\frac{A}{5 \int_0^A f(x) x^3 \, dx}} .$$

C. Freie Schwingungen eines dissipativen Systems

1. Bei nicht allzu großem Verlust an mechanischer Energie ist die Periode der freien gedämpften Schwingungen annähernd gleich der Periode $2\pi/\omega_0$ der freien Schwingungen des entsprechenden konservativen Systems, und die Bewegung des Systems mit Reibung wird innerhalb einer Periode annähernd durch

$$x = A \cos \omega_0 t$$

beschrieben, wobei A die von der Zeit abhängige Amplitude ist. Die Kurve $A = A(t)$ stellt die Hüllkurve der Schwingung dar.

2. Bei nichtlinearer feuchter Reibung hat der reduzierte nichtelastische Widerstand die Form

$$R = k \, |\dot{x}|^{n-1} \dot{x} ,$$

wobei k und $n \neq 1$ Konstante des Systems sind. Die Gleichung für die Hüllkurve eines Systems mit linearer quasielastischer Charakteristik lautet

$$A = \frac{A_0}{\sqrt[n-1]{1 + \frac{n-1}{2\pi} k S (\omega_0 A_0)^{n-1} t}} ,$$

wobei A_0 die Auslenkung des Systems für $t = 0$ ist und

$$S = 2 \int_0^{\pi} \sin^{n+1} \psi \, d\psi .$$

Die Größe S ist in Tabelle I.6.1 angegeben.

Tabelle I.6.1

n	0	0,5	1,0	1,5	2,0	2,5	3,0
S	4,000	3,500	3,142	2,874	2,666	2,498	2,356

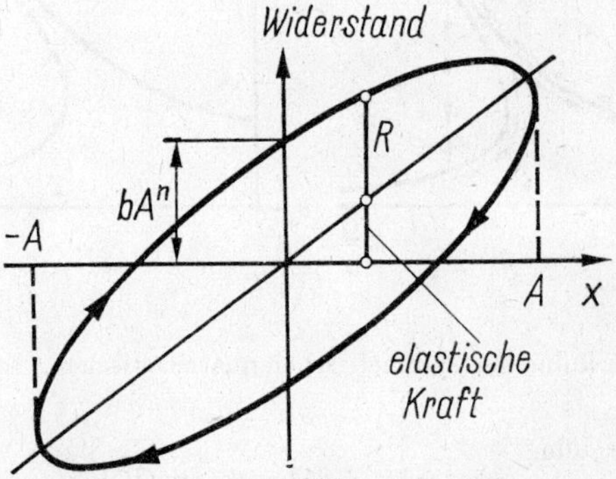

I.6.16.

3. Die innere Reibung eines Stoffes bei zyklischen Deformationen wird charakterisiert durch die Erscheinung der sogenannten *Hysterese* (Bild I.6.16). Der *reduzierte nichtelastische Widerstand* ist gegeben durch

$$R = \pm b \, A^n \sqrt{1 - \frac{x^2}{A^2}} ,$$

wobei b und n Konstante des Systems sind und die Vorzeichen $+$ oder $-$ sich auf den ansteigenden oder abnehmenden Ast der Hystereseschleife beziehen. Für $n = 1$ hat die Hüllkurve der gedämpften Schwingungen die Form

$$A = A_0 e^{-\frac{bt\omega_0}{2\pi}} .$$

Die Gleichung der Hüllkurve der gedämpften Schwingungen im Fall $n \neq 1$ hat die Form

$$A = \frac{A_0}{\sqrt[n-1]{1 + (n-1) \, b A_0^{n-1} \frac{\omega_0 t}{2\pi}}} .$$

D. Erzwungene Schwingungen eines nichtdissipativen Systems

1. Die Differentialgleichung der Schwingungen eines nichtdissipativen Systems unter dem Einfluß einer harmonischen erregenden Kraft lautet

$$\ddot{x} + f(x) = F_0 \sin \Omega t,$$

wobei F_0 die Amplitude der auf die Masseneinheit bezogenen erregenden Kraft mit der Kreisfrequenz ω ist.

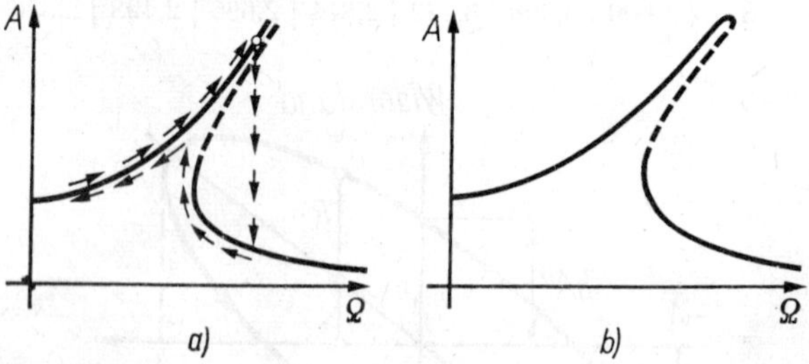

I.6.17.

2. Mit einer kubischen symmetrischen quasielastischen Charakteristik

$$f(x) = \omega_0^2 x + \beta x^3$$

hat die Gleichung

$$\ddot{x} + \omega_0^2 x + \beta x^3 = F_0 \sin \Omega t$$

die Näherungslösung

$$x = A \sin \Omega t + \frac{\beta A^3}{32 \omega_0^2} (\sin \Omega t - \sin 3\Omega t),$$

die außer der Grundschwingung auch noch die dritte Harmonische enthält. Die Amplitude der Schwingung bestimmt man aus der kubischen Gleichung

$$(\Omega^2 - \omega_0^2) A - \frac{3}{4} \beta A^3 + F_0 = 0.$$

Für kleine Werte der Kreisfrequenz Ω hat diese Gleichung nur eine reelle Lösung, für größere Werte von Ω besitzt sie jedoch drei reelle Lösungen. Jeder davon entspricht eine Schwingung mit einer bestimmten Amplitude. Die Mehrdeutigkeit der Lösung bedeutet, daß bei gegebener Kreisfrequenz der erregenden Kraft Schwingungen mit verschiedenen Amplituden möglich sind. Allerdings sind nicht alle möglichen Schwingungsformen stabil. In Bild I.6.17a ist der Verlauf der Amplitude der erzwungenen Schwingung in Abhängigkeit von der Kreisfrequenz der erregenden Kraft für $\beta > 0$ dargestellt. Der punktierte Teil entspricht der instabilen Lösung, der keine physikalische Bedeutung zukommt.

Die Änderung der Amplitude der erzwungenen Schwingungen bei

langsamer Änderung der Kreisfrequenz der erregenden Kraft ist in Bild I.6.17a durch kleine Pfeile angezeigt. Bei Erhöhung von Ω wächst die Amplitude längs des oberen Kurvenastes. Sobald jedoch die Kreisfrequenz Ω wieder abnimmt, „springt" die Amplitude auf den unteren Ast. Bei weiterer Verkleinerung von Ω springt sie schließlich wieder auf den oberen Ast zurück („Kipperscheinung").

3. Außer den Schwingungen mit den Kreisfrequenzen Ω, 3Ω usw. (Ω ist die Kreisfrequenz der erregenden Kraft) sind in einem nichtlinearen System auch *subharmonische Schwingungen* möglich, bei denen die Kreisfrequenz ein ganzzahliger Teil der Kreisfrequenz der erregenden Kraft ist.

4. Unter der Einwirkung einer *polyharmonischen erregenden Kraft* vom Typ $F_1 \sin \Omega_1 t + F_2 \sin \Omega_2 t$ treten neben den Schwingungen mit den Kreisfrequenzen Ω_1 und Ω_2 auch Schwingungen mit den *kombinierten Kreisfrequenzen* $\Omega_1 + \Omega_2$ und $\Omega_1 - \Omega_2$ auf. Die größte Amplitude besitzt die Schwingung mit der niedrigsten Frequenz, die also der Kombination $\Omega_1 - \Omega_2$ entspricht (diese Schwingung nennt man manchmal ebenfalls subharmonisch).

E. Erzwungene Schwingungen eines dissipativen Systems

1. Die Differentialgleichung erzwungener Schwingungen eines nichtlinearen Systems mit feuchter Reibung und einer kubischen quasielastischen Charakteristik lautet

$$x + \mu \dot{x} + \omega_0^2 x + \beta x^3 = F_0 \sin \Omega t.$$

2. Die Amplitude der Schwingungen bestimmt man angenähert aus der Gleichung

$$(\Omega^2 - \omega_0^2) A - \beta A^3 \pm F_0 \sqrt{1 - \frac{\mu^2}{F_0^2} (A\Omega)^2} = 0.$$

Die Kurve $A(\Omega)$ wurde für $\beta > 0$ in Bild I.6.17b dargestellt. Der punktierte Teil entspricht den nichtstabilen Lösungen.

F. Eigenschwingungen

1. Bei der Untersuchung der Bewegung komplizierter (vor allem eigenschwingungsfähiger) Systeme benutzt man mit Vorteil den Begriff der Phasenebene; das ist die Ebene der Variablen x und $\dot{x} = v$. Jedem augenblicklichen Zustand des Systems, charakterisiert durch die Größen x und v, entspricht in der Phasenebene genau ein Punkt, den man Phasenpunkt nennt. Jedem Bewegungsvorgang des Systems entspricht eine bestimmte Kurve in der Phasenebene, die Phasentrajektorie.

2. Die Phasentrajektorie ist die Integralkurve der Gleichung

$$\frac{dv}{dx} = -\frac{f(x, v)}{v},$$

wobei $f(x, v) = f(x, \dot{x})$ jene Funktion ist, die in der Differentialgleichung (*) für die Bewegung eines autonomen Systems (S. 134) aufgetreten ist. Ein Punkt der Phasenebene, in dem $f(x, v) = 0$ und $v = 0$ gilt, heißt *singulärer Punkt*. Die singulären Punkte entsprechen den Gleichgewichtslagen des Systems. Alle anderen Punkte der Phasenebene heißen *reguläre Punkte*. Durch jeden regulären Punkt geht eine und nur eine Phasentrajektorie.

3. Ein singulärer Punkt, der innerhalb geschlossener Phasentrajektorien liegt und durch den selbst keine Phasentrajektorien verlaufen, heißt *Zentrum* (Bild I.6.18). Ein Zentrum entspricht einer stabilen Gleichgewichtslage.

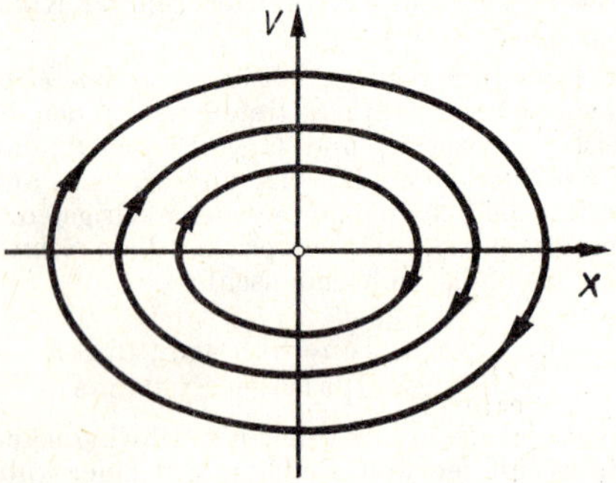

I.6.18.

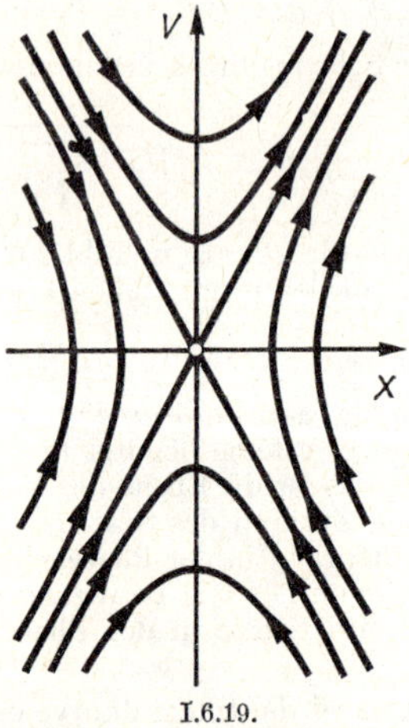

I.6.19.

Haben in der Nähe eines singulären Punktes die Phasentrajektorien hyperbolischen Charakter und gehen durch diesen Punkt selbst zwei Phasentrajektorien, so spricht man von einem *Sattelpunkt* (Bild I.6.19). Ein Sattelpunkt entspricht einem instabilen Gleichgewicht.

Verlaufen in der Nähe eines singulären Punktes die Phasentrajektorien spiralenförmig, und zwar entweder zum singulären Punkt hin oder von diesem weg, so spricht man von einem *Fokus*. Dabei entspricht der erste Fall (Bild I.6.20a) einem stabilen, der zweite Fall (Bild I.6.20b) einem instabilen Gleichgewicht.

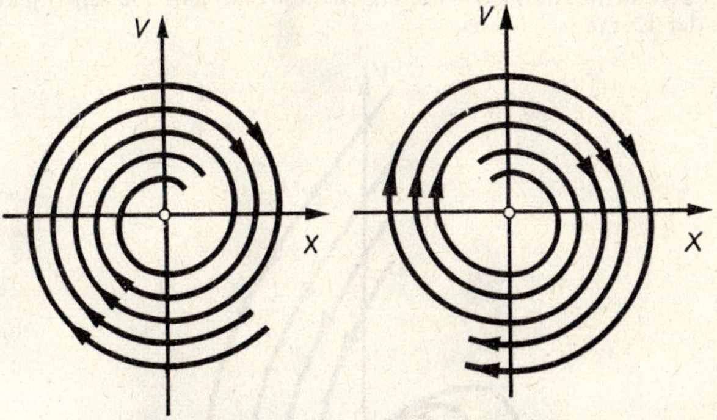

a) stabiler Fokus b) instabiler Fokus

I.6.20.

Haben in der Nähe eines singulären Punktes die Phasentrajektorien die Gestalt von Parabeln und laufen alle durch diesen singulären Punkt, so spricht man von einem *Knoten* (Bild I.6.21). Wenn die Phasentrajektorien zum Knoten hinführen, handelt es sich um ein stabiles Gleichgewicht, wenn sie von ihm wegführen, um ein instabiles Gleichgewicht.

Beispiel. Die Bewegung des mathematischen Pendels bei beliebigen Anfangsbedingungen. Die Phasentrajektorien sind in Bild I.6.22 dargestellt. Die Abszissenpunkte 0, $\pm 2\pi$ bilden Zentren, die Punkte $\pm\pi$ stellen Sattelpunkte dar. Bei hinreichend großen Anfangsgeschwindigkeiten haben die Phasentrajektorien wellenartigen Charakter und schneiden nirgends die Abszissenachse. Diesen Trajektorien entspricht ein „Davonlaufen" des Pendels, d. h. eine unbeschränkte Vergrößerung des Auslenkwinkels.

4. Eine geschlossene Kurve C heißt *Grenzzykel*, wenn die Phasentrajektorien, die in ihrer Umgebung liegen, entweder spiralenförmig zu ihr hin oder spiralenförmig von ihr weg verlaufen. Wenn die benachbarten Phasentrajektorien zur Kurve hinführen, spricht man von einem *stabilen Grenzzykel*, wenn sie von ihr wegführen, von einem *instabilen* (Bild I.6.23). Wenn die Phasentrajektorien, die auf der einen Seite der Kurve liegen, zu ihr hinführen, die Phasentrajektorien auf der anderen Seite aber von ihr weg, spricht man von einem *halbstabilen Grenzzykel*.

5. Der Unterschied zwischen einem Grenzzykel eines nichtlinearen autonomen Systems und einer geschlossenen Phasentrajektorie um einen singulären Punkt vom Typ eines Zentrums, die die Schwin-

gungen eines konservativen Systems beschreibt, besteht in folgendem: a) Ein Grenzzykel ist eine isolierte Kurve. Eine geschlossene Phasentrajektorie gehört zu einer kontinuierlich verteilten Kurvenschar. b) Die Bewegung längs eines Grenzzykels hängt nicht von den Anfangsbedingungen ab. Bei einem konservativen System wählen aber gerade die Anfangsbedingungen diese oder jene Phasentrajektorie aus der Kurvenschar aus.

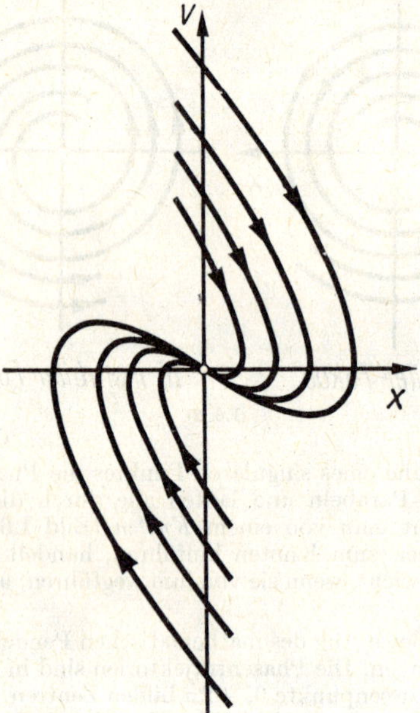

I.6.21.

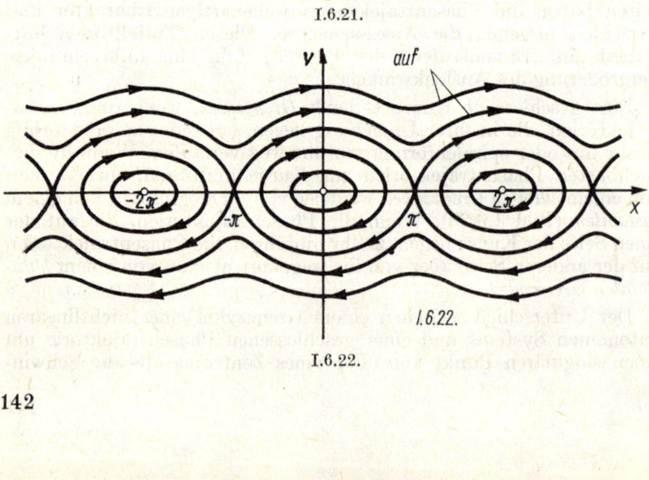

I.6.22.

6. Handelt es sich um mehrere Grenzzykeln, die ein konzentrisches System bilden, so wechseln dabei stabile und instabile Grenzzykeln der Reihe nach ab. In diesem Falle kann ein singulärer Punkt im Inneren der Grenzzykelfamilie als entarteter Grenzzykel betrachtet werden.

7. Unter *schwacher Anregung* versteht man den Übergang des Systems aus einer instabilen Gleichgewichtslage in die Bewegung längs eines stabilen Grenzzykels (Bild I.6.23). *Starke Anregung* heißt der

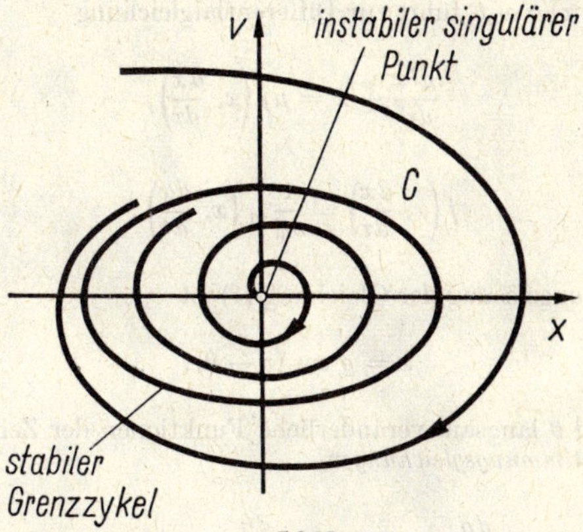

I.6.23.

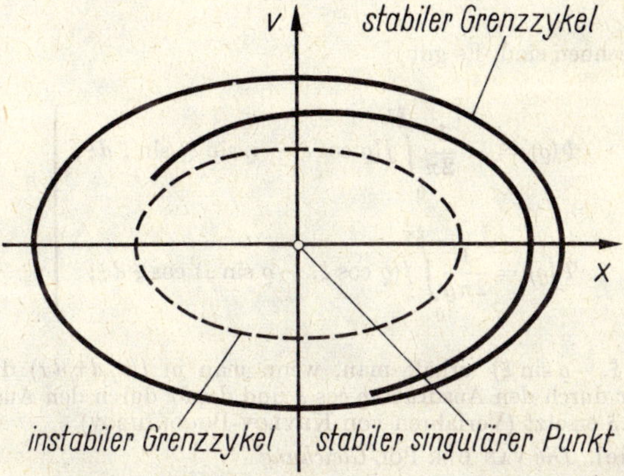

I.6.24.

Übergang des Systems aus einer stabilen Gleichgewichtslage in die Bewegung längs eines stabilen Grenzzykels. Dafür ist eine hinreichend große Anfangserregung notwendig, die den Phasenpunkt über die instabilen Grenzzyklen „hinauswirft", die zwischen dem stabilen singulären Punkt und dem stabilen Grenzzykel liegen (Bild I.6.24).

8. *Quasilinear* heißt ein System, dessen Bewegung beschrieben wird durch die Differentialgleichung

$$\frac{d^2x}{dt^2} + \omega_0^2 x = \mu f_1\left(x, \frac{dx}{dt}\right),$$

die den kleinen Parameter μ enthält. Der Übergang zu „dimensionsloser Zeit" $\tau = \omega_0 t$ führt zur Differentialgleichung

$$\frac{d^2x}{d\tau^2} + x = \mu f\left(x, \frac{dx}{d\tau}\right), \qquad (*)$$

wobei

$$f\left(x, \frac{dx}{d\tau}\right) = \frac{1}{\omega_0^2} f_1\left(x, \frac{dx}{dt}\right).$$

Eine Näherungslösung der Gleichung (*) ist

$$x = \varrho \cos(\tau - \theta),$$

wobei ϱ und θ langsam veränderliche Funktionen der Zeit sind und aus den *Bestimmungsgleichungen*

$$\frac{d\varrho}{d\tau} = \mu \Phi(\varrho), \qquad \frac{d\theta}{d\tau} = \mu \Psi(\varrho)$$

zu berechnen sind. Es gilt

$$\left.\begin{aligned} \Phi(\varrho) &= -\frac{1}{2\pi}\int_0^{2\pi} f(\varrho\cos\xi, -\varrho\sin\xi)\sin\xi\, d\xi, \\ \Psi(\varrho) &= \frac{1}{2\pi\varrho}\int_0^{2\pi} f(\varrho\cos\xi, -\varrho\sin\xi)\cos\xi\, d\xi; \end{aligned}\right\} \qquad (**)$$

$f(\varrho\cos\xi, -\varrho\sin\xi)$ erhält man, wenn man in $f(x, dx/d\tau)$ die Variable x durch den Ausdruck $\varrho\cos\xi$ und $dx/d\tau$ durch den Ausdruck $-\varrho\sin\xi$ ersetzt (Verfahren von KRYLOV-BOGOLJUBOV).

Beispiel. *Die* VAN DER POL-*Gleichung*

$$\ddot{x} + x = \mu(1 - x^2)\dot{x}.$$

Aus den Formeln (**) erhält man

$$\Phi(\varrho) = \frac{\varrho}{8}(4 - \varrho^2), \qquad \Psi(\varrho) = 0.$$

Die Bestimmungsgleichungen lauten

$$\frac{d\varrho}{d\tau} = \frac{\mu\varrho}{8}(4 - \varrho^2), \qquad \frac{d\theta}{d\tau} = 0.$$

Damit ist die Zeitabhängigkeit der Amplitude ϱ durch

$$\varrho = \frac{2}{\sqrt{1 + Ce^{-\mu\tau}}}$$

gegeben, wobei C eine Konstante ist, die von den Anfangsbedingungen abhängt. Für $\tau \to \infty$ strebt die Größe ϱ gegen den Wert $\varrho = 2$, und es stellt sich eine Bewegung längs eines Grenzzykels ein. Die Bewegung ist dann gegeben durch

$$x = 2 \cos \tau .$$

II. Die Grundlagen der Thermodynamik und der Molekularphysik

1. Die Grundbegriffe

1. Die *Molekularphysik* untersucht die physikalischen Eigenschaften und die Aggregatzustände von Körpern in Abhängigkeit von ihrer Molekülstruktur, den Wechselwirkungskräften zwischen den Teilchen des Körpers und der thermischen Bewegung dieser Teilchen. Um diese Probleme theoretisch zu untersuchen, verwendet man zwei verschiedene Methoden, die sich gegenseitig ergänzen: die statistische Methode und die thermodynamische Methode.

2. Die *statistische Methode* besteht in einer Untersuchung der Eigenschaften makroskopischer Systeme mit Hilfe der Statistik; sie beruht also auf der Wärmebewegung der großen Mengen von Mikroteilchen des Systems.

3. Die *thermodynamische Methode* besteht in einer Untersuchung der Eigenschaften von Systemen wechselwirkender Körper auf Grund einer Analyse der Bedingungen und quantitativen Verhältnisse der im System vor sich gehenden Energieumwandlungen. Das Gebiet der theoretischen Physik, dessen Aufgabe es ist, diese Probleme zu untersuchen, ist die *Thermodynamik* (*phänomenologische Thermodynamik*).
Im Gegensatz zur statistischen Methode basiert die thermodynamische Methode auf keinerlei konkreten Vorstellungen über die innere Struktur der Körper und die Art der Bewegungen der Teilchen, aus denen sie sich zusammensetzen. Die Thermodynamik operiert mit denjenigen makroskopischen Eigenschaften der Untersuchungsobjekte, die auf empirischen Feststellungen beruhen — es sind dies die *Gesetze* (*Hauptsätze*) *der Thermodynamik*, die weitgehendst allgemein gelten. Daher verwendet man auch die thermodynamische Methode zur theoretischen Analyse der allgemeinen Gesetzmäßigkeiten der verschiedensten Erscheinungen.

4. Als *thermodynamisches System* bezeichnet man die Gesamtheit von makroskopischen Objekten (Körpern und Feldern), die Energie sowohl in Form von Arbeit als auch in Form von Wärme austauschen (S. 63); ein solcher Austausch kann sowohl zwischen den einzelnen Objekten als auch mit einer äußeren Umgebung, d. h. mit nicht zum System gehörenden Körpern oder Feldern, erfolgen.
Ein thermodynamisches System bezeichnet man als *abgeschlossen* oder *isoliert*, wenn keinerlei Energieaustausch zwischen ihm und der äußeren Umgebung stattfindet. Ein System bezeichnet man als *thermisch abgeschlossen* oder *adiabatisch isoliert*, wenn kein Wärmeaustausch zwischen ihm und der Umgebung stattfindet. Anderer-

seits wird ein thermodynamisches System, das mit der Umgebung Energie nur in Form von Wärme austauscht, als *in mechanischer Hinsicht isoliert* bezeichnet.

5. Man bezeichnet ein thermodynamisches System als *homogen*, wenn es in ihm keine Trennflächen makroskopischer Teile des Systems gibt, die sich voneinander durch Eigenschaften und Zusammensetzung unterscheiden. Ein thermodynamisches System, das diese Bedingung nicht erfüllt, wird als *heterogen* bezeichnet. Homogene Systeme sind z. B. Gasgemische, flüssige und feste Lösungen, ebenso jeder chemisch homogene Körper, der sich völlig in ein und demselben Aggregatzustand befindet. Heterogene Systeme sind z. B. schmelzende Körper, feuchte Dämpfe, viele Legierungen und Gesteine. Ein System bezeichnet man als *physikalisch homogen*, wenn alle makroskopischen Teile des Systems gleichen Volumens dieselben physikalischen Eigenschaften und dieselbe Zusammensetzung haben. Ein Beispiel für ein solches System wäre ein Gas, das nicht unter dem Einfluß äußerer Kraftfelder steht.
Als *Phase* bezeichnet man die Gesamtheit der homogenen Teile eines thermodynamischen Systems, auf die keine äußeren Kräfte einwirken, die also auch physikalisch homogen sind. Wasserhaltiger Dampf besteht z. B. aus zwei Phasen — siedender Flüssigkeit und trockenem gesättigtem Dampf.
Als *Komponenten* (*unabhängige Komponenten*) eines thermodynamischen Systems bezeichnet man die verschiedenen Substanzen, die zumindest erforderlich sind, um alle Phasen des Systems zu bilden.
Eine *Lösung* ist ein homogenes System (fest, flüssig oder gasförmig), das aus zwei oder mehr chemisch reinen Stoffen besteht. Die eine der Lösungskomponenten (im allgemeinen die, die in größerer Menge vorhanden ist) bezeichnet man als *Lösungsmittel*, die anderen als die *gelösten Substanzen.*

6. Der Zustand eines thermodynamischen Systems wird durch die Gesamtheit der Werte seiner *thermodynamischen Größen* (*Zustandsgrößen*) bestimmt, d. h. aller physikalischer Größen, die die makroskopischen Eigenschaften des Systems charakterisieren (seine Dichte, Energie, Viskosität, Polarisation, Magnetisierung usw.). Zwei Zustände eines Systems werden dann als verschieden angesehen, wenn die numerischen Werte wenigstens einer der thermodynamischen Zustandsgrößen verschieden sind. Der Zustand eines Systems wird als *stationär* bezeichnet, wenn er sich nicht mit der Zeit ändert. Ein stationärer Zustand eines Systems wird als *Gleichgewichtszustand* bezeichnet, wenn seine zeitliche Invarianz nicht Folge irgendwelcher äußerer Prozesse ist.
Die thermodynamischen Zustandsgrößen eines Systems hängen untereinander zusammen. Man kann daher den Gleichgewichtszustand eines Systems eindeutig bestimmen, wenn man die Werte einer endlichen Anzahl solcher Zustandsgrößen kennt (S. 149). Die *wichtigsten Zustandsgrößen* sind Druck, Temperatur und spezifisches Volumen (oder Molvolumen).
In der Thermodynamik unterscheidet man zwischen äußeren und inneren Zustandsgrößen des Systems. Als *äußere Zustandsgrößen* bezeichnet man Größen, die nur von den generalisierten Koordinaten

(S. 91) äußerer Körper abhängen, mit denen das System in Wechselwirkung steht. Eine äußere Zustandsgröße eines Gases ist z. B. sein Volumen, das von der Lage äußerer Körper (in diesem Fall den Gefäßwänden) abhängt. Bei einem Gas, das sich im Schwerefeld oder in irgendeinem anderen äußeren Kraftfeld befindet, ist die Stärke dieses Feldes eine äußere Zustandsgröße. Die *inneren Zustandsgrößen* sind solche, die sowohl von den generalisierten Koordinaten der äußeren Körper als auch von den Mittelwerten der Koordinaten und Geschwindigkeiten der Teilchen des Systems abhängen. Innere Zustandsgrößen sind z. B. Dichte und Energie eines Systems.

7. Der *Druck* p ist eine physikalische Größe, die gleich dem Grenzwert des Betrages des Normaldruckes ΔF_n auf ein Flächenelement ΔS der Körperoberfläche dividiert durch ΔS ist, wenn ΔS gegen Null geht:

$$p = \lim_{\Delta S \to 0} \frac{\Delta F_n}{\Delta S} = \frac{dF_n}{dS}.$$

Das *spezifische Volumen* v ist eine Größe, die der Dichte ϱ umgekehrt proportional ist (S. 43): $v = 1/\varrho$. Das spezifische Volumen eines homogenen Körpers ist gleich dem Verhältnis Volumen zu Masse, d. h., es ist numerisch gleich dem Volumen einer Masseneinheit des Körpers.

Ein *Gramm-Molekül* oder *Mol* (bzw. *Kilogramm-Molekül* oder *Kilomol*) ist eine solche Menge eines chemisch homogenen Stoffes, deren Masse in Gramm (Kilogramm) numerisch gleich seinem Molekulargewicht μ ist. Das Volumen V_μ eines Mols ist das *Molvolumen* des Stoffes:

$$V_\mu = \mu v = \frac{\mu}{\varrho}.$$

Als *Gramm-Atom* (*Kilogramm-Atom*) bezeichnet man jene Menge eines chemisch reinen Stoffes (Elementes), dessen Masse in Gramm (Kilogramm) gleich seinem Atomgewicht ist. Die Anzahl von Molekülen pro Gramm-Molekül und die Anzahl der Atome pro Gramm-Atom ist für alle Stoffe dieselbe. Sie heißt LOSCHMIDT*sche Zahl* und ist gleich $N_L = 6{,}023 \cdot 10^{23}\ \mathrm{mol}^{-1} = 6{,}023 \cdot 10^{26}\ \mathrm{kmol}^{-1}$.

8. Die *Temperatur* ist eine physikalische Größe, die den Grad der Erwärmung eines Körpers (s. auch S. 158 und 217) charakterisiert. Ist ein System im Zustand thermodynamischen Gleichgewichtes, dann haben alle Körper, aus denen sich das System zusammensetzt, die gleiche Temperatur. Die Temperatur kann nur indirekt gemessen werden; die Messung beruht auf der Temperaturabhängigkeit solcher physikalischer Eigenschaften von Substanzen, die einer unmittelbaren Messung zugänglich sind. Man nennt diese Substanzen *thermometrisch*, und die mit ihrer Hilfe festgelegte Temperaturskala bezeichnet man als *empirisch*.

Der größte Nachteil der empirischen Temperaturskalen liegt in ihrer Abhängigkeit von den speziellen Besonderheiten der verwendeten thermometrischen Stoffe (zur Möglichkeit der Schaffung einer universellen thermodynamischen Temperaturskala s. S. 168). Als

Ausgangswerte, auf denen Einteilung und Nullpunkt sowie die Größe der Maßeinheit, das *Grad*, basieren, verwendet man die Übergangstemperatur chemisch reiner Stoffe von einem Aggregatzustand in den anderen — z. B. den Schmelzpunkt des Eises (t_0) und den Siedepunkt des Wassers (t_s) bei Normaldruck (760 mmHg). Je nach der verwendeten Skala haben t_0 und t_s folgende Werte:

a) CELSIUS-*Skala*: $t_0 = 0\,°C$, $t_s = 100\,°C$.

b) FAHRENHEIT-*Skala*: $t_0 = 32\,°F$, $t_s = 212\,°F$.

Die Umrechnungsformel für in CELSIUS-Graden bzw. FAHRENHEIT-Graden angegebene Temperaturen lautet:

$$\frac{t\,°C}{100} = \frac{t\,°F - 32}{180}.$$

c) KELVIN-*Skala* (s. auch S. 151): Die Temperatur T wird auf den *absoluten Nullpunkt* ($t = -273{,}15\,°C$) bezogen und als *absolute Temperatur* bezeichnet. Die Umrechnungsformel für Temperaturangaben in Grad Celsius ($t\,°C$) in Grad Kelvin ($T\,°K$) lautet:

$$T\,°K = t\,°C + 273{,}15\,°C.$$

9. Die inneren Zustandsgrößen eines im Gleichgewicht befindlichen thermodynamischen Systems (S. 150) hängen nur von seinen äußeren Zustandsgrößen und von der Temperatur ab:

$$y_k = f(x_1, x_2, \ldots, x_n, T); \qquad (*)$$

y_k ist eine innere Zustandsgröße, $x_1, \ldots, x_n$ sind die äußeren Zustandsgrößen. So ist z. B. nach der GIBBSschen Phasenregel (S. 195) der Gleichgewichtszustand eines physikalisch homogenen thermodynamischen Systems durch zwei Zustandsgrößen vollständig bestimmt. In einem solchen System ist daher der Druck einer Funktion von Temperatur und Volumen dieses Systems (seine Masse wird als konstant angenommen):

$$p = f_1(V, T). \qquad (**)$$

10. Ist in Gleichung (*) y_k die irgendwelchen äußeren Zustandsgrößen $x_1, \ldots, x_n$ zugeordnete generalisierte Kraft (S. 92), dann bezeichnen wir diese Gleichung als die *thermische Zustandsgleichung des Systems* (*Zustandsgleichung des Systems*). So ist z. B. Gleichung (**) die thermische Zustandsgleichung eines physikalisch homogenen Systems. Schreibt man Gleichung (*) für die innere Energie U (S. 154) des Systems:

$$U = f_2(x_1, x_2, \ldots, x_n, T),$$

so bezeichnet man die erhaltene Gleichung als die *kalorische Zustandsgleichung des Systems*.
In der Thermodynamik wird vorausgesetzt, daß die Zustandsgleichungen des betrachteten Systems aus dem Experiment bekannt

sind. Eine theoretische Ableitung dieser Gleichung ist mit Hilfe statistischer Methoden möglich.

11. Als *thermodynamischen Prozeß* bezeichnet man jede Zustandsänderung eines thermodynamischen Systems. Einen thermodynamischen Prozeß, bei dem das System kontinuierlich eine Reihe von Gleichgewichtszuständen durchläuft, bezeichnet man als *Gleichgewichtsprozeß* (*quasistatischen Prozeß*). Ein thermodynamischer Prozeß, in dessen Verlauf das System in seinen Anfangszustand zurückkehrt, bezeichnet man als *Kreisprozeß* (*zyklischen Prozeß*). Thermodynamische Prozesse, in deren Verlauf eine der Zustandsgrößen konstant bleibt, bezeichnet man als *Isoprozesse*[1]). Ein thermodynamischer Prozeß, bei dem das Volumen des Systems unverändert bleibt, heißt *isochorer Prozeß*; ein thermodynamischer Prozeß, der bei konstantem Druck abläuft, wird als *isobarer Prozeß* bezeichnet, und ein bei konstanter Temperatur vor sich gehender thermodynamischer Prozeß als *isotherm*.

Ein *adiabatischer Prozeß* ist ein solcher thermodynamischer Prozeß, bei dem das System mit äußeren Körpern nicht in Wärmeaustausch tritt.

12. Eine *Zustandsfunktion* ist eine physikalische Größe, deren Änderung bei einem Übergang des Systems von einem Zustand in einen anderen nicht von der Art des entsprechenden thermodynamischen Prozesses abhängt; eine Zustandsfunktion ist durch die Werte der Zustandsgrößen im Anfangs- und Endzustand vollständig bestimmt. Die wichtigsten Zustandsfunktionen sind die innere Energie U (S. 154), die Enthalpie H (S. 155), die Entropie S (S. 173), das isochor-isotherme Potential F (S. 178) und das isobar-isotherme Potential Φ (S. 178).

Als *extensive Größen* bezeichnet man Zustandsfunktionen eines thermodynamischen Systems, die von der Masse des Systems abhängen. Zu diesen gehören z. B. die obengenannten Funktionen. In den thermodynamischen Gleichungen verwendet man oft Werte extensiver Größen, die entweder auf eine Masseneinheit des Systems oder auf ein Mol bezogen sind.

Intensive Größen nennt man Zustandsfunktionen eines thermodynamischen Systems, die nicht von seiner Masse abhängen. Zu diesen gehört die Temperatur, die Dichte, die Viskosität, die Dielektrizitätskonstante u. a. m.

13. Gleichgewichtszustände eines physikalisch homogenen Systems und die sie herstellenden Gleichgewichtsprozesse kann man graphisch durch Punkte bzw. Kurven in rechtwinkligen kartesischen Koordinatensystemen (Zustandsebenen) darstellen, als deren Achsen man Zustandsgrößen oder eindeutig mit solchen zusammenhängende Zustandsfunktionen wählt. Eine solche graphische Darstellung bezeichnet man als *thermodynamisches Diagramm*. Die am häufigsten verwendeten Diagramme sind V,p-, s,T- und s,H-Diagramme (das erstgenannte Symbol bezieht sich auf die Abszisse, das zweite auf die Ordinate).

---

[1]) Die Masse des Systems wird als konstant angenommen.

2. Die Gesetze des idealen Gases

2.1. Ideale Gase

1. Ein *ideales Gas* ist ein Gas, in dem keine intermolekularen Wechselwirkungskräfte auftreten[1]). Gase, deren Zustände von Phasenübergangsbereichen weit entfernt sind, kann man in guter Näherung als ideal betrachten.

2. Für ideale Gase gelten folgende Gesetze:

a) Das BOYLE-MARIOTTE*sche Gesetz*: Werden Temperatur und Masse eines Gases konstant gehalten, so ist das Produkt von Druck und Volumen konstant:

$$pV = \text{const}.$$

b) Das GAY-LUSSAC*sche Gesetz*: Bei konstantem Druck ist das Volumen einer gegebenen Gasmasse seiner absoluten Temperatur direkt proportional:

$$V = \alpha V_0 T = V_0 \frac{T}{T_0},$$

wobei V_0 das Volumen des Gases bei der Temperatur $T_0 = 273{,}15\,°\mathrm{K}$ und $\alpha = 1/T_0$ der kubische Ausdehnungskoeffizient ist.

c) Das CHARLES*sche Gesetz*: Bei konstantem Volumen ist der Druck einer gegebenen Gasmasse der absoluten Temperatur des Gases direkt proportional:

$$p = p_0 \frac{T}{T_0},$$

wobei p_0 der Gasdruck bei $T_0 = 273{,}15\,°\mathrm{K}$ ist.

d) Das AVOGADRO*sche Gesetz*: Ideale Gase gleichen Druckes und gleicher Temperatur enthalten in gleichen Volumina dieselbe Anzahl von Molekülen, oder, mit anderen Worten: Bei gleichem Druck und gleicher Temperatur nimmt ein Gramm-Molekül von verschiedenen idealen Gasen immer dasselbe Volumen ein.

So ist z. B. unter Normalbedingungen ($t = 0\,°\mathrm{C}$, $p = 101\,325\ \mathrm{N/m^2} = 1\ \mathrm{at} = 760\ \mathrm{mm\,Hg}$) das Volumen eines Gramm-Moleküls eines jeden idealen Gases gleich $V_\mu = 22{,}414\ \mathrm{l}$. Die Anzahl der in 1 cm³ eines idealen Gases enthaltenen Moleküle ist (unter Normalbedingungen) die sogenannte AVOGADRO*sche Zahl*; sie ist gleich $2{,}687 \times \times 10^{19}\ \mathrm{cm^{-3}}$.

3. Die *Zustandsgleichung eines idealen Gases* lautet für ein Mol

$$pV_\mu = RT,$$

wobei p, V_μ und T Druck, Molvolumen und absolute Temperatur des Gases sind, R ist die *universelle Gaskonstante*; sie ist gleich der

---

[1]) Und bei denen man das Volumen der einzelnen Moleküle als sehr klein ansehen kann (Anm. des Übersetzers).

Arbeit, die 1 Mol eines idealen Gases bei isobarer Erwärmung um 1 Grad leistet:

$$R = 8{,}31 \cdot 10^3\,\mathrm{J/kmol \cdot grd} = 0{,}0821\ \mathrm{l \cdot at/mol \cdot grd}$$
$$= 0{,}848\,\mathrm{kp \cdot m/mol \cdot grd} = 8{,}31 \cdot 10^7\,\mathrm{erg/mol \cdot grd} = 1{,}987\,\mathrm{cal/mol \cdot grd}.$$

Bei beliebiger Gasmasse M ist das Volumen durch $V = M\,V_\mu/\mu$ gegeben, und die Zustandsgleichung lautet:

$$p\,V = \frac{M}{\mu} R\,T.$$

Dies ist die *Gleichung von* MENDELEJEW *und* CLAPEYRON[1]). Da $V/M = v$ das spezifische Volumen des Gases ist, ist

$$p v = \frac{R}{\mu} T = B T,$$

wobei $B = R/\mu$ die *spezielle Gaskonstante* ist, die vom Molekulargewicht des Gases abhängt.

4. Aus der MENDELEJEW-CLAPEYRONschen Gleichung folgt, daß die Anzahl n_0 der in einer Volumeneinheit eines idealen Gases enthaltenen Moleküle gleich

$$n_0 = \frac{N_\mathrm{L}}{V_\mu} = \frac{p N_\mathrm{L}}{RT} = \frac{p}{kT}$$

ist, wobei $k = R/N_\mathrm{L} = 1{,}38 \cdot 10^{-23}\,\mathrm{J/grd} = 1{,}38 \cdot 10^{-16}\,\mathrm{erg/grd}$ die BOLTZMANN*sche Konstante* und N_L die LOSCHMIDT*sche Zahl* (S. 148) ist.

2.2. Ein Gemisch idealer Gase

1. Ein *Gasgemisch* ist die Vereinigung verschiedenartiger Gase, die unter den betrachteten Bedingungen nicht miteinander chemisch reagieren. Ein Gasgemisch stellt ein homogenes thermodynamisches System (S. 147) dar.

Als *Gewichtskonzentration* (*Gewichtsanteil*) g_i des i-ten Gases eines Gemisches bezeichnet man das Verhältnis seiner Masse M_i zur Masse M des ganzen Gemisches:

$$g_i = \frac{M_i}{M} = \frac{M_i}{\sum\limits_{i=1}^{N} M_i},$$

wobei N die Anzahl der Komponenten des Gemisches ist.

Als *molare Konzentration* (*Molenbruch*) x_i des i-ten Gases bezeichnet man das Verhältnis der Anzahl der Mole dieses Gases zur Anzahl der

[1]) In der deutschsprachigen Literatur meist nur als Zustandsgleichung eines idealen Gases bezeichnet (Anm. des Übersetzers).

Mole aller Gase im Gemisch:

$$x_i = \frac{\dfrac{M_i}{\mu_i}}{\sum\limits_{i=1}^{N} \dfrac{M_i}{\mu_i}},$$

wobei μ_i das Molekulargewicht des i-ten Gases ist.

2. Der *Partialdruck* p_i des i-ten Gases eines Gemisches ist der Druck, den das Gas haben würde, wenn es allein, also ohne die anderen Komponenten des Gemisches, bei derselben Temperatur in demselben Volumen vorhanden wäre:

$$p_i = \frac{M_i}{\mu_i} \frac{RT}{V}, \qquad (*)$$

wobei V und T Volumen und Temperatur des Gemisches sind.

Das DALTON*sche Gesetz* besagt: Der Druck eines Gemisches idealer Gase ist gleich der Summe ihrer Partialdrucke:

$$p = \sum_{i=1}^{N} p_i = \frac{RT}{V} \sum_{i=1}^{N} \frac{M_i}{\mu_i}. \qquad (**)$$

Aus dem DALTONschen Gesetz folgt, daß der Partialdruck des i-ten Gases gleich dem Produkt Druck des Gemisches mal Molenbruch dieses Gases ist: $p_i = x_i p$.

3. Das *Partialvolumen* V_i des i-ten Gases des Gemisches ist das Volumen, das dieses Gas allein, also ohne die anderen Komponenten, bei gleichem Druck und gleicher Temperatur einnehmen würde:

$$V_i = \frac{M_i}{\mu_i} \frac{RT}{p}. \qquad (***)$$

Aus (**) und (***) folgt das AMAGAT*sche Gesetz*: das Volumen eines idealen Gasgemisches ist gleich der Summe der Partialvolumina der einzelnen Komponenten:

$$V = \sum_{i=1}^{N} V_i.$$

Das Partialvolumen des i-ten Gases ist gleich dem Produkt Volumen des Gemisches mal Molenbruch dieses Gases: $V_i = x_i V$.

4. Bei der Berechnung der Zustandsgrößen eines Gemisches aus idealen Gasen kann man die MENDELEJEW-CLAPEYRONsche Gleichung verwenden, wenn sie in der Form

$$pV = \frac{M}{\mu_{\text{Gem}}} RT$$

oder

$$pV = M B_{\text{Gem}} T$$

geschrieben wird, wobei $\mu_{\text{Gem}} = 1/\sum\limits_{i=1}^{N} g_i/\mu_i$ das *mittlere Molekulargewicht* des Gemisches und $B_{\text{Gem}} = R/\mu_{\text{Gem}} = R \sum\limits_{i=1}^{N} g_i/\mu_i$ die individuelle Gaskonstante des Gemisches ist.

3. Der erste Hauptsatz der Thermodynamik

3.1. Innere Energie und Enthalpie

1. Die *innere Energie U* ist diejenige Energie eines Systems, die nur von seinem thermodynamischen Zustand abhängt. Bei einem System, an dem keine äußeren Kräfte angreifen und das sich im Zustand makroskopischer Ruhe befindet, ist die innere Energie gleich der gesamten Energie des Systems. In gewissen einfachen Fällen ist die innere Energie gleich der Differenz der Gesamtenergie W des Systems und der Summe aus kinetischer Energie W_k seiner makroskopischen Bewegung plus potentieller Energie $W_p^{\text{äuß}}$ (die eine Folge äußerer, auf das System wirkender Kraftfelder ist):

$$U = W - (W_k + W_p^{\text{äuß}}).$$

Die innere Energie eines Systems setzt sich zusammen aus der Energie der chaotischen (Wärme-)Bewegung aller Mikroteilchen des Systems (Moleküle, Atome, Ionen u. a.), der Energie der Wechselwirkung dieser Teilchen, der Energie der Elektronenhüllen von Atomen und Ionen, den Kernenergien u. a.

2. Die innere Energie ist eine eindeutige Funktion des Zustandes des Systems: Geht das System vom Zustand 1 in den Zustand 2 über, so hängt die Energieänderung ΔU nicht von der Art des Prozesses ab und ist gleich $\Delta U = U_2 - U_1$. Durchläuft das System einen Kreisprozeß (S. 166), dann ist die Summe der Änderungen seiner inneren Energie gleich Null:

$$\oint dU = 0.$$

3. Die innere Energie kann nur bis auf eine additive Konstante U_0 genau bestimmt werden, die nicht mittels thermodynamischer Methoden gefunden werden kann. Dies ist jedoch unwesentlich, da man es bei thermodynamischen Analysen von Systemen üblicherweise nicht mit Absolutwerten der inneren Energie zu tun hat, sondern mit den von U_0 unabhängigen Energieänderungen in den verschiedenen Prozessen. Man setzt daher oft $U_0 = 0$ und versteht unter der inneren Energie des Systems nur die sich in den betrachteten Prozessen ändernden Terme. Bei nicht zu hohen Temperaturen kann man z. B. die innere Energie eines idealen Gases als gleich der Summe der kinetischen Energien der Wärmebewegung seiner Moleküle annehmen.

4. Die innere Energie eines homogenen Systems ist eine additive Größe: Sie ist gleich der Summe der inneren Energien aller seiner makroskopischen Teile, d. h., sie ist proportional der Masse des Systems. Die innere Energie eines heterogenen Systems umfaßt nicht nur die Summe der inneren Energien aller homogenen Teile des Systems, sondern auch die Energie der molekularen Wechselwirkung ihrer Oberflächenschichten. Man kann jedoch in den meisten Fällen die innere Energie eines heterogenen Systems auch als additive Größe

betrachten, die gleich der Summe der inneren Energien aller Phasen des Systems ist. Diese Annahme ist nicht zulässig, wenn wir es z. B. mit feindispersen heterogenen Systemen zu tun haben.

5. Die innere Energie eines idealen Gases hängt nur von seiner absoluten Temperatur T (S. 149) ab und ist proportional der Gasmasse M:

$$U = \int_0^T C_V \, dT + U_0 = M \left[\int_0^T c_V \, dT + u_0 \right];$$

C_V ist die Wärmekapazität (S. 157) und $c_V = C_V/M$ ist die spezifische Wärme (S. 157) des Gases bei einem isochoren Prozeß; $u_0 = U_0/M$ ist die innere Energie einer Masseneinheit des Gases bei $T = 0\,°\mathrm{K}$. Bei einem einatomigen Gas und bei nicht zu hohen Temperaturen hängt C_V nicht von der Temperatur ab, und es ist $U = C_V T + U_0$.

Die innere Energie eines Gemisches aus N idealen Gasen ist gleich der Summe der inneren Energien der Komponenten des Gemisches:

$$U = \sum_{i=1}^{N} U_i = \sum_{i=1}^{N} \left[\int_0^T C_{Vi} \, dT + U_{0i} \right],$$

wobei C_{Vi} die Wärmekapazität der i-ten Komponente des Gemisches in einem isochoren Prozeß ist.

Die innere Energie eines VAN DER WAALSschen Gases (S. 182) ist gleich

$$U = \int_0^T C_V \, dT - \frac{M^2}{\mu^2} \frac{a}{V} + U_0,$$

wobei M die Masse des Gases, μ sein Molekulargewicht und a der VAN DER WAALSsche Druckkoeffizient ist.

6. Die *Enthalpie* H (*Wärmeinhalt, Wärmefunktion*) ist eine Zustandsfunktion eines thermodynamischen Systems; sie ist gleich der Summe der inneren Energie und des Produktes Druck mal Volumen des Systems (in denselben Einheiten gemessen):

$$H = U + pV.$$

Die Enthalpie eines idealen Gases hängt nur von seiner absoluten Temperatur (S. 149) ab und ist der Gasmasse M proportional:

$$H = \int_0^T C_p \, dT + H_0;$$

C_p ist die Wärmekapazität des Gases in einem isobaren Prozeß (S. 161), $H_0 = U_0$ ist die Enthalpie des Gases bei $T = 0\,°\mathrm{K}$. Für einatomige Gase ist $H = C_p T + H_0$.

Die Enthalpie eines Gemisches aus N idealen Gasen ist gleich der Summe der Enthalpien aller Komponenten des Gemisches:

$$H = \sum_{i=1}^{N} H_i = \left[\int_0^T C_{pi} \, dT + H_{0i} \right];$$

C_{pi} ist die Wärmekapazität der i-ten Komponente des Gemisches in einem isobaren Prozeß.
Ein thermodynamischer Prozeß, in dem die Enthalpie des Systems konstant bleibt, wird als *isenthalpisch* bezeichnet.

3.2. Arbeit und Wärme

1. Eine notwendige Bedingung dafür, daß ein System Arbeit leistet, ist die Verschiebung äußerer, mit ihm in Wechselwirkung stehender Körper, d. h. eine Änderung der äußeren Zustandsgrößen des Systems (S. 147). Die elementare Arbeit δA, die das System an äußeren Körpern leistet, ist

$$\delta A = \sum_i F_i \, dx_i,$$

wobei x_i die äußeren Zustandsgrößen des Systems und F_i die entsprechenden generalisierten Kräfte (S. 92) sind. Die elementare Arbeit $\delta A'$, die hierbei von den äußeren Körpern am System geleistet wird, ist gleich δA, hat jedoch das umgekehrte Vorzeichen: $\delta A' = -\delta A$.

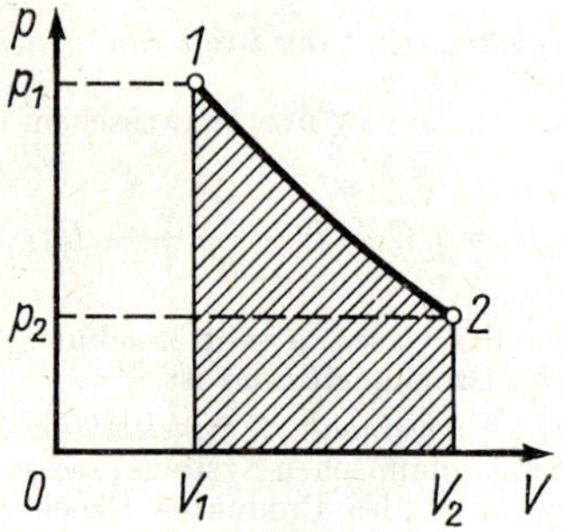

II.3.1.

2. Die *Expansionsarbeit* ist die Arbeit, die das System gegen äußere Druckkräfte leistet. Die elementare Expansionsarbeit eines Systems, auf das ein gleichförmiger äußerer Druck p_a wirkt, ist gleich $\delta A = p_a \, dV$.
Im Fall eines (quasistatischen) Gleichgewichtsprozesses ist p_a gleich dem Druck p des Systems und $\delta A = p \, dV$. Die Arbeit bei der Gleichgewichtsexpansion eines Systems vom Volumen V_1 zum Volumen V_2 ist

$$A = \int_{V_1}^{V_2} p \, dV.$$

Im V,p-Diagramm ist diese Arbeit gleich der Fläche, die von der Kurve des Prozesses, der Abszisse und den vertikalen Geraden $V = V_1$ und $V = V_2$ begrenzt wird (vgl. die schraffierte Fläche in Bild II.3.1).

Die von einem System geleistete Arbeit hängt von der Art seiner Zustandsänderung ab. Die Expansionsarbeit hängt z. B. nicht nur von den Zustandsgrößen des Anfangs- (p_1, V_1) und Endzustandes (p_2, V_2), sondern auch von der Art des Prozesses *1–2* ab. Hierauf beruht die Funktion aller Wärmekraftmaschinen.

3. Um ein System mittels *verschiedener* thermodynamischer Prozesse aus einem Zustand in einen anderen zu überführen, muß man ihm im allgemeinen *verschiedene* Wärmemengen zuführen. Mit anderen Worten, Wärme und Arbeit hängen von der Art der Zustandsänderung des Systems ab. Daher ist die dem System bei einer kleinen Zustandsänderung zugeführte elementare Wärme δQ, ähnlich wie die elementare Arbeit δA, kein vollständiges Differential (S. 66).

3.3. Die Wärmekapazität

1. Die *Wärmekapazität* C eines Körpers ist das Verhältnis der dem Körper in irgendeinem Prozeß zugeführten elementaren Wärmemenge δQ zur entsprechenden Temperaturänderung:

$$C = \frac{\delta Q}{dT}.$$

Die Wärmekapazität hängt von der Masse des Körpers, seiner chemischen Zusammensetzung, dem thermodynamischen Zustand und der Art der Wärmezufuhr ab.

2. Die *mittlere Wärmekapazität* $\bar{C}$ im Temperaturintervall von T_1 bis $T_2 > T_1$ ist gleich der Wärmemenge Q, die erforderlich ist, um die Temperatur des Körpers von T_1 auf T_2 zu erhöhen, dividiert durch $T_2 - T_1$:

$$\bar{C} = \frac{Q}{T_2 - T_1}.$$

Für den Zusammenhang zwischen der mittleren Wärmekapazität eines Körpers und seiner Wärmekapazität gilt

$$\bar{C} = \frac{1}{T_2 - T_1} \int_{T_1}^{T_2} C\, dT.$$

3. Die *spezifische Wärme* c ist die Wärmekapazität einer Masseneinheit eines homogenen Stoffes. Für einen homogenen Körper ist $c = C/M$, wobei M die Körpermasse ist.

Für ein Gemisch aus N Gasen ist $c = \sum_{i=1}^{N} g_i c_i$, wobei c_i die spezifische Wärme und g_i die Gewichtskonzentration der i-ten Komponente des Gemisches ist.

4. Die *Atomwärme* C_a ist die Wärmekapazität eines Kilogramm-Atoms (Gramm-Atoms) einer einfachen Substanz: $C_a = Ac$, wobei A das Atomgewicht dieser Substanz ist.

Die *Molwärme* C_μ ist die Wärmekapazität eines Kilomols (Mols) einer Substanz: $C_\mu = \mu c$, wobei μ das Molekulargewicht dieser Substanz ist.
(Zur Theorie der spezifischen Wärme von Gasen s. S. 217 und 226, der von Festkörpern S. 266.)

5. Die elementare Wärmemenge δQ, die einem Körper zugeführt werden muß, um seine Temperatur von T auf $T + dT$ zu erhöhen, ist gleich

$$\delta Q = C\,dT.$$

Im Fall eines homogenen Körpers ist $\delta Q = Mc\,dT = \frac{M}{\mu} C_\mu\,dT$.
Für einen chemisch reinen Körper ist $\delta Q = \frac{M}{A} C_a\,dT$.

3.4. Der erste Hauptsatz der Thermodynamik

1. In der Thermodynamik behandelt man gewöhnlich makroskopisch unbewegte Systeme[1]). Für solche Systeme läßt sich der Satz von der Erhaltung und Umwandlung der Energie in der Form

$$\Delta U = Q + A'$$

schreiben, wobei A' die Arbeit ist, die an dem System von außen geleistet wird, Q die dem System übermittelte Wärmemenge und ΔU die Änderung der inneren Energie des Systems. Wenn ΔU, Q und A' in verschiedenen Einheiten gemessen werden (A' in mechanischen Einheiten, Q und ΔU in Wärmeeinheiten), dann gilt

$$\frac{1}{J} \Delta U = \frac{1}{J} Q + A',$$

wobei J das *mechanische Äquivalent der Einheit der Wärmemenge* ist ($J = 4{,}18$ Joule/cal $= 0{,}427$ kgm/cal). Die Größe $1/J = 0{,}239$ cal/Joule $= 2{,}34$ cal/kgm heißt *Wärmeäquivalent der Arbeitseinheit*. Im folgenden wird überall vorausgesetzt, daß alle Größen in Einheiten desselben Systems gemessen werden.

2. Die Arbeit A, die vom System nach außen geleistet wird (gegen äußere Kräfte), ist gleich $-A'$. Demnach gilt

$$Q = \Delta U + A.$$

Die einem System zugeführte Wärme dient zur Erhöhung seiner inneren Energie und zur Arbeitsleistung gegen äußere Kräfte (*Erster Hauptsatz der Thermodynamik*).
Handelt es sich bei dem System um eine periodisch arbeitende Maschine, in der ein Gas, Dampf oder eine andere *Arbeitssubstanz* nach Durchlaufen eines Kreisprozesses wieder in den Ausgangszustand zurückkehrt, so ist $\Delta U = 0$ und $A = Q$. Man kann daher keine

---
[1]) Über den ersten Hauptsatz für ein bewegtes System s. S. 311.

periodisch arbeitende Maschine bauen, die mehr Arbeit leisten kann als der ihr von außen zugeführten Energie entspricht (*ein perpetuum mobile erster Art* ist unmöglich).

3. Für eine elementare Zustandsänderung des Systems lautet der erste Hauptsatz

$$\delta Q = dU + \delta A$$

oder

$$C\,dT = dU + \delta A,$$

wobei C die Wärmekapazität des Systems ist.

Wirken außer dem gleichförmig verteilten äußeren Druck noch andere Kräfte auf das System, dann ist die Arbeit δA gleich der Summe von Expansionsarbeit, d. h. der Arbeit gegen den äußeren Druck, $p_a\,dV$, und der Arbeit δA^*, die das System gegen die anderen äußeren Kräfte leistet: $\delta A = p_a\,dV + \delta A^*$. In einem Gleichgewichtsprozeß ist p_a gleich dem Druck p im System, und der erste Hauptsatz der Thermodynamik kann in der Form

$$C\,dT = dU + p\,dV + \delta A^*$$

oder

$$C\,dT = dH - V\,dp + \delta A^*$$

geschrieben werden, wobei H die Enthalpie des Systems ist (S. 155).

4. Für einen Gleichgewichtsprozeß in einem einphasigen einkomponentigen System, auf das nur ein gleichförmiger äußerer Druck wirkt, ist $\delta A^* = 0$, $U = f(T,V)$ und $H = f_1(T,p)$, so daß

$$C\,dT = \left(\frac{\partial U}{\partial T}\right)_V dT + \left[\left(\frac{\partial U}{\partial V}\right)_T + p\right] dV$$

oder

$$C\,dT = \left(\frac{\partial H}{\partial T}\right)_p dT + \left[\left(\frac{\partial H}{\partial p}\right)_T - V\right] dp$$

gilt.

Die Wärmekapazität C_V in einem isochoren Prozeß ($V = \text{const}$) ist

$$C_V = \left(\frac{\partial U}{\partial T}\right)_V.$$

Die Wärmekapazität C_p in einem isobaren Prozeß ($p = \text{const}$) ist

$$C_p = \left(\frac{\partial H}{\partial T}\right)_p = \left(\frac{\partial U}{\partial T}\right)_V + \left[\left(\frac{\partial U}{\partial V}\right)_T + p\right]\left(\frac{\partial V}{\partial T}\right)_p$$

$$= C_V + \left[\left(\frac{\partial U}{\partial V}\right)_T + p\right]\left(\frac{\partial V}{\partial T}\right)_p.$$

5. Für ein ideales Gas ist $U = M f(T)$, $(\partial U/\partial V)_T = 0$ und $(\partial V/\partial T)_p = MR/\mu p$, wobei M und μ Masse und Molekulargewicht des Gases sind.

Die Mayer*sche Gleichung* lautet $C_p - C_V = MR/\mu$ oder, für die Molwärmen, $C_{p\mu} - C_{V\mu} = R$; für die spezifischen Wärmen gilt $c_p - c_V = R/\mu$.

Die Größe $\varkappa = C_p/C_V = C_{p\mu}/C_{V\mu} = c_p/c_V$, das Verhältnis der spezifischen Wärmen, wird auch als *Adiabatenexponent* bezeichnet. Aus der MAYERschen Gleichung folgt

$$C_V = \frac{R}{\varkappa - 1}\frac{M}{\mu}, \quad C_{V\mu} = \frac{R}{\varkappa - 1}, \quad c_V = \frac{R}{(\varkappa - 1)\mu};$$

$$C_p = \frac{\varkappa R}{\varkappa - 1}\frac{M}{\mu}, \quad C_{p\mu} = \frac{\varkappa R}{\varkappa - 1}, \quad c_p = \frac{\varkappa R}{(\varkappa - 1)\mu}.$$

6. Als *Wärmetönung* E eines Prozesses bezeichnet man die Summe aus der Wärme Q', die dieses System im betrachteten Prozeß abgibt, und dem kalorischen Äquivalent A^* (das gleich ist der Differenz der Gesamtenergie des Systems in diesem Prozeß und der Expansionsarbeit): $E = Q' + A^*$. Wegen $Q' = -Q$, wobei Q die dem System zugeführte Wärmemenge ist, folgt aus dem ersten Hauptsatz für einen Gleichgewichtsprozeß

$$E = U_1 - U_2 - \int_1^2 p\,dV = H_1 - H_2 + \int_1^2 V\,dp.$$

7. Das *Gesetz von* HESS besagt, daß die Wärmetönung einer Reaktion, die in einem System mit konstantem Volumen oder konstantem Druck abläuft, nicht von den Zwischenstadien[1]) abhängt, sondern nur durch Anfangs- und Endzustand des Systems bestimmt ist. In einem isochoren Prozeß ist $E_V = -\Delta U = U_1 - U_2$, in einem isobaren Prozeß ist $E_p = -\Delta H = H_1 - H_2$.
Das Gesetz von HESS, das den ersten Hauptsatz der Thermodynamik für chemische Prozesse formuliert, ist das Grundgesetz der *Thermochemie*. Die sich aus ihm ergebenden Schlußfolgerungen vereinfachen die Berechnung chemischer Reaktionen in Systemen bei $p =$ const oder $V =$ const:

a) Die Wärmetönung bei der Dissoziation einer chemischen Verbindung ist gleich der negativen Wärmetönung der Synthese dieser Verbindung aus den Dissoziationsprodukten.

b) Die Differenz der Wärmetönungen zweier Reaktionen, die von verschiedenen Anfangszuständen ausgehend, denselben Endzustand erreichen, ist gleich der Wärmetönung einer Reaktion, bei der ein Übergang von dem einen in den anderen Anfangszustand erfolgt. Daher ist die Wärmetönung jeder Reaktion gleich der algebraischen Summe der Wärmetönungen bei der Verbrennung der Reagenzien zu gleichartigen Produkten (für die Ausgangsstoffe werden diese Wärmetönungen positiv genommen, für die Reaktionsprodukte negativ).

c) Die Differenz der Wärmetönungen zweier Reaktionen, die von ein und demselben Anfangszustand ausgehend, verschiedene Endzustände erreichen, ist gleich der Wärmetönung einer Reaktion, bei der ein Übergang von dem einen in den anderen Endzustand erfolgt. Demnach ist die Wärmetönung jeder Reaktion gleich der algebraischen Summe der Wärmetönungen bei der Bildung der Reagenzien aus den Ausgangsstoffen (diese Wärmetönungen werden für die Reaktionsprodukte positiv und für die Ausgangsstoffe negativ genommen).

---

[1]) Also vom Weg der Prozeßführung (Anm. des Übersetzers).

8. Die KIRCHHOFF*sche Gleichung* für isochore und isobare Prozesse lautet:

$$\left(\frac{\partial E_V}{\partial T}\right)_V = \left(\frac{\partial U_1}{\partial T}\right)_V - \left(\frac{\partial U_2}{\partial T}\right)_V = C_{V1} - C_{V2} = -\Delta C_V,$$

$$\left(\frac{\partial E_p}{\partial T}\right)_p = \left(\frac{\partial H_1}{\partial T}\right)_p - \left(\frac{\partial H_2}{\partial T}\right)_p = C_{p1} - C_{p2} = -\Delta C_p.$$

3.5. Die einfachsten thermodynamischen Prozesse mit idealen Gasen

1. *Ein polytroper Prozeß* ist ein thermodynamischer Prozeß, bei dem die spezifische Wärme c des Gases konstant bleibt. Die Größe $n = (c - c_p)/(c - c_V)$ nennt man den *Polytropenexponent.* Die Isoprozesse und der adiabatische Prozeß sind Spezialfälle eines polytropen Prozesses.

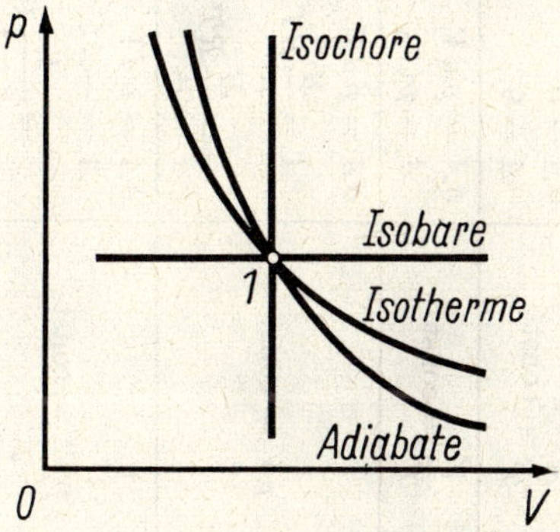

II.3.2.

2. In der Tabelle II.3.1 findet sich eine Zusammenstellung der grundlegenden Beziehungen, die für isochore, isobare, isotherme, adiabatische und polytrope Gleichgewichtsprozesse gelten, unter der Annahme, daß sich diese Prozesse in idealen Gasen abspielen, deren Masse konstant ist und deren Wärmekapazitäten C_V und C_p nicht von der Temperatur abhängen; Arbeit werde nur gegen den Außendruck geleistet.
In dieser Tabelle bezeichnen die Indizes 1 und 2 den Anfangs- bzw. Endzustand; in den Formeln sind alle Größen in Einheiten desselben Maßsystems angegeben.

3. Die Kurven, die in den entsprechenden thermodynamischen Diagrammen die isochoren, isobaren, isothermen, adiabatischen und polytropen Prozesse darstellen, werden als *Isochoren, Isobaren, Isothermen, Adiabaten* und *Polytropen* bezeichnet. Die Bilder II.3.2,

Tabelle II.3.1

Bezeichnung des Prozesses	Gleichung des Prozesses	Zusammenhang der Zustandsgrößen	Arbeit im Prozeß	Zugeführte Wärmemenge
Isochor	$V = \text{const}$	$\frac{p}{T} = \text{const}$	$\delta A = 0$ $A = 0$	$\delta Q = C_V\,dT$ $Q = C_V(T_2 - T_1)$
Isobar	$p = \text{const}$	$\frac{V}{T} = \text{const}$	$\delta A = p\,dV$ $A = p(V_2 - V_1)$	$\delta Q = C_p\,dT$ $Q = C_p(T_2 - T_1)$
Isotherm	$T = \text{const}$	$pV = \text{const}$	$\delta A = p\,dV$ $A = \frac{M}{\mu} RT \ln \frac{V_2}{V_1}$ $= \frac{M}{\mu} RT \ln \frac{p_1}{p_2}$	$\delta Q = \delta A$ $Q = A$
Adiabatisch	$\delta Q = 0$	$pV^{\varkappa} = \text{const}$ $pT^{\frac{\varkappa}{1-\varkappa}} = \text{const}$ $VT^{\frac{\varkappa}{\varkappa-1}} = \text{const}$	$\delta A = p\,dV = -dU$ $A = -\Delta U = C_V(T_1 - T_2)$ $= \frac{1}{\varkappa - 1}(p_1 V_1 - p_2 V_2)$ $A = \frac{M}{\mu}\frac{RT_1}{\varkappa - 1}\left[1 - \left(\frac{p_2}{p_1}\right)^{\frac{\varkappa-1}{\varkappa}}\right]$ $= \frac{p_1 V_1}{\varkappa - 1}\left[1 - \left(\frac{V_2}{V_1}\right)^{1-\varkappa}\right]$	$\delta Q = 0$ $Q = 0$

Polytrop	$C = \text{const}$	$p\,V^n = \text{const}$ $p\,T^{\frac{n}{1-n}} = \text{const}$ $V\,T^{\frac{1}{n-1}} = \text{const}$	$\delta A = p\,dV$ $A = \frac{1}{n-1}(p_1 V_1 - p_2 V_2)$ $A = \frac{M}{\mu}\frac{R T_1}{n-1}\left[1 - \left(\frac{p_2}{p_1}\right)^{\frac{n-1}{n}}\right]$ $= \frac{p_1 V_1}{n-1}\left[1 - \left(\frac{V_2}{V_1}\right)^{1-n}\right]$	$\delta Q = C\,dT$ $Q = C(T_2 - T_1)$

Bezeichnung des Prozesses	Änderung der inneren Energie	Änderung der Enthalpie	Wärmekapazität	Polytropenexponent
Isochor	$dU = C_V\,dT$ $\Delta U = C_V(T_2 - T_1)$	$dH = dU + V\,dp = C_p\,dT$ $\Delta H = C_p(T_2 - T_1)$	$C_V = \frac{M}{\mu}\frac{R}{\varkappa - 1}$	$n = \pm\infty$
Isobar	$dU = C_V\,dT$ $\Delta U = C_V(T_2 - T_1)$	$dH = dU + p\,dV = \delta Q$ $\Delta H = \Delta U + A = Q$	$C_p = \frac{M}{\mu}\frac{\varkappa R}{\varkappa - 1}$	$n = 0$
Isotherm	$dU = 0$ $\Delta U = 0$	$dH = 0$ $\Delta H = 0$	$C_T = \begin{cases} +\infty \text{ für } dV > 0 \\ -\infty \text{ für } dV < 0 \end{cases}$	$n = 1$
Adiabatisch	$dU = C_V\,dT = -\delta A$ $\Delta U = -A = C_V(T_2 - T_1)$	$dH = C_p\,dT = -\varkappa\,\delta A$ $\Delta H = -\varkappa A = C_p(T_2 - T_1)$	$C_{\text{adiab}} = 0$	$n = \varkappa = \frac{C_p}{C_V}$
Polytrop	$dU = C_V\,dT$ $\Delta U = C_V(T_2 - T_1)$	$dH = C_p\,dT$ $\Delta H = C_p(T_2 - T_1)$	$C = \frac{M}{\mu}\frac{R(n - \varkappa)}{(\varkappa - 1)(n - 1)}$	$n = \frac{C - C_p}{C - C_V}$

II.3.3 und II.3.4 zeigen den Verlauf der Isochoren, Isobaren, Isothermen und Adiabaten eines idealen Gases in V,p-, T,p- und V,T-Diagrammen. Es wurde angenommen, daß in allen Prozessen der Anfangszustand (*1*) des Gases derselbe ist. Bild II.3.5 zeigt die Wärmekapazität C eines idealen Gases in einem polytropen Prozeß als Funktion des Polytropenexponenten n.

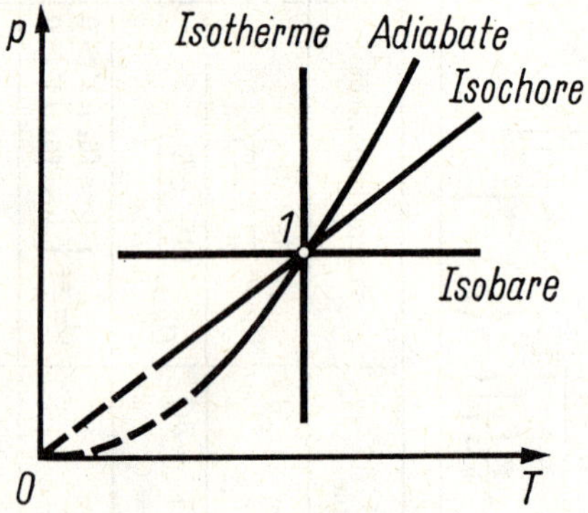

II.3.3.

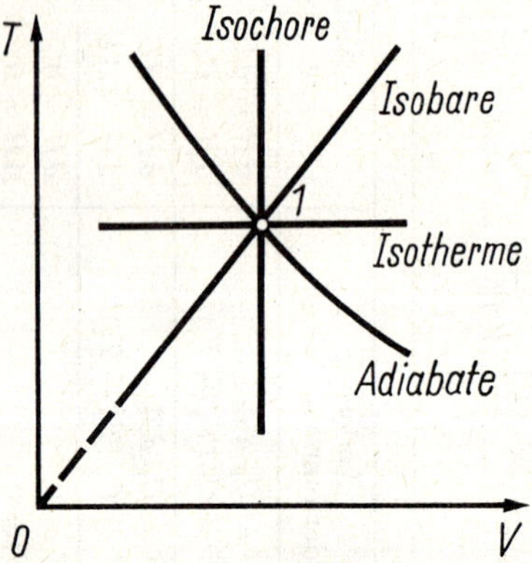

II.3.4.

4. Für einen polytropen Prozeß in einem idealen Gas gelten unter anderem folgende Beziehungen:

$$\frac{\delta Q}{dV} = \frac{\varkappa - n}{\varkappa - 1}\,p, \qquad \frac{\delta Q}{dp} = \frac{n - \varkappa}{\varkappa - 1}\,V, \qquad \frac{\delta A}{\delta Q} = \frac{\varkappa - 1}{\varkappa - n},$$

$$\frac{dU}{\delta Q} = \frac{n - 1}{n - \varkappa}, \qquad \frac{dH}{\delta Q} = \frac{\varkappa(n - 1)}{n - \varkappa}.$$

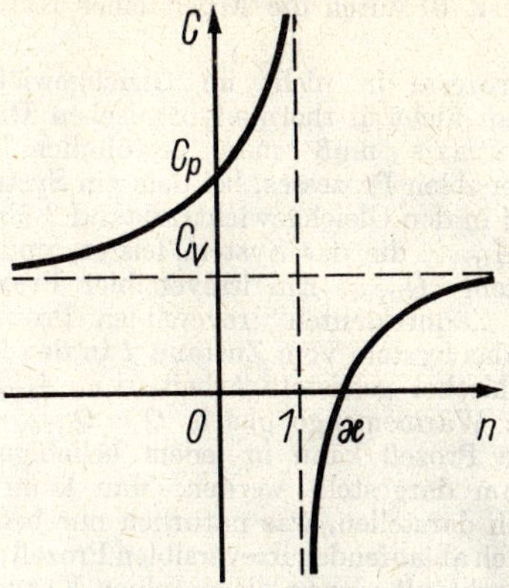

II.3.5.

4. Der zweite und dritte Hauptsatz der Thermodynamik

4.1. Reversible und irreversible Prozesse

1. Als *reversiblen thermodynamischen Prozeß* bezeichnet man einen solchen Prozeß, bei dem das System wieder in den Ausgangszustand zurückkehren kann, ohne daß in seiner Umgebung irgendwelche Änderungen eingetreten sind.
Eine notwendige und hinreichende Bedingung für die Reversibilität eines thermodynamischen Prozesses ist sein Gleichgewicht.

2. Ein *irreversibler thermodynamischer* Prozeß ist ein solcher, bei dem das System nicht in den Ausgangszustand zurückkehren kann, ohne daß in seiner Umgebung Änderungen eingetreten sind.
Alle realen Prozesse spielen sich mit endlicher Geschwindigkeit ab. Sie sind von Reibung, Diffusion und, im Fall einer endlichen Temperaturdifferenz zwischen System und umgebendem Medium, von Wärmeaustausch begleitet. Sie sind daher nicht im Gleichgewicht und demnach irreversibel.

3. Jeder irreversible Prozeß verläuft in der einen Richtung (der direkten) spontan; sein Ablauf in umgekehrter Richtung, so daß das System in den Anfangszustand zurückkehrt, erfordert einen Kompensationsprozeß an den äußeren Körpern, was dazu führt, daß der Zustand dieser Körper vom Anfangszustand verschieden ist. So erfolgt z. B. der Temperaturausgleich zwischen zwei sich berührenden, verschieden warmen Körpern spontan, d. h., er bedingt nicht irgendwelche zugleich ablaufende Prozesse in anderen (äußeren) Körpern. Um jedoch den umgekehrten Prozeß zu realisieren, bei dem die Temperaturdifferenz der Körper erhöht wird, bis die anfängliche Differenz erreicht ist, sind Kompensationsprozesse an äußeren Körpern er-

forderlich, wie sie z. B. durch die Arbeit einer Kältemaschine verursacht werden.

4. Irreversible Prozesse in nicht im Gleichgewicht befindlichen Körpern kann man nicht in thermodynamischen Diagrammen darstellen. In der Praxis muß man gewöhnlich die integralen Größen des irreversiblen Prozesses, bei dem ein System vom Gleichgewichtszustand *1* in den Gleichgewichtszustand *2* übergeht, kennen, d. h. die Arbeit A_{irrev}, die das System leistet, und die ihm übertragene Wärmemenge Q_{irrev}. Ein irreversibler Prozeß kann daher durch einen ihm „äquivalenten" reversiblen Prozeß *1—2* ersetzt werden, bei dem das System vom Zustand *1* in den Zustand *2* übergeht, so daß die hierbei geleistete Arbeit $A = A_{\text{irrev}}$ und die vom System erhaltene Wärmemenge gleich $Q = Q_{\text{irrev}}$ ist. Der äquivalente reversible Prozeß kann in jedem beliebigen thermodynamischen Diagramm dargestellt werden. Man kann so irreversible Prozesse graphisch darstellen, was natürlich nur bedingt zutreffend ist, da im tatsächlich ablaufenden irreversiblen Prozeß das System nicht jene Zustände durchläuft, denen die einzelnen Kurvenpunkte in der „Darstellung" des „äquivalenten" reversiblen Prozesses entsprechen.

4.2. Kreisprozesse. Der CARNOTsche Kreisprozeß

1. Als *wärmeabgebenden Speicher* bezeichnet man ein System, das dem betrachteten thermodynamischen System Energie in Form von Wärme zuführt.
Als *wärmeaufnehmenden Speicher* (*Kühlmittel*) bezeichnet man ein System, das vom betrachteten thermodynamischen System Energie in Form von Wärme erhält.

2. Als *Arbeitssubstanz* (*arbeitenden Stoff*) bezeichnet man ein thermodynamisches System, das einen Kreisprozeß in einer Wärmemaschine durchläuft. In einer Wärmekraftmaschine erhält die Arbeitssubstanz Energie in Form von Wärme und gibt einen Teil davon als Arbeit ab. In einer Kühlvorrichtung erhält die Arbeitssubstanz Energie in Form von Arbeit und bewirkt einen Übergang von Energie in Form von Wärme vom kälteren zum wärmeren Körper.

3. Kreisprozesse (S. 168) sind in thermodynamischen Diagrammen in Form von geschlossenen Kurven darstellbar. Die gegen den Außendruck in einem reversiblen Kreisprozeß vom System geleistete Arbeit wird durch die von den Kurven dieses Prozesses im V,p-Diagramm begrenzte Fläche gemessen.
Als *positiven Zyklus* bezeichnen wir einen Kreisprozeß, in dem das System positive Arbeit leistet: $A = \oint p\,dV > 0$. Im V,p-Diagramm wird der positive Zyklus durch eine geschlossene Kurve dargestellt, die von der Arbeitssubstanz im Uhrzeigersinn durchlaufen wird.
Ein *negativer Zyklus* ist ein Kreisprozeß, in dem die vom System geleistete Arbeit negativ ist: $A = \oint p\,dV < 0$. Im V,p-Diagramm ist auch der negative Zyklus durch eine geschlossene Kurve dar-

stellbar, doch wird sie von der Arbeitssubstanz im Gegenuhrzeigersinn durchlaufen.

In einer Wärmekraftmaschine durchläuft die Arbeitssubstanz einen positiven Zyklus, in der Kältemaschine einen negativen.

4. Als *thermischen* (*thermodynamischen*) *Wirkungsgrad* η_t bezeichnet man das Verhältnis von mechanischem Wärmeäquivalent A (der von der Arbeitssubstanz im betrachteten positiven Kreisprozeß geleisteten Arbeit) zur Summe Q_1 aller Wärmemengen, die die Arbeitssubstanz vom Wärmespeicher erhalten hat:

$$\eta_t = \frac{A}{Q_1} = \frac{Q_1 - Q_2}{Q_1};$$

Q_2 ist der Absolutbetrag der Summe aller Wärmemengen, die die Arbeitssubstanz an das Kühlmittel abgibt.

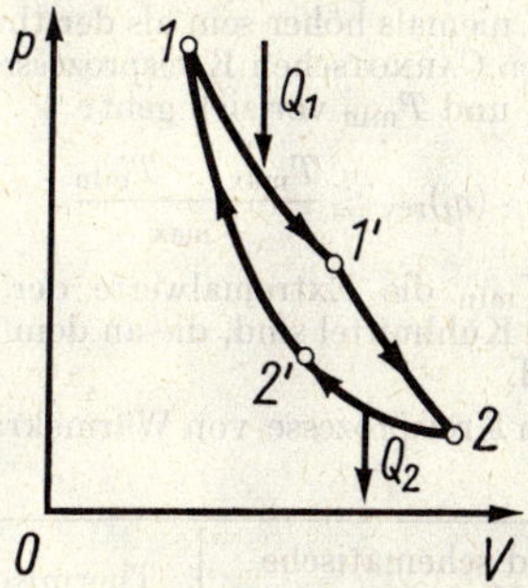

II.4.1.

Der thermische Wirkungsgrad charakterisiert in der Wärmekraftmaschine, die im betrachteten Zyklus arbeitet, den Grad der Umwandlung der inneren Energie in mechanische Energie.

5. Der CARNOT*sche Kreisprozeß* ist ein positiver Zyklus (Bild II.4.1), der aus zwei Isothermen (*1*—*1'* und *2*—*2'*) und zwei Adiabaten (*1'*—*2* und *2'*—*1*) besteht. Im Prozeß *1*—*1'* erhält die Arbeitssubstanz vom Wärmespeicher die Wärmemenge Q_1, im Prozeß *2*—*2'* gibt die Arbeitssubstanz die Wärmemenge Q_2 an den wärmeaufnehmenden Speicher ab. Der *Satz von* CARNOT lautet: Der thermische Wirkungsgrad eines reversiblen CARNOTschen Kreisprozesses hängt nicht von der Art der Arbeitssubstanz ab und ist eine Funktion der absoluten Temperatur des Wärmespeichers (T_1) und der des wärmeaufnehmenden Speichers (T_2):

$$\eta_c = \frac{T_1 - T_2}{T_1}.$$

Der CARNOTsche Satz wird durch den zweiten Hauptsatz der Thermodynamik (S. 171) bewiesen.

6. Vergleicht man die Ausdrücke für den thermischen Wirkungsgrad eines beliebigen Kreisprozesses (Punkt 4) und den eines reversiblen CARNOTschen Kreisprozesses, so sieht man, daß sich beim CARNOT-

schen Kreisprozeß die Temperaturen der beiden Speicher wie die entsprechenden abgegebenen bzw. zugeführten Wärmemengen verhalten:

$$\frac{T_1}{T_2} = \frac{Q_1}{Q_2}.$$

Man kann also, um die Temperaturen zweier Körper zu vergleichen, diese einem reversiblen CARNOTschen Kreisprozeß unterwerfen, wobei die Körper als die beiden Speicher fungieren und die Wärmemengen Q_1 und Q_2 gemessen werden. Die so erhaltene Temperaturskala wird als *absolute thermodynamische* Skala bezeichnet. Sie hat, dem CARNOTschen Satz zufolge, den Vorteil, nicht von den Eigenschaften irgendeines bestimmten thermodynamischen Körpers abzuhängen. Angesichts der Unmöglichkeit, einen reversiblen CARNOTschen Kreisprozeß zu realisieren, kann jedoch diese Möglichkeit eines Temperaturvergleiches nicht verwirklicht werden und besitzt nur eine gewisse prinzipielle Bedeutung.

7. Der thermische Wirkungsgrad $(\eta_t)_{\text{rev}}$ eines beliebigen reversiblen Kreisprozesses kann niemals höher sein als der thermische Wirkungsgrad eines reversiblen CARNOTschen Kreisprozesses, der zwischen den Temperaturen $T_{\max}$ und $T_{\min}$ vor sich geht:

$$(\eta_t)_{\text{rev}} \leqq \frac{T_{\max} - T_{\min}}{T_{\max}},$$

wobei $T_{\max}$ und $T_{\min}$ die Extremalwerte der Temperaturen von Wärmespeicher und Kühlmittel sind, die an dem betrachteten Kreisprozeß beteiligt sind.

8. Die theoretischen Kreisprozesse von Wärmekraftmaschinen (Kolbenmaschinen).

Bezeichnung und schematische Darstellung des Kreisprozesses	Thermischer Wirkungsgrad
1. Verbrennungsprozeß bei $V = \text{const}$ (OTTO-*Prozeß*) (Bild II.4.2) 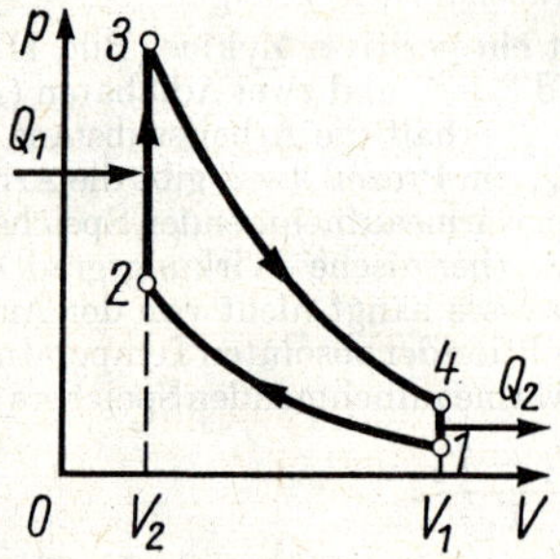 *1–2* Adiabatische Komprsesion, *2–3* Isochore Erwärmung, *3–4* Adiabatische Ausdehnung, *4–1* Isochore Abkühlung.	$\eta_t = 1 - \frac{1}{\varepsilon^{\varkappa - 1}}$, wobei $\varepsilon = V_1/V_2$ die relative Kompression und $\varkappa$ der Adiabatenexponent bei Kompression und Expansion ist.

<table>
<tr><th>Bezeichnung und schematische Darstellung des Kreisprozesses</th><th>Thermischer Wirkungsgrad</th></tr>
<tr><td>

2. Verbrennungsprozeß bei $p = \text{const}$ (DIESEL-*Prozeß*) (Bild II.4.3)

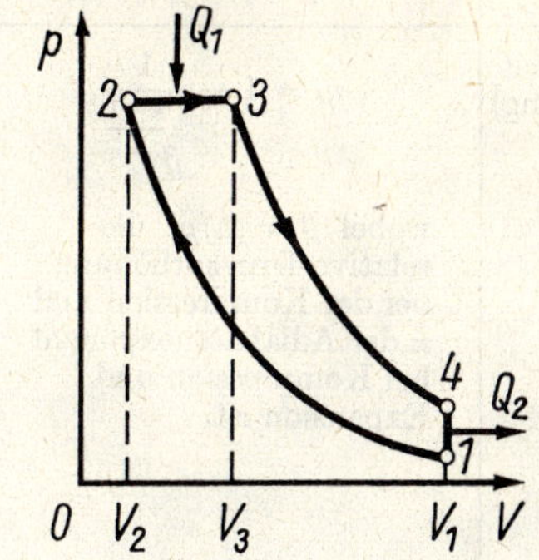

1–2 Adiabatische Kompression,
2–3 Isobare Erwärmung,
3–4 Adiabatische Expansion,
4–1 Isochore Abkühlung.

</td><td>

$$\eta_t = 1 - \frac{\varrho^{\varkappa-1}}{\varkappa \varepsilon^{\varkappa-1}(\varrho - 1)},$$

wobei $\varepsilon = V_1/V_2$ die relative Kompression, $\varrho = V_3/V_2$ die relative Vorexpansion und $\varkappa$ der Adiabatenexponent bei Kompression und Expansion ist.

</td></tr>
<tr><td>

3. Gemischter Zyklus mit Verbrennung bei $V = \text{const}$ und $p = \text{const}$ (TRINKLER-SABATE-*Prozeß*) (Bild II.4.4)

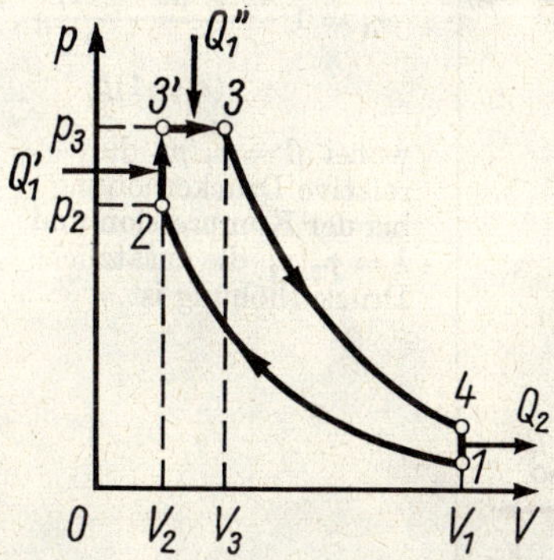

1–2 Adiabatische Kompression,
2–3′ Isochore Erwärmung,
3′–3 Isobare Erwärmung,
3–4 Adiabatische Expansion
4–1 Isochore Abkühlung.

</td><td>

$$\eta_t = 1 - \frac{\lambda \varrho^{\varkappa-1}}{\varepsilon^{\varkappa-1}[(\lambda - 1) + \varkappa(\varrho - 1)]},$$

wobei $\varepsilon = V_1/V_2$ die relative Kompression, $\varrho = V_3/V_2$ die relative Vorexpansion, λ die relative Druckerhöhung und $\varkappa$ der Adiabatenexponent von Kompression und Expansion ist.

</td></tr>
</table>

9. Theoretische Kreisprozesse von Gasturbinen

<table>
<tr><th>Bezeichnung und schematische Darstellung des Kreiprozesses</th><th>Thermischer Wirkungsgrad</th></tr>
<tr><td>

1. Verbrennungsprozeß bei $p = \text{const}$ (Bild II.4.5) (isobare Verbrennung)

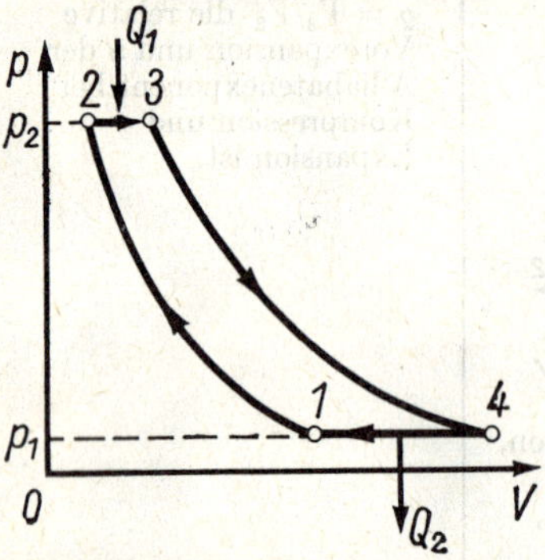

1—2 Adiabatische Kompression,
2—3 Isobare Erwärmung,
3—4 Adiabatische Expansion,
4—1 Isobare Abkühlung.

</td><td>

$$\eta_t = 1 - \frac{1}{\beta^{\frac{\varkappa - 1}{\varkappa}}},$$

wobei $\beta = p_2/p_1$ die relative Druckerhöhung bei der Kompression und $\varkappa$ der Adiabatenexponent bei Kompression und Expansion ist.

</td></tr>
<tr><td>

2. Verbrennungsprozeß bei $V = \text{const}$ (Bild II.4.6) (isochore Verbrennung)

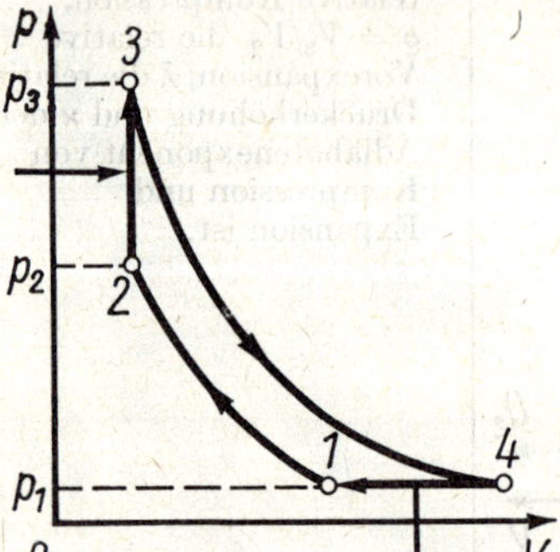

1—2 Adiabatische Kompression,
2—3 Isochore Erwärmung,
3—4 Adiabatische Expansion,
4—1 Isobare Abkühlung.

</td><td>

$$\eta_t = 1 - \frac{\varkappa\left(\lambda^{\frac{1}{\varkappa}} - 1\right)}{(\lambda - 1)\beta^{\frac{\varkappa - 1}{\varkappa}}},$$

wobei $\beta = p_2/p_1$ die relative Druckerhöhung bei der Kompression und $\lambda = p_3/p_2$ die zusätzliche Druckerhöhung ist.

</td></tr>
</table>

10. Der thermische Wirkungsgrad $(\eta_t)_{\text{irrev}}$ eines beliebigen irreversiblen Kreisprozesses ist immer niedriger als der eines reversiblen CARNOTschen Kreisprozesses, der sich zwischen den auf S. 168 angegebenen Temperaturen $T_{\max}$ und $T_{\min}$ abspielt:

$$(\eta_t)_{\text{irrev}} < \frac{T_{\max} - T_{\min}}{T_{\max}}.$$

11. Die Wirtschaftlichkeit einer Kühlanlage wird durch den *Kühlkoeffizienten* $\mathcal{E}$ angegeben, der gleich dem Verhältnis der dem zu kühlenden Körper entzogenen Wärmemenge Q zum Wärmeäquivalent A der dafür aufgewendeten Arbeit ist:

$$\mathcal{E} = \frac{Q}{A}.$$

Der Kühlkoeffizient $\mathcal{E}_{\text{rev}}$ einer beliebigen Kühlanlage, die nach einem reversiblen Kreisprozeß arbeitet, hängt nur von der Temperatur T_0 des zu kühlenden Körpers und der des wärmeaufnehmenden Systems ab ($T > T_0$), d. h., er ist gleich dem Kühlkoeffizienten $\mathcal{E}_C$ der Anlage, die in diesem Temperaturbereich nach einem reversiblen negativen CARNOTschen Kreisprozeß arbeitet:

$$\mathcal{E}_{\text{rev}} = \mathcal{E}_C = \frac{T_0}{T - T_0}.$$

Für eine Kühlanlage, die nach einem irreversiblen Kreisprozeß arbeitet, gilt

$$\mathcal{E}_{\text{irrev}} < \frac{T_0}{T - T_0}.$$

4.3. Der zweite Hauptsatz der Thermodynamik

1. Der erste Hauptsatz, der das Gesetz der Erhaltung und Umwandlung der Energie ausdrückt, kann nicht die Richtung angeben, in der thermodynamische Prozesse ablaufen. Auf Grund dieses Gesetzes allein könnte man z. B. versuchen, ein Perpetuum mobile zweiter Art zu bauen; das ist eine Maschine, deren Arbeitssubstanz in einem Kreisprozeß Energie in Form von Wärme von einem äußeren Körper erhält und diese Wärmeenergie vollständig in Form von Arbeit an einen anderen äußeren Körper wieder abgibt.

2. Die experimentelle Erfahrung hat gelehrt, daß es nicht möglich ist, ein solches *Perpetuum mobile zweiter Art* zu bauen. Diese Schlußfolgerung wird als *zweiter Hauptsatz der Thermodynamik* bezeichnet und kann auf verschiedene Art und Weise formuliert werden, doch sind alle Formulierungen in ihrem Wesen äquivalent; als Beispiel seien folgende Prozesse angegeben[1]):

a) Ein Prozeß, der nichts weiter bewirkt als die Umwandlung der von einem Wärmespeicher erhaltenen Wärme in die ihr äquivalente Arbeit, ist unmöglich.

---

[1]) Vgl. auch S. 177.

b) Ein Prozeß, der nichts weiter bewirkt, als Energie in Form von Wärme einem kalten Körper zu entziehen und sie an einen warmen abzugeben, ist unmöglich.

3. Der zweite Hauptsatz unterstreicht den wesentlichen Unterschied der beiden Arten von Energieübertragung — durch Wärme und durch Arbeit. Er besagt, daß die Umwandlung der geordneten Bewegung eines Körpers als Ganzem in die ungeordnete Bewegung seiner Teilchen und Teilchen der Umgebung ein irreversibler Prozeß ist. Die geordnete Bewegung kann in ungeordnete übergehen, ohne daß irgendwelche zusätzlichen (kompensierenden) Prozesse notwendig wären, wie das z. B. bei der Reibung der Fall ist. Der umgekehrte Übergang von ungeordneter Bewegung in geordnete, oder, wie es oft nicht ganz exakt ausgedrückt wird, der „Übergang von Wärme in Arbeit" kann nicht das einzige Ergebnis eines thermodynamischen Prozesses sein, immer müssen irgendwelche Kompensationsprozesse auftreten. Bei der isothermen Expansion eines im Gleichgewicht befindlichen idealen Gases wird z. B. Arbeit geleistet, die der dem Gas zugeführten Wärme vollständig äquivalent ist. Die Dichte des Gases hat jedoch hierbei abgenommen, d. h., die „Umwandlung von Wärme in Arbeit" ist nicht das einzige Ergebnis dieses Prozesses. Eine Wärmekraftmaschine, die nach einem positiven CARNOTschen Kreisprozeß arbeitet, leistet Arbeit, die nur einem Teil der zugeführten Wärme entspricht, der Rest wird kälteren Teilen zugeführt, deren Zustand sich infolgedessen ändert. In einer Kältemaschine wird Wärme von einem kälteren Körper auf einen wärmeren übergeführt. Um diesen Prozeß zu realisieren, ist jedoch der Kompensationsprozeß der Arbeitsleistung durch äußere Körper erforderlich.

4.4. Die Entropie

1. Als *reduzierte Wärmemenge* Q^* in einem isothermen Prozeß bezeichnet man die vom System erhaltene Wärmemenge Q, dividiert durch die Temperatur T des wärmeabgebenden Körpers: $Q^* = Q/T$, wobei $Q > 0$ ist, wenn dem Körper Wärme zugeführt wird, und $Q < 0$, wenn dem Körper Wärme entzogen wird.
Für einen beliebigen Prozeß ist die reduzierte Wärmemenge durch $Q^* = \int \delta Q/t$ gegeben, wobei δQ die dem System in einem elementaren Abschnitt des Prozesses von einem wärmeabgebenden Körper der Temperatur T zugeführte Wärme ist.

2. Die einem System in einem beliebigen reversiblen Kreisprozeß zugeführte reduzierte Wärmemenge Q_{rev} ist gleich Null (*Gleichung von* CLAUSIUS):

$$Q^*_{\text{rev}} = \oint\limits_{\text{rev}} \frac{\delta Q}{T} = 0,$$

wobei T die Temperatur des Systems ist, bei der die Wärme δQ abgegeben wird; der Ausdruck unter dem Integralzeichen ist, im Gegensatz zu δQ, ein vollständiges Differential. Für die elementare Wärmemenge, die dem System in einem reversiblen Prozeß zugeführt wird, ist demnach die reziproke absolute Temperatur des Systems ein integrierender Faktor.

3. Als *Entropie* bezeichnet man nun die Zustandsfunktion S eines Systems, deren Differential in einem elementaren Abschnitt eines reversiblen Prozesses gleich ist dem Verhältnis der infinitesimalen, dem System zugeführten Wärmemenge zur absoluten Temperatur des Systems:

$$dS = \frac{\delta Q}{T}\,.$$

Die Entropie eines zusammengesetzten Systems ist gleich der Summe der Entropien seiner homogenen Bestandteile.
Aus dem Vorzeichen der Entropieänderung eines Systems in einem reversiblen Prozeß kann man auf die Richtung schließen, in der der Wärmeaustausch erfolgt. Bei jedem gewöhnlichen thermodynamischen System wächst die innere Energie U unbegrenzt, wenn $T \to \infty$ geht, daher kann die absolute Temperatur im Gleichgewichtszustand nur positiv sein, so daß bei Erwärmung des Systems $dS > 0$ und bei seiner Abkühlung $dS < 0$ ist.
Es existieren jedoch Systeme (*außergewöhnliche Systeme*), für die $\lim\limits_{T\to\infty} U$ gleich einer endlichen Größe U_0 ist. Solche Systeme können Zustände annehmen, wo die absolute Temperatur nicht nur positiv, sondern auch negativ sein kann ($T > 0$, wenn $U < U_0$, und $T < 0$, wenn $U > U_0$). Ein Beispiel für ein solches System ist der Kernspin (S. 774) gewisser Kristalle (z. B. LiF); man kann dieses System für die Zeit τ (die um vieles kleiner sei als die Relaxationszeit τ_1 der Spin-Gitter-Wechselwirkung (S. 733)) als isoliert und im Gleichgewicht befindlich betrachten, da die Relaxationszeit τ_2 der Spin-Spin-Wechselwirkung (S. 733) um einen Faktor von etwa 10^{-7} kleiner ist als τ_1. Die Temperatur $T = 0$ entspricht einem Zustand, in dem alle Spins in Richtung des äußeren Magnetfeldes orientiert sind, die Temperatur $T = \infty$ (oder $T = -\infty$) dem Zustand völliger Unordnung der Spinorientierungen und die Temperatur $T = -0$ einem Zustand, bei dem die Spins alle entgegen dem äußeren Magnetfeld orientiert sind, d. h., wenn die Energie des Spinsystems maximal ist.

4. Die Entropieänderung in einem beliebigen reversiblen Prozeß, bei dem das System von Zustand *1* in Zustand *2* übergeht, ist gleich der reduzierten Wärmemenge, die dem System in diesem Prozeß zugeführt wird:

$$S_2 - S_1 = \int_1^2 \frac{\delta Q}{T}\,.$$

Einen thermodynamischen Prozeß bezeichnet man als *isentropisch*, wenn die Entropie des betrachteten Systems konstant bleibt. So ist z. B. in einem reversiblen adiabatischen Prozeß $\delta Q = 0$ und $S = \text{const}$.

5. Die Entropie eines Körpers kann nur bis auf eine additive Konstante (die Integrationskonstante) genau bestimmt werden:

$$S = \int_{\text{rev}} \frac{\delta Q}{T} + \text{const}$$

oder

$$S = \int_0^T \frac{\delta Q}{T} + S_0,$$

wobei längs eines beliebigen reversiblen Prozesses integriert wird; S_0 ist die Entropie des Körpers bei $T = 0\,°\mathrm{K}$, die nicht mittels des ersten und zweiten Hauptsatzes bestimmt werden kann.

6. Die Entropie eines physikalisch homogenen Systems ist eine Funktion zweier unabhängiger Zustandsgrößen, nämlich p und T oder T und V (die Masse des Systems wird als konstant angenommen). Daher ist

$$S(V, T) = \int_0^T C_V \frac{dT}{T} + S_0'$$

oder

$$S(p, T) = \int_0^T C_p \frac{dT}{T} + S_0'',$$

wobei die Integrale $\int_0^T C_V \frac{dT}{T}$ und $\int_0^T C_p \frac{dT}{T}$ für die reversiblen Prozesse einer isochoren bzw. isobaren Erwärmung des Systems von $T = 0\,°\mathrm{K}$ bis zu der dem betrachteten Zustand entsprechenden Temperatur T sind, und C_V und C_p sind die Wärmekapazitäten des Systems in diesen Prozessen, $S_0' = S(V, 0)$ und $S_0'' = S(p, 0)$, wobei nach dem NERNSTschen Prinzip (S. 199) $S_0' = S_0'' = S_0$ ist.

Beispiel 1. Die Entropie eines idealen Gases. Nach dem ersten Hauptsatz der Thermodynamik (S. 158) ist für $\delta A^* = 0$

$$\delta Q = dU + p\,dV = dH - V\,dp$$

mit $dU = C_V\,dT$ und $dH = C_p\,dT$, so daß

$$dS = C_V \frac{dT}{T} + \frac{p}{T} dV = C_p \frac{dT}{T} - \frac{V}{T} dp$$

gilt. Für ein ideales Gas (S. 152) ist $p/T = MR/\mu V$ und $V/T = MR/\mu p$ und daher

$$dS = \frac{M}{\mu}\left(C_{V\mu} \frac{dT}{T} + R \frac{dV_\mu}{V_\mu}\right) = \frac{M}{\mu}\left(C_{p\mu} \frac{dT}{T} - R \frac{dp}{p}\right)$$

$$= \frac{M}{\mu}\left(C_{p\mu} \frac{dV_\mu}{V_\mu} + C_{V\mu} \frac{dp}{p}\right),$$

wobei V_μ das Molvolumen des Gases und $C_{V\mu}$ und $C_{p\mu}$ seine Molwärmen (S. 158) sind, die nur von der Temperatur abhängen;

$$S = \frac{M}{\mu}\left[\int C_{V\mu}\frac{dT}{T} + R\ln V_\mu + a_1\right],$$

$$S = \frac{M}{\mu}\left[\int C_{p\mu}\frac{dT}{T} - R\ln p + a_2\right],$$

$$S = \frac{M}{\mu}[C_{p\mu}\ln V_\mu + C_{V\mu}\ln p + a_3],$$

wobei a_1, a_2 und a_3 Integrationskonstanten sind.
Für einatomige Gase hängen $C_{V\mu}$ und $C_{p\mu}$ nicht von der Temperatur ab (S. 160), und es ist

$$S = \frac{M}{\mu}[C_{V\mu}\ln T + R\ln V_\mu + a_1],$$

$$S = \frac{M}{\mu}[C_{p\mu}\ln T - R\ln p + a_2].$$

Beispiel 2. Die Entropie eines Gemisches aus N idealen Gasen ist gleich der Summe der Entropien aller Komponenten des Gemisches bei der Temperatur des Gemisches und bei ihren Partialdrucken p_i (S. 153):

$$S = \sum_{i=1}^{N} S_i = \sum_{i=1}^{N}\frac{M_i}{\mu_i}\left[\int C_{p\mu_i}\frac{dT}{T} - R\ln p_i + a_{2i}\right]$$

$$= \sum_{i=1}^{N}\frac{M_i}{\mu_i}\left[\int C_{p\mu_i}\frac{dT}{T} - R\ln p + a_{2i}\right] + \Delta S_{\text{Gem}},$$

wobei p der Druck des Gemisches,

$$\Delta S_{\text{Gem}} = -R\sum_{i=1}^{N}\frac{M_i}{\mu_i}\ln x_i = -R\left(\sum_{i=1}^{N}\frac{M_i}{\mu_i}\right)\left(\sum_{i=1}^{N} x_i\ln x_i\right)$$

die *Entropie des Gemisches* und x_i der Molenbruch der i-ten Komponente des Gemisches (S. 152) ist. Die Entropie eines Gemisches verschiedenartiger idealer Gase hängt nicht von ihren individuellen Besonderheiten ab; sie wird allein durch die molaren Konzentrationen dieser Gase und der Gesamtzahl von Molen aller Gase im Gemisch bestimmt. Mischt man gleichartige Gase ($x_i = 1$, $x_1 = x_2 = \cdots = x_{i-1} = x_{i+1} = \cdots = x_N = 0$), so ist die Entropie des Gemisches gleich Null (GIBBSsches *Paradoxon*).

Beispiel 3. Die Entropie eines VAN-DER-WAALSschen Gases (S. 182), für das $dU = C_V\,dT + \frac{M^2}{\mu^2}\frac{a}{V^2}\,dV$ gilt. Hier ist

$$dS = C_V\frac{dT}{T} + \frac{1}{T}\left(p + \frac{M^2}{\mu^2}\frac{a}{V^2}\right)dV = \frac{M}{\mu}\left[C_{V\mu}\frac{dT}{T} + R\frac{dV_\mu}{V_\mu - b}\right]$$

und

$$S = \frac{M}{\mu}\left[\int C_{V\mu}\frac{dT}{T} + R\ln(V_\mu - b) + \text{const}\right],$$

wobei V_μ das Molvolumen des Gases und $C_{V\mu}$ seine Molwärme ist.

4.5. Die wichtigsten Relationen der Thermodynamik

1. Aus dem zweiten Hauptsatz der Thermodynamik folgt, daß in einem irreversiblen Elementarprozeß die Entropieänderung des Systems $dS > \delta Q/T$ ist, wobei δQ die dem System von einem äußeren Körper zugeführte Wärmemenge ist; T ist die Temperatur dieses Körpers.[1])

Für einen beliebigen Elementarprozeß ist

$$dS \geqq \frac{\delta Q}{T}, \qquad (*)$$

wobei das Gleichheitszeichen für reversible Prozesse und das Größerzeichen für irreversible Prozesse gilt.

2. Für ein wärmeisoliertes (adiabatisches) System ist $\delta Q = 0$, und der Ausdruck (*) lautet

$$dS \geqq 0.$$

Dieses Ergebnis ist eine mathematische Formulierung des zweiten Hauptsatzes der Thermodynamik, der demnach in der Feststellung resultiert, daß die Entropie, unabhängig von den sich im System abspielenden Prozessen, in einem abgeschlossenen System nicht abnehmen kann.

Da alle realen Prozesse irreversibel sind, kann in Wirklichkeit die Entropie eines abgeschlossenen Systems nur zunehmen; sie erreicht ein Maximum, wenn sich das System im thermodynamischen Gleichgewicht befindet. Die Interpretation dieses Gesetzes hängt mit der physikalischen Bedeutung der Entropie zusammen, die im Rahmen der statistischen Physik besprochen wird (S. 230).

3. Spielt sich im System ein Kreisprozeß ab, dann ist die Entropieänderung gleich Null, und die algebraische Summe der reduzierten Wärmemengen, die hierbei dem System zugeführt werden, sind in einem reversiblen Prozeß gleich Null:

$$\oint_{\text{rev}} \frac{\delta Q}{T} = 0$$

und in einem irreversiblen Prozeß kleiner als Null:

$$\oint_{\text{irrev}} \frac{\delta Q}{T} < 0.$$

---

[1]) Voraussetzung ist $T > 0$. Für ein System mit negativer absoluter Temperatur (S. 173) ist $dS < \delta Q/T$.

Die letztere Beziehung nennt man die CLAUSIUS*sche Ungleichung*; sie stellt eine mathematische Formulierung des zweiten Hauptsatzes der Thermodynamik für irreversible Prozesse in abgeschlossenen Systemen dar.

4. *Die in der Thermodynamik wichtigste Beziehung* verbindet den ersten und zweiten Hauptsatz und ergibt sich aus Gleichung (*), indem man δQ durch den dem ersten Hauptsatz entsprechenden Wert ersetzt (S. 159):

$$T\,dS \geqq dU + \delta A.$$

Für reversible Prozesse geht diese Beziehung in die *thermodynamische Gleichung*

$$T\,dS = dU + \delta A$$

über.

4.6. Charakteristische Funktionen und thermodynamische Potentiale

1. Als *charakteristische Funktion* bezeichnet man die Zustandsfunktion eines Systems, die samt ihren Ableitungen die Möglichkeit gibt, die thermodynamischen Eigenschaften des Systems explizit auszudrücken. Die Form der charakteristischen Funktion hängt natürlich von der Wahl der unabhängigen Variablen ab. Wählt man z. B. H (die Enthalpie) und p (den Druck) oder U (die innere Energie) und V (das Volumen) als unabhängige Variable, dann ist die Entropie S die charakteristische Funktion; sind S und V die unabhängigen Variablen, dann ist es die innere Energie U (s. auch Punkt 3).

2. Das *thermodynamische Potential* ist eine charakteristische Funktion, deren Abnahme in einem (reversiblen) Gleichgewichtsprozeß, der so abläuft, daß die thermodynamischen Parameter paarweise (T und V, T und p, S und p, S und V, usw.) konstant bleiben, gleich A^* ist; das ist die gesamte Arbeit des Systems, abzüglich der Arbeit gegen den Außendruck.

3. Die Existenz thermodynamischer Potentiale ist eine Folge der thermodynamischen Gleichung (s. oben), derzufolge die elementare Arbeit $\delta A^* = \delta A - p\,dV$ (S. 179) mittels der folgenden Formeln bestimmt werden kann:

$$\delta A^* = T\,dS - dU - p\,dV,$$

$$\delta A^* = T\,dS - dH + V\,dp,$$

$$\delta A^* = -d(U - TS) - S\,dT - p\,dV,$$

$$\delta A^* = -d(H - TS) - S\,dT + V\,dp.$$

a) Die unabhängigen Variablen S und V. Die charakteristische Funktion und das thermodynamische Potential sind durch die innere Energie U gegeben (*isochor-isentropisches Potential*).

b) Die unabhängigen Variablen S und p. Die charakteristische Funktion und das thermodynamische Potential sind durch die Enthalpie H gegeben (*isobar-isentropisches Potential*).

c) Die unabhängigen Variablen T und V. Die charakteristische Funktion und das thermodynamische Potential sind gleich der Zustandsfunktion des Systems: $F = U - TS$, die als *isochor-isothermes Potential* (*isochores Potential, freie Energie*) bezeichnet wird.

d) Die unabhängigen Variablen T und p. Die charakteristische Funktion und das thermodynamische Potential sind eine Zustandsfunktion des Systems $\Phi = H - TS = U + pV - TS$, die als *isobar-isothermes Potential* (*isobares Potential*, GIBBS*sches thermodynamisches Potential*) bezeichnet wird.

4. Das isochor-isotherme und das isobar-isotherme Potential eines idealen Gases ist durch

$$F = -\frac{M}{\mu}[RT \ln V_\mu + \varphi(T)] = -n\left[RT \ln \frac{V}{n} + \varphi(T)\right]$$

bzw.

$$\Phi = n[RT \ln p + f(T)]$$

gegeben, wobei $n = M/\mu$ die Anzahl der Mole des Gases, V_μ das Molvolumen ist;

$$\varphi(T) = -U_\mu + T\left(a_1 + \int C_{V\mu} \frac{dT}{T}\right)$$

und

$$f(T) = H_\mu - T\left(a_2 + \int C_{p\mu} \frac{dT}{T}\right)$$

sind Temperaturfunktionen, U_μ und H_μ ist die innere Energie bzw. Enthalpie des Gases pro Mol, $C_{V\mu}$ und $C_{p\mu}$ sind die Molwärmen, a_1 und a_2 sind die Integrationskonstanten in den Entropieformeln (S. 175).

5. Für ein Gemisch aus idealen Gasen ist das isochor-isotherme Potential gleich der Summe der isochor-isothermen Potentiale aller N Komponenten des Gemisches für das Volumen V und die Temperatur T des Gemisches:

$$F = \sum_{i=1}^{N} F_i = -\sum_{i=1}^{N} n_i \left[RT \ln \frac{V}{n_i} + \varphi_i(T)\right].$$

Das isobar-isotherme Potential eines Gemisches ist gleich der Summe der isobar-isothermen Potentiale aller N Komponenten des Gemisches für die Temperatur des Gemisches und die Partialdrucke der Komponenten (S. 153):

$$\Phi = \sum_{i=1}^{N} \Phi_i = \sum_{i=1}^{N} n_i[RT \ln p_i + f_i(T)]$$

oder

$$\Phi = \sum_{i=1}^{N} n_i[RT \ln p + RT \ln x_i + f_i(T)],$$

wobei $x_i = n_i \Big/ \sum_{i=1}^{N} n_i$ die molare Konzentration der i-ten Komponente und p_i ihr Partialdruck ist.

6. Die elementare Arbeit ist

$$\delta A^* = \sum_i F_i \, da_i,$$

wobei a_i die äußeren Parameter des Systems (S. 177) sind, ausgenommen das Volumen V; F_i sind die entsprechenden generalisierten Kräfte (S. 92). Wir können daher die unter Punkt 3 (S. 147) gegebenen Gleichungen in folgender Form schreiben:

$$dU = T\,dS - p\,dV - \sum_i F_i \, da_i,$$

$$dH = T\,dS + V\,dp - \sum_i F_i \, da_i,$$

$$dF = -S\,dT - p\,dV - \sum_i F_i \, da_i,$$

$$d\Phi = -S\,dT + V\,dp - \sum_i F_i \, da_i.$$

Da dU, dH, dF und $d\Phi$ vollständige Differentiale der Funktionen der entsprechenden unabhängigen Variablen S, V, ... sind, gilt[1])

$$T = \left(\frac{\partial U}{\partial S}\right)_{V, a_1, a_2, \ldots} = \left(\frac{\partial H}{\partial S}\right)_{p, a_1, a_2, \ldots},$$

$$p = -\left(\frac{\partial U}{\partial V}\right)_{S, a_1, a_2, \ldots} = -\left(\frac{\partial F}{\partial V}\right)_{T, a_1, a_2, \ldots},$$

$$V = \left(\frac{\partial H}{\partial p}\right)_{S, a_1, a_2, \ldots} = \left(\frac{\partial \Phi}{\partial p}\right)_{T, a_1, a_2, \ldots},$$

$$S = -\left(\frac{\partial F}{\partial T}\right)_{V, a_1, a_2, \ldots} = -\left(\frac{\partial \Phi}{\partial T}\right)_{p, a_1, a_2, \ldots}.$$

Außerdem erhalten wir aus dem ersten Hauptsatz und den oben gebrachten Ausdrücken für dU und dH folgende Beziehungen:

$$C_V = \left(\frac{\partial U}{\partial T}\right)_{V, a_1, a_2, \ldots} = T\left(\frac{\partial S}{\partial T}\right)_{V, a_1, a_2, \ldots},$$

$$C_p = \left(\frac{\partial H}{\partial T}\right)_{p, a_1, a_2, \ldots} = T\left(\frac{\partial S}{\partial T}\right)_{p, a_1, a_2, \ldots}.$$

---

[1]) Die unteren Indizes bei den partiellen Differentialquotienten geben an, welche Größen im Fall der betreffenden Ableitungen konstant gehalten wurden. Im folgenden verwenden wir, wie das allgemein üblich ist, eine abgekürzte Schreibweise und lassen die Indizes $a_1, a_2, \ldots$ weg; so schreiben wir z B. $T = \left(\frac{\partial U}{\partial S}\right)_V$ anstatt $T = \left(\frac{\partial U}{\partial S}\right)_{V, a_1, a_2, \ldots}$.

7. Der Zusammenhang zwischen den thermodynamischen Potentialen und ihren Ableitungen ist durch folgende Formeln gegeben:

$$U = H - pV = H + V\left(\frac{\partial U}{\partial V}\right)_S,$$

$$H = U + pV = U + p\left(\frac{\partial H}{\partial p}\right)_S,$$

$$F = U - TS = U + T\left(\frac{\partial F}{\partial T}\right)_V,$$

$$\Phi = H - TS = H + T\left(\frac{\partial \Phi}{\partial T}\right)_p.$$

Die letzten beiden Gleichungen werden als die Gibbs-Helmholtz-*Gleichungen* bezeichnet. Diese Gleichungen können auch in folgender Form angeschrieben werden:

a) für den isochor-isothermen Prozeß

$$A^* = E_V + T\left(\frac{\partial A^*}{\partial T}\right)_V,$$

wobei A^* die vom System im betrachteten Prozeß geleistete Arbeit und E_V die Wärmetönung des isochoren Prozesses (S. 160) ist;

b) für den isobar-isothermen Prozeß

$$A^* = E_p + T\left(\frac{\partial A^*}{\partial T}\right)_p,$$

wobei A^* die nichtmechanische, vom System im betrachteten Prozeß geleistete Arbeit ist (die gesamte Arbeit minus der Expansionsarbeit); E_p ist die Wärmetönung im isobaren Prozeß (S.160).

Beispiel. Der Zusammenhang zwischen der elektromotorischen Kraft eines reversibel arbeitenden Galvanischen Elementes[1]) und der Wärmetönung der in ihm ablaufenden chemischen Reaktion kann folgendermaßen abgeleitet werden. Die für die Übertragung der elektrischen Ladungen aufgewendete Arbeit A^* ist gleich $A^* = q\mathcal{E}$, wobei q die übertragene Ladung und $\mathcal{E}$ die elektromotorische Kraft des Elementes ist. Aus der Gibbs-Helmholtzschen Gleichung für einen isobar-isothermen Prozeß folgt die Helmholtz-*Gleichung für das* Galvani*sche Element*:

$$\mathcal{E} = e_p + T\left(\frac{\partial \mathcal{E}}{\partial T}\right)_p = \frac{e_{p\mu}}{zF} + T\left(\frac{\partial \mathcal{E}}{\partial T}\right)_p,$$

wobei $e_p = E_p/q$ die auf die übertragene Ladungseinheit bezogene Wärmetönung ist; $e_{p\mu}$ ist die auf ein Mol reagierender Substanz be-

[1]) Das ist ein solches Element, in dem, wenn man elektrischen Strom in entgegengesetzter Richtung durchschickt, die umgekehrte chemische Reaktion stattfindet und kein Energieverlust infolge Freisetzung von Joulescher Wärme auftritt.

zogene Wärmetönung, F ist die FARADAY-Konstante (S. 372), und z ist die Valenz des Ions, das die Ladung überträgt.
Die Wärmemenge Q, die dem Element bei Übertragung der Ladung q von außen zugeführt wird, ist

$$Q = -E_p + q\mathscr{E} = qT\left(\frac{\partial \mathscr{E}}{\partial T}\right)_p.$$

Ein wärmeisoliertes Element kühlt sich im Betrieb ab, wenn $\left(\frac{\partial \mathscr{E}}{\partial T}\right)_p > 0$, und erwärmt sich, wenn $\left(\frac{\partial \mathscr{E}}{\partial T}\right)_p < 0$ ist.

4.7. Die grundlegenden Differentialgleichungen der Thermodynamik (für ein einphasiges, einkomponentiges[1]) System im Gleichgewicht, auf das keine anderen Kräfte als die des allseitigen gleichförmigen Außendruckes wirken)

1. Der Zustand des betrachteten Systems ist durch Angabe zweier unabhängiger Zustandsgrößen vollständig bestimmt (die Masse des Systems wird als konstant angenommen).
Die elementare Arbeit sei $\delta A^* = 0$. Die thermodynamische Gleichung (S. 177) lautet:

$$dU = T\,dS - p\,dV,$$

$$dH = T\,dS + V\,dp,$$

$$dF = -S\,dT - p\,dV,$$

$$d\Phi = -S\,dT + V\,dp.$$

2. Im folgenden haben wir verschiedene Beziehungen zwischen Ableitungen thermodynamischer Größen zusammengestellt:

a) Für die unabhängigen Variablen V und T:

$$\left(\frac{\partial U}{\partial V}\right)_T = T\left(\frac{\partial p}{\partial T}\right)_V - p, \qquad \left(\frac{\partial U}{\partial T}\right)_V = C_V,$$

$$\left(\frac{\partial H}{\partial V}\right)_T = T\left(\frac{\partial p}{\partial T}\right)_V + V\left(\frac{\partial p}{\partial V}\right)_T, \qquad \left(\frac{\partial H}{\partial T}\right)_V = C_V + V\left(\frac{\partial p}{\partial T}\right)_V,$$

$$\left(\frac{\partial S}{\partial V}\right)_T = \left(\frac{\partial p}{\partial T}\right)_V = \frac{1}{T}\left[\left(\frac{\partial U}{\partial V}\right)_T + p\right], \qquad \left(\frac{\partial S}{\partial T}\right)_V = \frac{C_V}{T},$$

$$\left(\frac{\partial C_V}{\partial V}\right)_T = T\left(\frac{\partial^2 p}{\partial T^2}\right)_V, \qquad C_p - C_V = -T\,\frac{\left(\frac{\partial p}{\partial T}\right)_V^2}{\left(\frac{\partial p}{\partial V}\right)_T},$$

---

[1]) Die in diesem Abschnitt gebrachten Gleichungen gelten auch für ein physikalisch homogenes mehrkomponentiges System von konstanter Zusammensetzung.

$$\left(\frac{\partial T}{\partial V}\right)_S = -\frac{T}{C_V}\left(\frac{\partial p}{\partial T}\right)_V \quad \text{(Differentialgleichung der Adiabaten)},$$

$$\left(\frac{\partial T}{\partial V}\right)_U = \frac{p - T\left(\frac{\partial p}{\partial T}\right)_V}{C_V}, \quad \left(\frac{\partial T}{\partial V}\right)_H = -\frac{T\left(\frac{\partial p}{\partial T}\right)_V + V\left(\frac{\partial p}{\partial V}\right)_T}{C_V + V\left(\frac{\partial p}{\partial T}\right)_V}.$$

Beispiel 1. Das ideale Gas. Die Zustandsgleichung lautet $pV = (M/\mu)RT$.

$$\left(\frac{\partial p}{\partial T}\right)_V = \frac{M}{\mu}\frac{R}{V}, \quad \left(\frac{\partial^2 p}{\partial T^2}\right)_V = 0, \quad \left(\frac{\partial p}{\partial V}\right)_T = -\frac{M}{\mu}\frac{RT}{V^2}.$$

Daher ist

$$\left(\frac{\partial U}{\partial V}\right)_T = 0, \quad \left(\frac{\partial H}{\partial V}\right)_T = 0, \quad \left(\frac{\partial C_V}{\partial V}\right)_T = 0 \quad \text{und}$$

$$C_p - C_V = \frac{M}{\mu}R,$$

d. h., die innere Energie, die Enthalpie und die Wärmekapazitäten C_V und C_p eines beliebigen idealen Gases, dessen Masse konstant ist, hängen nur von der Temperatur ab.

Beispiel 2. Ein VAN-DER-WAALSsches Gas. Die Zustandsgleichung lautet $\left(p + \frac{M^2}{\mu^2}\frac{a}{V^2}\right)\left(V - \frac{M}{\mu}b\right) = \frac{M}{\mu}RT$.

$$\left(\frac{\partial p}{\partial T}\right)_V = \frac{\frac{M}{\mu}R}{V - \frac{M}{\mu}b}, \quad \left(\frac{\partial^2 p}{\partial T^2}\right)_V = 0,$$

$$\left(\frac{\partial p}{\partial V}\right)_T = -\frac{\frac{M}{\mu}RT}{\left(V - \frac{M}{\mu}b\right)^2} + 2\frac{M^2}{\mu^2}\frac{a}{V^3}.$$

Daher ist $\left(\frac{\partial C_V}{\partial V}\right)_T = 0$, d. h., die Wärmekapazität C_V eines beliebigen VAN-DER-WAALSschen Gases, dessen Masse konstant ist, hängt nur von der Temperatur ab;

$$\left(\frac{\partial U}{\partial V}\right)_T = \frac{M^2}{\mu^2}\frac{a}{V^2} \quad \text{und} \quad C_p - C_V = \frac{\frac{M}{\mu}R}{1 + \frac{M}{\mu}\frac{2a\left(V - \frac{M}{\mu}b\right)^2}{RTV^3}}.$$

b) Für die unabhängigen Variablen p und T:

$$\left(\frac{\partial U}{\partial p}\right)_T = -T\left(\frac{\partial V}{\partial T}\right)_p - p\left(\frac{\partial V}{\partial p}\right)_T, \qquad \left(\frac{\partial U}{\partial T}\right)_p = C_p - p\left(\frac{\partial V}{\partial T}\right)_p,$$

$$\left(\frac{\partial H}{\partial p}\right)_T = -T\left(\frac{\partial V}{\partial T}\right)_p + V, \qquad \left(\frac{\partial H}{\partial T}\right)_p = C_p,$$

$$\left(\frac{\partial S}{\partial p}\right)_T = -\left(\frac{\partial V}{\partial T}\right)_p, \qquad \left(\frac{\partial S}{\partial T}\right)_p = \frac{C_p}{T},$$

$$\left(\frac{\partial C_p}{\partial p}\right)_T = -T\left(\frac{\partial^2 V}{\partial T^2}\right)_p, \qquad C_p - C_V = -T\frac{\left(\frac{\partial V}{\partial T}\right)_p^2}{\left(\frac{\partial V}{\partial p}\right)_T},$$

$$\left(\frac{\partial T}{\partial p}\right)_S = \frac{T}{C_p}\left(\frac{\partial V}{\partial T}\right)_p \qquad \text{(Differentialgleichung der Adiabaten)},$$

$$\left(\frac{\partial T}{\partial p}\right)_U = \frac{T\left(\frac{\partial V}{\partial T}\right)_p + p\left(\frac{\partial V}{\partial p}\right)_T}{C_p - p\left(\frac{\partial V}{\partial T}\right)_p},$$

$$\left(\frac{\partial T}{\partial p}\right)_H = \frac{T\left(\frac{\partial V}{\partial T}\right)_p - V}{C_p} \qquad \text{(Joule-Thomson-}\textit{Faktor}\text{)}.$$

Beispiel 3. Ideales Gas. Zustandsgleichung:

$$pV = \frac{M}{\mu}RT. \quad \left(\frac{\partial V}{\partial T}\right)_p = \frac{MR}{\mu p}. \text{ Daher ist } \left(\frac{\partial T}{\partial p}\right)_H = 0.$$

c) Für die unabhängigen Variablen p und V:

$$\left(\frac{\partial U}{\partial p}\right)_V = C_V\left(\frac{\partial T}{\partial p}\right)_V, \qquad \left(\frac{\partial U}{\partial V}\right)_p = C_p\left(\frac{\partial T}{\partial V}\right)_p - p,$$

$$\left(\frac{\partial H}{\partial p}\right)_V = C_V\left(\frac{\partial T}{\partial p}\right)_V + V, \quad \left(\frac{\partial H}{\partial V}\right)_p = C_p\left(\frac{\partial T}{\partial V}\right)_p,$$

$$\left(\frac{\partial S}{\partial p}\right)_V = \frac{C_V}{T}\left(\frac{\partial T}{\partial p}\right)_V, \qquad \left(\frac{\partial S}{\partial V}\right)_p = \frac{C_p}{T}\left(\frac{\partial T}{\partial V}\right)_p,$$

$$C_p - C_V = T\left(\frac{\partial p}{\partial T}\right)_V\left(\frac{\partial V}{\partial T}\right)_p,$$

$$\left(\frac{\partial p}{\partial V}\right)_S = -\frac{C_p}{C_V}\frac{\left(\frac{\partial T}{\partial V}\right)_p}{\left(\frac{\partial T}{\partial p}\right)_V} \quad \text{(Differentialgleichung der Adiabaten)},$$

$$\left(\frac{\partial p}{\partial V}\right)_U = \frac{p - C_p\left(\frac{\partial T}{\partial V}\right)_p}{C_V\left(\frac{\partial T}{\partial p}\right)_V}, \qquad \left(\frac{\partial p}{\partial V}\right)_H = -\frac{C_p\left(\frac{\partial T}{\partial V}\right)_p}{C_V\left(\frac{\partial T}{\partial p}\right)_V + V}.$$

3. Der *thermische Ausdehnungskoeffizient* α_t gibt die relative Volumenänderung eines Systems bei einer isobaren Temperaturerhöhung um eine Einheit an:

$$\alpha_t = \frac{1}{V}\left(\frac{\partial V}{\partial T}\right)_p = \frac{1}{V}\left(\frac{\partial V}{\partial t}\right)_p,$$

wobei V das Volumen des Systems, T und t seine Temperaturen in °K bzw. °C sind.
Der relative *thermische Ausdehnungskoeffizient* (*Volumenausdehnungskoeffizient*) ist die Größe

$$\alpha = \frac{1}{V_0}\left(\frac{\partial V}{\partial t}\right)_p,$$

wobei V_0 das Volumen des Systems bei 0 °C ist.
Die *isotherme Kompressibilität* β beschreibt die relative Volumenänderung eines Systems bei isothermer Druckabnahme um eine Einheit:

$$\beta = -\frac{1}{V}\left(\frac{\partial V}{\partial p}\right)_T.$$

Die *adiabatische Kompressibilität* β_s beschreibt die relative Volumenänderung eines Systems bei adiabatischer Druckabnahme um eine Einheit:

$$\beta_S = -\frac{1}{V}\left(\frac{\partial V}{\partial p}\right)_S, \qquad \beta_S = \frac{C_V}{C_p}\beta,$$

wobei C_V und C_p die Wärmekapazitäten des Systems bei konstantem Volumen bzw. konstantem Druck sind.
Der *Spannungskoeffizient* γ_t beschreibt die relative Druckänderung eines Systems bei isochorem Temperaturanstieg um eine Einheit:

$$\gamma_t = \frac{1}{p}\left(\frac{\partial p}{\partial T}\right)_V = \frac{1}{p}\left(\frac{\partial p}{\partial t}\right)_V, \qquad \gamma_t = \frac{1}{p}\frac{\alpha_t}{\beta}.$$

Der *relative Spannungskoeffizient* (oder Druckkoeffizient) ist die Größe

$$\gamma = \frac{1}{p_0}\left(\frac{\partial p}{\partial T}\right)_V$$

wobei p_0 der Druck bei 0 °C ist.

4.8. Das s, T-Diagramm

1. Als s, T-Diagramm bezeichnet man eine graphische Darstellung von thermodynamischen Gleichgewichtszuständen eines Systems in rechtwinkligen Koordinaten; die Abszisse ist die *spezifische Entropie s* (die Entropie pro Masseneinheit), und die Ordinate ist die absolute Temperatur T. Die Größe s wird von ihrem Wert bei irgendeinem bestimmten Zustand an gerechnet.

2. Für ein homogenes System sind die Isobaren und Isochoren im s, T-Diagramm ansteigende Kurven, da

$$\left(\frac{\partial T}{\partial s}\right)_p = \frac{T}{c_p} > 0 \qquad \text{und} \qquad \left(\frac{\partial T}{\partial s}\right)_V = \frac{T}{c_V} > 0$$

ist, wobei c_p und c_V die spezifischen Wärmen sind. Je höher der Druck p ist, desto höher liegt im s, T-Diagramm die entsprechende Isobare. Je größer das spezifische Volumen v, desto tiefer liegt in diesem Diagramm die entsprechende Isochore.

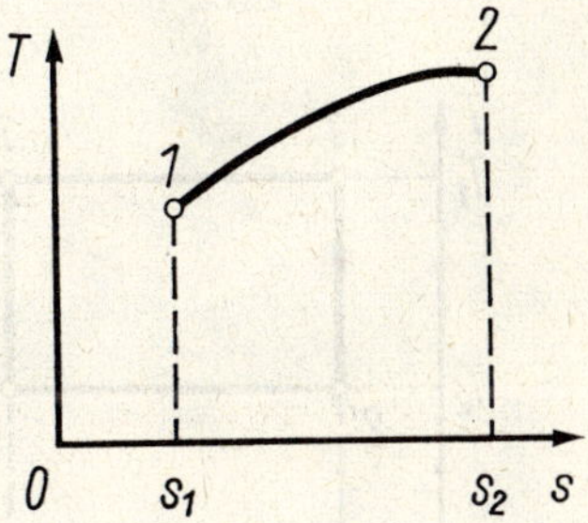

II.4.7.

3. Das s, T-Diagramm wird häufig zur thermodynamischen Analyse von reversiblen Kreisprozessen verwendet.
In einem reversiblen Prozeß ist $\delta Q = T\,dS = MT\,ds$, wobei M die Masse des Systems ist. Daher ist im s, T-Diagramm die zwischen der Kurve des Prozesses *1–2* (Bild II.4.7) und der Abszisse liegende Fläche, seitlich begrenzt von den Ordinaten $s = s_1$ und $s = s_2$, der Wärmemenge, die vom System im betrachteten Prozeß aufgenommen worden ist, proportional:

$$Q = M \int_1^2 T\,ds.$$

Ein reversibler Kreisprozeß wird im s, T-Diagramm in Form einer geschlossenen Kurve dargestellt. In einem positiven Kreisprozeß

($1a2b1$, Bild II.4.8) wird dem System längs der Teilstrecke $1a2$ die Wärmemenge Q_1 zugeführt, auf der Teilstrecke $2b1$ wird ihm eine Wärmemenge vom Absolutbetrag Q_2 entzogen. Die Größen Q_1 und Q_2 sind gleich den Flächen unterhalb der Kurven a bzw. b, $s_1 1a2 s_2$ und $s_1 1b2 s_2$, die vertikal bzw. horizontal schraffiert sind. Die Fläche des Kreisprozesses $1a2b1$ ist $Q_1 - Q_2$ proportional, d. h., sie ist der

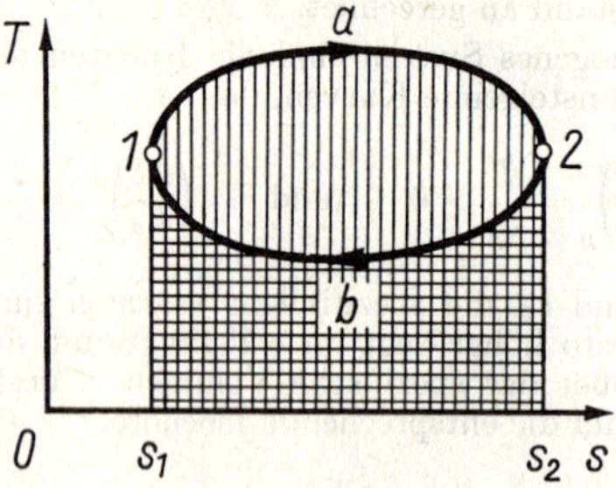

II.4.8.

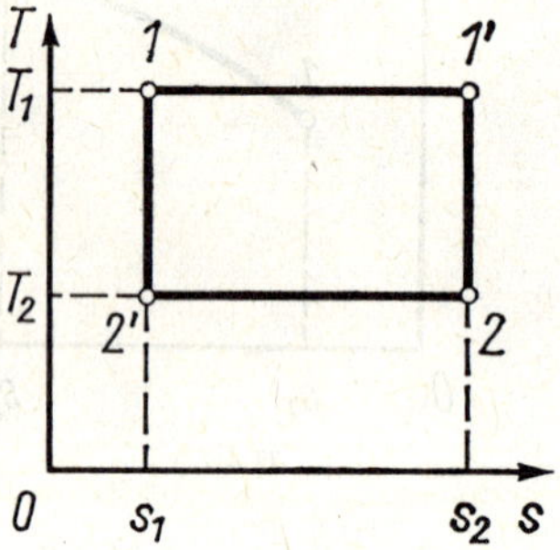

II.4.9.

vom System im Kreisprozeß geleisteten Arbeit A proportional. Der thermische Wirkungsgrad η_t des Kreisprozesses ist gleich dem Verhältnis der Fläche des Kreisprozesses zu der Fläche $s_1 1a2 s_2$.

Ein reversibler CARNOT-Prozeß, der aus zwei isothermen und zwei isentropischen Prozessen besteht, kann im s, T-Diagramm durch ein Rechteck wiedergegeben werden, dessen Seiten parallel zu den Koordinatenachsen liegen (Bild II.4.9).

Als *verallgemeinerten* CARNOT-*Prozeß* bezeichnet man einen reversiblen Kreisprozeß, der aus zwei isothermen Prozessen und zwei den Zyklus schließenden Prozessen besteht; letztere werden im s, T-Diagramm durch äquivalente Kurven dargestellt, das sind Kurven, die bei Parallelverschiebung längs der Abszisse zur Deckung gebracht werden können (Bild II.4.10). Der thermische Wirkungsgrad η_t des verallgemeinerten CARNOT-Prozesses ist $\eta_t = 1 - (T_2/T_1)$.

4. Das s, T-Diagramm wird auch zur Analyse einiger irreversibler Prozesse verwendet, insbesondere solcher, deren Irreversibilität eine Folge der irreversiblen adiabatischen Kompression bzw. Expansion der Arbeitssubstanz ist.

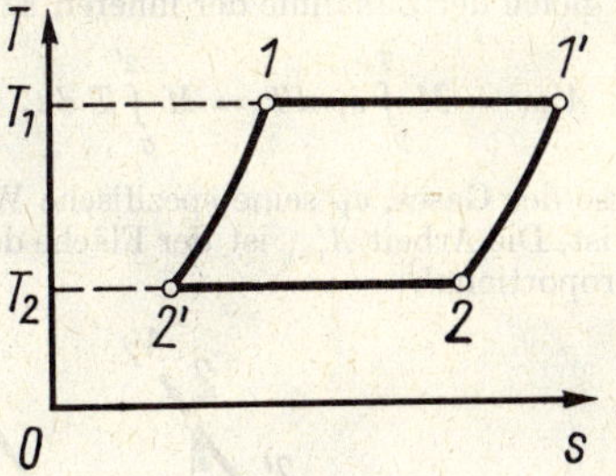

II.4.10.

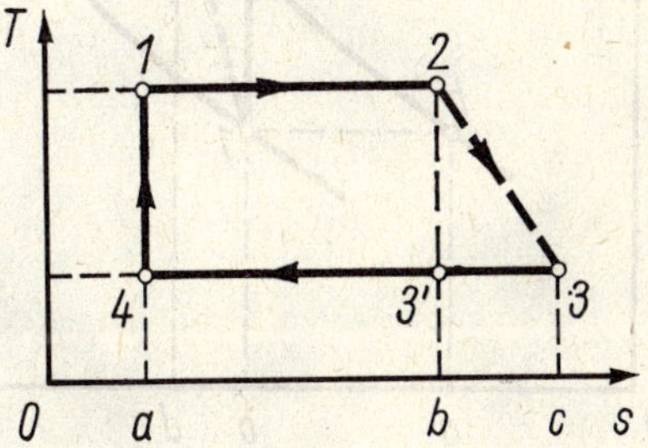

II.4.11.

Beispiel 1. Der Kreisprozeß *1–2–3–4* (Bild II.4.11), bestehend aus den reversiblen Prozessen isothermer Expansion (*1–2*) und Kompression (*3–4*), reversibler adiabatischer Kompression (*4–1*) und irreversibler adiabatischer Expansion, wird üblicherweise so dargestellt, daß letzterer Prozeß (*2–3*) durch eine gestrichelte Linie beschrieben wird.

Die Wärmemenge Q_1, die der Arbeitssubstanz vom Wärmespeicher im Prozeß *1–2* zugeführt wird, ist der Fläche des Rechtecks *a12b* proportional, der Absolutbetrag der Wärmemenge Q_2, die der Arbeitssubstanz im Prozeß *3–4* entzogen wird, ist der Fläche des Rechtecks *a43c* proportional. Die Arbeit $A_{\text{irrev}} = Q_1 - Q_2$, die im irreversiblen Kreisprozeß *1–2–3–4–1* geleistet wird, ist daher kleiner als die Arbeit A_{rev}, die im entsprechenden reversiblen CARNOT-Prozeß *1–2–3'–4–1* geleistet wird (und auch hier der Fläche des Prozesses im Diagramm proportional ist). Die Differenz $A_{\text{rev}} - A_{\text{irrev}}$ ist der Fläche des Rechtecks *b3'3c* proportional.

Beispiel 2. Betrachten wir nun den Prozeß der adiabatischen Kompression eines idealen Gases, dessen Irreversibilität die Folge innerer Reibung ist.

Der Prozeß der reversiblen adiabatischen Kompression des Gases vom spezifischen Volumen v_1 auf v_2 wird im s, T-Diagramm (Bild II.4.12) durch die Isentrope *1*—*2'* dargestellt. Die Arbeit A'_{rev}, die in diesem Prozeß von äußeren Kräften geleistet wird, ist nach dem ersten Hauptsatz gleich der Zunahme der inneren Energie des Gases:

$$A'_{\text{rev}} = M \int_{T_1}^{T_{2'}} c_V \, dT = M \int_{b}^{2'} T \, ds,$$

wobei M die Masse des Gases, c_V seine spezifische Wärme bei einem isochoren Prozeß ist. Die Arbeit A'_{rev} ist der Fläche des krummlinigen Trapezes $ab2'c$ proportional.

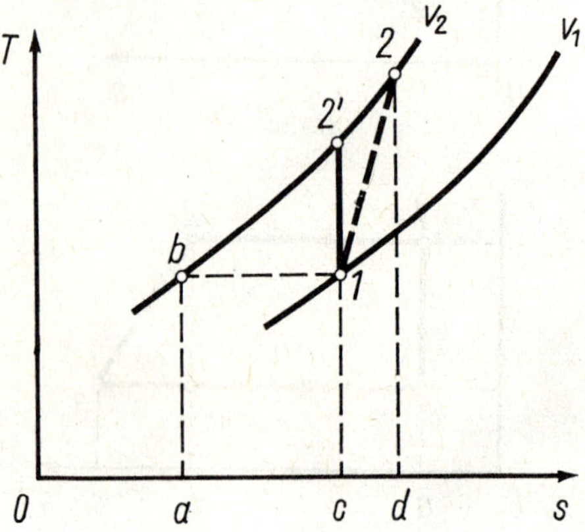

II.4.12.

Infolge der Reibung entspricht der Zustand des Gases am Ende der irreversiblen adiabatischen Kompression dem Punkt *2*, und der Kompressionsvorgang wird üblicherweise durch die gestrichelte Kurve *1*—*2* dargestellt, die so verläuft, daß die Fläche des krummlinigen Trapezes $c12d$ der Reibungswärme Q_R bzw. der entsprechenden Reibungsarbeit A'_{R} proportional ist.

Die Arbeit der äußeren Kräfte A'_{irrev} ist im Prozeß *1*—*2*

$$A'_{\text{irrev}} = M \int_{T_1}^{T_2} c_V \, dT = M \int_{b}^{2} T \, ds,$$

d. h., sie ist der Fläche des krummlinigen Trapezes $ab2d$ proportional. Die Arbeit A'_{irrev} ist größer als die Summe $A'_{\text{rev}} + A'_R$, und zwar um jene Arbeit, die eine Folge der zusätzlichen, durch die Reibung verursachten Erwärmung des Gases ist; sie ist der Fläche des krummlinigen Dreiecks $12'2$ proportional.

Beispiel 3. Der Prozeß der adiabatischen Expansion eines idealen Gases, dessen Irreversibilität durch innere Reibung bedingt ist, soll im folgenden untersucht werden.

Die Arbeit A_{rev}, die das Gas bei der reversiblen adiabatischen Expansion *1—2'* (Bild II.4.13) leistet, ist gleich der Abnahme an innerer Energie des Gases: $A_{rev} = M \int_b^1 T\,ds$, d. h., sie ist der Fläche des krummlinigen Trapezes *ab1e* proportional. Die Arbeit der Reibung, A_R, ist der Fläche des krummlinigen Trapezes *e12f* proportional. Die Arbeit A_{irrev}, die das Gas im irreversiblen Prozeß *1—2* leistet, ist $A_{irrev} = M \int_c^1 T\,ds$, d. h., sie ist der Fläche des krummlinigen Trapezes *dc1e* proportional. Die Differenz $A_{rev} - A_{irrev}$ ist um die Fläche des krummlinigen Dreiecks *122'* kleiner als A_R (die Flächen der krummlinigen Trapeze *abcd* und *e2'2f* sind gleich groß, da c_V eines idealen Gases von v unabhängig ist); die Fläche *122'* entspricht dem in Arbeit umgewandelten Teil der Reibungswärme.

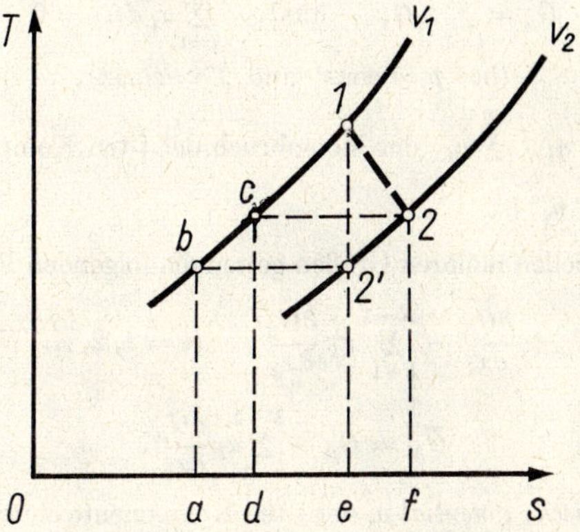

II.4.13.

4.9. Mehrkomponentige und mehrphasige Systeme. Die thermodynamischen Gleichgewichtsbedingungen

1. Im Fall eines homogenen, aus mehreren Komponenten bestehenden Systems hängt jede extensive Größe (S. 50) im wesentlichen von der Zusammensetzung dieses Systems ab. So sind z. B. die thermodynamischen Potentiale Funktionen der Anzahl der Mole der einzelnen Komponenten des Systems:

$$U = U(S, V, n_1, n_2, \ldots, n_N), \qquad H = H(S, p, n_1, n_2, \ldots, n_N),$$
$$F = F(T, V, n_1, n_2, \ldots, n_N), \qquad \Phi = \Phi(T, p, n_1, n_2, \ldots, n_N),$$

wobei n_i die Anzahl der Mole der i-ten Komponente und N die Gesamtzahl der Komponenten ist.

2. Als *partielle* Gibbs*sche Funktion* $\overline{G}_i$ bezeichnet man die partielle Ableitung der extensiven Größe $G(p, T, n_1, n_2, \ldots, n_N)$ eines homogenen, aus N Komponenten bestehenden Systems nach der Anzahl n_i der Mole der i-ten Komponente, bei konstantem Druck und Temperatur und gleichbleibender Anzahl von Molen der anderen Komponenten:

$$\overline{G}_i = \left(\frac{\partial G}{\partial n_i}\right)_{p, T, n_1, \ldots, n_{i-1}, n_{i+1}, \ldots, n_N}$$

Die Gibbs-Duhem*sche Gleichung* lautet

$$G = \sum_{i=1}^{N} n_i \overline{G}_i \quad \text{und} \quad \sum_{i=1}^{N} n_i \, d\overline{G}_i = 0$$

$$(\text{bei } p = \text{const und } T = \text{const}),$$

oder, für ein Mol des Systems,

$$G_\mu = \sum_{i=1}^{N} x_i \overline{G}_i \quad \text{und} \quad \sum_{i=1}^{N} x_i \, d\overline{G}_i = 0$$

$$(\text{bei } p = \text{const und } T = \text{const}),$$

wobei $x_i = n_i \Big/ \sum_{i=1}^{N} n_i$ der Molenbruch der i-ten Komponente und $G_\mu = G \Big/ \sum_{i=1}^{N} n_i$ ist.

Für die partiellen molaren Größen gelten die folgenden Beziehungen:

$$\overline{G}_i = G_\mu + \frac{\partial G_\mu}{\partial x_i} - \sum_{k=1}^{N-1} x_k \frac{\partial G_\mu}{\partial x_k} \qquad (i = 1, 2, \ldots, N-1),$$

$$\overline{G}_N = G_\mu - \sum_{k=1}^{N-1} x_k \frac{\partial G_\mu}{\partial x_k}.$$

3. Das *chemische Potential* μ_i der i-ten Komponente eines homogenen Systems (oder einer Phase eines heterogenen Systems) ist eine partielle Ableitung eines der thermodynamischen Potentiale des Systems (der Phase) nach der Anzahl n_i der Mole der betrachteten Komponente; die Anzahl der Mole der anderen Komponenten des Systems (der Phase) bleiben hierbei konstant, ebenso die dem betrachteten thermodynamischen Potential (S. 177) entsprechenden Zustandsgrößen:

$$\mu_i = \left(\frac{\partial \Phi}{\partial n_i}\right)_{p, T, n_k} = \left(\frac{\partial F}{\partial n_i}\right)_{V, T, n_k} = \left(\frac{\partial H}{\partial n_i}\right)_{S, p, n_k} = \left(\frac{\partial U}{\partial n_i}\right)_{S, V, n_k}$$

$$\text{für} \quad k = 1, 2, \ldots, i-1, i+1, \ldots, N.$$

Bemerkung 1. In der statistischen Physik beschreibt man die Menge der i-ten Komponente des Systems nicht durch die Molzahl n_i, sondern durch die Teilchenzahl $N_i = n_i N_L$, wobei N_L die Lo-

SCHMIDTsche Zahl ist. In Übereinstimmung damit bezeichnet man als chemisches Potential der i-ten Komponente des Systems eine Größe μ_i, die N_L-mal größer als die oben eingeführte Größe ist:

$$\mu_i = \left(\frac{\partial \Phi}{\partial N_i}\right)_{p,T,N_k} = \left(\frac{\partial F}{\partial N_i}\right)_{V,T,n_k} = \left(\frac{\partial H}{\partial N_i}\right)_{S,p,N_k} = \left(\frac{\partial U}{\partial N_i}\right)_{S,V,N_k},$$

wobei $k = 1, 2, \ldots, i-1, i+1, \ldots, N$ ist. Manchmal bezeichnet man diese Größe μ_i als *chemisches Potential, bezogen auf ein Teilchen.* In der Praxis verwendet man häufig Druck und Temperatur als unabhängige Zustandsgrößen, daher ist der erste der obigen Ausdrücke für μ_i am gebräuchlichsten; aus ihm ergibt sich, daß das chemische Potential der partielle molare Wert des isobar-isothermen Potentials ist. Nach der ersten Gleichung von GIBBS und DUHEM (Punkt 2) ist $\Phi = \sum_{i=1}^{N} n_i \mu_i$.

Bemerkung 2. In der statistischen Physik ist $\Phi = \sum_{i=1}^{N} N_i \mu_i$, so daß für Systeme, die nur aus einer Teilchenart bestehen, das chemische Potential gleich dem Verhältnis des isobar-isothermen Potentials des Systems zur Zahl der in ihm enthaltenen Teilchen ist. Das chemische Potential ist eine intensive Größe (S. 150), d. h., es hängt von den Zustandsgrößen und der Zusammensetzung des homogenen Systems ab, nicht jedoch von seiner Masse.

Beispiel. Für das chemische Potential einer Komponente eines Gemisches von idealen Gasen ergibt sich

$$\mu_i = \left(\frac{\partial F}{\partial n_i}\right)_{V,T,n_1,n_2,\ldots,n_{i-1},n_{i+1},\ldots,n_N} = RT \ln \frac{n_i}{V} + RT - \varphi_i(T),$$

$$\mu_i = \left(\frac{\partial \Phi}{\partial n_i}\right)_{p,T,n_1,n_2,\ldots,n_{i-1},n_{i+1},\ldots,n_N} = RT \ln x_i + RT \ln p + f_i(T),$$

wobei n_i/V das Molvolumen und x_i der Molenbruch der i-ten Komponente der Gemische ist; $\varphi_i(T)$ und $f_i(T)$ haben dieselbe Bedeutung wie auf S. 178.

4. Für reversible Prozesse in einem homogenen N-komponentigen System, dessen Zusammensetzung und Masse veränderlich sind und auf das keine anderen Kräfte einwirken als ein gleichförmiger allseitiger Außendruck, gelten die folgenden Beziehungen:

$$dU = T\,dS - p\,dV + \sum_{i=1}^{N} \mu_i\,dn_i,$$

$$dH = T\,dS + V\,dp + \sum_{i=1}^{N} \mu_i\,dn_i,$$

$$dF = -S\,dT - p\,dV + \sum_{i=1}^{N} \mu_i\,dn_i,$$

$$d\Phi = -S\,dT + V\,dp + \sum_{i=1}^{N} \mu_i\,dn_i.$$

Bemerkung. Im allgemeinen Fall von echten Teilchen muß man in diesen Bedingungen auch das Arbeitselement δA^* (S. 179) aufnehmen.

5. Das isobar-isotherme Potential eines homogenen Systems ist durch

$$\Phi = \int_{p^0}^{p} V\,dp + \Phi^0$$

gegeben, wobei bei konstanter Temperatur und gleichbleibenden Molzahlen aller Komponenten vom niederen Druck p^0, bei dem das System ein Gemisch idealer Gase ist, bis zum Druck p des betrachteten Zustandes integriert wird; Φ^0 ist der Wert des isobar-isothermen Potentials dieses Gemisches von idealen Gasen bei $p = p^0$ und der Temperatur T des Systems:

$$\Phi^0 = \sum_{i=1}^{N} \Phi_i^0 + RT \sum_{i=1}^{N} n_i \ln x_i,$$

wobei $\Phi_i^0 = \Phi_i(p^0, T, n_i)$ das isobar-isotherme Potential der i-ten Komponente und x_i der Molenbruch dieser Komponente ist.

Das bestimmte Integral $\int_{p^0}^{p} V\,dp$ kann algebraisch berechnet werden, wenn das betrachtete System ein Gasgemisch ist und wenn seine Zustandsgleichung bekannt ist. Im allgemeinen Fall wird dieses Integral graphisch bestimmt, und zwar auf Grund der in einem isothermen Prozeß experimentell bestimmten Funktion $V = V(p)$. Befindet sich das System im festen oder flüssigen Aggregatzustand, dann hat die Funktion $V = V(p)$ infolge der Phasenübergänge (S. 195) Unstetigkeitsstellen. Doch auch in diesem Fall kann $\int_{p^0}^{p} V\,dp$ graphisch integriert werden.

6. Betrachten wir nun die Entropie, Enthalpie und innere Energie eines Gasgemisches.

a) Die Entropie ist

$$S = \int_{p^0}^{p} \left[\frac{nR}{p} - \left(\frac{\partial V}{\partial T}\right)_p\right] dp + S^0,$$

$$S^0 = \sum_{i=1}^{N} S_i^0 - R \sum_{i=1}^{N} n_i \ln x_i - nR \ln \frac{p}{p^0},$$

wobei $n = \sum_{i=1}^{N} n_i$ die Anzahl der Mole aller Gase im Gemisch und $x_i = n_i/n$ der Molenbruch des i-ten Gases des Gemisches ist; integriert wird bei konstantem n_i und konstanter Temperatur, die gleich der Temperatur T des Gemisches im betrachteten Zustand (p, T) ist, von p^0 (dem niederen Druck, bei dem das System ein Gemisch idealer Gase ist) bis p; S_i^0 ist die Entropie der i-ten Komponente beim

Druck p^0 und der Temperatur T:

$$S_i^0 = \int_{T_0}^{T} C_{pi}^0 \, d \ln T + S_{0i}^0;$$

C_{pi}^0 ist die Wärmekapazität der i-ten Komponente (die ein ideales Gas ist) in einem isobaren Prozeß, S_{0i}^0 ist die Entropie dieses Gases im Zustand (p^0, T_0), und T_0 ist eine beliebige Bezugstemperatur.

b) Die Enthalpie ist

$$H = \int_{p^0}^{p} \left[V - T \left(\frac{\partial V}{\partial T} \right)_p \right] dp + H^0,$$

$$H^0 = \sum_{i=1}^{N} n_i H_i^0, \qquad H_i^0 = \int_{T_0}^{T} C_{pi}^0 \, dT + H_{0i}^0.$$

c) Die innere Energie ist

$$U = \int_{V_\infty}^{V} \left[T \left(\frac{\partial p}{\partial T} \right)_V - p \right] dV + U^0,$$

wobei bei konstantem n_i und konstanter Temperatur, die gleich der Temperatur T des Gemisches ist, integriert wird; die Integration erfolgt vom sehr großen Volumen des Systems V_∞, bei dem es ein Gemisch idealer Gase ist, zum Volumen V im betrachteten Zustand, U^0 ist die innere Energie des Systems im Zustand (V_∞, T):

$$U^0 = \sum_{i=1}^{N} n_i U_i^0, \qquad U_i^0 = \int_{T_0}^{T} C_V^0 \, dT + U_{0i}^0.$$

7. Das thermodynamische Potential und die Entropie eines heterogenen Systems ist gleich den Summen der entsprechenden Funktionen aller homogenen Teile (Phasen)[1]):

$$U = \sum_{j=1}^{\varphi} U_j, \qquad H = \sum_{j=1}^{\varphi} H_j, \qquad F = \sum_{j=1}^{\varphi} F_j,$$

$$\Phi = \sum_{j=1}^{\varphi} \Phi_j, \qquad S = \sum_{j=1}^{\varphi} S_j,$$

wobei φ die Anzahl der Phasen im System ist.

8. Betrachten wir nun die allgemeinen Bedingungen für ein thermodynamisches Gleichgewicht. Je nach der Art der Isolation des Systems

[1]) Voraussetzung ist, daß das System nicht feindispers ist, d. h., daß der Einfluß von Oberflächeneffekten vernachlässigbar ist.

können die thermodynamischen Gleichgewichtsbedingungen folgendermaßen ausgedrückt werden:

a) wenn $U = \text{const}$ und $V = \text{const}$, dann ist $dS = 0$ und $S = S_{\max}$;
b) wenn $S = \text{const}$ und $V = \text{const}$, dann ist $dU = 0$ und $U = U_{\min}$;
c) wenn $S = \text{const}$ und $p = \text{const}$, dann ist $dH = 0$ und $H = H_{\min}$;
d) wenn $T = \text{const}$ und $V = \text{const}$, dann ist $dF = 0$ und $F = F_{\min}$;
e) wenn $T = \text{const}$ und $p = \text{const}$, dann ist $d\Phi = 0$ und $\Phi = \Phi_{\min}$.

Hieraus folgt im einzelnen:

Die Bedingung für chemisches Gleichgewicht: In einem heterogenen Gleichgewichtssystem müssen die chemischen Potentiale jeder Komponente in allen Phasen, die diese Komponente enthalten, dieselben sein.

Die Bedingung für thermisches Gleichgewicht: Die Temperatur muß in allen Teilen eines im Gleichgewicht befindlichen Systems dieselbe sein.

Die Bedingung für mechanisches Gleichgewicht: Der Druck muß in allen Teilen eines im Gleichgewicht befindlichen Systems, auf das keine anderen Kräfte einwirken als ein allseitiger gleichförmiger Außendruck, derselbe sein.

9. Die Funktionen U, H, F und Φ eines Systems können mehrere Minima haben (bei gegebenen Werten der ihnen entsprechenden beiden Zustandsgrößen, z. B. p und T für Φ, V und T für F, usw.), die Entropie S kann mehrere Maxima haben (bei $U, V = \text{const}$)[1]. Ein Gleichgewichtszustand, der dem absoluten Maximum von S bei gegebenen Werten von U und V (entsprechend dem absoluten Minimum von Φ bei gegebenem p und T oder von F bei gegebenen V und T usw.) entspricht, ist das *stabile* oder *wahre Gleichgewicht*. Ein Gleichgewichtszustand, der einem relativen Maximum von S (oder relativen Minima von Φ, F, H und U) entspricht, wird als *instabil* oder *metastabil* bezeichnet. Metastabile Gleichgewichtszustände sind z. B. die einer überhitzten Flüssigkeit oder eines übersättigten Dampfes (S. 243).

10. Das *Prinzip von* Le Chatelier (das Prinzip der Gleichgewichtsverschiebung) lautet: Steht ein System, das sich im Zustand stabilen Gleichgewichts befindet, unter einem äußeren Einfluß, der das System aus dem Gleichgewicht bringt, so verschiebt sich das Gleichgewicht so, daß der Effekt der äußeren Einwirkung abgeschwächt wird. Vermindert man z. B. das Volumen eines im Gleichgewicht befindlichen Systems Flüssigkeit—Dampf, so wird ein Teil des Dampfes kondensieren, wodurch Temperatur und Druck im System ansteigen.

11. Als *Phasenübergang* (*Phasenumwandlung*) bezeichnet man den Übergang eines Stoffes von einer Phase in eine andere. Man unterscheidet zwei Arten von Phasenübergängen — solche erster und solche zweiter Art.

---

[1]) Die Anzahl der Zustandsgrößen eines nicht im Gleichgewicht befindlichen Systems ist größer als die eines Gleichgewichtszustandes.

Ein *Phasenübergang erster Art* ist ein solcher, bei dem sich innere Energie- und Dichte des Systems sprungartig ändern. Phasenübergänge erster Art hängen immer mit der Abgabe oder Aufnahme von Wärme, der sogenannten (*latenten*) *Phasenübergangswärme* zusammen. Bei einem Phasenübergang erster Art bleibt das thermodynamische Potential Φ konstant. Beispiele für solche Phasenübergänge sind die Verdampfung (S. 253), das Schmelzen (S. 268), die Sublimation (S. 269) und viele Übergänge eines Festkörpers von einer kristallinen Modifikation in eine andere.

Ein *Phasenübergang zweiter Art* ist ein solcher, bei dem keine spontanen Änderungen von innerer Energie und Dichte auftreten. Die Phasenübergangswärme ist in diesem Fall gleich Null. Phasenübergänge zweiter Art sind von sprungartigen Änderungen der spezifischen Wärme und der thermodynamischen Ausdehnungs- bzw. Kompressionskoeffizienten (S. 184) begleitet. Als Beispiele für Phasenübergänge zweiter Art können der Übergang von flüssigem Helium in den supraflüssigen Zustand (S. 256), der Übergang einer ferromagnetischen Substanz in den paramagnetischen Zustand im CURIE-Punkt (S. 460) und andere genannt werden.

12. Die *thermodynamischen Freiheitsgrade* eines Systems heißen jene Zustandsgrößen der Phasen eines Systems im Gleichgewichtszustand, denen man bei konstant bleibender Phasenanzahl φ beliebige Werte zuordnen kann.

Die GIBBS*sche Phasenregel* lautet: Die Anzahl der thermodynamischen Freiheitsgrade eines aus φ Phasen und N Komponenten bestehenden Systems ist durch

$$f = N - \varphi + 2$$

gegeben. Da $f \geqq 0$ muß die Anzahl der zugleich existierenden Phasen eines Systems folgende Ungleichung befriedigen: $\varphi \leqq N + 2$.

Je nach Größe von f unterscheidet man Systeme ohne Freiheitsgrad ($f = 0$), solche mit einem Freiheitsgrad ($f = 1$) und solche mit zwei Freiheitsgraden ($f = 2$), usw.

13. Im Fall eines einkomponentigen Systems ($1 \leqq \varphi \leqq 3$) ist $f = 0$, wenn $\varphi = 3$ ist, d. h., die gegebenen drei Phasen (z. B. die feste, flüssige und gasförmige) können nur in einem einzigen, bestimmten Zustand, dem sogenannten *Tripelpunkt*, gleichzeitig und im Gleichgewicht untereinander existieren.

Im Fall eines zweiphasigen, einkomponentigen Systems im Gleichgewicht ist der Druck eine Funktion der Temperatur. Diese Abhängigkeit findet in der CLAUSIUS-CLAPEYRON*schen Gleichung* ihren Ausdruck:

$$\frac{dp}{dT} = \frac{r}{T\,\Delta v},$$

wobei r die Umwandlungswärme pro Masseneinheit für den Übergang von der ersten in die zweite Phase ist, $\Delta v = v_2 - v_1$ ist die Differenz der spezifischen Volumina der Phasen.

Ist die zweite Phase ein ideales Gas, so lautet die CLAUSIUS-CLAPEY-

RONsche Gleichung wie folgt:

$$d(\ln p) = -\frac{r_\mu}{R} d\left(\frac{1}{T}\right),$$

wobei $r_\mu = r\mu$ die *Verdampfungswärme* pro Mol Substanz ist.

4.10. Das chemische Gleichgewicht

1. Die *Flüchtigkeit* (*Aktivität*) f_i der i-ten Komponente eines homogenen Systems ist eine Funktion des Druckes, der Temperatur und der Konzentration, die mit dem chemischen Potential μ_i dieser Komponente in einem isothermen Prozeß durch die Beziehung

$$(d\mu_i)_T = RT\, d(\ln f_i)$$

oder

$$RT \ln \frac{f_i}{f^0} = \mu_i - \mu_i^0$$

verknüpft ist; μ_i^0 und f_i^0 sind das chemische Potential bzw. die Flüchtigkeit der i-ten Komponente in einem (in bezug auf Druck und Konzentration) willkürlich gewählten Anfangszustand, bei derselben Temperatur wie der betrachtete Zustand. Diesen Anfangszustand bezeichnet man als *Normalzustand*.

2. Die *Aktivität* a_i der i-ten Komponente eines homogenen Systems ist das Verhältnis der Flüchtigkeiten f_i und f_i^0 im betrachteten Zustand bzw. im Anfangszustand, bei derselben Temperatur:

$$a_i = \frac{f_i}{f_i^0} \qquad \text{oder} \qquad RT \ln a_i = \mu_i - \mu_i^0.$$

3. Die Flüchtigkeit der i-ten Komponente eines Gemisches idealer Gase ist gleich dem Partialdruck des betrachteten Gases im Gemisch: $f_i = p_i = x_i p$, wobei x_i der Molenbruch und p der Druck des Gemisches ist. Die Flüchtigkeit hat demnach die Dimension eines Druckes.
Die für isotherme Prozesse idealer Gase und ihrer Gemische abgeleiteten thermodynamischen Gleichungen gelten auch für reale Gase und deren Gemische, wenn man in diesen Gleichungen die Partialdrucke der Gase durch ihre Flüchtigkeiten[1]) ersetzt.

4. Als *chemisches Gleichgewicht* bezeichnet man das Gleichgewicht eines aus chemisch untereinander reagierender Komponenten bestehenden Systems. Im chemischen Gleichgewicht sind die Reaktionsgeschwindigkeiten in beiden Richtungen gleich, so daß die Zusammensetzung des Systems unverändert bleibt.
Die Fähigkeit der Komponenten eines Systems, miteinander in chemische Reaktion zu treten, bezeichnet man als *chemische Affinität*. Als Maß der chemischen Affinität in einer Reaktion, die in einem System, dessen Temperatur und Volumen konstant sind, abläuft,

[1]) Oder durch ihre Aktivitäten (Anm. des Übersetzers).

dient die Änderung ΔF des isochor-isothermen Potentials des Systems im Verlauf der Reaktion: $\Delta F = F - F_{\text{aus}}$, wobei F_{aus} das Potential des Ausgangszustandes ist. Analog ist für eine bei konstantem Druck und konstanter Temperatur ablaufende Reaktion die Änderung des isobar-isothermen Potentials $\Delta \Phi = \Phi - \Phi_{\text{aus}}$ ein Maß für die chemische Affinität. Im Zustand chemischen Gleichgewichts müssen die Potentiale F (bei $T, V = \text{const}$) und Φ (bei $T, p = \text{const}$) ein Minimum haben. Daher ist eine spontane Reaktion im System nur in jenen Fällen möglich, wenn $\Delta F < 0$ (bei $T, V = \text{const}$) und $\Delta \Phi < 0$ (bei $T, p = \text{const}$) ist.

5. Eine chemische Reaktion kann symbolisch in Form der *stöchiometrischen Formel* geschrieben werden:

$$\sum_{i=1}^{N} a_i A_i = 0,$$

wobei $A_1, A_2, \ldots, A_N$ die chemischen Symbole der reagierenden Stoffe bzw. der sich durch die Reaktion bildenden Stoffe sind; $\alpha_1, \alpha_2, \ldots, \alpha_n$ sind positive (für die sich bei den Reaktionen bildenden Stoffe) oder negative (für die in den Reaktionen verschwindenden Stoffe) ganze Zahlen, die den Änderungen der Molzahlen $n_1, n_2, \ldots, n_N$ der Stoffe proportional sind:

$$A_1, \ldots, A_N, \qquad \text{d. h.} \qquad \frac{dn_1}{\alpha_1} = \frac{dn_2}{\alpha_2} = \cdots = \frac{dn_N}{\alpha_N}.$$

6. Das *Massenwirkungsgesetz* lautet: Im Zustand des chemischen Gleichgewichtes eines Systems ist das Verhältnis der Aktivitäten ihrer Komponenten, deren chemische Reaktion untereinander durch die stöchiometrische Formel $\sum_{i=1}^{N} A_i a_i = 0$ beschrieben wird, durch

$$\prod_{i=1}^{N} a_i^{\alpha_i} = K_a$$

gegeben, wobei $K_a = e^{-\Delta\mu_0/RT}$ die *Gleichgewichtskonstante*, $\Delta\mu_0 = \sum_{i=1}^{N} a_i \mu_i^0$ und μ_i^0 das chemische Potential der i-ten Komponente im Normalzustand ist. Ist für jede Komponente der Normalzustand der Zustand der reinen Substanz, dann ist $\mu_i^0 = \Phi_{\mu i}^0$ das isobar-isotherme Potential eines Mols reiner Substanz im Normalzustand. In diesem Fall ist $\Delta\mu_0 = \sum_{i=1}^{N} a_i \Phi_{\mu i}^0 = \Delta\Phi^0$, und für die Gleichgewichtskonstante gilt die Beziehung

$$RT \ln K_a = -\Delta\Phi^0.$$

Als Normalzustand eines reinen Gases bei beliebiger Temperatur wählt man jenen hypothetischen Zustand, in dem bei dem Druck $p^0 = 1$ atm die Flüchtigkeit $f^0 = 1$ atm ist. Für Gase ist daher bei jeder Temperatur $a_i = f_i/p^0$ gleich f_i, in Atmosphären ausgedrückt. Das Massenwirkungsgesetz lautet im Fall einer Reaktion im gasförmigen Zustand:

$$\prod_{i=1}^{N} f_i^{\alpha_i} = K_f \qquad \text{mit} \qquad K_f = K_a (p^0)^{\sum_{i=1}^{N} \alpha_i} .$$

Kann man das Gas als ideal ansehen, dann ist $f_i = p_i = x_i p$, und das Gesetz der reagierenden Massen kann folgendermaßen geschrieben werden:

$$\prod_{i=1}^{N} p_i^{\alpha_i} = K_p \qquad \text{und} \qquad \prod_{i=1}^{N} x_i^{\alpha_i} = K_x,$$

wobei p_i und x_i Partialdruck und Molenbruch der i-ten Komponente sind und $K_p = K_f$ und $K_x = p^{-\sum_{i=1}^{N} \alpha_i} K_p$ ist.

7. Die Gleichgewichtskonstante K_a hängt nur von der absoluten Temperatur ab. Ist für alle Komponenten der Normalzustand der Zustand der reinen Substanz, dann ist

$$\frac{d \ln K_a}{dT} = \frac{\Delta H^0}{RT^2},$$

wobei $\Delta H^0 = \sum_{i=1}^{N} a_i H^0_{\mu i}$ und $H^0_{\mu i}$ die molare Enthalpie der i-ten Komponente im Normalzustand ist.

Die Temperaturabhängigkeit von $\Delta \Phi^0$ ist durch folgende Formel gegeben:

$$\frac{d}{dT}\left(\frac{\Delta \Phi^0}{RT}\right) = -\frac{\Delta H^0}{RT^2}.$$

8. Sind die Komponenten A_i des betrachteten Systems nicht Grundstoffe, sondern chemische Verbindungen, dann ist

$$\Delta \Phi^0 = \sum_{i=1}^{N} a_i (\Delta \Phi^0)_i \qquad \text{und} \qquad K_a = \prod_{i=1}^{N} (K_a)_i^{a_i},$$

wobei $(\Delta \Phi^0)_i$ und $(K_a)_i$ sich auf die Bildungsreaktion eines Mols der i-ten Komponente beziehen. Hierbei ist es erforderlich, daß alle bei der Synthese auftretenden Zwischenreaktionen zur Bildung der Komponente A_i in jenen thermodynamischen Zuständen, die im betrachteten System vorkommen, führen.

Das *isobar-isotherme Normalpotential* $\Delta \Phi^0_{298}$ einer chemischen Verbindung ist gleich der Änderung des isobar-isothermen Potentials bei der Bildung eines Mols dieser Verbindung aus den Grundstoffen, unter Bedingungen, die einen isothermen Ablauf des Prozesses bei $t = 25\,°\mathrm{C}$ ermöglichen. Die die Verbindung bildenden Grundstoffe müssen sich bei einem Druck von 1 atm befinden (genauer gesagt, ihre Aktivitäten müssen gleich der Einheitsaktivität sein).

Die Wärmetönung ΔH^0_{298} eines solchen Prozesses wird als *Normalwärmetönung* bezeichnet.

4.11. Der dritte Hauptsatz der Thermodynamik

1. Die ersten beiden Hauptsätze der Thermodynamik ermöglichen es nicht, den Wert S_0 der Entropie eines Systems beim absoluten Nullpunkt ($T = 0\,°K$) zu bestimmen. In diesem Zusammenhang erweist sich auch eine theoretische Berechnung der Absolutwerte der Entropie, des isochor-isothermen und des isobar-isothermen Potentials eines Systems als unmöglich; dasselbe gilt für die Gleichgewichtskonstanten.

2. Auf Grund von Verallgemeinerungen experimenteller Untersuchungen der Eigenschaften verschiedener Stoffe bei sehr tiefen Temperaturen wurde ein Gesetz abgeleitet, das diese Schwierigkeit beseitigt; es wurde als NERNST*scher Wärmesatz* oder *Dritter Hauptsatz der Thermodynamik* bezeichnet. NERNST hat diesen Satz so formuliert: Bei jedem isothermen Prozeß, der sich beim absoluten Nullpunkt abspielt, ist die Entropieänderung des Systems gleich Null, d. h. $\Delta S_{T=0} = 0$, $S = S_0 = \text{const}$, und zwar unabhängig von Änderungen anderer Zustandsgrößen (Volumen, Druck, Intensität eines äußeren Kraftfeldes usw.). In anderen Worten, beim absoluten Nullpunkt ist jeder isotherme Prozeß auch isentrop.

3. Aus dem dritten Hauptsatz der Thermodynamik folgt, daß die Wärmekapazitäten und der thermische Ausdehnungskoeffizient α_t (S. 184) aller Körper bei $T = 0\,°K$ gleich Null sind. Hieraus folgt wiederum, daß kein Prozeß realisiert werden kann, in dem ein Körper auf $T = 0\,°K$ abgekühlt wird (*Prinzip der Unerreichbarkeit des absoluten Nullpunktes*).

4. Der NERNSTsche Wärmesatz wurde von PLANCK weiterentwickelt, der $S_0 = 0$ setzte: Beim absoluten Nullpunkt ist die Entropie eines Systems gleich Null. Eine physikalische Interpretation des NERNSTschen Satzes in PLANCKscher Formulierung wird im Kapitel über statistische Physik gebracht (s. S. 225 und 229).
Die Bedingung $S_0 = 0$ bei $T = 0\,°K$ folgt aus dem quantenhaften Charakter der sich in jedem System bei tiefen Temperaturen abspielenden Prozesse; sie ist nur erfüllt, wenn das System bei $T = 0\,°K$ in einem Gleichgewichtszustand ist, aber nicht in metastabilem Gleichgewicht (S. 194). Auf Grund der PLANCKschen Hypothese kann man die Absolutwerte der Entropie eines Systems in jedem beliebigen Gleichgewichtszustand bestimmen. So ist z. B. für ein homogenes System von konstanter Zusammensetzung

$$S(p, T) = \int_0^T \frac{C_p}{T}\, dT,$$

wobei unter der Annahme $p = \text{const}$ integriert wird.
Aus der Bedingung $S_0 = 0$ folgt

$$\lim_{T\to 0} \left(\frac{\partial \Phi}{\partial T}\right)_p = \lim_{T\to 0} \left(\frac{\partial F}{\partial T}\right)_V = 0.$$

5. Die kinetische Theorie der Gase

5.1. Die Grundgleichung der kinetischen Gastheorie

1. Die *kinetische Gastheorie* basiert auf statistischen Untersuchungsmethoden (S. 211). Die *Grundgleichung der kinetischen Gastheorie* lautet

$$pV = \frac{2}{3} W_k,$$

wobei p der Gasdruck, V das Volumen und $W_k = \sum_{i=1}^{n} \frac{m_i u_i^2}{2}$ die gesamte kinetische Energie der Translationsbewegung der n Gasmoleküle ist, die sich im Volumen V befinden; m_i ist die Masse des i-ten Moleküls, und u_i ist seine Geschwindigkeit.
2. Führt man das mittlere Geschwindigkeitsquadrat (S. 203) der Translationsbewegung eines Gasmoleküls,

$$c^2 = \frac{1}{n} \sum_{i=1}^{n} u_i^2,$$

ein, so ist für ein homogenes Gas ($m_i = m$)

$$W_k = \frac{1}{2} nmc^2$$

und

$$pV = \frac{1}{3} nmc^2 = \frac{1}{3} Mc^2,$$

wobei $M = nm$ die Masse des Gases ist.
In einer anderen Form lautet die Grundgleichung

$$p = \frac{2}{3} W_{k0} = \frac{1}{3} n_0 mc^2 = \frac{1}{3} \varrho c^2,$$

wobei $n_0 = n/V$ die Anzahl der Gasmoleküle pro Volumeneinheit ist, $W_{k0} = W_k/V$ und $\varrho = n_0 m$ die Dichte des Gases.

5.2. Die Maxwellsche Geschwindigkeitsverteilung

1. Das *Maxwellsche Gesetz der Geschwindigkeitsverteilung* beschreibt die stationäre Geschwindigkeitsverteilung der Moleküle eines homogenen, einatomigen idealen Gases unter den Bedingungen des thermodynamischen Gleichgewichtes beim Fehlen eines äußeren Kraftfeldes. Die Maxwellsche Geschwindigkeitsverteilung ist das Ergebnis der gegenseitigen Zusammenstöße der Moleküle in der chaotischen Wärmebewegung.
2. Die Maxwellsche Geschwindigkeitsverteilung wird üblicherweise auf die Absolutwerte der Geschwindigkeiten bezogen und folgender-

maßen formuliert:

$$dn_u = n\left(\frac{m}{2\pi kT}\right)^{\frac{3}{2}} e^{-\frac{mu^2}{2kT}} 4\pi u^2\,du.$$

Hier ist u der Absolutwert der Geschwindigkeit der Moleküle, $u = \sqrt{u_x^2 + u_y^2 + u_z^2}$, m ist die Masse der Moleküle, k die BOLTZMANN-Konstante, T die absolute Temperatur, dn_u die Anzahl der Moleküle, deren Geschwindigkeiten zwischen u und $u+du$ liegen. Die Gesamtzahl der Moleküle ist n.

Gibt man die MAXWELL-Verteilung in der Form

$$dn = n\left(\frac{m}{2\pi kT}\right)^{\frac{3}{2}} e^{-\frac{mu^2}{2kT}} du_x\,du_y\,du_z$$

an, wobei u_x, u_y und u_z die Geschwindigkeitskomponenten längs der Koordinatenachsen sind, so kann man auch

$$dn = n f(u_x)\, f(u_y)\, f(u_z)\, du_x\,du_y\,du_z$$

setzen. Hier ist

$$f(u_i) = \left(\frac{m}{2\pi kT}\right)^{\frac{1}{2}} e^{-\frac{mu_i^2}{2kT}} \qquad (i = x, y, z)$$

die Verteilungsfunktion der Geschwindigkeitskomponenten.

Da alle Raumrichtungen bei der molekularen Bewegung gleichwertig sind, ist die Geschwindigkeitsverteilung der Moleküle isotrop, und $f(u_i)$ hat dieselbe Form für $i = x, y, z$.

Eine andere Form der MAXWELLschen Geschwindigkeitsverteilung (in Absolutbeträgen der Geschwindigkeit) lautet

$$dn = n\,\frac{4}{\sqrt{\pi}\,u_w^3}\, e^{-\left(\frac{u}{u_w}\right)^2} u^2\,du,$$

wobei u_w die wahrscheinlichste Geschwindigkeit ist (s. Punkt 3).

Die Verteilungskurve der Molekülgeschwindigkeiten ist in Bild II.5.1 wiedergegeben. Die Anzahl dn der Gasmoleküle, deren Geschwindigkeiten zwischen u und $u+du$ liegt, ist gleich der im Diagramm schraffierten Fläche dS:

$$dS = \left(\frac{u_w}{n}\frac{dn}{du}\right)\frac{du}{u_w} = \frac{dn}{n}, \qquad \frac{dn}{n} = f(u)\,du,$$

wobei

$$f(u) = 4\pi\left(\frac{m}{2\pi kT}\right)^{\frac{3}{2}} e^{-\frac{mu^2}{2kT}} u^2$$

die Geschwindigkeitsverteilungsfunktion des Bruchteils dn/n von Molekülen ist, deren Geschwindigkeiten im Intervall du um den Wert u herum liegen.

Die Normierungsbedingung der Verteilungsfunktion ist durch

$$\int_0^\infty f(u)\,du = 1$$

gegeben, da die Geschwindigkeiten aller Moleküle zwischen 0 und ∞ liegen.

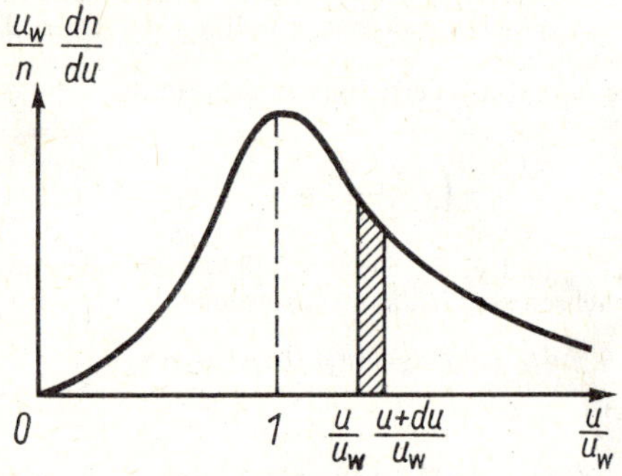

II.5.1.

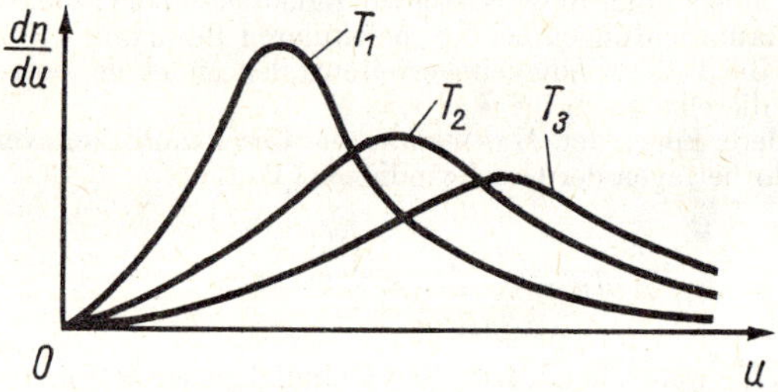

II.5.2.

Mit zunehmender Temperatur des Gases verschiebt sich das Maximum der Verteilungskurve zu höheren Geschwindigkeiten hin, und seine absolute Höhe nimmt ab. Bild II.5.2 zeigt die Verteilungskurven der Molekülgeschwindigkeiten für drei Temperaturen $T_1 < T_2 < T_3$.

3. Wir unterscheiden die folgenden charakteristischen Geschwindigkeiten von Gasmolekülen bei gegebener Temperatur:

a) die *wahrscheinlichste Geschwindigkeit* u_w, der das Maximum der Funktion $f(u)$ entspricht:

$$u_w = \sqrt{\frac{2RT}{\mu}} = \sqrt{\frac{2kT}{m}} \approx 1{,}41\sqrt{\frac{kT}{m}}\,;$$

b) *die mittelere Geschwindigkeit* $\bar{u}$ der Molekularbewegung,

$\bar{u} = \frac{1}{n} \sum_{i=1}^{n} u_i$, wobei n die Gesamtzahl der Gasmoleküle ist:

$$\bar{u} = \sqrt{\frac{8RT}{\pi\mu}} = \sqrt{\frac{8kT}{\pi m}} \approx 1{,}60 \sqrt{\frac{kT}{m}} ;$$

c) die *Wurzel aus dem mittleren Geschwindigkeitsquadrat* der Molekularbewegung, $c = \sqrt{\frac{1}{n} \sum_{i=1}^{n} u_i^2}$:

$$c = \sqrt{3BT} = \sqrt{\frac{3RT}{\mu}} = \sqrt{\frac{3kT}{m}} \approx 1{,}73 \sqrt{\frac{kT}{m}} ;$$

B ist die spezielle Gaskonstante (S. 152), T die absolute Temperatur, μ das Molekulargewicht des Gases, R die universelle Gaskonstante, k die BOLTZMANNsche Konstante und m die Masse der Gasmoleküle.

4. Die Energieverteilung der Moleküle ist durch

$$dn_W = \frac{2n}{\sqrt{\pi}} (kT)^{-\frac{3}{2}} e^{-\frac{W_k}{kT}} \sqrt{W_k}\, dW_k$$

gegeben, wobei $W_k = mu^2/2$ die kinetischen Energien der Translationsbewegung der Moleküle eines einatomigen Gases sind. In dieser Formel ist $dn_W/n = f(W_k)\, dW_k$; $f(W_k)$ ist die Energieverteilungsfunktion der Moleküle.

Beispiel 1. Die mittlere kinetische Energie eines Moleküls eines einatomigen idealen Gases ist

$$\overline{W}_k = \int_0^\infty W_k f(W_k)\, dW_k$$

$$= \frac{2}{\sqrt{\pi}(kT)^{3/2}} \int_0^\infty W_k e^{-\frac{W_k}{kT}} \sqrt{W_k}\, dW_k = \frac{3}{2} kT .$$

Die absolute Temperatur (S. 149) ist ein Maß für die mittlere kinetische Energie der Translationsbewegung der Moleküle eines idealen Gases. Dies gilt für nicht zu tiefe Temperaturen, die weit genug von der Temperatur, bei der Entartung eintritt (S. 223), entfernt sind.

Beispiel 2. Die Anzahl der Moleküle, deren Energie W_k größer ist als eine gegebene Energie $W_{0k} \ll kT$, ist gleich

$$n_{W_k > W_{0k}} = \int_{W_{0k}}^\infty \frac{2}{\sqrt{\pi}} n (kT)^{-\frac{3}{2}} e^{-\frac{W_k}{kT}} \sqrt{W_k}\, dW_k$$

$$\approx \frac{2n\sqrt{W_{0k}}}{\sqrt{\pi (kT)^3}} \int_{W_{0k}}^\infty e^{-\frac{W_k}{kT}} dW_k = \frac{2n\sqrt{W_{0k}}}{\sqrt{\pi kT}} e^{-\frac{W_{0k}}{kT}} .$$

5. Die Maxwellsche Verteilung der Relativgeschwindigkeiten von Molekülen: Die Relativbewegung zweier Moleküle kann man als die Bewegung eines einzigen Teilchens mit der reduzierten Masse $m_{\text{red}} = \frac{m_1 m_2}{m_1 + m_2}$ (S. 93) betrachten. Für ein homogenes Gas ist $m_1 = m_2 = m$ und $m_{\text{red}} = m/2$. Die Relativgeschwindigkeitsverteilung ist damit durch

$$dn_{u\,\text{rel}} = n \left(\frac{m}{4\pi kT}\right)^{\frac{3}{2}} e^{-\frac{mu_{\text{rel}}^2}{4kT}} 4\pi u_{\text{rel}}^2 \, du_{\text{rel}}$$

gegeben, wobei u_{rel} die Relativgeschwindigkeit zweier Moleküle ist;

$$\frac{dn_{u\,\text{rel}}}{n} = f(u_{\text{rel}})\, du_{\text{rel}};$$

$f(u_{\text{rel}})$ ist die Verteilungsfunktion der Relativgeschwindigkeiten:

$$f(u_{\text{rel}}) = 4\pi \left(\frac{m}{4\pi kT}\right)^{\frac{3}{2}} e^{-\frac{mu_{\text{rel}}^2}{4kT}} u_{\text{rel}}^2.$$

Beispiel. Die mittlere Relativgeschwindigkeit der Moleküle ist

$$\bar{u}_{\text{rel}} = \int\limits_0^\infty u_{\text{rel}} f(u_{\text{rel}})\, du_{\text{rel}} = \sqrt{2} \sqrt{\frac{8kT}{\pi m}} = \sqrt{2}\,\bar{u},$$

wobei $\bar{u}$ das arithmetische Mittel der Molekülgeschwindigkeiten ist.

5.3. Die mittlere freie Weglänge der Moleküle

1. Um die Zusammenstöße zweier Teilchen zu charakterisieren, hat man den Begriff des *Stoßwirkungsquerschnittes* σ eingeführt. Haben die zusammenstoßenden Moleküle einen Durchmesser von $d \approx 10^{-8}$ cm, so ist der *gaskinetische* Wirkungsquerschnitt gleich der Fläche eines Kreises mit dem Radius d (*Wirkungsradius*):

$$\sigma_0 = \pi d^2.$$

Der Wirkungsquerschnitt hängt von der Energie $\bar{\lambda}$ der kollidierenden Teilchen und der Art des Stoßprozesses (S. 698 und 699) ab.

2. Zwischen zwei aufeinanderfolgenden Zusammenstößen bewegt sich das Molekül geradlinig und gleichförmig und legt im Mittel eine bestimmte Entfernung zurück, die als *mittlere freie Weglänge* $\bar{\lambda}$ bezeichnet wird. Das Verteilungsgesetz der freien Weglängen bestimmt die Wahrscheinlichkeit $dw(x)$ dafür, daß das Molekül ohne Zusammenstoß eine Strecke x zurücklegt, doch danach, innerhalb der

infinitesimalen Strecke dx, einen Zusammenstoß erleidet:

$$dw(x) = e^{-n_0 \sigma x} n_0 \sigma \, dx,$$

wobei n_0 die Anzahl der Moleküle pro cm³ des Gases und σ der Stoßwirkungsquerschnitt ist.

3. Die mittlere Strecke $\bar{x}$, die ein Molekül ohne Zusammenstoß zurücklegen kann, ist gleich der mittleren freien Weglänge und durch

$$\bar{x} = \bar{\lambda} = \int_0^\infty x \, dw(x) = \int_0^\infty x e^{-n\sigma x} n_0 \sigma \, dx = \frac{1}{n_0 \sigma}$$

gegeben. Berücksichtigt man die Verteilung der Relativgeschwindigkeiten der kollidierenden Moleküle, so finden wir

$$\bar{\lambda} = \frac{1}{\sqrt{2} n_0 \sigma},$$

wobei σ als von u_{rel} unabhängig betrachtet wird. Für ein gegebenes Gas ist die mittlere freie Weglänge dem Gasdruck p (bei $T = \text{const}$) proportional:

$$p_1 \bar{\lambda}_1 = p_2 \bar{\lambda}_2;$$

die Indizes 1 und 2 beziehen sich auf die zwei verschiedenen Zustände des Gases.

5.4. Transporterscheinungen in Gasen

1. Infolge der untergeordneten Bewegung der Moleküle und der Zusammenstöße zwischen ihnen ändern sich die Geschwindigkeiten (Energien) der Teilchen andauernd. Existieren im Gas räumliche Inhomogenitäten der Dichte, Temperatur oder der Geschwindigkeit, dann ist der Wärmebewegung der Moleküle eine geordnete Bewegung übergelagert, die diese Inhomogenitäten auszugleichen trachtet: Es treten Transporterscheinungen auf.

2. Die *Transporterscheinungen* (Wärmeleitung, innere Reibung und Diffusion) bestehen darin, daß in Gasen ein orientierter Transport von Masse (Diffusion), Impuls (Viskosität oder innere Reibung) und innerer Energie (Wärmeleitung) stattfindet. Bei allen diesen Effekten ist die MAXWELLsche Geschwindigkeitsverteilung der Moleküle gestört. Im einfachsten Fall treten eindimensionale Transporterscheinungen auf, d. h., die entsprechenden physikalischen Größen hängen nur von einer der kartesischen Koordinaten ab.

3. Die Wärmeleitung entsteht bei Auftreten eines Temperaturgradienten; sie kann im eindimensionalen stationären Fall ($T = T(x)$) durch die FOURIER-*Gleichung*

$$dQ = -K \frac{dT}{dx} dS \, dt$$

beschrieben werden (der allgemeine Fall wird auf S. 262 besprochen), wobei dQ die in der Zeit dt durch die Fläche dS in Richtung der Normalen x zu dieser (zu niedereren Temperaturen hin) übertragene Wärmemenge ist; dT/dx ist der Temperaturgradient und K die Wärmeleitfähigkeit, definiert durch die in $dt = 1$, durch $dS = 1$ und bei $dT/dx = 1$ übertragene Wärmemenge.
Aus der elementaren kinetischen Gastheorie folgt

$$K = \frac{1}{3} \bar{u} \bar{\lambda} \varrho c_V .$$

Hier ist $\bar{u}$ die mittlere thermische Geschwindigkeit der Moleküle, $\bar{\lambda}$ die mittlere freie Weglänge, ϱ die Dichte des Gases und c_V die spezifische Wärme bei konstantem Volumen.

4. *Die innere Reibung* (*Viskosität*) hängt mit dem Auftreten von Reibungskräften zwischen zwei Gas- oder Flüssigkeitsschichten zusammen, die sich parallel zueinander verschieben und verschiedene Geschwindigkeiten besitzen. Die Ursache der inneren Reibung ist eine molekulare Impulsübertragung von der einen Schicht zur anderen. Die NEWTONsche Gleichung für die Viskosität lautet im eindimensionalen Fall ($v = v(x)$)

$$dF = -\eta \frac{dv}{dx} dS,$$

wobei dF die innere Reibungskraft ist, die auf das Oberflächenelement dS der Schicht wirkt; dv/dx ist der Gradient der Bewegungsgeschwindigkeit der Schichten in der Richtung x, die senkrecht auf die betrachtete Oberfläche ist, η ist der *Koeffizient der inneren Reibung*, der gleich der Reibungskraft zwischen zwei Schichten ist, deren Fläche und deren Geschwindigkeitsgradient gleich Eins ist.
Aus der elementaren kinetischen Gastheorie folgt

$$\eta = \frac{1}{3} \bar{u} \varrho \bar{\lambda},$$

wobei $\bar{u}$ wieder die mittlere thermische Geschwindigkeit der Moleküle ist, $\bar{\lambda}$ ist die mittlere freie Weglänge und ϱ die Gasdichte.
Eine exaktere Theorie ergibt anstelle des Faktors 1/3 einen Koeffizienten φ, der vom Charakter der Wechselwirkung zwischen den Molekülen abhängt. Für Moleküle, die sich wie glatte und harte Kugeln abstoßen, ist $\varphi = 0{,}499$. Exaktere Modelle für die Wechselwirkung ergeben für φ eine zunehmende Funktion der Temperatur.

5. Die Koeffizienten K und η hängen nicht von der Gasdichte ab, da das Produkt $\varrho \bar{\lambda}$ nicht von ϱ abhängt. Die Viskosität eines Gases nimmt mit der Temperatur zu, sie ist $\sqrt{T}$ proportional.

6. Als *Diffusion* bezeichnet man den innerhalb der Phasen vor sich gehenden Prozeß der Einstellung einer Gleichgewichtsverteilung der Konzentrationen (vgl. S. 147 bzw. 152). Bei konstanter Temperatur hat die Diffusion einen Ausgleich der chemischen Potentiale (S. 190) zur Folge. In einem einphasigen System bei konstanter Temperatur

und Fehlen äußerer Kräfte sorgt die Diffusion für eine gleichmäßige Konzentration der Phasenkomponenten im ganzen System. Steht das System unter dem Einfluß äußerer Kräfte oder tritt in ihm ein Temperaturgradient auf, so ist die Bildung der entsprechenden Konzentrationsgradienten der einzelnen Komponenten Folge der Diffusion (*Thermodiffusion, Elektrodiffusion* und andere Prozesse). Im eindimensionalen Fall ($\varrho = \varrho(x)$) wird die Diffusion eines Systems aus zwei Komponenten durch das *erste* FICK*sche Gesetz* beschrieben:

$$dM = -D \frac{d\varrho}{dx} dS\, dt,$$

wobei dM die Masse der ersten Komponente ist, die in der Zeit dt das Flächenelement dS in Richtung der Normalen x zur betrachteten Fläche auf der Seite abnehmender Dichte der ersten Komponente durchsetzt, $d\varrho/dx$ der Dichtegradient und D der *Diffusionskoeffizient.*

Wenn man sich in einem einkomponentigen System eine Gruppe von Molekülen abgesondert denkt, bezeichnet man den Konzentrationsaustausch der abgesonderten Teilchen als *Selbstdiffusion.* Auch die Selbstdiffusion wird durch das FICKsche Gesetz beschrieben, wobei D als *Koeffizient der Selbstdiffusion* bezeichnet wird.

Im einfachsten Fall der *Selbstdiffusion* erfolgt ein Konzentrationsausgleich im chemisch homogenen Stoff bei $T = \text{const}$ und dem Fehlen äußerer Kräfte; sie ist die Folge der Überlagerung einer orientierten Bewegung über die Wärmebewegung der Atome oder Moleküle. Im Fall der BROWNschen Bewegung (S. 236) diffundieren grobe, im Gas oder in der Flüssigkeit enthaltene suspendierte Teilchen.

7. Die *Diffusionsstromdichte* $\boldsymbol{j}$ ist die Anzahl der Stoffteilchen, die pro Zeiteinheit durch eine Flächeneinheit hindurchdiffundieren. Herrscht im Medium ein Druckgradient ∇p als Folge äußerer Kräfte und auch ein Temperaturgradient ∇T, dann ist die Dichte des Diffusionsstroms durch

$$\boldsymbol{j} = -Dn_0 \left(\nabla c + \frac{k_T}{T} \nabla T + \frac{k_p}{p} \nabla p \right) \quad \text{mit} \quad n_0 = \frac{p}{kT}$$

gegeben, wobei k die BOLTZMANNsche Konstante und D der *Diffusionskoeffizient* ist; er ist gleich der Dichte des Diffusionsstromes, wenn ein Konzentrationsgradient ∇c existiert, der gleich $1/n_0$ ist. Die Größe $k_T D$ wird als *Koeffizient der Thermodiffusion* bezeichnet; er ist gleich der Dichte des Diffusionsstromes bei $\nabla c = \nabla p = 0$ und $\nabla T/T = 1/n_0$. Die dimensionslose Größe k_T wird als *Thermodiffusionsverhältnis* bezeichnet. Der *Druckdiffusionskoeffizient* $k_p D$ ist gleich der Dichte des Diffusionsstromes bei $\nabla c = \nabla T = 0$ und $\nabla p/p = 1/n_0$.

8. Die bei dreidimensionaler Diffusion bei konstanter Temperatur und Fehlen äußerer Kräfte auftretende Änderung der Konzentration mit der Zeit wird durch die *Differentialgleichung der Diffusion*

$$\frac{\partial c}{\partial t} = \frac{\partial}{\partial x}\left(D \frac{\partial c}{\partial x}\right) + \frac{\partial}{\partial y}\left(D \frac{\partial c}{\partial y}\right) + \frac{\partial}{\partial z}\left(D \frac{\partial c}{\partial z}\right)$$

beschrieben, wobei D der Diffusionskoeffizient und t die Zeit ist. Hängt D nicht von der Konzentration ab, kann diese Gleichung auf die Form

$$\frac{\partial c}{\partial t} = D \Delta c$$

gebracht werden (*zweites* FICK*sches Gesetz*), wobei Δ der LAPLACE-Operator ist.

Beispiel 1. Für die Konzentrationsverteilung in einem halbunendlichen Stab, an dessen Ende zur Zeit $t = 0$ die Masse M (pro Flächeneinheit der Endfläche) konzentriert ist, erhält man

$$c(x, t) = \frac{M}{\sqrt{\pi D t}} e^{-\frac{x^2}{4Dt}},$$

wobei x der Abstand von der Endfläche ist.

Beispiel 2. Für die Konzentrationsverteilung des in einer Flüssigkeit gelösten Stoffes der Masse M, die sich zur Zeit $t = 0$ im Koordinatenursprung befindet, ergibt sich

$$c(r, t) = \frac{M}{8\varrho(\pi D t)^{3/2}} e^{-\frac{r_2}{4Dt}},$$

wobei ϱ die Dichte der Flüssigkeit und r der Abstand vom Koordinatenursprung ist.

9. Aus der elementaren kinetischen Gastheorie folgt

$$D = \frac{1}{3} \frac{\bar{u}}{\sqrt{2} n_0 \sigma} = \frac{1}{3} \bar{u} \bar{\lambda},$$

wobei $\bar{u}$ die mittlere thermische Geschwindigkeit der Moleküle, σ der Stoßwirkungsquerschnitt (S. 204) der Moleküle, n_0 ihre Anzahl pro cm^3 und $\bar{\lambda}$ ihre mittlere freie Weglänge ist.

Der Koeffizient der Selbstdiffusion ist dem Gasdruck umgekehrt proportional; die Temperaturabhängigkeit ist durch $D \sim T^{1/2}$ bei konstantem Volumen und $D \sim T^{3/2}$ bei konstantem Druck bestimmt. (Der Exponent liegt in der Praxis zwischen 1,7 und 2.)

10. In einem nicht im Gleichgewicht befindlichen stationären Gemisch zweier Gase ist eine gegenseitige Diffusion der Gasmoleküle zu beobachten. In erster Näherung kann der Diffusionskoeffizient D in diesem Fall nach Punkt 9 berechnet werden mit

$$\sigma = \sqrt{2}\pi \left(\frac{d_1 + d_2}{2}\right)^2,$$

wobei d_1 und d_2 die Moleküldurchmesser der beiden Gase sind. Ein genauerer Ausdruck für den Diffusionskoeffizienten ist

$$D = \frac{3\sqrt{RT}\sqrt{\frac{\mu_1 + \mu_2}{\mu_1 \mu_2}}}{32\sqrt{2\pi}\, N_L \psi (c_1 + c_2)},$$

wobei μ_1 und μ_2 die Molekulargewichte der einzelnen Gase sind; c_1 und c_2 sind die Konzentrationen in mol/cm³, und N_L ist die LOSCHMIDTsche Zahl. Die Größe ψ hängt von der Art der molekularen Wechselwirkungskräfte ab. Betrachtet man die Moleküle als elastische Kugeln, dann ist

$$\psi = \frac{(d_1 + d_2)^2}{16},$$

wobei d_1 und d_2 die Durchmesser der Moleküle der beiden Gassorten sind.

11. Aus der kinetischen Gastheorie folgt, daß die Transportkoeffizienten durch die Beziehungen

$$\eta = \varrho D \qquad \text{und} \qquad \frac{K}{\eta c_V} = 1$$

verknüpft sind, wobei c_V die spezifische Wärme des Gases bei konstantem Volumen ist. In der Praxis verwendet man jedoch die genauere Beziehung

$$D = \frac{K}{\alpha \varrho c_V},$$

wobei α ein von der Anzahl der Freiheitsgrade der Gasmoleküle abhängiger Faktor ist; für ein einatomiges Gas ist $\alpha = 2{,}5$, für ein zweiatomiges Gas ist $\alpha = 1{,}9$, und für ein dreiatomiges ist $\alpha = 1{,}75 - 1{,}5$.

Bestimmt man einen der Transportkoeffizienten experimentell und kennt man ϱ und c_V, so kann man die anderen Koeffizienten bestimmen. Die Formeln für die Transportkoeffizienten in Gasen stimmen mit den experimentellen Ergebnissen nur näherungsweise, d. h. größenordnungsmäßig, überein. Aus den für die Transportkoeffizienten erhaltenen Werten kann man die effektiven Durchmesser der Moleküle berechnen. In Tabelle II.5.1 findet man die die Prozesse beschreibenden Gleichungen für Gase (eindimensionale Probleme) und Formeln für die entsprechenden Transportkoeffizienten.

Tabelle II.5.1. Transporterscheinungen in Gasen

Effekt	Übertragene Größe	Gleichung	Formel für den Transportkoeffizienten
Diffusion	Masse	$dM = -D \frac{d\varrho}{dx} dS\, dt$	$D = \frac{1}{3} \bar{u} \bar{\lambda}$
Innere Reibung	Impuls	$dF = -\eta \frac{dv}{dx} dS$	$\eta = \frac{1}{3} \bar{u} \bar{\lambda} \varrho$
Wärmeleitung	Innere Energie	$dQ = -K \frac{dT}{dx} dS\, dt$	$K = \frac{1}{3} \bar{u} \bar{\lambda} \varrho c_V$

5.5. Die Eigenschaften verdünnter Gase

1. Ein Gas heißt *verdünnt*, wenn es sich in einem Zustand mit einem Druck weit unter einer Atmosphäre befindet. Ein derartiger Zustand wird auch als *Vakuum* bezeichnet. Der Grad der Verdünnung von Gasen hängt vom Verhältnis zwischen der mittleren freien Weglänge $\bar{\lambda}$ zwischen den Zusammenstößen der Gasmoleküle und den linearen Abmessungen d des Gefäßes ab, in dem sich das Gas befindet. Man unterscheidet ein Höchstvakuum ($\bar{\lambda} \gg d$), ein Hochvakuum ($\bar{\lambda} > d$), ein mittleres ($\bar{\lambda} \leqq d$) und ein niedriges Vakuum ($\bar{\lambda} \ll d$). Der Unterschied zwischen den Eigenschaften verdünnter und nicht verdünnter Gase ergibt sich in den drei ersten Fällen aus den aufgezählten Vakuumstufen.

Tabelle II.5.2.
Einige Charakteristiken der verschiedenen Vakuumstufen

Charakteristik	Vakuum niederes	Vakuum mittleres	Vakuum Hoch-	Vakuum Höchst-
Charakteristischer Druck für die gegebene Vakuumstufe [mmHg-Säule]	760 – 1	$1-10^{-3}$	$10^{-3}-10^{-7}$	10^{-8} und weniger
Anzahl der Moleküle [m^{-3}]	$10^{25}-10^{22}$	$10^{22}-10^{19}$	$10^{19}-10^{13}$	10^{13} und weniger
Abhängigkeit der Koeffizienten der Wärmeleitung und der inneren Reibung vom Druck	keine Abhängigkeit vom Druck	die Abhängigkeit vom Druck wird durch den Parameter λ/d beschrieben	direkt proportional dem Druck	beide Erscheinungen fehlen praktisch

2. Unter verdünnten Gasen sollen im folgenden Gase verstanden werden, die sich im Zustand des Hochvakuums befinden. Die zugehörige freie Weglänge der Moleküle des verdünnten Gases ergibt sich aus den Gefäßabmessungen. Eine Herabsetzung der Dichte eines verdünnten Gases beeinflußt daher nicht die mittlere freie Weglänge seiner Moleküle, sie bedeutet lediglich, daß weniger Moleküle da sind, die sich am Austausch von Impuls oder innerer Energie beteiligen können. Die Koeffizienten der Wärmeleitung und Viskosität sind in verdünnten Gasen der Gasdichte direkt proportional.

3. In verdünnten Gasen gibt es nur eine äußere Reibung des sich bewegenden Gases an den Gefäßwänden. Diese hängt von der Impulsänderung der mit den Wänden zusammenstoßenden Moleküle ab. Die Größe der auf die Flächeneinheit der Wand wirkenden Reibungskraft ist der Bewegungsgeschwindigkeit des Gases und seiner Dichte

proportional. Die Wärmeleitfähigkeit verdünnter Gase ist geringer als die normaler Gase; Wärmeleitung erfolgt durch Übertragung innerer Energie durch die Gasmoleküle, die sich zwischen den Gefäßwänden (die verschiedene Temperaturen, T_1 und T_2, aufweisen) frei bewegen können. Die pro Zeiteinheit und pro Flächeneinheit von der Wand aufgenommene (oder abgegebene) Wärmemenge ist der Temperaturdifferenz $T_1 - T_2$ und der Gasdichte direkt proportional.

4. Das *Gesetz von* Knudsen beschreibt die Strömung eines verdünnten Gases in einer zylindrischen Kapillare vom Radius r und der Länge l:

$$Q = \frac{8}{3} r^3 \sqrt{\frac{\pi\mu}{2RT}} \frac{p_1 - p_2}{l};$$

hier ist Q die Gasmasse, die pro Sekunde durch den Querschnitt der Kapillare strömt, μ ist das Molekulargewicht des Gases, R ist die universelle Gaskonstante (S. 151), T die absolute Temperatur und p_1, p_2 sind die Gasdrucke an den Enden der Kapillare.

5. Verbindet man zwei Gefäße, die sich bei verschiedenen Temperaturen befinden (T_1 und T_2), durch eine enge Röhre, so ist die Bedingung für einen stationären Zustand des verdünnten Gases durch die Bedingung

$$n_1 u_1 = n_2 u_2$$

gegeben, wobei n_1 und n_2 die Anzahl der Moleküle pro cm^3 in den beiden Gefäßen und u_1 und u_2 ihre mittleren Geschwindigkeiten sind. Diese Bedingung besagt, daß der Fluß der Moleküle vom ersten Gefäß in das zweite gleich dem vom zweiten in das erste ist. Wegen $n \sim p/T$ und $u \sim \sqrt{T}$ ist

$$\frac{p_1}{p_2} = \sqrt{\frac{T_1}{T_2}}$$

(Knudsen-*Effekt*).

6. Auf den besonderen Eigenschaften verdünnter Gase basieren die Mechanismen verschiedener Geräte zur Vakuumerzeugung (*Diffusionspumpen* und andere *Pumpen*), zur Vakuummessung (*Manometer*) und zur Wärmeisolierung (Dewar-*Gefäße*).

6. Die Elemente der statistischen Physik

6.1. Einleitung

1. Als *statistische Physik* (oder *physikalische Statistik*) bezeichnet man jenes Gebiet der theoretischen Physik, in dem die makroskopischen Eigenschaften eines Systems auf Grund molekular-kinetischer Modelle und der Methoden der mathematischen Statistik abgeleitet werden.
In der statistischen Physik werden Systeme, die sich im Gleichgewichtszustand (S. 147) oder nahezu im Gleichgewicht befinden, untersucht. Das Verhalten und die Eigenschaften solcher Systeme auf Grund bestimmter Vorstellungen von ihrer atomaren Struktur zu untersuchen ist Aufgabe der statistischen Physik.

2. Die statistische Physik übernimmt die im Rahmen quantenmechanischer Untersuchungen festgestellten Eigenschaften und Bewegungsgesetze der einzelnen Atome, Moleküle und Elementarteilchen. In vielen Fällen kann der Zustand eines beliebigen, aus n Teilchen mit s Freiheitsgraden bestehenden Systems im Rahmen der klassischen Mechanik durch Angabe von ns generalisierten Koordinaten und ns generalisierten Impulsen (S. 94), d. h. durch $2ns$ unabhängige Variable, beschrieben werden.

3. Ein System, das aus einer sehr großen Anzahl von Teilchen besteht, gehorcht den *Gesetzen der Statistik*, die sich von den die einzelnen Teilchen eines solchen makroskopischen Systems beherrschenden Gesetzen unterscheiden. Das Verhalten eines einzelnen Teilchens (z. B. seine Flugbahnen, Art und Aufeinanderfolge seiner Zustandsänderungen) erweisen sich in einer statistischen Betrachtung als unwesentlich. Eine Untersuchung der Eigenschaften dieses Systems resultiert demnach in einer Bestimmung der Mittelwerte jener physikalischen Größen, die den Zustand des ganzen Systems charakterisieren.
Der wesentliche Unterschied eines Systems, das statistischen Gesetzen unterworfen ist, von einem System, bei dem eine Beschreibung durch die mechanischen Gesetzmäßigkeiten genügt, besteht darin, daß Verhalten und Eigenschaften des ersteren vom Anfangszustand im wesentlichen unabhängig sind.

4. Ein Zusammenhang zwischen den Gesetzen, die die Bewegung einzelner Teilchen beschreiben (den *dynamischen Gesetzen*), und den Gesetzen der Statistik ist dadurch gegeben, daß je nach den Bewegungsgesetzen der einzelnen Teilchen auch die untersuchten Eigenschaften des makroskopischen Systems variieren.

6.2. Die Zustandswahrscheinlichkeit. Die Mittelwerte physikalischer Größen

1. Für jeden Zustand, den ein System einnehmen kann, gibt es eine gewisse Wahrscheinlichkeit seines Eintretens. Die Wahrscheinlichkeit w_i des i-ten Zustandes ist gleich dem Grenzwert der Zeit t_i, innerhalb der sich das System im gegebenen Zustand befindet, dividiert durch die Gesamtzeit T, innerhalb der das System beobachtet wird, wenn T gegen Unendlich strebt:

$$w_i = \lim_{T \to \infty} \frac{t_i}{T}.$$

Nimmt man eine bestimmte physikalische Größe M, die eine eindeutige Zustandsfunktion (S. 150) ist, den Wert M_i an, so bedeutet das, daß sich das System im Zustand i befindet.

2. Die Wahrscheinlichkeit des i-ten Zustandes eines Systems ist gleich der Wahrscheinlichkeit dafür, daß die physikalische Größe M den Wert M_i annimmt. Wird N-mal die Größe M gemessen und wurde dabei in N_i Messungen festgestellt, daß die Größe M den

Wert M_i besitzt, so ist

$$w_i = \lim_{N \to \infty} \frac{N_i}{N}.$$

3. Ändert sich der Zustand eines Systems kontinuierlich, so kann man nicht mehr vom Wert M_i sprechen, man hat es vielmehr mit einem Werteintervall dieser Größe zu tun. Die Wahrscheinlichkeit $dw(M)$ dafür, daß die Größe M einen Wert innerhalb des Intervalls von M bis $M + dM$ annimmt, ist durch

$$dw(M) = \lim_{T \to \infty} \frac{dt_M}{T}$$

gegeben, wobei dt_M die Zeit ist, in der sich das System in einem Zustand befindet, dem der im Intervall zwischen M und $M + dM$ liegende Wert M entspricht; dt_M und dw_M sind der Größe des Intervalls dM proportional:

$$dw(M) = \varrho(M)\, dM,$$

wobei $\varrho(M)$ die *Wahrscheinlichkeitsdichte* oder die *Wahrscheinlichkeitsverteilungsfunktion* ist.

4. Die *Normierungsbedingung* für Zustandswahrscheinlichkeiten lautet im Fall von diskreten Zuständen $\sum_i w_i = 1$ und im Fall von kontinuierlich veränderlichen Zuständen $\int dw(M) = \int \varrho(M)\, dM = 1$.

5. Das *statistische Mittel* wird mit $\overline{M}$ bezeichnet; es ist durch

$$\overline{M} = \sum_i M w_i$$

gegeben, wenn sich M diskret ändert; summiert wird über alle Zustände des Systems. Ändert sich M kontinuierlich, dann ist

$$\overline{M} = \int M\, dw(M) = \int M \varrho(M)\, dM,$$

wobei über alle möglichen Zustände des Systems integriert wird. Beispiele für die Berechnung der Mittelwerte finden sich auf S. 203 u. S. 216.

6.3. Die Gibbssche Verteilung

1. Die Wahrscheinlichkeitsverteilung verschiedener Zustände eines abgeschlossenen Systems, d. h. eines Systems konstanter Energie, das nicht mit den umgebenden Körpern in Wechselwirkung steht, bezeichnen wir als *mikrokanonische* Gibbs*sche Verteilung*. Ein solches System ist natürlich nicht realisierbar, es ist ein Idealsystem. Seine Zustände sind *entartet*: Zu jedem Energiewert existieren verschiedene ihm entsprechende Zustände. Die Anzahl der zu einer gegebenen Energie gehörenden Zustände bezeichnet man als den *Entartungsgrad* $\Omega(E)$.

2. Die mikrokanonische Verteilung basiert auf der Voraussetzung, daß die verschiedenen, einer Energie entsprechenden Zustände gleichwahrscheinlich sind. Bei Darstellung des Zustandes des Systems im Phasenraum (S. 98) entspricht jedem Zustand eine Zelle, und deren Gesamtheit bildet bei gegebener Energie eine Fläche $E = \text{const}$.

3. Makroskopische Systeme, die sich während einer längeren Zeitspanne in einem Zustand gegebener Energie befinden, bezeichnet man als *ergodisch*. Die der mikrokanonischen Verteilung (s. Punkt 2) zugrunde liegende Annahme besagt nun, daß der dem betrachteten Zustand im Phasenraum entsprechende Punkt in irgendeiner Zelle der Fläche $E = \text{const}$ liegen kann, und jede dieser Zellen hat die gleiche Wahrscheinlichkeit.

4. Für ergodische Systeme, deren Zustände gegebener Energie E gleichwahrscheinlich sind, gilt folgendes: Befindet sich ein makroskopisches System in einem bestimmten Zeitpunkt in einem gegebenen Zustand mit der Energie E, so wird es spontan in irgendeinen anderen Zustand (mit derselben Energie) übergehen, und es wird sich im Durchschnitt in allen diesen Zuständen gleich lange befinden.

Die Wahrscheinlichkeit $w(E)$ eines Zustandes eines Systems kann durch die mikrokanonische GIBBSsche Verteilung folgendermaßen ausgedrückt werden:

$$w(E_i) = C\Omega(E_i).$$

Der Proportionalitätsfaktor C kann aus der Normierungsbedingung (S. 213) bestimmt werden:

$$\sum_i w(E_i) = 1.$$

Die mikrokanonische GIBBSsche Verteilung liegt der kanonischen GIBBSschen Verteilung zugrunde.

5. Die *kanonische* GIBBS*sche Verteilung* ist die Wahrscheinlichkeitsverteilung der verschiedenen möglichen Zustände eines gewissen *quasi-abgeschlossenen Subsystems*, d. h. eines Teils eines abgeschlossenen makroskopischen Systems (S. 146). Das Untersystem wird dann als quasi-abgeschlossen bezeichnet, wenn seine Eigenenergie im Mittel groß gegen die Energie seiner Wechselwirkung mit den anderen Teilen des abgeschlossenen Systems ist (die als *Thermostat* bezeichnet werden).

Jedes Molekül eines idealen Gases bei nicht zu tiefen Temperaturen ist z. B. ein quasi-abgeschlossenes Subsystem. Seine kinetische Energie ist im Durchschnitt bei weitem größer als die Energie seiner Wechselwirkung mit den anderen Gasmolekülen (dem Thermostaten).

6. Die Wechselwirkung des Subsystems mit dem Thermostaten führt zu einer Änderung seines Zustandes: Es kann sowohl in einen Zustand mit derselben Energie als auch in einen mit einer anderen Energie übergehen. Bei letzterer Art von Übergängen tritt zwischen Subsystem und Thermostat ein Energieaustausch ein, wobei die Energie des Subsystems zu- oder abnimmt.

7. Die Zustandswahrscheinlichkeit eines Subsystems hängt nur von seiner Energie ab. Nach der *kanonischen* Gibbs*schen Verteilung in quantenmechanischer Darstellung* ist

$$w(E_i) = \frac{e^{-\frac{E_i}{\Theta}}\,\Omega(E_i)}{\sum\limits_i e^{-\frac{E_i}{\Theta}}\,\Omega(E_i)} = \frac{e^{-\frac{E_i}{\Theta}}\,\Omega(E_i)}{Z},$$

wobei $w(E_i)$ die Wahrscheinlichkeit dafür ist, daß ein quasi-abgeschlossenes System in einem Zustand mit der Energie E_i verbleibt, $\Omega(E_i)$ ist der Entartungsgrad (S. 213) und Θ ist der *Modul der kanonischen Verteilung* oder die *statistische Temperatur*.

Die Größe Θ ist eine Temperatur, die in Energieeinheiten gegeben ist. Mit ihrer Hilfe kann das unvollständige Differential δQ in das vollständige Differential der Größe $\partial F/\partial\Theta$ umgeformt werden, wobei F die freie Energie des Systems ist (S. 178):

$$\delta Q = -\Theta\, d\left(\frac{\partial F}{\partial \Theta}\right)_V .$$

Die Größe Θ hat in zwei verschiedenen, im Zustand des thermodynamischen Gleichgewichts befindlichen Systemen, die miteinander in thermischem Kontakt stehen, denselben Wert. Der universelle Proportionalitätsfaktor, vermittels dessen man die statistische Temperatur Θ von erg in Grad umrechnet, ist die Boltzmannsche Konstante (S. 152):

$$\Theta = kT > 0.$$

Die Größe $Z = \sum\limits_i e^{-E_i/\Theta}\,\Omega(E_i)$ bezeichnet man als *Zustandssumme* oder *statistische Summe*.

8. Für die Zustände von Systemen, deren Energien sich quasikontinuierlich ändern, d. h., wo der Abstand zwischen den Energieniveaus klein gegen $\Theta = kT$ ist, geht die quantenmechanische Gibbssche Verteilung in die *klassische kanonische Verteilung* über:

$$dw(E) = \frac{e^{-\frac{E}{\Theta}}}{Z}\, d\Omega(E)$$

mit

$$d\Omega(E) = \Omega(E)\, dE, \qquad Z = \int e^{-\frac{E}{\Theta}}\,\Omega(E)\, dE;$$

$d\Omega(E)$ bedeutet die Anzahl der verschiedenen Zustände, die dem Energieintervall zwischen E und $E + dE$ entsprechen, und Z das *Zustandsintegral* oder *Phasenintegral*. Für ein System mit N gleichartigen Teilchen ist

$$Z = \frac{1}{h^s N!} \int e^{-\frac{E}{\Theta}} d\Gamma,$$

wobei $d\Gamma$ das Volumenelement des Phasenraumes ist (S. 98), h die Plancksche Konstante und s die Anzahl der Freiheitsgrade des Systems. Die Integration ist über den gesamten Phasenraum zu erstrecken. Zwischen dem Zustandsintegral, der statistischen Summe und der freien Energie F (S. 178) eines Systems bestehen folgende Zusammenhänge:

$$Z = e^{-\frac{F}{\Theta}}; \qquad F = -\Theta \ln Z.$$

9. Für ein Subsystem mit einer großen Anzahl von Teilchen hat die kanonische Gibbssche Verteilung ein scharfes Maximum. Ein solches Subsystem befindet sich die längste Zeit im wahrscheinlichsten Zustand mit der diesem entsprechenden Energie. Ist das Subsystem ein einziges Molekül eines idealen Gases, dann geht die kanonische Gibbssche Verteilung in die Boltzmannsche Verteilung (S. 218) über.

Man verwendet die kanonische Gibbssche Verteilung, um den Mittelwert $\overline{M}$ der physikalischen Größe M zu bestimmen, die eine charakteristische Energiefunktion (S. 177) für diesen Zustand ist:

$$\overline{M} = \sum_i M(E_i)\, w(E_i).$$

Im Fall kontinuierlicher Zustandsänderungen ist

$$\overline{M} = \int M(E)\, dw(E).$$

10. Die Berechnung von Z ermöglicht die Bestimmung der thermodynamischen Funktionen und der Zustandsgleichung des betrachteten Systems.

In Tabelle II.6.1 haben wir die Formeln, die die thermodynamischen Funktionen, die Wärmekapazität und die Zustandsgleichung durch die Zustandssumme des Systems ausdrücken, zusammengestellt.

Tabelle II.6.1

Bezeichnung der Größe	Symbol	Formel
Freie Energie	F	$F = -kT \ln Z$
Isobar-isothermes Potential	Φ	$\Phi = kT \left[\left(\frac{\partial \ln Z}{\partial \ln U}\right)_T - \ln Z\right]$
Innere Energie	U	$U = kT^2 \left(\frac{\partial \ln Z}{\partial T}\right)_V$

Fortsetzung Tabelle II.6.1.

Bezeichnung der Größe	Symbol	Formel
Entropie	S	$S = k\left[\ln Z + T\left(\frac{\partial \ln Z}{\partial T}\right)_V\right]$
Enthalpie	H	$H = kT\left[\left(\frac{\partial \ln Z}{\partial \ln V}\right)_T + \left(\frac{\partial \ln Z}{\partial \ln T}\right)_V\right]$
Wärme-kapazität	C_V	$C_V = kT\left[2\left(\frac{\partial \ln Z}{\partial T}\right)_V + T\left(\frac{\partial^2 \ln Z}{\partial T^2}\right)_V\right]$
Zustands-gleichung	$p = -\left(\frac{\partial F}{\partial V}\right)_T$	$p = kT\left(\frac{\partial \ln Z}{\partial V}\right)_T$

6.4. Der Gleichverteilungssatz

In einem klassischen statistischen System, das sich im thermodynamischen Gleichgewicht befindet (S. 147), entspricht jedem Freiheitsgrad eines einzelnen Teilchens dieselbe Energie vom Betrag $\frac{1}{2} kT$, wobei k die BOLTZMANN-Konstante und T die absolute Temperatur ist.

Alle Freiheitsgrade eines im Rahmen der klassischen Mechanik beschreibbaren Systems sind energetisch äquivalent — genau das besagt der *Gleichverteilungssatz*. Dieses Gesetz hat nur einen beschränkten Gültigkeitsbereich, im Fall quantentheoretischer Beschreibung des Systems (S. 219) ist es nicht mehr anwendbar.

6.5. Die MAXWELL-BOLTZMANN-Verteilung

Die MAXWELL-BOLTZMANN*sche Statistik* beschreibt die Verteilung von Gasmolekülen in bezug auf die Koordinaten und Geschwindigkeiten in Gegenwart eines beliebigen Potentialfeldes.

Die am häufigsten verwendete, diese Verteilung beschreibende Formel lautet

a) $$d n_u = \frac{4 n_0}{\sqrt{\pi} u_w^3} e^{-\frac{1}{u_w^2}\left(u^2 + \frac{2W_p}{m}\right)} u^2\, du,$$

wobei u_w die wahrscheinlichste Geschwindigkeit der Moleküle ist (S. 202), dn_u die Anzahl der Moleküle pro Volumeneinheit des Gases um den Punkt (x, y, z), deren Geschwindigkeiten im Intervall zwischen u und du liegen, $W_p(x, y, z)$ die potentielle Energie der Moleküle im betrachteten Punkt des äußeren Kraftfeldes und n_0 die Anzahl der Moleküle pro Volumeneinheit des Gases in jenem Punkt, für den $W_p = 0$ gilt;

b) $$dw = \text{const} \cdot \frac{1}{(2\pi m k T)^{3/2}} e^{-\frac{p_x^2+p_y^2+p_z^2}{2mkT}} dp_x\, dp_y\, dp_z \cdot$$
$$\cdot\, e^{-\frac{W_p(x,y,z)}{kT}} dx\, dy\, dz,$$

wobei dw die Wahrscheinlichkeit dafür ist, daß die Koordinaten und die Impulskomponenten der Moleküle im Volumenelement $d\Gamma = dx\, dy\, dz\, dp_x\, dp_y\, dp_z$ um den Phasenpunkt (x, y, z, p_x, p_y, p_z) liegen; $W_p(x, y, z)$ ist die potentielle Energie der Moleküle im äußeren Kraftfeld. In dieser Form geschrieben, kann die MAXWELL-BOLTZMANN-Statistik als Verteilungsfunktion angesehen werden, die als Produkt der Wahrscheinlichkeiten zweier unabhängiger Ereignisse aufgefaßt werden kann: der Wahrscheinlichkeit eines bestimmten Impulswertes des Moleküls und die einer bestimmten Lage im Raum. Die erste Wahrscheinlichkeit

$$dw(p) = \frac{1}{(2\pi m k T)^{3/2}} e^{-\frac{p_x^2+p_y^2+p_z^2}{2mkT}} dp_x\, dp_y\, dp_z$$

ist eine MAXWELLsche Verteilung (S. 200). Die zweite Wahrscheinlichkeit

$$dw(x, y, z) = \text{const} \cdot e^{-\frac{W_p(x,y,z)}{kT}} dx\, dy\, dz$$

wird als BOLTZMANN*sche Verteilung* bezeichnet.

Beispiel. Die BOLTZMANNsche Verteilung im Gravitationsfeld. Die potentielle Energie eines Moleküls der Masse m im Schwerefeld ist $W_p = mgz$, wobei z die Höhe und g die Gravitationsbeschleunigung ist. In jeder Höhe gilt eine bestimmte, der Temperatur entsprechende MAXWELLsche Geschwindigkeitsverteilung der Moleküle. Integriert man die MAXWELLsche Verteilungsfunktion über alle Impulse, so erhält man die Anzahl der sich im Raumelement $dx\, dy\, dz$ befindenden Moleküle:

$$dn(x, y, z) = \text{const} \cdot e^{-\frac{mgz}{kT}} dx\, dy\, dz.$$

Hieraus folgt, daß die Gasdichte $\varrho = \frac{dn(x, y, z)}{dx\, dy\, dz}$ nach einem Exponentialgesetz mit der Höhe abnimmt:

$$\varrho = \text{const} \cdot e^{-\frac{mgz}{kT}}.$$

Die Konstante in diesem Ausdruck bestimmt sich aus der Bedingung $\varrho = \varrho_0 = \text{const}$ bei $z = 0$. Demnach ist $\varrho = \varrho_0 e^{-\frac{mgz}{kT}}$ (*Barometerformel*). Die Höhe $h = kT/mg$, in der die Gasdichte auf den e-ten Teil abgefallen ist, ist die *charakteristische Länge der* BOLTZMANN-*Verteilung im Schwerefeld.*

6.6. Die Quantenstatistik

1. Die *Quantenstatistik* ist die Theorie von Systemen, die aus einer sehr großen Anzahl den Quantengesetzen unterworfenen Teilchen bestehen.

Der Zustand eines beliebigen quantenmechanischen Systems mit s Freiheitsgraden kann in der sogenannten *quasiklassischen Näherung*, analog wie in der klassischen Mechanik, betrachtet werden. Hierbei ist den möglichen Zuständen des Systems eine Beschränkung auferlegt: Jedem Quantenzustand eines Systems mit s Freiheitsgraden entspricht eine Zelle im Phasenraum, die das Volumen h^s besitzt. Dies resultiert aus der HEISENBERGschen Unschärferelation (S. 689).

Der Zustand eines Systems kann sich nur diskret ändern; das System „springt" von einer Zelle des Phasenraumes in eine andere über. In der quasiklassischen Näherung entspricht ein Übergang in eine benachbarte Quantenzelle einer sehr kleinen Änderung der Eigenschaften des Systems. Man kann annehmen, daß sich die Eigenschaften des Systems kontinuierlich ändern. Die Verteilung der Teilchen auf die Zellen eines 6dimensionalen Phasenraumes (q_x, q_y, q_z, p_x, p_y, p_z) charakterisiert einen bestimmten *Mikrozustand* des Systems.

2. Aufgabe der Quantenstatistik ist es, die Verteilungsfunktionen der Teilchen im Phasenraum zu bestimmen. Der wesentlichste Unterschied zwischen Quantenstatistik und klassischer Statistik liegt in der konsequenten Durchführung des *Prinzips der Nichtunterscheidbarkeit gleichartiger Teilchen.* Will man das Problem der Verteilung der Teilchen auf den Phasenraum im Rahmen der Quantenstatistik lösen, so ist es sinnlos zu fragen, welches der Teilchen sich in welcher Zelle des Phasenraumes befindet — man kann nur fragen, wie viele Teilchen sich in einer bestimmten Zelle befinden. Der Mikrozustand des Systems bleibt derselbe, wenn man Teilchen innerhalb einer gegebenen Zelle des Phasenraumes oder zwischen den einzelnen Zellen austauscht.

6.7. Die BOSE-EINSTEIN- und die FERMI-DIRAC-Quantenstatistik

1. In Systemen, die durch symmetrische Wellenfunktionen (S. 724) beschrieben werden können, gilt die BOSE-EINSTEIN-*Statistik.* Diese Statistik erfaßt Systeme von Teilchen mit ganzzahligem Spin (S. 736), die sogenannten *Bosonen* (z. B. Photonen und gewisse Kerne), bei welchen die Anzahl der Teilchen, die sich in einer gegebenen Zelle des sechsdimensionalen Phasenraumes befinden, nicht beschränkt ist.

2. Um die Verteilungsfunktion in der BOSE-EINSTEIN-Statistik zu bestimmen, zerlegt man zunächst den ganzen Phasenraum in kleine Elemente $\Delta\Gamma_i$, von denen jedes Δg_i Zustände mit Energien zwischen W_i und $W_i + \Delta W_i$ enthält. Sind in einem gegebenen Element des Phasenraumes $\Delta\Gamma_i$ eine Anzahl von ΔN_i Teilchen enthalten, dann können sie sich auf jede nur mögliche Art und Weise auf die Δg_i Zustände mit der Energie W_i aufteilen. Die Anzahl der Zustände ist $\Delta g_i = \Delta\Gamma_i/h^3$. Mittels der thermodynamischen Wahrscheinlichkeit (S. 214) der Teilchenverteilung auf die Zustände im ganzen Phasenraum kann man die wahrscheinlichste Verteilung bestimmen, unter der Bedingung, daß im System die Gesamtzahl der vorhandenen Teilchen N und die Gesamtenergie W konstant bleiben:

$$\sum_i \Delta N_i = N, \qquad \sum_i \Delta N_i W_i = W.$$

Anstelle der Teilchenanzahl $\Delta N(W_i)$ im Energieintervall ΔW_i bestimmt man gewöhnlich die mittlere „Besetzung" eines Zustandes gegebener Energie, d. h. die mittlere Teilchenanzahl $\bar{n}_i$ in einem Zustand, die als BOSE-EINSTEIN*sche Verteilungsfunktion* bezeichnet wird:

$$\bar{n}_i = \frac{\Delta N(W_i)}{\Delta g_i} = \frac{1}{e^{\frac{W_i - \mu}{kT}} - 1};$$

hier ist μ das chemische Potential (S. 191) pro Teilchen und k die BOLTZMANNsche Konstante. Der Index i wird mitunter weggelassen, weil ja diese Verteilungsfunktion für alle Elemente des Phasenraumes gilt.

3. In Systemen von Teilchen, die durch antisymmetrische Wellenfunktionen beschreibbar sind (S. 724), herrscht die FERMI-DIRAC-*Verteilung* (FERMI-DIRAC-Statistik). Diese Statistik beschreibt das Verhalten eines Systems von *Fermionen* (Elektronen, Protonen, Neutronen usw.), das sind Teilchen, die dem PAULI-Prinzip (S. 736) unterworfen sind und halbzahligen Spin haben (S. 736). In solchen Systemen kann ein Quantenzustand von höchstens einem Teilchen besetzt sein. Eine Lösung des Problems der wahrscheinlichsten Zustandsverteilung (wobei wiederum die Gesamtenergie des Systems und die Gesamtzahl seiner Teilchen konstant bleibt) führt zur FERMI-DIRAC*schen Verteilungsfunktion*

$$\bar{n}_i = \frac{\Delta N(W_i)}{\Delta g_i} = \frac{1}{e^{\frac{W_i - \mu}{kT}} + 1}.$$

Die Bezeichnungen sind hier dieselben wie bei der BOSE-EINSTEIN-Verteilung.

4. Die Verteilungsfunktionen der klassischen Statistik und der Quantenstatistik können in einer gemeinsamen Formel ausgedrückt

werden:

$$\bar{n}_i = \frac{1}{e^{\frac{W_i - \mu}{kT}} + \delta}.$$

Bei der MAXWELL-BOLTZMANN-Verteilung ist $\delta = 0$, $\mu = 0$; bei der BOSE-EINSTEIN-Verteilung ist $\delta = -1$ und bei der FERMI-DIRAC-Verteilung ist $\delta = +1$. Diese drei Verteilungsfunktionen sind in Bild II.6.1 veranschaulicht.

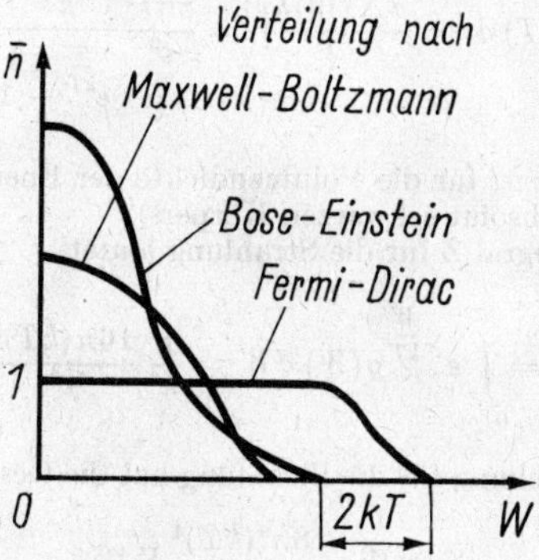

II.6.1.

Beispiel. Wir bestimmen die Strahlungsdichte und die thermodynamischen Funktionen eines Photonengases, das im Volumen V bei $T = \text{const}$ im Zustand des thermodynamischen Gleichgewichts eingeschlossen ist.
Die Anzahl der Zustände der Strahlung in einem Phasenraumelement ist durch

$$dg_i = 2\,\frac{4\pi p^2\,dp\,dx\,dy\,dz}{h^2}$$

gegeben. Der Koeffizient 2 tritt auf, weil es zwei mögliche Polarisationsrichtungen des Lichtes (S. 548) gibt.
Die Gesamtzahl von Zuständen im Volumen V ist dann

$$dg = \frac{8\pi p^2\,dp\,V}{h^3} = \frac{8\pi W^2\,dW}{h^3 c^3}\,V.$$

Der Impuls eines Photons p und seine Energie W (S. 671) sind

$$p = \frac{h\nu}{c}, \quad W = h\nu,$$

wobei ν die Frequenz und c die Geschwindigkeit des Lichtes im Vakuum ist.

Die Anzahl von Photonen mit einer Energie zwischen W und $W + dW$ im Volumen V ist

$$dN(W) = \frac{dg}{e^{\frac{W}{kT}} - 1} = \frac{8\pi\nu^2 V\, d\nu}{c^3 \left(e^{\frac{h\nu}{kT}} - 1\right)}.$$

Die Volumendichte der Strahlungsenergie im Frequenzintervall zwischen ν und $\nu + d\nu$ ist

$$w(\nu, T)\, d\nu = \frac{dN(W)\, h\nu}{V} = \frac{8\pi\nu^2}{c^3} \frac{h\nu}{e^{\frac{h\nu}{kT}} - 1} d\nu$$

(PLANCK*sche Formel* für die Volumendichte der Energie der Wärmestrahlung eines absolut schwarzen Körpers).
Das Zustandsintegral Z für die Strahlung lautet

$$Z = \int_0^\infty e^{-\frac{W}{kT}} g(W)\, dW = \frac{V}{h^3} \frac{16\pi (kT)^3}{c^3}.$$

Die Zustandsgleichung für die Strahlung hat die Gestalt

$$pV = \frac{8\pi^5 (kT)^4}{45 h^3 c^3} V.$$

Der Strahlungsdruck ist

$$p = \frac{8\pi^5 (kT)^4}{45 c^3 h^3}.$$

Die freie Energie ist

$$F = -\frac{V}{h^3} \frac{8\pi^5 (kT)^4}{45 c^3}.$$

Die Strahlungsenergie ist

$$U(T) = \frac{V}{h^3} \frac{8\pi^5 (kT)^4}{15 c^3} \qquad \textit{(Gesetz von Stefan-Boltzmann)}.$$

Der Druck einer isotropen Strahlung kann damit in der Form

$$p = \frac{1}{3} \frac{U(T)}{V} = \frac{1}{3} u(T)$$

geschrieben werden, wobei $u(T)$ die Volumendichte der Strahlung ist.
Für die Entropie der Strahlung ergibt sich

$$S = \frac{V}{h^3} \frac{32\pi^5 k}{45 c^3} (kT)^3.$$

6.8. Die Entartung von Gasen, die der Quantenstatistik unterworfen sind

1. *Ideale Gase* bezeichnet man als *entartet*, wenn ihre Eigenschaften von denen gewöhnlicher Gase abweichen, wobei diese Abweichung eine Folge der Quanteneigenschaften der Teilchensysteme ist. Die Entartung von Gasen erlangt erst bei sehr tiefen Temperaturen und großen Dichten Bedeutung. Bei $e^{-\mu/kT} \gg 1$ (S. 221) gehen die BOSE-EINSTEIN- und FERMI-DIRAC-Verteilungsfunktionen in die klassische Verteilungsfunktion über (schwache Entartung). Hierbei ist die Bedingung

$$A = \frac{n_0 h^3}{(2\pi m k T)^{3/2}} \ll 1$$

erfüllt, wobei n_0 die Anzahl der Gasmoleküle pro cm^3, m die molekulare Masse, T die absolute Temperatur, k die BOLTZMANNsche Konstante und h die PLANCKsche Konstante ist. Die Größe A bezeichnen wir als *Entartungsparameter.*

2. Für ein ideales BOSE-EINSTEIN-Gas lautet die Zustandsgleichung

$$pV = RT\left(1 - \frac{n_0 h^3}{(2\pi m k T)^{3/2}}\right) = RT(1 - A).$$

Sie unterscheidet sich von der Gleichung nach MENDELEJEW-CLAPEYRON (S. 152) durch das Glied $-RTA$; bei den üblichen Werten von n_0 und T kann dieses Glied vernachlässigt werden ($A \ll 1$).

3. Die thermodynamischen Funktionen eines entarteten BOSE-EINSTEIN-Gases im Volumen V lauten:

Freie Energie $\quad F = -1{,}341 \frac{V}{h^3} (2\pi m)^{3/2} (kT)^{5/2}$,

Entropie $\quad S = 3{,}352 \frac{V}{h^3} (2\pi m)^{3/2} k (kT)^{3/2}$,

Innere Energie $\quad U = 2{,}011 \frac{V}{h^3} (2\pi m)^{3/2} (kT)^{5/2}$,

Wärmekapazität $\quad C_V = 5{,}027 \frac{V}{h^3} (2\pi m)^{3/2} k (kT)^{3/2}$.

4. Das Kriterium für die Entartungstemperatur von Gasen lautet: $T \leqq T_0$, wobei $T_0 = h^2 n_0^{2/3}/2\pi m k$ die *Entartungstemperatur* ist. Bei $h \to 0$ gilt auch für die Entartungstemperatur $T_0 \to 0$, woraus ersichtlich wird, daß auch der Entartung von Gasen Quantencharakter zukommt. Bei $T \gg T_0$ ist das Gas nicht entartet und kann durch die klassische Statistik beschrieben werden. So ist z. B. für ein Protonengas mit einer Teilchenmasse von $m \approx 2 \cdot 10^{-24}$ g und Dichten von $n_0 \sim 10^{22}$ cm^{-3} die Entartungstemperatur $T_0 \approx 1\,°$K. Ein Photonengas ist immer entartet, da für ein solches $T_0 = \infty$ ist (die Ruhmasse des Photons ist $m_0 = 0$, S. 671). Für Wasserstoff

unter Normalbedingungen ($T = 300\,°\mathrm{K}$ und $n_0 \approx 3 \cdot 10^{19}\ \mathrm{cm}^{-3}$) ist der Parameter $A \approx 3 \cdot 10^{-5} \ll 1$. Das entspricht einer Entartungstemperatur von $T_0 \approx 1\,°\mathrm{K}$.
Für Gase, die schwerer als Wasserstoff sind, ist A noch kleiner, das bedeutet, daß Gase unter normalem Druck und normaler Temperatur niemals entartet sind. Die durch die Quanteneigenschaften der Gase bedingte Entartung erweist sich als bedeutend geringer als die Abweichung der Gase vom Idealzustand, die ja eine Folge der VAN-DER-WAALSschen Wechselwirkungskräfte ist, die zwischen den Molekülen herrschen (S. 239).

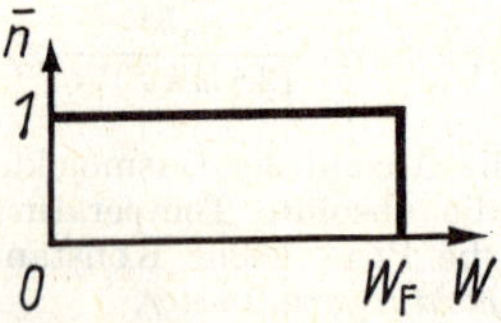

II.6.2.

5. Für Elektronen in Metallen ist $n \approx 10^{22}-10^{23}\ \mathrm{cm}^{-3}$, so daß $T_0 \approx (16-20) \cdot 10^3\,°\mathrm{K}$ ist. Das Elektronengas in Metallen (S. 361) ist daher immer entartet (eine Folge der geringen Masse des Elektrons, $m \approx 10^{-27}\ \mathrm{g}$, und der großen Teilchendichte).

6. Gilt $\mu \to W_\mathrm{F}$ bei $T \to 0$, so folgt nach der FERMI-DIRAC-Verteilung (S. 220) $\Delta N(W_i) = 0$ bei $W > W_\mathrm{F}$ und $\Delta N(W_i) = \Delta g_i$ bei $W < W_\mathrm{F}$. Das bedeutet, daß alle niederen Zustände der Elektronen bis zum Zustand mit der Energie W_F besetzt sind und alle Zustände mit Energien größer als W_F frei sind. Der Größe $\mu(0)$ in der FERMI-DIRACschen Verteilungsfunktion (S. 220) kommt demnach die Bedeutung eines Grenzwertes (W_F) der Energie zu, der Energie der beim absoluten Nullpunkt besetzten Zustände. W_F wird als die FERMI-*Energie* (Nullpunktsenergie) bezeichnet. Die Verteilungsfunktion der Elektronen bei $T \to 0$ ist in Bild II.6.2 gezeigt.

7. Im Modell eines Elektronengases in Metallen füllen die Elektronen bei $T \to 0$ alle Zellen des Phasenraumes gleichmäßig aus, die innerhalb einer Kugel vom Volumen $4\pi p_\mathrm{F}^3 V/3$ liegen; p_F ist der maximale Impuls eines Elektrons bei $T = 0$. Die Anzahl der Zustände in dieser Kugel ist bei Berücksichtigung des PAULI-Prinzips und der beiden Möglichkeiten einer Orientierung des Elektronenspins (S. 447) gleich der Anzahl der Elektronen:

$$2 \frac{1}{h^3} \frac{4}{3} \pi p_\mathrm{F}^3 V = N,$$

woraus

$$p_\mathrm{F} = h \left(\frac{3 n_0}{8\pi}\right)^{1/3}$$

folgt, wobei $n_0 = N/V$ die Anzahl der Elektronen pro cm³ ist. Die maximale Elektronenenergie bei $T = 0$ ist gleich $W_F = \frac{p_F^2}{2m} = \frac{h^2}{2m}\left(\frac{3n_0}{8\pi}\right)^{2/3}$ oder $W_F = 5{,}77 \cdot 10^{-27}\, n_0^{2/3}$ erg $= 3{,}63 \cdot 10^{-15}\, n_0^{2/3}$ eV.
Bei einer Dichte der freien Elektronen in Metallen von $n_0 \approx 10^{22}$ cm^{-3} entspricht die FERMI-Energie W_F der Temperatur T eines klassischen Gases, die gleich

$$T \approx \frac{W_F}{k} \approx 10^4\ {}^\circ\mathrm{K}$$

ist.
Bei $T \to 0$ ist die mittlere Energie eines Elektrons im Metall durch

$$\overline{W} = \frac{3}{5} W_F = \frac{3h^2}{10m}\left(\frac{3n_0}{8\pi}\right)^{2/3}$$

gegeben, d. h., sie ist von der Größenordnung von W_F.
Der Druck des Elektronengases ist bei $T \to 0$

$$p = \frac{2}{5} n_0 W_F = \frac{1}{5}\frac{h^2}{m}\left(\frac{3}{8\pi}\right)^{2/3} n^{5/3}$$

und von der Größenordnung von 10^4 Atmosphären.
Die Kompressibilität eines Elektronengases bei $T \to 0$ ist

$$\beta = -\frac{1}{V}\left(\frac{\partial V}{\partial p}\right)_T = \frac{3}{5} p^{-1}.$$

8. Die in Bild II.6.2 gezeigte Verteilungsfunktion ist die wahrscheinlichste Verteilung. Die thermodynamische Wahrscheinlichkeit einer solchen Verteilung ist gleich Eins, woraus folgt, daß die Entropie eines Elektronengases bei $T = 0$ gleich Null ist, was mit dem NERNSTschen Satz übereinstimmt (S. 199).

9. Bei $T \neq 0$ hat die FERMI-Verteilungsfunktion eine Form, wie in Bild II.6.1 gezeigt ist. In einem Bereich bei μ, dessen Breite von der Größenordnung von $2kT$ ist, weicht sie von der Form des Rechtecks (für $T = 0$) ab.
Das chemische Potential μ eines Elektronengases ist

$$\mu = W_F\left(1 - \frac{\pi^2 (kT)^2}{12\, W_F^2}\right),$$

wobei W_F die FERMI-Energie ist.
Die Entropie S eines entarteten Elektronengases ist

$$S = \frac{4\pi^3}{3}\frac{V}{h^3}(2m)^{3/2}\, k\mu^{1/2}(kT),$$

wobei V das Gasvolumen und k die BOLTZMANN-Konstante ist. $T \to 0$ hat $S \to 0$ zur Folge.

10. Die innere Energie U eines Elektronengases ist

$$U = \frac{3}{5} N W_{\mathrm{F}} \left[1 + \frac{5}{12} \frac{\pi^2 (kT)^2}{W_{\mathrm{F}}^2} \right],$$

wobei N die Gesamtzahl der Elektronen im Volumen V ist.
Die Wärmekapazität C_{aV} pro Gramm-Atom eines Elektronengases ist

$$C_{aV} = \frac{\partial U}{\partial T} = \frac{\pi^2}{2} N_{\mathrm{L}} k \frac{kT}{W_{\mathrm{F}}}.$$

Vergleicht man dieses Ergebnis mit dem klassischen Ausdruck für C_{aV} eines einatomigen Gases (s. unten), so ergibt sich

$$\frac{C_{aV}}{C_{aV}^{\mathrm{klass}}} = \frac{\pi^2}{3} \frac{kT}{W_{\mathrm{F}}} \approx 0{,}03,$$

d. h., es ist $kT/W_{\mathrm{F}} \approx 0{,}01$ für alle Temperaturen, bei denen das Elektronengas entartet ist. Die Wärmekapazität eines Elektronengases in einem Metall ist verschwindend klein. Das hängt damit zusammen, daß sich an der durch Erwärmung verursachten Änderung der inneren Energie nur wenig Elektronen beteiligen, nämlich jene, deren Zustände dem „Abfallbereich" der FERMI-DIRAC-Verteilungsfunktion bei $T \neq 0$ entsprechen (Bild II.6.1).

11. Im Zusammenhang damit, daß die Energie von Gasen, die im Rahmen der Quantenstatistik beschrieben werden, keine lineare Funktion der Temperatur ist, ist die einfache physikalische Interpretation der absoluten Temperatur (S. 203) im Bereich tiefer Temperaturen nicht anwendbar.

6.9. Die spezifischen Wärmen ein- und zweiatomiger Gase

1. Für ein einatomiges Gas, dessen Moleküle drei Translationsfreiheitsgrade besitzen, ergibt sich aus dem Gesetz der gleichmäßigen Verteilung der Energie auf die Freiheitsgrade (S. 217) für die innere Energie pro Mol eines Gases:

$$U = \frac{3}{2} N_{\mathrm{L}} kT,$$

wobei $N_{\mathrm{L}} k = R$ die allgemeine Gaskonstante (S. 151) ist. Die Energie eines Gases hängt nicht vom Volumen ab und ist der Temperatur proportional. Die Molwärme $C_{\mu V}$ (S. 158) eines solchen Gases ist

$$C_{\mu V} = \left(\frac{\partial U}{\partial T} \right)_V = \frac{3}{2} N_{\mathrm{L}} k = \frac{3}{2} R \approx 3 \text{ cal/mol} \cdot \text{grd}.$$

2. Als zweiatomiges Molekül bezeichnet man die stabile Vereinigung zweier gleichartiger oder verschiedener Atome. Die Natur der Kräfte, die die Bildung eines Moleküls aus einzelnen Atomen ermöglichen, wird in der Quantenmechanik (S. 743) besprochen. Die Energie eines

Moleküls setzt sich aus der Energie W_{transl} (der Energie der Translationsbewegung seines Schwerpunktes), der Energie W_{el} (der Energie der Elektronenbewegung in den Atomen des Moleküls), der Energie W_{schw} (der Energie der Kernschwingungen) und W_{rot} (der Energie der Rotationsbewegung der Moleküle) zusammen:

$$W = W_{\text{transl}} + W_{\text{el}} + W_{\text{schw}} + W_{\text{rot}} .$$

3. Die Translationsbewegung eines zweiatomigen Moleküls ist nicht quantisiert und unterscheidet sich nicht von der eines einatomigen Moleküls. Alle anderen Formen der inneren Energie eines Moleküls sind *quantisiert*: Die Energien W_{el}, W_{schw} und W_{rot} können nur diskrete Werte annehmen.

4. In erster Näherung sind alle drei Formen der inneren Bewegung in einem Molekül voneinander unabhängig. Bei kleinen Kernschwingungsamplituden kann man den Einfluß der Schwingung auf die Rotation vernachlässigen, d. h., die durch die Schwingungen verursachte Änderung der Trägheitsmomente der Moleküle nicht berücksichtigen.

5. Betrachtet man die Wärmekapazitäten ein- und mehratomiger Moleküle bis zu den höchsten Temperaturen, so braucht man die Energieänderung ΔW_{el} der Elektronenbewegung nicht zu berücksichtigen: benachbarte Energieniveaus von Elektronen in Molekülen liegen in Abständen von einigen eV, was einer Temperatur von einigen zehntausend Graden entspricht.

6. Die Schwingung der Kerne um eine Gleichgewichtslage in einem Molekül kann man als Schwingung eines Teilchens mit der reduzierten Masse $\mu = \dfrac{m_1 m_2}{m_1 + m_2}$ beschreiben. In erster Näherung kann ein solches schwingendes Teilchen als harmonischer Oszillator aufgefaßt werden (s. S. 113 u. S. 690), dessen Energie

$$W_{\text{schw}} = h\nu \left(n + \frac{1}{2}\right)$$

ist; die Quantenzahl n kann nur ganzzahlige Werte annehmen ($n = 0, 1, 2, \ldots$), ν ist die Eigenfrequenz der Schwingungen. Die Energie $h\nu/2$ (*Nullpunktsenergie des Oszillators*) wird erreicht, wenn $T \to 0$ ist. Die Auswahlregel für die Änderung von n lautet: $\Delta n = 0, \pm 1$. Die Energiedifferenz ΔW_{schw} benachbarter Schwingungsniveaus

$$\Delta W_{\text{schw}} = h\nu$$

hängt nicht von der Quantenzahl ab.

7. Die Rotationsbewegung eines zweiatomigen Moleküls kann in erster Näherung als Bewegung eines starren Rotators (S. 693) betrachtet werden, der mit dem Trägheitsmoment $I = \dfrac{m_1 m_2}{m_1 + m_2} r_0^2$ um den Schwerpunkt rotiert; m_1 und m_2 sind die Massen der beiden Atome, und r_0 ist ihr Abstand im Molekül. Die Energie des Rotators

ist durch

$$W_{\mathrm{rot}} = \frac{h^2}{8\pi^2 I} J(J+1) = hBJ(J+1)$$

gegeben, wobei J eine Quantenzahl ist, die nur ganzzahlige Werte annehmen kann ($J = 0, 1, 2, \ldots$), $B = h/8\pi^2 I$ ist die Rotationskonstante des Moleküls. Bei Änderung der Rotationsquantenzustände gilt für J die Auswahlregel $\Delta J = \pm 1$. Der Abstand zwischen benachbarten Rotationsenergieniveaus ist

$$\Delta W_{\mathrm{rot}} = 2hB(J+1).$$

Die Größe ΔW_{rot} ist 800–1000mal kleiner als ΔW_{schw}. Aus dem Energiespektrum der Schwingungs- und Rotationszustände kann man die entsprechenden Zustandssummen des Moleküls, Z_{schw} und Z_{rot}, bestimmen und mit ihrer Hilfe die Beiträge von Schwingung und Rotation zur inneren Energie U pro Mol und zur Molwärme $C_{\mu V}$ abschätzen.

8. Der Beitrag der Schwingung zweiatomiger Moleküle zur inneren Energie pro Mol und zur Molwärme ist durch

$$U_{\mathrm{schw}} = \frac{N_{\mathrm{L}} h\nu}{2} \frac{e^{\frac{h\nu}{2kT}} + e^{-\frac{h\nu}{2kT}}}{e^{\frac{h\nu}{2kT}} - e^{-\frac{h\nu}{2kT}}} = \frac{N_{\mathrm{L}} h\nu}{2} \coth\left(\frac{h\nu}{2kT}\right)$$

$$= \frac{N_{\mathrm{L}} h\nu}{2} \coth\left(\frac{T_c}{2T}\right),$$

$$C_{\mu V \mathrm{schw}} = \frac{N_{\mathrm{L}} k}{4} \left(\frac{h\nu}{kT}\right)^2 \frac{1}{\sinh^2\left(\frac{h\nu}{2kT}\right)} = \frac{N_{\mathrm{L}} k}{4} \left(\frac{T_c}{T}\right)^2 \frac{1}{\sinh^2\left(\frac{T_c}{2T}\right)}$$

gegeben, wobei k die Boltzmannsche Konstante, N_{L} die Loschmidtsche Zahl und $T_c = h\nu/k$ die *charakteristische Schwingungstemperatur* ist.

Bei hohen Temperaturen ($T \gg T_c$) ist

$$U_{\mathrm{schw}} \approx N_{\mathrm{L}} kT = RT,$$

$$C_{\mu V \mathrm{schw}} \approx N_{\mathrm{L}} k = R,$$

d. h., die Formeln stimmen mit jenen der klassischen Theorie überein, die sich aus dem Gleichverteilungssatz ergeben. Unter solchen Bedingungen ist $\Delta W_{\mathrm{schw}} \ll kT$, und man kann annehmen, daß sich die Energie eines Oszillators kontinuierlich ändert.

Bei tiefen Temperaturen ($T \ll T_c$) ist

$$U_{\mathrm{schw}} \approx \frac{N_{\mathrm{L}} k T_c}{2} + N_{\mathrm{L}} k T_c e^{-\frac{T_c}{T}},$$

$$C_{\mu V \mathrm{schw}} \approx N_{\mathrm{L}} k \left(\frac{T_c}{T}\right)^2 e^{-\frac{T_c}{T}},$$

d. h., U_{schw} und $C_{\mu V \text{schw}}$ sind komplizierte Funktionen der Temperatur und der Eigenfrequenz. Bei $T \to 0$ ist

$$U \to \frac{N_{\text{L}} k T_c}{2} = \frac{N_{\text{L}} h \nu}{2}.$$

Die Größe $N_{\text{L}} h\nu/2$ wird als die Nullpunktsenergie der Schwingungen des Systems bezeichnet (S. 691), bei $T \to 0$ strebt auch $C_{\mu V \text{schw}}$ gegen Null, was aus dem NERNSTschen Satz folgt. Bild II.6.3 veranschaulicht die Temperaturabhängigkeit der Wärmekapazität zweiatomiger Gase.

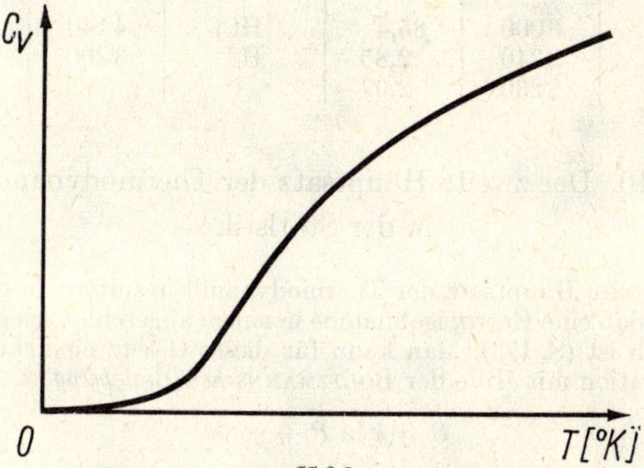

II.6.3.

9. Der Beitrag der Rotationsbewegung zweiatomiger Moleküle zur inneren Energie und zur Molwärme ist durch

$$U_{\text{rot}} = N_{\text{L}} k T^2 \frac{\partial}{\partial T} \ln \sum_{J=0}^{\infty} (2J+1)\, e^{-\frac{T'_c J(J+1)}{T}}$$

gegeben, wobei $T'_c = h^2/8\pi^2 h l$ die *charakteristische Rotationstemperatur* ist.

Bei $T \gg T'_c$ ist

$$U_{\text{rot}} \approx N_{\text{L}} k T \left(1 - \frac{h^2}{24\pi^2 I k T}\right),$$

$$C_{\mu V \text{schw}} \approx N_{\text{L}} k,$$

d. h., bei hohen Temperaturen hat die Rotations-Molwärme den klassischen Wert.

Bei $T \ll T'_c$ ist

$$U_{\text{rot}} = N_{\text{L}} k T^2 \frac{\partial}{\partial T} \ln \left(1 + 3e^{-\frac{h^2}{4\pi^2 I k T}}\right) \approx \frac{3h^2 N_{\text{L}}}{4\pi^2 I}\, e^{-\frac{h^2}{4\pi^2 I k T}},$$

$$C_{\mu V \text{rot}} \approx 3 \left(\frac{h^2}{4\pi^2 I}\right)^2 \frac{N_{\text{L}}}{k T^2}\, e^{-\frac{h^2}{4\pi^2 I k T}},$$

d. h., bei $T \to 0$ strebt auch $C_{\mu V \text{rot}}$ gegen Null.

Der allgemeine Verlauf der Temperaturabhängigkeit der entsprechenden Molwärmen ist bei Rotation und Schwingung derselbe (Bild II.6.3). Die Größen T_c und T'_c unterscheiden sich jedoch wesentlich (Tabelle II.6.2).

Tabelle II.6.2. Charakteristische Temperaturen der Schwingung (T_c) und der Rotation (T'_c) einiger Moleküle

Molekül	T_c [°K]	T'_c [°K]	Molekül	T_c [°K]	T'_c [°K]
H_2	6000	85,4	HCl	4140	15,1
N_2	3340	2,85	HJ	3200	9,0
O_2	2230	2,07			

6.10. Der zweite Hauptsatz der Thermodynamik in der Statistik

1. Der zweite Hauptsatz der Thermodynamik resultiert in der Feststellung, daß eine Entropieabnahme in einem abgeschlossenen System unmöglich ist (S. 173). Man kann für dieses Gesetz eine statistische Interpretation mit Hilfe der Boltzmann*schen Beziehung*

$$S = k \ln P + \text{const}$$

finden; S ist die Entropie des Systems, k die Boltzmannsche Konstante und P die thermodynamische Zustandswahrscheinlichkeit.

2. Unter der *thermodynamischen Zustandswahrscheinlichkeit* versteht man die Anzahl der Mikrozustände eines Systems, die dem betrachteten Makrozustand (S. 262) entsprechen. Für ein chemisch homogenes System gibt die Größe P die Anzahl der Möglichkeiten einer Verwirklichung einer gegebenen quantitativen Verteilung von Teilchen auf die Zellen des Phasenraumes, ohne zu berücksichtigen, welches Teilchen auf welche Zelle fällt. Es ergibt sich schon aus der Definition von P, daß $P \geqq 1$ ist. Nach der Boltzmannschen Formel kann die thermodynamische Zustandswahrscheinlichkeit eines abgeschlossenen Systems nicht abnehmen, ungeachtet der sich im System abspielenden Prozesse:

$$\Delta P = P_2 - P_1 \geqq 0;$$

P_1 und P_2 sind die thermodynamischen Wahrscheinlichkeiten zweier aufeinanderfolgender Zustände des Systems. Bei einem reversiblen Prozeß (S. 165) ist $\Delta P = 0$ und $P = \text{const}$, bei einem irreversiblen (S. 165) ist $\Delta P > 0$, und P nimmt zu. Irreversibel ist ein solcher Prozeß, bei dem das System von einem weniger wahrscheinlichen Zustand in einen wahrscheinlicheren übergeht.

3. Als statistisches Gesetz drückt der zweite Hauptsatz die Gesetzmäßigkeit der ungeordneten Bewegung einer großen Anzahl von Teilchen aus, die ein abgeschlossenes System bilden. In Systemen oder

Teilsystemen, die aus einer relativ geringen Anzahl von Teilchen bestehen, zeigen sich bedeutende Schwankungen (s. unten), d. h. Abweichungen vom zweiten Hauptsatz der Thermodynamik.
Der zweite Hauptsatz gilt auch nicht für aus unendlich vielen Teilchen bestehende Systeme, da in diesen alle Zustände gleichwahrscheinlich sind.

6.11. Die Schwankungen

1. Als *Schwankungen* einer physikalischen Größe L (die für das betrachtete System charakteristisch ist) bezeichnet man die Abweichung des wahren Wertes L vom Mittelwert $\bar{L}$, die durch die ungeordnete Wärmebewegung der Teilchen des Systems bedingt ist. Als Maß der Schwankung dient das mittlere Schwankungsquadrat von $\Delta L = L - \bar{L}$, das auch als *Fluktuationsquadrat* bezeichnet wird,

$$\overline{(\Delta L)^2} = \overline{(L - \bar{L})^2}.$$

Definitionsgemäß ist

$$\overline{(\Delta L)^2} = \overline{L^2 - 2L\bar{L} - (\bar{L})^2} = \overline{L^2} - 2\bar{L}\bar{L} + (\bar{L})^2 = \overline{L^2} - (\bar{L})^2 \geqq 0.$$

Ist die Schwankung der Größe L klein, dann sind große Abweichungen des L von $\bar{L}$ unwahrscheinlich. Ein kleines $\overline{(\Delta L)^2}$ bedeutet, daß der Wert von L dem von $\bar{L}$ nahekommt.
Das mittlere Schwankungsquadrat von N unabhängigen Größen $L_1, \ldots, L_N$ ist gleich der Summe der Schwankungsquadrate der einzelnen Größen:

$$\overline{\left[\Delta\left(\sum_{k=1}^{N} L_k\right)\right]^2} = \sum_{k=1}^{N} \overline{(\Delta L_k)^2}.$$

Für zwei unabhängige Größen L_i und L_j ist

$$\overline{(\Delta L_i)(\Delta L_j)} = 0.$$

2. Der relative Fehler, den ein Ersatz von L durch seinen Mittelwert $\bar{L}$ nach sich zieht, kann durch die *relative Schwankung*

$$\delta_L = \frac{\sqrt{\overline{(\Delta L)^2}}}{\bar{L}}$$

abgeschätzt werden.
Besteht das System aus N unabhängigen Teilchen, dann ist die relative Schwankung einer additiven Zustandsfunktion L des Systems der Quadratwurzel der Teilchenanzahl proportional:

$$\delta_L \sim \frac{1}{\sqrt{N}}.$$

3. Ist der Zustand eines makroskopischen Systems durch einen Parameter λ charakterisiert, dann ist die Wahrscheinlichkeit kleiner

Schwankungen, infolge derer sich der Parameter im Intervall zwischen λ und $\lambda + d\lambda$ ändern kann, durch eine GAUSSsche *Verteilung* gegeben:

$$dw = \frac{1}{\sqrt{2\pi\Delta^2}} e^{-\frac{(\lambda-\lambda_0)^2}{2\Delta^2}} d\lambda;$$

λ_0 ist der Gleichgewichtswert des Parameters λ und Δ^2 ist das mittlere Schwankungsquadrat von λ: $\Delta^2 = \overline{(\Delta\lambda)^2} = \overline{(\lambda - \lambda_0)^2}$. Die Wahrscheinlichkeit einer gegebenen Schwankung nimmt mit zunehmendem Betrag und abnehmendem Δ^2 exponentiell ab.

4. Als quantitatives Maß der Wahrscheinlichkeit kleiner Schwankungen $\Delta\lambda$ der Größe λ in einem makroskopischen System dient die Arbeit ΔA, die am System geleistet werden muß, um eine Änderung von λ um $\Delta\lambda$ zu bewirken. Schwankungen können jedoch auch auftreten, wenn keine reale äußere Arbeit geleistet wird (z. B. in einem abgeschlossenen System). Man kann sich die Größe ΔA als die Änderung der potentiellen Energie des Systems bei seiner Verschiebung in einem gedachten (manchmal aber auch realen) Kraftfeld vorstellen.

Beispiel 1. Betrachten wir zunächst kleine isotherme Schwankungen des Volumens V und der Dichte ϱ. Die mittlere quadratische Schwankung des Volumens ist

$$\overline{(\Delta V)^2} = \overline{(V - V_0)^2} = \frac{kT}{\left|\left(\frac{\partial p}{\partial V}\right)_T\right|},$$

wobei T die Temperatur des Systems ist. Die Wahrscheinlichkeit einer isothermen Volumenschwankung ist gleich

$$dw = \frac{1}{\sqrt{2\pi\overline{(\Delta V)^2}}} e^{-\frac{(V-V_0)^2}{2\overline{(\Delta V)^2}}} dV.$$

Ausmaß und Wahrscheinlichkeit von Schwankungen des Volumens nehmen sowohl mit der Temperatur als auch mit zunehmender isothermer Kompressibilität $\beta = -\frac{1}{v_0}\left(\frac{\partial v_0}{\partial p}\right)_T$ zu, wobei v_0 das spezifische Volumen ist. Im umgekehrten Fall würde die Wahrscheinlichkeit von Volumenschwankungen mit ihrer Stärke zunehmen und schließlich entweder zu unendlich großen oder zu gegen Null strebenden Schwankungen des Volumens führen.

Der Zustand einer homogenen, Volumenschwankungen unterworfenen Substanz ist stabil, wenn die Bedingung

$$\left(\frac{\partial p}{\partial V}\right)_T < 0$$

erfüllt ist. Für ein ideales Gas ist

$$\overline{(\Delta V)^2} = \frac{kT}{\left|\left(\frac{\partial p}{\partial V}\right)_T\right|} = \frac{V^2 kT}{NkT} = \frac{V^2}{N}.$$

Das mittlere Schwankungsquadrat der Dichte $\varrho = \frac{1}{v_0} = \frac{m}{V}$ (m ist die im Volumen V enthaltene Masse, die die Schwankungen erleidet) ist

$$\overline{(\Delta \varrho)^2} = \frac{\varrho^2}{V} kT\beta.$$

Die relative Dichteschwankung im Volumen V ist dann

$$\delta_\varrho = \sqrt{\frac{kT\beta}{V}}.$$

Das mittlere Schwankungsquadrat der Teilchenanzahl N im Volumen V ist durch

$$\overline{(\Delta N)^2} = \frac{N^2 kT}{V^2} \frac{1}{\left|\left(\frac{\partial p}{\delta V}\right)_T\right|}$$

gegeben. Bei einem idealen Gas ist

$$\overline{(\Delta N)^2} = N.$$

Bezüglich Dichteschwankungen s. auch S. 658.

Beispiel 2. Für kleine isochore Temperaturschwankungen ergibt sich als mittleres Schwankungsquadrat

$$\overline{(\Delta T)^2} = \overline{(T - T_0)^2} = \frac{kT_0^2}{C_V},$$

wobei T_0 der Gleichgewichtswert der Temperatur und C_V die Wärmekapazität des Systems bei konstantem Volumen ist. Die Wahrscheinlichkeit dafür, daß die Temperatur schwankt, ist

$$dw = \frac{1}{\sqrt{2\pi\overline{(\Delta T)^2}}} e^{-\frac{(T-T_0)^2}{2\overline{(\Delta T)^2}}} dT.$$

Ist $C_V > 0$, dann nimmt die Wahrscheinlichkeit von Temperaturschwankungen mit zunehmender Schwankungsamplitude ab. Dies folgt nicht nur aus der Theorie der Schwankungen, sondern auch aus allgemeinen thermodynamischen Überlegungen: Andernfalls könnte man bei $C_V < 0$ einen Körper erwärmen, indem man ihm Wärme entzieht, was mit dem zweiten Hauptsatz in Widerspruch steht.

6.12. Der Einfluß von Schwankungen auf die Genauigkeit von Meßgeräten

1. Moderne hochempfindliche Geräte messen Größen, deren Größenordnung gleich der der Schwankungen ist, die durch die Wärmebewegung der Moleküle im Gerät und in seiner Umgebung verursacht werden. Bei einer einmaligen Messung einer physikalischen Größe, deren Wert kleiner ist als die zufälligen, von solchen Schwankungen verursachten Anzeigefehler dieses Gerätes, liefert das Gerät kein korrektes Meßergebnis. Das Gerät registriert in diesem Fall nur den Hintergrund (Leereffekt), also das Ergebnis der Wärmebewegung, nicht die gemessene Größe. Hier liegt also die *Empfindlichkeitsgrenze* der betrachteten Konstruktion *bei einmaliger Messung.*

2. *Spiegelinstrumente* (Verwendung von an dünnen Quarzfäden aufgehängten Spiegelchen zur genaueren Ablesung). Die Empfindlichkeitsgrenze wird dadurch bestimmt, daß der kleinste noch meßbare Drehwinkel des Fadens größer sein muß als der Drehwinkel φ, der infolge zufälliger Schwankungen der Spiegelebene infolge der Wärmebewegung der Moleküle des Mediums zu beobachten ist. Das mittlere Quadrat des Abweichungswinkels, das die Empfindlichkeitsgrenze für Fäden der Länge l und des Radius r bestimmt, ist durch

$$\overline{\varphi^2} = \frac{kT}{a}$$

gegeben, wobei $a = \dfrac{\pi^2 r^4 G}{2l}$ und G der Schermodul des Fadenmaterials ist. Bei $T = 300\,°\mathrm{K}$ ist für einen sehr dünnen Quarzfaden ($a = 10^{-6}$ erg) $\sqrt{\overline{\varphi^2}} = 2 \cdot 10^{-4}$ rad.

3. *Federwaagen.* Eine Masse m kann dann mittels einer Federwaage gemessen werden, wenn die von ihr verursachte Dehnung Δx der Feder größer ist als die durch Druckschwankungen der umgebenden Luft und Wärmebewegung der Moleküle verursachten Schwankungen der Federlänge, $\sqrt{\overline{(\Delta x)^2}}$:

$$\sqrt{\overline{(\Delta x)^2}} = \sqrt{\frac{kT}{a}},$$

wobei a der Elastizitätskoeffizient der Feder ist. Die kleinste Masse m, die in einer einmaligen Messung bestimmt werden kann, ist durch

$$m = \frac{\sqrt{kTa}}{g}$$

gegeben, wobei g die Schwerebeschleunigung ist.

4. Ein *Gasthermometer*, das mit einem idealen Gas gefüllt ist, ermöglicht Temperaturmessungen, deren Genauigkeit durch die Temperaturschwankungen des Gases beschränkt wird. Für kleine Tempera-

turschwankungen eines idealen Gases (S. 151) gilt

$$\Delta T = \frac{p\,\Delta V}{N k} = \frac{T}{V}\Delta V,$$

und kleine Volumenschwankungen als Folge solcher Temperaturschwankungen sind durch

$$\Delta V = \sqrt{\overline{(\Delta V)^2}} = \sqrt{\frac{kT}{\left(-\frac{\partial p}{\partial V}\right)_T}} = \frac{V}{\sqrt{N}}$$

gegeben. Die schwankungsbedingten Temperaturänderungen sind

$$\Delta T = \sqrt{\overline{(\Delta T)^2}} = \frac{T}{\sqrt{N}}.$$

Die Genauigkeit einer mit einem Gasthermometer durchgeführten Temperaturmessung ist demnach durch ΔT bestimmt. Enthält ein solches Thermometer 1 Mol Gas ($N = N_{\mathrm{L}} = 6{,}02 \cdot 10^{23}$), dann ist

$$\Delta T \approx \frac{T}{\sqrt{N_{\mathrm{L}}}}.$$

Die tatsächlich gemessenen Temperaturänderungen sind wesentlich größer als dieser Wert.

6.13. Elektrische Schwankungen in Radioapparaten

1. Unabhängige Schwankungseffekte, wie sie in Rundfunkempfängern beim Fehlen äußerer Störungen beobachtet werden können, verursachen das sogenannte *Rauschen*, das die Empfindlichkeit des Empfängers beschränkt. Die Intensität des empfangenen Signals muß größer sein als die des Rauschens im Empfänger.

2. Der *Schroteffekt* ist eine Folge der Anodenstromschwankungen in einer Elektronenröhre, d. h. Schwankungen der Anzahl der die Kathode verlassenden Elektronen. Als Maß für den Schroteffekt dient das mittlere Schwankungsquadrat des Stromes

$$\overline{(\Delta I)^2} = \frac{e I_0}{t},$$

wobei e die Ladung des Elektrons und I_0 die mittlere Stromstärke in der Zeit t, in der der Strom gemessen wird, ist; aus den bei der Ableitung der Formel gemachten Bedingungen folgt, daß t wesentlich größer sein muß als die Flugzeit τ eines Elektrons in der Röhre. Schwankungen des Anodenstromes in einer an einen Schwingungskreis angeschlossenen Röhre führen zu Strom- und Spannungsschwankungen in diesem Kreis. Die Wurzel aus dem mittleren

Schwankungsquadrat der Spannung im Kreis ist gleich

$$\sqrt{\overline{(\Delta U)^2}} = \sqrt{\frac{Q I_0 e}{\omega C^2}},$$

wobei ω die Eigenfrequenz des Schwingkreises (S. 467), $Q = \frac{1}{R}\sqrt{\frac{L}{C}}$ sein Gütefaktor (S. 473) und R, L und C sein OHMscher Widerstand, Induktivität und Kapazität sind.

3. Die Wärmebewegung der Elektronen in Leitern führt zu Ladungsaustausch und zu *Schwankungen der elektromotorischen Kraft und der Stromstärke* in den Stromkreisen, d. h. zu unregelmäßigen Änderungen dieser Größen bezüglich Betrag und Richtung. Die Schwankungen der elektromotorischen Kraft werden nach der *Formel von* NYQUIST bestimmt:

$$\mathcal{E}^2(\nu) = 4kTR(\nu);$$

$\mathcal{E}(\nu)$ ist die EMK-Schwankung, bezogen auf die Frequenzbandeinheit, und $R(\nu)$ ist der entsprechende Widerstand.
Meistens führt der Schroteffekt zu stärkeren Stromschwankungen als die Wärmebewegung der Elektronen. Herrschen jedoch Bedingungen, unter denen der Schroteffekt reduziert ist, dann werden die von der Wärmebewegung der Elektronen verursachten Stromschwankungen wesentlich und bestimmen die Empfindlichkeit des Empfängers.

6.14. Die BROWNsche Bewegung

1. Als BROWN*sche Bewegung* bezeichnet man die unter dem Mikroskop zu beobachtende ungeordnete Bewegung kleiner Teilchen, die in einer Flüssigkeit oder einem Gas schweben. Die BROWNsche Bewegung hängt von der chemischen Natur der Teilchen und den äußeren Bedingungen, unter denen sich die Flüssigkeit oder das Gas befinden, nicht ab. Da sie selbst ihrem Wesen nach keine Molekularbewegung ist, ist die BROWNsche Bewegung ein unmittelbarer Beweis für das Vorhandensein von Molekülen und den chaotischen Charakter ihrer Wärmebewegung.

2. Ursache der BROWNschen Bewegung sind Druckschwankungen, die, durch die Moleküle des Mediums verursacht, an der Teilchenoberfläche auftreten. Dieser Druck ändert sich in Betrag und Richtung so, daß das Teilchen eine ungeordnete Bewegung vollführt.

3. Die Wahrscheinlichkeit $w(r, t)\,dr$ dafür, daß ein BROWNsches Teilchen, das sich in einem isotropen Medium der Zeit $t = 0$ im Koordinatenursprung befindet, zur Zeit t von diesem einen Abstand zwischen r und $r + dr$ hat, ist durch

$$w(r, t)\,dr = \frac{1}{2\sqrt{\pi D^3 t^3}}\, e^{-\frac{r^2}{4Dt}}\, r^2\, dr$$

gegeben. Das mittlere Abstandsquadrat $\overline{r^2}$ des Teilchens in der Zeit t wird durch die EINSTEIN*sche Formel*

$$\overline{r^2} = 6Dt$$

gegeben, wobei D der Diffusionskoeffizient des Teilchens ist.
Für ein kugelförmiges Teilchen vom Radius a ist

$$D = \frac{kT}{6\pi\eta a},$$

wobei T die Temperatur des Mediums und η seine Viskosität ist.
Der Diffusionskoeffizient D eines BROWNschen Teilchens und seine Beweglichkeit $u = \boldsymbol{v}/\boldsymbol{f}$ ($\boldsymbol{f}$ ist eine konstante äußere Kraft, die auf das Teilchen wirkt, und $\boldsymbol{v}$ ist seine Geschwindigkeit) sind durch folgende Beziehung verknüpft:

$$D = kTu.$$

4. Neben der BROWNschen Translationsbewegung gibt es auch noch eine BROWNsche Rotationsbewegung. Bei kugelförmigen Teilchen ist die Verschiebung durch den Drehwinkel θ (EULERscher Winkel, S. 31) eine Funktion der Zeit t. Das mittlere Quadrat von $\sin\theta$ ist gegeben durch

$$\overline{\sin^2\theta} = \frac{2}{3}(1 - e^{-6Dt}),$$

wobei

$$D = kT/8\pi\eta a^3$$

der Diffusionskoeffizient bei der Rotation ist. Für kleine t ist das mittlere Quadrat von θ durch eine zur EINSTEINschen Formel für die Fortbewegung analoge Formel gegeben:

$$\overline{\theta^2} = 4Dt.$$

Für große t ist $\overline{\sin^2\theta} = 2/3$; das entspricht der Tatsache, daß alle Richtungen gleichwahrscheinlich sind.

7. Reale Gase und Dämpfe

7.1. Die Zustandsgleichung realer Gase

1. Ein *reales Gas* ist ein Gas, zwischen dessen Molekülen intermolekulare Wechselwirkungskräfte (S. 239) wirken. Ein *Dampf* ist ein reales Gas, dessen Zustand vom Phasenübergang in den flüssigen Zustand nicht weit entfernt ist. Um die Eigenschaften eines realen Gases zu beschreiben, verwendet man verschiedene Zustandsgleichungen, die sich von der nach CLAPEYRON und MENDELEJEW (S. 152) wesentlich unterscheiden.

2. Die VAN-DER-WAALS*sche Zustandsgleichung* eines realen Gases lautet

$$\left(p + \frac{a}{V_0^2}\right)(V_0 - b) = RT,$$

wobei $V_0 = V_\mu$ das Molvolumen des Gases ist; a/V_0^2 ist der von den zwischen den Molekülen herrschenden Anziehungskräften verursachte *innere Druck* (*Kohäsionsdruck*), b ist die Korrektur für das *Eigenvolumen* der Moleküle, die die Abstoßungskräfte zwischen den Molekülen berücksichtigt und gleich dem vierfachen Volumen der Moleküle in 1 Mol des Gases ist:

$$b = N_\mathrm{L} \cdot \frac{2}{3} \pi d^3;$$

hier ist N_L die LOSCHMIDTsche Zahl und d der Moleküldurchmesser. Die Größe a ist durch

$$a = -2\pi N_\mathrm{L}^2 \int_d^\infty W_\mathrm{p}(r) r^2 \, dr$$

gegeben, wobei $W_\mathrm{p}(r)$ die potentielle Energie zwischen zwei Molekülen ist ($W_\mathrm{p} < 0$). Zwischen a, b und den kritischen Parametern des Gases (S. 244), p_k, V_{0k} und T_k, gelten die folgenden Beziehungen:

$$b = \frac{1}{3} V_{0k}, \qquad a = \frac{9}{8} R T_k V_{0k},$$

$$V_{0k} = 3b, \qquad p_k = \frac{a}{27 b^2}, \qquad T_k = \frac{8a}{27 Rb}.$$

3. Führen wir die dimensionslosen Variablen

$$\pi = \frac{p}{p_k}, \qquad \varphi = \frac{V_0}{V_{0k}}, \qquad \tau = \frac{T}{T_k}$$

ein, die als *reduzierte Zustandsgrößen* bezeichnet werden, so kann die VAN-DER-WAALSsche Gleichung in Form der *reduzierten Zustandsgleichung*

$$\left(\pi + \frac{3}{\varphi^2}\right)(3\varphi - 1) = 8\tau$$

geschrieben werden, die keine Materialkonstanten enthält.
Zwei Stoffe, deren Zustände durch gleiche Werte zweier reduzierter Zustandsgrößen bestimmt sind, befinden sich in *korrespondierenden Zuständen* (*Theorem der korrespondierenden Zustände*).

4. Die *Zustandsgleichung von* BERTHELOT lautet

$$\left(p + \frac{a}{T V_0^2}\right)(V_0 - b) = RT.$$

Die Konstanten a und b sind mit den kritischen Zustandsgrößen (S. 244) p_k, V_{0k} und T_k durch die Beziehungen

$$a = \frac{27}{64} R^2 \frac{T_k^3}{p_k}, \qquad b = \frac{1}{4} V_{0k}$$

verknüpft.

5. Die *Zustandsgleichung von* Wukalowitsch *und* Nowikow lautet

$$p V_0 = RT \left[1 + \frac{B_1(T)}{V_0} + \frac{B_2(T)}{V_0^2} + \cdots\right],$$

wobei B_1, B_2, ... Virialkoeffizienten sehr komplizierter Form sind, bei deren Berechnung die *Assoziation der Moleküle* zu berücksichtigen ist, das ist die unter dem Einfluß der van-der-Waalsschen Anziehungskräfte (s. unten) vor sich gehende Vereinigung von Gasmolekülen zu Gruppen (Komplexen).

6. Die *Zustandsgleichung von* Maier lautet

$$p V_0 = RT \left[1 - \sum_{k \geqq 1} \frac{k}{k+1} \frac{\beta_k N_L^k}{V_0^k}\right]$$

mit

$$\beta_k = \frac{1}{k!\, V_0} \int\!\!\int \cdots \int \sum_{k+1 \geqq i > j \geqq 1} \prod f_{ij}\, d\tau_1\, d\tau_2 \cdots d\tau_{k+1},$$

$$f_{ij} = e^{-\frac{W_{pij}}{kT}} - 1 \qquad \text{und} \qquad d\tau_l = dq_{l1} \cdots dq_{ln};$$

W_{pij} ist die potentielle Energie zwischen dem i-ten und j-ten Molekül, deren Wechselwirkung durch Zentralkräfte beherrscht ist, so daß W_{pij} vom Abstand zwischen diesen Molekülen abhängt, $q_{l1}, \ldots, q_{ln}$ sind die generalisierten Koordinaten des l-ten Moleküls, das n Freiheitsgrade besitzt.

Der Integrand in der Formel für β_k enthält die Summe der Produkte der f_{ij} aller möglichen Kombinationen von Wechselwirkungen in einer Gruppe aus $k+1$ Molekülen, wobei über alle Produkte, die zumindest zwei gleiche Funktionen von f_{ij} enthalten, zu summieren ist.

7.2. Die intermolekularen Wechselwirkungskräfte in Gasen

1. Zwischen den Molekülen eines jeden Gases herrschen *Anziehungs-* und *Abstoßungskräfte*, die elektromagnetischen Ursprunges sind und quantenhaften Charakter besitzen. Die Anziehungskräfte, die bei Abständen der Molekülzentren von der Größenordnung von 10^{-7} cm wirksam werden, werden als van-der-Waals*sche Kräfte* bezeichnet. Sie sind die Ursache der Korrektur für den inneren Druck in der van-der-Waals*schen Zustandsgleichung* (S. 238) und nehmen wie $\frac{1}{r^7}$ ab. Dies entspricht einer potentiellen Energie $U \sim \frac{1}{r^6}$. Man unterscheidet drei Arten von van-der-Waalsschen Kräften.

a) Richtungsabhängige Kräfte zwischen zwei Molekülen mit konstantem Dipolmoment p_e (S. 329) trachten die Moleküle so auszurichten, daß die Dipolmoment-Vektoren längs einer Geraden zu liegen kommen. Das wird jedoch von der Wärmebewegung der Moleküle verhindert. Bei hohen Temperaturen ist die potentielle Energie U_{op} der richtungsabhängigen Wechselwirkung gleich

$$U_{or} = -\frac{p_e^4}{24\pi^2\varepsilon_0^2 kT}\frac{1}{r^6}. \qquad \text{(im SI)}^{1)}.$$

Dabei ist k die BOLTZMANNsche Konstante, T die absolute Temperatur und ε_0 die Influenzkonstante (S. 325).

b) *Induktionskräfte* treten zwischen Molekülen hoher Polarisierbarkeit auf. Wenn sich die Moleküle genügend nahe kommen, ruft das elektrische Feld des einen im anderen ein induziertes Dipolmoment $\boldsymbol{p}_e = \varepsilon_0 \alpha \boldsymbol{E}$ hervor, wobei α die Polarisierbarkeit des Moleküls und $\boldsymbol{E}$ das vom ersten Molekül erzeugte Feld ist. Die potentielle Energie der Induktionswechselwirkung, U_{ind}, ist unabhängig von der Temperatur:

$$U_{ind} = -\frac{\alpha p_e^2}{8\pi^2\varepsilon_0^2}\cdot\frac{1}{r^6}. \qquad \text{(im SI)}.$$

c) *Dispersionskräfte*, die eine Folge davon sind, daß die Elektronenschwingungen in dem einen Molekül (Atom) durch die Elektronenschwingungen im anderen Molekül (Atom) gestört werden. Die Elektronen benachbarter Moleküle schwingen in ein und derselben Phase, was zu einer gegenseitigen Anziehung der beiden Moleküle (Atome) führt. Der Betrag der Dispersionskräfte wird durch die Nullpunktsenergie (S. 691) der Moleküle (Atome) bestimmt, wenn ihre Schwingungen als Schwingungen linearer harmonischer Oszillatoren (S. 690) betrachtet werden können. In dieser Näherung ist die potentielle Energie U_{disp} der Dispersionswechselwirkung gleich

$$U_{disp} = -\frac{e^4 h\nu_0}{32\pi^2\varepsilon_0^2 a^2}\cdot\frac{1}{r^6}, \qquad \text{(im SI)},$$

worin h die PLANCKsche Konstante, e die Ladung des Elektrons, $\nu_0 = \frac{1}{2\pi}\sqrt{\frac{a}{m}}$ die Schwingungsfrequenz der atomaren Oszillatoren und a die Federkonstante (S. 98) ist.

Die gesamte potentielle Energie der VAN-DER-WAALSschen Kräfte ist demnach

$$U = U_{or} + U_{ind} + U_{disp}.$$

Bei polaren Molekülen (S. 345) spielen die orientierungsbedingten Anziehungskräfte die Hauptrolle, bei den anderen Molekülen die Dispersionskräfte. Die Energie der VAN-DER-WAALSschen Anziehung liegt bei 0,1—1 kcal/mol. In den meisten Fällen werden die VAN-DER-WAALSschen Anziehungskräfte von den bei weitem stärkeren Valenzkräften überdeckt, deren Energien von der Größenordnung von 10 bis 100 kcal/mol sind.

---

1) D. h. im internationalen Maßsystem (S. 314)

Nach dem einfachen Modell der VAN-DER-WAALSschen Kräfte wirken zwischen den Molekülen eines Gases (die als ideal elastische Kugeln angenommen werden) Anziehungskräfte, die ihren Maximalwert erreichen, wenn sich die Moleküle unmittelbar berühren. Die Abstoßungskräfte, die bei noch kleineren Abständen auftreten, werden durch eine unendlich große elastische Kraft ersetzt, die auftritt, wenn sich die Kugeln berühren. Bei diesem Modell erreicht der innere Druck im Gas sein Maximum, wenn der Abstand r zwischen den Molekülmittelpunkten gleich dem Moleküldurchmesser ist.

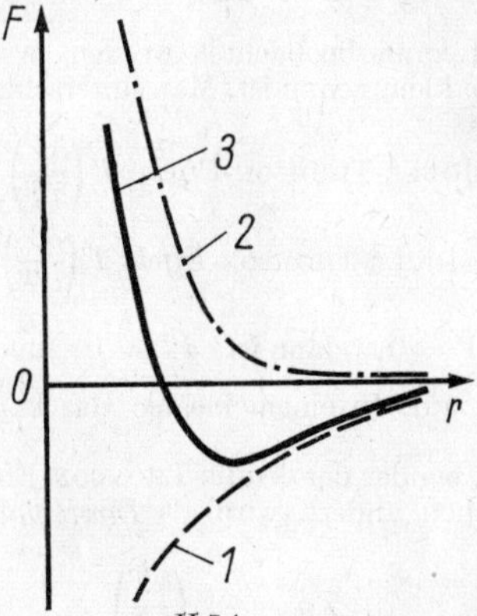

II.7.1.

2. Die intermolekulare Wechselwirkung bei kleinen Abständen kann nicht durch ein Exponentialgesetz ausgedrückt werden, sondern ist von komplizierterer Art. Bei Abständen der Molekülmittelpunkte $r \leqq 10^{-8}$ cm kommt es zu einer quantentheoretischen Austauschwechselwirkung zwischen neutralen Atomen, die entweder zu starker Anziehung (chemische Bindungen, S. 743) oder zum Auftreten von starken Abstoßungskräften führt.

3. Die Abstoßungskräfte nehmen mit zunehmendem Abstand der Molekülmittelpunkte nach einem $(1/r^n)$-Gesetz ab, wobei $n \geqq 9$ ist, d. h. viel schneller als die Anziehungskräfte. Bild II.7.1 zeigt die Abhängigkeit der Anziehungskräfte (Kurve *1*), der Abstoßungskräfte (Kurve *2*) und der resultierenden Wechselwirkungskräfte (Kurve *3*) von r. Der Raumbereich, in dem zwischen dem betrachteten Molekül und den anderen Teilchen starke Wechselwirkungskräfte auftreten, wird als *Wirkungssphäre des Moleküls* bezeichnet.

7.3. Gedrosselte Entspannung eines Gases. Der JOULE-THOMSON-Effekt

1. Als *gedrosselte Entspannung* eines Gases bezeichnet man die Druckverminderung in einem Gas, das adiabatisch durch eine kleine Öffnung oder einen porösen Korken ausströmt. Dieser Entspannungs-

prozeß ist irreversibel und von einer Entropiezunahme (S. 173) begleitet. Die Enthalpie (S. 155) des Gases ist im Anfangs- und Endzustand dieses Prozesses dieselbe.

2. Die Temperaturänderung des Gases bei der gedrosselten Entspannung wird als JOULE-THOMSON-*Effekt* bezeichnet. Der *differentielle* JOULE-THOMSON-*Effekt* wird durch die Gleichung

$$\left(\frac{\partial T}{\partial p}\right)_H = \frac{1}{C_p}\left[T\left(\frac{\partial V}{\partial T}\right)_p - V\right]$$

beschrieben und kann beobachtet werden, wenn der Druckabfall von p auf $p + dp$ klein genug ist. Man unterscheidet

den *negativen* JOULE-THOMSON-*Effekt* $T\left(\frac{\partial V}{\partial T}\right)_p - V < 0,\ dT > 0,$

und den *positiven* JOULE-THOMSON-*Effekt* $T\left(\frac{\partial V}{\partial T}\right)_p - V > 0,\ dT < 0.$

Ist $T\left(\frac{\partial V}{\partial T}\right)_p - V = 0$, dann ist $dT = 0$, und es tritt kein JOULE-THOMSON-Effekt auf. In einem idealen Gas kann dieser Effekt nie auftreten.

Die Temperatur, bei der der JOULE-THOMSON-Effekt im betrachteten Gas das Vorzeichen ändert, wird als *Inversionstemperatur* T_{inv} bezeichnet:

$$T_{\text{inv}} = V\left(\frac{\partial T}{\partial V}\right)_p.$$

3. Der *integrale* JOULE-THOMSON-*Effekt* ist bei einem endlichen Druckabfall zu beobachten. Die Gleichung dieses Effektes lautet

$$\Delta T = -\frac{\Delta W_{\text{p}}}{C_V} - \frac{\Delta(pV)}{C_V},$$

wobei ΔW_{p} die Änderung der potentiellen Wechselwirkungsenergie der Gasmoleküle ist.

7.4. Isothermen eines realen Gases. Dämpfe. Der kritische Zustand

1. Die *Isotherme eines realen Gases* ist eine Kurve, die die Druckabhängigkeit des Molvolumens eines Gases in einem isothermen Prozeß veranschaulicht. Bild II.7.2 zeigt den experimentell bestimmten Verlauf der Isothermen von CO_2-Gas ($T_1 < T < T_2 < T_k < T_3 < T_4$).

2. Jede Isotherme unter der kritischen Temperatur ($T < T_k$) ist die Kurve eines kontinuierlichen Überganges des betrachteten Stoffes vom gasförmigen in den flüssigen Zustand. Bei $T > T_k$ befindet sich der Stoff in gasförmigem Zustand. Der Punkt P charakterisiert

den *überhitzten Dampf*. Die Kompression eines solchen Dampfes führt zum Punkt C, dem Zustand *trockenen gesättigten Dampfes* in thermischem Gleichgewicht (S. 194) mit der Flüssigkeit. Der Druck p_M trockenen gesättigten Dampfes hängt nur von der Temperatur und der chemischen Natur des Dampfes ab. Er nimmt mit der Temperatur zu. Ein überhitzter Dampf hat eine höhere Temperatur als gesättigter

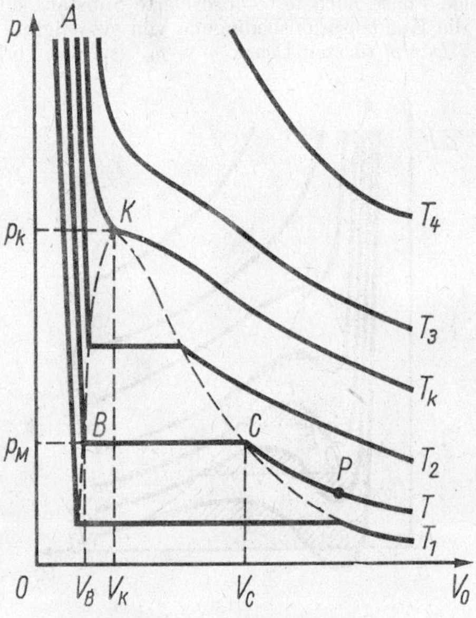

II.7.2.

Dampf bei demselben Druck. Den Temperaturunterschied dieser Dämpfe bezeichnet man als die *Überhitzung*. Die Kompression eines trockenen gesättigten Dampfes macht ihn zu einem feuchtigkeitsgesättigten Dampf, das ist ein zweiphasiger Zustand, ein Gemisch aus siedender Flüssigkeit und trockenem gesättigtem Dampf. Die Menge trockenen gesättigten Dampfes in 1 kg feuchten gesättigten Dampfes wird als der *Trockenheitsgrad* des Dampfes bezeichnet. Die Flüssigkeitsmenge pro kg feuchtem gesättigtem Dampf wird als *Feuchtigkeitsgehalt* (*Feuchtegrad*) des Dampfes bezeichnet. Komprimiert man feuchten gesättigten Dampf, so wird er dadurch in den flüssigen Zustand übergeführt. Der Punkt B charakterisiert den Zustand siedender Flüssigkeit.

3. Den Übergang eines Stoffes vom gasförmigen in den flüssigen Zustand bezeichnet man als *Kondensation*. Die pro Sekunde und pro

cm² Oberfläche kondensierende Flüssigkeit (in $g \cdot cm^{-2} \cdot s^{-1}$) ist gleich

$$M = 4{,}374 \cdot 10^{-5}\, p \sqrt{\frac{\mu}{T}}\,,$$

wobei p der Dampfdruck in dyn/cm², μ das Molekulargewicht des Stoffes und T die absolute Temperatur ist. Für reine Dämpfe, die weder flüssige Phase noch feste adsorbierte Substanz enthalten (s. S. 270), ist die Kondensationsbedingung von gesättigtem und sogar *übersättigtem Dampf* (dessen Druck $p > p_m$ ist) das Vorhandensein

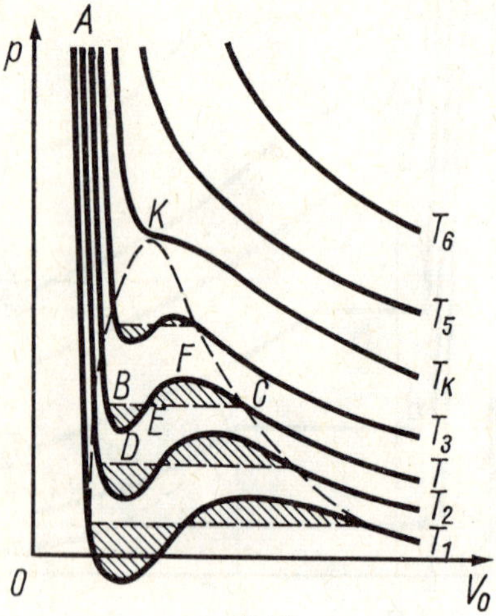

II.7.3.

von *Kondensationskernen* (Gasionen, Staubteilchen). Enthält ein Dampf keinerlei Kondensationskerne, so beginnt die Kondensation an Verdichtungsstellen, die infolge von Dichteschwankungen auftreten (S. 231).

4. Bei der kritischen Temperatur ($T = T_k$) ist die Differenz der Molvolumen trockenen gesättigten Dampfes und der Flüssigkeit gleich Null. Der horizontale Teil der Isotherme hat an dieser Stelle einen Wendepunkt K (*kritischer Punkt*). Im kritischen Punkt ist

$$\left(\frac{\partial p}{\partial V}\right)_{T=T_k} = 0, \qquad \left(\frac{\partial^2 p}{\partial V^2}\right)_{T=T_k} = 0.$$

Die Werte des Druckes (p_k), des Molvolumens (V_{0k}) und der Temperatur (T_k) im kritischen Punkt werden als die *kritischen Parameter* des Gases bezeichnet. Bei $T \to T_k$ verschwindet der Unterschied zwischen flüssigem und gasförmigem Zustand des Stoffes, die spezifische Verdampfungswärme wird Null, ebenso der Koeffizient der Oberflächenspannung. In der Nähe des kritischen Punktes beobachtet man die sogenannte *kritische Opaleszenz*, eine starke Lichtstreuung, durch die optische Inhomogenität des Stoffes verursacht und mit Dichteschwankungen und zunehmender Kompressibilität (s. auch S. 658) zusammenhängend.

5. Die auf Grund der VAN-DER-WAALSschen Gleichung (S. 238) konstruierten Isothermen realer Gase enthalten im Bereich des feuchten gesättigten Dampfes eine *Schleife* (die in Bild II.7.3 eingezeichnete Schleife $BDEFC$), die von der horizontalen Geraden BC durchschnitten wird, die dem normalen Vorgang der Phasenumwandlung entspricht. Die beiden Flächen, die die Kurve mit dieser Geraden bildet, sind gleich groß (MAXWELL*sche Regel*). Die *metastabilen Zustände* (s. S. 194), die durch die Punkte der Kurve BD charakterisiert werden, bezeichnet man als *überhitzte Flüssigkeit*. Der Abschnitt CF der Isotherme entspricht *übersättigtem Dampf*, und der Abschnitt DEF ist praktisch nicht realisierbar.

7.5. Die Verflüssigung von Gasen

1. Die *Verflüssigung von Gasen*, d. h. ihr Übergang in den flüssigen Zustand, erfolgt, wenn die Gase unter den Siedepunkt (S. 253) bei gleichbleibendem Druck abgekühlt werden. Volumenverminderung tritt nur auf, wenn die Gastemperatur unter der kritischen liegt. Zur Verflüssigung von Gasen, deren kritische Temperatur über 223 °K liegt (Chlor, Ammoniak usw.), ist ein Kompressor erforderlich, in dem sie komprimiert und dann bis zur Kondensation abgekühlt werden.

2. Die *Kaskadenmethode* zur Verflüssigung von Ammoniak (T_k = 405,5 °K) beruht darauf, daß das Gas isotherm komprimiert wird und bei weiterer Druckabnahme siedet. Die Siedewärme wird einem anderen Gas entzogen, das die Bedingung 405,5 °K $> T_k > T'$ erfüllen muß, wobei T' der Siedepunkt des Ammoniaks ist. Hierbei kühlt sich das zweite Gas auf eine Temperatur unterhalb seiner kritischen ab, und bei der nachfolgenden isothermen Kompression geht es in Flüssigkeit über. In der dritten und den folgenden Stufen eines solchen Prozesses kann man Sauerstoff, Stickstoff, Wasserstoff (in der fünften Stufe) und Helium (in der sechsten Stufe) verflüssigen.

3. Die in der Industrie verwendete Methode, Gase zu verflüssigen, basiert auf einer Ausnützung des positiven JOULE-THOMSON-Effektes (S. 242). Bei dieser Methode wird ein stark komprimiertes und auf Zimmertemperatur abgekühltes Gas mehrere Male adiabatisch entspannt und dabei solange abgekühlt, bis Verflüssigung eintritt.

4. Die modernsten und leistungsfähigsten Kältemaschinen sind die sogenannten *Detander* (Kolben- und Turbinenaggregate), in denen sich das komprimierte Gas adiabatisch, entweder in einem Zylinder mit Kolben oder in einer Turbine, ausdehnt. Abkühlung und Verflüssigung des Gases erfolgen auf Kosten der Expansionsarbeit.

8. Flüssigkeiten

8.1. Die allgemeinen Eigenschaften von Flüssigkeiten und ihre Struktur

1. Als *Flüssigkeiten* bezeichnet man solche Körper, die zwar ein bestimmtes Volumen einnehmen, doch keine *Formelastizität* besitzen (kein Schermodul, S. 275). Flüssigkeiten zeichnen sich durch starke intermolekulare Wechselwirkung und demnach geringe Kompressibilität aus. Die geringe Kompressibilität von Flüssigkeiten wird dadurch erklärt, daß schon eine geringe Verminderung der Abstände zwischen den Molekülen diese einander sehr nahe bringt und zum Auftreten starker molekularer Abstoßungskräfte führt. Der Kompressionskoeffizient (S. 184) von Flüssigkeiten liegt zwischen $2 \cdot 10^{-6}$ und $2 \cdot 10^{-4}$ at^{-1}.

2. Gewöhnliche Flüssigkeiten sind isotrop, mit Ausnahme der *flüssigen Kristalle*, deren Anisotropie bezüglich einer Reihe von physikalischen Eigenschaften damit zusammenhängt, daß in ihnen die Moleküle in bestimmten Mikrobereichen eine vorherrschende Orientierung aufweisen.

3. In Flüssigkeiten ist *Nahordnung* zu beobachten, d. h. die gegenseitige Lage (oder Orientierung in flüssigen Kristallen) benachbarter Flüssigkeitsteilchen ist innerhalb kleiner Volumenbereiche geordnet. Die Struktur der Flüssigkeit und ihre physikalischen Eigenschaften werden durch ein System von *Verteilungsfunktionen* der Anordnung von Teilchengruppen beschrieben. Die wichtigste ist die *radiale Verteilungsfunktion* $G(r)$. Die Anzahl der Teilchen in einer Kugelschale der Dicke dr im Abstand r von einem beliebigen (als Mittelpunkt gewählten) Teilchen ist

$$dN = 4\pi n_0 G(r) r^2 \, dr,$$

wobei $n_0 = N/V$ die mittlere Teilchendichte bedeutet.
Die radiale Verteilungsfunktion läßt sich mit Hilfe der Röntgenanalyse (S. 602), Elektronenbeugung (S. 602) und Neutronenbeugung (S. 602) bestimmen.
Unter der Annahme, daß die Moleküle paarweise durch Zentralkräfte mit dem Potential $U(r)$ miteinander in Wechselwirkung stehen, läßt sich für *einfache Flüssigkeiten*, die aus kugelsymmetrischen Molekülen bestehen, eine Zustandsgleichung von der Form

$$\frac{pv}{kT} = 1 - \frac{2\pi}{3vkT} \int_0^\infty \frac{dU(r)}{dr} G(r) r^3 \, dr$$

ableiten, wobei p der Druck, v das mittlere Volumen pro Flüssigkeitsteilchen, k die BOLTZMANNsche Konstante und T die absolute Temperatur ist.

Die mittlere Energie $\bar{E}$ pro Teilchen ist

$$\bar{E} = \frac{3}{2} kT + \frac{2\pi}{v} \int_0^\infty U(r)\, G(r) r^2\, dr.$$

Die explizite Gestalt der Funktion $p = p(v, T)$ ist durch die Form der Funktionen $U(r)$ und $G(r)$ bestimmt, zu deren Auffindung eine Reihe von theoretischen Verfahren entwickelt wurde.

4. Die Moleküle einer Flüssigkeit vollführen thermische Schwingungen um ihre Gleichgewichtslage mit einer mittleren Frequenz $1/\tau_0$, die sich von der Frequenz der Atomschwingungen in Kristallen nicht viel unterscheidet, und mit einer Amplitude, die durch das „freie Volumen", das dem Molekül zwischen seinen Nachbarn zur Verfügung steht, bestimmt wird. Im Verlauf der Zeit $\tau \gg \tau_0$ verschieben sich diese Gleichgewichtslagen um Abstände von der Größenordnung 10^{-8} cm. Die (über eine große Anzahl von Molekülen gemittelte) mittlere Zeit $\bar{\tau}$, genannt die *Relaxationszeit*, ist eine charakteristische Zeit, während der die Verschiebung der Flüssigkeitsteilchen um die Strecke δ stattfindet; diese Strecke ist der Größenordnung nach gleich dem mittleren Abstand zweier benachbarter Moleküle:

$$\bar{\delta} \sim \sqrt[3]{\frac{1}{n_0}} = \sqrt[3]{\frac{\mu}{N_L \varrho}},$$

wobei μ das Molekulargewicht, ϱ die Dichte der Flüssigkeit und N_L die LOSCHMIDTsche Zahl bedeutet. Für Wasser ist $\bar{\delta} \sim 3 \cdot 10^{-8}$ cm.

Diese Verschiebungen erfolgen nicht kontinuierlich, sondern als Aktivierungssprünge mit Überwindung eines Potentialwalls der Höhe W (*Aktivierungsenergie*). Die Energie W ist eine Folge der Bindung zwischen den Molekülen und den ihnen benachbarten Teilchen. Die Zeitspanne $\bar{\tau}$, „Seßhaftigkeit" der Moleküle in einer Gleichgewichtslage, vermindert sich mit zunehmender Temperatur nach dem Gesetz

$$\bar{\tau} \sim e^{\frac{W}{kT}},$$

wobei k die BOLTZMANNsche Konstante ist.

Die Zeit $\bar{\tau}$ bestimmt die mittlere Geschwindigkeit $\bar{v}$ der Verschiebung der Moleküle in der Flüssigkeit infolge der Wärmebewegung:

$$\bar{v} = \frac{\bar{\delta}}{\bar{\tau}}.$$

5. Die Vorstellungen über die Natur der Wärmebewegung der Moleküle in einer Flüssigkeit (Punkt 4) erklären die Haupteigenschaft der Flüssigkeiten, nämlich das *Fließvermögen*. Eine auf eine Flüssigkeit einwirkende konstante äußere Kraft F verursacht eine Richtungsbevorzugung der Sprünge der Flüssigkeitsteilchen längs der Angriffsrichtung der Kraft. Die Folge davon ist eine Strömung der Teilchen

in der Angriffsrichtung der Kraft; das Fließvermögen drückt sich also in dieser Weise aus. Als Maß für das Fließvermögen einer Flüssigkeit dient die Größe $1/\eta$, wobei η die Zähigkeit ist. Wenn die äußere Kraft $\boldsymbol{F}$ variabel, ihre Periode T jedoch viel größer als $\bar{\tau}$ ist, äußert sich das Fließvermögen ebenso wie vorher in einer Strömung der Flüssigkeitsteilchen. Ist $T \ll \bar{\tau}$, so tritt der Fließmechanismus nicht zutage, und die Flüssigkeit erleidet sowohl elastische Dehnungs- und Kompressions- als auch Scherverformungen (S. 274) auf Grund der Tangentialspannungen.

6. Eine ganze Reihe von Fakten beweist die Ähnlichkeit zwischen Flüssigkeiten und Festkörpern. Strukturuntersuchungen mittels Röntgenstrahlen (S. 602) zeigen, daß die Teilchenanordnung in Flüssigkeiten bei Temperaturen nahe der Kristallisationstemperatur nicht chaotisch ist. Röntgendiagramme von Flüssigkeiten bei tiefen Temperaturen ähneln den Röntgendiagrammen von polykristallinen Festkörpern. Eine Flüssigkeit kann als ein Körper betrachtet werden, der aus einer sehr großen Anzahl unregelmäßig orientierter Kristallite submikroskopischer Größe besteht. An den Grenzen jedes solchen Bereiches behalten die Teilchen eine gewisse Regelmäßigkeit der Lagen.

7. Viele physikalische Eigenschaften von Flüssigkeiten unterscheiden sich nur wenig von den Eigenschaften fester Körper. So zeigen kristalline Körper eine gewisse schwache Fluidität als Folge plastischer Deformation. Schmelzen feste Körper, dann ändert sich hierbei ihr Volumen nur unwesentlich (~10%). Das bedeutet, daß die Abstände zwischen den Teilchen einer Flüssigkeit fast dieselben sind wie die zwischen den Teilchen in einem Festkörper, und die Anordnung der Teilchen in der Flüssigkeit zeigt eine gewisse Ähnlichkeit mit der in festen Stoffen. Ein Vergleich der Schmelzwärmen und Verdampfungswärmen zeigt, daß letztere 30–40mal größer sind als die Schmelzwärmen. Dies beweist ebenfalls, daß sich die Abstände zwischen den Teilchen eines Stoffes bei seinem Übergang vom kristallinen Zustand in den flüssigen nur wenig ändern. Die Wärmekapazität eines Körpers bleibt nahezu unverändert, wenn er schmilzt.

8. Flüssigkeiten kann man in *nichtassoziierte* und *assoziierte* einteilen. Die ersteren besitzen kleine Werte der relativen Dielektrizitätskonstanten ε (S. 329), die nicht von der Temperatur abhängen; die Dipolmomente ihrer Moleküle (S. 345) sind gleich Null (Hexan, Benzol usw.). Die letzteren weisen bedeutende Polarität auf, ihre Moleküle haben ein $p_e \neq 0$, und ε ist eine Funktion der Temperatur (Wasser, Alkohol usw.). In assoziierten Flüssigkeiten bilden sich Komplexe aus einer großen Anzahl von Molekülen. Der Betrag von ε liegt bei Flüssigkeiten zwischen 2 (nichtpolare Kohlenwasserstoffe) und 81 (Wasser).

9. Wird in Flüssigkeiten die räumliche Homogenität der Dichte, Temperatur oder der Geschwindigkeit einer geordneten Bewegung gestört, so treten Transporterscheinungen (S. 205) auf, die durch dieselben Differentialgleichungen wie in Gasen beschrieben werden. Die für die Transportkoeffizienten in Gasen erhaltenen Ausdrücke gelten jedoch nicht für Flüssigkeiten.

Bei hohen Temperaturen nahe der kritischen (S. 242) hängt das Auftreten einer inneren Reibung in Flüssigkeiten mit der Impulsübertragung durch die Moleküle zusammen. Bei Temperaturen nahe dem Schmelzpunkt (Erstarrungspunkt) schwankt der Impuls eines einzelnen Moleküls entsprechend den Schwingungen, die die Teilchen um ihre zeitweiligen Gleichgewichtslagen ausführen. Bei tiefen Temperaturen nimmt die Viskosität der Flüssigkeit nach dem Gesetz

$$\eta \sim T e^{\frac{W}{kT}}$$

ab, wobei W die Aktivierungsenergie (S. 247) ist. η nimmt mit steigendem T stark ab, während η bei Gasen proportional zu $\sqrt{T}$ wächst. Bei hohen Drucken nimmt die Viskosität von Flüssigkeiten rasch mit dem Druck zu. Das hängt mit der Zunahme der Aktivierungsenergie und der entsprechenden Vergrößerung der Relaxationszeit (S. 247) zusammen.

10. In chemisch homogenen Flüssigkeiten nimmt der Diffusionskoeffizient D rasch mit der Temperatur zu, entsprechend dem Gesetz

$$D \sim \frac{d^2}{6\bar{\tau}_0} e^{-\frac{W}{kT}},$$

wobei d der mittlere Abstand zwischen den Molekülen in der Flüssigkeit und $\bar{\tau}_0$ die mittlere Schwingungsperiode der Moleküle um eine Gleichgewichtslage ist. Die Zunahme von D mit steigendem T wird im wesentlichen durch die starke Abnahme der Relaxationszeit $\bar{\tau}$ und einer gewissen Zunahme von d erklärt. Bei Temperaturen nahe der kritischen kommen die Diffusionskoeffizienten in Flüssigkeiten nahe an die Diffusionskoeffizienten in Gasen (S. 207 und 209) heran.

8.2. Die Eigenschaften der Oberflächenschicht einer Flüssigkeit

1. An der Trennfläche zweier Phasen (Flüssigkeit und ihr gesättigter Dampf, zwei nicht vollständig gemischte Flüssigkeiten, Flüssigkeit und Festkörper) tritt infolge der verschiedenen intermolekularen Wechselwirkungen in den sich berührenden Phasen eine resultierende Kraft auf, die pro cm² Oberflächenschicht wirkt und auf dieser senkrecht steht. Im Fall der Trennfläche Flüssigkeit—Dampf ist diese Kraft in die Flüssigkeit hinein gerichtet.

2. Um ein Molekül aus dem Inneren einer Phase in die Oberflächenschicht zu befördern, muß Arbeit geleistet werden, wodurch die *Oberflächenenergie* vergrößert wird; das bedeutet, daß die Teilchen in der Oberflächenschicht eine größere Energie besitzen als die Teilchen im Inneren.

Um die Oberflächenschicht einer Flüssigkeit isotherm zu vergrößern (wobei Teilchen aus dem Volumeninneren nach außen gebracht werden müssen), muß Arbeit geleistet werden, wodurch die *freie*

Oberflächenenergie der Flüssigkeit erhöht wird:

$$A = (\overline{F_S - F_V})\,N;$$

hier ist $\overline{F_S - F_V}$ die mittlere Differenz der freien Energien auf der Oberfläche (F_S) und im Volumen (F_V) pro Molekül, N ist die Anzahl der Moleküle in der Oberflächenschicht der Flüssigkeit.

3. Die Arbeit der isothermen Bildung von 1 cm² Oberfläche (spezifische freie Oberflächenenergie) wird als die *Oberflächenspannung* σ der Flüssigkeit an der Phasengrenze bezeichnet:

$$\sigma = \frac{A}{S} = (\overline{F_S - F_V})\,\frac{N}{S} = (\overline{F_S - F_V})\,n_1;$$

hier ist $n_1 = N/S$ die Anzahl der Moleküle pro cm² der Oberflächenschicht. Für die Oberflächenspannung gilt auch die Formel

$$\sigma = \frac{\Delta F}{\Delta S};$$

hier ist ΔF die Änderung der freien Oberflächenenergie und ΔS die Flächenänderung der Oberflächenschicht. An der Grenze zwischen der Flüssigkeit und ihrem Dampf liegt σ bei Zimmertemperatur zwischen 15 erg/cm² (Kohlenwasserstoffe) und 2000 erg/cm² (geschmolzene Metalle). Mit steigender Temperatur wird der Unterschied zwischen der Flüssigkeit und ihrem gesättigten Dampf immer geringer, je näher die Temperatur der kritischen (S. 242) kommt. Nahe der kritischen Temperatur ($T \to T_k$) strebt σ gegen Null. Bei Temperaturen, die sich von der kritischen stark unterscheiden, nimmt σ linear mit steigender Temperatur ab. Eine Herabsetzung der Oberflächenspannung wird erreicht, wenn man der Flüssigkeit eine *oberflächenaktive Substanz* beimengt, die an den Trennflächen adsorbiert wird und die freie Oberflächenenergie vermindert (Seife, Fettsäuren) (S. 271).

4. Wird die Flüssigkeitsoberfläche von einer benetzbaren (s. unten) Wand begrenzt, dann ist σ gleich der Kraft pro Längeneinheit des benetzbaren Umfanges, die senkrecht auf diesem steht. Diese Kraft liegt in der Tangentialebene an die freie Flüssigkeitsoberfläche.

5. Die Bedingung für ein stabiles Gleichgewicht der Flüssigkeit ist, daß die *freie Oberflächenenergie minimal* ist. Bei Fehlen äußerer Kräfte hat die Flüssigkeit (bei gegebenem Volumen) die kleinstmögliche Oberfläche und nimmt Kugelform an.

8.3. Benetzung. Kapillareffekte

1. An Stellen, wo sich drei Phasen berühren (*1* Flüssigkeit, *2* Gas, *3* Festkörper) ist ein Effekt zu beobachten, der als *Benetzung* bezeichnet wird (Bild II.8.1). Die freie Oberfläche der Flüssigkeit weist in der Nähe der festen Oberfläche eine Krümmung auf, die als *Meniskus* bezeichnet wird. Die Begrenzungslinie von Meniskus und

fester Wand nennt man *Benetzungsumfang*. Die Benetzungseffekte werden durch den *Grenzwinkel* ϑ zwischen benetzter fester Oberfläche und dem Meniskus in den Berührungspunkten (längs des Benetzungsumfanges) charakterisiert.

2. Als Maß der Benetzung dient die Größe $\cos\vartheta$, die durch

$$\cos\vartheta = \frac{\sigma_{23} - \sigma_{13}}{\sigma_{12}}$$

gegeben ist; σ_{ik} sind die Oberflächenspannungen an den drei Trennflächen. Ist $\sigma_{23} > \sigma_{13}$, dann ist $\vartheta < \pi/2$, die Flüssigkeit bildet einen konkaven Meniskus und benetzt die feste Wand (Bild II.8.1a), deren Oberfläche als *hydrophil* bezeichnet wird (Karbonate, Silikate, Sulfate, Quarz). Ist $\sigma_{23} < \sigma_{13}$, dann ist $\vartheta > \pi/2$, die Flüssigkeit bildet einen konvexen Meniskus und benetzt die feste Wand nicht Bild II.8.1b); ihre Oberfläche wird als *hydrophob* bezeichnet (reine

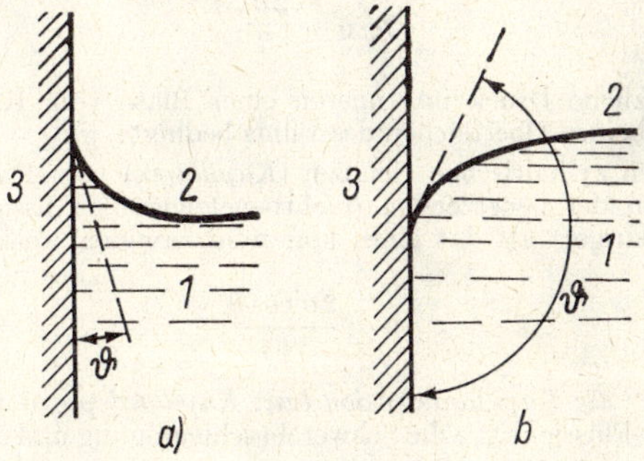

II.8.1.

Metalle, Sulfide, Graphit). Im Fall $\sigma_{23} - \sigma_{13} \to \sigma_{12}$ strebt ϑ gegen Null, d. h., im Berührungspunkt liegt die Tangente an den Meniskus in der Wandfläche, und man spricht von *idealer Benetzung*. Die intermolekularen Kräfte, die auf ein Teilchen der Oberflächenschicht wirken, werden in diesem Fall vollständig kompensiert, und die freie Oberflächenenergie dieser Schicht hat den kleinstmöglichen Wert. Im Fall $\sigma_{23} \to \sigma_{13}$ strebt ϑ gegen $\pi/2$, und die Flüssigkeit hat eine ebene freie Oberfläche. In diesem Fall spricht man von *fehlender Benetzung* oder *Nichtbenetzung*.

3. Die Krümmung der Oberflächenschicht führt zum Auftreten eines zusätzlichen Druckes in der Flüssigkeit, der von der Oberflächenspannung σ und der Oberflächenkrümmung abhängt. Nach dem *Gesetz von* LAPLACE ist bei einer mittleren Krümmung

$$H = \frac{1}{2}\left(\frac{1}{R_1} + \frac{1}{R_2}\right),$$

die eine Funktion der Krümmungsradien R_1 und R_2 ist, der Druck unter der gekrümmten Oberfläche der Flüssigkeit gleich

$$p_M = p_{0M} + \sigma\left(\frac{1}{R_1} + \frac{1}{R_2}\right),$$

wobei p_{0M} der Druck bei ebener Flüssigkeitsoberfläche ist; $p_{RM} = \sigma\left(\frac{1}{R_1} + \frac{1}{R_2}\right) = 2\sigma H$ ist der zusätzliche Druck, der von der Krümmung abhängt; es gilt $p_{RM} > 0$, wenn der Meniskus konvex ist, und $p_{RM} < 0$, wenn er konkav ist. Hat der Meniskus zylindrische Form, dann ist $R_1 = R$, $R_2 = \infty$ und

$$p_{RM} = \frac{\sigma}{R}.$$

Im Fall einer sphärischen Oberfläche ist $R_1 = R_2 = R$ und

$$p_{RM} = \frac{2\sigma}{R}.$$

Der zusätzliche Druck im Inneren einer Blase vom Radius R ist durch die beiden Oberflächen des Films bedingt: $p_{RM} = 4\sigma/R$.

4. In engen zylindrischen Gefäßen (*Kapillaren*) vom Radius r liegt das Niveau der benetzenden (nichtbenetzenden) Flüssigkeit um h höher (niedriger) als das eines kommunizierenden weiten Gefäßes. Es gilt

$$h = \frac{2\sigma\cos\vartheta}{r\varrho g}$$

(*Formel für die Kapillaraszension bzw. Kapillardepression*); ϱ ist die Dichte der Flüssigkeit, g die Schwerebeschleunigung und ϑ der Grenzwinkel.

Hat die Kapillare die Form eines engen Spaltes konstanter Weite δ, so bildet der Meniskus der Flüssigkeit eine zylindrische Oberfläche vom Radius R und die Höhe der Aszension (Benetzung) oder Depression (Nichtbenetzung) der Flüssigkeit in der Kapillare ist gleich

$$h = \frac{2\sigma\cos\vartheta}{\delta\varrho g}.$$

5. Der Sättigungsdampfdruck (S. 243) über der gekrümmten Flüssigkeitsoberfläche hängt von der Form ihres Meniskus ab. Im Fall einer konkaven (konvexen) Oberfläche ist er um den Betrag p_M kleiner (größer) als über einer ebenen Oberfläche:

$$\Delta p_M = \frac{\varrho}{\varrho_1 - \varrho}\, p_{RM},$$

wobei ϱ der Sättigungsdampfdruck, ϱ_1 die Flüssigkeitsdichte und p_{RM} der zusätzliche, durch die Oberflächenkrümmung verursachte Druck ist.

8.4. Verdunsten und Sieden einer Flüssigkeit

1. Als *Verdunstung* bezeichnet man den Prozeß der Dampfbildung an einer freien Flüssigkeitsoberfläche. Verdunstung erfolgt bei jeder Temperatur, sie nimmt jedoch mit steigender Temperatur zu. Die Verdunstung besteht darin, daß Moleküle sehr hoher Geschwindigkeit und kinetischer Energie die Oberflächenschicht der Flüssigkeit verlassen, so daß sich die Flüssigkeit bei der Verdunstung abkühlt. Die Verdunstungsgeschwindigkeit u, d. h. die pro Sekunde in Dampf übergehende Flüssigkeitsmenge, hängt vom Außendruck und von der Bewegung der Gasphase über der freien Flüssigkeitsoberfläche ab:

$$u = \frac{CS}{p_0}(p_\text{p} - p);$$

C ist eine Konstante, S der Flächeninhalt der freien Flüssigkeitsoberfläche, p_p der Sättigungsdampfdruck, p der Dampfdruck über der freien Oberfläche der Flüssigkeit und p_0 der barometrische Außendruck.

2. Als *Sieden* bezeichnet man den Prozeß der intensiven Verdunstung einer Flüssigkeit nicht nur an ihrer freien Oberfläche, sondern im ganzen Flüssigkeitsvolumen in das Innere der sich hierbei bildenden Dampfblasen. Der Druck p im Inneren einer Blase bestimmt sich aus der Beziehung

$$p = p_0 + \varrho g h + p_{RM},$$

wobei p_0 der Außendruck, $\varrho g h$ der hydrostatische Druck der über ihr liegenden Flüssigkeitsschichten, $p_{RM} = 2\sigma/r$ der zusätzliche, durch die Krümmung verursachte Druck, r der Radius der Dampfblase, h der Abstand zwischen ihrem Mittelpunkt und der Flüssigkeitsoberfläche, ϱ die Dichte und σ die Oberflächenspannung der Flüssigkeit ist.

3. Eine Flüssigkeit beginnt bei einer solchen Temperatur zu sieden, bei der

$$p_\text{p} \geqq p_0 + \varrho g h + \frac{2\sigma}{r}$$

ist, wobei p_p der Sättigungsdampfdruck im Blaseninneren ist; die anderen Bezeichnungen sind dieselben wie oben.

Bei kleinen r ist der Druck p_p groß genug, und die Flüssigkeit siedet bei relativ hohen Temperaturen. Sind in der Flüssigkeit *Verdampfungskerne* (Staubteilchen, Bläschen gelöster Gase oder Dampf) vorhanden, dann ist meistens $p_{RM} \ll p_0$, und die Flüssigkeit beginnt bei niedereren Temperaturen zu sieden. Ist $\varrho g h \ll p_0$, so gilt für das Sieden die Näherungsbedingung

$$p_\text{p} \approx p_0.$$

Die Temperatur der Flüssigkeit, bei der ihr Sättigungsdampfdruck gleich dem Außendruck ist, wird als *Siedepunkt* oder *Siedetemperatur* bezeichnet.

4. Siedet eine Flüssigkeit bei konstantem Druck p_0, dann bleibt ihre Temperatur konstant. Die der Flüssigkeit zugeführte Wärme wird nur zur Dampfbildung verbraucht. Die Wärme r_k, die zur Verdampfung einer Masseneinheit der auf den Siedepunkt erhitzten Flüssigkeit erforderlich ist, wird als *spezifische Verdampfungswärme* (*latente Siedewärme*) bezeichnet.
Die Änderung der inneren Energie einer Flüssigkeit infolge des Überganges einer Masseneinheit in Dampf (am Siedepunkt) wird als *innere spezifische Verdampfungswärme* bezeichnet. Die spezifische Verdampfungswärme nimmt mit Erhöhung des Siedepunktes ab und wird bei Erreichen der kritischen Temperatur (S. 242) gleich Null.

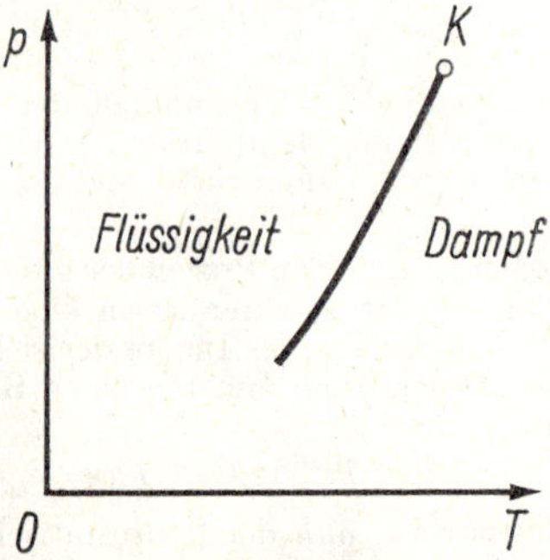

II.8.2.

5. Das Sieden einer Flüssigkeit und die Kondensation von Dampf sind Beispiele für Phasenübergänge erster Art (S. 195). Die spezifischen Phasenumwandlungswärmen beim Verdampfen und Schmelzen (S. 268) können aus der CLAUSIUS-CLAPEYRONschen Gleichung (S. 195) bestimmt werden. Diese lautet für das Sieden einer Flüssigkeit

$$r_{\mathrm{k}} = (v_{\mathrm{p}} - v_{\mathrm{fl}})\, T \frac{dp}{dT},$$

wobei v_{fl} und v_{p} die spezifischen Volumina von Flüssigkeit und Dampf am Siedepunkt T sind. Für die Druckabhängigkeit des Siedepunktes gilt

$$\frac{dT}{dp} = \frac{v_{\mathrm{p}} - v_{\mathrm{fl}}}{r_{\mathrm{k}}}\, T.$$

Da $v_{\mathrm{p}} > v_{\mathrm{fl}}$ und $r_{\mathrm{k}} > 0$ ist, ist $dT/dp > 0$. Bild II.8.2 zeigt die Kurve des Phasengleichgewichtes bei der Verdampfung. Sie endet im kritischen Punkt K.
Der Siedepunkt liegt um so höher, je höher der äußere Druck ist.

8.5. Die Eigenschaften verdünnter Lösungen

1. Unter einer *verdünnten Lösung* versteht man ein Gemisch aus mehreren Stoffen, wobei einer dieser Stoffe in überwiegender Menge, die anderen nur in geringfügigen Beimengungen vorhanden sind. Die Hauptsubstanz wird als *Lösungsmittel*, die anderen als die *gelösten Stoffe* bezeichnet. Eine Lösung kann sich im festen Aggregatzustand (*feste Lösungen*), im flüssigen (*echte Lösungen*, wäßrige und nichtwäßrige Lösungen) und im gasförmigen (*Gasgemische*) Aggregatzustand befinden.
Wenn der in Lösung gehende Stoff in einzelne Moleküle zerfällt (*molekulare Dispersion*), entsteht eine *echte molekulare Lösung*, zerfällt er in Ionen, so kommt es zu einer *echten Ionenlösung* (Dissoziation). Schließlich gibt es *kolloidale Lösungen*, in denen der gelöste Stoff im Lösungsmittel eine Suspension bildet.

2. Die Menge des gelösten Stoffes wird durch seine *Konzentration* (S. 152) angegeben.
Solche Lösungen, in denen die Moleküle des gelösten Stoffes vollständig in Ionen dissoziiert sind und sich in stark assoziierten Lösungsmitteln befinden, werden als *Lösungen starker Elektrolyten* bezeichnet. Die sich bildenden Ionen treten mit den Molekülen des Lösungsmittels in Wechselwirkung (*Hydratationseffekt*).

3. In verdünnten Lösungen ist eine ungeordnete Bewegung der Moleküle des gelösten Stoffes zu beobachten, analog der Bewegung der Gasmoleküle. Für die gelösten Moleküle gelten jedoch die MAXWELLsche Geschwindigkeitsverteilung (S. 218), das Gesetz der Verteilung der freien Weglängen (S. 204) und andere gaskinetische Gesetze nicht.

4. Eine experimentelle Methode, die Eigenschaften wahrer Lösungen zu untersuchen, besteht darin, die *Osmose* zu beobachten; darunter versteht man das Eindringen von Lösungsmittel in eine Lösung durch eine poröse Trennwand (*Membran*) hindurch, die für den gelösten Stoff undurchlässig ist und die die Lösung von der reinen Flüssigkeit trennt. Durch die Membran erfolgt ein Austausch von Lösungsmittelmolekülen beider Seiten. Infolge der Tatsache, daß die Lösungsmittelmoleküle vorwiegend in die Lösung wandern, wird das Gleichgewicht im System Lösungsmittel—Membran—Lösung durch den sogenannten *osmotischen Druck* aufrechterhalten, der durch die gelöste Substanz im Lösungsmittel erzeugt wird. Der osmotische Druck p_{osm} wird nach der VAN'T-HOFF*schen Formel* berechnet:

$$p_{\text{osm}} = \frac{n}{V} RT;$$

n ist die Anzahl der im Lösungsvolumen V enthaltenen Mole der gelösten Substanz, R ist die universelle Gaskonstante und T die absolute Temperatur.
Die Analogie zwischen den Gleichungen von VAN'T HOFF und CLAPEYRON-MENDELEJEW (S. 152) ist die Ursache der falschen Inter-

pretation des osmotischen Druckes als Folge von Stößen der Lösungsmoleküle an die Gefäßwand.

5. Die Gleichgewichtskonzentration einer verdünnten Lösung, eines Gases in einer Flüssigkeit oder in einem festen Stoff ist dem Gasdruck proportional und hängt nicht von der Natur des Gases und der der kondensierten Phase ab (*Gesetz der Löslichkeit von* HENRY). Es gilt nur, wenn keine *Chemoadsorption* auftritt, d. h., wenn Gas und festes Lösungsmittel nicht miteinander chemisch reagieren (S. 271).

6. Der Sättigungsdampfdruck ist über einer verdünnten Lösung geringer als über der reinen Flüssigkeit. Die relative Dampfdruckverminderung ist der Konzentration der Lösung proportional und hängt nicht von der chemischen Natur des gelösten Stoffes ab (RAOULT*sches Gesetz*).

7. Eine Beimengung von Molekülen des gelösten Stoffes zum Lösungsmittel erhöht den Siedepunkt und setzt den Gefrierpunkt herab; das Ausmaß dieser Änderungen ist der Konzentration der Lösung proportional und hängt nicht von der chemischen Natur des gelösten Stoffes ab (RAOULT*sches Gesetz*).
Die Kristallisation von Lösungen wird auf S. 269 besprochen.

8.6. Die Suprafluidität von Helium

1. Bei sehr tiefen Temperaturen weist Helium eine Reihe von besonderen Eigenschaften auf:

a) Fehlen eines Tripelpunktes (S. 270);

b) bei Drucken $p < 24$ at kristallisiert Helium nicht, auf wie tiefe Temperaturen man es auch abkühlen mag;

c) für das Isotop He^4 (S. 768) haben die kritischen Parameter (S. 244) die folgenden Werte: $T_k = 5{,}19\,°K$, $p_k = 2{,}26$ at. Bei Normaldruck verflüssigt sich He^4 bei $T = 4{,}2\,°K$, doch ist die Dichte des flüssigen Heliums anormal klein.

2. Wird die Temperatur bei normalem Druck auf $T = 2{,}2\,°K$ erniedrigt, so erfolgt in He^4 der sogenannte λ-Übergang, ein Phasenübergang zweiter Art (S. 195): Das flüssige *Helium I* geht in *Helium II* über. Bei höherem Druck erfolgt der λ-Übergang bei einer tieferen Temperatur.

3. Als *Suprafluidität* bezeichnet man die bei flüssigem Helium II beobachtete Erscheinung, daß es praktisch völlig frei von Viskosität (S. 206) ist, wenn man es durch sehr enge Kapillaren (vom Radius $r \approx 10^{-5}$ cm) hindurchfließen läßt. Seine Viskosität ist in diesem Fall kleiner als 10^{-11} P.

4. Dem *Zweiflüssigkeits-Modell* zufolge ist flüssiges Helium (der Masse m) bei $T < 2{,}2\,°K$ ein Gemisch zweier einander reibungsfrei völlig durchdringender Komponenten: der normalen (Masse m_n) und der supraflüssigen (Masse $m_s = m - m_n$) Komponente. Dem entsprechen zwei Arten von Bewegung, die in Helium II zugleich auf-

treten. Die erste entspricht dem Fließen einer Flüssigkeit, in der eine Wärmebewegung angeregt worden ist, die als die Gesamtheit aller „elementaren thermischen Anregungen“ mit den Energien $h\nu_i$ betrachtet wird; h ist die PLANCKsche Konstante, und ν_i ist die Frequenz der entsprechenden Phononenanregungen (S. 265). Diese Strömung wird als die normale bezeichnet, sie ähnelt der Bewegung einer gewöhnlichen zähen Flüssigkeit. Mit ihr ist der Verbrauch an innerer Energie des Helium II und das Auftreten einer inneren Reibung (Viskosität) in ihm verbunden. Der zweite Bewegungstypus entspricht dem Fließen einer Flüssigkeit ohne alle thermische Anregungen, ohne Verbrauch an innerer Energie und ohne jede Reibung. Aus einer detaillierten Untersuchung des Mechanismus der „elementaren thermischen Anregungen“ in Helium II auf Grund der Erhaltungsgesetze von Energie und Impuls ergibt sich die Möglichkeit solcher Zustände von Helium II, in denen es zu keinen elementaren Anregungen kommt. In diesen Zuständen bilden die Helium-II-Teilchen ein zusammenhängendes Kollektiv (ein *Kondensat*) stark wechselwirkender Teilchen. Diesem Zustand entspricht der suprafüssige Teil von Helium II.

Bei $T = 0$ gibt es keine „elementaren Anregungen“ mehr, und das gesamte Helium II ist suprafüssig. Mit zunehmendem T erhöht sich der Anteil der normalen Komponente im Helium II. Bei $T = 2{,}2\,°K$ erfolgt ein kontinuierlicher Übergang von Helium II in Helium I (ein Phasenübergang erster Art, S. 195).

5. Helium II weist eine anormal hohe Wärmeleitfähigkeit auf, die hundertmal höher als die von Metallen bei Zimmertemperatur ist. Daher tritt in Helium II kein bedeutender Temperaturabfall ein, es kann nicht sieden, nur an freien Oberflächen verdampfen. Die hohe Wärmeleitfähigkeit von Helium II wird durch die intensiven Konvektionsströme, die im ungleichmäßig erwärmten flüssigen Helium infolge der Erhöhung des Anteils der Normalkomponente in der Nähe der Wärmequelle auftreten, verursacht. Bei stationärer Wärmeleitung (S. 263) treten in Helium II zwei entgegengesetzt gerichtete Flüssigkeitsbewegungen gleichzeitig auf: eine normale Strömung von der Wärmequelle zum Kühlmittel hin und eine suprafüssige Strömung vom Kühlmittel zur Wärmequelle hin. Energietransport in Form von Wärme geht in der normalen Bewegung vor sich. Infolge der suprafüssigen Bewegung werden der Wärmequelle immer neue Flüssigkeitsteile zugeführt, die zur normalen Bewegungsform übergehen können. Hierbei erfolgt kein makroskopischer Massenaustausch, weil die beiden Komponenten einander kompensieren.

6. Fließt Helium II durch eine dünne Kapillare von einem Gefäß in ein anderes über, so erhöht sich die Temperatur in dem Gefäß, aus dem das Helium ausfließt, und fällt in dem Gefäß, in das es einströmt. Diese Erscheinung, die als *mechanisch-kalorischer Effekt* bezeichnet wird, wird damit erklärt, daß die aus dem Gefäß ausfließende suprafüssige Komponente des Helium II keine innere Energie besitzt und demnach dem Inhalt dieses Gefäßes keine entziehen kann. Daher steigt die spezifische innere Energie und die ihr entsprechende Temperatur in der im Gefäß zurückbleibenden Flüssigkeit.

9. Kristalline Festkörper

9.1. Die allgemeinen Eigenschaften und die Struktur von Festkörpern

1. Unter einem *Festkörper* versteht man einen Körper, der sich durch unveränderliche Form und konstantes Volumen auszeichnet. Man unterteilt die Festkörper in kristalline und amorphe.

2. *Kristalle* sind Festkörper, deren Teilchen eine regelmäßige und sich periodisch wiederholende Anordnung aufweisen (*Fernordnung, Kristallgitter*). Kristalle sind von ebenen Flächen begrenzt, deren gegenseitige Lage eine gewisse Regelmäßigkeit aufweist und die in Kanten und Spitzen zusammenlaufen. Bei Temperaturen unterhalb des Kristallisationspunktes (S. 268) ist der kristalline Zustand für alle Festkörper ein stabiler Zustand.
Einkristalle haben die Form regelmäßiger Vielecke, in der sich ihre chemische Zusammensetzung widerspiegelt. Die meisten Festkörper sind *polykristallin*, d. h., ihre Struktur setzt sich aus vielen feinen Kriställchen zusammen, die in unregelmäßiger Anordnung miteinander verwachsen sind (*Kristallkörnchen, Kristallite*).

3. Kristalle besitzen eine *Symmetrie*, d. h., es gibt zu jeder vorgegebenen Richtung im Kristall eine oder mehrere entsprechende Richtungen, die in bezug auf die betrachteten Eigenschaften der ersteren vollständig gleichen. Die Symmetrie von Kristallen untersucht man mit Hilfe von *Symmetrietransformationen* (*Kongruenzoperationen*), mittels derer die Kristallstrukturen zur Deckung gebracht werden können. Die einfachsten Kongruenzoperationen (*Drehung*, *Reflexion* und *Translation* oder Parallelverschiebung) hängen mit den *Symmetrieelementen* zusammen. Die einfachsten Symmetrieelemente sind die *Symmetrieachsen* und *Symmetrieebenen*. Die Gruppe der Symmetrieoperationen, die gewöhnlich aus einer Kombination von Drehungen, Reflexionen und Drehungen mit Reflexionen besteht, bezeichnet man als *Symmetrieklasse*.

4. Man unterscheidet skalare, vektorielle und tensorielle physikalische Eigenschaften von Kristallen. Die *skalaren Eigenschaften* (Dichte, spezifische Wärme usw.) sind durch Angabe der Zahlenwerte der betreffenden physikalischen Größen eindeutig bestimmt. Die *vektoriellen Eigenschaften* (Wärmeleitfähigkeit, elektrischer Widerstand usw.) werden durch Angabe der Komponenten der entsprechenden Größen in den drei für den Kristall charakteristischen Richtungen (den *Hauptkoordinatenachsen des Kristalls*) bestimmt. Im Fall von *tensoriellen Eigenschaften* (Dielektrizitätskonstanten, elastische Eigenschaften usw.) sind Angaben für mehr als drei Richtungen im Kristall erforderlich.

5. Nach der Art der Wechselwirkungskräfte, der Bindung und der Art der Teilchenanordnung in den Gitterpunkten unterscheidet man die folgenden Typen von Festkörpern:

a) *Metalle* (Na, Fe usw.). Bei der Bindung von Atomen, die jeweils am Anfang einer Periode des Periodensystems der Elemente (S. 736) stehen, verlassen die Valenzelektronen ihre Atome und bilden in ihrer Gesamtheit das Elektronengas im Metall (S. 224). Dabei bildet sich eine über das gesamte Gitter gleichmäßige Elektronendichteverteilung aus. Lediglich in der Nähe der besetzten Plätze des Kristallgitters ist die Elektronendichte wegen der inneren Elektronenschalen der Atome größer. Die Metallbindung tritt im Gitter zwischen positiven Ionen und dem Elektronengas auf; sie ist ein eigener Typ der chemischen Bindung, da die zur Ausbildung einer Ionen(heteropolaren)- (S. 743) oder Atom(hömöopolaren)-Bindung (S. 746) notwendigen Bedingungen im Metall nicht erfüllt sind. Die „kollektivierten" Elektronen der Metalle halten hauptsächlich durch elektrostatische Kräfte die positiven Ionen zusammen und wirken so der Abstoßung zwischen den Ionen entgegen. Bei Verringerung des Abstandes der Gitteratome wächst die Elektronendichte und die Kraft, die die Ionen zusammenhält, ebenso wachsen aber auch die Abstoßungskräfte zwischen den Ionen. Bei einem bestimmten Abstand (Gitterperiode) heben sich diese Kräfte gegenseitig auf, und es entsteht ein stabiles metallisches Kristallgitter. Die potentielle Wechselwirkungsenergie der Metallbindung beträgt einige zehn kcal/mol (z. B. 26 kcal/mol für Na, und 94 kcal/mol für Fe). Metalle zeichnen sich durch ihre hohe elektrische und Wärmeleitfähigkeit aus.

b) *Ionenkristalle* (NaCl, LiF, Metalloxide, Sulfide, Karbide, Selenide usw.) weisen zwischen ihren an den Gitterstellen regelmäßig in abwechselnder Folge wiederkehrenden positiven und negativen Ionen eine Ionenbindung (heteropolare Bindung) (S. 743) auf. Die potentielle Energie dieser Art von Bindung beträgt einige hundert kcal/mol (z. B. 180 kcal/mol bei NaCl, 240 kcal/mol bei LiF) oder 10^5 J/mol. Charakteristische Eigenschaften der Ionenkristalle sind: hoher Schmelzpunkt und hohe Sublimationswärme, starke Absorption im Infrarotbereich, geringe elektrische Leitfähigkeit und geringe Wärmeleitfähigkeit bei niedriger Temperatur. Bei hohen Temperaturen wird die Ionenleitung beträchtlich.

c) *Valenzkristalle* (*Atomkristalle*) (C, Ge, Te usw.) sind charakteristisch für Halbleiter (S. 383) und viele organische Festkörper. Sie sind auch bei einigen Metallen und intermetallischen Verbindungen zu beobachten. Die chemische Bindung zwischen den neutralen Atomen — die homöopolare Bindung (S. 746) — beruht auf deren quantenmechanischer Wechselwirkung. Die potentielle Energie dieser Bindung beträgt einige hundert kcal/mol (beispielsweise 170 kcal/mol beim Diamant). Haupteigenschaften der Valenzkristalle: hohe Schmelztemperatur und hohe Sublimationswärme, hohe mechanische Beanspruchbarkeit (Härte), geringe elektrische Leitfähigkeit im reinen Zustand.

d) *Molekülkristalle* (Ar, CH_4, Paraffin, viele feste organische Verbindungen). Die Raumgitterknoten sind von Molekülen besetzt, die Bindung zwischen ihnen wird durch VAN-DER-WAALSsche Kräfte, hauptsächlich durch Dispersionskräfte (S. 240) verursacht. Die potentielle Energie der Bindung beträgt einige kcal/mol (z. B. 1,8 kcal/mol bei Ar, 2,4 kcal/mol bei CH_4). Haupteigenschaften: niedriger Schmelz- und Siedepunkt, dichte Packung der Molekülkristalle. Edelgase bilden beim Erstarren eine kubische Struktur dichter Packung).

e) *Kristalle mit Wasserstoffbindung* (Eis, HF usw.). Das Wasserstoffatom mit der einen kovalenten (Atom-)Bindung (S. 746) geht in bestimmten Fällen mit zwei Atomen eine Bindung ein, die sogenannte Wasserstoffbindung mit einer potentiellen Bindungsenergie von ca. 5 kcal/mol. Die Bindung kommt so zustande, daß das Wasserstoffatom sein Elektron an eines der Atome des Moleküls abgibt und das dabei entstehende Wasserstoffion (Proton) die Wasserstoffbindung hauptsächlich auf Grund von Ionenwechselwirkung ausbildet. Dabei kommen sich die Atome sehr nahe, und das Proton kann nicht mehr als zwei Atome binden. Eine ähnliche Bindung existiert auch zwischen den Wassermolekülen. Sie ist verantwortlich für die Anziehung der Dipolmomente des H_2O-Moleküls sowie für die besonderen Eigenschaften (Anomalie) von Wasser und Eis bei 4 °C. Auch zwischen den Eiweißmolekülen existiert eine Wasserstoffbindung und verursacht deren besondere Geometrie. Sie spielt weiter eine große Rolle bei der Polymerisation, d. h. bei der Ausbildung von Gruppen gleichartiger Moleküle (S. 282).

6. Der zwischen der Kristallstruktur der Festkörper und ihrer chemischen Zusammensetzung bestehende Zusammenhang wird in der *Kristallchemie* untersucht. Für jede einzelne chemische Substanz gibt es charakteristische Symmetrieelemente. Die wichtigsten, der Kristallchemie zugrunde liegenden Tatsachen sind: a) die Ähnlichkeit der Form von Kristallen im Fall von analoger chemischer Zusammensetzung der Stoffe (*Isomorphismus*); b) die mögliche Existenz mehrerer Kristallformen von Festkörpern derselben chemischen Zusammensetzung, wobei jede dieser Formen unter verschiedenen Bedingungen stabil ist (*Polymorphismus*). In der Entwicklung der Kristallchemie und bei allen Untersuchungen von kristallinen Festkörpern spielt die Röntgenstrukturanalyse (S. 602) eine große Rolle. Mit ihrer Hilfe wurde festgestellt, daß jedes Strukturelement eines Kristalls (Atom, Ion) eine praktisch undurchlässige „Wirkungssphäre" besitzt und daß die atomaren Abstände in Kristallen gleich den Summen der Radien der Wirkungssphären sind. Die Struktur von Ionenkristallen hängt so im wesentlichen von den Verhältnissen der Ionenradien ab.

7. Die Wärmebewegung gebundener Teilchen in festen Stoffen besteht in Schwingungen dieser Teilchen um die Gitterknoten. Infolge der gleichzeitigen Wirkung von Anziehungs- und Abstoßungskräften zwischen den Teilchen und des Fehlens vollkommener Periodizität sind in realen Kristallen diese Schwingungen nicht harmonisch (anharmonische Schwingungen).
Im Fall von harmonischen Schwingungen ist die potentielle Energie $U(q)$ der Teilchenwechselwirkung eine quadratische Funktion der Verschiebung q der Teilchen aus ihrer Gleichgewichtslage (S. 113). Die Tatsache, daß die Schwingungen *anharmonisch* sind, wird in der Potenzreihe von $U(q)$ durch die Glieder nach dem quadratischen Glied berücksichtigt. In erster Näherung kann dies durch ein kubisches Glied geschehen, so daß die Reihenentwicklung für die potentielle

Energie der Wechselwirkung die Form $U(q) = U_0 + \frac{\beta_0 q^2}{2} - \frac{bq^3}{3}$ annimmt, wobei U_0 der Wert von U bei $q = 0$ und β_0 der Koeffizient einer quasielastischen Kraft (S. 114) ist.

9.2. Die Wärmeausdehnung fester Körper

1. Die Tatsache, daß sich feste Körper mit steigender Temperatur ausdehnen, wird als *Wärmeausdehnung* bezeichnet. Wir unterscheiden zwischen *linearer* und *räumlicher Wärmeausdehnung*, die im betrachteten Temperaturbereich durch den *linearen Ausdehnungskoeffizienten* α_l und den *kubischen Ausdehnungskoeffizienten* α_V charakterisiert sind.

2. Hat ein Körper anfangs die Länge l_0 und nimmt diese Länge um Δl zu, wenn der Körper um Δt Grad erwärmt wird, dann ist α_l in diesem Temperaturbereich durch

$$\alpha_l = \frac{1}{l_0} \frac{\Delta l}{\Delta t}$$

gegeben. Die Größe α_l charakterisiert die *relative Längsausdehnung* $\Delta l/l_0$, die durch eine Erwärmung um 1 Grad verursacht wird. Die Länge der erwärmten Körper ist dann gleich

$$l = l_0(1 + \alpha_l \Delta t).$$

Der Wert von α_l ist eine Materialkonstante und liegt größenordnungsmäßig für die meisten Stoffe zwischen 10^{-5} und 10^{-6} grd^{-1}. Es kann eine geringfügige Temperaturabhängigkeit von α_l beobachtet werden.

3. Bei Erwärmung wächst das Volumen V eines Körpers in erster Näherung proportional der Temperatursteigerung:

$$V = V_0(1 + \alpha_v \Delta t),$$

wobei V_0 das Anfangsvolumen des Körpers und α_V der mittlere kubische Ausdehnungskoeffizient im Temperaturintervall Δt ist, der die *relative Volumenvergrößerung* $\Delta V/V_0$ bei Erwärmung um ein Grad angibt:

$$\alpha_V = \frac{1}{V_0} \frac{\Delta V}{\Delta t}.$$

In erster Näherung gilt für die Koeffizienten α_V und α_l

$$\alpha_V = 3\alpha_l.$$

4. Die Wärmeausdehnung eines festen Körpers hängt mit den anharmonischen thermischen Schwingungen (S. 260) seiner Kristallgitterteilchen zusammen. Die auf ein solches Teilchen wirkende Kraft

ist durch

$$F(q) = -\frac{\partial U(q)}{\partial q} = -\beta_0 q + b q^2$$

gegeben. Ist ein Kristall im Gleichgewichtszustand, dann ist der Mittelwert $\overline{F} = 0$; demnach gilt für streng harmonische Schwingungen ($F = -\beta_0 q$) $\bar{q} = -\overline{F}/\beta_0 = 0$, und es tritt keine Wärmeausdehnung auf. In Wirklichkeit ist jedoch

$$\bar{q} = \frac{b}{\beta_0} \overline{q^2}.$$

Es ist jedoch nach dem Gleichverteilungssatz (S. 217)

$$\beta_0 \frac{\overline{q^2}}{2} = \frac{1}{2} kT,$$

wobei k die BOLTZMANN-Konstante und T die absolute Temperatur ist; daher ergibt sich

$$\bar{q} = \frac{bk}{\beta_0^2} T.$$

Infolge der Anharmonizität der thermischen Schwingungen nimmt der Gleichgewichtsabstand r_0 benachbarter Teilchen in einem Festkörper mit der Temperatur zu. Der lineare Ausdehnungskoeffizient ist mit dem Koeffizienten b durch die Beziehung

$$\alpha_l = \frac{\bar{q}}{r_0 T} = \frac{bk}{\beta_0^2} \frac{1}{r_0}$$

verknüpft.

9.3. Die Wärmeleitfähigkeit fester Körper

1. Die Erscheinung der Wärmeleitung in festen Körpern beruht auf Energieübertragung in Form von Wärme in einem ungleichförmig erwärmten Stoff (ohne Wärmestrahlung). Im allgemeinen ist die Temperatur T in verschiedenen Punkten des Körpers eine Funktion der Zeit, d. h. $T = f(x, y, z, t)$, wobei x, y, z die Koordinaten des betrachteten Punktes sind und t die Zeit ist. Um die Funktion f zu bestimmen, muß man die FOURIERsche Wärmeleitungsgleichung lösen, die für einen homogenen isotropen Körper die Form

$$\frac{\partial T}{\partial t} = a \Delta T + \frac{q_V}{c\varrho}$$

hat; q_V ist die pro Volumeneinheit und pro Zeiteinheit durch innere Wärmequellen freigesetzte Wärme, c ist die spezifische Wärme des Stoffes, ϱ seine Dichte und Δ der LAPLACE-Operator. Die Größe a, die die Geschwindigkeit des Temperaturausgleiches in einem ungleichförmig erwärmten Körper charakterisiert, wird als *Temperaturleit-*

fähigkeit bezeichnet. Sie steht mit der Wärmeleitfähigkeit K (Koeffizient K, S. 206) in der Beziehung

$$a = \frac{K}{c\varrho}$$

(für Gase ist $c = c_p$).

2. Im Fall stationärer Wärmeleitung ($\partial T/\partial t = 0$) ist

$$a\,\Delta T + \frac{q_V}{c\varrho} = 0.$$

Bei Fehlen innerer Wärmequellen ($q_V = 0$) ist

$$\Delta T = 0.$$

Um die Wärmeleitungsgleichung lösen zu können, muß man a) die Anfangsbedingungen $T = f(x, y, z, 0)$ und b) die Randbedingungen (die Bedingungen, unter denen der Wärmeaustausch an den Körpergrenzen vor sich geht) kennen.

3. Im Fall einer ebenen unendlich großen Trennwand zwischen zwei Medien, *1* und *2*, die auf konstanter Temperatur, T_{c1} und T_{c2} ($T_{c1} > T_{c2}$), gehalten werden, kommt es zu einem Wärmefluß[1]) durch die Wand:

$$q = \frac{K}{d}(T_{b1} - T_{b2})$$

oder

$$q = \frac{T_{c1} - T_{c2}}{\frac{1}{\alpha_1} + \frac{d}{K} + \frac{1}{\alpha_2}} = \frac{T_{c1} - T_{c2}}{R};$$

hier sind T_{b1} und T_{b2} die Temperaturen der beiden Wandoberflächen, d die Dicke der Wand und K die Wärmeleitfähigkeit (S. 206) der Wand, α_1 und α_2 sind die *Wärmeübergangszahlen* (S. 313) (vom ersten Medium an die Wand und von der Wand an das zweite Medium). Die Größe

$$R = \frac{1}{\alpha_1} + \frac{d}{K} + \frac{1}{\alpha_2}$$

wird als Wärmewiderstand bezeichnet, $1/R$ ist die *spezifische Wärmeleitfähigkeit.*

Die Temperaturen an den Außenflächen sind

$$T_{b1} = T_{c1} - \frac{q}{\alpha_1}, \qquad T_{b2} = T_{c2} + \frac{q}{\alpha_2}.$$

Für die Temperatur einer einschichtigen Wand im Abstand l von der Oberfläche *1* gilt

$$T = T_{b1} - \frac{T_{b1} - T_{b2}}{d}\,l.$$

---

[1]) Als *Wärmefluß* bezeichnet man die pro Zeiteinheit eine Flächeneinheit konstanter Temperatur in senkrechter Richtung durchdringende Wärmemenge.

Diese Formeln können auch für Wände endlicher Abmessungen verwendet werden, wenn $L \gg d$ ist, wobei L die linearen Abmessungen der Seitenflächen der Wand sind.

4. Für eine Wand in der Form eines geraden Hohlzylinders, wobei die Medien im Inneren und außerhalb des Zylinders die konstanten Temperaturen T_{c1} und T_{c2} besitzen ($T_{c1} > T_{c2}$), ist der Wärmestrom pro Zeiteinheit und pro Längeneinheit der Wand durch

$$q_l = \frac{2\pi K (T_{b1} - T_{b2})}{\ln \dfrac{d_2}{d_1}}$$

oder

$$q_l = \frac{\pi (T_{c1} - T_{c2})}{\dfrac{1}{\alpha_1 d_1} + \dfrac{1}{2K} \ln \dfrac{d_2}{d_1} + \dfrac{1}{\alpha_2 d_2}}$$

gegeben, wobei T_{b1} und T_{b2} die Temperaturen der inneren und äußeren Zylinderwand sind; d_1 und d_2 sind der innere und der äußere Durchmesser des Zylinders, K ist die Wärmeleitfähigkeit des Wandmaterials, α_1 und α_2 sind die Wärmeübertragungszahlen für die innere bzw. äußere Oberfläche des Zylinders. Die Temperaturen der inneren und äußeren Oberfläche sind

$$T_{b1} = T_{c1} - \frac{q_l}{\pi} \frac{1}{\alpha_1 d_1}, \qquad T_{b2} = T_{c2} + \frac{q_l}{\pi} \frac{1}{\alpha_2 d_2}. \tag{*}$$

Die Temperatur einer einschichtigen Wand im Abstand r von der Zylinderachse ist

$$T = T_{b1} - \frac{q_l}{2\pi K} \ln \frac{2r}{d_1}.$$

5. Im Fall einer kugelförmigen Wand (Hohlkugel, innerer Durchmesser d_1, äußerer d_2), wobei die Medien innerhalb und außerhalb die konstanten Temperaturen T_{c1} und T_{c2} besitzen ($T_{c1} > T_{c2}$), ist der Wärmestrom Q durch die Wand pro Zeiteinheit durch

$$Q = \pi K \frac{d_1 d_2}{d} (T_{b1} - T_{b2})$$

gegeben, wobei d die Wanddicke ist; eine andere Formulierung lautet

$$Q = \frac{\pi (T_{c1} - T_{c2})}{\dfrac{1}{\alpha_1 d_1^2} + \dfrac{1}{2K} \left(\dfrac{1}{d_1} - \dfrac{1}{d_2} \right) + \dfrac{1}{\alpha_2 d_2^2}}$$

(die Bezeichnungen sind dieselben wie unter Punkt 4). Die Wandtemperaturen werden nach Formeln analog zu (*) berechnet. Die Temperatur einer sphärischen Wand im Abstand r vom Zentrum ist

$$T = T_{b1} - \frac{T_{b1} - T_{b2}}{\dfrac{2}{d_1} - \dfrac{2}{d_2}} \left(\frac{2}{d_1} - \frac{1}{r} \right).$$

6. Metalle zeichnen sich durch besonders hohe Wärmeleitfähigkeit aus, was im wesentlichen der Energieübertragung durch die freien Elektronen zuzuschreiben ist. Die *Wärmeleitfähigkeit der Elektronen in Metallen* ist durch

$$K = \frac{\pi^2}{3} \frac{k^2 n_0 \lambda(W_F)}{m\bar{u}(W_F)} \cdot T$$

gegeben, wobei k die BOLTZMANN-Konstante und n_0 die Anzahl der freien Elektronen pro cm^3 Metall ist; $\lambda(W_F)$ ist die mittlere freie Weglänge und $\bar{u}(W_F) = p_F/m$ ist die mittlere Geschwindigkeit der thermischen Bewegung der Elektronen, entsprechend der Grenzenergie W_F der FERMIschen Energieverteilung der Elektronen bei $T = 0$ (S. 224), m ist die Elektronenmasse.
In klassischer Näherung ist für ein ideales Elektronengas

$$K = \frac{1}{2} k n_0 \bar{\lambda} \bar{u},$$

wobei $\bar{\lambda}$ die mittlere freie Weglänge und $\bar{u}$ die mittlere thermische Geschwindigkeit der Elektronen ist. Die Wärmeleitung in Metallen, die über das Kristallgitter erfolgt (*Gitterleitfähigkeit*) ist wesentlich geringer als die mittels der Elektronen.

7. Die Wärmeleitung in Metallen erfolgt im wesentlichen durch Energieübertragung durch Leitungselektronen (S. 361). In kristallinen Dielektrika spielen die bindungsabhängigen Gitterschwingungen die Hauptrolle bei der Energieübertragung. In erster Näherung kann man diesen Prozeß durch die Ausbreitung von harmonischen elastischen Wellen verschiedener Frequenzen ν_i im Kristall erklären. In der Quantentheorie entsprechen solchen Wellen Quasiteilchen (*Phononen*) mit den Energien $h\nu_i$ und den Impulsen $h\nu_i/v$, wobei v die Geschwindigkeit der elastischen Wellen (d. h. die Schallgeschwindigkeit) ist.
Der Prozeß der Wärmeleitung im Gitter kann als eine Verschiebung von Phononen im Kristall betrachtet werden. Die mittlere freie Weglänge $\bar{\lambda}$ der Phononen ist, ähnlich der mittleren freien Weglänge der Moleküle (S. 204), ein Charakteristikum der Bewegung. Der Koeffizient der Gitterwärmeleitfähigkeit im Kristall ist

$$K = \frac{1}{3} c v \bar{\lambda},$$

wobei c die spezifische Wärme pro Volumeneinheit ist, v die Schallgeschwindigkeit und $\bar{\lambda}$ die mittlere freie Weglänge der Phononen. Zum Beispiel für ein NaCl-Gitter bei $t = 0\,°C$ und für $c = 0{,}45\ \mathrm{cal \cdot cm^{-3}}$, $K = 0{,}17\ \mathrm{cal \cdot cm^{-1} \cdot grd^{-1} \cdot s^{-1}}$ beträgt $\bar{\lambda} = 23 \cdot 10^{-8}\ \mathrm{cm}$; das ist das Vierfache des Abstandes d zwischen benachbarten Ionen des kubisch flächenzentrierten NaCl-Gitters: $d = 5{,}63 \cdot 10^{-8}\ \mathrm{cm}$ (Gitterkonstante). Für Phononen wird $\bar{\lambda}$ durch die geometrische Streuung der Phononen (Streuung an den Kristallflächen, Gitterdefekten und an amorphen Strukturen) und durch die Streuung der Phononen an den anharmonischen Schwingungen der Gitterknoten (Streuung der Phononen an Phononen) bestimmt. An harmonischen Schwingungen findet ein solcher Prozeß nicht statt. Bei hohen Temperaturen $T > T_c$, wobei T_c die charakteristische Temperatur des Kristalls ist (s. unten), führt die Phonon-Phonon-Streuung zur Abhängigkeit $\bar{\lambda} \sim 1/T$, bei $T \ll T_c$ zu $\bar{\lambda} \sim e^{-T_c/2T}$. Die geometrische Streuung wird bei großen $\bar{\lambda}$-Werten, die mit den Linearabmessungen d des Körpers vergleichbar sind, beträchtlich. In diesem Fall, der sich bei tiefen Temperaturen beobachten läßt, tritt ein starker Abfall der Wärmeleitfähigkeit reiner Kristalle auf, und die Beziehung $K \approx \frac{1}{3} cvd$ erlangt Gültigkeit. Bei nicht allzu tiefen Temperaturen ist $K \sim 1/T$, gemäß der Abhängigkeit $\bar{\lambda} \sim 1/T$. Bei tiefen Temperaturen ist $K \sim T^3$, da $c \sim T^3$ ist (S. 267).

9.4. Die Wärmekapazität fester Körper

1. Bei Festkörpern unterscheidet man nicht zwischen den Wärmekapazitäten C_p und C_V (S. 159), sondern verwendet die spezifische Wärme oder die Atom- bzw. Molwärmen (S. 157). Bei Metallen im festen Zustand liefert die Energie der thermischen Schwingungen der Gitterteilchen den größten Beitrag zur spezifischen Wärme. Bei Metallen muß man außerdem die geringe spezifische Wärme des entarteten Elektronengases (S. 226) berücksichtigen.

2. Die Schwingungen der Teilchen in einem N Atome enthaltenden Kristall können in erster Näherung als die Schwingungen eines Systems von $3N$ unabhängigen linearen Oszillatoren (entsprechend den $3N$ Freiheitsgraden) mit Frequenzen zwischen 0 und $\nu_{\max}$ betrachtet werden:

$$\nu_{\max} = \left(\frac{9}{4\pi} \frac{N}{V} \frac{v_l^3 v_t^3}{2v_l^3 + v_t^3}\right)^{1/3};$$

v_l und v_t sind die Geschwindigkeiten der longitudinalen und transversalen elastischen Wellen in einem Kristall mit dem Volumen V.

3. Die Energie U eines *Gramm-Atoms* eines festen Stoffes und seine Atomwärme C_a berechnet man mittels des Zustandsintegrals Z (S. 215) nach den in Tabelle II.6.1 (S. 216) zusammengestellten Formeln. Die Theorie der Wärmekapazität fester Körper, die auf dem Vorhandensein elastischer Wellen im Kristall basiert, liefert die Formel

$$\ln Z = -\frac{9N_L T_c}{8T} - 9N_L \left(\frac{T}{T_c}\right)^3 \int_0^{T_c/T} x^2 \ln(1 - e^{-x})\, dx,$$

wobei T die Temperatur des Kristalls, $T_c = h\nu_{\max}/k$ die charakteristische Temperatur (die DEBYE-Temperatur) des Kristalls, k die BOLTZMANN-Konstante, h die PLANCKsche Konstante und N_L die LOSCHMIDTsche Zahl ist.

4. Im Bereich hoher Temperaturen ($T \gg T_c$) gilt

$$\ln Z \approx -3N_L \ln \frac{T_c}{T} - \frac{9}{8} N_L \frac{T_c}{T} + N_L,$$

$$U = kT^2 \frac{\partial \ln Z}{\partial T} \approx 3N_L kT.$$

Hieraus folgt

$$C_a = \left(\frac{\partial U}{\partial T}\right)_V = 3N_L k = 3R = 5{,}97 \text{ cal/g-atom} \cdot \text{grd}.$$

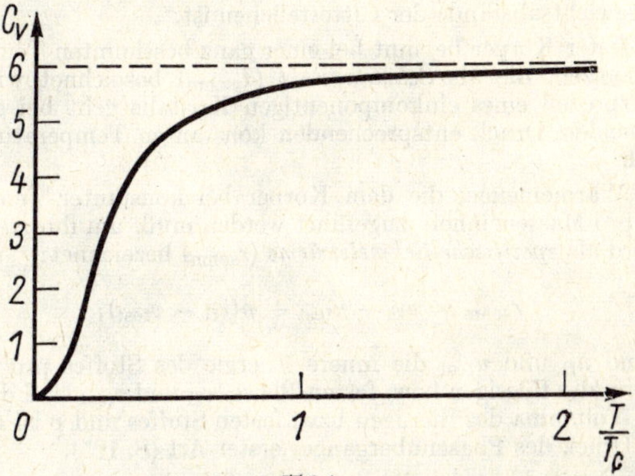

II.9.1.

Dieses Ergebnis kann aus dem Gleichverteilungssatz (S. 217) abgeleitet werden und stimmt mit der experimentell bestätigten DULONG-PETIT*schen Regel* überein: Die Atomwärmen aller chemisch einfachen, festen kristallinen Stoffe sind etwa gleich 6 cal/g-Atom · grd.

5. Im Bereich tiefer Temperaturen ($T \ll T_c$) gilt

$$\ln Z = -\frac{9N_L T_c}{8T} + \frac{\pi^4 N_L}{5}\left(\frac{T}{T_c}\right)^3,$$

$$U = kT^2 \frac{\partial \ln Z}{\partial T} = \frac{9}{8} N_L k T_c + \frac{3\pi^4}{5} \frac{N_L k T^4}{T^3}.$$

Im Ausdruck für U ist das erste Glied auf der rechten Seite die Energie des Kristalls bei $T \to 0$. Die Wärmekapazität eines Kristalls ist bei tiefen Temperaturen proportional T^3 (DEBYE*sches Gesetz*):

$$C_a = \left(\frac{\partial U}{\partial T}\right)_V = \frac{12\pi^4 N_L k}{5T_c^3} T^3.$$

6. Im Bereich mittlerer Temperaturen ($T \approx T_c$) sind Energie und Wärmekapazität eines Kristalls komplizierte Funktionen der Temperatur und hängen vom Ergebnis der numerischen Integration von $\ln Z$ ab (s. Punkt 3). Der allgemeine Verlauf der Atomwärme in Abhängigkeit von der Temperatur ist in Bild II.9.1 gezeigt.

9.5. Phasenumwandlungen fester Körper

1. Bei der Erwärmung eines festen Körpers wird die ihm zugeführte Wärme im wesentlichen zur Erhöhung seiner inneren Energie (kinetische Energie der Wärmeschwingungen und potentielle Energie der Wechselwirkung der Gitterteilchen) aufgewendet. Starke Erwärmung kann dazu führen, daß der Stoff aus der kristallinen Phase in die flüssige (*Schmelzen*) oder in die gasförmige (*Sublimation*) übergeht. Das tritt bei einer solchen Temperatur ein, bei der die Teilchenverschiebung aus der Gleichgewichtslage von der Größenordnung der Gleichgewichtsabstände der Gitterteilchen ist.

2. Ein fester Körper beginnt bei einer ganz bestimmten Temperatur zu schmelzen, die als *Schmelzpunkt* (T_{schm}) bezeichnet wird. Der Schmelzprozeß eines einkomponentigen Kristalls geht bei der dem herrschenden Druck entsprechenden konstanten Temperatur T_{schm} vor sich.

3. Die Wärmemenge, die dem Körper bei konstanter Temperatur T_{schm} pro Masseneinheit zugeführt werden muß, um ihn zu schmelzen, wird als *spezifische Schmelzwärme* (r_{schm}) bezeichnet:

$$r_{\text{schm}} = u_{\text{fl}} - u_{\text{fest}} + p(v_{\text{fl}} - v_{\text{fest}});$$

hier sind u_{fl} und u_{fest} die innere Energie des Stoffes pro Masseneinheit in der flüssigen bzw. festen Phase, v_{fl} und v_{fest} sind die spezifischen Volumina des flüssigen bzw. festen Stoffes und p ist der konstante Druck des Phasenüberganges erster Art (S. 195).

4. Die Druckabhängigkeit des Schmelzpunktes wird durch die Clausius-Clapeyronsche Gleichung beschrieben:

$$\frac{dT_{\text{schm}}}{dp} = \frac{T_{\text{schm}}(v_{\text{fl}} - v_{\text{fest}})}{r_{\text{schm}}}.$$

In der Regel ist $v_{\text{fl}} > v_{\text{fest}}$, und da $r_{\text{schm}} > 0$ ist, ist $dT_{\text{schm}}/dp > 0$. Der Schmelzpunkt der meisten Stoffe erhöht sich mit dem Druck. Bei einigen Stoffen (Wasser, Gallium, Wismut) ist jedoch die Dichte der flüssigen Phase größer als die der festen, $v_{\text{fl}} - v_{\text{fest}} < 0$ und $dT_{\text{schm}}/dp < 0$; der Schmelzpunkt solcher Stoffe erniedrigt sich mit zunehmendem Druck. Bild II.9.2 zeigt die Gleichgewichtskurven für das zweiphasige System Festkörper—Flüssigkeit. Der Schmelzvorgang ist mit einer Entropiezunahme (S. 173) des Systems verbunden, da es sich um einen Übergang von einem geordneten Zustand (Kristall) in einen ungeordneteren (Flüssigkeit) handelt.

5. Kühlt man eine Flüssigkeit ab, so beginnt bei einer bestimmten Temperatur, die als *Kristallisations-* oder *Verfestigungstemperatur* T_{krist} bezeichnet wird, die flüssige Phase in den festen, kristallinen Zustand überzugehen (*Kristallisation*). Die Kristallisation ist mit Wärmeabgabe verbunden, wobei die freigesetzte Wärme gleich der Schmelzwärme ist; chemisch reine Flüssigkeiten kristallisieren bei konstanter Temperatur, und es ist $T_{\text{krist}} = T_{\text{schm}}$.

6. Bei der Kristallisation wird die Bewegung der Flüssigkeitsteilchen geordnet, und die Dauer ihrer „Seßhaftigkeit“ (s. Relaxationszeit, S. 247) vergrößert sich. Nach und nach wird die Teilchenbewegung zu einer gebundenen thermischen Schwingung um irgendwelche Mittellagen, die Knotenpunkte des Kristallgitters.

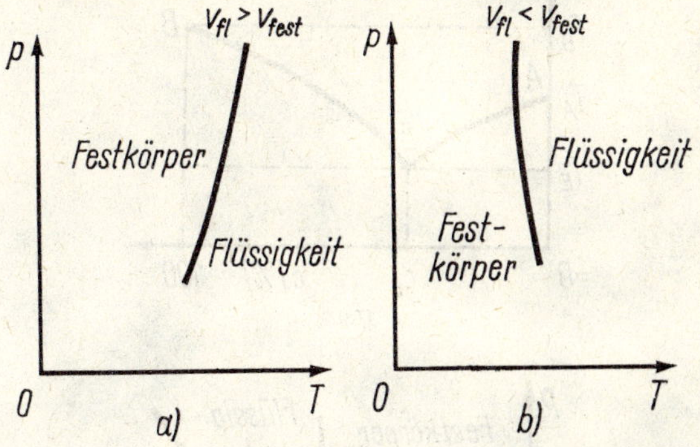

II.9.2.

7. Für den Beginn der Kristallisation ist es erforderlich, daß sich in der Flüssigkeit sogenannte *Kristallisationskeime* (Verunreinigungen, Staub, Gasbläschen, lokale Verdichtungen in der Flüssigkeit) befinden. An jenen Stellen, an denen zuerst eine regelmäßige Teilchenordnung auftritt, beginnt auch die Bildung der festen Phase.

8. Gibt es in der Flüssigkeit keinerlei Kristallisationskeime und wird ihr die Wärme sehr langsam und gleichmäßig entzogen, so kann man sie unter die Kristallisationstemperatur abkühlen (*unterkühlte Flüssigkeit*). Es handelt sich hierbei um einen metastabilen Zustand der Flüssigkeit (vgl. übersättigter Dampf, S. 244), der sehr leicht zu stören ist (so kann z. B. Kristallisation infolge Schüttelns eintreten).

9. Die Kristallisationstemperatur einer Lösung (S. 147 und 255) hängt von ihrer Zusammensetzung ab. Die Punkte A und B in Bild II.9.3 bezeichnen den Kristallisationspunkt (Schmelzpunkt) der Stoffe A und B. Mischt man die beiden Stoffe, so führt dies zu einem niedrigeren Kristallisationspunkt der Lösung (oder einem niedrigeren Schmelzpunkt der sich hierbei bildenden Legierung). Bei einer gewissen Konzentration c_E des Stoffes B (im Punkt E) erreicht der Kristallisationspunkt (Schmelzpunkt) seinen tiefsten Wert. Die Lösung (Legierung), die dieser Zusammensetzung entspricht, bezeichnet man als *eutektisch*, Punkt E bezeichnet man als den *eutektischen Punkt*.

10. *Sublimation* eines festen Stoffes tritt bei jeder Temperatur auf; es wird hierbei die Sublimationswärme verbraucht, um die Bindungs-

kräfte zwischen den Teilchen des festen Stoffes zu überwinden und die Teilchen von der Kristalloberfläche „abzureißen“. Die Differenz der spezifischen Sublimationswärmen fester und flüssiger Stoffe beim Schmelzpunkt ist gleich der spezifischen Schmelzwärme.

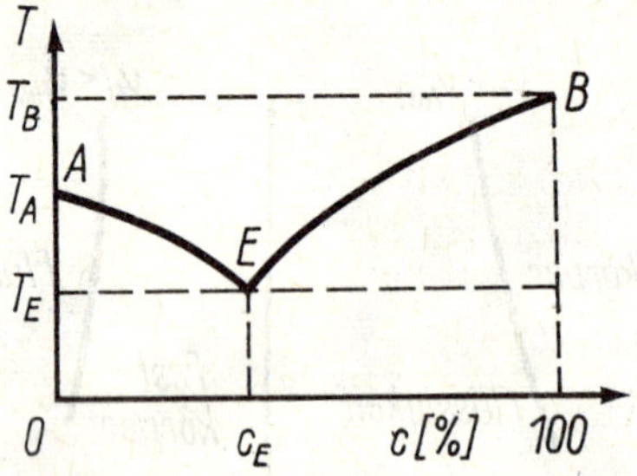

II.9.3.

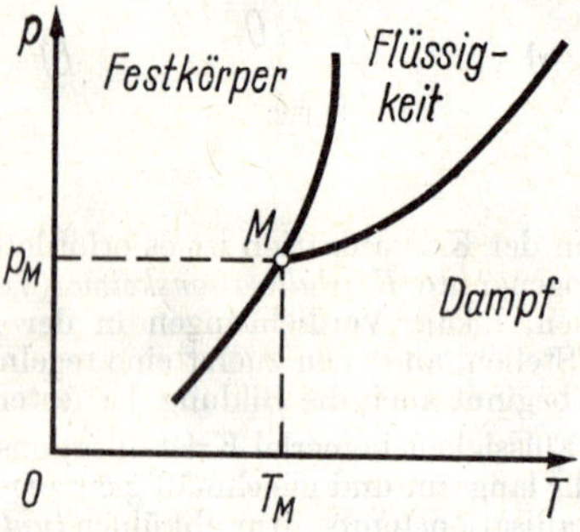

II.9.4.

11. Die Gleichgewichtskurve Festkörper—Dampf im p, T-Diagramm wird als *Sublimationskurve* bezeichnet. In Bild II.9.4 sehen wir ein Zustandsdiagramm mit den Gleichgewichtskurven Festkörper—Dampf, Festkörper—Flüssigkeit und Flüssigkeit—Dampf. Sie schneiden sich im Tripelpunkt M, wobei alle drei Phasen gleichzeitig existieren können und sich dabei im Gleichgewicht befinden.

9.6. Adsorption

1. Als *Adsorption* bezeichnet man die Konzentration (Anlagerung) eines von mehreren vorhandenen Stoffen (oder einer Komponente eines Gemisches) an einer Phasengrenze. So erfolgt z. B. an der Oberfläche eines Festkörpers oder einer Flüssigkeit eine Anlagerung von

Stoffen, die in einem Gas oder einer Lösung enthalten sind. Man kann die beiden Begriffe der Adsorption (Anlagerung an Oberflächen) und der Absorption (Aufnahme eines Stoffes in das Volumen eines anderen) unter dem Begriff der *Sorption* zusammenfassen. Der *adsorbierte* Stoff wird als *Adsorbat* und der Körper, an dessen Oberfläche er sich anlagert, als *Adsorbens* bezeichnet. Den umgekehrten Prozeß der Abtrennung angelagerter Stoffe bezeichnet man als *Desorption*.
Die Zeit, die adsorbierte Teilchen an der Adsorbensoberfläche verbringen, hängt von der Art des Adsorbens und des Adsorbates sowie von Druck und Temperatur ab. Je weiter die Adsorption fortschreitet, um so mehr nimmt ihre Intensität ab und die Rolle der Desorption zu. Es stellt sich schließlich ein Gleichgewichtszustand ein, in dem Adsorption und Desorption gleich schnell vor sich gehen: das *Adsorptionsgleichgewicht*.

2. Unter *physikalischer Adsorption* versteht man eine Anlagerung, bei der die Adsorbatteilchen ihre individuellen Eigenschaften beibehalten. Bei der *chemischen Adsorption* (*Chemosorption*) bilden die Adsorbatmoleküle mit dem Adsorbens eine chemische Verbindung. Bei der physikalischen Adsorption sind die Adsorptionskräfte von derselben Art wie die intermolekularen Wechselwirkungskräfte in Gasen, Flüssigkeiten und Festkörpern (S. 239). Wird sie nicht durch Nebenerscheinungen behindert, so geht die physikalische Adsorption sehr rasch vonstatten. Die chemische Adsorption ist bei tiefen Temperaturen ein langsamer Vorgang; die Adsorptionsgeschwindigkeit nimmt mit der Temperatur zu, ähnlich wie die Geschwindigkeit chemischer Reaktionen (*aktivierte Adsorption*).
Jeder Adsorptionsvorgang ist ein exothermer Prozeß. Die *physikalische Adsorptionswärme* ist von der Größenordnung der latenten Kondensationswärme und beträgt 1—5 kcal/mol für einfache Moleküle und 10—20 kcal/mol für komplizierte Moleküle. Die Chemosorptionswärmen sind von gleicher Größenordnung wie die Reaktionswärmen (10—100 kcal/mol).
Der Vorgang der Adsorption ist von einer Erniedrigung der freien Energie der Oberflächenschicht des Adsorbens (S. 250) begleitet. Das Adsorbat trägt nur sehr wenig zur Oberflächenenergie des Adsorbens bei, d. h., seine Oberflächenspannung (S. 250) muß kleiner als die des Adsorbens sein.

3. Zur qualitativen Beschreibung der Adsorption dient die *Adsorptionsgröße* Γ; sie gibt den Massenüberschuß einer bestimmten Komponente (in mol/cm^2) an der Adsorbensoberfläche im Vergleich zur Konzentration dieser Komponente im Inneren der an die betrachtete Oberfläche angrenzenden Phase an. Nach der GIBBS*schen Gleichung* ist

$$\Gamma = -\frac{\partial \sigma}{\partial \mu},$$

wobei σ die Oberflächenspannung und μ das chemische Potential (S. 190) der betrachteten Komponente bei Phasengleichgewicht ist. Erfolgt die Absorption einer Komponente aus einem Medium heraus, in dem ihre Konzentration c gering ist, dann kann die GIBBSsche

Gleichung in der Form

$$\Gamma = -\frac{c}{RT}\frac{\partial \sigma}{\partial c}$$

geschrieben werden, wobei $\partial\sigma/\partial c = G$ die *Oberflächenaktivität des Adsorbats* ist; sie charakterisiert seine Fähigkeit, bei Adsorption die Oberflächenenergie des Adsorbens herabzusetzen.

9.7. Die elastischen Eigenschaften von Festkörpern

1. Unter der *Deformation* eines Festkörpers versteht man eine Änderung seiner Abmessungen und seines Volumens; sie führt häufig zu einer vollkommenen Änderung der Form des Körpers. In gewissen Fällen (allseitige Kompression oder Expansion) bleibt die Körperform erhalten. Deformation kann durch Temperaturänderung (S. 261) oder durch Änderung der äußeren Kräfteverteilung herbeigeführt werden. Bei Deformation erfolgt eine Verschiebung der Gitterteilchen des Festkörpers aus den anfänglichen Gleichgewichtslagen in neue. Dieser Verschiebung wirken die zwischen den Teilchen herrschenden Wechselwirkungskräfte entgegen, was zum Auftreten innerer *elastischer Kräfte* im deformierten Körper führt, die mit den äußeren am Körper angreifenden Kräften im Gleichgewicht stehen.

2. Eine Deformation, die wieder verschwindet, wenn die sie erzeugenden Kräfte nicht mehr wirken, wird als *elastische* Deformation bezeichnet. Hierbei erfolgt eine „umgekehrte" Verschiebung der Teilchen aus den neuen Gleichgewichtslagen im Gitter in die alten. Die nicht elastische Deformation eines Festkörpers, die von einer irreversiblen Umordnung des Gitters begleitet wird, wird als *plastische* Deformation bezeichnet.

3. Die *elastische Spannung* σ ist gleich der elastischen Kraft F_{el} pro Flächeneinheit S des Querschnitts des Körpers:

$$\sigma = \frac{dF_{\mathrm{el}}}{dS}.$$

Wir sprechen von *Normal*spannungen, wenn die Kraft dF_{el} auf der Oberfläche dS senkrecht steht, und von *Tangential*spannungen, wenn diese Kraft tangential zu dS liegt.

4. Das Maß der Deformation ist die *relative Deformation* $\Delta x/x$; sie ist gleich der absoluten Deformation Δx, dividiert durch den Anfangswert von x, wobei x eine für den Körper charakteristische Größe ist.

5. Das HOOKE*sche Gesetz* lautet: Bei elastischer Deformation eines Körpers ist die Spannung σ der relativen Deformation proportional:

$$\sigma = K\frac{\Delta x}{x};$$

K ist der *Elastizitätsmodul*; er ist gleich der Spannung, die eine relative Deformation $\Delta x/x = 1$ verursacht.

Die Größe $a = 1/K$ wird als *Elastizitätszahl* bezeichnet. Das HOOKEsche Gesetz gilt innerhalb gewisser Grenzen der Deformation; diejenige Spannung, bei der die Deformation der Spannung nicht mehr proportional ist, wird als *Proportionalitätsgrenze* bezeichnet.

6. Eine *einseitige* oder *longitudinale Dehnung* (*Kompression*) besteht in einer Vergrößerung (Verringerung) der Körperlänge, die durch eine Dehnungs-(Kompressions-)kraft F verursacht wird. Elastische Dehnung (Kompression) endet, sobald $F_{el} = F$ ist, wobei F_{el} die elastische Kraft ist. Das Maß der Deformation ist hier die *relative Dehnung* (*Kompression*) $\Delta l/l$. Hier ist $K = E$, der YOUNG*sche Modul*.

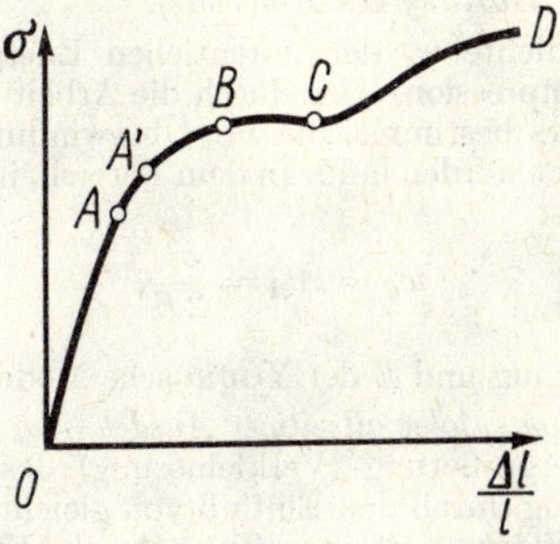

II.9.5.

In diesem Fall ist $\Delta x/x = \Delta l/l$. Nach dem HOOKEschen Gesetz ist

$$\Delta l = \frac{Fl}{ES},$$

wobei l die Anfangslänge des Körpers ist; Δl ist die Längenänderung bei der Kraft F. Ist $\Delta l = l$, dann ist der YOUNGsche Modul $E = F/S = \sigma$, d. h., er ist gleich der im Körper auftretenden Spannung bei Vergrößerung (Verringerung) seiner Länge auf das Doppelte (die Hälfte) unter sonst gleichen Bedingungen.

7. Die relative Längsdehnung (Kompression) eines Körpers wird von einer *relativen Querverkürzung* (*-verbreiterung*) $\Delta d/d$ begleitet, wobei d die Querabmessung des Körpers ist. Das Verhältnis von relativer Längsdehnung durch relative Querverkürzung wird als POISSON*scher Koeffizient* u bezeichnet:

$$\mu = \frac{\Delta d}{d} : \frac{\Delta l}{l}.$$

8. Nach Erreichen der Proportionalitätsgrenze (s. Punkt 5) (der Punkt A auf der Dehnungskurve in Bild II.9.5) nimmt die Längsdehnung rascher zu als die Spannung; es wird die *Elastizitätsgrenze* erreicht (Punkt A'); es ist dies die maximale Spannung, bei der ge-

rade noch keine *Restdeformation* zurückbleibt (nach Aufheben der Spannung). Bei weiterer Dehnung wird die *Fließgrenze* (Punkt B) erreicht, die den Zustand eines deformierten Körpers charakterisiert, bei dem jede weitere Längsdehnung ohne Vergrößerung der wirkenden Kraft möglich ist (horizontaler Kurventeil BC). Die *Festigkeitsgrenze* (Punkt C) ist schließlich die der höchstmöglichen Belastung des Körpers entsprechende Spannung; jede weitere Erhöhung führt zur Zerstörung des Körpers.

9. Bei wiederholten Deformationen, die jeweils über die Elastizitätsgrenze hinausgehen, die durch Entlastungen unterbrochen werden, wird die Elastizität des Körpers erhöht und seine Proportionalitätsgrenze vergrößert (*Härtung des Materials*).

10. Die Volumendichte w_σ der potentiellen Energie eines Körpers bei Dehnung (Kompression) wird durch die Arbeit A_{el} pro Volumeneinheit des Körpers bestimmt, die zur Überwindung der elastischen Kräfte aufgewendet werden muß. In dem Bereich, in dem das HOOKEsche Gesetz gilt, ist

$$w_\sigma = A_{\mathrm{el}} = \frac{\sigma^2}{2E},$$

wobei σ die Spannung und E der YOUNGsche Modul ist.

11. Die *Deformation infolge allseitiger Ausdehnung* (*Kompression*) besteht in einer Vergrößerung (Verkleinerung) des Körpervolumens ohne Formänderung durch den Einfluß von gleichmäßig über die gesamte Körperoberfläche verteilten Zug-(Druck-)Kräften. Nach dem HOOKEschen Gesetz ist

$$\sigma = K\,\frac{\Delta V}{V},$$

wobei $\Delta V/V$ die relative Volumenvergrößerung (-verringerung) des Körpers infolge der Spannung σ ist. K ist der *Modul der allseitigen Volumenelastizität* und ist gleich der Spannung, bei der die relative Volumenvergrößerung (-verringerung) gleich Eins ist:

$$K = \frac{E}{3(1-2\mu)},$$

wobei E der YOUNGsche Modul und μ der POISSONsche Koeffizient ist.

12. Als *Scherung* bezeichnet man eine solche Deformation, bei der die zu einer gegebenen Ebene im Körper parallelen Schichten eben bleiben (*Scherungsebenen*) und, ohne sich in ihren Dimensionen zu verändern, relativ zueinander parallelverschoben werden (Bild II.9.6). Die Scherung erfolgt unter der Wirkung einer tangential zu BC angreifenden Kraft $\boldsymbol{F}$, die Scherungsebenen verschieben sich parallel zu ihr. Die Kante AD sei von der Unterlage festgehalten. Das Maß der Deformation $\Delta x/\partial x$ (s. Punkt 4) ist der *Scherungswinkel* ϑ (die *relative Scherung*) in Graden. Bei kleinen Deformationen ist

$$\vartheta \approx \tan\vartheta = \frac{\Delta x}{x},$$

wobei $\Delta x = CC'$ die *absolute Scherung* ist.

Nach dem HOOKEschen Gesetz ist die relative Scherung der Tangentialspannung (Schubspannung) proportional

$$\sigma_\tau = \frac{F}{S} = G\vartheta .$$

Der *Scherungsmodul* G ist gleich der Tangentialspannung bei der relativen Scherung Eins. Für den Scherungsmodul, den YOUNGschen Modul E (s. Punkt 6) und die POISSONsche Konstante μ (s. Punkt 7) gilt die Beziehung

$$G = \frac{E}{2}(1 + \mu)^{-1} .$$

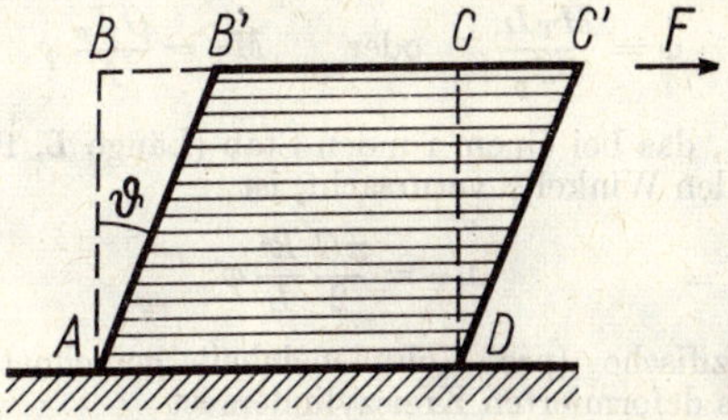

II.9.6.

13. Die spezifische (d. h. auf die Volumeneinheit bezogene) potentielle Energie eines durch Scherung deformierten Körpers ist

$$w_s = \frac{\sigma_\tau^2}{2G} .$$

14. Als *Torsion* bezeichnet man die Deformation eines Körpers, dessen eines Ende durch ein Kräftepaar festgehalten wird, dessen Ebene senkrecht zur Körperachse liegt. Das Moment M_{k} dieses Paares wird *Torsionsmoment* genannt. Die Torsion besteht in einer Verdrehung paralleler Querschnitte relativ zueinander, wobei die Drehachse mit der Körperachse zusammenfällt bzw. parallel zu ihr ist. Ersteres gilt z. B. bei der Torsion eines Kreiszylinders, bei welcher die zur Achse senkrechten Querschnitte um die Körperachse gedreht werden, wobei sie ihre Form beibehalten und parallel zueinander verbleiben. Ist der Drehwinkel gleich φ und der Abstand des Querschnittes vom befestigten Ende längs der Körperachse gemessen gleich z, dann ist der Unterschied der Drehwinkel zweier unendlich nahe liegender Querschnitte (ihr gegenseitiger Abstand sei dz)

$$d\varphi = \frac{d\varphi}{dz}\,dz = \vartheta'\,dz ,$$

wobei $\vartheta' = d\varphi/dz$ der *relative Torsionswinkel* ist; er ist ein Maß für die Deformation. Die gesamte Drehung eines gegebenen Querschnittes ist seinem Abstand vom Koordinatenursprung proportional:

$$\varphi = \vartheta' z.$$

15. Das HOOKEsche Gesetz für die Torsion lautet

$$\vartheta' = \frac{M_T}{G J_p},$$

wobei M_T das Torsionsmoment, G der Scherungsmodul und J_p das polare Trägheitsmoment des betrachteten Querschnittes ist. Bei einem runden Querschnitt vom Radius R ist $J_p = \pi R^4/2$.
Der Drehwinkel zwischen den Enden eines Körpers der Länge L ist

$$\varphi = \frac{M_T L}{G J_p} \quad \text{oder} \quad M_T = \frac{G J_p}{L} \varphi.$$

Das Moment, das bei einem runden Stab (Länge L, Radius R) eine Torsion um den Winkel φ verursacht, ist

$$M_T = \frac{\pi G}{2} \frac{R^4}{L} \varphi.$$

16. Die spezifische (pro Volumeneinheit gerechnete) potentielle Energie eines deformierten Kreiszylinders ist

$$w_T = \frac{M_T^2 r^2}{2 G J_p^2},$$

wobei r der Abstand von der Zylinderachse ist.
17. Ist am unteren Ende eines befestigten zylindrischen Drahtes ein Körper (mit dem Trägheitsmoment J relativ zur Drahtachse) angebracht, dann lautet die Differentialgleichung der bei Torsion auftretenden *Torsionsschwingungen* (S. 117)

$$J \frac{d^2\varphi}{dt^2} = -\frac{G J_p}{L} \varphi.$$

Löst man sie, so kann man die Schwingungsperiode bestimmen.

10. Amorphe Stoffe

10.1. Allgemeine Eigenschaften und Struktur der amorphen Stoffe

1. *Amorph* nennt man einen Stoff, der im kondensierten Zustand keine Kristallstruktur aufweist, der jedoch zum Unterschied von den Flüssigkeiten eine Formelastizität besitzt (der Schermodul (S. 275) ist nicht gleich Null).

Amorphen Zustand findet man z. B. bei gewöhnlichem (anorganischem) Glas, Schwefel, Selen, Glyzerin und den meisten hochmolekularen Verbindungen (S. 282) vor.

2. Unter bestimmten äußeren Bedingungen tritt in amorphen Stoffen *Verglasung* ein, d. h., es tritt ein Übergang von den Eigenschaften und Gesetzmäßigkeiten des flüssigen Zustandes zu denen des festen Zustandes ein.

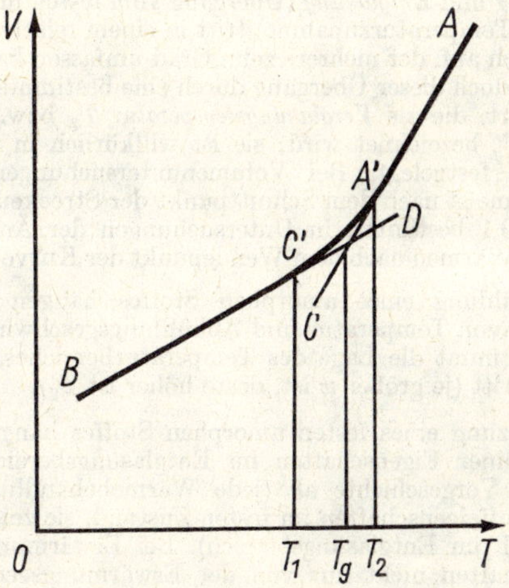

II.10.1.

3. Der Übergang eines amorphen Stoffes aus dem flüssigen in den festen Zustand bei Temperatur- oder Druckänderung wird als *strukturelle Verglasung* bezeichnet. Bei einem solchen Übergang ändern sich das Volumen, die Enthalpie (S. 155), mechanische, elektrische und andere Eigenschaften des Stoffes.

4. In einer Flüssigkeit gibt es zu jeder Temperatur die entsprechende im Gleichgewicht befindliche Molekülstruktur.

Bei Änderung der Temperatur ändert sich die Struktur der Flüssigkeit und strebt der Gleichgewichtsstruktur für die neue Temperatur zu. Die Geschwindigkeit dieser Umstrukturierung ist durch die Relaxationszeit $\bar{\tau}$ (S. 247) gegeben. Bei hohen Temperaturen ist $\bar{\tau}$ klein, und die Struktur der Flüssigkeit unterscheidet sich praktisch nicht von der Gleichgewichtsstruktur. Eine Änderung der Eigenschaften (z. B. des Volumens) ist mit einer Änderung der gegenseitigen Anordnung der Teilchen und ihrer mittleren Abstände voneinander verknüpft (Bereich AA' in Bild II.10.1). Bei Abkühlung des Stoffes wächst $\bar{\tau}$ mit einer bestimmten endlichen Geschwindigkeit an, und die Strukturänderung beginnt hinter der Temperaturänderung zurückzubleiben, die Struktur ist nicht mehr im Gleichgewicht. Die Temperatur T_2 (in Bild II.10.1) ist die obere Grenze des Verglasungsbereiches. Unter einer bestimmten Temperatur ist die Relaxationszeit so groß, daß die Umstrukturierung überhaupt zum Stillstand kommt. Diese Temperatur T_1 ist die untere Grenze des Verglasungsbereiches. Unterhalb T_1 befindet sich der Stoff im festen Zustand ($C'B$ in Bild II.10.1). Ein amorpher Stoff im festen Zustand heißt ein *verglaster* Stoff oder kurz ein *Glas*.

5. Verglasung und *Entglasung* (Übergang vom festen in den flüssigen Zustand bei Temperaturzunahme) tritt in einem relativ großen Temperaturbereich auf, der mehrere zehn Grad umfassen kann. Üblicherweise wird jedoch dieser Übergang durch eine bestimmte Temperatur charakterisiert, die als *Verglasungstemperatur* T_g bzw. *Entglasungstemperatur* T'_g bezeichnet wird; sie ist willkürlich in diesem Übergangsbereich festgelegt. Bei Volumenuntersuchungen wird diese Temperatur meist nach dem Schnittpunkt der Strecken BD und CA in Bild II.10.1 bestimmt, in Untersuchungen der Änderungen der spezifischen Wärmen nach dem Wendepunkt der Kurve $C_p(T)$ usw.

6. Bei Abkühlung eines amorphen Stoffes hängen seine Eigenschaften nur von Temperatur und Abkühlungsgeschwindigkeit w ab. Letztere bestimmt die Lage des Temperaturbereiches, in dem Verglasung auftritt (je größer w ist, desto höher ist T_g).

7. Bei Erhitzung eines festen amorphen Stoffes hängt die Art der Änderung seiner Eigenschaften im Entglasungsbereich von seiner thermischen Vorgeschichte ab (jede Wärmebehandlung beeinflußt etwas die Stoffeigenschaften im festen Zustand, sie zeigt sich jedoch hauptsächlich im Entglasungsbereich). Bei Erwärmung hängen die Stoffeigenschaften nicht nur von der Erwärmungsgeschwindigkeit, sondern auch von der gegenwärtigen Struktur des Stoffes ab, d. h. von der Geschwindigkeit der vorherigen Abkühlung, da die Struktur von ihr bestimmt wird.
Je stärker sich die gegebene Struktur von der (der herrschenden Temperatur entsprechenden) Gleichgewichtsstruktur unterscheidet, um so „anomaler" ändern sich die Eigenschaften im Entglasungsbereich. Ist die Erwärmungsgeschwindigkeit größer als die Geschwindigkeit der vorangegangenen Abkühlung des Stoffes, so liegt der Entglasungsbereich oberhalb des Verglasungsbereiches. Im Entglasungsbereich ist der Stoff dichter als in dem der betrachteten Temperatur entsprechenden Gleichgewichtszustand; die Strukturrelaxation führt zu einer weniger dichten Packung der Teilchen, d. h. zu einer stärkeren Volumenvergrößerung bei der Entglasung (Bild II.10.2).

8. Wird ein Stoff bei einer genügend hohen Temperatur in einem vom Gleichgewicht abweichenden Zustand gehalten, so wird sich seine Struktur mit der Zeit der des Gleichgewichtszustandes anpassen (Relaxation). Die Geschwindigkeit dieses Vorganges nimmt rasch mit der Temperatur zu; bei Strukturen, die höheren Temperaturen als der Härtungstemperatur entsprechen, erfolgt die Annäherung an den Gleichgewichtszustand rascher, als wenn die der Struktur entsprechende Temperatur unterhalb der Härtungstemperatur liegt.

9. Bei der Verglasung (oder Entglasung) ändern sich der thermische Ausdehnungskoeffizient und die spezifische Wärme stark, so daß die Verglasung einem Phasenübergang zweiter Art (S. 195) ähnelt. Zwischen der strukturellen Verglasung und einem Phasenübergang besteht aber ein prinzipieller Unterschied:

a) Bei einem Phasenübergang erfolgt ein Übergang von einer weniger geordneten Struktur zu einer geordneteren; ein Übergang von einer Flüssigkeit zu Glas ist jedoch nicht mit einer Änderung des Ordnungsgrades verbunden.

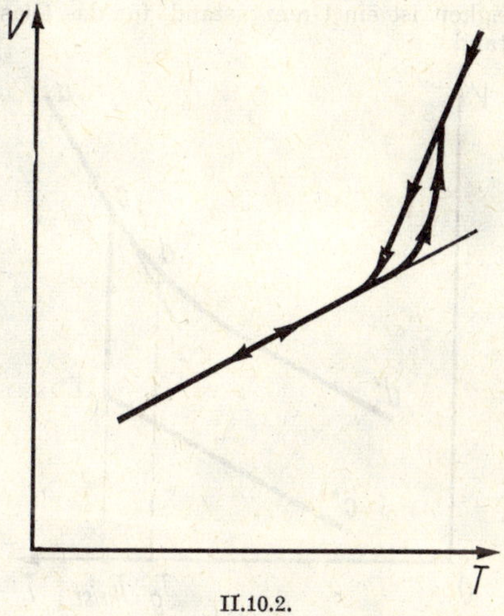

II.10.2.

b) Bei einem Phasenübergang erfolgt ein Übergang von einer im thermodynamischen Gleichgewicht stehenden Struktur zu einer anderen, die ebenfalls im Gleichgewicht ist; bei der Verglasung erfolgt der Übergang von einer Gleichgewichtsstruktur (Flüssigkeit) zu einer nicht im Gleichgewicht befindlichen (Glas).

c) Bei hohen Abkühlungsgeschwindigkeiten kann die Temperatur, bei der ein Phasenübergang erster Art einsetzt, von dieser Geschwindigkeit abhängen (und es ist Unterkühlung zu beobachten). Hierbei nimmt der Grad der Unterkühlung mit der Abkühlgeschwindigkeit zu, und die Übergangstemperatur nimmt ab. Die Verglasungstemperatur nimmt jedoch mit zunehmender Abkühlgeschwindigkeit zu, was beweist, daß dieser Übergang *kinetischer* und nicht *thermodynamischer Natur* ist.

10. Die Kurve $acc'c''$ in Bild II.10.3 veranschaulicht schematisch die Volumenänderung einer Flüssigkeit bei Kristallisation. Bei Temperaturen unter T_{krist} besitzt der Kristall ein Minimum an freier Energie (S. 178). Bei $T < T_{\text{krist}}$ ist die Kristallstruktur im thermo-

dynamischen Gleichgewicht (S. 194). Im Fall einer unterkühlten Flüssigkeit befindet sich der Stoff bei $T < T_{\text{krist}}$ im Zustand eines metastabilen Gleichgewichtes (S. 194) (Strecke ca'). Unterkühlung einer Flüssigkeit erfolgt in einem relativ engen Temperaturintervall (Strecke cd), da zur Aufrechterhaltung eines metastabilen Gleichgewichtes sehr langsame Abkühlung erforderlich ist. Unterhalb dieses Intervalles befindet sich der Stoff in einem nicht im Gleichgewicht befindlichen glasartigen Zustand (Strecke dd'). Hieraus ist ersichtlich, daß es sich bei der Unterkühlung einer Flüssigkeit und eines Glases nicht um denselben Vorgang handelt. Der Zustand einer unterkühlten Flüssigkeit ist ein Grenzzustand, für das Glas ein „Gleichgewichts"zustand.

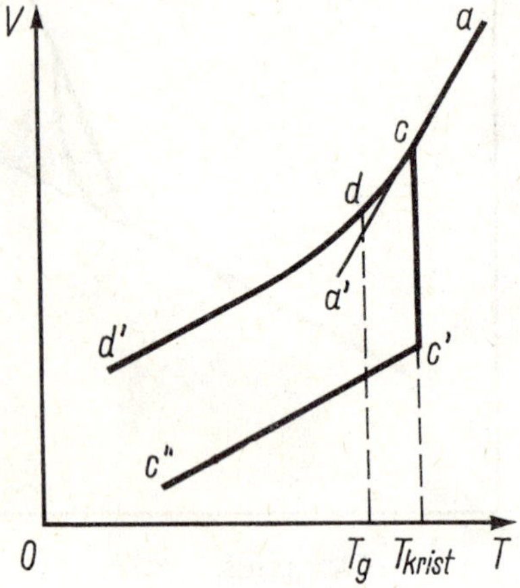

II.10.3.

10.2. Visko-Elastizität amorpher Stoffe

1. Im Verglasungsbereich treten die visko-elastischen Eigenschaften amorpher Stoffe besonders hervor, d. h. das gleichzeitige Vorhandensein sowohl eines Schermoduls G als auch eines Koeffizienten der inneren Reibung (dynamische Zähigkeit) η (S. 306). Qualitativ wird die Beziehung zwischen der Tangentialspannung σ_τ (S. 272) und der Scherung θ durch die MAXWELL*sche Gleichung* beschrieben:

$$\frac{d\sigma_\tau}{dt} + \frac{G}{\eta}\sigma_\tau = G\,\frac{d\theta}{dt}\,.$$

Eine ähnliche Gleichung läßt sich auch für eine einachsige Zugspannung (S. 272) aufschreiben, wenn man den Schermodul durch den YOUNGschen Modul ersetzt. (Die MAXWELLsche Gleichung gilt im allgemeinen nicht für hochpolymere Stoffe. Über die Visko-Elastizität der Polymere s. S. 295.)

2. Unter der Bedingung, daß zur Zeit $t = 0$ der Körper nicht deformiert war, hat die MAXWELLsche Gleichung die Lösung

$$\sigma_\tau(t) = G\theta(t) - \frac{G}{\tau_M}\int_0^t e^{\frac{u-t}{\tau_M}}\,\theta(u)\,du,$$

wobei $\tau_M = \eta/G$ als MAXWELL*sche Relaxationszeit* bezeichnet wird. Der Sinn dieser Bezeichnung wird klar, wenn man die Änderung von σ_τ bei unveränderter Deformation nach der Zeit t' betrachtet:

$$\sigma_\tau(t) = \sigma_\tau(t')\,e^{-\frac{t-t'}{\tau_M}} \qquad (t \geqq t').$$

Folglich ist τ_M die Zeit, die für die *Relaxation der Spannung* charakteristisch ist.

3. Liegt eine periodische Deformation $\theta = \theta_0 \sin \omega t$ vor, so ist

$$\sigma_\tau(t) = \frac{\eta\omega\theta_0}{\sqrt{1 + \tau_M^2\omega^2}} \sin(\omega t + \delta),$$

wobei der Phasenwinkel $\delta = \operatorname{arc}\cot \omega\tau_M$ ist. Bei hohen Frequenzen $\omega \gg \tau_M^{-1}$ ist

$$\sigma_\tau(t) = G\theta(t),$$

d. h., bei hohen Frequenzen gilt das HOOKE*sche Gesetz*. Bei niedrigen Frequenzen $\omega \ll \tau_M^{-1}$ ist

$$\sigma_\tau = \eta \frac{d\theta}{dt},$$

was nichts anderes als die NEWTONsche Gleichung für die Viskosität ist (S. 206). Somit verhält sich also ein visko-elastischer Körper bei hohen Frequenzen wie ein Festkörper und bei niederen Frequenzen wie eine gewöhnliche zähe Flüssigkeit.

4. Die innere Reibung führt zu Dissipation von mechanischer Energie (S. 71). Bei periodischer Belastung eines visko-elastischen („MAXWELLschen") Körpers ist die Dissipation an Energie pro Volumeneinheit und pro Periode gleich

$$\pi\eta\theta_0^2\omega/(1 + \tau_M^2\omega^2).$$

Diese Größe erreicht ihren größten Betrag bei $\omega = \tau_M^{-1}$. Manchmal wird auch die Temperatur, bei der das Dissipationsmaximum (Maximum an mechanischen Verlusten) beobachtet wird, als Verglasungstemperatur bezeichnet. Man muß jedoch den Unterschied zwischen Verglasung in bezug auf einen wechselnden äußeren Einfluß und struktureller Verglasung (S. 277) im Auge behalten, da erstere mit keinerlei struktureller Veränderung des Körpers verknüpft ist.

11. Polymere

11.1. Allgemeine Eigenschaften und Struktur der Polymere

1. *Polymere* sind Stoffe, deren Moleküle sich aus einer großen Anzahl gleicher Gruppen, den *Monomeren*, zusammensetzen (die an den Enden eines polymeren Moleküls befindlichen Gruppen, die *Endradikale*, unterscheiden sich in ihrer Struktur von den Grundeinheiten). Die Anzahl der monomeren Einheiten im Molekül wird als *Polymerisationsgrad* bezeichnet.

2. Die Polymere werden in *lineare* und *dreidimensionale* unterteilt. Die linearen Polymere sind Stoffe, die sich aus langgestreckten Molekülen aufbauen; das sind Moleküle, in denen, die Endradikale ausgenommen, jede monomere Einheit nur mit den beiden ihr benachbarten monomeren Einheiten verbunden ist; man spricht daher von *Kettenmolekülen*. Wir wollen im folgenden die Strukturformeln einiger der wichtigsten linearen Polymere bringen:

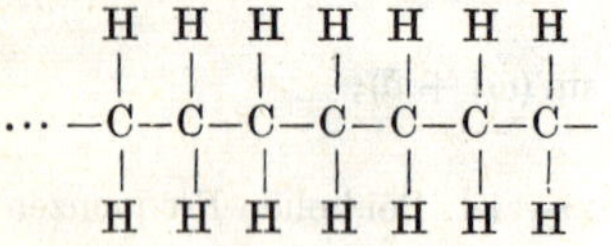

$$\cdots -\overset{\overset{\displaystyle H}{|}}{\underset{\underset{\displaystyle H}{|}}{C}}-\overset{\overset{\displaystyle H}{|}}{\underset{\underset{\displaystyle H}{|}}{C}}-\overset{\overset{\displaystyle H}{|}}{\underset{\underset{\displaystyle H}{|}}{C}}-\overset{\overset{\displaystyle H}{|}}{\underset{\underset{\displaystyle H}{|}}{C}}-\overset{\overset{\displaystyle H}{|}}{\underset{\underset{\displaystyle H}{|}}{C}}-\overset{\overset{\displaystyle H}{|}}{\underset{\underset{\displaystyle H}{|}}{C}}-\overset{\overset{\displaystyle H}{|}}{\underset{\underset{\displaystyle H}{|}}{C}}- \cdots$$ Polyäthylen (Polythen),

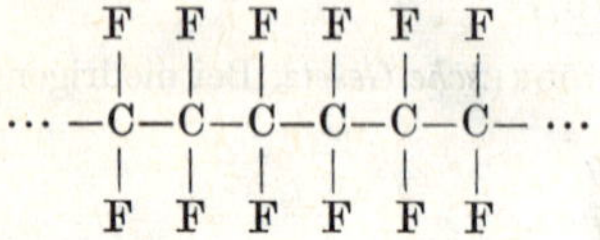

$$\cdots -\overset{\overset{\displaystyle F}{|}}{\underset{\underset{\displaystyle F}{|}}{C}}-\overset{\overset{\displaystyle F}{|}}{\underset{\underset{\displaystyle F}{|}}{C}}-\overset{\overset{\displaystyle F}{|}}{\underset{\underset{\displaystyle F}{|}}{C}}-\overset{\overset{\displaystyle F}{|}}{\underset{\underset{\displaystyle F}{|}}{C}}-\overset{\overset{\displaystyle F}{|}}{\underset{\underset{\displaystyle F}{|}}{C}}-\overset{\overset{\displaystyle F}{|}}{\underset{\underset{\displaystyle F}{|}}{C}}- \cdots$$ Polytetrafluoräthylen (Teflon),

$$\cdots -\overset{\overset{\displaystyle H}{|}}{\underset{\underset{\displaystyle H}{|}}{C}}-\overset{\overset{\displaystyle H}{|}}{\underset{\underset{\displaystyle Cl}{|}}{C}}-\overset{\overset{\displaystyle H}{|}}{\underset{\underset{\displaystyle H}{|}}{C}}-\overset{\overset{\displaystyle H}{|}}{\underset{\underset{\displaystyle Cl}{|}}{C}}-\overset{\overset{\displaystyle H}{|}}{\underset{\underset{\displaystyle H}{|}}{C}}-\overset{\overset{\displaystyle H}{|}}{\underset{\underset{\displaystyle Cl}{|}}{C}}- \cdots$$ Polyvinylchlorid (PVC)

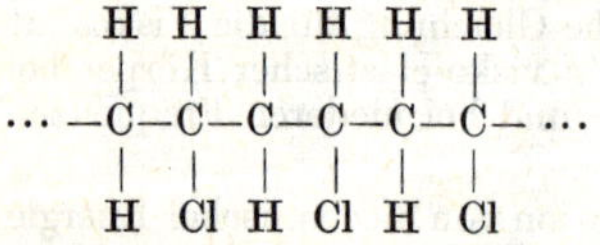

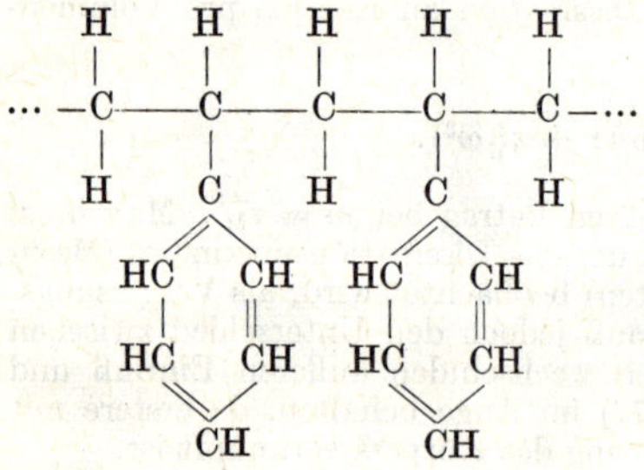

Polystyrol

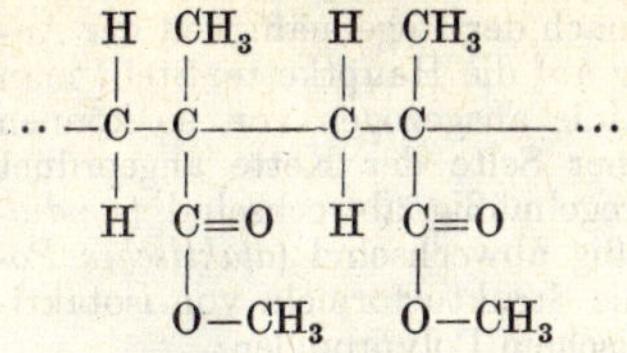

```
    H  CH₃   H  CH₃
    |   |    |   |
··· —C—C————C—C———— ···    Polymethylmetacrylat
    |   |    |   |          (Plexiglas),
    H  C=O   H  C=O
        |        |
      O—CH₃    O—CH₃


    H  H    H  H
    |  |    |  |
··· —C—C=C—C—C=C— ···       Polyisopren (natürlicher
    |  |    |  |             Kautschuk, Guttapercha).
    H  H₃C  H  CH₃


   CH₃   CH₃
    |     |
···—Si—O—Si—O— ···          Polydimethylsiloxan.
    |     |
   CH₃   CH₃
```

3. Streng lineare polymere Moleküle kommen praktisch nicht vor, alle sind mehr oder weniger stark *verzweigt*, d. h., es kommen in ihnen monomere Einheiten vor, die mit drei oder mehr Nachbareinheiten verbunden sind (*Verzweigungspunkte*). Man unterscheidet in solchen verzweigten Molekülen die *Hauptkette* von den *Seitenketten*.

4. Polymere, die aus Molekülen bestehen, die untereinander auch seitlich verbunden sind (Querbindungen), so daß sie ein dreidimensionales räumliches Netz bilden, bezeichnet man als dreidimensional. Treten die Querbindungen relativ selten auf, so daß die linearen polymeren Moleküle zwischen zwei solchen Querbindungen eine große Anzahl von monomeren Einheiten enthalten, so werden auch dreidimensionale Polymere oft als *vernetzt* und die linearen Abschnitte als *Ketten* bezeichnet.

5. Gelöste lineare Polymere bilden echte Lösungen (S. 255) und können in flüssigem Zustand existieren. Dreidimensionale Polymere schmelzen nicht und sind nicht löslich, sie können nur in einem Lösungsmittel quellen, indem sie eine beschränkte Menge davon aufnehmen, sie behalten jedoch im wesentlichen die Eigenschaften eines festen Stoffes bei.

6. Polymere, deren Moleküle aus monomeren Einheiten verschiedener chemischer Natur (meist sind es zwei verschiedene Arten) bestehen, werden als *Copolymere* bezeichnet. Copolymere, deren Moleküle lineare Teile (*Blöcke*) beinhalten, die aus monomeren Einheiten derselben Art bestehen, wobei sich Blöcke der beiden Arten von monomeren Einheiten abwechselnd aneinanderreihen, werden als *Block-Copolymere* bezeichnet. Bestehen in verzweigten Polymeren lange Seitenäste aus monomeren Einheiten einer anderen Art als die Hauptkette, so spricht man von GRAFT-*Polymeren.*

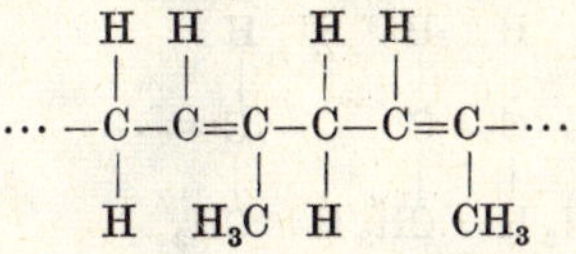

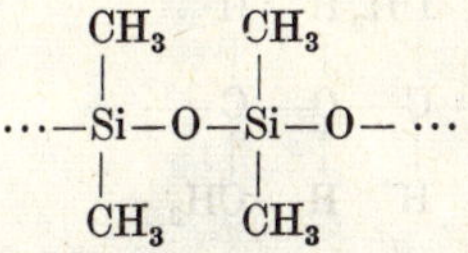

7. Polymere klassifiziert man auch nach der Regelmäßigkeit der Anordnung der Seitengruppen in bezug auf die Hauptkette. Stellt man sich eine Polymerkette zu einer Linie ausgezogen vor, so können die Seitengruppen entweder an einer Seite der Kette angeordnet sein (*isotaktisches Polymer*), oder regelmäßig abwechselnd (*syndiotaktisches Polymer*) oder unregelmäßig abwechselnd (*ataktisches Polymer*). Im folgenden bringen wir die Strukturformeln von isotaktischem, syndiotaktischem und ataktischem Polypropylen:

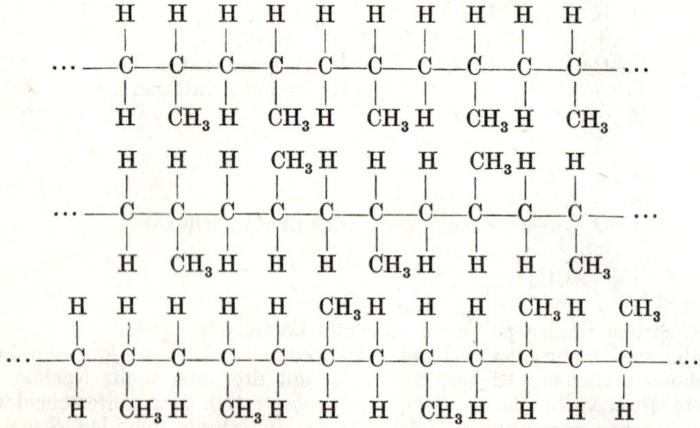

8. Im Gegensatz zu den niedermolekularen Stoffen haben die Polymere kein bestimmtes Molekulargewicht. Sie stellen ein Gemisch von Molekülen verschiedenen Gewichtes bzw. verschiedenen Polymerisationsgrades dar. Durch Fraktionierung kann man einen Stoff in Fraktionen zerlegen, die jeweils Moleküle von ungefähr gleichem Gewicht enthalten. Die Molekulargewichtsverteilung in einem Polymer wird durch die Gewichtskonzentrationen g_i der Fraktionen oder auch durch die Anzahl N_i der Moleküle in der i-ten Fraktion gegeben.

9. Die mittleren Molekulargewichte von Polymeren können auf verschiedene Weise definiert werden. Am häufigsten verwendet man das *arithmetische Mittel des Molekulargewichtes*

$$\bar{\mu}_N = \frac{\sum_i N_i \mu_i}{\sum_i N_i} = \frac{1}{\sum_i g_i/\mu_i},$$

wobei μ_i das Molekulargewicht der i-ten Fraktion ist und über alle Fraktionen summiert wird. Das *Gewichtsmittel* ist durch

$$\bar{\mu}_w = \sum_i g_i \mu_i = \frac{\sum_i N_i \mu_i^2}{\sum_i N_i \mu_i}$$

definiert. Schließlich gibt es noch ein *quadratisches Mittel* (S. 290). Die Größe $\bar{\mu}_w$ ist immer größer als $\bar{\mu}_N$. Ihr Unterschied wird durch die

Breite der Molekulargewichtsverteilung oder, mit anderen Worten, durch die *Polydispersität* der Polymere charakterisiert.

10. In polymeren Molekülen, deren Hauptkette aus einfachen Valenzbindungen, z. B. C—C, besteht, tritt eine *innere Rotation* um diese Bindungen auf, die mehr oder weniger stark gedämpft ist. Da das polymere Molekül eine sehr große Anzahl solcher Bindungen enthält, besitzt es eine enorme Anzahl verschiedener *Konfigurationen* (*Konformationen*). Eine sich aus Einzelbindungen zusammensetzende polymere Kette weist demnach eine gewisse Flexibilität auf. Eine Rotation um Doppelbindungen ist wesentlich stärker gedämpft, so

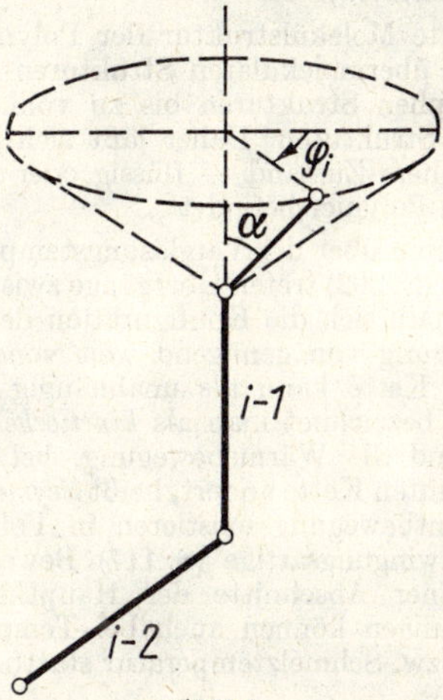

II.11.1.

daß nur kleine Torsionsschwingungen (S. 117) auftreten können. Zu kleinen Schwingungen kommt es auch längs der Valenzbindungen zwischen den Atomen, ebenso treten Schwingungen der Valenzwinkel auf. Verglichen mit den großen Amplituden der Rotationen um die einfachen Bindungen sind diese kleinen Schwingungen vernachlässigbar, und die polymere Kette kann als aus starren Elementen oder *Gliedern* bestehend angesehen werden, die relativ zueinander um die Kegel der Valenzwinkel rotieren können (Bild II.11.1). Beim Polyäthylen z. B. besteht ein Glied aus der C—C-Bindung, das Polyisopren setzt sich aus abwechselnd angeordneten Gliedern, C—C und C—C=C—C zusammen.

11. Die Konfiguration einer polymeren Kette wird durch die Gesamtheit der inneren Drehwinkel φ_i (i ist die Nummer des Gliedes) bestimmt, die die Drehung aus einer bestimmten Bezugslage heraus angeben. Üblicherweise wählt man als Ursprung des Bezugssystems die *Transkonfiguration*, wobei die Glieder $i-2$, $i-1$ und i in einer Ebene liegen und das i-te Glied zum $(i-2)$-ten parallel ist (Bild II.11.1.)

12. Den verschiedenen Werten von φ_i entsprechen verschiedene potentielle Energien der inneren Rotation. Konfigurationen, die minimaler potentieller Energie entsprechen (stabile Konfigurationen) werden als *Rotationsisomere* bezeichnet. Unter den vielen möglichen Anordnungen von Rotationsisomeren sind energiemäßig diejenigen am stabilsten, die das tiefste Minimum an potentieller Energie besitzen. Bei iso- und syndiotaktischen (S. 284), räumlich regulären Polymeren ist die stabilste Konfiguration diejenige, bei der die Atome der Hauptkette auf einer Schraubenlinie liegen (*Spiralkonfiguration*). Ein Sonderfall der Spiralkonfiguration ist die ebene *Zickzackkonfiguration* (*Transkonfiguration*).

13. Die komplizierte Molekülstruktur der Polymere gibt Anlaß zu verschiedenartigen übermolekularen Strukturen in Polymeren: von vollkommen amorphen Strukturen bis zu vollkommen geordneten — kristallinen — Strukturen. Daher läßt sich nicht immer genau feststellen, in welchem Zustand — flüssig oder fest, kristallin oder amorph — sich ein Polymer befindet.

14. Bei Temperaturen über der Verglasungstemperatur (S. 278) oder dem Schmelzpunkt (S. 292) treten Übergänge zwischen den Rotationsisomeren auf, weshalb sich die Konfiguration der Kette fortlaufend ändert. Die Bewegung von genügend weit voneinander entfernten Abschnitten einer Kette kann als unabhängig angesehen werden. Solche Abschnitte bezeichnet man als *kinetische Segmente* oder einfach Segmente, und die Wärmebewegung, bei der sich die Konfiguration der gesamten Kette ändert, heißt *Segment-Wärmebewegung*. Außer der Segmentbewegung existieren in Polymeren auch noch kleine, torsionsschwingungsartige (S. 117) Bewegungen der Seitengruppen und kleiner Abschnitte der Hauptkette. Diese kleinen (Gruppen-) Bewegungen können auch bei Temperaturen unterhalb der Verglasungs- bzw. Schmelztemperatur stattfinden.

11.2. Konfigurationsstatistik der Polymerketten

1. Eine Polymerkette besitzt eine große Anzahl von Freiheitsgraden; daher sind die im Experiment beobachteten Größen, die das Molekül charakterisieren, statistische Mittelwerte (S. 213) über alle möglichen Konfigurationen. Die Berechnung dieser Mittelwerte erfolgt mit den Methoden der Konfigurationsstatistik der Kettenpolymere.

2. Die innermolekularen Wechselwirkungen unterteilt man in zwei Gruppen. Zur ersten gehören die Wechselwirkungen, die für die Dämpfung der inneren Rotation verantwortlich sind: Diese Wechselwirkung zwischen einander naheliegenden Gliedern heißt *Nahordnungs-Wechselwirkung*. Zur zweiten Gruppe gehören die Wechselwirkungen zwischen Gliedern, die im allgemeinen weiter voneinander entfernt sind, einander aber gelegentlich, infolge der thermischen Bewegung, nahekommen und hierbei in Wechselwirkung treten können; sie werden als *Fernordnungs-Wechselwirkungen* bezeichnet. Die wesentlichste Eigenschaft der letzteren besteht darin, daß das von einem Glied eingenommene Volumen den anderen Gliedern nicht

zur Verfügung steht. Daher bezeichnet man die Fernordnungs-Wechselwirkung auch als *Volumenausschließungseffekte* (*Volumeneffekte*).

3. In der Konfigurationsstatistik unterscheidet man insbesondere das mittlere Abstandsquadrat $\overline{h^2}$ der Kettenenden und das mittlere Quadrat des Trägheitsradius $\overline{R^2} = \frac{1}{N} \sum_{i=1}^{N} \overline{r_i^2}$, wobei $\overline{r_i^2}$ das mittlere Abstandsquadrat des i-ten Gliedes vom Schwerpunkt des Moleküls und N die Anzahl der Glieder eines Moleküls ist. Die Größen $\overline{h^2}$ und $\overline{R^2}$ charakterisieren die Flexibilität des Kettenmoleküls. Abgesehen von der Berechnung der Mittelwerte tritt auch das Problem der Berechnung der Verteilungsfunktionen auf, z. B. der Verteilungsfunktion der Abstände der Kettenenden $w(h)$, d. h. der Wahrscheinlichkeit $w(h)\,dh$ dafür, daß der Abstand der Kettenenden zwischen h und $h + dh$ liegt.

4. Der Einfluß eines Lösungsmittels kann dazu führen, daß man bei einer bestimmten Temperatur die Fernordnungs-Wechselwirkungen vernachlässigen kann (s. auch S. 288 bis 290). Unter diesen Bedingungen braucht nur die Nahordnungs-Wechselwirkung in Betracht gezogen werden.

5. Wie auch bei anderen Problemen der statistischen Physik arbeitet man mit einem Modell, das die Eigenschaften des realen polymeren Moleküls mehr oder weniger gut beschreibt. Das einfachste und gröbste *Modell* ist das *der einfachen verketteten Segmente*, demzufolge das polymere Kettenmolekül aus z *starren Segmenten* der Länge a besteht, deren räumliche Ausrichtung völlig unabhängig erfolgt. Diese Segmente sind immer größer als ein Glied, und ihre Länge ist ein für die Flexibilität der Kette charakteristischer Parameter. In diesem Modell ist

$$\overline{h^2} = za^2, \qquad \overline{R^2} = \overline{h^2}/6.$$

6. Bei genaueren Modellen baut man Annahmen über die Art der potentiellen Energie der Kette, $W_p(\varphi_1, \varphi_2, \ldots, \varphi_N)$ ein, wobei φ_i die inneren Drehwinkel (S. 285) sind. Bei Vernachlässigung der Dämpfung der inneren Rotation ist $W_p = 0$. Nehmen wir der Einfachheit halber an, daß alle Glieder gleich sind, ihre Länge sei gleich l und die Valenzwinkel gleich $\pi - \alpha$, so erhalten wir, wenn $N \gg 1$ und $W_p = 0$ ist,

$$\overline{h^2} = Nl^2 \frac{1 + \cos\alpha}{1 - \cos\alpha}.$$

7. Die Berücksichtigung der Dämpfung der inneren Rotation, oder, mit anderen Worten, der Nahordnungs-Wechselwirkung, führt zu einem zusätzlichen Faktor $\sigma^2 > 1$, d. h.

$$\overline{h^2} = Nl^2 \frac{1 + \cos\alpha}{1 - \cos\alpha}\,\sigma^2.$$

Der Faktor σ hängt von der konkreten Struktur des jeweiligen Makromoleküls ab; er läßt sich durch die Energiedifferenz der Rotationsisomere ausdrücken.

8. Berücksichtigt man nur die Nahordnungs-Wechselwirkung *stark gewundener Kettenmoleküle* (für die h wesentlich kleiner als $h_{\max}$ ist, wobei $h_{\max}$ die maximale Länge einer ausgezogenen Kette ist – Transkonfiguration), so ist die Verteilung der h-Werte eine GAUSSsche Verteilung (s. S. 287):

$$w(h)\, dh = \frac{1}{2\sqrt{\pi}} \left(\frac{6}{\overline{h^2}}\right)^{3/2} \exp\left(-\frac{3h^2}{2\overline{h^2}}\right) h^2\, dh.$$

Eine für den ganzen Bereich der Änderungen von h gültige Verteilung kann nur im Rahmen des Modells der frei verketteten Segmente erhalten werden. Ist $z \gg 1$, so lautet sie

$$\ln\left[\frac{w(h)}{4\pi h^2}\right] = z\left[\ln\frac{\sinh L^{-1}(t)}{L^{-1}(t)} - tL^{-1}(t)\right];$$

$t = h/za$ ist die relative Ausdehnung der Kette und $L^{-1}(t)$ ist die reziproke LANGEVINsche Funktion (S. 348). Entwickelt man diesen Ausdruck nach t, so ergibt sich

$$\ln\left[\frac{w(h)}{4\pi h^2}\right] = -z\left[\frac{3}{2}t^2 + \frac{9}{20}t^4 + \frac{99}{350}t^6 + \cdots\right].$$

Bricht man nach dem ersten Glied ab, so hat man wieder die GAUSSsche Verteilung. Diese Formeln beschreiben die Verteilung für reale polymere Moleküle mit genügender Genauigkeit.

9. Volumeneffekte führen zu *Ausbeulungen des molekularen Knäuels*, d. h., die mittleren Abstände der Kettenenden werden größer. Dieses Ausbeulen kann näherungsweise durch den Parameter α beschrieben werden; er gibt an, um wieviel Mal die mittleren Linearabmessungen des Knäuels größer sind als die bei Vernachlässigung der Volumeneffekte erhaltenen. Thermodynamische Überlegungen führen zu der Näherungsformel

$$\alpha^5 - \alpha^3 = 2C_\mu \Psi_1 \left(1 - \frac{\Theta}{T}\right)\sqrt{\mu}.$$

Hier ist Ψ_1 ein Parameter, der die Entropieänderung bei einer Vermischung der Kettensegmente mit den Molekülen des Lösungsmittels angibt, Θ ist die FLOREY-Temperatur (sie charakterisiert die Energie der Wechselwirkung der Segmente untereinander im Vergleich zu der der Wechselwirkung zwischen Segmenten und Lösungsmittel, μ ist das Molekulargewicht der Kette,

$$C_\mu = \frac{27}{2^{5/2}\pi^{3/2}} \frac{\bar{v}^2}{N_L v_1}\left(\frac{\overline{h_0^2}}{\mu}\right)^{-3/2};$$

$\bar{v}$ ist das spezifische Volumen des Polymers, v_1 das Molvolumen des Lösungsmittels, N_L die LOSCHMIDTsche Zahl und $\overline{h_0^2}$ das mittlere Abstandsquadrat zwischen den Kettenenden bei fehlender Fernordnungs-Wechselwirkung; $\overline{h_0^2}/\mu$ hängt nicht von u ab.

10. Bei der Temperatur Θ (im *Θ-Punkt*) ist $\alpha = 1$, und die Volumeneffekte haben keinen Einfluß auf die Kettendimensionen. In guten Lösungsmitteln liegt Θ unter dem Gefrierpunkt des Lösungsmittels. Der Θ-Punkt kann nur in schlechten Lösungsmitteln erreicht werden. Die Temperatur T_c, bei der ein Polymer ausfällt, ist mit der Temperatur Θ durch die Beziehung

$$\frac{1}{T_c} = \frac{1}{\Theta}\left(1 + \frac{b}{\sqrt{\mu}}\right)$$

verknüpft, wobei b eine Konstante ist. Demnach ist der Θ-Punkt die Ausfallstemperatur eines Polymers mit unendlich großem Molekulargewicht.

11. Die unter Punkt 9 angegebene Formel stimmt quantitativ mit den experimentellen Ergebnissen schlecht überein, da bei ihrer Ableitung von sehr groben Annahmen ausgegangen worden ist. Eine genauere Theorie läßt sich nur für sehr geringfügige Volumeneffekte entwickeln. Sie basiert auf dem sogenannten „*Perlenkettenmodell*", demzufolge das Kettenmolekül aus frei verketteten Segmenten besteht, die durch Zentralkräfte in Wechselwirkung stehen. Der Anschaulichkeit halber kann man annehmen, daß die „Perlenkette" aus auf unendlich dünnen Stäbchen aufgereihten Glasperlen besteht, wobei diese Stäbchen untereinander frei verbunden sind. Die auf dem „Perlenkettenmodell" beruhenden Theorien verwenden eine Entwicklung nach dem kleinen Parameter

$$\xi = \left(\frac{3}{2\pi}\right)^{3/2} \frac{\sqrt{z}\, v_0}{a^3},$$

wobei z die Anzahl der Segmente und a ihre Länge ist (s. S. 287);

$$v_0 = 4\pi \int_0^\infty (1 - e^{-W_p(r_{ij})/kT})\, dr_{ij}$$

ist die *effektive Volumenausschließung*; hier ist r_{ij} der Abstand zwischen dem i-ten und j-ten Segment und $W_p(r_{ij})$ die potentielle Energie der Wechselwirkung der Segmente, die die Wechselwirkung zwischen Segmenten und Lösungsmittelmolekülen übertrifft. Kann man, um die Wechselwirkung zu beschreiben, die Segmente als harte Kügelchen betrachten, dann ist $W_p(r_{ij}) = \infty$ für $r_{ij} \leqq d$ und $W_p(r_{ij}) = 0$ für $r_{ij} > d$, und $v_0 = 4\pi d^3/3$ ist das Kugelvolumen.

12. Ist die Volumenausschließung so gering, daß $\xi \ll 1$ ist, dann gelten die Beziehungen

$$\overline{h^2} = \overline{h_0^2}\left(1 + \frac{4}{3}\xi - 2{,}08\xi^2 + \cdots\right),$$

$$\overline{R^2} = \overline{R_0^2}\left(1 + \frac{134}{105}\xi - \cdots\right).$$

Hier bezeichnet der Index 0 solche Größen, die bei Vernachlässigung der Volumeneffekte berechnet worden sind.

13. Bei kleinen Abständen stoßen sich die Segmente ab, und es ist $W_p > 0$; bei großen Abständen tritt Anziehung auf, und es ist $W_p < 0$. Demgemäß zerfällt v_0 in zwei Teile, die auf verschiedene Weise von der Temperatur abhängen; bei einer bestimmten Temperatur können sich diese beiden Teile kompensieren, und dann ist $v_0 = 0$. Demzufolge entspricht der Θ-Punkt derjenigen Temperatur, bei der die Volumeneffekte kompensiert werden ($v_0 = 0$). Daher gilt die unter Punkt 12 angegebene Beziehung nur in der Nähe des Θ-Punktes.

11.3. Verdünnte Lösungen von Polymeren

1. Das Gesetz von VAN'T HOFF (S. 255) lautet für Lösungen von Polymeren

$$\lim_{g \to 0} \frac{p}{g} = \frac{RT}{\bar{\mu}_N},$$

wobei $\bar{\mu}_N$ die Wurzel aus dem mittleren Quadrat des Molekulargewichtes ist. Diese Größe kann aus Messungen des osmotischen Druckes p bei kleinen Konzentrationen g bestimmt werden.

2. Die Viskosität von Polymerenlösungen wird durch folgende Größen charakterisiert: die *relative Viskosität* oder das *Viskositätsverhältnis* $\eta_{\mathrm{rel}} = \eta/\eta_0$, wobei η und η_0 die Viskositäten der Lösung bzw. des reinen Lösungsmittels sind (S. 206); die *spezifische Viskosität* $\eta_{\mathrm{sp}} = \eta_{\mathrm{rel}} - 1$; die *reduzierte Viskosität* (*Viskositätszahl*) $\eta_{\mathrm{red}} = \eta_{\mathrm{sp}}/g$, wobei g die Konzentration der Lösung ist; die *logarithmische Viskosität* $\{\eta\} = \ln \eta_{\mathrm{rel}} - \ln g$; die *charakteristische Viskosität* (*Grundviskosität*) $[\eta] = \lim\limits_{g \to 0} \eta_{\mathrm{red}} = \lim\limits_{g \to 0} \{\eta\}$.

3. Für die charakteristische Viskosität gibt es eine empirische Formel

$$[\eta] = k \bar{\mu}_v^a,$$

wobei k und a Konstanten sind, die für das System Lösungsmittel—Polymer charakteristische Konstanten sind, und

$$\bar{\mu}_v = \left[\sum_{i=1}^{\infty} g_i \mu_i^a\right]^{1/a} = \left[\sum_{i=1}^{\infty} N_i \mu_i^{1+a} \Big/ \sum_{i=1}^{\infty} N_i \mu_i\right]^{1/a}$$

ist die Wurzel aus dem mittleren Quadrat des Molekulargewichtes (S. 284). $\bar{\mu}_v$ unterscheidet sich vom Gewichtsmittel $\bar{\mu}_w$ (S. 284) um höchstens 20%. Ist $a = 1$, dann ist $\bar{\mu}_w = \bar{\mu}_v$.

4. Die charakteristische oder Grundviskosität kann auch theoretisch auf Grund des „Perlenkettenmodells“ (S. 289) berechnet werden. Das Ergebnis ist genau genug, wenn man bei langen Molekülen annimmt, daß das im Inneren des Molekülknäuels befindliche Lösungsmittel von diesem vollständig absorbiert worden ist. Für ein monodisperses Polymer (S. 285) ist

$$[\eta] = \Phi(\overline{h^2})^{3/2}/\mu,$$

wobei Φ eine Konstante ist; sie ist $\sim 2{,}8 \cdot 10^{23}$ in der Nähe des Θ-Punktes und nimmt auf $\sim 2{,}0 \cdot 10^{23}$ bei guten Lösungsmitteln ab. Bei verzweigten Makromolekülen (S. 283) ist Φ größer als bei Kettenmolekülen.

5. Der Diffusionskoeffizient (S. 207) für polymere Moleküle in verdünnten Lösungen kann mit Hilfe der EINSTEINschen Beziehung (S. 237) berechnet werden. Dabei ist bei vollständiger Absorption des Lösungsmittels der Diffusionskoeffizient gleich

$$D = kT/P(\overline{h^2})^{1/2}\,\eta_0,$$

wobei k die BOLTZMANNsche Konstante (S. 152), T die absolute Temperatur und P ein von der Struktur der Kette abhängiger Zahlenfaktor ist. Für flexible Kettenmoleküle in der Nähe der Θ-Temperatur (S. 288) ist $P = 5{,}20$.

6. Bei genügend großen Molekulargewichten sind die Längen der polymeren Kettenmoleküle größenordnungsmäßig der Lichtwellenlänge λ vergleichbar. Hierbei ist die Lichtstreuung (S. 658) in Lösungen von Polymeren asymmetrisch. Die Asymmetrie der Streuung wird durch die Funktion $P(\theta) = I(\theta)/I(0)$ beschrieben, wobei $I(\theta)$ die Intensität des Streulichtes ist, das von der Richtung des einfallenden Strahls um den Winkel θ abgelenkt ist.
Bei kleinen Winkeln θ gilt für verdünnte Lösungen die Beziehung

$$P(\theta) = 1 - \frac{x^2}{3},$$

wobei $x^2 = \left(\frac{4\pi}{\lambda}\right)^2 \overline{R^2} \sin^2\frac{\theta}{2}$ ist; $\overline{R^2}$ ist das mittlere Quadrat des Trägheitsradius (S. 287) der Kette. Kennt man die Werte von $P(\theta)$ bei kleinen θ, so kann man $\overline{R^2}$ bestimmen. Kann die Verteilung der Abstände zwischen zwei beliebigen Atomen der Kette durch eine GAUSSsche Verteilungsfunktion beschrieben werden, dann gilt für genügend lange und flexible Ketten im Θ-Punkt (S. 289)

$$P(\theta) = \frac{2}{x^2}\,(e^{-x} - 1 + x).$$

11.4. Der kristalline Zustand von Polymeren

1. Liegt die Kristallisationstemperatur T_{krist} (S. 268) eines Polymers über seiner Verglasungstemperatur (S. 278), dann kann sich das Polymer in einem kristallinen Zustand befinden. Unter sonst gleichen Bedingungen ist T_{krist} bei solchen Molekülen, die eine regelmäßige Struktur besitzen, höher. Polymere, deren Seitenradikale von gleicher chemischer Zusammensetzung sind oder zumindest gleiche Dimensionen haben, kristallisieren leicht; Copolymere (S. 283) kristallisieren schlecht. T_{krist} ist für iso- und syndyotaktische Polymere (S. 284) meist höher als T_{krist} von ataktischen Polymeren (S. 284). Polymere mit starren Ketten kristallisieren leichter als Polymere mit flexiblen Ketten.

2. Es gibt drei Typen von kristallinen Polymeren.

a) Polykristalline, in denen in der Anordnung der Glieder Fernordnung zu beobachten ist. Die Kristallitdimensionen (S. 258) sind meist von der Größenordnung von 2 Å, d. h. kleiner als die der Ketten; sie sind unter dem Mikroskop nicht sichtbar.

b) Kugelförmige Kristalle mit Fernordnung der Moleküle, die dichte Kugelknäuel bilden, in denen die Glieder unregelmäßig angeordnet sind. Die globularen Kristalle sind ein Spezialfall von Molekülkristallen (S. 259).

c) Einkristalle mit Fernordnung der Glieder. Die polymeren Einkristalle sind meist unter dem Mikroskop sichtbar.

Die überwiegende Mehrzahl der kristallinen Polymere gehören zur ersten Art.

3. Die Bindung der Glieder in der polymeren Kette behindert die Ausbildung einer regelmäßigen Anordnung der zu verschiedenen Molekülen gehörenden Glieder; daher enthalten die polymeren Kristalle viele Defekte. Die Röntgendiagramme von Polymeren der ersten Art zeigen außer den für Kristalle charakteristischen Ringen einen verwaschenen Halo, wie es bei amorphen Stoffen zu beobachten ist. Man kann demnach bei polykristallinen Polymeren von einer kristallinen und einer amorphen „Phase" sprechen und den Begriff eines *Kristallisationsgrades* λ einführen; λ ist das Verhältnis des Gewichtes der kristallinen „Phase" zum Gesamtgewicht der Probe. λ gibt einen Hinweis auf die Defektkonzentration in den Kristallen.

Die Größe λ kann röntgenographisch, aus Messungen der Dichte, des Brechungsindex, der Schmelzwärme und mittels anderer Methoden bestimmt werden. Da das Ergebnis von den Bedingungen, unter denen die Messung durchgeführt wird, beeinflußt wird, stimmen die mittels verschiedener Methoden für den Kristallisationsgrad erhaltenen Werte nicht immer überein.

4. Infolge der hohen Viskosität der Polymere erfordert die Kristallisation eine lange Zeit, in gewissen Fällen mehrere Tage. Die polykristallinen Polymere sind daher in den meisten Fällen nicht im thermodynamischen Gleichgewicht (S. 197). Das Fehlen des Gleichgewichtes kommt insbesondere darin zum Ausdruck, daß die Schmelztemperatur T_{schm} praktisch immer höher als T_{krist} ist und der Schmelzprozeß einen ganzen Temperaturbereich umfaßt. Das Vorhandensein eines solchen Schmelztemperaturbereiches hängt nicht nur mit dem Fehlen des Gleichgewichtes, sondern auch mit der hohen Defektkonzentration zusammen. Kleinere Kristallite und solche mit höherer Defektkonzentration schmelzen bei niederen Temperaturen. Das Schmelzen von polykristallinen Polymeren im Gleichgewichtszustand ist ein Phasenübergang erster Art (S. 195).

Die Abhängigkeit von T_{schm} vom Molekulargewicht μ ist durch

$$\frac{1}{T_{\text{schm}}} - \frac{1}{T^0_{schm}} = \frac{R}{r_{\text{schm}}\mu}$$

gegeben, wo T^0_{schm} der Schmelzpunkt eines idealen Kristalls ist, der aus Molekülen mit $\mu = \infty$ besteht; R ist die universelle Gaskonstante (S. 151) und r_{schm} die spezifische Schmelzwärme.

5. Die Kristallisationstemperatur und damit auch die Kristallisationsfähigkeit von Polymeren nimmt zu, wenn die Polymere gedehnt werden. Manche Polymere können überhaupt nur bei Dehnung kristallisieren. Die Dehnung führt zu einer Orientierung der polymeren Kettenmoleküle (S. 282), wodurch die geordnete Packung der Glieder erleichtert wird. Die Kristallite von Polymeren, deren Kristallisation bei Dehnung erfolgt ist, sind längs der Dehnungsrichtung orientiert.

11.5. Die mechanischen Eigenschaften der Polymere

1. Der Nutzen polymerer Stoffe in den verschiedensten Anwendungsgebieten rührt in erster Linie von ihren außergewöhnlichen mechanischen Eigenschaften her: großes Deformationsvermögen und hohe Empfindlichkeit gegen Änderungen von Temperatur und der Frequenz von von außen einwirkenden Schwingungen.

2. Die Deformation von Polymeren ist ein komplizierter Prozeß, den man in drei Komponenten zerlegen kann: a) *elastische Deformation*, analog der elastischen Deformation gewöhnlicher Festkörper, die mit einer Änderung der interatomaren und intermolekularen Abstände verbunden ist; b) *hochelastische Deformation*, die mit einer gegenseitigen Verschiebung der Kettenglieder (S. 283) verbunden ist, wobei jedoch keine Verschiebung der Moleküle als Ganzes auftritt; hierbei ändert sich die Form der Moleküle — wenn man z. B. ein molekulares Knäuel dehnt, tritt teilweise Entwirrung und Glättung der Molekülketten ein; c) *plastische Deformation* (Fließen), wobei sich die Moleküle als Ganzes gegeneinander verschieben.
Nur Polymere können hochelastisch sein. Diese Eigenschaft erfordert genügend lange Ketten. Im Gegensatz zur elastischen Deformation, die höchstens einige Prozent betragen kann, ändern sich bei hochelastischer Deformation die Körperdimensionen um das Mehrfache. Zum Unterschied von der plastischen Deformation ist die hochelastische Deformation ein reversibler Vorgang.

3. Jede der drei Deformationsarten von Gummi hat ihre eigene Relaxationszeit. Die elastische Deformation erfolgt praktisch im selben Augenblick, wie die Kraft zu wirken beginnt. Die Relaxationszeit hängt stark von der Temperatur ab. Bei verglasten Polymeren (S. 277) sind die Relaxationszeiten des hochelastischen und plastischen Deformation so groß, daß diese Prozesse überhaupt nicht beobachtet werden können, und die verglasten Polymere deformieren sich wie gewöhnliche Festkörper. Kristallisation erschwert ebenfalls das Auftreten von hochelastischer und plastischer Deformation.

4. In Netzpolymeren (S. 283) sind die Moleküle auch in der Querrichtung miteinander verbunden, was die plastische Deformation verhindert. Im Prinzip kann man hochelastische Deformation bei Netzpolymeren im thermodynamischen Gleichgewicht (S. 147) beobachten. Dies ist jedoch sehr schwer, da die Relaxationszeiten der hochelastischen Deformation sehr groß sein können. Außerdem treten immer auch Brüche der Querverbindungen und Risse in den Ketten auf, die eine irreversible plastische Deformation zur Folge haben.

5. Die wesentlichsten Besonderheiten hochelastischen Verhaltens kann man anhand der Dehnung längs einer Achse (S. 273) veranschaulichen. Bei einer solchen Deformation wird ein Würfel der Kantenlänge l_0 zu einem Parallelepiped mit der Seitenlänge l verformt. Hochelastische Materialien besitzen solche Eigenschaften, daß bei Deformationen unter konstanter Temperatur oder konstantem Druck das Volumen nahezu unverändert bleibt. Man spricht hierbei von „*Inkompressibilität*“, in Analogie zu der entsprechenden Eigenschaft bei Flüssigkeiten (S. 246). Daher sind die Querabmessungen eines Parallelepipeds ziemlich genau $\sqrt{l_0^3/l}$.
Da sich der Querschnitt bei hochelastischer Deformation ziemlich stark ändert, muß man die wahre Spannung σ (S. 272) deren numerischer Wert gleich der auf die Flächeneinheit am Querschnitt des deformierten Körpers bezogenen elastischen Kraft ist, von der auf die Flächeneinheit des undeformierten Körpers bezogenen Spannung S unterscheiden. Für inkompressible Körper hängen diese beiden Spannungen über die Beziehung $\sigma = Sl/l_0$ zusammen.

6. Die Änderung der inneren Energie U (S. 154) bei einachsiger Dehnung ist durch die Beziehung

$$\left(\frac{\partial U}{\partial l}\right)_{V,T} = F_{\text{elast}} - T\left(\frac{\partial F_{\text{elast}}}{\partial T}\right)_{l,V}$$

gegeben, wo F_{elast} die elastische Kraft und $(\partial F_{\text{elast}}/\partial T)_{l,V}$ die Ableitung nach der Temperatur bei konstantem l und V ist. Diese Beziehung erlaubt eine experimentelle Bestimmung der Änderung der inneren Energie bei Deformation.
Bei weichen Gummiarten mit hinlänglich flexiblen Ketten ist die relative Änderung der inneren Energie viel geringer als die relative Änderung der Entropie. Solche Gummiarten erinnern an ein ideales Gas, bei dem eine isotherme Volumenänderung keine Änderung der inneren Energie mit sich bringt (S. 155). Bei einem in diesem Sinne idealen Gummi ist die elastische Kraft proportional der absoluten Temperatur (in Analogie zum Druck beim idealen Gas).
Bei der Deformation von Netzpolymeren mit starreren Ketten, z. B. Polyäthylen, ist die relative Änderung der inneren Energie von gleicher Größenordnung wie die Entropieänderung.

7. Die statistische Theorie der hochelastischen Deformation im Gleichgewichtszustand basiert auf der Annahme, daß bei der Berechnung der freien Deformationsenergie die Wechselwirkung zwischen den Ketten vernachlässigt werden kann. Die Theorie ist bei genügend lockerer Vernetzung anwendbar, d. h. in solchen Fällen, in denen die Kette im nichtdeformierten Zustand eine stark strukturierte Zusammenballung bildet.
Im Bereich von Deformationen, die weit vom Grenzfall entfernt sind, d. h., wo die Kettenmoleküle fast vollständig geglättet sind, läßt sich die Verteilung der Abstände zwischen den Enden der Ketten im Netz durch eine Gaussche Verteilung (S. 288) beschreiben. Dabei liefert die statistische Theorie der Hochelastizität die folgende Be-

ziehung zwischen der wahren Spannung und der Dehnung:

$$\sigma = RTQ(l^2/l_0^2 - l_0/l),$$

wobei R die Gaskonstante (S. 151) und Q eine Konstante ist, die von der Anzahl der Haftpunkte zwischen den Ketten und von der Biegsamkeit der Ketten abhängt (Q wächst mit der Anzahl der Haftpunkte).

Diese Formel beschreibt qualitativ richtig die Dehnung von Gummi im Bereich, in dem sich l/l_0 um nicht mehr als 300–400% ändert. Bei großen Dehnungen wächst die Spannung bedeutend schneller, als dies aus der theoretischen Formel folgen würde.

Diese Diskrepanz erklärt sich daraus, daß die Dehnung der Molekülklumpen in diesem Bereich beträchtlich ist und daher die GAUSSsche Näherung für die Verteilungsfunktion nicht mehr gilt. Dieser Bereich wird als *nichtgaußscher Bereich* bezeichnet.

Diese Diskrepanz hängt sowohl mit der ungenügenden Gleichmäßigkeit der beobachteten Deformationen als auch mit den groben Näherungen, die der Theorie zugrunde liegen, zusammen.

Eine genauere Beschreibung der Dehnung von Gummi im GAUSSschen Bereich wird von der empirischen MUNI-RIWLINschen Formel gegeben:

$$\sigma = C_1(l^2/l_0^2 - l_0/l) + C_2(l/l_0 - l_0^2/l^2),$$

wobei C_1 und C_2 elastische Konstanten sind.

8. Im Bereich kleiner Dehnungen,

$$\frac{l_0}{l} = \frac{\Delta l}{l_0} \ll 1,$$

geht die Formel aus der statistischen Theorie der Hochelastizität in das HOOKEsche Gesetz (S. 272) über:

$$\sigma = 3RTQ\,\Delta l/l_0,$$

d. h., der YOUNGsche Modul für Gummi ist $3RTQ$.

9. Die MAXWELLsche Gleichung (S. 280) läßt sich nicht zur Beschreibung der visko-elastischen Eigenschaften der Polymere heranziehen, erstens, weil sie zu einer linearen Verknüpfung zwischen Spannung und Deformation führt und daher nur im Bereich kleiner Deformationen anwendbar wäre, und zweitens, weil es die Kompliziertheit der molekularen und übermolekularen Struktur der Polymere erfordert, daß ihre visko-elastischen Eigenschaften durch ein größeres Kollektiv von Relaxationszeiten beschrieben werden. Die Beschreibung der Viskoelastizität bei großen Deformationen ist ein äußerst kompliziertes Problem. Relativ einfach lassen sich die visko-elastischen Eigenschaften im Bereich kleiner Deformationen – im Bereich linearer Viskoelastizität – charakterisieren.

10. Der Zusammenhang zwischen der Spannung $\sigma(t)$ und der Deformation $\varepsilon(t)$ im allgemeinen Fall eines linear visko-elastischen

Körpers ist durch die Beziehung

$$\sigma(t) = E_\infty \varepsilon(t) - \int_0^\infty K(u)\, \varepsilon(t-u)\, du$$

gegeben, wobei E_∞ als momentaner oder *Grenzmodul* und $K(u)$ als *Relaxationsfunktion* bezeichnet wird. Bei hohen Frequenzen geht diese Beziehung in das HOOKEsche Gesetz

$$\sigma(t) = E_\infty \varepsilon(t)$$

über, woraus der Sinn von E_∞ klar zu ersehen ist.

11. Wenn die Deformation bis zum Wert ε_0 sehr schnell verläuft und dann konstant gehalten wird, dann wird die dabei auftretende *Spannungsrelaxation* durch die Formel

$$\sigma(t) = [E_\infty - E(0) + E(t)]\, \varepsilon_0$$

beschrieben, wobei

$$E(t) = \int_t^\infty K(u)\, du$$

als *Relaxationsmodul* bezeichnet wird. Die Differenz $E_\infty - E(0)$ heißt *Gleichgewichtsmodul*.

12. Zum Vergleich mit der Spannungsrelaxation in einem MAXWELLschen Körper läßt sich der Relaxationsmodul in der Form

$$E(t) = \int_{-\infty}^{\infty} H(\tau)\, e^{-t/\tau} \frac{d\tau}{\tau}$$

schreiben, wobei τ die Relaxationszeit und $H(\tau)$ das *Relaxationszeitspektrum* ist. Die Größe $H(\tau) d \ln \tau$ zeigt, welchen Beitrag die Relaxationszeiten zwischen $\ln \tau$ und $\ln \tau + d \ln \tau$ zur Relaxation liefern. Die Größe des Bereichs, in welchem die Funktion $H(\tau)$ sich erheblich von Null unterscheidet, heißt *Breite des Spektrums*. Die Spektren der Polymere werden mit wachsendem Molekulargewicht breiter.

13. Über der Verglasungstemperatur bzw. dem Schmelzpunkt wird der Gleichgewichtsmodul linearer Polymere gleich Null, und es läßt sich eine wirkliche Strömung beobachten, die durch die NEWTONsche Gleichung (S. 206) mit dem Viskositätskoeffizienten

$$\eta = \int_0^\infty G(u)\, du = \int_{-\infty}^\infty H(\tau)\, d\tau$$

beschrieben wird; $G(u)$ ist hier der *Scherungs-Relaxationsmodul* und $H(\tau)$ das entsprechende Relaxationszeitspektrum.

14. Die Viskosität der Polymere hängt stark vom Molekulargewicht und von der Temperatur ab. Für jedes Polymer existiert ein bestimmtes kritisches Molekulargewicht, so daß bei niedrigeren Molekular-

gewichten η proportional dem Molekulargewicht und bei Molekulargewichten höher als das kritische η proportional $\bar{\mu}_w^{3,4}$ ist; $\bar{\mu}_w$ ist dabei das über das Gewicht gemittelte Molekulargewicht (S. 284).
Die Temperaturabhängigkeit der Viskosität der Polymere wird durch die Formel von WILLIAMS-LANDELL-FERRI (WLF) beschrieben:

$$\lg \frac{\eta(T)}{\eta(T_s)} = -\frac{C_1(T - T_s)}{C_2 + T - T_s},$$

dabei ist $\eta(T)$ der Viskositätskoeffizient bei der Temperatur T, T_s irgendeine Bezugstemperatur (höher als die Verglasungstemperatur T_g), C_1 und C_2 sind Konstante. Ist $T_s = T_g$, so ist für die meisten amorphen Polymere $C_1 = 17{,}78\,°\mathrm{K}$ und $C_2 = 51{,}6\,°\mathrm{K}$.

15. Die WLF-Gleichung ist eine Folge eines allgemeinen Gesetzes, das als *Prinzip der Temperatur-Zeit-Invarianz* bekannt ist. Dieses Prinzip sagt aus, daß sich bei Erhöhung der Temperatur alle Relaxationszeiten mit ein und demselben Faktor, der durch die WLF-Gleichung beschrieben wird, multiplizieren. Das Prinzip der Temperatur-Zeit-Invarianz gilt nur für amorphe Polymere.

III. Die Grundlagen der Hydro- und Aeromechanik

1. Hydro- und Aerostatik

1.1. Einleitung

1. Als *Hydro- bzw. Aeromechanik* bezeichnet man jenes Gebiet der Physik, in dem die Gleichgewichts- und Bewegungsgesetze von Flüssigkeiten und Gasen sowie die Wechselwirkung zwischen strömenden Flüssigkeiten und Gasen und den umströmten Festkörpern untersucht wird. Man ignoriert hierbei die molekulare Struktur der Flüssigkeiten und Gase und betrachtet sie als *kontinuierliche Medien*, die den Raum erfüllen.[1])

Die *Hydro- bzw. Aerostatik* ist ein Teilgebiet der Hydro- bzw. Aeromechanik, in dem die Gleichgewichtsbedingungen und -gesetze für Flüssigkeiten und Gase, auf die Kräfte einwirken, untersucht werden.

Die *Hydro- bzw. Aerodynamik* ist ebenfalls ein Teilgebiet der Hydro- bzw. Aeromechanik; hier werden die Bewegungsgesetze behandelt, die für Flüssigkeiten und Gase gelten, und deren Wechselwirkung mit Festkörpern untersucht.

2. Der wesentliche Unterschied zwischen Flüssigkeiten und Gasen einerseits und Festkörpern andererseits liegt darin, daß erstere fließen können, d. h., ihr Widerstand gegen Scherungsdeformation ist sehr gering (s. S. 246). Mit unbegrenzt kleiner werdender Deformationsgeschwindigkeit strebt der Widerstand der Flüssigkeit bzw. des Gases gegen diese Deformation gegen Null.

Flüssigkeit und Gas unterscheiden sich lediglich in der Druckabhängigkeit ihrer Dichte, d. h., während eine Flüssigkeit praktisch inkompressibel ist, sind Gase stark komprimierbar.

3. In der Hydro- bzw. Aeromechanik bezeichnet man tropfbare Flüssigkeiten und Gase einheitlich als „Flüssigkeiten", und zwar als inkompressible bzw. kompressible Flüssigkeiten.

Als *inkompressible Flüssigkeit* bezeichnet man tropfbare Flüssigkeiten oder Gase, deren Dichte man im betrachteten Problem als druckunabhängig annehmen kann. Eine *kompressible „Flüssigkeit"* ist ein Gas, bei dem man die Druckabhängigkeit der Dichte im betrachteten Problem nicht vernachlässigen kann.

Eine *ideale Flüssigkeit* ist eine Flüssigkeit, die keine innere Reibung aufweist. Kann man den Einfluß der inneren Reibung nicht vernachlässigen, dann spricht man von *zähen Flüssigkeiten*.

Eine Flüssigkeit, deren Dichte nur vom Druck abhängt, nennt man *barotrop*.

---

[1]) Dieses Modell ist nicht auf verdünnte Gase (S. 210) anwendbar; sie können überhaupt nicht mit den Methoden der Aerodynamik behandelt werden, sondern nur im Rahmen der Molekularphysik.

1.2. Hydro- und Aerostatik

1. Hydrostatische Probleme können auf Grund des „*Verfestigungsprinzipes*“ betrachtet werden: Das Gleichgewicht einer Flüssigkeit wird nicht gestört, wenn man eines seiner Volumenelemente als verfestigt betrachtet, d. h., es sich durch einen Festkörper gleichen Volumens und gleicher Form ersetzt denkt, vorausgesetzt, dieser Körper besitzt dieselbe Dichte wie die betrachtete Flüssigkeit.
Man unterscheidet zwei Arten von Kräften, die auf ein Volumenelement einer Flüssigkeit einwirken: Massenkräfte und Oberflächenkräfte.
Massenkräfte sind Kräfte, deren Wirkung von der Existenz der anderen Flüssigkeitsteilchen unabhängig ist und deren Betrag der Masse des betrachteten Elementes proportional ist. Ein Beispiel für eine Massenkraft ist die Schwerkraft. Die Massenkraft ist gleich $\boldsymbol{F}\varrho\, dV$, wobei dV das Volumen des betrachteten Flüssigkeitselementes, ϱ seine Dichte und $\boldsymbol{F}$ die Massenkraft pro Masseneinheit der Flüssigkeit ist; sie wird als Feldstärke des Massenkraftfeldes bezeichnet (für die Schwerkraft z. B. ist $\boldsymbol{F}$ gleich der Beschleunigung $\boldsymbol{g}$ des freien Falles).
Massenkräfte, deren Feldstärke $\boldsymbol{F}$ sich in der Form

$$\boldsymbol{F} = -\operatorname{grad} \varphi_F = -\nabla \varphi_F$$

darstellen läßt, bezeichnet man auch als *Potentialkräfte*; dabei bedeutet $\operatorname{grad} \varphi_F = \frac{\partial \varphi_F}{\partial x}\boldsymbol{i} + \frac{\partial \varphi_F}{\partial y}\boldsymbol{j} + \frac{\partial \varphi_F}{\partial z}\boldsymbol{k}$ den Gradienten der skalaren Funktion $\varphi_F(x, y, z, t)$, des *Potentials* der Massenkräfte; $\boldsymbol{i}, \boldsymbol{j}$ und $\boldsymbol{k}$ sind die Einheitsvektoren in einem kartesischen Koordinatensystem, und $\nabla = \frac{\partial}{\partial x}\boldsymbol{i} + \frac{\partial}{\partial y}\boldsymbol{j} + \frac{\partial}{\partial z}\boldsymbol{k}$ ist der *Nablaoperator*.
Die *Oberflächenkräfte* sind Kräfte, die auf ein Flüssigkeitselement von ihm benachbarten Flüssigkeitsteilchen wirken. Diese Kräfte wirken auf die Oberfläche des betrachteten Elementes. Die Oberflächenkraft, bezogen auf die Flächeneinheit der Oberfläche, auf die sie wirkt, wird als *Spannung* bezeichnet. Man kann die gesamte Oberflächenkraft in eine Normal- und eine Tangentialkomponente zerlegen und entsprechend eine Normalspannung (Druck p) und eine Tangentialspannung τ unterscheiden. Im Gleichgewichtszustand sind die Tangentialspannungen in einer Flüssigkeit gleich Null, und die Oberflächenkräfte bestehen nur aus den Druckkräften, wobei der Druck p in einem gegebenen Punkt der Flüssigkeit in allen Richtungen gleich ist, d. h., nicht von der Orientierung der Oberfläche abhängt, in bezug auf die er bestimmt wird.

2. Die *Gleichgewichtsbedingungen* für eine Flüssigkeit lauten

$$F_x = \frac{1}{\varrho}\frac{\partial p}{\partial x}, \qquad F_y = \frac{1}{\varrho}\frac{\partial p}{\partial y}, \qquad F_z = \frac{1}{\varrho}\frac{\partial p}{\partial z},$$

wobei F_x, F_y und F_z die kartesischen Komponenten des Vektors $\boldsymbol{F}$ sind; $\boldsymbol{F}$ ist die resultierende Feldstärke der Massenkräfte in der Flüssigkeit. In Vektordarstellung lautet die Gleichgewichtsbedingung

$$\boldsymbol{F} = \frac{1}{\varrho} \operatorname{grad} p.$$

Die Gleichgewichtsbedingungen sind aus den hydrodynamischen Gleichungen der idealen Flüssigkeit (S. 305) unter der Voraussetzung, daß die Flüssigkeit ruht, ableitbar.

3. Eine Flüssigkeit, die unter dem Einfluß von Massenkräften steht, kann nur dann im Gleichgewicht sein, wenn die Stärke $\boldsymbol{F}$ dieses Kraftfeldes die Bedingung

$$F_x \left(\frac{\partial F_z}{\partial y} - \frac{\partial F_y}{\partial z}\right) + F_y \left(\frac{\partial F_x}{\partial z} - \frac{\partial F_z}{\partial x}\right) + F_z \left(\frac{\partial F_y}{\partial x} - \frac{\partial F_x}{\partial y}\right) = 0$$

erfüllt; in Vektorform geschrieben, lautet sie

$$(\boldsymbol{F} \operatorname{rot} \boldsymbol{F}) = 0,$$

wobei

$$\operatorname{rot} \boldsymbol{F} = \left(\frac{\partial F_z}{\partial y} - \frac{\partial F_y}{\partial z}\right)\boldsymbol{i} + \left(\frac{\partial F_x}{\partial z} - \frac{\partial F_z}{\partial x}\right)\boldsymbol{j} + \left(\frac{\partial F_y}{\partial x} - \frac{\partial F_x}{\partial y}\right)\boldsymbol{k}$$

die Rotation des Vektors $\boldsymbol{F}$ ist.

Ist die Dichte der Flüssigkeit ortsunabhängig, dann ist $1/\varrho \operatorname{grad} p = \operatorname{grad} p/\varrho$, und ein Gleichgewichtszustand ist nur dann möglich, wenn das Kraftfeld ein Potentialfeld (S. 66) und sein Potential gleich $\varphi = -p/\varrho + \text{const}$ ist. Die Flächen gleichen Druckes fallen dann mit den Äquipotentiallinien zusammen.

4. Wir betrachten nun den Gleichgewichtszustand einer Flüssigkeit im homogenen Schwerefeld ($\boldsymbol{F} = \boldsymbol{g} = \text{const}$). Ist die z-Achse dem Vektor $\boldsymbol{g}$ entgegengesetzt gerichtet, so ist $F_z = F = -g$, $F_x = F_y = 0$, und die Gleichgewichtsbedingung lautet

$$\frac{dp}{\varrho} = -g\,dz.$$

Im allgemeinen ist jedoch die Dichte einer Flüssigkeit von Druck und Temperatur abhängig: $\varrho = \varrho(p, T)$. Ist die Temperatur der Flüssigkeit überall dieselbe (thermisches Gleichgewicht) und ist die Flüssigkeit inkompressibel, dann gilt

$$p + \varrho g z = p_0,$$

wobei p_0 der Druck in der Höhe $z = 0$ ist. Diese Beziehung nennt man die *hydrostatische Grundgleichung für inkompressible Flüssigkeiten.* Gewöhnlich legt man den Ursprung der z-Achse in die freie Oberfläche der Flüssigkeit; dann ist p_0 der äußere Druck auf diese Oberfläche. Die Differenz $p - p_0$ hängt nicht von p_0 ab, d. h., der von den äußeren Kräften auf der Flüssigkeit erzeugte Druck wird von dieser gleichmäßig nach allen Richtungen hin verteilt (*Gesetz von* PASCAL).

Für eine kompressible „Flüssigkeit“ im thermischen und mechanischen Gleichgewicht hat die Summe $\Phi + gz$ an jedem Ort denselben

Betrag; dabei ist Φ das isobar-isotherme Potential (S. 178) einer Masseneinheit und gz die potentielle Energie einer Masseneinheit im Schwerefeld.

Das mechanische Gleichgewicht einer Flüssigkeit, deren Temperatur sich längs der z-Achse ändert, ist stabil, wenn folgende Ungleichung erfüllt ist (*Bedingung für das Fehlen von Konvektion*):

$$\left(\frac{\partial v}{\partial T}\right)_p \frac{ds}{dz} > 0;$$

v ist das spezifische Volumen und s die Entropie pro Masseneinheit der Flüssigkeit. Für die meisten Flüssigkeiten ist $(\partial v/\partial T)_p > 0$, und die Bedingung für fehlende Konvektion lautet

$$\frac{dT}{dz} > -\frac{gT}{c_p v}\left(\frac{\partial v}{\partial T}\right)_p,$$

wobei c_p die spezifische Wärme der Flüssigkeit bei konstantem Druck ist. Für ein ideales Gas ist

$$\frac{dT}{dz} > -\frac{g}{c_p}.$$

5. Das ARCHIMEDische Prinzip lautet: Die auf einen in eine Flüssigkeit eingetauchten Körper wirkende Auftriebskraft ist gleich dem Gewicht der vom Körper verdrängten Flüssigkeitsmenge und greift im Schwerpunkt des eingetauchten Teiles des Körpers an.

2. Hydro- und Aerodynamik

2.1. Die Grundbegriffe

1. Als *Teilchen eines kontinuierlichen Mediums* bezeichnet man sehr kleine Volumenelemente, deren Dimensionen jedoch wesentlich größer als die intermolekularen Abstände sind. Da letztere sehr klein sind (von der Größenordnung 10^{-6} cm bei Gasen unter Normalbedingungen), kann man die Flüssigkeitsteilchen näherungsweise als punktförmig annehmen.

2. In der Kinematik von Flüssigkeiten gibt es zwei mögliche Methoden, eine Bewegung zu beschreiben. Die eine, die sogenannte LAGRANGE-*Methode*, besteht darin, daß die Bewegung einer Flüssigkeit durch Angabe der Zeitabhängigkeit der Koordinaten aller Teilchen beschrieben wird:

$$x = F_1(a, b, c, t),$$
$$y = F_2(a, b, c, t),$$
$$z = F_3(a, b, c, t);$$

a, b und c sind die Teilchenkoordinaten zur Zeit $t = 0$; sie dienen zur Bezeichnung der Teilchen. Eliminiert man aus diesen Gleichungen die Zeit, so erhält man die Bahnkurvengleichungen der Teilchen. Die Größen a, b, c und t werden als LAGRANGE-*Variable* bezeichnet. Die Komponenten des Geschwindigkeitsvektors $\boldsymbol{v}$ und des Beschleunigungsvektors $\boldsymbol{w}$ der Teilchen sind

$$v_x = \frac{\partial x}{\partial t}, \qquad v_y = \frac{\partial y}{\partial t}, \qquad v_z = \frac{\partial z}{\partial t};$$

$$w_x = \frac{\partial^2 x}{\partial t^2}, \qquad w_y = \frac{\partial^2 y}{\partial t^2}, \qquad w_z = \frac{\partial^2 z}{\partial t^2}.$$

Die wichtigste in der Hydro- und Aerodynamik verwendete Methode ist die EULER*sche Methode*; sie besteht darin, daß man die Bewegung einer Flüssigkeit durch Angabe der räumlichen Geschwindigkeitsverteilung für jeden Zeitpunkt beschreibt, d. h. durch Angabe von

$$\boldsymbol{v} = f(\boldsymbol{r}, t),$$

oder, in rechtwinkligen kartesischen Koordinaten,

$$v_x = f_1(x, y, z, t),$$

$$v_y = f_2(x, y, z, t),$$

$$v_z = f_3(x, y, z, t),$$

wobei $\boldsymbol{v} = v_x \boldsymbol{i} + v_y \boldsymbol{j} + v_z \boldsymbol{k}$ die Geschwindigkeit der Flüssigkeit zur Zeit t in einem durch den Radiusvektor $\boldsymbol{r} = x\boldsymbol{i} + y\boldsymbol{j} + z\boldsymbol{k}$ angegebenen Raumpunkt ist. Die Größen x, y, z und t werden als die EULER*schen Variablen* bezeichnet. Man kann natürlich anstelle der rechtwinkligen kartesischen Koordinaten x, y, z auch Zylinderkoordinaten, sphärische oder andere Koordinaten als EULERsche Variable verwenden.

Die Komponenten des Vektors $\boldsymbol{w}$ (Beschleunigung eines Flüssigkeitsteilchens) längs der Achsen eines rechtwinkligen kartesischen Koordinatensystems sind

$$w_x = \frac{dv_x}{dt} = \frac{\partial v_x}{\partial t} + \frac{\partial v_x}{\partial x} v_x + \frac{\partial v_x}{\partial y} v_y + \frac{\partial v_x}{\partial z} v_z,$$

$$w_y = \frac{dv_y}{dt} = \frac{\partial v_y}{\partial t} + \frac{\partial v_y}{\partial x} v_x + \frac{\partial v_y}{\partial y} v_y + \frac{\partial v_y}{\partial z} v_z,$$

$$w_z = \frac{dv_z}{dt} = \frac{\partial v_z}{\partial t} + \frac{\partial v_z}{\partial x} v_x + \frac{\partial v_z}{\partial y} v_y + \frac{\partial v_z}{\partial z} v_z.$$

Man sieht aus diesen Beziehungen, daß die Beschleunigung w eines Flüssigkeitsteilchens als Summe zweier Komponenten dargestellt werden kann: $\boldsymbol{w} = \boldsymbol{w}_{\text{lok}} + \boldsymbol{w}_{\text{konv}}$, wobei

$$\boldsymbol{w}_{\text{lok}} = \frac{\partial v_x}{\partial t}\boldsymbol{i} + \frac{\partial v_y}{\partial t}\boldsymbol{j} + \frac{\partial v_z}{\partial t}\boldsymbol{k}$$

die *lokale Beschleunigung* ist, die durch zeitliche Änderungen der Geschwindigkeitsverteilung verursacht wird, und

$$\boldsymbol{w}_{\text{konv}} = \left(v_x \frac{\partial v_x}{\partial x} + v_y \frac{\partial v_x}{\partial y} + v_z \frac{\partial v_x}{\partial z}\right) \boldsymbol{i} + \left(v_x \frac{\partial v_y}{\partial x} + v_y \frac{\partial v_y}{\partial y} + v_z \frac{\partial v_y}{\partial z}\right) \boldsymbol{j} + \left(v_x \frac{\partial v_z}{\partial x} + v_y \frac{\partial v_z}{\partial y} + v_z \frac{\partial v_z}{\partial z}\right) \boldsymbol{k}$$

die *Konvektionsbeschleunigung*, die durch Inhomogenitäten in der Geschwindigkeitsverteilung verursacht wird.

Wir werden im folgenden alle hydrodynamischen Gleichungen in EULERschen Variablen schreiben und unter x, y, z rechtwinklige kartesische Koordinaten verstehen.

3. Die Bewegung einer Flüssigkeit bezeichnet man als *stabilisiert* oder *stationär*, wenn die räumliche Geschwindigkeitsverteilung sich nicht mit der Zeit ändert. Andernfalls bezeichnet man die Bewegung als *instationär*. In einer Flüssigkeit ist bei stationärer Bewegung auch die Druck- und Dichteverteilung zeitunabhängig.

Als *Potentialströmung* oder *wirbelfreie Strömung* bezeichnet man eine solche Flüssigkeitsbewegung, für die zu jedem Zeitpunkt im ganzen Volumen der Flüssigkeit $\operatorname{rot} \boldsymbol{v} \equiv 0$, d. h., die Geschwindigkeit immer der Gradient einer skalaren Funktion der Koordinaten und der Zeit $\varphi(x, y, z, t)$ ist, die als das *Potential* der Geschwindigkeit bezeichnet wird. Gibt es in der Flüssigkeit eine Zone, in der $\operatorname{rot} \boldsymbol{v} \neq 0$ ist, so spricht man von einer *Wirbelbewegung*.

4. Eine *Stromlinie* ist eine Kurve, deren Tangenten in jedem Punkt zur Zeit t mit dem Geschwindigkeitsvektor des Flüssigkeitsteilchens an diesem Punkt zusammenfallen. Bei stationärer Bewegung einer Flüssigkeit fallen die Stromlinien mit den Bahnkurven der Flüssigkeitsteilchen zusammen. Die *Stromliniengleichung* lautet

$$\frac{dx}{v_x(x, y, z, t)} = \frac{dy}{v_y(x, y, z, t)} = \frac{dz}{v_z(x, y, z, t)},$$

wobei die Zeit t ein festgehaltener Parameter ist.

Die durch eine kleine geschlossene Kurve hindurchgehenden Stromlinien bilden eine sogenannte *Stromröhre*; die in dieser Röhre strömende Flüssigkeit wird als *Stromfaden* bezeichnet. Bei stationärer Bewegung der Flüssigkeit ändern sich die Stromröhren nicht mit der Zeit, und die Flüssigkeitsteilchen bewegen sich so, daß jedes innerhalb seines Stromfadens verbleibt.

5. Als *Zirkulation* längs einer geschlossenen Kurve L bezeichnet man das Kurvenintegral

$$\Gamma = \oint_L (\boldsymbol{v}\, d\boldsymbol{l}),$$

wobei $d\boldsymbol{l}$ ein Einheitsvektor ist, dessen Betrag gleich der Bogenlänge eines elementaren Kurvenabschnittes und dessen Richtung gleich der Richtung Tangente an die Kurve in der Umlaufsrichtung ist. Nach dem Satz von STOKES ist

$$\Gamma = \int_S \mathrm{rot}_n\, \boldsymbol{v}\, dS,$$

wobei S die von der Kurve L umschlossene Fläche ist; $\mathrm{rot}_n\, \boldsymbol{v}$ ist die Projektion von $\mathrm{rot}\, \boldsymbol{v}$ in Richtung der äußeren Normalen $\boldsymbol{n}$ auf das Element dS dieser Fläche[1]). Ist das Strömungsfeld ein Potentialfeld, dann ist, unabhängig von der Wahl der Kurve L, $\Gamma = 0$.

6. Eine *Wirbellinie* ist eine Kurve, deren Tangenten in jedem Punkt zum betrachteten Zeitpunkt t mit der Geschwindigkeitsrotation $\mathrm{rot}\, \boldsymbol{v}$ in diesem Punkt zusammenfallen. Die *Gleichung einer Wirbellinie* lautet

$$\frac{dx}{\mathrm{rot}_x\, \boldsymbol{v}} = \frac{dy}{\mathrm{rot}_y\, \boldsymbol{v}} = \frac{dz}{\mathrm{rot}_z\, \boldsymbol{v}},$$

wobei $\mathrm{rot}_x\, \boldsymbol{v}$, $\mathrm{rot}_y\, \boldsymbol{v}$ und $\mathrm{rot}_z\, \boldsymbol{v}$ die Komponenten des Vektors $\mathrm{rot}\, \boldsymbol{v}$ längs der entsprechenden Koordinatenachsen sind.

Die *Wirbelröhre* ist eine von Wirbellinien gebildete Fläche, die durch eine kleine geschlossene Kurve hindurchgehen. Die im Inneren dieser Röhre strömende Flüssigkeit wird als *Wirbelfaden* bezeichnet.

Als *Wirbelstärke* bezeichnet man das Produkt aus dem Betrag des Vektors $\mathrm{rot}\, \boldsymbol{v}$ in einem Querschnitt einer Wirbelröhre und der Fläche σ dieses Querschnittes. Die Wirbelstärke bleibt längs der ganzen Wirbelröhre konstant und ist gleich der Zirkulation längs einer beliebigen geschlossenen Kurve, die in der Oberfläche der Wirbelröhre liegt und einmal um sie herumführt.

7. Unter dem *Fluß* durch eine ruhende Fläche S versteht man die pro Zeiteinheit durch diese Fläche hindurchgehende Flüssigkeitsmasse m_S:

$$m_S = \int_S \varrho v_n\, dS = \int_S (\boldsymbol{j}\boldsymbol{n})\, dS,$$

hier ist $\boldsymbol{n}$ der Einheitsvektor der äußeren Normalen auf das Flächenelement dS, v_n ist die Geschwindigkeitskomponente in der Richtung von $\boldsymbol{n}$ und $\boldsymbol{j} = \varrho \boldsymbol{v}$ der Stromdichtevektor.

2.2. Die Kontinuitätsgleichung

1. Die *Kontinuitätsgleichung* ist eine mathematische Formulierung des Gesetzes der Erhaltung der Masse in der Hydro- und Aeromechanik. In EULERschen Variablen geschrieben, kann sie auf verschiedene Arten dargestellt werden:

a) $$\frac{d\varrho}{dt} + \varrho\, \mathrm{div}\, \boldsymbol{v} = 0 \quad \text{oder} \quad \frac{d\varrho}{dt} + \varrho \left(\frac{\partial v_x}{\partial x} + \frac{\partial v_y}{\partial y} + \frac{\partial v_z}{\partial z}\right) = 0,$$

---

[1]) Der Vektor $\boldsymbol{n}$ liegt so, daß die zur Berechnung der Zirkulation gelegte Kurve L, von der Spitze von $\boldsymbol{n}$ aus betrachtet, im Gegenuhrzeigersinn durchlaufen wird.

wobei $\varrho(x, y, z, t)$ die Dichte der Flüssigkeit, $\boldsymbol{v}(x, y, z, t)$ ihre Geschwindigkeit und $\operatorname{div} \boldsymbol{v} = \frac{\partial v_x}{\partial x} + \frac{\partial v_y}{\partial y} + \frac{\partial v_z}{\partial z}$ die Divergenz des Vektors $\boldsymbol{v}$ ist;

$$\text{b)}\ \frac{\partial \varrho}{\partial t} + \operatorname{div}(\varrho \boldsymbol{v}) = 0 \qquad \text{oder}$$

$$\frac{\partial \varrho}{\partial t} + \frac{\partial}{\partial x}(\varrho v_x) + \frac{\partial}{\partial y}(\varrho v_y) + \frac{\partial}{\partial z}(\varrho v_z) = 0;$$

$$\text{c)}\ \frac{\partial \varrho}{\partial t} + \varrho \operatorname{div} \boldsymbol{v} + (\boldsymbol{v} \operatorname{grad} \varrho) = 0 \qquad \text{oder}$$

$$\frac{\partial \varrho}{\partial t} + \varrho\left(\frac{\partial v_x}{\partial x} + \frac{\partial v_y}{\partial y} + \frac{\partial v_z}{\partial z}\right) + \left(v_x \frac{\partial \varrho}{\partial x} + v_y \frac{\partial \varrho}{\partial y} + v_z \frac{\partial \varrho}{\partial z}\right) = 0,$$

wobei $\operatorname{grad} \varrho$ der Dichtegradient ist.

2. Für eine inkompressible Flüssigkeit ($d\varrho/dt = 0$) lautet die Kontinuitätsgleichung

$$\operatorname{div} \boldsymbol{v} = 0 \qquad \text{oder} \qquad \frac{\partial v_x}{\partial x} + \frac{\partial v_y}{\partial y} + \frac{\partial v_z}{\partial z} = 0.$$

Für eine Flüssigkeit in stationärer Bewegung ($\partial \varrho/\partial t = 0$) lautet die Kontinuitätsgleichung

$$\operatorname{div}(\varrho \boldsymbol{v}) = 0 \qquad \text{oder} \qquad \frac{\partial(\varrho v_x)}{\partial x} + \frac{\partial(\varrho v_y)}{\partial y} + \frac{\partial(\varrho v_z)}{\partial z} = 0.$$

In einer stationären Strömung ist der Fluß durch einen Querschnitt eines Stromfadens von der Lage dieses Querschnittes unabhängig. Betrachtet man zwei beliebige Querschnitte dS_1 und dS_2 eines elementaren Stromfadens, dann gilt die Beziehung $\varrho_1 v_1\, dS_1 = \varrho_2 v_2\, dS_2$.

2.3. Die Bewegungsgleichung einer Flüssigkeit

1. Für eine ideale Flüssigkeit lautet die Bewegungsgleichung (Euler*sche Gleichung*):

a) in Vektorform

$$\frac{d\boldsymbol{v}}{dt} = \boldsymbol{F} - \frac{1}{\varrho} \operatorname{grad} p$$

oder

$$\frac{\partial \boldsymbol{v}}{\partial t} + (\boldsymbol{v} \nabla)\, \boldsymbol{v} = \boldsymbol{F} - \frac{1}{\varrho} \operatorname{grad} p,$$

wobei $\boldsymbol{F}$ die Feldstärke der Massenkräfte (S. 299), p der Druck, ϱ die Dichte der Flüssigkeit und $(\boldsymbol{v} \nabla) = v_x \frac{\partial}{\partial x} + v_y \frac{\partial}{\partial y} + v_z \frac{\partial}{\partial z}$ ist;

b) in Komponenten (Projektionen auf die Koordinatenachsen)

$$\frac{dv_x}{dt} = F_x - \frac{1}{\varrho}\frac{\partial p}{\partial x},$$

$$\frac{dv_y}{dt} = F_y - \frac{1}{\varrho}\frac{\partial p}{\partial y},$$

$$\frac{dv_z}{dt} = F_z - \frac{1}{\varrho}\frac{\partial p}{\partial z}$$

oder

$$\frac{\partial v_x}{\partial t} + v_x\frac{\partial v_x}{\partial x} + v_y\frac{\partial v_x}{\partial y} + v_z\frac{\partial v_x}{\partial z} = F_x - \frac{1}{\varrho}\frac{\partial p}{\partial x},$$

$$\frac{\partial v_y}{\partial t} + v_x\frac{\partial v_y}{\partial x} + v_y\frac{\partial v_y}{\partial y} + v_z\frac{\partial v_y}{\partial z} = F_y - \frac{1}{\varrho}\frac{\partial p}{\partial y},$$

$$\frac{\partial v_z}{\partial t} + v_x\frac{\partial v_z}{\partial x} + v_y\frac{\partial v_z}{\partial y} + v_z\frac{\partial v_z}{\partial z} = F_z - \frac{1}{\varrho}\frac{\partial p}{\partial z}.$$

Ist die Bewegung stationär, dann ist $\partial \boldsymbol{v}/\partial t = 0$ und $\frac{\partial v_x}{\partial t} = \frac{\partial v_y}{\partial t} = \frac{\partial v_z}{\partial t} = 0$.

2. Die Bewegungsgleichungen einer zähen Flüssigkeit (Gleichungen von Navier-Stokes)[1]) lauten:

a) in Vektorform

$$\frac{d\boldsymbol{v}}{dt} = \boldsymbol{F} - \frac{1}{\varrho}\,\mathrm{grad}\,p + \nu\,\Delta\boldsymbol{v} + \left(\frac{\zeta}{\varrho} + \frac{\nu}{3}\right)\mathrm{grad}\,\mathrm{div}\,\boldsymbol{v},$$

wobei $\nu = \eta/\varrho$ die *kinematische Viskosität* der Flüssigkeit und η ihre *dynamische Viskosität* (*Koeffizient der inneren Reibung*) (S. 206) ist; ζ ist die *zweite Viskosität* (s. auch Punkt 3) und $\Delta = \frac{\partial^2}{\partial x^2} + \frac{\partial^2}{\partial y^2} + \frac{\partial^2}{\partial z^2}$ ist der Laplace-Operator (oft auch mit ∇^2 bezeichnet);

---

[1]) Wir nehmen $\eta = \mathrm{const}$ und $\zeta = \mathrm{const}$ an. Andernfalls wären die Bewegungsgleichungen viel komplizierter; sie würden wie folgt lauten:

$$\varrho\frac{dv_x}{dt} = \varrho F_x - \frac{\partial p}{\partial x} + 2\frac{\partial}{\partial x}\left(\eta\frac{\partial v_x}{\partial x}\right) + \frac{\partial}{\partial y}\left[\eta\left(\frac{\partial v_z}{\partial y} + \frac{\partial v_y}{\partial x}\right)\right]$$
$$+ \frac{\partial}{\partial z}\left[\eta\left(\frac{\partial v_x}{\partial z} + \frac{\partial v_z}{\partial x}\right)\right] - \frac{2}{3}\frac{\partial}{\partial x}(\eta\,\mathrm{div}\,\boldsymbol{v}) + \frac{\partial}{\partial x}(\zeta\,\mathrm{div}\,\boldsymbol{v}),$$

$$\varrho\frac{dv_y}{dt} = \varrho F_y - \frac{\partial p}{\partial y} + 2\frac{\partial}{\partial y}\left(\eta\frac{\partial v_y}{\partial y}\right) + \frac{\partial}{\partial z}\left[\eta\left(\frac{\partial v_y}{\partial z} + \frac{\partial v_z}{\partial y}\right)\right]$$
$$+ \frac{\partial}{\partial x}\left[\eta\left(\frac{\partial v_y}{\partial x} + \frac{\partial v_x}{\partial y}\right)\right] - \frac{2}{3}\frac{\partial}{\partial y}(\eta\,\mathrm{div}\,\boldsymbol{v}) + \frac{\partial}{\partial y}(\zeta\,\mathrm{div}\,\boldsymbol{v}),$$

$$\varrho\frac{dv_z}{dt} = \varrho F_z - \frac{\partial p}{\partial z} + 2\frac{\partial}{\partial z}\left(\eta\frac{\partial v_z}{\partial z}\right) + \frac{\partial}{\partial x}\left[\eta\left(\frac{\partial v_z}{\partial x} + \frac{\partial v_x}{\partial z}\right)\right]$$
$$+ \frac{\partial}{\partial y}\left[\eta\left(\frac{\partial v_z}{\partial y} + \frac{\partial v_y}{\partial z}\right)\right] - \frac{2}{3}\frac{\partial}{\partial z}(\eta\,\mathrm{div}\,\boldsymbol{v}) + \frac{\partial}{\partial z}(\zeta\,\mathrm{div}\,\boldsymbol{v}).$$

b) in Komponenten längs der Koordinatenachsen

$$\frac{dv_x}{dt} = F_x - \frac{1}{\varrho}\frac{\partial p}{\partial x} + \nu\left(\frac{\partial^2 v_x}{\partial x^2} + \frac{\partial^2 v_x}{\partial y^2} + \frac{\partial^2 v_x}{\partial z^2}\right)$$
$$+ \left(\frac{\zeta}{\varrho} + \frac{\nu}{3}\right)\frac{\partial}{\partial x}\left(\frac{\partial v_x}{\partial x} + \frac{\partial v_y}{\partial y} + \frac{\partial v_z}{\partial z}\right),$$
$$\frac{dv_y}{dt} = F_y - \frac{1}{\varrho}\frac{\partial p}{\partial y} + \nu\left(\frac{\partial^2 v_y}{\partial x^2} + \frac{\partial^2 v_y}{\partial y^2} + \frac{\partial^2 v_y}{\partial z^2}\right)$$
$$+ \left(\frac{\zeta}{\varrho} + \frac{\nu}{3}\right)\frac{\partial}{\partial y}\left(\frac{\partial v_x}{\partial x} + \frac{\partial v_y}{\partial y} + \frac{\partial v_z}{\partial z}\right),$$
$$\frac{dv_z}{dt} = F_z - \frac{1}{\varrho}\frac{\partial p}{\partial z} + \nu\left(\frac{\partial^2 v_z}{\partial x^2} + \frac{\partial^2 v_z}{\partial y^2} + \frac{\partial^2 v_z}{\partial z^2}\right)$$
$$+ \left(\frac{\zeta}{\varrho} + \frac{\nu}{3}\right)\frac{\partial}{\partial z}\left(\frac{\partial v_x}{\partial x} + \frac{\partial v_y}{\partial y} + \frac{\partial v_z}{\partial z}\right).$$

Für eine inkompressible Flüssigkeit ist $\operatorname{div} \boldsymbol{v} = 0$ (S. 206), und die NAVIER-STOKESsche Gleichung lautet

$$\frac{d\boldsymbol{v}}{dt} = \boldsymbol{F} - \frac{1}{\varrho}\operatorname{grad} p + \nu \Delta \boldsymbol{v}.$$

Diese Gleichung kann auch so formuliert werden, daß sie den Druck p nicht enthält (Wirbelgleichung):

$$\frac{\partial}{\partial t}\operatorname{rot} \boldsymbol{v} = \operatorname{rot} \boldsymbol{F} + \operatorname{rot}[\boldsymbol{v} \operatorname{rot} \boldsymbol{v}] + \nu \Delta \operatorname{rot} \boldsymbol{v}.$$

Ist das Feld der Massenkräfte ein Potentialfeld, wie das z. B. beim Schwerefeld der Fall ist, dann ist $\operatorname{rot} \boldsymbol{F} = 0$. Handelt es sich um eine ideale Flüssigkeit ($\nu = 0$), dann ist auch das folgende Glied der Gleichung gleich Null.

3. Die zweite Viskosität (zweiter Viskositätskoeffizient) ζ ist, ähnlich der dynamischen (ersten) Viskosität η, eine positive Größe, die von der chemischen Natur der kompressiblen Flüssigkeit, dem Druck und der Temperatur abhängt. Tritt die erste Viskosität bei reiner Scherungsdeformation in Erscheinung, so beeinflußt die zweite Viskosität das Verhalten der Flüssigkeit bei Deformation durch allseitige Kompression bei Dichteänderung. Bei Kompression oder Ausdehnung wird in der Flüssigkeit das thermodynamische Gleichgewicht gestört, und es kommt zu Prozessen, die auf eine Herstellung des Gleichgewichtes hinwirken. Da Prozesse, die zu einem Gleichgewichtszustand führen, irreversibel sind (S. 165), sind sie von einer Entropiezunahme (S. 173) begleitet, d. h., es kommt zu einer Energiedissipation. Diese Energiedissipation und die sie bestimmende zweite Viskosität ξ wird um so größer sein, je langsamer — verglichen mit der Kompressions- oder Expansionsgeschwindigkeit — sich das Gleichgewicht einstellt. So muß z. B. die Größe ζ einen hohen Wert

haben, wenn bei Kompression oder Expansion in der Flüssigkeit das chemische Gleichgewicht gestört wird und es zu einer chemischen Reaktion mit großer Relaxationszeit, d. h. kleiner Geschwindigkeit, kommt. Bei Verdichtungen und Verdünnungen, wie sie beim Durchgang von Schallwellen (S. 517) auftreten, hängt ξ von der Frequenz ab (*Dispersion der zweiten Viskosität*).

4. Die *Hauptaufgabe* der Hydro- und Aerodynamik besteht in der Bestimmung der Geschwindigkeits-, Druck- und Dichteverteilungen in der Flüssigkeit, deren Bewegung von gegebenen äußeren Kräften beherrscht wird, d. h. in der Bestimmung der folgenden fünf Funktionen der Koordinaten und der Zeit:

$$v_x = f_1(x, y, z, t), \qquad v_y = f_2(x, y, z, t),$$

$$v_z = f_3(x, y, z, t),$$

$$p = f_4(x, y, z, t) \qquad \text{und} \qquad \varrho = f_5(x, y, z, t).$$

Die Bewegungsgleichung und die Kontinuitätsgleichung genügen, um die Hauptaufgabe der Hydrodynamik einer zähen Flüssigkeit zu lösen, deren Dichte und beide Viskositäten nur vom Druck abhängen und bei der die Form dieser Abhängigkeit durch $\varrho = \varrho(p)$, $\zeta = \zeta(p)$ und $\eta = \eta(p)$ gegeben ist. Dies gilt insbesondere für eine ideale inkompressible Flüssigkeit ($\varrho = \text{const}$, $\eta = \zeta = 0$), eine ideale barotrope Flüssigkeit ($\eta = \zeta = 0$) und die isotherme Bewegung einer zähen Flüssigkeit.

In allen anderen Fällen erfordert die Lösung des Hauptproblems der Hydro- und Aerodynamik, daß das verwendete Gleichungssystem erweitert wird. Es enthält dann außer der Bewegungs- und der Kontinuitätsgleichung noch die Energiegleichung (S. 311), die Zustandsgleichung (S. 149) sowie Gleichungen, die den Zusammenhang zwischen dynamischer und zweiter Viskosität und den Zustandsgrößen der Flüssigkeit angeben (s. die Fußnote auf S. 306).

5. Um die speziellen Besonderheiten eines konkreten Problems zu berücksichtigen und für das obengenannte System von Differentialgleichungen eine eindeutige Lösung zu erhalten, muß man außerdem die Anfangs- und die Randbedingungen des Problems kennen.

Die Anfangsbedingungen geben den Bewegungszustand der Flüssigkeit zur Zeit $t = 0$ an:

$$v_{x0} = f_1(x, y, z, 0), \qquad v_{y0} = f_2(x, y, z, 0) \qquad \text{usw.}$$

Befindet sich die Flüssigkeit in einer stationären Bewegung, so entfällt die Notwendigkeit, die Anfangsbedingungen zu kennen.

Die Randbedingungen beschreiben die Verhältnisse, unter denen sich die Flüssigkeit an Grenzen zu Festkörpern, an freien Oberflächen oder an Trennflächen zwischen sich nicht vermischenden Flüssigkeiten bewegt.

6. Im folgenden wollen wir einige Fälle von Randbedingungen für eine ideale Flüssigkeit betrachten:

a) auf der Oberfläche einer ruhenden festen Wand ist die Geschwindigkeitskomponente senkrecht zur Wand gleich Null (*Gleitbedin-*

gung):

$$v_n = 0 \qquad \text{oder} \qquad v_x \frac{\partial \Phi}{\partial x} + v_y \frac{\partial \Phi}{\partial y} + v_z \frac{\partial \Phi}{\partial z} = 0,$$

wobei $\Phi(x, y, z) = 0$ die Gleichung der Wandfläche ist;

b) wird diese Wand im Raum verschoben und wird sie hierbei auch noch deformiert, dann müssen die Geschwindigkeiten jedes Oberflächenpunktes und die entsprechenden Geschwindigkeiten der Flüssigkeitsteilchen, die sich zum betrachteten Zeitpunkt in einem solchen Punkt befinden, dieselben Normalkomponenten haben:

$$v_x \frac{\partial \Phi}{\partial x} + v_y \frac{\partial \Phi}{\partial y} + v_z \frac{\partial \Phi}{\partial z} + \frac{\partial \Phi}{\partial t} = 0,$$

wobei $\Phi(x, y, z, t) = 0$ die Gleichung der bewegten Oberfläche ist;

c) an der freien Oberfläche einer Flüssigkeit ist $\Phi(x, y, z, t) = 0$, und außer b) muß die Bedingung für konstanten Druck, $p(x, y, z, t) = \text{const}$, erfüllt sein;

d) an der Trennfläche zweier sich nicht mischender Flüssigkeiten müssen die Drucke und auch die normalen Geschwindigkeitskomponenten der beiden Flüssigkeiten gleich sein.

7. Betrachten wir nun einige Fälle von Randbedingungen für eine zähe Flüssigkeit:

a) an der Oberfläche einer ruhenden Wand ist die Geschwindigkeit der Flüssigkeit gleich Null (*Haftbedingung*);

b) in den Oberflächenpunkten einer bewegten Wand ist die Geschwindigkeit der Flüssigkeit gleich der Geschwindigkeit des entsprechenden Wandpunktes.

Angesichts der Kompliziertheit des Systems der Differentialgleichungen der Hydro- und Aerodynamik ist die Anwendung analytischer Lösungsmethoden mit unüberwindlichen Schwierigkeiten verknüpft und nur in gewissen extrem einfachen Fällen möglich.

8. Wir wollen nun die stationäre Bewegung einer idealen Flüssigkeit betrachten. Für die stationäre Bewegung einer barotropen Flüssigkeit (S. 298) in einem Potentialfeld gilt die *Gleichung von* BERNOULLI (BERNOULLI*sches Integral*):

$$\varphi_F + \frac{v^2}{2} + \int \frac{dp}{\varrho} = C;$$

φ_F ist das Potential des Feldes von Massenkräften und C ist eine Größe, die für alle Punkte einer gegebenen Stromlinie konstant ist, sich jedoch ändert, wenn man von einer Stromlinie zu einer anderen übergeht.

Wirken auf eine Flüssigkeit keine anderen Massenkräfte als die Schwerkraft, dann ist $\varphi_F = gz$ (die z-Achse zeigt vertikal nach oben), und die BERNOULLI-Gleichung lautet

$$gz + \frac{v^2}{2} + \int \frac{dp}{\varrho} = C.$$

Für eine inkompressible Flüssigkeit ist

$$\varrho g z + \frac{\varrho v^2}{2} + p = C_1 \qquad \text{oder} \qquad z + \frac{v^2}{2g} + \frac{p}{\varrho g} = C_2,$$

wobei $\varrho v^2/2$ die *dynamische Höhe*, p der *statische Druck*, $p/\varrho g$ die *Druckhöhe* und $v^2/2g$ die *Geschwindigkeitshöhe* ist.

Für eine kompressible Flüssigkeit hängt das Integral $\int dp/\varrho$ von der Art der Zustandsänderung ab. Bei isothermen und adiabatischen (isentropischen) Prozessen in einem idealen Gas (S. 151) ist

$$\int\limits_{\text{Isotherme}} \frac{dp}{\varrho} = k_1 \ln p + \text{const},$$

$$\int\limits_{\text{Adiabate}} \frac{dp}{\varrho} = k_2 \frac{\varkappa}{\varkappa - 1} p^{\frac{\varkappa-1}{\varkappa}} + \text{const},$$

wobei $\varkappa = c_p/c_V$ das Verhältnis der spezifischen Wärmen bei konstantem Druck bzw. konstantem Volumen (S. 159) ist und k_1, k_2 Konstanten sind.

9. Eine Potentialströmung (S. 303) einer idealen barotropen Flüssigkeit ist nur möglich, wenn das Feld der Massenkräfte ein Potentialfeld ist. Eine solche Strömung wird durch die *Beziehung* von CAUCHY,

$$\frac{\partial \varphi}{\partial t} + \frac{v^2}{2} \int \frac{dp}{\varrho} + \varphi_F = f(t),$$

beschrieben, wobei φ das Potential der Geschwindigkeit ($v = \operatorname{grad} \varphi$), φ_F das Potential der Massenkräfte und $f(t)$ eine willkürliche Funktion der Zeit ist.

10. Betrachten wir nun die stationäre Potentialströmung einer idealen Flüssigkeit. Für eine barotrope Flüssigkeit gilt die BERNOULLI-EULER*sche Gleichung*

$$\varphi_F + \frac{v^2}{2} + \int \frac{dp}{\varrho} = \text{const},$$

wobei, im Gegensatz zur BERNOULLI-Gleichung, die Konstante für alle Stromlinien dieselbe ist.

11. Wir wollen nun die ebene Strömung einer idealen inkompressiblen Flüssigkeit betrachten. Unter einer *ebenen Strömung* versteht man eine solche Bewegung einer Flüssigkeit, bei der sich alle Teilchen in Ebenen bewegen, die parallel zu einer ruhenden Ebene verlaufen; die Senkrechten auf diese Ebene sind die Kurven gleicher Teilchengeschwindigkeit. Legt man den Koordinatenursprung in diese Ebene, so daß sie mit der x,y-Ebene zusammenfällt, dann gilt für die ebene Strömung

$$v_x = f_1(x, y, t), \qquad v_y = f_2(x, y, t), \qquad v_z = 0.$$

Die ebene Strömung einer inkompressiblen Flüssigkeit wird durch

$$v_x = \frac{\partial \psi}{\partial y}, \qquad v_y = -\frac{\partial \psi}{\partial x}$$

beschrieben, wobei $\psi(x, y, t)$ die *Stromfunktion* ist. Die Kurvenschar $\psi(x, y, t) = \text{const}$ (die Zeit t spielt hier die Rolle eines festgehaltenen Parameters) stellt die Gesamtheit der Stromlinien in der x,y-Ebene zur Zeit t dar.

Besitzen die äußeren Kräfte ein Potentialfeld, dann genügt die Stromfunktion der Differentialgleichung

$$\frac{\partial}{\partial t} \Delta \psi = \frac{\partial \psi}{\partial x} \frac{\partial \Delta \psi}{\partial y} - \frac{\partial \psi}{\partial y} \frac{\partial \Delta \psi}{\partial x},$$

wobei $\Delta = \partial^2/\partial x^2 + \partial^2/\partial y^2$ der zweidimensionale LAPLACE-Operator ist.

Ist die ebene Strömung einer inkompressiblen Flüssigkeit eine Potentialströmung, dann gelten die CAUCHY-RIEMANN*schen Gleichungen*

$$\frac{\partial \psi}{\partial y} = \frac{\partial \varphi}{\partial x}, \qquad \frac{\partial \psi}{\partial x} = -\frac{\partial \varphi}{\partial y}.$$

Stromfunktion und Geschwindigkeitspotential befriedigen die entsprechenden LAPLACE*schen Gleichungen* $\Delta \psi = 0$ und $\Delta \varphi = 0$. Die Stromlinien sind Orthogonaltrajektorien der Äquipotentialkurven der Geschwindigkeit.

12. Das *Gesetz der Erhaltung der Zirkulation* (*Satz von* THOMSON) lautet: Bei der Strömung einer idealen barotropen Flüssigkeit im Potentialfeld von Massenkräften ist die Zirkulation der Geschwindigkeit längs einer beliebigen geschlossenen Kurve durch ein und dieselben Flüssigkeitsteilchen (*flüssige Linie*) zeitlich konstant, d. h., es ist

$$\oint_L (\boldsymbol{v}\, d\boldsymbol{l}) = \text{const} \qquad \text{oder} \qquad \frac{d}{dt} \oint_L (\boldsymbol{v}\, d\boldsymbol{l}) = 0.$$

2.4. Die Energiegleichung

1. Für ein bewegtes System kann der erste Hauptsatz der Thermodynamik in der Form

$$d\left(U + \frac{M v^2}{2}\right) = \delta Q + \delta A' \qquad \text{oder}$$

$$d\left(H + \frac{M v^2}{2}\right) = \delta Q + \partial A' + d(p\,V)$$

geschrieben werden, wobei U die innere Energie und H die Enthalpie des Systems ist (S. 155); sein Volumen ist V, sein Druck p, seine Masse M, und seine Geschwindigkeit ist v; δQ ist die ihm von außen zugeführte Wärme und $\delta A'$ die von äußeren Kräften geleistete Arbeit.

Für eine kompressible zähe Flüssigkeit wird das Gesetz der Erhaltung der Energie durch die Differentialgleichung

$$\varrho \frac{du}{dt} = \varepsilon + \operatorname{div}(K \operatorname{grad} T) - p \operatorname{div} \boldsymbol{v}$$
$$+ \eta \left\{ 2 \left[\left(\frac{\partial v_x}{\partial x}\right)^2 + \left(\frac{\partial v_y}{\partial y}\right)^2 + \left(\frac{\partial v_z}{\partial z}\right)^2 \right] + \left[\left(\frac{\partial v_x}{\partial y} + \frac{\partial v_y}{\partial x}\right)^2 \right.\right.$$
$$\left.\left. + \left(\frac{\partial v_x}{\partial z} + \frac{\partial v_z}{\partial x}\right)^2 + \left(\frac{\partial v_y}{\partial z} + \frac{\partial v_z}{\partial y}\right)^2 \right] - \frac{2}{3} (\operatorname{div} \boldsymbol{v})^2 \right\} + \zeta (\operatorname{div} \boldsymbol{v})^2$$

oder

$$\varrho \frac{dh}{dt} = \varepsilon + \frac{dp}{dt} + \operatorname{div}(K \operatorname{grad} T)$$
$$+ \eta \left\{ 2 \left[\left(\frac{\partial v_x}{\partial x}\right)^2 + \left(\frac{\partial v_y}{\partial y}\right)^2 + \left(\frac{\partial v_z}{\partial z}\right)^2 \right] + \left[\left(\frac{\partial v_x}{\partial y} + \frac{\partial v_y}{\partial x}\right)^2 \right.\right.$$
$$\left.\left. + \left(\frac{\partial v_x}{\partial z} + \frac{\partial v_z}{\partial x}\right)^2 + \left(\frac{\partial v_z}{\partial y} + \frac{\partial v_y}{\partial z}\right)^2 \right] - \frac{2}{3} (\operatorname{div} \boldsymbol{v})^2 \right\} + \zeta (\operatorname{div} \boldsymbol{v})^2$$

gegeben; hier ist u die innere Energie und h die Enthalpie pro Masseneinheit, ϱ, T und p sind Dichte, absolute Temperatur und Druck der Flüssigkeit, $\boldsymbol{v}$ ist ihre Strömungsgeschwindigkeit, K, η und ζ sind die Koeffizienten der Wärmeleitung, der inneren Reibung und der zweiten Viskosität der Flüssigkeit, und ε ist die pro Volumen- und Zeiteinheit zugeführte Wärme, die nicht durch Wärmeleitung (sondern z. B. durch Strahlung) übertragen wird oder aus anderen Quellen stammt (z. B. aus chemischen Reaktionen).

Der Ausdruck

$$\Phi = \eta \left\{ 2 \left[\left(\frac{\partial v_x}{\partial x}\right)^2 + \left(\frac{\partial v_y}{\partial y}\right)^2 + \left(\frac{\partial v_z}{\partial z}\right)^2 \right] + \left[\left(\frac{\partial v_x}{\partial y} + \frac{\partial v_y}{\partial x}\right)^2 \right.\right.$$
$$\left.\left. + \left(\frac{\partial v_x}{\partial z} + \frac{\partial v_z}{\partial x}\right)^2 + \left(\frac{\partial v_y}{\partial z} + \frac{\partial v_z}{\partial y}\right)^2 \right] \right\} + \left(\zeta - \frac{2}{3}\eta\right) (\operatorname{div} \boldsymbol{v})^2$$

wird *Dissipationsfunktion* genannt. Die Dissipationsfunktion gibt die pro Zeit- und Volumeneinheit infolge Reibung in innere Energie umgeformte mechanische Energie der Flüssigkeit an.

Gehorcht ein Gas der Gleichung von Mendelejew-Clapeyron und sind die Temperaturänderungen nicht zu stark, dann kann man $\frac{du}{dt} = c_V \frac{dT}{dt}$ und $\frac{dh}{dt} = c_p \frac{dT}{dt}$ setzen, wo c_V und c_p die spezifischen Wärmen bei konstantem Volumen bzw. konstantem Druck sind.

3. Ist $K = \eta = \zeta = \varepsilon = 0$, dann bestimmt die Energiegleichung die Bedingung der *adiabatischen Strömung* einer idealen Flüssigkeit:

$$\frac{du}{dt} = -\frac{p}{\varrho} \operatorname{div} \boldsymbol{v} \qquad \text{oder} \qquad \frac{ds}{dt} = \frac{\partial s}{\partial t} + (\boldsymbol{v} \operatorname{grad} s) = 0,$$

wobei s die spezifische Entropie der Flüssigkeit ist.

Ist die Flüssigkeit inkompressibel und $\varepsilon = 0$, dann lautet die Energiegleichung

$$c\varrho \frac{dT}{dt} = \operatorname{div}(K \operatorname{grad} T) + \eta \left\{ 2\left[\left(\frac{\partial v_x}{\partial x}\right)^2 + \left(\frac{\partial v_y}{\partial y}\right)^2 + \left(\frac{\partial v_z}{\partial z}\right)^2\right] + \left(\frac{\partial v_x}{\partial y} + \frac{\partial v_y}{\partial x}\right)^2 + \left(\frac{\partial v_x}{\partial z} + \frac{\partial v_z}{\partial x}\right)^2 + \left(\frac{\partial v_z}{\partial y} + \frac{\partial v_y}{\partial z}\right)^2 \right\},$$

wobei c die spezifische Wärme der Flüssigkeit ist.

Für eine inkompressible ideale Flüssigkeit gilt bei $\varepsilon = 0$ und $K = \text{const}$

$$\frac{dT}{dt} = a \nabla^2 T$$

oder

$$\frac{\partial T}{\partial t} + v_x \frac{\partial T}{\partial x} + v_y \frac{\partial T}{\partial y} + v_z \frac{\partial T}{\partial z} = a\left(\frac{\partial^2 T}{\partial x^2} + \frac{\partial^2 T}{\partial y^2} + \frac{\partial^2 T}{\partial z^2}\right),$$

wobei $a = K/c\varrho$ die Temperaturleitfähigkeit (S. 262) ist.

4. Man spricht von *konvektivem Wärmeaustausch*, wenn Energie in der Form von Wärme zwischen ungleichmäßig erwärmten Zonen in einer Flüssigkeit oder zwischen einer Flüssigkeit und einem Festkörper übertragen wird; diese Übertragung erfolgt durch die Bewegung makroskopischer Flüssigkeitsbereiche relativ zu anderen oder relativ zu dem betrachteten Festkörper.

Erfolgt konvektiver Wärmeaustausch zwischen Flüssigkeit und Festkörper, so spricht man von *Wärmeübergang*. Je nach der Art der Flüssigkeitsbewegung unterscheidet man Abgabe von Wärme in *freier (natürlicher) Konvektion* und Abgabe von Wärme bei *erzwungener Konvektion*. Bei freier Konvektion strömt die Flüssigkeit nur infolge der Schwerkraft, da verschieden erwärmte Bereiche verschiedenes spezifisches Gewicht haben. Bei erzwungener Konvektion wird die Flüssigkeit durch Umrühren, Pumpen oder Ventilatoren in Bewegung versetzt.

5. Die Größe α, die die Intensität des Wärmeübergangs angibt und durch

$$\alpha = \frac{q}{\Delta T}$$

definiert ist, wird *Wärmeübergangszahl* genannt; q ist hier der Wärmefluß (Wärmemenge pro Flächeneinheit und pro Zeiteinheit), und ΔT ist der Absolutwert der *Temperaturdifferenz* zwischen Flüssigkeit und Festkörper. In manchen Fällen ist diese Temperaturdifferenz auch anders definiert; z. B. wenn ein Festkörper von einer kompressiblen Flüssigkeit umströmt wird, nimmt man ΔT als den Absolutbetrag der Temperaturdifferenz zwischen der Flüssigkeit in großer Entfernung vom umströmten Körper und der Körperoberfläche im Gleichgewichtszustand, wenn kein Wärmeaustausch stattfindet.

Infolge der Viskosität ist die Relativgeschwindigkeit einer Flüssigkeit an der Körperoberfläche gleich Null; daher muß an der Körperoberfläche selbst die Wärme durch Wärmeleitung übertragen werden:

$q = K\,|\mathrm{grad}\,T|_{\mathrm{gr}}$, wobei K die Wärmeleitfähigkeit der Flüssigkeit und $|\mathrm{grad}\,T|_{\mathrm{gr}}$ der Betrag des Temperaturgradienten an der Grenze zwischen Flüssigkeit und Festkörper.
Für die Wärmeübergangszahl und die Wärmeleitfähigkeit gilt die Beziehung

$$\alpha = \frac{K}{\Delta T}\,|\mathrm{grad}\,T|_{\mathrm{gr}}.$$

2.5. Elemente der Dimensionstheorie und der Ähnlichkeitsgesetze

1. Die *Maßeinheit* $[A]$ einer physikalischen Größe A ist meist eine physikalische Größe, die so gewählt wird, daß sie in ihrer physikalischen Bedeutung mit A übereinstimmt.
Unter einem *System von Maßeinheiten* (Maßsystem) versteht man die Gesamtheit wohldefinierter Maßeinheiten für alle jene Größen, die in dem betrachteten Gebiet der Physik vorkommen. In der Mechanik verwendet man z. B. das CGS-System (*absolutes physikalisches Maßsystem*), das MKS-System (*das absolute praktische Maßsystem*) oder, auf die Kraft bezogen, das MKpS-System (*technisches Maßsystem*); in Elektrizität und Magnetismus verwendet man das elektrische CGS-System (*absolutes elektrostatisches Maßsystem*), das magnetische CGS-System (*absolutes elektromagnetisches Maßsystem*), das Gaussscke *System* und das *absolute praktische* MKSA-System. Seit dem 1. Januar 1963 wird in der UdSSR für alle Gebiete der Wissenschaft und Technik vorzugsweise das internationale Maßsystem (SI) empfohlen; in diesem System werden mechanische Größen im MKS, elektromagnetische Größen im MKSA-System gemessen.
Als *absolut* werden hier solche Systeme bezeichnet, in denen Längeneinheit, Masseneinheit und Zeiteinheit als die Grundeinheiten der mechanischen Größen verwendet werden.
Als *Grundeinheiten* oder *primäre Einheiten eines Maßsystems* bezeichnet man die unabhängig festgelegten Maßeinheiten von mehreren (meist drei oder vier) willkürlich gewählten unabhängigen physikalischen Größen. So sind z. B. im CGS-System die Grundeinheiten 1 cm (Längeneinheit), 1 g (Masseneinheit) und 1 s (Zeiteinheit).
Das internationale Maßsystem (SI-System), welches alle Gebiete der Physik und Technik umfaßt, beruht auf sechs Grundeinheiten, nämlich Länge (m), Masse (kg), Zeit (s), Stromstärke (A), Temperatur (°K) und Lichtstärke (cd).
Die *abgeleiteten* oder *sekundären Maßeinheiten* sind Einheiten, die auf Grund physikalischer Gesetzmäßigkeiten durch die Grundeinheiten definiert sind, wobei diese Gesetze den Zusammenhang zwischen den betrachteten physikalischen Größen und jenen Größen, deren Maßeinheiten als Grundeinheiten gewählt worden sind, angeben.
Die Dimension einer physikalischen Größe B kann durch eine *Dimensionsgleichung* angegeben werden; sie gibt den Zusammenhang zwischen den Maßeinheiten dieser Größe $[B]$ und den Grundeinheiten

$[A_1], [A_2], \ldots, [A_k]$ des betrachteten Systems. Eine solche Dimensionsgleichung hat die Form eines Exponentialmonoms:

$$[B] = [A_1]^{n_1} [A_2]^{n_2} \cdots [A_k]^{n_k},$$

wobei k die Anzahl der Grundeinheiten ist; $n_1, n_2, \ldots, n_k$ sind rationale Zahlen.
Die Maßeinheiten und Dimensionen der wichtigsten physikalischen Größen in den verschiedenen Maßeinheiten sind mit den entsprechenden Umrechnungsformeln im Anhang I zusammengestellt.

2. *Gleichartige physikalische Einheiten* haben gleiche Dimensionen und dieselbe physikalische Bedeutung, d. h., sie unterscheiden sich nur in ihrem numerischen Wert (z. B. die Koordinaten der Punkte eines Körpers und seine linearen Abmessungen).
Gleichnamige physikalische Größen sind zwar von gleicher Dimension, doch unterscheiden sie sich in ihrer physikalischen Bedeutung. Gleichnamige Größen sind z. B. der Diffusionskoeffizient und die kinematische Zähigkeit.
Als *dimensionslos* bezeichnet man Größen, deren Zahlenwerte nicht von der Wahl des Maßsystems abhängen. So ist z. B. das Verhältnis zweier gleichartiger oder zweier gleichnamiger Größen immer eine dimensionslose Größe. Das Verhältnis zweier gleichartiger Größen bezeichnet man als Simplex oder dimensionslose Variable.

3. *Die Axiome der Dimensionstheorie.*

a) Der numerische Wert a einer physikalischen Größe A ist gleich dem Verhältnis dieser Größe zu ihrer Maßeinheit $[A]$:

$$a = \frac{A}{[A]}.$$

b) Eine physikalische Größe hängt nicht von der Wahl der Maßeinheiten ab, d. h., vergrößert man die Maßeinheiten auf das q-fache, so nimmt der Wert der betrachteten Größe auf ein q-tel ab.

c) Die mathematische Beschreibung eines physikalischen Vorganges, die den funktionellen Zusammenhang zwischen den numerischen Werten physikalischer Größen angibt, hängt nicht von der Wahl der Maßeinheiten ab. Demnach müssen alle Glieder der den physikalischen Vorgang beschreibenden Gleichung dieselbe Dimension besitzen, so daß sie, wenn man beide Seiten der Gleichung durch eine Konstante derselben Dimension dividiert, auf dimensionslose Form gebracht werden können.

4. Das *π-Theorem* lautet: Jede Beziehung zwischen n nicht dimensionslosen Größen, zu deren Messung k Grundeinheiten verwendet werden, kann als Gleichung geschrieben werden, in die $n-k$ dimensionslose Kombinationen von $\pi_1, \ldots, \pi_{n-k}$ dieser n Größen eingehen.
Es sei z. B. der Zusammenhang zwischen den Zahlenwerten $a_1, \ldots, a_n$ der Größen $A_1, \ldots, A_n$ eines Effektes in der Form $a_n = f(a_1, a_2, \ldots, a_{n-1})$ darstellbar, wobei die Maßeinheiten der ersten k Größen von-

einander unabhängig festgelegt und durch Grundeinheiten gegeben sind, während die Maßeinheiten der restlichen $n-k$ Größen abgeleitet sind, d. h.

$$[A_{k+1}] = \prod_{i=1}^{k} [A_i]^{m_i}, \ldots, [A_n] = \prod_{i=1}^{k} [A_i]^{p_i}.$$

Vergrößert man die Grundeinheiten $[A_1]$, $[A_2]$, ..., $[A_k]$ um das a_1-, a_2-, ..., a_k-fache, dann kann man obige Beziehung in dimensionsloser Form schreiben:

$$\pi_{n-k} = f(1, 1, \ldots, 1, \pi_1, \ldots, \pi_{n-k-1})$$

oder

$$\pi_{n-k} = F(\pi_1, \ldots, \pi_{n-k-1}),$$

wobei

$$\pi_1 = \frac{a_{k+1}}{\prod_{i=1}^{k} a_i^{m_i}} = \frac{A_{k+1}}{\prod_{i=1}^{k} A_i^{m_i}}, \ldots, \pi_{n-k} = \frac{a_n}{\prod_{i=1}^{k} a_i^{p_i}} = \frac{A_n}{\prod_{i=1}^{k} A_i^{p_i}}$$

die dimensionslosen Kombinationen oder Potenzen der physikalischen Größen $A_1, \ldots, A_n$ sind.

Einige der sich aus dem π-Theorem ergebenden Folgerungen sind: a) ist $n-k=0$, so bedeutet dies, daß die Gleichung $a_n = f(a_1, \ldots, a_{n-1})$ nicht aufgestellt werden kann, da sie nicht auf dimensionslose Form gebracht werden kann; b) ist $n-k=1$, dann ist $\pi_{n-k} = \text{const}$.

5. Zwei physikalische Prozesse werden als *ähnlich* bezeichnet, wenn sie ein und demselben physikalischen Gesetz unterworfen sind und alle Größen ξ_i', die den einen Prozeß charakterisieren, durch Multiplikation der gleichartigen, den anderen Prozeß beschreibenden Größen ξ_i'' mit konstanten Zahlen c_i erhalten werden können; diese Zahlen bezeichnet man als *Ähnlichkeitsfaktoren*; sie sind für gleichartige Größen dieselben: $\xi_i' = c_i \xi_i''$.

Kennzahlen sind dimensionslose Produkte, die in die mittels des π-Theorems aufgestellte dimensionslose mathematische Beschreibung des betrachteten Prozesses eingehen. Um die Kennzahlen in einem konkreten Fall zu bestimmen, muß man mit Hilfe der Differentialgleichungen des Prozesses und der für deren eindeutige Lösung erforderlichen Rand- und Anfangsbedingungen, alle für diesen Prozeß charakteristischen Dimensionsgrößen $A_1, \ldots, A_n$ zusammenstellen und dann das π-Theorem auf die Funktion $f(a_1, \ldots, a_n) = 0$ anwenden, die ein unbekanntes Integral (eine Lösung) des Problems ist.

Spezielle Kennzahlen sind Kennzahlen, die sich nur aus den in den Anfangs- und Randbedingungen gegebenen Größen und unabhängigen Variablen zusammensetzen.

6. *Der erste Ähnlichkeitssatz* lautet: Bei zwei ähnlichen Prozessen sind alle Kennzahlen einander paarweise gleich, d. h.

$$\pi_1' = \pi_1'', \qquad \pi_2' = \pi_2'' \qquad \text{usw.}$$

Der zweite Ähnlichkeitssatz lautet: Die Kennzahlen sind untereinander durch *Ähnlichkeitsgleichungen* verbunden, die dimensionslose Lösungen (Integrale) der betrachteten Probleme darstellen und für alle ähnlichen Prozesse gelten.

Der *dritte Ähnlichkeitssatz* lautet: Für die Ähnlichkeit zweier Prozesse ist notwendig und hinreichend, daß sie qualitativ gleichartig und ihre Definitionskennzahlen paarweise gleich sind.

Als *qualitativ gleichartig* bezeichnet man Prozesse, deren mathematische Beschreibungen sich nur durch die Zahlenwerte der in ihnen vorkommenden Dimensionsgrößen unterscheiden.

7. Die Ähnlichkeitslehre ist die wissenschaftliche Grundlage experimenteller Untersuchungen komplizierter Effekte mit Hilfe von Modellen und Analogien.

Die *Modellmethode* besteht darin, daß man Modelle verwendet, um Prozesse zu beschreiben oder zu untersuchen, die am Modell und am realen Objekt in gleicher Weise ablaufen. Ergebnisse vom am Modell ausgeführten Experimenten können dann auf reale Objekte angewendet werden, wenn die im dritten Ähnlichkeitssatz formulierten Bedingungen erfüllt sind.

Die *Analogiemethode* besteht in der Untersuchung eines Prozesses mittels einer experimentellen Untersuchung von qualitativ verschiedenen physikalischen Prozessen, deren Differentialgleichungen und Rand- und Anfangsbedingungen jenen des betrachteten Prozesses gleichen. Heute verwendet man vielfach experimentelle Untersuchungsmethoden, die auf der Analogie zwischen elektrischen, hydrodynamischen, thermischen, mechanischen und anderen Erscheinungen beruhen. Die auf thermische Prozesse anwendbaren Analogien besitzen einen wesentlichen Nachteil, da sie es nicht ermöglichen, die Temperaturabhängigkeit der physikalischen Eigenschaften der Stoffe (Zähigkeit, Wärmeleitfähigkeit, spezifische Wärmen usw.) zu berücksichtigen.

8. Die wichtigsten Kennzahlen in der Hydro- und Aerodynamik sind die REYNOLDSsche Zahl Re, die FROUDE-Zahl Fr, die STROUHAL-Zahl St und die MACH-Zahl M.

Die REYNOLDS*sche Zahl* $\mathsf{Re} = vl/\nu$, wobei v die für das Problem charakteristische Strömungsgeschwindigkeit, l die charakteristische Länge und ν die kinematische Viskosität der Flüssigkeit ist. Die Wahl der dem Problem entsprechenden charakteristischen Geschwindigkeit und der charakteristischen Dimension kann auf verschiedene Weise erfolgen. So ist z. B. für die Strömung einer inkompressiblen Flüssigkeit in einer runden Röhre vom Durchmesser d die Größe $l = d$, und v ist die über den Querschnitt gemittelte Geschwindigkeit der Flüssigkeit ($v = 4\,V_s/\pi d^2$, wobei V_s der Fluß pro Sekunde in Volumeneinheiten ist); umströmt eine Flüssigkeit einen Kreiszylinder in transversaler Richtung, dann ist $l = d$ (d ist der Zylinderdurchmesser) und v ist die Geschwindigkeit der ungestörten Flüssigkeit,

d. h. in großer Entfernung von dem Zylinder. Die Reynolds-Zahl gibt das Verhältnis zwischen Trägheits- und Reibungskräften in der Flüssigkeitsströmung.

9. Die Froude-*Zahl* $\mathsf{Fr} = v^2/gl$, wobei v die Geschwindigkeit der Flüssigkeit in großer Entfernung von dem umströmten Körper, l die charakteristische Linearabmessung dieses Körpers und g die Schwerebeschleunigung ist. Die Froude-Zahl beschreibt das Verhältnis zwischen den Trägheitskräften und der Schwerkraft in der Flüssigkeitsströmung. Sie spielt eine wichtige Rolle in der Modelldarstellung von Prozessen, auf denen die Funktion verschiedener hydrotechnischer Anlagen, die Fortbewegung von Schiffen u. a. m. beruht. Bei der Modelldarstellung von Gasströmungen wird diese Kennzahl kaum verwendet, da angesichts der geringen Dichte von Gasen der Einfluß der Schwerkraft im allgemeinen vernachlässigt werden kann.

10. Die Strouhal-*Zahl* ist die Kennzahl für die instationäre Bewegung einer Flüssigkeit. Sie ist durch $\mathsf{St} = vT/l$ definiert, wobei v die charakteristische Geschwindigkeit, l die charakteristische Linearabmessung und T ein charakteristisches Zeitintervall ist (z. B. für eine periodische Bewegung ist T die Periode).

11. Die Mach-*Zahl* M ist durch $\mathsf{M} = v/c$ definiert, wobei v die Geschwindigkeit der Flüssigkeit in einem betrachteten Punkt und c die Schallgeschwindigkeit (in der Flüssigkeit) in eben diesem Punkt ist. M ist ein Maß für den Einfluß der Kompressibilität des Mediums auf seine Bewegungen. Unter Bedingungen, in denen $\mathsf{M} \ll 1$, kann das Medium als inkompressibel betrachtet werden. Die Bewegung eines kompressiblen Mediums wird als *Unterschallströmung* bezeichnet, wenn $\mathsf{M} < 1$, und als *Überschallströmung*, wenn $\mathsf{M} > 1$ ist. Die Mach-Zahl M ist die wichtigste Kennzahl für die stationäre Strömung eines kompressiblen Mediums, bei der hohe Geschwindigkeiten erreicht werden.

12. Für den stationären Wärmeübergang bei freier Konvektion (S. 313) inkompressibler Flüssigkeiten sind die wichtigsten Kennzahlen die Nusselt-Zahl Nu, die Grashof-Zahl Gr und die Prandtl-Zahl Pr; bei stationärer Wärmeabgabe in erzwungener Konvektion (S. 313) sind es die Kennzahlen Nu, Re und Pr. Häufig wird auch die Péclet-Zahl $\mathsf{Pe} = \mathsf{Re}\,\mathsf{Pr}$ verwendet.

13. Die Nusselt-*Zahl* ist durch $\mathsf{Nu} = \alpha l/K$ definiert, wobei α die Wärmeübergangszahl (S. 313), l die charakteristische Länge und K die Wärmeleitfähigkeit der Flüssigkeit ist.

14. Die Prandtl-*Zahl* charakterisiert die physikalischen Eigenschaften der Flüssigkeit. Sie ist $\mathsf{Pr} = \nu/a = \eta c/K$, wobei ν die kinematische Zähigkeit der Flüssigkeit (S. 306), a ihre Temperaturleitfähigkeit (S. 262), η die dynamische Viskosität und c die spezifische Wärme der Flüssigkeit ist.

15. Die Grashof-*Zahl* ist durch $\mathsf{Gr} = \frac{\alpha_t g l^3}{\nu^2} \Delta T$ definiert, wobei α_t der thermische Ausdehnungskoeffizient (S. 184) der Flüssigkeit, ν ihre kinematische Viskosität, g die Schwerebeschleunigung und ΔT die absolute Temperaturdifferenz zwischen Flüssigkeit und Wand ist.

2.6. Die Bewegung von Körpern in Flüssigkeiten. Die Grenzschicht

1. Nach dem Relativitätsprinzip der Mechanik (S. 51) ist das Problem der Wechselwirkung zwischen einem sich geradlinig und gleichförmig mit der Geschwindigkeit $\boldsymbol{u}$ in einer ruhenden, unbegrenzten Flüssigkeit bewegenden Körper und dieser Flüssigkeit dem Problem der Wechselwirkung zwischen einem ruhenden Körper und einer stationären Flüssigkeitsströmung der Geschwindigkeit $\boldsymbol{v}_0$ äquivalent; die Strömungsgeschwindigkeit in großer Entfernung vor dem Körper ist hierbei gleich $-\boldsymbol{u}$.

2. Die Gleichung von Navier-Stokes (S. 306) lautet für die stationäre Strömung einer Flüssigkeit ohne Massenkräfte

$$(\boldsymbol{v}\nabla)\,\boldsymbol{v} = -\frac{1}{\varrho}\,\mathrm{grad}\,p + \nu\Delta\boldsymbol{v} + \left(\frac{\zeta}{\varrho} + \frac{\nu}{3}\right)\mathrm{grad}\,\mathrm{div}\,\boldsymbol{v}.$$

Befindet sich der Körper in der Strömung einer inkompressiblen Flüssigkeit ($\mathrm{div}\,\boldsymbol{v} = 0$), die kleinen Reynolds-Zahlen entspricht $\left(\mathrm{Re} = \dfrac{v_0 l}{\nu} \ll 1\right.$, wobei l die charakteristische Länge des Körpers ist$\left.\right)$, so daß das Trägheitsglied $(\boldsymbol{v}\nabla)\boldsymbol{v} \ll \nu\Delta\boldsymbol{v}$ wird, dann kann diese Gleichung in Form einer Näherungsformel geschrieben werden:

$$\eta\Delta\boldsymbol{v} - \mathrm{grad}\,p = 0 \qquad \text{oder} \qquad \Delta\,\mathrm{rot}\,\boldsymbol{v} = 0.$$

3. Der *Strömungswiderstand* $\boldsymbol{F}$ auf einen kugelförmigen Körper ist die von der Strömung auf ihn wirkende Kraft und wird durch die Stokessche Formel

$$\boldsymbol{F} = -6\pi\eta R\boldsymbol{u}$$

beschrieben; R ist der Radius des Körpers, $\boldsymbol{u}$ seine Geschwindigkeit und η die dynamische Viskosität der Flüssigkeit. Diese Formel gilt für $\mathrm{Re} \ll 1$ ($\mathrm{Re} = uR\varrho/\eta$, wobei ϱ die Dichte der Flüssigkeit ist).
Die Geschwindigkeit u der stationären Fallbewegung einer festen Kugel in einer zähen Flüssigkeit, die diese infolge der Schwerkraftwirkung ausführt, ist innerhalb des Gültigkeitsbereiches des Stokesschen Gesetzes gleich

$$u = \frac{2R^2 g(\varrho' - \varrho)}{9\eta},$$

wobei ϱ' die Dichte der Kugel und g die Beschleunigung im freien Fall ist.
Strömungswiderstand und Fallgeschwindigkeit eines kugelförmigen Tropfens sind durch

$$F = 2\pi\eta R u\,\frac{2\eta + 3\eta'}{\eta + \eta'}, \qquad u = \frac{2R^2 g(\varrho' - \varrho)(\eta + \eta')}{3\eta(2\eta + 3\eta')}$$

gegeben, wobei ϱ' die Dichte und η' die dynamische Viskosität der Tropfenflüssigkeit ist.

Für eine kleine Dampfblase in einer Flüssigkeit ist $\varrho' \approx 0$ und $\eta' \approx 0$. Der Strömungswiderstand der schwebenden Blase ist dann

$$F = 4\pi\eta R u\,,$$

und die Fortbewegungsgeschwindigkeit ist

$$u = \frac{R^2 g \varrho}{3\eta}\,.$$

4. Bei sehr hohen REYNOLDS-Zahlen kann man näherungsweise annehmen, daß der Einfluß der Viskosität nur in dem Strömungsbereich in unmittelbarer Nähe des umströmten Körpers zur Auswirkung kommt; diesen Bereich bezeichnet man als *Grenzschicht.*
Die Strömungsgeschwindigkeit in unmittelbarer Nähe des Körpers ist gleich Null (Haftbedingung, S. 309), die an der äußeren Oberfläche der Grenzschicht hängt von der Geschwindigkeit und der Querausdehnung der Strömung vor dem Körper sowie von Form und Größe des letzteren ab. Befindet sich z. B. eine dünne Platte in einer parallelen Unterschallströmung, dann ist diese Geschwindigkeit gleich der Strömungsgeschwindigkeit vor der Platte.
Die Dicke der Grenzschicht am umströmten Körper nimmt in der Strömungsrichtung zu. Unter sonst gleichen Bedingungen ist die Grenzschicht um so dünner, je höher die REYNOLDS-Zahl ist.
Außerhalb der Grenzschicht kann man in guter Näherung die Flüssigkeit als ideal betrachten.

5. Es gibt zwei qualitativ verschiedene Arten von Strömungen einer zähen Flüssigkeit: die laminare und die turbulente Strömung. Die *laminare Strömung* ist ein reguläres Fließen, wobei sich die Bahnen benachbarter Flüssigkeitsteilchen nur wenig voneinander unterscheiden, so daß man sich die Flüssigkeit als aus einzelnen Schichten zusammengesetzt denken kann, die sich mit verschiedenen Geschwindigkeiten bewegen, aber sich nicht vermischen. Als *turbulent* bezeichnet man eine Strömung, bei der die Flüssigkeitsteilchen in instationärer, ungeordneter Bewegung sind und komplizierte Bahnkurven aufweisen; turbulente Strömung hat eine intensive Durchmischung der verschiedenen Flüssigkeitsschichten zur Folge.
Eine laminare Strömung kann sowohl stationär als auch instationär sein, eine turbulente hingegen nur instationär (die Geschwindigkeit der Flüssigkeit ist in jedem Raumpunkt eine Zufallsfunktion der Zeit). Zur Beschreibung einer turbulenten Strömung hat man den Begriff der *mittleren Geschwindigkeit* $\bar{\boldsymbol{v}}$ im betrachteten Raumpunkt eingeführt; man erhält $\bar{\boldsymbol{v}}$, wenn man den Mittelwert der wahren Geschwindigkeit $\boldsymbol{v}$ über einen genügend großen Zeitraum bildet. Die Differenz $\boldsymbol{v}' = \boldsymbol{v} - \bar{\boldsymbol{v}}$ ist die Schwankung der lokalen Geschwindigkeit. Man betrachtet eine turbulente Strömung gewöhnlich dann als stationär, wenn $\bar{\boldsymbol{v}}$ nicht von der Zeit abhängt ($\partial\bar{\boldsymbol{v}}/\partial t = 0$).
Eine turbulente Strömung tritt dann auf, wenn eine laminare Strömung bei genügend großer REYNOLDS-Zahl instabil wird.

6. Die Bewegungsgleichung einer stationären ebenen Strömung (S. 310) einer inkompressiblen Flüssigkeit in der laminaren Grenz-

schicht ist durch

$$v_x \frac{\partial v_x}{\partial x} + v_y \frac{\partial v_y}{\partial y} - \nu \frac{\partial^2 v_x}{\partial y^2} = -\frac{1}{\varrho} \frac{dp}{dx}, \qquad \frac{\partial v_x}{\partial x} + \frac{\partial v_y}{\partial y} = 0$$

gegeben, wobei x und y krummlinige Koordinaten sind, die längs der Körperoberfläche in der Strömungsrichtung verlaufen (x) bzw. senkrecht auf die Körperoberfläche stehen (y); p ist der Druck an der inneren Oberfläche der Grenzschicht. Der Druck ist quer zur Grenzschicht konstant, d. h. $\partial p/\partial y = 0$, $p = p(x)$, und hängt von der Geschwindigkeit $\tilde{v}$ an der äußeren Oberfläche der Grenzschicht ab:

$$\frac{1}{\varrho} \frac{dp}{dx} = -\tilde{v} \frac{d\tilde{v}}{dx}.$$

7. Betrachten wir die laminare Grenzschicht an einer Platte, die sich in der parallelen Strömung einer inkompressiblen Flüssigkeit befindet; die von den Reibungskräften an der Plattenoberfläche verursachte Tangentialspannung ist

$$\tau_{\text{gr}} = 0{,}332 \sqrt{\frac{\eta \varrho v_0^3}{x}} = 0{,}332\, \varrho v_0^2 \frac{1}{\sqrt{\mathsf{Re}_x}},$$

wobei ϱ die Dichte und η die dynamische Zähigkeit der Flüssigkeit ist; v_0 ist die Geschwindigkeit der ankommenden Strömung, x der Abstand von der Vorderkante der Platte und $\mathsf{Re}_x = x v_0 \varrho/\eta$. Ist die Plattenlänge in Strömungsrichtung gleich l, dann ist die mittlere Tangentialreibungskraft durch

$$\bar{\tau}_{\text{gr}} = \frac{1}{l} \int_0^l \tau_{\text{gr}}\, dx = 0{,}664 \varrho v_0^2 \frac{1}{\sqrt{\mathsf{Re}}}$$

gegeben, wobei $\mathsf{Re} = l v_0 \varrho/\eta$ ist.

8. Die REYNOLDS-Zahl $(\mathsf{Re}_x)_{\text{kr}}$, bei der die laminare Grenzschicht turbulent wird, wird *kritische* REYNOLDS-*Zahl* genannt. Bei der longitudinalen Umströmung einer Platte oder eines Körpers mit geringer Oberflächenkrümmung ist $(\mathsf{Re}_x)_{\text{kr}} \sim 300000$ und hängt wesentlich von der anfänglichen Turbulenz der Strömung von dem Körper ab; diese Turbulenz ist gleich dem Verhältnis aus der Wurzel aus dem mittleren Schwankungsquadrat und dem Mittelwert der Geschwindigkeit der ankommenden Strömung: $\sqrt{\overline{v_0'^2}} / \bar{v}_0$.

Ein Turbulentwerden der Grenzschicht bedeutet einen größeren Geschwindigkeitsgradienten an der Körperoberfläche und größere Reibung, da in diesem Fall die innere Reibung in der Flüssigkeit durch den gleichzeitigen Einfluß von Impulsübertragung infolge thermischer Bewegung der Moleküle und turbulenter Durchmischung der Flüssigkeit bedingt ist.

2.7. Flüssigkeitsströmung in Röhren

1. Aus der Kontinuitätsgleichung folgt, daß bei einer stationären Strömung einer Flüssigkeit in einer Röhre

$$m_s = \int_S \varrho v_n \, dS = \text{const}$$

ist, wobei m_s der Massenfluß pro Sekunde durch jeden Röhrenquerschnitt (vgl. S. 304) ist; ϱ ist die Dichte der Flüssigkeit, dS ein Flächenelement des Querschnitts und v_n die Geschwindigkeitskomponente senkrecht zu dS.

Ist die Flüssigkeit inkompressibel, dann ist

$$V_s = \int_S v_n \, dS = \text{const},$$

wobei V_s das pro Sekunde durch einen Röhrenquerschnitt fließende Volumen ist.

Fließt eine ideale Flüssigkeit durch eine zylindrische Röhre ($S = \text{const}$), dann ist $v_n = v$ für alle Punkte eines gegebenen Querschnitts; ist die Flüssigkeit inkompressibel, dann ist die Geschwindigkeit auch in allen Querschnitten dieselbe.

Für ein kompressibles Medium ist

$$\varrho v = \frac{m_s}{S} = \text{const}.$$

2. Bei der Strömung einer inkompressiblen zähen Flüssigkeit durch eine zylindrische Röhre besteht die Strömung im ersten Abschnitt der Röhre aus zwei Teilen: der Grenzschicht an der Wand und dem ungestörten *Kern*, in dem die Strömungsgeschwindigkeit in allen Punkten des betrachteten Querschnitts gleich ist. Mit zunehmender Entfernung vom Röhreneingang wird die Dicke der Grenzschicht immer größer, bis sie schließlich, im Abstand l_{stab}, den ganzen Rohrquerschnitt erfaßt hat. Der erste Abschnitt der Röhre, dessen Länge durch l_{stab} gegeben ist, wird als der *Abschnitt der hydrodynamischen Stabilisierung* bezeichnet und die Flüssigkeitsströmung in ihm wird als *stabilisiert* betrachtet, da die Geschwindigkeitsverteilung über einen Querschnitt gleichförmig ist. Die Länge l_{stab} nimmt mit dem Rohrdurchmesser und der REYNOLDS-Zahl zu (für eine laminare Strömung in einer runden Röhre ist $l_{\text{stab}} \sim R \cdot \mathsf{Re}$, wobei R der Radius der Röhre und $\mathsf{Re} = 2\,V_s/\pi R \nu$ ist).

3. Betrachten wir nun eine stationäre laminare Strömung einer inkompressiblen Flüssigkeit in einer zylindrischen Röhre, deren Achse mit der z-Achse eines rechtwinkligen kartesischen Koordinatensystems zusammenfällt. Hier ist die Geschwindigkeit $\boldsymbol{v}$ der Flüssigkeit in allen Punkten parallel zur z-Achse: $v_x = v_y = 0$ und $v_z = v$. Aus der Kontinuitätsgleichung (S. 304) folgt:

$$\frac{\partial v}{\partial z} = 0, \qquad \text{d. h.} \qquad v = f(x, y).$$

Aus der NAVIER-STOKESschen Gleichung (S. 306) folgt

$$\frac{\partial p}{\partial x} = \frac{\partial p}{\partial y} = 0, \qquad \frac{\partial p}{\partial z} = \frac{dp}{dz} = \eta\left(\frac{\partial^2 v}{\partial x^2} + \frac{\partial^2 v}{\partial y^2}\right) = \text{const} = -\frac{\Delta p}{l},$$

wobei Δp der Druckabfall in der Röhre längs der Strecke l ist.

4. Handelt es sich um eine zylindrische Röhre mit kreisförmigem Querschnitt, dann kann diese Gleichung in der Form

$$\frac{1}{r}\frac{d}{dr}\left(r\frac{dv}{dr}\right) = -\frac{\Delta p}{\eta l}$$

geschrieben werden; $r = \sqrt{x^2 + y^2}$ ist der Abstand von der Rohrachse.

Für die Geschwindigkeitsverteilung über den Röhrenquerschnitt gilt dann

$$v(r) = \frac{\Delta p}{4\eta l}(R^2 - r^2),$$

wobei R der Radius der Röhre, r der Abstand von der Achse zum betrachteten Punkt im Querschnitt, η die dynamische Viskosität und Δp der Druckabfall längs der Strecke l ist.

Für den Volumenfluß gilt die *Formel von* HAGEN-POISEUILLE.

$$V_s = \frac{\pi R^4}{8\eta l}\Delta p.$$

5. Hat die Röhre einen elliptischen Querschnitt, dann ist

$$v(x, y) = \frac{\Delta p}{2\eta l}\frac{a^2 b^2}{a^2 + b^2}\left[1 - \frac{x^2}{a^2} - \frac{y^2}{b^2}\right],$$

$$V_s = \frac{\pi a^3 b^3}{4\eta l(a^2 + b^2)}\Delta p,$$

wobei a und b die Halbachsen der Ellipse und x und y die Koordinaten des betrachteten Querschnittspunktes sind; die x- bzw. y-Achse des Systems fallen mit den Halbachsen a bzw. b der Ellipse zusammen.

6. Für die Strömung in einem Ringkanal, der durch zwei koaxiale Kreiszylinder der Radien R_1 und $R_2 > R_1$ gebildet wird, gilt

$$v(r) = \frac{\Delta p}{4\eta l}\left[R_2^2 - r^2 + \frac{R_2^2 - R_1^2}{\ln(R_2/R_1)}\ln\frac{r}{R_2}\right] \qquad (R_1 \leqq r \leqq R_2),$$

$$V_s = \frac{\pi\Delta p}{8\eta l}\left[R_2^4 - R_1^4 - \frac{(R_2^2 - R_1^2)^2}{\ln(R_2/R_1)}\right].$$

7. Die kritische REYNOLDS-Zahl Re_{kr} ($\mathsf{Re} = 4V_s/\pi d\nu$, d ist der Rohrdurchmesser), die dem Übergang von laminarer zu turbulenter Strömung entspricht, ist bei glatten runden Röhren ~ 2300.

Für die turbulente Strömung einer inkompressiblen Flüssigkeit in einer runden zylindrischen Röhre gibt es eine Reihe von halbempirischen Formeln.

8. Handelt es sich um eine stationäre adiabatische Strömung eines idealen kompressiblen Mediums in einer Röhre mit variablem Querschnitt, so gilt für Stromdichte ϱv und Geschwindigkeit v die Beziehung

$$\frac{d}{dv}(\varrho v) = \varrho\left(1 - \frac{v^2}{c^2}\right),$$

wobei c die lokale Schallgeschwindigkeit (S. 518) ist; ϱ ist die den Zustandsgrößen der Flüssigkeit entsprechende Dichte in einem Querschnitt, wobei die Strömungsgeschwindigkeit gleich v ist.
Die Größe ϱv erreicht ihren Höchstwert $\varrho_* v_*$ bei der Geschwindigkeit v_*, die gleich der lokalen Schallgeschwindigkeit c_* ist und als *kritische Geschwindigkeit* bezeichnet wird. Das Verhältnis $v/c_* = \mathsf{M}_*$ ist die kritische MACHsche Zahl. Bei $\mathsf{M}_* < 1$ handelt es sich um Unterschallströmung, bei $\mathsf{M}_* > 1$ um Überschallströmung (S. 318). Um eine Unterschallströmung in eine Überschallströmung überzuführen, muß die Fläche S des Rohrquerschnittes längs der Rohrachse variieren, und zwar muß

$$S = \frac{m_s}{\varrho v} = \frac{\varrho_* v_*}{\varrho v} S_*$$

gelten, d. h., S muß im Unterschallbereich stetig abnehmen, bis der kritische Wert S_* erreicht ist, und dann wieder zunehmen. Ein solches Rohr wird als LAVAL-*Düse* bezeichnet werden.
Für ein ideales Gas gilt

$$c^* = c_0\sqrt{\frac{2}{\varkappa+1}} = \sqrt{\frac{2\varkappa}{\varkappa+1}\frac{p_0}{\varrho_0}} = \sqrt{\frac{2\varkappa}{\varkappa+1}BT_0},$$

$$\varrho^* = \varrho_0\left(\frac{2}{\varkappa+1}\right)^{\frac{1}{\varkappa-1}}, \quad T_* = \frac{2}{\varkappa+1}T_0 \quad \text{und} \quad p_* = p_0\left(\frac{2}{\varkappa+1}\right)^{\frac{\varkappa}{\varkappa-1}};$$

$\varkappa$ ist der Adiabatenexponent (S. 159); B ist die spezielle Gaskonstante (S. 152), p_0, ϱ_0 und T_0 sind Druck, Dichte und Temperatur eines Gases, das auf $v = 0$ adiabatisch abgebremst worden ist, c_0 ist die Schallgeschwindigkeit in einem Gas bei der Temperatur T_0 und ϱ_*, T_* und p_* sind die kritischen Werte von Dichte, Temperatur und Druck.
In jedem Rohrquerschnitt befriedigen die Zustandsgrößen eines idealen Gases die Gleichungen:

$$\varrho = \varrho_0\left(1 - \frac{\varkappa-1}{2}\frac{v^2}{c_0^2}\right)^{\frac{1}{\varkappa-1}} = \varrho_0\left(1 - \frac{\varkappa-1}{\varkappa+1}\frac{v^2}{c_*^2}\right)^{\frac{1}{\varkappa-1}},$$

$$T = T_0\left(1 - \frac{\varkappa-1}{2}\frac{v^2}{c_0^2}\right) = T_0\left(1 - \frac{\varkappa-1}{\varkappa+1}\frac{v^2}{c_*^2}\right),$$

$$p = p_0\left(1 - \frac{\varkappa-1}{2}\frac{v^2}{c_0^2}\right)^{\frac{\varkappa}{\varkappa-1}} = p_0\left(1 - \frac{\varkappa-1}{\varkappa+1}\frac{v^2}{c_*^2}\right)^{\frac{\varkappa}{\varkappa-1}}$$

IV. Elektrizität und Magnetismus

1. Elektrostatik

1.1. Die Grundbegriffe. Das COULOMBsche Gesetz

1. Die *Elektrostatik* ist die Lehre von den Eigenschaften und den Wechselwirkungen ruhender elektrischer Ladungen.
Es gibt nur zwei Arten von elektrischen Ladungen: positive und negative. Gleichnamige Ladungen stoßen einander ab, ungleichnamige ziehen sich an.

2. Das *Gesetz der Erhaltung der elektrischen Ladung* kann wie folgt formuliert werden: Die algebraische Summe aller elektrischen Ladungen in einem abgeschlossenen System bleibt unverändert. Es sind daher in einem neutralen (ungeladenen) Körper gleich viele positive und negative Ladungen enthalten.
Die elektrische Ladung eines beliebigen Körpers besteht aus einer ganzzahligen Menge von Elementarladungen; eine solche Elementarladung ist gleich $4{,}8 \cdot 10^{-10}$ elektrostatischen Einheiten der Ladung. Das kleinste stabile Teilchen, das eine negative Elementarladung tragen kann, wird *Elektron* genannt. Die Masse des Elektrons ist $9{,}1 \cdot 10^{-28}$ g. Das kleinste stabile Teilchen mit einer positiven Elementarladung wird *Proton* genannt; seine Masse ist $1{,}67 \cdot 10^{-24}$ g. Jede Art von Materie enthält Elektronen und Protonen.
In einem neutralen (ungeladenen) Körper sind gleich viele positive und negative Ladungen enthalten.
Eine elektrische Ladung kann als *Punktladung* betrachtet werden, wenn die Linearabmessungen des Ladungsträgers wesentlich kleiner sind als die charakteristischen Abstände des betrachteten Problems.

3. Das COULOMB*sche Gesetz* lautet: Die Kraft $\boldsymbol{F}$ der elektrostatischen Wechselwirkung zweier Punktladungen q_1 und q_2 im Vakuum ist dem Produkt ihrer Ladungen direkt und dem Quadrat ihres Abstandes r umgekehrt proportional:

$$F = \frac{1}{4\pi\varepsilon_0} \frac{q_1 q_2}{r^2} \quad \text{(im SI)},$$

$$F = \frac{q_1 q_2}{r^2} \quad \text{(im CGS-System)},$$

wobei $\varepsilon_0 = 8{,}85 \cdot 10^{-12}\,\mathrm{C^2/N \cdot m^2} = 8{,}85 \cdot 10^{-12}$ F/m die *Dielektrizitätskonstante des Vakuums* ist.
Für gleichnamige Ladungen ($q_1 > 0$, $q_2 > 0$ oder $q_1 < 0$, $q_2 < 0$) ist $F > 0$, d. h., es tritt Abstoßung auf. Im Fall von ungleichnamigen Ladungen ($q_1 > 0$, $q_2 < 0$ oder $q_1 < 0$, $q_2 > 0$) ist $F < 0$, und die Ladungen ziehen sich an.

4. Die elektrostatischen Wechselwirkungskräfte sind Zentralkräfte. Die Kraft $\boldsymbol{F}_{12}$, die im Vakuum von der Punktladung q_1 auf die Punktladung q_2 ausgeübt wird, ist durch

$$\boldsymbol{F}_{12} = \frac{1}{4\pi\varepsilon_0} \frac{q_1 q_2}{r^3} \boldsymbol{r}_{12} \quad \text{(im SI)},$$

$$\boldsymbol{F}_{12} = \frac{q_1 q_2}{r^3} \boldsymbol{r}_{12} \quad \text{(im CGS-System)}$$

gegeben, wobei $\boldsymbol{r}_{12}$ der die Ladungen q_1 und q_2 verbindende Radiusvektor (Bild IV.1.1) ist.

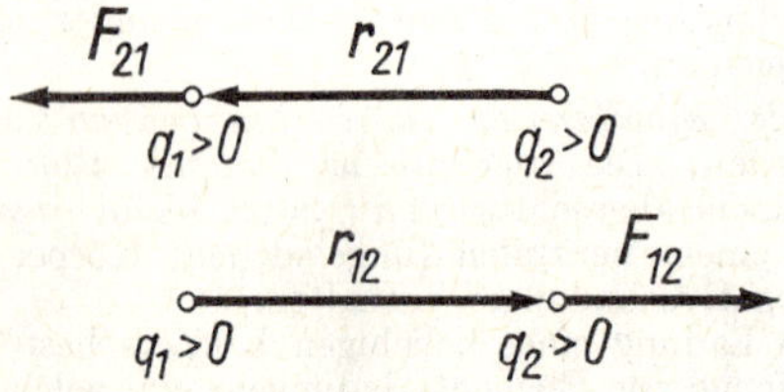

IV.1.1.

5. Befinden sich die Punktladungen q_1 und q_2 in einem unbegrenzten, homogenen, gasförmigen oder flüssigen Dielektrikum, so ist ihre elektrostatische Wechselwirkung durch die Kraft

$$\boldsymbol{F}_{12} = \frac{1}{4\pi\varepsilon_0} \frac{q_1 q_2}{\varepsilon r^3} \boldsymbol{r}_{12} \quad \text{(im SI)},$$

$$\boldsymbol{F}_{12} = \frac{q_1 q_2}{\varepsilon r^3} \boldsymbol{r}_{12} \quad \text{(im CGS-System)}$$

gegeben, wobei ε die *Dielektrizitätskonstante des Mediums* ist; sie gibt an, um wieviel Mal die Wechselwirkungskraft zwischen den Ladungen q_1 und q_2 in diesem Medium kleiner ist als im Vakuum. Die Schwächung der Kraft $\boldsymbol{F}_{12}$ auf den ε-ten Teil ist eine Folge der *dielektrischen Polarisation*, d. h. des Auftretens von elektrischen Ladungen im Dielektrikum unter dem Einfluß des elektrischen Feldes. Bei der Deformation flüssiger und gasförmiger Dielektrika, die mit geladenen Körpern in unmittelbarer Berührung stehen, tritt in den Dielektrika ein zusätzlicher mechanischer Effekt auf, die sogenannte *Elektrostriktion.* In festen Dielektrika ordnen sich die Ladungsträger im Inneren von Hohlräumen an, und die auf sie wirkenden Kräfte hängen unter sonst gleichen Bedingungen von der Form dieser Hohlräume ab.

1.2. Das elektrische Feld. Die Feldstärke

1. Nach der *Nahewirkungstheorie* ist die Wechselwirkung zwischen Materieteilchen und voneinander entfernten makroskopischen Körpern eine Folge der *physikalischen Felder*, die diese Teilchen oder Körper in dem sie umgebenden Raum erzeugen. Die Felder sind ebenso materiell wie die sie erzeugenden Teilchen oder Körper. Der Begriff der physikalischen Felder ist eng verknüpft mit der Tatsache, daß sich Änderungen irgendwelcher Wechselwirkungen mit endlicher Geschwindigkeit im Raum ausbreiten. In der speziellen Relativitätstheorie (S. 502) wird an Hand experimenteller Daten bewiesen, daß diese Geschwindigkeit nicht größer sein kann als die Fortpflanzungsgeschwindigkeit des Lichts im Vakuum: $c = 3 \cdot 10^{10}$ cm/s.

2. Unbewegte elektrisch geladene Teilchen oder Körper stehen vermittels des *elektrostatischen Feldes* in Wechselwirkung. Das elektrostatische Feld ist ein stationäres, d. h. zeitlich konstantes *elektrisches Feld*, das durch ruhende Ladungen erzeugt wird. Es stellt einen Spezialfall des *elektromagnetischen Feldes* dar, vermittels dessen bewegte elektrisch geladene Teilchen in Wechselwirkung stehen, wobei diese Bewegung im allgemeinen in beliebiger Form relativ zum Bezugssystem erfolgen kann.

3. Die im elektrischen Feld wirkende Kraft wird durch den Vektor der elektrischen Feldstärke

$$\boldsymbol{E} = \frac{\boldsymbol{F}}{q_0}$$

beschrieben; $\boldsymbol{F}$ ist die Kraft, die das Feld auf eine unbewegte „Probeladung" q_0 ausübt, die sich im betrachteten Feldpunkt befindet. Hierbei nehmen wir an, daß die „Probeladung" eine genügend kleine Punktladung ist, die das Feld nicht verzerrt, dessen Stärke wir mit ihrer Hilfe messen. In jedem beliebigen Punkt ist die *elektrische Feldstärke* in Betrag und Richtung gleich der Kraft, die das Feld auf eine in diesem Punkt befindliche positive Einheitsladung ausübt.
Die Feldstärke eines elektrostatischen Feldes ist zeitunabhängig. Wir bezeichnen ein elektrostatisches Feld als *homogen*, wenn seine Feldstärke $\boldsymbol{E}$ in allen Feldpunkten gleich groß ist. Andernfalls sprechen wir von einem *inhomogenen* Feld.
Um elektrostatische Felder graphisch darzustellen, bedienen wir uns der Feldlinien. Die *Feldlinien* (*Kraftlinien*) sind Kurven, deren Tangenten in jedem Punkt mit der Richtung des Feldstärkevektors in diesem Punkt zusammenfallen. Die Feldlinien in einem elektrostatischen Feld sind nicht in sich geschlossen; sie beginnen an den positiven Ladungen und enden an den negativen (insbesondere können sie auch aus dem Unendlichen kommen oder im Unendlichen enden). Da die Richtung des Feldstärkevektors in jedem Punkt eindeutig festliegt, können sich die Kraftlinien nirgends schneiden. Die Bahnen von sich frei in einem Feld bewegenden Teilchen fallen nur dann mit den Kraftlinien zusammen, wenn das Feld homogen ist (in einem solchen Feld sind die Kraftlinien eine Schar von parallelen

Geraden); die Anfangsgeschwindigkeit der Teilchen hat dann die Richtung der Kraftlinien.

4. Die resultierende Kraft $\boldsymbol{F}$, die auf die betrachtete Punktladung q_0 seitens des von den ruhenden Ladungen $q_1, q_2, \ldots, q_n$ erzeugten Feldes wirkt, ist gleich der Vektorsumme der Kräfte $\boldsymbol{F}_i$, die die einzelnen Felder der Ladungen q_i auf sie ausüben:

$$\boldsymbol{F}_i = \sum_{i=1}^{n} \boldsymbol{E}\, q_0.$$

Hieraus folgt das *Überlagerungsprinzip* (*Superpositionsprinzip*) *elektrischer Felder*:

$$\boldsymbol{E} = \sum_{i=1}^{n} \boldsymbol{E}_i.$$

Die elektrostatische Feldstärke eines Systems von Punktladungen ist gleich der Vektorsumme der von jeder der einzelnen Ladungen erzeugten Feldstärken.

Im Fall einer kontinuierlichen elektrischen Ladungsverteilung ist

$$\boldsymbol{E} = \int d\boldsymbol{E},$$

wobei über den Bereich, in dem sich die Ladungen befinden, zu integrieren ist:

a) längs einer Kurve, wenn die Ladungen entlang einer Kurve verteilt sind und die lineare Dichte gleich $\tau = dq/dl$ ist (dq ist eine elementare Elektrizitätsmenge und dl ist ein Längenelement);

b) über eine Fläche, wenn die Ladungen auf einer Fläche verteilt sind und die Flächendichte durch $\sigma = dq/dS$ gegeben ist (dS ist ein Flächenelement);

c) über ein Volumen, wenn die Ladungen innerhalb eines Volumens mit der Volumendichte $\varrho = dq/dV$ (dV ist ein Volumenelement) verteilt sind.

5. Befindet sich in dem betrachteten elektrostatischen Feld ein Dielektrikum, dann muß man zwei Arten von Ladungen unterscheiden: freie und gebundene. *Gebundene Ladungen* sind solche, die in den Atomen oder Molekülen des Dielektrikums gebunden sind, oder es sind die Ladungen der Ionen in einem kristallinen Dielektrikum, das ein Ionengitter besitzt. Alle anderen Ladungen bezeichnet man als *frei*. Beispiele für freie Ladungen sind die Leitungselektronen in Metallen, die Ionen in Gasen oder Elektrolyten sowie die überschüssigen Ladungen an Leitern oder Nichtleitern, durch welche diese ihre elektrische Neutralität verlieren.

In einem solchen Fall ist die Feldstärke $\boldsymbol{E}$ gleich der Vektorsumme der Feldstärken, die durch die freien ($\boldsymbol{E}_0$) und gebundenen ($\boldsymbol{E}_p$) Ladungen erzeugt werden:

$$\boldsymbol{E} = \boldsymbol{E}_0 + \boldsymbol{E}_p.$$

In den im folgenden betrachteten Beispielen von elektrostatischen Feldern nehmen wir an, daß das die freien Ladungen umgebende

Medium ein isotropes Dielektrikum ist, das entweder im Bereich des gesamten Feldes oder innerhalb eines von Äquipotentialflächen begrenzten Bereiches homogen ist (S. 337). Unter diesen Bedingungen ist

$$\boldsymbol{E} = \boldsymbol{E}_0/\varepsilon,$$

wobei ε die Dielektrizitätskonstante des Mediums im betrachteten Feldpunkt ist, d. h., bei vorgegebener Verteilung der freien Ladungen ist die elektrostatische Feldstärke im homogenen isotropen Dielektrikum gleich dem ε-ten Teil ihres Wertes im Vakuum (*verallgemeinertes* COULOMB*sches Gesetz*).

6. Die elektrostatische Feldstärke einer Punktladung q ist

$$\boldsymbol{E} = \frac{1}{4\pi\varepsilon_0}\frac{q}{\varepsilon r^2}\frac{\boldsymbol{r}}{r} \qquad \text{(im SI)},$$

$$\boldsymbol{E} = \frac{q}{\varepsilon r^2}\frac{\boldsymbol{r}}{r} \qquad \text{(im CGS-System)};$$

$\boldsymbol{r}$ ist der Radiusvektor von der Punktladung zum betrachteten Feldpunkt, ε ist die relative Dielektrizitätskonstante des Mediums und ε_0 die des leeren Raumes. In skalarer Form geschrieben ist diese Feldstärke gleich

$$E = \frac{1}{4\pi\varepsilon_0}\frac{q}{\varepsilon r^2} \qquad \text{(im SI)},$$

$$E = \frac{q}{\varepsilon r^2} \qquad \text{(im CGS-System)}.$$

7. Die elektrostatische Feldstärke eines Systems von Punktladungen $q_1, q_2, \ldots, q_n$ ist

$$\boldsymbol{E} = \frac{1}{4\pi\varepsilon_0}\sum_{i=1}^{n}\frac{q_i}{\varepsilon r_i^2}\frac{\boldsymbol{r}_i}{r_i} \qquad \text{(im SI)},$$

$$\boldsymbol{E} = \sum_{i=1}^{n}\frac{q_i}{\varepsilon r_i^2}\frac{\boldsymbol{r}_i}{r_i} \qquad \text{(im CGS-System)}.$$

Insbesondere gilt für einen *elektrischen Dipol,* d. h. ein System zweier dem Betrag nach gleicher und dem Vorzeichen nach entgegengesetzter Ladungen $+q$ und $-q$, durch den Abstand l voneinander getrennt, wobei l klein ist gegenüber dem Abstand r zum Bezugspunkt im Feld (Aufpunkt):

$$\boldsymbol{E} = \frac{3(\boldsymbol{p}_e\boldsymbol{r})\boldsymbol{r}}{4\pi\varepsilon_0\varepsilon r^5} - \frac{\boldsymbol{p}_e}{4\pi\varepsilon_0\varepsilon r^3} \qquad \text{(im SI)},$$

$$\boldsymbol{E} = \frac{3(\boldsymbol{p}_e\boldsymbol{r})\boldsymbol{r}}{\varepsilon r^5} - \frac{\boldsymbol{p}_e}{\varepsilon r^3} \qquad \text{(im CGS-System)};$$

$\boldsymbol{p}_e = q\boldsymbol{l}$ ist das *elektrische Dipolmoment*; der Vektor $\boldsymbol{l}$ liegt in der Dipolachse und weist von der negativen Ladung zur positiven. In

Kugelkoordinaten r, ϑ, φ, deren Ursprung in der Mitte der Dipolachse liegt und deren Polarachse parallel zu $\boldsymbol{p}_e$ ist (Bild IV.1.2), gilt

$$E_r = \frac{p_e \cos\vartheta}{2\pi\,\varepsilon_0\,\varepsilon\, r^3}, \quad E_\vartheta = \frac{p_e \sin\vartheta}{4\pi\,\varepsilon_0\,\varepsilon\, r^3}, \quad E_\varphi = 0 \quad \text{(im SI)},$$

$$E_r = \frac{2 p_e \cos\vartheta}{\varepsilon r^3}, \quad E_\vartheta = \frac{p_e \sin\vartheta}{\varepsilon r^3}, \quad E_\varphi = 0 \quad \text{(im CGS-System)}.$$

Der Betrag des Feldstärkevektors ist gegeben durch

$$E = \frac{1}{4\pi\varepsilon_0}\,\frac{p_e}{\varepsilon r^3}\sqrt{3\cos^2\vartheta + 1} \qquad \text{(im SI)},$$

$$E = \frac{p_e}{\varepsilon r^3}\sqrt{3\cos^2\vartheta + 1} \qquad \text{(im CGS-System)}.$$

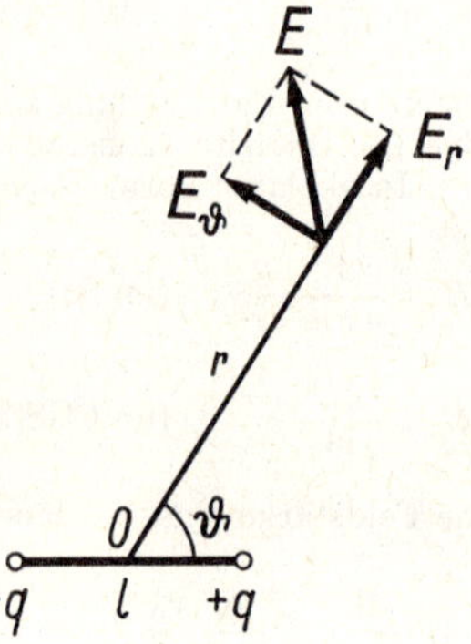

I.V.1.2.

8. Wir erhalten damit für die elektrostatische Feldstärke außerhalb einer gleichförmig geladenen unendlich langen Linie bzw. außerhalb eines Kreiszylinders mit gleichförmig geladener Oberfläche bzw. im Raum zwischen zwei koaxialen Zylindern (Koaxialkabel, zylindrischer Kondensator, S. 344):

$$\boldsymbol{E} = \frac{\tau}{2\pi\varepsilon_0\varepsilon r}\,\frac{\boldsymbol{r}}{r} \qquad \text{(im SI)},$$

$$\boldsymbol{E} = \frac{2\tau}{\varepsilon r}\,\frac{\boldsymbol{r}}{r} \qquad \text{(im CGS-System)},$$

wobei τ die Liniendichte der Ladungen und $\boldsymbol{r}$ der Radiusvektor längs der kürzesten Verbindung von der Zylinderachse zum Bezugspunkt ist. Innerhalb des Zylinders ist die Feldstärke gleich Null ($\boldsymbol{E}_i = 0$).

9. Die Feldstärke in einem homogenen elektrostatischen Feld, das von einer gleichförmig geladenen unendlichen Fläche erzeugt wird, ist gleich

$$E = \frac{\sigma}{2\varepsilon_0 \varepsilon} \quad \text{(im SI)},$$

$$E = \frac{2\pi\sigma}{\varepsilon} \quad \text{(im CGS-System)},$$

wobei σ die Flächendichte der Ladungen ist.

10. Die Stärke des elektrostatischen Feldes zwischen zwei gleichförmig und gleichnamig geladenen unendlich großen parallelen Ebenen ist gegeben durch

$$E = \frac{\sigma}{\varepsilon_0 \varepsilon} \quad \text{(im SI)},$$

$$E = \frac{4\pi\sigma}{\varepsilon} \quad \text{(im CGS-System)},$$

wobei σ der Absolutbetrag der Flächendichte der Ladungen in den Ebenen ist.

11. Die Stärke des elektrostatischen Feldes einer Kugel vom Radius R, deren Ladung q gleichmäßig über ihre Oberfläche verteilt ist, ist außerhalb der Kugel gleich der Feldstärke einer Punktladung im Kugelmittelpunkt:

$$\boldsymbol{E} = \frac{q\boldsymbol{r}}{4\pi\varepsilon_0 \varepsilon r^3} \quad \text{(im SI)},$$

$$\boldsymbol{E} = \frac{q\boldsymbol{r}}{\varepsilon r^3} \quad \text{(im CGS-System)}.$$

Die Feldstärke im Inneren der Kugel ist $\boldsymbol{E}_i = 0$.

12. Die Stärke des elektrostatischen Feldes einer Kugel vom Radius R mit gleichmäßig verteilter Raumladung der Dichte ϱ ist gegeben durch

$$\left.\begin{aligned} r \geqq R\colon \quad \boldsymbol{E} &= \frac{\varrho}{3\varepsilon_0 \varepsilon}\left(\frac{R}{r}\right)^3 \boldsymbol{r}, \\ r \leqq R\colon \quad \boldsymbol{E} &= \frac{1}{3\varepsilon_0 \varepsilon}\varrho\boldsymbol{r} \end{aligned}\right\} \quad \text{(im SI)},$$

$$\left.\begin{aligned} r \geqq R\colon \quad \boldsymbol{E} &= \frac{4}{3}\frac{\pi}{\varepsilon}\varrho\left(\frac{R}{r}\right)^3 \boldsymbol{r}, \\ r \leqq R\colon \quad \boldsymbol{E} &= \frac{4}{3\varepsilon}\pi\varrho\boldsymbol{r} \end{aligned}\right\} \quad \text{(im CGS-System)}.$$

1.3. Die elektrische Verschiebung. Das GAUSSsche Theorem

1. Die *elektrische Erregung* (*Verschiebung*) $\boldsymbol{D}$ ist ein charakteristischer Vektor des elektrischen Feldes.
Für das Feld im Vakuum gilt

$$\boldsymbol{D} = \varepsilon_0 \boldsymbol{E} \quad \text{(im SI)}, \qquad \boldsymbol{D} = \boldsymbol{E} \quad \text{(im CGS-System)}.$$

Für das Feld im Dielektrikum gilt

$$\boldsymbol{D} = \varepsilon_0 \boldsymbol{E} + \boldsymbol{P}_e \quad \text{(im SI)},$$
$$\boldsymbol{D} = \boldsymbol{E} + 4\pi \boldsymbol{P}_e \quad \text{(im CGS-System)},$$

wobei $\boldsymbol{P}_e$ der Polarisationsvektor ist (s. S. 347 und 352).

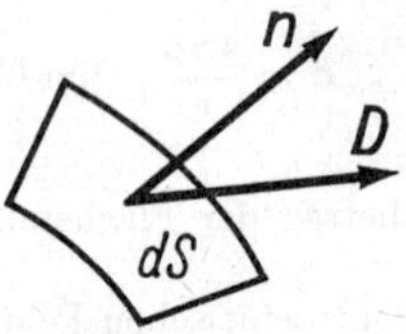

IV.1.3.

Ist das Medium isotrop, dann gilt

$$\boldsymbol{D} = \varepsilon\varepsilon_0 \boldsymbol{E} \quad \text{(im SI)},$$
$$\boldsymbol{D} = \varepsilon \boldsymbol{E} \quad \text{(im CGS-System)},$$

wobei ε eine skalare Größe ist. Ist das Medium außerdem noch isotrop, dann ist E der Dielektrizitätskonstante ε umgekehrt proportional, und D ist von ε unabhängig (bei vorgegebener Verteilung der freien Ladungen).
2. Das *Hauptproblem der Elektrostatik* ist die Bestimmung der Vektoren $\boldsymbol{D}$ und $\boldsymbol{E}$ für jeden Punkt des elektrischen Feldes, das von einem gegebenen System von Feldquellen (elektrischen Ladungen) erzeugt wird. Um diese Aufgabe zu lösen, verwenden wir neben dem Prinzip der Superposition von Feldern (S. 328) eine Methode, die auf der Berechnung des Flusses des Verschiebungsvektors beruht.
Der elementare Fluß $d\Phi_e$ der Verschiebung $\boldsymbol{D}$ durch ein Flächenelement dS ist

$$d\Phi_e = (\boldsymbol{D}\boldsymbol{n})\, dS = D\, dS \cos(\boldsymbol{D}, \boldsymbol{n}) = D_n\, dS = D\, dS_n,$$

wobei $\boldsymbol{n}$ ein Einheitsvektor ist, der in der äußeren Normalen des Flächenelements dS liegt (Bild IV.1.3), D_n ist die Projektion des Vektors $\boldsymbol{D}$ auf die Richtung der Normalen, $dS_n = dS \cos(\boldsymbol{D}, \boldsymbol{n})$.

Der Verschiebungsfluß Φ_e durch eine beliebige Fläche S wird dann durch Summierung (d. h. Integration) aller elementaren Flüsse erhalten:

$$\Phi_e = \int_S D\, dS \cos(\boldsymbol{D}, \boldsymbol{n}) = \int_S D_n\, dS = \int_S D\, dS_n.$$

Ist das Feld homogen und liegt die ebene Fläche S senkrecht zu dem Feld, dann ist $D_n = D = \text{const}$ und

$$\Phi_e = DS.$$

3. Das Gausssche *Theorem* lautet nun wie folgt: Der Fluß des Verschiebungsvektors durch eine beliebige geschlossene Fläche ist proportional der algebraischen Summe der freien elektrischen Ladungen q_i, die von dieser Fläche eingeschlossen werden:

$$\Phi_e = \oint_S D_n\, dS = \sum_i q_i \qquad \text{(im SI)},$$

$$\Phi_e = \oint_S D_n\, dS = 4\pi \sum_i q_i \qquad \text{(im CGS-System)}.$$

Der Verschiebungsfluß Φ_e durch eine beliebige geschlossene Fläche, die keine freien Ladungen umschließt, ist gleich Null.
Als Differentialausdruck geschrieben, lautet das Gausssche Theorem wie folgt (ϱ ist die Raumladungsdichte, S. 328):

$$\operatorname{div} \boldsymbol{D} = \varrho \qquad \text{(im SI)},$$

$$\operatorname{div} \boldsymbol{D} = 4\pi\varrho \qquad \text{(im CGS-System)}.$$

So formuliert, zeigt das Theorem, daß die freien elektrischen Ladungen die Quellen der elektrischen Verschiebung sind. Als Differentialgleichung geschrieben, stellt das Theorem eine der Maxwell-Gleichungen des elektromagnetischen Feldes dar (S. 486).
Die Anwendung des Gaussschen Theorems zur Bestimmung von $\boldsymbol{D}$ läuft darauf hinaus, daß wir die beliebige Fläche so wählen, daß sie eine elementare Berechnung des Flusses Φ_e des Verschiebungsvektors gestattet.

1.4. Das Potential des elektrostatischen Feldes

1. Die elementare Arbeit dA, die von der Kraft $\boldsymbol{F}$ geleistet wird, wenn sie auf eine elektrische Punktladung q' wirkt, die sich in einem elektrostatischen Feld der Feldstärke $\boldsymbol{E}$ befindet, ist gleich

$$dA = F\, dl \cos(\boldsymbol{F}, d\boldsymbol{l}) = q' E \cos(\boldsymbol{E}, d\boldsymbol{l})\, dl,$$

wobei dl die elementare Verschiebung der Ladung und $(\boldsymbol{E}, d\boldsymbol{l})$ der Winkel zwischen den Vektoren $\boldsymbol{E}$ und $d\boldsymbol{l}$ ist.

Die gesamte Arbeit A, die bei einer endlichen Verschiebung der Ladung q' vom Punkt n auf den Punkt m des Feldes (Bild IV.1.4) geleistet wird, ist gleich

$$A = q' \int_n^m E\, dl \cos(\boldsymbol{E}, d\boldsymbol{l}).$$

2. Wird das elektrostatische Feld von der Punktladung $+q$ erzeugt, so ist

$$A = \frac{qq'}{4\pi\varepsilon_0\varepsilon}\left(\frac{1}{r_1} - \frac{1}{r_2}\right) \quad \text{(im SI)},$$

$$A = \frac{qq'}{\varepsilon}\left(\frac{1}{r_1} - \frac{1}{r_2}\right) \quad \text{(im CGS-System)};$$

r_1 und r_2 sind die Abstände der Punkte n und m von der Ladung q, ε_0 ist die Dielektrizitätskonstante des Vakuums und ε die Dielektrizitätskonstante des Mediums.

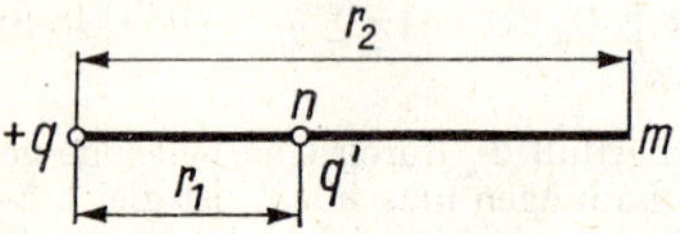

IV.1.4.

Die Arbeit, die von den elektrischen Abstoßungskräften gleichnamiger Ladungen geleistet wird, ist positiv, wenn sich die Ladungen voneinander entfernen, und negativ, wenn sie einander nähergebracht werden (in diesem Fall wird die Arbeit von äußeren Kräften geleistet). Die Arbeit der elektrischen Kräfte sich anziehender ungleichnamiger Ladungen ist positiv, wenn sie einander näherkommen, und negativ, wenn sie sich voneinander entfernen. Im letzteren Fall wird die Arbeit wiederum von äußeren Kräften geleistet. Die bei der Verschiebung einer elektrischen Ladung q' in dem von der Ladung q erzeugten Feld zu leistende Arbeit hängt nicht von dem dabei zurückgelegten Weg ab, sondern nur von der Anfangs- und Endlage der Ladung q' (d. h., das Feld der elektrostatischen Kräfte ist ein Potentialfeld, S. 66).
Die Arbeit, die die elektrischen Kräfte bei der Verschiebung einer positiven Einheitsladung längs eines geschlossenen Weges L leisten, ist gleich

$$A = \oint_L E\, dl \cos(\boldsymbol{E}, d\boldsymbol{l}) = \oint_L (\boldsymbol{E}\, d\boldsymbol{l});$$

das Integral bezeichnen wir als das *Linienintegral der Feldstärke* längs des geschlossenen Weges L.
Das Linienintegral eines elektrostatischen Feldes längs eines geschlossenen Weges ist gleich Null (das elektrostatische Feld ist ein

Potentialfeld):

$$\oint_L (\boldsymbol{E}\, d\boldsymbol{l}) = \oint_L E\, d\boldsymbol{l} \cos(\boldsymbol{E}, d\boldsymbol{l}) = 0.$$

Die Bedingung dafür, daß das elektrostatische Feld ein Potentialfeld ist, kann als Differentialausdruck wie folgt geschrieben werden:

$$\operatorname{rot} \boldsymbol{E} = 0.$$

3. Die Arbeit, die bei der Verschiebung einer elektrischen Ladung q' in dem von der Ladung q erzeugten Feld geleistet wird, ist gleich der Abnahme der potentiellen Energie W_p der Ladung q':

$$A = -\Delta W_p = W_{p_1} - W_{p_2},$$

wobei W_{p_1} und W_{p_2} die Beträge der potentiellen Energie der Ladung am Ausgangs- und am Endpunkt der Bahnkurve sind. Bei der Verschiebung der Ladung q' in einem von einem beliebigen System von Ladungen $(q_1, q_2, \ldots, q_n)$ erzeugten elektrostatischen Feld, leisten die elektrostatischen Kräfte Arbeit; diese Arbeit ist gleich der algebraischen Summe der von den Kräften geleisteten Arbeiten, die von den einzelnen Ladungen q_i auf die Ladung q' wirken.
Die Änderung der potentiellen Energie ΔW_p der Ladung q' bei ihrer Verschiebung vom Punkt 1 zum Punkt 2 im Feld eines Systems von Punktladungen q_i ist gleich

$$\Delta W_p = q' \sum_{i=1}^{n} \left(\frac{q_i}{4\pi\varepsilon_0 \varepsilon r_{i2}} - \frac{q_i}{4\pi\varepsilon_0 \varepsilon r_{i1}} \right) \quad \text{(im SI)},$$

$$\Delta W_p = q' \sum_{i=1}^{n} \left(\frac{q_i}{\varepsilon r_{i2}} - \frac{q_i}{\varepsilon r_{i1}} \right) \quad \text{(im CGS-System)},$$

wobei r_{i1} und r_{i2} die Abstände zwischen den Ladungen q_i und q' zu Beginn und am Ende der Verschiebung sind; summiert wird über alle n Ladungen des betrachteten Systems.

4. Die potentielle Energie der elektrischen Ladung q' in einem gegebenen Punkt des elektrostatischen Feldes im Abstand r von der Ladung q, die das Feld erzeugt, ist, unter der Voraussetzung, daß $W_p(\infty) = 0$ ist, gegeben durch

$$W_p = \frac{q\, q'}{4\pi\varepsilon_0 \varepsilon r} \quad \text{(im SI)},$$

$$W_p = \frac{q q'}{\varepsilon r} \quad \text{(im CGS-System)}.$$

Die potentielle Energie der Abstoßung gleichnamiger Ladungen ist positiv und nimmt zu, wenn sich der Abstand zwischen den Ladungen verringert. Die potentielle Energie der Anziehung ungleichnamiger Ladungen ist negativ und nimmt zu (bis auf Null), wenn sich der gegenseitige Abstand der Ladungen vergrößert (bis Unendlich).

Bild IV.1.5 veranschaulicht die r-Abhängigkeit von W_p für zwei Punktladungen.

5. Das Potential des elektrischen Feldes charakterisiert die Feldenergie. Als *Potential* in einem gegebenen Feldpunkt bezeichnen wir jene skalare Größe, die gleich dem Betrag der potentiellen Energie W_p einer positiven Einheitsladung in diesem Punkt ist:

$$\varphi = W_p/q.$$

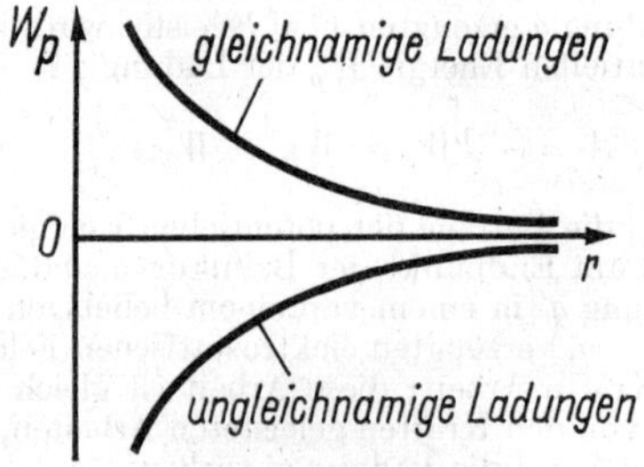

IV.1.5.

6. Die von den Kräften eines elektrostatischen Feldes bei der Verschiebung einer elektrischen Punktladung q geleistete Arbeit ist gleich dem Produkt dieser Ladung und der *Potentialdifferenz* zwischen Anfangspunkt *1* und Endpunkt *2* des Weges:

$$A = W_{p1} - W_{p2} = q(\varphi_1 - \varphi_2).$$

Befindet sich Punkt *2* im Unendlichen, dann ist $W_{p2} = 0$, und wir setzen $\varphi_2 = 0$. Die Arbeit A_∞ der Verschiebung der Ladung q von Punkt *1* bis ∞ ist dann gleich

$$A_\infty = W_{p1} = q\varphi_1,$$

und demnach ist $\varphi = A_\infty/q$.

Das Potential des elektrostatischen Feldes ist gleich der Arbeit, die von den elektrischen Kräften bei der Verschiebung einer positiven Ladungseinheit von einem gegebenen Feldpunkt bis ins Unendliche geleistet wird. Das Potential ist auch gleich der Arbeit, die von äußeren Kräften (entgegen den Kräften des elektrischen Feldes) bei der Verschiebung einer positiven Ladungseinheit aus dem Unendlichen bis zu einem gegebenen Punkt geleistet wird.

Als Nullpotential betrachtet man häufig nicht den Potentialwert im Unendlichen, sondern das Potential der Erde. Das ist an sich unwesentlich, weil es in allen praktischen Rechnungen nur wichtig ist, die Potentialdifferenz zweier Punkte im elektrostatischen Feld zu kennen und nicht den Absolutbetrag in diesen Punkten.

7. Die *Äquipotentialfläche* ist definiert als der geometrische Ort aller Punkte, die dasselbe Potential besitzen. Der Vektor der elektrostatischen Feldstärke steht in jedem Punkt der Äquipotentialfläche senkrecht auf dieser und weist in Richtung abnehmenden Potentials.
Zwischen der Feldstärke und dem Potential eines elektrostatischen Feldes gilt die Beziehung

$$\boldsymbol{E} = -\operatorname{grad} \varphi .$$

In jedem beliebigen Punkt eines elektrostatischen Feldes ist die Feldstärke gleich dem negativen Gradienten des Potentials in diesem Punkt. Das Minuszeichen zeigt an, daß der Vektor $\boldsymbol{E}$ die oben angegebene Richtung hat.
Da $\boldsymbol{E}$ in jedem Feldpunkt endlich ist, ist φ eine stetige Funktion der Koordinaten des betrachteten Feldpunktes.

8. Bei Überlagerung elektrostatischer Felder addieren sich die Potentiale algebraisch. Befindet sich ein Dielektrikum im elektrostatischen Feld, so ist das Potential φ in jedem Feldpunkt gleich der algebraischen Summe der in diesem Punkt herrschenden Potentiale des von den freien Ladungen erzeugten Feldes (φ_0) und des von den gebundenen Ladungen erzeugten Feldes (φ_p) (s. S. 329):

$$\varphi = \varphi_0 + \varphi_p .$$

Ist $\varphi(\infty) = 0$, dann gilt

$$\varphi = \frac{1}{4\pi\varepsilon_0}\left[\int \frac{\varrho + \varrho_p}{r}\, dV + \int \frac{\sigma + \sigma_p}{r}\, dS\right] \quad \text{(im SI)},$$

$$\varphi = \int \frac{\varrho + \varrho_p}{r}\, dV + \int \frac{\sigma + \sigma_p}{r}\, dS \quad \text{(im CGS-System)},$$

wobei ϱ und ϱ_p die Volumendichten der freien und gebundenen Ladungen sind; σ und σ_p sind die entsprechenden Flächendichten, r ist der Abstand zwischen den Volumenelementen dV bzw. den Flächenelementen dS und dem betrachteten Feldpunkt (Aufpunkt), integriert wird über den gesamten, von den freien und gebundenen Ladungen eingenommenen Raum.
In den im folgenden betrachteten Beispielen von elektrostatischen Feldern nehmen wir an, daß das im Feld befindliche Dielektrikum homogen und isotrop ist. In diesem Fall ist bei gegebener Verteilung der freien Ladungen das Potential des elektrostatischen Feldes im Dielektrikum um den Faktor $1/\varepsilon$ schwächer als im Vakuum: $\varphi = \varphi_0/\varepsilon$, und es gilt die POISSON*sche Differentialgleichung*

$$\operatorname{div} \operatorname{grad} \varphi = -\frac{\varrho}{\varepsilon\varepsilon_0} \quad \text{oder} \quad \Delta\varphi = -\frac{\varrho}{\varepsilon\varepsilon_0} \quad \text{(im SI)},$$

$$\operatorname{div} \operatorname{grad} \varphi = -\frac{4\pi\varrho}{\varepsilon} \quad \text{oder} \quad \Delta\varphi = -\frac{4\pi\varrho}{\varepsilon} \quad \text{(im CGS-System)},$$

wobei $\Delta = \frac{\partial^2}{\partial x^2} + \frac{\partial^2}{\partial y^2} + \frac{\partial^2}{\partial z^2}$ der LAPLACE-Operator, ε die Dielektrizitätskonstante des Mediums und ϱ die Volumendichte der freien Ladungen ist.

9. Das Potential des von der Punktladung q erzeugten Feldes ist unter der Bedingung $\varphi(\infty) = 0$ durch

$$\varphi = \frac{q}{4\pi\varepsilon_0\varepsilon r} \quad \text{(im SI)},$$

$$\varphi = \frac{q}{\varepsilon r} \quad \text{(im CGS-System)}$$

gegeben, wobei r der Abstand des Feldpunktes mit dem Potential φ von der Ladung q ist; ε ist wiederum die Dielektrizitätskonstante des Mediums und ε_0 die des Vakuums.

10. Das Potential des Feldes eine beliebigen Systems von Punktladungen $q_1, \ldots, q_n$, wobei $\varphi(\infty) = 0$ ist, ist

$$\varphi = \sum_{i=1}^{n} \frac{q_i}{4\pi\varepsilon_0\varepsilon r_i} \quad \text{(im SI)},$$

$$\varphi = \sum_{i=1}^{n} \frac{q_i}{\varepsilon r_i} \quad \text{(im CGS-System)}.$$

Insbesondere ist das Potential eines Dipolfeldes (S. 329) gleich

$$\varphi = \frac{1}{4\pi\varepsilon_0} \frac{(\boldsymbol{p}_e \boldsymbol{r})}{\varepsilon r^3} \quad \text{(im SI)},$$

$$\varphi = \frac{(\boldsymbol{p}_e \boldsymbol{r})}{\varepsilon r^3} \quad \text{(im CGS-System)},$$

wobei $\boldsymbol{p}_e$ das elektrische Dipolmoment und $\boldsymbol{r}$ der Radiusvektor vom Mittelpunkt des Dipols zum betrachteten Feldpunkt ist.

11. Das Potential des von geladenen Flächen erzeugten elektrostatischen Feldes (das Potential des Feldes von Flächenladungen) ist bei $\varphi(\infty) = 0$ gleich

$$\varphi = \frac{1}{4\pi\varepsilon_0\varepsilon} \int_S \frac{\sigma\, dS}{r} \quad \text{(im SI)},$$

$$\varphi = \int_S \frac{\sigma\, dS}{\varepsilon r} \quad \text{(im CGS-System)}.$$

Das Potential eines Raumladungsfeldes, wiederum bei $\varphi(\infty) = 0$, ist

$$\varphi = \frac{1}{4\pi\varepsilon_0\varepsilon} \int_V \frac{\varrho\, dV}{r} \quad \text{(im SI)},$$

$$\varphi = \int_V \frac{\varrho\, dV}{\varepsilon r} \quad \text{(im CGS-System)}.$$

Hier ist ϱ und σ die Volumen- bzw. Flächendichte der freien Ladungen, r ist der Abstand einer elementaren Volumenladung ϱdV oder Flächenladung σdS vom betrachteten Feldpunkt. Integriert wird über die Volumina oder Flächen, die die elektrischen Ladungen enthalten.

12. Die Potentialdifferenz zwischen zwei Aufpunkten mit den Abständen r_1 und r_2 von einer gleichförmig geladenen unendlichen Geraden ist

$$\varphi_1 - \varphi_2 = \frac{\tau}{2\pi\varepsilon_0\varepsilon} \ln \frac{r_2}{r_1} \quad \text{(im SI)},$$

$$\varphi_1 - \varphi_2 = \frac{2\tau}{\varepsilon} \ln \frac{r_2}{r_1} \quad \text{(im CGS-System)},$$

wobei τ die Liniendichte der Ladungen ist; ε ist wiederum die Dielektrizitätskonstante des Mediums und ε_0 die des Vakuums. Dieselben Formeln gelten für das Feld, das von einem unendlich langen gleichförmig geladenen Kreiszylinder des Radius R erzeugt wird, wenn $r \geqq R$ ist.

13. Die Potentialdifferenz zwischen zwei Aufpunkten 1 und 2 im Abstand x_1 bzw. x_2 von einer gleichförmig geladenen unendlichen Ebene ist gegeben durch

$$\varphi_1 - \varphi_2 = \frac{\sigma}{2\varepsilon_0\varepsilon}(x_2 - x_1) \quad \text{(im SI)},$$

$$\varphi_1 - \varphi_2 = \frac{2\pi\sigma}{\varepsilon}(x_2 - x_1) \quad \text{(im CGS-System)},$$

wobei σ die Flächendichte der Ladungen ist.

14. Die Potentialdifferenz $\varphi_1 - \varphi_2$ zwischen zwei gleichförmig und ungleichnamig geladenen unendlich großen parallelen Ebenen ist

$$\varphi_1 - \varphi_2 = \frac{\sigma d}{\varepsilon_0\varepsilon} \quad \text{(im SI)},$$

$$\varphi_1 - \varphi_2 = \frac{4\pi\sigma d}{\varepsilon} \quad \text{(im CGS-System)},$$

wobei d der Abstand der beiden Ebenen ist.

15. Das Potential des elektrischen Feldes einer Kugel vom Radius R und der Ladung q, die gleichmäßig über ihre Oberfläche verteilt ist, ist gleich dem Potential des Feldes einer Punktladung q, die sich im Mittelpunkt dieser Kugel befindet:

$$\varphi = \frac{q}{4\pi\varepsilon_0\varepsilon r} \quad \text{(im SI)},$$

$$\varphi = \frac{q}{\varepsilon r} \quad \text{(im CGS-System)},$$

wobei wiederum $\varphi(\infty) = 0$ ist. Das Potential des Feldes im Inneren der Kugel ist konstant und gleich $\varphi(R)$.

16. Die Potentialdifferenz $\varphi_1 - \varphi_2$ zwischen zwei Punkten des elektrischen Feldes einer Kugel vom Radius R, die eine über ihr Volumen gleichförmig verteilte Ladung der Volumendichte ϱ besitzt, ist gegeben durch

$$\varphi_1 - \varphi_2 = \frac{\varrho}{6\varepsilon_0\varepsilon}(r_2^2 - r_1^2) \quad \text{(im SI)},$$

$$\varphi_1 - \varphi_2 = \frac{2\pi\varrho}{3\varepsilon}(r_2^2 - r_1^2) \quad \text{(im CGS-System)}$$

für das Innere der Kugel und

$$\varphi_1 - \varphi_2 = \frac{q}{4\pi\varepsilon_0\varepsilon}\left(\frac{1}{r_1} - \frac{1}{r_2}\right) \quad \text{(im SI)},$$

$$\varphi_1 - \varphi_2 = \frac{q}{\varepsilon}\left(\frac{1}{r_1} - \frac{1}{r_2}\right) \quad \text{(im CGS-System)}$$

außerhalb der Kugel; $q = 4\pi\varrho R^2/3$ ist die Gesamtladung der Kugel r_1 und r_2 sind die Abstände der Aufpunkte vom Kugelmittelpunkt.

1.5. Leiter in einem elektrostatischen Feld

1. Unter dem Einfluß eines äußeren elektrostatischen Feldes verteilen sich die freien Ladungen (Leitungselektronen), die in metallischen Leitern vorhanden sind, so, daß die Feldstärke in jedem Punkt im Inneren des Leiters gleich Null ist ($\boldsymbol{E} = 0$). An allen Punkten seiner Oberfläche ist $\boldsymbol{E} = \boldsymbol{E}_n \neq 0$ und $\boldsymbol{E}_t = 0$; $\boldsymbol{E}_n$ ist die Normalkomponente und $\boldsymbol{E}_t$ die Tangentialkomponente des Feldstärkevektors. Das gesamte Volumen des Leiters ist auf gleichem Potential: In allen Punkten im Inneren des Leiters hat φ denselben Wert. Die Oberfläche des Leiters ist eine Äquipotentialfläche. Die in einem aufgeladenen Leiter befindlichen, nicht kompensierten elektrischen Ladungen verteilen sich nur über seine Oberfläche.

2. Die elektrische Verschiebung und die äußere Feldstärke in der Nähe der Oberfläche eines geladenen Leiters sind gegeben durch

$$\left.\begin{aligned} D &= \sigma, \\ E &= \frac{\sigma}{\varepsilon_0\varepsilon} \end{aligned}\right\} \text{(im SI)},$$

$$\left.\begin{aligned} D &= 4\pi\sigma, \\ E &= \frac{4\pi\sigma}{\varepsilon} \end{aligned}\right\} \text{(im CGS-System)};$$

ε ist die Dielektrizitätskonstante des Mediums, ε_0 die des Vakuums und σ die Flächendichte der elektrischen Ladungen auf der Leiteroberfläche.

Die Verteilung der elektrischen Ladungen auf der Oberfläche von Leitern verschiedener Form, die sich in einem homogenen Dielektrikum befinden, hängt von der Krümmung dieser Oberfläche ab: Je stärker die Krümmung, desto größer ist σ. Auf den Oberflächen innerer Hohlräume in einem Leiter befinden sich keine Ladungen, d. h. $\sigma = 0$. Durch wiederholtes Übertragen von Ladungen auf einen Leiter kann man sein Potential bis zu einem gewissen Maximalwert erhöhen, der davon abhängt, inwieweit es den Ladungen möglich ist, vom Leiter abzuströmen. Auf diesem Prinzip beruht der *elektrostatische Generator von* VAN DE GRAAFF, der es ermöglicht, eine Potentialdifferenz von der Größenordnung von zehn Millionen Volt zu erreichen und der in Linearbeschleunigern Verwendung findet (S. 428).

3. Auf das Element dS der Oberfläche eines geladenen Leiters wirkt die Kraft $d\boldsymbol{F}$ in Richtung der äußeren Normalen auf die Leiteroberfläche. Befindet sich der Leiter im Vakuum, dann ist

$$dF = \frac{\sigma^2}{2\varepsilon_0}\,dS = \frac{\varepsilon_0 E^2}{2}\,dS \quad \text{(im SI)},$$

$$dF = 2\pi\sigma^2\,dS = \frac{E^2}{8}\,dS \quad \text{(im CGS-System)},$$

wobei E die elektrostatische Feldstärke an der Leiteroberfläche ist. Befindet sich der Leiter in einem homogenen flüssigen oder gasförmigen Dielektrikum, so beträgt die Kraft $d\boldsymbol{F}$ nur den ε-ten Teil ihres Wertes im Vakuum:

$$dF = \frac{\sigma^2\,dS}{2\varepsilon_0\varepsilon} = \frac{\varepsilon_0\varepsilon E^2}{2}\,dS \quad \text{(im SI)},$$

$$dF = \frac{2\pi\sigma^2}{\varepsilon}\,dS = \frac{\varepsilon E^2}{8\pi}\,dS \quad \text{(im CGS-System)}.$$

Hier ist E die Stärke des elektrostatischen Feldes im Dielektrikum in der Nähe der Leiteroberfläche.

Der Druck p, der infolge dieser Kraft auf der Leiteroberfläche herrscht, ist

$$p = \frac{dF}{dS} = \frac{\varepsilon_0\varepsilon E^2}{2} \quad \text{(im SI)},$$

$$p = \frac{dF}{dS} = \frac{\varepsilon E^2}{8\pi} \quad \text{(im CGS-System)}.$$

Die Kraft $\boldsymbol{F}$ ist gleich der Anziehungskraft, die zwischen zwei ungleichnamigen Kondensatorplatten wirkt (S. 343), unabhängig davon, ob sich zwischen diesen Platten ein festes Dielektrikum oder Vakuum befindet:

$$F = \frac{\sigma^2}{2\varepsilon_0} S \qquad \text{(im SI)},$$

$$F = 2\pi\sigma^2 S \qquad \text{(im CGS-System)};$$

hier ist S die Plattenfläche und σ die Flächendichte der freien Ladungen auf den Platten.
Ist der Raum zwischen den Platten von einem homogenen flüssigen oder gasförmigen Dielektrikum erfüllt, dann ist

$$F = \frac{\sigma^2}{2\varepsilon\varepsilon_0} S = \frac{\varepsilon\varepsilon_0 E^2}{2} S \qquad \text{(im SI)},$$

$$F = \frac{2\pi\sigma^2}{\varepsilon} S = \frac{\varepsilon E^2}{8\pi} S \qquad \text{(im CGS-System)},$$

wobei E die Feldstärke im Kondensator ist (s. S. 331).
4. Die Erscheinung, daß sich ein ungeladener Leiter in einem äußeren elektrostatischen Feld auflädt, bezeichnet man als *Influenz* (*elektrostatische Induktion*). Sie besteht darin, daß sich die im Leiter in gleicher Anzahl vorhandenen positiven und negativen Ladungen separieren. Die so verursachte *induzierte* (*influenzierte*) *Ladung* verschwindet, wenn der Leiter aus dem elektrostatischen Feld entfernt wird. Bei jeder Methode des Aufladens eines Leiters verteilen sich die Ladungen über seine Oberfläche, und ein innerer Hohlraum in einem abgeschlossenen Leiter ist gegen äußere elektrische Felder abgeschirmt. Auf diesem Prinzip beruht die *elektrostatische Abschirmung*.

1.6. Die Kapazität

1. Erhöht man die Ladung q eines Leiters, so nimmt die Flächendichte der Ladungen an jedem Punkt seiner Oberfläche zu:

$$\sigma = kq,$$

wobei k eine Funktion der Koordinaten des betrachteten Punktes der Oberfläche ist. Das Potential des vom geladenen Leiter erzeugten Feldes (S. 338) ist

$$\varphi = \frac{1}{4\pi\varepsilon_0\varepsilon} \oint_S \frac{\sigma\, dS}{r} = \frac{q}{4\pi\varepsilon_0\varepsilon} \oint_S \frac{k\, dS}{r} \qquad \text{(im SI)},$$

$$\varphi = \frac{1}{\varepsilon} \oint_S \frac{\sigma\, dS}{r} = \frac{q}{\varepsilon} \oint_S \frac{k\, dS}{r} \qquad \text{(im CGS-System)}.$$

Dieses Integral hängt für alle Punkte der Oberfläche S des Leiters nur von dessen Größe und Form ab.

Das Potential φ eines einzelnen geladenen Leiters, auf den kein äußeres elektrostatisches Feld einwirkt, ist seiner Ladung q proportional. Die Größe

$$C = q/\varphi \quad \text{oder} \quad C = 4\pi\varepsilon\varepsilon_0 \left(\oint_S \frac{k\,dS}{r} \right)^{-1} \quad \text{(im SI)},$$

$$C = \varepsilon \left(\oint_S \frac{k\,dS}{r} \right)^{-1} \quad \text{(im CGS-System)}$$

nennen wir seine *Kapazität*. Sie ist zahlenmäßig gleich jener Ladung, die das Potential des Leiters um eine Einheit ändern würde. Die Kapazität eines Leiters hängt von seiner Form und von seinen linearen Abmessungen ab. Geometrisch ähnliche Leiter besitzen Kapazitäten, die den linearen Abmessungen der Leiter direkt proportional sind. Die Kapazität hängt nicht vom Material des Leiters oder seinem Aggregatzustand ab und ist der Dielektrizitätskonstante des Mediums, in dem sich der Leiter befindet, direkt proportional.

2. Die Kapazität einer isolierten Kugel ist

$$C = 4\pi\varepsilon_0\varepsilon R \quad \text{(im SI)},$$

$$C = \varepsilon R \quad \text{(im CGS-System)};$$

R ist der Kugelradius, ε die Dielektrizitätskonstante des umgebenden Mediums und ε_0 die des Vakuums.

3. Die relative *Kapazität zweier Leiter* ist gleich derjenigen Ladung q, die man von dem einen Leiter auf den anderen übertragen müßte, um die zwischen ihnen herrschende Potentialdifferenz $\varphi_1 - \varphi_2$ um eine Einheit zu ändern:

$$C = \frac{q}{\varphi_1 - \varphi_2}.$$

Diese Kapazität hängt von der Form, der Größe und der gegenseitigen Lage der Leiter sowie von der Dielektrizitätskonstante des Mediums ab, in dem sich die Leiter befinden.

4. Als *Kondensator* bezeichnet man ein System zweier Leiter, die ungleichnamige, jedoch gleich große Elektrizitätsmengen tragen und deren Form und Lage zueinander so ist, daß das von ihnen erzeugte Feld auf einen beschränkten Raumbereich konzentriert ist (lokalisiertes Feld). Die Leiter selbst bezeichnen wir als *Kondensatorplatten*. Die Kapazität des Kondensators ist gleich der relativen Kapazität der Platten.

5. Die Kapazität eines Plattenkondensators ist

$$C = \frac{\varepsilon_0\varepsilon S}{d} \quad \text{(im SI)},$$

$$C = \frac{\varepsilon S}{4\pi d} \quad \text{(im CGS-System)},$$

wobei S die Fläche jeder Platte oder kleiner als diese ist; d ist der Abstand der Platten. Für einen aus n planparallelen Platten bestehenden Kondensator ist in obiger Formel S durch $S(n-1)$ zu ersetzen.

6. Für die Kapazität eines Zylinderkondensators oder eines Koaxialkabels gilt

$$C = \frac{2\pi\varepsilon_0\varepsilon l}{\ln\frac{r_2}{r_1}} \quad \text{(im SI)},$$

$$C = \frac{\varepsilon l}{2\ln\frac{r_2}{r_1}} \quad \text{(im CGS-System)},$$

wobei r_2 und r_1 die Radien des äußeren bzw. inneren Zylinders sind; l ist die Zylinderlänge.

7. Die Kapazität eines Kugelkondensators ist

$$C = \frac{4\pi\varepsilon_0\varepsilon r_1 r_2}{r_2 - r_1} \quad \text{(im SI)},$$

$$C = \frac{\varepsilon r_1 r_2}{r_2 - r_1} \quad \text{(im CGS-System)},$$

wobei r_2 der Radius der äußeren und r_1 der der inneren Kugel ist.

8. Die Kapazität einer aus zwei Drähten bestehenden Leitung ist

$$C = \frac{\pi\varepsilon_0\varepsilon l}{\ln\frac{d-r}{r}} \quad \text{(im SI)},$$

$$C = \frac{\varepsilon l}{4\ln\frac{d-r}{r}} \quad \text{(im CGS-System)},$$

wobei d der Abstand zwischen den Drähten und r ihr Radius ist.

9. Für alle Typen von Kondensatoren gibt es einen Maximalwert der Potentialdifferenz der Platten, bei dessen Erreichen eine Entladung durch das Dielektrikum beginnt; sie wird als *Durchschlagsspannung* bezeichnet. Sie hängt von der Dicke des Dielektrikums, seinen Eigenschaften und der Form der Platten ab.

10. Man erreicht eine Vergrößerung der Kapazität, wenn man *Kondensatoren parallel schaltet,* d. h., die gleichnamig geladenen Platten verbindet. Die Gesamtkapazität einer solchen Schaltung ist

$$C = \sum_{i=1}^{n} C_i,$$

wobei C_i die Kapazität des i-ten Kondensators ist.

11. *Schaltet* man *Kondensatoren hintereinander*, d. h., verbindet man die ungleichnamig geladenen Platten, so gilt für die Kapazität des Systems

$$\frac{1}{C} = \sum_{i=1}^{n} \frac{1}{C_i}.$$

In diesem Fall ist die Gesamtkapazität immer kleiner als die kleinste Kapazität eines der in der Schaltung enthaltenen Kondensators.

1.7. Dielektrika im elektrischen Feld

1. Als *Dielektrika* bezeichnet man Substanzen, die nicht elektrisch leitend sind. Sie enthalten keine freien elektrischen Ladungen. Eine quantentheoretische Theorie der Dielektrika wird im Rahmen der Theorie der Festkörper (S. 703 bis 708) gegeben.

2. Die Moleküle eines Dielektrikums wirken wie elektrische Dipole, deren Moment gleich $\boldsymbol{p}_e = q\boldsymbol{l}$ ist, wobei q die Summe der positiven Ladungen (oder die — gleich große — der negativen Ladungen) des Moleküls ist; l ist der Abstand zwischen den Schwerpunkten der positiven und negativen Ladungen. Ist kein äußeres elektrisches Feld vorhanden und $l = 0$, so bezeichnet man das Dielektrikum als *nicht polar*; ist unter denselben Verhältnissen $l \neq 0$, so bezeichnen wir das Dielektrikum als *polar*.

3. In den Molekülen nichtpolarer Dielektrika (H_2, N_2, CCl_4, Kohlenwasserstoffe usw.) fallen die Schwerpunkte der positiven und negativen Ladungen zusammen, wenn kein äußeres Feld vorhanden ist, und das Dipolmoment der Moleküle ist gleich Null. Bringt man solche Dielektrika in ein äußeres elektrisches Feld, so werden die Moleküle (Atome) deformiert, und es tritt ein induziertes elektrisches Dipolmoment der Moleküle auf, das der Feldstärke $\boldsymbol{E}$ proportional ist (*induzierter* oder *quasielastischer Dipol*):

$$\boldsymbol{p}_e = \varepsilon_0 \alpha \boldsymbol{E} \quad \text{(im SI)},$$

$$\boldsymbol{p}_e = \alpha \boldsymbol{E} \quad \text{(im CGS-System)};$$

der Koeffizient α ist die *Polarisierbarkeit* der Moleküle oder Atome und ε_0 die Dielektrizitätskonstante des Vakuums (S. 325). Die Polarisierbarkeit eines Moleküls hängt nur von seinem Volumen ab. Die Wärmebewegung der Moleküle eines nichtpolaren Dielektrikums beeinflußt das Auftreten von Dipolmomenten nicht, d. h., α hängt nicht von der Temperatur ab.

4. Die Moleküle polarer Dielektrika (H_2O, NH_3, HCl, CH_3Cl, usw.) besitzen ein *konstantes Dipolmoment* $\boldsymbol{p}_e = \text{const}$, das mit einer Asymmetrie der gegenseitigen Lage von Elektronenhülle und Kernen in diesen Molekülen zusammenhängt. In diesen Molekülen fallen die Schwerpunkte der positiven und negativen Ladungen nicht zusammen (sie befinden sich in einem praktisch konstanten Abstand l voneinander entfernt, und wir können hier von „*starren*" *Dipolen* sprechen).

5. Auf einen starren Dipol mit dem elektrischen Moment $\boldsymbol{p}_e$, der sich in einem äußeren homogenen elektrischen Feld $\boldsymbol{E}$ befindet, wirkt ein Kräftepaar mit dem Moment $\boldsymbol{M}$:

$$\boldsymbol{M} = [\boldsymbol{p}_e \boldsymbol{E}],$$

das trachtet, den Dipol in die Richtung des Feldvektors zu drehen. Bei den Molekülen polarer Dielektrika verursacht ein äußeres Feld außerdem noch das Auftreten eines induzierten Dipolmoments (s. Punkt 3).

6. Auf einen starren Dipol, der sich in einem äußeren nicht homogenen elektrischen Feld befindet, wirkt die Kraft $\boldsymbol{F}$, die durch

$$\boldsymbol{F} = \operatorname{grad}(\boldsymbol{p}_e \boldsymbol{E}) = p_e \frac{\partial \boldsymbol{E}}{\partial l}$$

gegeben ist; $\partial \boldsymbol{E}/\partial l$ gibt die Änderung von $\boldsymbol{E}$ pro Längenelement der Dipolachse an. Die Kraft $\boldsymbol{F}$ wirkt in Richtung des Vektors $\partial \boldsymbol{E}/\partial l$ und trachtet den Dipol in Richtung größerer $\boldsymbol{E}$-Werte zu verschieben.

7. Die potentielle Energie W_p eines starren Dipols, der sich in einem äußeren elektrischen Feld befindet, ist

$$W_p = -(\boldsymbol{p}_e \boldsymbol{E}) = -p\,E \cos\vartheta,$$

wobei $\boldsymbol{p}_e$ das elektrische Dipolmoment, $\boldsymbol{E}$ die Stärke des äußeren Feldes am Ort des Dipols und ϑ der Winkel zwischen der Dipolachse und der Richtung des Vektors $\boldsymbol{E}$ ist. Das Minuszeichen besagt, daß die Lage des Dipols stabil ist (und seine potentielle Energie ein Minimum hat), wenn sein Vektor $\boldsymbol{p}_e$ in der Richtung des Vektors $\boldsymbol{E}$ liegt.

8. Auf jedes Volumenelement eines sich in einem inhomogenen elektrischen Feld $\boldsymbol{E}$ befindenden Dielektrikums wirkt eine Kraft, die gleich ist der Resultierenden aller Kräfte, die auf seine einzelnen Moleküle wirken. Die Volumendichte $\boldsymbol{f}$ der Kräfte, d. h. die auf die Volumeneinheit des Dielektrikums wirkende Kraft, ist

$$\boldsymbol{f} = \frac{\varepsilon_0(\varepsilon - 1)}{2} \operatorname{grad} E^2 \qquad \text{(im SI)},$$

$$\boldsymbol{f} = \frac{\varepsilon - 1}{8\pi} \operatorname{grad} E^2 \qquad \text{(im CGS-System)}.$$

Die Formel gilt für ein schwach polarisierbares Dielektrikum ($\varkappa_e \ll 1$, s. Punkt 10). Der Vektor der Kraft $\boldsymbol{f}$ zeigt in Richtung wachsenden Betrages des Vektors $\boldsymbol{E}$, unabhängig von der Richtung dieses Vektors.

9. Ist kein äußeres elektrisches Feld vorhanden, dann sind die elektrischen Momente der Moleküle des Dielektrikums (das kein Seignette-Elektrikum sein soll, s. S. 354) zwar von Null verschieden, doch völlig ungeordnet orientiert. Daher ist das resultierende elektrische Dipolmoment eines beliebigen Volumenelements ΔV eines Dielektrikums, in dem eine große Anzahl von Molekülen enthalten ist, gleich Null.

Befindet sich das Dielektrikum in einem äußeren elektrischen Feld, dann wird es durch dieses *polarisiert*, d. h., es geht in einen Zustand über, in dem die Dipolmomente jedes einzelnen Volumenelements ΔV des Dielektrikums von Null verschieden sind. Ein in einem solchen Zustand befindliches Dielektrikum bezeichnen wir als *polarisiert*. Wir unterscheiden:

a) die *Orientierungspolarisation* eines Dielektrikums mit polaren Molekülen. Sie ist das Ergebnis einer Drehung der Achsen der Dipole in die Richtung des Feldvektors. Die Überlagerung der Wirkung des äußeren elektrischen Feldes durch die Wärmebewegung, die auf die molekularen Dipole desorientierend wirkt, hat zur Folge, daß die Orientierung der molekularen Dipolmomente in der Feldrichtung nur vorherrschend und nicht allgemein ist. Die Orientierungspolarisation nimmt mit der Feldstärke zu und mit zunehmender Temperatur ab. Sie ist in einer Reihe von Flüssigkeiten und Gasen zu beobachten;

b) die *Elektronenpolarisation* eines Dielektrikums mit nicht polaren Molekülen, die darauf beruht, daß bei jedem Molekül ein induziertes elektrisches Moment (S. 345) auftritt. Sie ist bei einer Reihe von Flüssigkeiten und Gasen zu beobachten;

c) die *Ionenpolarisation* bei kristallinen Dielektrika von der Art des NaCl, CsCl usw., die Ionengitter (S. 259) besitzen. Sie ist eine Folge davon, daß sich die positiven Ionen in Feldrichtung und die negativen Ionen entgegengesetzt zu ihr verschieben.

10. Als Maß der Polarisation eines Dielektrikums haben wir den *Polarisationsvektor* $\boldsymbol{P}_e$; er ist gleich der Vektorsumme aller Dipolmomente der Moleküle (Atome) pro Volumeneinheit:

$$\boldsymbol{P}_e = \lim_{V \to 0} \left(\frac{1}{V} \sum_{i=1}^{n} \boldsymbol{p}_{ei} \right),$$

wobei n die Anzahl der molekularen Dipole im Volumen V des Dielektrikums ist; $\boldsymbol{p}_{ei}$ ist das elektrische Dipolmoment des i-ten Moleküls (Atoms). Im Fall eines homogenen Dielektrikums mit nicht polaren Molekülen, das sich in einem homogenen elektrischen Feld befindet, ist

$$\boldsymbol{P}_e = n_0 \boldsymbol{p}_e,$$

wobei $\boldsymbol{p}_e$ das induzierte Moment eines Moleküls und n_0 die Anzahl der Moleküle pro Volumeneinheit ist. Verwenden wir die auf S. 345 angegebenen Formeln, so erhalten wir

$$\boldsymbol{P}_e = \varepsilon_0 n_0 \alpha \boldsymbol{E} = \varepsilon_0 \varkappa_e \boldsymbol{E} \quad \text{(im SI)},$$

$$\boldsymbol{P}_e = n_0 \alpha \boldsymbol{E} = \varkappa_e \boldsymbol{E} \quad \text{(im CGS-System)};$$

$\varkappa_e = n_0 \alpha$ ist die *dielektrische Suszeptibilität* des Stoffes oder die Polarisierbarkeit der Volumeneinheit des Dielektrikums und dem Volumen aller in 1 cm³ enthaltenen Moleküle proportional.

Im Fall eines homogenen, aus polaren Molekülen bestehenden Dielektrikums, das sich in einem homogenen elektrischen Feld befindet, ist

$$\boldsymbol{P}_e = n_0 \overline{\boldsymbol{p}}_e ,$$

wobei $\overline{\boldsymbol{p}}_e$ der Mittelwert der in Feldrichtung liegenden Komponente des Vektors des konstanten Dipolmoments des Moleküls ist; wir berechnen ihn aus der BOLTZMANN-Verteilung von Teilchen in einem Kraftfeld (S. 217):

$$|\overline{\boldsymbol{p}}_e| = L(a)\, p_e = \left(\coth a - \frac{1}{a}\right) p_e ,$$

wobei $L(a)$ die *klassische* LANGEVIN*sche Funktion* ist (Bild IV.1.6),

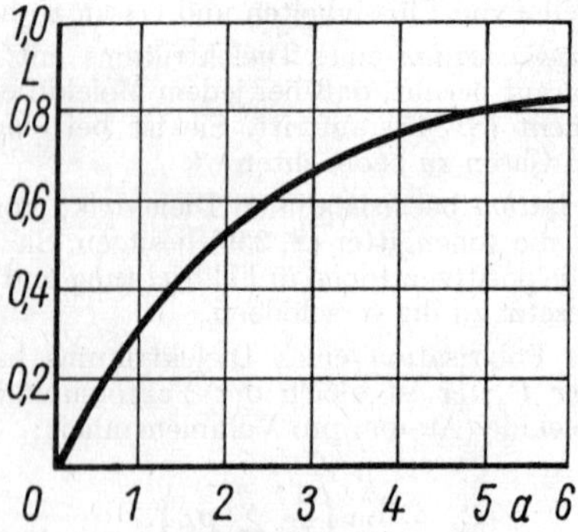

IV.1.6.

$a = p_e E/kT$ (im CGS-System). Ist $a \ll 1$, dann ist $L(a) \approx a/3$, und

$$\boldsymbol{P}_e = \varepsilon_0 \varkappa_e \boldsymbol{E} \quad \text{(im SI)},$$

$$\boldsymbol{P}_e = \varkappa_e \boldsymbol{E} \quad \text{(im CGS-System)};$$

$\varkappa_e$ erhält man aus der DEBYE-LANGEVIN-*Formel*:

$$\varkappa_e = \frac{n_0 p_e^2}{3 \varepsilon_0 k T} \quad \text{(im SI)},$$

$$\varkappa_e = \frac{n_0 p_e^2}{3 k T} \quad \text{(im CGS-System)},$$

wobei k die BOLTZMANN-Konstante, T die absolute Temperatur und n_0 die Anzahl der Moleküle pro Volumeneinheit des Dielektrikums ist.

Bild IV.1.7 zeigt $\varkappa_e$ als Funktion von $1/T$ für nichtpolare (*a*) und polare Moleküle (*b*). Die Strecke OA charakterisiert die Elektronenpolarisation polarer Moleküle.

11. In einem polarisierten Dielektrikum wirkt auf jedes Molekül ein *effektives elektrisches Feld* der Feldstärke $\boldsymbol{E}_{\text{eff}}$, das für das betrachtete Molekül ein äußeres Feld ist. $\boldsymbol{E}_{\text{eff}}$ unterscheidet sich von der mittleren makroskopischen Feldstärke $\boldsymbol{E}$ im Dielektrikum; für nichtpolare Moleküle ist

$$\boldsymbol{E}_{\text{eff}} = \boldsymbol{E} + \frac{1}{3\varepsilon_0} \boldsymbol{P}_e \quad \text{(im SI)},$$

$$\boldsymbol{E}_{\text{eff}} = \boldsymbol{E} + \frac{4\pi}{3} \boldsymbol{P}_e \quad \text{(im CGS-System)},$$

wobei $\boldsymbol{P}_e$ der Polarisationsvektor ist. Diese Formel gilt nicht für Dielektrika mit starren Dipolen; für diese ist der Zusammenhang zwischen $\boldsymbol{E}_{\text{eff}}$ und $\boldsymbol{P}_e$ komplizierter.

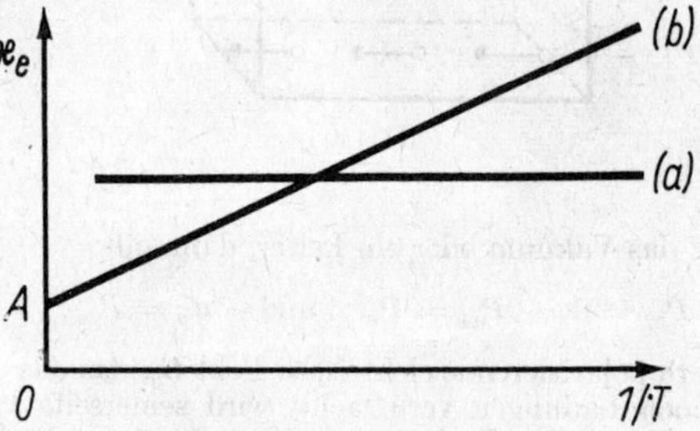

IV.1.7.

12. In einem unpolarisierten Dielektrikum sind Volumendichte (ϱ_p) und Flächendichte (σ_p) der gebundenen Ladungen (S. 328) gleich Null. Wird ein Dielektrikum polarisiert, so erfolgt eine Verschiebung der gebundenen Ladungen. In einem polarisierten Dielektrikum hängen die Werte von ϱ_p und σ_p vom Polarisationsvektor ab. Daher bezeichnet man die entsprechenden gebundenen Raum- und Flächenladungen als *Polarisationsladungen.* Polarisations-Raumladungen treten in Dielektrika mit inhomogener Polarisation auf:

$$\varrho_p = -\operatorname{div} \boldsymbol{P}_e.$$

Ist das Dielektrikum homogen und befindet es sich in einem homogenen elektrischen Feld (Bild IV.1.8), dann ist $\operatorname{div} \boldsymbol{P}_e = 0$ und $\varrho_p = 0$.

Polarisations-Flächenladungen treten an den Grenzflächen beliebiger, verschieden polarisierter Dielektrika, zwischen einem polarisierten Dielektrikum und Vakuum oder zwischen einem polarisierten Dielektrikum und einem Leiter auf. Sind $\boldsymbol{P}_{e1}$ und $\boldsymbol{P}_{e2}$ die Polarisationsvektoren des ersten und zweiten Mediums in einem beliebigen Punkt A der Trennfläche S, P_{e1n} und P_{e2n} die Projektionen dieser Vektoren auf die äußere Normale (in bezug auf Medium 1) auf die Trennfläche S im Punkt A, dann ist die Flächendichte der Polarisationsladungen im Punkt A

$$\sigma_p = -(P_{e2n} - P_{e1n}).$$

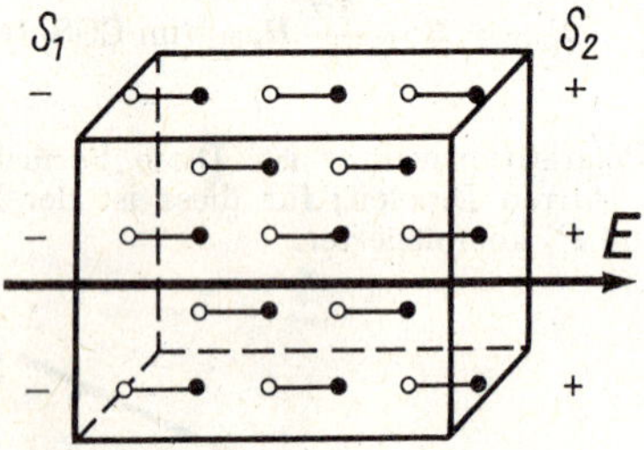

IV.1.8.

Ist Medium 2 das Vakuum oder ein Leiter, dann gilt

$$P_{e2} = 0, \quad \boldsymbol{P}_{e1} = \boldsymbol{P}_e \quad \text{und} \quad \sigma_p = P_{en}.$$

13. Das äußere polarisierende elektrische Feld $\boldsymbol{E}_0$, das das Auftreten von gebundenen Ladungen verursacht, wird seinerseits von einem System freier elektrischer Ladungen erzeugt. In einem Dielektrikum addieren sich das Feld $\boldsymbol{E}_0$ und das Feld $\boldsymbol{E}_p$ der gebundenen elektrischen Ladungen vektoriell. Der Vektor $\boldsymbol{E}$ in einem Dielektrikum stellt ein resultierendes makroskopisches Feld dar, d. h., das Feld $\boldsymbol{E}$ hängt von den elektrischen Eigenschaften des Mediums ab.

Beispiel. Betrachten wir ein homogenes Dielektrikum in einem homogenen elektrostatischen Feld, zwischen zwei parallelen leitenden Platten AA' und BB', deren Flächenladungen $+\sigma$ und $-\sigma$ gleichmäßig verteilt sind (Bild IV.1.9).

Die Raumdichte der Polarisationsladungen $\varrho_p = 0$. Die Flächendichten der Polarisationsladungen an den mit den Ebenen AA' und BB' zusammenfallenden Grenzflächen des Dielektrikums sind $-\sigma_p$ und $+\sigma_p$ mit

$$\sigma_p = P_e = \varepsilon_0 \varkappa_e E \quad \text{(im SI)},$$

$$\sigma_p = P_e = \varkappa_e E \quad \text{(im CGS-System)}.$$

Die Polarisationsladungen erzeugen im Inneren des Dielektrikums ein zusätzliches Feld, dessen Feldstärke $\boldsymbol{E}_p$ zu den Vektoren $\boldsymbol{E}_0$ und $\boldsymbol{E}$

entgegengesetzt gerichtet ist, während sein Betrag durch

$$E_p = \frac{\sigma_p}{\varepsilon_0} = \varkappa_e E \qquad \text{(im SI)},$$

$$E_p = 4\pi\sigma_p = 4\pi\varkappa_e E \qquad \text{(im CGS-System)}$$

gegeben ist.

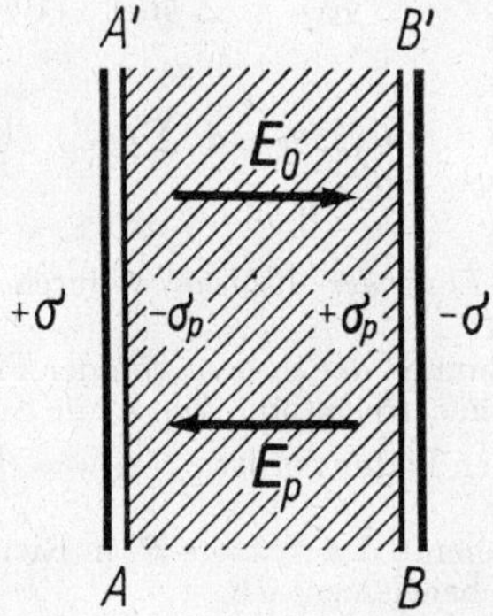

IV.1.9.

Die Feldstärke des resultierenden Feldes im Dielektrikum ist

$$\boldsymbol{E} = \boldsymbol{E}_0 + \boldsymbol{E}_p = \boldsymbol{E}_0 - \varkappa_e \boldsymbol{E} \qquad \text{(im SI)},$$

$$\boldsymbol{E} = \boldsymbol{E}_0 + \boldsymbol{E}_p = \boldsymbol{E}_0 - 4\pi\varkappa_e \boldsymbol{E} \qquad \text{(im CGS-System)}.$$

Daher ist

$$\boldsymbol{E} = \frac{1}{1+\varkappa_e}\boldsymbol{E}_0 = \frac{\boldsymbol{E}_0}{\varepsilon} \qquad \text{(im SI)},$$

$$\boldsymbol{E} = \frac{1}{1+4\pi\varkappa_e}\boldsymbol{E}_0 = \frac{\boldsymbol{E}_0}{\varepsilon} \qquad \text{(im CGS-System)},$$

wobei ε die Dielektrizitätskonstante des Dielektrikums ist (vgl. Punkt 15).

14. Das Gaussche Theorem (S. 333) für den Verschiebungsvektor $\boldsymbol{D}$ in einem beliebigen Medium lautet

$$\oint_S D_n \, dS = \sum q_{\text{frei}} \qquad \text{(im SI)},$$

$$\oint_S D_n \, dS = 4\pi \sum q_{\text{frei}} \qquad \text{(im CGS-System)},$$

wobei $\sum q_{\text{frei}}$ die Summe der von der geschlossenen Fläche S umschlossenen Ladungen und $\oint_S D_n dS$ der Fluß des Verschiebungsvektors durch diese Fläche ist.

Das GAUSSsche Theorem für den Feldstärkevektor $\boldsymbol{E}$ in einem Dielektrikum kann folgendermaßen formuliert werden:

$$\oint_S \varepsilon_0 E_n dS = \Sigma q_{\text{geb}} + \Sigma q_{\text{frei}} \quad \text{(im SI)},$$

$$\oint_S E_n \, dS = 4\pi \left(\Sigma q_{\text{geb}} + \Sigma q_{\text{frei}}\right) \quad \text{(im CGS-System)},$$

wobei $\oint_S E_n dS$ der *Fluß der Feldstärke* durch die geschlossene Fläche S, Σq_{frei} die Summe der in dem von der Fläche S umschlossenen Raum befindlichen freien und Σq_{geb} die Summe der in ihm befindlichen gebundenen Ladungen ist; $\Sigma q_{\text{geb}} = \oint_S P_{en} \, dS$, P_{en} ist der Betrag der Komponente des Vektors $\boldsymbol{P}_e$ in Richtung der äußeren Normalen auf das Flächenelement dS.

15. Der Zusammenhang zwischen dem Verschiebungsvektor $\boldsymbol{D}$, der Feldstärke $\boldsymbol{E}$ und der Polarisation $\boldsymbol{P}_e$ ist durch folgende Relationen gegeben:

$$\boldsymbol{D} = \varepsilon_0 \boldsymbol{E} + \boldsymbol{P}_e \quad \text{(im SI)},$$

$$\boldsymbol{D} = \boldsymbol{E} + 4\pi \boldsymbol{P}_e \quad \text{(im CGS-System)}.$$

In isotropen Dielektrika ist der Polarisationsvektor $\boldsymbol{P}_e$ der Feldstärke $\boldsymbol{E}$ proportional und fällt auch in seiner Richtung mit $\boldsymbol{E}$ zusammen. Daher ist

$$\boldsymbol{D} = \varepsilon \varepsilon_0 \boldsymbol{E} \quad \text{(im SI)},$$

$$\boldsymbol{D} = \varepsilon \boldsymbol{E} \quad \text{(im CGS-System)},$$

wobei ε die Dielektrizitätskonstante des Dielektrikums ist; ε ist in diesem Fall ein Skalar. Die Dielektrizitätskonstante ε eines Stoffes hängt mit seiner dielektrischen Suszeptibilität $\varkappa_e$ (S. 347) wie folgt zusammen:

$$\varepsilon = 1 + \varkappa_e \quad \text{(im SI)},$$

$$\varepsilon = 1 + 4\pi \varkappa_e \quad \text{(im CGS-System)}.$$

16. Berücksichtigt man den Unterschied zwischen dem im Dielektrikum wirkenden effektiven Feld (S. 349) und dem mittleren makroskopischen Feld, so ist der Zusammenhang zwischen ε und $\varkappa_e$ nicht-

polarer Dielektrika durch die CLAUSIUS-MOSOTTI-*Formel* gegeben:

$$\left.\begin{array}{l} \dfrac{\varepsilon - 1}{\varepsilon + 2} = \dfrac{1}{3}\varkappa_e \\ \text{oder} \\ \dfrac{\varepsilon - 1}{\varepsilon + 2}\dfrac{\mu}{\varrho} = \dfrac{N_L \alpha}{3} = \Omega \end{array}\right\} \text{(im SI)},$$

$$\left.\begin{array}{l} \dfrac{\varepsilon - 1}{\varepsilon + 2} = \dfrac{4\pi}{3}\varkappa_e \\ \text{oder} \\ \dfrac{\varepsilon - 1}{\varepsilon + 2}\dfrac{\mu}{\varrho} = \dfrac{4\pi}{3} N_L \alpha = \Omega_1 \end{array}\right\} \text{(im CGS-System)},$$

wobei μ das Molekulargewicht des Stoffes ist, ϱ ist seine Dichte, N_L die LOSCHMIDTsche Zahl, α die Polarisierbarkeit des Moleküls, Ω und Ω_1 sind die Molarrefraktionen, die dem Volumen aller Moleküle in 1 kg-Mol bzw. 1 Mol des Stoffes proportional sind.

17. In einem anisotropen (kristallinen) Dielektrikum sind die elektrischen Eigenschaften richtungsabhängig (d. h., $\varkappa_e$ und ε sind Tensorgrößen). Im allgemeinen Fall werden daher die Vektoren $\boldsymbol{P}_e$ und $\boldsymbol{D}$ nicht mit der Richtung des Feldstärkevektors $\boldsymbol{E}$ zusammenfallen. Für Kristalle (keine Pyroelektrika, d. h. keine Spontanpolarisation ohne äußeres Feld) sind die Komponenten der Vektoren $\boldsymbol{P}_e$, $\boldsymbol{D}$ und $\boldsymbol{E}$ längs der Achsen eines rechtwinkligen kartesischen x, y, z-Koordinatensystems durch folgende Beziehungen verknüpft:

$$P_{ei} = \varepsilon_0 \sum_j \varkappa_{eij} E_j \quad \text{(im SI)},$$

$$P_{ei} = \sum_j \varkappa_{eij} E_j \quad \text{(im CGS-System)};$$

$$D_i = \varepsilon_0 \sum_j \varepsilon_{ij} E_j \quad \text{(im SI)},$$

$$D_i = \sum_j \varepsilon_{ij} E_j \quad \text{(im CGS-System)};$$

hier ist $i, j = x, y, z$; $\varkappa_{eij} = \varkappa_{eji}$ und $\varepsilon_{ij} = \varepsilon_{ji}$.
Die Werte von $\varkappa_{eij}$ und ε_{ij} hängen von der Lage der Koordinatenachsen bezüglich der kristallographischen Achsen des Dielektrikums ab. Bei entsprechender Wahl der Achsen x, y, z können die Größen $\varkappa_{exy}$, $\varkappa_{exz}$, $\varkappa_{eyz}$, ε_{xy}, ε_{xz} und ε_{yz} gleichzeitig Null werden, da die dielektrischen Eigenschaften eines anisotropen Kristalls durch die drei *Hauptwerte der Suszeptibilität*

$$\varkappa_{e1} = \varkappa_{exx}, \quad \varkappa_{e2} = \varkappa_{eyy} \quad \text{und} \quad \varkappa_{e3} = \varkappa_{ezz}$$

und die ihnen entsprechenden drei *Hauptwerte der Dielektrizitätskonstante*

$$\varepsilon_1 = \varepsilon_{xx} = 1 + \varkappa_{e1}, \quad \varepsilon_2 = \varepsilon_{yy} = 1 + \varkappa_{e2}, \quad \varepsilon_3 = \varepsilon_{zz} = 1 + \varkappa_{e3}$$

(im SI),

$$\varepsilon_1 = 1 + 4\pi\varkappa_{e1}, \quad \varepsilon_2 = 1 + 4\pi\varkappa_{e2}, \quad \varepsilon_3 = 1 + 4\pi\varkappa_{e3}$$

(im CGS-System)

vollständig bestimmt sind.

1.8. Ferroelektrika. Der piezoelektrische Effekt

1. Als *Ferroelektrika* bezeichnen wir jene Gruppe von kristallinen Dielektrika, bei welchen die Dipolmomente der das Kristallgitter bildenden Moleküle eine bevorzugte Orientierung aufweisen, ohne daß dazu ein äußeres elektrisches Feld notwendig wäre. Mit anderen Worten, ein Ferroelektrikum setzt sich aus einer Vielzahl von mikroskopischen Bereichen (*Bezirken*) zusammen, die in verschiedenen Richtungen polarisiert sind. Die Bezeichnung „Seignette-Elektrika", die gelegentlich für Ferroelektrika verwendet wird, geht auf die Tatsache zurück, daß die zuerst entdeckte kristalline Substanz mit diesen Eigenschaften das Seignettesalz ($NaKC_4H_4O_6 \cdot 4H_2O$) war. Auch Bariumtitanat ($BaTiO_3$), Kaliumdihydrophosphat (KH_2PO_4) u. a. sind Ferroelektrika.

2. Die Dielektrizitätskonstante ε eines Ferroelektrikums nimmt innerhalb eines bestimmten Temperaturintervalls sehr stark zu (Bild IV.1.10 und ist eine Funktion der Feldstärke $\boldsymbol{E}$ im Stoff: $\varepsilon = \varepsilon(E)$ (Bild IV.1.11). Demzufolge ist die Relation zwischen $\boldsymbol{D}$ und $\boldsymbol{E}$ bei nicht zu hohen Feldstärken nichtlinear. Bei genügend hohen Werten von E tritt *Sättigung* auf, d. h., der Polarisationsvektor $\boldsymbol{P}_e$ ändert sich auch bei weiterer Erhöhung von $\boldsymbol{E}$ nicht mehr.

3. Die *spontane Polarisation* in Ferroelektrika tritt in einem Temperaturbereich auf, der durch den oberen und den unteren Curie-*Punkt* Θ begrenzt ist.
Für Seignettesalz ist $\Theta_{\text{oben}} = 297\,°\text{K}$ und $\Theta_{\text{unten}} = 255\,°\text{K}$. Das Auftreten eines Curie-Punktes Θ, oberhalb dessen die charakteristischen ferroelektrischen Eigenschaften verschwinden, ist für alle Vertreter dieser Art von Stoffen charakteristisch. Bei $T > \Theta$ verhindert die Wärmebewegung die spontane Orientierung der Dipolmomente innerhalb der Bezirke. In der Nähe des Curie-Punktes ist ein starkes Ansteigen der spezifischen Wärme (Bild IV.1.10) zu beobachten, was bedeutet, daß an diesem Punkt ein Phasenübergang zweiter Art stattfindet (S. 195).[1]

[1]) Bei einigen Seignette-Elektrika (z. B. $BaTiO_3$) erfolgt im Curie-Punkt ein Phasenübergang erster Art.

4. In Ferroelektrika ist die Erscheinung der *dielektrischen Hysterese* (Remanenzeffekt; Bild IV.1.12) zu beobachten. P_{e0} charakterisiert die Restpolarisation und E_k ist der Betrag der Feldstärke des Gegenfeldes, bei der die Polarisation des Ferroelektrikums verschwindet (*Koerzitivkraft*).

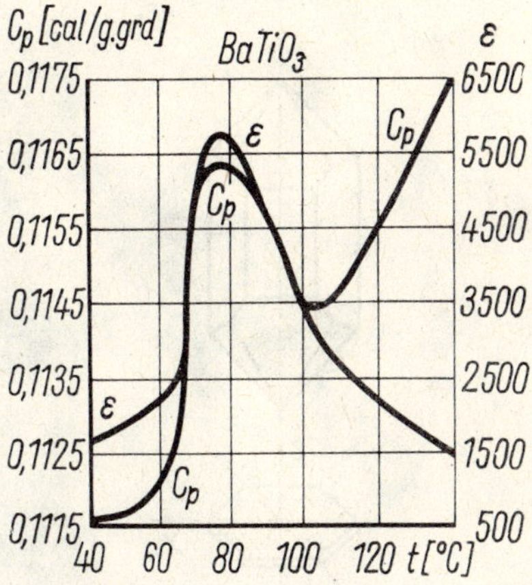

IV.1.10.

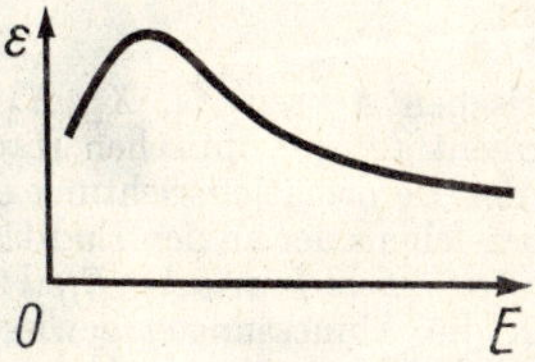

IV.1.11.

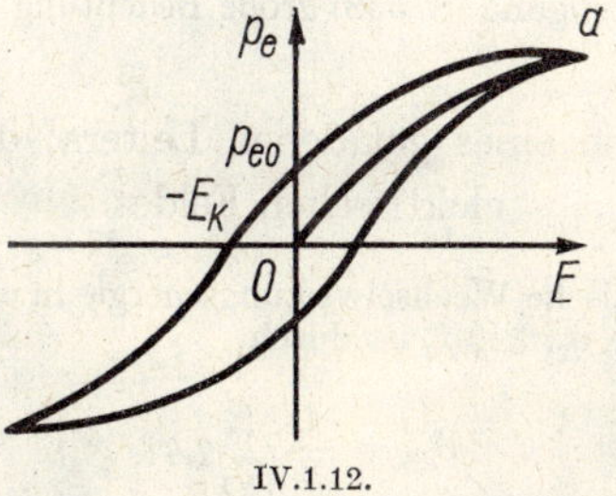

IV.1.12.

5. Der *piezoelektrische Effekt* (kurz auch *Piezoeffekt* genannt) besteht darin, daß bei der mechanischen Deformation gewisser Kristalle in bestimmten Richtungen an ihren Endflächen elektrische Ladungen entgegengesetzten Vorzeichens auftreten. Der Piezoeffekt ist bei Quarz, Turmalin, Seignettesalz, Bariumtitanat, Zinkblende und anderen Stoffen zu beobachten. Bei Quarz tritt der piezoelektrische

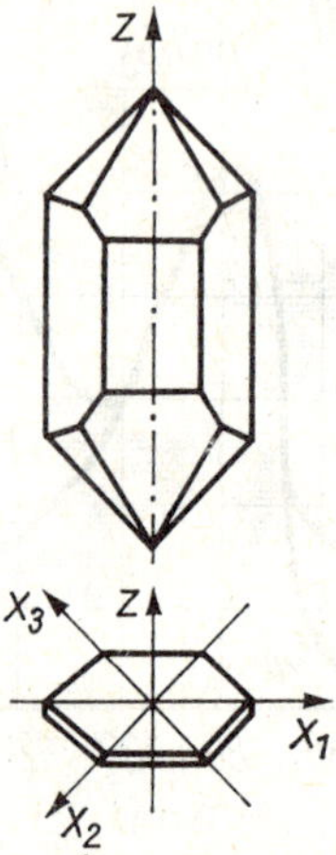

IV.1.13.

Effekt längs der elektrischen Achsen X_1, X_2, X_3 des Kristalls auf (Bild IV.1.13), die senkrecht auf der optischen Hauptachse Z stehen (S. 630). Eine Umkehr der Deformationsrichtung des Kristalls führt zu einer Umkehr des Vorzeichens der an den Endflächen auftretenden Ladungen. Der *umgekehrte piezoelektrische Effekt* (*Elektrostriktion*) besteht darin, daß sich die Abmessungen gewisser Kristalle beim Anlegen eines elektrischen Feldes verändern. Kehrt man die Richtung des elektrischen Felds um, so führt das zu einer Umkehr des Deformationscharakters. Diesem Effekt kommt im Zusammenhang mit der Ultraschallerzeugung (S. 538) große Bedeutung zu.

1.9. Die Energie eines geladenen Leiters; die Energie des elektrischen Feldes

1. Die elektrostatische Wechselwirkungsenergie in einem System von Punktladungen $q_1, q_2, \ldots, q_n$ ist durch

$$W_W = \frac{1}{2} \sum_{i=1}^{n} q_i \varphi_i$$

gegeben, wobei φ_i das Potential in dem Punkt ist, in dem sich die Ladung q_i befindet; das elektrostatische Feld ist das Feld aller n Ladungen, ausgenommen die Ladung q_i.
Befinden sich die Ladungen in einem homogenen isotropen Dielektrikum, dann ist

$$W_W = \frac{1}{8\pi\varepsilon_0\varepsilon} \sum_{\substack{i,k \\ (k \neq i)}}^{n} \frac{q_i q_k}{r_{ik}} \quad \text{(im SI)},$$

$$W_W = \frac{1}{2\varepsilon} \sum_{\substack{i,k \\ (k \neq i)}}^{n} \frac{q_i q_k}{r_{ik}} \quad \text{(im CGS-System)},$$

wobei ε die Dielektrizitätskonstante des Mediums und r_{ik} der Abstand zwischen den Ladungen q_i und q_k ist.

2. Die gesamte *elektrische Energie* W_e eines Systems von Punktladungen $q_1, q_2, \ldots, q_n$, d. h. von geladenen Körpern, deren Abstände wesentlich größer als ihre Linearabmessungen sind, unterscheidet sich von W_W um die Summe der Eigenenergien der geladenen Körper (bzw. der Ladungen q_i):

$$W_e = W_W + \sum_{i=1}^{n} W_{\text{eig}}.$$

Als *Eigenenergie eines geladenen Leiters* bezeichnet man die Wechselwirkungsenergie der Ladungen, die sich in diesem Leiter befinden. Die Energie eines Leiters, der sich nicht in einem äußeren Feld befindet, ist gleich seiner Eigenenergie:

$$W_{\text{eig}} = \frac{q\varphi}{2} = \frac{q^2}{2C} = \frac{C\varphi^2}{2},$$

wobei C die Kapazität des Leiters, q seine Ladung und φ sein Potential ist (bei $q = 0$ ist $\varphi = 0$). Im Gegensatz zu W_W kann die Eigenenergie eines Leiters nicht negativ werden. Sie ist gleich Null, wenn der Leiter ungeladen ist. Für zwei beliebige Leiter ist die Summe ihrer Eigenenergien immer größer (und höchstens gleich, wenn die Leiter ungeladen sind) als ihre Wechselwirkungsenergie:

$$(W_{\text{eig}})_1 + (W_{\text{eig}})_2 \geqq W_W.$$

3. Die gesamte elektrische Energie eines Systems geladener Leiter ist

$$W_e = \frac{1}{2} \sum_{i=1}^{n} q_i \varphi_i,$$

wobei q_i die Ladung des i-ten Leiters und φ_i das Potential des i-ten Leiters ist, das das Feld der anderen Leiter gemeinsam mit seinem eigenen Feld erzeugt.

Die Energie eines geladenen Kondensators ist

$$W_e = \frac{q\,\Delta\varphi}{2} = \frac{q^2}{2C} = \frac{C\,\Delta\varphi^2}{2},$$

wobei q die Ladung des Kondensators, C seine Kapazität, und $\Delta\varphi$ die Potentialdifferenz zwischen den Platten ist.

4. Die Energie eines beliebigen Systems von Ladungen im Vakuum oder in einem Dielektrikum kann in der Form

$$W_e = \frac{1}{2}\int\limits_V \varrho\varphi\, dV + \frac{1}{2}\int\limits_S \sigma\varphi\, dS$$

dargestellt werden, wobei ϱ die Raum- und σ die Flächendichte der freien Ladungen und φ das Potential für das elektrostatische Feld aller Raum- bzw. Flächenladungen im Volumenelement dV oder im Flächenelement dS ist; integriert wird über das gesamte Volumen V, das von den freien Raumladungen eingenommen wird, bzw. über die gesamte geladene Oberfläche S. Der Einfluß des Dielektrikums auf den Betrag von W_e äußert sich darin, daß bei ein und derselben Verteilung der freien Ladungen die φ-Werte in verschiedenen Dielektrika verschieden sind (in einem homogenen isotropen Dielektrikum ist φ um den Faktor $1/\varepsilon$ schwächer als im Vakuum).

Die Formeln für W_e können auch in der Form

$$W_e = \frac{1}{2}\int\limits_{V_e} (\boldsymbol{DE})\, dV \qquad \text{(im SI)},$$

$$W_e = \frac{1}{8\pi}\int\limits_{V_e} (\boldsymbol{DE})\, dV \qquad \text{(im CGS-System)}$$

geschrieben werden, wobei $\boldsymbol{D}$ und $\boldsymbol{E}$ die elektrische Verschiebung bzw. die Feldstärke im Volumenelement dV ist; integriert wird über das gesamte Volumen V_e des vom Feld erfüllten Raumes. Hieraus folgt, daß die Energie W_e über den ganzen Raum verteilt ist, in anderen Worten, das elektrische Feld besitzt Energie. Die *Volumendichte der Energie eines elektrischen Feldes*, d. h., die Energie einer Volumeneinheit des Feldes ist

$$w_e = \frac{dW_e}{dV} = \frac{1}{2}(\boldsymbol{DE}) \qquad \text{(im SI)},$$

$$w_e = \frac{dW_e}{dV} = \frac{1}{8\pi}(\boldsymbol{DE}) \qquad \text{(im CGS-System)}.$$

Ist das Medium isotrop, dann gilt

$$w_e = \frac{DE}{2} = \frac{\varepsilon\varepsilon_0 E^2}{2} = \frac{D^2}{2\varepsilon\varepsilon_0} \qquad \text{(im SI)},$$

$$w_e = \frac{DE}{8\pi} = \frac{\varepsilon E^2}{8\pi} = \frac{D^2}{8\pi\varepsilon} \qquad \text{(im CGS-System)}.$$

5. In der makroskopischen Theorie der Elektrizität wird angenommen, daß w_e die *Volumendichte der freien Energie* (S. 178) des *elektrischen Feldes in einem Dielektrikum* ist, d. h., w_e ist ein Maß für die mit reversiblen isothermen Änderungen des Feldes in einer Volumeneinheit des Dielektrikums verbundene Arbeit.
In einem Dielektrikum mit nichtpolaren Molekülen wird ein Teil der Energie, die für die Felderzeugung verbraucht wird, auf die Polarisation des Dielektrikums aufgewendet (auf eine „Dehnung" der elastischen Dipole). Die *Volumendichte der Energie eines polarisierten Dielektrikums* ist

$$w_{\text{Diel}} = (\varepsilon - 1)\,\frac{\varepsilon_0 E^2}{2} \quad \text{(im SI)},$$

$$w_{\text{Diel}} = (\varepsilon - 1)\,\frac{E^2}{8\pi} \quad \text{(im CGS-System)}.$$

Die Differenz zwischen w_e und w_{Diel} ist die Volumendichte der Energie eines elektrischen Feldes im Vakuum, das dieselbe Feldstärke besitzt. Sie wird oft auch als die *Volumendichte der elektrischen Eigenenergie des Feldes im Dielektrikum* bezeichnet:

$$w_e - w_{\text{Diel}} = \frac{\varepsilon_0 E^2}{2} \quad \text{(im SI)},$$

$$w_e - w_{\text{Diel}} = \frac{E^2}{8\pi} \quad \text{(im CGS-System)}.$$

2. Der Gleichstrom in Metallen

2.1. Grundbegriffe und Definitionen

1. Als *elektrischen Strom* bezeichnen wir jede geordnete Bewegung von elektrischen Ladungen.

2. Die geordnete Bewegung von freien Ladungen in einem Leiter unter dem Einfluß eines elektrischen Feldes bezeichnen wir als *Leitungsstrom.*
Eine geordnete Bewegung von elektrischen Ladungen kann man dadurch hervorrufen, daß man einen geladenen Körper (Leiter oder Dielektrikum) im Raum verschiebt. Einen solchen elektrischen Strom bezeichnet man als *Konvektionsstrom* (z. B. der Strom, der durch die Bewegung der Erde auf ihrer Bahn um die Sonne hervorgerufen wird und der sich im Auftreten eines negativen Ladungsüberschusses äußert).

3. Als Richtung des elektrischen Stromes definiert man die Bewegungsrichtung positiver Ionen. Tatsächlich wird jedoch der elektrische Strom in metallischen Leitern durch die Bewegung von Elektronen realisiert, die entgegen der eben definierten Stromrichtung erfolgt.

4. Als *Stromstärke* (in der Elektrotechnik nur als *Strom* bezeichnet) durch eine Fläche S bezeichnet man die skalare Größe I, die gleich ist der ersten zeitlichen Ableitung der durch diese Fläche strömenden Ladung q:

$$I = \frac{dq}{dt}.$$

5. Einen Strom bezeichnen wir als *Gleichstrom*, wenn sich Stromstärke und Stromrichtung mit der Zeit nicht ändern. Für Gleichstrom ist

$$I = \frac{q}{t},$$

wobei q die elektrische Ladung und t die Zeit ist. Die Stärke des Gleichstroms ist ihrem Betrag nach gleich der durch die Fläche S pro Zeiteinheit fließenden Ladung q.

6. Die Verteilung des elektrischen Stromes über den Querschnitt S wird durch den *Stromdichtevektor* $\boldsymbol{j}$ charakterisiert. Dieser Vektor zeigt in die Bewegungsrichtung positiver Ladungen und ist seinem Betrag nach gleich

$$j = \frac{dI}{dS'}$$

wobei dS' die Projektion des Flächenelements dS auf die senkrecht zu $\boldsymbol{j}$ stehende Ebene und dI die Stromstärke durch dS und dS' ist. Die Projektion j_n des Vektors $\boldsymbol{j}$ auf die Richtung der Normalen $\boldsymbol{n}$ auf das Flächenelement dS ist gleich

$$j_n = \frac{dI}{dS'} = j \cos \alpha,$$

wobei α der Winkel zwischen $\boldsymbol{j}$ und $\boldsymbol{n}$ ist.

7. Die Stromstärke in einem Leiter ist gleich

$$I = \int_S j \, dS;$$

die Integration erstreckt sich über den gesamten Querschnitt S ($\alpha = 0$) des Leiters.

8. Gleichstrom hat über den gesamten Querschnitt S des Leiters dieselbe Dichte; für Gleichstrom ist

$$I = jS.$$

Die Gleichstromdichte zweier Querschnitte eines Leiters ist den Querschnittsflächen umgekehrt proportional:

$$\frac{j_1}{j_2} = \frac{S_2}{S_1}.$$

2.2. Die Elektronentheorie der Leitfähigkeit

1. Die Stromträger in Metallen sind die *Leitungselektronen*; sie verdanken ihr Vorhandensein der Tatsache, daß die Valenzelektronen der Metallatome nicht jeweils einem bestimmten Atom angehören, sondern eine Art Gemeinschaftsbesitz darstellen. In klassischer Näherung können diese Elektronen (Leitungselektronen) als *Elektronengas* betrachtet werden, dessen Teilchen drei Freiheitsgrade besitzen. In einer strengeren Näherung ist das Elektronengas als entartetes Quantengas zu betrachten, das der FERMI-DIRAC-Statistik unterworfen ist (S. 220). In der klassischen Näherung wird die Anzahl der Leitungselektronen pro cm^3 eines einwertigen Metalls als

$$n_0 = \frac{N_L}{A} D$$

angenommen, wobei N_L die LOSCHMIDTsche Zahl (S. 148), A das Atomgewicht des Metalls und ϱ seine Dichte ist. Größenordnungsmäßig ist $n_0 \approx 10^{22} - 10^{23}\ cm^{-3}$.

2. Der klassischen Theorie zufolge erfolgt die chaotische Wärmebewegung der Elektronen bei Zimmertemperatur mit mittleren Geschwindigkeiten (S. 203) der Größenordnung von 10^5 cm/s. Der LORENTZ-DRUDE*schen Theorie* zufolge hat das Elektron eine mittlere freie Weglänge $\bar{\lambda}$ (S. 204), die von der Größenordnung der Gitterkonstanten des Metalls ist (10^{-8} cm).

3. In der Quantentheorie wird das Verhalten der Elektronen im Metall durch die Gesetze der Wellenmechanik (S. 685) beschrieben und unterliegt der FERMI-DIRACschen Quantenstatistik (S. 220). Vernachlässigt man das elektrische Feld der positiven Ionen des Kristallgitters und die Wechselwirkung der Elektronen untereinander, so kann man das Modell des „Potentialtopfes" mit ebenem Boden verwenden: Außerhalb des Metalls ist die potentielle Energie der Elektronen gleich Null, im Inneren des Metalls hat die Elektronenenergie ein quasikontinuierliches Spektrum. Am obersten besetzten Niveau ist die Energie des Elektrons gleich $-A$, wobei A die positive Austrittsarbeit des Elektrons aus dem Metall ist (S. 389). Berücksichtigt man den Einfluß des Ionenfeldes auf die Elektronenbewegung, so sieht man, daß das Energiespektrum der Elektronen im Metall (S. 703 bis 708) eine Bänderstruktur aufweist.

4. Impuls und Energie der Elektronen im Metall sind gequantelt, d. h., sie können nur bestimmte Werte annehmen. Das Auffüllen der Energieniveaus im Metall mit Elektronen erfolgt in Übereinstimmung mit dem PAULI-Prinzip (S. 736): Auf jedes Niveau entfallen nicht mehr als zwei Elektronen mit entgegengesetztem Spin (S. 447). Das höchste Energieniveau, das von Elektronen beim absoluten Nullpunkt eingenommen werden kann, wird als FERMI-*Niveau* bezeichnet. Von ihm aus wird die Austrittsarbeit eines Elektrons aus dem Metall berechnet (Bild IV.2.1). Die Anzahl der von Elektronen besetzten Energieniveaus ist größenordnungsmäßig gleich der Anzahl der freien Elektronen im Metall.

Die eng beisammen liegenden (quasikontinuierlichen) Energieniveaus im Metall bezeichnet man als *Energiebänder* (S. 704). Das unterste, nicht vollständig von Elektronen besetzte Band ist das *Leitungsband der Metalle.* Es kann vorkommen, daß sich zwei aufeinanderfolgende Bänder überschneiden (z. B. bei den Erdalkalimetallen und den Übergangsmetallen). Das Vorhandensein von Bändern, die nicht ganz mit Elektronen aufgefüllt sind, ist eine typische Besonderheit der metallischen Leitfähigkeit.

5. In der Quantentheorie der Metalle wird die zwischen den Elektronen und den positiven Gitterionen herrschende Wechselwirkung als Streuung von Elektronenwellen an den thermischen Schwingungen der Gitterionen beschrieben.

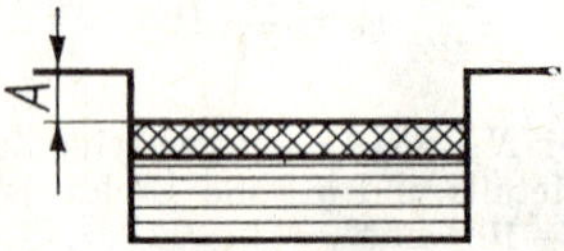

IV.2.1.

6. Eine geordnete Bewegung von Elektronen in einem metallischen Leiter ist die Folge des Einflusses eines äußeren elektrischen Feldes. Die mittlere Stromstärke ist

$$\boldsymbol{j} = n_0 e \overline{\boldsymbol{v}},$$

wobei n_0 die Anzahl der Leitungselektronen pro Volumeneinheit, e der Absolutbetrag der Elektronenladung und $\overline{v}$ die mittlere Geschwindigkeit der geordneten Elektronenbewegung ist. Bei den höchsten erreichbaren Stromdichten ist $\overline{\boldsymbol{v}} = 10^{-2}$ cm/s. Die Zeit, die ein Strom braucht, um sich in einem Stromkreis auf einen stationären Wert einzustellen, ist gleich $t = L/c$, wobei L die Länge des Stromkreises und c die Lichtgeschwindigkeit im leeren Raum ist; sie ist gleich der Zeit, innerhalb welcher sich längs des Stromkreises ein stationäres elektrisches Feld einstellt und die geordnete Bewegung der Elektronen beginnt. In der Praxis setzt diese Bewegung im ganzen Leiter gleichzeitig ein, sobald der Stromkreis geschlossen wird.

7. Das OHM*sche Gesetz für die Stromdichte* lautet

$$\boldsymbol{j} = \gamma \boldsymbol{E} = \frac{1}{\varrho} \boldsymbol{E}.$$

Die Stromdichte in einem Leiter ist gleich dem Produkt der *spezifischen elektrischen Leitfähigkeit* γ *des Metalls* und der Feldstärke $\boldsymbol{E}$. Die Größe $1/\gamma = \varrho$ wird als *spezifischer Widerstand* bezeichnet.

Im Rahmen der klassischen Elektronentheorie lautet der Ausdruck für γ (*Formel von* DRUDE)

$$\gamma = \frac{n_0 e^2 \overline{\lambda}}{2 m \overline{u}},$$

wobei n_0 die Anzahl der Elektronen pro cm³ Metall, $\bar{\lambda}$ die mittlere freie Weglänge und $\bar{u}$ das arithmetische Mittel der thermischen Geschwindigkeiten der Elektronen bei der betrachteten Temperatur ist. Im Rahmen der Quantentheorie der Metalle ist

$$\gamma = \frac{n_0 e^2 \bar{\lambda}}{p_F},$$

wobei p_F der Impuls eines Elektrons ist, das sich auf dem FERMI-Niveau W_F (S. 224) befindet; p_F hängt nicht von der Temperatur ab; $\bar{\lambda}$ ist die mittlere freie Weglänge der Elektronen im Metall, sie hängt

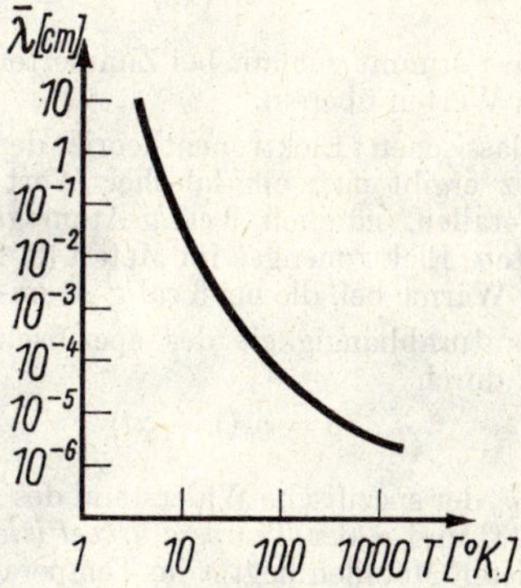

IV.2.2.

von der Temperatur T ab. Bei Zimmertemperatur gilt $\bar{\lambda} \sim T^{-1}$, so daß der spezifische Widerstand ϱ der Metalle der Temperatur proportional ist. Bei tieferen Temperaturen gilt $\bar{\lambda} \sim T^{-n}$ mit $n > 1$, so daß $\bar{\lambda}$ mit sinkender Temperatur zunimmt (vgl. Bild IV.2.2).
Bei sehr großen Stromdichten gilt das OHMsche Gesetz nicht mehr.

8. Als *Dichte der Stromwärme* w bezeichnen wir diejenige Energie, die infolge der Wechselwirkung zwischen Ionen und Elektronen an die Gitterionen pro Volumenelement des Leiters und pro Zeiteinheit übertragen wird. Für die Stromwärmedichte gilt das JOULE-LENZ*sche Gesetz*:

$$w = \varrho j^2.$$

Die Dichte der JOULEschen Wärme in einem Leiter ist gleich dem Produkt aus dem Quadrat der Stromdichte und dem spezifischen Widerstand des Leiters.

9. Das WIEDEMANN-FRANZ*sche Gesetz* lautet: Für zwei Metalle ist das Verhältnis des Koeffizienten K der Wärmeleitfähigkeit (S. 206) zur spezifischen elektrischen Leitfähigkeit γ der absoluten Temperatur T

direkt proportional:

$$\frac{K}{\gamma} = cT = 3\left(\frac{k}{e}\right)^2 T,$$

wobei k die BOLTZMANN-Konstante und e die Ladung des Elektrons ist.

Das WIEDEMANN-FRANZsche Gesetz folgt aus der Tatsache, daß die Wärmeleitfähigkeit der Metalle (ebenso wie ihre elektrische Leitfähigkeit) auf dem Vorhandensein freier Elektronen basiert (S. 361). Aus der Quantentheorie der Metalle folgt (S. 265)

$$c = \frac{\pi^2}{3}\left(\frac{k}{e}\right)^2.$$

Dieser Wert von c stimmt gut mit bei Zimmertemperatur erhaltenen experimentellen Werten überein.

10. Aus der klassischen Elektronentheorie der Leitfähigkeit von DRUDE-LORENTZ ergibt sich ein falscher Wert für die spezifische Wärme von Metallen, nämlich 9 cal/g-Atom·grd. In Wirklichkeit trägt das entartete Elektronengas im Metall (S. 226) praktisch nicht zur spezifischen Wärme bei, die bei 6 cal/g-Atom·grd liegt (S. 267).

11. Die Temperaturabhängigkeit des spezifischen Widerstandes ϱ eines Leiters ist durch

$$\varrho = \varrho_0(1 + \alpha t)$$

gegeben, wobei ϱ_0 der spezifische Widerstand des Leiters bei 0 °C, t die Temperatur in °C und α der *Temperaturkoeffizient des Widerstandes* ist. Bei den meisten Metallen liegt α im Temperaturbereich von 0 bis 100 °C zwischen 3,3 und $6{,}2 \cdot 10^{-3}\,\text{grd}^{-1}$. Bei reinen Metallen und bei gewissen Legierungen kann die Temperaturabhängigkeit von ϱ und γ durch die Temperaturabhängigkeit von $\bar{\lambda}$ erklärt werden.

Bei allen Temperaturen (ausgenommen $T = 0$) werden die Elektronenwellen (S. 362) an den thermischen Schwingungen der Ionen um so stärker gestreut, je höher die Temperatur ist. Hierbei sind $\bar{\lambda}$ und γ bei nicht zu tiefen Temperaturen der absoluten Temperatur umgekehrt proportional. Bei gewissen Metallen und Legierungen ist *Supraleitfähigkeit* zu beobachten, d. h., unterhalb einer gewissen kritischen Temperatur wird der Widerstand dieser Stoffe verschwindend klein (S. 462).

2.3. Die Gleichstromgesetze

1. Infolge der elektrostatischen Wechselwirkung der elektrischen Ladungen (COULOMB-Kräfte, S. 325) ist die Ladungsverteilung in einem Leiter so, daß das elektrische Feld gleich Null ist und keine Potentialdifferenzen auftreten. Das Auftreten eines elektrischen Gleichstroms kann demnach nichts mit den COULOMB-Kräften zu tun haben.

2. Der Leitungsstrom wird nur dann konstant sein, wenn die elektrische Spannung im Leiter von Null verschieden und zeitunabhängig

ist. Gleichstromkreise müssen immer geschlossen sein, und auf die freien Ladungen müssen neben elektrostatischen (COULOMBschen) auch nicht-elektrostatische Kräfte wirken, die wir als *äußere* (*eingeprägte*) *elektromotorische Kräfte* (*EMK*) bezeichnen. Das elektrische Feld der äußeren Kräfte wird in einem Stromkreis dadurch erzeugt, daß man ihn an *Quellen einer EMK* anschließt (GALVANIsche Elemente, Akkumulatoren, Generatoren usw.). Dadurch, daß sie die elektrischen Ladungen verschieben und eine konstante Potentialdifferenz (Spannung) zwischen zwei beliebigen Punkten im Gleichstromkreis aufrechterhalten, leisten die äußeren Kräfte Arbeit auf Kosten der von der EMK-Quelle gelieferten Energie, so daß jene die Rolle der Energiequelle im Stromkreis spielt. Das Feld der äußeren Kräfte existiert im Inneren der EMK-Quelle. In Teilen des Stromkreises, die keine solchen Quellen enthalten, erfolgt die Ladungsverschiebung durch die Kräfte des elektrostatischen Feldes.

3. Für einen beliebigen Punkt im Inneren eines von Gleichstrom durchflossenen Leiters gilt

$$\boldsymbol{E} = \boldsymbol{E}_{\text{Coul}} + \boldsymbol{E}_{\text{äuß}},$$

wobei $\boldsymbol{E}$ die elektrische Feldstärke in dem betrachteten Punkt, $\boldsymbol{E}_{\text{Coul}}$ die COULOMB-Feldstärke und $\boldsymbol{E}_{\text{äuß}}$ die äußere („eingeprägte") Feldstärke ist. Für das Leiterstück zwischen Punkt 1 und Punkt 2 (Leiterquerschnitt S) gilt

$$I\int_1^2 \varrho \frac{dl}{S} = \int_1^2 (\boldsymbol{E}_{\text{Coul}}\, d\boldsymbol{l}) + \int_1^2 (\boldsymbol{E}_{\text{äuß}}\, d\boldsymbol{l}),$$

wobei I die Stromstärke im Leiter ist; $d\boldsymbol{l}$ ist ein Vektor der Länge dl des Leiterelements, seine Richtung fällt mit der Tangente an den Leiter in Richtung des Stromdichtevektors $\boldsymbol{j}$ zusammen:

$$\int_1^2 (\boldsymbol{E}_{\text{Coul}}\, d\boldsymbol{l}) = \varphi_1 - \varphi_2;$$

φ_1 und φ_2 sind die elektrostatischen Potentiale in den Punkten 1 und 2 (S. 336).

4. Das Kurvenintegral über den Feldstärkevektor $\boldsymbol{E}_{\text{äuß}}$ der äußeren elektrischen Kräfte längs des Leiterstückes 1—2 wird als *elektromotorische Kraft* (EMK), $\mathscr{E}_{21}$, bezeichnet, die in diesem Leiterstück wirkt:

$$\mathscr{E}_{21} = \int_1^2 (\boldsymbol{E}_{\text{äuß}}\, d\boldsymbol{l}).$$

Die elektromotorische „Kraft" ist gleich der von den äußeren elektrischen Kräften bei der Verschiebung einer positiven Ladungseinheit längs der Strecke 1—2 geleisteten *Arbeit*. Die Größe $\mathscr{E}_{21}$ ist gleich der algebraischen Summe der EMK aller im Abschnitt 1—2 des Stromkreises enthaltenen Quellen. Die EMK einer Quelle wird dabei als positiv angenommen, wenn sie, allein im betrachteten geschlossenen Stromkreis vorhanden, im Abschnitt 1—2 einen Strom erzeugen würde, der von Punkt 1 nach Punkt 2 fließt.

5. Das *Potential* (*Potentialdifferenz*) U_{21} des Leiterstückes 1—2 ist gleich der vom Gesamtfeld (COULOMB-Feld + äußere elektrische Kräfte) bei der Verschiebung einer positiven Ladungseinheit auf der Strecke 1—2 geleisteten Arbeit:

$$U_{21} = \int_1^2 ((\boldsymbol{E}_{\text{Coul}} + \boldsymbol{E}_{\text{äuß}})\, d\boldsymbol{l}) = \int_1^2 (\boldsymbol{E}\, d\boldsymbol{l}).$$

Demnach ist

$$U_{21} = (\varphi_1 - \varphi_2) + \mathcal{E}_{21}.$$

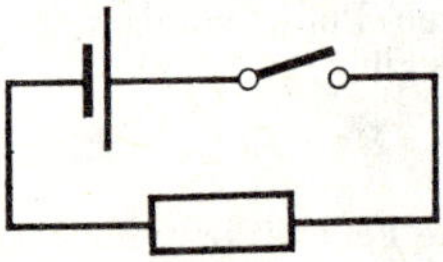

IV.2.3.

6. Das Integral

$$\int_1^2 \varrho \frac{dl}{S} = R_{21}$$

ist der *Widerstand des Leiterstückes* zwischen den Querschnitten 1 und 2 im Stromkreis. Für einen homogenen zylindrischen Leiter ($\varrho = \text{const}$, $S = \text{const}$) gilt

$$R_{21} = \varrho \frac{l_{21}}{S} = \frac{l_{21}}{\gamma S},$$

wobei l_{21} die Länge des Leiterstückes 1—2 ist.

7. Das OHM*sche Gesetz für ein beliebiges Leiterstück* in einem Stromkreise lautet

$$I R_{21} = (\varphi_1 - \varphi_2) + \mathcal{E}_{21}$$

oder

$$U_{21} = I R_{21}.$$

Beispiel 1. In einem geschlossenen elektrischen Stromkreis ist $\varphi_1 = \varphi_2$, und der Gesamtwiderstand ist $R_{21} = R$ und

$$\mathcal{E} = IR,$$

wobei $\mathcal{E}$ die algebraische Summe aller EMK's ist, die in diesem Stromkreis wirken. Für einen geschlossenen elektrischen Stromkreis, wie in Bild IV.2.3 gezeigt, wo die Stromquelle die EMK $\mathcal{E}$ besitzt, r der innere Widerstand und U die Spannung an den Klemmen der Stromquelle ist, gilt

$$U = IR_1,$$

mit $I = \mathscr{E}/(r + R_1)$ und $R_1 = R - r$. Demnach ist

$$U = \frac{\mathscr{E} R_1}{r + R_1} = \mathscr{E} - \frac{\mathscr{E} r}{r + R_1} = \mathscr{E} - Ir.$$

Beispiel 2. In einem offenen Stromkreis ist $I = 0$ und $\mathscr{E}_{21} = \varphi_2 - \varphi_1$. Um die EMK der Stromquelle zu bestimmen, muß man die Potentialdifferenz an ihren Klemmen bei offenem äußerem Stromkreis messen.

8. Sind die den Stromkreis bildenden Leiter unbeweglich und ist der Strom konstant, so wird die Arbeit der äußeren elektrischen Kräfte ausschließlich zur Erwärmung der Leiter aufgewendet. Die im Zeitraum t im gesamten Leitervolumen des Stromkreises freiwerdende Energie W ist

$$W = IUt,$$

wobei I die Stromstärke und U der Spannungsabfall im Leiter ist. Die dieser Energie entsprechende Wärmemenge Q (in Kalorien), die im Leiter freigesetzt wird, ist durch

$$Q = 0{,}24\, IUt$$

gegeben, wobei I in Ampere, U in Volt und t in Sekunden gegeben ist.

Diese Beziehung ist das JOULE-LENZ*sche Gesetz*: Die durch den Strom in einem Leiter erzeugte Wärme ist der Stromstärke, der Zeit und dem Spannungsabfall proportional.

2.4. Die KIRCHHOFFschen Regeln

1. Man berechnet *Gleichstromkreise*, indem man auf Grund der gegebenen Widerstände der Teile des Stromkreises und ihrer elektromotorischen Kräfte die Stromstärken in diesen Teilstücken bestimmt. Diese Aufgabe wird mit Hilfe der KIRCHHOFFschen Regeln gelöst.

2. Als *Stromverzweigung* in einem Stromkreis bezeichnet man jeden Punkt, in dem der Strom in mehr als zwei Richtungen fließen kann (Bild IV.2.4). In dem Verzweigungspunkt kommen mehr als zwei Leiter zusammen.

Die *erste* KIRCHHOFF*sche Regel* (*Verzweigungsregel*) lautet: Die Summe aller in einem Verzweigungspunkt zusammenkommenden Ströme I_k ist gleich Null:

$$\sum_{k=1}^{n} I_k = 0;$$

hier ist n die Anzahl der im Verzweigungspunkt zusammenkommenden Leiter. Die zum Verzweigungspunkt hinfließenden Ströme werden positiv und die von ihm wegfließenden negativ genommen.

3. Die *zweite* KIRCHHOFF*sche Regel* (*Stromkreisregel*) besagt: In jedem beliebigen, geschlossenen Stromkreis (der innerhalb eines verzweigten Stromkreises beliebig gewählt werden kann) ist die Summe der Produkte aus den Stromstärken I_k und den Widerständen R_k der diesen Kreis bildenden Teilstücke gleich der Summe der an sie angelegten EMK $\mathscr{E}_k$:

$$\sum_{k=1}^{n_1} I_k R_k = \sum_{k=1}^{n_1} \mathscr{E}_k.$$

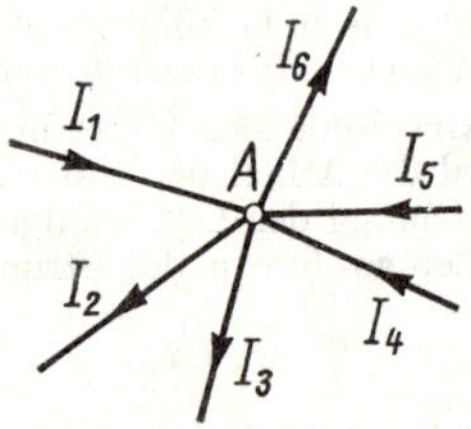

IV.2.4.

Bei Verwendung der zweiten KIRCHHOFFschen Regel wählt man die Richtung, in der der Kreis durchlaufen wird, und betrachtet die Ströme I_k, deren Richtung mit dieser zusammenfällt, als positiv. Die EMK $\mathscr{E}_k$ der Stromquellen werden positiv genommen, wenn die von ihnen erzeugten Ströme in der gewählten Richtung fließen.

4. Bei der Berechnung komplizierter Gleichstromkreise geht man in folgender Reihenfolge vor:

a) Man wählt die Stromrichtungen in allen Teilen des Stromkreises beliebig;

b) für die m Verzweigungspunkte schreibt man die $m-1$ unabhängigen ersten KIRCHHOFFschen Regeln an;

c) man wählt die geschlossenen Teilkreise so, daß jeder neue Teilkreis möglichst einen Stromkreisabschnitt enthält, der im vorher betrachteten Teilkreis nicht enthalten gewesen ist. Für einen Stromkreis, der aus p Verzweigungen (den Leiterteilen zwischen benachbarten Verzweigungspunkten) und m Verzweigungspunkten besteht, gibt es $p-m+1$ unabhängige zweite KIRCHHOFFsche Regeln.

Beispiel 1. Um Stromstärken I zu messen, die höher sind als der Maximalstrom I_0, für den das *Amperemeter* ausgelegt ist (sein Widerstand sei R_0), schaltet man einen Nebenwiderstand R_{sh} (*Shunt*) parallel (Bild IV.2.5). Die Berechnung dieses Nebenwiderstandes basiert auf den KIRCHHOFFschen Regeln:

$$I = I_0 + I_{\text{sh}}, \quad I_0 R_0 = I_{\text{sh}} R_{\text{sh}};$$

hieraus ergibt sich

$$R_{\text{sh}} = \frac{R_0 I_0}{I - I_0},$$

wobei I_{sh} die Stromstärke im Nebenwiderstand ist.

Beispiel 2. Um die Spannung U in einem Teilstück eines Stromkreises zu messen, wird diesem Teilstück ein *Voltmeter* parallel geschaltet, das für die Spannung U_0 ausgelegt ist (bei der maximalen Stromstärke I_0 mit $U_0 = I_0 R_0$). Ist $U > U_0$, so muß ein Zusatzwiderstand R_z mit dem Voltmeter in Serie geschaltet werden (Bild IV.2.6), der auf Grund der Beziehung

$$(R_0 + R_z) I_0 = U$$

berechnet wird, woraus sich

$$R_z = \frac{U}{I_0} - R_0$$

ergibt.

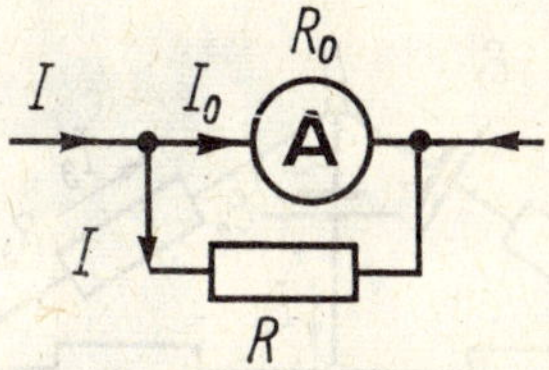

IV.2.5.

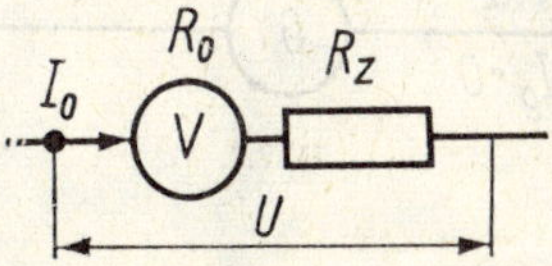

IV.2.6.

Beispiel 3. Für die in Bild IV.2.7 gezeigte Schaltung seien die Widerstände R_2, R_3 und R_4 sowie die elektromotorischen Kräfte $\mathscr{E}$ und $\mathscr{E}_1$ gegeben. Man berechne den Widerstand R_1, der erforderlich ist, damit im Galvanometerkreis kein Strom fließt ($I_g = 0$). Werden die Stromrichtungen so, wie in Bild IV.2.7 angegeben, gewählt, dann gilt für die Verzweigungspunkte die erste KIRCHHOFFsche Regel, aus der sich

$$I_2 - I_1 = 0,$$
$$I_1 + I_3 = I,$$
$$I_4 - I_3 = 0$$

ergibt. Die geschlossenen Stromkreise $ABCGA$, $ADCGA$ und $BCDB$ werden im Gegenuhrzeigersinn durchlaufen:

$$-I_1 R_1 + I_3 R_3 = \mathscr{E}_1,$$
$$I_2 R_2 - I_4 R_4 = 0,$$
$$I_3 R_3 + I_4 R_4 = \mathscr{E}_2.$$

Löst man dieses Gleichungssystem, so erhält man

$$R_1 = \frac{R_3 R_2}{R_4} - \frac{R_2(R_3 + R_4)}{R_4} \frac{\mathscr{E}_1}{\mathscr{E}_2}.$$

Ist $\mathscr{E}_1 = 0$, dann hängt das Ergebnis nicht von $\mathscr{E}$ ab, und die betrachtete Schaltung ist die einer WHEATSTONE*schen Brücke* zur Widerstandsmessung:

$$R_1 = \frac{R_3 R_2}{R_4}.$$

Diese Formel bleibt gültig, auch wenn man in der Brückenschaltung die Stellung von Galvanometer (G) und Stromquelle ($\mathscr{E}$) austauscht.

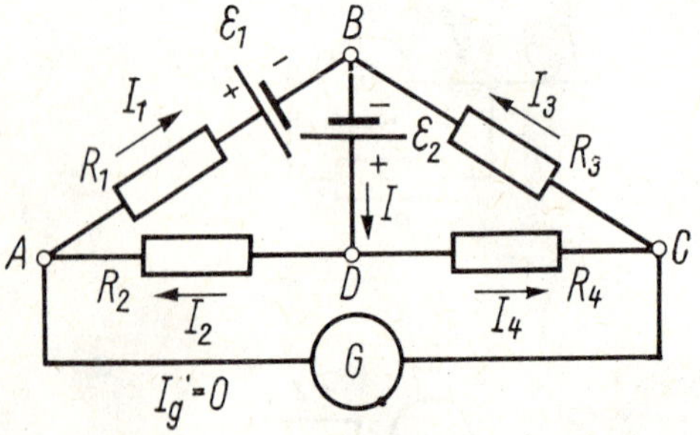

IV.2.7.

3. Elektrische Ströme in Flüssigkeiten und Gasen

3.1. Die Leitfähigkeit von Flüssigkeiten. Die elektrolytische Dissoziation

1. In vielen Flüssigkeiten (wäßrigen Lösungen von Salzen, Säuren u. dgl.) ist das Fließen eines elektrischen Stromes gleichbedeutend mit der Wanderung von *Ionen*, d. h. Atomen oder Atomgruppen, die, verglichen mit den neutralen Atomen oder Molekülen, einen Überschuß oder Mangel an Elektronen aufweisen. Das elektrische Feld, das diese Ionenwanderung bewirkt, wird in der Flüssigkeit durch *Elektroden* erzeugt; das sind Leiter, die mit den Polen einer Stromquelle in Verbindung stehen. Die positive Elektrode bezeichnet man als *Anode*, die negative als *Kathode*. Analog bezeichnet man die positiven Ionen (Metallionen, Wasserstoffionen), die zur Kathode wandern, als *Kationen*, die negativen (die Ionen der Säurereste und Hydroxylgruppen), die zur Anode wandern, als *Anionen*.

2. Jeder Stromdurchgang durch solche Flüssigkeiten ist von *Elektrolyse* begleitet; man versteht darunter die Abscheidung von Komponenten der gelösten Stoffe oder von Produkten von Sekundärreaktionen

an den Elektroden. Leiter, in denen es bei Stromdurchgang zu Elektrolyse kommt, werden als *Elektrolyten* oder als *Leiter zweiter Art* bezeichnet. Im Gegensatz zu metallischen Leitern (*Leitern erster Art*) ist Stromdurchgang durch Elektrolyten immer mit einem Transport von Masse verbunden.

3. Als *elektrolytische Dissoziation* bezeichnet man den Zerfall der Moleküle einer gelösten Substanz in positiv und negativ geladene Ionen als Ergebnis ihrer Reaktion mit dem Lösungsmittel. Dieser Effekt ist das Resultat zweier Ursachen: der thermischen Bewegung und der Wechselwirkung der polaren Moleküle der gelösten Substanz, die sich aus aneinander gebundenen Ionen zusammensetzt (z. B. die Moleküle der Salze, Säuren und Basen) mit den polaren Molekülen des Lösungsmittels (z. B. Wasser). Infolge dieser Wechselwirkung wird die Bindung der Ionen geschwächt und reißt leichter, wenn die Moleküle der gelösten Substanz mit jenen des Lösungsmittels (oder der gelösten Substanz) zusammenstoßen, vorausgesetzt, die Geschwindigkeiten sind hoch genug. Der *Dissoziationsgrad* α ist das Verhältnis der Anzahl n_0' der dissoziierten Moleküle zur Gesamtzahl n_0 der Moleküle des gelösten Stoffes: $\alpha = n_0'/n_0$.

4. Infolge der chaotischen thermischen Bewegung der Ionen in der Lösung kommt es zu einer Wiedervereinigung von Ionen entgegengesetzten Vorzeichens zu neutralen Molekülen, der sogenannten *Rekombination*.

Stehen die Prozesse der Dissoziation und der Rekombination im dynamischen Gleichgewicht, dann gehorcht α der Bedingung

$$\frac{1-\alpha}{\alpha^2} = \text{const} \cdot n_0.$$

Für $n_0 \to 0$ strebt α gegen 1, d. h., in schwachen Lösungen ist $\alpha \approx 1$, und fast alle Moleküle sind dissoziiert. Mit zunehmender Konzentration der Lösung nimmt α ab, und für hochkonzentrierte Lösungen ist

$$\alpha \approx \frac{\text{const}}{\sqrt{n_0}}.$$

3.2. Die Gesetze der Elektrolyse

1. Das *erste Gesetz der Elektrolyse* (das *erste* FARADAY*sche Gesetz*) lautet: Die Menge M eines Stoffes, die sich an einer Elektrode ablagert, ist der durch den Elektrolyten fließenden Elektrizitätsmenge q proportional:

$$M = kq.$$

Der Proportionalitätsfaktor k ist gleich der Masse, die sich beim Durchgang einer Einheit der Elektrizitätsmenge durch den Elektrolyten ablagert, und wird als *elektrolytisches Äquivalent* der Masse bezeichnet. Wird ein Elektrolyt t Sekunden lang vom Gleichstrom I durchflossen, dann ist $q = It$ und $M = kIt$.

2. Das *zweite Gesetz der Elektrolyse* (*zweites* FARADAY*sches Gesetz*) lautet: Die elektrochemischen Äquivalente der Elemente sind ihren chemischen Äquivalenten proportional:

$$k = C\frac{A}{Z};$$

das Verhältnis des Atomgewichtes A des Elementes zu seiner Wertigkeit Z ist das *chemische Äquivalent* (Äquivalentgewicht). Die Stoffmenge, deren Masse in Gramm gleich dem chemischen Äquivalent ist, wird *Gramm-Äquivalent* genannt. Die Größe $F = 1/C$ ist die FARADAY-*Konstante*. F ist gleich der Elektrizitätsmenge, die durch einen Elektrolyten fließen muß, um eine Abscheidung von 1 Gramm-Äquivalent eines beliebigen Stoffes an einer Elektrode zu bewirken:

$$F = 96494 \text{ C/g-Äqu} \approx 9{,}65 \cdot 10^4 \text{ C/g-Äqu}.$$

3. Das *verallgemeinerte* FARADAY*sche Gesetz* lautet

$$M = \frac{1}{F}\frac{A}{Z}It \quad \text{oder} \quad M = \frac{1}{F}\frac{A}{Z}q.$$

3.3. Die atomare Natur der Elektrizität

Die Ladung q eines beliebigen Ions ergibt sich aus den FARADAYschen Gesetzen zu $q = \pm ZF/N_L$, wobei Z die Wertigkeit des Ions, F die FARADAY-Konstante und N_L die LOSCHMIDTsche Zahl ist. Die Ladung eines einwertigen Ions ($Z = 1$) ist gleich dem Absolutbetrag der Ladung eines Elektrons:

$$q_1 = e = 4{,}803 \cdot 10^{-10} \text{ CGS-Äqu} = 1{,}602 \cdot 10^{-19} \text{ C}.$$

Jede elektrische Ladung ist ein ganzzahliges Vielfaches der kleinsten Ladung e, die als *Elementarladung* (S. 325) bezeichnet wird.

3.4. Das OHMsche Gesetz für den Strom in Flüssigkeiten

1. Die Stromdichte $\boldsymbol{j}$ (S. 360) in Flüssigkeiten ist gleich der Summe der Stromdichten der positiven und negativen Ionen:

$$\boldsymbol{j} = \boldsymbol{j}_+ + \boldsymbol{j}_-.$$

Die Stromdichte $\boldsymbol{j}$ in Flüssigkeiten ist mit der Feldstärke $\boldsymbol{E}$ des an den Elektroden angelegten Feldes durch die Beziehung

$$\boldsymbol{j} = \frac{F}{N_L} Z_+ n_{0+}(u_+ + u_-)\boldsymbol{E}$$

verknüpft; F ist die FARADAY-Konstante, N_L die LOSCHMIDTsche Zahl, Z_+ die Wertigkeit der positiven Ionen in der Lösung, n_{0+} die Anzahl der positiven Ionen in einer Volumeneinheit des Elektrolyten,

u_+ und u_- sind die *Beweglichkeiten* der positiven bzw. negativen Ionen, d. h. die mittlere Geschwindigkeit dieser Ionen in einem elektrischen Feld der Feldstärke 1. Diese Beziehung formuliert das OHMsche *Gesetz für die Stromdichte in Elektrolyten.*

2. Der spezifische Widerstand eines Elektrolyten ist

$$\varrho = \frac{N_L}{F Z_+ n_{0+} (u_+ + u_-)}.$$

Dissoziiert ein Elektrolytmolekül in k_+ positive und k_- negative Ionen, dann ist $k_+ Z_+ = k_- Z_-$,

$$n_{0+} = k_+ \alpha n_0 \quad \text{und} \quad n_{0-} = k_- \alpha n_0,$$

wobei α der Dissoziationskoeffizient und n_0 die Elektrolytkonzentration (S. 371) ist. In diesem Fall ist

$$\varrho = \frac{N_L}{F Z_+ k_+ \alpha n_0 (u_+ + u_-)} \quad \text{oder} \quad \varrho = \frac{1}{F \alpha C (u_+ + u_-)},$$

wobei $C = \frac{k_+ Z_+ n_0}{N_L} = \frac{k_- Z_- n_0}{N_L}$ die Anzahl der Gramm-Äquivalente (bzw. Kilogramm-Äquivalente) von Ionen desselben Vorzeichens pro Volumeneinheit des Elektrolyten ist, sowohl im freien Zustand als auch, wenn sie in Molekülen gebunden sind. Die Größe C wird als *Äquivalentkonzentration der Lösung* bezeichnet und in kg-Äqu/m³ oder g-Äqu/l gemessen.

3.5. Die elektrische Leitfähigkeit von Gasen

1. Gase bestehen aus elektrisch neutralen Atomen und Molekülen und sind unter normalen Bedingungen Isolatoren. Gase werden elektrisch leitfähig, wenn sie *ionisiert* sind, d. h., wenn Elektronen von den Atomen und Molekülen abgespalten worden sind. Hierbei werden die Atome (Moleküle) zu positiven Ionen. Negative Ionen treten in Gasen dann auf, wenn sich neutrale Atome (Moleküle) mit freien Elektronen verbinden.

2. Bei der Ionisation eines Atoms (Moleküls) wird die *Ionisationsarbeit* A_i gegen die Wechselwirkungskräfte zwischen den abzutrennenden Elektronen und den anderen Teilchen des Atoms (Moleküls) geleistet. A_i hängt von der chemischen Natur des Gases und dem Energieniveau des Elektrons im Atom (Molekül) ab. A_i nimmt mit dem Ionisationsgrad zu; der *Ionisationsgrad* gibt die Anzahl der dem neutralen Atom fehlenden Elektronen an.

3. Unter dem *Ionisationspotential* φ_i verstehen wir die Potentialdifferenz, die ein Elektron in einem beschleunigenden elektrischen Feld durchlaufen muß, um seine Energie um den Betrag der Ionisationsarbeit A_i zu erhöhen: $\varphi_i = A_i/e$, wobei e der Absolutwert der Ladung des Elektrons ist.

4. Die Ionisation eines Gases ist das Ergebnis äußerer Einwirkungen: starke Erwärmung, Röntgenstrahlen, radioaktive Strahlung, Bombardierung der Gasatome (Moleküle) durch schnelle Elektronen oder Ionen. Die Ionisationsintensität ist durch die Anzahl der pro Volumeneinheit und pro Zeiteinheit gebildeten Paare von entgegengesetzt geladenen Teilchen gegeben.

5. Wird ein einatomiges Gas mit Elektronen oder Ionen beschossen, so kommt es zu einer *Stoßionisation*, wenn die kinetische Energie der ionisierenden Teilchen

$$\frac{mv^2}{2} \geqq A_i\left(1 + \frac{m}{M}\right)$$

beträgt, wobei A_i die Ionisationsarbeit und M die Atommasse ist. Um die zur Stoßionisation nötige Energie zu erreichen, müssen Ionen eine größere Potentialdifferenz in einem beschleunigenden Feld durchlaufen als Elektronen. Dies gilt für die Ionisation von Molekülen, die aus einer beliebigen Anzahl von Atomen bestehen.

3.6. Die unselbständige Gasentladung

1. Wird ein Gas durch äußere Ionisationsquellen leitend gemacht, so spricht man bei Stromdurchgang durch dieses Gas von *unselbständiger Entladung*. Bild IV.3.1 zeigt die Stromstärke in einer unselbständigen

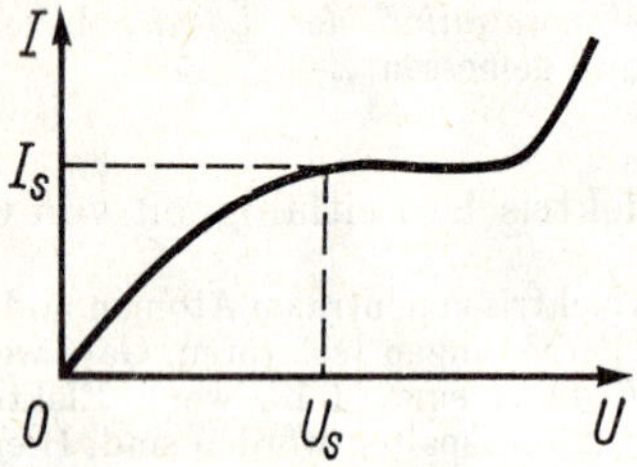

IV.3.1.

Gasentladung als Funktion der Spannung U. Bei geringen Spannungen ist die Stromdichte $\boldsymbol{j}$ in einer Entladung der Feldstärke $\boldsymbol{E}$ proportional:

$$\boldsymbol{j} = en_0(u_+ + u_-)\boldsymbol{E};$$

hier sind u_+ und u_- die Beweglichkeiten der positiven und negativen Ionen, n_0 ist die Anzahl der Paare aus Elektronen und einfach positiven Ionen pro Volumeneinheit und e ist der Absolutwert der Ladung eines Elektrons. Im Druckbereich zwischen 10^{-4} und 10^2 at sind u_+ und u_- dem Gasdruck proportional. Bei weiterer Erhöhung der Feldstärke $\boldsymbol{E}$ nimmt die Ionenkonzentration in der Entladung ab, und die Stromstärke ist nicht mehr eine lineare Funktion der Spannung.

2. Die maximale Stromstärke I_S, die bei gegebener Ionisationsintensität möglich ist, wird als *Sättigungsstrom* bezeichnet. Hierbei erreichen alle im Gas gebildeten Ionen die Elektroden: $I_S = eN_0$; N_0 ist die maximale Anzahl der einwertigen Ionenpaare, die pro Sekunde im Gasvolumen durch die Ionisationsquelle erzeugt werden.

3.7. Die selbständige Gasentladung

1. Eine elektrische Entladung in einem Gas, die auch nach Abschalten der Ionisationsquelle aufrechterhalten bleibt, wird als *selbständige Entladung* bezeichnet. Die freien elektrischen Ladungen, die zur Aufrechterhaltung einer solchen Entladung erforderlich sind, werden im wesentlichen durch Stoßionisation (S. 374) an den Gasmolekülen, ausgelöst durch Elektronen (*Volumionisation*) und durch das Herausschlagen von Elektronen aus der Kathode bei deren Bombardierung mit positiven Ionen (*Oberflächenionisation*) erzeugt. Die Stoßionisation von Gasmolekülen durch positive Ionen muß nur dann berücksichtigt werden, wenn man es mit sehr starken Feldern zu tun hat (S. 374, Punkt 5). Eine Kathode kann auch durch Erhitzen zur Emission von Elektronen gebracht werden (thermische Elektronenemission, S. 403), oder durch den sogenannten äußeren Photoeffekt, der mit dem Entladungsleuchten zusammenhängt (Photoelektronenemission, S. 406).

2. Der Übergang einer unselbständigen Gasentladung in eine selbständige wird als *Durchschlag* bezeichnet; er tritt bei Erreichen der *Durchschlagsspannung* U_d ein. Nach TOWNSENDS Näherungstheorie kann die *Brennbedingung* für eine selbständige Gasentladung zwischen zwei Plattenelektroden durch

$$\gamma(e^{\alpha d} - 1) = 1$$

angegeben werden, wobei d der Elektrodenabstand, α der Koeffizient der *Volumionisation des Gases durch Elektronen* (gleich dem Mittelwert der Anzahl der Ionisationsakte eines Elektrons pro Wegeinheit) und γ der *Koeffizient der Oberflächenionisation* ist; letzterer ist gleich der mittleren Anzahl von Elektronen, die ein positives Ion aus der Kathode herausschlägt. Für ein gegebenes Gas und Kathodenmaterial ist

$$\frac{\alpha}{p} = f_1\left(\frac{U}{pd}\right) \qquad \text{und} \qquad \gamma = f_2\left(\frac{U}{pd}\right),$$

wobei p der Gasdruck und U die Elektrodenspannung ist. Demnach hängt die Durchschlagsspannung U_d vom Produkt pd ab (*Gesetz von* PASCHEN). Die Art dieser Abhängigkeit wird graphisch (Bild IV.3.2) veranschaulicht. Der Wert von U_d nimmt mit dem Ionisationspotential (S. 373) und der Austrittsarbeit der Elektronen aus der Kathode unter sonst gleichen Bedingungen ab.

Die Abhängigkeit des Entladungsstromes von der an die Elektroden angelegten Spannung wird als *Strom-Spannungs-Charakteristik* bezeichnet.

3. Bei niederen Drucken (einige 10 mmHg) kann eine selbständige *Glimmentladung* beobachtet werden. Die Glimmentladung setzt sich aus folgenden vier Hauptteilen zusammen: *I.* dem *kathodischen Dunkelraum, II.* dem *negativen Glimmlicht, III.* dem FARADAY*schen Dunkelraum* und *IV.* der *positiven Säule* (Bild IV.3.3). Der Bereich *I–III* stellt den *Kathodenbereich der Entladung* dar. In der Nähe der

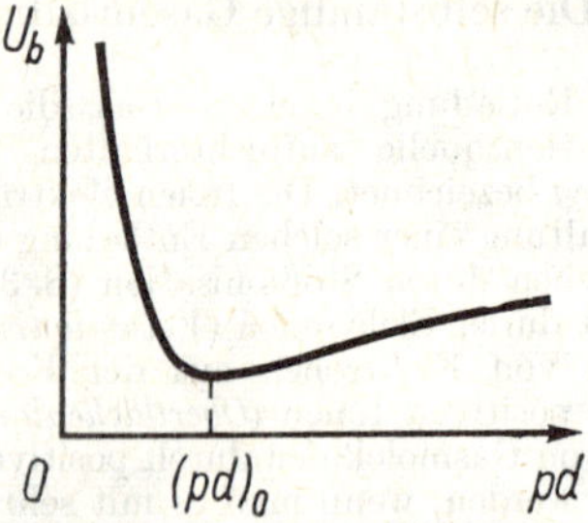

IV.3.2.

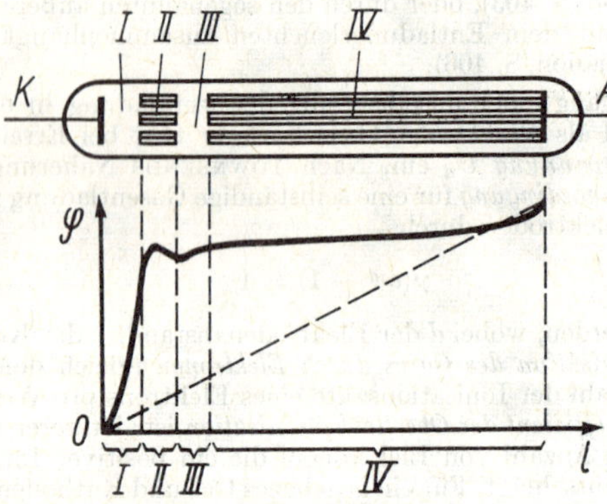

IV.3.3.

Kathode ist ein starker Potentialabfall zu beobachten, der mit der hohen Konzentration positiver Ionen an der Grenze der Zonen *I* und *II* zusammenhängt. Im Bereich *II* vollführen die in Bereich *I* beschleunigten Elektronen eine intensive Stoßionisation. Die Glimmentladung ist im wesentlichen eine Folge der *Rekombination* von Elektronen und Ionen zu neutralen Atomen oder Molekülen. Das Glimmlicht hat ein kontinuierliches Spektrum. In der positiven Säule beobachtet man eine hohe und konstant bleibende Konzentration der Elektronen und positiven Ionen (Gasentladungsplasma, S. 381) infolge der durch Elektronenstöße verursachten Ionisierung der Gasmoleküle. Der Potentialabfall im Bereich der positiven Säule ist relativ gering und nimmt unter sonst gleichen Bedingungen mit abnehmendem Durchmesser der Gasentladungsröhre zu.

Das Leuchten der positiven Säule, das die optischen Eigenschaften des Glimmlichts bestimmt, hängt mit der Emission angeregter Atome (Moleküle) des Gases zusammen. Die Rekombination von Elektronen und positiven Ionen erfolgt im wesentlichen an den Wänden der Gasentladungsröhre und verursacht deren Erwärmung. Die positive Säule zeigt oft eine *geschichtete Struktur*, d. h., es wechseln sich leuchtende Schichten (*Bänder*, *Strata*) und dunkle Zwischenräume ab. In ihrer Form folgt die positive Säule der Form der Entladungsröhre, unabhängig von Form und Anordnung der Elektroden. Das hängt mit dem transversalen (radialen) elektrischen Feld zusammen, das die sich an den Rohrwänden anlagernden Elektronen erzeugen. Bei Glimmentladungen in kurzen Röhren oder breiten Gefäßen wird keine leuchtende positive Säule beobachtet.

Der dunkle Raum vor der Kathode ist der für die Glimmentladung wichtigste Bereich; in ihm spielen sich die zur Aufrechterhaltung der Entladung notwendigen Prozesse der Volumionisation des Gases ab. Die *Länge* l_k *des kathodischen Dunkelraumes* ist gleich dem Abstand zwischen der Kathode und jenem Punkt in der Entladung, an dem die Kurve $\varphi = \varphi(l)$ (Bild IV.3.3) ein Maximum oder einen Wendepunkt hat. Eine Glimmentladung kommt nur dann zustande, wenn der Elektrodenabstand $d \geqq l_k$ ist. Die Potentialänderung $\Delta \varphi_k$ längs des kathodischen Dunkelraumes wird *Kathodenfall* genannt.

Wir unterscheiden zwei Arten von Glimmentladungen: die *normale*, bei der die Entladungsstromdichte nicht von der Stromstärke, die mittels eines äußeren Widerstandes geändert werden kann, abhängt, und die *anomale* Glimmentladung, bei der die Stromdichte mit der Stromstärke zunimmt. Im ersten Fall ist die Kathode nicht vollständig von negativem Glimmlicht überzogen, im letzten vollständig. Bei einer normalen Glimmentladung ist l_k dem Gasdruck umgekehrt proportional, und $\Delta \varphi_k$ hängt von der Art des Gases, dem Material und der Beschaffenheit der Kathode ab und nimmt mit der Austrittsarbeit der Elektronen aus der Kathode (S. 391) zu. Mit zunehmendem Entladungsstrom nimmt der Potentialabfall in der positiven Säule ab. Daher ist die Strom-Spannungs-Charakteristik einer normalen Glimmentladung *fallend*, d. h., die Elektrodenspannung nimmt mit zunehmendem Strom ab. Bei einer anomalen Entladung nimmt mit zunehmenden Entladungsstrom l_k ab und $\Delta \varphi_k$ zu. Die Strom-Spannungs-Charakteristik einer anomalen Glimmentladung ist *ansteigend*.

Ist der Druck in der Röhre einer normalen Glimmentladung niedrig genug, dann erfüllt der kathodische Dunkelraum fast die ganze Röhre. Dann fließt der Elektronenstrom von der Kathode zu den Rohrwänden praktisch frei, d. h., es kommt kaum zu Zusammenstößen mit Gasmolekülen. In einem solchen Fall spricht man von *Kathodenstrahlen*.

Kanalstrahlen sind Strahlen frei fliegender positiver Ionen. Sie können ebenfalls mittels einer Glimmentladung erzeugt werden: Macht man in die Kathode der Entladungsröhre ein kleines Loch

(*Kanal*), so werden die positiven Ionen durch den Kanal in das Vakuum hinter der Kathode eintreten und ihn als Bündel von Kanalstrahlen durchfliegen.

4. Bei normalen und hohen Drucken sind verschiedene Arten von Gasentladungen zu beobachten: Büschelentladungen, Koronaentladungen, Funken- und Bogenentladungen.
Koronaentladungen treten in Gasen auf, die sich in einem stark inhomogenen elektrischen Feld befinden, d. h. in der unmittelbaren Umgebung von Elektroden, deren Oberflächen kleine Krümmungsradien besitzen (z. B. um Spitzen, Hochspannungsleitungen u. dgl.). Bei einer Koronaentladung erfassen Ionisation und Leuchten des Gases nur einen relativ kleinen Bereich in unmittelbarer Umgebung der Elektrode mit der stark gekrümmten Oberfläche; dieser Bereich wird als *Koronaschicht* bezeichnet. Die entsprechende Elektrode nennt man *Korona-Elektrode*. Den übrigen Teil der Entladungsstrecke außerhalb der Koronaschicht (oder zweier Schichten, wenn beide Elektroden eine Korona bilden) nennt man den *äußeren* („Dunkel-") *Raum der Koronaentladung*.
Im Fall einer koronabildenden Kathode (*negative Korona*) werden die die Volumionisation hervorrufenden Elektronen durch positive Ionen aus der Kathode herausgeschlagen. Bildet die Anode eine Korona (*positive Korona*), so sind die in der Nähe der Anode auftretenden Elektronen eine Folge der Photoionisation des Gases durch die von der Koronaschicht emittierte Strahlung. Im Dunkelraum der Entladung ist die Leitfähigkeit des Gases relativ gering, da sie nur durch geladene Teilchen eines Vorzeichens, die aus der Koronaschicht kommen, erzeugt wird. Daher hängt die Stromstärke in einer Koronaentladung, im Gegensatz zu den anderen Formen von selbständigen Entladungen, nicht vom Widerstand des äußeren Stromkreises, sondern vom Widerstand des Dunkelraumes der Entladung ab.
Bei Erhöhung der Spannung nimmt die Koronaentladung an einer Spitze die Form eines leuchtenden Büschels an: Aus der Spitze tritt ein System von dünnen, leuchtenden Linien aus, die geknickt oder gekrümmt sein können und deren Form und Erscheinung variiert. Hier spricht man von einer *Büschelentladung*.
Wird die Spannung zwischen den Elektroden gleich der *Durchschlagsspannung* U_F, bei welcher Funken überspringen können, so geht die Koronaentladung in eine Funkenentladung über. Unter sonst gleichen Bedingungen ist U_F für die positive Korona niedriger als für die negative. Die Spannung U_F und die Zündspannung U_K für die Koronaentladung hängen vom Elektrodenabstand d ab. Vermindert man d, dann nimmt U_F rascher ab als U_K, d. h., der Spannungsbereich von U_K bis U_F, in dem Koronaentladung auftreten kann, wird schmaler. Bei dem *kritischen Abstand* d_{kr} wird U_F gleich U_K. Ist $d < d_{\text{kr}}$, dann ist $U_F < U_K$, und es kann zu keiner Koronaentladung mehr kommen.

5. Die *Funkenentladung* zeigt sich in Form von unterbrochenen, im Zickzack verlaufenden und verzweigten Leuchtfäden – es sind dies die Kanäle ionisierten Gases längs der Entladungsstrecke; sie ver-

schwinden und werden durch neue ersetzt. Eine Funkenentladung ist mit intensiver Wärmeentwicklung und hellen Leuchteffekten verbunden. Die für diese Entladungsart charakteristischen Erscheinungen sind die Folge von Elektronen- und Ionen-*Lawinen*, die sich in den Funkenkanälen ausbilden, wobei der Druck bis auf 100 at und die Temperatur bis auf 10^4 °C steigen kann. Ein Beispiel für eine Funkenentladung ist der *Blitz*. Der Hauptkanal eines Blitzes hat einen Durchmesser zwischen 10 und 25 cm. Die Länge eines Blitzes kann mehrere Kilometer erreichen, die maximale Stromstärke liegt bei 100000 A.

6. Die *Bogenentladung* tritt bei hohen Stromdichten und Elektrodenspannungen von einigen zehn Volt auf. Sie ist das Ergebnis der intensiven Elektronenemission einer Glühkathode (S. 403). Die Elektronen werden durch das elektrische Feld beschleunigt und ionisieren die Gasmoleküle durch Stoß. Daher ist der elektrische Widerstand der Gasstrecke zwischen den Elektroden des Bogens gering. Wird die Stromstärke in der Bogenentladung erhöht, dann nimmt die Leitfähigkeit des Gases in der Entladungsstrecke so stark zu, daß die Spannung zwischen den Elektroden fällt (*fallende Strom-Spannungs-Charakteristik*). Die Kathodentemperatur erreicht bei Normaldruck 3000 °C. Die auf der Anode aufprallenden Elektronen erzeugen in ihr eine Vertiefung, den sogenannten *Bogenkrater*, in dem Temperaturen um 4000 °C (bei $p = 760$ mmHg) herrschen. Die Temperatur im Lichtbogenkanal erreicht 5000–6000 °C. Brennt die Bogenentladung bei relativ niederer Kathodentemperatur (z. B. in der Quecksilberdampflampe), dann spielt die kalte Emission von Elektronen aus der Kathode (S. 405) die Hauptrolle.

3.8. Das Plasma. Grundbegriffe

1. Als *Plasma* bezeichnet man einen Aggregatzustand der Materie, wenn deren Teilchen ionisiert sind, so daß der Zustand teilweiser oder nahezu vollständiger Ionisation erreicht ist. Je nach dem Ionisationsgrad α, d. h. dem Verhältnis der Konzentration der geladenen Teilchen zur Gesamtkonzentration aller Teilchen, unterscheidet man *schwach ionisiertes Plasma* (α beträgt Bruchteile von %), *mittelstark ionisiertes Plasma* (α beträgt einige %) und *vollständig ionisiertes Plasma* (α beträgt nahezu 100%).
In der Natur kann man schwach ionisiertes Plasma in der Ionosphäre beobachten. Die Sonne, heiße Sterne und gewisse interstellare Wolken sind Beispiele für vollständig ionisiertes Plasma, wie es bei sehr hohen Temperaturen gebildet wird (*Hochtemperaturplasma*). Im Labor wird Plasma durch Gasentladungen (S. 374), in Gasentladungsröhren, erzeugt. Die Verwendung von Plasma als Arbeitssubstanz in verschiedenen Motoren oder Beschleunigern, bei der direkten Umwandlung innerer Energie in elektrische (MHD-Generatoren, Plasma als elektrische Energiequelle) beruht auf der Steuerung der Plasmabewegung durch magnetische Felder.

2. Dank der hohen Leitfähigkeit hat das Plasma ähnliche Eigen-

schaften wie ein Leiter. Zufällig in einem Plasma auftretende Unterschiede in den Konzentrationen geladener Teilchen und Potentialdifferenzen, die nicht äußeren Ursprunges sind, gleichen sich ebenso aus wie in einem Leiter, auf den keine äußere EMK wirkt.

3. Zwischen den geladenen Teilchen in einem Plasma wirken elektrostatische Kräfte (S. 327), zwischen geladenen und neutralen Teilchen wirken Kräfte quantenmechanischer Natur (S. 724).

Plasma unterscheidet sich von einfachen Ansammlungen geladener Teilchen durch die minimale Dichte dieser Teilchen; für ein Plasma gilt $L \gg D$, wobei L die Linearabmessung des Systems geladener Teilchen und D die für das Plasma charakteristische DEBYE-*Länge* ist. Im CGS-System ist $D = \left(\sum_i \frac{4\pi e_i^2 n_i}{kT_i}\right)^{-1/2}$, wobei e_i die Ladung, n_i die Konzentration und T_i die Temperatur der i-ten Teilchenart ist; k ist die BOLTZMANN-Konstante. Im Abstand D von jeder Ladung wird das COULOMBsche Feld abgeschirmt, weil jede Ladung im Plasma von entgegengesetzt geladenen Teilchen umgeben ist. Als Ganzes betrachtet, stellt das Plasma ein quasineutrales System dar, in dem eine große Anzahl geladener Teilchen so in einem Raumbereich verteilt ist, daß die Bedingung $L \gg D$ erfüllt wird.

Die Anzahl geladener Teilchen, die sich in einer Kugel mit dem Radius D befinden, wird als DEBYE*sche Zahl* bezeichnet. Man spricht von einem gasförmigen Plasma, wenn D groß ist; in thermodynamischer Hinsicht kann ein solches Plasma als ideales Gas betrachtet werden.

Die spezifischen Besonderheiten des Plasmas, die mit der COULOMBschen Wechselwirkung (Fernwirkung) seiner Teilchen zusammenhängen, ermöglichen es, Plasma als eine Art vierten Aggregatzustand der Materie zu betrachten. Diese Besonderheiten sind: die starke Wechselwirkung mit äußeren magnetischen und elektrischen Feldern, die eine Folge der hohen elektrischen Leitfähigkeit des Plasmas ist, die charakteristische Kollektiv-Wechselwirkung der Plasmateilchen durch selbstkonsistente Felder (S. 722) sowie die elastischen Eigenschaften, die die Anregung und Ausbreitung verschiedener Schwingungen und Wellen im Plasma ermöglichen.

4. Der Zustand thermodynamischen Gleichgewichtes eines hochionisierten Gases ähnelt einem Plasma von bestimmter Temperatur, in dem der infolge Rekombination (S. 376) auftretende Verlust an geladenen Teilchen durch neue Ionisationsakte wieder ausgeglichen wird. Die verschiedenen, das Plasma bildenden Teilchen (positive und negative Ionen, neutrale Teilchen in verschiedenen angeregten Zuständen) haben dieselbe mittlere kinetische Energie. Die Energie der schwarzen Strahlung (S. 222) in einem solchen Plasma entspricht dieser Temperatur. Die Prozesse der Energieübertragung zwischen den Teilchen sind Gleichgewichtsprozesse. Ein Plasma, das solche Eigenschaften aufweist, wird als *isothermes Plasma* bezeichnet. Es existiert in der Atmosphäre von heißen Sternen. Auf die Bedeutung des Plasmas für thermonukleare Prozesse wird auf S. 815 eingegangen.

5. In einem Gasentladungsplasma befinden sich die geladenen

Teilchen dauernd in einem beschleunigenden elektrischen Feld. Die mittlere kinetische Energie der Elektronen in einem Gasentladungsplasma entspricht einer bestimmten Temperatur der MAXWELLschen Energieverteilung der Elektronen (S. 200), die als *Elektronentemperatur* T_e bezeichnet wird. Sie ist eine reine Definitionsgröße, da ein nichtisothermes Gasentladungsplasma nicht im thermodynamischen Gleichgewicht ist. Die mittlere kinetische Energie der Elektronen in einem Gasentladungsplasma ist wesentlich höher als die mittlere Energie der neutralen Plasmateilchen.

6. Der durch das Gasentladungsplasma fließende Entladungsstrom liefert die Energie, die erforderlich ist, um das Plasma im thermisch labilen Zustand zu erhalten. Schaltet man das äußere elektrische Feld ab, so verschwindet auch das Gasentladungsplasma. Das Verschwinden eines selbständigen Gasentladungsplasmas bezeichnet man als *Deionisation des Gases*. In der Energiebilanz eines in einem abgeschlossenen Raum erzeugten Plasmas spielen neben Ionisations- und Rekombinationsprozessen auch die Wechselwirkung zwischen dem Plasma und der den Raum einschließenden Wand sowie Strahlungsemission und Absorption eine bedeutende Rolle. Die Diffusion geladener Teilchen zu den Wänden und deren Rekombination an der Wand sowie die Energieübertragung an die Wände infolge Wärmeleitung vermindern die Energie des Plasmas und führen zu seiner Verunreinigung. Um derartige Effekte zu vermeiden, trachtet man, das Plasma mit Hilfe von magnetischen Feldern (s. auch S. 820) von einer Berührung mit Wänden fernzuhalten. Die Arten der vom Plasma im sichtbaren und fernen UV emittierten Strahlung sind folgende: Bremsstrahlung der Elektronen, die an Ionen abgebremst werden, Rekombinationsstrahlung, die als Begleiterscheinung von Rekombinationsprozessen auftritt sowie die gewöhnliche Emission von Spektrallinien durch angeregte Teilchen. In einem Magnetfeld kann außerdem Betatron- (Synchrotron-) Strahlung auftreten (s. S. 559).

7. Ein Gasentladungsplasma wird durch folgende Parameter charakterisiert: die Elektronentemperatur T_e, die Elektronenkonzentration n_0, die Anzahl der Ionisationsprozesse pro Elektron und pro Sekunde, die Ionen- oder Elektronenstromdichte an der Gefäßwand und die longitudinale elektrische Feldstärke E_z des stationären Feldes in der Symmetrieachse des Plasmas.

8. Ein hoher Ionisationsgrad eines im thermodynamischen Gleichgewicht befindlichen Plasmas, das aus zweierlei geladenen Teilchen (mit gleicher Ladung entgegengesetzten Vorzeichens) besteht, erfordert die möglichst weitgehende Verhinderung von Rekombinationen der Teilchen (S. 376).

Für ein verdünntes Plasma ist *die hierfür notwendige Bedingung*

$$\frac{e^2}{\bar{r}} < kT \qquad \text{(im CGS-System)}$$

erfüllt, wobei $e^2/\bar{r}$ die mittlere potentielle Energie der COULOMB-Wechselwirkung von Teilchen mit der Ladung e im Abstand $\bar{r}$, kT die mittlere thermische Energie der Teilchen, k die BOLTZMANN-Konstante und T die absolute Temperatur ist.

9. Ist das *Plasma vollständig ionisiert,* so muß die Bedingung

$$kT \gg e\varphi_i$$

erfüllt sein; hier ist φ_i das Ionisationspotential der Gasatome. Für Wasserstoff und Deuterium entspricht dieser Bedingung eine Temperatur $T \approx 160000\,°\mathrm{K}$. Bei solchen Temperaturen spielt die Plasmastrahlung bereits eine wesentliche Rolle, wodurch die adiabatische Isolierung des Plasmas bedeutend erschwert wird (s. S. 150).

10. Bei Temperaturen, die wesentlich unter jenen liegen, bei denen das Plasma vollständig ionisiert ist (s. Punkt 9), ist die innere Energie eines im thermodynamischen Gleichgewicht befindlichen Plasmas aus zweierlei geladenen Teilchen ($\pm e$) und neutralen Atomen durch

$$U = U_{\mathrm{id}} - e^2 N \sqrt{\frac{4\pi N e^2}{kTV}} \qquad \text{(im CGS-System)}$$

gegeben; $U_{\mathrm{id}} = C_V T + U_0$ ist die innere Energie des idealen Gases (S. 151) und N ist die Anzahl von Teilchen einer Sorte im Volumen V. Die Größe $d = \sqrt{kTV/4\pi N e^2}$ heißt DEBYE-*Länge* (für ein Plasma, dessen Eigenschaften denen eines idealen Gases ähneln). Bei Abständen, die größer als d sind, wird das elektrische Feld der betrachteten Ladung durch die Ladungen entgegengesetzten Vorzeichens abgeschirmt, so daß es vernachlässigbar klein ist.

11. Für ein Plasma, wie unter Punkt 10 beschrieben, ist die freie Energie (S. 178)

$$F = F_{\mathrm{id}} - \frac{2}{3} N e^2 \sqrt{\frac{4\pi N e^2}{kTV}} ,$$

die Zustandsgleichung (S. 149, 179) lautet

$$p = -\left(\frac{\partial F}{\partial V}\right)_T = \frac{RT}{V}\,\frac{M}{\mu} - \frac{1}{3} N e^2 \sqrt{\frac{4\pi N e^2}{kTV^3}} ,$$

die Entropie (S. 179) ist durch

$$S = -\left(\frac{\partial F}{\partial T}\right)_V = (C_V)_{\mathrm{id}} \ln T + \frac{M}{\mu} R \ln V_\mu - \frac{1}{3} N e^2 \sqrt{\frac{4\pi N e^2}{kT^3 V}}$$

(V_μ ist das Molvolumen des idealen Gases) und die spezifische Wärme (Wärmekapazität, S. 179) ist durch

$$C_V = -T\left(\frac{\partial^2 F}{\partial T^2}\right)_V = (C_V)_{\mathrm{id}} + \frac{1}{2} N e^2 \sqrt{\frac{4\pi N e^2}{kT^3 V}}$$

gegeben. In diesen Formeln ist R die universelle Gaskonstante (S. 151).

4. Elektrischer Strom in Halbleitern

4.1. Die Eigenleitfähigkeit von Halbleitern

1. Die *Halbleiter* umfassen eine große Klasse von Stoffen, deren spezifischer Widerstand in einem weiten Bereich variiert und mit zunehmender Temperatur sehr rasch (exponentiell) abnimmt. Bild IV.4.1 zeigt einen Ausschnitt aus dem periodischen System der Elemente, der die Gruppe der halbleitenden Elemente umfaßt. Typische Halbleiter, die weit verbreitet Anwendung finden und deren elektrische Eigenschaften bereits sorgfältig untersucht worden sind, sind Germanium (Ge), Silizium (Si) und Tellur (Te). Die äußere

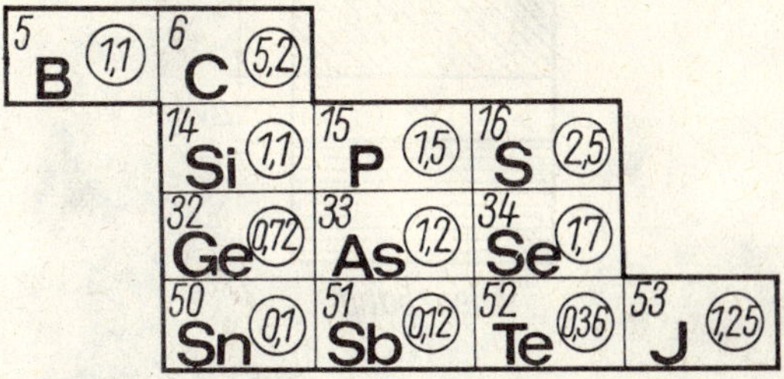

IV.4.1.

Elektronenschale der Silizium- und Germaniumatome enthält vier Valenzelektronen, die in chemischer (kovalenter) Bindung (S. 750) mit den Valenzelektronen der benachbarten Atome stehen. Die kristallinen Halbleiter gehören zu jenen Festkörpern, deren Valenzband (S. 707) vollständig von Elektronen besetzt ist; sie ist von dem (bei 0 °K) nicht von Elektronen besetzten Leitungsband (S. 707) durch ein relativ schmales Energieintervall getrennt.

2. Die elektrische Leitfähigkeit eines chemisch reinen Halbleiters wird als *Eigenleitfähigkeit* bezeichnet. Zu *Elektronenleitung* (*n-Leitung*) kommt es, wenn Elektronen aus dem *Valenzband* (dem obersten, ganz und gar von Elektronen besetzten Energieband) in das Leitungsband übertreten (Bild IV.4.2). Die hierbei verbrauchte Energie ist zumindest gleich der Breite des verbotenen Bandes (S. 708) und wird als *Aktivierungsenergie der Eigenleitfähigkeit* (ΔW_0) bezeichnet. Die Aktivierungsenergie der Eigenleitfähigkeit der halbleitenden Elemente sind (in eV) in den Kreisen in Bild IV.4.1 angegeben. Die spezifische Leitfähigkeit γ von Halbleitern nimmt mit der Temperatur T zu:

$$\gamma = \gamma_0 e^{-\Delta W_0/2kT};$$

k ist die Boltzmann-Konstante. Der elektrische Widerstand der Halbleiter nimmt mit steigender Temperatur ab — hierin liegt der wesentliche Unterschied zwischen Halbleitern und Metallen (S. 361).

Abgesehen von Erwärmung kann die Leitfähigkeit von Halbleitern auch durch das Anlegen eines genügend starken elektrischen Feldes oder durch Bestrahlung (*Photoleitfähigkeit von Halbleitern*, S. 673) induziert werden.

3. Der Übergang von Elektronen aus dem Valenzband in das Leitungsband führt dazu, daß in dem vorher besetzten Band Energieniveaus frei werden. Die Bewegung der sich in diesem Band befindenden

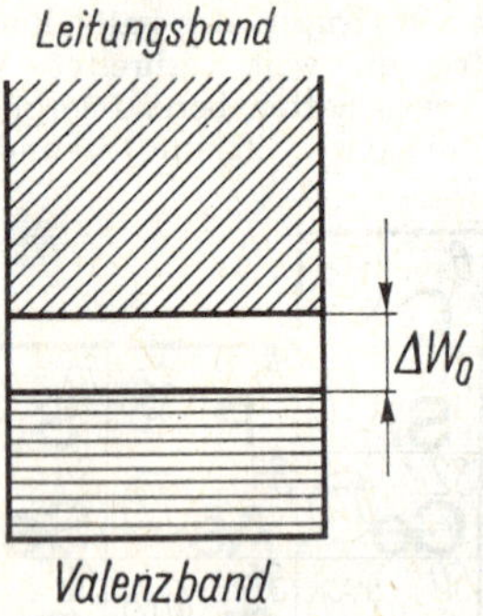

IV.4.2.

Elektronen im elektrischen Feld ist der Bewegung positiver Ladungen („*Löcher*") äquivalent, wobei die Ladungen gleich groß sind. Die Löcher wandern in der Richtung der elektrischen Feldstärke (S. 327). Die von den „Löchern" verursachte Leitfähigkeit wird als *Löcherleitfähigkeit* oder *p-Leitung* bezeichnet.

4. Die gesamte elektrische Leitfähigkeit von Halbleitern setzt sich aus p- und n-Leitfähigkeit zusammen:

$$\gamma = e n_e u_e + e n_h u_h,$$

wobei e der Absolutbetrag der Ladung eines Einheitsstromträgers (Elektronenladung) ist; n_e und n_h sind die (gleich großen) Konzentrationen von Elektronen bzw. Löchern, u_e und u_h sind die Beweglichkeiten von Elektronen und Löchern (S. 373), die infolge der Verschiedenheit der effektiven Massen (S. 706) und der den freien Weglängen entsprechenden Zeiten verschieden sind.

4.2. Die Fremdleitfähigkeit von Halbleitern

1. Unter der *Fremdleitfähigkeit* eines Halbleiters versteht man jene elektrische Leitfähigkeit, die durch den Einbau von Fremdatomen in das Gitter oder allgemein durch das Vorhandensein von *Störstellen* verursacht wird. Als Störstellen bezeichnet man a) Fremdatome, b) überschüssige (in bezug auf das stöchiometrische Verhältnis)

Atome eigener Elemente und c) andere Gitterdefekte, wie z. B. Leerstellen, Atome oder Ionen an Zwischengitterstellen, Verschiebungen infolge plastischer Deformation des Kristalls, Risse, usw.

2. Störstellen verursachen Änderungen im periodischen elektrischen Feld des Kristalls (S. 703) und beeinflussen die Bewegungen und die Energiezustände der Elektronen. Die Energieniveaus der Valenzelektronen von Fremdatomen behalten ihre Lage in den erlaubten Energiebändern des Grundkristalls bei und bilden Fremdniveaus im verbotenen Band (*lokale Niveaus*).

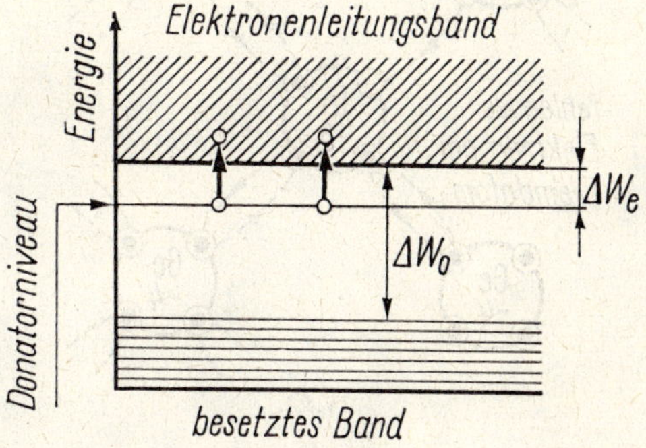

IV.4.3.

3. Die Störstellen können als zusätzliche Elektronenquellen im Kristall dienen. Wird z. B. ein vierwertiges Germaniumatom durch ein fünfwertiges Phosphoratom, ein Arsenatom oder ein Antimonatom ersetzt, so kann ein Elektron keine kovalente Bindung eingehen, es „bleibt übrig".

Das Energieniveau eines solchen Elektrons liegt dann unterhalb des Leitungsbandes (Bild IV.4.3). Solche von Elektronen besetzten Niveaus werden als *Donatorniveaus* bezeichnet, die Fremdatome, die solche Elektronen liefern, nennt man *Donatoren*. Um ein Elektron von einem Donatorniveau in das nicht vollständig besetzte Leitungsband hinaufzuheben, muß eine geringe Energie, ΔW_e, zugeführt werden. So ist z. B. für Silizium $\Delta W_e = 0{,}054$ eV, wenn das Fremdatom Arsen ist. Infolge des Aufrückens von Elektronen von den Donatorniveaus in das Leitungsband kommt es im Halbleiter zu einer *Fremdelektronenleitung*. Diese Art von Halbleitern bezeichnet man als *Überschußhalbleiter* oder *n-Halbleiter*.

4. Wird jedoch ein vierwertiges Germaniumatom im Gitter durch ein Fremdatom mit nur drei Valenzelektronen (Bor, Aluminium, Indium) ersetzt, so fehlt ein Elektron, um eine kovalente Bindung einzugehen. Dieses fehlende Elektron kann vom benachbarten Germaniumatom entlehnt werden (Bild IV.4.4), wo dann ein positives „Loch" auftritt. Dieser Prozeß des Auffüllens mit Elektronen und Auftretens von

„Löchern“ an den Germaniumatomen verursacht die Leitfähigkeit eines solchen Halbleiters. Die freien Fremdniveaus werden als *Auffänger-* oder *Akzeptorenniveaus* bezeichnet. Sie liegen etwas oberhalb des Valenzbandes des Hauptkristalls (Bild IV.4.5) im Abstand ΔW_h.

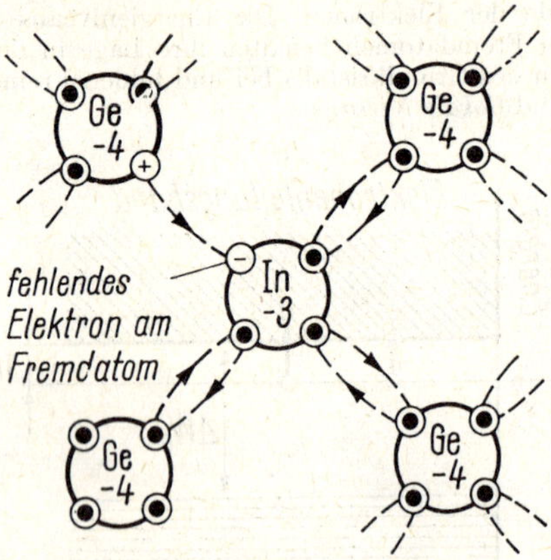

IV.4.4.

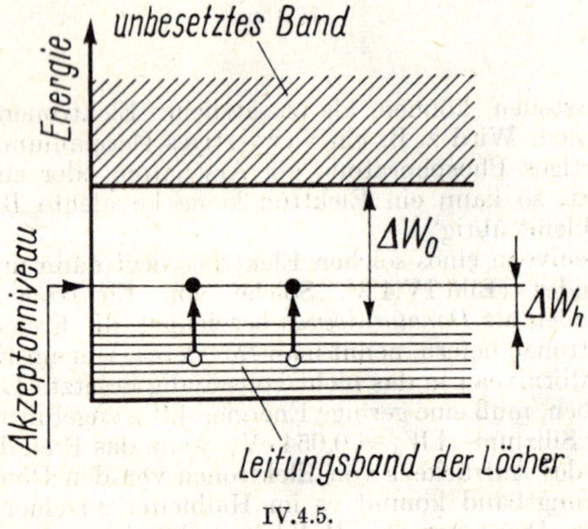

IV.4.5.

Ist z. B. Bor als Fremdatom im Siliziumkristall eingelagert, so ist $\Delta W_h = 0{,}08$ eV. Fremdatome dieser Art werden als *Akzeptoren* bezeichnet. Der Übergang von Elektronen aus dem besetzten Valenzband des Halbleiters auf Akzeptorniveaus führt zur *Mangelhalbleitung* (p-Halbleitung). Halbleiter, die diese Art von Leitfähigkeit besitzen, werden als *Mangelhalbleiter* oder *p-Halbleiter* bezeichnet.

5. Werden in einen Halbleiter gleichzeitig Donatoren und Akzeptoren eingebaut, so wird die Art seiner Fremdleitfähigkeit durch die Fremdatome mit der höheren Konzentration der Stromträger bestimmt. Bei jeder Art von Leitfähigkeit ist die Anzahl der Stromträger in Halbleitern bedeutend geringer als in Metallen. Im Gegensatz zu Metallen hängt auch die Konzentration und Energie der Elektronen (Löcher) in Halbleitern wesentlich von der Temperatur ab, d. h., Konzentration und Energie nehmen mit der Temperatur zu.

4.3. Der Hall-Effekt in Metallen und Halbleitern

1. Als Hall-*Effekt* bezeichnet man das Auftreten eines transversalen elektrischen Feldes und einer Potentialdifferenz in einem stromdurchflossenen Metall oder Halbleiter, wenn sich dieser Leiter in

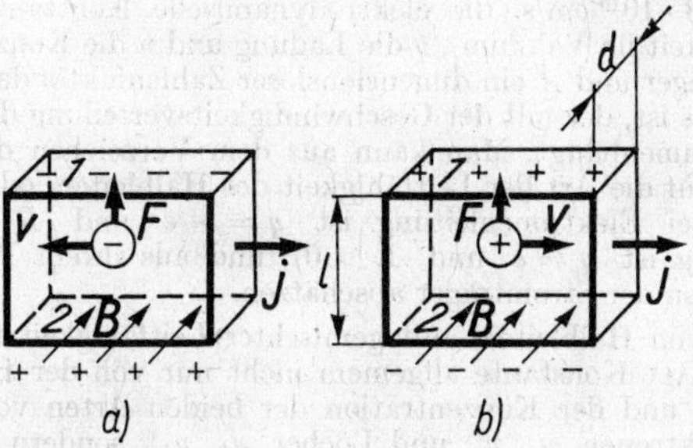

IV.4.6.

einem Magnetfeld senkrecht zur Stromrichtung befindet. Befindet sich ein Metall oder ein n-Halbleiter in einem Magnetfeld, dann werden die Elektronen, die sich mit der Geschwindigkeit v im Magnetfeld bewegen (Bild IV.4.6a), infolge der auf sie wirkenden Lorentz-Kraft (S. 425) nach einer Seite hin abgelenkt; positive Ladungen sammeln sich auf der anderen Seite an. Bei einem p-Halbleiter (Bild IV.4.6b) sind die Ladungsvorzeichen an den Oberflächen umgekehrt.

2. Ein transversales elektrisches Feld verhindert eine Ablenkung der Elektronen durch das Magnetfeld. Die bei Hall-Effekt auftretende Potentialdifferenz ist durch

$$U = \varphi_1 - \varphi_2 = R\frac{BI}{d}$$

gegeben, wobei B die magnetische Induktion (S. 407), I die Stromstärke, d die Länge der Probe in Richtung des Vektors $\boldsymbol{B}$ und R die Hall-*Konstante* ist.

Die Feldstärke des transversalen elektrischen Feldes ist

$$\boldsymbol{E}_B = R[\boldsymbol{B}\boldsymbol{j}],$$

wobei $\boldsymbol{j}$ der Stromdichtevektor ist.

3. Für Metalle und dotierte Halbleiter, die nur die Leitfähigkeit der einen Art besitzen, gilt

$$R = \frac{A}{nq} \quad \text{(im SI)},$$

$$R = \frac{A}{cnq} \quad \text{(im GAUSSschen System)},$$

wobei $c = 3 \cdot 10^{10}$ cm/s die elektrodynamische Konstante (Lichtgeschwindigkeit im Vakuum), q die Ladung und n die Konzentration der Stromträger und A ein dimensionsloser Zahlenfaktor der Größenordnung Eins ist, der mit der Geschwindigkeitsverteilung der Stromträger zusammenhängt. Man kann aus dem Vorzeichen der HALL-Konstante auf die Art der Leitfähigkeit des Halbleiters oder Leiters schließen (bei Elektronenleitung ist $q = -e$ und $R < 0$, bei Löcherleitung ist $q = e$ und $R > 0$) und aus ihrem Betrag die Konzentration der Stromträger abschätzen.

4. Im Fall von Halbleitern mit gemischter Leitfähigkeit (n und p) hängt die HALL-Konstante allgemein nicht nur von der Beweglichkeit (S. 373) und der Konzentration der beiden Arten von Stromträgern (Elektronen, u_e, n_e, und Löcher, u_h, n_h), sondern auch von der magnetischen Induktion ab. In schwachen Feldern, d. h. unter der Bedingung

$$B \ll \max\left\{\frac{1}{u_e}, \frac{1}{u_h}\right\} \quad \text{(im SI)}$$

$$\frac{B}{c} \ll \max\left\{\frac{1}{u_e}, \frac{1}{u_h}\right\} \quad \text{(im GAUSSschen System)}$$

ist die HALL-Konstante gleich

$$R = \frac{A}{e} \frac{u_h n_h - u_e^2 n_e}{(u_h n_h + u_e n_e)^2} \quad \text{(im SI)},$$

$$R = \frac{A}{ce} \frac{u_h^2 n_h - u_e^2 n_e}{(u_h n_h + u_e n_e)^2} \quad \text{(im GAUSSschen System)}.$$

Das Vorzeichen der HALL-Konstante gibt über die Art der vorherrschenden Leitfähigkeit Auskunft.

5. Berührungselektrizität, thermoelektrische Erscheinungen und Emissionsvorgänge

5.1. Berührungsspannung bei Metallen. Gesetze von Volta

1. Den niedrigsten Energiebetrag, den man einem Leitungselektron in einem Metall zuführen muß, damit dieses aus dem Metall in das Vakuum austreten kann, bezeichnet man als *Austrittsarbeit* A des Elektrons aus dem Metall. Sie ergibt sich aus der Beziehung:

$$A = e(\varphi - \varphi') - \mu,$$

wobei φ und φ' das elektrische Potential in den Punkten im Inneren des Metalls und in dem die Metalloberfläche umgebenden Vakuum und μ das chemische Potential des Elektronengases im Metall bedeuten (S. 225). Die Größe $\mu - e\varphi$ heißt *elektrochemisches Potential* des Elektronengases im Metall.
Die Austrittsarbeit hängt von der Natur des Metalls und der Beschaffenheit seiner Oberfläche ab. Für reine Metalle ist sie von der Größenordnung einiger Elektronenvolt.
2. In der klassischen Elektronentheorie erklärt man die Austrittsarbeit als jene Arbeit, die vom Elektron bei seinem Austritt aus dem Metall einerseits gegen die anziehenden Kräfte der positiven Ladungen zu leisten ist, die vom Elektron in der Metalloberfläche induziert werden, und andererseits gegen die elektrische Feldstärke einer *elektrischen Doppelschicht*. Diese Schicht entsteht an der Metalloberfläche dadurch, daß die Elektronen infolge der Wärmebewegung die Metalloberfläche durchsetzen können und um diese herum eine „Elektronenwolke" bilden. Die Dichte dieser „Wolke" ist praktisch nur innerhalb eines Bereiches von Null verschieden, dessen Dicke von der Größenordnung der interatomaren Abstände ist ($\sim 10^{-8}$ cm). Diese elektrische Doppelschicht ähnelt sehr einem dünnen geladenen Kondensator, dessen eine Belegung von der Metalloberfläche mit den in ihr enthaltenen positiven Ionen und dessen zweite Belegung von der „Elektronenwolke" gebildet wird. Außerhalb der Doppelschicht ist die Feldstärke des elektrischen Feldes gleich Null.
3. Die Größe

$$\Delta\varphi = \varphi - \varphi' = \frac{A + \mu}{e}$$

heißt *Sprung des Oberflächenpotentials an der Grenze Metall—Vakuum* oder *Berührungsspannung zwischen Metall und Vakuum*. In der klassischen Elektronentheorie ist dieser Sprung durch

$$\Delta\varphi_{\mathrm{kl}} = \frac{A}{e}$$

gegeben.

Dieser Ausdruck unterscheidet sich von dem oben angegebenen exakten Ausdruck und stimmt mit diesem nur näherungsweise überein.

4. *Gesetze von* VOLTA:

a) Bei der Berührung von zwei Leitern, die aus verschiedenen Metallen hergestellt sind, entsteht zwischen ihnen eine relative Berührungsspannung, die nur von der chemischen Zusammensetzung und von der Temperatur abhängt.

b) Die Potentialdifferenz zwischen den Enden der Kette, die aus nacheinander verbundenen metallischen Leitern besteht, hängt bei konstanter Temperatur nicht von der chemischen Zusammensetzung der Zwischenleiter ab. Sie ist gleich der Berührungsspannung, die bei der unmittelbaren Verbindung der beiden äußeren Leiter entsteht.

5. Im Gleichgewichtszustand müssen die elektrochemischen Potentiale $\mu - e\varphi$ (S. 389) für die beiden in Berührung stehenden Metalle gleich sein. Bringt man daher zwei ungeladene Metalle ($\varphi' = 0$) mit verschiedenen Austrittsarbeiten A_1 und $A_2 < A_1$ in Berührung, so gehen die Elektronen vorwiegend aus dem zweiten Metall in das erste über. Infolgedessen laden sich beide Metalle auf (Metall 1 negativ, Metall 2 positiv). Im umgebenden Raum entsteht ein elektrisches Feld. Gleichzeitig verschieben sich die Energieniveaus der Elektronen in den in Berührung stehenden Metallen relativ zueinander. Im Metall 1 werden alle Niveaus nach oben, im Metall 2 nach unten verschoben. Zur Einstellung des Gleichgewichts genügt es, wenn aus Metall 2 ein geringer Teil der Leitungselektronen in Metall 1 übergegangen ist. Daher verändern sich die chemischen Potentiale μ_1 und μ_2 nicht, wenn man Metalle in Kontakt bringt.

6. Die Gleichgewichtsbedingung für zwei in Kontakt stehende Metalle lautet

$$e\varphi_1 - \mu_1 = e\varphi_2 - \mu_2,$$

wobei φ_1 und z_2 die Gleichgewichtspotentiale des ersten und des zweiten Metalls sind. Die Größe

$$\Delta\varphi_{12} = \varphi_1 - \varphi_2 = \frac{\mu_1 - \mu_2}{e}$$

heißt *innere Berührungsspannung*. Sie ist durch die Differenz der chemischen Potentiale der Elektronen in den in Kontakt stehenden Metallen bedingt. In Übereinstimmung mit dem Ausdruck für das chemische Potential (S. 225) ergibt sich

$$\Delta\varphi_{12} = \frac{1}{e}\left[(W_{F_1} - W_{F_2}) + \frac{\pi^2}{12}(kT)^2\left(\frac{1}{W_{F_2}} - \frac{1}{W_{F_1}}\right)\right],$$

wobei k die BOLTZMANN-Konstante und W_{F_1} und W_{F_2} die FERMI-Energien im ersten und im zweiten Metall sind. Der Wert von $\Delta\varphi_{12}$ hängt von der Temperatur des Berührungsbereiches der beiden Metalle ab. Dieser Umstand bedingt einen thermoelektrischen Effekt (S. 399).

7. Die Änderung des Potentials von φ_1 auf φ_2 vollzieht sich im Bereich einer elektrischen Doppelschicht, die sich an der Berührungsfläche bildet und die *Berührungsschicht* genannt wird. Die Dicke dieser Berührungsschicht beträgt 10^{-8}—10^{-7} cm. Das Auftreten dieser Doppelschicht bei zwei in Berührung stehenden Metallen ist mit dem Übergang eines nur geringen Teiles von Leitungselektronen aus dem sich positiv aufladenden Metall in das andere sich negativ aufladende Metall verbunden. Dieser Übergang vollzieht sich in der Berührungsschicht. Dabei bleibt die Elektronenkonzentration beider Metalle in der Berührungsschicht wie im übrigen Metallbereich praktisch nahezu gleich, so daß sich der spezifische elektrische Widerstand der Berührungsschicht vom spezifischen elektrischen Widerstand des übrigen Metallbereichs nicht unterscheidet.

8. In der klassischen Elektronentheorie der Metalle führt man die innere Berührungsspannung auf die unterschiedliche Konzentration der Leitungselektronen in den in Berührung stehenden Metallen zurück. Im Gleichgewichtszustand wird der Diffusionsstrom der Elektronen aus dem Metall mit höherem Wert von n_0 in das Metall mit niederem n_0 völlig kompensiert durch den umgekehrt gerichteten Elektronenstrom unter dem Einfluß des Feldes der Berührungsschicht. Der entsprechende Ausdruck für die innere Berührungsspannung lautet

$$\Delta\varphi_{12\,\mathrm{kl}} = \frac{kT}{e} \ln \frac{n_{01}}{n_{02}}.$$

Dieser Ausdruck unterscheidet sich vom exakten Wert von $\Delta\varphi_{12}$ (Punkt 6). Er kann nur zu einer qualitativen Untersuchung der Temperaturabhängigkeit der inneren Berührungsspannung herangezogen werden.

9. Als *äußere Berührungsspannung* bezeichnet man die Potentialdifferenz zwischen zwei Punkten, die in der Nähe der Oberfläche des ersten (φ_1') und des zweiten (φ_2') miteinander in Berührung stehenden Metalls, aber außerhalb davon liegen. Aus der Gleichheitsbedingung für die elektrochemischen Potentiale der Elektronen in den sich berührenden Metallen folgt

$$\Delta\varphi_{12}' = \varphi_1' - \varphi_2' = -\frac{A_1 - A_2}{e},$$

wobei A_1 und A_2 die Austrittsarbeiten für die Elektronen aus dem ersten und aus dem zweiten Metall sind.

5.2. Berührungserscheinungen in Halbleitern

A. Berührung eines Metalls mit einem Halbleiter

1. Als *Austrittsarbeit A* (*thermodynamische Austrittsarbeit*) des Elektrons aus einem Halbleiter bezeichnet man den niedrigsten Energiebetrag, den man für den Austritt eines Elektrons aus dem Halbleiter in das Vakuum aufwenden muß, wenn die Anfangsenergie des

Elektrons im Halbleiter gleich dem elektrochemischen Potential ist. Ein Energieniveau, das gleich dem elektrochemischen Potential ist, heißt gewöhnlich *chemisches Potentialniveau* oder FERMI-*Niveau* des Halbleiters. Seine Lage in bezug auf den unteren Rand der Leitfähigkeitszone wird wie bei den Metallen durch den Wert des chemischen Potentials μ bestimmt. (Gewöhnlich ist $\mu < 0$, d. h., das FERMI-Niveau in Halbleitern ist zum Unterschied von Metallen unterhalb der Leitfähigkeitszone angeordnet. Siehe dazu weiter unten.)

Unter der *äußeren Austrittsarbeit* A_a des Elektrons aus einem Halbleiter versteht man den niedrigsten Energiebetrag, den man für den Austritt eines Elektrons in das Vakuum aufwenden muß, wenn dessen Anfangsenergie im Halbleiter gleich der Energie ist, die dem unteren Rand der Leitfähigkeitszone entspricht. Die Beziehung zwischen A und A_a lautet also $A = A_a - \mu$.

Die äußere Austrittsarbeit wird durch die Eigenschaften des Kristallgitters des Halbleiters bestimmt. Sie liegt für die verschiedenen Halbleiter zwischen 1 und 6 eV.

2. Für reine Halbleiter (ohne Beimengungen) gilt

$$\mu = -\frac{\Delta W_0}{2} + \frac{kT}{2} \ln \frac{\nu_h}{\nu_e},$$

wobei ΔW_0 die Aktivierungsenergie der Eigenleitfähigkeit (S. 383), k die BOLTZMANN-Konstante,

$$\nu_e = \frac{2}{h^3}(2\pi m_e^* kT)^{3/2}, \qquad \nu_h = \frac{2}{h^3}(2\pi m_h^* kT)^{3/2},$$

h die PLANCKsche Konstante ist, und m_e^* und m_h^* die effektiven Massen (S. 706) des Elektrons und des Loches sind. Bei $T = 0\,°K$ ist $\mu = -\Delta W_0/2$, d.h., das FERMI-Niveau liegt in der Mitte der verbotenen Zone, welche die Leitfähigkeitszone von der Valenzzone trennt.

Die Elektronenkonzentration in der Leitfähigkeitszone (n_e) und die Konzentration der Löcher in der Valenzzone (n_h) sind gleich:

$$n_e = n_h = \sqrt{\nu_e \nu_h}\, e^{-\Delta W_0/2kT}.$$

3. Halbleiter mit Elektronenüberschuß (n-Typ).

a) Im Bereich niedriger Temperaturen, die der Bedingung

$$e^{\Delta W_e/kT} \gg \frac{\nu_e}{n_d}$$

genügen, wobei ΔW_e die Aktivierungsenergie der Beimengung des Halbleiters vom n-Typ ist (Bild IV.4.3) und n_d die Konzentration der Donatorniveaus, gilt

$$\mu = -\frac{\Delta W_e}{2} + \frac{kT}{2} \ln \frac{n_d}{\nu_e}.$$

Bei $T = 0°K$ ist $\mu = -\Delta W_e/2$, d. h., das FERMI-Niveau liegt in der Mitte zwischen dem Donatorniveau und der Basis der Leitfähigkeitszone. μ wächst, wenn die Temperatur von 0°K bis T_0 ansteigt, und nimmt dann wieder ab. Die Temperatur T_0 entspricht der Bedingung

$$\nu_e(T_0) = n_d e_d^{-3/2},$$

$$T_0 = \frac{h^2 e}{2\pi m_e^* k} \left(\frac{n_d}{2}\right)^{2/3}$$

und

$$\mu_{\max} = \mu(T_0) = -\frac{\Delta W_e}{2} + \frac{3h^2 e}{8\pi m_e^*} \left(\frac{n_d}{2}\right)^{2/3},$$

wobei e die Basis des natürlichen Logarithmus ist.
Die Konzentration der Elektronen in der Leitfähigkeitszone $n_e \ll n_d$ ist:

$$n_e = \sqrt{n_d \nu_e}\, e^{-\Delta W_e / 2kT}.$$

b) In Temperaturbereichen, in denen alle Donatorniveaus zerstört sind ($\nu_e/n_d \gg e^{\Delta W_e / kT}$), bei denen aber die Eigenleitfähigkeit der Halbleitergrundsubstanz noch vernachlässigbar ist, hängt die Konzentration der Elektronen in der Leitfähigkeitszone nicht von der Temperatur ab:

$$n_e = n_d \qquad \text{und} \qquad \mu = kT \ln \frac{n_d}{\nu_e}.$$

Die Sättigungstemperatur, bei der n_e gleich n_d wird, ermittelt man aus der Beziehung

$$T_s = \frac{\Delta W_e}{k \ln \frac{\nu_e(T_s)}{n_d}}.$$

Bei $T = T_S$ gilt $\mu = -\Delta W_e$.

c) Im Bereich noch höherer Temperaturen beginnt die Konzentration der Elektronen in der Leitfähigkeitszone wieder auf Grund des Übertritts von Elektronen aus der Valenzzone zu wachsen. Bei $n_e \gg n_d$ nähert sich das chemische Potential des Elektronenhalbleiters dem Wert

$$\mu = -\frac{\Delta W_0}{2} + \frac{kT}{2} \ln \frac{\nu_h}{\nu_e},$$

entsprechend den Eigenschaften des Halbleiters (siehe Punkt 2). Daher ist die Temperatur beim Übergang in die Eigenleitung gleich

$$T_e = \frac{\Delta W_0}{k \ln \frac{\nu_e \nu_h}{n_d^2}}.$$

4. Halbleiter mit Löcherüberschuß (p-Typ).

a) Im Bereich niedriger Temperaturen, die der Bedingung

$$e^{\Delta W_h/kT} \gg \frac{\nu_h}{n_a}$$

genügen, wobei ΔW_h die Aktivierungsenergie der Beimengung des Halbleiters vom p-Typ (Bild IV.4.5) und n_a die Konzentration der Akzeptorniveaus ist, gilt

$$\mu = -\Delta W_0 + \frac{\Delta W_h}{2} - \frac{kT}{2} \ln \frac{n_a}{\nu_h}.$$

Bei $T = 0\,°\mathrm{K}$ ist $\mu = -\Delta W_0 + \frac{\Delta W_h}{2}$, d. h., das Fermi-Niveau liegt in der Mitte zwischen dem oberen Rand der Valenzzone und den Akzeptorniveaus. Bei Erhöhung der Temperatur von $0\,°\mathrm{K}$ auf T_0 nimmt μ ab. Bei $T > T_0$ nimmt sein Wert wieder zu. Für die Temperatur T_0 und $\mu_{\min}$ ergibt sich

$$T_0 = \frac{h^2 e}{2\pi m_h^* k} \left(\frac{n_a}{2}\right)^{2/3},$$

$$\mu_{\min} = \mu(T_0) = -\Delta W_0 + \frac{\Delta W_h}{2} - \frac{3h^2 e}{8\pi m_h^*} \left(\frac{n_a}{2}\right)^{2/3},$$

wobei e die Basis des natürlichen Logarithmus ist. Die Konzentration der Löcher in der Valenzzone $n_h \ll n_a$ ist

$$n_h = \sqrt{n_a \nu_h}\, e^{-\Delta W_h/2kT}$$

b) Im Bereich von Temperaturen, bei denen alle Akzeptorniveaus mit Elektronen besetzt sind ($\nu_h/n_a \ll e^{\Delta W_h/kT}$), wo aber die Eigenleitfähigkeit der Grundsubstanz des Halbleiters noch vernachlässigbar ist, hängt die Konzentration der Löcher in der Valenzzone nicht von der Temperatur ab:

$$n_h = n_a \qquad \text{und} \qquad \mu = -\Delta W_0 + kT \ln \frac{\nu_a}{n_a}.$$

Die Temperatur des Übergangs zur Eigenleitfähigkeit ist gleich

$$T_s = \frac{\Delta W_0}{k \ln \frac{\nu_e \nu_h}{n_a^2}}.$$

5. Wenn ein Metall mit einem Halbleiter in Berührung gebracht wird, muß wie bei der Berührung zweier Metalle ein Ausgleich der Elektronenpotentiale im Metall und im Halbleiter eintreten — der sogenannte „Ausgleich der Fermi-Niveaus" —, der durch den Übertritt der Elektronen aus dem Körper mit der niedrigeren Austrittsarbeit in den Körper mit der höheren Austrittsarbeit realisiert wird. Dabei entsteht zwischen Metall und Halbleiter eine Berührungsspannung, die durch eine elektrische Doppelschicht bedingt ist,

welche an der Berührungsfläche auftritt und *Berührungsschicht* genannt wird. Infolge der geringen Konzentration der Ladungsträger im Halbleiter (Größenordnung $10^{14}-10^{16}$ cm^{-3} anstatt 10^{22} cm^{-3} wie bei Metallen) erreicht die Berührungsschicht im Halbleiter eine Dicke von $10^{-5}-10^{-4}$ cm, d. h., sie ist um mehrere Größenordnungen dicker als die Berührungsschicht zwischen Metallen. Im Bereich dieser Schicht entsteht im Halbleiter eine Raumladung, und es tritt ein elektrisches Feld auf. Das Vorzeichen der Raumladung hängt vom Verhältnis zwischen der Austrittsarbeit der Elektronen aus dem Metall (A_1) und aus dem Halbleiter (A_2) ab. Ist $A_1 > A_2$, so ist die Raumladung positiv, ist $A_1 < A_2$, so ist sie negativ.

6. Infolge des elektrischen Feldes in der Berührungsschicht ist das Potential in dieser Schicht des Halbleiters bei $A_1 > A_2$ niedriger als im übrigen Halbleiterbereich, bei $A_1 < A_2$ dagegen höher. Ist daher $A_1 > A_2$, so ist bei im übrigen gleichbleibenden Bedingungen die Elektronenenergie in der Berührungsschicht höher als im übrigen Bereich. Da das elektrochemische Potential in allen Teilen des Halbleiters gleich ist, steigt der untere Rand der Leitfähigkeitszone in der Berührungsschicht an und entfernt sich vom FERMI-Niveau. Aber auch der obere Rand der Valenzzone steigt und nähert sich dem FERMI-Niveau. Dabei bleibt die Breite der verbotenen Zone zwischen dem oberen Rand der Valenzzone und dem unteren Rand der Leitfähigkeitszone gleich wie im übrigen Bereich des Halbleiters.
Ist $A_1 < A_2$, so kehrt sich die Richtung der Feldstärke des elektrischen Feldes in der Berührungsschicht um, so daß das Potential in der Berührungsschicht des Halbleiters höher ist als im übrigen Bereich. Daher sinkt in der Berührungsschicht der untere Rand der Leitfähigkeitszone und nähert sich dem FERMI-Niveau. Aber auch der obere Rand der Valenzzone sinkt und entfernt sich vom FERMI-Niveau.

7. Bei der Berührung eines Metalls mit einem Halbleiter sind folgende vier Fälle möglich (Bild IV.5.1):

a) $A_1 > A_2$, Halbleiter vom n-Typ.
Die positive Raumladung ist durch einen Überschuß an positiven Ionen der Donatorbeimengung in der Berührungsschicht des Halbleiters bedingt. Die Berührungsschicht des Halbleiters verschlingt den Großteil der Ladungsträger, nämlich die Elektronen in der Leitfähigkeitszone. Daher ist der spezifische Widerstand der Berührungsschicht viel größer als der spezifische Widerstand des übrigen Halbleiterbereichs. Eine derartige Berührungsschicht heißt *Sperrschicht*.

b) $A_1 > A_2$, Halbleiter vom p-Typ.
In der Berührungsschicht des Halbleiters gibt es einen Überschuß an Hauptladungsträgern, nämlich an Löchern in der Valenzzone. Die Berührungsschicht besitzt daher eine erhöhte Leitfähigkeit. Eine derartige Berührungsschicht heißt *durchlässig*.

c) $A_1 < A_2$, Halbleiter vom n-Typ.
Die negative Raumladung der Berührungsschicht des Halbleiters ist durch einen Überschuß an Hauptladungsträgern, den Elektronen in der Leitfähigkeitszone, bedingt. Daher besitzt die Berührungsschicht eine erhöhte Leitfähigkeit, d. h., sie erweist sich als *durchlässig*.

d) $A_1 < A_2$, Halbleiter vom p-Typ.
In der Berührungsschicht des Halbleiters besteht ein Überschuß an negativen Ionen der Akzeptorbeimengung und ein Mangel an Hauptladungsträgern, den Löchern in der Valenzzone. Diese Berührungsschicht ist daher eine *Sperrschicht*.

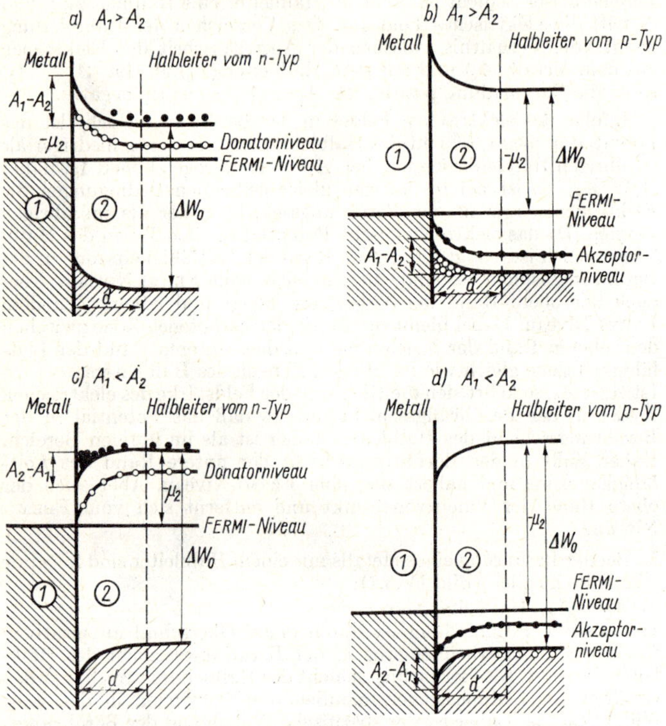

IV.5.1.

8. Eine Sperrschicht an der Grenze zwischen einem Metall und einem Halbleiter besitzt eine *richtungsabhängige* Leitfähigkeit (*Ventileigenschaft*): Wenn eine Metall-Halbleiterkombination in einen elektrischen Stromkreis eingeführt wird, fließt der Strom praktisch nur in einer Richtung (entweder aus dem Metall in den Halbleiter oder aus dem Halbleiter in das Metall). Die Ventileigenschaft der Sperrschicht ist dadurch bedingt, daß ihr Widerstand für zwei entgegengesetzte Stromrichtungen durch die Berührungsfläche äußerst verschieden ist.

Wenn die Richtung der Feldstärke des äußeren Feldes und des dadurch induzierten Stromes zur Richtung des elektrischen Feldes der Berührungsschicht entgegengesetzt ist, werden die Hauptladungsträger aus dem übrigen Halbleiterbereich in die Berührungsschicht hineingezogen. Dabei nehmen die Dicke der Berührungsschicht, welche die Hauptladungsträger aufnimmt, und ihr elektrischer Widerstand ab. In dieser Richtung, die als *Durchlaßrichtung* bezeichnet wird, kann der elektrische Strom die Berührungsfläche zwischen Metall und Halbleiter durchsetzen. Bei Umkehrung der Richtung des äußeren Feldes werden die Hauptladungsträger aus der Berührungsschicht heraus und in den übrigen Teil des Halbleiters hineingedrängt, so daß die Dicke der Berührungsschicht und deren elektrischer Widerstand stark anwachsen. Infolgedessen kann in der zur Durchlaßrichtung entgegengesetzten Richtung praktisch kein Strom die Berührungsschicht durchsetzen. Diese Richtung heißt *Sperrichtung.*

Für eine Sperrschicht an der Grenze zwischen Metall und Halbleiter vom p-Typ ($A_1 < A_2$) erweist sich die Stromrichtung aus dem Halbleiter in das Metall als Durchlaßrichtung, für eine Sperrschicht an der Grenze zwischen Metall und einem Halbleiter vom n-Typ ($A_1 > A_2$) ist dies die Richtung vom Metall zum Halbleiter.

B. Berührung von zwei Halbleitern

1. Die Berührungsfläche von zwei Halbleitern, die von verschiedenen Leitfähigkeitstypen (n und p) sind (S. 383 und 384), heißt ein *Elektronen-Loch-Übergang* (*n-p-Übergang*). Er kann im gleichen Kristall eines Halbleiters auftreten, wenn Bereiche verschiedener (n- und p-) Leitfähigkeit mit Hilfe verschiedener Beimengungen erzeugt werden.

2. Die elektrische Doppelschicht (S. 389) des p-n-Übergangs bildet sich als Folge der Elektronenverschiebung aus dem n- in den p-Halbleiter (da $A_p > A_n$, wenn A_p und A_n die Austrittsarbeiten aus dem Halbleiter vom p-Typ und vom n-Typ bezeichnen) und der Verschiebung von Löchern in der entgegengesetzten Richtung. Dabei entsteht in der Berührungsschicht des Halbleiters vom n-Typ ein Überschuß an positiven Ionen der Donatorbeimengung und in der Berührungsschicht des p-Halbleiters ein Überschuß an negativen Ionen der Akzeptorbeimengung. Auf diese Art verschlingt die Berührungsschicht in beiden Halbleitern die Hauptladungsträger und besitzt daher eine verminderte Leitfähigkeit, d. h., sie erweist sich als sperrend. Die Dicke d des p-n-Übergangs beträgt in den praktisch wichtigen Fällen $10^{-4}-10^{-5}$ cm.

3. Wird an die Berührungsschicht eine äußere Spannung so angelegt, daß der n-Halbleiter mit dem Pluspol der Stromquelle verbunden ist (Bild IV.5.2), dann wird das äußere elektrische Feld das Feld der Berührungsschicht verstärken und eine Bewegung der Elektronen im n-Halbleiter und eine Bewegung der Löcher im p-Halbleiter in die entgegengesetzte Richtung hervorrufen. Dieser Effekt führt zur Verbreiterung der sperrenden Schicht und zur Erhöhung ihres Wider-

stands. Die Richtung des äußeren Feldes, das die sperrende Schicht verbreitert, heißt *Sperrichtung*. In dieser Richtung geht der elektrische Strom durch die Berührungsfläche der zwei Halbleiter praktisch nicht hindurch.

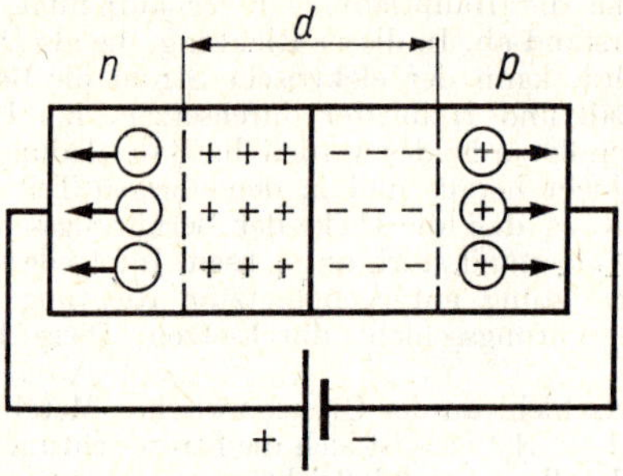

IV.5.2.

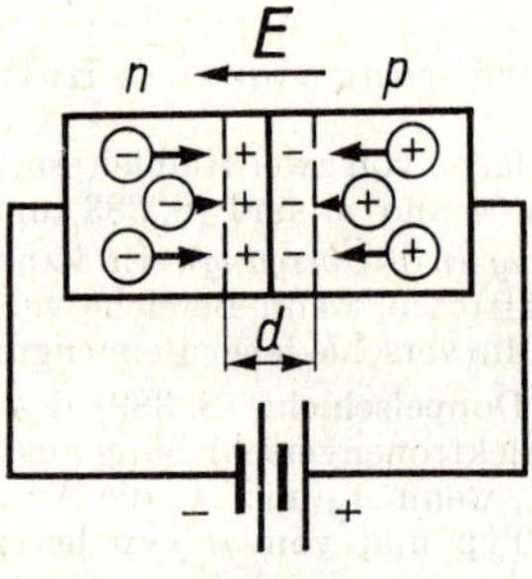

IV.5.3.

4. In der *durchlässigen* Richtung (Bild IV.5.3) ist das äußere elektrische Feld dem Feld der Berührungsschicht entgegengesetzt. Die Elektronen und die positiven Löcher verschieben sich durch Einwirkung des äußeren Feldes zur Grenze des *p-n*-Übergangs, und zwar in der entgegengesetzten Richtung. Die Dicke der Berührungsschicht und ihr Widerstand nehmen ab. Daher kann der elektrische Strom in dieser Richtung durch die Grenzschicht zwischen den zwei Halbleitern hindurchgehen.

5. Die Wirkung eines *p-n*-Übergangs, die in einer einseitigen Durchlässigkeit besteht, ist analog der einer Gleichrichterdiode (S. 473). Daher heißt ein Halbleiter mit einem *p-n*-Übergang auch *Halbleiterdiode*.

5.3. Thermoelektrische Erscheinungen in Metallen und Halbleitern

1. In Metallen und Halbleitern ist der Ladungstransport (elektrischer Strom) mit einer Energieübertragung verbunden, da er mit Hilfe einer Verschiebung von Ladungsträgern — den Leitungselektronen und den Löchern — realisiert wird. Dieser Umstand bedingt eine Reihe von Effekten (SEEBECK-, PELTIER- und THOMSON-Effekt), die man als *thermoelektrische Effekte* bezeichnet.
Die Ausdrücke für die konstante Stromdichte $\boldsymbol{j}$ und die Energieflußdichte $\boldsymbol{u}$ in einem isotropen Metall oder Halbleiter in Abwesenheit eines äußeren Magnetfeldes lauten

$$\frac{1}{\gamma}\boldsymbol{j} = -\alpha \operatorname{grad} T - \operatorname{grad}\left(\varphi - \frac{\mu}{e}\right),$$

$$\boldsymbol{u} = -K \operatorname{grad} T + P\boldsymbol{j} + \left(\varphi - \frac{\mu}{e}\right)\boldsymbol{j}.$$

Hier bedeutet μ das chemische Potential der Elektronen, φ das elektrische Potential, e den Absolutbetrag der Elektronenladung, $\mu - e\varphi$ das elektrochemische Potential, K den Koeffizienten der Wärmeleitfähigkeit und γ die spezifische elektrische Leitfähigkeit. Die Größe α heißt *Koeffizient der spezifischen thermoelektromotorischen Kraft*, P heißt PELTIER-*Koeffizient*. Beide hängen vom Material des Leiters oder Halbleiters und von der Temperatur ab. Zwischen P und α besteht eine Beziehung, die sich aus den thermodynamischen Gesetzen ergibt und als *zweite* THOMSON*sche Relation* bezeichnet wird:

$$P = \alpha T.$$

2. Als SEEBECK-*Effekt* bezeichnet man das Auftreten einer elektromotorischen Kraft $\mathcal{E}_T$ in einer geschlossenen elektrischen Kette, die aus einer Folge von miteinander verbundenen homogenen Leitern (oder Halbleitern) besteht, wenn deren Berührungsstellen (Lötstellen) auf verschiedener Temperatur gehalten werden. Die Größe $\mathcal{E}_T$ heißt *thermoelektromotorische Kraft* (Thermo-EMK). Da $\varphi - \mu/e$ eine stetige Funktion der Koordinaten ist, gilt

$$\mathcal{E}_T = -\oint_L \alpha\,(\operatorname{grad} T, d\boldsymbol{l}) = -\oint_L \alpha\, dT,$$

wobei das Integral über die gesamte geschlossene Kontur der elektrischen Kette zu erstrecken ist.
Eine elementare geschlossene elektrische Kette (Bild IV.5.4) aus zwei homogenen Leitern (oder Halbleitern) 1 und 2, nennt man *Thermoelement* oder *Thermopaar*. Wenn T_a und T_b die Temperaturen der beiden Lötstellen des Thermoelements sind, ist bei einer Anordnung wie in Bild IV.5.4, wo eine Umlaufsrichtung der Kette im Uhr-

zeigersinn vorliegt, die Thermo-EMK des Thermoelements gleich

$$\mathscr{E}_\mathrm{T} = -\int_{T_a}^{T_b} \alpha_1\, dT - \int_{T_b}^{T_a} \alpha_2\, dT = \int_{T_a}^{T_b} \alpha_{12}\, dT,$$

wobei α_1 und α_2 die Werte von α für die beiden verschiedenen Metalle 1 und 2 der Zweige des Thermoelements sind, und $\alpha_{12} = \alpha_1 - \alpha_2$ die *spezifische Differenz der thermoelektromotorischen Kraft* für das gegebene Materialpaar:

$$\alpha_{12} = \frac{d\mathscr{E}_\mathrm{T}}{dT}.$$

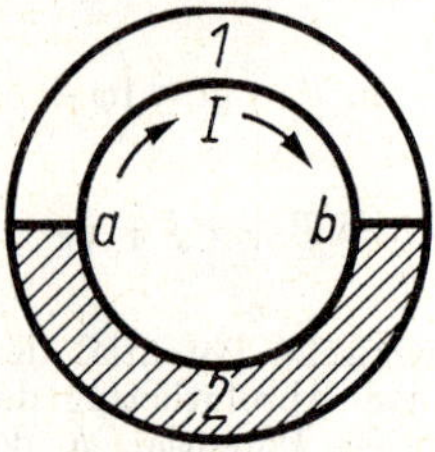

IV.5.4.

Wenn das Temperaturintervall $T_b - T_a$ sehr klein ist, so darf man annehmen, daß innerhalb dieser Grenzen α_{12} konstant ist und daß daher

$$\mathscr{E}_\mathrm{T} = \alpha_{12}(T_b - T_a).$$

Für $T_a > T_b$ ist $\mathscr{E}_T > 0$, wenn $\alpha_{12} = \alpha_2 - \alpha_1 > 0$, und $\mathscr{E}_\mathrm{T} < 0$, wenn $\alpha_{12} < 0$ ist. Im ersten Fall fließt der Thermostrom der Kette in der Richtung, die in Bild IV.5.4 eingezeichnet ist (in Uhrzeigerrichtung), im zweiten Fall in der entgegengesetzten Richtung. An der heißen Lötstelle des Thermoelements fließt also der Thermostrom immer aus dem Zweig mit niedrigerem Wert von α in den Zweig mit höherem α-Wert.

Wenn man zwischen die beiden Zweige eines Thermoelements eine beliebige Zahl von Leitern verschiedener Zusammensetzung in Serie einfügt, wobei deren Lötstellen *thermostatisch* sind, d. h. auf derselben Temperatur gehalten werden, dann ist die Thermo-EMK der neuen Kette gleich der Thermo-EMK des ursprünglichen Thermoelements.

3. Der SEEBECK-*Effekt* wird durch die folgenden drei Ursachen bedingt:

a) Die Diffusion der Ladungsträger erfolgt bevorzugt in der Richtung vom wärmeren zum kälteren Ende des Leiters oder Halbleiters (*Volumenkomponente der Thermo-EMK*).

b) Die Abhängigkeit der Berührungsspannung von der Temperatur, verbunden mit der Temperaturabhängigkeit des chemischen Potentials μ (*Berührungskomponente der Thermo-EMK*).

c) Mitreißen der Elektronen durch Phononen (S. 265), die vorzugsweise vom wärmeren Ende des Leiters zum kälteren Ende wandern und durch Wechselwirkung mit den Elektronen deren Verschiebung in derselben Richtung hervorrufen (*Phononenkomponente der Thermo-EMK*). Bei niedrigen Temperaturen kann diese Komponente eine gewisse Rolle spielen.
In Übereinstimmung damit ist die spezifische Thermo-EMK gleich der Summe der drei Komponenten

$$\alpha = \alpha_0 + \alpha_K + \alpha_F,$$

$$\alpha_K = -\frac{1}{e}\frac{d\mu}{dT}.$$

In Metallen befindet sich das Elektronengas in stark entartetem Zustand (S. 224). Die Konzentration der Leitungselektronen ist sehr groß und von der Temperatur unabhängig. Auch ihr Energiespektrum und das Geschwindigkeitsspektrum der Wärmebewegung ändern sich bei Erwärmung nicht beträchtlich. Daher ist die spezifische Thermo-EMK in Metallen sehr klein (Größenordnung einige μV/grd). Der SEEBECK-Effekt in Metallen wird vorwiegend zur Temperaturmessung ausgenutzt.
In Halbleitern ist die Konzentration der Ladungsträger (Elektronen in der Leitfähigkeitszone und Löcher) beträchtlich geringer als in Metallen. Gewöhnlich ist sie so gering, daß die Ladungsträger der klassischen BOLTZMANN-Statistik gehorchen (nicht entarteter Halbleiter), d. h., die mittlere Energie ihrer Wärmebewegung ist gleich (3/2) kT, wobei k die BOLTZMANN-Konstante ist. Mit Erhöhung der Temperatur des Halbleiters wächst die Konzentration der Ladungsträger (manchmal kann sie auch unverändert bleiben, S. 393). Besonders wesentlich ist, daß auch die Geschwindigkeit ihrer Wärmebewegung wächst. Daher ist die spezifische Thermo-EMK α für nichtentartete Halbleiter mit nur einem Typ von Ladungsträgern um ein Vielfaches größer als bei Metallen (Größenordnung 10^2—10^3 μV/grd). Die Koeffizienten α haben bei Elektronen- und bei Löcherhalbleitern entgegengesetztes Vorzeichen. Daher erreicht man den größten Wert der spezifischen Differenz der Thermo-EMK für ein Paar, das aus einem Elektronen- und einem Löcherhalbleiter besteht.
Halbleiterthermoelemente verwendet man zur direkten Umwandlung von innerer Energie in elektrische Energie. Der Wirkungsgrad dieser thermoelektrischen Halbleitergeneratoren erreicht heute 15%.

4. Die Wärmeabgabe- oder Aufnahme (in Abhängigkeit von der Stromrichtung), die an den Lötstellen verschiedener Leiter oder Halbleiter bei Durchgang von konstantem Strom stattfindet, heißt PELTIER-*Effekt*. Der Wärmeüberschuß zusätzlich zur JOULEschen Wärme heißt PELTIER-*Wärme*.
An der Berührungsfläche zweier Halbleiter 1 und 2 sind das elektrochemische Potential $\mu - e\varphi$, die Temperatur und die Normalkomponenten der Energieflußdichte $\boldsymbol{u}$ und der Stromdichte $\boldsymbol{j}$ stetig. Daher folgt aus dem Ausdruck für $\boldsymbol{u}$ (Punkt 1), daß bei Durchgang eines konstanten Stromes I aus dem ersten Leiter in den zweiten an

der Berührungsfläche im Zeitabschnitt t die PELTIER-*Wärme*

$$Q_P = P_{12} I t = P_{12} q$$

abgegeben (oder aufgenommen) wird, wobei

$$P_{12} = P_1 - P_2 = -\alpha_{12} T \qquad \text{und} \qquad q = It$$

ist.

Im Gegensatz zur JOULEschen Wärme, die proportional dem Quadrat des Stromes ist und die stets an den Leiter abgegeben wird, ist die PELTIER-Wärme proportional der Stromstärke. Ihr Vorzeichen hängt von der Stromrichtung in der Lötstelle ab. Wenn der Strom in der Lötstelle vom Leiter mit dem höheren PELTIER-Koeffizienten ($P_1 > P_2$ und $P_{12} > 0$) in den Leiter mit dem niedrigeren PELTIER-Koeffizienten gerichtet ist, gilt $Q_P > 0$, d. h., die PELTIER-Wärme wird an die Lötstelle abgegeben. Bei entgegengesetzter Stromrichtung durch die Lötstelle ist $Q_P < 0$, d. h., die PELTIER-Wärme wird der Lötstelle entzogen.

5. Der PELTIER-*Effekt* ist dadurch bedingt, daß in verschiedenen Leitern oder Halbleitern, die miteinander in Kontakt stehen, die Werte $\bar{w}_1$ und $\bar{w}_2$ der mittleren Energie der freien Ladungen, die am Stromtransport teilnehmen, einander nicht gleich sind. Es sei beispielsweise $\bar{w}_1 > \bar{w}_2$, und der Strom sei so gerichtet, daß die Ladungsträger die Berührungsfläche vom Leiter 1 zum Leiter 2 durchsetzen. Im Leiter 2 haben die aus dem ersten Leiter kommenden Ladungsträger eine Energie, welche den Betrag übersteigt, der dem thermodynamischen Gleichgewicht zwischen Ladungsträgern und den Knoten des Kristallgitters entspricht. Beim Zusammenstoß mit den Gitterknoten des zweiten Leiters geben die Ladungsträger daher ihre überschüssige Energie ab und rufen so eine Erwärmung des Leiters hervor. Dieser Prozeß spielt sich in einer äußerst dünnen Schicht des zweiten Leiters ab, die an die Berührungsfläche angrenzt, d. h., es tritt eine Erwärmung der Lötstelle auf. Wenn unter denselben Bedingungen der Strom die umgekehrte Richtung besitzt, gehen die Ladungsträger aus dem zweiten Leiter in den ersten über, jedoch mit einer kleineren Energie, als dem Gleichgewicht im ersten Leiter entsprechen würde. Beim Zusammenstoß mit den Knoten des Kristallgitters im ersten Leiter, erhalten die Ladungsträger die Energie übermittelt, die ihnen zur Herstellung des Gleichgewichts fehlt. Die Lötstelle muß sich in diesem Fall daher abkühlen.

Der PELTIER-Effekt ist die zum SEEBECK-Effekt entgegengesetzte Erscheinung. Beim Durchgang des Thermostroms durch die wärmere Lötstelle in der Kette des Thermoelements wird die PELTIER-Wärme aufgenommen, an der kälteren Lötstelle wird sie abgegeben. In völliger Übereinstimmung mit dem zweiten Hauptsatz der Thermodynamik ist daher zur Aufrechterhaltung eines konstanten Thermostroms eine dauernde Wärmezufuhr zur wärmeren Lötstelle und eine dauernde Wärmeabfuhr an der kälteren Lötstelle erforderlich. Den PELTIER-Effekt in Halbleitern benutzt man zur Herstellung ökonomischer und leistungsfähiger Kühleinrichtungen.

6. Als THOMSON-*Effekt* bezeichnet man die Abgabe (oder Aufnahme) von Wärme zusätzlich zur JOULEschen Wärme beim Durchgang eines konstanten Stroms durch einen *ungleichmäßig* erwärmten homogenen Leiter oder Halbleiter. Aus dem Ausdruck für die Energieflußdichte $\boldsymbol{u}$ und die Stromdichte $\boldsymbol{j}$ (Punkt 1) folgt, daß pro Zeiteinheit und pro Volumeneinheit des Leiters die Wärmemenge

$$w = -\operatorname{div} \boldsymbol{u} = \operatorname{div} (K \operatorname{grad} T) + \frac{1}{\gamma} j^2 + \tau (\boldsymbol{j}, \operatorname{grad} T)$$

abgegeben wird, wobei τ der THOMSON-*Koeffizient* ist, der mit der spezifischen Thermo-EMK eines Leiters und dem PELTIER-Koeffizienten P durch die *erste* THOMSON*sche Relation* verknüpft ist:

$$\tau = -\left(\frac{dP}{dT} - \alpha\right) = -T \frac{d\alpha}{dT}.$$

Pro Zeiteinheit und pro Volumeneinheit des Leiters entsteht die THOMSON-*Wärme*

$$w_{\mathrm{T}} = \tau(\boldsymbol{j}, \operatorname{grad} T).$$

Das Vorzeichen von w_{T} hängt von der Stromrichtung ab: Ist $\tau > 0$, so ist $w_{\mathrm{T}} > 0$, wenn der Strom im Leiter vom kälteren Ende zum wärmeren Ende fließt, und $w_{\mathrm{T}} < 0$, wenn der Strom die umgekehrte Richtung besitzt.

Im Bereich eines Leiters der Länge dl wird im Zeitintervall t die THOMSON-Wärme

$$dQ_{\mathrm{T}} = \tau I t \left(\frac{dT}{dl}\right) dl = \tau q \left(\frac{dT}{dl}\right) dl$$

abgegeben, wobei $q = It$ die Ladung bedeutet, die in der Zeit t den Leiterquerschnitt durchsetzt. Dabei ist die Ableitung $dT/d_l > 0$, wenn der Strom in Richtung wachsender Temperatur des Leiters fließt.

Der THOMSON-Effekt ist dadurch zu erklären, daß in den wärmeren Teilen des Leiters die mittlere Energie der Ladungsträger größer ist als in den weniger warmen Teilen. Wenn sich die Ladungsträger in Richtung abnehmender Temperatur verschieben, geben sie ihre überschüssige Energie an das Kristallgitter des Leiters ab, d. h., die THOMSON-Wärme wird abgegeben: $dQ_{\mathrm{T}} > 0$. Wenn sich die Ladungsträger in entgegengesetzter Richtung bewegen, nehmen sie Energie auf Kosten des Kristallgitters auf, d. h., die THOMSON-Wärme wird aufgenommen: $dQ_{\mathrm{T}} < 0$. Also ist für Leiter und Halbleiter, die Elektronen in der Leitfähigkeitszone besitzen, der THOMSON-Koeffizient $\tau > 0$; für Leiter und Halbleiter, welche Löcher in der Leitfähigkeitszone besitzen, gilt $\tau < 0$.

5.4. Emissionsvorgänge bei Metallen

1. Die Abstrahlung von Elektronen von festen oder flüssigen Körpern infolge der Erwärmung dieser Körper bezeichnet man als *thermische Elektronenemission.* Die vom erwärmten Körper abgestrahlten Elek-

tronen heißen *Thermoelektronen*. Der strahlende Körper wird als *Emittor* bezeichnet.
Damit ein Elektron aus dem Metall wegfliegen kann, muß es eine Energie besitzen, die zur Überwindung der Potentialschwelle an der Grenze Metall-Vakuum ausreicht, d. h., die zur Leistung der Austrittsarbeit hinreicht (S. 391).
Bei Zimmertemperatur ist die Anzahl der emittierten Elektronen verschwindend klein. Eine thermische Emission macht sich erst bei bedeutend höheren Temperaturen bemerkbar, die dem sichtbaren Licht glühender Metalle entsprechen.

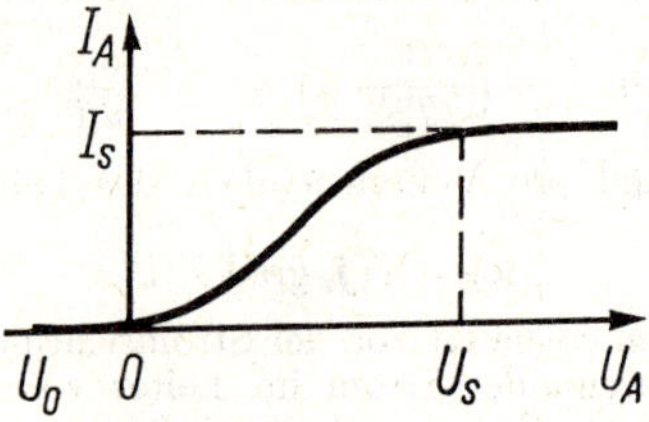

IV.5.5.

2. Die Erscheinung der thermischen Elektronenemission verwendet man in Elektronenröhren und anderen elektronischen Geräten mit einer Glühkathode.
Der Strom der Thermoelektronen im Vakuum einer Zweielektrodenröhre (Diode), der von der Glühkathode ausgestrahlt wird, hängt von der Spannung U_A ab, die zwischen Anode und Kathode angelegt wird (*Anodenspannung*), von der Form, den Abmessungen und der gegenseitigen Lage der Elektronen, von der Austrittsarbeit der Elektronen aus der Kathode und von der Temperatur. Bei im übrigen gleichen Bedingungen hängt der Strom I_A von U_A in der Form ab, wie sie in Bild IV.5.5 dargestellt wird. Diese Abhängigkeit ist nichtlinear, d. h., der Strom in der Diode gehorcht nicht dem OHMschen Gesetz.
Der schwache Strom im Diodenstromkreis bei negativen Anodenspannungen ($U_0 < U_A < 0$) ist dadurch bedingt, daß einige der Elektronen, die von der Kathode emittiert werden, eine hinreichend große kinetische Anfangsenergie besitzen, um das verzögernde elektrische Feld zwischen Anode und Kathode zu überwinden. Gewöhnlich ist dieser Strom auch bei $U_A = 0$ sehr schwach, d. h., die anfängliche kinetische Energie der Thermoelektronen kann vernachlässigt werden. In diesem Fall genügt bei höheren positiven Werten der Anodenspannung die Stromstärke des Thermoelektronenstroms, die durch das Auftreten einer negativen Raumladung beschränkt bleibt, dem Gesetz von BOGUSLAWSKO-LANGMUIR ((3/2)-*Gesetz*): Die Stromstärke ist proportional der Wurzel aus der dritten Potenz der Anodenspannung.

Für unendlich ausgedehnte ebene Elektroden, die einen gegenseitigen Abstand d besitzen, ist die Stromdichte

$$j = B U_A^{3/2},$$

mit

$$B = \frac{4\sqrt{2}}{9} \frac{\varepsilon_0}{d^2} \sqrt{\frac{e}{m}} \qquad \text{(im SI)},$$

$$B = \frac{\sqrt{2}}{9\pi} \frac{1}{d^2} \sqrt{\frac{e}{m}} \qquad \text{(im CGS-System)}.$$

Dabei bedeutet e den Absolutbetrag der Elektronenladung, m die Elektronenmasse und ε_0 die absolute Dielektrizitätskonstante des Vakuums.

Für Elektroden in der Form von unendlichen koaxialen Zylindern, von denen der innere die Kathode bildet, ist der Strom pro Längeneinheit der Kathode

$$j = B U_A^{3/2}$$

mit

$$B = \frac{8\pi\sqrt{2}}{9} \frac{\varepsilon_0}{r_A \beta^2} \sqrt{\frac{e}{m}} \qquad \text{(im SI)},$$

$$B = \frac{2\sqrt{2}}{9} \frac{1}{r_A \beta^2} \sqrt{\frac{e}{m}} \qquad \text{(im CGS-System)};$$

r_A bedeutet dabei den Anodenradius, β^2 ist eine Funktion des Quotienten aus Anodenradius und Kathodenradius r_K. Bei einer Änderung von r_A/r_K von 1–41,25 wächst β^2 von 0–1,095. Bei $r_A/r_K > 41{,}25$ nimmt die Funktion wieder ab und nähert sich für $r_A/r_K \to \infty$ dem Wert 1.

3. Der maximale Thermoelektronenstrom, der bei gegebener Temperatur der Kathode möglich ist, heißt *Sättigungsstrom*. Hierbei erreichen alle Elektronen, die in der Zeiteinheit von der Kathode emittiert werden, die Anode. Der Sättigungsstrom nimmt mit der Erhöhung der Temperatur der Kathode zu. Die Sättigungsdichte j_S wird nach der *Formel von* RICHARDSON berechnet:

$$j_S = \overline{D} C T^2 e^{-\frac{A}{kT}},$$

wobei $\overline{D}$ die mittlere Durchlässigkeit der Potentialschwelle an der Grenze Metall–Vakuum für Elektronenwellen ist (S. 702), $C = 4\pi m e k^2/h^3 = 1{,}2 \cdot 10^6\ \mathrm{A/m^2 \cdot grd^2}$ die Emmissionskonstante, k die BOLTZMANN-Konstante, h die PLANCKsche Konstante und A die Austrittsarbeit des Elektrons aus dem Metall.

4. *Kalte Emission* (*Feldemission*) heißt die Abtrennung von Elektronen aus einem Metall durch ein äußeres elektrisches Feld. Dieser Effekt kann auch bei Zimmertemperatur vor sich gehen, wobei die

Temperatur des Metalls sich nicht verändert. Die kalte Emission wird durch den Tunneleffekt erklärt (S. 703), d. h. durch das Hindurchgehen von Elektronen beliebiger Geschwindigkeit durch den Potentialwall an der Metalloberfläche. Die Wahrscheinlichkeit des Durchtritts durch den Potentialwall und die Stromdichte j bei der kalten Emission hängen von der äußeren elektrischen Feldstärke E ab:

$$j \sim e^{-E_0/E}$$

mit

$$E_0 = \frac{8\pi}{3he}\sqrt{2mA^3}\,.$$

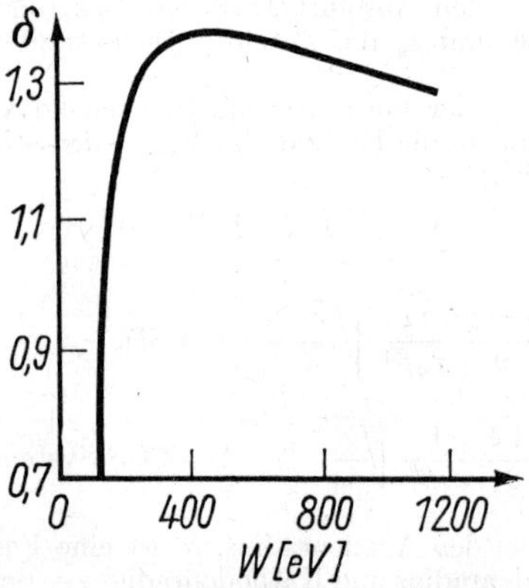

IV.5.6.

5. Die *Erscheinung der Photoelektronenemission* besteht in der Abtrennung von Elektronen aus der Oberfläche eines Körpers (vor allem von Metallen) unter dem Einfluß des Lichtes (s. S. 671).

6. Wird die Oberfläche eines Metalls im Vakuum mit Elektronen bombardiert, dann entsteht ein von der Oberfläche ausgehender Elektronenfluß. Diese Erscheinung heißt die *sekundäre Elektronenemission.* Die größte sekundäre Elektronenemission erhält man, wenn die Energie der primären Elektronen einige Hundertstel eV beträgt. Die sekundäre Emission wird durch den *Koeffizienten δ der sekundären Emission* charakterisiert. Der Koeffizient δ ist gleich dem Verhältnis der Anzahl emittierter Elektronen zur Anzahl der primären Elektronen. Eine typische Abhängigkeit von δ von der Energie der primären Elektronen W wurde in Bild IV.5.6 dargestellt. Für die Mehrzahl der entgasten Metalle wird $\delta_{\max}$ bei senkrechtem Aufprall der Elektronen auf die Oberfläche nicht größer als 2. Bei Vorhandensein adsorbierender Gase kann δ den Wert 3 erreichen. Die sekundäre Elektronenemission wird in den Elektronenvervielfachern verwendet, die zur vielfachen Verstärkung schwacher Elektronenströme dienen.

6. Das Magnetfeld von Gleichströmen

6.1. Das Magnetfeld. Das AMPÈREsche Gesetz

1. Als *Magnetfeld* bezeichnet man eine Erscheinungsform des elektromagnetischen Feldes. Die Besonderheit dieses Feldes ist, daß es die Bewegung von Teilchen und Körpern beeinflußt, die Träger einer elektrischen Ladung sind, und eine Wirkung auf magnetisierte Körper ausübt, die unabhängig von deren Bewegungszustand ist (S. 450).
Ein Magnetfeld wird durch stromführende Leiter, durch die Bewegung von elektrisch geladenen Teilchen oder Körpern, durch magnetisierte Körper oder auch durch ein elektrisches Wechselfeld (Verschiebungsstrom, S. 483) erzeugt.

2. Als Maß für die Stärke eines Magnetfeldes dient der *Vektor der magnetischen Induktion* $\boldsymbol{B}$. Im Internationalen Einheiten-System ist sein Betrag gleich dem Grenzwert des Quotienten aus der Kraft, die das Magnetfeld auf ein von elektrischem Strom durchflossenes Leiterelement ausübt, und dem Produkt aus Stromstärke und Länge des Leiterelements, wenn diese Länge gegen Null geht, wobei das Leiterelement im Magnetfeld so angeordnet ist, daß dieser Grenzwert seinen größten Wert annimmt:

$$B = \frac{1}{I}\left(\frac{dF}{dl}\right)_{\max}.$$

Im GAUSSschen System ist

$$B = \frac{c}{I}\left(\frac{dF}{dl}\right)_{\max},$$

wobei c die *elektrodynamische Konstante* bedeutet, die gleich dem Verhältnis der Ladungseinheiten im elektromagnetischen und im elektrostatischen Einheitensystem ist und die mit der Lichtgeschwindigkeit im Vakuum übereinstimmt ($c \approx 3 \cdot 10^{10}$ cm/s).
Der Vektor $\boldsymbol{B}$ steht senkrecht zur Richtung des Leiterelements, das der oben angeführten Bedingung genügt, und zur Richtung der Kraft, die das Magnetfeld auf dieses Leiterelement ausübt, wobei vom Ende des Vektors $\boldsymbol{B}$ aus eine Drehung der Kraftrichtung auf dem kürzeren Wege in die Richtung des Leiterstroms als Drehung im Gegenuhrzeigersinn erscheint.

3. Die Kraft, mit der das Magnetfeld auf einen stromführenden Leiter wirkt, nennt man AMPÈRE*sche Kraft*. Das Element $d\boldsymbol{F}$ der AMPÈREschen Kraft, das auf ein Leiterelement der Länge dl mit dem elektrischen Strom I wirkt, ist gleich

$$d\boldsymbol{F} = I[d\boldsymbol{l}\,\boldsymbol{B}] \qquad \text{(im SI)},$$

$$d\boldsymbol{F} = \frac{I}{c}[d\boldsymbol{l}\,\boldsymbol{B}] \qquad \text{(im GAUSSschen System)},$$

wobei $d\boldsymbol{l}$ ein Vektor ist, dessen Betrag gleich der Länge des Leiterelements ist und dessen Richtung mit der Richtung der Stromdichte $\boldsymbol{j}$ in diesem Leiterelement übereinstimmt. Die oben angeführte Beziehung heißt AMPÈREsches *Gesetz* (AMPÈREsche *Formel*).
Die gegenseitige Lage der Vektoren $d\boldsymbol{F}$, $\boldsymbol{B}$ und $d\boldsymbol{l}$ ist in Bild IV.6.1 dargestellt. Wenn insbesondere $d\boldsymbol{l} \perp \boldsymbol{B}$ ist, dann läßt sich die Richtung der Kraft $d\boldsymbol{F}$ nach der *Linken-Hand-Regel* bestimmen. Hält man die linke Hand so, daß die Induktionslinien zur inneren Handfläche hin verlaufen und legt man die ausgestreckten vier Finger in die Richtung des elektrischen Stromes, so weist der Daumen in die Richtung der Kraft, mit der das Magnetfeld auf den Leiter wirkt.

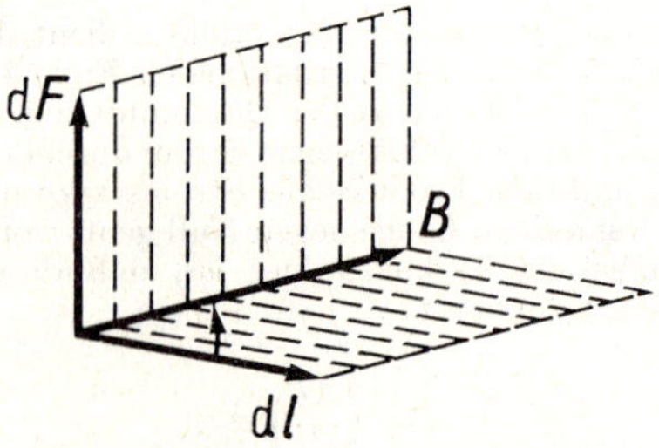

IV.6.1.

4. Zur graphischen Darstellung magnetischer Felder und zur Bestimmung der Richtung der magnetischen Induktion führt man den Begriff der *Induktionslinien des Magnetfeldes* ein. Darunter versteht man Kurven, deren Tangente in jedem Punkt des Feldes in die Richtung des Vektors $\boldsymbol{B}$ weist. Die Induktionslinien des Magnetfeldes sind immer geschlossen und umfassen die stromführenden Leiter, die das Feld hervorrufen. In der Geschlossenheit der Induktionslinien äußert sich die Tatsache, daß es in der Natur keine freien magnetischen Ladungen gibt. Ein Magnetfeld heißt *homogen*, wenn der Vektor $\boldsymbol{B}$ in allen seinen Punkten gleichen Betrag und gleiche Richtung hat. Andernfalls heißt das Magnetfeld *inhomogen*.

5. Die Richtung der Induktionslinien des Magnetfeldes eines Stromes bestimmt man mit Hilfe der MAXWELL*schen Regel* (*Schraubenregel*): Dreht man eine Schraube in Richtung des Stromes, so ergibt die Drehrichtung des Schraubenkopfes die Richtung der Induktionslinien des Magnetfeldes.

6. Im Gegensatz zu den elektrostatischen Kräften, die sich als Zentralkräfte erwiesen haben (S. 326), ist die AMPÈREsche Kraft wie auch andere Kräfte der elektromagnetischen Wechselwirkung keine Zentralkraft. Ihre Richtung ist senkrecht zur Richtung der Induktionslinien des Magnetfeldes.

6.2. Das BIOT-SAVARTsche Gesetz

1. Das BIOT-SAVART*sche Gesetz* bestimmt Betrag und Richtung des Vektors der magnetischen Induktion $d\boldsymbol{B}$ in einem beliebigen Punkt C eines Magnetfeldes, das im Vakuum von einem Leiterelement dl mit dem Strom I erzeugt wird (Bild IV.6.2):

$$d\boldsymbol{B} = \frac{\mu_0}{4\pi} \frac{I}{r^3} [d\boldsymbol{l}\, \boldsymbol{r}] \quad \text{(im SI)},$$

$$d\boldsymbol{B} = \frac{1}{c} \frac{I}{r^3} [d\boldsymbol{l}\, \boldsymbol{r}] \quad \text{(im GAUSSschen System)},$$

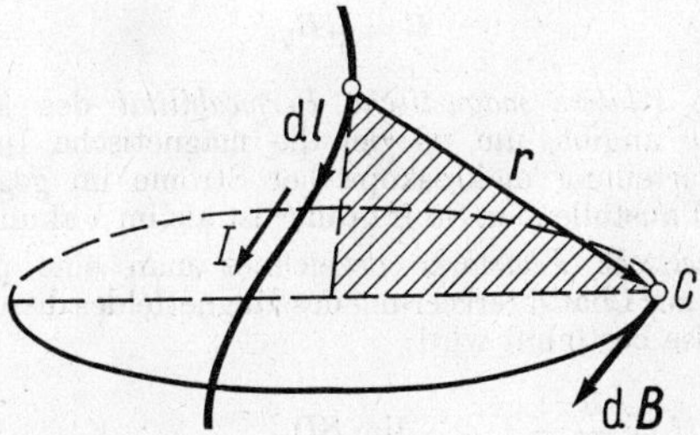

IV.6.2.

wobei $d\boldsymbol{l}$ der Vektor des Leiterelements ist, dessen Betrag dl ist und dessen Richtung mit der Stromrichtung übereinstimmt, $\boldsymbol{r}$ der Radiusvektor von diesem Leiterelement zum betrachteten Feldpunkt, $r = |\boldsymbol{r}|$, $c = 3 \cdot 10^{10}$ cm/s die elektrodynamische Konstante und $\mu_0 = 4\pi \cdot 10^{-7}$ Vs/Am die *Permeabilität des Vakuums*. Der Vektor $d\boldsymbol{B}$ steht senkrecht auf der Ebene, die von den Vektoren $d\boldsymbol{l}$ und $\boldsymbol{r}$ aufgespannt wird. Er ist so gerichtet, daß man von seiner Spitze aus die Drehung des Vektors $d\boldsymbol{l}$ in die Richtung von $\boldsymbol{r}$ auf dem kürzeren Wege als Drehung im Gegenuhrzeigersinn sieht (Bild IV.6.2). Diese Richtung von $d\boldsymbol{B}$ folgt auch aus der Schraubenregel.
Der Betrag des Vektors $d\boldsymbol{B}$ ist

$$dB = \frac{\mu_0}{4\pi} \frac{I}{r}\, d\varphi \quad \text{(im SI)},$$

$$dB = \frac{1}{c} \frac{I}{r}\, d\varphi \quad \text{(im GAUSSschen System)},$$

wobei $d\varphi$ der Winkel ist, unter dem im betrachteten Feldpunkt das Leiterelement dl gesehen wird.

2. Wenn sich der stromführende Leiter oder ein bewegter geladener Körper (Konvektionsstrom) nicht im Vakuum befindet, sondern in einem beliebigen Stoff (Magnetikum), so wird dieser Stoff magnetisiert

und die resultierende magnetische Induktion des Feldes ist gleich (S. 455)

$$\boldsymbol{B} = \boldsymbol{B}_0 + \boldsymbol{B}_{\text{inn}},$$

wobei $\boldsymbol{B}_0$ die äußere (magnetisierende) magnetische Induktion des Feldes ist, die von den Leiterströmen und den Konvektionsströmen (*makroskopische Ströme*) erzeugt wird, und $\boldsymbol{B}_{\text{inn}}$ die magnetische Induktion des Feldes, die von dem magnetisierten Stoff herrührt, d. h. von den *Molekularströmen* im Stoff.

In den Fällen, wo ein homogenes und isotropes Magnetikum den gesamten Raumbereich des Magnetfeldes oder einen Teil davon in einer Weise ausfüllt, daß die Induktionslinien des magnetisierenden Feldes die Oberfläche des magnetisierten Stoffes nicht schneiden, gilt im Inneren

$$\boldsymbol{B} = \mu \boldsymbol{B}_0,$$

wobei μ die *relative magnetische Permeabilität* des Magnetikums bedeutet, die angibt, um wieviel die magnetische Induktion bei gegebener Verteilung makroskopischer Ströme im gegebenen, das gesamte Feld ausfüllenden Stoff größer ist als im Vakuum.

3. Als *magnetische Feldstärke* bezeichnet man eine physikalische Größe $\boldsymbol{H}$, die zur Charakterisierung des Magnetfeldes dient und auf die folgende Weise bestimmt wird:

$$\boldsymbol{H} = \frac{\boldsymbol{B}}{\mu_0} - \boldsymbol{I} \qquad \text{(im SI)},$$

$$\boldsymbol{H} = \boldsymbol{B} - 4\pi \boldsymbol{I} \qquad \text{(im Gaussschen System)},$$

wobei $\boldsymbol{I}$ der Vektor der Magnetisierungsintensität des Mediums (S. 450) im betrachteten Feldpunkt ist. Für ein Magnetfeld im Vakuum gilt insbesondere

$$\boldsymbol{H} = \frac{\boldsymbol{B}}{\mu_0} \text{ (im SI)} \quad \text{und} \quad \boldsymbol{H} = \boldsymbol{B} \text{ (im Gaussschen System)}.$$

Wenn das Medium isotrop ist, so gilt

$$\boldsymbol{H} = \frac{\boldsymbol{B}}{\mu \mu_0} \qquad \text{(im SI)},$$

$$\boldsymbol{H} = \frac{\boldsymbol{B}}{\mu} \qquad \text{(im Gaussschen System)},$$

wobei μ eine skalare Größe ist, so daß die Vektoren $\boldsymbol{B}$ und $\boldsymbol{H}$ kollinear sind.

Wenn die unter Punkt 2 angeführte Bedingung erfüllt ist, was insbesondere also für ein Magnetfeld in einem homogenen und isotropen Magnetikum gilt, das den gesamten Feldbereich ausfüllt, so hängt die Feldstärke $\boldsymbol{H}$ nicht von μ ab und stimmt im betrachteten Punkt mit der Feldstärke überein, die von demselben System makroskopischer

Ströme im Vakuum erzeugt wird:

$$\boldsymbol{H} = \int_l d\boldsymbol{H},$$

wobei $d\boldsymbol{H}$ durch das BIOT-SAVART*sche Gesetz für die Feldstärke eines Magnetfeldes* gegeben ist:

$$d\boldsymbol{H} = \frac{1}{4\pi} \frac{I}{r^3} [d\boldsymbol{l}\, \boldsymbol{r}] \quad \text{(im SI)},$$

$$d\boldsymbol{H} = \frac{1}{c} \frac{I}{r^3} [d\boldsymbol{l}\, \boldsymbol{r}] \quad \text{(im GAUSSschen System)}.$$

Die Bedeutung der Bezeichnungen ist dieselbe wie unter Punkt 1.

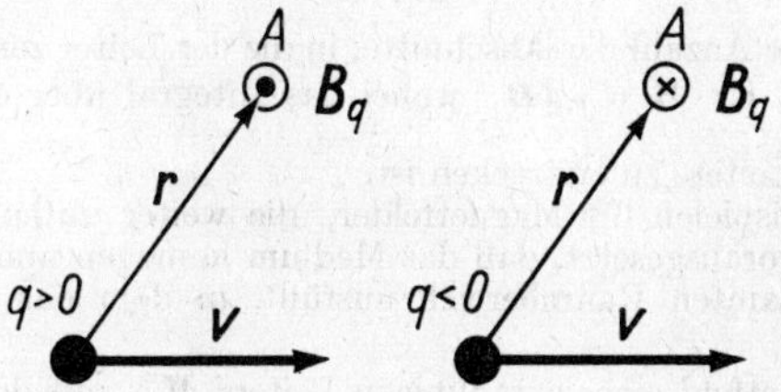

IV.6.3.

4. Die magnetische Induktion $\boldsymbol{B}_q$ und die Feldstärke $\boldsymbol{H}_q$ des Magnetfeldes einer Ladung q, die sich in einem unbeschränkten, homogenen und isotropen Medium mit der Geschwindigkeit $\boldsymbol{v}$ bewegt, ist gleich

$$\left.\begin{aligned} \boldsymbol{B}_q &= \frac{\mu\mu_0}{4\pi} \frac{q}{r^3} [\boldsymbol{v}\, \boldsymbol{r}], \\ \boldsymbol{H}_q &= \frac{1}{4\pi} \frac{q}{r^3} [\boldsymbol{v}\, \boldsymbol{r}] \end{aligned}\right\} \quad \text{(im SI)},$$

$$\left.\begin{aligned} \boldsymbol{B}_q &= \frac{\mu}{c} \frac{q}{r^3} [\boldsymbol{v}\, \boldsymbol{r}], \\ \boldsymbol{H}_q &= \frac{1}{c} \frac{q}{r^3} [\boldsymbol{v}\, \boldsymbol{r}] \end{aligned}\right\} \quad \text{(im GAUSSschen System)},$$

wobei $\boldsymbol{r}$ der Radiusvektor von der bewegten Ladung q bis zum betrachteten Raumpunkt ist. Die Vektoren $\boldsymbol{B}_q$ und $\boldsymbol{H}_q$ stehen senkrecht auf der Ebene, die von den Vektoren $\boldsymbol{v}$ und $\boldsymbol{r}$ gebildet wird. Ist $q > 0$, so erscheint von den Spitzen der Vektoren $\boldsymbol{B}_q$ und $\boldsymbol{H}_q$ aus die Drehung von $\boldsymbol{v}$ nach $\boldsymbol{r}$ längs des kürzeren Weges als Drehung im Gegenuhrzeigersinn. Ist $q < 0$, so sind $\boldsymbol{B}_q$ und $\boldsymbol{H}_q$ entgegengesetzt gerichtet (Bild IV.6.3). Das Magnetfeld ist veränderlich, auch wenn

$\boldsymbol{v} = \text{const}$ ist, da sich $\boldsymbol{r}$ sowohl im Betrag als auch in der Richtung ändert. Zum Unterschied vom elektrostatischen Feld einer ruhenden Ladung (S. 326), das räumliche Symmetrie besitzt, erweist sich das Magnetfeld als spiegelsymmetrisch bezüglich der Richtung von $\boldsymbol{v}$.

6.3. Einfache Magnetfelder von Strömen

1. Infolge des Superpositionsprinzipes (S. 328), das auch für Magnetfelder gilt, ist die magnetische Induktion $\boldsymbol{B}$ in einem beliebigen Punkt des Magnetfeldes eines Leiters mit dem Strom I gleich der Vektorsumme der Induktionen $\Delta \boldsymbol{B}_i$ der elementaren Felder, die durch die einzelnen Leiterabschnitte erzeugt werden:

$$\boldsymbol{B} = \sum_{i=1}^{n} \Delta \boldsymbol{B}_i;$$

dabei ist n die Anzahl der Abschnitte, in die der Leiter zerlegt wurde. Für $n \to \infty$ ist $\boldsymbol{B} = \int_l d\boldsymbol{B}$, wobei das Integral über die gesamte Länge l des Leiters zu erstrecken ist.

Bei allen Beispielen für Magnetfelder, die weiter unten betrachtet werden, ist vorausgesetzt, daß das Medium homogen und isotrop ist und den gesamten Raumbereich ausfüllt, in dem das Magnetfeld existiert.

2. Das Magnetfeld eines geradlinigen Leiters MN mit dem Strom I (Bild IV.6.4) ist in einem beliebigen Punkt gegeben durch

$$\left.\begin{aligned} B &= \frac{\mu\mu_0}{4\pi} \frac{I}{r_0} (\cos\varphi_1 - \cos\varphi_2), \\ H &= \frac{1}{4\pi} \frac{I}{r_0} (\cos\varphi_1 - \cos\varphi_2) \end{aligned}\right\} \text{(im SI)},$$

$$\left.\begin{aligned} B &= \frac{1}{c} \mu \frac{I}{r_0} (\cos\varphi_1 - \cos\varphi_2), \\ H &= \frac{1}{c} \frac{I}{r_0} (\cos\varphi_1 - \cos\varphi_2) \end{aligned}\right\} \text{(im Gaussschen System)};$$

dabei ist r_0 der Abstand des Punktes A vom Leiter, φ_1 und φ_2 sind die Winkel der Radiusvektoren vom Punkt A zu den Enden des Leiters. μ ist die relative Permeabilität, μ_0 die Permeabilität des Vakuums. Im besonderen ergibt sich daraus das Magnetfeld eines unendlich langen geradlinigen Leiters mit dem Strom I:

$$B = \frac{\mu\mu_0}{4\pi} \frac{2I}{r_0}, \quad H = \frac{1}{4\pi} \frac{2I}{r_0} \quad \text{(im SI)},$$

$$B = \frac{1}{c} \mu \frac{2I}{r_0}, \quad H = \frac{1}{c} \frac{2I}{r_0} \quad \text{(im Gaussschen System)}.$$

(Die Bezeichnungsweise stimmt mit der obigen überein.)

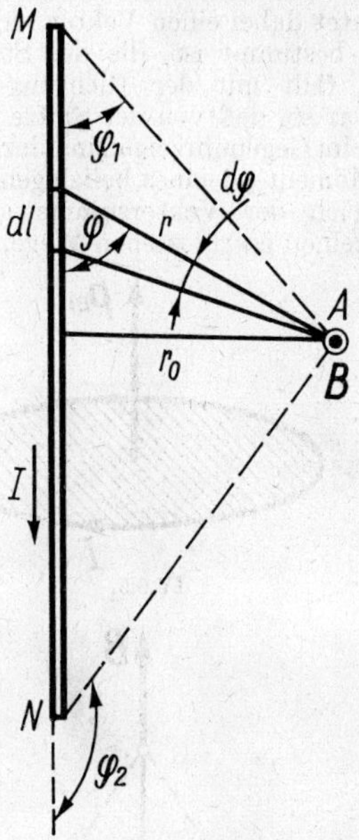

IV.6.4.

3. Das Magnetfeld im Zentrum einer rechtwinkligen Schleife mit dem Strom I ist gegeben durch

$$\left.\begin{aligned} B &= \frac{\mu\mu_0}{4\pi} \frac{8I\sqrt{a^2+b^2}}{ab}, \\ H &= \frac{1}{4\pi} \frac{8I\sqrt{a^2+b^2}}{ab} \end{aligned}\right\} \text{(im SI)},$$

$$\left.\begin{aligned} B &= \frac{1}{c}\mu \frac{8I\sqrt{a^2+b^2}}{ab}, \\ H &= \frac{1}{c} \frac{8I\sqrt{a^2+b^2}}{ab} \end{aligned}\right\} \text{(im Gaussschen System)};$$

a und b sind die Längen der Seiten des Rechtecks.

4. Das *magnetische Moment* $\boldsymbol{p}_m$ eines geschlossenen ebenen Stromes I wird durch

$$\boldsymbol{p}_m = I\boldsymbol{S} \qquad \text{(im SI)},$$

$$\boldsymbol{p}_m = \frac{1}{c} I\boldsymbol{S} \qquad \text{(im Gaussschen System)}$$

bestimmt; $\boldsymbol{S}$ bedeutet dabei einen Vektor, dessen Betrag durch den Inhalt der Fläche bestimmt ist, die der Stromweg berandet. Die Richtung von $\boldsymbol{p}_m$ fällt mit der Richtung der Flächennormalen zusammen, und zwar so, daß von der Spitze von $\boldsymbol{p}_m$ aus betrachtet der Strom den Weg im Gegenuhrzeigersinn durchläuft (Bild IV.6.5).

Das magnetische Moment $\boldsymbol{p}_m$ eines beliebigen Systems geschlossener Stromwege ist gleich der Vektorsumme aus den magnetischen Momenten der einzelnen geschlossenen Wege, aus denen das System

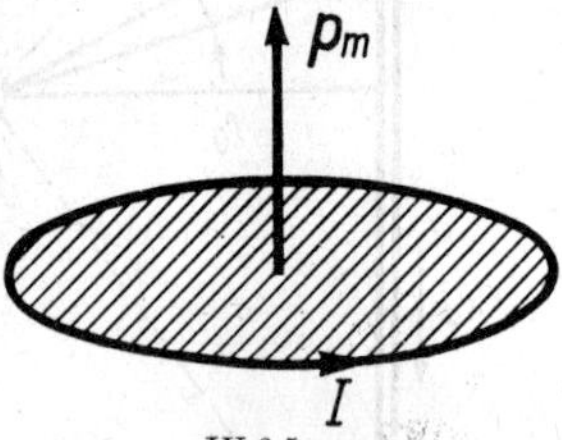

IV.6.5.

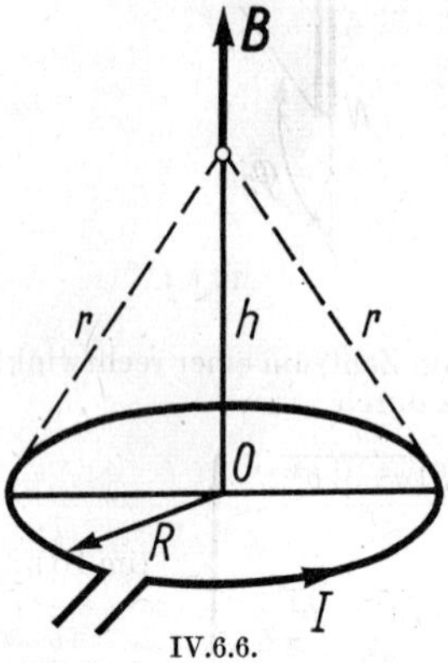

IV.6.6.

besteht. Im besonderen ist das magnetische Moment eines Solenoides gleich der Vektorsumme der magnetischen Momente aller seiner Windungen (S. 415): $\boldsymbol{p}_m = NI\boldsymbol{S}$, wobei N die Windungszahl des Solenoides ist, $\boldsymbol{S}$ die Querschnittsfläche und I der Strom in den Windungen. Der Vektor $\boldsymbol{p}_m$ hat die Richtung der Achse des Solenoides. Seine Richtung fällt mit der des Magnetfeldes zusammen.

5. Das Magnetfeld einer kreisförmigen Schleife mit dem Strom I ist in einem beliebigen Achsenpunkt (Bild IV.6.6) gegeben durch

$$\boldsymbol{B} = \frac{\mu\mu_0}{4\pi}\frac{2\boldsymbol{p}_m}{(R^2+h^2)^{3/2}}, \qquad \boldsymbol{H} = \frac{1}{4\pi}\frac{2\boldsymbol{p}_m}{(R^2+h^2)^{3/2}} \qquad \text{(im SI)},$$

$$\boldsymbol{B} = \mu\frac{2\boldsymbol{p}_m}{(R^2+h^2)^{3/2}}, \quad \boldsymbol{H} = \frac{2\boldsymbol{p}_m}{(R^2+h^2)^{3/2}} \quad \text{(im Gaussschen System)}.$$

Für die Beträge von $\boldsymbol{B}$ und $\boldsymbol{H}$ gilt

$$\left.\begin{aligned} B &= \frac{\mu\mu_0}{2}\frac{IR^2}{(R^2+h^2)^{3/2}} = \frac{\mu\mu_0 IS}{2\pi(R^2+h^2)^{3/2}}, \\ H &= \frac{1}{2}\frac{IR^2}{(R^2+h^2)^{3/2}} = \frac{IS}{2\pi(R^2+h^2)^{3/2}} \end{aligned}\right\} \text{(im SI)},$$

$$\left.\begin{aligned} B &= \frac{1}{c}\mu\frac{2\pi IR^2}{(R^2+h^2)^{3/2}} = \frac{1}{c}\mu\frac{2IS}{(R^2+h^2)^{3/2}}, \\ H &= \frac{1}{c}\frac{2\pi IR^2}{(R^2+h^2)^{3/2}} = \frac{1}{c}\frac{2IS}{(R^2+h^2)^{3/2}} \end{aligned}\right\} \text{(im Gaussschen System)};$$

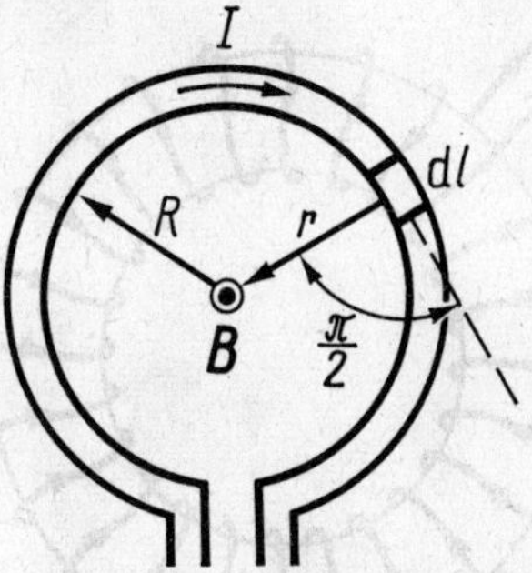

IV.6.7.

dabei bedeutet h den Abstand vom Zentrum der Schleife, R deren Radius, S deren Flächeninhalt. Für einen Achsenpunkt, der weit vom Zentrum der kreisförmigen Schleife entfernt ist ($R \ll h$), darf man R^2 im Nenner der Ausdrücke vernachlässigen.

6. Das Magnetfeld im Zentrum einer kreisförmigen Schleife mit dem Radius R, die von einem Strom I durchflossen wird (Bild IV.6.7), ist gegeben durch

$$\boldsymbol{B} = \frac{\mu\mu_0}{4\pi}\frac{2\boldsymbol{p}_m}{R^3}, \qquad \boldsymbol{H} = \frac{1}{4\pi}\frac{2\boldsymbol{p}_m}{R^3} \qquad \text{(im SI)},$$

$$\boldsymbol{B} = \mu\frac{2\boldsymbol{p}_m}{R^3}, \qquad \boldsymbol{H} = \frac{2\boldsymbol{p}_m}{R^3} \qquad \text{(im Gaussschen System)}.$$

Für die Beträge von $\boldsymbol{B}$ und $\boldsymbol{H}$ erhält man

$$B = \mu\mu_0\frac{I}{2R}, \qquad H = \frac{I}{2R} \qquad \text{(im SI)},$$

$$B = \frac{1}{c}2\pi\mu\frac{I}{R}, \qquad H = \frac{1}{c}\frac{2\pi I}{R} \qquad \text{(im Gaussschen System)}.$$

Das Magnetfeld der kreisförmigen Schleife liegt in Richtung der Achse senkrecht zur Schleifenebene.

7. Unter einem *Toroid* versteht man eine ringförmige Spule, die auf einem Kern mit der Form eines Torus aufgespult ist (Bild IV.6.8). Das Magnetfeld eines Toroides ist vollständig in seinem Inneren lokalisiert. Man erhält dafür

$$B = \mu\mu_0 \frac{NI}{2\pi r}, \qquad H = \frac{NI}{2\pi r} \qquad \text{(im SI)},$$

$$B = \frac{1}{c}\mu\frac{2NI}{r}, \qquad H = \frac{1}{c}\frac{2NI}{r} \qquad \text{(im GAUSSschen System)}.$$

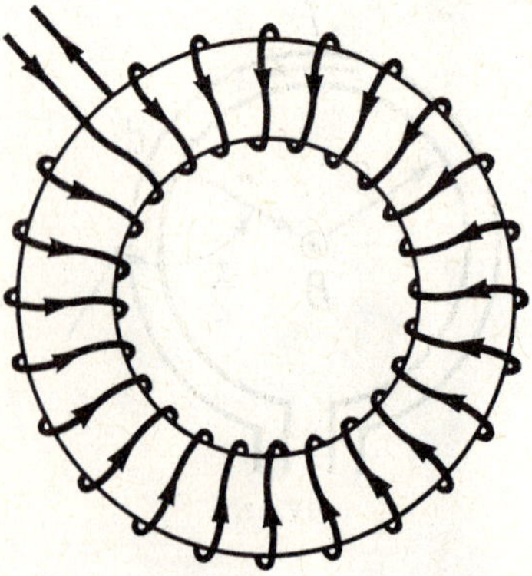

IV.6.8.

Die Feldstärke im Inneren des Toroides ändert sich von $H_{max} = NI/2\pi R_2$ bis $H_{min} = NI/2\pi R_1 = NI/2\pi(R_2 + d)$, wobei R_1 und R_2 der äußere bzw. der innere Torusradius, N die Anzahl der Schleifen und d deren Durchmesser ist. Die Feldstärke in den Achsenpunkten des Toroides ist

$$H_m = \frac{NI}{2\pi R_m} = nI \qquad \text{(im SI)},$$

wobei $R_m = (R_1 + R_2)/2$ und n die Anzahl der Windungen pro Längeneinheit ist, gemessen längs der Mittellinie des Toroides. Gilt $R_m \to \infty$ bei konstantem d und n, so erhält man ein unendlich langes Solenoid mit einem homogenen Feld.

8. *Solenoid* heißt eine zylindrische Spule aus einer größeren Anzahl von Drahtwindungen, die eine Schraubenlinie bilden. Liegen die Windungen nahe genug beisammen, so bildet das Solenoid ein System von untereinander verkoppelten Kreisströmen mit identischem

Radius und einer gemeinsamen Achse. In Bild IV.6.9 deuten die Punkte und Kreuzchen die Schnitte durch die Windungen an, in denen die Stromrichtung aus der Zeichenebene heraus bzw. in diese Ebene hineinführt. Die magnetische Induktion $\boldsymbol{B}$ und die Feldstärke $\boldsymbol{H}$ liegen der Schraubenregel (S. 408) entsprechend in Richtung der Achse des Solenoides.

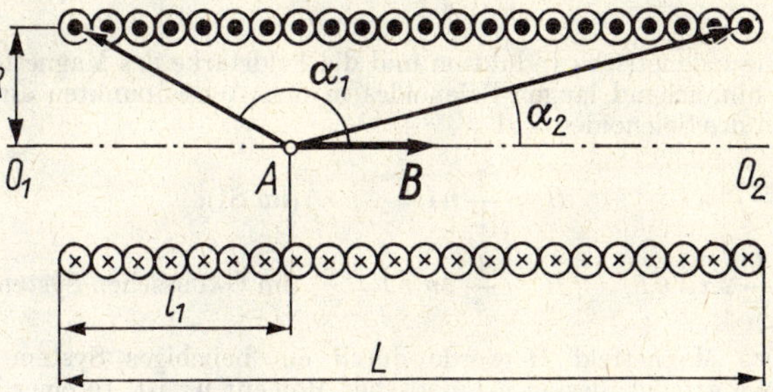

IV.6.9.

Das Magnetfeld in einem beliebigen Punkt A auf der Achse des Solenoides lautet

$$\left.\begin{aligned} B &= \frac{\mu\mu_0}{2} nI\,(\cos\alpha_2 - \cos\alpha_1), \\ H &= \frac{nI}{2}(\cos\alpha_2 - \cos\alpha_1) \end{aligned}\right\} \text{(im SI)},$$

$$\left.\begin{aligned} B &= \frac{1}{c}\,2\pi\mu\, nI\,(\cos\alpha_2 - \cos\alpha_1), \\ H &= \frac{1}{c}\,2\pi\, nI\,(\cos\alpha_2 - \cos\alpha_1) \end{aligned}\right\} \text{(im Gaussschen System)};$$

dabei bedeutet $n = N/L$ die Anzahl der Windungen des Solenoides pro Längeneinheit, α_1 und α_2 sind die Winkel, unter denen der Punkt A von den Enden des Solenoides aus zu sehen ist ($\alpha_1 > \alpha_2$) (Bild IV.6.9):

$$\cos\alpha_1 = -\frac{l_1}{\sqrt{R^2 + l_1^2}}, \qquad \cos\alpha_2 = \frac{L - l_1}{\sqrt{R^2 + (L - l_1)^2}}.$$

Die Maximalwerte der magnetischen Induktion $B_{\max}$ und der Feldstärke $H_{\max}$ erhält man in der Mitte des Solenoides. Diese Werte sind

$$\left.\begin{aligned} B_{\max} &= \mu\mu_0\, nI\,\frac{L}{\sqrt{4R^2 + L^2}}, \\ H_{\max} &= nI\,\frac{L}{\sqrt{4R^2 + L^2}} \end{aligned}\right\} \text{(im SI)}.$$

9. Unter der Bedingung $L \gg R$ erhält man für das Magnetfeld der Achsenpunkte eines hinreichend langen Solenoides, die nicht zu nahe an den Enden des Solenoides liegen,

$$B = \mu\mu_0 nI, \qquad H = nI \qquad \text{(im SI)},$$

$$B = \frac{1}{c} 4\pi\mu\, nI, \qquad H = \frac{1}{c} 4\pi\, nI \qquad \text{(im Gaussschen System)}.$$

10. Die magnetische Induktion und die Feldstärke des Magnetfeldes eines hinreichend langen Solenoides in den Achsenpunkten an den Enden des Solenoides sind

$$B = \frac{\mu\mu_0}{2} nI, \qquad H = \frac{1}{2} nI \qquad \text{(im SI)},$$

$$B = \frac{1}{c} 2\pi\mu\, nI, \qquad H = \frac{1}{c} 2\pi\, nI \qquad \text{(im Gaussschen System)}.$$

11. Das Magnetfeld $\boldsymbol{H}$ werde durch ein beliebiges System von Strömen erzeugt, dessen magnetisches Moment $\boldsymbol{p}_m$ ist. In einer Entfernung r, die groß ist verglichen mit den linearen Abmessungen des Systems, ist seine Feldstärke $\boldsymbol{H}$ gleich der eines äquivalenten „magnetischen Dipols" mit dem Moment $\boldsymbol{p}_m$:

$$\boldsymbol{H} = \frac{1}{4\pi}\left[\frac{3(\boldsymbol{p}_m\boldsymbol{r})\boldsymbol{r}}{r^5} - \frac{\boldsymbol{p}_m}{r^3}\right] \qquad \text{(im SI)},$$

$$\boldsymbol{H} = \frac{3(\boldsymbol{p}_m\boldsymbol{r})\boldsymbol{r}}{r^5} - \frac{\boldsymbol{p}_m}{r^3} \qquad \text{(im Gaussschen System)}.$$

‚*Magnetischer Dipol*' heißt ein System aus zwei punktförmigen magnetischen „Ladungen" verschiedenen Vorzeichens $+m$ und $-m$, die im Abstand l voneinander angeordnet sind, der klein ist im Vergleich zu dem Abstand r vom betrachteten Feldpunkt. Das magnetische Moment $\boldsymbol{p}_m$ des Dipols ist $\boldsymbol{p}_m = m\boldsymbol{l}$, wobei der Vektor $\boldsymbol{l}$ in die Richtung vom Südpol zum Nordpol weist (von $-m$ nach $+m$, s. S. 326).

6.4. Die Wirkung des Magnetfeldes auf stromführende Leiter. Wechselwirkung zwischen Leitern

1. Das Ampère*sche Gesetz* für die magnetische Wechselwirkung zwischen zwei kleinen Leiterelementen der Länge dl_1 und dl_2 mit den Strömen I_1 und I_2 lautet im Vakuum

$$\left.\begin{aligned} (d\boldsymbol{F}_{12})_{\text{Vak}} &= \frac{\mu_0}{4\pi}\frac{I_1 I_2}{r_{12}^3}[d\boldsymbol{l}_2[d\boldsymbol{l}_1\boldsymbol{r}_{12}]], \\ (d\boldsymbol{F}_{21})_{\text{Vak}} &= \frac{\mu_0}{4\pi}\frac{I_1 I_2}{r_{21}^3}[d\boldsymbol{l}_1[d\boldsymbol{l}_2\boldsymbol{r}_{21}]] \end{aligned}\right\} \qquad \text{(im SI)},$$

$$\left.\begin{aligned}(d\boldsymbol{F}_{12})_{\text{Vak}} &= \frac{1}{c^2}\frac{I_1 I_2}{r_{12}^3}[d\boldsymbol{l}_2[d\boldsymbol{l}_1\boldsymbol{r}_{12}]],\\ (d\boldsymbol{F}_{21})_{\text{Vak}} &= \frac{1}{c^2}\frac{I_1 I_2}{r_{21}^3}[d\boldsymbol{l}_1[d\boldsymbol{l}_2\boldsymbol{r}_{21}]]\end{aligned}\right\}\quad \text{(im GAUSSschen System)},$$

wobei $(d\boldsymbol{F}_{12})_{\text{Vak}}$ die Kraft bedeutet, mit der ein Element des ersten Leiters mit der Länge dl_1 auf ein Element des zweiten Leiters mit der Länge dl_2 einwirkt, und $(d\boldsymbol{F}_{21})_{\text{Vak}}$ die Kraft, mit der das Element dl_2 auf das Element dl_1 wirkt. Die Vektoren $d\boldsymbol{l}_1$ und $d\boldsymbol{l}_2$ liegen in Richtung des Stromes in den entsprechenden Leiterelementen. $\boldsymbol{r}_{12}$ ist ein Vektor, der vom Element dl_1 zum Element dl_2 weist, und $\boldsymbol{r}_{21} = -\boldsymbol{r}_{12}$. Wenn sich die Leiter, wie in allen weiter unten angeführten Beispielen angenommen wurde, in einem homogenen, isotropen und unbegrenzten Medium mit der relativen Permeabilität μ befinden, gilt

$$d\boldsymbol{F}_{12} = \mu(d\boldsymbol{F}_{12})_{\text{Vak}} \quad \text{und} \quad d\boldsymbol{F}_{21} = \mu(d\boldsymbol{F}_{21})_{\text{Vak}}.$$

2. Die Kraft, die ein langer geradliniger Leiter mit dem Strom I_1 auf ein Element der Länge dl eines geradlinigen Leiters mit dem Strom I_2 ausübt, der parallel zum ersten im Abstand d angeordnet ist, ist gegeben durch

$$dF = \frac{\mu_0 \mu}{4\pi}\frac{2 I_1 I_2}{d}\,dl \quad \text{(im SI)},$$

$$dF = \frac{1}{c^2}\mu\frac{2 I_1 I_2}{d}\,dl \quad \text{(im GAUSSschen System)}.$$

Die Kraft F, die auf einen Leiterteil der Länge l wirkt, ist gleich

$$F = \frac{\mu_0 \mu}{4\pi}\frac{2 I_1 I_2}{d}\,l \quad \text{(im SI)},$$

$$F = \frac{1}{c^2}\mu\frac{2 I_1 I_2}{d}\,l \quad \text{(im GAUSSschen System)}.$$

Haben die Ströme I_1 und I_2 gleiche Richtung, so ziehen sich die Leiter an. Andernfalls stoßen sie sich ab.

3. Die wechselseitige Kraft zwischen zwei quadratischen Stromwegen mit den Strömen I_1 und I_2 (die Seiten beider Quadrate sind parallel und ihre Mittelpunkte liegen auf einer Geraden senkrecht zu ihrer Ebene) erhält man aus

$$F = \frac{\mu\mu_0}{4\pi}8 I_1 I_2\left\{\frac{a^2+2d^2}{d\sqrt{a^2+d^2}} - \frac{d\sqrt{2a^2+d^2}}{a^2+d^2} - 1\right\} \quad \text{(im SI)},$$

$$F = \frac{1}{c^2}8\mu I_1 I_2\left\{\frac{a^2+2d^2}{d\sqrt{a^2+d^2}} - \frac{d\sqrt{2a^2+d^2}}{a^2+d^2} - 1\right\} \quad \text{(im GAUSSschen System)};$$

a ist die Länge des Quadrats, d der Abstand zwischen den Mittelpunkten. Die Leiter ziehen sich bei Strömen gleicher Richtung an. Bei Strömen entgegengesetzter Richtung stoßen sie sich ab.

4. Die wechselseitige Kraft zwischen zwei hinreichend langen achsengleichen Solenoiden (mit den Radien R_1 und R_2), deren zueinander gerichtete Enden den Abstand $d \gg R_1$ und R_2 haben, erhält man durch den folgenden Ausdruck ($S_1 = \pi R_1^2$, $S_2 = \pi R_2^2$):

$$F = \frac{\mu\mu_0}{4\pi} \frac{I_2 n_2 S_2 I_1 n_1 S_1}{d^2} \qquad \text{(im SI)},$$

$$F = \frac{1}{c^2} \mu \frac{I_2 n_2 S_2 I_1 n_1 S_1}{d^2} \qquad \text{(im Gaussschen System)}.$$

Die Richtung von $\boldsymbol{F}$ hängt davon ab, ob die beiden Solenoide von den Strömen I_1 und I_2 gleichsinnig durchflossen werden oder nicht. Im ersten Fall herrscht Anziehung, im zweiten Fall Abstoßung.

5. Auf einen ebenen, geschlossenen und stromführenden Leiterumriß (z. B. einen rechteckigen Rahmen), der sich in einem homogenen Magnetfeld befindet, wirkt das Kraftmoment $\boldsymbol{M}$:

$$\boldsymbol{M} = [\boldsymbol{p}_m \boldsymbol{B}],$$

wobei $\boldsymbol{p}_m$ der Vektor des magnetischen Momentes des Stromweges ist und $\boldsymbol{B}$ die magnetische Induktion des Feldes. Das Drehmoment ist senkrecht zu den Vektoren $\boldsymbol{p}_m$ und $\boldsymbol{B}$ gerichtet, und zwar so, daß man von seiner Spitze aus die Drehung von $\boldsymbol{p}_m$ nach $\boldsymbol{B}$ als Drehung im Gegenuhrzeigersinn sieht. Unter dem Einfluß des Momentes $\boldsymbol{M}$ nimmt der Leiter eine stabile Gleichgewichtslage ein, bei der die Vektoren $\boldsymbol{p}_m$ und $\boldsymbol{B}$ parallel zueinander sind.

6. In einem inhomogenen Magnetfeld wirkt auf eine geschlossene Kontur außer dem Kraftmoment $\boldsymbol{M}$ noch eine resultierende Kraft $\boldsymbol{F}$:

$$\boldsymbol{F} = \operatorname{grad}(\boldsymbol{p}_m \boldsymbol{B}).$$

Unter der Einwirkung der Kraft $\boldsymbol{F}$ wird der Leiter in Richtung höherer magnetischer Induktion bewegt (in den Bereich der größeren Intensität des Feldes).

6.5. Der Satz vom Gesamtstrom. Magnetische Stromkreise

1. Unter der *Zirkulation des Feldstärkevektors des Magnetfeldes**) längs eines geschlossenen Weges L versteht man das Integral

$$\oint_L (\boldsymbol{H}\, d\boldsymbol{l}) = \oint_L H\, dl \cos(\boldsymbol{H}, d\boldsymbol{l}),$$

wobei L ein beliebig geformter Weg ist. $d\boldsymbol{l}$ ist das Wegelement in der Umlaufsrichtung. Die Integration ist über den gesamten geschlossenen Weg zu erstrecken.

---

*) In der deutschen Literatur auch als *Ringspannung* bezeichnet. (Anm. d. Üb.)

2. Der *Satz vom Gesamtstrom für Leiterströme*: Die Zirkulation der Feldstärke eines von einem konstanten Strom erzeugten Magnetfeldes längs eines geschlossenen Weges ist gleich der algebraischen Summe der Ströme, die von diesem Weg umfaßt werden:

$$\oint_L (\boldsymbol{H}\, d\boldsymbol{l}) = \oint_L H\, dl \cos(\boldsymbol{H}, d\boldsymbol{l}) = \sum_{k=1}^{n} I_k \qquad \text{(im SI)},$$

$$\oint_L (\boldsymbol{H}\, d\boldsymbol{l}) = \oint_L H\, dl \cos(\boldsymbol{H}, d\boldsymbol{l}) = \frac{4\pi}{c} \sum_{k=1}^{n} I_k \qquad \text{(im Gaussschen System)};$$

dabei ist n die Gesamtzahl der stromführenden Leiter, die von dem beliebig geformten Weg umfaßt werden. Den Strom zählt man positiv, wenn man von der Spitze des Vektors der Stromdichte aus (S. 360), dessen Richtung mit der Stromrichtung in der Leiterachse zusammenfällt, den Umlauf des Weges L im Gegenuhrzeigersinn sieht (Schraubenregel, S. 408). Andernfalls zählt man den Strom negativ. Ströme, die vom Weg L nicht umfaßt werden, liefern keinen Beitrag zur Ringspannung von $\boldsymbol{H}$.

Für ein Magnetfeld im Vakuum hat der *Satz vom Gesamtstrom* die Form

$$\oint_L (\boldsymbol{B}\, d\boldsymbol{l}) = \mu_0 \sum_{k=1}^{n} I_k \qquad \text{(im SI)},$$

$$\oint_L (\boldsymbol{B}\, d\boldsymbol{l}) = \frac{4\pi}{c} \sum_{k=1}^{n} I_k \qquad \text{(im Gaussschen System)},$$

wobei $\oint (\boldsymbol{B}\, d\boldsymbol{l})$ die magnetische Ringspannung längs der geschlossenen Kontur L ist.

Der allgemeine Satz über den Gesamtstrom bei der Existenz von Verschiebungsströmen und Molekularströmen ist auf S. 483 und auf S. 456 zu finden. Den Satz vom Gesamtstrom wendet man bei der Bestimmung von Magnetfeldern konstanter Ströme an.

3. Der Fluß des Vektors der magnetischen Induktion $\boldsymbol{B}$ durch ein Flächenelement vom Inhalt dS ist

$$d\Phi_m = B\, dS \cos(\boldsymbol{B}, \boldsymbol{n}) = B_n\, dS = B\, dS_n,$$

wobei $\boldsymbol{n}$ der Einheitsvektor in Richtung der äußeren Normalen des Flächenelementes dS ist (Bild IV.6.10). Der *magnetische Fluß* durch eine beliebige Fläche S ergibt sich somit als Summe bzw. als Integral über die einzelnen Flächenelemente:

$$\Phi_m = \int_S B\, dS \cos(\boldsymbol{B}, \boldsymbol{n}) = \int_S B_n\, dS = \int_S B\, dS_n.$$

Für ein homogenes Feld und eine ebene Fläche S senkrecht zum Vektor $\boldsymbol{B}$ ergibt sich

$$B_n = B = \text{const}, \qquad \Phi_m = BS.$$

4. Der *Satz von* Gauss *über den Fluß der magnetischen Induktion* lautet: Der magnetische Fluß durch eine beliebige geschlossene Fläche ist gleich Null:

$$\oint_S B_n \, dS = 0 .$$

Der Satz drückt aus, daß es in der Natur keine freien magnetischen Ladungen gibt und daher die Induktionslinien von Magnetfeldern geschlossen sind.

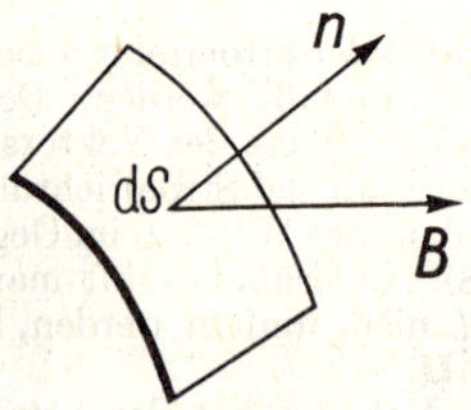

IV.6.10.

In Differentialform lautet der Satz

$$\operatorname{div} \boldsymbol{B} = 0 .$$

Das ist eine der Maxwellschen Gleichungen für das elektromagnetische Feld (S. 486).

5. Die Gesamtheit der Körper oder Raumbereiche, in denen das Magnetfeld konzentriert ist, nennt man *magnetischen Stromkreis*. Magnetische Stromkreise bilden unentbehrliche Bestandteile elektrischer Maschinen und vieler elektrischer Einrichtungen.

6. In magnetischen Stromkreisen spielt der magnetische Fluß Φ die Rolle des Stromes I der elektrischen Stromkreise. In allen Querschnitten unverzweigter magnetischer Stromkreise muß der magnetische Fluß Φ dieselbe Größe haben.

7. Die Hopkinson-*Formel* (Ohm*sches Gesetz für geschlossene magnetische Stromkreise*) lautet

$$\Phi_m = \frac{\mathcal{E}_m}{R_m} ;$$

dabei ist Φ_m der magnetische Fluß, der längs des magnetischen Stromkreises konstant ist, $\mathcal{E}_m$ die magnetomotorische Kraft oder magnetische Spannung (im SI), und R_m der gesamte magnetische Widerstand des Stromkreises. Der magnetische Widerstand eines Abschnittes der Länge l_i mit dem konstanten Querschnitt S ist

$$R_{mi} = \frac{l_i}{\mu \mu_0 S} \qquad \text{(im SI)},$$

wobei μ die relative Permeabilität des Materials und μ_0 die Permeabilität des Vakuums ist. Ist S nicht konstant, so erhält man

$$R_{mi} = \int_0^{l_i} \frac{dl}{\mu\mu_0 S} \quad \text{(im SI)}.$$

8. Der allgemeine Ausdruck für den Gesamtwiderstand R_m einer Anzahl von in Reihe geschalteten magnetischen Widerständen ist

$$R_m = \sum_{i=1}^{n} R_{mi};$$

dabei gibt n die Anzahl der beteiligten Widerstände an.
Bei Parallelschaltung von n magnetischen Widerständen ist der gesamte magnetische Widerstand

$$R_m = \frac{1}{\sum\limits_{i=1}^{n} \frac{1}{R_{mi}}}.$$

9. Die *erste* KIRCHHOFF*sche Regel für magnetische Stromkreise* lautet: In einem Knoten ist die algebraische Summe der eintreffenden magnetischen Flüsse gleich Null:

$$\sum_{i=1}^{n} \Phi_{mi} = 0;$$

dabei ist n die Anzahl der in den Knoten mündenden magnetischen Stromkreise (s. S. 367).
Der magnetische Fluß wird positiv gerechnet, wenn die Induktionslinien des Magnetfeldes zum Knoten hin verlaufen. Wenn die Induktionslinien vom Knoten weg verlaufen, rechnet man den entsprechenden Fluß negativ.

10. Die *zweite* KIRCHHOFF*sche Regel* lautet: Längs eines beliebigen geschlossenen Weges in einem magnetischen Stromkreis ist die algebraische Summe der Produkte aus den magnetischen Flüssen Φ_m und den entsprechenden magnetischen Widerständen R_m der Teilstromkreise gleich der algebraischen Summe der längs dieses Weges erzeugten magnetischen Spannungen:

$$\sum_{i=1}^{k} \Phi_{mi} R_{mi} = \sum_{i=1}^{k} \mathcal{E}_{mi};$$

dabei ist k die Anzahl der durchlaufenen Abschnitte des magnetischen Stromkreises (S. 368); Φ_{mi} und $\mathcal{E}_{mi}$ sind positiv, wenn die Richtungen der Induktionslinien der ihnen entsprechenden Magnetfelder mit der willkürlich gewählten Umlaufsrichtung der Kontur übereinstimmen.

6.6. Die Arbeit bei der Verschiebung eines stromführenden Leiters in einem Magnetfeld

1. Durch den Einfluß der AMPÈREschen Kraft (S. 407) wird ein frei beweglicher stromführender Leiter in einem Magnetfeld verschoben. Die Arbeit dA, die bei einer Verschiebung des Leiterelements dl mit dem Strom I von der AMPÈREschen Kraft geleistet wird, ist

$$dA = I\,d\Phi_m \qquad \text{(im SI)},$$

$$dA = \frac{1}{c} I\,d\Phi_m \qquad \text{(im GAUSSschen System)},$$

wobei $d\Phi_m$ der magnetische Fluß durch die Fläche ist, die das Leiterelement bei seiner Bewegung überstreicht. Die Arbeit, die von der AMPÈREschen Kraft bei der Verschiebung eines endlich langen Leiters mit dem Strom $I = \text{const}$ geleistet wird, ist

$$A = I\Phi_m \qquad \text{(im SI)},$$

$$A = \frac{1}{c} I\Phi_m \qquad \text{(im GAUSSschen System)},$$

wobei Φ_m wieder der magnetische Fluß durch die vom Leiter bei seiner Bewegung überstrichene Fläche ist. Der Strom I wird als konstant vorausgesetzt.

2. Bei einer beliebigen Verschiebung eines geschlossenen Stromweges mit dem Strom $I = \text{const}$ in einem Magnetfeld wird die Arbeit

$$A = I\,\Delta\Phi_m \qquad \text{(im SI)},$$

$$A = \frac{1}{c} I\,\Delta\Phi_m \qquad \text{(im GAUSSschen System)}$$

geleistet, wobei Φ_m die Änderung des magnetischen Flusses durch die vom Stromweg berandete Fläche ist.
Bei der Berechnung des magnetischen Flusses Φ_m durch die Fläche, die von einer geschlossenen stromführenden Kontur berandet wird, wählt man die Richtung der äußeren Normalen so, daß vom Ende des Normalenvektors aus die Stromrichtung in der Kontur im Gegenuhrzeigersinn erscheint.

3. Die Verschiebungsarbeit im Magnetfeld eines Leiters oder einer geschlossenen Kontur mit dem Strom $I = \text{const}$ erfolgt auf Kosten der Energie, die von der Stromquelle geliefert wird.

7. Die Bewegung geladener Teilchen in elektrischen und magnetischen Feldern

7.1. Die LORENTZ-Kraft

1. Auf eine elektrische Ladung, die sich in einem Magnetfeld bewegt, wirkt die LORENTZ-*Kraft*

$$\boldsymbol{F}_\mathrm{L} = q[\boldsymbol{v}\boldsymbol{B}] \qquad \text{(im SI)},$$

$$\boldsymbol{F}_\mathrm{L} = \frac{1}{c}\, q[\boldsymbol{v}\boldsymbol{B}] \qquad \text{(im GAUSSschen System)},$$

wobei q die Größe der bewegten Ladung ist ($q > 0$ bei positiver Ladung und $q < 0$ bei negativer Ladung). $\boldsymbol{v}$ ist die Geschwindigkeit der Ladung, $\boldsymbol{B}$ die magnetische Induktion des Feldes, in dem die Bewegung erfolgt, und $c = 3 \cdot 10^{10}$ m/s die elektrodynamische

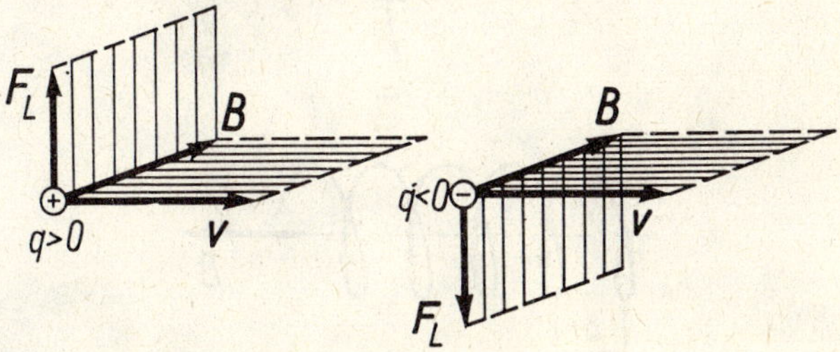

IV.7.1.

Konstante. In Bild IV.7.1 ist die gegenseitige Lage der Vektoren $\boldsymbol{F}_\mathrm{L}$, $\boldsymbol{B}$ und $\boldsymbol{v}$ für die Fälle $q > 0$ und $q < 0$ dargestellt. Die LORENTZ-Kraft leistet keine Arbeit, da sie senkrecht zur Bewegungsrichtung wirkt.

2. Bei gleichzeitiger Anwesenheit eines elektrischen und eines magnetischen Feldes, wirkt auf eine bewegte Ladung die resultierende Kraft (manchmal ebenfalls LORENTZ-Kraft genannt)

$$\boldsymbol{F} = q\boldsymbol{E} + q[\boldsymbol{v}\boldsymbol{B}] \qquad \text{(im SI)},$$

$$\boldsymbol{F} = q\boldsymbol{E} + \frac{q}{c}[\boldsymbol{v}\boldsymbol{B}] \qquad \text{(im GAUSSschen System)};$$

dabei bedeutet $\boldsymbol{E}$ die elektrische Feldstärke.

3. In einem homogenen Magnetfeld, das senkrecht zur Bewegungsrichtung eines geladenen Teilchens verläuft, bewegt sich dieses unter dem Einfluß der LORENTZ-Kraft auf einem Kreis mit dem Radius r in einer Ebene senkrecht zum Vektor $\boldsymbol{B}$. Die LORENTZ-Kraft ist in

diesem Fall eine Zentripetalkraft (S. 33):

$$r = \frac{m}{|q|} \frac{v}{B} \qquad \text{(im SI)},$$

$$r = \frac{cm}{|q|} \frac{v}{B} \qquad \text{(im Gaussschen System)};$$

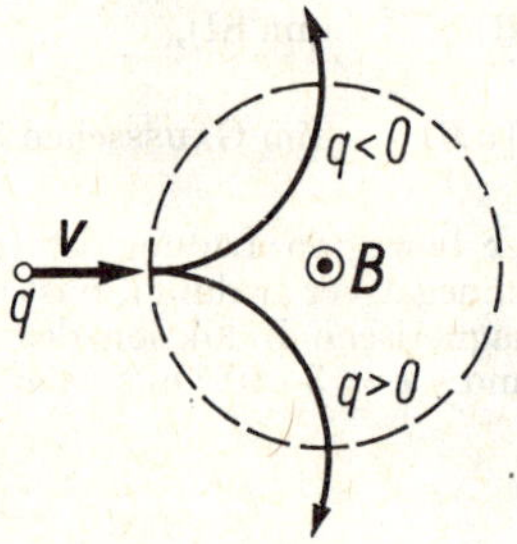

IV.7.2.

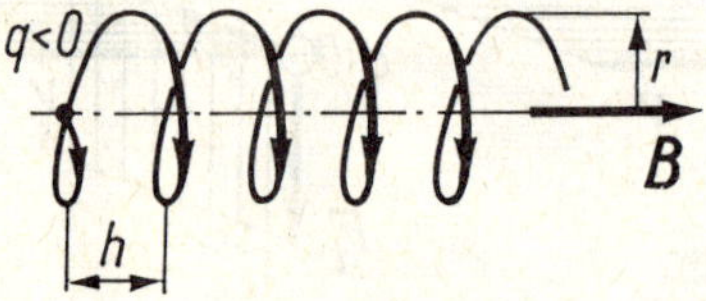

IV.7.3.

dabei ist m die Masse des Teilchens, q der Absolutbetrag seiner Ladung, v die Geschwindigkeit und B die magnetische Induktion. Die Richtung der Ablenkung des geladenen Elementarteilchens im Magnetfeld (Bild IV.7.2) hängt vom Vorzeichen seiner Ladung ab. Die Umlaufperiode T eines geladenen Teilchens in einem homogenen Magnetfeld ist gegeben durch

$$T = \frac{2\pi}{B} \frac{m}{|q|} \qquad \text{(im SI)},$$

$$T = \frac{2\pi}{B} \frac{mc}{|q|} \qquad \text{(im Gaussschen System)}.$$

Bei Teilchengeschwindigkeiten $v \ll c$, wobei c die Lichtgeschwindigkeit im Vakuum bedeutet, hängt die Periode T nicht von v ab.

4. Schließt die Geschwindigkeit $\boldsymbol{v}$ eines geladenen Teilchens mit der Richtung der magnetischen Induktion $\boldsymbol{B}$ den Winkel α ein, dann bildet die Trajektorie des Teilchens eine Schraubenlinie (Bild IV.7.3)

mit dem Windungsradius r und dem Windungsabstand h:

$$r = \frac{m}{|q|} \frac{v \sin \alpha}{B}, \qquad h = \frac{2\pi}{B} \frac{m}{|q|} v \cos \alpha \qquad \text{(im SI)},$$

$$r = \frac{mc}{|q|} \frac{v \sin \alpha}{B}, \qquad h = \frac{2\pi}{B} \frac{mc}{|q|} v \cos \alpha \qquad \text{(im Gaussschen System)}.$$

5. Findet die in Punkt 4 betrachtete Bewegung in einem inhomogenen Magnetfeld statt, bei dem die magnetische Induktion in der Bewegungsrichtung des Teilchens zunimmt, so vermindern sich der Windungsabstand und der Windungsradius in Abhängigkeit von B.

7.2. Die spezifische Ladung von Teilchen. Der Massenspektrograph

1. Das Verhältnis q/m von der Ladung zur Masse eines Teilchens heißt *spezifische Ladung*. Zur Messung der spezifischen Ladung benutzt man die Ablenkung der Teilchen in einem Magnetfeld (S. 425). Die Geschwindigkeit v des Teilchens und den Radius r seiner Kreisbahn im Magnetfeld bestimmt man experimentell (üblicherweise wird die Geschwindigkeit des Teilchens durch ein elektrisches Feld mit gegebenem Potentialunterschied erzielt). q/m bestimmt man dann mit Hilfe der Formel aus Punkt 3, S. 426.
Die spezifische Ladung des Elektrons ist der Tabelle im Anhang 2 (S. 860) zu entnehmen.

2. Die Bestimmung der spezifischen Ladung und der Masse positiver Ionen erfolgt mit Hilfe der gleichzeitigen Ablenkung der Teilchen durch ein magnetisches und ein elektrisches Feld. Eine Vorrichtung zur Bestimmung des Atomgewichtes (und folglich der Masse) von Isotopen chemischer Elemente (S. 768) heißt *Massenspektrograph* oder *Massenspektrometer*.

3. Unter dem *Spektrum der Teilchenmassen* (*Massenspektrum*) versteht man die Gesamtheit der Werte der Massen einer Teilchenart. Im *Massenspektrographen von* Aston (Bild IV.7.4) werden alle Teilchen derselben spezifischen Ladung q/m so unter dem gemeinsamen Einfluß des elektrischen Feldes des Kondensators C und des magnetischen Feldes der Spule M abgelenkt, daß sie unabhängig von ihrer Geschwindigkeit zu demselben Punkt hin fokussiert werden. Auf einer Photoplatte erhält man dadurch eine Reihe schmaler paralleler Linien ($\mathcal{E}_1, \mathcal{E}_2, \ldots$), die den verschiedenen Werten von q/m entsprechen $\left((q/m)_{\mathcal{E}_1} > (q/m)_{\mathcal{E}_2}\right)$.
Eine *doppelte Fokussierung* — bezüglich der Energie und bezüglich der Anfangsrichtung der Ionen — erreicht man, indem man den Plattenkondensator durch einen Zylinderkondensator ersetzt und gleichzeitig einen speziellen Elektromagneten verwendet. Dies liefert eine Bündelung der ins Magnetfeld eintretenden Ionen in parallelen Ebenen und läßt bei hinreichender Intensität der Linien auf der Photoplatte eine Genauigkeit der Massenbestimmung bis zu 10^{-4} % zu.

4. Im Massenspektrometer erzeugt man mit Hilfe einer speziellen Ionenquelle monoenergetische (monochromatische) Ionenstrahlen. Dabei erreicht man mit Hilfe eines quer gerichteten Magnetfeldes eine gute Fokussierung auch bei Ionenstrahlen mit großem Öffnungswinkel und hoher Ionenzahl. Man erhält dadurch eine hohe Genauigkeit bei der Messung der Konzentration verschiedener Isotope.

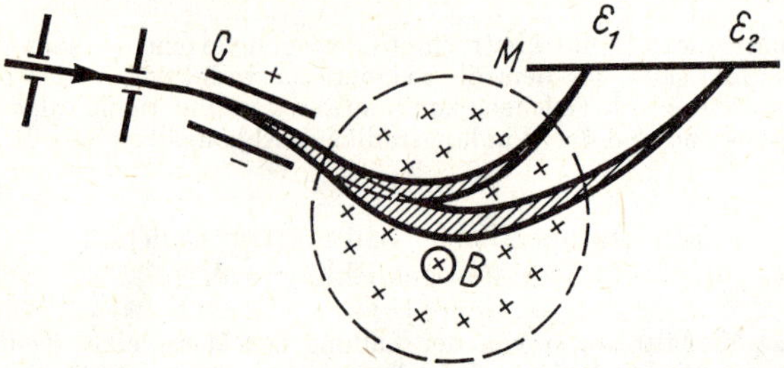

IV.7.4.

7.3. Beschleuniger für geladene Teilchen

1. Eine Vorrichtung zur Herstellung von Teilchen mit besonders hohen kinetischen Energien nennt man *Teilchenbeschleuniger*. Auf Grund der Beschleunigungsmethoden unterscheidet man drei Gruppen: *geradlinige Beschleuniger*, *Beschleuniger durch Induktionswirkung* (*Betatron*) und *Beschleuniger auf der Basis von Resonanzbeziehungen* (*Zyklotron, Synchrotron*). Auf Grund der Gestalt der Trajektorien der beschleunigten Teilchen unterscheidet man *Linearbeschleuniger* und *zyklische Beschleuniger*. In Linearbeschleunigern haben die Trajektorien der Teilchen nahezu die Form von Geraden, in zyklischen Beschleunigern sind es Kreise oder Spiralen.

2. Bei geradlinigen Linearbeschleunigern durchlaufen die Teilchen einmalig ein elektrisches Feld mit hohem Potentialunterschied. Ein derartiges Feld erzeugt man z. B. mit Hilfe eines VAN DER GRAAFF-*Generators* (S. 341).

3. Der einzige Beschleuniger durch Induktionswirkung ist das *Betatron*. Man verwendet es zur Beschleunigung von Elektronen und erzielt dabei Energien bis zu 10^2 MeV. Im Betatron nutzt man aus, daß in der Beschleunigungskammer unter dem Einfluß des veränderlichen Magnetfeldes des Elektromagneten ein elektrisches Wirbelfeld entsteht. Die Trajektorien der Elektronen bilden Kreise, die mit den Feldlinien des elektrischen Feldes zusammenfallen. Bei wiederholtem Umlauf längs der stabilen Kreisbahnen erlangen die Elektronen hohe Energien.

Die Feldstärke E des elektrischen Wirbelfeldes im Betratron lautet

$$E = -\frac{1}{2} r \frac{dB_m}{dt} \qquad \text{(im SI)},$$

wobei B_m der Mittelwert der magnetischen Induktion zum Zeitpunkt t im Bereich des Kreises mit dem Radius r ist. r ist der Abstand von der Achse des Feldes zum betrachteten Punkt (Krümmungsradius der Elektronenbahn im Betatron). Die Bedingung für die Stabilität der Elektronenbahn im Betatron lautet

$$B = \frac{1}{2} B_m;$$

wobei B der Momentanwert der magnetischen Induktion auf der Bahn ist.
Die Bedingungen für die Stabilität der Elektronenbahnen im Betatron erfüllt man durch:

a) *axiale Fokussierung*, d. h. Verteilung der Bahnen in einer Ebene. Man erreicht dies durch speziell geformte Polenden des Elektromagneten, die eine stufenweise Abschwächung des Magnetfeldes mit der Entfernung von der Achse gewährleisten.

b) *radiale Fokussierung*, d. h. Rückführung der Elektronen auf die stabilen Bahnen, wenn sie diese in unkontrollierter Weise verlassen haben. Man erreicht dies dadurch, daß die magnetische Induktion des Feldes des Elektromagneten von der Achse zur Peripherie langsamer abnimmt als $1/r$, wobei r der Abstand des betrachteten Punktes von der Achse ist.

4. Bei den zyklischen Beschleunigern auf der Basis von Resonanzbeziehungen, die zur Beschleunigung von Protonen, Deutronen und anderen Teilchen verwendet werden, erfolgt die Beschleunigung beim wiederholten Durchlaufen eines veränderlichen elektrischen Feldes längs einer geschlossenen Trajektorie, wobei bei jedem Umlauf die Energie erhöht wird. Zur Steuerung der Teilchenbewegung und zur Erzielung eines periodischen Umlaufes im Gebiet des beschleunigenden elektrischen Feldes verwendet man starke Magnetfelder. Der Durchlauf der Teilchen in einem bestimmten Punkt des veränderlichen elektrischen Feldes erfolgt nahezu in Phase („in Resonanz") mit dem angelegten Magnetfeld.

5. Der Prototyp eines zyklischen Beschleunigers ist das *Zyklotron*. Das veränderliche beschleunigende elektrische Feld wird im Spalt zwischen zwei halbzylinderförmigen Gehäusen M und N erzeugt (Bild IV.7.5). Die Teilchen beschreiben unter dem Einfluß des Magnetfeldes im Gehäuse einen Halbkreis und werden jedesmal, wenn sie den Zwischenraum zwischen M und N durchqueren, durch das elektrische Feld beschleunigt. Für die ununterbrochene Beschleunigung der Teilchen ist die Erfüllung einer Resonanzbedingung $T_0 = T$ notwendig (*Synchronisierung*), wobei T_0 die Schwingungsperiode des elektrischen Feldes ist und T die Umlaufperiode der Teilchen. Bei Teilchengeschwindigkeiten v, die mit der Lichtgeschwindigkeit im Vakuum vergleichbar werden, ist auf Grund der relativistischen Abhängigkeit der Masse von der Geschwindigkeit (S. 509) die Periode T größer geworden und damit die Resonanzbedingung nicht mehr erfüllt.

6. Das *Prinzip der gleichen Phase* in zyklischen Beschleunigern enthält auch die Tatsache, daß jede Abweichung der Periode T vom Resonanzwert T_0 zu einer Änderung des Energiezuwachses der Teilchen während der Beschleunigung führt, so daß T um T_0 herumpendelt. Im Mittel ergibt sich

$$T_0 \approx T = \frac{2\pi}{B}\left|\frac{m}{q}\right| = \frac{2\pi}{B}\,\frac{E}{|q|c^2},$$

wobei E die Gesamtenergie der Teilchen ist (S. 510), c die Lichtgeschwindigkeit im Vakuum, $m = m_0 \Big/ \sqrt{1 - \frac{v^2}{c^2}}$ und m_0 die Ruhmasse der Teilchen. Die übrigen Bezeichnungen stimmen mit denen auf S. 426 überein.

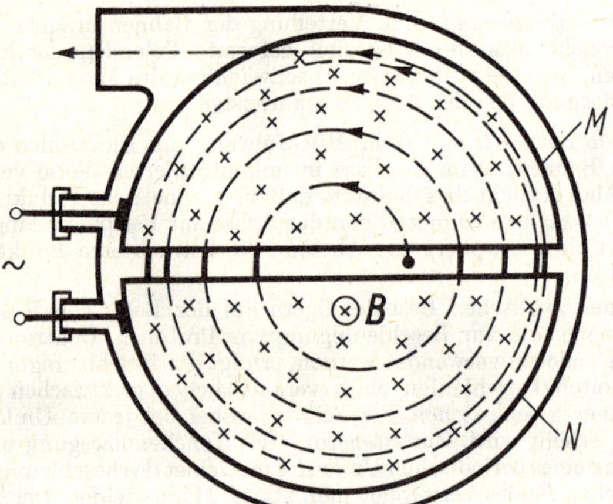

IV.7.5.

7. Im *Phasotron* erreicht man die Beschleunigung mit $B = \text{const}$ und langsamer Vergrößerung von T_0. Aus dem Prinzip der gleichen Phase folgt, daß dabei die Energie infolge des relativistischen Massenzuwachses zunimmt.
Im *Synchrotron* wächst bei unveränderlicher Periode T_0 des beschleunigenden elektrischen Feldes die magnetische Induktion B proportional zur Masse der Teilchen ($m/B = \text{const}$). Die Energie der Teilchen wächst proportional der Größe B (bei konstantem T).
Im *Synchrophasotron* nehmen B und T_0 in Übereinstimmung miteinander gleichzeitig zu. Das führt ebenfalls zu einer Vergrößerung der Energie E.
Die höchsten Energien, die man in einem Synchrophasotron erreicht hat, liegen bei 32 GeV (Brookhaven, USA). Protonenbeschleuniger für Energien bis zu 70 GeV stehen seit kurzem zur Verfügung (Serpuchow, UdSSR). Geplant sind Beschleuniger für Energien bis zu

1000 GeV. Große Elektronenbeschleuniger für Energien bis zu 6 GeV stehen in Cambridge (USA), Hamburg (Deutsche Bundesrepublik) und in Jerewan (UdSSR). In Stanford (USA) ist ein Elektronenbeschleuniger für Energien bis zu 20 GeV geplant.

8. Die magnetische Feldstärke in Beschleunigern kann 15000 bis 20000 Oe nicht überschreiten. Die zur weiteren Beschleunigung notwendige Vergrößerung des Radius der Teilchenbahn führt zu untragbaren Vergrößerungen der Abmessungen und des Gewichts der Beschleuniger. Außerdem wird dadurch die Fokussierung der Teilchen komplizierter, die zur Stabilisierung der Teilchenbahnen in den Vakuumkammern des Beschleunigers nötig ist. Die *starke Fokussierung* ermöglicht eine Verringerung des Gewichts und der Abmessungen der Beschleuniger. Sie läßt sich durch eine spezielle Konstruktion des Elektromagneten und durch eine spezielle Konfiguration des Magnetfeldes erreichen. Man verwendet daher in einem ringförmigen Phasotron ein zeitlich konstantes Magnetfeld, das von einem Magneten erzeugt wird, der aus radial gerichteten Sektoren besteht. Das Feld ändert sich in Richtung des Radius sehr rasch und hat in benachbarten Sektoren zueinander entgegengesetzte Richtungen.

9. Gegenwärtig werden neue Beschleunigungsmethoden entwickelt: die Gegenstrahlmethode, die Kohärenzmethode u. a.

Bei der *Gegenstrahlmethode* benutzt man die Kollision zweier gegeneinander bewegter Teilchen hoher Geschwindigkeit. In der Bewegung relativ zum gemeinsamen Schwerpunkt nimmt jedes der Teilchen nach dem Zusammenstoß die Energie $W \sim 2 W_1 W_2$ an. Zur Erzielung einer genügend großen Anzahl von Zusammenstößen müssen auf der Bahn $10^{12}-10^{14}$ Teilchen vorhanden sein (Konstruktion von Speicherringen).

Bei der *Kohärenzmethode* (Beschleunigung durch elektrische Mikrofelder) fällt ein Elektronenstrahl auf einen Protonenstrahl und reißt auf Grund der Coulombschen Wechselwirkung die Protonen mit sich, und zwar solange $v_e > v_p$ ist, wobei v_e die Geschwindigkeit der Elektronen und v_p die der Protonen ist. Im Fall $v_e = v_p$ ist die Energie der Protonen annähernd 1840mal so groß wie die der Elektronen. Bei dieser Methode wird die beschleunigende Wirkung des elektrischen Feldes nicht nur durch die äußere Quelle, sondern auch durch die Anzahl der zu beschleunigenden Teilchen bestimmt. Dieses Verfahren nennt man auch *kollektive Ionenbeschleunigung*, *Smokatron* oder *Ringbeschleuniger* (Anm. d. Üb.).

7.4. Die Grundbegriffe der Elektronenoptik

1. Die *Elektronenoptik* untersucht die Eigenschaften von Strahlen geladener Teilchen (Elektronen, Protonen), die in Wechselwirkung mit elektrischen und magnetischen Feldern stehen. In der *geometrischen Elektronenoptik* läßt man die Wellennatur der Teilchen außer Betracht (S. 685). Man behandelt die geladenen Teilchen wie materielle Punkte und beschreibt ihre Bewegung durch ihre Trajektorien.

Die Gesetze der geometrischen Elektronenoptik werden in jenen Gebieten ungültig, wo sich die Teilchendichte innerhalb eines Bereiches von den linearen Abmessungen

$$l = \frac{h}{2\pi \sqrt{2me\varphi}}$$

wesentlich ändert. Dabei ist h die PLANCKsche Konstante, e und m sind die Ladung und die Masse der Teilchen und φ ist das Potential des elektrostatischen Feldes. Diesen Gebieten entsprechen die Begrenzungen der Strahlen oder die Bereiche, wo solche Strahlen aufeinander treffen (z. B. die Brennpunkte oder die Punkte des Bildes, das vom elektronenoptischen System erzeugt werden soll) und wo man eine Diffraktion beobachtet, die mit der Wellennatur der Teilchen zusammenhängt.

2. Auf die Elektronenoptik lassen sich alle Grundgesetze der üblichen Lichtoptik übertragen. Die Analogie zwischen der üblichen Optik und der Elektronenoptik folgt daraus, daß man das Feld, in dem sich der Elektronenstrahl (oder ein Strahl anderer geladener Teilchen) befindet, als optisch inhomogenes Medium betrachten kann. Die Elektronenstrahlen entsprechen dann den Lichtstrahlen in diesem Medium (optisch-mechanische Analogie, S. 103).
In der Elektronenoptik verwendet man grundsätzlich nur achsensymmetrische Felder (analog zu den achsensymmetrischen optischen Systemen).

3. Bei der Bewegung eines Elektrons in einem elektrostatischen Feld ist im nicht-relativistischen Fall (Geschwindigkeit des Elektrons $v \ll c$, wobei c die Lichtgeschwindigkeit im Vakuum ist) der *elektronenoptische Brechungsindex* des „Mediums" gegeben durch

$$n = C\sqrt{\varphi},$$

wobei φ das Potential im betrachteten Punkt des Feldes bedeutet, vermindert um das Potential in jenem Punkt, wo die Geschwindigkeit des Elektrons Null ist, und wobei C eine willkürliche Konstante ist.
Das Gesetz für die Brechung an der Grenze zweier „Medien" (*Gesetz von* SNELLIUS) hat in diesem Fall die Form

$$\frac{\sin i}{\sin r} = \frac{\sqrt{\varphi_2}}{\sqrt{\varphi_1}};$$

dabei ist i der „Einfallswinkel" und r der „Brechungswinkel" des Elektronenstrahls an der Fläche, welche die Feldbereiche mit den Potentialen φ_1 und φ_2 trennt. Diese Beziehung benutzt man zur angenäherten Bestimmung der Trajektorien der Elektronen. Dabei untersucht man eine Folge von Äquipotentialflächen (S. 337) und betrachtet die Trajektorien der Elektronen als Geradenabschnitte (Strahlen). Größere Genauigkeit bei der Konstruktion der Trajektorien erreicht man durch die Berechnung der Kurven

$$\frac{1}{\varrho} = \frac{1}{2\varphi} \frac{d\varphi}{dn},$$

wobei $d\varphi/dn$ die Änderung des Potentials des elektrostatischen Feldes in Richtung der Normalen der Trajektorien ist.

Im relativistischen Fall ist der elektronenoptische Brechungsindex für ein elektrostatisches Feld gegeben durch

$$n = C \sqrt{\varphi(1 + k\varphi)},$$

wobei $k = e/2m_0c^2$ die relativistische Korrektur bedeutet, e ist der Absolutbetrag der Elektronenladung und m_0 die Ruhmasse des Elektrons.

Wenn zusätzlich zum elektrostatischen Feld auf das Elektron noch ein stationäres Magnetfeld einwirkt, hängt der elektronenoptische Brechungsindex nicht nur von φ ab, sondern auch von der Bewegungsrichtung des Elektrons im betrachteten Punkt. Daher gleicht ein kombiniertes (elektrostatisches und magnetisches) Feld einem anisotropen „Medium" (S. 629).

4. Zur Steuerung der Elektronenbewegung in elektronenoptischen Systemen (*Elektronenmikroskop, Elektronenvervielfacher, Lichtwandler*) benutzt man elektrostatische und magnetische Linsen.

Eine *elektrostatische Linse* besteht aus einem metallischen Diaphragma mit einer kreisrunden Öffnung oder aus Abschnitten metallischer Röhren mit kreisförmigem Querschnitt. Die optische Achse wird durch die Symmetrieachse gebildet. Die Linse heißt *Einzellinse,* wenn die Potentiale ihrer äußersten Elektroden gleich sind. Andernfalls spricht man von einer *Immersionslinse.*

Das Feld der elektrostatischen Linse ändert die Geschwindigkeit der Elektronen nach Betrag und Richtung. Durchlaufen die Elektronen die Linse, so nennt man sie eine *Sammellinse.* Die Trajektorien der Elektronen in der Peripherie des Strahles schneiden die optische Achse der Linse immer früher als die Trajektorien der zentralen Elektronen (die sphärische Aberration ist stets negativ, S. 619).

Ist das Potential im Mittelpunkt einer Einzellinse (*Sattelpunkt*) niedriger als das Potential der Elektronenquelle (Kathode), dann bildet die Linse einen *Elektronenspiegel.* Dieser Spiegel kann *zerstreuende Wirkung* haben und ein imaginäres Bild erzeugen (S. 608), oder er kann *sammelnde Wirkung* haben und ein reelles Bild erzeugen (S. 608). Das hängt von der Lage der Potentialflächen in der Linse ab, von denen die Elektronen reflektiert werden.

Ist die Elektronengeschwindigkeit sehr viel kleiner als die Lichtgeschwindigkeit im Vakuum (nichtrelativistischer Fall), so hängt in elektrostatischen Linsen die Form der Trajektorien der Elektronen nur von der Potentialverteilung ab. Gelangt die Elektronengeschwindigkeit in den Bereich der Lichtgeschwindigkeit, so wird die Form der Trajektorien auch durch das Verhältnis e/m von Ladung zur Masse der Elektronen bestimmt.

Eine Linse heißt *dünn*, wenn ihre Brennweiten sehr viel größer sind als ihre Dicke in Richtung der Achse. Die *Brechkraft einer dünnen elektrostatischen Linse* ist im nichtrelativistischen Fall angenähert gegeben durch

$$D_e = \frac{1}{f} = \frac{3}{16}\int_{-\infty}^{\infty} \frac{(\varphi')^2}{\varphi^2}\,dz,$$

wobei f die Brennweite der Linse ist, $\varphi(z)$ die Potentialverteilung längs der optischen Achse der Linse und $\varphi' = d\varphi/dz$.
Für eine Immersionslinse gilt unter diesen Bedingungen

$$\frac{1}{f_1} = \frac{3}{16}\sqrt[4]{\frac{\varphi_2}{\varphi_1}}\int_{-\infty}^{\infty}\left(\frac{\varphi'}{\varphi}\right)^2 dz \qquad \text{und} \qquad f_2 = f_1\sqrt{\frac{\varphi_2}{\varphi_1}},$$

wobei f_1 und f_2 die vordere (im Objektraum) und hintere Brennweite (im Bildraum) der Linse bedeuten. φ_1 und φ_2 sind die Potentiale des elektrostatischen Feldes im Objektraum und im Bildraum.

5. Eine *magnetische Linse* hat üblicherweise die Form eines kurzen Solenoides (S. 416), das achsenparallel zum Elektronenstrahl verläuft. Zur Konzentration des Magnetfeldes in der Nähe der optischen Achse verwendet man Solenoide, die von einem ferromagnetischen Mantel umgeben sind.
Die *Brechkraft einer dünnen magnetischen Linse* für einen achsenparallelen Strahl (S. 606) ist im nichtrelativistischen Fall

$$D_m = \frac{1}{f} = \frac{e}{8mU}\int_{-\infty}^{\infty} B_z^2\,dz \qquad \text{(im SI)},$$

wobei U der Potentialunterschied ist, der die Elektronen zum Eintritt in die magnetische Linse bewegt, und $B_z(z)$ die magnetische Induktion längs der optischen Achse der Linse. Das Magnetfeld der Linse ändert die Geschwindigkeit der Elektronen nur bezüglich ihrer Richtung (*fokussierende Wirkung*). Die Trajektorien der Elektronen winden sich um die optische Achse herum. Dies bewirkt eine *Verdrehung des elektronenoptischen Bildes* relativ zum Gegenstand um den Winkel θ. Für einen achsenparallelen Strahl ist dieser Winkel

$$\theta = \sqrt{\frac{e}{8mU}}\int_{-\infty}^{\infty} B_z\,dz \qquad \text{(im SI)}.$$

Da $\int_{-\infty}^{\infty} B_z^2\,dz > 0$ ist, gibt es nur magnetische Sammellinsen. Dabei hängt D_m zum Unterschied von den elektrostatischen Linsen auch im nichtrelativistischen Fall von der Elektronengeschwindigkeit ab (nämlich von U). Für relativistische Elektronengeschwindigkeiten ist in den angeführten Formeln die Größe U durch $U^* = U + \frac{e}{2m_0c^2}U^2$ zu ersetzen (m_0 bedeutet die Ruhmasse der Elektronen, s. S. 509).

6. Stigmatische Abbildungen von Gegenständen (S. 604) erhält man in einem elektronenoptischen System nur bei achsenparallelem Einfall der Elektronenstrahlen.

Die *Grundgleichungen* (*Gleichungen der Teilchentrajektorien*) lauten bei achsensymmetrischen Feldern für achsenparallele Strahlen (im SI):

a) Für eine elektrostatische Linse im nichtrelativistischen Fall ist

$$\frac{d^2 r}{dz^2} + \frac{1}{2\varphi}\frac{d\varphi}{dz}\frac{dr}{dz} + \frac{r}{4\varphi}\frac{d^2\varphi}{dz^2} = 0,$$

wobei $\varphi(z)$ das Potential längs der optischen Achse ist, bezogen auf das Potential des Punktes, in dem die Geschwindigkeit des Elektrons Null ist; z und r sind die Koordinaten in Richtung dieser Achse und radial dazu. Hieraus folgt der *Ähnlichkeitssatz*: 1. Bei Vergrößerung der linearen Abmessungen des elektronenoptischen Systems auf das n-fache werden auch die Abmessungen der Trajektorien auf das n-fache erhöht. 2. Die Trajektorien ändern sich nicht, wenn man die Potentiale aller Elektroden auf das n-fache vergrößert.

b) Für eine elektrostatische Linse gilt im relativistischen Fall

$$\sqrt{\varphi(1+k\varphi)}\,\frac{d}{dz}\left[\sqrt{\varphi(1+k\varphi)}\,\frac{dr}{dz}\right] + \frac{1}{4}\,(1+k\varphi)\,\frac{d^2\varphi}{dz^2}\,r = 0$$

mit $k = e/2m_0c^2$; m_0 ist die Ruhmasse des Elektrons und c die Lichtgeschwindigkeit im Vakuum.

c) Für eine magnetische Linse gilt im nichtrelativistischen Fall

$$\frac{d^2 r}{dz^2} + \frac{e}{8mU}\,B_z^2\,r = 0,$$

wobei $B_z(z)$ die Projektion der magnetischen Induktion auf die Linsenachse ist und U der Potentialunterschied, der die Elektronen zum Eintritt in die Linse bewegt.

d) Für eine magnetische Linse gilt im relativistischen Fall die in Übereinstimmung mit den Angaben in Punkt 5 veränderte Formel.

e) Für die Kombination elektrostatischer und magnetischer Felder gilt im nichtrelativistischen Fall

$$\frac{d}{dz}\left(\sqrt{\varphi}\,\frac{dr}{dz}\right) + \frac{1}{4\sqrt{\varphi}}\left(\frac{d^2\varphi}{dz^2} + \frac{e}{2m}\,B_z^2\right) r = 0.$$

Im relativistischen Fall gilt

$$\sqrt{\varphi(1+k\varphi)}\,\frac{d}{dz}\left[\sqrt{\varphi(1+k\varphi)}\,\frac{dr}{dz}\right] + \frac{1}{4}\left[(1+k\varphi)\frac{d^2\varphi}{dz^2} + \frac{e}{2m_0}B_z^2\right] r = 0.$$

Die Anwesenheit von Raumladungen (S. 328) in elektronenoptischen Systemen läßt sich dadurch berücksichtigen, daß man in den angegebenen Gleichungen den Ausdruck $d^2\varphi/dz^2$ durch $d^2\varphi/dz^2 + \varrho/\varepsilon_0$ ersetzt, wobei $\varrho(z)$ die Ladungsverteilung längs der Achse ist und ε_0 die absolute Dielektrizitätskonstante darstellt (S. 325).

7. Da sich Elektronenstrahlen in der Praxis nie so begrenzen lassen, daß sie genau achsenparallel verlaufen, sind Aberrationserscheinungen in elektronenoptischen Systemen unvermeidlich (S. 619). Elektrostatische und magnetische achsensymmetrische Systeme besitzen im allgemeinen sphärische Aberration, Komafehler, Astigmatismus, Bildfeldkrümmung und Bildfeldwölbung (s. S. 619–621). Die Instabilität der Speisung der Linse und der Elektronenquelle führt zu einer gewissen Streuung der Elektronengeschwindigkeiten und ruft die Erscheinung der chromatischen Aberration hervor, einen chromatischen Vergrößerungsunterschied und eine *chromatische Verschiedenheit in der Drehung der Abbildung relativ zum Gegenstand* (die beiden letzten Fehler treten nur bei magnetischen Linsen in Erscheinung). Alle diese Fehler vermindern das Auflösungsvermögen und die Qualität der Abbildung durch das elektronenoptische System.

8. *Elektronenmikroskop* heißt eine Vorrichtung zur Abbildung mikroskopischer Objekte mit Hilfe von Elektronenstrahlen, bei der die Fokussierung durch elektrische und magnetische Felder erfolgt. Beim Elektronenmikroskop verwendet man Elektronen, deren DE BROGLIE-Wellenlänge (S. 685) viel kleiner ist als die Abmessungen des Objektes, d. h., die Elektronenstrahlen werden behandelt wie die Lichtstrahlen in der geometrischen Optik (S. 603). Das Auflösungsvermögen eines Elektronenmikroskopes ist um einige Größenordnungen höher als das von optischen Systemen. Bei gegebener Elektronenenergie ist das Auflösungsvermögen nur durch die Wellennatur der Elektronen begrenzt.

8. Die elektromagnetische Induktion

8.1. Grundgesetz der elektromagnetischen Induktion

1. Die *Erscheinung der elektromagnetischen Induktion* besteht darin, daß in einem Leiter, der sich in einem veränderlichen magnetischen Feld befindet, eine *elektromotorische Kraft* $\mathcal{E}_i$ *induziert* wird. Ist die Kontur geschlossen, so fließt in ihr ein elektrischer Strom, der *Induktionsstrom* genannt wird.

2. FARADAY*sches Gesetz der elektromagnetischen Induktion*: Die elektromotorische Kraft der elektromagnetischen Induktion in dem Leiter ist dem Betrag nach gleich der Änderung des magnetischen Flusses Φ_m durch die Fläche, die vom Leiter berandet wird. Sie besitzt jedoch das entgegengesetzte Vorzeichen:

$$\mathcal{E}_i = -\frac{d\Phi_m}{dt} \qquad \text{(im SI)},$$

$$\mathcal{E}_i = -\frac{1}{c}\frac{d\Phi_m}{dt} \qquad \text{(im GAUSSschen System)}.$$

Die Umlaufsrichtung des Leiters und die Richtung der äußeren Normalen $\boldsymbol{n}$ sind bei der Bestimmung von $\mathcal{E}_i$ und Φ_m üblicherweise auf die folgende Art festgelegt: Vom Ende des Vektors $\boldsymbol{n}$ aus erscheint die Umlaufsrichtung der Kontur im Gegenuhrzeigersinn.

Wenn ein geschlossener Leiter aus N aufeinanderfolgenden Windungen besteht (z. B. beim Solenoid), versteht man unter Φ_m den gesamten magnetischen Fluß durch die Fläche, die von sämtlichen N Windungen begrenzt wird. In der Elektrotechnik nennt man diese Größe *Koppelfluß des Leiters* $\Psi = \sum_{i=1}^{N} \Phi_{mi}$. Das Gesetz von der elektromagnetischen Induktion erhält dann die Form

$$\mathscr{E}_i = -\frac{d\Psi}{dI} \quad \text{(im SI)}.$$

3. Das Minuszeichen im Ausdruck für $\mathscr{E}_i$ ergibt sich aus der Lenzschen *Regel*: Der Induktionsstrom ist immer so gerichtet, daß der von ihm selbst erzeugte magnetische Fluß dem ursprünglichen, die Induktion hervorrufenden magnetischen Fluß entgegenwirkt. Die Wirkung des veränderlichen Magnetfeldes wird somit durch den entstehenden Induktionsstrom vermindert.

4. Der magnetische Fluß, der von dem Leiter umfaßt wird, kann sich aus einer Reihe von Ursachen ändern: durch eine Deformation oder eine Verschiebung des Leiters im äußeren Magnetfeld oder auch durch eine Änderung des Magnetfeldes mit der Zeit. Die totale Ableitung $d\Phi_m/dt$ berücksichtigt alle diese Ursachen.
Wenn sich eine Leiterkontur in einem stationären Magnetfeld bewegt, wird in allen Bereichen des Leiters, welche magnetische Induktionslinien schneiden, eine EMK induziert. Die gesamte EMK in dem Leiter ist dabei gleich der algebraischen Summe der elektromotorischen Kräfte, die in den einzelnen Bereichen entstehen. Das Auftreten einer EMK durch elektromagnetische Induktion kann in diesem Fall dadurch erklärt werden, daß auf jede freie Ladung q (Stromträger im Leiter), die gemeinsam mit dem Leiter im Magnetfeld verschoben wird, die Lorentz-Kraft

$$\boldsymbol{F}_\mathrm{L} = q[(\boldsymbol{v} + \boldsymbol{v}')\boldsymbol{B}] \qquad \text{(im SI)},$$

$$\boldsymbol{F}_\mathrm{L} = \frac{q}{c}[(\boldsymbol{v} + \boldsymbol{v}')\boldsymbol{B}] \qquad \text{(im Gaussschen System)}$$

wirkt. Hier bedeutet $\boldsymbol{v}$ die Geschwindigkeit der Bewegung der Ladung q gemeinsam mit dem Leiter und $\boldsymbol{v}'$ die Geschwindigkeit der Ladung relativ zum Leiter. Unter dem Einfluß der Querkräfte, die als Lorentz-Kräfte tangential zum Leiter gerichtet sind, verschiebt sich die Ladung q und erzeugt in einem geschlossenen Leiter einen Induktionsstrom.

5. Die Richtung des elektrischen Wirbelfeldes der elektromagnetischen Induktion in einem geradlinigen Leiter, der in einem Magnetfeld bewegt wird, bestimmt man mit Hilfe der *Rechten-Hand-Regel*: Hält man die rechte Hand so, daß der Vektor der magnetischen Induktion auf die innere Handfläche zuweist und legt man den gestreckten Daumen in die Richtung senkrecht zum Leiter, bis er in dessen Bewegungsrichtung weist, so ergeben die ausgestreckten übrigen vier Finger die Richtung des elektrischen Wirbelfeldes, das im Leiter induziert wird.

Beispiel 1. Die EMK der elektromagnetischen Induktion in einem Leiter der Länge l, der in einem Magnetfeld bewegt wird und die Linien der magnetischen Induktion $\boldsymbol{B}$ schneidet, ist

$$\mathcal{E}_i = -vBl.$$

Dabei ist der einfache Fall angenommen, daß die Geschwindigkeit $\boldsymbol{v}$ des Leiters senkrecht zur Richtung des Vektors $\boldsymbol{B}$ der magnetischen Induktion verläuft.

Beispiel 2. Eine ebene Schleife drehe sich in einem homogenen Magnetfeld mit der Winkelgeschwindigkeit ω um eine Achse, die in der Schleifenebene liegt und senkrecht zur magnetischen Induktion verläuft. Die induzierte EMK ist

$$\mathcal{E}_i = B_0 S\omega \sin \omega t - \frac{d\Phi_{ms}}{dt} \quad \text{(im SI)},$$

$$\mathcal{E}_i = \frac{1}{c} B_0 S\omega \sin \omega t - \frac{1}{c}\frac{d\Phi_{ms}}{dt} \quad \text{(im Gaussschen System)},$$

wobei S die von der Windung begrenzte Fläche ist und Φ_{ms} der Selbstinduktionsfluß der Windung (S. 439).

6. Die EMK der elektromagnetischen Induktion in einer unbewegten Leiterschleife, die sich in einem veränderlichen Magnetfeld befindet, ist gegeben durch

$$\mathcal{E}_i = -\frac{\partial \Phi_m}{\partial t} \quad \text{(im SI)},$$

$$\mathcal{E}_i = -\frac{1}{c}\frac{\partial \Phi_m}{\partial t} \quad \text{(im Gaussschen System)}.$$

Die Erscheinung der elektromagnetischen Induktion in einem unbewegten Leiter beruht darauf, daß ein veränderliches Magnetfeld ein *elektrisches Wirbelfeld* erzeugt. Die Ringspannung der Feldstärke $\boldsymbol{E}$ dieses Feldes längs eines geschlossenen Leiters L ist gleich

$$\oint_L (\boldsymbol{E}\, d\boldsymbol{l}) = -\frac{\partial \Phi_m}{\partial t} \quad \text{(im SI)},$$

$$\oint_L (\boldsymbol{E}\, d\boldsymbol{l}) = -\frac{1}{c}\frac{\partial \Phi_m}{\partial t} \quad \text{(im Gaussschen System)}.$$

8.2. Induzierte Wirbelströme

1. Induzierte Ströme, die in massiven Leitern auftreten, nennt man *Wirbelströme* oder Foucault-*Ströme*. Ströme dieser Art erscheinen in den einzelnen Leiterschichten oft in geschlossenen Kreisbahnen. Sie haben daher den Charakter von Wirbelströmen.

Die Wärmemenge, die in der Zeiteinheit vom Wirbelstrom erzeugt wird, ist dem Quadrat der Frequenz proportional, mit der sich das Magnetfeld ändert. Zur Erzielung großer Wärmemengen (*Induktionsöfen*) verwendet man daher Ströme hoher Frequenz.

2. Zur Verminderung des nachteiligen Energieverlustes infolge von Wirbelströmen verfertigt man die magnetischen Stromkreise elektrischer Maschinen und die Kerne von Transformatoren aus lamelliertem Material. Die einzelnen Lamellen werden dabei parallel zu den Induktionslinien des Magnetfeldes angeordnet.

Zur Vergrößerung des Widerstandes des magnetischen Stromkreises verwendet man *Ferrite*. Ein Ferrit ist ein unter hohem Druck gepreßtes Gemisch von pulverisierten ferromagnetischen und dielektrischen Stoffen (s. S. 450 und S. 345). Ferrite nennt man ferromagnetische Materialien mit Halbleitereigenschaft, deren spezifischer Widerstand ungefähr 10^9mal so groß ist wie der Widerstand metallischer ferromagnetischer Stoffe. Ferrite bestehen aus einer Kombination zweier Oxide, und zwar von Eisenoxid (Fe_2O_3) und dem Oxid eines zweiwertigen Metalls (s. S. 461).

8.3. Die Selbstinduktion

1. Unter *Selbstinduktion* versteht man das Auftreten einer induzierten elektromotorischen Kraft in einem Leiter auf Grund der Änderung des eigenen Leiterstromes. Das eigene Magnetfeld eines Stromes in einem Leiter erzeugt einen magnetischen Fluß Φ_{ms} durch die Fläche S, die vom Leiter selbst berandet wird:

$$\Phi_{ms} = \int_S B_n \, dS .$$

Der magnetische Fluß Φ_{ms} heißt *Selbstinduktionsfluß des Leiters.* Befindet sich der Stromleiter in einem nicht-ferromagnetischen Medium, so ist sein Selbstinduktionsfluß proportional dem Strom I:

$$\Phi_{ms} = LI \qquad \text{(im SI)},$$

$$\Phi_{ms} = \frac{1}{c} LI \qquad \text{(im Gaussschen System)}$$

mit

$$L = \frac{\mu_0}{4\pi} \int_S dS \oint_l \frac{\mu}{r^3} [d\boldsymbol{l}\, \boldsymbol{r}]_n \qquad \text{(im SI)},$$

$$L = \int_S dS \oint \frac{\mu}{r^3} [d\boldsymbol{l}\, \boldsymbol{r}]_n \qquad \text{(im Gaussschen System)}.$$

Hier bedeutet μ_0 die Permeabilität des Vakuums, μ die relative Permeabilität des Mediums, $\boldsymbol{r}$ den Radiusvektor vom Element dl des Leiters zum Element dS der Fläche S, die vom Leiter begrenzt wird. Der Index n kennzeichnet die Projektion auf die Normale zum Flächenelement dS.

Die Größe L heißt *Induktivität des Leiters*. Sie ist gleich dem Selbstinduktionsfluß des Leiters bei einem Strom von der Stärke einer Stromstärkeneinheit (im GAUSSschen System bei $I = c$). L hängt von der geometrischen Form des Stromweges ab, von dessen Abmessungen und von der relativen Permeabilität des Mediums, in dem der Stromweg eingebettet ist.

Beispiel 1. Die Induktivität eines Solenoides (S. 416) der Länge l mit einer Querschnittsfläche S und einer Windungszahl N ist

$$L = k\frac{\mu_0\mu N^2 S}{l} = k\mu_0\mu n^2 V \qquad \text{(im SI)},$$

$$L = k\mu\frac{4\pi N^2 S}{l} = k\mu 4\pi n^2 V \qquad \text{(im GAUSSschen System)};$$

dabei ist $n = N/l$ die Anzahl der Windungen pro Längeneinheit, $V = Sl$ das Volumen des Solenoides und k der Entmagnetisierungsfaktor, der vom Verhältnis der Länge des Solenoides zum Windungsdurchmesser d abhängt.

In Tabelle IV.8.1 sind die Werte von k in Abhängigkeit von l/d angegeben.

Tabelle IV.8.1

l/d	0,1	0,5	1	5	10
k	0,2	0,5	0,6	0,9	$\approx 1,0$

Wie aus der Tabelle zu entnehmen ist, wird $k \approx 1$ für $l/d \gg 1$.

Beispiel 2. Die Induktivität eines hinreichend langen Koaxialkabels der Länge l ist gegeben durch

$$L = \frac{\mu_0\mu}{2\pi}\, l \ln\frac{R_2}{R_1} \qquad \text{(im SI)},$$

wobei R_2 der Radius des äußeren und R_1 der Radius des inneren Zylinders ist.

Beispiel 3. Die Induktivität einer Zweidrahtleitung der Länge l ist gegeben durch

$$L = \frac{\mu_0\mu}{\pi}\, l \ln\frac{d}{R} \qquad \text{(im SI)};$$

dabei ist d der Abstand zwischen den Achsen der Leiterdrähte und R deren Querschnittsradius ($d/R \gg 1$).

2. Die EMK der Selbstinduktion $\mathcal{E}_S$ bestimmt man mit Hilfe des FARADAYschen Gesetzes:

$$\mathcal{E}_S = -\frac{d\Phi_m}{dt} = -\frac{d}{dt}(LI) \qquad \text{(im SI)},$$

$$\mathcal{E}_S = -\frac{1}{c}\frac{d\Phi_{ms}}{dt} = -\frac{1}{c^2}\frac{d}{dt}(LI) \qquad \text{(im GAUSSschen System)}.$$

Ist das Medium nicht ferromagnetisch (S. 456) und wird der Stromleiter nicht deformiert, so ist $L = \text{const}$ und

$$\mathcal{E}_S = -L\frac{dI}{dt} \qquad \text{(im SI)},$$

$$\mathcal{E}_S = -\frac{L}{c^2}\frac{dI}{dt} \qquad \text{(im GAUSSschen System)}.$$

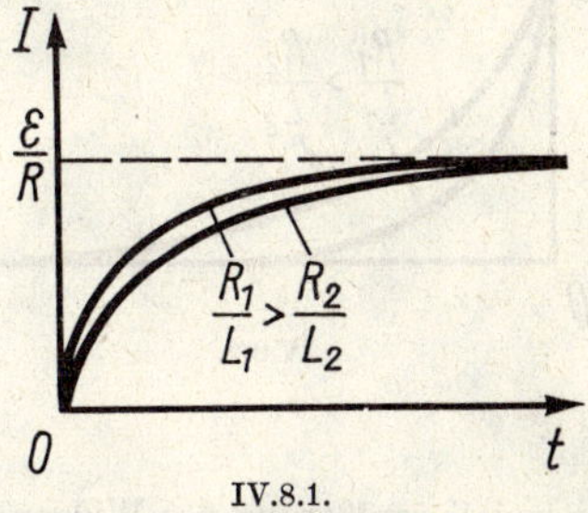

IV.8.1.

3. Bei der Selbstinduktion wirkt der induzierte Strom der LENZschen Regel entsprechend einer Stromänderung im Stromkreis entgegen und verzögert also dessen Anstieg und dessen Abnahme. Die Induktivität stellt somit ein Maß für die Trägheit dar, mit der der Stromkreis auf eine Änderung reagiert.

4. Beim Ein- und Ausschalten ändert sich der Strom eines Stromkreises mit der EMK $\mathcal{E}$, der Induktivität L und dem elektrischen Widerstand R entsprechend der Beziehung

$$I = I_0 e^{-\frac{R}{L}t} + \frac{\mathcal{E}}{R}\left(1 - e^{-\frac{R}{L}t}\right),$$

wobei I_0 die Anfangsstromstärke zum Zeitpunkt $t = 0$ ist.

Beispiel 1. Beim Schließen des Stromkreises (Anfangsstrom $I_0 = 0$) ist

$$I = \frac{\mathcal{E}}{R}\left(1 - e^{-\frac{R}{L}t}\right).$$

Der Strom steigt an und nähert sich asymptotisch dem Wert $\mathcal{E}/R$. Der Anstieg erfolgt um so schneller, je größer das Verhältnis R/L ist (Bild IV.8.1).

Beispiel 2. Beim Öffnen des Stromkreises ($\mathcal{E} = 0$) gilt

$$I = I_0 e^{-\frac{R}{L}t}.$$

Der Strom nimmt vom Anfangswert I_0 bis zum Wert 0 ab, und zwar um so schneller, je größer das Verhältnis R/L ist (Bild IV.8.2). Eine große selbstinduzierte EMK entsteht beim raschen Öffnen des Stromkreises, so daß ein Durchschlag zwischen den Kontakten der Schalter und ein Lichtbogen im Luftspalt entsteht (S. 379), der die Kontakte zum Schmelzen bringt. Zur Löschung des Bogens verwendet man Spezialschalter und Kondensatoren in Parallelschaltung.

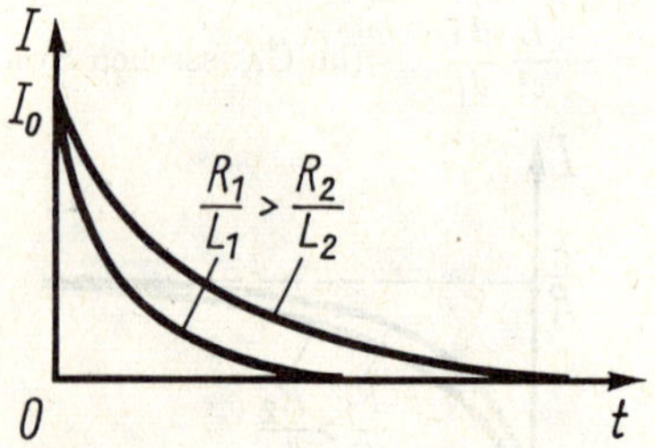

IV.8.2.

5. Bei der plötzlichen Vergrößerung des Widerstandes eines Stromkreises vom konstanten Wert R_0 auf den Wert R entsteht eine EMK $\mathcal{E}_s$ von der Größe

$$\mathcal{E}_s = \mathcal{E}\left(\frac{R}{R_0} - 1\right) e^{Rt/L},$$

wobei L die Induktivität des Stromkreises ist und $\mathcal{E}$ die EMK der Quelle, an die der Stromkreis angeschlossen ist. Bei $R/R_0 \gg 1$ ergibt sich in Stromkreisen mit hoher Induktivität $\mathcal{E}_s/\mathcal{E} \gg 1$.

6. Die elektrischen Wirbelfelder, die infolge der Selbstinduktion in wechselstromführenden Leitern auftreten, wirken der Stromänderung im Inneren des Leiters entgegen und fördern sie in der Nähe der Oberfläche. In Bild IV.8.3a ist die Richtung der Wirbelströme bei zunehmendem Grundstrom ersichtlich, in Bild IV.8.3b deren Richtung bei abnehmendem Grundstrom. Der Widerstand der inneren Leiterteile ist bei Wechselstrom also größer als der Widerstand der äußeren Teile. Die Wechselstromdichte hat ihr Maximum an der Oberfläche des Leiters und ihr Minimum in der Leiterachse. Im Fall hochfrequenter Ströme ist die Stromdichte nur in einer dünnen Schicht längs der Oberfläche wesentlich von Null verschieden. Diese Erscheinung nennt man *Skin-Effekt*. Im Fall eines homogenen zylindrischen Leiters wird der Skin-Effekt angenähert durch die folgenden Bezie-

hungen beschrieben:

$$\frac{R_\omega}{R_0} = \begin{cases} 1 + \dfrac{k^4}{3} & \text{für} \quad k < 1, \\ 0{,}997\,k + 0{,}277 & \text{für} \quad 1{,}5 < k < 10, \\ k + \dfrac{1}{4} + \dfrac{3}{64\,k} & \text{für} \quad k > 10, \end{cases}$$

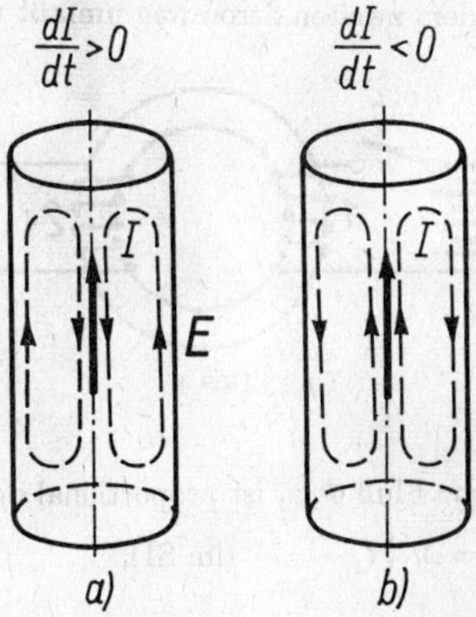

IV.8.3

wobei R_ω der effektive Widerstand eines Leiters vom Radius r für einen Wechselstrom mit der Frequenz ω ist; R_0 ist der Gleichstromwiderstand des Leiters, $k = r/2\delta$,

$$\delta = 2(2\mu\mu_0\gamma\omega)^{-1/2} \qquad \text{(im SI)},$$

$$\delta = c(2\pi\mu\gamma\omega)^{-1/2} \qquad \text{(im Gaussschen System)},$$

γ die spezifische Leitfähigkeit des Leitermaterials, μ dessen relative Permeabilität und δ die effektive Eindringtiefe des Wechselstroms. Dies ist der Abstand von der Leiteroberfläche, bei dem die Stromdichte auf das $(1/e)$-fache gesunken ist. Je dicker der Leiter ist, um so deutlicher ist der Skin-Effekt und bei um so niedrigeren Frequenzen und Leitfähigkeiten muß man ihn berücksichtigen.

8.4. Die Gegeninduktion. Der Transformator

1. Das Auftreten einer EMK in Leitern, die sich in der Nähe anderer stromführender Leiter mit zeitlich veränderlichen Strömen befinden, bezeichnet man als *Gegeninduktion*. Ändert sich z. B. im ersten

Stromkreis des Systems in Bild IV.8.4 der Strom I_1, so tritt infolge der Gegeninduktion im zweiten Stromkreis eine EMK auf und erzeugt einen Induktionsstrom

$$\mathscr{E}_2 = -\frac{d\Phi_{m21}}{dt} \qquad \text{(im SI)},$$

$$\mathscr{E}_2 = -\frac{1}{c}\frac{d\Phi_{m21}}{dt} \qquad \text{(im Gaussschen System)};$$

dabei ist Φ_{m21} jener Teil des vom Strom I_1 erzeugten magnetischen Flusses, der von dem zweiten Stromweg umfaßt wird.

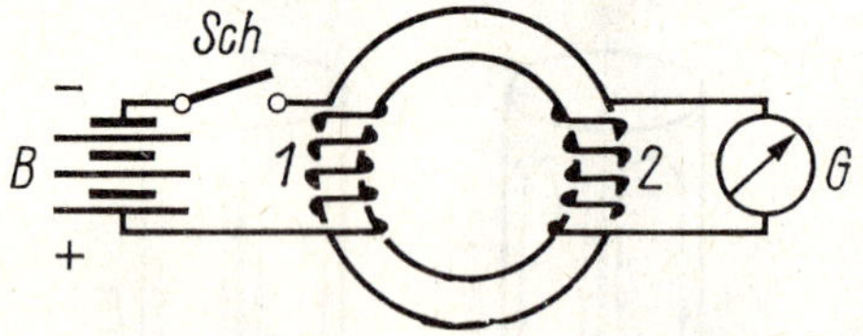

IV.8.4.

2. Der magnetische Fluß Φ_{m21} ist proportional dem Strom I_1:

$$\Phi_{m21} = M_{21} I_1 \qquad \text{(im SI)},$$

$$\Phi_{m21} = \frac{1}{c} M_{21} I_1 \qquad \text{(im Gaussschen System)};$$

M_{21} ist der Koeffizient der Gegeninduktion vom zweiten zum ersten Stromkreis. M_{21} hängt ab von der geometrischen Form, den Abmessungen und der gegenseitigen Lage der beiden Stromkreise, außerdem von der relativen Permeabilität des Mediums, in dem sich die Leiter befinden.

Analog dazu gilt $\Phi_{m12} = M_{12} I_2$, wobei I_2 der Strom im zweiten Leiter ist und Φ_{m12} jener Teil des von I_2 erzeugten magnetischen Flusses, der vom ersten Stromweg umfaßt wird. M_{12} ist der *Koeffizient der Gegeninduktion vom ersten zum zweiten Stromkreis.* Wenn das Medium nicht ferromagnetisch (S. 456) ist, gilt $M_{12} = M_{21}$. In ferromagnetischen Medien hängen M_{12} und M_{21} außer von den schon angeführten Größen noch von den Stromstärken I_1 und I_2 ab und — infolge der Erscheinung der Hysterese (S. 460) — auch von der Art, wie sich diese Ströme ändern.

3. Der Ausdruck für die EMK der Gegeninduktion ist

$$\mathscr{E}_2 = -\frac{d}{dt}(M_{21} I_1) \qquad \text{(im SI)},$$

$$\mathscr{E}_2 = -\frac{1}{c^2}\frac{d}{dt}(M_{21} I_1) \qquad \text{(im Gaussschen System)}.$$

Für $M_{21} = \text{const}$ gilt

$$\mathscr{E}_2 = -M_{21}\frac{dI_1}{dt} \qquad \text{(im SI)},$$

$$\mathscr{E}_2 = -\frac{M_{21}}{c^2}\frac{dI_1}{dt} \qquad \text{(im Gaussschen System)}.$$

Beispiel. Zur Erhöhung oder Erniedrigung von Wechselspannungen dient ein *Transformator*, dessen Wirkungsweise im Prinzip auf der Erscheinung der Gegeninduktion beruht. Das veränderliche Magnetfeld des Stromes I_1 in der *Primärwicklung* erzeugt auf Grund der Gegeninduktion eine EMK in der *Sekundärwicklung*. Der Kern gewährleistet eine beträchtliche Gegeninduktivität des Transformators M_{21}. Bei offener Sekundärseite ($I_2 = 0$) gilt

$$M_{21} = \frac{N_1 N_2}{R_m},$$

wobei N_1 und N_2 die Anzahl der Windungen der Primär- und der Sekundärwicklungen sind. R_m ist der magnetische Widerstand des Kernes (S. 422). Den Absolutwert des Verhältnisses der Spannungen U_1 und U_2 an der Primär- und an der Sekundärseite nennt man *Transformatorverhältnis*:

$$\left|\frac{U_2}{U_1}\right| = \frac{N_2}{N_1}.$$

8.5. Die Energie des Magnetfeldes elektrischer Ströme

1. Unter der *Eigenenergie* des Stromes I in einem Leiter mit der Induktivität L versteht man den Ausdruck

$$W_m = \frac{LI^2}{2} \qquad \text{(im SI)},$$

$$W_m = \frac{1}{c^2}\frac{LI^2}{2} \qquad \text{(im Gaussschen System)},$$

der gleich der Arbeit ist, die vom Strom I zur Überwindung der Selbstinduktionsspannung geleistet werden muß (vorausgesetzt, daß das Medium nicht ferromagnetisch ist, so daß L nicht von I abhängt). Die Eigenenergie des Stromes ist die Energie seines Magnetfeldes. Zum Beispiel gilt für ein Solenoid großer Länge

$$W_m = \frac{1}{2}\mu_0 \mu n^2 I^2 V \qquad \text{(im SI)},$$

$$W_m = \frac{\mu}{c^2} 2\pi n^2 I^2 V \qquad \text{(im Gaussschen System)},$$

wobei V das Volumen des Solenoides ist, n die Anzahl der Windungen pro Längeneinheit, μ_0 die Permeabilität des Vakuums und μ die relative Permeabilität des Mediums.

2. Unter der *Energiedichte* w_m des Magnetfeldes versteht man die Energie pro Volumeneinheit:

$$w_m = \frac{dW_m}{dV}.$$

Die Energiedichte des Magnetfeldes ist in einem isotropen und nichtferromagnetischen Medium gleich

$$w_m = \frac{1}{2}\frac{B^2}{\mu_0\mu} = \frac{1}{2}BH = \frac{1}{2}\mu_0\mu H^2 \qquad \text{(im SI)},$$

$$w_m = \frac{\mu H^2}{8\pi} = \frac{BH}{8\pi} = \frac{1}{8\pi}\frac{B^2}{\mu} \qquad \text{(im Gaussschen System)},$$

wobei μ_0 die Permeabilität des Vakuums ist, μ die relative Permeabilität des Mediums, B die magnetische Induktion und H die Feldstärke im betrachteten Punkt des Magnetfeldes.

3. Die Energie eines Magnetfeldes, das in einem nicht-ferromagnetischen Medium von n Leitern mit den Strömen $I_1, I_2, \ldots, I_n$ erzeugt wird, ist gegeben durch

$$W_m = \frac{1}{2}\sum_{i,k=1}^{n} M_{ik} I_i I_k \qquad \text{(im SI)},$$

$$W_m = \frac{1}{2c^2}\sum_{i,k=1}^{n} M_{ik} I_i I_k \qquad \text{(im Gaussschen System)},$$

wobei M_{ik} die Induktion zwischen dem i-ten und dem k-ten Leiter ist und $M_{ii} = L_i$ die Selbstinduktion des i-ten Leiters.

4. Als *Wechselwirkungsenergie der Ströme* I_i und I_k bezeichnet man die Größe

$$W_{ik} = \frac{\mu_0}{2}\int_V \mu(\boldsymbol{H}_i\boldsymbol{H}_k)\,dV = M_{ik} I_i I_k \qquad \text{(im SI)},$$

$$W_{ik} = \frac{1}{8\pi}\int_V \mu(\boldsymbol{H}_i\boldsymbol{H}_k)\,dV = \frac{1}{c^2} M_{ik} I_i I_k \qquad \text{(im Gaussschen System)},$$

wobei $i \neq k$ ist und $\boldsymbol{H}_i$ und $\boldsymbol{H}_k$ die Feldstärken bedeuten, die von den Strömen I_i und I_k einzeln erzeugt werden. Die Integration ist über das gesamte Feldvolumen zu erstrecken. Demnach ist die Energie des Magnetfeldes eines Systems von stromführenden Leitern gleich der Summe der Eigen- und Wechselwirkungsenergien aller entsprechenden Ströme.

5. In einem isotropen Medium ohne ferromagnetische oder seignetteelektrische Eigenschaften ist die *Energiedichte eines elektromagnetischen*

Feldes gleich

$$w = w_m + w_e = \frac{\mu\mu_0 H^2}{2} + \frac{\varepsilon\varepsilon_0 E^2}{2} \quad \text{(im SI)},$$

$$w = w_m + w_e = \frac{\mu H^2}{8\pi} + \frac{\varepsilon E^2}{8\pi} \quad \text{(im Gaussschen System)}.$$

9. Magnetische Eigenschaften der Materie

9.1. Das magnetische Moment von Elektronen und Atomen

1. Das Drehmoment $\boldsymbol{p}_s$ der Drehung eines Elektrons um seine eigene Achse nennt man *Spin* (mechanisches Moment). Relativ zu einem äußeren Magnetfeld, das in Richtung der z-Achse verlaufe, sind nur zwei Orientierungen dieses Momentes zulässig, und zwar die, bei welchen die Projektion des Drehmomentes auf die z-Achse einen der Werte

$$p_s = \pm \frac{\hbar}{2} = \pm \frac{h}{4\pi}$$

annimmt; h ist die Plancksche Konstante (S. 668) und $\hbar = h/2\pi$.
2. Dem Spin des Elektrons $\boldsymbol{p}_s$ entspricht das *magnetische Moment* $\boldsymbol{p}_{ms}$:

$$\boldsymbol{p}_{ms} = g_s \boldsymbol{p}_s.$$

Die Größe g_s heißt *gyromagnetisches Verhältnis*:

$$g_s = -\frac{e}{m} \quad \text{(im SI)},$$

$$g_s = -\frac{e}{mc} \quad \text{(im Gaussschen System)},$$

wobei e der absolute Betrag der Elektronenladung ist, m die Elektronenmasse und c die Lichtgeschwindigkeit im Vakuum. Das magnetische Moment des Elektrons hat die Größe eines Bohr*schen Magnetons*:

$$p_{ms} = -\frac{e\hbar}{2mc} = \mu_B \quad \text{(im Gaussschen System)},$$

$$p_{ms} = -\frac{e\hbar}{2m} = \mu_B \quad \text{(im SI)}$$

mit

$$\mu_B = 0{,}927 \cdot 10^{-23}\ \text{J/T} = 0{,}927 \cdot 10^{-20}\ \text{erg/G}.$$

Der Elektronenspin erklärt die Feinstruktur der Spektrallinien (S. 728) und die Aufspaltung dieser Linien in einem Magnetfeld

(S. 729). Der Elektronenspin erklärt auch den Einfluß der Elektronenverteilung auf die Energiezustände atomarer Systeme sowie die Eigenschaft des Ferromagnetismus (S. 456).

Bezüglich der Anomalie des magnetischen Momentes des Elektrons infolge des Einflusses der Nullpunktsschwingungen s. S. 889.

3. Das magnetische Moment $\boldsymbol{p}_m$ des Elektrons, das infolge der Bahnbewegung entsteht, heißt *magnetisches Bahnmoment.* Das Impulsmoment $\boldsymbol{p}$ des Elektrons ist $\boldsymbol{p} = m[\boldsymbol{r}\boldsymbol{v}]$ (s. S. 78), wobei $\boldsymbol{r}$ der Radiusvektor und $\boldsymbol{v}$ die Geschwindigkeit des Elektrons ist.

4. Das magnetische Bahnmoment und das mechanische Drehmoment (bezüglich der Bewegung um den Atomkern) sind zueinander proportional, haben jedoch entgegengesetzte Richtungen:

$$\boldsymbol{p}_m = g\boldsymbol{p}$$

mit

$$g = -\frac{e}{2m} \quad \text{(im SI)},$$

$$g = -\frac{e}{2mc} \quad \text{(im Gaussschen System)}.$$

Das gyromagnetische Verhältnis g der Bahnmomente ist nur halb so groß wie g_s (Punkt 2). Bei der stationären Bewegung des Elektrons um den Atomkern ist

$$p = \sqrt{l(l+1)}\,\hbar,$$

wobei l die Bahnquantenzahl (S. 718) ist. Für p_m gilt

$$p_m = \sqrt{l(l+1)}\,\mu_B.$$

Dabei ist μ_B das Bohrsche Magneton (Punkt 2).

5. Die Vektorsumme der magnetischen Bahnmomente aller Z Elektronen des Atoms bezeichnet man als das *magnetische Bahnmoment des Atoms* $\boldsymbol{P}_m$:

$$\boldsymbol{P}_m = \sum_{i=1}^{Z} \boldsymbol{p}_{mi};$$

dabei ist Z die Ordnungszahl des Atoms im Periodensystem der Elemente von Mendelejew (S. 736–741).

Analog definiert man einen Vektor des Impulsmomentes der Bahnbewegung:

$$\boldsymbol{P} = \sum_{i=1}^{Z} \boldsymbol{p}_i;$$

$\boldsymbol{p}_i$ ist dabei das Impulsmoment der Bahnbewegung des i-ten Elektrons. Auch für die Momente $\boldsymbol{P}_m$ und $\boldsymbol{P}$ gilt die Beziehung

$$\boldsymbol{P}_m = g\boldsymbol{P}$$

mit dem gyromagnetischen Verhältnis g aus Punkt 4.

Bezüglich der magnetischen Momente von Nukleonen und Atomkernen s. S. 774.

6. Bringt man Atome in ein homogenes Magnetfeld, so ändert sich die Winkelgeschwindigkeit (S. 29) des Elektronenumlaufes um die Atomkerne. Diese Änderung läßt sich durch einen Zuwachs des magnetischen Feldes begründen, der durch den Eintritt der Atome in das Magnetfeld hervorgerufen wird. Es entsteht dabei ein elektrisches Wirbelfeld (S. 483), das die Elektronenbewegung beeinflußt.

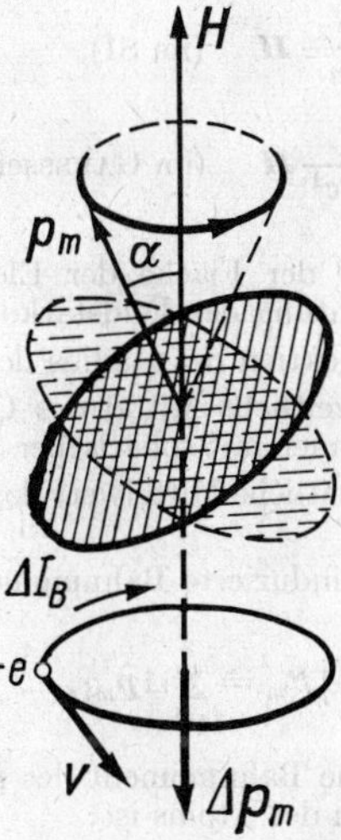

IV.9.1.

7. Sind die Elektronenbahn und der Vektor des magnetischen Bahnmomentes $\boldsymbol{p}_m$ relativ zur Richtung der Feldstärke $\boldsymbol{H}$ des Magnetfeldes wie in Bild IV.9.1 angeordnet, so ergibt sich eine Präzessionsbewegung (S. 88) der Bahnachse und des Vektors $\boldsymbol{p}_m$ um die Richtung von $\boldsymbol{H}$ mit der Winkelgeschwindigkeit ω_L (Larmor-*Präzession*):

$$\omega_L = \mu_0 \frac{e\boldsymbol{H}}{2m} \quad \text{(im SI)},$$

$$\omega_L = \frac{e\boldsymbol{H}}{2mc} \quad \text{(im Gaussschen System)},$$

wobei e der absolute Betrag der Elektronenladung ist, m die Masse des Elektrons, c die Lichtgeschwindigkeit im Vakuum und μ_0 die Permeabilität des Vakuums (S. 409).

Theorem von LARMOR: Das Ergebnis der Einwirkung eines Magnetfeldes auf die Elektronenbewegung ist eine Präzession der Bahnachse und des Vektors $\boldsymbol{p}_m$ mit der LARMOR-Frequenz ω_L um eine Achse, die parallel zum Vektor $\boldsymbol{H}$ durch das Zentrum der Elektronenbahn führt.

8. Das Auftreten der Präzession führt zu einem zusätzlichen Bahnstrom ΔI_e längs der Elektronenbahn und zu einem zusätzlichen magnetischen Bahnmoment des Elektrons $\Delta \boldsymbol{p}_m$, das dem Vektor $\boldsymbol{H}$ entgegengerichtet ist:

$$\Delta \boldsymbol{p}_m = -\frac{e^2 \mu_0 S_\perp}{4\pi m} \boldsymbol{H} \quad \text{(im SI)},$$

$$\Delta \boldsymbol{p}_m = -\frac{e^2 S_\perp}{4\pi m c^2} \boldsymbol{H} \quad \text{(im GAUSSschen System)},$$

wobei $S_\perp$ die Projektion der Fläche der Elektronenbahn auf die Ebene senkrecht zur Richtung der Feldstärke des Magnetfeldes ist, $S_\perp = \pi \overline{r_1^2}$; r ist die Projektion des Radius der Elektronenbahn auf diese Ebene und $\overline{r_1^2}$ das zeitliche Mittel des Quadrates von r_1. Für Elektronenhüllen von Atomen mit sphärischer Symmetrie erhält man $\overline{r_1^2} = 2/3\,\overline{r^2}$, wobei $\overline{r^2}$ der zeitliche Mittelwert des Quadrates des Bahnradius ist.

9. Allgemein gilt für das induzierte Bahnmoment $\Delta \boldsymbol{P}_m$ eines Atoms

$$\Delta \boldsymbol{P}_m = \sum_{i=1}^{Z} \Delta \boldsymbol{p}_{mi},$$

wobei $\Delta \boldsymbol{p}_m$ das zusätzliche Bahnmoment des i-ten Elektrons und Z die Anzahl der Elektronen des Atoms ist:

$$\Delta \boldsymbol{P}_m = -\frac{e^2 \mu_0}{6m} \sum_{i=1}^{Z} \overline{r_i^2}\, \boldsymbol{H} \quad \text{(im SI)},$$

$$\Delta \boldsymbol{P}_m = -\frac{e^2}{6mc^2} \sum_{i=1}^{Z} \overline{r_i^2}\, \boldsymbol{H} \quad \text{(im GAUSSschen System)}.$$

9.2. Einteilung der magnetischen Stoffe

1. Unter einem *magnetischen Stoff* versteht man ein Medium, welches die Eigenschaft der Magnetisierbarkeit besitzt, das also unter dem Einfluß eines Magnetfeldes ein Eigenmagnetfeld erzeugt. Je nach Art der magnetischen Eigenschaften unterscheidet man drei Typen: *Diamagnetika, Paramagnetika und Ferromagnetika.*

2. Zur Charakterisierung der Magnetisierung von Stoffen dient der Vektor der *Magnetisierung* $\boldsymbol{I}$, der durch die Vektorsumme der magnetischen Momente der Atome (Moleküle), bezogen auf die Volumen-

einheit, definiert ist:

$$\boldsymbol{I} = \lim_{V \to 0} \left(\frac{1}{V} \sum_{i=1}^{N} \boldsymbol{P}_{mi} \right);$$

dabei ist N die Anzahl der Teilchen im Volumen V des Stoffes und $\boldsymbol{P}_{mi}$ das magnetische Moment des i-ten Moleküls (Atom). Für Stoffe, die sich in nicht allzu starken Magnetfeldern befinden, gilt

$$\boldsymbol{I} = \varkappa_m \boldsymbol{H},$$

wobei $\varkappa_m$ die magnetische Suszeptibilität des Stoffes ist. Bei Diamagnetika ist $\varkappa_m < 0$, bei Paramagnetika ist $\varkappa_m > 0$.

3. Die Diamagnetika unterteilt man in „klassische", in „anomale" und in Supraleiter. Zur ersten Gruppe gehören die Edelgase, einige Metalle (Zink, Gold, Quecksilber u. a.), Elemente vom Typus des Siliziums und des Phosphors und viele organische Verbindungen. Für diese Stoffe ist $\varkappa_m < 0$ und dem Betrag nach klein, von der Größenordnung $(0{,}1-10) \cdot 10^{-6}$. $\varkappa_m$ hängt außerdem nicht von der Temperatur des Stoffes ab. Zur zweiten Gruppe gehören Wismut, Gallium, Antimon, Graphit, Thallium u. a. Für diese Stoffe ist $\varkappa_m$ (<0) temperaturabhängig und von der Größenordnung $(1-100) \cdot 10^{-6}$. Bezüglich der Suszeptibilität der Supraleiter s. S. 463.

4. Die Paramagnetika unterteilt man in normale Paramagnetika, paramagnetische Metalle mit temperaturunabhängiger Suszeptibilität und Antiferromagnetika.

Zu den normalen Paramagnetika gehören die Gase O_2, NO u. a. sowie Platin, Palladium, Salze von Eisen, Kobalt und Nickel und diese Metalle selbst für Temperaturen $T > \Theta_C$ u. a. Θ_C ist der CURIE-Punkt (S. 457). Die magnetische Suszeptibilität $\varkappa_m$ ist größer als Null und hängt von der Temperatur ab, und zwar nach dem *Gesetz von* CURIE:

$$\varkappa_m = \frac{C}{T}$$

oder nach dem *Gesetz von* CURIE-WEISS:

$$\varkappa_m = \frac{C'}{T + \Delta},$$

wobei C und C' die CURIE-*Konstanten* sind. Die Konstante Δ kann positiv, negativ oder gleich Null sein.

Typische paramagnetische Metalle, bei denen $\varkappa_m$ nicht von der Temperatur abhängt, sind die Alkalimetalle Lithium, Natrium, Kalium, Rubidium und Cäsium. Alle diese sind schwach magnetisch: $\varkappa_m \sim 10^{-7}-10^{-8}$.

Antiferromagnetika (Kristalle von Elementen der Übergangsgruppen des periodischen Systems der Elemente von MENDELEJEW im geschmolzenen Zustand und in chemischen Verbindungen) haben einen höheren CURIE-Punkt und sind normale Paramagnetika mit $\Delta < 0$.

5. Die Ferromagnetika bilden eine Gruppe von Metallen (Eisen, Kobalt, Nickel) und eine Reihe von Stoffen im geschmolzenen Zustand. Diese haben besondere magnetische Eigenschaften (S. 456).

9.3. Diamagnetismus

1. Unter *Diamagnetismus* versteht man das Auftreten eines zusätzlichen magnetischen Momentes der Elektronenhülle von Atomen unter dem Einfluß eines äußeren magnetischen Feldes. Der Diamagnetismus tritt bei allen Stoffen auf. Er läßt sich jedoch nur beobachten, wenn die Atome, Ionen oder Moleküle selbst kein resultierendes magnetisches Moment $\boldsymbol{P}_m$ besitzen (S- oder Σ-Zustände: S. 728 und S. 752).

2. Für die diamagnetische Suszeptibilität gilt

$$\varkappa_{m\,\mathrm{Diam}} = -\frac{n_0 e^2 \mu_0}{6m} \sum_{i=1}^{Z} \overline{r_i^2} \quad \text{(im SI)},$$

$$\varkappa_{m\,\mathrm{Diam}} = -\frac{n_0 e^2}{6mc^2} \sum_{i=1}^{Z} \overline{r_i^2} \quad \text{(im GAUSSschen System)},$$

wobei n_0 die Teilchenzahl pro cm^3 des diamagnetischen Stoffes ist. Für die übrigen Bezeichnungen gelten die Erklärungen auf S. 733 bis 734). Die Formeln gelten unter der Voraussetzung, daß $\sum_{i=1}^{Z} \overline{r^2}$ konstant ist und sich infolge der Wärmebewegung der Atome nicht ändert. Bei der Berücksichtigung von Quanteneigenschaften der Elektronen der Atomhülle und bei kugelsymmetrischen elektrischen Feldern der Atome oder Ionen gelten die Formeln für die nichtentarteten S- und Σ-Zustände (S. 213).

3. Die Leitungselektronen metallischer Leiter (S. 361) besitzen neben paramagnetischen Eigenschaften eine diamagnetische Suszeptibilität

$$\varkappa_m = -\frac{n_0 \mu_B^2 \mu_0}{2W_F} = -\frac{4m\mu_B^2\mu_0}{h^2}\left(\frac{\pi}{3}\right)^{2/3} n_0^{1/2} \quad \text{(im SI)},$$

$$\varkappa_m = -\frac{n_0 \mu_B^2}{2W_F} = -\frac{4m\mu_B^2}{h^2}\left(\frac{\pi}{3}\right)^{2/3} n_0^{1/2} \quad \text{(im GAUSSschen System)},$$

wobei n_0 die Dichte der freien Leitungselektronen ist, W_F die FERMI-Energie (S. 224), m die Elektronenmasse, μ_B das BOHRsche Magneton (S. 447) und h die PLANCKsche Konstante.

9.4. Paramagnetismus

1. Unter *Paramagnetismus* versteht man die Gesamtheit der magnetischen Eigenschaften einiger Stoffe, deren Atome (Ionen) unabhängig von einem äußeren Magnetfeld ein permanentes magnetisches Moment $\boldsymbol{P}_m$ besitzen. $\boldsymbol{P}_m$ hat die Größenordnung 10^{-20} erg/G oder 10^{-23} J/Wb · m². In Abwesenheit eines äußeren Magnetfeldes gestattet die ungeordnete Wärmebewegung keine geordnete Orientierung der Vektoren $\boldsymbol{P}_m$, so daß der Stoff nach außen hin unmagnetisch erscheint.

2. Bringt man ein Paramagnetikum in ein homogenes äußeres Magnetfeld, so setzt eine Präzession der Achse der Elektronenbahnen und der Vektoren der magnetischen Momente der Atome um die Richtung der Feldstärke des äußeren Feldes ein (S. 449). Unter dem gemeinsamen Einfluß des Feldes und der ungeordneten Wärmebewegung erfolgt eine teilweise Orientierung der magnetischen Momente der Atome in Richtung des äußeren Feldes.

3. Der klassische Ausdruck für die Intensität der Magnetisierung I (ohne Berücksichtigung der Richtungsquantelung, S. 725) lautet unter der Annahme, daß zwischen den Atomen (Molekülen) keine Wechselwirkung vorhanden ist:

$$\boldsymbol{I} = n_0 \boldsymbol{P}_m L(a),$$

wobei n_0 die Teilchenanzahl pro Volumeneinheit ist, $\boldsymbol{P}_m$ das magnetische Moment der Atome (Moleküle) und $L(a)$ die klassische LANGEVIN-Funktion (S. 348):

$$L(a) = \coth a - \frac{1}{a},$$

$$a = \frac{\mu_0 P_m H}{kT} \quad \text{(im SI)},$$

$$a = \frac{P_m H}{kT} \quad \text{(im GAUSSschen System)};$$

dabei ist H die Feldstärke des Magnetfeldes, k die BOLTZMANN-Konstante und T die absolute Temperatur. Bei Zimmertemperatur und für nicht allzu starke Felder, die die Beziehung $P_m H \ll kT$ erfüllen, wird $L(a) \approx a/3$ und

$$\boldsymbol{I} = \frac{n_0 P_m^2 \mu_0}{3kT} \boldsymbol{H} \quad \text{(im SI)},$$

$$\boldsymbol{I} = \frac{n_0 P_m^2}{3kT} \boldsymbol{H} \quad \text{(im GAUSSschen System)}.$$

Die paramagnetische Suszeptibilität ist dann

$$\varkappa_m = \frac{n_0 P_m^2 \mu_0}{3kT} \quad \text{(im SI)},$$

$$\varkappa_m = \frac{n_0 P_m^2}{3kT} \quad \text{(im GAUSSschen System)}.$$

CURIE*sches Gesetz*: Die paramagnetische Suszeptibilität der Materie ist umgekehrt proportional der absoluten Temperatur.
Bei sehr niedrigen Temperaturen oder bei sehr starken Feldern gilt $P_m H \gg kT$, $L(a) \to 1$ und $I = n_0 P_m$ (*Sättigungsmagnetisierung*).

Der klassische Ausdruck für die Magnetisierung eines paramagnetischen Stoffes, der eine beliebige Orientierung der magnetischen Momente der Atome zuläßt, wird in der Quantentheorie des Paramagnetismus ersetzt durch die Formel

$$I = n_0 g J \mu_B B_J(x),$$

wobei J die innere Quantenzahl bedeutet (S. 727), μ_B das Bohrsche Magneton (S. 447), g den Landéschen Faktor (S. 731), $x = gJ\mu_0\mu_B H/kT$ (im SI) und $x = gJ\mu_B H/kT$ (im Gaussschen System), und $B_J(x)$ die Brillouin*sche Funktion*

$$B_J(x) = \frac{2J+1}{2J} \coth \frac{2J+1}{2J} x - \frac{1}{2J} \coth \frac{x}{J}.$$

Bei $x \ll 1$ ist $B_J(x) = \frac{J+1}{3J} x.$

Für die Magnetisierung gilt dann

$$I = n_0 g \mu_B \frac{J+1}{3} x,$$

und die paramagnetische Suszeptibilität ist gegeben durch

$$\varkappa_m = \frac{n_0 (p\mu_B)^2 \mu_0}{3kT} \quad \text{(im SI)},$$

$$\varkappa_m = \frac{n_0 (p\mu_B)^2}{3kT} \quad \text{(im Gaussschen System)},$$

wobei $p = g[J(J+1)]^{1/2}$ die effektive Anzahl der Bohrschen Magnetonen ist, die auf ein Atom entfallen.
In starken Feldern und bei ganz niedrigen Temperaturen gilt $x \to \infty$ und $B_J(x) \to 1$. Die Magnetisierung erreicht dabei den Sättigungswert

$$I = n_0 g J \mu_B.$$

5. Die paramagnetischen Eigenschaften von Metallen sind bedingt durch das magnetische Spinmoment der Elektronen (S. 447). Beim Anlegen eines Magnetfeldes entfällt die Gleichberechtigung der beiden möglichen Spinorientierungen. Dem stabilen thermodynamischen Gleichgewicht des Elektronengases in Metallen entspricht eine Bevorzugung der Orientierung des magnetischen Spinmomentes längs des äußeren Feldes, d. h. also eine Magnetisierung nach Art der Paramagnetika. Die paramagnetische Suszeptibilität des Elektronengases hängt praktisch nicht von der Temperatur ab und ist dreimal so groß

wie die diamagnetische Suszeptibilität (S. 452):

$$\varkappa_m = \frac{3 n_0 \mu_B^2 \mu_0}{2 W_F} = \frac{12 m \mu_B^2 \mu_0}{h^2} \left(\frac{\pi}{3}\right)^{2/3} n_0^{1/2} \quad \text{(im SI)},$$

$$\varkappa_m = \frac{3 n_0 \mu_B^2}{2 W_F} = \frac{12 m \mu_B^2}{h^2} \left(\frac{\pi}{3}\right)^{2/3} n_0^{1/2} \quad \text{(im GAUSSschen System)},$$

wobei W_F die FERMI-Energie (S. 224) bedeutet, n_0 die Konzentration der Leitungselektronen, m die Elektronenmasse, μ_B das BOHRsche Magneton und h die PLANCKsche Konstante.

9.5. Magnetfelder in magnetischen Stoffen

1. Das Magnetfeld, das von den Molekülen (Atomen, Ionen) eines Stoffes erzeugt wird, heißt *Eigenmagnetfeld* oder *inneres Magnetfeld.* Dieses Feld ist durch die Existenz der magnetischen Momente der Atome (Moleküle, Ionen) bedingt und wird durch den Vektor der magnetischen Induktion $\boldsymbol{B}_{\text{inn}}$ charakterisiert.

2. Der Vektor $\boldsymbol{B}$ der Induktion des resultierenden magnetischen Feldes ist gleich der Vektorsumme aus den Vektoren der magnetischen Induktion des äußeren (magnetisierenden) und des inneren Feldes:

$$\boldsymbol{B} = \boldsymbol{B}_0 + \boldsymbol{B}_{\text{inn}},$$

wobei $\boldsymbol{B}_0$ die magnetische Induktion des Feldes im Vakuum ist. Es ist

$$\boldsymbol{B}_0 = \mu_0 \boldsymbol{H} \quad \text{(im SI)} \quad \text{und} \quad \boldsymbol{B}_0 = \boldsymbol{H} \quad \text{(im GAUSSschen System)}.$$

Die magnetische Induktion $\boldsymbol{B}_{\text{inn}}$ des inneren Feldes von nicht ferromagnetischen Stoffen ist proportional der Magnetisierung $\boldsymbol{I}$:

$$\boldsymbol{B}_{\text{inn}} = \mu_0 \boldsymbol{I} \quad \text{(im SI)},$$

$$\boldsymbol{B}_{\text{inn}} = 4\pi \boldsymbol{I} \quad \text{(im GAUSSschen System)}.$$

3. Die Beziehung zwischen der magnetischen Induktion $\boldsymbol{B}$, der Feldstärke $\boldsymbol{H}$ und der Magnetisierung $\boldsymbol{I}$ ist

$$\frac{\boldsymbol{B}}{\mu_0} = \boldsymbol{H} + \boldsymbol{I} \quad \text{(im SI)},$$

$$\boldsymbol{B} = \boldsymbol{H} + 4\pi \boldsymbol{I} \quad \text{(im GAUSSschen System)}.$$

4. Die Beziehung zwischen der relativen magnetischen Permeabilität μ (S. 410) und der magnetischen Suszeptibilität $\varkappa_m$ (S. 451) ist

$$\mu = 1 + \varkappa_m \quad \text{(im SI)},$$

$$\mu = 1 + 4\pi\varkappa_m \quad \text{(im GAUSSschen System)}.$$

Für diamagnetische Stoffe ist $\varkappa_m < 0$ und $\mu < 1$. Für paramagnetische Stoffe ist $\varkappa_m > 0$ und $\mu > 1$. In beiden Fällen hängt μ nicht von der Feldstärke des Magnetfeldes ab, in dem sich der Stoff befindet, und unterscheidet sich wenig von 1 ($\boldsymbol{B}_{\text{inn}} \ll \boldsymbol{B}_0$).

5. Die Energiedichte (S. 446) eines magnetisierten nicht ferromagnetischen Mediums ist

$$w_{m\,\text{Magn}} = \mu_0 \frac{(\mu - 1) H^2}{2} \quad \text{(im SI)},$$

$$w_{m\,\text{Magn}} = \frac{(\mu - 1) H^2}{8\pi} \quad \text{(im Gaussschen System)}.$$

Die Energiedichte des Magnetfeldes in einem Magnetikum w_m setzt sich zusammen aus der Energiedichte $w_{m\,\text{Vak}}$ des Feldes im Vakuum ($\mu = 1$) und der Energiedichte des magnetisierten Mediums

$$w_m = w_{m\text{Vak}} + w_{m\,\text{Magn}}.$$

6. Der Satz vom Gesamtstrom für die Ringspannung der magnetischen Induktion $\boldsymbol{B}$ in einem Magnetikum lautet

$$\oint_L (\boldsymbol{B}\, d\boldsymbol{l}) = \mu_0 \left(\sum I + \sum I_{\text{Mol}}\right) \quad \text{(im SI)},$$

wobei $\sum I$ die algebraische Summe der Leiterströme und $\sum I_{\text{Mol}}$ die algebraische Summe der Molekularströme ist, die vom Integrationsweg umfaßt werden. Der zweite Summand ist gleich der Ringspannung der Magnetisierung $\boldsymbol{I}$ längs L:

$$\sum I_{\text{Mol}} = \oint_L (\boldsymbol{I}\, d\boldsymbol{l}).$$

9.6. Ferromagnetismus

1. Stoffe, bei denen das magnetische Eigenfeld (inneres Feld) das äußere magnetisierende Feld um das hundert- bis tausendfache übertrifft, heißen *Ferromagnetika.*

2. Die hohe Magnetisierung (S. 450) der Ferromagnetika wird durch die Existenz „molekularer" Magnetfelder begründet. Diese werden durch eine spezielle quantenmechanische (Austausch-)Wechselwirkung (s. S. 724 und S. 747) zwischen nichtkompensierten magnetischen Spinmomenten (S. 447) der Elektronen in den Atomen der Kristallgitter bedingt. Infolge dieser Wechselwirkung gibt es zwei stabile Energiezustände, wobei einmal die magnetischen Spinmomente der Elektronen benachbarter Atome im Kristallgitter parallel angeordnet sind (*Ferromagnetismus*) und einmal antiparallel (*Antiferromagnetismus*).

3. Ferromagnetismus und Antiferromagnetismus beobachtet man nur bei den Kristallen der Metalle Eisen, Kobalt und Nickel und bei den Kristallen der Halogensalze der Elementengruppe Eisen, Chrom, Mangan u. a. (Antiferromagnetika), in deren Gittern es Atome mit nicht vollständig ausgebauten Elektronenschalen $3d$ und $4f$ (S. 741) gibt, so daß das resultierende magnetische Spinmoment von Null verschieden ist.

4. Ferromagnetismus (Antiferromagnetismus) tritt bei positivem (negativem) Wert des Austauschintegrales (S. 724) auf, das die quantenmechanische (Austausch-)Wechselwirkung zwischen den magnetischen Spinmomenten beschreibt (S. 447).

5. Ferromagnetismus gibt es nur bei bestimmten Parametern kristallischer Gitter. Die Abstände zwischen den benachbarten Atomen müssen eine hinreichend große Überdeckung der Wellenfunktionen der Hüllenelektronen gewährleisten, so daß die Wechselwirkung zwischen den benachbarten Atomen zur Gesamtenergie des Systems der Elektronen so beiträgt, daß die Stabilität des ferromagnetischen (oder antiferromagnetischen) Zustandes gesichert wird.

Die Voraussetzungen für das Auftreten von Ferromagnetismus sind nur bei solchen Kristallen der Übergangsmetalle erfüllt, für die $d/a \geqq 1{,}5$ ist, wobei d der Atomdurchmesser und a der Durchmesser der unvollständigen Hülle $3d$ (oder $4f$) ist. Daher tritt bei den Elementen der Eisengruppe der Ferromagnetismus nur bei α-Eisen, Kobalt und Nickel auf. Bei $d/a < 1{,}5$ ist das Austauschintegral negativ, und der geordneten Spinverteilung entspricht eine antiparallele Orientierung (Punkt 2). In diesem Fall des Antiferromagnetismus kann man die magnetische Struktur auffassen als Überlagerung von zwei entgegengesetzt magnetisierten Teilgittern. Wenn die magnetischen Momente der Teilgitter gleich sind, tritt keine spontane Magnetisierung des Kristalls auf. Wenn die Teilgitter nicht gleichartig sind (unterschiedliche Anzahl von Atomen oder verschiedene Atomarten), tritt ein Unterschied in den magnetischen Momenten auf, der zu einer spontanen Magnetisierung des Kristalls führt, nämlich zur Erscheinung des *nicht-kompensierten Antiferromagnetismus*. Solche Eigenschaften besitzen z. B. die Ferrite (S. 463).

6. Die speziellen Eigenschaften der Ferromagnetika und Antiferromagnetika treten nur bei Temperaturen in Erscheinung, die niedriger sind als die entsprechenden CURIE-Punkte Θ_C und Θ_{aC}. (Die Temperatur Θ_{aC} heißt auch oft NEEL-*Punkt*.) Bei $T > \Theta_C$ zerfällt der ferromagnetische Körper in kleine *Bezirke spontaner Sättigungsmagnetisierung*. Beim Fehlen eines äußeren Magnetfeldes können die Richtungen der Vektoren der Magnetisierung für die einzelnen Bezirke verschieden sein. Die resultierende Magnetisierung des Körpers kann daher Null sein.

7. Monokristalline Ferromagnetika besitzen eine scharf ausgeprägte Anisotropie in bezug auf magnetische Eigenschaften, die sich in der Existenz von Richtungen *leichter und schwerer Magnetisierbarkeit* äußert. Die Anzahl der Richtungen leichter Magnetisierbarkeit hängt von der kristallographischen Struktur des betrachteten Stoffes ab.

Beim Fehlen eines äußeren Magnetfeldes fällt bei jedem Bezirk die Richtung der spontanen Magnetisierung in die Richtung der leichten Magnetisierbarkeit des Monokristalls oder des entsprechenden abgeteilten Korns des Polykristalls (S. 258). Die Anzahl der verschiedenen Orientierungen der Bezirke spontaner Magnetisierung (Anzahl der *magnetischen Phasen*) ist gleich der doppelten Anzahl der Achsen leichter Magnetisierbarkeit. Die Abmessungen der Bezirke, ihre Form und die Lage ihrer Grenzflächen in Abwesenheit eines äußeren Magnetfeldes bestimmt man aus der Minimumbedingung für die freie Energie des Kristalls. Die linearen Abmessungen solcher Bezirke liegen zwischen 10^{-3} und 10^{-2} cm.

8. In den Übergangsschichten zwischen verschieden magnetisierten Bezirken, die eine endliche Dicke aufweisen (für Fe beträgt sie 300 Gitterperioden), existiert eine inhomogene Magnetisierung. Dieser Schicht entspricht eine Oberflächenenergie, die gleich der äußeren Arbeit ist, die zur Bildung der Oberfläche nötig ist. Im Gleichgewichtszustand des entmagnetisierten Kristalls verlaufen die Grenzen des Bezirke so, daß die Minimumbedingung für die freie Energie des Kristalls erfüllt und dabei gewährleistet ist, daß keine resultierende makroskopische Magnetisierung auftritt.

Der experimentelle Nachweis der Existenz von Bezirken spontaner Magnetisierung stützt sich auf die folgenden Tatsachen:

a) Sprunghafter Anstieg der Magnetisierungskurve (Punkt 9) in Gebieten schwacher äußerer Felder (nahe dem steilen Anstieg der Kurve). Man nennt diese Erscheinung BARKHAUSEN-*Effekt*.

b) Inhomogene Verteilung von pulverisiertem magnetischem Material auf der Oberfläche ferromagnetischer Kristalle (Streifen oder Figuren nach BITTER und AKULOW).

9. Die Herstellung einer resultierenden Magnetisierung in einem Ferromagnetikum unter dem Einfluß eines äußeren Magnetfeldes nennt man *technische Magnetisierung*. Die Kurve der Magnetisierung I in Abhängigkeit von der Feldstärke H des äußeren Feldes $I = f(H)$ heißt *technische Magnetisierungskurve* (Bild IV.9.2).

Es gibt zwei Arten der technischen Magnetisierung:

a) Bei der *Wandverschiebung* erfolgt eine Volumenvergrößerung jener Bezirke, deren Magnetisierung der Richtung des äußeren Feldes am nächsten kommt, auf Kosten einer Volumenverkleinerung der Nachbarbezirke.

b) Bei der *Magnetisierung durch Drehung* erfolgt eine Richtungsänderung der spontanen Magnetisierung einzelner Bezirke oder des Kristalls im ganzen infolge einer Drehung des Vektors der Sättigungsmagnetisierung.

10. Eine Wandverschiebung findet beim Anwachsen des äußeren Magnetfeldes mit endlicher Geschwindigkeit statt und kann reversibel oder irreversibel sein. Wenn die Wandverschiebung zwischen den magnetischen Phasen bei der Magnetisierung reversibel verläuft, bilden sich die Grenzflächen der Bezirke bei einer quasistatischen Verkleinerung des äußeren Feldes in umgekehrter Richtung wieder zurück und nehmen bei $H = 0$ ihre Ausgangslage im Kristall ein. Reversible Wand-

verschiebung beobachtet man zu Beginn der technischen Magnetisierung. Die irreversible Wandverschiebung bildet sich bei einer Verkleinerung des Magnetfeldes nicht zurück. Die Ausgangslage kann man nur durch den Prozeß der *Ummagnetisierung* wieder erreichen. Nach beendigter Wandverschiebung herrscht in ferromagnetischen Kristallen *technische Sättigung* längs der Achse leichter Magnetisierbarkeit, die der Richtung des magnetisierenden Feldes am nächsten liegt.

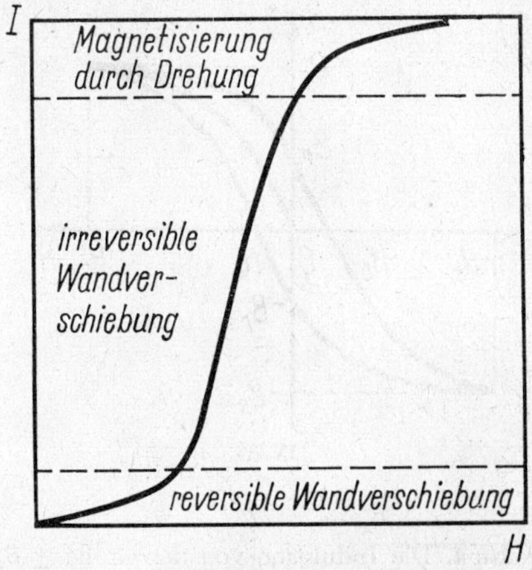

IV.9.2.

11. Sobald die Wandverschiebung abgeschlossen ist, leitet eine Vergrößerung der Feldstärke des äußeren Magnetfeldes die Drehung des Vektors der Magnetisierung $\boldsymbol{I}$ ein. Dieser Prozeß ist beendet, wenn $\boldsymbol{I}$ und $\boldsymbol{H}$ parallel verlaufen. Die Unterteilung der technischen Magnetisierungskurve in Bereiche, die den betrachteten Prozessen entsprechen, deckt die Beziehungen untereinander auf. Im Bereich schwacher Felder unterhalb des Maximums der STOLETOW-Kurve (s. Bild IV.9.4) gilt $\varkappa_G \gg \varkappa_D$. Bei mittleren Feldern (nach dem Maximum der Kurve $\varkappa(H)$) gilt $\varkappa_D \gg \varkappa_G$. Dabei sind $\varkappa_G$ und $\varkappa_D$ die Suszeptibilitäten, die zu den beiden Prozessen der technischen Magnetisierung gehören.

12. Das Zurückbleiben der Änderung der magnetischen Induktion hinter der Änderung der Feldstärke des äußeren Feldes, bedingt durch die Abhängigkeit von $\boldsymbol{B}$ vom vorhergehenden Zustand, nennt man *magnetische Hysterese der Ferromagnetika.* Die magnetische Hysterese ist eine Folge der irreversiblen Änderung bei der Magnetisierung und Ummagnetisierung. Das Auftreten der Hysterese ist somit durch die irreversiblen Prozesse der Wandverschiebung zwischen den Bezirken spontaner Magnetisierung und deren Drehung bedingt

(S. 458, Punkt 9 und Punkt 11). Bringt man einen ferromagnetischen Körper in ein äußeres Magnetfeld und ändert man dessen Feldstärke von H_s über 0 bis $-H_s$ und zurück, so durchläuft dabei die magnetische Induktion $\boldsymbol{B}$ eine geschlossene Kurve, die man *Hystereseschleife* nennt (Bild IV.9.3). H_s bedeutet dabei die Feldstärke, der die Sättigungsmagnetisierung entspricht. Die Größen $\pm B_s$ der magnetischen Induktion, die man bei den äußeren Magnetfeldern H_s erhält, heißen

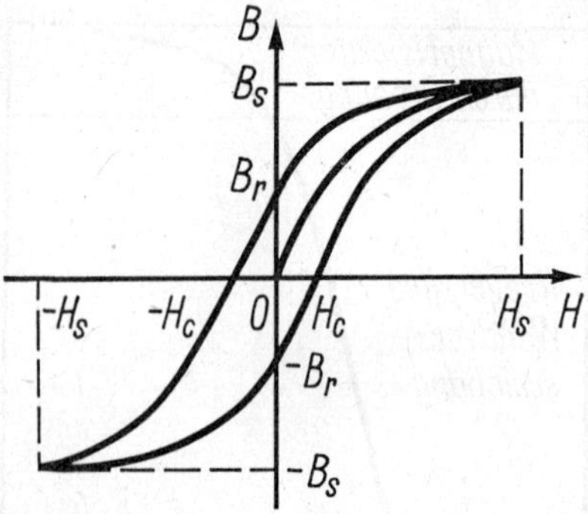

IV.9.3.

Sättigungsinduktion. Die Induktion von der Größe $\pm B_r$, die in der Probe nach Verringerung der Feldstärke des äußeren Magnetfeldes von $\pm H_s$ auf 0 noch erhalten bleibt, heißt *Restinduktion* (*remanenter Magnetismus*). Infolge des Auftretens des remanenten Magnetismus ist die Erzeugung permanenter Magnete möglich. Die Feldstärke H_c eines entgegengesetzt gerichteten Feldes, das die Induktion wieder auf Null reduziert, nennt man *Koerzitivkraft*. Die Fläche der Hystereseschleife P_h (*Hystereseverlust*) ist direkt proportional der Arbeit, die zur Ummagnetisierung aufgewendet werden muß:

$$P_h = \frac{1}{4\pi} \oint H \, dB .$$

Der Größe von H_c und P_h entsprechend unterscheidet man *schwache Ferromagnetika* (H_c etwa 10 Oe, P_h klein) und *starke Ferromagnetika* (H_c etwa 10^2—10^3 Oe, P_h groß).

13. Die Kurve der magnetischen Suszeptibilität $\varkappa_m$ von ferromagnetischen Stoffen in Abhängigkeit von der Feldstärke H heißt STOLETOW-*Kurve* (Bild IV.9.4).

14. Die CURIE-Temperatur Θ_C für Ferromagnetika und Θ_{aC} für Antiferromagnetika entspricht dem Punkt des Phasenwechsels zweiter Art (S. 195). Bei diesem Punkt verschwinden die ferromagnetischen (antiferromagnetischen) Eigenschaften der Kristalle,

es ändern sich die Strukturen der Kristallgitter und damit die spezifische Wärme, die elektrische Leitfähigkeit und andere physikalische Eigenschaften.

15. Die Änderung der Form und des Volumens von ferromagnetischen Körpern auf Grund der Magnetisierung nennt man *Magnetostriktion*. Ein einfaches Maß für den Effekt der Magnetostriktion bildet die sogenannte *lineare Magnetostriktion* $\Delta l/l$, wobei Δl die Längendifferenz der Probe und l deren Länge ist. Man unterscheidet eine echte Magnetostriktion und eine Eigenmagnetostriktion. Die *Eigenmagnetostriktion* tritt in jedem der Bezirke auf und entspricht dem Umstand, daß sich bei der spontanen Magnetisierung die Gleich-

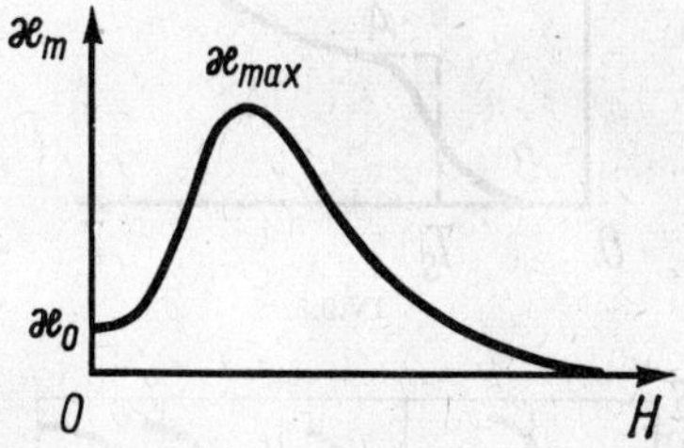

IV.9.4.

gewichtsbedingung für die Gitterebenen ändern und daher eine anisotrope Deformation eintritt. Ist der ferromagnetische Kristall im ganzen nicht magnetisiert, so erscheint insgesamt auch keine Eigenmagnetostriktion. Sie zeigt sich aber bei der technischen Magnetisierung. Die *echte Magnetostriktion* besteht aus einer Längenänderung der ferromagnetischen Probe infolge der Einwirkung hinreichend starker äußerer Magnetfelder. Sie tritt bei der technischen Magnetisierung auf und hängt zusammen mit der Umorientierung der Magnetisierungsvektoren der Bezirke infolge einer Änderung der Gleichgewichtsbedingungen für die Kristallgitterpunkte. Mechanische Schwingungen, die in ferromagnetischen Stoffen bei der Magnetisierung infolge der periodischen Änderung des Magnetfeldes entstehen, nennt man *Magnetostriktionsschwingungen*. Man verwendet Schwingungen solcher Art bei *Ultraschall-Magnetostriktion-Vibratoren*. Bei ferromagnetischen Stoffen beobachtet man auch eine Erscheinung, die entgegengesetzt ist zur Erscheinung der Magnetostriktion: eine Änderung der Magnetisierung des Ferromagnetikums bei einer Deformation.

16. Ferrite sind ferromagnetische Halbleiter, die sich durch die allgemeine chemische Formel $MO \cdot Fe_2O_3$ beschreiben lassen, wobei M ein zweiwertiges Ion eines beliebigen Metalls sein darf (Cu^{2+}, Zn^{2+}, Ni^{2+} u. a.). Diese Stoffe zeichnen sich durch günstige ferromagnetische Eigenschaften aus und sind überdies schlechte elektrische Leiter. Man verwendet sie für magnetische Stromkreise in Anlagen mit hoher Arbeitsfrequenz (geringer Wirbelstromverlust, s. S. 438).

9.7. Supraleitfähigkeit

1. Als *Supraleitfähigkeit* bezeichnet man das nahezu-völlige Verschwinden des spezifischen elektrischen Widerstandes einiger Metalle (Pb, Zn, Al u. a.) und Legierungen (von Wismut mit Gold, von Molybdän- und Wolframnitarbiden, von Niobiumkriden u. a.) bei gewissen Temperaturen T_S, die Sprungtemperaturen genannt werden. Stoffe mit dieser Eigenschaft nennt man *Supraleiter*. Die Kurve der

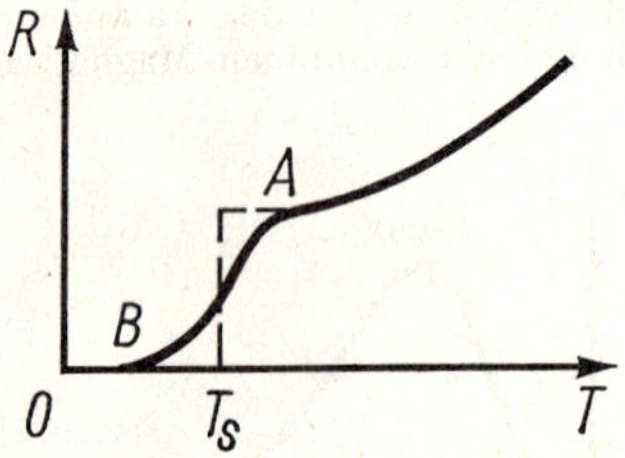

IV.9.5.

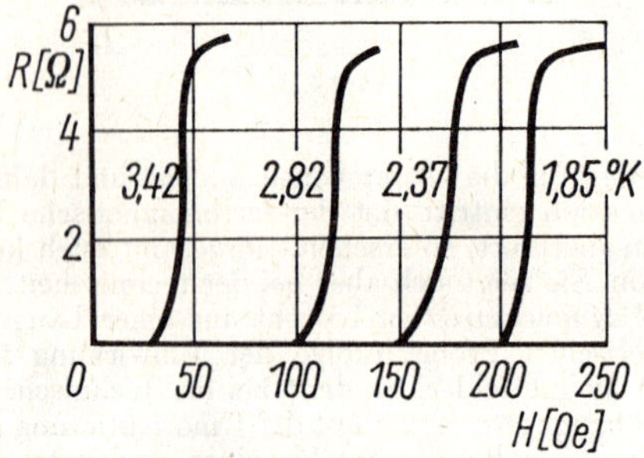

IV.9.6.

spezifischen elektrischen Leitfähigkeit eines Supraleiters in Abhängigkeit von der Temperatur (Bild IV.9.5) zeigt, daß der Bereich des Übergangs in den supraleitenden Zustand eine gewisse Breite AB aufweist. Dieser Umstand ist durch eventuell vorhandene Beimengungen oder durch das Auftreten innerer Spannungen zu erklären. Bei chemisch reinen Supraleitern ist der Bereich AB von der Größenordnung von 10^{-3} Grad. Die Temperatur T_S liegt bei reinen Metallen zwischen 0,35 °K (Hafnium) und 8 °K (Niobium), bei Legierungen zwischen 0,155 °K (BiPt) und 8 °K (Nb_3Sn).

2. Die Temperatur T_S ist umgekehrt proportional der Quadratwurzel aus dem Atomgewicht des entsprechenden Isotops (S. 768) des supraleitenden Metalls (*Isotopeneffekt*).

3. Steht der Supraleiter unter dem Einfluß eines Magnetfeldes, so sinkt die Temperatur T_S (Punkt 1). In Bild IV.9.6 ist die Abhängig-

keit des Widerstandes R von Weißzinn von der Feldstärke H des Magnetfeldes für verschiedene Temperaturen wiedergegeben. Das Magnetfeld, das bei gegebener Temperatur den Übergang des Stoffes vom supraleitenden Zustand in den Normalzustand bewirkt, nennt man *kritisches* Feld. Bei Verminderung der Temperatur des Supraleiters nimmt die Feldstärke H_S des kritischen Feldes zu (Bild IV.9.7). In erster Näherung gilt

$$H_S = H_0 \left[1 - \left(\frac{T}{T_S}\right)^2\right].$$

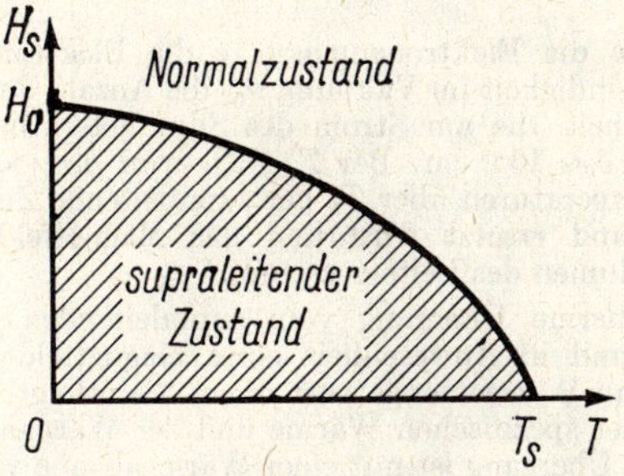

IV.9.7.

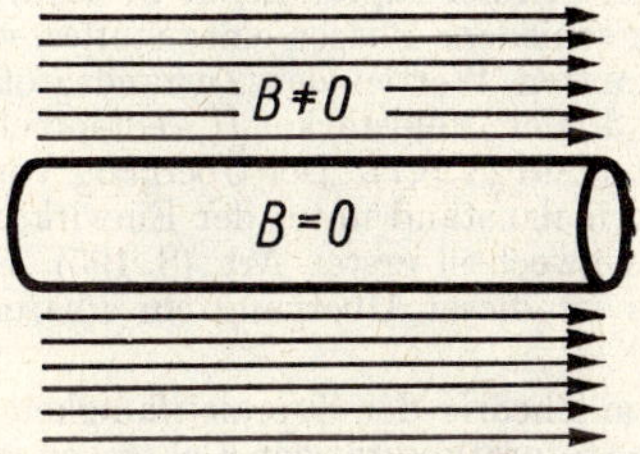

IV.9.8.

4. Bei hinreichend großem Stromfluß in einem Supraleiter verschwindet die supraleitende Eigenschaft. Das vom elektrischen Strom aufgebaute Magnetfeld läßt den supraleitenden Zustand nicht zu.

5. Magnetische Felder, die schwächer als das kritische Feld sind, können den Supraleiter nicht durchdringen. Die magnetische Induktion im Supraleiter ist Null. In Bild IV.9.8 liegt ein Magnetfeld parallel zur Achse des Supraleiters. Der Supraleiter erweist sich als ideales Diamagnetikum mit der magnetischen Suszeptibilität $\varkappa_m = -1$ (S. 451). Die Abnahme der Feldstärke des Magnetfeldes an der Oberfläche des Supraleiters in Richtung der inneren Flächennormalen

erfolgt gemäß der Beziehung

$$H = H_0 e^{-\frac{x}{\delta}},$$

wobei x der Abstand von der Oberfläche ist, H_0 die Feldstärke des Feldes an der Oberfläche und δ eine Konstante, die die Eindringtiefe des Magnetfeldes in den Supraleiter angibt:

$$\delta = \sqrt{\frac{mc^2}{4\pi e^2 n_{0e}}} \quad \text{(im Gaussschen System).}$$

Dabei ist m die Elektronenmasse, e die Elektronenladung, c die Lichtgeschwindigkeit im Vakuum, n_{0e} die Anzahl der Elektronen pro Volumeneinheit, die am Strom des Supraleiters beteiligt sind. Bei $T < T_S$ ist $\delta \approx 10^{-5}$ cm. Bei $T \to T_S$ wird $\delta \to \infty$. Dies bedeutet, daß bei Temperaturen über T_S der supraleitende Zustand durch den Normalzustand ersetzt wird und das Magnetfeld sich über das gesamte Volumen des Leiters verteilt.

6. Der isotherme Übergang vom supraleitenden Zustand in den Normalzustand in Anwesenheit eines Magnetfeldes ist mit einem Verbrauch an Wärmemenge verbunden. Es erfolgt eine sprunghafte Änderung der spezifischen Wärme und der Wärmeleitfähigkeit. Der umgekehrte Übergang ist mit einer Wärmeabgabe verbunden.

7. In Übereinstimmung mit der *thermodynamischen Theorie der Supraleitfähigkeit* erweisen sich der supraleitende Zustand und der Normalzustand als zwei verschiedene Phasen eines Stoffes, wobei der Phasenwechsel bei bestimmten Werten der Zustandsgrößen, nämlich der Temperatur T und der Feldstärke H, entsprechend der Kurve $H_S = f(T)$ erfolgt (Bild IV.9.7). Der Übergang vom supraleitenden Zustand in den Normalzustand unter der Einwirkung eines Magnetfeldes ist ein Phasenwechsel erster Art (S. 195). Ohne Einwirkung eines Magnetfeldes ist dieser Übergang ein Phasenwechsel zweiter Art (S. 195).

8. Die gegenwärtige Theorie der Supraleitfähigkeit betrachtet diese Erscheinung als eine Suprafluidität der Elektronen im Metall (S. 256). Eine spezielle Wechselwirkung zwischen den Elektronen (mit Aufnahme oder Abgabe von Phononen) kann zu einer gegenseitigen Anziehung führen (Bildung gebundener Paare). Dieser Effekt ist unter gewissen Umständen die Ursache für den Übergang in den supraleitenden Zustand. Bei einer derartigen Wechselwirkung zwischen den Elektronen bilden alle an der metallischen Leitung beteiligten Elektronen ein Kollektiv, das Energie nicht in kleinen Teilen abgeben kann. Das heißt, es findet keine Streuung der Elektronen an den infolge der Wärmebewegung schwingenden Ionen statt (S. 362). Für die Trennung zweier im Kollektiv gebundener Elektronen ist eine Energie notwendig, die der mittleren Energie der Wärmeschwingungen der Gitterpunkte bei der Temperatur T_S entspricht (Punkt 1). Bei $T > T_S$ tritt daher der Zustand gebundener Elektronen nicht auf und die Supraleitfähigkeit verschwindet.

9. In einigen Legierungen tritt bei Feldstärken, die höher als H_S sind (S. 463), ein supraleitender Zustand auf, in dem das Magnetfeld den Supraleiter fadenartig durchsetzt. Die Materie zwischen den Fäden erweist sich als supraleitend, der Widerstand des Fadenmusters ist gleich Null. Eine Reihe von Legierungen (Nb_3Sn, NbZn) wird supraleitend bei Feldstärken bis zu 100 Oe. Es gibt Legierungen, die ihre Supraleitfähigkeit bei Feldstärken bis zu 200 Oe bewahren. Diese verwendet man in der Technik zur Erhaltung starker Magnetfelder. Weite Verbreitung besitzen Magnete, die auf supraleitenden Solenoiden beruhen.

10. In der gegenwärtigen Theorie der Supraleitfähigkeit erörtert man die Möglichkeit des Auftretens von Supraleitfähigkeit in langen organischen Molekülen. Wenn sich in einer langen eindimensionalen Atomkette, die stark polarisierfähige seitliche Auswüchse besitzt (LIMMLA-*Modell*), Elektronen frei bewegen, wird ein Auswuchs, in dessen Nähe sich ein Elektron bewegt, durch dieses polarisiert, und in dem Auswuchs, der dem Ende der zentralen Kette am nächsten ist, entsteht eine positive Ladung. Die Anziehung der Elektronen der Basiskette von dieser positiven Ladung kann zu einer effektiven Anziehung zwischen den Elektronen führen, die größer ist als deren COULOMBsche Abstoßung. In einem System von Elektronen, die untereinander in einer derartigen Wechselwirkung stehen, sagt die Theorie Supraleitfähigkeit voraus, wobei die Temperatur T_S des Übergangs in den supraleitenden Zustand (S. 462) in der Nähe von 2000°K liegen soll.

11. Bei einer Reihe von Halbleitern ist ein supraleitender Zustand experimentell nachgewiesen worden (z. B. GeTe und Strontiumtitanat $SrTiO_3$). Strontiumtitanat besitzt bei niedrigen Temperaturen eine hohe relative Dielektrizitätskonstante, was die COULOMBsche Abstoßung zwischen den Elektronen stark vermindert und zu einer paarweisen Verbindung von Elektronen beiträgt, was die Supraleitung sicherstellt (COOPER-Paare).

10. Elektromagnetische Schwingungen

10.1. Schwingungskreise

1. Unter *Schwingungskreisen* versteht man elektrische Stromkreise, die im allgemeinen aus der Serienschaltung eines Kondensators mit der Kapazität C, einer Spule mit der Induktivität L und eines elektrischen Widerstandes R bestehen (Bild IV.10.1). Die zeitliche Änderung der Ladung q, mit der der Kondensator belegt ist, wird durch die folgende Differentialgleichung beschrieben:

$$L\frac{d^2q}{dt^2} + R\frac{dq}{dt} + \frac{q}{C} = 0.$$

Die Lösung dieser Gleichung hat die Form (für $R < 2\sqrt{L/C}$)

$$q = A_0 e^{-\frac{R}{2L}t} \sin(\omega t + \alpha_0),$$

wobei $\omega = \sqrt{\frac{1}{LC} - \frac{R^2}{4L^2}}$ die Kreisfrequenz der Schwingung ist. Dieser Ausdruck zeigt, daß die Ladung des Kondensators eine gedämpfte Schwingung ausführt (S. 118). Die Größe $\beta = R/2L$ heißt *Dämpfungskonstante.* Die Amplitude A der gedämpften Schwingung ist gegeben durch

$$A = A_0 e^{-\beta t},$$

wobei A_0 der Anfangswert der Amplitude ist.

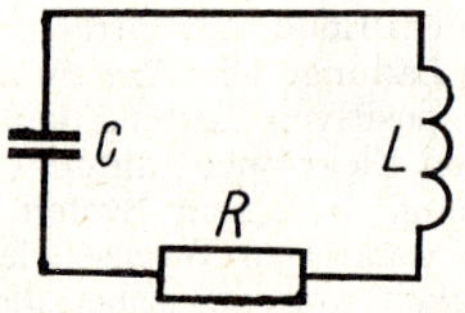

IV.10.1.

Ist zum Anfangszeitpunkt ($t = 0$) die Ladung am Kondensator q_0 und die Stromstärke im Kreis gleich Null, so erhält man

$$A_0 = \frac{q_0}{\sqrt{1 - \frac{R^2 C}{4L}}}.$$

Die Anfangsphase der Schwingung ist

$$\alpha_0 = \arctan\frac{\omega}{\beta} = \arctan\sqrt{\frac{4L}{R^2 C} - 1}.$$

2. Der Potentialunterschied zwischen den beiden Platten des Kondensators ist

$$\Delta\varphi = \frac{q}{C} = \frac{A_0}{C} e^{-\frac{R}{2L}t} \sin(\omega t + \alpha_0).$$

Für die Stromstärke im Schwingungskreis erhält man

$$I = -\frac{dq}{dt} = A_0 e^{-\frac{R}{2L}t}\left[\frac{R}{2L}\sin(\omega t + \alpha_0) - \omega\cos(\omega t + \alpha_0)\right].$$

3. Die Periode der gedämpften Schwingungen des Kreises lautet (S. 118)

$$T = \frac{2\pi}{\omega} = \frac{2\pi}{\sqrt{\frac{1}{LC} - \frac{R^2}{4L^2}}}.$$

Bei einer Vergrößerung des Widerstandes R des Stromkreises wächst die Periode und strebt für $R \to 2\sqrt{L/C}$ gegen Unendlich.

4. Für $R > 2\sqrt{L/C}$ hat die Änderung der Kondensatorladung nicht mehr den Charakter von Schwingungen. Die Entladung des Kondensators nennt man in diesem Fall *aperiodisch*. Die Lösung der Differentialgleichung hat hier die Form

$$q = q_0 e^{-\frac{R}{2L}\left(1+\sqrt{1-\frac{4L}{R^2C}}\right)t},$$

wobei q_0 die Ladung zur Zeit $t = 0$ ist. Der Ausdruck zeigt eine exponentielle Abnahme der Ladung mit der Zeit.

5. Die periodische Änderung der Ladung am Kondensator erzeugt einen veränderlichen elektrischen Strom I, einen veränderlichen Potentialunterschied zwischen den Platten des Kondensators und damit veränderliche elektrische und magnetische Felder. Die freien Schwingungen von q, I und $\Delta\varphi$ heißen *freie elektromagnetische Schwingungen*. Gilt $q = q_0$ für $t = 0$, so ist die Energie der Schwingung zu diesem Zeitpunkt gleich der elektrischen Energie des Kondensatorfeldes. Infolge der JOULEschen Wärme, die im Leiter des Stromkreises erzeugt wird, nimmt die Energie der elektromagnetischen Schwingungen ab. Die Schwingungen sind gedämpft.

6. Ist $R = 0$, so fehlt die Dämpfung der Schwingungen eines Stromkreises ($\beta = 0$). In diesem Fall gilt

$$q = A_0 \sin(\omega_0 t + \alpha_0),$$

$$\Delta\varphi = \frac{A_0}{C} \sin(\omega_0 t + \alpha_0),$$

$$I = -A_0\omega_0 \cos(\omega_0 t + \alpha_0),$$

wobei ω_0 die Kreisfrequenz der freien ungedämpften elektromagnetischen Schwingungen des Stromkreises ist. Die Stromstärke und der Potentialunterschied am Kondensator sind in ihrer Phase um $\pi/2$ verschoben.

7. Die Periode T der ungedämpften freien Schwingungen erhält man mit Hilfe der THOMSON*schen Formel*:

$$T = \frac{2\pi}{\omega_0} = 2\pi\sqrt{LC}.$$

8. Die Amplitude der Stromstärke I_0 und die Amplitude des Potentialunterschiedes $\Delta\varrho_0$ sind gegeben durch

$$I_0 = A_0\omega_0 = \frac{A_0}{\sqrt{LC}}, \quad \Delta\varphi_0 = \frac{A_0}{C}.$$

9. Bei den ungedämpften freien elektromagnetischen Schwingungen pendelt die Energie periodisch zwischen dem elektrischen Feld im Kondensator und dem Magnetfeld, das vom elektrischen Strom des Schwingungskreises erzeugt wird. Zu den Zeitpunkten $t = 0, T/2, T$ usw. erreicht die Energie des elektrischen Feldes ihr Maximum. Sie hat zu diesen Zeitpunkten den Wert $C(\Delta\varphi_0)^2/2$, und die Energie des Magnetfeldes ist dabei Null. Zu den Zeitpunkten $t = T/4, 3T/4$, usw. erreicht die Energie des Magnetfeldes ein Maximum und ist gleich $LI_0^2/2$. Dabei ist die Energie des elektrischen Feldes Null. Aus der Bedingung

$$\frac{C(\Delta\varphi_0)^2}{2} = \frac{LI_0^2}{2}$$

folgt

$$I_0 = \frac{\Delta\varphi_0}{\sqrt{L/C}}.$$

Die Größe L/C heißt *Wellenwiderstand des Stromkreises.*

10.2. Erzwungene elektromagnetische Schwingungen

1. In Wirklichkeit ist der Widerstand R eines Schwingungskreises stets von Null verschieden. Die freien elektromagnetischen Schwingungen sind daher immer gedämpft. Zur Erzielung ungedämpfter elektromagnetischer Schwingungen muß dauernd Energie nachgeliefert werden, um den Energieverlust infolge der JOULEschen Wärme zu kompensieren. Zur Erzeugung derartiger elektromagnetischer Schwingungen schließt man den Stromkreis an eine Stromquelle an (Bild IV.10.2), deren EMK sich periodisch mit der Zeit ändert, z. B. gemäß der Sinusfunktion

$$\mathscr{E} = \mathscr{E}_0 \sin \Omega t,$$

wobei $\mathscr{E}_0$ die Amplitude der EMK ist und Ω ihre Kreisfrequenz. Eine beliebige EMK von der Form $\mathscr{E} = \mathscr{E}(t)$ läßt sich in ihre FOURIER-Komponenten zerlegen und somit in Form einer (endlichen oder unendlichen) FOURIER-Reihe darstellen, deren Glieder sinusförmige Schwingungen mit unterschiedlicher Amplitude, Phase und Frequenz sind.

2. Die Differentialgleichung für die erzwungenen elektromagnetischen Schwingungen lautet

$$L\frac{d^2q}{dt^2} + R\frac{dq}{dt} + \frac{q}{C} = -\mathscr{E}_0 \sin \Omega t.$$

Eine Erklärung der Bezeichnungen erfolgte bereits auf S. 465. Die Lösung dieser Gleichung baut man als Summe von zwei Gliedern auf: die vollständige Lösung der entsprechenden Gleichung ohne das Glied auf der rechten Seite (S. 465) und eine partikuläre Lösung dieser Gleichung. Das erste Glied, das die freien gedämpften Schwingungen des Stromkreises darstellt, kann nach Ablauf einer entsprechenden Einschwingzeit vernachlässigt werden. Für die stationären erzwungenen Schwingungen erhält man die Stromstärke

$$I = I_0 \sin(\Omega t + \alpha),$$

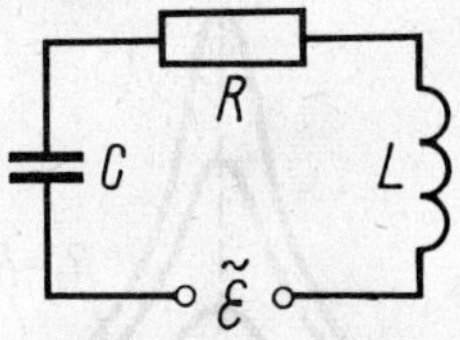

IV.10.2.

wobei I_0 die Amplitude der Stromstärke im Schwingungskreis ist und durch

$$I_0 = \frac{\mathcal{E}_0}{\sqrt{R^2 + \left(\frac{1}{\Omega C} - \Omega L\right)^2}} = \frac{\mathcal{E}_0}{Z}$$

gegeben ist. α ist die Phasenverschiebung zwischen der Stromstärke und der angelegten EMK:

$$\alpha = \arctan \frac{\frac{1}{\Omega C} - \Omega L}{R}$$

3. Die Größe

$$Z = \sqrt{R^2 + \left(\frac{1}{\Omega C} - L\Omega\right)^2}$$

heißt *Wechselstromwiderstand* des elektrischen Stromkreises (*Impedanz des Schwingungskreises*). Er setzt sich zusammen aus dem Ohm*schen Widerstand* R, dem *induktiven Widerstand* $R_L = \Omega L$ und dem *kapazitiven Widerstand* $R_C = 1/\Omega C$. Ein reiner induktiver Widerstand verschiebt die Phase des Wechselstromes relativ zur Phase der angelegten EMK um $\alpha = -\pi/2$. Ein reiner kapazitiver Widerstand führt zu einem Voreilen der Phase der Stromstärke um $\alpha = \pi/2$ (wieder relativ zur Phase der EMK).

4. Unter der Leistung eines Wechselstromes eines beliebigen elektrischen Stromkreises versteht man die über eine Periode gemittelte Größe

$$\overline{N} = \frac{\mathcal{E}_0 I_0}{2} \cos\alpha,$$

wobei I_0 und $\mathscr{E}_0$ die Amplituden der Stromstärke und der EMK sind: α ist die Phasenverschiebung zwischen Strom und EMK.

Als *Effektivwert* (*wirksamen Wert*) der Stromstärke I_{eff} und der elektromotorischen Kraft $\mathscr{E}_{\text{eff}}$ bezeichnet man jene Werte dieser Größen, die in einem Gleichstromkreis mit dem gleichen OHMschen Widerstand die gleiche Leistung $\overline{N}$ erzeugen. Für einen sinusförmigen Wechselstrom gilt

$$I_{\text{eff}} = \frac{I_0}{\sqrt{2}}, \qquad \mathscr{E}_{\text{eff}} = \frac{\mathscr{E}_0}{\sqrt{2}}.$$

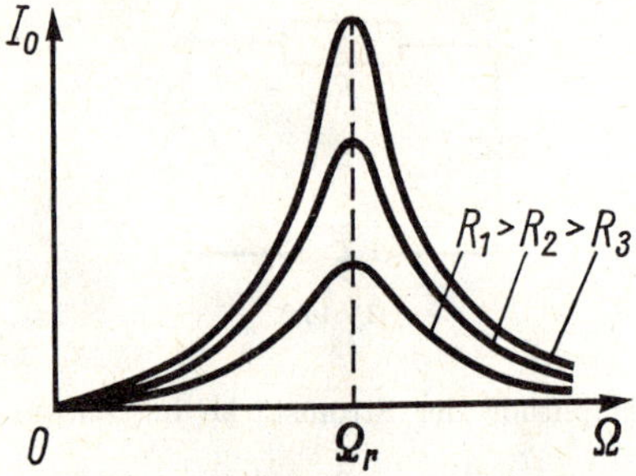

IV.10.3.

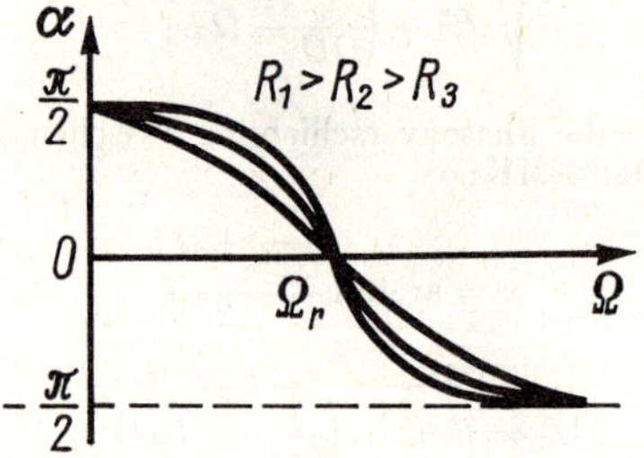

IV.10.4.

5. Die Amplitude der Stromstärke I_0 hängt nicht nur von den Parametern des Stromkreises (R, L und C) ab, sondern auch von der Amplitude der EMK $\mathscr{E}_0$ und von deren Kreisfrequenz Ω. Aus den Bildern IV.10.3 und IV.10.4 ersieht man die Abhängigkeit von $I_0(\Omega)$ und $\alpha(\Omega)$ bei konstantem R, L, C und $\mathscr{E}_0$.

Der Maximalwert der Stromstärke ist

$$I_{0\max} = \frac{\mathscr{E}_0}{R};$$

er tritt ein für

$$\Omega = \Omega_r = \frac{1}{\sqrt{LC}} = \omega_0,$$

wobei ω_0 die Frequenz der freien ungedämpften Schwingungen des Stromkreises ist (S. 467). Bei $\Omega = \Omega_r$ hat der Effektivwert der Impedanz des Schwingungskreises ein Minimum und ist gleich dem OHMschen Widerstand R. Für diesen ist $\alpha = 0$, d. h., Strom und erregende EMK sind in Phase.

Den starken Anstieg der Amplitude der Stromstärke eines Schwingungskreises unter der Bedingung $\Omega \to \Omega_r$ nennt man *Resonanz im elektrischen Stromkreis*. Die Frequenz Ω_r heißt *Resonanzfrequenz*. Die Kurve der Stromstärke I_0 in Abhängigkeit von Ω (Bild IV.10.3) heißt *Resonanzkurve*. Ω_r hängt nicht vom OHMschen Widerstand R ab.

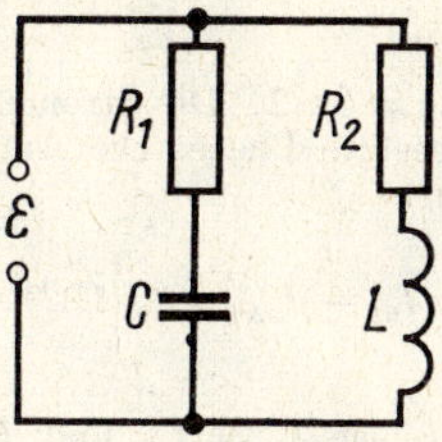

IV.10.5.

6. Die Amplituden des Spannungsabfalls längs der Induktivität U_L und längs der Kapazität U_C sind für den in Bild IV.10.2 angegebenen Stromkreis im Resonanzfall

$$U_{0L} = U_{0C} = L\Omega_r I_0 = \frac{I_0}{\Omega_r C},$$

aber die Phasen sind entgegengesetzt: U_L eilt U_C in der Phase um den Winkel π voraus, so daß $U_L + U_C = 0$ gilt. Der gesamte Spannungsabfall längs des Stromweges (Bild IV.10.2) ist gleich dem Spannungsabfall am OHMschen Widerstand R (*Spannungsresonanz*).

7. Bei der Parallelschaltung eines Gliedes mit der Kapazität C, eines zweiten Gliedes mit der Induktivität L und einer sinusförmigen EMK (Bild IV.10.5) $\mathcal{E} = \mathcal{E}_0 \sin \Omega t$ sind die Stromstärken in den beiden Zweigen

$$I_1 = I_{01} \sin(\Omega t + \alpha_1), \qquad I_2 = I_{02} \sin(\Omega t + \alpha_2)$$

mit

$$I_{01} = \frac{\mathcal{E}_0}{\sqrt{R_1^2 + \frac{1}{\Omega^2 C^2}}}, \qquad I_{02} = \frac{\mathcal{E}_0}{\sqrt{R_2^2 + \Omega^2 L^2}}$$

$$\tan \alpha_1 = \frac{1}{\Omega C R_1}, \qquad \tan \alpha_2 = -\frac{\Omega L}{R_2}.$$

Die Stromstärke im nicht verzweigten Teil erhält man in der Form

$$I = I_0 \sin(\Omega t + \alpha)$$

mit

$$I_0 = \sqrt{I_{01}^2 + I_{02}^2 + 2 I_{01} I_{02} \cos(\alpha_2 - \alpha_1)},$$

$$\tan \alpha = \frac{I_{01} \sin \alpha_1 + I_{02} \sin \alpha_2}{I_{01} \cos \alpha_1 + I_{02} \cos \alpha_2}.$$

Sind die OHMschen Widerstände der parallelen Zweige Null ($R_1 = R_2 = 0$), so gilt

$$I_{01} = \frac{\mathscr{E}_0}{\dfrac{1}{\Omega C}}, \quad I_{02} = \frac{\mathscr{E}_0}{\Omega L}, \quad \tan \alpha_1 = \infty, \quad \tan \alpha_2 = -\infty,$$

d. h. $\alpha_1 = \pi/2$ und $\alpha_2 = 3\pi/2$. Die Ströme in den beiden Zweigen haben also entgegengesetzte Phase. Die Amplitude des Stroms im nichtverzweigten Teil ist

$$I_0 = |I_{01} - I_{02}| = \mathscr{E}_0 \left| \Omega C - \frac{1}{\Omega L} \right|.$$

Für $\Omega = \Omega_{\mathrm{r}} = \dfrac{1}{\sqrt{LC}}$ ist $I_{01} = I_{02}$ und $I_0 = 0$.

Die ausgeprägte Verminderung des Stromes im unverzweigten Teil eines Stromkreises, der aus einem induktiven und einem kapazitiven Parallelglied besteht, bei Annäherung von Ω an $\Omega_{\mathrm{r}} = 1/\sqrt{LC}$ nennt man *Stromresonanz*.

8. Läßt sich die an den Schwingungskreis angelegte EMK als Summe von sinusförmigen Schwingungen mit den Frequenzen Ω_i darstellen, so gilt

$$\mathscr{E} = \sum_{i=1}^{n} \mathscr{E}_{0i} \sin \Omega_i t.$$

Infolge der Resonanzerscheinung wird der Stromkreis von jener Teilschwingung am stärksten beeinflußt, deren Kreisfrequenz Ω_k am nächsten bei der Resonanzfrequenz Ω_{r} liegt. Bei Radioempfängern (S. 561), die auf diesem Prinzip beruhen, ändert man die Resonanzfrequenz durch Änderung der Kapazität oder der Induktivität des Schwingungskreises.

9. Der Einfluß einer erregenden EMK auf einen Schwingungskreis, deren Frequenz Ω von Ω_{r} verschieden ist, ist um so geringer, je steiler die Resonanzkurve in der Umgebung von Ω_{r} verläuft. Die Schärfe der Resonanz wird durch ihre *relative Halbwertsbreite* $\Delta\Omega/\Omega_{\mathrm{r}}$ gemessen:

$$\frac{\Delta \Omega}{\Omega_{\mathrm{r}}} = \frac{2\beta}{\Omega_{\mathrm{r}}},$$

wobei $\Delta\Omega = \Omega_2 - \Omega_1$ der Unterschied zwischen den Frequenzen ist, die zu $I_0^2 = I_{0\max}^2/2$ gehören (Bild IV.10.6). β ist die Dämpfungskonstante (S. 466), Ω_{r} die Resonanzfrequenz.

Die Größe

$$Q = \frac{\Omega_r}{2\beta} = \frac{\Omega_r}{R/L}$$

heißt *Güte des Stromkreises* (*Gütefaktor*).
Es gilt

$$\frac{\Delta\Omega}{\Omega_r} = \frac{1}{Q}.$$

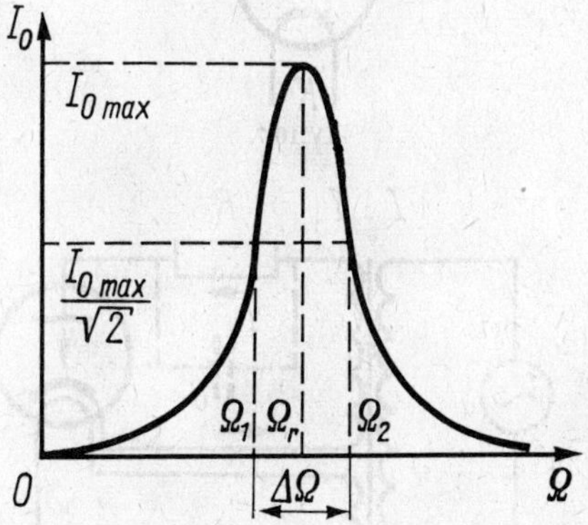

IV.10.6.

10.3. Elektronenröhre und Halbleiter, Gleichrichter und Verstärker

1. Zur Gleichrichtung von Wechselströmen und zur Verstärkung elektromagnetischer Schwingungen verwendet man spezielle elektrische Stromkreise, die man *Gleichrichter* bzw. *Verstärker* nennt. Hauptbestandteile solcher Stromkreise sind Elektronenröhren oder Halbleiterbausteine.

2. Die Wirkungsweise der *Elektronenröhre* beruht auf der Erscheinung der thermischen Elektronenemission (S. 403). Eine einfache Elektronenröhre mit zwei Elektroden, *Diode* genannt, ist in Bild IV.10.7 dargestellt. Bei konstanter Temperatur der Glühkathode (Faden) hängt der Strom I_A in der Diode von der Anodenspannung U_A ab (S. 404).

3. Die Diode besitzt eine richtungsabhängige (unipolare) Leitfähigkeit: Strom kann in der Röhre nur dann fließen, wenn $\varphi_A > \varphi_K$ ist, wobei φ_A und φ_K die Werte des Potentials auf der Anode und auf der Kathode sind. Dieser Umstand läßt sich zur Gleichrichtung von Wechselströmen benutzen. Eine Vakuumröhre mit zwei Elektroden, die zur Gleichrichtung von Wechselströmen dient, heißt *Gleichrichterdiode* (*Kenotron*).

4. In Bild IV.10.8 ist das vereinfachte Schema eines *Halbweggleichrichters* mit Hilfe einer Gleichrichterdiode dargestellt. Die Primärwicklung des Transformators T und die Wechselstromquelle sind in Reihe geschaltet. Die Sekundärwicklung III speist den Faden der

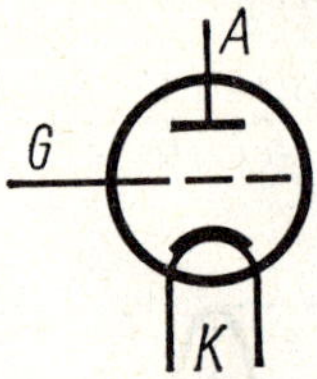

IV.10.7.

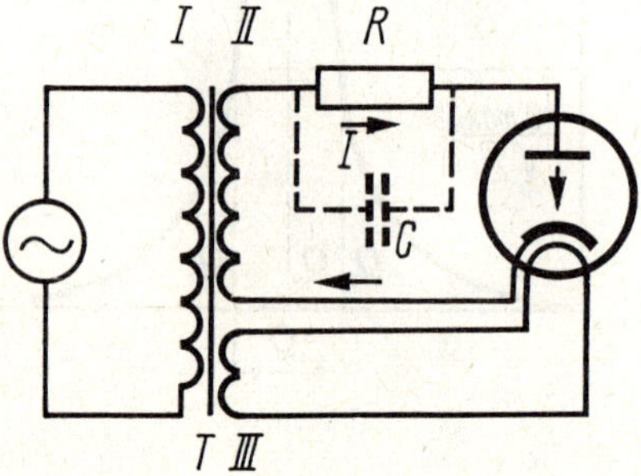

IV.10.8.

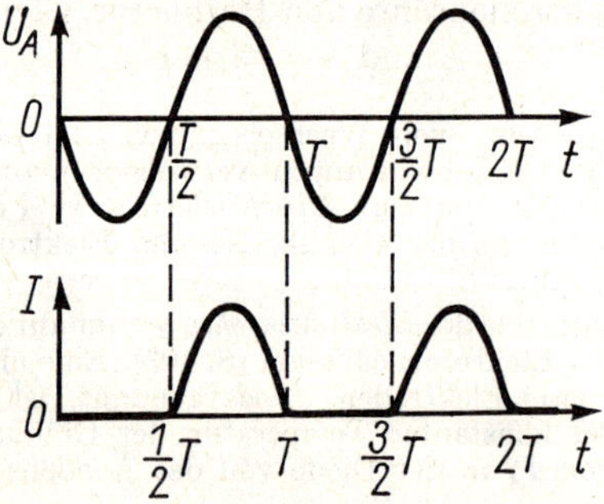

IV.10.9.

Glühkathode. Die Enden der Sekundärwicklung II führen zur Anode und zur Kathode. Der Strom in der Röhre und im Verbraucher R hat die Richtung, die durch die kleinen Pfeile angedeutet wird. Seine Stromstärke ist jedoch nicht konstant (*pulsierender Strom*). Die Änderung des pulsierenden Stromes während einer Periode ist in Bild IV.10.9 dargestellt. In der ersten Hälfte der Periode ist $U_A < 0$

und $I = 0$. Die Glättung des pulsierenden Stromes erreicht man mit Hilfe eines *Filters*, den man parallel oder in Serie zum Verbraucher schaltet. Dazu verwendet man einen Kondensator oder eine *Drosselspule*. Die glättende Wirkung der letzteren beruht auf der Selbst-

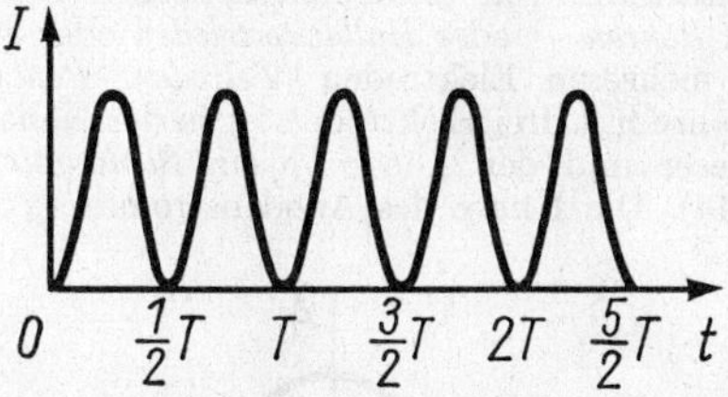

IV.10.10.

IV.10.11.

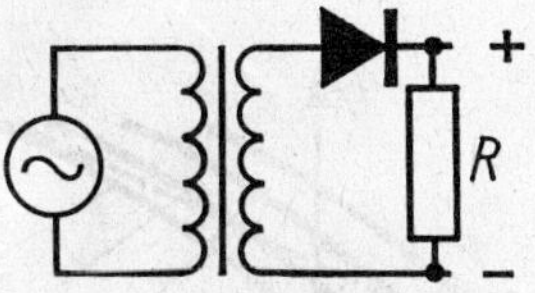

IV.10.12.

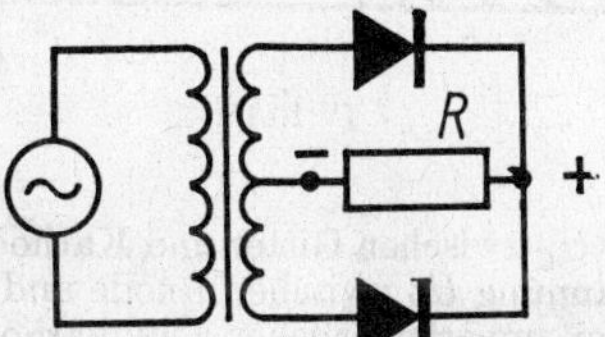

IV.10.13.

induktion (S. 439). Bei der *Zweiweggleichrichtung* mit Hilfe von Gleichrichterdioden verwendet man Dioden mit zwei Anoden (*Doppelanoden*). Ein derartiges System erlaubt eine Gleichrichtung des Wechselstromes in beiden Halbperioden (Bild IV.10.10).

5. Die Gleichrichtung mit Hilfe von Halbleitern (Kupferoxidul, Selen, Germanium) beruht auf der Richtungsabhängigkeit der Leitfähigkeit des *p-n*-Überganges (*Ventileigenschaft*) zwischen einem Halbleiter mit Löcherleitung und einem Halbleiter mit Elektronenleitung (S. 383). Bild IV.10.11 zeigt das gebräuchliche Symbol für eine Diode. Bild IV.10.12 zeigt das Schema eines Einweggleichrichters mit Hilfe von Halbleitern, Bild IV.10.13 das Schema eines Zweiweg-

gleichrichters. Die Halbleiterdioden sind temperaturempfindlich, die Ventilwirkung verschwindet mit erhöhter Temperatur. Der Bereich der Arbeitstemperaturen verschiedener Typen von Halbleiterdioden liegt zwischen −60 und +50 bis +90 °C.

6. Zur Verstärkung von elektromagnetischen Schwingungen verwendet man *Röhren* — oder *Halbleitertrioden* oder auch Elektronenröhren mit mehreren Elektroden (*Tetroden, Pentoden*). Bei einer Elektronenröhre mit drei Elektroden ist in der Nähe der Kathode K zwischen dieser und der Anode A ein *Steuergitter* C angebracht (Bild IV.10.14). Die Kurve des Anodenstromes I_A in Abhängigkeit

IV.10.14.

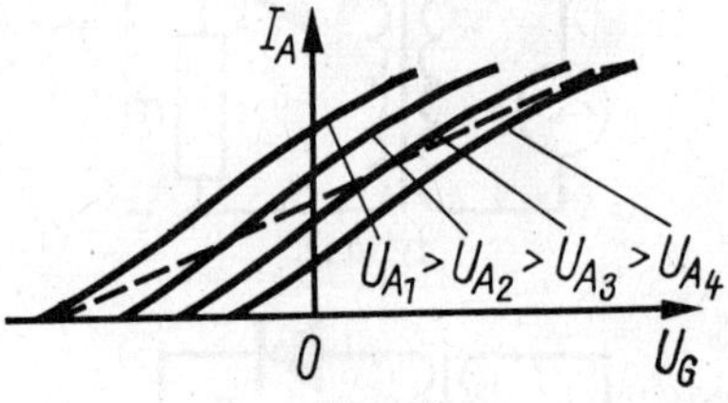

IV.10.15.

von der Spannung U_C zwischen Gitter und Kathode (*Gitterspannung*) bei konstanter Spannung U_A zwischen Anode und Kathode (*Anodenspannung*) und bei unveränderlicher Glühkathode heißt statische *Gitterkennlinie der Röhre*. Die statischen Gitterkennlinien einer Triode für verschiedene U_A sind in Bild IV.10.15 aufgetragen. Die negative Gitterspannung, bei der der Anodenstrom völlig aussetzt, heißt *Löschspannung* der Röhre. Ihr Absolutwert wächst mit zunehmender Anodenspannung.

Die Steigung S der Gitterkennlinien (Tangens des Winkels zwischen Gitterkennlinie und Achse U_C) heißt *Steilheit der Gitterkennlinie* der Triode:

$$S = \left(\frac{\partial I_A}{\partial U_C}\right)_{U_A}$$

7. Die Kurve des Anodenstromes in Abhängigkeit von der Anodenspannung U_A bei $U_C =$ const und unveränderlicher Spannung an

der Glühkathode heißt *statische Anodenkennlinie* der Röhre. Eine Familie solcher Kennlinien für verschiedene U_C ist in Bild IV.10.16 dargestellt. Den Reziprokwert der Steigung der statischen Anodenkennlinie R_i (Cotangens des Winkels zwischen der Anodenkennlinie und der Achse U_A) nennt man *inneren Widerstand der Triode*:

$$R_i = \left(\frac{\partial U_A}{\partial I_A}\right)_{U_C}.$$

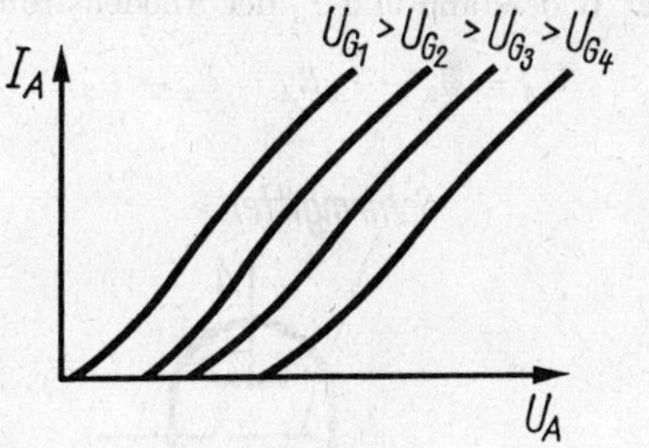

IV.10.16.

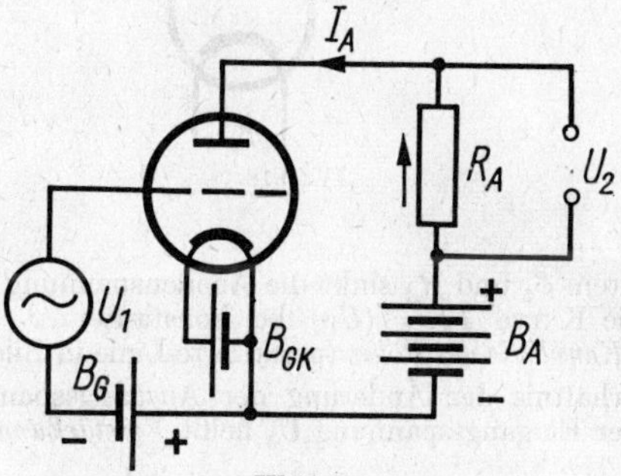

IV.10.17.

8. Bei unveränderlicher Spannung an der Glühkathode ist

$$I_A = f(U_A, U_C).$$

Die totale Änderung des Anodenstromes der Triode ist

$$dI_A = \frac{1}{R_i}(dU_A + \mu dU_C),$$

wobei $\mu = R_i S$ als *statischer Verstärkungsfaktor* der Triode bezeichnet wird. Die Größe $D = 1/\mu = 1/R_i S$ heißt *Durchgriff der Röhre.*

9. Das Schema eines einfachen Wechselstromverstärkers ist aus Bild IV.10.17 ersichtlich. Die zu verstärkende Spannung U_1 wird an

das Gitter der Röhre angelegt. Die verstärkte Spannung U_2 entnimmt man den Enden des OHMschen Widerstandes R_A, der im Anodenkreis liegt. Die Batterien B_C und B_A erzeugen eine konstante negative Spannung U_{C0} zwischen Gitter und Kathode und eine positive Spannung U_A zwischen Anode und Kathode:

$$U_C = U_{C0} + U_1 = -\mathcal{E}_1 + U_1, \quad U_A = \mathcal{E}_2 - I_A(R_A + r_A);$$

dabei ist $\mathcal{E}_1$ die EMK der Batterie B_C, $\mathcal{E}_2$ die EMK der Batterie B_A, r_A deren innerer Widerstand und I_A der Anodenstrom. Bei $r_A \ll R_A$ gilt

$$U_A = \mathcal{E}_2 - I_A R_A = \mathcal{E}_2 - U_2.$$

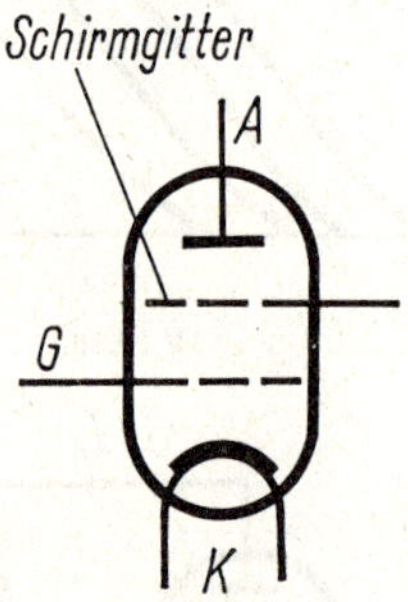

IV.10.18.

Bei konstantem $\mathcal{E}_2$ und R_A sinkt die Anodenspannung mit wachsendem U_C. Die Kurve $I_A = f(U_C)$ bei konstantem $\mathcal{E}_2$ und R_A heißt *dynamische Kennlinie der Röhre* (punktierte Linie in Bild IV.10.15).

10. Das Verhältnis der Änderung der Ausgangsspannung U_2 zur Änderung der Eingangsspannung U_1 heißt *Verstärkungsfaktor* K:

$$K = \frac{dU_2}{dU_1} = \frac{\mu}{1 + \frac{R_i}{R_A}}.$$

Bei $R_A \gg R_i$ ist $K \approx \mu$.

11. Zur Vergrößerung des statischen Verstärkungsfaktors μ vermindert man die Kapazität C_{AK} zwischen Anode und Kathode (*Ausgangskapazität*). Zur Verringerung dieser Kapazität C_{AK} bringt man zwischen Anode und Steuergitter ein *Schirmgitter* an (*Tetrode*, Bild IV.10.18). Das Potential des Schirmgitters ist konstant und niedriger als das Anodenpotential. Dadurch erreicht man eine Schwächung des elektrischen Feldes der Anode in der Nähe des Steuergitters und der Kathode und eine Vergrößerung von μ.

12. Der Verlauf des Anodenstromes I_A in Abhängigkeit von der Anodenspannung U_A bei konstanter Spannung am Steuergitter (U_C)

und am Schirmgitter (U_{SC}) ist, wie aus Bild IV.10.19 hervorgeht, nicht monoton. Bei $U_A \to U_{A_1}$ fließen die Sekundärelektronen, die an der Anode austreten, zum Schirmgitter ab und vermindern so den Anodenstrom (*Sekundärelektroneneffekt*). Im Bereich dieses Effektes von U_{A_1} bis U_{A_2} wird das zu verstärkende Signal stark verzerrt. Die Tetrode ist somit in diesem Bereich unbrauchbar.

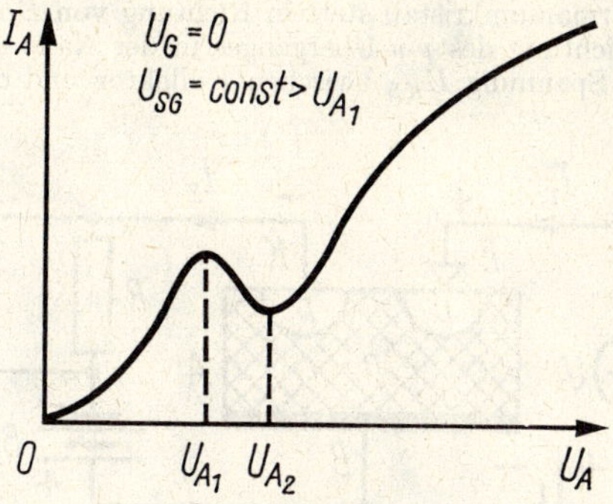

IV.10.19.

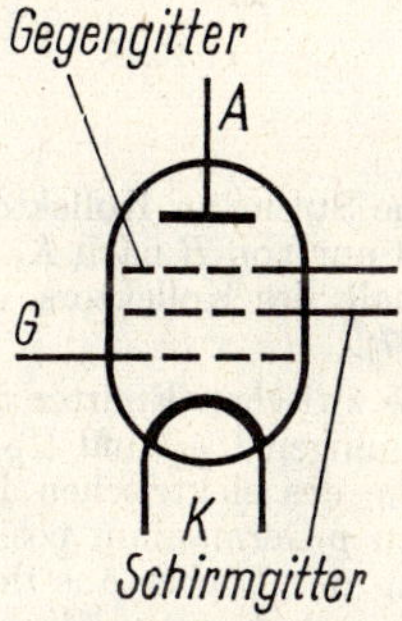

IV.10.20.

13. Zur Vermeidung des Sekundärelektroneneffektes zwischen Anode und Steuergitter führt man ein drittes Gitter als *Gegengitter* ein, das mit der Kathode verbunden ist (*Pentode*, Bild IV.10.20). Das elektrische Feld zwischen Gegengitter und Anode zwingt die Sekundärelektronen zur Anode zurück. Somit erreicht man ein monotones Anwachsen des Anodenstromes I_A mit zunehmender Anodenspannung U_A.

14. Eine *Halbleitertriode* (*Transistor*) besteht aus zwei Übergangsschichten zwischen Halbleitern mit Elektronenleitung und Halbleitern mit Löcherleitung (S. 384). Das Schema einer *Spitzentriode aus Germanium* ist aus Bild IV.10.21 ersichtlich.

Am Germaniumkristall A, der ein Elektronenleiter (n-Typ) (S. 383) ist, ist die *Basis* B angelötet. Unter den punktförmigen Elektroden – *Emitter* E und *Kollektor* K – sind zwei Bereiche mit Löcherleitereigenschaft (p-Typ) vorhanden (S. 384). Die zu verstärkende Spannung U_1 liegt am Emitter. Die verstärkte Spannung U_2 greift man am Belastungswiderstand R ab. Die Spannung U_{EB} zwischen Emitter und Basis ist positiv. Daher durchsetzt der Strom I im Emitter-Basis-Kreis den Germaniumkristall stets in Richtung von E nach B, also in Durchlaßrichtung des p-n-Überganges in der Nähe des Emitters (S. 398). Die Spannung U_{KB} zwischen Kollektor und der Basis ist

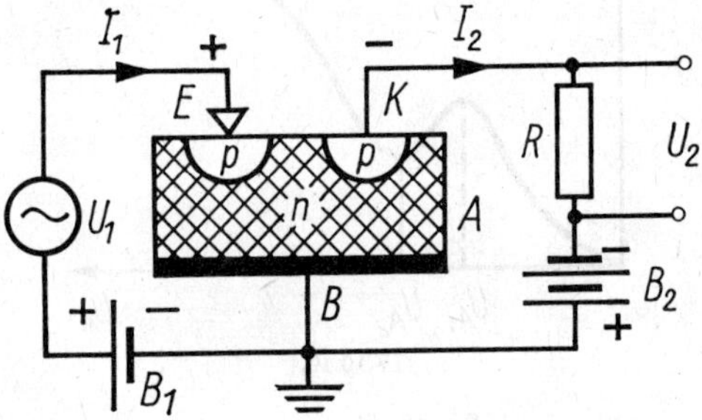

IV.10.21.

negativ. Der elektrische Strom im Kollektor-Basis-Kreis durchsetzt den Germaniumkristall nur von B nach K, also in der Richtung des p-n-Überganges unterhalb des Kollektors, die dem größeren Widerstand entspricht (S. 397).

15. Die Spannung U_{EK} zwischen Emitter und Kollektor ist positiv. Auch bei kleinen Spannungen U_{EK} und U_{EB} ist unter der Spitze des Emitters die Feldstärke des elektrischen Feldes sehr groß, und es treten im angrenzenden p-Germanium positive Löcherladungen auf (S. 384). Den Übergang der Löcher aus dem p-Germanium in den Kristallgrund (n-Typ) nennt man *Einspritzung* (*Injektion*) der Löcher. Der Emitter und das angrenzende p-Germanium erweisen sich somit als Quelle des Trägerstromes, d. h., sie spielen die Rolle der Kathode in einer Elektronenröhre (S. 473). Die Kontaktfläche zwischen p- und n-Germanium unter dem Kollektor besitzt einen geringen Widerstand für Löcherleitung. Die Vergrößerung des Stromes I_2 im Kollektorkreis und der Spannungsabfall am Widerstand R hängen von der Anzahl der Löcher ab, die in der Zeiteinheit durch den p-n-Übergang unter dem Kollektor fließen und dabei den Potentialwall erniedrigen. Die Anzahl der Löcher hängt ihrerseits von der Feldstärke des Feldes unter dem Emitter ab, d. h., sie ändert sich in Übereinstimmung mit den Schwingungen der zu verstärkenden Spannung U_1. Auf diese Art hängt die Größe der Ausgangsspannung U_2 des Verstärkers (Bild IV.10.21) von der Eingangsspannung U_1 ab.

16. Bei Temperaturen, bei denen die Bedingungen für eine Eigenleitfähigkeit der Halbleiter erfüllt sind (S. 383, für Germanium um 100°), wächst die Anzahl der freien Ladungsträger im Halbleiter stark an, und die Steuerung dieser Anzahl, wie sie für die Arbeitsweise des Verstärkers notwendig ist, wird verhindert. Die obere Grenze für die Arbeitstemperatur einer Germaniumtriode liegt zwischen 55° und 75°C. Die untere Grenze der Arbeitstemperaturen (gewöhnlich bei

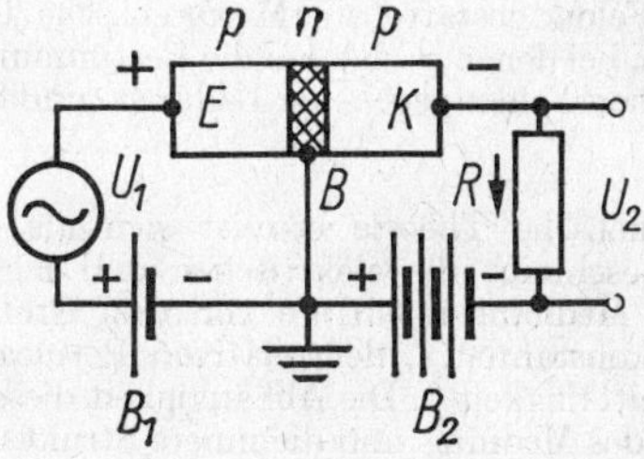

IV.10.22.

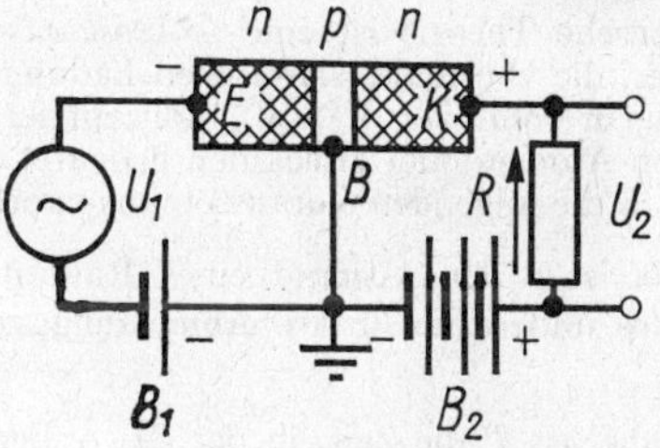

IV.10.23.

—55°C) entspricht einer Energie der Wärmebewegung der Teilchen, bei der die Befreiung einer hinreichend großen Anzahl von Ladungsträgern im Halbleiter nicht mehr möglich ist. Das führt zu einer Vergrößerung des Widerstandes, und die Vorrichtung wird für den besprochenen Zweck unbrauchbar.

17. In *Flächentrioden* aus Halbleitern (*Flächentransistoren*), die eine höhere Ausgangsleistung haben als die Spitzentrioden, wird mit Hilfe von Beimengungen entweder eine n-Halbleiterschicht zwischen zwei p-Halbleitern erzeugt (p-n-p-Typ, Basis ein n-Halbleiter) oder umgekehrt eine p-Halbleiterschicht zwischen zwei n-Halbleitern (n-p-n-Typ, Basis aus p-Halbleiter). Das Prinzip der Arbeitsweise solcher Trioden und das entsprechende Schaltschema ist aus den Bildern VI.10.22 und IV.10.23 ersichtlich.

11. Die Grundlagen der Elektrodynamik ruhender Medien

11.1. Allgemeine Beschreibung der MAXWELLschen Theorie

1. Die *MAXWELLsche Theorie* beinhaltet die folgerichtige Verallgemeinerung der elektrodynamischen Grundgesetze: des Gesetzes von GAUSS (S. 332), des Satzes vom Gesamtstrom (S. 420) und des Gesetzes der elektromagnetischen Induktion (S. 436). Als Theorie der elektromagnetischen Felder gestattet die MAXWELLsche Theorie die Lösung von Problemen, bei denen es sich um die Bestimmung der elektrischen und magnetischen Felder gegebener Ladungs- und Stromverteilungen handelt.

2. Die MAXWELLsche Theorie erweist sich als *phänomenologische* Theorie. Sie beschreibt die elektrischen und magnetischen Eigenschaften eines Mediums mit Hilfe von drei Größen: der relativen Dielektrizitätskonstanten ε, der relativen Permeabilität μ und der spezifischen Leitfähigkeit γ. Die Abhängigkeit dieser Größen von den Eigenschaften des Mediums und die innere Struktur der Vorgänge im Medium, welche die elektrischen und magnetischen Felder hervorrufen, werden in dieser Theorie nicht betrachtet.

3. Die MAXWELLsche Theorie ist eine *makroskopische* Theorie. Sie betrachtet Felder, die von makroskopischen Ladungen und Strömen herrühren und die in Volumina $V \gg V_m$ konzentriert sind, wobei V_m das Volumen von Atomen oder Molekülen bedeutet. Außerdem wird angenommen, daß die folgenden Voraussetzungen erfüllt sind:

a) $r \gg d$. Dabei ist r der Abstand eines Raumpunktes von der Quelle des Feldes und d die lineare Abmessung von Atomen und Molekülen.

b) $T \gg T_m$. Dabei ist T die Zeit, in der die Änderungen der elektrischen und magnetischen Felder vor sich gehen. T_m ist die Dauer eines molekularen Prozesses.

4. Eine makroskopische Ladung oder ein makroskopischer Strom ist eine Gesamtheit von mikroskopischen Ladungen oder Strömen, die die elektrischen oder magnetischen Felder erzeugen (*Mikrofelder*, S. 491). In der MAXWELLschen Theorie betrachtet man die Mittelwerte der Feldgrößen. Die Mittelwerte beziehen sich auf Zeiten $T \gg T_m$ und auf Volumina $V \gg V_m$ (s. Punkt 3).

5. Die MAXWELLsche Theorie ist eine *Nahwirkungstheorie*. Nach MAXWELL ist die Geschwindigkeit der Ausbreitung elektrischer und magnetischer Eigenschaften gleich der Lichtgeschwindigkeit in dem betrachteten Medium. In der MAXWELLschen Theorie findet sich der Nachweis für die elektromagnetische Natur des Lichtes.

11.2. Die erste MAXWELLsche Gleichung

1. Das Gesetz der elektromagnetischen Induktion (S. 438) lautet

$$\left.\begin{aligned} \oint_L (\boldsymbol{E}\, d\boldsymbol{l}) &= -\frac{\partial \Phi_m}{\partial t} \qquad \text{(im SI)}, \\ \oint_L (\boldsymbol{E}\, d\boldsymbol{l}) &= -\frac{1}{c}\frac{\partial \Phi_m}{\partial t} \qquad \text{(im GAUSSschen System)}. \end{aligned}\right\} \quad (1)$$

Nach MAXWELL gilt diese Beziehung für einen beliebigen (nicht notwendig leitenden), willkürlich gewählten Weg in einem veränderlichen Magnetfeld. Ein veränderliches Magnetfeld erzeugt in einem beliebigen Raumpunkt ein elektrisches Wirbelfeld. Die Beziehung (1) heißt *erste MAXWELLsche Gleichung in Integralform.*

2. Mit Hilfe der Beziehung für den magnetischen Fluß

$$\Phi_m = \int_S (\boldsymbol{B}\, d\boldsymbol{S}) = \int_S B_n\, dS,$$

wobei B_n die Projektion des Vektors der magnetischen Induktion auf die Richtung der Normalen $\boldsymbol{n}$ des Flächenelementes dS ist, und mit Hilfe des STOKESschen Satzes

$$\oint_L (\boldsymbol{E}\, d\boldsymbol{l}) = \int_S (\operatorname{rot} \boldsymbol{E}\, d\boldsymbol{S})$$

mit $d\boldsymbol{S} = dS \cdot \boldsymbol{n}$ läßt sich die *erste MAXWELLsche Gleichung in Differentialform* angeben:

$$\left.\begin{aligned} \operatorname{rot} \boldsymbol{E} &= -\frac{\partial \boldsymbol{B}}{\partial t} \qquad \text{(im SI)}, \\ \operatorname{rot} \boldsymbol{E} &= -\frac{1}{c}\frac{\partial \boldsymbol{B}}{\partial t} \qquad \text{(im GAUSSschen System)}. \end{aligned}\right\} \quad (1')$$

11.3. Der Verschiebungsstrom. Die zweite MAXWELLsche Gleichung

1. Der Satz vom Gesamtstrom (S. 420) in der Form

$$\oint_L \boldsymbol{H}\,(d\boldsymbol{l}) = \sum_{k=1}^{n} I_k \qquad \text{(im SI)},$$

$$\oint_L (\boldsymbol{H}\, d\boldsymbol{l}) = \frac{4\pi}{c} \sum_{k=1}^{n} I_k \qquad \text{(im GAUSSschen System)}$$

wird damit begründet, daß ein Magnetfeld durch die geordnete Bewegung von elektrischer Ladung erzeugt wird, nämlich durch Leitungs- oder Konvektionsströme (S. 359). $\oint_L \boldsymbol{H} d\boldsymbol{l}$ ist die Ringspannung der Feldstärke H längs eines geschlossenen Weges L, der den Strom umfaßt. Nach MAXWELL kann die Ursache für das Auftreten eines magnetischen Wirbelfeldes auch ein veränderliches elektrisches Feld sein, dessen magnetische Wirkung durch den Verschiebungsstrom charakterisiert wird.

2. Die *Dichte des Verschiebungsstromes* ist

$$\boldsymbol{j}_{\text{Versch}} = \frac{\partial \boldsymbol{D}}{\partial t} \quad \text{(im SI)},$$

$$\boldsymbol{j}_{\text{Versch}} = \frac{1}{4\pi} \frac{\partial \boldsymbol{D}}{\partial t} \quad \text{(im GAUSSschen System)}.$$

Der Verschiebungsstrom durch eine beliebige Fläche S ist

$$I_{\text{Versch}} = \int_S (\boldsymbol{j}_{\text{Versch}}\, d\boldsymbol{S}) = \int_S \frac{\partial D_n}{\partial t}\, dS = \frac{\partial \Phi_e}{\partial t} \quad \text{(im SI)},$$

$$I_{\text{Versch}} = \int_S (\boldsymbol{j}_{\text{Versch}}\, d\boldsymbol{S}) = \int_S \frac{1}{4\pi} \frac{\partial D_n}{\partial t}\, dS = \frac{1}{4\pi} \frac{\partial \Phi_e}{\partial t} \quad \text{(im GAUSSschen System)},$$

wobei $\Phi_e = \int_S D_n\, dS$ der Fluß des Vektors der elektrischen Verschiebung $\boldsymbol{D}$ durch die Fläche S ist. Nach Einführung des Begriffes der Verschiebungsströme sind nun auch Stromkreise nicht konstanter Ströme stets geschlossen. Zum Beispiel wird während der Ladung oder Entladung eines Kondensators in der Schicht zwischen seinen Platten ein Verschiebungsstrom erzeugt, der den Stromkreis schließt.

3. In einem Dielektrikum (S. 345) gilt

$$\boldsymbol{D} = \varepsilon_0 \boldsymbol{E} + \boldsymbol{P}_e \quad \text{(im SI)},$$

$$\boldsymbol{D} = \boldsymbol{E} + 4\pi \boldsymbol{P}_e \quad \text{(im GAUSSschen System)},$$

wobei $\boldsymbol{P}_e$ den Vektor der Polarisation bezeichnet (S. 347) und ε_0 die Dielektrizitätskonstante des Vakuums (S. 325) ist.

Die Dichte des Verschiebungsstromes im Dielektrikum ist

$$\boldsymbol{j}_{\text{Versch}} = \varepsilon_0 \frac{\partial \boldsymbol{E}}{\partial t} + \frac{\partial \boldsymbol{P}_e}{\partial t} \quad \text{(im SI)},$$

$$\boldsymbol{j}_{\text{Versch}} = \frac{1}{4\pi} \frac{\partial \boldsymbol{E}}{\partial t} + \frac{\partial \boldsymbol{P}_e}{\partial t} \quad \text{(im GAUSSschen System)}.$$

Dabei ist $\varepsilon_0\, \partial \boldsymbol{E}/\partial t$ die *Dichte des Verschiebungsstromes im Vakuum* (im SI) oder $\dfrac{1}{4\pi}\dfrac{\partial \boldsymbol{E}}{\partial t}$ (im GAUSSschen System) und $\dfrac{\partial \boldsymbol{P}_e}{\partial t}$ die *Dichte des Polarisationsstromes.* Der Verschiebungsstrom im Vakuum erzeugt keine JOULEsche Wärme. Der Polarisationsstrom erzeugt Wärme infolge der Reibung beim Polarisationsprozeß im Dielektrikum.

4. In der allgemeinen Fassung lautet der *Satz vom Gesamtstrom*

$$\left.\begin{aligned} &\oint_L (\boldsymbol{H}\,d\boldsymbol{l}) = \sum_{k=1}^{n} I_k + I_{\text{Versch}} && \text{(im SI)},\\ &\oint_L (\boldsymbol{H}\,d\boldsymbol{l}) = \frac{4\pi}{c}\left(\sum_{k=1}^{n} I_k + I_{\text{Versch}}\right) && \text{(im GAUSSschen System).}\end{aligned}\right\} \quad (2)$$

Die Gleichung (2) heißt *zweite* MAXWELL*sche Gleichung in Integralform.*

Mit Hilfe des STOKESschen Satzes $\oint_L (\boldsymbol{H}d\boldsymbol{l}) = \int_S \operatorname{rot}_n \boldsymbol{H}dS$ und mit Hilfe der Beziehung für den Gesamtstrom

$$I_{\text{Ges}} = \sum_{k=1}^{n} I_k + I_{\text{Versch}} = \int_S (j_n + j_{n\text{Versch}})\, dS,$$

wobei j die Stromdichte im Leiter ist, läßt sich die *zweite* MAXWELL*sche Gleichung in Differentialform* formulieren:

$$\left.\begin{aligned} &\operatorname{rot} \boldsymbol{H} = \boldsymbol{j} + \frac{\partial \boldsymbol{D}}{\partial t} && \text{(im SI)},\\ &\operatorname{rot} \boldsymbol{H} = \frac{4\pi}{c}\boldsymbol{j} + \frac{1}{c}\frac{\partial \boldsymbol{D}}{\partial t} && \text{(im GAUSSschen System).}\end{aligned}\right\} \quad (2')$$

11.4. Das vollständige System der MAXWELLschen Gleichungen für elektromagnetische Felder

1. Außer den Gleichungen (1) und (2) erscheint im System der MAXWELLschen Gleichungen noch das Gesetz von GAUSS für elektrische und magnetische Felder (im SI):

$$\Phi_e = \oint_S D_n\, dS = q, \quad (3)$$

$$\Phi_m = \oint_S B_n\, dS = 0, \quad (4)$$

wobei Φ_e der Fluß der elektrischen Verschiebung $\boldsymbol{D}$ und Φ_m der Fluß der magnetischen Induktion $\boldsymbol{B}$ durch eine geschlossene Fläche ist, die die elektrische Ladung q umhüllt. Die Gleichung (4) drückt die

Tatsache aus, daß es keine freie magnetische Ladung gibt. Führt man die Volumendichte der freien Ladung ϱ ein: $q = \int_V \varrho \, dV$ (dV ist das Volumenelement) und verwendet man den GAUSSschen Satz $\oint_S A_n \, dS = \int_V \operatorname{div} \boldsymbol{A} \, dV$, so gehen die Gleichungen (3) und (4) über in die *dritte* und *vierte* MAXWELL*sche Gleichung in Differentialform* (im SI):

$$\operatorname{div} \boldsymbol{D} = \varrho, \tag{3'}$$

$$\operatorname{div} \boldsymbol{B} = 0. \tag{4'}$$

2. Das vollständige System der MAXWELLschen Gleichungen

$$\left.\begin{array}{ll} \operatorname{rot} \boldsymbol{E} = -\dfrac{\partial \boldsymbol{B}}{\partial t}, & \operatorname{div} \boldsymbol{D} = \varrho, \\ \operatorname{rot} \boldsymbol{H} = \boldsymbol{j} + \dfrac{\partial \boldsymbol{D}}{\partial t}, & \operatorname{div} \boldsymbol{B} = 0 \end{array}\right\} \text{(im SI)}, \tag{5}$$

$$\left.\begin{array}{ll} \operatorname{rot} \boldsymbol{E} = -\dfrac{1}{c}\dfrac{\partial \boldsymbol{B}}{\partial t}, & \operatorname{div} \boldsymbol{D} = 4\pi\varrho, \\ \operatorname{rot} \boldsymbol{E} = \dfrac{4\pi}{c}\boldsymbol{j} + \dfrac{1}{c}\dfrac{\partial \boldsymbol{D}}{\partial t}, & \operatorname{div} \boldsymbol{B} = 0 \end{array}\right\} \text{(im GAUSSschen System)} \tag{5'}$$

wird ergänzt durch die *Materialgleichungen*, welche die vier Vektoren $\boldsymbol{E}$, $\boldsymbol{D}$, $\boldsymbol{H}$ und $\boldsymbol{B}$ durch jene Größen verknüpfen, die die elektrischen und magnetischen Eigenschaften der Materie charakterisieren:

$$\boldsymbol{D} = \varepsilon_0 \varepsilon \boldsymbol{E}, \quad \boldsymbol{B} = \mu_0 \mu \boldsymbol{H}, \quad \boldsymbol{j} = \gamma \boldsymbol{E} \quad \text{(im SI)},$$

$$\boldsymbol{D} = \varepsilon \boldsymbol{E}, \quad \boldsymbol{B} = \mu \boldsymbol{H}, \quad \boldsymbol{j} = \gamma \boldsymbol{E} \quad \text{(im GAUSSschen System)}.$$

Dabei ist ε die relative Dielektrizitätskonstante, μ die relative Permeabilität, γ die spezifische Leitfähigkeit, ε_0 die Dielektrizitätskonstante und μ_0 die Permeabilität des Vakuums. Für das Medium wird hier und im folgenden angenommen, daß es isotrop, nicht ferromagnetisch (S. 456) und nicht seignette-elektrisch (S. 354) ist.

3. An der Grenzfläche zwischen zwei Medien mit verschiedenen elektrischen Eigenschaften gelten die Grenzbedingungen

$$\left.\begin{array}{l} D_{n_1} - D_{n_2} = \sigma, \\ B_{n_1} = B_{n_2}, \end{array}\right\} (6) \qquad \left.\begin{array}{l} E_{t_1} = E_{t_2}, \\ H_{t_1} - H_{t_2} = j_{\mathrm{Fl}} \end{array}\right\} (7) \qquad \text{(im SI)},$$

$$\left.\begin{array}{l} \left.\begin{array}{r} D_{n_1} - D_{n_2} = 4\pi\sigma, \\ B_{n_1} = B_{n_2}, \end{array}\right\} (6') \\ \left.\begin{array}{r} E_{t_1} = E_{t_2}, \\ H_{t_1} - H_{t_2} = \dfrac{4\pi}{c} j_{\mathrm{Fl}} \end{array}\right\} (7') \end{array}\right\} \text{(im GAUSSschen System)},$$

wobei σ die Flächendichte der freien Ladung ist und $\boldsymbol{n}$ der Normalenvektor der Grenzfläche in der Richtung vom Medium 1 zum Medium 2. Die Gleichungen (6) bringen die Stetigkeit der Normalkomponenten des Vektors der magnetischen Induktion und die Unstetigkeit der Normalkomponenten des Verschiebungsvektors zum Ausdruck. Die Gleichungen (7) beschreiben die Stetigkeit der Tangentialkomponenten der elektrischen Feldstärke und die Unstetigkeit dieser Komponenten im Fall der magnetischen Feldstärke (j_{Fl} ist die Projektion des Vektors der Flächenstromdichte auf die Richtung $[t\,\boldsymbol{n}]$).

4. Bei gegebenen Anfangsbedingungen (Werte der Vektoren $\boldsymbol{E}$ und $\boldsymbol{H}$ zur Zeit $t = 0$) hat das System der MAXWELLschen Gleichungen eine eindeutig bestimmte Lösung. Die MAXWELLschen Gleichungen sind invariant gegenüber LORENTZ-Transformationen (S. 506).

11.5. Lösung der MAXWELLschen Gleichungen mit der Methode der retardierten Potentiale (bei $\varepsilon, \mu = \text{const}$)

1. Zur Lösung des Systems der MAXWELLschen Gleichungen führt man das *skalare Potential* φ und das *Vektorpotential* $\boldsymbol{A}$ ein:

$$\boldsymbol{B} = \operatorname{rot} \boldsymbol{A}, \quad \boldsymbol{E} = -\operatorname{grad} \varphi - \frac{\partial \boldsymbol{A}}{\partial t} \qquad \text{(im SI)},$$

$$\boldsymbol{B} = \operatorname{rot} \boldsymbol{A}, \quad \boldsymbol{E} = -\operatorname{grad} \varphi - \frac{1}{c}\frac{\partial \boldsymbol{A}}{\partial t} \qquad \text{(im GAUSSschen System)}.$$

Durch die obigen Gleichungen sind φ und $\boldsymbol{A}$ noch nicht eindeutig festgelegt. Das Vektorpotential $\boldsymbol{A}$ läßt sich nur bis auf den Gradienten einer beliebigen skalaren Punktfunktion ψ bestimmen:

$$\boldsymbol{A} = \boldsymbol{A}_0 - \operatorname{grad} \psi .$$

Ebenso ist das skalare Potential φ nur bis auf die Ableitung dieser skalaren Punktfunktion nach der Zeit bestimmt:

$$\varphi = \varphi_0 + \frac{\partial \psi}{\partial t}.$$

Zur eindeutigen Festlegung der Potentiale $\boldsymbol{A}$ und φ normiert man die beiden Größen mit Hilfe der LORENTZ-Bedingung

$$\operatorname{div} \boldsymbol{A} + \varepsilon' \mu' \frac{\partial \varphi}{\partial t} = 0 \qquad \text{(im SI)},$$

$$\operatorname{div} \boldsymbol{A} + \frac{\varepsilon \mu}{c}\frac{\partial \varphi}{\partial t} = 0 \qquad \text{(im GAUSSschen System)}.$$

Diese ist erfüllt, wenn die Funktion ψ der Gleichung

$$\Delta \psi - \varepsilon' \mu' \frac{\partial^2 \psi}{\partial t^2} = \operatorname{div} \boldsymbol{A}_0 + \varepsilon' \mu' \frac{\partial \varphi_0}{\partial t} \quad \text{(im SI)}$$

genügt, wobei die Größen $\boldsymbol{A}_0$ und φ_0 aus den Gleichungen

$$\left.\begin{aligned} \operatorname{rot} \operatorname{rot} \boldsymbol{A} + \varepsilon' \mu' \operatorname{grad} \frac{\partial \varphi}{\partial t} + \varepsilon' \mu' \frac{\partial^2 \boldsymbol{A}}{\partial t^2} &= \mu' \boldsymbol{j}_{\mathrm{Le}}, \\ \Delta \varphi + \operatorname{div} \frac{\partial \boldsymbol{A}}{\partial t} &= -\frac{1}{\varepsilon'} \varrho \end{aligned}\right\} \quad \text{(im SI)}$$

zu bestimmen sind; $\varepsilon' = \varepsilon \varepsilon_0$ und $\mu' = \mu \mu_0$ sind die *absolute Dielektrizitätskonstante* und die *absolute Permeabilität* des betrachteten Mediums, Δ ist der LAPLACE-Operator (S. 306).

2. Das Vektorpotential und das skalare Potential genügen der D'ALEMBERT*schen Gleichung*:

$$\left.\begin{aligned} \Delta \boldsymbol{A} - \frac{1}{v^2} \frac{\partial^2 \boldsymbol{A}}{\partial t^2} &= -\mu' \boldsymbol{j}_{\mathrm{Le}}, \\ \Delta \varphi - \frac{1}{v^2} \frac{\partial^2 \varphi}{\partial t^2} &= -\frac{\varrho}{\varepsilon'} \end{aligned}\right\} \quad \text{(im SI)},$$

$$\left.\begin{aligned} \Delta \boldsymbol{A} - \frac{1}{v^2} \frac{\partial^2 \boldsymbol{A}}{\partial t^2} &= -\frac{4\pi\mu}{c} \boldsymbol{j}_{\mathrm{Le}}, \\ \Delta \varphi - \frac{1}{v^2} \frac{\partial^2 \varphi}{\partial t^2} &= -\frac{4\pi}{\varepsilon} \varrho \end{aligned}\right\} \quad \text{(im GAUSSschen System)};$$

$v = c/\sqrt{\varepsilon\mu}$ ist hier die Ausbreitungsgeschwindigkeit der elektromagnetischen Welle im gegebenen Medium, c die Ausbreitungsgeschwindigkeit im Vakuum, ϱ die Volumendichte der elektrischen Ladung, j_{Le} die Dichte der Leiterströme. Im SI ist $c = 1/\sqrt{\varepsilon_0 \mu_0} \approx 3 \cdot 10^8$ m/s, im GAUSSschen System ist $c \approx 3 \cdot 10^{10}$ cm/s.

3. Die Potentiale φ und $\boldsymbol{A}$ kann man als *retardierte* Größen betrachten. Das heißt, bei ihrer Bestimmung wird die endliche Ausbreitungsgeschwindigkeit elektromagnetischer Signale berücksichtigt:

$$\varphi(x, y, z, t) = \frac{1}{\varepsilon} \int\limits_{V'} \frac{\varrho\left(x', y', z', t - \dfrac{r}{v}\right)}{r} \, dV' \quad \text{(im GAUSSschen System)},$$

$$\varphi(x, y, z, t) = \frac{1}{4\pi\varepsilon'} \int\limits_{V'} \frac{\varrho\left(x', y', z', t - \dfrac{r}{v}\right) dV'}{r} \quad \text{(im SI)},$$

$$A(x, y, z, t) = \frac{\mu}{c} \int\limits_{V'} \frac{j\left(x', y', z', t - \frac{r}{v}\right)}{r} dV' \quad \text{(im Gaussschen System)},$$

$$A(x, y, z, t) = \frac{\mu'}{4\pi} \int\limits_{V'} \frac{j\left(x', y', z', t - \frac{r}{v}\right) dV'}{r} \quad \text{(im SI)},$$

wobei x, y, z die Koordinaten des Punktes sind, in denen zum Zeitpunkt t die Größe von A und φ untersucht wird. x', y', z' sind die Koordinaten des Volumenelementes dV', r ist der Abstand des Elementes dV' vom betrachteten Punkt. Im Abstand r von Ladungen und Strömen, den Quellen des Feldes also, erhält man die Potentiale φ und A zum Zeitpunkt t aus den Werten von ϱ und j zum Zeitpunkt $t - r/v$.

11.6. Erhaltungssätze für elektromagnetische Felder

1. Der *Satz von der Erhaltung der elektrischen Ladung* behauptet, daß keine elektrische Ladung verschwindet und keine erzeugt wird. Er besagt, daß die Abnahme der elektrischen Ladung im Volumen V pro Zeiteinheit gleich der Stromstärke I ist:

$$I = -\frac{\partial q}{\partial t}.$$

Die Differentialform des Satzes von der Ladungserhaltung verknüpft die Volumendichte der Ladung ϱ mit der Stromdichte j:

$$\operatorname{div} j + \frac{\partial \varrho}{\partial t} = 0.$$

2. Die im Raum mit der Volumendichte $w = \frac{\varepsilon' E^2}{2} + \frac{\mu' H^2}{2}$ lokalisierte Energie des elektromagnetischen Feldes (S. 447) breitet sich mit der Gruppengeschwindigkeit aus (S. 550). Der Betrag der Energie, die in der Zeiteinheit durch die Flächeneinheit senkrecht zu ihrer Ausbreitungsrichtung fließt, bestimmt den Poynting*schen Vektor* (Momentanwert des Flusses der Energiedichte):

$$P = [EH] \quad \text{(im SI)},$$

$$P = \frac{c}{4\pi} [EH] \quad \text{(im Gaussschen System)}.$$

In Integralform lautet der *Erhaltungssatz für die Energie des elektromagnetischen Feldes*

$$-\frac{\partial}{\partial t} \int\limits_V w \, dV = \int\limits_V a \, dV + \oint\limits_S P_n \, dS,$$

wobei a die Volumendichte der Wärmeleistung des Stromes ist (S. 367). Die Abnahme der Energie des Feldes im Volumen V erfolgt infolge der Bildung JOULEscher Wärme in den Leitern, die sich im Feld befinden, und infolge des Energieflusses durch die geschlossene Fläche S, die das Volumen V begrenzt. Die Differentialform des Erhaltungssatzes für die Feldenergie (in Abwesenheit von Ladungen und Strömen) drückt die Stetigkeit der Energiedichte w aus:

$$\operatorname{div} \boldsymbol{P} + \frac{\partial w}{\partial t} = 0.$$

3. Im Zusammenhang mit Energieänderungen erfolgt auch eine Impulsübertragung durch das Feld. Die räumliche Impulsverteilung wird durch die Raumdichte des Impulses $\boldsymbol{g}$ beschrieben:

$$\boldsymbol{g} = \frac{[\boldsymbol{E}\boldsymbol{H}]}{c^2} = \frac{\boldsymbol{P}}{c^2} \qquad \text{(im SI)},$$

$$\boldsymbol{g} = \frac{1}{4\pi c}[\boldsymbol{E}\boldsymbol{H}] = \frac{\boldsymbol{P}}{c^2} \qquad \text{(im GAUSSschen System)}.$$

Der Gesamtimpuls des Feldes im Volumen V ist

$$\boldsymbol{G} = \int_V \boldsymbol{g}\, dV.$$

Die Existenz des Impulses $\boldsymbol{G}$ des elektromagnetischen Feldes äußert sich in der Existenz des elektromagnetischen Druckes (Lichtdruck, S. 677).

Den *Impulserhaltungssatz für elektromagnetische Felder* formuliert man durch die Beziehung

$$\frac{\partial}{\partial t}\int_V \boldsymbol{g}\, dV = -(\boldsymbol{F}_e + \boldsymbol{F}_m) + \oint_S \boldsymbol{T}_n\, dS,$$

wobei $\boldsymbol{F}_e$ und $\boldsymbol{F}_m$ die Kräfte sind, mit denen das Feld auf die im Volumen V enthaltenen Ladungen und Ströme wirkt; $\oint_S \boldsymbol{T}_n dS$ ist der Fluß des Impulses pro Zeiteinheit durch die Oberfläche S dieses Volumens und $\boldsymbol{T}_n$ die Kraft pro Flächeneinheit, die auf diese Oberfläche in Richtung der äußeren Normalen einwirkt. Der Satz von der Erhaltung des Impulses im elektromagnetischen Feld zieht nicht nur den mechanischen Impuls $\boldsymbol{K}$ (S. 45) in Betracht, der den Kräften entspricht, die auf Ladung und Strom einwirken,

$$\frac{\partial \boldsymbol{K}}{\partial t} = \boldsymbol{F}_e + \boldsymbol{F}_m,$$

sondern auch den Impuls des elektromagnetischen Feldes $\boldsymbol{G}$. Wenn die Oberfläche S das gesamte Feld umhüllt, gilt für den Gesamtimpuls im Volumen V

$$\boldsymbol{G} + \boldsymbol{K} = \text{const}.$$

11.7. Grundlagen der Elektronentheorie. Die LORENTZ-Gleichungen

1. Die *Elektronentheorie* von LORENTZ ist eine Weiterentwicklung der MAXWELLschen Theorie der elektromagnetischen Felder. Sie geht von bestimmten Vorstellungen über den Aufbau der Materie aus (*mikroskopische Theorie*). In der Elektronentheorie denkt man sich die Materie aus bewegten Teilchen aufgebaut. Die Elektronentheorie verwendet zur Beschreibung der elektromagnetischen Erscheinungen in Medien nicht die Größen ε und μ (S. 486), welche die Stoffe in der phänomenologischen Theorie von MAXWELL charakterisieren. Die elektrischen und magnetischen Eigenschaften der Stoffe sowie alle elektromagnetischen Erscheinungen in Medien erklärt man durch die räumliche Verteilung der elektrischen Ladungsträger der Atome und Moleküle, durch deren Bewegung und deren Wechselwirkung untereinander.

2. In jedem Punkt des Raumes existieren *Mikrofelder*: ein elektrisches Mikrofeld mit der Feldstärke $\boldsymbol{e}$ und ein magnetisches Mikrofeld mit der Feldstärke $\boldsymbol{h}$. Diese Felder genügen den LORENTZ-*Gleichungen*:

$$\left.\begin{aligned} \operatorname{rot} \boldsymbol{e} &= -\mu_0 \frac{\partial \boldsymbol{h}}{\partial t}, & \operatorname{div} \boldsymbol{e} &= \frac{\varrho}{\varepsilon_0}, \\ \operatorname{rot} \boldsymbol{h} &= \boldsymbol{j} + \varepsilon_0 \frac{\partial \boldsymbol{e}}{\partial t}, & \operatorname{div} \boldsymbol{h} &= 0 \end{aligned}\right\} \text{(im SI)},$$

$$\left.\begin{aligned} \operatorname{rot} \boldsymbol{e} &= -\frac{1}{c}\frac{\partial \boldsymbol{h}}{\partial t}, & \operatorname{div} \boldsymbol{e} &= 4\pi\varrho, \\ \operatorname{rot} \boldsymbol{h} &= \frac{4\pi}{c}\boldsymbol{j} + \frac{1}{c}\frac{\partial \boldsymbol{e}}{\partial t}, & \operatorname{div} \boldsymbol{h} &= 0 \end{aligned}\right\} \text{(im GAUSSschen System)}.$$

Die Stromdichte ist $\boldsymbol{j} = \varrho \boldsymbol{v}$, wobei ϱ die Raumdichte der Ladungen ist und $\boldsymbol{v}$ deren Geschwindigkeit.

3. Das System der LORENTZ-Gleichungen ergänzt man durch einen Ausdruck für die Dichte der LORENTZ-Kraft $\boldsymbol{f}$ (S. 425), die auf Ladungen und Ströme wirkt:

$$\boldsymbol{f} = \varrho \boldsymbol{e} + \varrho[\boldsymbol{v}\mu_0\boldsymbol{h}] \quad \text{(im SI)},$$

$$\boldsymbol{f} = \varrho \boldsymbol{e} + \frac{\varrho}{c}[\boldsymbol{v}\boldsymbol{h}] \quad \text{(im GAUSSschen System)}.$$

Für die Mikrofelder $\boldsymbol{e}$ und $\boldsymbol{h}$ gelten die Erhaltungssätze (S. 489).

4. Die Energiedichte w des elektromagnetischen Feldes (S. 446), der Momentanwert der Energieflußdichte $\boldsymbol{P}$, der POYNTING*sche Vektor* (S. 489), und die Impulsdichte $\boldsymbol{g}$ (S. 490) sind für Mikrofelder gegeben

durch

$$w = \frac{1}{2}(\varepsilon_0 e^2 + \mu_0 h^2) \quad \text{(im SI)},$$

$$w = \frac{1}{8\pi}(e^2 + h^2) \quad \text{(im GAUSSschen System)};$$

$$\boldsymbol{P} = [\boldsymbol{eh}] \quad \text{(im SI)},$$

$$\boldsymbol{P} = \frac{c}{4\pi}[\boldsymbol{eh}] \quad \text{(im GAUSSschen System)};$$

$$\boldsymbol{g} = \frac{[\boldsymbol{eh}]}{c^2} = \frac{\boldsymbol{P}}{c^2} \quad \text{(im SI)},$$

$$\boldsymbol{g} = \frac{1}{4\pi c}[\boldsymbol{eh}] = \frac{\boldsymbol{P}}{c^2} \quad \text{(im GAUSSschen System)}.$$

11.8. Die Gleichungen für die Mittelwerte der Mikrofeldgrößen

1. Die makroskopischen Feldgrößen $\boldsymbol{E}$, $\boldsymbol{H}$, $\boldsymbol{D}$ und $\boldsymbol{B}$, die man experimentell beobachtet, lassen sich als raum-zeitliche Mittelwerte der Mikrofeldgrößen $\boldsymbol{e}$ und $\boldsymbol{h}$ deuten (S. 491). Das System der LORENTZ-Gleichungen für die Mittelwerte hat die Form

$$\left.\begin{aligned} \operatorname{rot} \bar{\boldsymbol{e}} &= -\mu_0 \frac{\partial \bar{\boldsymbol{h}}}{\partial t}, & \operatorname{div} \bar{\boldsymbol{e}} &= \frac{\bar{\varrho}}{\varepsilon_0}, \\ \operatorname{rot} \bar{\boldsymbol{h}} &= \varepsilon_0 \frac{\partial \bar{\boldsymbol{e}}}{\partial t} + \overline{\varrho \boldsymbol{v}} & \operatorname{div} \bar{\boldsymbol{h}} &= 0 \end{aligned}\right\} \text{(im SI)},$$

$$\left.\begin{aligned} \operatorname{rot} \bar{\boldsymbol{e}} &= -\frac{1}{c}\frac{\partial \bar{\boldsymbol{h}}}{\partial t}, & \operatorname{div} \bar{\boldsymbol{e}} &= 4\pi\bar{\varrho}, \\ \operatorname{rot} \bar{\boldsymbol{h}} &= \frac{4\pi}{c}\overline{\varrho \boldsymbol{v}} + \frac{1}{c}\frac{\partial \bar{\boldsymbol{e}}}{\partial t}, & \operatorname{div} \bar{\boldsymbol{h}} &= 0 \end{aligned}\right\} \text{(im GAUSSschen System)},$$

wobei die Striche die Mittelwerte der einzelnen Größen andeuten.

2. Die Mittelwerte der Ladungen unterteilt man in freie und gebundene Ladungen:

$$\bar{\varrho} = \bar{\varrho}_{\text{frei}} + \bar{\varrho}_{\text{geb}}.$$

Den Mittelwert der Dichte der gebundenen Ladungen drückt man durch den Vektor der Polarisation (S. 347) aus:

$$\bar{\varrho}_{\text{geb}} = -\operatorname{div} \boldsymbol{P}_e.$$

3. Der Mittelwert der Stromdichte $\bar{j} = \overline{\varrho v}$ besteht aus dem Mittelwert der Stromdichte freier Ladungen $\bar{j}_{\text{frei}} = \overline{\varrho_{\text{frei}} v}$ und dem Mittelwert der Stromdichte der gebundenen Ladungen $\bar{j}_{\text{geb}} = \overline{\varrho_{\text{geb}} v}$; $\bar{j} = \bar{j}_{\text{frei}} + \bar{j}_{\text{geb}}$.
Die mittlere Stromdichte der gebundenen Ladungen $\bar{j}_{\text{geb}}$ setzt sich zusammen aus der Dichte des Polarisationsstromes $\bar{j}_{\text{Polar}}$ und aus der Dichte des Magnetisierungsstromes $\bar{j}_{\text{Magn}}$: $\bar{j}_{\text{geb}} = \bar{j}_{\text{Polar}} + \bar{j}_{\text{Magn}}$. Der Polarisationsstrom wird durch eine Verschiebung der Ladungen nichtpolarer Moleküle oder durch eine Drehung der Achse polarer Moleküle während des Polarisationsprozesses verursacht: $\bar{j}_{\text{Polar}} = \partial \boldsymbol{P}_e / \partial t$.
Der Magnetisierungsstrom tritt infolge der Existenz geschlossener molekularer Ströme auf (S. 410), die mit der Bahnbewegung der Elektronen im Atom oder Molekül verbunden sind: $\bar{j}_{\text{Magn}} = \operatorname{rot} \boldsymbol{I}$, wobei $\boldsymbol{I}$ der Vektor der Magnetisierung ist (S. 450).
Nach Einsetzen der Ausdrücke für ϱ_{geb} und $\bar{j}$ in die LORENTZ-Gleichungen erhält man ein Gleichungssystem für die makroskopischen Felder

$$\left.\begin{aligned} \operatorname{rot} \bar{\boldsymbol{e}} &= -\frac{\partial}{\partial t}(\mu_0 \bar{\boldsymbol{h}}), \\ \operatorname{rot}(\bar{\boldsymbol{h}} - \boldsymbol{I}) &= \boldsymbol{j} + \frac{\partial}{\partial t}(\varepsilon_0 \bar{\boldsymbol{e}} + \boldsymbol{P}_e), \\ \operatorname{div}(\varepsilon_0 \bar{\boldsymbol{e}} + \boldsymbol{P}_e) &= \varrho, \quad \operatorname{div} \bar{\boldsymbol{h}} = 0 \end{aligned}\right\} \text{(im SI)},$$

$$\left.\begin{aligned} \operatorname{rot} \bar{\boldsymbol{e}} &= -\frac{1}{c}\frac{\partial \bar{\boldsymbol{h}}}{\partial t}, \\ \operatorname{rot}(\bar{\boldsymbol{h}} - 4\pi \boldsymbol{I}) &= \frac{4\pi}{c}\boldsymbol{j} + \frac{1}{c}\frac{\partial}{\partial t}(\bar{\boldsymbol{e}} + 4\pi \boldsymbol{P}_e), \\ \operatorname{div}(\bar{\boldsymbol{e}} + 4\pi \boldsymbol{P}_e) &= 4\pi\varrho, \quad \operatorname{div} \bar{\boldsymbol{h}} = 0 \end{aligned}\right\} \text{(im GAUSSschen System)},$$

wobei ϱ die Volumendichte der freien Ladungen und $\bar{j}$ die Stromdichte dieser Ladungen (makroskopische Ströme, S. 410) ist.
4. Durch Vergleich der LORENTZ-Gleichungen für die Mittelwerte der Feldgrößen mit den MAXWELLschen Gleichungen erhält man die Beziehungen

$$\bar{\boldsymbol{e}} = \boldsymbol{E}, \quad \bar{\boldsymbol{h}} = \frac{\boldsymbol{B}}{\mu_0} \quad \text{(im SI)},$$

$$\bar{\boldsymbol{e}} = \boldsymbol{E}, \quad \bar{\boldsymbol{h}} = \boldsymbol{B} \quad \text{(im GAUSSschen System)}.$$

Es ergibt sich weiter eine Verknüpfung der Polarisation $\boldsymbol{P}_e$ und der Magnetisierung $\boldsymbol{I}$ mit den makroskopischen Feldern (S. 352 und S. 455):

$$\boldsymbol{D} = \varepsilon_0 \boldsymbol{E} + \boldsymbol{P}_e, \quad \boldsymbol{H} = \frac{\boldsymbol{B}}{\mu_0} - \boldsymbol{I} \quad \text{(im SI)},$$

$$\boldsymbol{D} = \boldsymbol{E} + 4\pi \boldsymbol{P}_e, \quad \boldsymbol{B} = \boldsymbol{H} + 4\pi \boldsymbol{I} \quad \text{(im GAUSSschen System)}.$$

5. Die Elektronentheorie erklärt die physikalische Bedeutung der makroskopischen Konstanten ε, μ und γ der Stoffe, die sich in konstanten oder veränderlichen elektrischen oder magnetischen Feldern befinden.

6. Wie die MAXWELLsche Theorie so betrachtet auch die Elektronentheorie nur stetige Veränderungen elektromagnetischer Felder. Alle Probleme, die infolge der Existenz von Eigenschaften elektromagnetischer Felder diskreter Natur auftreten (Photoeffekt, S. 671, Wärmestrahlung, S. 662, COMPTON-Effekt, S. 674) finden in der klassischen Elektronentheorie keine Erklärung. Diese Arbeit wird erst in der Quantentheorie der Wechselwirkung der Felder mit der Materie bewältigt.

7. In der klassischen Theorie der Elektronenleiter (S. 361) untersucht man die Eigenschaften des freien Elektronengases in Metallen nach klassischen Methoden. Dies führt zu einer Reihe von Problemen (S. 361), die sich durch die FERMI-DIRAC-Statistik für ein entartetes Elektronengas in Metallen (S. 220) lösen lassen.

12. Grundlagen der Magnetohydrodynamik

12.1. Die Gleichungen der Magnetohydrodynamik

1. Die *Magnetohydrodynamik* untersucht die Wechselwirkung elektromagnetischer Felder mit flüssigen oder gasförmigen Medien, die eine elektrische Leitfähigkeit besitzen. Beispiele für solche Medien sind das Plasma (S. 379) und flüssige Metalle.

2. Für magnetohydrodynamische Untersuchungen setzt man die zu betrachtenden Medien als kontinuierlich voraus (S. 301). Weiter unterscheidet man nicht zwischen der magnetischen Feldstärke $\boldsymbol{H}$ und der magnetischen Induktion $\boldsymbol{B}$ (im GAUSSschen Maßsystem), d. h., man nimmt stets an, daß für die magnetische Permeabilität der Flüssigkeiten und Gase $\mu \approx 1$ gilt. Zudem setzt man voraus, daß der Realteil der Dielektrizitätskonstanten des Mediums $\varepsilon = \text{const}$ ist. Bezüglich der elektrischen Leitfähigkeit des Mediums γ trifft man die folgenden Annahmen:

a) Das Medium ist bezüglich γ homogen und isotrop. γ hängt nicht von H ab. Das ist unter der zusätzlichen Voraussetzung

$$\omega_L \tau \ll 1$$

stets erfüllt, wobei $\omega_L = eH/2mc$ [1]) die LARMOR-Frequenz der Präzession der Elektronen ist (S. 449) und τ die Zeit, die der freien Weglänge der Elektronen im Medium entspricht. Eine Verletzung dieser Bedingungen kann bei stark verdünnten Medien und bei sehr hohen Feldstärken des Magnetfeldes eintreten.

---

[1]) In diesem Kapitel wird stets das GAUSSsche Maßsystem benutzt.

b) γ ist hinreichend groß, so daß

$$\frac{e}{4\pi}\frac{\omega}{\gamma} \ll 1$$

ist, wobei ω die Frequenz des im Medium stattfindenden Prozesses ist, z. B. die Frequenz der elektromagnetischen Welle, die sich in einem Plasma ausbreitet.

Man setzt weiterhin voraus, daß die mittlere freie Weglänge der Elektronen im Medium viel kleiner ist als die linearen Abmessungen der Apparatur, die zu dem gegebenen Problem gehört, wie z. B. der Abstand zwischen zwei leitenden Platten, zwischen denen sich eine Flüssigkeit bei angelegtem äußeren Magnetfeld bewegt. Diese Voraussetzung ist in stark verdünnten Medien nicht erfüllt.

In der nichtrelativistischen Magnetohydrodynamik setzt man schließlich noch voraus, daß die Bewegung des Mediums mit Geschwindigkeiten v erfolgt, die wesentlich kleiner sind als die Geschwindigkeit des Lichtes im Vakuum.

3. Die magnetohydrodynamischen Gleichungen sind die Vereinigung der MAXWELLschen Gleichungen für elektromagnetische Felder (S. 483) mit den hydrodynamischen Bewegungsgleichungen (S. 304), den thermodynamischen Zustandsgleichungen des Mediums (S. 149) und dem Erhaltungssatz für die Energie (S. 311).

Bei der Bewegung eines elektrisch leitenden Mediums in einem Magnetfeld entsteht ein Induktionsstrom, dessen Dichte durch

$$\boldsymbol{j}_{\text{ind}} = \frac{\gamma}{c}[\boldsymbol{v}\boldsymbol{H}]$$

gegeben ist, wobei $\boldsymbol{v}$ die Geschwindigkeit des Mediums ist. Infolge der Einwirkung des Magnetfeldes auf die Ströme im Medium entsteht eine elektromagnetische Volumenkraft, deren Dichte sich durch

$$\boldsymbol{f}_{\text{el}} = \varrho_e \boldsymbol{E} + \frac{1}{c}[\boldsymbol{j}\boldsymbol{H}]$$

ausdrücken läßt, wobei $\boldsymbol{j}$ die Gesamtstromdichte ist:

$$\boldsymbol{j} = \boldsymbol{j}_{\text{ind}} + \varrho_e \boldsymbol{v} + \gamma \boldsymbol{E};$$

ϱ_e ist die Dichte der elektrischen Ladung im Medium, $\boldsymbol{E}$ die Feldstärke des elektrischen Feldes im Medium. Die Größen $\boldsymbol{j}_{\text{ind}}$ und $\boldsymbol{f}_{\text{el}}$ vermitteln den Zusammenhang zwischen den hydrodynamischen und den elektromagnetischen Erscheinungen.

Unter den Voraussetzungen von S. 494, Punkt 2 darf man im Ausdruck für $\boldsymbol{j}$ die ersten beiden Glieder vernachlässigen. Man behält somit nur die Dichte des Leiterstromes bei, $\boldsymbol{j} = \gamma \boldsymbol{E}$. In der nichtrelativistischen Theorie vernachlässigt man auch das erste Glied im Ausdruck für $\boldsymbol{f}_{\text{el}}$ und behält nur die LORENTZ-Kraft (S. 425) $\boldsymbol{f} = [\boldsymbol{j}\boldsymbol{H}]/c$ bei.

4. Das volle System der magnetohydrodynamischen Gleichungen hat die Form

$$\frac{\partial \boldsymbol{H}}{\partial t} = \operatorname{rot}[\boldsymbol{v}\boldsymbol{H}] + \nu_m \Delta \boldsymbol{H}, \qquad \operatorname{div} \boldsymbol{H} = 0,$$

$$\frac{\partial \boldsymbol{v}}{\partial t} + (\boldsymbol{v}\nabla)\boldsymbol{v} = -\frac{1}{\varrho}\operatorname{grad} p - \frac{1}{4\pi\varrho}[\boldsymbol{H} \operatorname{rot} \boldsymbol{H}] + \frac{\eta}{\varrho}\Delta \boldsymbol{v}$$

$$+ \frac{1}{\varrho}\left(\zeta + \frac{\eta}{3}\right)\operatorname{grad}\operatorname{div}\boldsymbol{v}$$

(analog zu den NAVIER-STOKESschen Gleichungen, S. 306),

$$\frac{\partial \varrho}{\partial t} + \operatorname{div}(\varrho \boldsymbol{v}) = 0 \qquad \text{(Kontinuitätsgleichung, S. 304)},$$

$$p = p(\varrho, T) \qquad \text{(Zustandsgleichung des Mediums)},$$

$$\frac{\partial}{\partial t}\left(\frac{\varrho v^2}{2} + \varrho u + \frac{H^2}{8\pi}\right) = -\operatorname{div}\boldsymbol{w} \quad \text{(Energiesatz, S. 311)}.$$

Dabei ist $\boldsymbol{w}$ die Energieflußdichte:

$$\boldsymbol{w} = \varrho \boldsymbol{v}\left(u + \frac{p}{\varrho} + \frac{v^2}{2}\right) - K \operatorname{grad} T$$

$$+ \eta\left\{2\left[\left(\frac{\partial v_x}{\partial x}\right)^2 + \left(\frac{\partial v_y}{\partial y}\right)^2 + \left(\frac{\partial v_z}{\partial z}\right)^2\right]\right.$$

$$\left. + \left[\left(\frac{\partial v_x}{\partial y} + \frac{\partial v_y}{\partial x}\right)^2 + \left(\frac{\partial v_x}{\partial z} + \frac{\partial v_z}{\partial x}\right)^2 + \left(\frac{\partial v_y}{\partial z} + \frac{\partial v_z}{\partial y}\right)^2\right] - \frac{2}{3}(\operatorname{div}\boldsymbol{v})^2\right\}\boldsymbol{v}$$

$$+ \zeta(\operatorname{div}\boldsymbol{v})^2\boldsymbol{v} + \frac{1}{4\pi}[\boldsymbol{H}[\boldsymbol{v}\boldsymbol{H}]] - \frac{\nu_m}{4\pi}[\boldsymbol{H} \operatorname{rot} \boldsymbol{H}].$$

$\nu_m = c^2/4\pi\gamma$ ist der Koeffizient der *magnetischen Viskosität*, η und ζ sind die Viskositätskoeffizienten erster und zweiter Art (S. 306) des Mediums, ϱ ist die Dichte des Mediums, p der Druck, u die spezifische innere Energie des Mediums (S. 154), K die Wärmeleitfähigkeit des Mediums (S. 206), T die absolute Temperatur, $\boldsymbol{v}$ die Geschwindigkeit des Mediums.

Eine exakte Lösung der magnetohydrodynamischen Gleichungen erhält man nur in wenigen Fällen einfacher Bewegungen des Mediums.

5. Sind L und V die charakteristische Länge und Geschwindigkeit des betrachteten magnetohydrodynamischen Problems, so heißt die Größe

$$\boldsymbol{Re}_m = V L/\nu_m$$

magnetische REYNOLDS*sche Zahl* (S. 317). In vielen Fällen gilt $\boldsymbol{Re}_m \gg 1$, und man darf den elektrischen Widerstand des Mediums und damit die JOULEschen Wärmeverluste (S. 363) vernachlässigen, ebenso die Dissapation der Energie des Magnetfeldes.

6. Für ideale Medien ($\eta = \zeta = K = 0, \ \gamma \to \infty$) und unter der Voraussetzung, daß kein Wärmeaustausch mit der Umgebung erfolgt, d. h. bei adiabatischen Bewegungen des Mediums, lautet das System der magnetohydrodynamischen Gleichungen

$$\frac{\partial \boldsymbol{H}}{\partial t} = \operatorname{rot}[\boldsymbol{v}\boldsymbol{H}], \qquad \operatorname{div} \boldsymbol{H} = 0,$$

$$\frac{\partial \boldsymbol{v}}{\partial t} + (\boldsymbol{v}\nabla)\boldsymbol{v} = -\frac{1}{\varrho}\operatorname{grad} p - \frac{1}{4\pi\varrho}[\boldsymbol{H}\operatorname{rot}\boldsymbol{H}],$$

$$\frac{\partial \varrho}{\partial t} + \operatorname{div}(\varrho\boldsymbol{v}) = 0, \qquad p = p(\varrho, T), \qquad \frac{\partial s}{\partial t} + (\boldsymbol{v}\nabla)s = 0.$$

Bei der letzten Gleichung bedeutet s die Entropie (S. 172). Sie drückt aus, daß bei adiabatischen Bewegungen des Mediums die Entropie erhalten bleibt (S. 312).

7. Die erste der Gleichungen aus Punkt 6 (für $\gamma = \infty$) beinhaltet den *Satz von der Erhaltung des magnetischen Flusses* durch eine beliebige mit dem Medium mitbewegte Fläche. Dies erlaubt es, die Vorstellung von den magnetischen Kraftlinien einzuführen, die im Medium „eingefroren" sind. In diesem Sinne erscheinen die magnetischen Kraftlinien als Linien, die fest mit den Partikeln des Mediums verbunden sind und mit diesen gemeinsam verschoben werden.

8. Für inkompressible Flüssigkeiten (S. 305) erhalten die magnetohydrodynamischen Gleichungen mit Hilfe der Veränderlichen

$$\boldsymbol{u} = \boldsymbol{v} + \frac{\boldsymbol{H}}{\sqrt{4\pi\varrho}}, \qquad \boldsymbol{w} = \boldsymbol{v} - \frac{\boldsymbol{H}}{\sqrt{4\pi\varrho}}$$

die symmetrische Form

$$\frac{\partial \boldsymbol{u}}{\partial t} + (\boldsymbol{w}\nabla)\boldsymbol{u} = -\operatorname{grad}\Phi + \Delta(\alpha\boldsymbol{u} + \beta\boldsymbol{w}),$$

$$\frac{\partial \boldsymbol{w}}{\partial t} + (\boldsymbol{u}\nabla)\boldsymbol{w} = -\operatorname{grad}\Phi + \Delta(\alpha\boldsymbol{w} + \beta\boldsymbol{u}),$$

$$\operatorname{div}\boldsymbol{u} = 0, \qquad \operatorname{div}\boldsymbol{w} = 0$$

mit

$$\Phi = \frac{p}{\varrho} + \frac{(\boldsymbol{u} - \boldsymbol{w})^2}{8}, \qquad \alpha = \frac{\nu + \nu_m}{2}, \qquad \beta = \frac{\nu - \nu_m}{2};$$

$\nu = \eta/\varrho$ ist die kinematische Zähigkeit (S. 306), ν_m die magnetische Viskosität (S. 496, Punkt 4). In dieser Schreibweise lautet der Ausdruck für die gesamte Energiedichte

$$\frac{\varrho v^2}{2} + \frac{H^2}{8\pi} = \frac{\varrho}{4}(u^2 + w^2).$$

Der Unterschied zwischen kinetischer und magnetischer Energie ist

$$\frac{\varrho v^2}{2} - \frac{H^2}{8\pi} = \frac{\varrho}{2}(\boldsymbol{u}\boldsymbol{w}).$$

9. In der Magnetohydrodynamik gilt das THOMSONsche Theorem von der Erhaltung der Zirkulation der Geschwindigkeit in idealen Flüssigkeiten nicht (S. 311). Bei Anwesenheit eines Magnetfeldes bleibt die Zirkulation der Geschwindigkeit nur erhalten, wenn sich die auf die Masseneinheit bezogene Kraft $\boldsymbol{f}_{\text{el}}$ von einem Potential ableiten läßt:

$$\operatorname{rot}\left\{\frac{1}{\varrho}[\operatorname{rot}\boldsymbol{H}\boldsymbol{H}]\right\} = 0.$$

12.2. Magnetohydrodynamische Wellen

1. Beim Zusammenwirken elektromagnetischer und hydrodynamischer Erscheinungen breiten sich kleine Störungen der stationären Bewegung des Mediums in diesem in Form von *magnetohydrodynamischen Wellen* aus. Im allgemeinen Fall kann man diese Wellen nicht nach Longitudinal- oder Transversalwellen einstufen (S. 517).

2. Im Fall eines idealen Mediums und bei kleinen Amplituden der magnetohydrodynamischen Wellen bestimmt man deren Frequenz ω_0 aus der Gleichung

$$\omega_0^2[\omega_0^2 - (\boldsymbol{k}\boldsymbol{u})^2][\omega_0^4 - k^2(c_s^2 + u^2)\,\omega_0^2 + k^2 c_s^2(\boldsymbol{k}\boldsymbol{u})^2] = 0,$$

wobei $\boldsymbol{k}$ der Wellenvektor ist (S. 523), $\boldsymbol{u} = \boldsymbol{H}/\sqrt{4\pi\varrho}$, c_s die Schallgeschwindigkeit im Medium ohne Magnetfeld (S. 518). Diese Gleichung hat vier verschiedene Lösungen ω_0 und bestimmt dadurch vier Typen von magnetohydrodynamischen Wellen, von denen jede sich mit der Phasengeschwindigkeit $V = \omega_0/k$ im Medium ausbreitet (S. 518).

3. Die Lösung

$$\omega_0 = 0$$

entspricht einer Erregung, die relativ zum Medium ruht, d. h. einer Erregung, die gemeinsam mit dem Medium bei dessen Bewegung übertragen wird. Eine derartige Welle heißt *Entropiewelle*. Bei ihrem Auftreten ändern sich nur die Dichte und die Entropie des Mediums. Der Begriff der Welle ist auf diesen Vorgang nur bedingt anwendbar, da ja die Ausbreitungsgeschwindigkeit $V = 0$ ist.

4. Die Lösung

$$\omega_0 = \pm(\boldsymbol{k}\boldsymbol{u}), \quad V = \pm\frac{H}{\sqrt{4\pi\varrho}}\cos\vartheta,$$

wobei ϑ der Winkel zwischen der Ausbreitungsrichtung und der Richtung des Magnetfeldes ist, entspricht Schwankungen in der Geschwindigkeit der Bewegung des Mediums und der Feldstärke seines Magnetfeldes. Die thermodynamischen Eigenschaften des Mediums bleiben in diesem Fall unverändert. Solche Wellen heißen *magnetohydrodynamische Wellen* im engeren Sinne. Es handelt sich dabei um reine Transversalwellen. Die Schwingungen erfolgen senkrecht zur Richtung des ursprünglichen Magnetfeldes. Die Ausbreitung dieser Wellen ist von keiner Dichteänderung begleitet. Sie treten in kompressiblen und inkompressiblen Medien auf. Die Gruppengeschwindigkeit solcher Wellen (S. 550) hängt nicht von der Richtung des Wellenvektors $\boldsymbol{k}$ ab und ist immer gleich $\boldsymbol{u} = \boldsymbol{H}/\sqrt{4\pi\varrho}$. Infolgedessen fällt die Ausbreitungsrichtung (Richtung der Energieübertragung) mit der Richtung des ursprünglichen Magnetfeldes $\boldsymbol{H}$ zusammen.

5. Die Lösungen der biquadratischen Gleichung in Punkt 2 beschreiben auch magneto-elastische Wellen, die sich mit den beiden Geschwindigkeiten

$$V_{\pm}^2 = \frac{1}{2}\left\{c_s^2 + u^2 \pm \sqrt{(c_s^2 + u^2)^2 - 4c_s^2 u^2 \cos^2\vartheta}\right\}$$

ausbreiten, wobei

$$\max(u^2, c_s^2) \leqq V_+^2 \leqq c_s^2 + u^2,$$

$$0 \leqq V_-^2 \leqq \min(u^2\cos^2\vartheta, c_s^2)$$

ist. Die erste dieser Lösungen entspricht einer schnellen, die zweite einer langsamen Welle. Dabei erfolgt der Vergleich mit der üblichen Schallwelle oder mit der magnetohydrodynamischen Welle. Die einzige unveränderliche Größe bei der magneto-akustischen Welle ist die Entropie. Diese Wellen sind weder rein longitudinal noch rein transversal.

Bei $\vartheta = 0$ geht die schnelle magneto-akustische Welle in die übliche Schallwelle über, wenn $c_s > u$ ist, oder in die magnetohydrodynamische Welle, wenn $c_s < u$ ist. Die langsame magneto-akustische Welle geht dabei im ersten Fall in die magnetohydrodynamische Welle über, im zweiten Fall in die übliche Schallwelle. Bei $\vartheta = \pi/2$ werden die Ausbreitungsgeschwindigkeiten der magneto-akustischen Welle und der magnetohydrodynamischen Welle Null. Beide Wellen stellen in diesem Fall eine schwache tangentiale Diskontinuität dar (S. 500).

6. Im allgemeinen Fall von Wellen größerer Amplituden oder von stärkeren Magnetfeldern ist eine Unterscheidung in magnetohydrodynamische Wellen und gewöhnliche Schallwellen nicht möglich. In inkompressiblen Flüssigkeiten ($c_s \to \infty$) bleibt ein einziger Typ ebener Wellen mit zwei unabhängigen Polarisationsrichtungen (S. 548). Der Geschwindigkeitsvektor $\boldsymbol{v}$ der Bewegung des Mediums und der Vektor $\boldsymbol{h}$ der Abweichung des Magnetfeldes im Medium von der Richtung des ursprünglichen homogenen Feldes sind senkrecht

zum Wellenvektor $\boldsymbol{k}$, und es gilt die Beziehung

$$\boldsymbol{v} = -\frac{\boldsymbol{h}}{\sqrt{4\pi\varrho}}$$

(ALFVÉN-*Wellen*).

12.3. Diskontinuitätsfläche und Stoßwellen

1. In der Magnetohydrodynamik versteht man unter einer *Diskontinuitätsfläche* eine materielle Fläche in einem elektrisch leitenden Medium, an der die thermodynamischen oder elektromagnetischen Größen, die das Medium charakterisieren — oder beide Größenarten — einen Sprung erleiden.

2. An einer Diskontinuitätsfläche in einem leitenden Medium gelten die folgenden Beziehungen:

$$\{v_n \boldsymbol{H}_t - \boldsymbol{v}_t H_n\} = 0, \qquad \{H_n\} = 0,$$

$$\left\{\varrho v_n \left(\frac{v^2}{2} + w\right) + \frac{1}{4\pi}\left[H^2 v_n - (\boldsymbol{v}\boldsymbol{H}) H_n\right]\right\} = 0,$$

$$\{\varrho v_n\} = 0, \qquad \left\{p + \varrho v_n + \frac{H^2}{8\pi}\right\} = 0,$$

$$\left\{\varrho v_n \boldsymbol{v}_t - \frac{1}{4\pi} H_n \boldsymbol{H}_t\right\} = 0,$$

wobei die geschweiften Klammern die Differenz der Werte der entsprechenden Größen auf beiden Seiten der Sprungfläche bedeuten. Die beiden Seiten der Diskontinuitätsfläche werden durch die Indizes 1 und 2 unterschieden. (Zum Beispiel soll die Bedingung $\{H_n\} = 0$ bedeuten, daß $H_{1n} - H_{2n} = 0$ oder $H_{1n} = H_{2n}$ ist.) Die Indizes n und t entsprechen den Normalkomponenten und den Tangentialkomponenten der Vektoren bezüglich der Sprungfläche (oder den Projektionen der Vektoren auf diese Richtungen). Für die übrigen Bezeichnungen siehe S. 496.

3. Ruht die Sprungfläche relativ zum Medium, d. h., ist $v_n = 0$, aber $H_n \neq 0$, so gilt

$$j = \varrho v_n = 0, \qquad \{\boldsymbol{v}_t\} = 0, \qquad \{\varrho\} \neq 0, \qquad \{p\} = 0, \qquad \{\boldsymbol{H}_t\} = 0.$$

Zusammen mit ϱ erfahren s, T und die anderen thermodynamischen Größen einen Sprung. Solche Diskontinuitäten heißen *Kontaktdiskontinuitäten*. Die Diskontinuitätsfläche stellt die Grenze zwischen zwei ruhenden Medien mit verschiedenen Werten von ϱ und T dar.

4. Ist $v_n = 0$, $H_n = 0$, so gelten die Beziehungen

$$j = 0, \qquad \{\boldsymbol{v}_t\} \neq 0, \qquad \{\varrho\} \neq 0, \qquad \left\{p + \frac{\boldsymbol{H}_t^2}{8\pi}\right\} = 0, \qquad \{\boldsymbol{H}_t\} \neq 0.$$

Die Geschwindigkeit und die Feldstärke des Magnetfeldes sind parallel zur Sprungfläche und können an ihr einen in Betrag und Richtung beliebig großen Sprung erfahren. Solche Sprungflächen heißen *tangential*. Sie sind in kompressiblen wie in inkompressiblen Medien möglich. Ein sprunghafter Druckwechsel hängt mit einem sprunghaften Wechsel der Feldstärke durch die Beziehung

$$p_2 - p_1 = -\frac{1}{8\pi}(\boldsymbol{H}_{2t}^2 - \boldsymbol{H}_{1t}^2)$$

zusammen. Den Sprung der übrigen thermodynamischen Größen bestimmt man mit Hilfe der Zustandsgleichung (S. 496) aus dem Sprung von p und ϱ.

5. Unter der Bedingung $\{\varrho\} = 0$ gelten die Beziehungen

$$j \neq 0, \qquad \{\boldsymbol{v}_t\} \neq 0, \qquad \{p\} = 0, \qquad H_n \neq 0.$$

An der Sprungfläche sind alle thermodynamischen Größen und $\boldsymbol{H}_t^2$ stetig. Solche Sprungflächen heißen *Rotationsdiskontinuitäten*. Das Magnetfeld vollführt eine Drehung um die Normale der Sprungfläche, während der Betrag der Feldstärke unverändert bleibt ($|\boldsymbol{H}_t| = \text{const}$).

Es gibt auch Sprungflächen, die die Eigenschaften der Tangentialdiskontinuität und der Rotationsdiskontinuität gemeinsam haben. Bei diesen bleiben $\boldsymbol{v}$ und $\boldsymbol{H}$ tangential zur Sprungfläche und drehen sich nur in ihrer Ebene. Eine Betragsänderung erfolgt dabei nicht.

6. Sprungflächen, bei denen $v_n \neq 0$ ist, heißen *senkrechte Stoßwellen*. Bei ihnen ist die Bedingung $\boldsymbol{v}_t = 0$ erfüllt. Ist $\{H_n\} = 0$, so lassen sich die Verhältnisse an der Sprungfläche in einem Koordinatensystem beschreiben, in dem $\boldsymbol{v}_{1t} = \boldsymbol{v}_{2t} = 0$ ist. Somit wird mit $v = v_n$, $H = H_t$

$$\left\{\frac{H}{\varrho}\right\} = 0, \qquad \{\varrho v\} = 0,$$

$$\left\{\frac{v^2}{2} + w + \frac{H^2}{4\pi\varrho}\right\} = 0, \qquad \left\{p + \varrho v^2 + \frac{H^2}{8\pi}\right\} = 0.$$

Die Sprungfläche stellt in diesem Fall eine ebene Verdichtungswelle dar, deren Ausbreitungsrichtung senkrecht zur Richtung des Magnetfeldes ist.

Bei $H = 0$ geht die senkrechte Stoßwelle in eine gewöhnliche hydrodynamische Stoßwelle über (S. 540). Die senkrechte Stoßwelle kleiner Amplituden fällt mit der schnellen magneto-akustischen Welle (S. 499) zusammen, die sich quer zum Magnetfeld ($\vartheta = \pi/2$) mit der Geschwindigkeit $V_+^2 = c_s^2 + u^2$ ausbreitet.

Ist $H_n \neq 0$, so gelten in einem Koordinatensystem, in dem $\boldsymbol{v} \parallel \boldsymbol{H}$ und das sich parallel zur Sprungfläche mit der Geschwindigkeit

$$\boldsymbol{U} = \boldsymbol{v} - \frac{v_n}{H_n}\boldsymbol{H}$$

bewegt, die Beziehungen

$$\{H_n\} = 0, \quad \left\{\frac{v^2}{2} + w\right\} = 0, \quad \{\varrho v_n\} = 0,$$

$$\left\{p + \varrho v_n^2 + \frac{H^2}{8\pi}\right\} = 0, \quad \left\{\varrho v_n \boldsymbol{v}_t - \frac{1}{4\pi} H_n \boldsymbol{H}_t\right\} = 0.$$

7. Eine Sprungfläche, bei der die Dichte des Mediums einen Sprung erleidet,

$$\{\varrho\} \neq 0, \quad j \neq 0,$$

heißt *schiefe Stoßwelle.* Bei Sprungflächen dieses Types steht eine Verdichtungsstoßwelle in komplizierter Wechselwirkung mit dem magnetischen Feld. Bei $H_t = 0$, $H_n \neq 0$ geht die schiefe Stoßwelle in die *parallele Stoßwelle* über, die sich in Richtung des Magnetfeldes ausbreitet. Dabei herrscht keine Wechselwirkung mit dem Feld mehr. Bei kleinen Amplituden geht die schiefe Stoßwelle in die schnelle oder in die langsame magneto-akustische Welle über (S. 499).

8. Die Gleichung der *Stoßadiabate* (HUGONIOT-*Adiabate,* S. 540) in der Magnetohydrodynamik lautet

$$u_2 - u_1 + \frac{1}{2}(p_2 + p_1)\left(\frac{1}{\varrho_2} - \frac{1}{\varrho_1}\right) + \frac{1}{16\pi}\left(\frac{1}{\varrho_2} - \frac{1}{\varrho_1}\right)(H_{2t} - H_{1t})^2 = 0,$$

wobei u die spezifische innere Energie des Gases ist.
Der Entropiesprung bei der Stoßwelle ist für kleine Amplituden

$$s_2 - s_1 = \frac{1}{12T}\left(\frac{\partial^2 \frac{1}{\varrho}}{\partial p^2}\right)_S (p_2 - p_1)^3 - \frac{1}{16\pi T}\left(\frac{\partial \frac{1}{\varrho}}{\partial p}\right)_S (p_2 - p_1)(H_{2t} - H_{1t})^2.$$

13. Grundlagen der speziellen Relativitätstheorie

13.1. Das EINSTEINsche Relativitätsprinzip

1. Das Relativitätsprinzip besagt, daß alle physikalischen Gesetze in allen Inertialsystemen (S. 39) dieselbe Form besitzen. Das soll heißen, daß ein beliebiges physikalisches Gesetz, wenn es in einem dieser Systeme gilt, sich in derselben Form auch in allen anderen Systemen ausdrücken läßt, die sich geradlinig und gleichförmig relativ zum ersten bewegen.

2. Die Beschreibung der Anziehung zwischen Körpern in der klassischen NEWTONschen Mechanik mit Hilfe der potentiellen Energie setzt eine augenblickliche Ausbreitung der Wechselwirkung voraus. In Wirklichkeit existiert jedoch eine maximale endliche Geschwindigkeit c für die Ausbreitung der Wechselwirkung in dem Sinne, daß in der Natur eine Wechselwirkung mit einer c überschreitenden Ge-

schwindigkeit unmöglich ist. Die maximale Geschwindigkeit der Ausbreitung der Wechselwirkung ist eine universelle Konstante, gültig für alle Inertialsysteme. Ihr Wert ist gleich dem Betrag der Lichtgeschwindigkeit im Vakuum (*Invarianz der Lichtgeschwindigkeit*). Die Verknüpfung des Relativitätsprinzips mit der Annahme einer endlichen Maximalgeschwindigkeit für die Ausbreitung von Wechselwirkungen heißt *Prinzip der speziellen Relativitätstheorie von* EINSTEIN.

3. In der klassischen Mechanik ist die Zeit (zum Unterschied von den Ortskoordinaten) von der Wahl des Bezugssystems unabhängig. Zwei Ereignisse, die in einem Inertialsystem gleichzeitig stattfinden, sind auch in jedem anderen Inertialsystem gleichzeitig. Dies widerspricht dem Prinzip der speziellen Relativitätstheorie, aus dem auch eine *Relativität der Gleichzeitigkeit der Ereignisse* folgt. Tatsächlich folgt aus dem Additionsgesetz für Geschwindigkeiten (S. 35), angewandt auf die Ausbreitung des Lichtes, daß die Lichtgeschwindigkeit in verschiedenen Inertialsystemen unterschiedlich sein müßte. Das Licht müßte z. B. auch in Richtung der Erdbewegung eine andere Geschwindigkeit besitzen als in entgegengesetzter Richtung. Das widerspricht der Erfahrung, die uns lehrt, daß die Geschwindigkeit des Lichtes nicht von der Ausbreitungsrichtung abhängt.

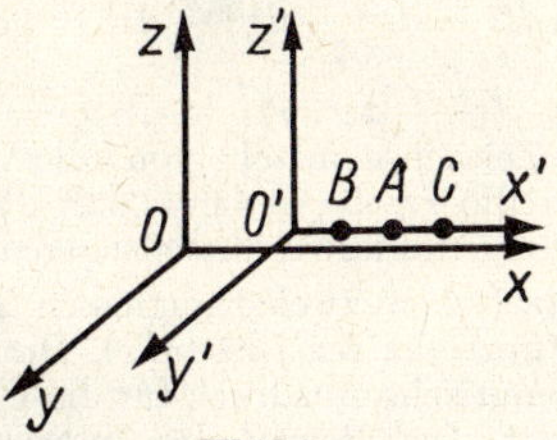

IV.13.1.

4. In Übereinstimmung mit dem speziellen Relativitätsprinzip läuft die Zeit in verschiedenen Bezugssystemen auf verschiedene Weise ab, und eine Behauptung über den zeitlichen Abstand zweier Ereignisse hat nur bei Angabe des Bezugssystems einen Sinn, in dem die Beobachtung erfolgt.

Zum Beispiel soll sich das Bezugssystem X', Y', Z' mit der konstanten Geschwindigkeit $\boldsymbol{v}$ relativ zum Bezugssystem X, Y, Z bewegen (Bild IV.13.1). Ein Lichtsignal, das man in den zum Punkt A äquidistanten Punkten B und C gleichzeitig registriert, erreicht im zweiten System den Punkt B, der sich ihm entgegen bewegt, früher als den Punkt C, der dem Signal „vorausläuft“. (Die Signalgeschwindigkeit c ist in beiden Richtungen gleich.)

13.2. Intervalle

1. Als *vierdimensionalen Raum* bezeichnet man den abstrakten Raum von vier Veränderlichen, längs dessen Achsen man sich die drei Koordinaten x, y, z und die Zeitkoordinate t aufgetragen denkt. Einem

beliebigen Ereignis ordnet man einen Punkt des vierdimensionalen Raumes zu (*Weltpunkt*). Der Bewegung einer Partikel im Raum und in der Zeit entspricht eine Kurve im vierdimensionalen Raum (*Weltlinie*).

2. Es seien x_1, y_1, z_1, t_1 und x_2, y_2, z_2, t_2 die Koordinaten zweier Ereignisse im vierdimensionalen Raum. Die Größe

$$s_{12} = \sqrt{c^2(t_2 - t_1)^2 - (x_2 - x_1)^2 - (y_2 - y_1)^2 - (z_2 - z_1)^2}$$

heißt *Intervall* zwischen zwei Ereignissen.
Das Intervall zwischen zwei unendlich nahen Ereignissen lautet

$$ds = \sqrt{c^2\, dt^2 - dx^2 - dy^2 - dz^2} = \sqrt{c^2\, dt^2 - dl^2},$$

wobei $dl^2 = dx^2 + dy^2 + dz^2$ ist.
Trägt man auf der Zeitachse anstelle von t die Veränderliche $ict = \tau$ auf, so kann man die Größe $-ds^2 = dx^2 + dy^2 + dz^2 + d\tau^2$ als Quadrat des Wegelementes im vierdimensionalen Raum betrachten.

3. Ein Intervall zwischen zwei Ereignissen ist in allen Inertialsystemen gleich (*Invarianz der Intervalle*). Die Invarianz der Intervalle ist der mathematische Ausdruck für die Unveränderlichkeit der Lichtgeschwindigkeit. Der Begriff des Intervalls dient zur Untersuchung der raum-zeitlichen Beziehungen zwischen Ereignissen und zur Aufdeckung der Ursache-Wirkung-Relationen zwischen ihnen.

4. Sind x_1, y_1, z_1, t_1 und x_2, y_2, z_2, t_2 die Weltpunkte zweier Ereignisse in einem beliebigen Bezugssystem K, so existiert unter der Bedingung $s_{12}^2 > 0$ (reelles Intervall) ein Bezugssystem K', in dem beide Ereignisse am selben Ort stattfinden ($x_1' = x_2'$, $y_1' = y_2'$, $z_1' = z_2'$). Reelle Intervalle nennt man *zeitartig*. Die Zeit $t_{12}' = t_2' - t_1'$, die im System K' die beiden Ereignisse trennt, ist gleich $t_{12}' = s_{12}/c$. Die Bedingung

$$s_{12}^2 = c^2 t_{12}^2 - l_{12}^2 = \text{const} > 0$$

mit $t_{12} = t_2 - t_1$, $l_{12}^2 = (x_2 - x_1)^2 + (y_2 - y_1)^2 + (z_2 - z_1)^2$ kann graphisch durch eine Hyperbel dargestellt werden. Dazu trägt man auf den Koordinatenachsen die Werte $l = l_{12}$ und $ct = ct_{12}$ auf, wobei l_{12} und t_{12} den beiden in einem beliebigen Inertialsystem gegebenen Ereignissen entsprechen (Bild IV.13.2). Die Punkte A und A_1 gehören zu den Ereignissen 2, die in demselben Raumpunkt stattfinden wie Ereignisse 1 (Punkt *0*), aber entweder später als dieses (Punkt A) oder früher als dieses (Punkt A_1). Z. B. soll gelten: Das Ereignis 2 ist eine Folge des Ereignisses 1. Dies ist eine *kausale Verknüpfung* der Ereignisse. Wenn die zwei Ereignisse in irgendeinem Koordinatensystem in demselben Raumpunkt kausal verknüpft stattfinden, sind sie auch in jedem anderen Inertialsystem kausal verknüpft, und zwar auf dieselbe Weise (z. B. das Schließen eines elektrischen Stromkreises und der Ausschlag eines Galvanometers). Kausal verknüpfte Ereignisse können auch in verschiedenen Raumpunkten stattfinden, jedoch muß das Folgeereignis mit der Ursache durch einen Ausbreitungsprozeß verbunden sein (z. B. das Schließen des Stromkreises einer Beleuchtungsanlage und das Aufleuchten der Lampen). Zwei kausal verknüpften Ereignissen entspricht der eine Ast der Hyperbel. Der Bereich oberhalb der oberen Hyperbelasymptote heißt „absolute Zukunft“ relativ zum Anfangsereignis O. Die Aufeinanderfolge von Ursache und Wirkung bestimmt die Richtung der Zeitachse. Die Richtung der Aufeinanderfolge ist eine den Objekten anhaftende Eigenschaft (objektive Eigenschaft). Die Relativitätstheorie widerspricht somit nicht den objektiven Eigenschaften.

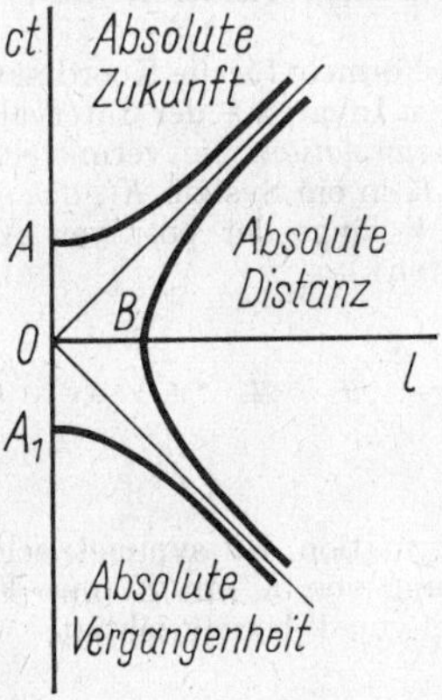

IV.13.2.

5. Es gibt Ereignisse, die so beschaffen sind, daß das Intervall zwischen ihnen imaginär ist:

$$s_{12}^2 = c^2 t_{12}^2 - l_{12}^2 < 0.$$

Imaginäre Intervalle heißen *raumartig*. Sie verbinden Ereignisse, für die $c^2 t_{12}^2 < l_{12}$ ist (z. B. Ereignisse, die zu verschiedenen Zeiten auf zwei Planeten stattfinden, wobei $ct_{12} < l_2$ ist). Solche Ereignisse finden in keinem Bezugssystem im gleichen Raumpunkt statt. Sie treten im Bereich der „absoluten Distanz“ bezüglich des Ursprunges O auf (Bild IV.13.2). Die zeitliche Aufeinanderfolge solcher Ereignisse hat hier eine andere Bedeutung: Es gibt Koordinatensysteme, in denen das eine der beiden Ereignisse früher erscheint, und es gibt Systeme, bei denen die Rollen vertauscht sind. In einem Bezugssystem finden die beiden Ereignisse gleichzeitig statt (Punkte O und B in Bild IV.13.2). Der Begriff der Gleichzeitigkeit zweier Ereignisse mit imaginärem Intervall, die sich in verschiedenen Raumpunkten abspielen, besitzt somit relativen Charakter. Im Beispiel (Bild IV.13.2) liegt das Ereignis B auf der Hyperbel und befindet sich bezüglich O sowohl in der Vergangenheit als auch in der Zukunft. Die Ereignisse O und B sind nicht kausal verknüpft.

6. Für die Asymptoten der Hyperbel ist $l = \pm ct$ und $s^2 = 0$. Die Asymptoten beschreiben Ereignisse, die mit der Ausbreitung elektromagnetischer Signale verbunden sind. Für solche Ereignisse ist infolge der Invarianz der Lichtgeschwindigkeit in einem beliebigen Bezugssystem $s = 0$. Der geometrische Ort der Nullintervalle im vierdimensionalen Raum (x, y, z, ict) heißt *Lichtkegel* für einen gegebenen imaginären Punkt O.

13.3 Die Lorentz-Transformation und ihre Folgerungen

1. Die relativistischen Formeln für die Koordinatentransformationen, die der Forderung der Invarianz der Intervalle genügen (S. 504), heißen Lorentz-*Transformation*. Sie vermittelt den Übergang von einem Inertialsystem K in ein System K', das sich relativ zu K mit der Geschwindigkeit V längs der positiven X-Achse bewegt. Die Transformationen lauten

$$x' = \frac{x - Vt}{\sqrt{1 - \frac{V^2}{c^2}}}, \quad y' = y, \quad z' = z, \quad t' = \frac{t - \frac{V}{c^2}x}{\sqrt{1 - \frac{V^2}{c^2}}}.$$

Die Lorentz-Transformation ist symmetrisch. Die Formeln behalten bei Vertauschung von K mit K' ihre Form bei, wenn man den Vorzeichenwechsel von V berücksichtigt:

$$x = \frac{x' + Vt'}{\sqrt{1 - \frac{V^2}{c^2}}}, \quad y = y', \quad z = z', \quad t = \frac{t' + \frac{V}{c^2}x'}{\sqrt{1 - \frac{V^2}{c^2}}}.$$

Die Lorentz-Transformation ist linear. Für kleine Geschwindigkeiten ($V/c \ll 1$) geht sie in die Galilei-Transformation (S. 51) über.

2. Die Invarianz einer physikalischen Theorie gegenüber Lorentz-Transformationen — die *relativistische Invarianz* (Lorentz-*Invarianz*) — erweist sich für ihre Gültigkeit als notwendig. Die Verletzung der relativistischen Invarianz eines beliebigen physikalischen Gesetzes bedeutet, daß dieses Gesetz in verschiedenen Bezugssystemen verschieden formuliert werden muß, was im Gegensatz zum Relativitätsprinzip zu einem ausgezeichneten Bezugssystem führt. Die Verletzung der Lorentz-Invarianz einer physikalischen Theorie zeigt, daß die gegebene Theorie bestenfalls näherungsweise gilt und nur mit bestimmter Genauigkeit unter gewissen Bedingungen. Die Schrödinger-Gleichung (S. 687) z. B. — die Grundgleichung der nichtrelativistischen Quantenmechanik (S. 685) — ist nicht relativistisch invariant und hat daher einen begrenzten Anwendungsbereich. Die Gleichungen der relativistischen Dynamik (S. 509) sind relativistisch invariant und gehen bei $v \ll c$ in die Gleichungen der Newtonschen Mechanik über, die nicht relativistisch invariant sind und nur für $v \ll c$ gelten.

3. Die Zeit, die man mit Hilfe einer Uhr mißt, die mit dem Bezugssystem starr verbunden ist, heißt *Eigenzeit* des betreffenden Bezugssystems. In diesem Bezugssystem ist $ds = c\,dt'$. Aus den LORENTZ-Formeln folgt der Zusammenhang zwischen dem Zeitintervall dt' der Eigenzeit und dem Intervall dt in einem Bezugssystem, von dem aus man die Bewegung mit der Geschwindigkeit V betrachtet:

$$dt' = \frac{ds}{c} = dt\sqrt{1 - \frac{V^2}{c^2}}.$$

Die Eigenzeit, die ein mitbewegter Beobachter registriert, ist immer kleiner als das entsprechende Zeitintervall im ruhenden System. Für einen ruhenden Beobachter geht die mitbewegte Uhr langsamer als die ruhende.

Beispiel. Die mittlere Eigenlebensdauer positiver π-Mesonen (S. 821) beträgt $2 \cdot 10^{-8}$ s. Die mittlere freie Weglänge in Luft müßte für solche Teilchen, die sich mit nahezu Lichtgeschwindigkeit bewegen, 600 cm betragen. In Wirklichkeit ist die freie Weglänge von π-Mesonen in Luft viel größer, weil die mittlere Lebensdauer, gemessen in einem ruhenden System, das relativ zur Erde (Luft) ruht, bedeutend größer als $2 \cdot 10^{-8}$ s ist.

4. Aus der LORENTZ-Transformation folgt eine Verkürzung der Maßstabslänge in der Bewegungsrichtung (LORENTZ-*Kontraktion*):

$$\Delta x = \frac{\Delta x'}{\sqrt{1 - \frac{V^2}{c^2}}},$$

wobei Δx die Länge des Maßstabes ist, der im System K ruht, und $\Delta x'$ dessen Länge im System K', das sich mit der Geschwindigkeit V relativ zu K bewegt.

Als *Eigenlänge* bezeichnet man die lineare Abmessung eines Körpers l_0 in jenem Koordinatensystem, in dem der Körper ruht ($l_0 = \Delta x$). Die Länge desselben Körpers, gemessen in einem relativ zu K bewegten Bezugssytem K', erscheint im Verhältnis $1 : \sqrt{1 - \frac{V^2}{c^2}}$ verkürzt:

$$l = l_0\sqrt{1 - \frac{V^2}{c^2}}.$$

Die Abmessungen des Körpers senkrecht zu seiner Bewegungsrichtung ändern sich nicht, d. h., es ist

$$\Delta y = \Delta y' \quad \text{und} \quad \Delta z = \Delta z'.$$

13.4. Die Transformation der Geschwindigkeit

1. Die Komponenten der Geschwindigkeit $\boldsymbol{v}$ eines Körpers bezüglich der Koordinatenachsen eines ruhenden Bezugssystems sind mit den Komponenten der Geschwindigkeit $\boldsymbol{v}'$ im System K', das sich mit der Geschwindigkeit $\boldsymbol{v}$ bewegt, durch die folgenden Beziehungen

verknüpft:

$$v_x = \frac{v'_x + V}{1 + \frac{v'_x V}{c^2}}, \quad v_y = \frac{v'_y \sqrt{1 - \frac{V^2}{c^2}}}{1 + \frac{v'_x V}{c^2}}, \quad v_z = \frac{v'_z \sqrt{1 - \frac{V^2}{c^2}}}{1 + \frac{v'_x V}{c^2}}.$$

Diese Formeln stellen das *Additionstheorem für die Geschwindigkeiten in der Relativitätstheorie* dar. Für $c \to \infty$ gehen sie in das entsprechende Additionstheorem der klassischen Mechanik über (S. 35):

$$v_x = v'_x + V, \quad v_y = v'_y, \quad v_z = v'_z.$$

Für eine Bewegung des Körpers längs der x-Achse ($v_x = v$, $v_y = v_z = 0$, $v'_x = v'$, $v'_y = v'_z = 0$) gilt

$$v = \frac{v' + V}{1 + \frac{v' V}{c^2}}.$$

Die Formeln für den Übergang von $\boldsymbol{v}$ nach $\boldsymbol{v}'$ unterscheiden sich von den angegebenen Formeln nur durch das Vorzeichen von V. Gilt speziell $v = c$, so gilt auch $v' = c$. Die Summe zweier Geschwindigkeiten, die kleiner oder gleich c sind, ist wieder eine Geschwindigkeit, die nicht größer als c ist. Aus der LORENTZ-Transformation folgt, daß stets $v < c$ ist. Eine Ausnahme macht die Geschwindigkeit der Photonen (S. 671), die gleich c ist.

2. Für $V/c \ll 1$ und beliebige Geschwindigkeiten $\boldsymbol{v}$ gilt mit einem Fehler, der proportional V/c ist, die Näherungsformel

$$\boldsymbol{v} = \boldsymbol{v}' + \boldsymbol{V} - \frac{1}{c^2} (\boldsymbol{V}\boldsymbol{v}')\boldsymbol{v}'.$$

13.5. Geschwindigkeiten und Beschleunigungen im vierdimensionalen Raum

1. Den Vektor mit den Komponenten

$$u_j = \frac{dx_j}{ds} \quad (j = 1, 2, 3, 4)$$

nennt man Vektor der vierdimensionalen Geschwindigkeit (*Vierergeschwindigkeit*). Dabei ist $x_1 = x$, $x_2 = y$, $x_3 = z$, $x_4 = ict$, $ds = c\,dt \sqrt{1 - \frac{v^2}{c^2}}$ und v die Geschwindigkeit des Körpers.

Beispiel. $u_j = \dfrac{v_j}{c\sqrt{1 - \frac{v^2}{c^2}}} \quad (j = 1, 2, 3), \quad u_4 = \dfrac{i}{\sqrt{1 - \frac{v^2}{c^2}}}.$

Für die Komponenten der Vierergeschwindigkeit gilt $\sum_{j=1}^{4} u_j^2 = -1$.
Die Vierergeschwindigkeit ist eine dimensionslose Größe.

2. Die vierdimensionale Beschleunigung (*Viererbeschleunigung*) bestimmt man analog durch die Komponenten

$$a_j = \frac{du_j}{ds} = \frac{d^2 x_j}{ds^2} \qquad (j = 1, 2, 3, 4).$$

13.6. Relativistische Mechanik

1. Die Mechanik, die auf dem speziellen Relativitätsprinzip aufbaut und deren Gesetze invariant gegenüber der LORENTZ-Transformation sind, heißt *relativistische Mechanik*. Sie geht unter der Bedingung $v/c \ll 1$ in die klassische Mechanik über. Dabei versteht man unter v die Geschwindigkeit des betrachteten Körpers (Teilchens) und unter c die Lichtgeschwindigkeit im Vakuum.

2. Die LAGRANGE-Funktion (S. 92) eines freien Teilchens ist

$$L = -m_0 c^2 \sqrt{1 - \frac{v^2}{c^2}},$$

wobei m_0 die Masse des Teilchens bedeutet, die in einem Bezugssystem gemessen wurde, in dem das Teilchen ruht (*Ruhmasse*).

3. Der Vektor $\boldsymbol{p}$ des mechanischen Impulses (Bewegungsgröße, S. 45) ist

$$\boldsymbol{p} = \frac{m_0 \boldsymbol{v}}{\sqrt{1 - \frac{v^2}{c^2}}}.$$

Der relativistische Ausdruck für die Masse lautet

$$m = \frac{m_0}{\sqrt{1 - \frac{v^2}{c^2}}},$$

wobei m_0 die Ruhmasse ist.
Bei $m_0 \neq 0$ gilt für $v \to c$ sowohl $m \to \infty$ als auch $p \to \infty$. Die Abhängigkeit der Masse von der Geschwindigkeit ist in Bild IV.13.3 dargestellt. Für Photonen (S. 671) gilt $v = c$ und $m_0 = 0$. Den Impuls des Photons bestimmt man in Abhängigkeit von seiner Energie (S. 511). Eine Geschwindigkeit, die größer als c ist, führt zu einem imaginären Impuls (oder zu einer imaginären Masse) und ist deshalb ohne physikalische Bedeutung.

Für $v/c \ll 1$ geht der Ausdruck für den Impuls (Bewegungsgröße) über in den klassischen Ausdruck

$$\boldsymbol{p} = m\boldsymbol{v}.$$

(Der Unterschied zwischen m und m_0 verschwindet für $v/c \ll 1$.) In der klassischen Mechanik ist das Verhältnis zwischen der Kraft $\boldsymbol{F} = d\boldsymbol{p}/dt$ und der Beschleunigung des Körpers $\boldsymbol{w}$ eine Konstante (S. 45). In der relativistischen Mechanik gilt

$$\text{für } \boldsymbol{F} \perp \boldsymbol{v}: \quad \boldsymbol{F} = \frac{m_0}{\sqrt{1 - \frac{v^2}{c^2}}}\,\boldsymbol{w},$$

$$\text{für } \boldsymbol{F} \parallel \boldsymbol{v}: \quad \boldsymbol{F} = \frac{m_0}{\left(1 - \frac{v^2}{c^2}\right)^{3/2}}\,\boldsymbol{w}.$$

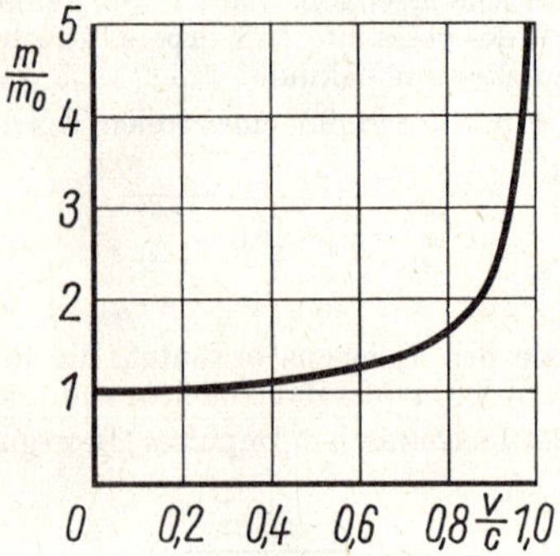

IV.13.3.

4. Die Gesamtenergie des Körpers (oder Teilchens) in der Relativitätstheorie ist

$$E = (\boldsymbol{p}\boldsymbol{v}) - L = \frac{m_0 c^2}{\sqrt{1 - \frac{v^2}{c^2}}} = mc^2.$$

Diese Beziehung heißt *Gesetz von der Äquivalenz der Masse und der Energie*. Sie spielt jetzt eine fundamentale Rolle in der Physik. Gilt speziell $\boldsymbol{v} = 0$, so ist die Energie des ruhenden Körpers (*Ruhenergie*)

$$E_0 = m_0 c^2.$$

Die Ruhenergie eines Körpers enthält außer $\sum_{i=1}^{N} m_{0i} c^2$ (m_{0i} ist die Ruhmasse der Teilchen des Körpers) noch die kinetische Energie der

Teilchen und die potentielle Energie der Wechselwirkung zwischen ihnen. Es ist daher

$$m_0 c^2 \neq \sum_{i=1}^{N} m_{0i} c^2 \qquad \text{und} \qquad m_0 \neq \sum_i m_{0i}.$$

In der relativistischen Mechanik gilt für die Ruhmasse kein Erhaltungssatz. Zum Beispiel ist bei Teilchen, bei denen ein spontaner Zerfall möglich ist, die Ruhmasse des Teilchens stets größer als die Summe der Massen der Zerfallsprodukte:

$$m_0 > m_{01} + m_{02}.$$

5. Die kinetische Energie eines Körpers (Teilchens) ist

$$T = \frac{m_0\, c^2}{\sqrt{1 - \frac{v^2}{c^2}}} - m_0 c^2.$$

Für $v/c \ll 1$ geht dieser Ausdruck in den klassischen Ausdruck über: $T = mv^2/2$ (für $v/c \ll 1$ existiert kein Unterschied zwischen m_0 und m).

6. Die HAMILTON-Funktion (S. 96) für ein freies Teilchen (Gesamtenergie, ausgedrückt mit Hilfe des Impulses) ist

$$E = H = \sqrt{p^2 c^2 + m_0^2 c^4}.$$

Für kleine Geschwindigkeiten ($p \ll m_0 c$) gilt

$$E = H \approx m_0 c^2 + \frac{p^2}{2 m_0}.$$

Dies ist, abgesehen von der Ruhenergie, der klassische Ausdruck für die HAMILTON-Funktion eines freien Teilchens. Für ein Photon, das keine Ruhenergie besitzt ($m_0 = 0$), gilt

$$E = cp.$$

7. Die Beziehung zwischen der Gesamtenergie E, dem Impuls $\boldsymbol{p}$ und der Geschwindigkeit $\boldsymbol{v}$ eines freien Teilchens lautet

$$\boldsymbol{p} = \frac{E \boldsymbol{v}}{c^2}.$$

8. Den Impuls $\boldsymbol{p}$ und die Gesamtenergie E faßt man in der relativistischen Mechanik zu einem vierdimensionalen Vektor mit den Komponenten

$$p_i = m_0 c u_i,$$

zusammen, wobei m_0 die Ruhmasse ist, c die Lichtgeschwindigkeit im Vakuum, und u_i sind die Komponenten der Vierergeschwindigkeit (S. 508). Drei Komponenten des Vierervektors p_i entsprechen den Komponenten des Impulses $\boldsymbol{p}$, d. h. $p_1 = p_x$, $p_2 = p_y$, $p_3 = p_z$. Die vierte Komponente (Zeitkomponente) hängt mit der Gesamtenergie des Teilchens zusammen:

$$p_4 = \frac{iE}{c}.$$

9. Beim Übergang von einem ruhenden Koordinatensystem K zu einem System K', das sich mit der gleichförmigen Geschwindigkeit V relativ zum System K längs der x-Achse bewegt, gelten für die Komponenten des Impulses $\boldsymbol{p}$ und für die Energie E die folgenden Formeln der LORENTZ-Transformation:

$$p_x = \frac{p'_x + E' \frac{V}{c^2}}{\sqrt{1 - \frac{V^2}{c^2}}}, \quad p_y = p'_y, \quad p_z = p'_z, \quad E = \frac{E' + p'_x V}{\sqrt{1 - \frac{V^2}{c^2}}},$$

dabei sind p_x, p_y, p_z die Komponenten des Impulses im System K, p'_x, p'_y, p'_z die Komponenten im System K' und E und E' die Energien in den Systemen K und K'.

13.7. Die LORENTZ-Transformation für elektromagnetische Felder

1. Die Eigenschaften eines elektromagnetischen Feldes hängen von der Wahl des Inertialsystemes ab. Insbesondere kann eines der Felder – das elektrische oder das magnetische – in einem Inertialsystem fehlen, in einem anderen aber vorhanden sein.

2. Die Formeln der LORENTZ-Transformation für die Komponenten der Vektoren $\boldsymbol{E}, \boldsymbol{H}, \boldsymbol{D}$ und $\boldsymbol{B}$ des elektrischen und des magnetischen Feldes bei Übergang von einem Koordinatensystem K zu einem Koordinatensystem K', das sich relativ zu K gleichförmig längs der x-Achse mit der Geschwindigkeit V bewegt, lauten im GAUSSschen System

$$E = E'_x, \quad E_y = \frac{E'_y + \frac{V}{c} H'_z}{\sqrt{1 - \frac{V^2}{c^2}}}, \quad E_z = \frac{E'_z - \frac{V}{c} H'_y}{\sqrt{1 - \frac{V^2}{c^2}}},$$

$$H_x = H'_x, \quad H_y = \frac{H'_y - \frac{V}{c} E'_z}{\sqrt{1 - \frac{V^2}{c^2}}}, \quad H_z = \frac{H'_z + \frac{V}{c} E'_y}{\sqrt{1 - \frac{V^2}{c^2}}}.$$

Im SI ist

$$E_x = E'_x, \quad E_y = \frac{E'_y + V B'_z}{\sqrt{1 - \frac{V^2}{c^2}}}, \quad E_z = \frac{E'_z - V B'_y}{\sqrt{1 - \frac{V^2}{c^2}}},$$

$$H_x = H'_x, \quad H_y = \frac{H'_y - V D'_z}{\sqrt{1 - \frac{V^2}{c^2}}}, \quad H_z = \frac{H'_z + D V'_y}{\sqrt{1 - \frac{V^2}{c^2}}},$$

$$D_x = D'_x, \quad D_y = \frac{D'_y + \frac{V}{c^2} H'_z}{\sqrt{1 - \frac{V^2}{c^2}}}, \quad D_z = \frac{D'_z - \frac{V}{c^2} H'_y}{\sqrt{1 - \frac{V^2}{c^2}}},$$

$$B_x = B'_x, \quad B_y = \frac{B'_y - \frac{V}{c^2} E'_z}{\sqrt{1 - \frac{V^2}{c^2}}}, \quad B_z = \frac{B'_z + \frac{V}{c^2} E'_y}{\sqrt{1 - \frac{V^2}{c^2}}}.$$

Für die Vektorkomponenten parallel ($\|$) und senkrecht ($\perp$) zu $\boldsymbol{V}$ lauten die Transformationsformeln im SI

$$\boldsymbol{D}_{\|} = \boldsymbol{D}'_{\|}, \quad \boldsymbol{D}_{\perp} = \left(\frac{\boldsymbol{D}' - \frac{1}{c^2} [\boldsymbol{V}\boldsymbol{H}']}{\sqrt{1 - \frac{V^2}{c^2}}} \right)_{\perp},$$

$$\boldsymbol{H}_{\|} = \boldsymbol{H}'_{\|}, \quad \boldsymbol{H}_{\perp} = \left(\frac{\boldsymbol{H}' + [\boldsymbol{V}\boldsymbol{D}']}{\sqrt{1 - \frac{V^2}{c^2}}} \right)_{\perp},$$

$$\boldsymbol{E}_{\|} = \boldsymbol{E}'_{\|}, \quad \boldsymbol{E}_{\perp} = \left(\frac{\boldsymbol{E}' - [\boldsymbol{V}\boldsymbol{B}']}{\sqrt{1 - \frac{V^2}{c^2}}} \right)_{\perp},$$

$$\boldsymbol{B}_{\|} = \boldsymbol{B}'_{\|}, \quad \boldsymbol{B}_{\perp} = \left(\frac{\boldsymbol{B}' + \frac{1}{c^2} [\boldsymbol{V}\boldsymbol{E}']}{\sqrt{1 - \frac{V^2}{c^2}}} \right)_{\perp}.$$

Die Größen ohne Striche beziehen sich auf das System K, die Größen mit Strichen auf das System K'.

3. Für $V/c \ll 1$ lassen sich die Formeln vereinfachen. In Vektorform ergibt sich im SI, abgesehen von Gliedern in $(V/c)^2$,

$$\boldsymbol{D} = \boldsymbol{D}' - \frac{1}{c^2}[\boldsymbol{V}\boldsymbol{H}'], \quad \boldsymbol{H} = \boldsymbol{H}' + [\boldsymbol{V}\boldsymbol{D}'],$$

$$\boldsymbol{E} = \boldsymbol{E}' - [\boldsymbol{V}\boldsymbol{B}], \quad \boldsymbol{B} = \boldsymbol{B}' + \frac{1}{c^2}[\boldsymbol{V}\boldsymbol{E}'].$$

Die Formeln zeigen, daß der Vektor $\boldsymbol{H}$ des Magnetfeldes die zum Vektor $\boldsymbol{D}$ im elektrischen Feld analoge Rolle spielt. Dasselbe gilt für die Vektoren $\boldsymbol{B}$ und $\boldsymbol{E}$.
In Vektorform erhält man im GAUSSschen System

$$\boldsymbol{E} = \boldsymbol{E}' + \frac{1}{c}[\boldsymbol{H}'\boldsymbol{V}], \quad \boldsymbol{H} = \boldsymbol{H}' - \frac{1}{c}[\boldsymbol{E}'\boldsymbol{V}].$$

Wenn im System K' das Magnetfeld verschwindet ($\boldsymbol{H}' = 0$), gilt im System K

$$\boldsymbol{H} = \frac{1}{c}[\boldsymbol{V}\boldsymbol{E}].$$

Ist im System K' kein elektrisches Feld vorhanden ($\boldsymbol{E}' = 0$), so gilt im System K

$$\boldsymbol{E} = -\frac{1}{c}[\boldsymbol{V}\boldsymbol{H}].$$

Im Bezugssystem K sind die Feldstärken des elektrischen und des magnetischen Feldes zueinander senkrecht. Umgekehrt, wenn in einem Bezugssystem K die Feldstärken des elektrischen und des magnetischen Feldes zueinander senkrecht sind, so existiert ein System K', in dem das elektromagnetische Feld nur einen Bestandteil enthält, entweder nur das elektrische Feld oder nur das magnetische Feld. Die Geschwindigkeit V dieses Systems läßt sich aus den vorhergehenden Formeln bestimmen.

13.8. WAWILOW-ČERENKOV-Strahlung

1. Infolge des speziellen Relativitätsprinzips kann die Geschwindigkeit der Bewegung eines Elektrons die Lichtgeschwindigkeit im Vakuum c nicht übertreffen: $\beta = v/c < 1$. Bei der Bewegung eines Elektrons (oder eines anderen geladenen Teilchens — eines Protons, eines Mesons u. a.) in einem Medium mit dem Brechungsindex n (S. 565) kann seine Geschwindigkeit v größer sein als die Phasengeschwindigkeit des Lichtes c/n im gegebenen Medium (S. 565), d. h. $c/n < v < c$. In diesem Fall beobachtet man eine elektromagnetische Strahlung, die man WAWILOW-ČERENKOV-*Strahlung* nennt.
Diese „Überlichtstrahlung“ des Elektrons ist das Analogon zur MACHschen Stoßwelle, die bei der Bewegung eines Körpers auftritt, dessen Geschwindigkeit größer als die Phasengeschwindigkeit der elastischen Welle in dem gegebenen Medium ist (S. 544) (Überschall).

2. Die WAWILOW-ČERENKOV-Strahlung des Elektrons bleibt innerhalb eines Kegels, dessen Erzeugende mit der Bewegungsrichtung den Winkel ϑ bilden:

$$\cos\vartheta = \frac{1}{n\beta} + \frac{\Lambda}{2\lambda}\left(1 - \frac{1}{n^2}\right),$$

wobei $\beta = v/c$, n der Brechungsindex des Mediums, $\Lambda = h/mv$ die DE-BROGLIE-Wellenlänge des Elektrons (S. 685) und λ die Wellenlänge des ausgestrahlten Lichtes ist.

Die Strahlung ist nur unter der Bedingung $\beta n > 1\,(v > c/n)$ möglich. Die untere Grenze der auftretenden Wellenlängen λ_m erhält man bei $\cos\vartheta = 1$. Die in der Zeiteinheit abgestrahlte Energie ist

$$-\frac{dE}{dt} = \frac{e^2 v}{c^2}\int\limits_0^{\omega_{\max}} \omega\left[1 - \frac{1}{n^2\beta^2} - \frac{\Lambda}{n\beta\lambda}\left(1 - \frac{1}{n^2}\right) - \frac{\Lambda^2}{4\lambda^2}\left(1 - \frac{1}{n^4}\right)\right] d\omega,$$

wobei $\omega = 2\pi c/n\lambda$ die Frequenz der Strahlung ist ($\omega_{\max} = 2\pi c/n\lambda_{\min}$). Im nichtrelativistischen Fall ($v/c \ll 1$) erfordert die Bedingung $\beta n > 1$, daß $n \gg 1$ ist. Unter der Vernachlässigung von quantentheoretischen Korrekturgliedern (Rückstoß, den das Elektron bei der Strahlung erleidet) wird $\Lambda/\lambda \to 0$, und die vorangehenden Formeln lassen sich vereinfachen:

$$\cos\vartheta = \frac{1}{n\beta} = \frac{c}{nv},$$

$$-\frac{dE}{dt} = \frac{e^2 v}{c^2}\int\limits_0^{\omega_{\max}} \omega\left[1 - \frac{c^2}{n^2 v^2}\right] d\omega.$$

$\omega_{\max}$ bestimmt man aus der Bedingung $\beta n(\omega_{\max}) = 1$, wobei $n(\omega_{\max})$ die Dispersion in Betracht zieht (Abhängigkeit des Brechungsindexes n von ω, S. 648).

13.9. Der DOPPLER-Effekt in der Optik

1. Unter dem DOPPLER-*Effekt in der Optik* versteht man die Frequenzänderung einer Lichtwelle, die ein relativ zu deren Quelle bewegter Beobachter wahrnimmt (DOPPLER-Effekt in der Akustik, s. S. 534).

2. Wenn sich Quelle und Beobachter der Lichtwelle gleichförmig in bezug auf ein Inertialsystem bewegen (S. 39), so ergibt sich für die beobachtete Frequenz des Lichtes ν und der Frequenz ν_0, die bei relativ zu diesem System ruhender Quelle und ruhendem Beobachter auftreten würde, der Zusammenhang

$$\nu = \nu_0 \frac{\sqrt{1 - \frac{v^2}{c^2}}}{1 + \frac{v}{c}\cos\vartheta}$$

dabei ist ϑ der Winkel zwischen der Beobachtungsrichtung und der Bewegungsrichtung der Quelle relativ zum Beobachter. Dieser Winkel ändert sich in einem Koordinatensystem, in dem der Beobachter ruht. v ist der Absolutbetrag der Relativgeschwindigkeit der Quelle, c die Lichtgeschwindigkeit im Vakuum.

3. Für $\vartheta = \pi/2$ oder $3\pi/2$ und $v/c \ll 1$ ist $\nu = \nu_0$, und man beobachtet keinen DOPPLER-Effekt. Für $\vartheta = 0$ (Quelle und Beobachter bewegen sich voneinander fort), ist $\nu < \nu_0$, $\lambda > \lambda_0$. Es findet eine *Rotverschiebung* des betrachteten Spektrums statt.
Für $\vartheta = \pi$ (Quelle und Beobachter bewegen sich aufeinander zu) ist $\nu > \nu_0$, $\lambda < \lambda_0$. Es tritt eine *Violettverschiebung* des betrachteten Spektrums auf.

4. Bei $v/c \approx 1$ kann der DOPPLER-Effekt auch bei $\vartheta = \pi/2$ und $3\pi/2$ beobachtet werden:

$$\nu = \nu_0 \sqrt{1 - \frac{v^2}{c^2}}$$

(*transversaler* DOPPLER-*Effekt*). Seine experimentelle Beobachtung liefert einen Beweis für die Richtigkeit der Relativitätstheorie.

5. Bei $v/c \approx 1$ kann der DOPPLER-Effekt in Richtungen, für die $\cos\vartheta = -\frac{1}{\beta}\left(1 - \sqrt{1 - \beta^2}\right)$ mit $\beta = v/c$ ist, nicht beobachtet werden.

V. Wellen

1. Die Grundlagen der Akustik

1.1. Einleitung

1. Die räumlich-zeitliche Ausbreitung von physikalischen die Materie oder ein Feld beschreibenden Größen nennt man *Welle*.
Mechanische Störungen (Deformationen), die sich in einem elastischen Medium fortpflanzen, heißen *elastische Wellen*. Äußere Körper, die diese Störungen im Medium hervorrufen, nennt man die *Quellen der Wellen*. Die Fortpflanzung elastischer Wellen äußert sich darin, daß der Reihe nach in immer größerer Entfernung von der Quelle die Teilchen des Mediums zu Schwingungen angeregt werden. Elastische Wellen in einem Medium unterscheiden sich wesentlich dadurch von beliebigen anderen geordneten Bewegungen der Teilchen dieses Mediums, daß bei kleinen Störungen (lineare Näherung) mit der Wellenausbreitung kein Materialtransport verbunden ist.[1])

2. Eine elastische Welle heißt *longitudinal*, wenn die Teilchen des Mediums in der Fortpflanzungsrichtung schwingen. Eine elastische Welle heißt *transversal*, wenn die Schwingungen der Teilchen in Ebenen senkrecht zur Fortpflanzungsrichtung erfolgen.
Transversalwellen sind nur in Medien mit Scherkräften möglich, d. h. in Medien, die einer Deformation durch Scherung einen Widerstand entgegensetzen (S. 274). Diese Eigenschaft besitzen nur Festkörper.[2])
Longitudinalwellen sind mit Volumenänderungen des Mediums verknüpft. Daher treten diese nicht nur in Festkörpern, sondern auch in Flüssigkeiten und in Gasen auf. Eine Ausnahme von der Regel stellen die *Oberflächenwellen* dar. Solche Wellen bilden sich an den freien Oberflächen von Flüssigkeiten oder an den Trennflächen unvermischter verschiedener Flüssigkeiten. Bei den Oberflächenwellen führen die Flüssigkeitsteilchen gleichzeitig Longitudinal- und Transversalschwingungen aus. Ihre Trajektorien bilden dabei Ellipsen oder noch kompliziertere Kurven. Diese Besonderheit der Oberflächenwellen erklärt man dadurch, daß bei ihrer Bildung und Fortpflanzung der Einfluß von Schwerkraft und Oberflächenspannung eine bestimmte Rolle spielt.

3. Die Ausbreitung schwacher Störungen — mechanische Schwingungen mit kleinen Amplituden — in einem elastischen Medium nennt man *Schallwelle* oder *akustische Welle*. Das Teilgebiet der

---

[1]) Bei starken Störungen findet ein geringer Materialtransport statt. Dieser wird durch den nichtlinearen Charakter der Teilchenschwingungen hervorgerufen.

[2]) An den Rändern von flüssigen oder gasförmigen Körpern können allerdings durch Wirbelbewegungen transversale Wellen in kleinen Raumbereichen entstehen. (Anm. des Übersetzers.)

Physik, in dem man die Eigenschaften von Schallwellen untersucht, ihre Gesetzmäßigkeiten, ihre Erregung und ihre Ausbreitung sowie die Erscheinungen bei ihrem Auftreffen auf ein Hindernis, nennt man *Akustik.*

1.2. Ausbreitungsgeschwindigkeit von Schallwellen (Schallgeschwindigkeit)

Die Geschwindigkeit der Wellen in Flüssigkeiten und Gasen ist

$$c = \sqrt{\frac{K}{\varrho}};$$

dabei bedeutet K den Elastizitätsmodul (S. 274) und ϱ die Dichte des Mediums im nicht erregten Zustand. Die Deformation von Flüssigkeiten und Gasen bei der Ausbreitung von Schallwellen darf man als adiabatischen Prozeß betrachten (S. 150). Für ideale Gase ist der Elastizitätsmodul bei adiabatischen Prozessen $K = \varkappa p$. Dabei ist p der Druck des Gases im nicht erregten Zustand und $\varkappa$ der Adiabatenexponent (S. 159). Die Geschwindigkeit der Schallwellen in einem idealen Gas ist also

$$c = \sqrt{\varkappa \frac{p}{\varrho}} = \sqrt{\varkappa BT};$$

T ist dabei die absolute Temperatur, B die individuelle Gaskonstante (S. 152).

2. In isotropen Festkörpern ist die Ausbreitungsgeschwindigkeit der Transversalwellen

$$c_1 = \sqrt{\frac{G}{\varrho}},$$

wobei G der Schubmodul und ϱ die Dichte ist. Für Longitudinalwellen gilt

$$c_2 = \sqrt{\frac{E\mu}{\varrho(1+\mu)(1-2\mu)} + \frac{2G}{\varrho}} = \sqrt{\frac{E}{\varrho}\,\frac{1-\mu}{(1+\mu)(1-2\mu)}};$$

dabei ist E der Elastizitätsmodul (YOUNGscher Modul) (S. 273) und μ die POISSONsche Zahl (S. 247). In festen Medien ist die Ausbreitungsgeschwindigkeit der Longitudinalwelle immer größer als die der Transversalwelle.

Die Geschwindigkeit für Longitudinalwellen in einem dünnen Stab, dessen Durchmesser nur einen geringen Bruchteil der Wellenlänge (S. 523) beträgt, ist

$$c_2 = \sqrt{\frac{E}{\varrho}}.$$

Die Geschwindigkeit für Transversalwellen in einer Saite – einem dünnen, biegsamen Faden, in dem durch äußere Kraftwirkung eine starke Spannung erzeugt wurde – ist

$$c_1 = \sqrt{\frac{\sigma}{\varrho}} = \sqrt{\frac{F}{\varrho S}},$$

wobei $\sigma = \boldsymbol{F}/S$ die normale Spannung bedeutet, $\boldsymbol{F}$ die Spannkraft, S die Querschnittsfläche der Saite und ϱ die Dichte des Materials der Saite.

3. Anisotrope Körper besitzen in verschiedenen Richtungen unterschiedliche elastische Eigenschaften. Die Geschwindigkeiten der Longitudinal- und der Transversalwelle hängen daher von der Ausbreitungsrichtung ab, bei der Transversalwelle zudem noch von der Polarisation, d. h. von der Orientierung der Ebene, die vom Vektor der Wellengeschwindigkeit und dem Vektor der Verschiebung der Teilchen im Medium in dem betrachteten Punkt aufgespannt wird. (Diese Ebene heißt *Schwingungsebene.*)

1.3. Die Wellengleichung

1. Der HELMHOLTZ*sche Satz*: Jedes eindeutige und stetige Vektorfeld $\boldsymbol{F}$, das sich über das gesamte Raumgebiet erstreckt, läßt sich in eindeutiger Weise darstellen als Summe aus dem Gradienten einer gewissen skalaren Funktion φ und dem Rotor einer gewissen Vektorfunktion A, deren Divergenz verschwindet:

$$\boldsymbol{F} = \operatorname{grad} \varphi + \operatorname{rot} \boldsymbol{A}, \qquad \operatorname{div} \boldsymbol{A} = 0.$$

Die Funktion φ heißt skalares Potential des Feldes $\boldsymbol{F}$, die Funktion $\boldsymbol{A}$ nennt man Vektorpotential von $\boldsymbol{F}$.

2. Im Fall akustischer Wellen in Festkörpern charakterisiert das skalare Potential des Vektorfeldes der Verschiebung der Teilchen aus ihrer Gleichgewichtslage die longitudinalen elastischen Wellen. Dieses Potential genügt der folgenden Gleichung, die man *Wellengleichung* nennt:

$$\frac{\partial^2 \varphi}{\partial x^2} + \frac{\partial^2 \varphi}{\partial y^2} + \frac{\partial^2 \varphi}{\partial z^2} = \frac{1}{c_2^2} \frac{\partial^2 \varphi}{\partial t^2}, \qquad \text{d. h.} \qquad \Delta \varphi = \frac{1}{c_2^2} \frac{\partial^2 \varphi}{\partial t^2}$$

oder

$$\Box \varphi = 0.$$

Dabei ist c_2 die Ausbreitungsgeschwindigkeit der Longitudinalwelle (S. 518), Δ der LAPLACE-Operator, $\Box = \Delta - \frac{1}{c^2} \frac{\partial^2}{\partial t^2}$ der D-ALEMBERTsche Operator.

Das Vektorpotential $\boldsymbol{A}$ charakterisiert die transversalen elastischen Wellen. Es genügt der Gleichung

$$\operatorname{rot} \operatorname{rot} \boldsymbol{A} = -\frac{1}{c_1^2} \frac{\partial^2 \boldsymbol{A}}{\partial t^2} \qquad \text{oder} \qquad \Delta \boldsymbol{A} = \frac{1}{c_1^2} \frac{\partial^2 \boldsymbol{A}}{\partial t^2},$$

wobei c_1 die Ausbreitungsgeschwindigkeit der Transversalwelle ist (S. 518).

3. Die akustischen Wellen in Flüssigkeiten und Gasen[1]) beschreibt man durch das Potential der Geschwindigkeit $\boldsymbol{v}'$ der Teilchenschwingungen im Medium (S. 302): $\boldsymbol{v}' = \operatorname{grad} \varphi$.

Aus der Kontinuitätsgleichung (S. 304) und den Bewegungsgleichungen (S. 305) folgt, daß für akustische Wellen in einer ruhenden, homogenen und unbegrenzten Flüssigkeit (S. 298), auf die keine Massenkraft einwirkt (S. 299), das Potential φ der Wellengleichung genügt:

$$\frac{\partial^2 \varphi}{\partial x^2} + \frac{\partial^2 \varphi}{\partial y^2} + \frac{\partial^2 \varphi}{\partial z^2} = \frac{1}{c^2} \frac{\partial^2 \varphi}{\partial t^2} \qquad \text{oder} \qquad \Delta \varphi = \frac{1}{c^2} \frac{\partial^2 \varphi}{\partial t^2},$$

wobei c die Ausbreitungsgeschwindigkeit der Welle ist (S. 518). Derselben Gleichung genügt auch jede Komponente des Vektors $\boldsymbol{v}'$.

4. Der Druckzuwachs p' gegenüber dem Druck einer Flüssigkeit im Gleichgewichtszustand ist mit dem Potential φ durch die Beziehung

$$p' = -\varrho \frac{\partial \varphi}{\partial t}$$

verknüpft. Dabei ist ϱ die Dichte der Flüssigkeit im Gleichgewichtszustand. Der Druck p' (*Schalldruck*) genügt der Wellengleichung:

$$\Delta p' = \frac{1}{c^2} \frac{\partial^2 p'}{\partial t^2}.$$

5. Die Dichteänderung einer Flüssigkeit ϱ', bezogen auf den Gleichgewichtszustand, ist durch

$$\varrho' = \frac{p'}{c^2} = -\frac{\varrho}{c^2} \frac{\partial \varphi}{\partial t}$$

gegeben, wobei auch für ϱ' die Wellengleichung gilt:

$$\Delta \varrho' = \frac{1}{c^2} \frac{\partial^2 \varrho'}{\partial t^2}.$$

6. Eine Longitudinalwelle heißt *eben*, wenn das Potential und andere Größen, welche die Wellenbewegung im Medium charakterisieren, nur von der Zeit und von einer der kartesischen Raumkoordinaten abhängt, z. B. von x.

Die Wellengleichung für eine ebene Longitudinalwelle lautet

$$\frac{\partial^2 \varphi}{\partial x^2} = \frac{1}{c^2} \frac{\partial^2 \varphi}{\partial t^2}.$$

[1]) Unter „Flüssigkeit" im weiteren Sinn versteht man auch Gase, die man in der Mechanik der deformierbaren Körper als kompressible Flüssigkeiten auffaßt.

Die allgemeine Lösung hat die folgende Gestalt (D'ALEMBERT-Lösung):

$$\varphi = f_1(ct - x) + f_2(ct + x);$$

dabei sind f_1 und f_2 willkürliche Funktionen. $f_1(ct - x)$ ist das Potential einer Welle, die sich in Richtung der positiven x-Achse ausbreitet, $f_2(ct + x)$ das Potential einer Welle in Richtung der negativen x-Achse. Beide Wellentypen heißen *laufende Wellen*, zum Unterschied von den stehenden Wellen (S. 531).

7. Im Fall einer ebenen laufenden Longitudinalwelle $\varphi = f(ct - x)$ genügt der Verschiebungsvektor $\boldsymbol{S} = S\boldsymbol{i}$ der Wellengleichung:

$$\frac{\partial^2 S}{\partial x^2} = \frac{1}{c^2}\,\frac{\partial^2 S}{\partial t^2};$$

dabei ist $\boldsymbol{i}$ der Einheitsvektor in Richtung der x-Achse und S die algebraische Größe der Verschiebung.

In Flüssigkeiten gelten zwischen der Geschwindigkeit v' der schwingenden Teilchen des Mediums und dem Schalldruck p' und der Dichteänderung ϱ' die Beziehungen

$$p' = \varrho c v' \qquad \text{und} \qquad \varrho' = \frac{\varrho v'}{c}.$$

Das Produkt ϱc aus der Dichte des Mediums und der Ausbreitungsgeschwindigkeit einer Longitudinalwelle heißt *akustischer Widerstand* oder *Wellenwiderstand des Mediums*.

8. Eine Longitudinalwelle heißt *sphärische Welle*, wenn das Potential φ und die anderen Größen, welche die Wellenbewegung im Medium beschreiben, nur von der Zeit und vom Abstand r von einem gewissen Raumpunkt abhängen. Dieser Raumpunkt heißt *Wellenzentrum*. Eine sphärische Welle läßt sich in einem homogenen und isotropen Medium durch eine punktförmige Quelle erzeugen. Dabei heißt eine Quelle punktförmig, wenn es sich um einen schwingenden Körper handelt, dessen Abmessungen klein sind im Vergleich mit dem Abstand zum Beobachtungspunkt im Medium.

Die Wellengleichung für sphärische Longitudinalwellen lautet

$$\frac{1}{r^2}\,\frac{\partial}{\partial r}\left(r^2\,\frac{\partial \varphi}{\partial r}\right) = \frac{1}{c^2}\,\frac{\partial^2 \varphi}{\partial t^2}.$$

Die allgemeine Lösung hat die Form

$$\varphi = \frac{1}{r}\,f_1(ct - r) + \frac{1}{r}\,f_2(ct + r);$$

dabei sind f_1 und f_2 willkürliche Funktionen. $\frac{1}{r}\,f_1(ct - r)$ ist das Potential einer auslaufenden sphärischen Welle, $\frac{1}{r}\,f_2(ct + r)$ das Potential einer in das Zentrum einlaufenden sphärischen Welle.

9. Das *Superpositionsprinzip für Wellenfelder*: Breitet sich in einem homogenen Medium ein System von n verschiedenen Wellen aus,

deren skalare Potentiale durch $\varphi_1, \varphi_2, \ldots, \varphi_n$ und deren Vektorpotentiale durch $A_1, A_2, \ldots, A_n$ beschrieben werden, so sind die Potentiale φ und A der resultierenden Welle gleich der Summe aus den entsprechenden Potentialen aller Wellen des Systems:

$$\varphi = \sum_{i=1}^{n} \varphi_i \quad \text{und} \quad A = \sum_{i=1}^{n} A_i.$$

Mit anderen Worten heißt das: Jede der Wellen breitet sich im Medium unabhängig von den anderen aus, so als ob diese nicht vorhanden wären. Die resultierende Geschwindigkeit, Verschiebung und Beschleunigung der Teilchen des Mediums ist gleich der Vektorsumme der entsprechenden Größen, die jeweils durch die einzelnen Wellen bedingt sind.

Für Transversalwellen gilt das Superpositionsprinzip lediglich in sogenannten linearen Medien, die dem HOOKEschen Gesetz genügen, d. h. in jenen Bereichen des Mediums, in denen die Fortpflanzungsgeschwindigkeit der Wellen noch nicht von deren Intensität (S. 526) abhängt.

1.4. Sinusförmige Longitudinalwellen

1. Der Ausdruck, der das Potential φ der Geschwindigkeit der erregten Teilchen des Mediums oder eine beliebige andere, ebenso diese Bewegung eindeutig charakterisierende Größe in Abhängigkeit von der Zeit und von den Koordinaten beschreibt, heißt *Gleichung der Longitudinalwelle.*

2. Eine Longitudinalwelle heißt *sinusförmig* (*harmonisch*), wenn die Schwingungen der Teilchen des Mediums harmonisch sind. Ist die Kreisfrequenz (S. 110) dieser Schwingungen ω, so gilt

$$\varphi = a(x, y, z) \sin[\omega t - \alpha(x, y, z)].$$

Die Funktionen der Koordinaten a und α genügen den folgenden Gleichungen:

$$\Delta a_1 + k^2 a_1 = 0 \quad \text{und} \quad \Delta a_2 + k^2 a_2 = 0,$$

wobei $a_1 = a \cos\alpha$, $a_2 = a \sin\alpha$ ist. $k = \omega/c$ ist die *Wellenzahl*, c die Ausbreitungsgeschwindigkeit und ω die Kreisfrequenz der Welle.

Die Funktion $a(x, y, z)$ heißt *Amplitude der Welle*. Die Funktion $\Phi(x, y, z, t) = \omega t - \alpha(x, y, z)$ heißt *Wellenphase*, $\alpha(x, y, z)$ heißt *Anfangsphase der Welle.*

Für sinusförmige Wellen gilt die HELMHOLTZ-*Gleichung*

$$\Delta\varphi + k^2\varphi = 0.$$

3. Der geometrische Ort aller Punkte des Mediums, in denen im betrachteten Zeitpunkt die Wellen gleiche Phase besitzen, heißt *Wellenfläche* oder *Wellenfront*. Verschiedenen Werten der Phase entsprechen verschiedene Wellenflächen. Im Fall der Ausbreitung einer kurz-

zeitigen Erregung versteht man unter der Wellenfront die Grenzfläche zwischen dem bereits erregten und dem noch nicht erregten Gebiet des Mediums.
Die Gleichung der Schar von Wellenflächen lautet

$$\omega t - \alpha = C,$$

wobei C eine Konstante ist, welche die Rolle eines Parameters spielt.
Die Wellenflächen verschieben sich stetig im Medium und erleiden dabei im allgemeinen eine Deformation. Im Fall eines homogenen und isotropen Mediums bewegen sich alle Punkte der Wellenfläche in der Richtung ihrer Normalen mit einer Geschwindigkeit c; die gleich der Ausbreitungsgeschwindigkeit ist (S. 518). Diese Geschwindigkeit heißt *Phasengeschwindigkeit der Welle.*

4. Die Wellenflächen einer ebenen Welle (S. 520) werden durch ein System paralleler Ebenen dargestellt. In einem homogenen und isotropen Medium sind die Wellenflächen ebener Wellen senkrecht zur Ausbreitungsrichtung der Welle angeordnet (senkrecht zur Richtung der Energieübertragung). Diese Richtungen heißen *Strahlen.* In anisotropen Medien ist der Winkel zwischen den Strahlen und den Wellenflächen nur in gewissen, wohlbestimmten Richtungen der Ausbreitung ebener Wellen gleich 90°.
Die Gleichung ebener sinusförmiger Wellen, die sich längs der positiven x-Achse ausbreiten, lautet

$$\varphi = a \sin(\omega t - kx + \alpha_0).$$

Für Wellen, deren Ausbreitungsrichtung entgegengesetzt ist, lautet sie

$$\varphi = a \sin(\omega t + kx + \alpha_0);$$

dabei ist α_0 die Anfangsphase der Schwingungen der Punkte des Mediums in der y,z-Ebene. Wenn sich die Welle in einem idealen Medium ohne innere Reibung und ohne Wärmeleitfähigkeit ausbreitet, ist die Wellenamplitude a unabhängig von x.

5. Eine charakteristische Größe für sinusförmige Wellen ist die Wellenlänge λ, die gleich dem Abstand zwischen zwei Punkten des Mediums mit einer Phasendifferenz von 2π ist:

$$\lambda = \frac{2\pi}{k} = cT = \frac{c}{\nu};$$

dabei ist T die *Periode der Welle,* ω ihre *Frequenz.*

6. In Exponentialform lautet die Gleichung einer ebenen sinusförmigen Welle

$$\varphi = A e^{i[(\boldsymbol{kr}) - \omega t]};$$

dabei ist $A = a e^{i\alpha}$ die *komplexe Amplitude,* $\alpha = \frac{\pi}{2} - \alpha_0$, $\boldsymbol{k} = \frac{2\pi}{\lambda}\boldsymbol{n}$ der *Wellenvektor,* $\boldsymbol{n}$ der Einheitsvektor in der Ausbreitungsrichtung der Welle, $\boldsymbol{r}$ der Radiusvektor zum Beobachtungspunkt und $i = \sqrt{-1}$.

Die exponentielle Schreibweise ist günstig für die Ausführung der Differentialoperationen in der linearen Wellengleichung. Eine physikalische Bedeutung hat jedoch nur der Realteil des Exponentialausdruckes:

$$\varphi = \mathrm{Re}\,\{A\,e^{i[(\boldsymbol{k}\boldsymbol{r})-\omega t]}\}.$$

(Das Symbol Re bezeichnet den Realteil einer komplexen Funktion.) Zur Ermittlung einer physikalischen Größe hat man zum Realteil überzugehen.

7. Eine beliebige Welle kann man als Überlagerung von ebenen sinusförmigen Wellen mit unterschiedlichen Wellenvektoren, Frequenzen, Amplituden und Anfangsphasen darstellen. Eine derartige Darstellung beruht grundsätzlich auf der Zerlegung einer periodischen Funktion in ihre FOURIER-Reihe oder auf deren Wiedergabe in Form eines FOURIER-Integrals (S. 653) sowie auf dem Superpositionsprinzip für Wellenfelder (S. 521). Die Gesamtheit der sinusförmigen Wellen, die man als Resultat der Zerlegung einer gegebenen allgemeinen Welle erhält, heißt *Spektrum* der Welle. Die Gesamtheit der Amplituden bzw. der Frequenzen dieser sinusförmigen Wellen heißt *Amplitudenspektrum* bzw. *Frequenzspektrum*.

8. Die Wellenflächen sphärischer Wellen (S. 521) werden durch ein System konzentrischer Kugelflächen dargestellt. Die Gleichung einer auslaufenden sinusförmigen sphärischen Welle lautet

$$\varphi = \frac{a_0}{r}\sin(\omega t - kr + \alpha_0);$$

α_0 ist dabei die Anfangsphase der Schwingung im Wellenzentrum, r der Abstand von diesem Zentrum, a_0 die Amplitude der Schwingungen der Punkte des Mediums im Abstand $r_0 = 1$.

In Exponentialform lautet die Gleichung einer sphärischen Welle

$$\varphi = A\,\frac{e^{i(kr-\omega t)}}{r};$$

dabei ist $\dfrac{A}{r} = \dfrac{a_0}{r}e^{i\alpha}$ die komplexe Amplitude, $\alpha = \dfrac{\pi}{2} - \alpha_0$, $i = \sqrt{-1}$. Mit Ausnahme des singulären Punktes $r = 0$ genügt die Funktion φ überall der Wellengleichung $\Delta\varphi + k^2\varphi = 0$.

9. Eine Welle heißt *zylindrisch*, wenn die Wellenflächen die Form von kreiszylindrischen Flächen mit gemeinsamer Symmetrieachse haben. In großer Entfernung von dieser Achse lautet die Gleichung einer auslaufenden Zylinderwelle

$$\varphi = \frac{a_0}{\sqrt{R}}\sin(\omega t - kR + \alpha_0);$$

dabei ist R der Abstand von der Achse, a_0 und α_0 sind Konstante und $k = 2\pi/\lambda$ ist die Wellenzahl. In Exponentialform lautet die

Gleichung

$$\varphi = A\,\frac{e^{i(kR-\omega t)}}{\sqrt{R}}$$

mit der komplexen Amplitude $\dfrac{A}{\sqrt{R}} = \dfrac{a_0}{\sqrt{R}}\,e^{i\alpha}$ und $\alpha = \dfrac{\pi}{2} - \alpha_0$.

1.5. Die Energie akustischer Wellen

1. Der Grenzwert, dem der Quotient aus dem Energieinhalt ΔW und dem Volumenelement ΔV für $\Delta V \to 0$ zustrebt, heißt Energiedichte des Mediums w:

$$w = \lim_{\Delta V \to 0} \frac{\Delta W}{\Delta V}.$$

2. Die Energiedichte akustischer Wellen in einer Flüssigkeit ist gleich dem Unterschied zwischen den Energiedichten der Flüssigkeit im erregten und im nicht erregten Zustand. Man drückt die Energiedichte durch die folgende Beziehung aus:

$$w = \frac{\varrho v'^2}{2} + \frac{c^2 \varrho'^2}{2\varrho} = \frac{\varrho}{2}\left[(\operatorname{grad}\varphi)^2 + \frac{1}{c^2}\left(\frac{\partial\varphi}{\partial t}\right)^2\right];$$

dabei ist ϱ die Dichte des nicht erregten Mediums, c die Ausbreitungsgeschwindigkeit der Welle, v' die Geschwindigkeit der schwingenden Flüssigkeitsteilchen. Das erste Glied entspricht der kinetischen Energie der Flüssigkeitsteilchen, das zweite Glied der potentiellen Energie der Deformation der Flüssigkeit.

3. Im Fall ebener Longitudinalwellen (S. 520) gilt

$$\varrho v'^2 = \frac{c^2 \varrho'^2}{\varrho} \qquad \text{und} \qquad w = \varrho v'^2.$$

Wenn es sich um eine sinusförmige ebene Welle handelt, d. h., ist $\varphi = a \sin(\omega t - kx + \alpha_0)$, so gilt

$$w = \varrho k^2 a^2 \cos^2(\omega t - kx + \alpha_0) = \varrho \omega^2 a_s^2 \cos^2(\omega t - kx + \alpha_0);$$

dabei ist $a_s = a/c$ die Amplitude der Schwingungen der Mediumsteilchen.

Für beliebige Longitudinalwellen gilt

$$\varrho \overline{v'^2} = \frac{c^2}{\varrho}\,\overline{\varrho'^2} \qquad \text{und} \qquad \overline{w} = \varrho \overline{v'^2}$$

mit

$$\overline{v'^2} = \frac{1}{T}\int_0^T v'^2\,dt, \qquad \overline{\varrho'^2} = \frac{1}{T}\int_0^T \varrho'^2\,dt \qquad \text{und} \qquad \overline{w} = \frac{1}{T}\int_0^T w\,dt.$$

Diese Größen sind die zeitlichen Mittelwerte der entsprechenend Ausdrücke, genommen über eine Wellenperiode T.

4. Die Wellenausbreitung in unbegrenzten elastischen Medien erfolgt durch Übertragung der Schwingungen auf immer weiter vom Ursprung der Welle entfernte Teile des Mediums. Die dafür nötige Energie wird von der Quelle der Welle geliefert und von einem Teil des Mediums zum anderen übertragen.

Der Erhaltungssatz für die Energie lautet

$$\frac{\partial w}{\partial t} + \operatorname{div} \boldsymbol{U} = 0;$$

dabei ist $\boldsymbol{U} = p'\boldsymbol{v}'$ der Vektor des Energieflusses der akustischen Welle und p' der Schalldruck der Flüssigkeit im Vergleich mit dem Gleichgewichtszustand. Für ebene Wellen gilt $\boldsymbol{U} = \omega \boldsymbol{s} = \varrho v'^2 \boldsymbol{c}$, wobei $\boldsymbol{c}$ die Ausbreitungsgeschwindigkeit der Welle ist.

5. Der Energiebetrag, den die Schallwelle in der Zeiteinheit durch die Einheit einer Fläche senkrecht zur Ausbreitungsrichtung überträgt, heißt *Intensität der akustischen Welle I* (*Schallstärke*):

$$I = |\overline{\boldsymbol{U}}| = |\overline{p'\boldsymbol{v}'}| = \frac{1}{T}\left|\int_0^T p'\boldsymbol{v}' \, dt\right|.$$

Die Intensität sinusförmiger Wellen (S. 522) ist proportional dem Quadrat der Amplitude:

$$I = \frac{1}{2}\varrho\omega \, |\operatorname{grad} \alpha| \, a^2 = \frac{1}{2}\varrho c k \, |\operatorname{grad} \alpha| \, a^2,$$

wobei $k = \omega/c$ die Wellenzahl ist. Für ebene und sphärische sinusförmige Wellen ist $|\operatorname{grad} \alpha| = k$, und es gilt daher

$$I = \frac{1}{2}\varrho c k^2 a^2 = \frac{1}{2}\frac{\varrho}{c}\omega^2 a^2, \qquad I = \frac{p_{\text{eff}}^2}{\varrho c};$$

dabei ist $p_{\text{eff}} = \sqrt{\overline{p'^2}} = \sqrt{p'^2_{\max}/2}$ das *quadratische Mittel* (*Effektivwert*) des *Schalldruckes* der sinusförmigen Welle, und $p'_{\max}$ ist die Amplitude des Schalldruckes, der durch die Wellenbewegung im Medium bedingt ist.

6. Als *Energiefluß der Welle* durch die Fläche S bezeichnet man den Energiebetrag dS, der in der Zeiteinheit diese Fläche durchsetzt:

$$\Phi = \int_S I \, dS \cos\beta = \int_S I \, dS_n;$$

dabei ist β der Winkel zwischen der Normalen zum Flächenelement dS und der Ausbreitungsrichtung der Welle. $dS_n = dS \cos\beta$ ist die Projektion des Flächenelementes dS auf die Ebene senkrecht zur Ausbreitungsrichtung der Welle ($dS_n < 0$ für $\pi/2 < \beta < 3\pi/2$).

1.6. Reflexion und Brechung akustischer Wellen (ohne Beugungseffekte)

1. Wenn eine akustische Welle, die sich im Medium *1* ausbreitet, die Trennfläche zwischen diesem und einem anderen Medium *2* erreicht, so tritt eine Reflexion und eine Brechung der Welle auf. Die Welle, die von der Trennfläche ins Medium *1* der Primärwelle (einfallende Welle) zurückläuft, heißt *reflektierte Welle*. Die im Medium *2* sich ausbreitende Welle heißt *gebrochene Welle*.

Der Winkel i (Bild V.1.1) zwischen der Ausbreitungsrichtung der einfallenden Welle (einfallender Strahl SO) und der Normalen ON auf die Trennfläche der beiden Medien im Einfallspunkt O heißt *Einfallswinkel*. Der Winkel i' zwischen der Ausbreitungsrichtung der reflektierten Welle (reflektierter Strahl OS') und der Normalen ON heißt *Reflexionswinkel*. Der Winkel r zwischen der Ausbreitungsrichtung der gebrochenen Welle (gebrochener Strahl OS'') und der Normalen OM heißt *Brechungswinkel*.

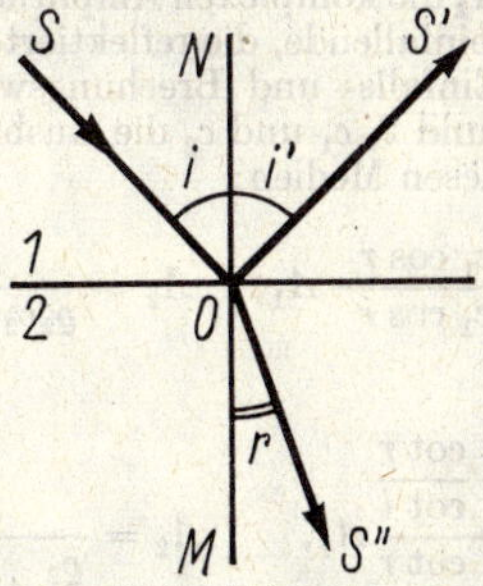

V.1.1.

2. *Reflexionsgesetz*:

a) Der reflektierte Strahl liegt in der Ebene, die vom einfallenden Strahl und dem Lot auf die Trennfläche der Medien im betrachteten Einfallspunkt gebildet wird.

b) Der Reflexionswinkel ist gleich dem Einfallswinkel: $i' = i$.

3. *Brechungsgesetz*:

a) Der gebrochene Strahl liegt in der Ebene, die vom einfallenden Strahl und dem Lot auf die Trennfläche der Medien im betrachteten Einfallspunkt gebildet wird.

b) Das Verhältnis des Sinus des Einfallswinkels zum Sinus des Brechungswinkels ist gleich dem Verhältnis der Ausbreitungsgeschwindigkeiten der Welle im ersten und im zweiten Medium:

$$\frac{\sin i}{\sin r} = \frac{c_1}{c_2} = n_{21};$$

n_{21} ist der Brechungsindex des zweiten Mediums relativ zum ersten (*relativer Brechungsindex*).

4. Das Verhältnis zwischen den Amplituden und Phasen der einfallenden, der reflektierten und der gebrochenen Welle bestimmt man aus den Grenzbedingungen. An der Grenzfläche zwischen zwei flüssigen Medien müssen der Schalldruck und die Normalkomponente der Geschwindigkeit der schwingenden Teilchen des Mediums stetig sein.

Für ebene Wellen und ebene Grenzflächen gelten die folgenden Beziehungen (in Abwesenheit von Absorptionserscheinungen):

$$\varrho_1(A_1 + A_1') = \varrho_2 A_2, \qquad \frac{\cos i}{c_1}(A_1 - A_1') = \frac{\cos r}{c_2} A_2;$$

dabei sind A_1, A_1' und A_2 die komplexen Amplituden der Geschwindigkeitspotentiale für die einfallende, die reflektierte und die gebrochene Welle, i und r sind Einfalls- und Brechungswinkel, ϱ_1 und ϱ_2 die Dichten der Medien *1* und *2*, c_1 und c_2 die Ausbreitungsgeschwindigkeiten der Wellen in diesen Medien:

$$A_1' = \frac{\varrho_2 c_2 \cos i - \varrho_1 c_1 \cos r}{\varrho_2 c_2 \cos i + \varrho_1 c_1 \cos r} A_1, \qquad A_2 = \frac{2\varrho_1 c_2 \cos i}{\varrho_2 c_2 \cos i + \varrho_1 c_1 \cos r} A$$

oder

$$A_1' = \frac{\dfrac{\varrho_2}{\varrho_1} - \dfrac{\cot r}{\cot i}}{\dfrac{\varrho_2}{\varrho_1} + \dfrac{\cot r}{\cot i}} A_1, \qquad A_2 = \frac{2}{\dfrac{\varrho_2}{\varrho_1} + \dfrac{\cot r}{\cot i}} A_1.$$

Ist $\varrho_1 = \varrho_2$, so gilt $A_1'/A_1 = \sin(r - i)/\sin(r + i)$. Ist $\varrho_1 c_1^2 = \varrho_2 c_2^2$ (gleiche Elastizität der Medien), so ist $A_1'/A_1 = \tan(i - r)/\tan(i + r)$.

5. Die reflektierte ebene Welle verschwindet vollkommen unter der Bedingung

$$\cot^2 i = \frac{\left(\dfrac{c_1}{c_2}\right)^2 - 1}{\left(\dfrac{\varrho_2}{\varrho_1}\right)^2 - \left(\dfrac{c_1}{c_2}\right)^2} = \frac{(c_1^2 - c_2^2)\varrho_1^2}{(\varrho_2 c_2)^2 - (\varrho_1 c_1)^2},$$

die eintritt, wenn $c_1 > c_2$, aber $\varrho_2 c_2 > \varrho_1 c_1$ ist, oder umgekehrt, wenn $c_1 < c_2$, aber $\varrho_2 c_2 < \varrho_1 c_1$ gilt. Bei senkrechtem Einfall ($i = r = 0$) gilt $A_1' = 0$, wenn $\varrho_2 c_2 = \varrho_1 c_1$ ist.

6. Die gebrochene Welle verschwindet vollkommen, wenn $c_2 > c_1$ und $i > i_{gr}$ ist, wobei i_{gr} der *Grenzwinkel* (*kritischer Winkel*) ist, den man aus der Beziehung

$$\sin i_{gr} = \frac{c_1}{c_2} = n_{21}$$

bestimmt. Diese Erscheinung heißt (*innere*) *Totalreflexion.*

7. Es bestehen Phasenbeziehungen bei senkrechtem Einfall ebener Wellen auf eine ebene Trennfläche: Ist $\varrho_2 c_2 > \varrho_1 c_1$, so ist der Phasenunterschied an der Grenzfläche zwischen einfallender und reflektierter Welle für das Geschwindigkeitspotential und für den Drucküberschuß gleich Null (die Amplituden A_1' und A_1 stimmen im Vorzeichen überein). Für die Geschwindigkeit der schwingenden Teilchen des Mediums ist der Phasenunterschied gleich π.

Gilt $\varrho_2 c_2 < \varrho_1 c_1$, so ist an der Grenzfläche der Phasenunterschied zwischen einfallender und reflektierter Welle gleich π für das Geschwindigkeitspotential (die Amplituden A_1' und A_1 haben entgegengesetzte Vorzeichen) und für den Schalldruck. Der Phasenunterschied ist Null für die Geschwindigkeit der schwingenden Teilchen des Mediums.

Der Phasenunterschied an den Grenzflächen zweier Medien für beliebige Größen der einfallenden und der gebrochenen Wellen ist Null, unabhängig von den Eigenschaften der Medien und unabhängig vom Einfallswinkel.

8. Das Verhältnis der Intensitäten der reflektierten und der einfallenden Welle bezeichnet man als *Reflexionskoeffizient* R. Für ebene Wellen gilt

$$R = \frac{|A_1'|^2}{|A_1|^2} = \left(\frac{\varrho_2 \tan r - \varrho_1 \tan i}{\varrho_2 \tan r + \varrho_1 \tan i}\right)^2$$

$$= \left(\frac{\varrho_2 c_2 \cos i - \varrho_1 \sqrt{c_1^2 - c_2^2 \sin^2 i}}{\varrho_2 c_2 \cos i + \varrho_1 \sqrt{c_1^2 + c_2^2 \sin^2 i}}\right)^2.$$

Für senkrechten Einfall erhält man

$$R = \left(\frac{\varrho_2 c_2 - \varrho_1 c_1}{\varrho_2 c_2 + \varrho_1 c_1}\right)^2.$$

Ist $\varrho_2 c_2 \gg \varrho_1 c_1$ oder $\varrho_1 c_1 \gg \varrho_2 c_2$, so ist $R \approx 1$.

Das Verhältnis der Intensitäten der gebrochenen und der einfallenden Welle nennt man *Durchlaßkoeffizient* D. Für ebene Wellen gilt

$$D = \frac{\varrho_2 c_1}{\varrho_1 c_2} \frac{|A_2|^2}{|A_1|^2} = \frac{4 \varrho_1 \varrho_2 c_1 c_2}{\left(\varrho_2 c_2 + \varrho_1 c_1 \dfrac{\cos r}{\cos i}\right)^2}$$

$$= \frac{4 \varrho_1 c_1}{\varrho_2 c_2 \left[1 + \dfrac{\varrho_1}{\varrho_2 \cos i} \sqrt{\left(\dfrac{c_1}{c_2}\right)^2 - \sin^2 i}\right]^2}.$$

Aus dem Erhaltungssatz für die Energie folgt, daß in Abwesenheit von Absorption

$$D \frac{\cos r}{\cos i} + R = 1$$

gilt.

Im Fall senkrechten Einfalls gilt $D + R = 1$.

Der Koeffizient R ändert sich nicht bei Umkehr der Ausbreitungsrichtung der Welle, d. h., er ist für den Einfall einer ebenen Welle aus dem ersten Medium auf die Grenzfläche zum zweiten Medium unter dem Winkel i ebenso groß wie für den Einfall einer ebenen Welle aus dem zweiten Medium auf die Grenzfläche zum ersten Medium unter dem Winkel r.

9. Der Druck p, den eine ebene Welle auf die Grenzfläche zweier Medien ausübt, ist gleich:

a) schräger Einfall ($i \neq 0$):

$$p = \frac{I_1}{2c_1}[(1 + R) \cot i - (1 - R) \cot r] \sin 2i;$$

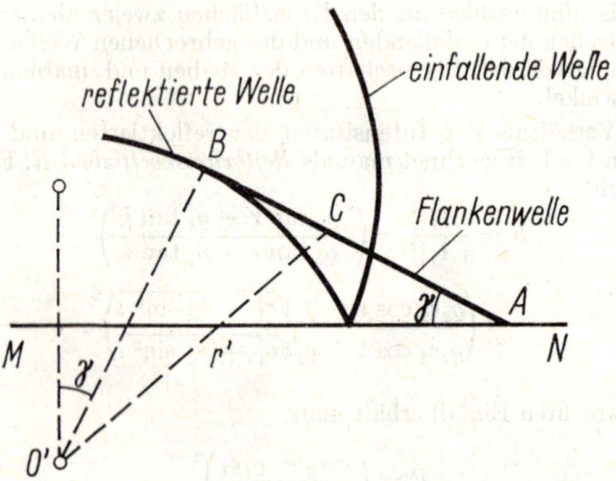

V.1.2.

b) senkrechter Einfall ($i = 0$):

$$p = \frac{2I_1}{c_1} \frac{(\varrho_1 c_1)^2 + (\varrho_2 c_2)^2 - 2\varrho_1 \varrho_2 c_1}{(\varrho_1 c_1 + \varrho_2 c_2)^2};$$

dabei ist $I_1 = \overline{w}_1 c_1$ die Intensität der einfallenden Welle, c_1 deren Geschwindigkeit, $\overline{w}_1$ die mittlere Energiedichte der einfallenden Welle.

10. Bei der Reflexion von sphärischen Wellen an einer ebenen Trennfläche zweier Medien ist die reflektierte Welle wieder eine sphärische Welle, deren Zentrum O' symmetrisch zum Zentrum O der einfallenden Welle bezüglich der Trennfläche MN liegt (Bild V.1.2). Die Amplitude der reflektierten Welle ist umgekehrt proportional dem Abstand vom Punkt O'.

Ist $c_2 > c_1$, so tritt im Zusammenhang mit der reflektierten Welle im ersten Medium auch eine *Flankenwelle* (*Oberflächenwelle*) auf. Die Wellenflächen der Flankenwellen werden durch die endlichen Flächenabschnitte gebildet, deren Achsen mit dem Lot auf OO' zusammenfallen und deren Erzeugende AB die entsprechenden Wellenflächen der reflektierten Welle tangieren und mit der Ebene MN den Winkel γ einschließen, der der Bedingung $\sin\gamma = c_1/c_2$ genügt. Die Amplitude der Flankenwelle in einem beliebigen Punkt C hängt vom Winkel $\sphericalangle\, OO'C$ ab und ist umgekehrt proportional dem Quadrat des Abstandes $r' = O'C$.

1.7. Stehende Wellen

1. *Stehende Wellen* sind das Ergebnis der Überlagerung zweier Wellen, die sich in entgegengesetzter Richtung fortpflanzen und die der folgenden Bedingung genügen: Beide Wellen haben dieselbe Frequenz, und ihre Amplituden sind dieselben Funktionen der Koordinaten. Im Fall von Transversalwellen muß auch die Polarisationsrichtung (S. 519) für beide Wellen dieselbe sein. Stehende Wellen treten besonders bei Interferenzerscheinungen auf (S. 575).

2. Eine ebene longitudinale stehende Welle entsteht z. B. bei der Überlagerung der einfallenden mit der reflektierten Welle, wenn der Einfallswinkel Null ist und der Reflexionskoeffizient $R = 1$, d. h., wenn die Reflexion an einem Medium mit sehr viel größerem oder sehr viel kleinerem akustischem Widerstand erfolgt (S. 521). Aus der Überlagerung der ebenen Longitudinalwelle $\varphi_1 = a\sin(\omega t - kx + \alpha_1)$ mit der entgegengesetzt laufenden Welle $\varphi_2 = a\sin(\omega t + kx + \alpha_2)$ ergibt sich eine sinusförmige stehende Welle. Ihre Gleichung lautet

$$\varphi = 2a\cos\left(\frac{\alpha_1 - \alpha_2}{2} - kx\right)\sin\left(\omega t + \frac{\alpha_1 + \alpha_2}{2}\right).$$

3. Die Amplitude a_{st} ebener stehender Wellen ist eine periodische Funktion der Koordinate x und hängt nicht von der Zeit ab:

$$a_{st} = 2a\left|\cos\left(\frac{\alpha_1 - \alpha_2}{2} - kx\right)\right|.$$

Die Raumpunkte, in denen $a_{st} = 0$ ist, heißen *Knoten* der stehenden Welle. Die Punkte, in denen a_{st} den Maximalwert $(a_{st})_{max} = 2a$ annimmt, heißen *Bäuche* der stehenden Welle. Für die Knoten gilt $\frac{\alpha_1 - \alpha_2}{2} - kx = (2m + 1)\frac{\pi}{2}$; für die Bäuche ist $\frac{\alpha_1 - \alpha_2}{2} - kx = 2m\frac{\pi}{2}$ mit $m = 0, \pm 1, \pm 2, \ldots$.

4. Der Abstand zwischen zwei benachbarten Knoten oder Bäuchen heißt *Wellenlänge der stehenden Welle* λ_{st}:

$$\lambda_{st} = \frac{\pi}{k} = \frac{\lambda}{2},$$

wobei λ die Wellenlänge der laufenden Welle ist. Der Abstand zwischen einem Knoten und einem benachbarten Bauch ist $\lambda_{st}/2 = \lambda/4$. Die Knoten der Geschwindigkeit und der Verschiebung der Flüssigkeitsteilchen fallen mit den Bäuchen des Geschwindigkeitspotentials und des Schalldruckes zusammen.

5. Bei einer stehenden Welle schwingen alle Teilchen zwischen benachbarten Knoten mit derselben Phase. Jedoch sind ihre Amplituden verschieden. Bei Durchgang durch einen Knoten ändert sich die Phase sprunghaft um π, so daß sich das Vorzeichen der Größe $\cos\left(\frac{\alpha_1 - \alpha_2}{2} - kx\right)$ ändert.

6. Zum Unterschied von den laufenden Wellen erfolgt bei den stehenden Wellen kein Energietransport. Das findet besonders darin seinen Ausdruck, daß sich die räumliche Anordnung der Knoten und Bäuche mit der Zeit nicht ändert (daher die Bezeichnung stehende Welle). Das Fehlen eines Energietransportes erklärt man dadurch, daß die beiden laufenden Wellen entgegengesetzter Ausbreitungsrichtung, durch deren Überlagerung die stehende Welle erzeugt wird, gleiche Energiebeträge, aber in entgegengesetzter Richtung transportieren.

7. Stehende sphärische Wellen erzeugt man durch Überlagerung von auslaufenden und einlaufenden harmonischen sphärischen Wellen:

$$\varphi_1 = \frac{a_0}{r}\sin(\omega t - kr + \alpha_1) \qquad \text{und} \qquad \varphi_2 = \frac{a_0}{r}\sin(\omega t + kr + \alpha_2).$$

Die Gleichung dieser Welle lautet

$$\varphi = \frac{2a_0}{r}\cos\left(\frac{\alpha_1 - \alpha_2}{2} - kr\right)\sin\left(\omega t + \frac{\alpha_1 + \alpha_2}{2}\right).$$

Die Bedingungen für Knoten und Bäuche sind

$$\frac{\alpha_1 - \alpha_2}{2} - kr = \begin{cases} (2m+1)\dfrac{\pi}{2} & \text{Knoten} \\[2ex] 2m\dfrac{\pi}{2} & \text{Bäuche} \end{cases} \qquad (m = 0, \pm 1, \pm 2, \ldots).$$

8. Füllt eine Flüssigkeit nur einen begrenzten Raumteil aus, so tritt bei ihren freien Schwingungen (S. 113) eine unendliche Folge von bestimmten diskreten Frequenzen auf, die man *Eigenfrequenzen* nennt. In diesem Fall treten in der Flüssigkeit komplizierte Systeme stehender Wellen auf, deren Aufbau von der Form und den Abmessungen des Flüssigkeitsbehälters abhängt.

Im folgenden seien die Eigenfrequenzen der Schwingungen für einige Sonderfälle angeführt.

a) Eine zylindrische Gassäule in einer Röhre der Länge l. Sind beide Enden der Röhre geschlossen oder beide offen, so ist $\nu = mc/2l$. Ist ein Ende der Röhre geschlossen, das andere aber offen, so gilt $\nu = (2m - 1)c/4l$ ($m = 1, 2, 3, \ldots$; c ist die Phasengeschwindigkeit der Welle im Gas). Sind die Enden der Röhre verschlossen, so befinden sich an ihnen die Knoten der Geschwindigkeit sowie der Verschiebung der Gasteilchen und die Bäuche des Schalldruckes; sind sie offen, so befinden sich dort die Knoten des Schalldruckes und die Bäuche der Geschwindigkeit.

Die oben angeführten Bedingungen für einseitig oder beidseitig offene Röhren gelten nur näherungsweise, da vorausgesetzt wird, daß keine Energie durch die Öffnungen strömt. Diese Bedingung ist erfüllt, wenn der Radius der Röhre $R \ll \lambda$ ist (λ ist die Wellenlänge). Allgemein gilt für eine an beiden Enden offene Röhre

$$\nu = \frac{mc}{2(l + 2aR)} \qquad (m = 1, 2, \ldots)$$

und für eine an einem Ende offene Röhre

$$\nu = \frac{(2m-1)c}{4(l + aR)} \qquad (m = 1, 2, \ldots),$$

wobei $a = 0{,}63$ ist, wenn sich an den offenen Enden der Röhre keine Flansche befinden, bzw. $a = 0{,}80$ bei vorhandenen Flanschen.

b) Flüssigkeit in einem Behälter von der Form eines rechtwinkligen Parallelepipeds mit den Seiten a, b und d:

$$\nu = \frac{c}{2}\sqrt{\frac{m^2}{a^2} + \frac{n^2}{b^2} + \frac{p^2}{d^2}},$$

wobei m, n und p beliebige ganze Zahlen sind.

c) Die Eigenfrequenz eines Resonators von der Form einer langen dünnen Röhre:

$$\nu = \frac{c}{2\pi}\sqrt{\frac{S}{lV}},$$

wobei V das Volumen des schwingenden hohlen Teiles der Röhre ist, S die Querschnittsfläche der Röhre und l deren Länge ($l \gg a_s$, wobei a_s die Amplitude der Schwingungen der Gasteilchen in der Röhre ist). Hohle sphärische Resonatoren dieses Typs werden als HELMHOLTZ*sche Resonatoren* bezeichnet.

9. Für die Eigenfrequenzen der transversalen Schwingungen einer Saite (S. 519) mit der Länge l gilt

$$\nu = \frac{n}{2l}\sqrt{\frac{F}{\varrho S}} \qquad (n = 1, 2, \ldots).$$

An den Enden der Saite befinden sich die Knoten der Verschiebung sowie die Bäuche der Deformation und der Spannung.

10. Eigenfrequenzen der longitudinalen Schwingungen eines dünnen Stabes der Länge l.

a) Der Stab ist in der Mitte befestigt:

$$\nu = \frac{2n+1}{2l}\sqrt{\frac{E}{\varrho}} \qquad (n = 0, 1, 2, \ldots),$$

wobei ϱ die Dichte, E den YOUNGschen Modul für das Stabmaterial bedeuten. An den Enden des Stabes befinden sich die Knoten der Deformation und die Bäuche der Verschiebung.

b) Der Stab ist an einem Ende befestigt:

$$\nu = \frac{2n+1}{4l}\sqrt{\frac{E}{\varrho}} \qquad (n = 0, 1, 2, \ldots).$$

Am befestigten Ende befindet sich der Knoten der Verschiebung (der Bauch der Deformation), am freien Ende der Knoten der Deformation (der Bauch der Verschiebung).

c) Der Stab ist an beiden Enden befestigt oder an nicht elastischen Fäden frei aufgehängt:

$$\nu = \frac{n}{2l}\sqrt{\frac{E}{\varrho}} \qquad (n = 1, 2, \ldots).$$

Im ersten Fall befinden sich an den Enden des Stabes die Knoten der Verschiebung (Bäuche der Deformation), im letzten die Knoten der Deformation (die Bäuche der Verschiebung).

1.8. Der DOPPLER-Effekt

1. Als DOPPLER-*Effekt* bezeichnet man die Abhängigkeit der Frequenz einer Welle, die ein Beobachter registriert, von der Geschwindigkeit der Quelle und von der Geschwindigkeit des Beobachters relativ zum Medium, in dem die Wellenausbreitung erfolgt. Wenn die Schwingungsfrequenz der Quelle ν_0 ist, wenn die Quelle sich relativ zum Medium mit der Geschwindigkeit $\boldsymbol{u}_1$ bewegt und wenn die Relativgeschwindigkeit des Beobachters $\boldsymbol{u}_2$ ist, erhält man für die Frequenz, die der Beobachter wahrnimmt,

$$\nu = \nu_0 \frac{1 + \frac{u_2}{c}\cos\theta_2}{1 + \frac{u_1}{c}\cos\theta_1};$$

dabei ist c die Ausbreitungsgeschwindigkeit im ruhenden Medium; θ_1 und θ_2 sind die Winkel, welche die Vektoren $\boldsymbol{u}_1$ bzw. $\boldsymbol{u}_2$ mit dem Vektor $\boldsymbol{R}$ — der den Beobachter mit der Quelle verbindet — bilden.

2. Ist $u_1/c \ll 1$ und $u_2/c \ll 1$, so gilt die Näherungsformel

$$\nu = \nu_0\left(1 - \frac{u}{c}\cos\theta\right),$$

wobei u die Relativgeschwindigkeit zwischen Quelle und Beobachter ist ($\boldsymbol{u} = \boldsymbol{u}_1 - \boldsymbol{u}_2$) und θ der Winkel zwischen $\boldsymbol{u}$ und $\boldsymbol{R}$.
Wenn sich Quelle und Beobachter einander nähern, ist der Winkel θ stumpf, $\cos\theta < 0$ und $\nu > \nu_0$; entfernen sich Quelle und Beobachter voneinander, so ist der Winkel θ spitz, $\cos\theta > 0$ und $\nu < \nu_0$.
Bezüglich des DOPPLER-Effektes in der Optik s. S. 515.

1.9. Absorption und Streuung von Schallwellen

1. Die Ausbreitung von Schallwellen ist von einer Dissipation der Energie (S. 71) begleitet, die durch die innere Reibung und die Wärmeleitfähigkeit des Mediums bedingt ist. Diese Erscheinung heißt *Absorption von Schallwellen.*

Die Amplitude a und die Intensität I einer ebenen Welle, die sich längs der positiven x-Achse ausbreitet, hängt in exponentieller Form von der Koordinate x ab:

$$a(x) = a_0 e^{-\gamma x} \qquad \text{und} \qquad I(x) = I_0 e^{-2\gamma x},$$

wobei a_0 und I_0 die Amplitude und die Intensität im Punkt $x = 0$ sind. γ heißt *Absorptionskoeffizient.*

Für Longitudinalwellen in Gasen und Flüssigkeiten gilt

$$\gamma = \frac{\omega^2}{2\varrho c^3}\left[\frac{4}{3}\eta + \zeta + K\,\frac{c_p - c_V}{c_p c_V}\right];$$

dabei ist ω die Kreisfrequenz und c die Geschwindigkeit der Welle; weiter bedeuten ϱ die Dichte des Mediums, η dessen dynamische Viskosität (S. 306), ζ die Volumenviskosität (S. 308) und K den Koeffizient der Wärmeleitfähigkeit; c_p und c_V sind die spezifischen Wärmen des Mediums für isobare und isochore Prozesse. Die genannten Beziehungen gelten unter der Bedingung $\gamma c/\omega \ll 1$, d. h. bei relativ kleiner Verringerung der Wellenamplitude über Abstände, die gleich einer Wellenlänge sind.

2. Starke Absorption tritt bei der Reflexion der Schallwellen an festen Wänden auf. Sie entsteht dadurch, daß in der Nähe der Wand ein beträchtlicher Temperaturgradient und an der Wand selbst (bei schrägem Einfall der Schallwelle) ein beträchtlicher Gradient der Teilchengeschwindigkeit der Flüssigkeit oder des Gases vorhanden ist.

Der Bruchteil der Energie, der bei der Reflexion von Schallwellen an festen Wänden absorbiert wird, ist gleich

$$\frac{\Delta W}{W} = \frac{2\sqrt{2\omega}}{c\cos i}\left[\sqrt{\nu}\,\sin^2 i + \left(\frac{c_p}{c_V} - 1\right)\sqrt{a}\right];$$

dabei sind ω und c die Kreisfrequenz und die Geschwindigkeit der einfallenden Schallwelle, i der Einfallswinkel, c_p und c_V die spezifischen Wärmekapazitäten der Flüssigkeit für isobare und isochore Prozesse, ν und a die kinematische Zähigkeit (S. 306) und die Temperaturleitfähigkeit (S. 262) der Flüssigkeit oder des Gases. Diese Formel gilt, wenn $i \ll \pi/2$ ist, wenn der akustische Widerstand der Wand viel größer ist als der akustische Widerstand der Flüssigkeit (des Gases) und wenn die Temperatur der Wand konstant ist.

3. Die Dämpfung des Schalls in geschlossenen Räumen nach erfolgter Abschaltung der Schallquelle wird durch die *Nachhallzeit* charakterisiert, die gleich der Zeit ist, nach deren Ablauf die Energiedichte der Schallwelle auf den 10^6-ten Teil ihres Anfangswertes gesunken ist.

4. Als *Streuung der Schallwellen* bezeichnet man den Prozeß der Umbildung einer Schallwelle in eine große Anzahl von Elementarwellen, die sich in alle möglichen Richtungen ausbreiten. Die Streuung des Schalls entsteht infolge der Wechselwirkung der Schallwelle mit den zahlreichen Hindernissen, die sich ihr in den Weg stellen.
Das Verhältnis σ der Intensität der gestreuten Wellen zur Intensität der Ausgangswelle (der auf das Hindernis einfallenden Welle) heißt *totaler effektiver Streuquerschnitt* des Schalls. Bei einem Hindernis, dessen Abmessungen klein sind im Vergleich zur Wellenlänge der Schallwelle, ist $\sigma \sim \omega^4$; ω ist die Kreisfrequenz der einfallenden Welle.

1.10. Die Grundlagen der physiologischen Akustik

1. Schallwellen, deren Frequenz innerhalb des Bereiches von 16 bis 20000 Hz liegen, heißen *hörbarer Schall* (*Hörschall*). Ihr Einfluß auf die Gehörorgane ruft das menschliche Schallempfinden hervor (s. auch Punkt 3). Schallwellen mit Frequenzen $\nu < 16$ Hz heißen *Infraschallwellen*, Wellen mit Frequenzen $\nu > 2 \cdot 10^4$ Hz nennt man *Ultraschallwellen*.

2. Der Charakter der Wahrnehmung des Schalls durch die Gehörorgane hängt von dessen Frequenzspektrum ab (S. 524). Geräusche besitzen ein kontinuierliches Spektrum, d. h., die Frequenzen der beteiligten sinusförmigen Wellen bilden eine zusammenhängende Wertereihe, die ein gewisses Intervall vollständig ausfüllt. *Musikalische* (*tonale*) *Schallempfindungen* werden durch Schallwellen mit einem Linienspektrum hervorgerufen. Die Frequenzen ν_i der erzeugenden Sinuswellen bilden eine Reihe diskreter Werte. Den musikalischen Klängen entsprechen periodische oder beinahe periodische Schwingungen.
Jede Sinuswelle für sich nennt man *Ton* (*Einzelton*). Die Höhe des Tones hängt von der Frequenz ab: je größer die Frequenz, um so höher der Ton. Der Ton mit der niedrigsten Frequenz im Spektrum heißt *Grundton*. Die Töne, die den übrigen Frequenzen im Spektrum entsprechen, heißen *Obertöne*. Sind die Frequenzen der Obertöne ganzzahlige Vielfache der Frequenz ν_0 des Grundtones, so heißen die Obertöne *harmonisch*. Der Grundton mit der Frequenz ν_0 heißt *erste Harmonische*, der Oberton mit der nächstgrößeren Frequenz $2\nu_0$ *zweite Harmonische* usw.
Musikalische Klänge mit ein- und demselben Grundton können verschiedene *Klangfarbe* besitzen. Die Klangfarbe ergibt sich durch die Zusammensetzung der Obertöne, deren Frequenzen und Amplituden sowie durch den Charakter des Anschwellens und Abschwellens am Beginn und am Ende des Klanges.

3. Ein Maß für die Stärke der Gehörempfindung ist die *Lautstärke*. Die Lautstärke hängt vom effektiven Schalldruck p_{eff} (S. 526) und der Frequenz des Schalls ab. Als *Hörbarkeitsschwelle* (*Reizschwelle*) bezeichnet man den Minimalwert p_0 des effektiven Schalldruckes, bei dem der Schall eben noch durch die Gehörorgane wahrgenommen wird. Die Reizschwelle hängt von der Frequenz des Schalls ab und

besitzt ihren Minimalwert größenordnungsmäßig bei $2 \cdot 10^{-5}$ N/m² für $\nu = 700-6000$ Hz. Als *Standardwert für die Reizschwelle* p_0^* nimmt man $2 \cdot 10^{-5}$ N/m² bei $\nu = 1000$ Hz an.
Als *Schwelle der Schmerzempfindung* (*Schmerzschwelle*) bezeichnet man jenen effektiven Schalldruck, bei welcher die Wahrnehmung der Gehörorgane gerade noch nicht als schmerzhaft empfunden wird. Wenn die Intensität diesen Wert übersteigt, wird eine normale Wahrnehmung des Schalls unmöglich. Der Schwellwert hängt von der Frequenz ab.

4. Unter der *Empfindungsstärke* einer harmonischen Schallwelle versteht man die Größe L, die proportional ist dem dekadischen Logarithmus des Quotienten aus dem effektiven Schalldruck p_{eff} dieser Welle und dem Schalldruck der Hörbarkeitsschwelle p_0 für diese Frequenz:

$$L = 2k \lg \frac{p_{eff}}{p_0};$$

k ist der Proportionalitätsfaktor, der von der Wahl der Maßeinheit für L abhängt.
Die Wahl der logarithmischen Darstellung von L wird durch das WEBER-FECHNER*sche Gesetz* begründet: Der Zuwachs der Stärke der Empfindung ist proportional dem logarithmischen Verhältnis der Intensitäten der verglichenen Reize.

5. Das Gesetz von WEBER-FECHNER ist eine Näherung. Bei Erregungsenergien in der Nähe der Schwellwerte ergeben sich merkliche Abweichungen vom Experiment. Für die Zwecke der physiologischen Akustik zieht dieses Gesetz auch den Einfluß der Schallfrequenz auf die Lautstärke in unzulänglicher Weise in Betracht. Zur Beschreibung der Lautstärke von Schallwellen bedient man sich daher einer Größe, die man *Lautstärke* des Schalls nennt und die durch den folgenden Ausdruck gegeben ist:

$$L^* = k \lg \frac{p_{eff}^*}{p_0^*};$$

dabei ist p_0^* die Intensität der Schwelle der Hörbarkeit für 1000 Hz und p_{eff}^* der effektive Schalldruck bei der Eichfrequenz $\nu = 1000$ Hz, der dieselbe Lautstärke ergibt wie der zu untersuchende Schall. Für Schallwellen mit der Frequenz 1000 Hz fällt die Lautstärke mit der Empfindungsstärke zusammen.

1.11. Ultraschall

1. Als Ultraschall bezeichnet man die elastischen Wellen im Frequenzbereich von $2 \cdot 10^4 - 10^{13}$ Hz. Im oberen Frequenzbereich des Ultraschalls ($10^{12} - 10^{13}$ Hz in Kristallen und Flüssigkeiten bzw. 10^9 Hz in Gasen unter normalen Bedingungen) sind die Wellenlängen mit den Abständen zwischen den Molekülen vergleichbar (bei Gasen mit der mittleren freien Wegstrecke der Moleküle). Zur Erzeugung von Ultraschall verwendet man mechanische und elektromechanische

Schallquellen. Ein Beispiel für eine mechanische Quelle niederfrequenten Ultraschalls ($\nu = 20-200$ kHz) mit großer Intensität ist die *Sirene*. Das „Ertönen" der Sirene ist das Ergebnis der periodischen Unterbrechung eines kräftigen Stromes verdichteter Luft oder verdichteten Gases beim Durchtritt durch die Öffnungen zweier koaxialer Scheiben, von denen eine ruht (Stator) und die andere sich dreht (Rotor). Die Schallfrequenz der Sirenen ist $\nu = N\omega/2\pi$, wobei ω die Winkelgeschwindigkeit des Rotors ist und N die Anzahl der Öffnungen, die in gleicher Anzahl am Stator und am Rotor im Kreise angeordnet sind.
Bei den elektromechanischen Ultraschallquellen (Ultraschallsender) gibt es zwei Haupttypen: magnetostriktive und piezoelektrische.
Magnetostriktive Sender verwendet man zur Erzeugung niederfrequenter Ultraschallwellen (bis 200 kHz). Ihre Wirkung beruht auf der Erscheinung der Magnetostriktion (S. 461). Eine einfache Schallquelle dieses Typs ist eine ferromagnetische Stange als Kern für ein Solenoid, an das man einen hochfrequenten Wechselstrom anlegt.
Piezoelektrische Sender verwendet man zur Erzeugung von Ultraschallwellen bis zu 50 MHz. Die Grundlage für eine derartige Quelle ist eine piezoelektrische Platte, die infolge des inversen piezoelektrischen Effektes in einem elektrischen Wechselfeld erzwungene mechanische Schwingungen ausführt (S. 354).
2. Zur Registrierung und zur Analyse der Ultraschallwellen verwendet man piezoelektrische und magnetostriktive Proben. Bei den ersteren verwendet man den direkten piezoelektrischen Effekt (S. 354), der in der piezoelektrischen Platte auftritt, die unter dem Einfluß des zu registrierenden Ultraschalls erzwungene Schwingungen ausführt. Magnetostriktive Empfänger beruhen auf der Veränderung der magnetischen Induktion in einem ferromagnetischen Körper bei dessen Deformation. Die wechselnde Deformation der ferromagnetischen Stange, auf deren Stirnseite die Ultraschallwelle einwirkt, ruft infolge der elektromagnetischen Induktion in der Wicklung der Spule, welche die Stange umgibt, eine veränderliche EMK hervor.

3. Infolge der kleinen Wellenlänge von Ultraschallwellen lassen sich diese ähnlich wie Licht in Form schmaler gerichteter Strahlen erzeugen. Die Reflexion und die Brechung von Ultraschallstrahlen an der Grenzfläche zweier Medien unterliegen den Gesetzen der geometrischen Optik (S. 603).
Zur Richtungsänderung und Fokussierung von Ultraschallstrahlen verwendet man Spiegel verschiedener Form, Schallinsen, Abstrahler spezieller Form u. ä. Die Spiegel sollen möglichst die gesamte Ultraschallwelle reflektieren. Daher verwendet man ein Material, dessen akustischer Widerstand weit größer ist als der akustische Widerstand des umgebenden Mediums. Schallinsen bereitet man aus einem Material, dessen akustischer Widerstand nahezu gleich dem des Mediums ist. Die sammelnden (zerstreuenden) Eigenschaften von Schallinsen und Spiegeln unterliegen denselben Gesetzmäßigkeiten wie die entsprechenden Eigenschaften optischer Systeme.

4. Die Amplituden der Geschwindigkeit und der Beschleunigung der schwingenden Teilchen des Mediums sowie die Amplitude des Schall-

druckes sind bei Ultraschallwellen wesentlich höher als bei hörbaren Schallwellen. Infolge der größeren Amplitude des Schalldruckes tritt bei Ultraschallstrahlern in Flüssigkeiten *Kavitation* auf: In ununterbrochener Folge bilden sich im Inneren Dichteunstetigkeiten aus und verschwinden wieder. Das Verschwinden dieser Unstetigkeiten, welche die Form kleiner Bläschen haben, ist von einer enormen Druckzunahme bis zu Hunderten und sogar Tausenden von Atmosphären begleitet. Daher haben Ultraschallwellen zerstörende Wirkung. Sie zerstören in Flüssigkeiten vorhandene Festkörperteilchen, lebende Organismen, grobkörnige Moleküle u. ä.

5. Ultraschallwellen werden äußerst stark von Gasen absorbiert — in weit höherem Ausmaß als von Flüssigkeiten. So ist z. B. der Absorptionskoeffizient für Ultraschallwellen in Luft ungefähr tausendmal so groß wie in Wasser. Einer der Gründe für diesen Unterschied liegt darin, daß die kinematische Zähigkeit von Wasser wesentlich geringer ist als die kinematische Zähigkeit von Luft.

6. Ultraschallwellen verwendet man in der Technik zu Zwecken der Kontrollmessung (Schallortung, Defektoskopie, Messung der Wanddicke von Rohrleitungen, der Dicke von Bodensatzschichten u. ä.) und zur Einleitung und Beschleunigung verschiedener technologischer Prozesse.

7. Das *Prinzip der Schallortung* (*Sonar*) stimmt mit dem Prinzip der Radioortung (Radar) (S. 562) überein. Das Verfahren dient zur Bestimmung der Entfernung von Körpern, die sich in tiefem Wasser befinden. Man mißt dabei die Zeitintervalle zwischen der Sendezeit kurzer Ultraschallsignale und dem Empfang der Echosignale, die infolge der Reflexion der Ultraschallwelle entstehen. Aus der Frequenzänderung der Echosignale infolge des DOPPLER-Effektes (S. 534) kann man auch die radiale Geschwindigkeit des Körpers bestimmen, d. h. die Projektion der Geschwindigkeit des Körpers relativ zum Beobachter auf die Verbindungsgerade Körper—Beobachter.

8. *Ultraschall-Defektoskopie* heißt die Aufdeckung innerer Defekte (Risse, Hohlräume, Inhomogenitäten der Struktur) von Festkörpern mit Hilfe von Ultraschallwellen. Die Methode beruht auf der Streuung von Ultraschallwellen an den Grenzflächen der Defekte.

9. Die zerstörende Wirkung der Ultraschallwellen verwendet man bei verschiedenen technologischen Prozessen: bei der Bildung von Emulsionen und Suspensionen, bei der Entfernung von Oxidfilmen und bei der Entfettung der Oberflächen von Einzelteilen, bei der Sterilisierung von Flüssigkeiten, zum Zermahlen des Kornes von Photoemulsionen u. ä. Die zerstörende Wirkung der Ultraschallwellen in Flüssigkeiten wird noch durch die Einführung abrasiver Teilchen gefördert. Diese Erscheinung benutzt man bei Schleif- und Polierverfahren mit Hilfe von Ultraschallwellen sowie beim „Bohren“ von Löchern verschiedener Form in Glas, Keramik, überharten Legierungen und Kristallen.

10. Ultraschallwellen beschleunigen den Ablauf von Diffusions- und Lösungsprozessen und von chemischen Reaktionen. Der Einfluß des

Ultraschalls auf den Verlauf von chemischen Reaktionen beruht hauptsächlich darauf, daß im Zusammenhang mit der Kavitation in Flüssigkeiten freie Ionen gebildet werden. Ultraschallwellen benutzt man auch zur Säuberung von Gasen, indem man durch sie den Zerfall der im Gas enthaltenen festen Teilchen oder Flüssigkeitströpfchen einleitet.

11. In der *Molekülakustik* finden Ultraschallwellen weite Anwendung bei der Erforschung des Aufbaues und der Eigenschaften von Stoffen mit Hilfe akustischer Methoden.

1.12. Stoßwellen in Gasen

1. Unter einer *Stoßwelle* versteht man die Fortpflanzung einer Unstetigkeitsfläche in einem gasförmigen, flüssigen oder festen Körper, an der eine sprunghafte Druckerhöhung stattfindet, verbunden mit einer Änderung der Temperatur, der Dichte und der Geschwindigkeit des Mediums. Diese Fläche nennt man *Verdichtungsstoß*. Eine Stoßwelle entsteht z. B. bei einer Explosion, einer Detonation, bei der Bewegung eines Körpers in Luft mit Überschallgeschwindigkeit u. ä. Die Ausbreitungsgeschwindigkeit der Stoßwelle relativ zu einem ruhenden Medium ist größer als die Schallgeschwindigkeit in diesem Medium.

2. Für einen Verdichtungsstoß in Gasen gelten die folgenden Beziehungen:

$$\varrho_1 v_{1n} = \varrho_2 v_{2n}, \qquad \frac{v_{1n}^2}{2} + h_1 = \frac{v_{2n}^2}{2} + h_2,$$

$$p_1 + \varrho_1 v_{1n}^2 = p_2 + \varrho_2 v_{2n}^2, \qquad v_{1t} = v_{2t};$$

dabei ist ϱ die Dichte und p der Druck des Gases. v_n und v_t sind die Projektionen der Gasgeschwindigkeit (in einem Koordinatensystem, das mit dem betrachteten Flächenelement der Unstetigkeitsfläche starr verbunden ist) auf die Normale und die Tangente des Flächenelementes. h ist die Enthalpie (S. 155) pro Masseneinheit des Gases. Die Indizes 1 und 2 beziehen sich auf die Zustände des Gases vor und nach dem Verdichtungsstoß.

3. Ein Verdichtungsstoß heißt *gerade*, wenn die Unstetigkeitsfläche normal zur Strömungsgeschwindigkeit des Gases verläuft: $v_t = 0$ und $v_{1n} = v_1$, $v_{2n} = v_2$. Andernfalls heißt der Verdichtungsstoß *schief*.

4. Einige Beziehungen für Verdichtungsstöße lauten

$$\frac{p_2 - p_1}{\dfrac{1}{\varrho_1} - \dfrac{1}{\varrho_2}} = (\varrho_1 v_{1n})^2, \qquad v_{1n} - v_{2n} = \sqrt{(p_2 - p_1)\left(\frac{1}{\varrho_1} - \frac{1}{\varrho_2}\right)}.$$

Die Gleichung der *Stoßadiabate* (Hugoniot-*Kurve*) lautet

$$h_1 - h_2 + \frac{1}{2}(p_2 - p_1)\left(\frac{1}{\varrho_1} + \frac{1}{\varrho_2}\right) = 0$$

oder

$$u_1 - u_2 + \frac{1}{2}(p_1 + p_2)\left(\frac{1}{\varrho_1} - \frac{1}{\varrho_2}\right) = 0,$$

wobei u die innere Energie (S. 154) pro Masseneinheit des Gases ist. Für ideale Gase mit konstanten spezifischen Wärmen c_p und c_V (S. 157) gilt

$$\frac{p_2}{p_1} = \frac{(\varkappa + 1)\frac{\varrho_2}{\varrho_1} - (\varkappa - 1)}{(\varkappa + 1) - (\varkappa - 1)\frac{\varrho_2}{\varrho_1}} \quad \text{oder} \quad \frac{\varrho_2}{\varrho_1} = \frac{(\varkappa + 1)\frac{p_2}{p_1} + (\varkappa - 1)}{(\varkappa - 1)\frac{p_2}{p_1} + (\varkappa + 1)},$$

wobei $\varkappa = c_p/c_V$ der Adiabatenexponent ist. Bei unbegrenztem Druckanstieg ($p_2/p_1 \to \infty$) strebt das Verhältnis der Dichten gegen den endlichen Grenzwert $(\varkappa + 1)/(\varkappa - 1)$. Dieses Ergebnis ist eine Folge der Irreversibilität des adiabatischen Verdichtungsprozesses bei der Stoßwelle im Gas, der von einer Dissipation der Energie und dem Zuwachs der Entropie begleitet ist. War die Gasströmung vor der Stoßwelle eine Potentialströmung (S. 303), so geht sie bei der Stoßwelle in eine Wirbelströmung über (S. 303).

Der Entropiesprung bei einer Stoßwelle schwacher Intensität ist proportional der dritten Potenz des Drucksprunges:

$$s_2 - s_1 = \frac{1}{12T_1}\left(\frac{\partial^2 \frac{1}{\varrho}}{\partial p^2}\right)_s (p_2 - p_1)^3;$$

dabei ist T die absolute Temperatur des Gases vor der Stoßwelle. s und ϱ die spezifische Entropie und Dichte des Gases, $(\partial^2(1/\varrho)/\partial p^2)_s > 0$.

5. Gerader Verdichtungsstoß: Nach dem geraden Stoß wird die Gasströmung eine Unterschallströmung. Die Gasgeschwindigkeiten vor (v_1) und nach (v_2) dem Verdichtungsstoß genügen den Beziehungen

$$v_1 v_2 = c_*^2, \qquad v_1 > c_1 \qquad \text{und} \qquad v_2 < c_2;$$

dabei sind c_1 und c_2 die Schallgeschwindigkeiten vor und nach dem Stoß, und c_* ist die kritische Geschwindigkeit (S. 324).

Für ideale Gase gilt

$$v_1 = c_1 \sqrt{\frac{1}{2\varkappa}\left[(\varkappa + 1)\frac{p_2}{p_1} + (\varkappa - 1)\right]},$$

$$v_2 = c_1 \frac{(\varkappa - 1)\frac{p_2}{p_1} + (\varkappa + 1)}{\sqrt{2\varkappa\left[(\varkappa + 1)\frac{p_2}{p_1} + (\varkappa - 1)\right]}},$$

$$c_* = \sqrt{\frac{2}{\varkappa + 1}c_1^2 + \frac{\varkappa - 1}{\varkappa + 1}v_1^2} = \sqrt{\frac{c_1^2}{2\varkappa}\left[(\varkappa - 1)\frac{p_2}{p_1} + (\varkappa + 1)\right]}.$$

Die Beziehung zwischen den Zustandsgrößen hat die Form

$$\frac{p_2}{p_1} = \frac{2\varkappa}{\varkappa+1}\mathsf{M}_1^2 - \frac{\varkappa-1}{\varkappa+1}, \qquad \frac{\varrho_2}{\varrho_1} = \frac{(\varkappa+1)\,\mathsf{M}_1^2}{(\varkappa-1)\,\mathsf{M}_1^2+2},$$

$$\frac{T_2}{T_1} = \frac{[2\varkappa\,\mathsf{M}_1^2 - (\varkappa-1)]\,[(\varkappa-1)\,\mathsf{M}_1^2+2]}{(\varkappa+1)^2\,\mathsf{M}_1^2},$$

$$\mathsf{M}_2 = \frac{v_2}{c_2} = \sqrt{\frac{(\varkappa-1)\,\mathsf{M}_1^2+2}{2\varkappa\,\mathsf{M}_1^2-(\varkappa-1)}} \qquad \text{mit} \qquad \mathsf{M}_1 = v_1/c_1.$$

Für die Änderung der Zustandsgröße eines idealen Gases und für die Änderung der Geschwindigkeit erhält man

$$p_2 - p_1 = \frac{2\varkappa}{\varkappa+1}\,p_1(\mathsf{M}_1^2-1) = \frac{2}{\varkappa+1}\,\varrho_1 v_1^2\left(1-\frac{1}{\mathsf{M}_1^2}\right) = \varrho_1 c_*^2\,(\mathsf{M}_{1*}^2-1),$$

$$\varrho_2 - \varrho_1 = \varrho_1\,\frac{\mathsf{M}_1^2-1}{\dfrac{\varkappa-1}{2}\,\mathsf{M}_1^2+1} = \varrho_1(\mathsf{M}_{1*}^2-1),$$

$$T_2 - T_1 = \frac{\varkappa-1}{2}\,T_1\mathsf{M}_1^2\left[1-\left(\frac{2}{\varkappa+1}\,\frac{1}{\mathsf{M}_1^2}+\frac{\varkappa-1}{\varkappa+1}\right)^2\right]$$

$$= \frac{(\mathsf{M}_{1*}^4-1)\,T_1}{\mathsf{M}_{1*}^2\left(\dfrac{\varkappa+1}{\varkappa-1}-\mathsf{M}_{1*}^2\right)},$$

$$v_2 - v_1 = c_*\,\frac{1-\mathsf{M}_{1*}^2}{\mathsf{M}_{1*}},$$

wobei $\mathsf{M}_{1*} = v_1/c_*$ die kritische Machsche Zahl der Strömung vor dem Sprung ist, die mit der gewöhnlichen Machschen Zahl M_1 durch

$$\mathsf{M}_{1*} = \sqrt{\frac{(\varkappa+1)\,\mathsf{M}_1^2}{(\varkappa-1)\,\mathsf{M}_1^2+2}}$$

verknüpft ist.

6. Schiefe Verdichtungsstöße (Bild V.1.3) in einem idealen Gas: Der Winkel α zwischen dem Vektor $\boldsymbol{v}_1$ der Geschwindigkeit des Gases vor dem Sprung und der Sprungfläche kann einen beliebigen Wert zwischen α_0 und $\pi - \alpha_0$ annehmen, wobei $\sin\alpha_0 = c_1/v_1$ gilt. Beim Durchgang durch die Sprungfläche werden die Stromlinien „gebrochen" ($\beta \leqq \alpha$):

$$\tan\beta = \frac{2(\varkappa-1)\,\mathsf{M}_1^2\sin^2\alpha+4}{(\varkappa+1)\,\mathsf{M}_1^2\sin 2\alpha},$$

$$\tan(\alpha-\beta) = \frac{\mathsf{M}_1^2\sin^2\alpha-1}{1+\mathsf{M}_1^2\left(\dfrac{\varkappa+1}{2}-\sin^2\alpha\right)}\cot\alpha;$$

$\beta = \alpha$, wenn $\alpha = \pi/2$ (gerader Stoß) oder $\alpha = \arcsin c_1/v_1$ ist.

Die Beziehung zwischen den Geschwindigkeitskomponenten in Richtung der Normalen zur Stoßfläche lautet

$$v_{1n} v_{2n} = c_*^2 - \frac{\varkappa - 1}{\varkappa + 1} v_1 \cos\alpha, \qquad v_{1n} > c_1, \qquad v_{2n} < c_2.$$

Dabei kann in Abhängigkeit von der Größe der Tangentialkomponente $v_t = v_1 \cos\alpha$ die Geschwindigkeit v_2 nach dem schiefen Stoß sowohl eine Unterschall- als auch eine Überschallgeschwindigkeit sein:

$$\mathsf{M}_2 = \sqrt{\frac{2 + (\varkappa - 1)\,\mathsf{M}_1^2}{2\varkappa\,\mathsf{M}_1^2 \sin^2\alpha - (\varkappa - 1)} + \frac{2\,\mathsf{M}_1^2 \cos^2\alpha}{2 + (\varkappa - 1)\,\mathsf{M}_1^2 \sin^2\alpha}}.$$

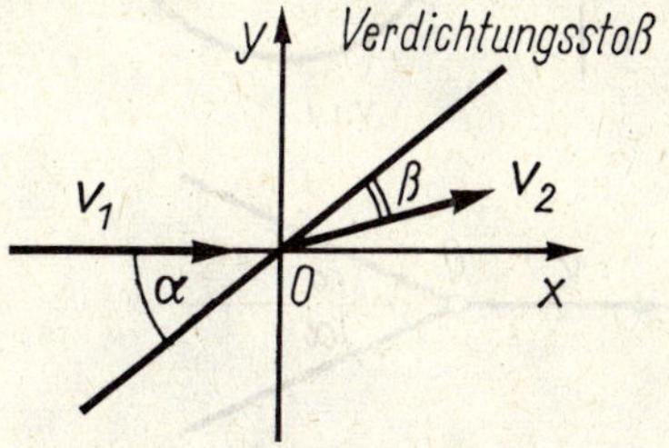

V.1.3.

Das Verhältnis der Gasdrucke erhält man aus

$$\frac{p_2}{p_1} = \frac{2\varkappa}{\varkappa + 1}\,\mathsf{M}_1^2 \sin^2\alpha - \frac{\varkappa - 1}{\varkappa + 1}.$$

7. Die Projektion der Geschwindigkeit $\boldsymbol{v}_2$ nach dem Verdichtungsstoß auf die y-Achse senkrecht zur Geschwindigkeit $\boldsymbol{v}_1$ vor dem Sprung werde mit v_{2y} bezeichnet, die Projektion auf die x-Achse parallel zu $\boldsymbol{v}_1$ mit v_{2x}. Die Kurve, die v_{2y} in Abhängigkeit von v_{2x} beschreibt, heißt *Stoßpolare*. Die Gleichung der Stoßpolaren lautet

$$v_{2y}^2 = (v_1 - v_{2x})^2 \frac{v_1 v_{2x} - c_*^2}{\frac{2}{\varkappa + 1} v_1^2 - v_1 v_{2x} + c_*^2}.$$

Die Stoßpolare ist in Bild V.1.4 dargestellt. Sie schneidet die x-Achse in den Punkten Q $(v_{2x} = c_*^2/v_1)$ und P $(v_{2x} = v_1)$. Der erste Punkt entspricht dem geraden Verdichtungsstoß, der zweite einer Stoßwelle verschwindender Intensität $(v_2 = v_1)$. Ein beliebiger Punkt A der Stoßpolaren entspricht einem schiefen Verdichtungsstoß. Die Methode zur Bestimmung der Winkel α und β geht aus Bild V.1.4 klar hervor; Abschnitt $OA = v_2$.

8. Bewegt sich ein Körper in einem Gas mit Unterschallgeschwindigkeit ($v < c$), so entstehen an diesem Körper Schallwellen, die sich im Gas nach allen Richtungen ausbreiten. Ein Teil davon überholt den Körper und erreicht auch die Gebiete des Gases, die vor dem bewegten Körper liegen.

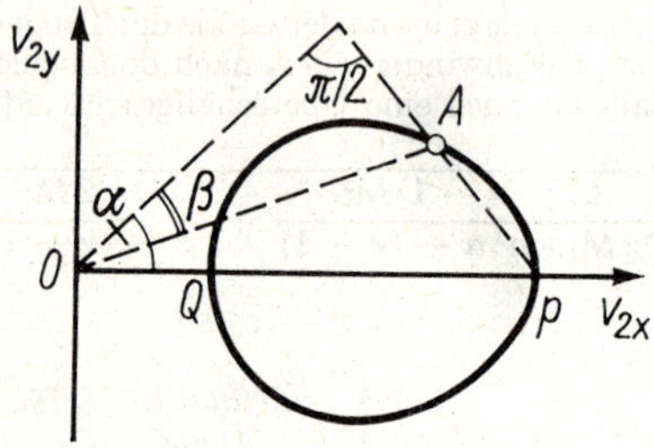

V.1.4.

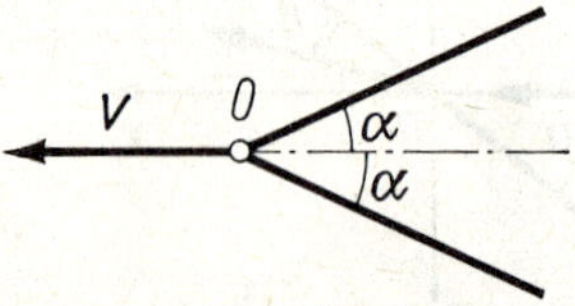

V.1.5.

Bewegt sich ein Körper mit Überschallgeschwindigkeit ($v > c$), so erreichen die Schallwellen nur den Bereich des Gases hinter dem bewegten Körper. Dieser Bereich wird von einer Fläche umhüllt, die man *charakteristische Fläche* oder MACH*schen Kegel* nennt. Bei der geradlinigen Bewegung von Körpern mit verschwindend kleinen Abmessungen mit Überschallgeschwindigkeit hat die charakteristische Fläche die Form eines Kreiskegelmantels (Bild V.1.5), dessen Achse mit der Bewegungsrichtung zusammenfällt und bei dem der Winkel α zwischen den Erzeugenden und der Trajektorie des Körpers der Beziehung $\sin \alpha = c/v$ genügt. Dieser Winkel heißt *charakteristischer Winkel* oder MACH*scher Winkel*. Die charakteristische Fläche ist der Grenzfall eines schiefen Verdichtungsstoßes. Auf der Stoßpolaren entspricht ihr der Punkt $v_{2x} = v_1 = 0$.

2. Elektromagnetische Wellen

2.1. Allgemeine Eigenschaften

1. Die Ausbreitung eines veränderlichen elektromagnetischen Feldes im Raum nennt man *elektromagnetische Welle*. Elektromagnetische Wellen sind Transversalwellen. Die Vektoren $\boldsymbol{E}$ und $\boldsymbol{H}$ der elektrischen und magnetischen Feldstärken des Wellenfeldes stehen auf-

einander senkrecht und liegen in einer Ebene senkrecht zur Ausbreitungsgeschwindigkeit $\boldsymbol{v}$ der Welle. Die Vektoren $\boldsymbol{v}$, $\boldsymbol{E}$ und $\boldsymbol{H}$ bilden ein Rechtssystem: Von der Spitze des Vektors $\boldsymbol{v}$ aus sieht man die Drehung von $\boldsymbol{E}$ nach $\boldsymbol{H}$ auf dem kürzeren Wege als Drehung im Gegenuhrzeigersinn, d. h.

$$\boldsymbol{v} = \frac{v[\boldsymbol{E}\boldsymbol{H}]}{EH}.$$

Eine Linie, deren Tangente in jedem Raumpunkt in die Ausbreitungsrichtung der Welle fällt, nennt man *Strahl*. Ein Strahl liegt also in der Richtung der Energieübertragung.

2. Den Zusammenhang zwischen $\boldsymbol{E}$ und $\boldsymbol{H}$ in einem elektromagnetischen Feld, das sich in einem ruhenden Medium ausbreitet, bestimmt man aus den MAXWELLschen Gleichungen (S. 485), in denen man ϱ und $\boldsymbol{j}$ gleich Null setzt:

$$\left.\begin{aligned} \operatorname{rot} \boldsymbol{E} &= -\frac{\partial \boldsymbol{B}}{\partial t}, & \operatorname{div} \boldsymbol{D} &= 0, \\ \operatorname{rot} \boldsymbol{H} &= \frac{\partial \boldsymbol{D}}{\partial t}, & \operatorname{div} \boldsymbol{B} &= 0 \end{aligned}\right\} \text{(im SI)},$$

$$\left.\begin{aligned} \operatorname{rot} \boldsymbol{E} &= -\frac{1}{c}\frac{\partial \boldsymbol{B}}{\partial t}, & \operatorname{div} \boldsymbol{D} &= 0, \\ \operatorname{rot} \boldsymbol{H} &= \frac{1}{c}\frac{\partial \boldsymbol{D}}{\partial t}, & \operatorname{div} \boldsymbol{B} &= 0 \end{aligned}\right\} \text{(im GAUSSschen System)};$$

dabei ist $c \approx 3 \cdot 10^{10}$ cm/s die elektromagnetische Konstante (Vakuumlichtgeschwindigkeit) S. 407). Im Fall homogener und isotroper, nicht leitender Medien ohne ferromagnetische (S. 456) und ohne seignette-elektrische (S. 354) Eigenschaften erhält man

$$\left.\begin{aligned} \boldsymbol{D} &= \varepsilon\varepsilon_0 \boldsymbol{E}, & \boldsymbol{B} &= \mu\mu_0 \boldsymbol{H}, \\ \operatorname{rot} \boldsymbol{E} &= -\mu\mu_0 \frac{\partial \boldsymbol{H}}{\partial t}, & \operatorname{div} \boldsymbol{E} &= 0, \\ \operatorname{rot} \boldsymbol{H} &= \varepsilon\varepsilon_0 \frac{\partial \boldsymbol{E}}{\partial t}, & \operatorname{div} \boldsymbol{H} &= 0 \end{aligned}\right\} \text{(im SI)},$$

$$\left.\begin{aligned} \boldsymbol{D} &= \varepsilon \boldsymbol{E}, & \boldsymbol{B} &= \mu \boldsymbol{H}, \\ \operatorname{rot} \boldsymbol{E} &= -\frac{\mu}{c}\frac{\partial \boldsymbol{H}}{\partial t}, & \operatorname{div} \boldsymbol{E} &= 0, \\ \operatorname{rot} \boldsymbol{H} &= \frac{\varepsilon}{c}\frac{\partial \boldsymbol{E}}{\partial t}, & \operatorname{div} \boldsymbol{H} &= 0 \end{aligned}\right\} \text{(im GAUSSschen System)}.$$

Hierbei sind ε_0 und μ_0 die elektrische und die magnetische Konstante (Dielektrizitätskonstante bzw. Permeabilität des Vakuums), ε und μ

die relative Dielektrizitätskonstante und die relative Permeabilität des Mediums.

Die Vektoren $\boldsymbol{E}$ und $\boldsymbol{H}$ des elektromagnetischen Wellenfeldes kann man mit Hilfe des skalaren Potentials φ und des Vektorpotentials $\boldsymbol{A}$ (S. 487) ausdrücken:

$$\boldsymbol{E} = -\frac{\partial \boldsymbol{A}}{\partial t} - \operatorname{grad} \varphi, \qquad \boldsymbol{H} = \frac{1}{\mu\mu_0} \operatorname{rot} \boldsymbol{A} \quad \text{(im SI)},$$

$$\boldsymbol{E} = -\frac{1}{c}\frac{\partial \boldsymbol{A}}{\partial t} - \operatorname{grad} \varphi, \quad \boldsymbol{H} = \frac{1}{\mu} \operatorname{rot} \boldsymbol{A} \quad \text{(im Gaussschen System)},$$

wobei in beiden Systemen

$$\Delta\varphi = \frac{\varepsilon\mu}{c^2}\frac{\partial^2\varphi}{\partial t^2}, \qquad \Delta\boldsymbol{A} = \frac{\varepsilon\mu}{c^2}\frac{\partial^2\boldsymbol{A}}{\partial t^2},$$

$$\Delta\boldsymbol{E} = \frac{\varepsilon\mu}{c^2}\frac{\partial^2\boldsymbol{E}}{\partial t^2}, \qquad \Delta\boldsymbol{H} = \frac{\varepsilon\mu}{c^2}\frac{\partial^2\boldsymbol{H}}{\partial t^2}$$

ist. Hierbei ist Δ der Laplace-Operator (S. 306); die Größe c ist im SI gleich $c = 1/\sqrt{\varepsilon_0\mu_0} = 3 \cdot 10^8$ m/s.

φ und jede der Komponenten der Vektoren $\boldsymbol{A}$, $\boldsymbol{E}$ und $\boldsymbol{H}$ bezüglich eines geradlinigen kartesischen Koordinatensystems genügen daher der Wellengleichung

$$\Delta s_i = \frac{1}{v^2}\frac{\partial^2 s_i}{\partial t^2} \qquad (i = 1, \ldots, 10);$$

dabei ist $v = c/\sqrt{\varepsilon\mu}$ die Phasengeschwindigkeit der elektromagnetischen Welle, $s_1 = \varphi$, $s_2 = A_x$, $s_3 = A_y$, …, $s_{10} = H_z$. Im Vakuum $(\varepsilon = \mu = 1)$ gilt $v = c$. Für alle Medien, außer Medien mit ferromagnetischen Eigenschaften (S. 456), ist $\mu = 1$ und $v = c/\sqrt{\varepsilon}$.

3. Elektromagnetische Wellen heißen *eben*, wenn die Vektoren $\boldsymbol{E}$ und $\boldsymbol{H}$ nur von der Zeit und von einer der kartesischen Koordinaten abhängen, z. B. von x. Bei ebenen Wellen sind alle Strahlen parallel zueinander.

Für ebene Wellen, die sich längs der positiven x-Achse eines Rechtssystems ausbreiten, gelten die Beziehungen

$$E_x = H_x = 0,$$

$$\left.\begin{aligned}
&\frac{\partial E_y}{\partial x} = -\mu\mu_0\frac{\partial H_z}{\partial t}, \qquad \frac{\partial E_z}{\partial x} = \mu\mu_0\frac{\partial H_y}{\partial t},\\
&\frac{\partial H_y}{\partial x} = \varepsilon\varepsilon_0\frac{\partial E_z}{\partial t}, \qquad \frac{\partial H_z}{\partial x} = -\varepsilon\varepsilon_0\frac{\partial E_y}{\partial t},\\
&H_z = \sqrt{\frac{\varepsilon\varepsilon_0}{\mu\mu_0}}E_y, \qquad H_y = -\sqrt{\frac{\varepsilon\varepsilon_0}{\mu\mu_0}}E_z,\\
&\boldsymbol{E} = \sqrt{\frac{\mu\mu_0}{\varepsilon\varepsilon_0}}[\boldsymbol{H}\boldsymbol{n}] = \frac{c}{\sqrt{\varepsilon\mu}}[\operatorname{rot}\boldsymbol{A}\boldsymbol{n}]
\end{aligned}\right\} \text{(im SI)},$$

$$\left.\begin{aligned}
&E_x = H_x = 0,\\
&\frac{\partial E_y}{\partial x} = -\frac{\mu}{c}\frac{\partial H_z}{\partial t}, \quad \frac{\partial E_z}{\partial x} = \frac{\mu}{c}\frac{\partial H_y}{\partial t},\\
&\frac{\partial H_y}{\partial x} = \frac{\varepsilon}{c}\frac{\partial E_z}{\partial t}, \quad \frac{\partial H_z}{\partial x} = -\frac{\varepsilon}{c}\frac{\partial E_y}{\partial t},\\
&H_z = \sqrt{\frac{\varepsilon}{\mu}}E_y, \qquad H_y = -\sqrt{\frac{\varepsilon}{\mu}}E_z,\\
&\boldsymbol{E} = \sqrt{\frac{\mu}{\varepsilon}}[\boldsymbol{H}\boldsymbol{n}] = \frac{1}{\sqrt{\varepsilon\mu}}[\operatorname{rot}\boldsymbol{A}\boldsymbol{n}]
\end{aligned}\right\}\text{(im Gaussschen System);}$$

dabei ist $\boldsymbol{n}$ der Einheitsvektor in der Ausbreitungsrichtung der Welle. Auf Grund dieser Beziehungen ist das Feld der elektromagnetischen Welle bereits durch das Vektorpotential $\boldsymbol{A}$ allein bestimmt. Im Vakuum gilt

$$H_y = -\sqrt{\frac{\varepsilon_0}{\mu_0}}E_z, \quad H_z = \sqrt{\frac{\varepsilon_0}{\mu_0}}E_y, \quad \sqrt{\mu_0}\,H = \sqrt{\varepsilon_0}\,E \quad \text{(im SI)},$$

$$H_y = -E_z, \quad H_z = E_y, \quad H = E \quad \text{(im Gaussschen System).}$$

4. Elektromagnetische Wellen heißen *monochromatisch,* wenn die Komponenten der Vektoren $\boldsymbol{E}$ und $\boldsymbol{H}$ des elektromagnetischen Feldes harmonische Schwingungen (S. 109) mit einer einzigen Frequenz ausführen, die man als Frequenz der Welle bezeichnet. Monochromatische Wellen sind räumlich und zeitlich unbegrenzt.
Beliebige nicht monochromatische Wellen lassen sich als Überlagerung einer Gesamtheit von monochromatischen Wellen darstellen (S. 524).

5. Das Vektorpotential ebener monochromatischer Wellen ist

$$\boldsymbol{A} = \boldsymbol{A}_0 e^{-i[\omega t - (\boldsymbol{k}\boldsymbol{r})]};$$

dabei ist $\boldsymbol{A}_0$ ein gewisser konstanter komplexer Vektor, ω die Kreisfrequenz, $\boldsymbol{r}$ der Radiusvektor zum beobachteten Feldpunkt und $\boldsymbol{k}$ der Wellenvektor (S. 523):

$$\boldsymbol{k} = \frac{\omega}{v}\boldsymbol{n} = \frac{2\pi}{\lambda}\boldsymbol{n} = \text{const};$$

$\boldsymbol{n}$ ist der Einheitsvektor in der Ausbreitungsrichtung der Welle, v die Phasengeschwindigkeit der Welle, $\lambda = vT$ die Wellenlänge und T die Periode der Schwingung.

6. Die Feldstärken des elektrischen und des magnetischen Feldes ebener monochromatischer Wellen sind

$$\boldsymbol{E} = \operatorname{Re}\{\boldsymbol{E}_0 e^{-i[\omega t - (\boldsymbol{k}\boldsymbol{r})]}\},$$

$$\boldsymbol{H} = \operatorname{Re}\{\boldsymbol{H}_0 e^{-i[\omega t - (\boldsymbol{k}\boldsymbol{r})]}\}.$$

Hier bedeuten $\boldsymbol{E}_0$ und $\boldsymbol{H}_0$ konstante komplexe Vektoren:

$$\boldsymbol{E}_0 = i\omega \boldsymbol{A}_0 = \frac{ikc}{\sqrt{\varepsilon\mu}} \boldsymbol{A}_0, \qquad \boldsymbol{H}_0 = \frac{i}{\mu\mu_0} [\boldsymbol{k}\boldsymbol{A}_0] \qquad \text{(im SI)},$$

$$\boldsymbol{E}_0 = \frac{\omega}{c} i\boldsymbol{A}_0 = \frac{ik}{\sqrt{\varepsilon\mu}} \boldsymbol{A}_0, \qquad \boldsymbol{H}_0 = \frac{i}{\mu} [\boldsymbol{k}\boldsymbol{A}_0] \quad \text{(im GAUSSschen System)}.$$

Über die Bedeutung des Symbols Re s. S. 524.

7. Den Vektor $\boldsymbol{E}_0$ kann man auch in der Form

$$\boldsymbol{E}_0 = \boldsymbol{a}_1 e^{-i\alpha_1} + \boldsymbol{a}_2 e^{-i\alpha_2}$$

darstellen, wobei $\boldsymbol{a}_1$ und $\boldsymbol{a}_2$ zwei zueinander senkrechte reelle Vektoren sind, die in einer Ebene senkrecht zum Wellenvektor $\boldsymbol{k}$ liegen; α_1 und α_2 sind reelle Skalare. Wählt man die y-Achse in Richtung von $\boldsymbol{a}_1$, die x-Achse in Richtung der Wellenausbreitung, so erhält man

$$E_y = a_1 \cos(\omega t - kx + \alpha_1), \qquad E_z = \pm a_2 \cos(\omega t - kx + \alpha_2),$$

wobei das Pluszeichen (Minuszeichen) dem Fall entspricht, bei dem der Vektor $\boldsymbol{a}_2$ in der positiven (negativen) Richtung der z-Achse liegt.

8. In jedem Feldpunkt einer ebenen monochromatischen Welle beschreibt die Spitze des Vektors $\boldsymbol{E}$ eine Ellipse, die in der y,z-Ebene liegt. Die Gleichung dieser Ellipse lautet

$$\frac{E_y^2}{a_1^2} + \frac{E_z^2}{a_2^2} - 2\frac{E_y E_z}{a_1 a_2} \cos(\alpha_2 - \alpha_1) = \sin^2(\alpha_2 - \alpha_1).$$

Derartige ebene Wellen heißen *elliptisch polarisiert.* Ist $a_1 = a_2$ und $\alpha_1 - \alpha_2 = (2m+1)\pi/2$ mit $m = 0, \pm 1, \ldots,$ so geht die Ellipse in einen Kreis über. Man nennt die Welle *zirkular polarisiert.* Ist $a_1 = 0$ oder $a_2 = 0$ oder $\alpha_1 - \alpha_2 = m\pi$ mit $m = 0, \pm 1, \ldots,$ so heißt die ebene Welle *linear polarisiert.* Bei einer linear polarisierten Welle schwingt der Vektor $\boldsymbol{E}$ in allen Feldpunkten längs zueinander parallelen Geraden. Die Ebene, die durch $\boldsymbol{E}$ und die Strahlrichtung (S. 545) aufgespannt wird, heißt *Schwingungsebene.* Die Ebene durch $\boldsymbol{H}$ und die Strahlrichtung heißt *Polarisationsebene.* Schwingungsebene und Polarisationsebene stehen aufeinander senkrecht (Bild V.2.1).

Eine beliebige ebene Welle läßt sich darstellen durch das Zusammenwirken zweier linear polarisierter ebener Wellen, deren Schwingungsebenen zueinander senkrecht sind.

9. Der Maximalbetrag $a = |\boldsymbol{E}|_{\max}$ des Vektors $\boldsymbol{E}$ einer linear polarisierten Welle heißt *Amplitude der Welle.*

Die Energie pro Zeiteinheit, die von der Welle durch die Flächeneinheit einer Fläche senkrecht zur Ausbreitungsrichtung transportiert wird, nennt man *Intensität I der elektromagnetischen Welle.* Die Intensität I hängt mit dem POYNTINGschen Vektor $\boldsymbol{P}$ (S. 489) durch die Beziehung

$$I = |\overline{\boldsymbol{P}}| = \frac{1}{T} \left| \int_0^T \boldsymbol{P}\, dt \right|$$

zusammen, wobei T die Periode der Welle ist.
Für linear polarisierte monochromatische Wellen ist $I \sim a^2$, wobei a die Amplitude der Welle ist. Für beliebige ebene Wellen in einem homogenen nicht absorbierenden Medium ist I eine Konstante.

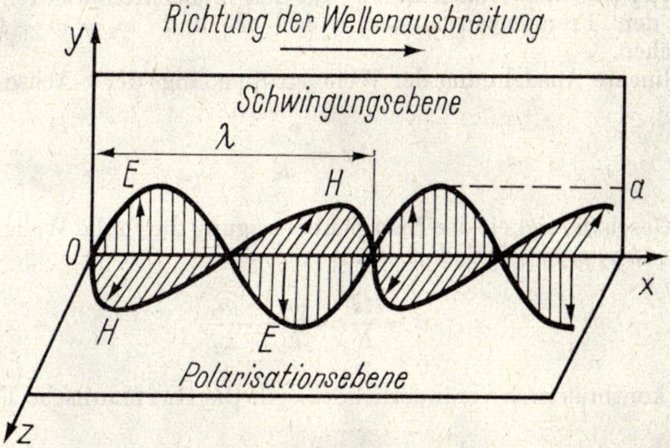

V.2.1.

10. Eine elektromagnetische Welle heißt *sphärisch*, wenn ihre Intensität nur vom Abstand r von einem gewissen Punkt des Raumes abhängt, den man Wellenzentrum nennt. Aus dem Energieerhaltungssatz folgt, daß für sphärische Wellen in einem homogenen nicht absorbierenden Medium $I = \text{const}/r^2$ ist.

11. Die Abhängigkeit der Phasengeschwindigkeit einer elektromagnetischen Welle in einem Medium von der Frequenz der Welle bezeichnet man als *Dispersion*. Medien, in denen dieser Effekt auftritt, heißen *dispergierend*. Im Vakuum gibt es keine Dispersion elektromagnetischer Wellen.

12. In Wirklichkeit sind elektromagnetische Wellen nie monochromatisch, da sie stets räumlich und zeitlich begrenzt sind. Solche Wellen können als Gesamtheit der monochromatischen Wellen gedacht werden und heißen *Wellengruppen* oder *Wellenpakete*. In dispergierenden Medien erfolgt beim Ausbreitungsprozeß eine Verformung dieser Wellengruppen infolge der verschiedenen Phasengeschwindigkeiten der einzelnen monochromatischen Komponenten grr Gruppe. Zur Charakterisierung der Ausbreitung einer Wellendeuppe und der damit verbundenen Energieübertragung, d. h. der Geschwindigkeit der Ausbreitung eines Signals, reicht der Begriff der Phasengeschwindigkeit nicht aus.

13. In erster Näherung läßt sich ein Wellenpaket, das durch einen Sender mit sinusoider Amplitudenmodulation emittiert wurde und das sich längs der positiven x-Achse ausbreitet, in Form von amplitudenmodulierten Schwingungen darstellen:

$$E = a[1 + m \cos(\Omega t - Kx)] \cos(\omega t - kx);$$

dabei ist $m = a'/a \ll 1$, $\Omega \ll \omega$, a' und Ω sind die Amplitude und die Kreisfrequenz der Modulation, a und ω die Amplitude und die Kreisfrequenz der zu modulierenden „Trägerwelle", $K = (k_1 - k_2)/2$, k, k_1, k_2 sind die Wellenzahlen, die den monochromatischen Wellen mit den Frequenzen ω, $\omega_1 = \omega + \Omega$ und $\omega_2 = \omega - \Omega$ entsprechen.
Die lineare Ausdehnung der Wellengruppe längs der x-Achse ist

$$\Delta x = \frac{2\pi}{K}.$$

Die Geschwindigkeit der Energieübertragung durch die Wellengruppe heißt *Gruppengeschwindigkeit* u:

$$u = \frac{\Omega}{K} = \frac{\omega_1 - \omega_2}{k_1 - k_2}.$$

Für kontinuierlich veränderliches ω gilt die RAYLEIGHsche Formel

$$u = \frac{d\omega}{dk} = v - \lambda \frac{dv}{d\lambda} = \frac{v}{1 - \frac{\omega}{v}\frac{dv}{d\omega}},$$

wobei v die Phasengeschwindigkeit der modulierten Welle und $\lambda = 2\pi v/\omega$ deren Wellenlänge ist.
Wenn keine Dispersion vorliegt, gilt $dv/d\omega = dv/d\lambda = 0$ und $u = v$. *Normale Dispersion* liegt vor bei (S. 648)

$$\frac{dv}{d\omega} < 0, \quad \frac{dv}{d\lambda} > 0 \quad \text{und} \quad u < v.$$

Anomale Dispersion liegt vor bei (S. 648)

$$\frac{dv}{d\omega} > 0, \quad \frac{dv}{d\lambda} = 0 \quad \text{und} \quad u > v.$$

14. Die Resultate aus Punkt 13 sind hinreichend genau nur in Bereichen

$$x \ll \frac{4\pi}{\left|\Omega^2 \frac{d^2k}{d\omega^2}\right|} \quad \text{oder} \quad x \ll \Delta x \frac{u}{|\Delta u|};$$

dabei ist x der Abstand vom Ursprung der Welle, Δx die Länge der Wellengruppe, Δu der Unterschied der Gruppengeschwindigkeiten für die Frequenzen ω und $\omega \pm \Omega$. In der Nähe der Absorptionsfrequenzen der Medien für elektromagnetische Wellen wird $|dv/d\omega|$ sehr groß, und der Begriff der Gruppengeschwindigkeit verliert seinen Sinn.

15. In Abhängigkeit von der Frequenz $v = \omega/2\pi$ (oder der Wellenlänge im Vakuum $\lambda = c/v$) unterteilt man den Bereich der elektromagnetischen Wellen üblicherweise in einige Teilbereiche. Das *Spektrum der elektromagnetischen Wellen* ist in Bild V.2.2 angegeben. Die Grenzen zwischen den einzelnen Bereichen sind durch Konvention festgelegt.

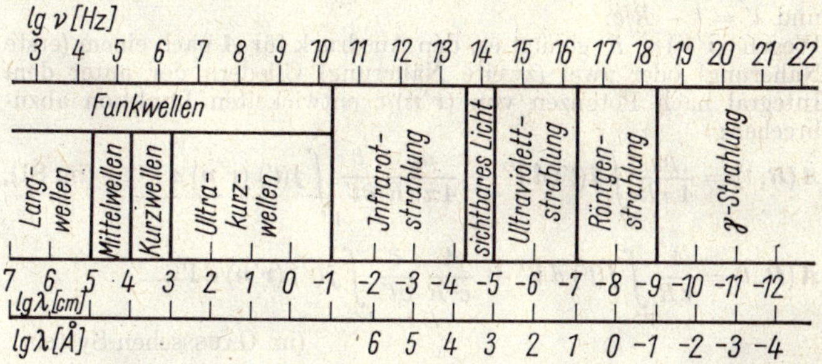

V.2.2.

2.2. Ausstrahlung elektromagnetischer Wellen

1. Die klassische Elektrodynamik besagt, daß elektromagnetische Wellen durch beschleunigte elektrische Ladungen angeregt werden. Elektromagnetische Wellen können in Materie auch durch nicht beschleunigte Ladungen angeregt werden, wenn ihre Geschwindigkeit größer ist als die Phasengeschwindigkeit des Lichtes im betreffenden Stoff (Wawilow-Čerenkov-Strahlung, S. 514). Die Emission elektromagnetischer Wellen seitens eines elektrischen Systems nennt man *Ausstrahlung*; das System selbst ist ein *strahlendes System*. Das durch ein strahlendes System entstehende elektromagnetische Feld heißt *Strahlungsfeld*. Die nachfolgenden Ausführungen befassen sich mit dem Strahlungsfeld im Vakuum.

2. Unter *Wellenzone* (*Fernfeld*) versteht man die Gesamtheit der Feldpunkte, deren Abstand vom strahlenden System groß ist im Vergleich zu dessen Abmessungen und im Vergleich mit der Wellenlänge der abgestrahlten Welle. Innerhalb kleiner Bereiche der Wellenzone kann man die elektromagnetischen Wellen als ebene Wellen betrachten (S. 546). In der Wellenzone kann man das elektromagnetische Feld eines strahlenden Systems mit Hilfe des retardierten Vektorpotentials (S. 489) bestimmen.

Wählt man den Koordinatenursprung innerhalb eines strahlenden Systems, dessen Ausmaße im Verhältnis zur ausgestrahlten Wellenlänge klein sind, so gilt für das Vektorpotential des Feldes in der

Wellenzone

$$A(R, t) = \frac{\mu_0}{4\pi R} \int\limits_{V'} j\left(t' + \frac{(r'n)}{c}\right) dV' \qquad \text{(im SI)},$$

$$A(R, t) = \frac{1}{cR} \int\limits_{V'} j\left(t' + \frac{(r'n)}{c}\right) dV' \qquad \text{(im Gaussschen System)};$$

dabei ist $\boldsymbol{R}$ der Radiusvektor zum beobachteten Feldpunkt, $R = |\boldsymbol{R}|$, $\boldsymbol{n} = \boldsymbol{R}/R$, $\boldsymbol{r}'$ der Radiusvektor des Raumbereiches des Systems dV' und $t' = t - R/c$.

Wegen $(\boldsymbol{r}'\boldsymbol{n}) \ll R$ genügt es, den Ausdruck für $\boldsymbol{A}$ nach einem (erste Näherung) oder zwei (zweite Näherung) Gliedern der unter dem Integral nach Potenzen von $(\boldsymbol{r}'\boldsymbol{n})/c$ entwickelten Funktion abzubrechen:

$$A(R, t) = \frac{\mu_0}{4\pi R} \int\limits_{V'} j(t')\, dV' + \frac{\mu_0}{4\pi c R} \frac{\partial}{\partial t'} \int\limits_{V'} j(t')\, (r'n)\, dV' \qquad \text{(im SI)},$$

$$A(R, t) = \frac{1}{cR} \int\limits_{V'} j(t')\, dV' + \frac{1}{c^2 R} \frac{\partial}{\partial t'} \int\limits_{V'} j(t')\, (r'n)\, dV'$$

(im Gaussschen System).

Für ein System von Punktladungen $q_1, q_2, \ldots, q_n$ gilt

$$\int\limits_{V'} j\, dV' = \sum_{i=1}^{n} q_i v_i \qquad \text{und} \qquad \int\limits_{V'} j(r'n)\, dV' = \sum_{i=1}^{n} q_i v_i (r_i n),$$

wobei $\boldsymbol{r}_i$ der Radiusvektor und $\boldsymbol{v}_i$ die Geschwindigkeit der Ladung q_i sind.

3. Die Ausstrahlung eines Systems elektrischer Ladungen ist in erster Näherung durch die zeitliche Änderung seines elektrischen Dipolmomentes $\boldsymbol{p}_e$ bedingt: $\boldsymbol{p}_e = \sum_{i=1}^{n} q_i \boldsymbol{r}_i$, wobei $q_1, \ldots, q_n$ die Ladungen des Systems sind und $\boldsymbol{r}_i$ der Radiusvektor der Ladung q_i ist. Man nennt diese Strahlung *Dipolstrahlung* oder *elektrische Dipolstrahlung*. Bei einem System von Ladungen, deren Geschwindigkeiten gering sind im Vergleich zur Lichtgeschwindigkeit im Vakuum $(v_i \ll c)$[1], gilt für das Feld der Dipolstrahlung in der Wellenzone

$$\left.\begin{aligned} A(R, t) &= \frac{\mu_0}{4\pi R} \dot{p}_e\left(t - \frac{R}{c}\right), \\ E(R, t) &= \frac{\mu_0}{4\pi R^3} \left[\left[\ddot{p}_e\left(t - \frac{R}{c}\right) R\right] R\right], \\ H(R, t) &= \frac{1}{4\pi c R^2} \left[\ddot{p}_e\left(t - \frac{R}{c}\right) R\right] \end{aligned}\right\} \text{(im SI)},$$

[1]) Diese Bedingung ist der Bedingung der kleinen Ausmaße des Systems im Verhältnis zur ausgestrahlten Wellenlänge äquivalent.

$$\left.\begin{aligned} \boldsymbol{A}(\boldsymbol{R}, t) &= \frac{1}{cR}\dot{\boldsymbol{p}}_e\left(t - \frac{R}{c}\right), \\ \boldsymbol{E}(\boldsymbol{R}, t) &= \frac{1}{c^2R^3}\left[\left[\ddot{\boldsymbol{p}}_e\left(t - \frac{R}{c}\right)\boldsymbol{R}\right]\boldsymbol{R}\right], \\ \boldsymbol{H}(\boldsymbol{R}, t) &= \frac{1}{c^2R^2}\left[\ddot{\boldsymbol{p}}_e\left(t - \frac{R}{c}\right)\boldsymbol{R}\right] \end{aligned}\right\} \text{(im GAUSSschen System)},$$

dabei ist $\boldsymbol{R}$ der Radiusvektor vom strahlenden System zum Beobachter, $R = |\boldsymbol{R}|$, $\dot{\boldsymbol{p}}_e = \partial \boldsymbol{p}_e/\partial t$, $\ddot{\boldsymbol{p}}_e = \partial^2 \boldsymbol{p}_e/\partial t^2$ und μ_0 die Vakuumpermeabilität.

Im einzelnen gilt für die Ausstrahlung einer Punktladung q: $\boldsymbol{p}_e = q\boldsymbol{r}$, $\ddot{\boldsymbol{p}}_e = qw$ sowie

$$\left.\begin{aligned} \boldsymbol{E}(\boldsymbol{R}, t) &= \frac{\mu_0 q}{4\pi R^3}[[\boldsymbol{w}\boldsymbol{R}]\boldsymbol{R}], \\ \boldsymbol{H}(\boldsymbol{R}, t) &= \frac{q}{4\pi c R^2}[\boldsymbol{w}\boldsymbol{R}] \end{aligned}\right\} \text{(im SI)},$$

$$\left.\begin{aligned} \boldsymbol{E}(\boldsymbol{R}, t) &= \frac{q}{c^2R^3}[[\boldsymbol{w}\boldsymbol{R}]\boldsymbol{R}], \\ \boldsymbol{H}(\boldsymbol{R}, t) &= \frac{q}{c^2R^2}[\boldsymbol{w}\boldsymbol{R}] \end{aligned}\right\} \text{(im GAUSSschen System)},$$

wobei $\boldsymbol{w}$ die Beschleunigung der Ladung q zur Zeit $t - \dfrac{R}{c}$ ist.

4. In der Wellenzone lautet der POYNTING-Vektor für die Dipolstrahlung

$$\boldsymbol{P}(\boldsymbol{R}, t) = \frac{\mu_0}{16\pi^2 c}\left|\ddot{\boldsymbol{p}}_e\left(t - \frac{R}{c}\right)\right|^2 \sin^2\vartheta \, \frac{\boldsymbol{R}}{R^3} \quad \text{(im SI)},$$

$$\boldsymbol{P}(\boldsymbol{R}, t) = \frac{1}{4\pi c^3}\left|\ddot{\boldsymbol{p}}_e\left(t - \frac{R}{c}\right)\right|^2 \sin^2\vartheta \, \frac{\boldsymbol{R}}{R^3} \quad \text{(im GAUSSschen System)},$$

wobei ϑ der Winkel zwischen den Vektoren $\ddot{\boldsymbol{p}}_e\left(t - \dfrac{R}{c}\right)$ und $\boldsymbol{R}$ ist.

Die Augenblicksleistung der Dipolstrahlungen in den Raumwinkelbereich $d\Omega$ in der durch den Winkel ϑ bestimmten Richtung ist

$$dN = \frac{\mu_0}{16\pi^2 c}\left|\ddot{\boldsymbol{p}}_e\left(t - \frac{R}{c}\right)\right|^2 \sin^2\vartheta \, d\Omega \quad \text{(im SI)},$$

$$dN = \frac{1}{4\pi c^3}\left|\ddot{\boldsymbol{p}}_e\left(t - \frac{R}{c}\right)\right|^2 \sin^2\vartheta \, d\Omega \quad \text{(im GAUSSschen System)}.$$

Die gesamte Augenblicksleistung der Dipolstrahlung ist

$$N = \frac{\mu_0}{6\pi c} |\ddot{\boldsymbol{p}}_e|^2 \qquad \text{(im SI)},$$

$$N = \frac{2}{3c^3} |\ddot{\boldsymbol{p}}_e|^2 \qquad \text{(im Gaussschen System)}.$$

Beispiel 1. Ist $\boldsymbol{w}$ die Beschleunigung der Ladung q, so gilt für ihre Ausstrahlung

$$N = \frac{\mu_0 q^2 w^2}{6\pi c} \qquad \text{(im SI)},$$

$$N = \frac{2 q^2 w^2}{3 c^3} \qquad \text{(im Gaussschen System)}.$$

Schwingt die Ladung harmonisch mit der Kreisfrequenz ω und der Amplitude a, so sind die Augenblicksleistung (N) und die mittlere Leistung ($\overline{N}$) der Ausstrahlung

$$N = \frac{\mu_0 q^2 a^2 \omega^4}{6\pi c} \sin^2 \omega t, \quad \overline{N} = \frac{\mu_0 q^2 a^2 \omega^4}{12\pi c} \qquad \text{(im SI)},$$

$$N = \frac{2 q^2 a^2 \omega^4}{3 c^3} \sin^2 \omega t, \quad \overline{N} = \frac{q^2 a^2 \omega^4}{3 c^3} \qquad \text{(im Gaussschen System)}.$$

Für die Relaxationszeit τ, d. h. das Zeitintervall, in dem sich die Amplitude einer frei schwingenden Ladung zufolge der Energieabstrahlung auf den Bruchteil e verringert, sowie für die Zahl der ganzen Schwingungen n in der Zeit τ gilt

$$\tau = \frac{12\pi c m}{\mu_0 \omega^2 q^2}, \quad n = \frac{6 c m}{\mu_0 \omega q^2} \qquad \text{(im SI)},$$

$$\tau = \frac{3 c^3 m}{\omega^2 q^2}, \quad n = \frac{3 c^3 m}{2\pi \omega q^2} \qquad \text{(im Gaussschen System)},$$

wobei m die Masse des geladenen Teilchens ist.
In der klassischen Theorie der Lichtausstrahlung durch das Atom ist $q = e$, während die Größe τ die Dauer der Ausstrahlung eines Wellenzuges charakterisiert und als *mittlere Lebensdauer des strahlenden Atoms* bezeichnet wird. Für die Frequenzen des sichtbaren Lichtes ($\omega \sim 4 \cdot 10^{15}\,\text{s}^{-1}$) betragen $\tau \sim 10^{-8}$ s und $n \sim 10^7$.

Beispiel 2. Der Hertz*sche Dipol* ist ein — im Verhältnis zur Länge der ausgestrahlten Wellen λ — kurzer Leiter mit zwei gleich großen Kapazitäten an seinen Enden und einer Funkenstrecke in der Mitte, an die eine Wechselspannung angeschlossen ist. Da die Länge des Oszillators $l \ll \lambda$ ist, kann der in ihm fließende Strom $I = I_0 \sin \omega t$ als *quasistationär*, d. h. in der ganzen Kette als gleichmäßig angenommen werden; $\ddot{p}_e = l\dfrac{dI}{dt}$, und die mittlere Strahlungsleistung des Oszillators ist

$$\overline{N} = \frac{\mu_0 l^2 \omega^2}{12\pi c} I_0^2 \quad \text{(im SI)},$$

$$\overline{N} = \frac{l^2 \omega^2}{3c^3} I_0^2 \quad \text{(im Gaussschen System)}.$$

Der durch die Ausstrahlung auftretende Energieverlust (die abgestrahlte Energie) wird üblicherweise durch die Größe $R_{\text{St}} = 2\overline{N}/I_0^2$, den sogenannten *Strahlungswiderstand* charakterisiert:

$$R_{\text{St}} = \frac{\mu_0 l^2 \omega^2}{6\pi c} = 80\pi^2 \left(\frac{l}{\lambda}\right)^2 \quad \text{(im SI)},$$

$$R_{\text{St}} = \frac{2 l^2 \omega^2}{3c^3} = \frac{8\pi^2}{3c} \left(\frac{l}{\lambda}\right)^2 \quad \text{(im Gaussschen System)}.$$

5. Bei einem System von Punktladungen $q_1, q_2, \ldots, q_n$, die sich mit Geschwindigkeiten $v_i \ll c$ bewegen, kann das Vektorpotential des Feldes in der Wellenzone in zweiter Näherung wie folgt dargestellt werden:

$$\boldsymbol{A}(\boldsymbol{R}, t) = \frac{\mu_0}{4\pi R} \dot{\boldsymbol{p}}_e(t') + \frac{\mu_0}{4\pi c R} [\dot{\boldsymbol{p}}_m(t') \boldsymbol{n}] + \frac{\mu_0}{24\pi c R} \ddot{\boldsymbol{D}}(t') \quad \text{(im SI)},$$

$$\boldsymbol{A}(\boldsymbol{R}, t) = \frac{1}{cR} \dot{\boldsymbol{p}}_e(t') + \frac{1}{cR} [\dot{\boldsymbol{p}}_m(t') \boldsymbol{n}] + \frac{1}{6c^2 R} \ddot{\boldsymbol{D}}(t')$$

(im Gaussschen System);

dabei ist $t' = t - R/c$, $\boldsymbol{p}_e(t') = \sum_{i=1}^{n} q_i \boldsymbol{r}_i(t')$ das elektrische Dipolmoment des Systems, während $\boldsymbol{p}_m(t')$ dessen magnetisches Moment darstellt:

$$\boldsymbol{p}_m(t') = \frac{1}{2} \sum_{i=1}^{n} q_i [\boldsymbol{r}_i(t') \boldsymbol{v}_i(t')] \quad \text{(im SI)},$$

$$\boldsymbol{p}_m(t') = \frac{1}{2c} \sum_{i=1}^{n} q_i [\boldsymbol{r}_i(t') \boldsymbol{v}_i(t')] \quad \text{(im Gaussschen System)}.$$

$\ddot{\boldsymbol{D}}(t')$ ist die Ableitung des Tensors des elektrischen Quadrupolmomentes des Systems; $\boldsymbol{n}$ ist ein Einheitsvektor $\boldsymbol{R}/R$:

$$\boldsymbol{D}(t') = \sum_{i=1}^{n} q_i [3\boldsymbol{r}_i(\boldsymbol{n}\boldsymbol{r}_i) - r_i^2 \boldsymbol{n}];$$

$$\dot{\boldsymbol{p}}_e = \frac{\partial \boldsymbol{p}_e}{\partial t}, \quad \dot{\boldsymbol{p}}_m = \frac{\partial \boldsymbol{p}_m}{\partial t} \quad \text{und} \quad \ddot{\boldsymbol{D}} = \frac{\partial^2 \boldsymbol{D}}{\partial t^2}.$$

Dementsprechend sind die Feldstärken $\boldsymbol{E}(\boldsymbol{R}, t)$ und $\boldsymbol{H}(\boldsymbol{R}, t)$:

$$\left.\begin{aligned} \boldsymbol{E}(\boldsymbol{R}, t) &= \frac{\mu_0}{4\pi R}\left\{[[\ddot{\boldsymbol{p}}_e(t')\boldsymbol{n}]\boldsymbol{n}] + \frac{1}{c}[\boldsymbol{n}\,\ddot{\boldsymbol{p}}_m(t')] + \frac{1}{6c}[[\dddot{\boldsymbol{D}}(t')\,\boldsymbol{n}]\boldsymbol{n}]\right\}, \\ \boldsymbol{H}(\boldsymbol{R}, t) &= \frac{1}{4\pi c R}\left\{[\ddot{\boldsymbol{p}}_e(t')\boldsymbol{n}] + \frac{1}{c}[[\ddot{\boldsymbol{p}}_m(t')\boldsymbol{n}]\boldsymbol{n}] + \frac{1}{6c}[\dddot{\boldsymbol{D}}(t')\,\boldsymbol{n}]\right\} \end{aligned}\right\} \text{(im SI)},$$

$$\left.\begin{aligned} \boldsymbol{E}(\boldsymbol{R}, t) &= \frac{1}{c^2 R}\left\{[[\ddot{\boldsymbol{p}}_e(t')\boldsymbol{n}]\boldsymbol{n}] + [\boldsymbol{n}\,\ddot{\boldsymbol{p}}_m(t')] + \frac{1}{6c}[[\dddot{\boldsymbol{D}}(t')\boldsymbol{n}]\,\boldsymbol{n}]\right\}, \\ \boldsymbol{H}(\boldsymbol{R}, t) &= \frac{1}{c^2 R}\left\{[\ddot{\boldsymbol{p}}_e(t')\boldsymbol{n}] + [[\ddot{\boldsymbol{p}}_m(t')\boldsymbol{n}]\boldsymbol{n}] + \frac{1}{6c}[\dddot{\boldsymbol{D}}(t')\boldsymbol{n}]\right\} \end{aligned}\right\} \text{(im Gaussschen System)}.$$

Die zweiten bzw. dritten Glieder der Ausdrücke für $\boldsymbol{A}(\boldsymbol{R}, t)$, $\boldsymbol{E}(\boldsymbol{R}, t)$ und $\boldsymbol{H}(\boldsymbol{R}, t)$ charakterisieren die *magnetische Dipolstrahlung* bzw. die *elektrische Quadrupolstrahlung* des Systems. Die mittlere Leistung dieser Strahlungstypen beträgt annähernd $1/c^2$ der mittleren Leistung der Dipolstrahlung. Die magnetische Dipolstrahlung sowie die elektrische Quadrupolstrahlung sind daher nur von Bedeutung, wenn das elektrische Dipolmoment des Systems gleich Null oder konstant ist und eine Dipolstrahlung daher unmöglich ist.

6. Der Poynting-Vektor für die magnetische Dipolstrahlung in der Wellenzone ist

$$\boldsymbol{P}(\boldsymbol{R}, t) = \frac{\mu_0}{16\pi^2 c^3}|\ddot{\boldsymbol{p}}_m(t')|^2 \sin^2\vartheta\,\frac{\boldsymbol{R}}{R^3} \quad \text{(im SI)},$$

$$\boldsymbol{P}(\boldsymbol{R}, t) = \frac{1}{4\pi c^3}|\ddot{\boldsymbol{p}}_m(t')|^2 \sin^2\vartheta\,\frac{\boldsymbol{R}}{R^3} \quad \text{(im Gaussschen System)};$$

dabei ist ϑ der Winkel zwischen dem Vektor $\ddot{\boldsymbol{p}}_m(t')$ und dem Radiusvektor $\boldsymbol{R}$ vom strahlenden System zum beobachteten Feldpunkt.

Für die Augenblicksleistung der magnetischen Dipolstrahlung in den Raumwinkelbereich $d\Omega$ in der durch den Winkel ϑ bestimmten Richtung gilt

$$dN = \frac{\mu_0}{16\pi^2 c^3}|\ddot{\boldsymbol{p}}_m(t')|^2 \sin^2\vartheta\,d\Omega \quad \text{(im SI)},$$

$$dN = \frac{1}{4\pi c^3}|\ddot{\boldsymbol{p}}_m(t')|^2 \sin^2\vartheta\,d\Omega \quad \text{(im Gaussschen System)}.$$

Für die gesamte Augenblicksleistung der magnetischen Dipolstrahlung gilt

$$N = \frac{\mu_0}{6\pi c^3} |\ddot{\boldsymbol{p}}_m(t')|^2 \quad \text{(im SI)},$$

$$N = \frac{2}{3c^3} |\ddot{\boldsymbol{p}}_m(t')|^2 \quad \text{(im Gaussschen System)}.$$

Beispiel 3. Die *Rahmenantenne* stellt einen geschlossenen Wechselstromkreis dar. Es gilt $\operatorname{div} \boldsymbol{j} = 0$ ($\boldsymbol{j}$ ist der Vektor der Stromdichte); aus dem Gesetz der Erhaltung der Ladung (S. 489) geht hervor, daß $\partial\varrho/\partial t = 0$ ist, d. h., daß die Verteilung der Ladungen im System sowie das elektrische Dipol- und auch das Quadrupolmoment des Systems zeitlich unverändert bleiben. Die Ausstrahlung ist durch die Oszillation des magnetischen Dipolmomentes des Systems bedingt; es handelt sich somit um magnetische Dipolstrahlung.
Im Fall eines sinusoidalen Wechselstromes $I = I_0 \sin \omega t$ ist die mittlere Leistung der magnetischen Dipolstrahlung der Rahmenantenne

$$\overline{N} = \frac{\mu_0 S^2 \omega^4}{12\pi c^3} I_0^2 = \sqrt{\frac{\mu_0}{\varepsilon_0}} \frac{S^2}{12\pi} \left(\frac{2\pi}{\lambda}\right)^4 I_0^2 \quad \text{(im SI)},$$

$$\overline{N} = \frac{S^2}{3c} \left(\frac{2\pi}{\lambda}\right)^4 I_0^2 \quad \text{(im Gaussschen System)},$$

wobei S die durch den Antennenrahmen begrenzte Fläche ist und $\lambda = 2\pi c/\omega$ die Wellenlänge der Strahlung bedeutet $\left(\lambda \gg \sqrt{S}\right)$.
Für den Strahlungswiderstand gilt

$$R_{\text{St}} = \frac{2\overline{N}}{I_0^2} = \sqrt{\frac{\mu_0}{\varepsilon_0}} \frac{S^2}{6\pi} \left(\frac{2\pi}{\lambda}\right)^4 \quad \text{(im SI)},$$

$$R_{\text{St}} = \frac{2S^2}{3c} \left(\frac{2\pi}{\lambda}\right)^4 \quad \text{(im Gaussschen System)}.$$

In einem abgeschlossenen System von Teilchen mit gleichgroßen spezifischen Ladungen q_i/m_i (m_i ist die Masse eines Teilchens) ist $\ddot{\boldsymbol{p}}_e = \ddot{\boldsymbol{p}}_m = 0$; ein solches System ist daher nicht befähigt, elektrische oder magnetische Dipolstrahlung zu emittieren. Isolierte Systeme, die aus nur zwei Teilchen mit beliebiger Ladung und Masse bestehen, emittieren keine magnetische Dipolstrahlung.

7. Die Strahlung einer sich rasch bewegenden Ladung q (deren Geschwindigkeit mit c vergleichbar ist).
Die Ladung q bewegt sich mit der Geschwindigkeit $\boldsymbol{v}$ und der Be-

schleunigung $\boldsymbol{w}$. In der Fernzone gilt für ihr Strahlungsfeld

$$\left.\begin{aligned} \boldsymbol{E} &= \frac{\mu_0 q}{4\pi R} \frac{\left[\boldsymbol{n}\left[\left(\boldsymbol{n}-\frac{\boldsymbol{v}}{c}\right)\boldsymbol{w}\right]\right]}{\left(1-\frac{(\boldsymbol{n}\boldsymbol{v})}{c}\right)^3}, \\ \boldsymbol{H} &= \sqrt{\frac{\varepsilon_0}{\mu_0}}\,[\boldsymbol{n}\boldsymbol{E}] \end{aligned}\right\} \quad \text{(im SI)},$$

$$\left.\begin{aligned} \boldsymbol{E} &= \frac{q}{c^2 R} \frac{\left[\boldsymbol{n}\left[\left(\boldsymbol{n}-\frac{\boldsymbol{v}}{c}\right)\boldsymbol{w}\right]\right]}{\left(1-\frac{(\boldsymbol{n}\boldsymbol{v})}{c}\right)^3}, \\ \boldsymbol{H} &= [\boldsymbol{n}\boldsymbol{E}] \end{aligned}\right\} \quad \text{(im Gaussschen System)};$$

dabei ist $\boldsymbol{n} = \boldsymbol{R}/R$ der Einheitsvektor in Strahlungsrichtung; sämtliche in den rechten Seiten der Gleichungen angeführten Größen gelten für die Zeit $t' = t - R/c$.
Die Augenblicksleistung der Strahlung in den Raumwinkel $d\Omega$ ist

$$dN = \frac{\mu_0 q^2}{16\pi^2 c}\left\{\frac{w^2}{\left(1-\frac{(\boldsymbol{n}\boldsymbol{v})}{c}\right)^4} + \frac{2(\boldsymbol{n}\boldsymbol{w})(\boldsymbol{v}\boldsymbol{w})}{c\left(1-\frac{(\boldsymbol{n}\boldsymbol{v})}{c}\right)^5} - \frac{\left(1-\frac{v^2}{c^2}\right)(\boldsymbol{n}\boldsymbol{w})^2}{\left(1-\frac{(\boldsymbol{n}\boldsymbol{v})}{c}\right)^6}\right\} d\Omega$$

(im SI),

$$dN = \frac{q^2}{4\pi c^3}\left\{\frac{w^2}{\left(1-\frac{(\boldsymbol{n}\boldsymbol{v})}{c}\right)^4} + \frac{2(\boldsymbol{n}\boldsymbol{w})(\boldsymbol{v}\boldsymbol{w})}{c\left(1-\frac{(\boldsymbol{n}\boldsymbol{v})}{c}\right)^5} - \frac{\left(1-\frac{v^2}{c^2}\right)(\boldsymbol{n}\boldsymbol{w})^2}{\left(1-\frac{(\boldsymbol{n}\boldsymbol{v})}{c}\right)^6}\right\} d\Omega$$

(im Gaussschen System).

Sind die Geschwindigkeit $\boldsymbol{v}$ der Ladung und ihre Beschleunigung $\boldsymbol{w}$ zueinander parallel, so ist

$$dN = \frac{\mu_0 q^2}{16\pi^2 c} \frac{w^2 \sin^2\theta}{(1-\beta\cos\theta)^6}\, d\Omega \quad \text{(im SI)},$$

$$dN = \frac{q^2}{4\pi c^3} \frac{w^2 \sin^2\theta}{(1-\beta\cos\theta)^6}\, d\Omega \quad \text{(im Gaussschen System)};$$

dabei ist θ der Winkel zwischen der Strahlungsrichtung $\boldsymbol{n}$ und $\boldsymbol{v}$ und $\beta = v/c$. Die Ladung strahlt nicht in den Richtungen $\theta = 0, \pi$.

Ist $\boldsymbol{v} \perp \boldsymbol{w}$, dann gilt

$$dN = \frac{\mu_0 q^2 w^2}{16\pi^2 c}\left[\frac{1}{(1-\beta\cos\theta)^4} - \frac{(1-\beta^2)\sin^2\theta}{(1-\beta\cos\theta)^6}\cos^2\varphi\right] d\Omega \qquad \text{(im SI)},$$

$$dN = \frac{q^2 w^2}{4\pi c^3}\left[\frac{1}{(1-\beta\cos\theta)^4} - \frac{(1-\beta^2)\sin^2\theta}{(1-\beta\cos\theta)^6}\cos^2\varphi\right] d\Omega$$

(im GAUSSschen System);

dabei ist φ der Winkel zwischen den Flächen, die von den Vektoren $\boldsymbol{n}$ und $\boldsymbol{v}$ und $\boldsymbol{v}$ und $\boldsymbol{w}$ gebildet werden. Die Ladung strahlt nicht in die Richtung $\theta = \arccos\beta$, die in der Ebene der Vektoren $\boldsymbol{v}$ und $\boldsymbol{w}$ liegt ($\varphi = 0$).
Im ultrarelativistischen Fall ($1 - \beta \ll 1$) strahlt ein geladenes Teilchen hauptsächlich in Richtung seiner Bewegung (begrenzt durch den Winkel $\theta \sim \sqrt{1-\beta^2}$).

8. Ausstrahlung geladener Teilchen, die sich gleichförmig mit beliebiger Geschwindigkeit auf einer Kreisbahn in einem homogenen Magnetfeld $\boldsymbol{H}$ bewegen ($\boldsymbol{H} \perp \boldsymbol{v}$): Das zeitliche Mittel der Leistung dN in dem Raumbereich $d\Omega$ in Richtung des Vektors $\boldsymbol{n}$, der mit der Normalen zur Bahnebene den Winkel α einschließt, genommen über eine Umlaufsperiode T, hat den Wert

$$dN = \frac{q^4 H^2 v^2 (1-\beta^2)}{8\pi m_0^2 c^5}\left[\frac{2+\beta^2\sin^2\alpha}{(1-\beta^2\sin^2\alpha)^{5/2}} - \frac{(1-\beta^2)(4+\beta^2\sin^2\alpha)\sin^2\alpha}{4(1-\beta^2\sin^2\alpha)^{7/2}}\right] d\Omega$$

(im GAUSSschen System),

wobei m_0 die Ruhmasse (S. 509) des geladenen Teilchens ist.
Die gesamte Leistung der Strahlung ist

$$N = \frac{2q^4 H^2 v^2}{3m_0^2 c^5 (1-\beta^2)} \quad \text{(im GAUSSschen System)}.$$

Für $1 - \beta \ll 1$ ist die Strahlung nahe der Bahnebene im Winkelbereich $\alpha = \pi/2 \pm \Delta\alpha$ konzentriert, mit $\Delta\alpha \sim \sqrt{1-\beta^2}$. Die Hauptintensität der Strahlung liegt im Frequenzbereich

$$\omega \sim \frac{qH}{m_0 c}\,\frac{1}{1-\beta^2} \quad \text{(im GAUSSschen System)},$$

und das Spektrum der Strahlung besteht aus den Vielfachen der eng nebeneinander liegenden Linien. Derartige Strahlung bewegter geladener Teilchen beobachtet man in zyklischen Beschleunigern (S. 428). Sie heißt *Betatron-* oder *Synchrotronstrahlung*.

9. Die Strahlung, die Elektronen beim Durchlaufen von Feldern von Atomkernen emittieren, heißt *Bremsstrahlung*. Die Bremsstrahlung besitzt ein kontinuierliches Spektrum, das durch die maximale

Frequenz ν_0 begrenzt wird. ν_0 ist für $v/c \ll 1$:

$$\nu_0 = \frac{mv^2}{2h},$$

wobei v die Anfangsgeschwindigkeit der Elektronen, m ihre Masse und h die PLANCKsche Konstante ist.

2.3. Funkverkehr, Fernsehen, Funkortung und Radioastronomie

1. Unter *Funkverkehr* versteht man die Übertragung beliebiger Informationen mit Hilfe von Radiowellen, d. h. mit Hilfe von elektromagnetischen Wellen im Frequenzbereich unter $3 \cdot 10^5$ MHz. Bei *Radiosendungen* überträgt man gesprochenes Wort, Musik und telegraphische Signale, beim *Fernsehen* übermittelt man Bilder.
Der Funkverkehr erfolgt durch die Abstrahlung modulierter elektromagnetischer Wellen vom Funksender und durch „Entmodulierung" durch den Radioempfänger.

2. Unter der *Modulation einer elektromagnetischen Welle* versteht man die Änderung ihrer Parameter mit einer Frequenz, die wesentlich niedriger ist als die Frequenz der elektromagnetischen Welle selbst. Die zu modulierende Welle heißt *Trägerwelle*, ihre Frequenz heißt *Trägerfrequenz*. Der Art der Parameter der Trägerwellen entsprechend, die bei der Modulation geändert werden, unterscheidet man:

a) *Amplitudenmodulation* (AM): Man ändert nur die Amplitude der Welle, $a = a_0(1 + m \cos \Omega t)$;

b) *Frequenzmodulation* (FM): Man ändert nur die Frequenz der Welle, $\omega = \omega_0(1 + m_j \cos \Omega t)$;

c) *Phasenmodulation* (PhM): Man ändert nur die Anfangsphase der Welle $\alpha = \alpha_0(1 + m_\alpha \cos \Omega t)$, wobei ω_0 und Ω die Kreisfrequenzen der Trägerwelle und der Modulation sind ($\Omega \ll \omega_0$). m ist der *Koeffizient der Modulation*, $\Delta \omega = m_j \omega_0$ die Amplitude der schwingenden Frequenz bei der FM und $\Delta \alpha = \alpha_0 m_\alpha$ die Amplitude der schwingenden Anfangsphase bei der PhM.

3. Bei Radiosendungen ist die Modulationsfrequenz niedrig. Sie liegt im Frequenzbereich des Schalls (16–20000 Hz). Es besteht auch keine starre Grenze für die Trägerfrequenzen. Diese ergeben sich auf Grund der Besonderheiten der Ausbreitung von Radiowellen verschiedener Wellenlänge in der Atmosphäre. Sie haben einen sicheren Funkverkehr auf mehr oder weniger große Entfernungen bei minimaler Leistung des Radiosenders zu gewährleisten. Starken Funkverkehr gibt es im Bereich der *Langwellen* ($\lambda = 10^3$–10^4 m, $\nu = 30$ bis 300 kHz), der *Mittelwellen* ($\lambda = 10^2$–10^3 m, $\nu = 0{,}3$–3 MHz) und der *Kurzwellen* ($\lambda = 10$–100 m, $\nu = 3$–30 MHz).

4. Jede *Funksendestelle* enthält in ihrem Aufbau die folgenden Grundelemente: einen *Generator* für ungedämpfte elektromagnetische Schwingungen mit der Trägerfrequenz, einen *Modulator* und eine

Sendeantenne, welche die Radiowellen in die gewünschte Richtung abstrahlt.

Eine *Empfangsanlage* besteht aus einer *Empfangsantenne* und einem *Radioempfänger.* Die Empfangsantenne setzt die Energie der Radiowellen in die Energie hochfrequenter elektromagnetischer Schwingungen um. Der Radioempfänger führt die Schwingungen aus, die vom Funksender angeregt werden, verstärkt sie und entmoduliert sie, d. h., trennt die modulierende Schwingung niedriger Frequenz von der hochfrequenten Trägerschwingung. Die verstärkten Modulationsschwingungen werden dann den reproduzierenden Geräten zugeführt (Kopfhörer, Lautsprecher, Fernsehschirm u. ä.)

5. Die Bildübertragung bei der Television erreicht man durch die Modulation elektromagnetischer Trägerwellen in Übereinstimmung mit einer Markierung der verschiedenen kleinen Teile eines Objektes, dessen Bild man übertragen will. Zu diesem Zweck benutzt man bei den Röhren der Fernsehsendegeräte den äußeren oder inneren Photoeffekt (S. 671). Die Übertragung der Bilder (*Filme*) erfolgt zeilenweise, jede Zeile ist wieder in kleine *Elemente* unterteilt. In der UdSSR verwendet man ein System, bei dem jedes Bild in 625 Zeilen und jede Zeile in 833 Elemente unterteilt wird. Pro Sekunde werden 25 verschiedene Bilder übertragen. Die Frequenz der Modulation (Bildsignalfrequenz) ist somit 6,5 MHz. Zur Vermeidung einer Verformung der Bildsignale muß die Trägerfrequenz ungefähr zehnmal so groß sein. Daher verwendet man bei der Television *Ultrakurzwellen* im Meterbereich ($\lambda = 1-10$ m, $\nu > 30$ MHz).
Zur Reproduktion der Bilder im Fernsehapparat verwendet man Elektronenstrahlröhren, bei welchen sich die Erscheinung der Kathodenlumineszenz ausnutzen läßt (S. 681). Mit Hilfe spezieller Vorrichtungen überstreicht der Elektronenstrahl den Bildschirm in horizontaler und vertikaler Richtung synchron mit der Übertragung der Bildelemente vom Sender. Die unterschiedliche Helligkeit in den verschiedenen Punkten des Bildschirmes erzielt man durch eine Modulation der Elektronenstrahlintensität in Übereinstimmung mit der Modulation der empfangenen elektromagnetischen Welle.

6. Die Ausbreitung der Radiowellen in der Atmosphäre wird stark von der *Diffraktion (Beugung) der Radiowellen* (S. 602) an der Erdoberfläche sowie durch deren Absorption in der Atmosphäre und in der Erdkruste beeinflußt. Auch die Reflexion an der Erdoberfläche ist von Einfluß, ebenso wie die Absorption, Reflexion und Brechung durch die Ionosphäre, der obersten Schicht der Atmosphäre, die infolge der Ultraviolett-, Röntgen- und Korpuskularstrahlung der Sonne stark ionisiert ist. Die Ionosphäre besteht aus einer Reihe von Schichten, die in verschiedenen Höhen gelagert sind. Die Ionisation dieser Schichten und ihre Höhe über der Erdoberfläche hängt ab von der geographischen Breite, von der Tageszeit, der Jahreszeit sowie von der Sonnenaktivität.

Den stabilsten Funkverkehr auf weite Strecken erzielt man mit Langwellen, die die Erdkrümmung auf Grund der Diffraktion und Brechung (*Refraktion*) in der Troposphäre überwinden und die ver-

hältnismäßig wenig tief in die Ionosphäre eindringen und von dieser nur schwach absorbiert werden.
In der Reichweite der Mittelwellensender besteht zwischen Tag und Nacht ein starker Unterschied. Das hängt damit zusammen, daß die Mittelwellen äußerst stark von der unteren D-Schicht der Ionosphäre absorbiert und von der höher gelegenen E-Schicht reflektiert werden. In der Nacht verschwindet die D-Schicht mangels Sonneneinstrahlung, und die Reichweite der Mittelwellensender wächst stark an.
Kurzwellen werden von der D-Schicht absorbiert und von der noch höher als E gelegenen F-Schicht reflektiert. Auf Grund dieser Tatsachen ist die Reichweite der Kurzwellensender groß.
Ultrakurzwellen mit $\lambda < 5$ m werden unter den üblichen Bedingungen von der Ionosphäre nicht reflektiert. Eine Primärwelle, die sich nahe der Erdoberfläche ausbreitet, wird von dieser stark absorbiert. Daher ist ein zuverlässiger Empfang dieser Wellen nur in Bereichen direkter Sicht möglich, d. h. an Empfangsorten, die im Gesichtskreis der Sendeantennen liegen. Zur Erzielung eines größeren Wirkungsbereichs von Fernsehsendern verwendet man eine Folge von *Relaisstationen*, die das empfangene Signal verstärken und gleichzeitig weitersenden.

7. Unter *Funkortung* (*Radar*) versteht man die Anzeige und Ortung verschiedener Gegenstände mit Hilfe von Radiowellen. Die Funkortung beruht auf der Reflexion oder Streuung von Radiowellen an Körpern.
Ein *Funkortungsgerät* (*Radargerät*) besteht aus einer Kombination eines Ultrakurzwellensenders mit einem Radioempfänger, die mit einer *Richtantenne* als gemeinsame Sende- und Empfangsantenne ausgestattet ist. Die Ausstrahlung erfolgt in Form kurzer Impulse, deren Dauer ungefähr 10^{-6} s ist. In der Zeit zwischen zwei aufeinanderfolgenden Impulsen wird die Strahlungsantenne automatisch auf den Empfang der Signale umgeschaltet, die vom Zielkörper reflektiert werden. Den Abstand zum Ziel bestimmt man aus der Größe des Zeitintervalls zwischen Sendung und Empfang des reflektierten Signals. Bei der Funkortung verwendet man Ultrakurzwellen im Dezimeter-, Zentimeter- und Millimeterbereich, da der gewünschte Effekt um so stärker in Erscheinung tritt, je größer die georteten Körper im Verhältnis zur Wellenlänge λ sind.
In der *Radarastronomie* bedient man sich der Funkortung zur genauen Bestimmung der Planeten- und Satellitenbahnen unseres Sonnensystems sowie der Bahnen und Geschwindigkeiten von Meteoren. Auf Grund der Funkortung der Venus (1962, UdSSR) wurde die Größe der *astronomischen Einheit*, das ist der mittlere Abstand zwischen Erde und Sonne ($1\,\mathrm{AE} = 149\,598\,100 \pm 750$ km), festgelegt.

8. Die *Radioastronomie* ist jener gemeinsame Teil der Strahlenphysik und Astronomie, der die Eigenstrahlung kosmischer Objekte im Bereich der Ultrakurzwellen (im wesentlichen der Zentimeter- und Dezimeterwellen, die von der Ionosphäre und den Gasen der Erdatmosphäre nur schwach absorbiert werden) untersucht. Die zum Empfang und zur Untersuchung dieser Ausstrahlung verwendeten

Geräte nennt man *Radioteleskope*. Die großen effektiven Antennenflächen der Radioteleskope ermöglichen es, ihre Empfindlichkeit weitaus über die der derzeit größten optischen Teleskope zu steigern. Als Beispiel sei das kreuzförmige Radioteleskop des Physikalischen Institutes der Akademie der Wissenschaften der UdSSR (Serpuchow) genannt, dessen effektive Fläche größenordnungsmäßig 10^4 m^2 beträgt und dessen Auflösungsvermögen bei etwa 3′ liegt. Die Radioastronomie ermöglicht es, Temperaturen und physikalische Eigenschaften der Oberflächenschichten von Planeten unseres Sonnensystems zu bestimmen. Die systematische Beobachtung der Sonnenstrahlung im genannten Wellenbereich ermöglicht es, Voraussagen über die Verstärkung der Sonnenaktivität zu machen, derzufolge es auf der Erde zu Magnetstürmen kommt, die im Kurzwellenfunk Störungen bewirken.

Die Radioastronomie ist der einzige Weg zur Erforschung des Milchstraßenkernes sowie der *Radiogalaxien*. Die letzten sind von der Erde äußerst weit entfernte stark emittierende Teile der Metagalaxis, deren Beobachtung auch mit den besten optischen Teleskopen unmöglich ist. Auf Grund von radioastronomischen Beobachtungen wurden in jüngster Zeit völlig neue außergalaktische Objekte, sogenannte *Übersterne* (*Quasisterne* oder *Quasare*), im Weltall entdeckt. Übersterne besitzen verhältnismäßig kleine Winkelmaße; ihre Helligkeit ist veränderlich. Ähnlich den Sternen stellen sie somit selbstleuchtende Körper dar. Allerdings sind ihre Massen von außerordentlicher Größe (in der Größenordnung der 10^8- bis 10^9-fachen Sonnenmasse), und ihre Helligkeit ist um einige Ordnungen größer als die unserer gesamten Milchstraße.

3. Durchgang des Lichtes durch die Grenzfläche zweier Medien

3.1. Wechselwirkung elektromagnetischer Wellen mit der Materie

1. Materie kann nach der klassischen Elektronentheorie als System geladener Teilchen betrachtet werden. In einem elektromagnetischen Wechselfeld werden diese zu erzwungenen Schwingungen angeregt. In Hochfrequenzfeldern, wie die der sichtbaren oder ultravioletten Strahlen, können lediglich Elektronen etwas stärkere erzwungene Schwingungen vollführen. Geladene Teilchen mit großer Masse (Atomkerne, Ionen) werden durch die niederfrequenten Infrarotstrahlen zu erzwungenen Schwingungen angeregt.

2. In einem isotropen Medium ist die Kraft, die von einem elektromagnetischen Feld auf die Ladung q wirkt,

$$\boldsymbol{F} = q\boldsymbol{E} + q\left[\frac{v_1}{v}[\boldsymbol{n}\boldsymbol{E}]\right],$$

wobei v_1 die Geschwindigkeit der Ladung q ist, v die Phasengeschwindigkeit der Wellen und $\boldsymbol{n}$ der Einheitsvektor in Fortpflanzungsrichtung der Wellen. Wegen $v_1 \ll v$ ist der zweite Summand, der die LORENTZ-Kraft (S. 425) darstellt, klein im Vergleich zum ersten. Die auf geladene Materieteilchen wirkende Kraft wird im wesentlichen durch das elektrische Feld bestimmt, d. h. durch den Vektor $\boldsymbol{E}$ des elektromagnetischen Wellenfeldes. $\boldsymbol{E}$ wird daher auch *Lichtvektor* genannt.

Bei einem Stoff, dessen Moleküle elektrisch isotrop sind, erfolgen die erzwungenen Elektronenschwingungen in den Molekülen in der Schwingungsrichtung des Vektors $\boldsymbol{E}$. Bei anisotropen Molekülen sind die Schwingungsrichtungen meist hiervon verschieden.

Die stärkste Wirkung auf Elektronen üben jene Lichtwellen aus, deren Frequenzen den Eigenfrequenzen der Elektronen in den Atomen oder Molekülen nahekommen.

3. Werden geladenen Teilchen in den Molekülen eines Stoffes Schwingungen aufgezwungen, so erfolgt dies unter periodischer Änderung (mit der Frequenz ν des einfallenden Lichtes) der elektrischen Dipolmomente der Moleküle. Die Moleküle emittieren hierbei *sekundäre elektromagnetische Wellen* der gleichen Frequenz ν. Der mittlere Abstand zwischen den Molekülen beträgt einen Bruchteil der Ausdehnung eines Wellenzuges. Demnach sind in einem optisch homogenen Medium (S. 658) die Sekundärwellen, die von einer sehr großen Anzahl benachbarter Moleküle emittiert werden, untereinander und auch mit der Primärwelle kohärent (S. 574) — ungeachtet der Wärmebewegung der Moleküle. Überlagern sich diese Wellen, so kommt es zur Interferenz (S. 575).

4. In einem optisch homogenen und isotropen Medium kommt es durch die Interferenz der primären und sekundären Wellen zur Bildung von fortschreitenden Wellen, deren Phasengeschwindigkeit von der Frequenz abhängt.

Fällt eine elektromagnetische Welle auf die Grenzfläche zweier verschiedener optisch homogener und isotroper Medien, so kommt es infolge der Interferenz der Primär- und Sekundärwellen zur Bildung einer *reflektierten Welle* und einer *gebrochenen Welle*; die erste breitet sich in dem Medium aus, aus dem die Primärwelle eingefallen ist, die letzte im anderen Medium.

5. In der makroskopischen MAXWELLschen Theorie wird das Problem der Wechselwirkung zwischen elektromagnetischer Welle und Materie bei bestimmten Bedingungen an der Grenzfläche der Medien durch die MAXWELLschen Gleichungen (S. 486) gelöst. Das Verhalten eines Stoffes unter Einwirkung von Lichtwellen wird durch dessen elektrische und magnetische Eigenschaften bestimmt; sie werden charakterisiert durch die Dielektrizitätskonstante ε, die spezifische Leitfähigkeit γ und die magnetische Permeabilität μ. Im Bereich der optischen elektromagnetischen Wellenfrequenzen kann für alle Stoffe $\mu = 1$ angenommen werden, und die Phasengeschwindigkeit der Wellen ist

$$v = \frac{c}{\sqrt{\varepsilon}}.$$

3.2. Reflexion und Brechung des Lichtes in dielektrischen Medien

1. Beim Einfall einer Lichtwelle auf eine ebene Grenzfläche zwischen zwei dielektrischen Medien mit verschiedenen Dielektrizitätskonstanten ε wird ein Teil der Lichtwelle reflektiert und ein Teil davon gebrochen.

2. Das Verhältnis der Lichtgeschwindigkeit c im Vakuum zur Phasengeschwindigkeit v des Lichtes im Medium,

$$n = \frac{c}{v} = \sqrt{\varepsilon\mu} \approx \sqrt{\varepsilon}\,,$$

nennt man den *absoluten Brechungsindex* dieses Mediums. Die Größe n ist in jedem Medium außer im Vakuum von der Frequenz des Lichtes (S. 648) und dem Zustand des Mediums (Temperatur, Dichte usw.) abhängig. In verdünnten Medien (z. B. in Gasen unter Normalbedingungen) ist $n \approx 1$. In anisotropen Medien hängt der Brechungsindex zusätzlich von der Fortpflanzungsrichtung des Lichtes und der Polarisation (S. 628) ab. Zur Charakterisierung absorbierender Medien wird der komplexe Brechungsindex (S. 572) eingeführt.
Das Verhältnis der Phasengeschwindigkeiten des Lichtes v_1 im ersten und v_2 im zweiten Medium,

$$n_{21} = \frac{v_1}{v_2} = \frac{n_2}{n_1},$$

nennt man den *relativen Brechungsindex* n_{21} des zweiten Mediums relativ zum ersten; n_1 und n_2 sind die absoluten Brechungsindizes des ersten bzw. zweiten Mediums. Ist $n_{21} > 1$, so ist die *optische Dichte* des zweiten Mediums größer als die des ersten.

3. Die angeführten Formeln gelten nur für monochromatische Wellen, deren Länge λ um ein Vielfaches größer ist als die Abstände zwischen den Molekülen des Mediums. Für Wellen des optischen Bereiches ist diese Bedingung auch im Fall nicht zu sehr verdünnter Gase gegeben. Es wird außerdem vorausgesetzt, daß die Medien homogen und isotrop sind und das Licht nicht absorbieren. Die Medien, in denen sich die reflektierte und die gebrochene Welle ausbreiten, nimmt man als halbunendlich an, d. h., man nimmt an, daß an der Grenzfläche nur drei Wellen zusammentreffen, die einfallende Welle, die reflektierte und die gebrochene Welle. (Mehrfache Reflexion wird nicht berücksichtigt.)

4. Für eine auf eine ideal ebene Grenzfläche zwischen zwei dielektrischen Medien einfallende Lichtwelle, deren Wellenlänge wesentlich kleiner ist als die Abmessungen der Grenzfläche, ist der Winkel i zwischen der reflektierten Welle und dem Einfallslot auf die Grenzfläche (*Reflexionswinkel*) dem Betrag nach gleich dem entsprechenden Winkel i für die einfallende Welle (*Einfallswinkel*) (*Reflexionsgesetz*). Eine derartige Reflexion heißt *Spiegelung*. Der Winkel zwischen der Ausbreitungsrichtung der gebrochenen Welle und der Normalen zur

Grenzfläche (*Brechungswinkel r*) ist mit dem Einfallswinkel auf Grund des *Gesetzes von* SNELLIUS (*Brechungsgesetz*) verknüpft:

$$\frac{\sin i}{\sin r} = \frac{n_2}{n_1} = n_{21};$$

dabei ist n_{21} der Brechungsindex des Mediums, in dem sich die gebrochene Welle ausbreitet, relativ zum Medium, aus dem das Licht einfällt.

5. Fällt eine Lichtwelle aus einem optisch dichteren Medium 1 unter einem Einfallswinkel $i \geqq i_{gr}$ (mit $\sin i_{gr} = n_{21}$) auf die Grenzfläche zu einem optisch weniger dichten Medium 2 ($n_{21} < 1$), so verschwindet die gebrochene Welle, und das Licht wird vollständig vom optisch dünneren Medium reflektiert. Diese Erscheinung heißt *innere Totalreflexion*. Der Winkel i_{gr} heißt *Grenzwinkel der inneren Totalreflexion* oder *kritischer Einfallswinkel*. Bei innerer Totalreflexion geht das elektromagnetische Feld der Lichtwelle zum Teil in das zweite Medium über. Die Amplituden der Feldvektoren $\boldsymbol{E}$ und $\boldsymbol{H}$ verringern sich jedoch im zweiten Medium exponentiell mit der Entfernung von der Grenzfläche. Die Eindringtiefe eines verhältnismäßig starken Feldes in das zweite Medium liegt in der Größenordnung der Wellenlänge des Lichtes. Der Energiestrom aus dem ersten in das zweite Medium ist im Mittel gleich Null, da die ganze Energie der einfallenden elektromagnetischen Wellen in das erste Medium zurückkehrt.

6. Das Verhältnis der Intensität der reflektierten Welle zu der der einfallenden Welle heißt *Reflexionskoeffizient R*. Das Verhältnis der Intensität der gebrochenen zu der der einfallenden Welle heißt *Durchlässigkeitskoeffizient T*. Für die Reflexion und die Lichtbrechung an der Grenzfläche zweier durchsichtiger (d. h. das Licht nicht absorbierender) Medien gilt $R + T = 1$. Im Fall innerer Totalreflexion ist $R = 1$ und $T = 0$.

7. Beim Einfall ebener unpolarisierter Lichtwellen (natürliches Licht, S. 628) auf die ebene Grenzfläche zweier Medien unter dem Winkel i [1]) ist der Reflexionskoeffizient

$$R = \frac{1}{2}\left[\frac{\sin^2(i-r)}{\sin^2(i+r)} + \frac{\tan^2(i-r)}{\tan^2(i+r)}\right],$$

wobei r der Brechungswinkel ist. Für $i = r = 0$ (*senkrechter Lichteinfall*) gilt

$$R = \left(\frac{n_{21}-1}{n_{21}+1}\right)^2,$$

wobei n_{21} der relative Brechungsindex ist.

8. Bei Einfall einer linear polarisierten (S. 548) ebenen Welle auf eine ebene Grenzfläche, bei der der Vektor $\boldsymbol{E}$ in der Einfallsebene schwingt (*p-Welle*), erhält man für die Amplituden der Vektoren $\boldsymbol{E}$ der reflektierten Welle a_p^r und der gebrochenen Welle a_p^d in Abhängigkeit von der Amplitude des Vektors $\boldsymbol{E}$ der einfallenden Welle a_p^0 (FRESNELsche

---

[1]) Ist $n_{21} < 1$, so wird $i < i_{gr}$ angenommen.

Formeln für p-Wellen)[1])

$$a_p^r = a_p^0 \frac{\tan(i-r)}{\tan(i+r)}, \quad a_p^d = a_p^0 \frac{2\cos i \sin r}{\sin(i+r)\cos(i-r)}.$$

In diesen Formeln ist a_p^r eine algebraische Größe zum Unterschied von a_p^0 und a_p^d, die stets positiv sind. Ist $a_p^r < 0$, so erfolgt die Reflexion ohne Änderung der Schwingungsphase des Vektors $\boldsymbol{E}$ (die Phase des Vektors $\boldsymbol{H}$ ändert sich dementsprechend um π); ist $a_p^r > 0$, so ändert sich bei Reflexion die Phase des Vektors $\boldsymbol{E}$ um π (während entsprechend die Phase des Vektors $\boldsymbol{H}$ gleichbleibt).
Der Reflexionskoeffizient für p-Wellen ist

$$R_p = \frac{\tan^2(i-r)}{\tan^2(i+r)}.$$

9. Für den Einfall einer linear polarisierten Welle, bei der der Vektor $\boldsymbol{E}$ in einer Ebene senkrecht zur Einfallsebene schwingt (*s-Welle*), erhält man für die Amplituden a_s^r, a_s^d in Abhängigkeit von a_s^0 (FRESNEL*sche Formeln für s-Wellen*)[1])

$$a_s^r = -a_s^0 \frac{\sin(i-r)}{\sin(i+r)}, \quad a_s^d = a_s \frac{2\cos i \sin r}{\sin(i+r)}.$$

In diesen Formeln ist a_s eine algebraische Größe zum Unterschied von a_s^0 und a_s^d, die stets positiv sind. Ist $a_s^r < 0$, so ändert sich bei Reflexion die Schwingungsphase des Vektors $\boldsymbol{E}$ um π (während die Phase des Vektors $\boldsymbol{H}$ gleichbleibt); ist $a_s^r > 0$, so bleibt die Phase des Vektors $\boldsymbol{E}$ bei Reflexion gleich (während sich die Phase des Vektors $\boldsymbol{H}$ um π ändert).
Der Reflexionskoeffizient für s-Wellen ist

$$R_s = \frac{\sin^2(i-r)}{\sin^2(i+r)}.$$

Der Verlauf von R_p, R_s und $R = \frac{1}{2}(R_p + R_s)$ in Abhängigkeit von i für $n_{21} = 1{,}52$ (Luft — Glas) ist in Bild V.3.1 dargestellt.
10. Bei senkrechtem Einfall ($i = r = 0$) von p- und s-Wellen auf die Grenzfläche zweier Medien gilt

$$a_p^r = a_p^0 \frac{n_{21}-1}{n_{21}+1}, \quad a_s^r = -a_s^0 \frac{n_{21}-1}{n_{21}+1},$$

$$a_p^d = a_p^0 \frac{2}{n_{21}+1}, \quad a_s^d = a_s^0 \frac{2}{n_{21}+1},$$

$$R_p = R_s = \left(\frac{n_{21}-1}{n_{21}+1}\right)^2.$$

[1]) Ist $n_{21} < 1$, so wird $i < i_{gr}$ angenommen (S. 566).

11. Die gebrochene Lichtwelle hat stets dieselbe Phase wie die einfallende Welle: An der Grenzfläche schwingen die Vektoren $\boldsymbol{E}^0$ und $\boldsymbol{E}^d$ in einer Phase. Die Phase der reflektierten Welle kann sich um π von der Phase der einfallenden Welle unterscheiden (s. Tabelle V.3.1). In diesem Fall tritt *Reflexion mit Verlust einer Halbwelle* auf. In Tabelle V.3.1 ist die Phasendifferenz zwischen der reflektierten und der einfallenden Welle für p- und s-Wellen angegeben.

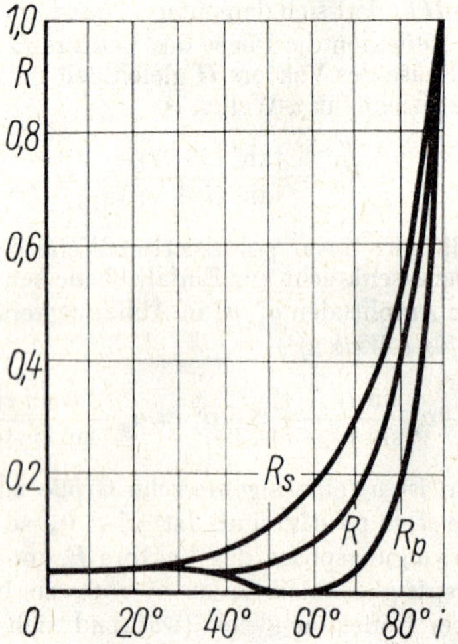

V.3.1.

Tabelle V.3.1

	$i + r > \frac{\pi}{2}$		$i + r < \frac{\pi}{2}$	
	$i > r$ $(n_{21} > 1)$	$i < r$ $(n_{21} < 1)$	$i > r$ $(n_{21} > 1)$	$i < r$ $(n_{21} < 1)$
p-Wellen	0	π	π	0
s-Wellen	π	0	π	0

Wenn die Winkelsumme $i + r$ den Wert $\pi/2$ erreicht (d. h., wenn der Einfallswinkel i den Wert i_0 erreicht, so daß $i_0 + r_0 = \pi/2$ für den entsprechenden Brechungswinkel r_0 gilt, wobei i_0 BREWSTERscher Winkel heißt, S. 570), springt die Phase der reflektierten p-Welle um den Betrag π.

Zumeist ist $i < i_0$, d. h. $i + r < \pi/2$. Wie aus der Tabelle ersichtlich ist, erfolgt die Reflexion am optisch weniger dichten Medium ($n_{21} < 1$) unter dieser Bedingung ohne Phasenänderung, ungeachtet der Polarisation des einfallenden Lichtes. Bei Reflexion am optisch dichteren Medium ($n_{21} > 1$) ändert sich die Phase um π (unter Verlust einer Halbwelle).

12. Bei innerer Totalreflexion ($n_{21} < 1$ und $i \geqq i_{gr}$) beträgt der Phasenabstand zwischen reflektierter und einfallender Welle bei p-Wellen $\Delta\varphi_p$, bei s-Wellen $\Delta\varphi_s$, wobei

$$\tan\frac{\Delta\varphi_p}{2} = \frac{\sqrt{\sin^2 i - n_{21}^2}}{n_{21}^2 \cos i}$$

und

$$\tan\frac{\Delta\varphi_s}{2} = \frac{\sqrt{\sin^2 i - n_{21}^2}}{\cos i} = n_{21}^2 \tan\frac{\Delta\varphi_p}{2}$$

ist.

Die Differenz $\Delta\varphi_s - \Delta\varphi_p$ ist lediglich in zwei Grenzfällen gleich Null:

a) $i = i_{gr}$ ($\Delta\varphi_s = \Delta\varphi_p = 0$); b) $i = \frac{\pi}{2}$ ($\Delta\varphi_s = \Delta\varphi_p = \pi$).

13. Bei optischen Systemen sind vielfältige Reflexionen unerwünscht, da sie die Lichtdurchlässigkeit sowie die Helligkeit der Abbildungen beträchtlich schwächen. Um den Reflexionskoeffizienten eines solchen Systems zu vermindern, beschichtet man die Linsen mit einem speziellen Belag, welcher die an seiner vorderen bzw. hinteren Grenzfläche reflektierten Strahlen zur Interferenz bringt. Die Dicke h und der absolute Brechungsindex n eines solchen Belages sind so aufeinander abgestimmt, daß zwischen den beiden reflektierten Strahlen ein optischer Gangunterschied (S. 578) von $\lambda/2$ (eine Phasendifferenz von π) zustande kommt:

$$2h\sqrt{n^2 - \sin^2 i} = \frac{\lambda}{2}.$$

Bei gleicher Intensität der beiden reflektierten Strahlen läßt sich n aus der Beziehung

$$n = \sqrt{n_0}$$

ermitteln (senkrechter Lichteinfall aus dem Luftmedium vorausgesetzt); dabei ist n_0 der absolute Brechungsindex des Linsenmaterials. Eine solcherart beschichtete Optik wird als *aufgehellt* bezeichnet.

14. *Diffuse* (*zerstreute*) *Lichtreflexion* nennt man eine nach allen Richtungen erfolgende Reflexion. Sie tritt beispielsweise an einer rauhen Grenzfläche zweier Medien auf. Eine Oberfläche wird als *absolut matt* bezeichnet, wenn sie das Licht gleichmäßig nach allen Richtungen reflektiert.

15. Die *Lichtrefraktion* ist die Krümmung von Lichtstrahlen in einem optisch inhomogenen Medium, in dem sich der Brechungsindex stetig von Punkt zu Punkt ändert. Als Beispiel sei die *astronomische Re-*

fraktion genannt, das ist die Krümmung des Lichtes von Himmelskörpern bei seinem Durchgang durch die Erdatmosphäre. Sie kommt auf Grund der Verringerung der optischen Dichte der Atmosphäre (und damit auch der Dielektrizitätskonstante und des absoluten Brechungsindex) mit zunehmender Entfernung von der Erdoberfläche zustande. Durch die astronomische Refraktion erscheint der Winkel zwischen der Beobachtungsrichtung zu einem beliebigen Stern und der Senkrechten auf die Erdoberfläche geringer, als er in Wirklichkeit ist. Die Krümmung der Strahlen entfernter irdischer Lichtquellen in erdnahen Atmosphäreschichten nennt man *Erdrefraktion.* Unter bestimmten Bedingungen kommt es infolge der Erdrefraktion zu *Luftspiegelungen* (*Fata Morgana*), irrealen Abbildungen entfernter Gegenstände.

3.3. Die Polarisation des Lichtes bei der Reflexion und bei der Brechung

1. Bei Reflexion an der Grenzfläche zweier isotroper dielektrischer Medien sind die Reflexionskoeffizienten der s- und p-Wellen verschieden: $R_s > R_p$ (S. 567); dies trifft bei jedem beliebigen Einfallswinkel, außer bei $i = 0$ oder $i = \pi/2$ zu. Ist daher die einfallende Welle nicht polarisiert (natürliches Licht, S. 628), so werden die reflektierte sowie die gebrochene Welle partiell linear polarisiert sein. In der reflektierten Welle herrschen die senkrecht zur Einfallsebene erfolgenden Schwingungen des Vektors $\boldsymbol{E}$ vor (s-Polarisation), in der gebrochenen Welle schwingt $\boldsymbol{E}$ in der Einfallsebene (p-Polarisation). In absorptionsfreien Medien gilt für den Polarisationsgrad der beiden Wellen

$$\Delta^r = \frac{I_s^r - I_p^r}{I_s^r + I_p^r} = \frac{R_s - R_p}{R_s + R_p}, \qquad \Delta^d = \frac{I_p^d - I_s^d}{I_p^d + I_s^d} = \frac{R_s - R_p}{2 - (R_s + R_p)},$$

wobei I_s^r bzw. I_s^d die Intensitäten der reflektierten bzw. der gebrochenen s-Welle, I_p^r bzw. I_p^d die Intensitäten der p-Wellen darstellen.

2. Genügt der Einfallswinkel der Bedingung

$$\tan i_0 = n_{21},$$

so ist $R_p = 0$; das reflektierte Licht wird ganz in der Einfallsebene polarisiert sein (Brewster*sches Gesetz*). Der Winkel i_0 heißt Brewster*scher Winkel.* Beim Brewsterschen Winkel ist $i_0 + r_0 = \pi/2$, d. h., der reflektierte und der gebrochene Strahl stehen senkrecht aufeinander. In diesem Fall gilt

$$R_s = \sin^2 (i_0 - r_0) = \left(\frac{n_{21}^2 - 1}{n_{21}^2 + 1}\right)^2,$$

und der Polarisationsgrad des gebrochenen Lichtes erreicht seinen Höchstwert:

$$\Delta^d_{\max} = \frac{(n_{21}^2 + 1)^2 - 4n_{21}^2}{(n_{21}^2 + 1)^2 + 4n_{21}^2}.$$

3. Beim Durchgang durch einen *Satz* planparalleler Platten kann infolge der dabei stattfindenden vielfachen Reflexion und Brechung der Polarisationsgrad Δ des Lichtes stark erhöht werden; die Platten müssen so angeordnet sein, daß das Licht unter dem Winkel i_0 einfällt. Absorptionsfreie Medien vorausgesetzt, gilt für einen Satz von N Platten

$$\Delta = \frac{1 - (1 - R_s)^{2N}}{1 + (1 - R_s)^{2N}} \quad \text{mit} \quad R_s = \left(\frac{n_{21}^2 - 1}{n_{21}^2 + 1}\right)^2.$$

Beispielsweise beträgt der Polarisationsgrad des Lichtes nach dem Durchgang durch $N = 15$ Glasplatten ($n_{21} = 1{,}5$) $\Delta = 0{,}985$.

4. Eine polarisierte p-Welle (S. 566), die unter dem BREWSTERschen Winkel auf die Grenzfläche zweier dielektrischer Medien einfällt, wird nicht reflektiert, sondern ergibt nur eine gebrochene Welle.

5. Bei der Reflexion linear polarisierten Lichtes (für $n_{21} < 1$ und $i \geqq i_{gr}$) entsteht zwischen den s- und p-Komponenten der reflektierten Welle eine Phasendifferenz $\Delta\varphi$, bedingt durch die verschiedenen Phasenunterschiede der entsprechenden Komponenten des reflektierten und des einfallenden Lichtes $\Delta\varphi_s$ und $\Delta\varphi_p$:

$$\tan\frac{\Delta\varphi}{2} = \tan\frac{\Delta\varphi_p - \Delta\varphi_s}{2} = \frac{\cos i \sqrt{\sin^2 i - n_{21}^2}}{\sin^2 i}.$$

Das Resultat nach der Reflexion ist daher eine elliptisch polarisierte Welle. Bei der Totalreflexion, die bei den Winkeln i_{gr} mit $\sin i_{gr} \doteq n_{21}$ auftritt, gilt $\Delta\varphi_p = \Delta\varphi_s$, d. h., das Licht bleibt auch nach der Reflexion linear polarisiert. Für $\Delta\varphi_p - \Delta\varphi_s = \pi/2$ und $a_s^0 = a_p^0$ ist das reflektierte Licht zirkular polarisiert, d. h., die Grenzfläche zwischen den Dielektrika wirkt wie ein „(λ/4)-Blättchen“ (S. 641).

3.4. Die Grundlagen der Metalloptik

1. Fällt eine elektromagnetische Welle auf die Oberfläche eines Metalls, so wird sie zum Teil reflektiert, zum Teil dringt sie in das Metallinnere ein. Der Reflexionskoeffizient hängt von der Frequenz der Welle, der elektrischen Leitfähigkeit des Metalls und der Beschaffenheit seiner Oberfläche ab.

Im Fall verhältnismäßig niederfrequenter Wellen (Radiowellen, Infrarotstrahlen, sichtbares Licht) erweisen sich vor allem die Leitungselektronen (S. 361) des Metalls als Strahler von Sekundärwellen (S. 564). Für reine Oberflächen gut leitender Metalle (Natrium, Silber usw.) liegt der Reflexionskoeffizient nahe bei 1. Die Intensität der in das Metall eindringenden Welle ist gering. Sie sinkt im Bereich der dünnen oberflächlichen Schicht infolge des Energieverlustes durch die LENZ-JOULEsche Wärme rasch auf Null ab. Bei einem idealen Leiter sind die Verluste gleich Null, und der Reflexionskoeffizient ist gleich 1.

Bei höheren Frequenzen, wie der Ultraviolettstrahlung, spielen die aufgezwungenen Schwingungen der an die Ionen des Kristallgitters gebundenen Elektronen eine wesentliche Rolle. Dies führt zu einer starken Verringerung des Reflexionskoeffizienten (in Silber bei $\nu = 10^{15}\,s^{-1}$ bis zu 0,04); dünne Metallfolien erscheinen stark lichtdurchlässig.

2. In der klassischen Elektrodynamik wird das Problem der Reflexion und Brechung von Licht an Metalloberflächen auf die Auffindung jener Lösung der MAXWELLschen Gleichung zurückgeführt, die den Randbedingungen für leitende Oberflächen (S. 486) genügt. Bei homogenen isotropen und nicht magnetischen Metallen ($\mu = 1$) kann dieses Problem formell auf das analoge Problem für die Grenzfläche zweier durchsichtiger dielektrischer Medien durch Einführung der *komplexen Dielektrizitätskonstante des Metalls* zurückgeführt werden:

$$\varepsilon' = \varepsilon - \frac{\gamma}{2\pi\varepsilon_0\nu}\, i \qquad \text{(im SI)},$$

$$\varepsilon' = \varepsilon - \frac{2\gamma}{\nu}\, i \qquad \text{(im GAUSSschen System)};$$

dabei ist γ die spezifische Leitfähigkeit des Metalls, ε seine Dielektrizitätskonstante, ε_0 die Dielektrizitätskonstante des Vakuums, ν die Frequenz des Lichtes und $i = \sqrt{-1}$.

3. Die optischen Eigenschaften eines Metalls werden durch den *komplexen absoluten Brechungsindex* charakterisiert:

$$n' = \sqrt{\varepsilon'} = n(1 - i\varkappa),$$

wobei

$$n^2(1 - \varkappa^2) = \varepsilon$$

und

$$n^2\varkappa = \begin{cases} \gamma/4\pi\varepsilon_0\nu & \text{(im SI)}, \\ \gamma/\nu & \text{(im GAUSSschen System)} \end{cases}$$

ist.

Die Größen n und $\varkappa$ liefern die *optische Charakterisierung des Metalls.* Sie hängen von der Art des Metalls und der Frequenz des einfallenden Lichtes ab. Die imaginäre Komponente des komplexen Brechungsindex charakterisiert die Absorption des Lichtes durch das Metall entsprechend dem LAMBERTschen Gesetz (S. 657). Ihr Zusammenhang mit dem linearen Absorptionskoeffizienten μ (S. 657) ist durch die Beziehung

$$n\varkappa = \frac{c}{4\pi\nu}\,\mu = \frac{\lambda_0}{4\pi}\,\mu$$

gegeben, wobei c und λ_0 die Geschwindigkeit und die Wellenlänge des Lichtes im Vakuum bedeuten. Diese Beziehung sowie die Begriffe der komplexen Dielektrizitätskonstante und des komplexen Brechungsindex werden im gleichen Maße nicht nur bei Metallen, sondern auch bei beliebigen anderen leitenden oder nicht leitenden, jedoch stark Licht absorbierenden Medien (z. B. Plasma, dielektrische Medien in der Nähe der Absorptionsbande usw.) angewandt. Bei typischen Metallen ist $n\varkappa \gg n$; ist $\varkappa \gg 1$ bei einem beliebigen Medium gegeben, so spricht man von einer „metallischen" Absorption.

4. Die komplexen Amplituden der reflektierten und gebrochenen s- und p-Wellen können mit Hilfe der FRESNELschen Formeln (S. 566 und 567) berechnet werden, wobei der Winkel r komplex ist (ausgenommen der Fall $i = 0$) und mit dem Einfallswinkel i durch die Beziehung

$$\frac{\sin i}{\sin r} = n'$$

zusammenhängt.

Der wahre Brechungswinkel r_i für Licht im Metall ist

$$r = \arcsin\left(\frac{\sin i}{n_i}\right)$$

mit

$$n_i = \frac{1}{\sqrt{2}} \sqrt{n^2(1-\varkappa^2) + \sin^2 i + \sqrt{[n^2(1-\varkappa^2) - \sin^2 i]^2 + 4n^4\varkappa^2}}.$$

Der Brechungsindex n_i ist vom Einfallswinkel abhängig, d. h. in absorbierenden Medien hängt die Phasengeschwindigkeit des Lichtes von seiner Fortpflanzungsrichtung ab.

5. Bei Reflexion von s- und p-Wellen an Metalloberflächen gilt bei beliebigem Einfallswinkel für die Reflexionskoeffizienten

$$R_s = \frac{|a_s^r|^2}{(a_s^0)^2} = \frac{(a - \cos i)^2 + b^2}{(a + \cos i)^2 + b^2},$$

$$R_p = \frac{|a_p^r|^2}{(a_p^0)^2} = \frac{(a - \sin i \tan i)^2 + b^2}{(a + \sin i \tan i)^2 + b^2} R_s,$$

wobei $a = \sqrt{n_i^2 - \sin^2 i}$, $b = \sqrt{n_i^2 - n^2(1-\varkappa^2)}$, $|a_s^r|$ und $|a_p^r|$ die Beträge der komplexen Amplituden der reflektierten s- und p-Wellen sind.

In allen Fällen, außer $i = 0$ und $i = \pi/2$, ist $R_s > R_p$; bei Metallen ist R_p, zum Unterschied von durchsichtigen Körpern, bei keinem Winkel gleich Null. Von einer Metalloberfläche reflektiertes natürliches Licht kann daher niemals vollständig linear polarisiert sein.

Bei senkrechtem Lichteinfall ist $R_s = R_p$, $a = n_i = n$, $b = n\varkappa$ und der Reflexionskoeffizient

$$R = \frac{(n-1)^2 + n^2\varkappa^2}{(n+1)^2 + n^2\varkappa^2}.$$

6. Bei der Reflexion an Metalloberflächen kommt es zwischen reflektierter und einfallender Welle zu einer Phasenverschiebung. Diese Phasenverschiebung ist für s- und p-Wellen ungleich:

$$\tan \Delta\varphi_s^r = \frac{2b\cos i}{\cos^2 i - (a^2 + b^2)},$$

$$\tan \Delta\varphi_p^r = \frac{2b\cos i\,(a^2 + b^2 - \sin^2 i)}{a^2 + b^2 - n^4(1 + \varkappa^2)^2\cos^2 i},$$

wobei a und b die gleiche Bedeutung wie in Punkt 5 besitzen.
Fällt linear polarisiertes Licht auf eine Metalloberfläche, so kommt es zwischen den s- und p-Komponenten der reflektierten Welle zu einer Phasenverschiebung von $\Delta\varphi^r = \Delta\varphi_s^r - \Delta\varphi_p^r$, wobei

$$\tan \Delta\varphi^r = \frac{2b\sin i\tan i}{a^2 + b^2 - \sin^2 i\tan^2 i}$$

ist.
Demnach ist bei $i \neq 0$ das reflektierte Licht elliptisch polarisiert. Bei senkrechtem Einfall ($i = 0$) gilt

$$\tan \Delta\varphi_s^r = \tan \Delta\varphi_p^r = \frac{2n\varkappa}{1 - n^2(1 + \varkappa^2)} \quad \text{und} \quad \Delta\varphi^r = 0.$$

4. Interferenz des Lichtes

4.1. Kohärente Wellen

1. Zwei Wellen heißen *kohärent*, wenn ihre Phasendifferenz zeitlich unabhängig ist. Dieser Bedingung genügen monochromatische Wellen (S. 547), deren Frequenzen gleich sind.
Zwei Wellen sind *inkohärent*, wenn sich ihre Phasendifferenz mit der Zeit ändert. Monochromatische Wellen verschiedener Frequenz sind inkohärent. Ebenso sind *Wellenzüge* inkohärent. Das sind zu einer Reihe von Gruppen zusammengefaßte Wellen, die unabhängig voneinander beginnen und enden, wobei die Phase zu Anfang und am Ende jeder Gruppe beliebig ist.

2. Bei Überlagerung zweier, in der gleichen Ebene polarisierter Wellen ist die Amplitude A der resultierenden Welle im beobachteten Feldpunkt mit den Amplituden a_1 und a_2 sowie den Phasen Φ_1 und Φ_2 der superponierenden Wellen durch folgende Beziehung verknüpft:

$$A^2 = a_1^2 + a_2^2 + 2a_1a_2\cos(\Phi_1 - \Phi_2).$$

Wenn sich inkohärente Wellen mit verschiedenen Frequenzen ν_1 und ν_2 überlagern, stellt die Amplitude A eine periodische Funktion der Zeit mit der Periode $T = \left|\frac{1}{\nu_1} - \frac{1}{\nu_2}\right|$ dar. Wenn die Beobachtungsdauer $\tau \gg T$ ist, wie dies bei optischen Versuchen meist der Fall ist, kann experimentell lediglich der Mittelwert des Quadrates der Amplitude der resultierenden Welle registriert werden: $A^2 = a_1^2 + a_2^2$. Bei Überlagerung inkohärenter Wellen beobachtet man daher die Addition ihrer Intensitäten: $I = I_1 + I_2$.

3. Für die Überlagerung kohärenter Wellen, die in der gleichen Ebene linear polarisiert sind, gilt $\Phi_1 - \Phi_2 = \varphi_1 - \varphi_2$, wobei φ_1 und φ_2 die Anfangsphasen der superponierenden Wellen im beobachteten Feldpunkt darstellen. Die Amplitude A der resultierenden Welle ist von der Zeit unabhängig und ändert sich von Feldpunkt zu Feldpunkt in Abhängigkeit von der Größe $\Delta\varphi = \varphi_1 - \varphi_2$: $A_{\min} \leqq A \leqq A_{\max}$; hierbei ist

$$A_{\max} = a_1 + a_2 \quad \text{bei} \quad \Delta\varphi = 2m\pi,$$

$$A_{\min} = |a_1 - a_2| \quad \text{bei} \quad \Delta\varphi = (2m + 1)\pi,$$

wobei $m = 0, \pm 1, \pm 2, \ldots$ ist.
Die maximale bzw. minimale Intensität der resultierenden Welle ist

$$I_{\max} \sim (a_1 + a_2)^2 \quad \text{und} \quad I_{\min} \sim (a_1 - a_2)^2.$$

Ist $a_1 = a_2$, so ist $I_{\min} = 0$ und $I_{\max} = 4I_1 = 4I_2$, d. h., $I_{\max}$ ist doppelt so groß wie die Summe der Intensitäten der superponierenden Wellen.

4. Das Ergebnis der Überlagerung kohärenter, linear polarisierter Wellen mit gemeinsamer Schwingungsebene ist eine Schwächung oder Verstärkung der Intensität des Lichtes in Abhängigkeit von den Phasenrelationen der an der Überlagerung beteiligten Lichtwellen. Diese Erscheinung heißt *Interferenz des Lichtes*. Die auf einem Schirm, einer Photoplatte u. ä. beobachteten Ergebnisse der Überlagerung kohärenter Wellen heißen *Interferenzbilder*. Bei der Überlagerung inkohärenter Wellen gibt es nur eine Verstärkung des Lichtes, d. h., man beobachtet dabei keine Interferenz.

5. Jedes Atom oder Molekül einer Lichtquelle emittiert Wellenzüge. Die Aussendung eines Wellenzuges dauert etwa 10^{-8} s (S. 554). Setzt man in erster Näherung voraus, daß Wellenzüge quasimonochromatisch sind, so liegt die Ausdehnung eines Wellenzuges in der Größenordnung von 10^7 Wellenlängen. Bei der spontanen Ausstrahlung (S. 711), wie sie durch die üblichen Lichtquellen erfolgt, werden allerdings die elektromagnetischen Wellen seitens der Atome (Moleküle) unabhängig voneinander mit beliebigen Anfangsphasen emittiert. Die bei optischen Versuchen während der Beobachtungszeit τ ($\tau \gg 10^{-8}$ s) spontan emittierten Wellen sind daher inkohärent und interferieren nicht.
Neben der spontanen Emission ist noch eine zweite Art der Ausstrahlung, die induzierte (erzwungene) Ausstrahlung möglich; sie kommt unter Einwirkung eines äußeren elektromagnetischen Wechselfeldes zustande (S. 713). Die induzierten Strahlen sind mit den monochromatischen Erregerstrahlen kohärent. Sie besitzen die gleiche Frequenz, Fortpflanzungsrichtung und Polarisation wie die Erregerstrahlen. Diese Eigenschaften der induzierten Strahlung werden in Quantengeneratoren, den Masern und Lasern (S. 714), genutzt.

6. Kohärente Strahlung kann mit Hilfe üblicher, spontan emittierender Lichtquellen erzeugt werden, indem man die Wellen ein und derselben Lichtquelle in zwei oder mehr Wellensysteme (Strahlen) aufspaltet, die nach Zurücklegung verschiedener Wege überlagert werden. Da sie aus ein und demselben Strahlungsakt stammen, sind sie untereinander paarweise kohärent und gleichartig polarisiert. Das Interferenzergebnis dieser Wellensysteme hängt von der Phasendifferenz ihrer Wellenzüge ab, die auf Grund der unterschiedlichen Weglängen zwischen der Quelle und dem beobachteten Punkt des Interferenzbildes zustande kommt.

7. Das Prinzip einer Interferenzvorrichtung ist in Bild V.4.1 schematisch dargestellt. Der Durchmesser $2b$ der Lichtquelle S ist im Verhältnis zur Wellenlänge gering ($2b \ll \lambda$); das Licht wird mit

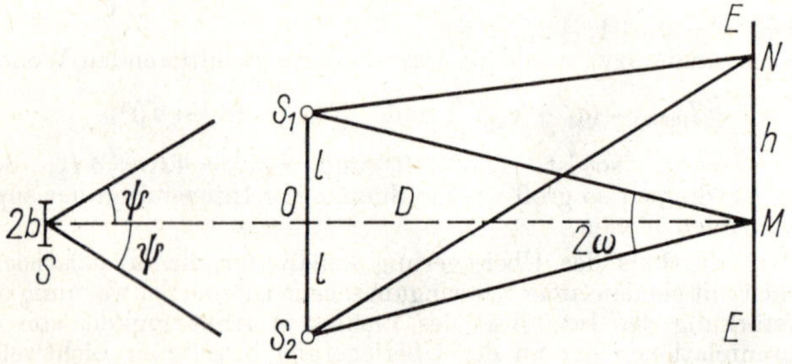

V.4.1.

Spiegeln, Prismen usw. in zwei Systeme kohärenter Wellen aufgespalten. S_1 und S_2 sind die Quellen der kohärenten Wellen (sie stellen reelle oder imaginäre Bilder der Quelle S dar); 2ψ ist die *Interferenzapertur*, d. h. der vom Punkt S ausgehende Winkel zwischen den Berandungen der Strahlen, die nach Durchgang durch das optische System in Punkt M, dem Zentrum des Interferenzbildes, am Schirm EE wieder zusammenkommen; 2ω ist der *Eintrittswinkel* in Punkt M.

8. S hat zumeist die Form eines Spaltes parallel zur Symmetrieebene des optischen Systems. Bei $EE \parallel S_1S_2$ stellt das Interferenzbild parallel zum Spalt verlaufende Banden dar.

Mit den Bezeichnungen $S_1S_2 = 2l$, $OM = D$ ($D \gg 2l$), $MN = h$ erhält man für die Intensitätsverteilung in den Interferenzbildern für monochromatisches Licht (S. 547) der Wellenlänge λ

$$I = I_0 \cos^2 \frac{2\pi l}{\lambda D} h.$$

Die Intensität hat maximale Werte für

$$h = m \frac{\lambda D}{2l}$$

und minimale Werte für

$$h = (2m + 1)\frac{\lambda D}{4l},$$

wobei m eine ganze Zahl ist, die man die *Ordnung des Interferenzbildes* nennt.

9. Der Abstand zwischen zwei benachbarten Maxima oder Minima ($\Delta m = 1$) ist

$$B = \frac{D\lambda}{2l} \approx \frac{\lambda}{2\omega}.$$

Die Größe B heißt *Interferenzzonenbreite.* Die Interferenzbilder sind um so ausgeprägter, je kleiner $2l$ (oder ω) ist. Die *Winkelbreite der Interferenzzonen* ist $\beta = B/D = \lambda/2l$.

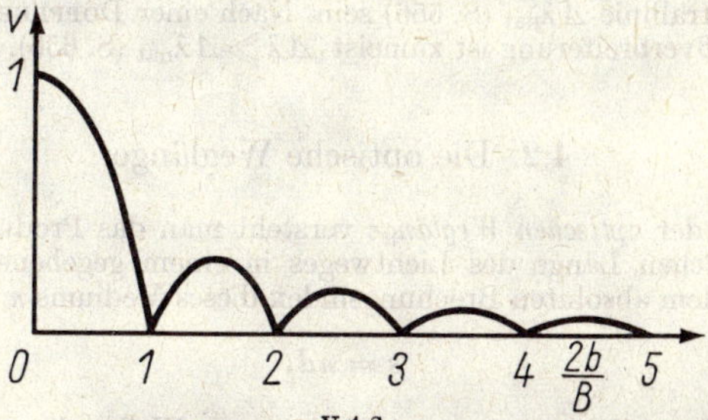

V.4.2.

10. Sind die Abmessungen der Quelle $2b \ll \lambda$, so beobachtet man exakte Interferenzbilder. Praktisch ist jedoch immer $2b \gg \lambda$, und die Interferenzbilder werden durch die Überlagerung der einzelnen Teilstrahlen (S. 576) bestimmt, die zu den verschiedenen Punkten der Lichtquelle gehören. Unter der näherungsweisen Bedingung

$$2b \sin\psi \leqq \frac{\lambda}{4}$$

bleiben die Interferenzbilder exakt (2ψ ist die Interferenzapertur, λ die Wellenlänge).

11. Den Kontrast der Interferenzbilder bestimmt man mit Hilfe der Formel

$$v = \frac{E_{\max} - E_{\min}}{E_{\max} + E_{\min}} = \frac{B}{2\pi b}\left|\sin\frac{2\pi b}{B}\right|;$$

dabei sind $E_{\max}$ und $E_{\min}$ die Beleuchtungsstärken des Schirmes an den Orten maximaler und minimaler Helligkeit im Zentrum der hellen und der dunklen Zonen. $B = \lambda D/2l$ ist die Interferenzzonenbreite (Punkt 9), $2b$ die Ausdehnung der Lichtquelle. Die Größe v heißt *Sichtbarkeit der Zonen.* Ihr Verlauf $v = f(2b/B)$ ist aus Bild V.4.2 ersichtlich.

12. Bei nicht monochromatischem Licht, dessen Wellenlängen im Intervall von λ bis $\lambda + \Delta\lambda$ liegen, ist das Interferenzbild verwischt, wenn die Maxima der m-ten Ordnung der Welle $\lambda + \Delta\lambda$ mit den Maxima der $(m+1)$-ten Ordnung der Welle λ zusammenfallen:

$$(m+1)\lambda = m(\lambda + \Delta\lambda).$$

Um eine Interferenz der Ordnung m beobachten zu können, muß die Bedingung

$$\Delta\lambda < \frac{\lambda}{m}$$

erfüllt sein.

Je höher die zu beobachtende Ordnung m des Interferenzbildes ist, um so geringer muß $\Delta\lambda$ sein. Allerdings kann $\Delta\lambda$ nicht einmal bei Licht mit einem Linienspektrum kleiner als die natürliche Breite der Spektrallinie $\Delta\lambda_{\text{nat}}$ (S. 656) sein. Nach einer DOPPLERschen oder einer Stoßverbreiterung ist zumeist $\Delta\lambda \gg \Delta\lambda_{\text{nat}}$ (S. 656).

4.2. Die optische Weglänge

1. Unter der *optischen Weglänge* versteht man das Produkt aus der geometrischen Länge des Lichtweges in einem gegebenen Medium und aus dem absoluten Brechungsindex dieses Mediums n (S. 565):

$$s = nd.$$

2. Die *Phasendifferenz* $\Delta\varphi$ zweier kohärenter Wellen derselben Lichtquelle, nachdem die erste einen Weg der Länge d_1 in einem Medium mit dem absoluten Brechungsindex n_1 zurückgelegt hat, die zweite einen Weg der Länge d_2 in einem Medium mit dem absoluten Brechungsindex n_2, ist gegeben durch

$$\Delta\varphi = \frac{2\pi}{\lambda}(s_2 - s_1),$$

wobei $s_2 = n_2 d_2$, $s_1 = n_1 d_1$ und λ die Wellenlänge des Lichtes im Vakuum ist.

3. Sind die optischen Weglängen zweier Strahlen gleich, so heißen diese Wege *tautochron*. (Es stellt sich keine Phasendifferenz ein.) In optischen Systemen, die eine stigmatische Abbildung der Lichtquelle (S. 604) liefern, sind alle Strahlenwege tautochron, die demselben Punkt der Lichtquelle entspringen und sich im entsprechenden Punkt des Bildes sammeln.

4. Die Größe $\Delta s = s_1 - s_2$ heißt *optische Gangdifferenz* zweier Strahlen. Die Gangdifferenz Δs steht mit der Phasendifferenz $\Delta\varphi$ in der Beziehung

$$\Delta\varphi = \frac{2\pi}{\lambda}\Delta s.$$

5. Für $\Delta s = \lambda/2$ ist die Phasendifferenz $\Delta \varphi = \pi$. Eine Verlängerung (oder Verkürzung) der optischen Weglänge eines Strahles relativ zu einem anderen um $\lambda/2$ entspricht einer Verspätung (oder einem Voreilen) der ersten Welle um π. Bei der Superposition zweier derartiger Wellen vermindern sich die Amplituden. Sind die Amplituden beider Wellen gleich, so tritt keine resultierende Welle auf.

6. Interferenz kann nur bei geringen Gangunterschieden Δs beobachtet werden. Ist $\Delta s \geqq \tau c$ (wobei τ die mittlere Dauer eines Strahlungsaktes eines Atoms der Quelle, c die Lichtgeschwindigkeit im Vakuum und τc die mittlere Länge eines Wellenzuges im Vakuum bedeuten), so sind die sich überlagernden Wellen offensichtlich inkohärent und interferieren nicht.
Um bei einem optischen Gangunterschied Δs ($\Delta s \ll \tau c$) Interferenz zu beobachten, muß die Bedingung

$$\Delta \lambda < \frac{\lambda^2}{\Delta s}$$

erfüllt sein, d. h. bei höheren Werten von Δs ist eine Interferenz nur bei äußerst kleinem $\Delta \lambda$ möglich.

4.3. Interferenz an dünnen Schichten

1. Bei der Beobachtung der Interferenz von monochromatischen Lichtstrahlen, die vom Vakuum auf eine planparallele Platte einfallen und dort reflektiert werden (Bild V.4.3), ergibt sich für die interferierenden Strahlen eine Gangdifferenz von

$$\Delta s = n(AD + DC) - (BC) + \frac{\lambda}{2} = 2h\sqrt{n^2 - \sin^2 i} + \frac{\lambda}{2},$$

$$\Delta s = 2hn \cos r + \frac{\lambda}{2}.$$

Dabei ist h die Plattendicke, n deren absoluter Brechungsindex (S. 565), i der Einfallswinkel an der Platte, r der Brechungswinkel in der Platte. Die zusätzliche Gangdifferenz $\lambda/2$ entsteht infolge der Reflexion des Lichtes an den Grenzflächen der Platte (als optisch dichteres Medium), die von einer Phasenänderung um π begleitet ist (S. 568).

2. Die Bedingung für das Maximum und das Minimum der Intensität der Interferenzbilder, die von den zwei kohärenten, an den beiden Grenzflächen der Platte reflektierten Lichtstrahlen erzeugt werden, lautet

$$2h\sqrt{n^2 - \sin^2 i} = \frac{k\lambda}{2}.$$

Hier ist $k = 2m$ mit einer ganzen Zahl m für die Minima und $k = 2m + 1$ für die Maxima. Erfolgt die Reflexion an beiden Grenzflächen der Platte mit den Verlusten von $\lambda/2$ (oder an beiden ohne Halbwellenverluste), so verschieben sich die Interferenzbilder um eine Halbzone (S. 577), d. h., $k = 2m$ entspricht den Maxima, $k = (2m + 1)$ den Minima der Interferenz.

3. Beleuchtet man eine planparallele Platte oder (dünne Schicht) mit einem Bündel paralleler weißer Lichtstrahlen, so erscheint sie im reflektierten Licht bunt. Entsprechend der Bedingung aus Punkt 6, S. 581, kann die Interferenz weißen Lichtes nur bei äußerst dünnen Schichten (Häutchen), deren Dicke 0,01 mm nicht überschreitet, beobachtet werden. Die Interferenz monochromatischen Lichtes ist auch noch bei wesentlich dickeren Schichten möglich.

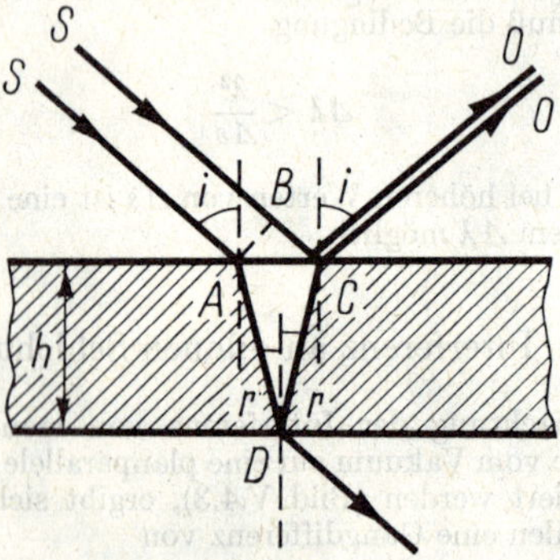

V.4.3.

4. Fällt ein Bündel paralleler oder beinahe paralleler ($i \approx$ idem) monochromatischer Lichtstrahlen auf eine Schicht, deren Dicke h an verschiedenen Orten ungleich ist, so sind im reflektierten Licht dunkle und helle Interferenzkurven an der Oberfläche der Schicht erkenntlich. Diese Kurven werden auch *Interferenzkurven gleicher Dicke* genannt, da jede von ihnen sämtliche Punkte mit gleichem h durchläuft. Die an der Oberfläche der Schicht lokalisierten Kurven gleicher Dicke können auch auf einem Schirm beobachtet werden, wenn die Oberfläche der Schicht mittels einer Sammellinse auf diesen projiziert wird. Bei weißem Licht beobachtet man ein System bunter Interferenzkurven gleicher Dicke.

5. Bei Interferenz an einem durchsichtigen Keil verlaufen die Kurven gleicher Dicke parallel zur Rückenkante des Keils. Bei einem Einfallswinkel $i = 0$ ist die Breite der Interferenzzonen (S. 577)

$$B = \frac{\lambda}{2n\alpha};$$

dabei ist α der Winkel an der Spitze des Keils ($\alpha \ll 1$ rad), n der absolute Brechungsindex des Materials des Keils. Bei einer langgezogenen Lichtquelle wird ein Interferenzbild nur am schmalen Teil des Keils beobachtet, für den $2hi\psi \ll \lambda$ ist. (Hierbei ist i der Einfallswinkel, ψ der Winkel, unter dem man die langgezogene Lichtquelle von dem Punkt des Keils aus sieht, in welchem die Dicke des Keils h beträgt).

6. Bei Interferenz in einem lufterfüllten Zwischenraum, zwischen einer halbkonvexen Linse und einem ebenen schwarzen Spiegel, auf dem jene aufliegt (Bild V.4.4; das Licht fällt senkrecht auf die ebene Fläche der Linse, die parallel zur Ebene des Spiegels liegt), beobachtet man ein System von Kurven gleicher Dicke in Form konzentrischer

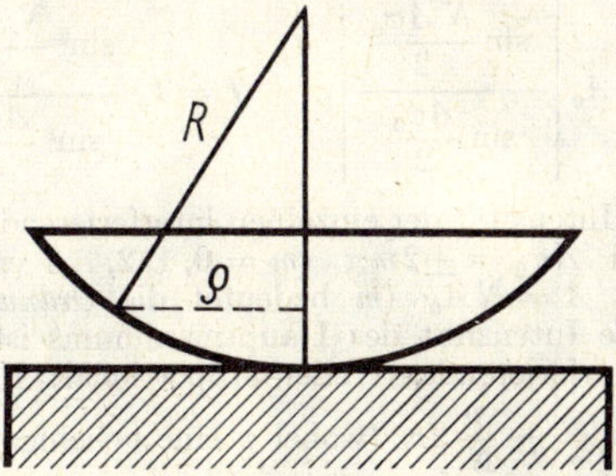

V.4.4.

Ringe (NEWTON*sche Ringe*). Das Zentrum der Ringe fällt mit dem Berührungspunkt der Linse mit dem Spiegel zusammen. Im reflektierten monochromatischen Licht sind die Radien der hellen und dunklen Ringe

$$\varrho_{\text{hell}} = \sqrt{(2m+1)\,R\,\frac{\lambda}{2}} \qquad \text{und} \qquad \varrho_{\text{dunkel}} = \sqrt{mR\lambda}\,;$$

dabei ist R der Krümmungsradius der unteren Linsenoberfläche, λ die Wellenlänge des Lichtes im Vakuum (in Luft), $m = 0, 1, 2, \ldots$ Im Zentrum des Interferenzbildes befindet sich ein dunkler Fleck.

Bei weißem Licht entsprechen den in ihm vorhandenen unterschiedlichen Wellenlängen λ verschiedene Werte von ϱ; man erhält ein System bunter Ringe, in dem sich die Farben stark überlagern; bei höheren Werten von m ist das Interferenzbild mit dem Auge nicht erkennbar (S. 577).

7. Beleuchtet man eine planparallele Schicht mit einem Bündel monochromatischer konvergierender oder divergierender Strahlen, so entspricht jedem der verschiedenen Einfallswinkel i ein eigener Wert des optischen Gangunterschiedes Δs. Das Interferenzbild wird erhalten, wenn man das von der Schicht reflektierte Licht durch eine

Sammellinse in einer Ebene fokussiert. Bei monochromatischem Licht stellt das Interferenzbild eine wechselnde Folge dunkler und heller Kurven dar. Jede der Kurven entspricht einem bestimmten Wert des Einfallswinkels i. Man nennt sie daher *Kurven gleicher Neigung*. Die Kurven gleicher Neigung sind im Unendlichen lokalisiert. Wird die planparallele Schicht mit weißem Licht beleuchtet, so erscheinen die Kurven gleicher Neigung in Abhängigkeit von λ verschiedentlich angeordnet und bunt. Das Bild verwischt sich mit zunehmender Ordnung m der Interferenz (S. 577).

8. Bei Interferenz von N kohärenten Wellen mit gleichen Amplituden A_0 und gleichen Phasenverschiebungen $\Delta\varphi_0$ zwischen der i-ten und der $(i-1)$-ten Welle ($\Delta\varphi_0$ ist unabhängig von i) gilt für die Amplitude A sowie für die Intensität I der resultierenden Welle

$$A = A_0 \left| \frac{\sin \frac{N\Delta\varphi_0}{2}}{\sin \frac{\Delta\varphi_0}{2}} \right|, \qquad I = I_0 \frac{\sin^2 \frac{N\Delta\varphi_0}{2}}{\sin^2 \frac{\Delta\varphi_0}{2}};$$

dabei ist I_0 die Intensität der einzelnen interferierenden Wellen. Die Werte von $\Delta\varphi_0 = \pm 2m\pi$ $(m = 0, 1, 2, \ldots)$ entsprechen den *Hauptmaxima*: $A = NA_0$ (m bedeutet die *Ordnung des Hauptmaximums*). Die Intensität des Hauptmaximums ist dem Quadrat der Zahl der interferierenden Wellen proportional: $I = N^2 I_0$.

Die Werte $\Delta\varphi_0 = \pm \frac{p}{N} 2\pi$ (wobei p eine beliebige ganze Zahl ist, außer 0, N, $2N$ usw.) entsprechen den *Interferenzminima*: $A = I = 0$. Zwischen zwei benachbarten Minima befindet sich stets ein Maximum (sei es ein Hauptmaximum oder ein bedeutend schwächeres *Nebenmaximum*).

5. Beugung des Lichtes

5.1. Das Prinzip von Huyghens-Fresnel

1. Unter der *Beugung des Lichtes* versteht man die Gesamtheit der Erscheinungen, die durch die Wellennatur des Lichtes bedingt sind und die bei dessen Ausbreitung in einem Medium als scharf ausgeprägte Inhomogenität zu beobachten sind (z. B. beim Durchgang durch eine Öffnung in einem undurchsichtigen Schirm, an den Grenzen undurchsichtiger Körper usw.). Im engeren Sinne versteht man unter der Beugung des Lichtes dessen Beugung durch kleine Hindernisse, d. h. die Abweichungen von den Gesetzen der geometrischen Optik (S. 603).
Eine mathematisch exakte Lösung des Beugungsproblems auf der Basis der Wellengleichung (S. 546) mit Randbedingungen, die vom Charakter der Hindernisse abhängen, erweist sich als äußerst aufwendig. Man benutzt daher Näherungsmethoden.

2. Das Huyghens*sche Prinzip*: Die Lage der Wellenfront einer laufenden Welle (S. 522) kann in einem beliebigen Zeitpunkt durch die

Einhüllende der Sekundärwellen (*Elementarwellen*) dargestellt werden. Die Quellen der Sekundärwellen sind jene Raumpunkte, welche die Wellenfront der Primärwelle im vorhergehenden Zeitpunkt erreicht hat. Hierbei wird vorausgesetzt, daß die Sekundärwellen nur „nach vorwärts" ausgestrahlt werden, d. h. in jene Richtungen, die mit der von außen auf die Wellenfront der Primärwelle gefällten Normalen spitze Winkel bilden.

Mit dem HUYGHENSschen Prinzip können zwar die Gesetze der Reflexion des Lichtes und der Lichtbrechung erklärt werden, nicht jedoch die Erscheinungen der Lichtbeugung.

3. Es sei S eine Lichtquelle und σ eine beliebige geschlossene Fläche, die S umgibt.

Das HUYGHENS-FRESNEL*sche Prinzip* besagt: Eine durch die Quelle S angeregte Lichtwelle kann in jedem beliebigen Punkt außerhalb der Fläche σ als Resultat der Superposition kohärenter Sekundärwellen angesehen werden. Die Sekundärwellen werden von fiktiven (so gedachten) elementaren Lichtquellen, die kontinuierlich auf der gesamten (ebenso fiktiven) Hilfsfläche σ verteilt sind, „ausgestrahlt". Mit anderen Worten, die sich außerhalb der Fläche σ effektiv ausbreitende (primäre) Welle kann durch ein System fiktiver kohärenter Sekundärwellen, die bei Überlagerung interferieren, ersetzt werden.

Die Amplitude, die Anfangsphase und das Richtungsdiagramm der Strahlung der durch einen elementaren Teil $d\sigma$ der Hilfsfläche angeregten Sekundärwellen sind von den charakteristischen Größen der Primärwelle (ihrer Amplitude, Phase und Fortpflanzungsrichtung) im Punkt $d\sigma$ abhängig. Die Hilfsfläche σ wird zumeist mit einer der Wellenfronten der Primärwelle zu einem bestimmten Zeitpunkt gleichgesetzt, da die Anfangsphasen aller Sekundärwellen gleich sind. In diesem Fall ist die Amplitude einer Sekundärwelle, die durch einen Elementarteil $d\sigma$ der flächenförmigen Wellenfront „angeregt" wurde, dem Ausdruck $\varphi \dfrac{A}{r} d\sigma$ proportional; hierbei ist A die Amplitude der Primärwelle im Punkt $d\sigma$, r der Abstand zwischen $d\sigma$ und dem außerhalb der Fläche σ gelegenen beobachteten Feldpunkt M, φ eine unbekannte Funktion des Winkels α, der von der außen auf das Flächenelement $d\sigma$ gefällten Normalen und der Richtung des Radiusvektors $\boldsymbol{r}$ von $d\sigma$ zum Punkt M gebildet wird. Nach der FRESNELschen Hypothese besitzt die Funktion φ ihr Maximum bei $\alpha = 0$, nimmt mit wachsendem α langsam ab und wird gleich Null bei $\alpha \geqq \dfrac{\pi}{2}$.[1])

Um den richtigen Wert der Wellenphase im Punkt M zu erhalten, muß beachtet werden, daß die Sekundärwellen in der Fläche σ in ihrer Phase den Primärwellen um $\pi/2$ voraus sind.

4. Befindet sich zwischen der Quelle der Lichtwellen und dem Beobachtungspunkt ein undurchsichtiger Schirm mit Öffnungen, so setzt

[1]) Wie KIRCHHOFF zeigte, ist in Wirklichkeit die Funktion $\varphi \sim (1 + \cos\alpha)$, d. h., sie nimmt lediglich bei $\alpha = \pi$ den Wert Null an. Allerdings ist diese Präzisierung zumeist unwesentlich, da bei den meisten Problemen der Lichtbeugung der Winkel α klein ist.

man die Amplituden der Sekundärwellen (S. 583) auf der Oberfläche des Schirmes gleich Null und berechnet die Amplituden in den Öffnungen so, als ob der Schirm nicht vorhanden wäre. Damit wird vorausgesetzt, daß das Material des Schirmes keine Rolle spielt. Diese Vereinfachung ist erlaubt, wenn die Öffnungen im Verhältnis zur Wellenlänge λ groß sind. Die Amplituden der Wellen, die den Schirm überschreiten, bestimmt man durch die Berechnung der Interferenzbilder der Sekundärwellen im Beobachtungspunkt. Die Sekundärwellen haben ihre Quellen an den Schirmöffnungen.

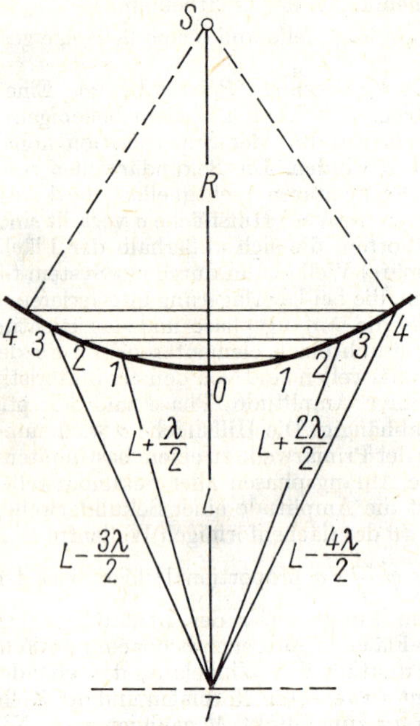

V.5.1.

5. Bei Problemen der Lichtbeugung, bei denen Achsensymmetrie vorausgesetzt wird, kann die Berechnung der Interferenz der Sekundärwellen mit Hilfe einer anschaulichen geometrischen Methode sehr vereinfacht werden: Die Wellenfront der Primärwelle wird in einzelne Teile, sogenannte FRESNEL*sche Zonen*, so aufgespalten, daß der optische Gangunterschied von den gemeinsamen Grenzen jedes Zonenpaares (einer inneren und einer äußeren) bis zum beobachteten Punkt T gerade $\lambda/2$ beträgt. Die von den gemeinsamen Punkten zweier benachbarter Zonen ausgehenden Sekundärwellen kommen auf Punkt T mit entgegengesetzten Phasen zu und schwächen einander bei Überlagerung.

Bild V.5.1 zeigt die Konstruktion der FRESNELschen Zonen bei einer sphärischen Welle, die von der Quelle S ausgeht. Der Teil 101 der Wellenfront wird als erste (zentrale) FRESNELsche Zone bezeichnet, die Teile 21 und 12 als zweite usw. Da R und $L \gg \lambda$ sind, sind bei mäßig großem i die Flächen der FRESNELschen Zonen der ersten i gleich:

$$\sigma_1 = \sigma_2 = \cdots = \sigma_i = \frac{\pi R L \lambda}{R + L}.$$

Im Fall einer ebenen Wellenfront gilt

$$\sigma_1 = \cdots = \sigma_i = \pi L \lambda.$$

5.2. Graphische Bestimmung der Amplituden der Sekundärwellen

1. Im Beobachtungspunkt kann die Amplitude einer Welle aufgrund einer graphischen Methode ermittelt werden: In einem Vektordiagramm werden die kohärenten Schwingungen mit gleicher Richtung (S. 111), die im Beobachtungspunkt von allen Elementarquellen sekundärer Wellen angeregt wurden, addiert. In den Bereichen der einzelnen FRESNELschen Zonen ändern sich der Winkel α zwischen der von außen auf die Front gefällten Normalen und der Richtung zum Beobachtungspunkt sowie der Abstand r zum Beobachtungspunkt praktisch nicht. Das einer Zone entsprechende Vektordiagramm hat daher eine halbkreisähnliche Form. Die aus den Sekundärwellen aller elementaren Teile der Zone resultierende Amplitude entspricht dem Durchmesser dieses Halbkreises.

2. Die aus den Sekundärwellen der i-ten Zone resultierende Amplitude A ist der Fläche dieser Zone direkt proportional. Bei Zonen mit gleichgroßen Flächen und unterschiedlichem i (Bild V.5.1) verringert sich die Amplitude A_i mit ansteigender Nummer i der Zone, da sowohl der Winkel α als auch der Abstand r gleichzeitig zunehmen: $A_1 > A_2 > A_3 > \cdots$. In diesem Fall stellt das Vektordiagramm für das Zonensystem eine Spirale dar (Bild V.5.2).

3. Breitet sich eine sphärische oder eine ebene Welle in einem homogenen Medium, d. h. unbehindert, aus, so wird ihre Amplitude im Punkt T (Bild V.5.1) durch den Abschnitt OK_0 (Bild V.5.2) bestimmt, da die Wellenfront völlig frei ist. Dieser Abschnitt ist gleich der halben Amplitude OK_1, die der Wirkung einer halben FRESNELschen Zone entspricht. Der Radius der zentralen Zone ist im Vergleich zum Abstand $ST = R + L$ zu vernachlässigen. Daraus folgt: In einem homogenen Medium pflanzt sich das Licht von der Quelle S zum Punkt T längs des Strahles ST und somit geradlinig fort.

4. Die Amplitude und Intensität des Lichtes im Punkt T kann stark vergrößert werden, wenn man mittels einer speziellen Vorrichtung, der sogenannten *Zonenplatte*, die geradzahligen FRESNELschen Zonen zudeckt und die ungeraden frei läßt (oder umgekehrt). Beträgt die Anzahl der durch die Zonenplatte bedeckten FRESNELschen Zonen $2k$,

so gilt im Beobachtungspunkt T für die Amplitude A der Lichtwelle $A = A_1 + A_3 + \cdots + A_{2k-1}$. Bei mäßig großen Werten von k ist $A \approx kA_1$, d. h., A ist $2k$-mal so groß wie bei Fortpflanzung des Lichtes zu Punkt T ohne Hindernis.

5. Das Verfahren der FRESNELschen Zonen ist zur Berechnung der Lichtbeugung am geradlinigen Rand eines ebenen Schirmes oder an einem geradlinigen Spalt nicht gut geeignet, da die Zonen oftmals durch den Schirm verdeckt werden. Die Front der einfallenden ebenen Welle zerfällt in gleich breite, parallel zum Spalt oder dem

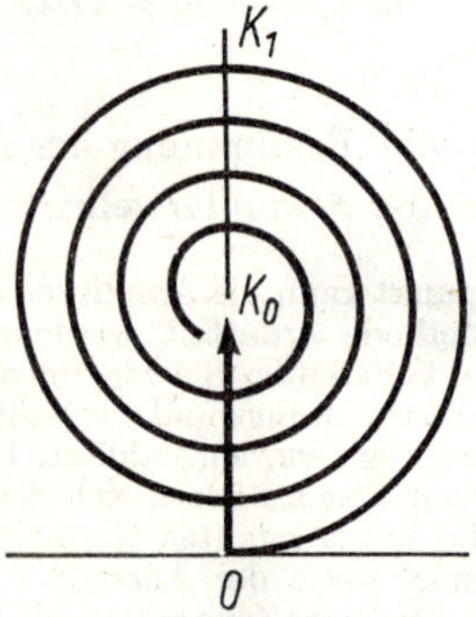

V.5.2.

Rand des Schirmes verlaufende Zonen. Man berechnet die Beugung graphisch mittels der CORNU-*Spirale* (Bild V.5.3). Ihre Gleichung lautet in Parameterform

$$u = \int_0^v \cos \frac{\pi \xi^2}{2} \, d\xi \qquad \text{und} \qquad w = \int_0^v \sin \frac{\pi \xi^2}{2} \, d\xi ,$$

wobei der Parameter $v = \sqrt{\frac{2}{\lambda L}} \, (x - x_0)$ ist. Es bedeutet λ die Wellenlänge, L den Abstand zwischen der Schirmfläche und dem Punkt T (es wird vorausgesetzt, daß die Welle senkrecht auf die Schirmebene einfällt), x_0 die Koordinate des Beobachtungspunktes T, x die laufende Koordinate der Punkte der Wellenfront; die x-Achse verläuft in der Schirmebene senkrecht zum Rand des Schirmes.

Die CORNU-Spirale besteht aus zwei in bezug auf den Koordinatenursprung ($v = 0$) symmetrischen Zweigen, die sich bei $v \to \pm\infty$ asymptotisch zu den Windungspunkten F_+ (0,5; 0,5) und F_- (−0,5; −0,5) hin einrollen.

Die Amplitude A der vom Wellenfrontabschnitt zwischen den Geraden $x = x_1$ und $x = x_2$ angeregten Schwingungen ist im Punkt T

gleich $A_0 \cdot B_1B_2/F_-F_+$, wobei A_0 die Amplitude der Schwingungen im Punkt T bei völlig freier Wellenfront bedeutet; B_1B_2 ist die Länge des Abschnittes zwischen den Punkten $v_1 = \sqrt{\frac{2}{\lambda L}}\,(x_1 - x_0)$ und $v_2 = \sqrt{\frac{2}{\lambda L}}\,(x_2 - x_0)$ der CORNU-Spirale. Im Bereich, in dem $x_1 \to -\infty$ und $x_2 \to \infty$ ist (bei völlig freier Wellenfront), ist $B_1B_2 = F_-F_+ = \sqrt{2}$.
Werden x_1 und x_2 konstant gehalten, dann hängen die Größen v_1 und v_2 von x_0 ab, d. h. von der Lage des Punktes T in der Beobachtungsebene des Beugungsbildes. Der Abschnitt B_1B_2 charakterisiert somit je nach dem Wert von x_0 die Größe der *relativen Amplitude* A/A_0 in den einzelnen Punkten des Beugungsbildes.

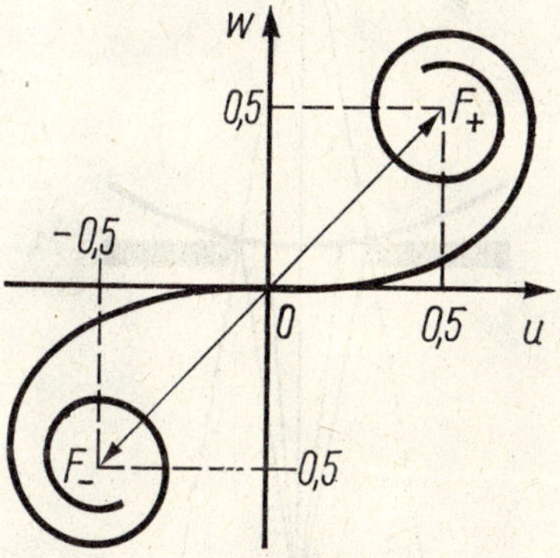

V.5.3.

5.3. Die FRESNELsche Beugung

1. Als FRESNEL*sche Beugung* bezeichnet man jene Art der Lichtbeugung, bei deren Berechnung die Krümmung der Wellenfront der einfallenden sowie der gebeugten Welle (bzw. nur der gebeugten Welle) nicht vernachlässigt werden kann (nicht parallele Strahlen). FRESNELsche Beugung tritt also ein, wenn sich sowohl die Lichtquelle als auch der Schirm zur Beobachtung des Beugungsbildes (oder nur das letztere) in einem endlichen Abstand zu dem beugenden Hindernis befindet. Bei der FRESNELschen Beugung erhält man auf dem Schirm das „Beugungsbild" des Hindernisses. Die Analyse dieser Probleme ist zumeist sehr kompliziert. In einigen einfacheren Fällen, die weiter unten betrachtet werden sollen, kann das Beugungsbild nach dem Verfahren der FRESNELschen Zonen oder der CORNU-Spirale ermittelt werden.

2. *Beugung an der runden Öffnung eines undurchsichtigen Schirmes* (Bild V.5.4). In der zum Schirm parallelen Ebene PQ stellt das Beugungsbild eine wechselnde Folge dunkler und heller konzentrischer Beugungsringe dar. Ihr Zentrum liegt in Punkt O, dem Schnittpunkt der von der Lichtquelle S durch die Mitte der Öffnung verlaufenden Geraden mit der Fläche PQ. Umfaßt die Öffnung eine in bezug auf Punkt O ungerade Zahl $(2k+1)$ FRESNELscher Zonen, so ist die Amplitude in Punkt O größer als in Abwesenheit des Schirmes:

$$A \approx \frac{1}{2}(A_1 + A_{2k+1});$$

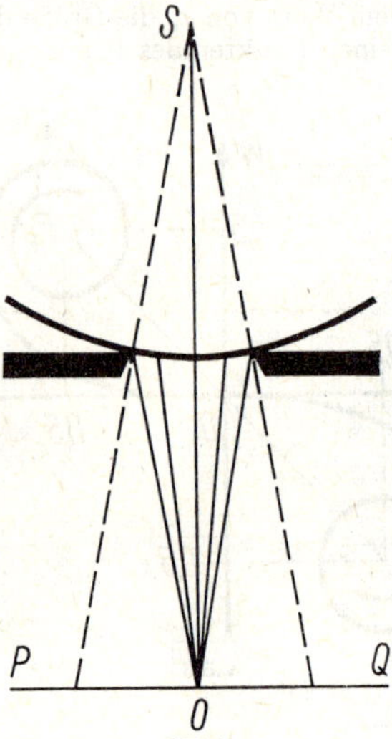

V.5.4.

A_1 und A_{2k+1} sind die Amplituden entsprechend der Wirkung der ersten und $(2k+1)$-ten FRESNELschen Zone. Wird eine gerade Zahl $(2k)$ an Zonen umfaßt, so ist die Amplitude in Punkt O geringer als in Abwesenheit des Schirmes: $A \approx \frac{1}{2}(A_1 - A_{2k})$. Die Beugungsbilder der beiden beschriebenen Grenzfälle sind in Bild V.5.5 ersichtlich.

3. *Beugung an einem kleinen runden Schirm* (Bild V.5.6a). Der Punkt O liegt nahe dem Zentrum des Schirmes. In ihm beträgt die Lichtintensität ein Viertel der Intensität der Welle der ersten freien Zone. Handelt es sich um einen kleinen Schirm $(d \sim \sqrt{2L\lambda})$, so ist die Lichtintensität in Punkt O praktisch ebensogroß wie in Abwesenheit des Schirmes. Das Beugungsbild ist in Bild V.5.6b wiedergegeben.

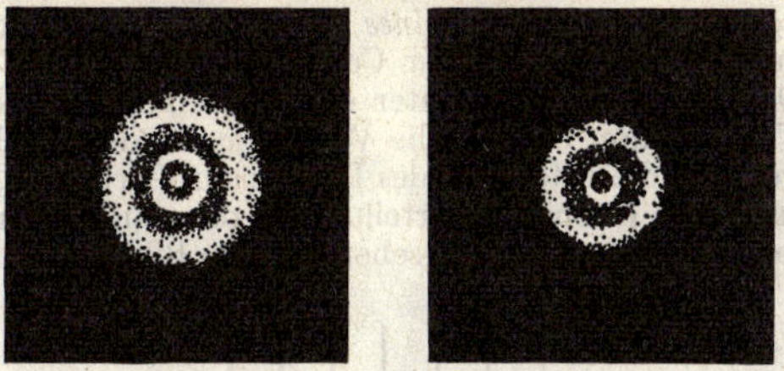

V.5.5.

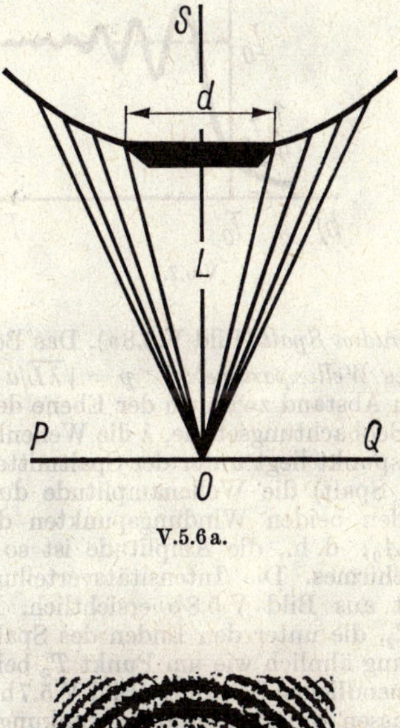

V.5.6 a.

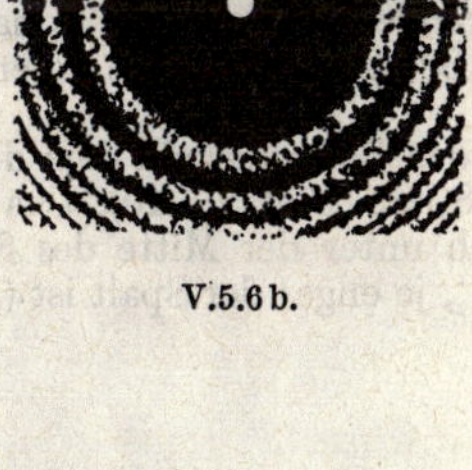

V.5.6 b.

4. *Beugung am geraden Rand eines ebenen Schirmes* (Bild V.5.7a). Das Beugungsbild kann mit der CORNU-Spirale (S. 586) berechnet werden. Der Punkt T_0 liegt unter dem Schirmrand ($B_1B_2 = OF_+ = 0{,}5\,F_-F_+$). In ihm beträgt die Wellenamplitude die Hälfte und dementsprechend die Intensität des Lichtes ein Viertel der Intensität ohne Schirm. Die Intensitätsverteilung in der parallel zur Schirmebene verlaufenden Beobachtungsebene wird in Bild V.5.7b gezeigt.

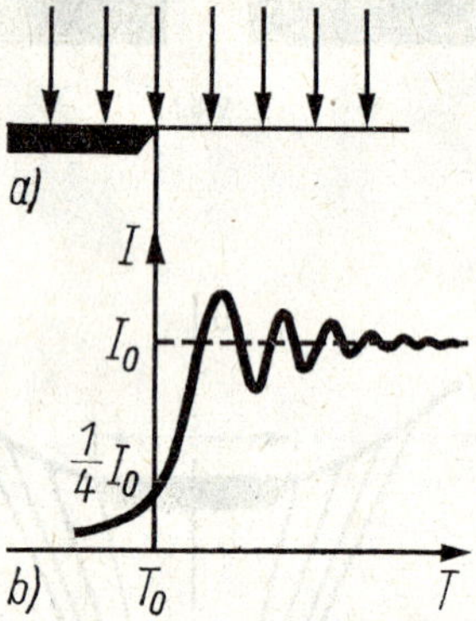

V.5.7.

5. *Beugung am geraden Spalt* (Bild V.5.8a). Das Beugungsbild hängt von der Größe des *Wellenparameters* $p = \sqrt{\lambda L}/a$ ab, wobei a die Spaltbreite, L den Abstand zwischen der Ebene des Spaltes und der zu ihr parallelen Beobachtungsebene, λ die Wellenlänge darstellt.
Der Beobachtungspunkt liegt unter der Spaltmitte. In ihm wird bei $p \ll 1$ („breiter" Spalt) die Wellenamplitude durch den Abstand F_-F_+ zwischen den beiden Windungspunkten der CORNU-Spirale bestimmt: $A = A_0$; d. h., die Amplitude ist so groß wie in Abwesenheit des Schirmes. Die Intensitätsverteilung in der Beobachtungsebene ist aus Bild V.5.8b ersichtlich. In der Nähe der Punkte T_1 und T_2, die unter den Enden des Spaltes liegen, ist die Intensitätsverteilung ähnlich wie um Punkt T_0 bei der Beugung am Rand eines halbunendlichen Schirmes (Bild V.5.7b).
Bei $p \sim 1$ umfassen die Intensitätsschwankungen den gesamten Bereich T_1T_2, der dem Bild des Spaltes in der geometrischen Optik entspricht. Sie werden auch im Bereich des geometrischen Schattens beobachtet (im Gegensatz zum monotonen Absinken der Intensität in Nähe der Schattenränder bei $p \ll 1$). Je nach dem Wert von p kann in der Mitte des Beugungsbildes ein Intensitätsmaximum oder -minimum auftreten.
Bei $p \gg 1$ entspricht das Beugungsbild dem der FRAUNHOFERschen Beugung am gleichen Spalt (Bild V.5.10). Das Hauptmaximum der Intensität befindet sich unter der Mitte des Spaltes; es ist um so mehr „verschwommen", je enger der Spalt ist (Bild V.5.11).

6. *Beugung an einem langen rechteckigen Schirm* (Bild V.5.9a). Die Beobachtungsebene verläuft parallel zum Schirm. Die relative Amplitude A/A_0 (S. 587) in einem beliebigen Punkt der Ebene kann mit der CORNU-Spirale berechnet werden: $\frac{A}{A_0} = \frac{|\boldsymbol{a}_1 - \boldsymbol{a}_2|}{F_- F_+}$. Dabei bedeuten $\boldsymbol{a}_1$ und $\boldsymbol{a}_2$ Vektoren, die von bestimmten Punkten der Spirale (die den Werten v_1 und v_2 des Parameters v, S. 586, für die Schirmränder entsprechen) zu deren Windungspunkten F_+ und F_- verlaufen.

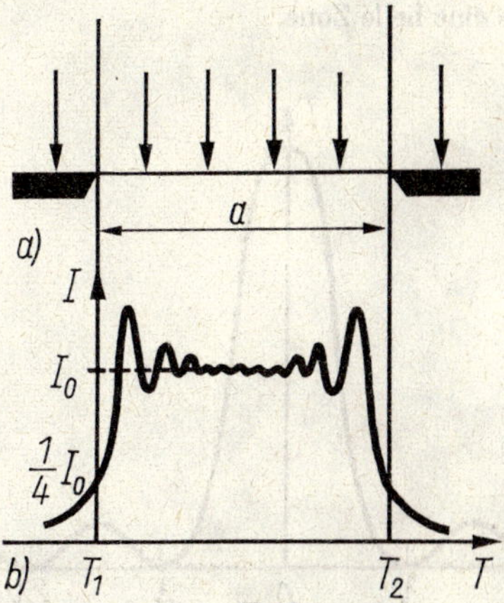

V.5.8.

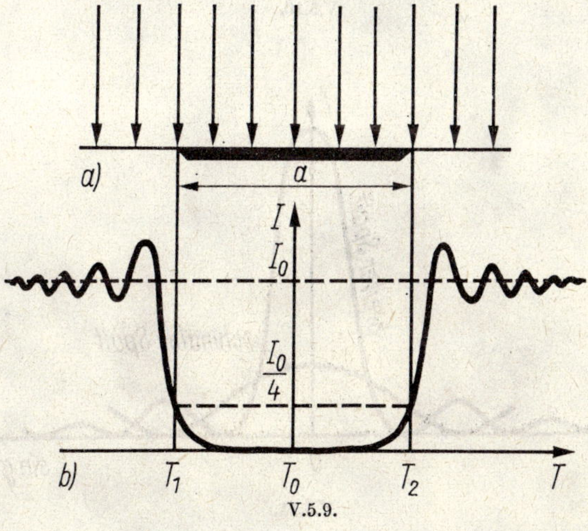

V.5.9.

Falls der Wellenparameter $p = \frac{\sqrt{\lambda L}}{a} \ll 1$ ist (a ist die Breite des Schirmes), ist in Grenznähe des geometrischen Schattens des Schirmes entweder $\boldsymbol{a}_1 \approx 0$ oder $\boldsymbol{a}_2 \approx 0$. Hinter dem Schirm entsteht daher ein Schattenbereich, an dessen Grenzen Beugungszonen (Bild V.5.9b) beobachtet werden, die denen vom Rand des halbunendlichen Schirmes (Punkt 4) ähnlich sind.

Bei $p \gg 1$ beobachtet man hinter dem Schirm ein System abwechselnd dunkler und heller Zonen; unter der Mitte des Schirmes befindet sich stets eine helle Zone.

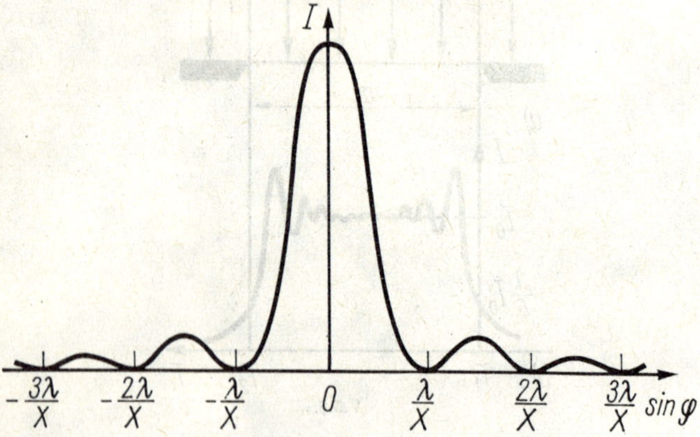

V.5.10.

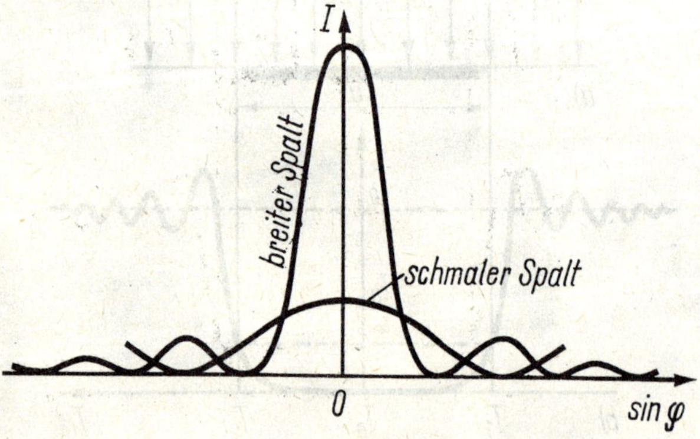

V.5.11.

7. Wenn die Berandungen des Schirmes oder der Öffnungen von der idealen geometrischen Gestalt abweichen, tritt keine der Gesetzmäßigkeiten der Beugungen aus Punkt 2–6 ein. Den Grad der Abweichung von dieser Gesetzmäßigkeit mißt man mit Hilfe der Größe $\Delta/\sqrt{L\lambda}$, wobei Δ die Grundlänge und die Höhe der Unebenheiten des Schirmrandes ist, L der Abstand des Schirmes zum Beobachtungspunkt und λ die Wellenlänge:

a) $\Delta/\sqrt{L\lambda} \ll 1$: praktisch keine Störung der Beugungsbilder.

b) $\Delta/\sqrt{L\lambda} \sim 1$: Die Beugungsbilder sind verwischt und können auch ganz verschwinden.

c) $\Delta/\sqrt{L\lambda} \gg 1$: Die Beugungsstreifen oder Beugungsringe kopieren die Konfiguration der Erhöhungen oder Vertiefungen des äußeren Schirmrandes oder des Randes der Öffnungen.

5.4. Fraunhofersche Beugung

1. Die Fraunhofer*sche Beugung* oder *Beugung paralleler Strahlen* ist die Beugung ebener Wellen. Bei diesen Problemen sind Lichtquelle und Beobachtungspunkt stets unendlich weit von dem Hindernis entfernt, an dem die Beugung erfolgt. Im Experiment erreicht man diese Art der Beugung, indem man die Lichtquelle in den Brennpunkt einer Sammellinse stellt und das Beugungsbild in der Brennpunktsebene einer zweiten, hinter dem Hindernis befindlichen Sammellinse betrachtet. Das Beugungsbild stellt das „gebeugte Bild" der Lichtquelle dar. Diese Art der Beugung wird üblicherweise auf analytischem Wege berechnet.

2. Zwei Hindernisse werden als *sich ergänzende* (*komplementäre*) *Schirme* bezeichnet, wenn den Öffnungen des einen ebensolche, in Form, Größe und Lage gleiche undurchsichtige Stellen des anderen entsprechen und umgekehrt.
Das Babinet*sche Theorem* besagt: Bei Fraunhoferscher Beugung muß die Intensität des an einem beliebigen Schirm gebeugten Lichtes in jeder Richtung, außer der Fortpflanzungsrichtung der auf den Schirm fallenden Primärwelle, gleich der Intensität des am komplementären Schirm gebeugten Lichtes sein.

3. *Beugung an einem langen schmalen Spalt.* Fällt monochromatisches Licht senkrecht auf den Spalt, so gilt für die Wellenamplitude im Beobachtungspunkt (der sich im Nebenbrennpunkt der Sammellinse befindet)

$$A(\varphi) = A_0 \frac{\sin\left(\frac{kX}{2}\sin\varphi\right)}{\frac{kX}{2}\sin\varphi} = A_0 \frac{\sin\left(\frac{\pi X}{\lambda}\sin\varphi\right)}{\frac{\pi X}{\lambda}\sin\varphi};$$

dabei ist φ der Beugungswinkel, der von der außen auf die Front der einfallenden Welle gefällten Normalen gemessen wird, d. h. von der Normalen auf die Spaltebene, $k = 2\pi/\lambda$ die Wellenzahl, X die Spaltbreite, A_0 die Amplitude im Zentrum des Beugungsbildes (bei $\varphi = 0$).
Ist der Winkel φ klein, so gilt

$$A(\varphi) = A_0 \frac{\sin \frac{\pi X}{\lambda} \varphi}{\frac{\pi X}{\lambda} \varphi}.$$

Die Minimumbedingung lautet

$$A(\varphi) = 0 \quad \text{für} \quad \sin \varphi = \pm \frac{n\lambda}{X} \quad (n = 1, 2, 3, \ldots).$$

Die Maximumbedingung lautet:

Für das Maximum der nullten Ordnung ist $\varphi = 0$ und $A = A_0$;
für die übrigen Maxima ist $\sin \varphi = \pm \frac{k_m}{X} \lambda$; es bedeuten k_m die Wurzeln der Gleichung $\tan k_m \pi = k_m$, wobei $m = 1, 2, \ldots$ die Ordnung des Maximums ist; $k_1 = 1{,}43$, $k_2 = 2{,}46$, $k_3 = 3{,}47$, $k_4 = 4{,}48, \ldots$
Eine genäherte Bedingung für alle Maxima außer dem nullten lautet

$$\sin \varphi = \pm (2m + 1) \frac{\lambda}{2X} \quad (m = 1, 2, 3, \ldots).$$

4. Für die Intensitätsverteilung ($I \sim A^2$) gilt

$$I(\varphi) = I_0 \frac{\sin^2 \left(\frac{\pi X}{\lambda} \sin \varphi \right)}{\left(\frac{\pi X}{\lambda} \sin \varphi \right)^2}.$$

Diese Verteilung wird in Bild V.5.10 dargestellt.
Die relative Intensität der Maxima der Ordnungen $m \geqq 1$ genügt der Näherungsformel

$$\frac{I_m}{I_s} = \frac{4}{n^3 (2m + 1)^2}.$$

5. Der Abstand des ersten Minimums vom Zentrum des Beugungsbildes wächst mit Abnahme von X. Das zentrale Maximum verbreitert sich dabei, während seine Höhe abnimmt (Bild V.5.11). Für $X = \lambda$ liegt das erste Minimum im Unendlichen. Die Intensität fällt stufenweise vom Zentrum der Beobachtungsebene gegen den Rand. Bei einer Vergrößerung von X rücken die Beugungsfiguren näher aneinander, das Hauptmaximum wird schärfer ausgeprägt. Für $X \gg \lambda$ erhält man auf dem Schirm ein scharfes Bild der Lichtquelle, das den Gesetzmäßigkeiten der geometrischen Optik entspricht.

6. *Beugung an einer rechteckigen Öffnung* mit der Länge X und der Breite Y. Die Richtung des gebeugten Lichtes kann mit Hilfe der Winkel α (zwischen dieser Richtung und der Abszisse) und β (zwischen dieser Richtung und der Ordinate) angegeben werden. Die Koordinaten verlaufen parallel zu den entsprechenden Seiten X und Y der Öffnung. Fällt das Licht senkrecht auf die Öffnung ein, so genügen die Richtungen der Intensitätsminima des gebeugten Lichtes den Bedingungen

$$X \sin \varphi = \pm m\lambda \quad \text{und} \quad Y \sin \psi = \pm n\lambda;$$

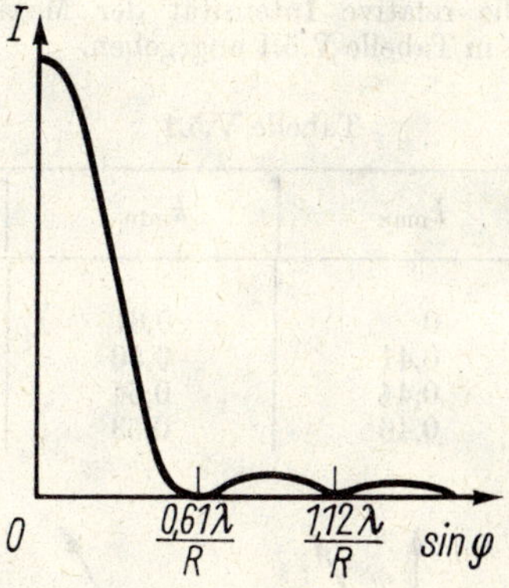

V.5.12.

dabei ist $\varphi = \frac{\pi}{2} - \alpha$, $\psi = \frac{\pi}{2} - \beta$, und m und n sind ganze, positive Zahlen. Für die Intensitätsverteilung gilt

$$(I\varphi, \psi) = I_0 \frac{\sin^2\left(\frac{\pi X}{\lambda} \sin \varphi\right)}{\left(\frac{\pi X}{\lambda} \sin \varphi\right)^2} \frac{\sin^2\left(\frac{\pi Y}{\lambda} \sin \psi\right)}{\left(\frac{\pi Y}{\lambda} \sin \psi\right)^2}.$$

Die Intensität in den Richtungen, für die $\sin \varphi \approx \varphi$, $\sin \psi \approx \psi$ gilt, ist

$$I(\varphi, \psi) = I_0 \frac{\sin^2 \frac{\pi X}{\lambda} \varphi}{\left(\frac{\pi X}{\lambda} \varphi\right)^2} \frac{\sin^2 \frac{\pi Y}{\lambda} \psi}{\left(\frac{\pi Y}{\lambda} \psi\right)^2},$$

wobei I_0 die Intensität des Lichtes in der Richtung ist, für die $\varphi = \psi = 0$ ist.

7. *Beugung an einer kreisförmigen Öffnung*. Fällt das Licht einer punktförmigen Lichtquelle senkrecht auf die Öffnung ein, so stellt das Beugungsbild eine wechselnde Folge heller und dunkler Ringe dar. Die Intensitätsverteilung ist in Bild V.5.12 dargestellt. Die Lage

der Maxima und Minima ergibt sich aus

$$\sin \varphi = \frac{k_m}{R} m\lambda;$$

dabei ist $\varphi = \arctan (\varrho/F)$ der Beugungswinkel, F der Brennpunktabstand der Linse, ϱ der Abstand zwischen dem Mittelpunkt des Beugungsbildes und dem Beobachtungspunkt (Durchmesser des Ringes), $m = 1, 2, 3, \ldots$ die Ordnung des Maximums oder Minimums, R der Radius der Öffnung, λ die Wellenlänge. Die Größen $k_{\max}$ und $k_{\min}$ und die relative Intensität der Maxima I_{rel} ist für $m = 1, 2, 3$ und 4 in Tabelle V.5.1 angegeben.

Tabelle V.5.1

m	$k_{\max}$	$k_{\min}$	I_{rel}
1	0	0,61	1
2	0,41	0,56	0,0175
3	0,44	0,54	0,0042
4	0,46	0,53	0,0016

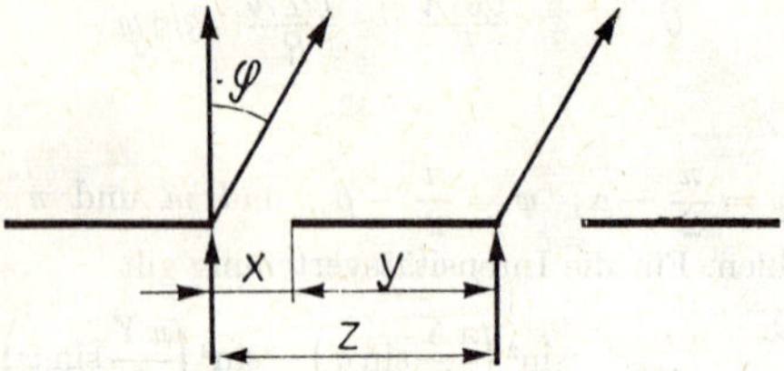

V.5.13.

Bei Verengung der Öffnung werden die Beugungsbilder verschwommen. Bei Vergrößerung von R zieht sich das Beugungsbild auf einen Punkt zusammen.

8. *Beugung an zwei parallelen Spalten gleicher Form und Größe* (*Doppelspalt*) (Bild V.5.13). Das Licht fällt senkrecht auf den Doppelspalt ein. Für die „Hauptminima“ gilt die gleiche Beziehung wie für den einzelnen Spalt (S. 593). Zusätzliche Minima erscheinen in den Richtungen, in denen sich die Lichtstrahlen der beiden Spalte infolge von Interferenz auslöschen:

$$Z \sin \varphi = \pm (2l + 1) \frac{\lambda}{2} \qquad (l = 0, 1, 2, \ldots);$$

dabei ist X die Spaltbreite, Y der Abstand der Spalte und $Z = X + Y$.

Für die Hauptminima ist $X \sin\varphi = n\lambda$, $n = 1, 2, 3, \ldots$.

Für die Hauptmaxima ist $Z \sin\varphi = m\lambda$, $m = 0, 1, 2, 3, \ldots$ ist die *Ordnung des Hauptmaximums.*

Die Intensitätsverteilung ist in Bild V.5.14 dargestellt. Die Beugungsmaxima sind schmaler und heller im Vergleich zur Beugung am Einzelspalt der gleichen Breite X (Punkt 4). Zwischen je zwei Hauptmaxima ist ein zusätzliches Minimum angeordnet. Bei $X \ll Z$ ist zwischen den ursprünglichen Minima eine große Zahl neuer Maxima und Minima verteilt. Ist Z/X eine rationale Zahl $\left(Z = \frac{k_1}{k_2} X\right.$, wobei k_1 und k_2 ganze Zahlen ohne gemeinsamen Faktor bedeuten$\left.\right)$, so fehlen die Hauptmaxima der Ordnungen k_1, $2k_1$ usw.

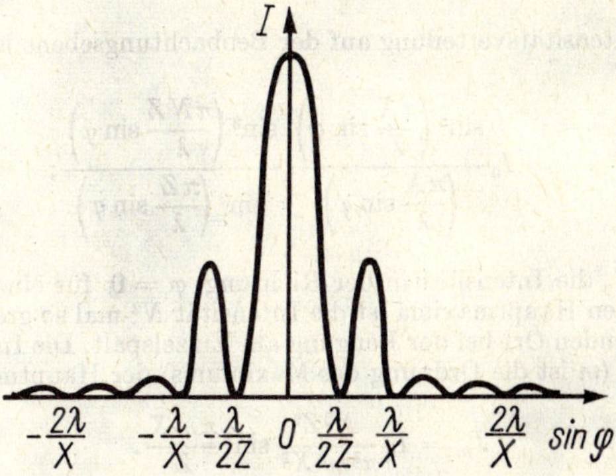

V.5.14.

9. *Beugung an einem eindimensionalen Beugungsgitter.* Unter diesem versteht man ein System aus N gleichen, parallelen Spalten, die in einem undurchsichtigen Schirm in gleichen Abständen angeordnet sind. Es gilt $Z = X + Y$; X ist die Spaltbreite, Y der undurchsichtige Abstand zwischen zwei Spalten. Z heißt die *Konstante (Periode) des Beugungsgitters.*

Bei senkrechtem Lichteinfall auf das Gitter gelten folgende Beziehungen:

Für die Hauptminima ist $X \sin\varphi = \pm n\lambda$, $n = 1, 2, 3, \ldots$.

Für die Hauptmaxima ist $Z \sin\varphi = \pm m\lambda$, $m = 0, 1, 2, 3, \ldots$.

Für die Nebenminima ist

$$Z \sin\varphi = \pm \frac{\lambda}{N}, \quad \pm \frac{2\lambda}{N}, \quad \ldots, \quad \pm \frac{(N-1)\lambda}{N}, \quad \pm \frac{(N+1)\lambda}{N}, \ldots.$$

Zwischen zwei Hauptmaxima liegen $N-1$ Nebenminima, welche die sekundären Maxima trennen. Mit einer Vergrößerung der Spaltenzahl wächst die Intensität der Hauptmaxima proportional N^2, und die Energie des durchgelassenen Lichtes steigt proportional N. Das Ergebnis sind scharfe, schmale Maxima, die durch praktisch dunkle Intervalle getrennt werden. Die größte Intensität der sekundären Maxima ist nicht größer als 5% der Intensität der Hauptmaxima.
Die *Winkelbreite $\Delta\varphi$ des Hauptmaximums* ergibt sich aus der Differenz der Beugungswinkel φ der Nebenminima, die das Hauptmaximum begrenzen. Bei $Z \gg \lambda$ und hohem N gilt für die Winkelbreite der Hauptmaxima mäßig hoher Ordnung

$$\Delta\varphi \approx \frac{2\lambda}{NZ}.$$

10. Die Intensitätsverteilung auf der Beobachtungsebene ist

$$I = I_0 \frac{\sin^2\left(\frac{\pi X}{\lambda}\sin\varphi\right)}{\left(\frac{\pi X}{\lambda}\sin\varphi\right)^2} \frac{\sin^2\left(\frac{\pi N Z}{\lambda}\sin\varphi\right)}{\sin^2\left(\frac{\pi Z}{\lambda}\sin\varphi\right)};$$

dabei ist I_0 die Intensität in der Richtung $\varphi = 0$ für einen Einzelspalt. In den Hauptmaxima ist die Intensität N^2-mal so groß wie am entsprechenden Ort bei der Beugung am Einzelspalt. Die Intensitätsverteilung (m ist die Ordnung des Maximums) der Hauptmaxima ist

$$I_m = I_0 \frac{N^2 Z^2}{\pi^2 m^2 X^2} \sin^2 \frac{\pi m X}{Z}.$$

Ist Z/X eine irrationale Zahl, so nimmt I_m monoton mit steigender Ordnung m des Maximums ab. Ist Z/X eine rationale Zahl ($Z/X = k_1/k_2$, wobei k_1 und k_2 ganze Zahlen ohne gemeinsamen Faktor bedeuten), so fehlen die Hauptmaxima der durch k_1 teilbaren Ordnungen: $I_m = 0$ bei $m = k_1, 2k_1, \ldots$.
In Tabelle V.5.2 sind die relativen Intensitäten der Hauptmaxima für verschiedene Ordnung (verschiedene m) und für zwei Werte von Z/X angegeben.

Tabelle V.5.2

Z/X \ m	0	1	2	3	4
2	1	0,4	0	0,045	0
3	1	0,675	0,17	0	0,042

1. Wenn eine ebene Welle auf ein Beugungsgitter unter dem Winkel θ Bild V.5.15) einfällt, erhält man als Bedingung für die Haupt-

maxima

$$Z(\sin\varphi_m - \sin\theta) = \pm m\lambda$$

oder

$$2Z\cos\left(\frac{\varphi_m+\theta}{2}\right)\sin\left(\frac{\varphi_m-\theta}{2}\right) = \pm m\lambda$$

mit

$$m = 0, 1, 2, \ldots.$$

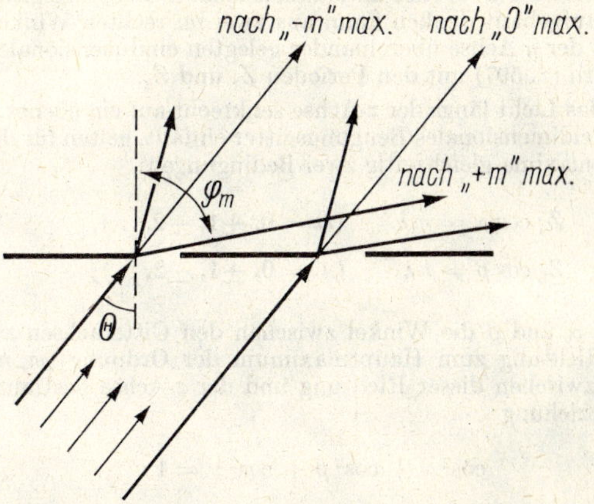

V.5.15.

Ist $Z \gg \lambda$, so unterscheidet sich φ_m nur wenig von θ, und es gilt

$$Z(\varphi_m - \theta)\cos\theta = \pm m\lambda.$$

Das Beugungsbild liefert dieselbe Beobachtung wie bei senkrechtem Einfall der Welle auf ein Gitter, das die verkleinerte Periode $Z' = Z\cos\theta$ hat. Bei streifendem Lichteinfall ($\theta \approx \pi/2$) kann Beugung sogar bei sehr groben Gittern ($Z \gg \lambda$) beobachtet werden.

12. *Beugung an einer großen Zahl gleichartiger und gleichgerichteter Hindernisse.* Die Lichtintensität I ist in jedem beliebigen Punkt des Beugungsbildes gleich dem Produkt zweier Funktionen: $I = F \cdot f$. Die Funktion F beschreibt die Lichtintensität im Beobachtungspunkt des Beugungsbildes bei Beugung an nur einem Hindernis. Der Wert der Funktion f hängt lediglich von der Anordnung und der Zahl N der Hindernisse ab. Für ein regelmäßiges Beugungsgitter (Punkt 10) gilt $F = I_0 \sin^2(aX)/(aX)^2$ und $f = \sin^2(NaZ)/\sin^2(aZ)$ mit $a = \dfrac{\pi}{\lambda}\sin\varphi$.

Liegt eine große Anzahl völlig unregelmäßig angeordneter Hindernisse vor, so ist $f \approx N$. Das Beugungsbild entspricht dem bei Beugung an einem Hindernis mit dem Unterschied, daß die Intensität N-mal größer ist: $I = NF$.

5.5. Beugungserscheinungen bei mehrdimensionalen Strukturen

1. Bei einem optisch inhomogenen Körper, bei dem der Durchlaßkoeffizient und der Reflexionskoeffizient von den zwei Koordinaten seiner Oberfläche abhängen, spricht man von einer *zweidimensionalen Struktur*. Ein einfaches Beispiel für eine periodische zweidimensionale Struktur bietet ein ebenes zweidimensionales Beugungsgitter, das man sich aufgebaut denken kann aus zwei im rechten Winkel längs der x- und der y-Achse übereinander gelegten eindimensionalen Beugungsgittern (S. 597) mit den Perioden Z_1 und Z_2.

2. Wenn das Licht längs der z-Achse senkrecht auf ein ebenes, orthogonales zweidimensionales Beugungsgitter einfällt, gelten für die Lage der Hauptmaxima gleichzeitig zwei Bedingungen:

$$Z_1 \cos\alpha = m\lambda \qquad (m = 0, \pm 1, \pm 2, \ldots),$$

$$Z_2 \cos\beta = n\lambda \qquad (n = 0, \pm 1, \pm 2, \ldots);$$

dabei sind α und β die Winkel zwischen den Gitterachsen x und y und der Richtung zum Hauptmaximum der Ordnung (m, n). Den Winkel γ zwischen dieser Richtung und der z-Achse bestimmt man aus der Beziehung

$$\cos^2\alpha + \cos^2\beta + \cos^2\gamma = 1,$$

woraus

$$\cos\gamma = \sqrt{1 - \left(\frac{m\lambda}{Z_1}\right)^2 - \left(\frac{n\lambda}{Z_2}\right)^2}$$

folgt.

Schließt im allgemeinen Fall die Richtung, in der eine ebene Welle in ein zweidimensionales, ebenes rechteckiges Gitter einfällt, mit dessen x-Achse den Winkel α_0 und mit dessen y-Achse den Winkel β_0 ein, so gilt für die Lage der Hauptmaxima

$$Z_1(\cos\alpha - \cos\alpha_0) = m\lambda,$$

$$Z_2(\cos\beta - \cos\beta_0) = n\lambda,$$

wobei m und n ganze Zahlen sind.

3. Ein Körper, dessen optische Eigenschaften von jeder der drei Raumkoordinaten abhängen, stellt eine *dreidimensionale optische Struktur* dar. Als einfaches Beispiel einer dreidimensionalen optischen Struktur, eines *räumlichen Beugungsgitters*, kann ein System gleicher, zweidimensionaler, übereinander in gleichen Abständen angeordneter Gitter angesehen werden. Räumliche Beugungsgitter stellen die Kristallstrukturen fester Körper dar (S. 258). Das Beugungsbild einer dreidimensionalen periodischen Struktur (Kristallgitter) wird durch die Symmetrie dieses Gitters bestimmt.

Die Lage der Hauptmaxima läßt sich mit Hilfe der LAUE-*Gleichungen* berechnen:

$$Z_1(\cos\alpha - \cos\alpha_0) = m\lambda,$$

$$Z_2(\cos\beta - \cos\beta_0) = n\lambda,$$

$$Z_3(\cos\gamma - \cos\gamma_0) = l\lambda;$$

hierbei sind m, n und l ganze Zahlen, Z_1, Z_2 und Z_3 sind die Gitterperioden der drei Achsen, α_0, β_0, γ_0 bzw. α, β, γ sind die Winkel zwischen den Gitterachsen und den jeweiligen einfallenden bzw. gebeugten Strahlen. Die Werte $\cos\alpha$, $\cos\beta$ und $\cos\gamma$ müssen einer (geometrischen) Beziehung genügen, die mit der Lage der Gitterachsen zusammenhängt. Sie lautet beispielsweise für ein orthogonales Gitter $\cos^2\alpha + \cos^2\beta + \cos^2\gamma = 1$. Bei gegebener Richtung der einfallenden Strahlen, d. h. bei gegebenem α_0, β_0 und γ_0, können daher die Maxima der Ordnung m, n, l nur bei einer bestimmten Wellenlänge beobachtet werden. Für ein orthogonales Gitter gilt

$$\lambda = -\frac{\frac{m}{Z_1}\cos\alpha_0 + \frac{n}{Z_2}\cos\beta_0 + \frac{l}{Z_3}\cos\gamma_0}{\left(\frac{m}{Z_1}\cos\alpha_0\right)^2 + \left(\frac{n}{Z_2}\cos\beta_0\right)^2 + \left(\frac{l}{Z_3}\cos\gamma_0\right)^2}.$$

4. Eine zweite, einfachere Methode zur Berechnung der Beugung an einem Kristallgitter beruht darauf, daß man sich den Kristall als System paralleler Ebenen vorstellt. Jede dieser Ebenen enthält eine große Anzahl von Knotenpunkten; man nennt sie *Netzebenen.* Es wird angenommen, daß das einfallende Licht von den Netzebenen wie von einem Spiegel reflektiert wird. Die Ausbildung von Beugungsmaxima erfordert, daß die von sämtlichen parallelen Netzebenen reflektierten Wellen einander bei Interferenz verstärken. Diese Bedingung wird nur dann erfüllt, wenn das Verhältnis zwischen der Wellenlänge λ und dem Einfallswinkel i der WOULFE-BRAGG*schen Bedingung* genügt:

$$2d \cdot \sin\vartheta = k\lambda;$$

hierbei ist $\vartheta = \frac{\pi}{2} - i$ der *Glanzwinkel,* d der Abstand zwischen zwei benachbarten Netzebenen, $k = 1, 2, \ldots$ die *Ordnung der Reflexion.* Der Winkel zwischen der Richtung des Beugungsmaximums und dem einfallenden Strahl beträgt 2ϑ. Die WOULFE-BRAGGsche Formel geht aus den LAUEschen Gleichungen unmittelbar hervor.

5. Aufgrund der WOULFE-BRAGGschen Formel können lediglich Wellen der Länge $\lambda < 2d$ an räumlichen Gittern gebeugt werden. Die Ungleichung $d < \lambda/2$ stellt die *Bedingung der optischen Homogenität eines Kristalles* für elektromagnetische Wellen der Länge λ dar. In Kristallgittern beträgt $d \sim 10^{-7}$ bis 10^{-8} cm. Kristalle sind

daher für sichtbares und ultraviolettes Licht optisch homogen.[1]) An Kristallgittern werden Röntgen- und γ-Strahlen, aber auch Elektronen, Neutronen und andere Mikropartikel, deren DE-BROGLIEsche Wellenlänge genügend klein ist, gebeugt.

6. Sind die Parameter des Gitters bekannt, so kann die Wellenlänge λ aus der Lage der Beugungsmaxima bestimmt werden, d. h., es kann die *Spektralanalyse* des Lichtes (z. B. der Röntgenstrahlen) durchgeführt werden. Umgekehrt kann bei bekannter Wellenlänge des Lichtes, das an einer zu untersuchenden Probe gebeugt wird, aufgrund des Beugungsbildes die Struktur der Probe aufgeklärt werden. Strukturanalytische Methoden, die auf der Beugung von Röntgenstrahlen, Elektronen bzw. Neutronen beruhen, nennt man entsprechend *Röntgenstrukturanalyse, Elektronographie* und *Neutronographie*.

Die Elektronographie findet weite Anwendung insbesondere zur Untersuchung der Oberflächenschichten diverser Stoffe. Dies hängt damit zusammen, daß die Elektronen infolge ihrer intensiven Wechselwirkung mit der Materie nur äußerst wenig in den zu untersuchenden Stoff eindringen (die Eindringtiefe liegt bei 10^{-5} bis 10^{-7} cm).

Die Wechselwirkung zwischen Röntgenstrahlen und Materie ist elektromagnetischer Natur. Die Streuamplitude (S. 698) von Röntgenstrahlen an den Elektronenschalen der Atome vergrößert sich mit zunehmender Ordnungszahl Z des Elementes. Die Streuung der Neutronen ist im wesentlichen durch ihre Wechselwirkung mit den Atomkernen bedingt. Die Streuamplitude langsamer Neutronen (S. 819) ändert sich ungleichmäßig mit Z und ist für die verschiedenen Isotope desselben Elementes nicht gleich; sie liegt jedoch in der gleichen Größenordnung. Die Neutronographie ist daher der Röntgenstrukturanalyse vorzuziehen, wenn es sich um die Untersuchung eines Stoffes handelt, der aus Elementen mit sehr nahe beieinander liegenden oder stark unterschiedlichen Werten von Z (z. B. wasserstoffhaltigen Stoffen) besteht. Die Streuung der Neutronen kann auch durch die elektromagnetische Wechselwirkung zwischen den magnetischen Momenten der Neutronen und der Atome des untersuchten Stoffes bedingt sein. Die Neutronographie wendet man daher auch zur Untersuchung von magnetischen Stoffen an.

5.6. Die Beugung von Radiowellen

1. Die Beugung der Radiowellen untersucht man durch die Lösung der MAXWELLschen Gleichungen für gegebene Strahlungsquellen und für gegebene Grenzbedingungen (S. 486) an der Grenzfläche Erde—Atmosphäre.

Bei der Behandlung der Probleme der Beugung der Radiowellen wird in erster Näherung angenommen, daß die Atmosphäre homogen ist

---

[1]) Dies gilt nur für einen idealen Kristall, dessen Abstände zwischen den Knotenpunkten streng gleichmäßig sind. Reale Kristalle können infolge der Wärmebewegung niemals völlig optisch homogen sein, auch nicht für sichtbares Licht. Ihre optische Inhomogenität tritt beispielsweise bei der RAMAN-Streuung in Kristallen in Erscheinung.

und ihre Dielektrizitätskonstante und magnetische Permeabilität gleich 1 sind ($\varepsilon = \mu = 1$). Die Brechung der Radiowellen (S. 565) wird nicht berücksichtigt.

2. Üblicherweise untersucht man die *Beugung an einer ideal kugelförmigen Erdoberfläche* mit eigenen elektrischen und magnetischen Eigenschaften gesondert von der Beugung am *Relief der Erdoberfläche* (Berge, Vertiefungen u. ä.).
Die Beugung an der Erdoberfläche entspricht dem Untergang (Aufgang) der Radiowellen in den geometrischen Schatten hinter dem Horizont, die Beugung am Relief der Erdoberfläche der Streuung der Radiowellen an Hindernissen, deren Länge mit der Wellenlänge vergleichbar oder kleiner als diese ist.
Die Beugung der Radiowellen an der Erdoberfläche ermöglicht einen Langwellen-Funkverkehr mit Hilfe von Oberflächenwellen, die an der Erdoberfläche gestreut werden.

6. Geometrische Optik

6.1. Grundlagen

1. Als *geometrische Optik* (oder *Strahlenoptik*) bezeichnet man jenen Grenzfall der Wellenoptik, in dem für die Wellenlänge $\lambda \to 0$ gilt. In der geometrischen Optik werden die Wellennatur des Lichtes und die mit ihr zusammenhängenden Beugungserscheinungen nicht berücksichtigt. Dies ist möglich, wenn die Beugungseffekte vernachlässigbar klein sind (z. B. bei Lichtdurchgang durch eine Linse, deren Einfassungsdurchmesser $d \gg \lambda$ ist).

2. In der geometrischen Optik werden die Gesetzmäßigkeiten der Lichtausbreitung in durchsichtigen Medien unter der Annahme betrachtet, daß das Licht die Gesamtheit der *Lichtstrahlen* darstellt. Letztere sind Linien, längs derer sich die Lichtenergie ausbreitet. In optisch isotropen Medien verlaufen die Lichtstrahlen im rechten Winkel zur Wellenfront, in Richtung der von ihr ausgehenden Normalen. In optisch homogenen Medien verlaufen die Strahlen geradlinig. An der Grenze zweier Medien folgen sie den Gesetzen der Reflexion und der Brechung (S. 565). Verschiedene Strahlenbündel können sich überschneiden, ohne zu interferieren. Sie breiten sich nach der Überschneidung unbeeinflußt weiter aus.

3. Das FERMAT*sche Prinzip*: Die Ausbreitung des Lichtes erfolgt zwischen zwei Punkten A und B des Mediums auf jenem Wege, für den die benötigte Zeit ein Minimum ist:

$$\delta T = \delta \int_A^B \frac{dl}{v} = 0 \qquad \text{oder} \qquad \delta \int_A^B ds = 0;$$

dabei ist δ das Variationssymbol (S. 102), dl das Element der Weglänge von A nach B, $v = v(x, y, z)$ die Lichtgeschwindigkeit im betreffenden Medium, $ds = n \cdot dl$ ist das Element der optischen Weglänge, $n = n(x, y, z)$ ist der absolute Brechungsindex des Mediums.

4. Das FERMATsche Prinzip läßt sich aus den HUYGHENSschen Prinzip (S. 583) unter der Bedingung ableiten, daß die Wellenlänge des Lichtes unendlich klein ist. Es ist das grundlegende Prinzip der geometrischen Optik, aus dem sich alle ihre Grundgesetze ableiten. Beispielsweise gilt für ein optisch homogenes Medium

$$\delta \int_A^B ds = n \cdot \delta \int_A^B dl = 0,$$

d. h., aus dem FERMATschen Prinzip folgt das *Gesetz der geradlinigen Ausbreitung des Lichtes in optisch homogenen Medien.* Auf analoge Weise lassen sich die Gesetze der Reflexion und der Brechung ableiten. Aus dem FERMATschen Prinzip folgt auch das Gesetz von der *Umkehrbarkeit des Strahlenganges* (*Reziprozitätsgesetz*): Wenn ein Strahl aus dem ersten Medium auf die Grenzfläche zu einem zweiten Medium unter dem Winkel i einfällt und unter dem Winkel r in das zweite Medium gebrochen wird, dann wird ein Strahl, der aus dem zweiten Medium unter dem Winkel r auf diese Grenzfläche einfällt, unter dem Winkel i in das erste Medium gebrochen. Hieraus folgt die Beziehung zwischen den relativen Brechungsindizes der beiden Medien:

$$n_{12} = \frac{n_1}{n_2} = \frac{1}{n_{21}},$$

wobei n_1 und n_2 deren absolute Brechungsindizes sind.

5. In der geometrischen Optik betrachtet man jeden Punkt S einer Lichtquelle als Zentrum eines ausgehenden Strahlenbündels. Strahlenbündel dieser Art werden als *homozentrisch* bezeichnet. Bleibt ein Strahlenbündel nach Reflexion und Brechung in einem optischen System weiterhin homozentrisch, so wird dessen Zentrum S' als *stigmatisches Bild des Punktes S in diesem optischen System* bezeichnet. Das Bild S' ist *reell*, wenn in ihm (dem Punkt S') die Strahlen des Bündels zusammenlaufen. Es ist *virtuell*, wenn die Verlängerungen der Strahlen in ihm zusammenlaufen. Ähnliche Punkte der Lichtquelle und ihre Abbildungen sowie die zugehörigen Lichtstrahlen und Strahlenbündel werden als *konjugiert* bezeichnet.

6.2. Der ebene Spiegel. Die planparallele Platte. Das Prisma

1. Ein homozentrisches Bündel, das vom Punkt S ausgeht (Bild V.6.1), bleibt auch nach der Reflexion am ebenen Spiegel homozentrisch. Der Punkt S^* heißt *virtuelles Bild* der Quelle S, da er so gelegen ist, daß die reflektierten Strahlen von ihm auszugehen scheinen. Die Gerade SS^* steht senkrecht auf der Spiegelebene, wobei $A = A'$ ist. A und A' sind die Abstände der Quelle und des imaginären Bildes vom Spiegel. Die Abmessungen entsprechender Teile von Quelle und imaginärem Bild sind gleich groß.

2. Bei einer planparallelen Platte (Bild V.6.2) sind Einfallswinkel und der Winkel, unter dem der Lichtstrahl aus der Platte austritt, gleich groß. Die Platte verschiebt den Lichtstrahl parallel zu sich selbst um

den Abstand

$$\Delta = d \sin i \left(1 - \sqrt{\frac{1 - \sin^2 i}{n^2 - \sin^2 i}}\right);$$

dabei ist d die Plattendicke, i der Einfallswinkel des Strahls, n der relative Brechungsindex des Plattenmaterials. Die Lichtquelle erscheint um das Wegstück

$$\Delta' = d \left(1 - \sqrt{\frac{1 - \sin^2 i}{n^2 - \sin^2 i}}\right)$$

der Plattenfläche genähert.

Bei senkrechtem Einfall ($i = 0$) ist $\Delta = 0$ und $\Delta' = d\,\dfrac{n-1}{n}$.

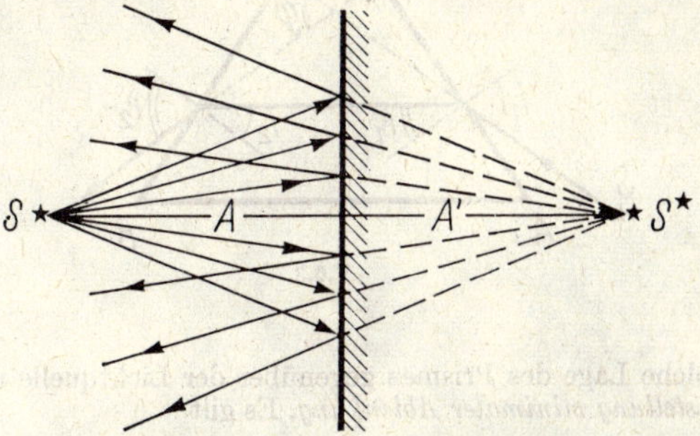

V.6.1.

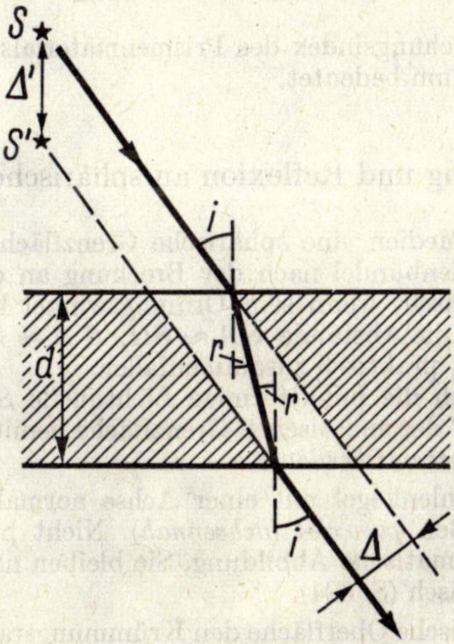

V.6.2.

3. Bei einem Prisma mit der Basis AB und der brechenden Kante C (Bild V.6.3) nennt man den Winkel α zwischen den Grenzflächen AC und BC den *brechenden Winkel des Prismas*. Lichtstrahlen, die in einer senkrecht zu den Kanten A, B und C verlaufenden Ebene auf das Prisma fallen, werden im Winkel $\varphi = i_1 + r_2 - \alpha$ zur Basis AB hin gebrochen; es bedeuten i_1 den Einfallswinkel des Strahles an der Grenzfläche AC und r_2 den Brechungswinkel an der Grenzfläche BC. Bei $r_2 = i_1$ ist der Ablenkungswinkel am kleinsten ($\varphi = \varphi_{\min}$).

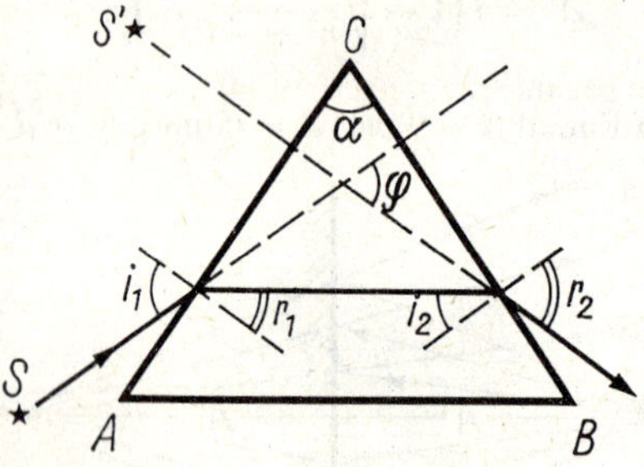

V.6.3.

Eine solche Lage des Prismas gegenüber der Lichtquelle nennt man die *Einstellung minimaler Ablenkung*. Es gilt

$$\sin \frac{\varphi_{\min} + \alpha}{2} = n \sin \frac{\alpha}{2},$$

wobei n den Brechungsindex des Prismenmaterials in bezug auf das umgebende Medium bedeutet.

6.3. Brechung und Reflexion an sphärischen Oberflächen

1. Haben zwei Medien eine sphärische Grenzfläche (Bild V.6.4), so bleibt ein Strahlenbündel nach der Brechung an dieser Fläche nur dann homozentrisch, wenn sein Öffnungswinkel klein ist, genauer gesagt, wenn für die Abstände $SA \approx SO$, $S'A \approx S'O_1$ gilt, und die Punkte O und O_1 praktisch zusammenfallen.
Die Gerade durch die punktförmige Lichtquelle S und das Krümmungszentrum C der sphärischen Grenzfläche nennt man die *optische Achse der sphärischen Oberfläche*.

2. Schmale Strahlenkegel mit einer Achse normal zur sphärischen Grenzfläche heißen *paraxial* (*achsennah*). Nicht paraxiale Strahlen liefern keine stigmatische Abbildung. Sie bleiben nach der Brechung nicht homozentrisch (S. 604).

3. Hat die sphärische Oberfläche den Krümmungsradius R und haben die Medien auf ihren beiden Seiten die Brechungsindizes n_1 und n_2,

dann bleibt für paraxiale Strahlen die Größe $Q = n\left(\frac{1}{\alpha} - \frac{1}{R}\right)$ unveränderlich. Diese Größe heißt *Flächeninvariante der Paraxialstrahlen* (ABBE*sche Invariante nullter Ordnung*):

$$Q = n_1\left(\frac{1}{a_1} - \frac{1}{R}\right) = n_2\left(\frac{1}{a_2} - \frac{1}{R}\right);$$

dabei sind a_1 und a_2 die Abstände zur Quelle und zum Bild, vom Punkt O der Grenzfläche aus gerechnet, die in der Ausbreitungsrichtung des Lichtes positiv zu rechnen sind, entgegengesetzt zur Ausbreitungsrichtung aber negativ (in Bild V.6.4 ist $a_2 > 0$ und $a_1 < 0$). Für zur Lichtquelle konvexe Oberflächen ist $R > 0$, für konkave Oberflächen ist $R < 0$.

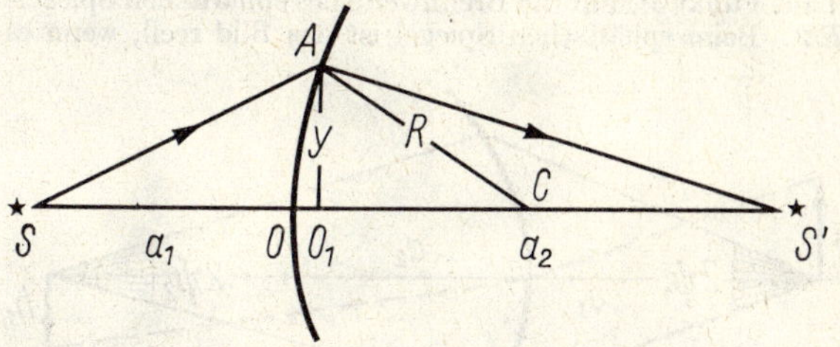

V.6.4.

4. Wird die Beziehung aus Punkt 3 in der Form

$$\frac{n_1}{a_1} - \frac{n_2}{a_2} = \frac{n_1 - n_2}{R} \qquad \text{oder} \qquad \frac{f_1}{a_1} + \frac{f_2}{a_2} = 1$$

verwendet, so spricht man von der *Gleichung der brechenden Kugelfläche.* Hierbei sind

$$f_1 = \frac{n_1 R}{n_1 - n_2} \qquad \text{und} \qquad f_2 = \frac{n_2 R}{n_2 - n_1}$$

die *vordere* und *hintere Brennweite der brechenden Kugelfläche.* Die Punkte F_1 und F_2, für die $a_1 = f_1$ bzw. $a_2 = f_2$ gilt, nennt man den *vorderen* und den *hinteren Brennpunkt der sphärischen Oberfläche.* Befindet sich die Lichtquelle S im Brennpunkt F_1 ($a_1 = f_1$), so entsteht ihr Bild im Unendlichen ($a_2 = \infty$), d. h., der paraxiale Strahlenkegel mit der Spitze in Punkt F_1 wird durch Brechung in ein System paralleler Strahlen umgewandelt. Ist die Lichtquelle S unendlich weit entfernt ($a_1 = -\infty$), so entsteht ihr Bild im Brennpunkt F_2.
Die Brennpunkte F_1 und F_2 sind reell, wenn $f_1 < 0$ und $f_2 > 0$ ist, bzw. wenn entweder $R > 0$ und $n_2 > n_1$ oder $R < 0$ und $n_2 < n_1$ ist. In diesem Fall ist das Bild S' der Lichtquelle S reell ($a_2 > 0$), wenn $a_1/f_1 > 1$ ist.

Die Lage der Lichtquelle S und ihrer Abbildung S' kann auch durch die Abstände x_1 (zwischen F_1 und S) und x_2 (zwischen F_2 und S') charakterisiert werden: $x_1 = a_1 - f_1$ und $x_2 = a_2 - f_2$. Die Größen x_1 und x_2 lassen sich aus der NEWTONschen *Gleichung* berechnen:

$$x_1 x_2 = f_1 f_2 = -\frac{n_1 n_2 R^2}{(n_2 - n_1)^2}.$$

5. Die *Gleichung des sphärischen Spiegels* lautet

$$\frac{1}{a_1} + \frac{1}{a_2} = \frac{2}{R};$$

hierbei ist R der Krümmungsradius des Spiegels, a_1 der Abstand zwischen Spiegel und Lichtquelle, a_2 der Abstand zwischen Spiegel und Bild der Quelle (für die Vorzeichen von a_1, a_2 und R gilt die Regel aus Punkt 3). Für die Brennweite des sphärischen Spiegels gilt: $f = R/2$. Beim sphärischen Spiegel ist das Bild reell, wenn es sich

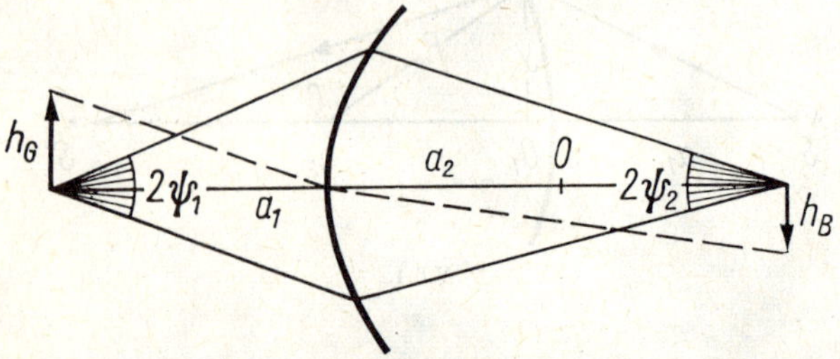

V.6.5.

auf derselben Seite wie die Lichtquelle (der Gegenstand) befindet ($a_2 < 0$); im entgegengesetzten Fall ist es virtuell ($a_2 > 0$). Bei einem konvexen Spiegel ($R > 0$) ist das Bild stets virtuell; bei einem konkaven Spiegel ($R < 0$) ist es reell, wenn $2a_1/R > 1$ ist, und virtuell, wenn $2a_1/R < 1$ ist.

6. Ein leuchtender kleiner Gegenstand mit der Abmessung h_G ($h_G \ll |a_1|$) senkrecht zur optischen Achse der spärischen Fläche (Bild V.6.5) wird mit Hilfe paraxialer Strahlen ebenfalls senkrecht zur optischen Achse abgebildet.

Der Quotient aus den linearen Abmessungen (quer zur optischen Achse) des Bildes (h_B) und des Gegenstandes (h_G) heißt *laterale Vergrößerung* oder *Seitenvergrößerung* (*Abbildungsmaßstab*, *Seitenverhältnis*):

$$Y = \pm \frac{h_B}{h_G}.$$

Das Vorzeichen plus, d. h., wenn $Y > 0$ ist, entspricht einem *aufrechten Bild*; das Vorzeichen minus, d. h. bei $Y < 0$, einem *umgekehrten Bild* (dieser Fall ist in Bild V.6.5 dargestellt).

Unter den oben genannten Bedingungen gilt für die Brechung an einer sphärischen Oberfläche

$$Y = \frac{n_1}{n_2}\frac{a_2}{a_1}.$$

Unter den gleichen Bedingungen gilt für die Reflexion an einem sphärischen Spiegel

$$Y = -\frac{a_2}{a_1}.$$

In beiden Fällen ist das reelle Bild umgekehrt und das virtuelle Bild aufrecht.
Bedeuten $2\psi_1$ und $2\psi_2$ die maximalen Öffnungswinkel der paraxialen Lichtbündel der Lichtquelle bzw. ihres Bildes (Bild V.6.5), so lautet die LAGRANGE-HELMHOLTZ*sche Bedingung* für die Brechung an einer sphärischen Oberfläche

$$h_G n_1 \psi_1 = h_B n_2 \psi_2.$$

7. Die Ebene eines Gegenstandes und die Ebene seines Bildes bezeichnet man als *konjugiert* in bezug auf die sphärische Oberfläche. Konjugierte Ebenen, für die $Y = 1$ ist, nennt man *Hauptebenen.* Bei einer sphärischen Fläche fallen die beiden Hauptebenen mit der diese Fläche im Schnittpunkt der optischen Achse tangierenden Ebene zusammen.

6.4. Dünne Linsen

1. Ein durchsichtiger Körper heißt *Linse,* wenn er von zwei gekrümmten Flächen oder von einer gekrümmten Fläche und einer Ebene begrenzt wird. In der Mehrzahl aller Fälle verwendet man Linsen, deren Flächen sphärische Form haben.

2. Eine Linse heißt *dünn,* wenn ihre Dicke d klein ist im Vergleich mit den Krümmungsradien der Oberflächen R_1 und R_2. Andernfalls spricht man von *dicken Linsen.*

3. Als *optische Hauptachse einer Linse* bezeichnet man die Gerade, die durch die beiden Krümmungszentren ihrer Oberfläche verläuft. Bei einer dünnen Linse kann man annehmen, daß die Schnittpunkte der optischen Hauptachse mit den beiden Linsenflächen in Punkt O (Bild V.6.6), dem sogenannten *optischen Zentrum der Linse* zusammenfallen. Eine dünne Linse besitzt eine gemeinsame *Hauptebene* (s. oben) für beide Linsenflächen; sie verläuft senkrecht zur optischen Hauptachse durch das optische Zentrum der Linse.
Alle Geraden, die durch das optische Zentrum der Linse gehen und nicht mit der optischen Hauptachse zusammenfallen, nennt man *Nebenachsen der Linse.*
Strahlen, die längs der optischen Achsen (der Haupt- sowie der Nebenachsen) der Linse verlaufen, werden nicht gebrochen.

4. Die Gleichung für dünne Linsen lautet

$$\frac{1}{a_2} - \frac{1}{a_1} = (n_{21} - 1)\left(\frac{1}{R_1} - \frac{1}{R_2}\right);$$

dabei ist $n_{21} = n_2/n_1$; n_2 und n_1 sind die absoluten Brechungsindizes des Linsenmaterials und des die Linse umgebenden Mediums, R_1 und R_2 die Krümmungsradien der vorderen und der hinteren Linsenfläche (in bezug auf den Gegenstand), a_1 und a_2 die Abstände vom optischen Zentrum der Linse längs seiner Hauptachse zum Gegenstand bzw. zu dessen Bild. Für die Vorzeichen von R_1, R_2, a_1 und a_2 gelten die

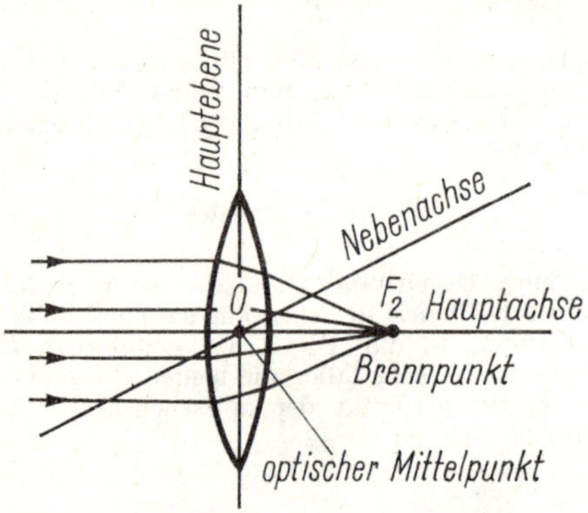

V.6.6.

gleichen Regeln wie bei Brechung an einer sphärischen Fläche (S. 606). Die oben genannte Formel für dünne Linsen gilt nur für paraxiale Strahlen (S. 606).

5. Die Größe

$$f = \frac{1}{(n_{21} - 1)\left(\frac{1}{R_1} - \frac{1}{R_2}\right)}$$

nennt man die *Brennweite der Linse.* Die zu beiden Seiten der Linse auf der optischen Hauptachse im Abstand f vom optischen Zentrum gelegenen Punkte sind die *Hauptbrennpunkte der Linse.* Für den vorderen Hauptbrennpunkt gilt $F_1a_1 = -f$; für den hinteren Hauptbrennpunkt gilt $F_2a_2 = f$. Befindet sich eine Quelle monochromatischen Lichtes im Punkt F_1, so entsteht ihr Bild im Unendlichen ($a_2 = \infty$). Ist die Quelle monochromatischen Lichtes unendlich weit entfernt ($a_1 = -\infty$), so erhält man ihr Bild im Punkt F_2.
Die senkrecht zur optischen Hauptachse der Linse durch die Hauptbrennpunkte F_1 und F_2 gehenden Ebenen nennt man *Brennpunktsebenen der Linse.* Die Schnittpunkte der Nebenachsen mit den Brennpunktsebenen nennt man *Nebenbrennpunkte der Linse.*

6. Eine Linse wird als *Sammellinse* (*positive Linse*) bezeichnet, wenn ihre Brennweiten $f > 0$ sind. *Zerstreuungslinsen* (*negative Linsen*) sind solche, deren Brennweiten $f < 0$ sind.
Bei $n_2 > n_1$ werden Sammellinsen vom Zentrum zum Rand hin dünner; zu ihnen gehören *bikonvexe*, *plankonvexe* und *konkavkonvexe* Linsen (*positive Meniskuslinsen*). Unter der gleichen Bedingung werden die Zerstreuungslinsen vom Zentrum zum Rand hin dicker; zu ihnen gehören *bikonkave*, *plankonkave* und *konvexkonkave* Linsen (*negative Meniskuslinsen*). Bei $n_2 < n_1$ erfolgt die Klassifikation der Linsen im umgekehrten Sinn.

7. Fällt ein Bündel paralleler monochromatischer Strahlen auf eine Sammellinse, so schneiden sich alle gebrochenen Strahlen in jenem Nebenbrennpunkt der Linse, dem die parallel zu den einfallenden Strahlen verlaufende optische Achse entspricht. Fällt ein ebensolches Strahlenbündel auf eine Zerstreuungslinse, so divergieren die gebrochenen Strahlen derart, daß sich ihre Verlängerungen (in rückläufiger Richtung) im entsprechenden Nebenbrennpunkt der Linse schneiden. Die Brennpunkte einer Sammellinse sind daher reell, die einer Zerstreuungslinse virtuell.

8. Für Linsen gilt die Gleichung (*Linsengleichung*)

$$\frac{1}{s} + \frac{1}{d} = \pm \frac{1}{|f|} \quad \text{oder} \quad \frac{1}{s} + \frac{1}{d} = \frac{1}{f},$$

wobei $s = |a_1|$, $d = a_2$ und $f_1 = f_2$ die Brennweite der Linse ist. Das Pluszeichen entspricht einer Sammellinse, das Minuszeichen einer Zerstreuungslinse.
Die Größe

$$\Phi = \frac{1}{f}$$

nennt man die *Brechkraft der Linse*. Bei Sammellinsen ist $\Phi > 0$, bei Zerstreuungslinsen ist $\Phi < 0$. Die Brechkraft einer Linse wird in *Dioptrien* angegeben. Die Dimension einer Dioptrie ist m^{-1}.

9. Eine dünne Linse liefert eine formtreue Abbildung des Gegenstandes, wenn das Licht monochromatisch und der Gegenstand klein (oder hinreichend weit von der Linse entfernt) ist, so daß die vom Gegenstand ausgehenden Strahlen in unmittelbarer Nähe der optischen Hauptachse der Linse einfallen (paraxial).

10. Die Konstruktion des von einer Linse erzeugten Bildes eines Gegenstandes realisiert man mit Hilfe zweier Strahlen von jedem Punkt des Gegenstandes aus. Der Bildpunkt liegt dort, wo sich die beiden Strahlen nach Durchgang durch die Linse schneiden (im Fall eines imaginären Bildes dort, so sich die Verlängerungen der beiden Strahlen nach hinten schneiden). Gewöhnlich benutzt man beliebige zwei der drei folgenden Strahlen: den Strahl, der ungebrochen durch das optische Zentrum der Linse verläuft (Zentralstrahl, Hauptstrahl), den Strahl, der parallel zur optischen Hauptachse in die Linse einfällt (nach Brechung in der Linse geht der Strahl oder seine Verlängerung durch den hinteren Hauptbrennpunkt: Parallelstrahl) und

den Strahl (oder seine Verlängerung), der durch den vorderen Hauptbrennpunkt der Linse geht und gebrochen parallel zu ihrer Hauptachse verläuft (Brennpunktstrahl).

11. Die laterale Vergrößerung dünner Linsen ist $Y = a_2/a_1$: Für reelle Bilder ist $Y < 0$, d. h., die Bilder sind umgekehrt. Für imaginäre Bilder ist $Y > 0$, diese sind aufrecht. Für $a_2 = -a_1$ liefert die Linse ein reelles, umgekehrtes, gleich großes Bild des Gegenstandes. Das ist nur dann möglich, wenn Gegenstand und Bild sich im Abstand der doppelten Brennweite von der Linse befinden.

12. Bei der Abbildung eines Gegenstandes durch dünne Linsen treten zahlreiche Verzerrungen auf (S. 619). Zur Verminderung dieser Fehler verwendet man Gruppen von Linsen. Derartige Anordnungen heißen *optische Systeme.*

6.5. Zentrierte optische Systeme

1. Ein optisches System heißt *zentriert*, wenn die Krümmungszentren aller seiner brechenden Oberflächen auf einer Geraden liegen, die man als *optische Hauptachse des Systems* bezeichnet.

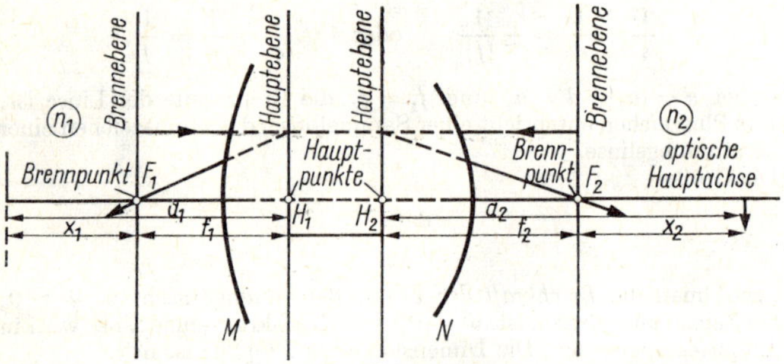

V.6.7.

2. Ein optisches System, bei dem homozentrische Strahlen erhalten bleiben und das ein geometrisches Bild des Gegenstandes vermittelt, heißt *ideales optisches System.* Als annähernd ideales (S. 623) optisches System erweist sich ein zentriertes optisches System, bei dem man die Abbildung mit Hilfe homozentrischer Strahlenbündel monochromatischen Lichtes erzielt.

3. Jedes ideale optische System besitzt zwei Hauptebenen und zwei Brennebenen. Die *Hauptebenen* stehen senkrecht zur optischen Hauptachse und fallen im allgemeinen nicht zusammen. Es handelt sich dabei um die einander zugeordneten Ebenen, denen die laterale Vergrößerung $Y = 1$ entspricht. Die *Brennebenen* stehen ebenfalls senkrecht zur optischen Hauptachse und schneiden diese in den Brennpunkten. Die Punkte H_1 und H_2, die Schnittpunkte der Hauptebenen mit der optischen Hauptachse des Systems (Bild V.6.7),

heißen *Hauptpunkte des Systems.* Die Abstände zwischen ihnen und den Brennpunkten heißen *Brennweiten des Systems.*

4. Mit f_1 und f_2 als Brennweiten des optischen Systems ist die Lage der zugeordneten Punkte (S. 607) durch die Abstände a_1 und a_2 zur entsprechenden Hauptebene bestimmt (unter Berücksichtigung der Vorzeichenregel, S. 608) und die Abstände x_1 und x_2 vom Gegenstand zum vorderen Brennpunkt und vom Bild zum hinteren Brennpunkt des Systems ($x_1 = a_1 - f_1$, $x_2 = a_2 - f_2$). Es gelten die Gleichungen

$$\frac{f_1}{a_1} + \frac{f_2}{a_2} = 1, \quad x_1 x_2 = f_1 f_2, \quad \frac{f_1}{f_2} = -\frac{n_1}{n_2}, \quad Y = -\frac{x_2}{f_2} = -\frac{f_1}{x_1},$$

wobei n_1 und n_2 die absoluten Brechungsindizes der Medien sind, in die Gegenstand und Bild eingebettet sind.

Wenn es sich dabei um dieselben Medien handelt ($n_1 = n_2$), gilt

$$\frac{1}{a_2} - \frac{1}{a_1} = \frac{1}{f}; \quad x_1 x_2 = -f^2; \quad f_2 = -f_1 = f.$$

5. Ein optisches System charakterisiert man durch die *Winkelvergrößerung* (*Winkelverhältnis*) Z:

$$Z = \frac{\tan \psi_2}{\tan \psi_1};$$

dabei ist ψ_1 der Öffnungswinkel des Strahlenbündels vom Gegenstandspunkt (S. 608) und ψ_2 derselbe Winkel am zugeordneten Punkt des Bildes. Bei einem umgekehrten Bild sind die Vorzeichen von ψ_1 und ψ_2 verschieden, und es ist $Z < 0$; bei einem aufrechten Bild ist $Z > 0$.

Die laterale Vergrößerung (S. 608) und die Winkelvergrößerung stehen in der Relation

$$ZY = \frac{n_1}{n_2}.$$

Wenn Gegenstand und Bild im gleichen Medium liegen ($n_1 = n_2$), gilt

$$ZY = 1.$$

6. Zugeordnete Punkte, für die $Z = 1$ ist, heißen *Knotenpunkte des optischen Systems.* Zugeordnete Strahlen, die von diesen Knotenpunkten ausgehen, sind zueinander parallel. Die Knotenpunkte liegen von den Brennpunkten F_1 und F_2 in den Abständen $x_1 = f_2$ und $x_2 = f_1$. Die beiden Ebenen durch die Knotenpunkte senkrecht zur optischen Hauptachse heißen *Knotenebenen.*

7. Das optische System läßt sich auch durch die *longitudinale Vergrößerung* $X = dx_2/dx_1 = -x_2/x_1$ charakterisieren (*Tiefenvergrößerung*):

$$X = \frac{n_2}{n_1} Y^2; \quad XZ = Y.$$

8. Die zwei Hauptebenen, die zwei Brennebenen und die zwei Knotenebenen bilden die sechs *Kardinalebenen des Systems.* Die entsprechenden sechs Punkte heißen *Kardinalpunkte des Systems.* Für $n_1 = n_2$ gilt $f_1 = -f_2$, und die Knotenebenen fallen mit den Hauptebenen zusammen. Es bleiben dann nur vier Kardinalebenen und Kardinalpunkte. Den Übergang von einem optischen System zu einer dünnen Linse vollzieht man durch Zusammenrücken der beiden Hauptebenen in eine Ebene bzw. der Hauptpunkte zu einem Punkt. Eine dünne Linse wird durch drei Kardinalpunkte — die Brennpunkte und das optische Zentrum — und durch die entsprechenden Ebenen bestimmt.

9. Für die Brennweite einer dicken sphärischen Linse in Luft ($n_1 = n_2 = 1$) gilt

$$f = \frac{1}{(n-1)\left(\frac{1}{R_1} - \frac{1}{R_2} + \frac{n-1}{n}\frac{d}{R_1 R_2}\right)};$$

hierbei ist n der absolute Brechungsindex des Linsenmaterials, d die Dicke der Linse in der optischen Hauptachse, r_1 und r_2 die Krümmungsradien der Linsenoberfläche (Vorzeichenregel s. S. 608).

Für den Abstand h_1 des vorderen Hauptpunktes H_1 einer dicken Linse und den Abstand h_2 des hinteren Hauptpunktes H_2 gilt

$$h_1 = -\frac{R_1 d}{n(R_2 - R_1) + (n-1)\,d}$$

und

$$h_2 = -\frac{R_2 d}{n(R_2 - R_1) + (n-1)d};$$

diese Abstände werden von den entsprechenden Schnittpunkten O_1 und O_2 der optischen Hauptachse mit der vorderen bzw. hinteren Oberfläche der Linse in Richtung der Lichtausbreitung gemessen. Beispielsweise ist bei einer bikonvexen Linse ($R_1 > 0,\ R_2 < 0$) bzw. einer bikonkaven Linse ($R_1 < 0,\ R_2 > 0$) $h_1 > 0$ und $h_2 < 0$, d. h., der Hauptpunkt H_1 liegt rechts vom Punkt O_1 und der Hauptpunkt H_2 links vom Punkt O_2.

Bei $(n-1)\,d \ll n\,|R_2 - R_1|$ können folgende Näherungsformeln angewandt werden:

$$h_1 = \frac{R_1 d}{n(R_1 - R_2)} \quad \text{und} \quad h_2 = \frac{R_2 d}{n(R_1 - R_2)}.$$

10. Bei einem zentrierten optischen System aus zwei dünnen Linsen mit der optischen Brechkraft Φ_1 und Φ_2, die sich im Abstand d voneinander befinden, gilt für die optische Brechkraft Φ:

$$\Phi = \Phi_1 + \Phi_2 - \Phi_1\Phi_2 d, \qquad \frac{1}{f} = \frac{1}{f_1} + \frac{1}{f_2} - \frac{d}{f_1 f_2},$$

wobei $f_1 = 1/\Phi_1$ und $f_2 = 1/\Phi_2$ die Brennweiten der beiden Linsen bedeuten. Für die Lage der Hauptpunkte (s. Punkt 9) gilt

$$h_1 = d\,\frac{\Phi_2}{\Phi} = \frac{fd}{f_2} = \frac{f_1 d}{f_1 + f_2 - d},$$

$$h_2 = -d\,\frac{\Phi_1}{\Phi} = -\frac{fd}{f_1} = -\frac{f_2 d}{f_1 + f_2 - d};$$

h_1 und h_2 werden vom optischen Zentrum der ersten bzw. zweiten Linse aus gemessen. Für den Fall, daß die beiden dünnen Linsen dicht aneinander geschlossen sind ($d = 0$), gilt:

$$\Phi = \Phi_1 + \Phi_2; \qquad f = \frac{f_1 f_2}{f_1 + f_2}; \qquad h_1 = h_2 = 0.$$

6.6. Optische Instrumente

1. Ein optisches Instrument dient zur Herstellung eines deutlichen Bildes auf einem Schirm oder auf einer lichtempfindlichen Vorrichtung (Auge, Photoplatte, u. ä.) von weit entfernten großen oder von nahen kleinen Gegenständen oder zur Herstellung von Bildern kleiner Details großer naher Gegenstände, zur Herstellung normaler Bilder in Augen mit anomalen optischen Eigenschaften oder zur Projektion eines Gegenstandes auf einen großen Bildschirm. Je nach dem angegebenen Zweck der optischen Instrumente spricht man von Fernrohren (Teleskopen), Lupen, Mikroskopen, Brillen oder Projektionsapparaten.

2. Optische Instrumente vergrößern den Sehwinkel des Bildes im Vergleich zum Sehwinkel des Gegenstandes. *Sehwinkel* heißt jener Winkel, unter dem die Strahlen von den Randpunkten des Gegenstandes oder Bildes im optischen Zentrum des Auges eintreffen. Die *Vergrößerung optischer Instrumente* ist

$$N = \frac{\tan \varphi_{\mathrm{B}}}{\tan \varphi_{\mathrm{G}}};$$

dabei sind φ_{B} und φ_{G} die Sehwinkel des Gegenstandes und des Bildes.

3. Ein optisches Instrument liefert gewöhnlich ein zweidimensionales (ebenes) Bild eines dreidimensionalen (räumlichen) Gegenstandes (Objektes). Die Begrenzung der Öffnungswinkel der vom Gegenstand ausgehenden Lichtstrahlen (S. 608), die zur Erzielung eines scharfen Bildes notwendig ist, erreicht man mit Hilfe von *Blenden*. Dies können entweder kreisförmige Öffnungen in einem undurchsichtigen Schirm oder die Fassung einer der Linsen des Systems sein.

4. Als *Eintritts-* und *Austrittspupillen* bezeichnet man jene Öffnungen bzw. Blenden der optischen Instrumente, welche die in das Instrument einfallenden oder die von ihm austretenden Strahlen-

bündel am stärksten begrenzen (Bild V.6.8). Befindet sich die Blende innerhalb des Gerätes, so dient ihr Bild im (relativ zum Gegenstand) vorderen Teil des Gerätes als Eintrittspupille, ihr Bild im hinteren Teil als Austrittspupille.

5. Der Winkel, unter dem man im Schnittpunkt der optischen Hauptachse des Gerätes mit der Gegenstandsebene den Durchmesser der Eintrittspupille sieht, heißt *Öffnungswinkel* oder *Apertur*. Der Winkel, unter dem man den Durchmesser der Austrittspupille im Schnittpunkt der optischen Hauptachse mit der Bildebene sieht, heißt *Projektionswinkel* (*Gesichtsfeldwinkel*).

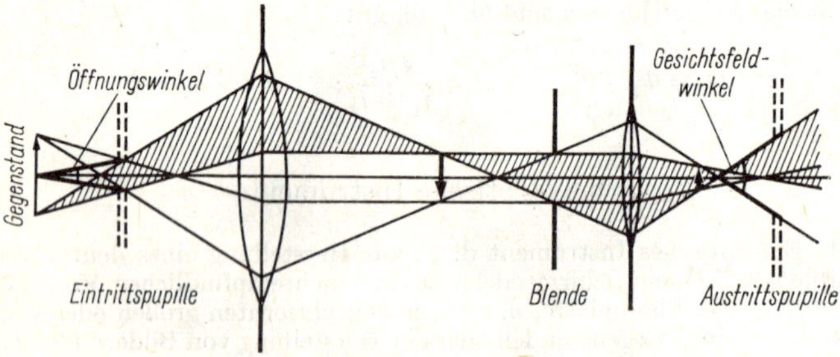

V.6.8.

Zur Begrenzung des Gesichtsfeldes (in der Gegenstandsebene) verwendet man, abgesehen von der Blendenöffnung, noch eine *Gesichtsfeldblende*, deren Rolle auch die Einfassung einer Linse im System spielen kann. Der Rand der Gesichtsfeldblende oder deren reelles Bild in dem Bereich zwischen Blende und Gegenstand heißt *Luke* (*Eintrittsluke*). Eine gute Begrenzung des Gesichtsfeldes erreicht man, wenn man die Lukenebene und die Gegenstandsebene zusammenfallen läßt.

6. Der Quotient aus der Fläche der Eintrittspupille und dem Quadrat der vorderen (objektseitigen) Brennweite der *Objektiv*linse des Gerätes heißt *Lichtstärke* (*geometrische Lichtstärke*) I des Objektivs. Für die Beleuchtungsstärke (S. 627) des Bildes eines entfernten Gegenstandes gilt $E \sim I$.
Das Verhältnis des Durchmessers der Eintrittspupille zur Brennweite des Objektivs nennt man die *relative Objektivöffnung* Ω. Für die Beleuchtungsstärke des Bildes eines entfernten Gegenstandes gilt

$$E \sim \Omega^2.$$

7. Eine *Lupe* ist ein System aus einer oder mehreren Linsen mit kleiner Brennweite ($f = 10$ bis 100 mm). Der Gegenstand wird meist in die Nähe des vorderen Brennpunktes der Lupe gebracht, um ein virtuelles, aufrechtes, vergrößertes Bild zu erhalten, das das Auge ohne verstärkte Akkommodation betrachten kann. Für die Ver-

größerung N gilt $N = D/f$, wobei D den *Abstand der deutlichen Sehweite* bedeutet. (Für das normale menschliche Auge ist $D = 250$ mm).

8. Ein *Mikroskop* besteht aus der Kombination zweier optischer Systeme (aus einer oder mehreren Linsen) — dem *Objektiv* und dem *Okular* —, deren Brennweiten f_1 und f_2 verschieden sind. Kleine Objekte, die man in der Nähe des vorderen Brennpunktes des Objektives anbringt, liefern ein reelles umgekehrtes Bild, das man mit Hilfe des Okulars beobachtet. Das Okular dient dabei als Lupe.
Für die Mikroskopvergrößerung gilt

$$N = \frac{\Delta}{f_1} \frac{D}{f_2},$$

wobei f_1 und f_2 die Brennweiten von Objektiv und Okular sind, Δ der Abstand zwischen den Brennpunkten der beiden Systeme und D die deutliche Sehweite.
Für kleine Brennweiten f_1 und f_2 kann N die Größenordnung 10^3 erreichen. Die Grenzen der Vergrößerung N werden durch Beugungserscheinungen bestimmt (S. 623). Gute Beleuchtung der Gegenstände mit breiten Lichtbündeln (für eine Vergrößerung des Auflösungsvermögens des Mikroskops s. S. 624) erreicht man mit Hilfe eines *Kondensors*, dessen Brennpunkt in der Gegenstandsebene liegt. Das Objektiv muß bezüglich der Punkte in der Nähe seines Brennpunktes aplanatisch (S. 621) und achromatisch (S. 622) sein. Die Größe des Auflösungswinkels für das vom Gegenstand in das Objektiv des Mikroskops eintretende Lichtbündel ist infolge innerer Totalreflexion an der oberen Oberfläche des Deckglases begrenzt. Zur Vergrößerung dieses Winkels und damit auch des Auflösungsvermögens des Mikroskops verwendet man Immersionsobjektive (S. 624).

9. Ein Fernrohr besteht aus einer Kombination zweier optischer Systeme (aus einer oder mehreren Linsen), dem Objektiv und dem Okular. Ein reelles, verkleinertes, umgekehrtes Bild eines weit entfernten Gegenstandes, das vom Objektiv erzeugt wird, betrachtet man mit dem Okular als Lupe. Für weit entfernte Objekte läßt man die vordere Brennebene des Okulars mit der hinteren Brennebene des Objektives zusammenfallen (*teleskopisches System*).
Die Vergrößerung des Fernrohres ist

$$N = \frac{f_1}{f_2},$$

wobei f_1 und f_2 die Brennweiten von Objektiv und Okular sind.
Fernrohre zur Beobachtung entfernter Gegenstände auf der Erde enthalten noch ein zusätzliches optisches System, das die Umkehrung des umgekehrten Bildes in ein aufrechtes bewirkt.
Der Durchmesser der Austrittspupille eines Fernrohres soll nicht größer sein als derjenige der Pupille des Auges d_0 (bei Nacht ist $d_0 \approx 6$ bis 8 mm, bei Tag $d_0 \approx 2$ bis 3 mm), da sonst ein Teil des Lichtes aus dem optischen System nicht in das Auge des Beobachters kommt. Das optimale Verhältnis des Objektivdurchmessers d_1 zum Okulardurchmesser d_2 ist $d_1/d_2 = f_1/f_2 = N$, wobei $d_2 \leqq d_0$ ist. In diesem Fall entspricht der Durchmesser der Eintritts- bzw. Austritts-

pupille d_1 bzw. d_2. Die Vergrößerung N eines Fernrohres mit gegebenem Objektivdurchmesser ist nach oben hin infolge der Lichtbeugung, die an zu kleinen Austrittspupillen auftritt, begrenzt. Der Durchmesser der Austrittspupille soll 1 mm nicht unterschreiten.

10. Unter *Spektralapparaten* versteht man optische Geräte, die zur spektralen Zerlegung elektromagnetischer Strahlung des optischen Bereiches (d. h. der infraroten, sichtbaren und ultravioletten Strahlung) und ihrer Untersuchung dienen.

Das optische System von Spektralapparaten mit räumlicher Auflösung besteht aus einer Lichtquelle, einem schmalen Eintrittsspalt, in den die zu untersuchende Strahlung einfällt, einem vorderen Objektiv (*Kollimator*), einem dispergierenden Element und einem hinteren Objektiv (*Kammerobjektiv*). Als dispergierende Elemente werden Prismen, Beugungsgitter, das Fabry-Perotsche Gitter, das Michelson-Stufengitter usw. verwendet. Die Spektralapparate werden demnach als *Prismen-*, *Gitter-*, (*Beugungs-*) und *Interferenzapparate* bezeichnet. Bei Prismenapparaten ist das Prisma zumeist im Winkel der geringsten Ablenkung (S. 606) angeordnet. Der Kollimator wandelt das durch den Spalt eindringende divergierende Lichtbündel in ein Bündel paralleler Strahlen um, das in das dispergierende Element einfällt. In der hinteren Brennpunktebene des Kammerobjektives bildet sich das *Spektrum*, das ein System von Abbildungen des Eingangsspaltes durch monochromatisches Licht verschiedener Frequenzen darstellt. In *Spektroskopen* wird das Spektrum visuell registriert. In *Spektrographen* geschieht dies auf photographischem Weg. In *Spektrometern* wird die Intensität der Strahlung gemessen, die aus einem in der Brennpunktebene des Kammerobjektives gelegenen schmalen Spalt kommt.

11. Als *Winkeldispersion eines Spektralapparates* wird die Größe

$$D = \frac{d\varphi}{d\lambda}$$

bezeichnet, wobei $d\varphi$ den Winkelabstand, d. h. den Winkelunterschied beim Austritt aus dem Prisma (oder dem Beugungsgitter) für zwei Lichtstrahlen mit der Wellenlänge λ und $\lambda + d\lambda$ (beide im Vakuum) bedeutet. Die Winkeldispersion eines Beugungsgitters für das Spektrum der m-ten Ordnung (S. 597) gilt

$$D = \frac{m}{Z \cos \varphi},$$

wobei Z die Gitterperiode bedeutet.

Als *lineare Dispersion eines Spektralapparates* bezeichnet man die Größe

$$D^* = \frac{dl}{d\lambda};$$

hierbei ist dl der Abstand zwischen den Spektrallinien, die den Wellenlängen λ und $\lambda + d\lambda$ entsprechen. Die lineare Dispersion eines Spektralapparates hängt von seiner Winkeldispersion und der Brennweite f_2 des Kammerobjektives ab: $D^* = D \cdot f_2$.

6.7. Abbildungsfehler optischer Systeme

1. Verzerrungen des Bildes in optischen Systemen, die man durch Verwendung breiter, lichtstarker Strahlenbündel und durch Abbildung mit nicht monochromatischem Licht hervorruft, heißen *Abbildungsfehler* (*Aberrationen*).

Unter der *geometrischen Aberration* versteht man Bildfehler, die von der Verwendung breiter zur Hauptachse geneigter Bündel monochromatischen Lichtes herrühren. Unter der *chromatischen Aberration* versteht man einen Bildfehler, der durch die Dispersion des Lichtes (S. 648) in den Linsen des optischen Systems bei Verwendung von weißem Licht bedingt ist.

2. Die Verwendung breiter Strahlenbündel in optischen Systemen führt zur *sphärischen Aberration* und zum *Komafehler*.

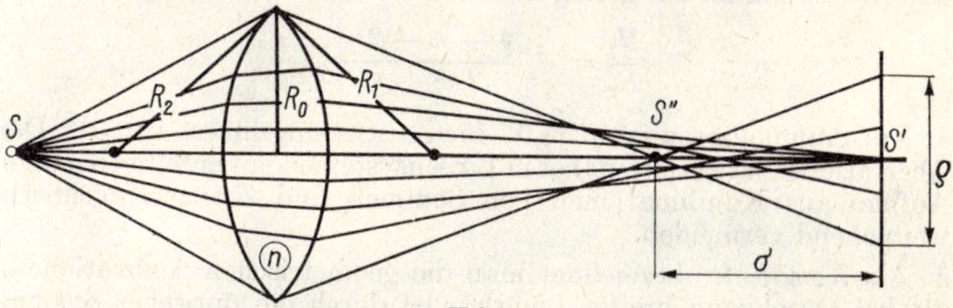

V.6.9.

Infolge der sphärischen Aberration erscheint ein Punkt S des Gegenstandes (Bild V.6.9), der auf der optischen Hauptachse des Systems liegt, im Bild in der Form eines *Kreisscheibchens*. Der Radius ϱ des Kreises heißt *transversale sphärische Aberration*. Der Abstand σ zwischen den Bildern S' und S'' in der Austrittspupille des Systems (S. 615), die den Abbildungen durch paraxiale Strahlen einerseits (S. 606) und durch die Randstrahlenbündel andererseits entsprechen, heißt *longitudinale sphärische Aberration*.

Die Fläche, die sämtliche gebrochenen Strahlen des Bündels erfaßt, heißt *kaustische Fläche* (*Kaustik*); ihren Schnitt mit der durch den Strahl gehenden Ebene nennt man *kaustische Linie*. Bei sphärischer Aberration besitzt die kaustische Fläche eine Symmetrieachse.

3. Die sphärischen Aberrationen einer Linse von Bildern in deren Hauptbrennpunkt (d. h. von Bildern weit entfernter Gegenstände, die man mit Hilfe breiter Strahlenbündel erhält, die parallel zur optischen Achse eintreffen) heißen *sphärische Hauptaberrationen der Linse*.

Für bikonvexe Linsen mit den Krümmungsradien R_1 und R_2 ($R_1 > 0$, $R_2 < 0$) sind die sphärischen Hauptaberrationen gegeben durch:

$$\varrho = K R_0^3, \qquad \sigma = -f_2 K R_0^2$$

mit

$$K = \frac{n^2}{2}\left\{\frac{1}{R_1^2}\left[1 - \frac{2(n^2-1)}{n^3}\right] + \frac{1}{R_1 R_2}\left(\frac{1}{n^2} + \frac{2}{n} - 2\right) + \frac{1}{R_2^2}\right\}.$$

Dabei ist R_0 der Radius der Linse, n deren relativer Brechungsindex und f_2 deren Hauptbrennweite. Bei Vergrößerung von n nimmt bei gleichbleibender Form der Linse der Absolutbetrag von σ ab. Die Aberrationen sind geringer, wenn die Linse ihre Oberfläche mit größerem Krümmungsradius dem Gegenstand zuwendet ($R_1 < |R_2|$). Ist $R_1 = -R_2 = R$, so gilt

$$K = \frac{1}{R^2}\left(2n^2 - 2n + \frac{1}{n} - \frac{1}{2}\right).$$

Für eben-konvexe Linsen, deren konvexe Seite zum Gegenstand gewendet ist ($R_1 = R$, $R_2 = \infty$), gilt

$$K = \frac{n^2}{2R^2}\left[1 - \frac{2(n^2-1)}{n^3}\right].$$

Die Aberration ist am geringsten, wenn

$$\frac{R_1}{R_2} = -\frac{4 + n - 2n^2}{2n^2 + n}$$

ist.

4. Für Sammellinsen ist $\sigma < 0$, für Zerstreuungslinsen $\sigma > 0$. Die Aberrationen lassen sich daher in Linsensystemen mit entsprechendem Aufbau aus Kombinationen von Sammel- und Zerstreuungslinsen weitgehend vermeiden.

5. Als *Komafehler* bezeichnet man die geometrischen Aberrationen, die bei Durchgang breiter Lichtbündel durch ein optisches System zustande kommen, wenn die Lichtbündel von Gegenstandspunkten ausgehen, die in einem gewissen Abstand von der optischen Hauptachse liegen. Die Abbildung eines solchen Punktes stellt einen langgezogenen ungleichmäßig hellen Fleck dar, der an einen Kometen erinnert. Dem Komafehler entspricht eine Kaustik (S. 619) mit nur einer Symmetrieebene, die durch den außerhalb der Achse befindlichen Gegenstandspunkt und die optische Achse des Systems geht.

6. Ist für den auf der optischen Hauptachse des Systems gelegenen Punkt S die sphärische Aberration beseitigt, so kann auch der Komafehler für alle Punkte eines kleinen Gegenstandes, die nahe S in der senkrecht zur optischen Hauptachse verlaufenden Ebene gelegen sind, aufgehoben werden. Um dies zu erreichen, muß die ABBE*sche Sinusbedingung* erfüllt sein:

$$y_1 n_1 \sin\psi_1 = y_2 n_2 \sin\psi_2;$$

dabei sind n_1 und n_2 die absoluten Brechungsindizes der Medien, in denen sich der Gegenstand bzw. seine Abbildung befinden, y_1 und y_2 sind die Abstände vom beobachteten Gegenstands- bzw. Bildpunkt zur optischen Hauptachse des Systems, ψ_1 und ψ_2 sind die maximalen Winkel zwischen der optischen Hauptachse und den konjugierten Strahlen (Bild V.6.5). Die Sinusbedingung leitet sich aus der Notwendigkeit der Tautochronie (S. 578) für den Lichtweg aller Strahlen, durch die die Abbildung der einzelnen Gegenstandspunkte zustande kommt, ab. Für paraxiale Strahlen sind die Winkel ψ_1 und ψ_2 klein, da $\sin\psi_1 = \psi_1$ und $\sin\psi_2 = \psi_2$ und somit die Sinusbedingung in die LAGRANGE-HELMHOLTZsche Gleichung (S. 609) übergeht.

Die Sinusbedingung kann nur für ein Paar konjugierter Ebenen des Systems erfüllt werden, die man als *aplanatisch* bezeichnet. Die aberrationsfreie Abbildung eines kleinen Gegenstandes kann daher mit einem breiten Lichtbündel nur bei einem ganz bestimmten (berechneten) Abstand zwischen Gegenstand und optischem System erreicht werden. *Aplanatische Linsen* (*Aplanate*) finden weite Anwendung als Mikroskopobjektive, da hier der untersuchte kleine Gegenstand stets in die Nähe des vorderen Hauptbrennpunktes des Objektives gebracht wird.

7. Die Verwendung schiefer (auch schmaler) Strahlenbündel von Gegenstandspunkten in einiger Entfernung von der optischen Achse des Systems führt zum Astigmatismus schiefer Strahlenbündel sowie zu einer *Bildfeldwölbung* und zur *Verzeichnung*.

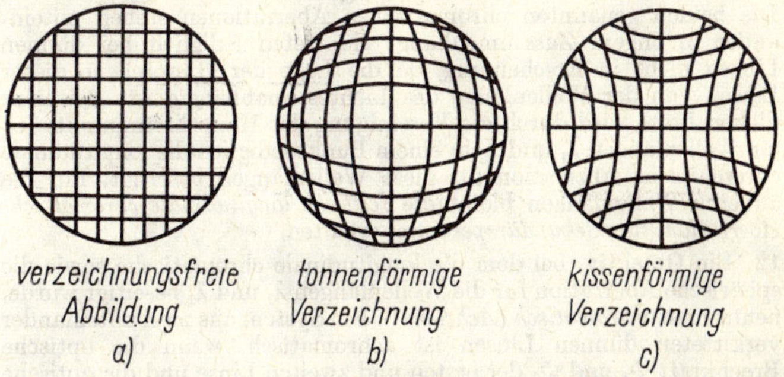

V.6.10.

8. Der *Astigmatismus schiefer Strahlenbündel* bewirkt, wie schon der Name sagt, daß solche Strahlen keine stigmatische Abbildung liefern (S. 604). Liegt die Achse des Strahlenbündels in der Meridianebene, d. h. in einer Ebene durch die optische Achse, dann hat das Bild der Gegenstandspunkte die Form einer kleinen Ellipse, deren Exzentrizität vom Abstand der Bildebene zum Hauptbrennpunkt des Systems abhängt. Bei gewissen Lagen der Bildebene entartet die Ellipse in ein Geradenstück in der Meridianebene oder in ein Geradenstück in der Sagittalebene oder in einen Kreis.

9. Die *Bildfeldwölbung* besteht darin, daß die Bilder von Punkten außerhalb der Achsen der Gegenstandsebene nicht eben erscheinen, sondern eine gewisse Krümmung zeigen, die um so stärker ist, je weiter die Punkte von der optischen Achse des Systems entfernt sind. Gewöhnlich korrigiert man diesen Fehler gemeinsam mit dem Astigmatismus durch Verwendung spezieller *anastigmatischer* Linsensysteme.

10. Die Veränderlichkeit der Vergrößerung Y längs des Bildfeldes führt zu einem weiteren Abbildungsfehler — der *Verzeichnung*. Wenn Y vom Zentrum des Bildfeldes an abnimmt, tritt eine *tonnenförmige Verzeichnung* auf (Bild V.6.10b). Wenn Y zunimmt, ist die *Verzeichnung kissenförmig* (Bild V.6.10c). Beide Typen beseitigt man durch spezielle Linsensysteme.

11. Die chromatische Aberration (S. 619) tritt bei nicht korrigierten optischen Systemen auf, die lichtbrechende Elemente enthalten (Linsen und Prismen). Man unterscheidet die *longitudinale chromatische Aberration* (*Farbenortfehler*) und die *chromatische Aberration der Vergrößerung* (*Farbenmaßstabfehler*). Die longitudinale Aberration steht mit der Abhängigkeit der Lage des Hauptbrennpunktes des Systems von der Wellenlänge des Lichtes im Zusammenhang. Eine punktförmige, auf der Achse gelegene Quelle weißen Lichtes wird selbst durch ein paraxiales Strahlenbündel in Form bunter konzentrischer Ringe abgebildet. Die Reihenfolge der Farben hängt von der Lage des Schirmes ab, auf den das Bild projiziert wird. Der Farbenmaßstabfehler äußert sich darin, daß das mit weißem Licht erzeugte Bild eines kleinen, senkrecht zur optischen Hauptachse stehenden Objektes mit einem bunten Rand umgeben ist.
Die beiden genannten chromatischen Aberrationen stehen miteinander in engem Zusammenhang; sie treten lediglich bei dünnen Linsen nicht in Erscheinung, da die Lage der Hauptebene dieser Linsen von der Wellenlänge des Lichtes unabhängig ist. Bei einer dicken Linse wird durch die Vereinigung der Hauptbrennpunkte für die Wellenlängen λ_1 und λ_2 in einem Punkt lediglich die longitudinale chromatische Aberration für diese Wellenlängen beseitigt. Für die anderen Wellenlängen bleibt die *restliche longitudinale chromatische Aberration* (das *Sekundärspektrum*) erhalten.

12. Ein Objektiv, bei dem die longitudinale chromatische sowie die sphärische Aberration für die Wellenlängen λ_1 und λ_2 beseitigt wurde, nennt man *achromatisch* (*Achromat*). Ein System aus zwei miteinander verkitteten dünnen Linsen ist achromatisch, wenn die optische Brechkraft Φ_1 und Φ_2 der ersten und zweiten Linse und die optische Brechkraft Φ des gesamten Systems für die Wellenlänge λ_1 den Bedingungen

$$\Phi_1 = \frac{\Phi}{1 - \dfrac{n_2 - 1}{n_1 - 1}\dfrac{\Delta n_1}{\Delta n_2}} \quad \text{und} \quad \Phi_2 = \frac{\Phi}{1 - \dfrac{n_1 - 1}{n_2 - 1}\dfrac{\Delta n_2}{\Delta n_1}}$$

entsprechen; hierbei sind n_1 und n_2 die absoluten Brechungsindizes des Linsenmaterials für Licht der Wellenlänge λ_1 und $n_1 + \Delta n_1$ und $n_2 + \Delta n_2$ für die Wellenlänge λ_2 (unter der Voraussetzung, daß das System von Luft umgeben ist).
Besser korrigiert als die vorher beschriebenen sind *apochromatische Objektive* (*Apochromate*); bei ihnen ist die longitudinale chromatische Aberration für drei verschiedene Werte von λ beseitigt. Das Sekundärspektrum apochromatischer Objektive macht nur einen geringen Bruchteil des Sekundärspektrums achromatischer Linsen aus.

6.8. Das Auflösungsvermögen optischer Instrumente

1. Durch jedes beliebige optische System erfolgt die Abbildung eines Gegenstandes mittels eines Strahlenbündels, das durch die Eintrittspupille (S. 615) begrenzt wird; das Bild kann somit als Ergebnis der

im System erfolgenden Lichtbeugung angesehen werden. Es kann daher nie völlig stigmatisch sein, auch nicht bei einem System, das frei von jeglicher Aberration ist. Ein beliebiger Punkt eines leuchtenden Gegenstandes erscheint im Bild infolge der Beugung als zentraler heller Fleck, der von abwechselnden dunklen und hellen Interferenzringen (S. 595) umgeben ist. Die Beobachtungsmöglichkeit kleiner Details eines Gegenstandes in dessen Abbildung ist durch diese Erscheinung begrenzt.

2. Das RAYLEIGH*sche Kriterium* lautet: Zwei nahe beieinander liegende leuchtende (inkohärente) Punkte eines Gegenstandes gelten noch als getrennt abgebildet, wenn das Zentrum des Beugungsfleckes des einen Punktes mit dem ersten Beugungsminimum des zweiten Punktes zusammenfällt.

Entsprechend dem RAYLEIGHschen Kriterium beträgt der kleinste Winkelabstand $\delta\varphi$ zwischen zwei fern vom Beobachter gelegenen punktförmigen Lichtquellen, deren Abbildung im Objektiv eines Fernrohres noch als getrennt anzusehen ist,

$$\delta\varphi = 1{,}22\,\frac{\lambda}{d};$$

hierbei ist λ die Wellenlänge, d der Durchmesser der Eintrittspupille. Die Größe

$$R_0 = \frac{1}{\delta\,\varphi} = \frac{d}{1{,}22\lambda}$$

nennt man das *Auflösungsvermögen des Objektivs.* Das *Auflösungsvermögen* R_{op} *des ganzen Instrumentes* hängt auch vom Auflösungsvermögen R_{e} des Empfängers (Auge, Photoemulsion usw.) ab. Näherungsweise gilt

$$\frac{1}{R_{\text{op}}} = \frac{1}{R_0} + \frac{1}{R_e}.$$

Das Auflösungsvermögen des Auges ist auf Grund des mosaikartigen Aufbaues der Netzhaut und der Lichtbeugung an der Pupille begrenzt. Bei guter Beleuchtung beträgt der Durchmesser d der Pupille etwa 2 mm und der durch die Lichtbrechung an der Pupille bedingte Grenzwinkel der Auflösung $\delta\varphi = 1'$; dies stimmt mit dem Auflösungsvermögen der Netzhaut überein. Das Auflösungsvermögen einer Photoemulsion ist durch die Korngröße und die infolge der stark unterschiedlichen Brechungsindizes der Gelatine und der jeweiligen Silberhalogenidkristalle bedingte Lichtstreuung begrenzt.

Die Vergrößerung eines Fernrohrokulars wird stets so gewählt, daß alle Details des Gegenstandes, die das Objektiv auflöst, auch durch den Empfänger aufgelöst werden.

3. Das *Auflösungsvermögen eines Mikroskops* wird durch die Größe δl charakterisiert; sie entspricht dem kleinsten Abstand zwischen zwei Punkten des Gegenstandes, die im Bild noch getrennt sichtbar sind. Bei einem leuchtenden Gegenstand können diese Punkte als vonein-

ander unabhängige (inkohärente) Lichtquellen angesehen werden, für die

$$\delta l = \frac{0{,}61\lambda_0}{n \sin \psi}$$

gilt; dabei ist n der absolute Brechungsindex des Mediums zwischen Gegenstand und Objektiv, λ_0 die Wellenlänge des Lichtes im Vakuum, 2ψ der Aperturwinkel und $n \sin \psi$ die *numerische Apertur des Objektives*. Durch ein Mikroskop werden zumeist beleuchtete und nicht selbstleuchtende Objekte betrachtet. Das von den verschiedenen Punkten des Objektes ausgestreute Licht wird daher in Abhängigkeit von der Beleuchtung in höherem oder minderem Grade kohärent sein. Allerdings gilt auch hier bei optimaler Beleuchtung für den kleinsten Abstand zwischen zwei aufgelösten Punkten des Objekts

$$\delta l = \frac{0{,}5\lambda_0}{n \sin \psi}.$$

Das Auflösungsvermögen eines Mikroskops kann verbessert werden a) durch Anwendung geringerer λ_0 (*Ultraviolettmikroskopie*), b) durch Vergrößerung der numerischen Apertur des Objektivs, indem der Raum zwischen Deckglas und Objektiv mit einer Flüssigkeit mit hohem absoluten Brechungsindex ausgefüllt wird (*Immersionsobjektiv*); bei Immersionsflüssigkeiten beträgt $n = 1{,}4$ bis $1{,}6$.

4. Die oben genannten Werte für das Auflösungsvermögen optischer Instrumente sind theoretische Höchstwerte. In der Praxis sind sie stets kleiner infolge der auftretenden Aberrationen und mangels eines idealen Kontrastes zwischen dem Objekt und seinem Hintergrund. Das Auflösungsvermögen des Auges verringert sich außerdem bei ungenügender Beleuchtung des Objektes.

5. Außerhalb der Grenzen ihres Auflösungsvermögens können optische Instrumente zwar nicht zur Feststellung der genauen Form oder von Details der Objekte verwendet werden, wohl aber können Bewegungen des Objektes verfolgt werden.

6. Sehr kleine kolloide Teilchen (in der Größenordnung von 10^{-6} cm), deren Durchmesser $d \ll \lambda$ ist, können im *Ultramikroskop* im *Dunkelfeld* beobachtet werden. Hierbei ist die Beobachtungsrichtung senkrecht zur Richtung der Beleuchtung des Gegenstandes; es werden nicht gerade, sondern durch die Mikropartikel gestreute Lichtstrahlen beobachtet (TYNDALL-Effekt, S. 659). Das Schema eines Ultramikroskopes wird in Bild V.6.11 gezeigt.

7. Nach dem RAYLEIGHschen Kriterium gelten zwei Spektrallinien, die von einem Spektralapparat erhalten werden, als aufgelöst, wenn der Abstand zwischen ihren Intensitätsmaxima nicht geringer ist, als die einzelnen Linien breit sind (S. 656).

Für das *Auflösungsvermögen von Spektralapparaten* gilt

$$R = \frac{\lambda}{\delta\lambda};$$

dabei sind λ und $\lambda + \delta\lambda$ die Wellenlängen der Linien, die der Apparat eben noch auflöst. Die Größe R hängt von den Eigenschaften des dispergierenden Elementes und des Empfängers sowie von der Lichtbeugung und der Aberration im optischen System ab.

8. Für das *Auflösungsvermögen eines Prismas* bzw. eines Prismenspektralapparates, bei dem die Blende das Prisma selbst darstellt, gilt

$$R = d_2 \frac{d\varphi}{d\lambda};$$

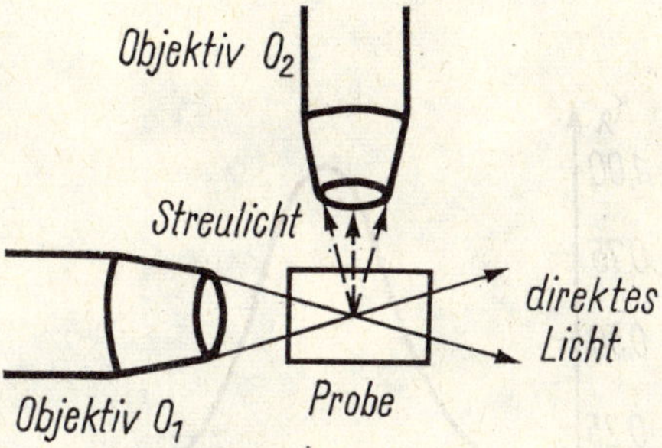

V.6.11.

dabei ist φ der Ablenkungswinkel des Prismas für das Licht der Wellenlänge λ und d_2 die Breite des Lichtbündels beim Austritt aus dem Prisma (gemessen in der Ebene senkrecht zur Brechungskante des Prismas). Ist zudem das Prisma im Winkel der kleinsten Ablenkung angeordnet, so gilt

$$R = a \frac{dn}{d\lambda},$$

wobei a die Basislänge des Prismas und n seinen absoluten Brechungsindex bedeuten.

6.9. Grundlagen der Photometrie

1. Unter *Photometrie* versteht man jenes Gebiet der Optik, das sich mit der Messung der Energie, die durch die elektromagnetischen Wellen des optischen Bereiches (Wellenlängen von 10^{-8} bis $3{,}4 \cdot 10^{-3}$ m) übertragen wird, befaßt. Im engeren Sinn wird unter Photometrie die Messung der Wirkung von sichtbarem Licht auf das menschliche Auge (*Lichtmessung*) verstanden; die folgenden Ausführungen gelten für die letztere Auffassung. Zur Charakterisierung dieser Wirkung werden die *Lichtgrößen* eingeführt: der Lichtstrom, die Lichtstärke, die Beleuchtungsstärke, die Leuchtkraft und die Helligkeit.

2. Die Wirkung des sichtbaren Lichtes auf das Auge hängt nicht nur von den physikalischen Eigenschaften des Lichtes (der Dichte des Energiestroms, der Frequenz oder der spektralen Zusammensetzung) ab, sondern auch von der *Spektralempfindlichkeit des Auges* (der *Sichtbarkeit*) V_λ; sie entspricht dem Quotienten aus dem Lichtstrom einer gegebenen monochromatischen Strahlung und dem Energiestrom (*Strahlungsfluß*) dieser Strahlung. Die Größe $K_\lambda = V_\lambda/(V_\lambda)_{max}$ nennt man die *relative Spektralempfindlichkeit des Auges* (die *relative Sichtbarkeit*). Für ein normales menschliches Auge ist $K_\lambda = 1$ bei $\lambda = 5{,}55 \cdot 10^{-7}$ m $= 5550$ Å. Die Abhängigkeit von K_λ von λ (*Sichtbarkeitskurve*) ist in Bild V.6.12 dargestellt.

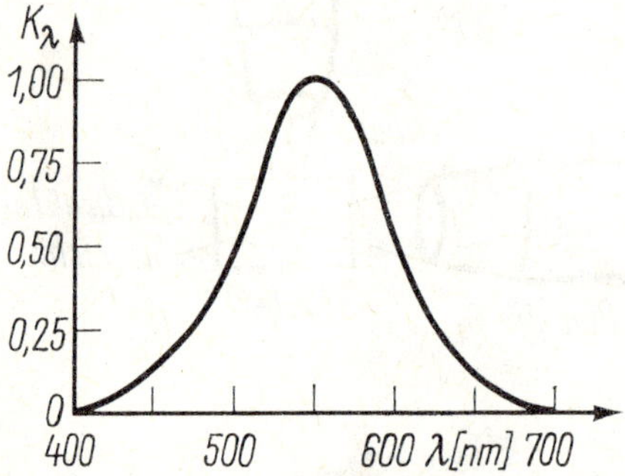

V.6.12.

3. Als *Lichtstrom* Φ bezeichnet man die Leistung der (sichtbaren) Lichtstrahlung in bezug auf seine Wirkung auf das normale menschliche Auge. Der Lichtstrom wird in *Lumen* (S. 859) gemessen. Der Lichtstrom für die monochromatische Strahlung, die dem Maximum der Sichtbarkeit entspricht ($\lambda = 5550$ Å) beträgt 683 lm, wenn die Leistung der Strahlung 1 W ist.

Der Lichtstrom Φ_{ges} durch eine willkürliche geschlossene Fläche, welche die Lichtquelle umgibt, ist gleich der Strahlungsleistung der Quelle und heißt *Gesamtlichtstrom der Lichtquelle*. Die Größe von Φ_{ges}, die eine Eigenschaft der Lichtquelle ist, kann durch ein optisches System in keiner Weise vergrößert werden. Die Wirkung des letzteren besteht nur in der Konzentration des Lichtstromes in eine bestimmte Richtung auf Kosten der anderen Richtungen.

Als *spektrale Dichte des Lichtstroms* einer Quelle polychromatischer Strahlung bezeichnet man die Größe $d\Phi/d\lambda$; $d\Phi$ ist der Gesamtlichtstrom der Quelle für das Wellenintervall zwischen λ und $\lambda + d\lambda$.

4. Eine Lichtquelle heißt *punktförmig*, wenn sie sphärische Wellen abstrahlt (S. 549). Der Lichtstrom, der von der Quelle in den Einheitsraumwinkel abgestrahlt wird, heißt *Lichtstärke der punktförmigen Quelle*. Wenn eine punktförmige Lichtquelle gleichmäßig in alle Rich-

tungen abstrahlt, ist ihre Lichtstärke

$$I = \frac{\Phi_{\text{ges}}}{4\pi}.$$

Im Fall beliebiger Lichtquellen ist die Lichtstärke ihrer Flächenelemente dS in einer gegebenen Richtung

$$I = \frac{d\Phi}{d\Omega},$$

wobei $d\Phi$ der Lichtstrom des strahlenden Flächenelementes dS in die gegebene Richtung mit dem Raumwinkel $d\Omega$ ist.
Als *mittlere sphärische Lichtstärke* einer beliebigen Quelle bezeichnet man die Größe

$$\bar{I} = \frac{\Phi_{\text{ges}}}{4\pi},$$

wobei Φ_{ges} der Gesamtlichtstrom der Quelle ist. Strahlt die Quelle nach allen Richtungen hin gleichmäßig (isotrop), so gilt $\bar{I} = I$. Die Lichtstärke mißt man in *Kerzen* (S. 859).

5. *Beleuchtungsstärke* E einer Fläche heißt das Verhältnis von ankommendem Lichtstrom $d\Phi$ zum Inhalt der Fläche dS:

$$E = \frac{d\Phi}{dS}.$$

Im Fall einer punktförmigen Lichtquelle gilt

$$E = I\,\frac{(\boldsymbol{n}\boldsymbol{R})}{R^3} = \frac{I \cos \varphi}{R^2};$$

dabei ist $\boldsymbol{R}$ der Radiusvektor von der Quelle zum Element dS der beleuchteten Fläche, $\boldsymbol{n}$ der Einheitsvektor normal zu dS und φ der Winkel zwischen $\boldsymbol{R}$ und $\boldsymbol{n}$ (Einfallswinkel).
Wenn auf die Fläche eine ebene Welle einfällt, ist

$$E = E_0 \cos \varphi;$$

dabei ist E_0 die Beleuchtungsstärke einer Fläche normal zur Ausbreitungsrichtung der Welle und φ der Winkel zwischen dieser Richtung und der betrachteten Fläche. Die Beleuchtungsstärke mißt man in *Lux* und *Phot* (S. 859).

6. Die *Beleuchtungsmenge* (*Lichtmenge, Exposition*) H ist das Produkt aus der Beleuchtungsstärke E der Fläche mit der Beleuchtungsdauer t (in der Photographie die *Expositionszeit* oder *Belichtungsdauer*):

$$H = Et.$$

7. Unter der *Helligkeit* (*Leuchtdichte*) B_φ versteht man die Flächendichte der Lichtstärke in einer gegebenen Richtung, die gleich dem Quotienten aus der Lichtstärke und dem Inhalt der Projektion der

leuchtenden Fläche auf eine Ebene senkrecht zur gegebenen Richtung ist:

$$B_\varphi = \frac{dI}{dS\cos\varphi} = \frac{d^2\Phi}{dS\,d\Omega\cos\varphi};$$

dabei ist dI die Lichtstärke des Flächenelementes dS der leuchtenden Fläche in der Richtung, die mit der Normalen auf das Element dS den Winkel φ einschließt. $d^2\Phi$ ist der Lichtstrom, der vom strahlenden Element dS in den Raumwinkel $d\Omega$ in derselben Richtung ausgeht. Die Helligkeit mißt man in *Nit* und *Stilb* (S. 859).

Von einer Lichtquelle, für die B_φ nicht von φ abhängt, sagt man, für sie gelte das LAMBERT*sche Gesetz*. Genau genommen gilt dieses Gesetz nur für den absolut schwarzen Körper (S. 663) und für Flächen oder Medien, die das Licht gleichmäßig nach allen Richtungen abstrahlen (*ideale Strahler*).

8. *Leuchtkraft R* heißt die Flächendichte des Lichtstromes der von einer Fläche ausgehenden Strahlung. Die Leuchtkraft ist gleich dem Quotienten aus dem Lichtfluß $d\Phi$ und dem Element dS der strahlenden Fläche:

$$R = \frac{d\Phi}{dS}.$$

Die Leuchtkraft gibt man in *Lux* oder in *Phot* an (S. 859). Die Beziehung zwischen Leuchtkraft und Helligkeit ist:

$$R = 2\pi \int_0^{\pi/2} B_\varphi \cos\varphi \sin\varphi \, d\varphi.$$

Bei Lichtquellen, für die das LAMBERTsche Gesetzt gilt, ist $R = \pi B$.

7. Die Polarisation des Lichtes

7.1. Methoden zu Polarisierung des Lichtes

1. Licht, das sich in gleichem Maße aus elektromagnetischen Wellen mit allen möglichen Schwingungsrichtungen der Vektoren $\boldsymbol{E}$ und $\boldsymbol{H}$ zusammensetzt (die nur die Bedingung erfüllen, daß sie senkrecht aufeinander und senkrecht zur Ausbreitungsrichtung der Welle stehen), heißt *unpolarisiertes* oder *natürliches Licht*.

Jede Wellengruppe (S. 549), die in einem Strahlungsakt von einem Atom emittiert wird, ist eben polarisiert. Die gesamte spontane Ausstrahlung einer Vielzahl von Atomen stellt das natürliche Licht dar.

2. Bei allen Vorrichtungen zur Herstellung polarisierten Lichtes trennt man eine Komponente mit einer ganz bestimmten Orientierung der Polarisationsebene vollständig oder teilweise vom natürlichen Licht ab. Im ersten Fall erhält man eben polarisiertes Licht (S. 548),

im zweiten Fall eine teilweise polarisierte Welle, die eine bevorzugte Orientierung der Polarisationsebene besitzt.
Geräte, die zur Umwandlung natürlichen oder teilweise polarisierten Lichtes in eben polarisiertes dienen, nennt man *Polarisatoren.* Ihre Wirkung beruht entweder auf dem Polarisationseffekt bei Reflexion bzw. Brechung des Lichtes an der Grenzfläche zweier isotroper durchsichtiger dielektrischer Medien (S. 570) oder auf der optischen Anisotropie und der mit ihr zusammenhängenden Doppelbrechung (S. 635) oder der Erscheinung des Dichroismus (S. 638).

3. Ein Medium ist *optisch anisotrop,* wenn seine Eigenschaften (insbesondere die Phasengeschwindigkeit des Lichtes und der absolute Brechungsindex) von der Fortpflanzungsrichtung der Welle und von ihrer Polarisation abhängen. Die Gesetzmäßigkeiten, nach denen die Ausbreitung des Lichtes in einem Medium erfolgt, werden letztlich durch die Interferenz der Primärwelle und der Sekundärwellen bestimmt. Die letzteren werden durch die Moleküle, Atome oder Ionen des Mediums infolge der unter Einwirkung des Lichtwellenfeldes auftretenden Anregung ihrer Elektronen ausgestrahlt. Die optischen Eigenschaften eines Mediums sind daher völlig durch die elektrischen Eigenschaften dieser elementaren Strahlungsquellen, ihre Anordnung und ihre Wechselwirkung bedingt. Auf Grund ihres Aufbaues können Atome und Moleküle elektrisch isotrop (wenn ihre Anregung unabhängig von der Richtung ist) oder anisotrop sein.

4. Unter normalen Bedingungen sind Gase, Flüssigkeiten sowie amorphe feste Körper optisch isotrop, da ihre Moleküle völlig ungeordnet sind; die Wirkung elektrisch anisotroper Moleküle kommt durch die Unordnung nicht zur Geltung. Werden sie jedoch geordnet, so wird das Medium ebenfalls anisotrop (*künstliche optische Anisotropie,* S. 638 bis 640).
Die optische Anisotropie eines Kristalls kann sowohl durch die elektrische Anisotropie der ihn aufbauenden Teilchen als auch durch die Anisotropie des Kraftfeldes ihrer Wechselwirkung bedingt sein. Der Charakter dieses Feldes steht mit der Symmetrie des Kristallgitters in Zusammenhang. Alle Kristalle, außer denen des kubischen Systems, sind optisch anisotrop, unabhängig von den elektrischen Eigenschaften der Teilchen, aus denen sie aufgebaut sind.
Im Bereich der optischen Frequenzen sind die meisten Kristalle *nichtmagnetisch,* d. h. ihre magnetische Permeabilität ist $\mu \approx 1$.
Die optische Anisotropie nichtmagnetischer, optisch inaktiver (S. 646) und durchsichtiger (d. h. das Licht nicht absorbierender) Kristalle ist durch die Anisotropie der dielektrischen Suszeptibilität $\varkappa$ und der Dielektrizitätskonstante $\varepsilon = 1 + \varkappa_e$ (im SI) bedingt.

7.2. Die Elemente der Kristalloptik

1. Die Richtungsabhängigkeit der Dielektrizitätskonstante eines optisch inaktiven, nichtmagnetischen, durchsichtigen, optisch homogenen anisotropen Kristalls kann graphisch dargestellt werden. Zieht man von einem beliebigen Punkt O des Kristalls Radiusvektoren $\boldsymbol{r}$

mit dem Betrag $r = \sqrt{\varepsilon}$ (wobei ε die Dielektrizitätskonstante des Kristalls in der Richtung von $\boldsymbol{r}$ bedeutet) in beliebige Richtungen, so werden sie stets an der Oberfläche eines Ellipsoides, der sogenannten *optischen Indikatrix* (Bild V.7.1), enden. Die Symmetrieachsen dieses Ellipsoides bestimmen die drei aufeinander senkrecht stehenden *Hauptrichtungen des Kristalls.* Für das kartesische Koordinatensystem lautet die Gleichung der optischen Indikatrix

$$\frac{x^2}{\varepsilon_x} + \frac{y^2}{\varepsilon_y} + \frac{z^2}{\varepsilon_z} = 1,$$

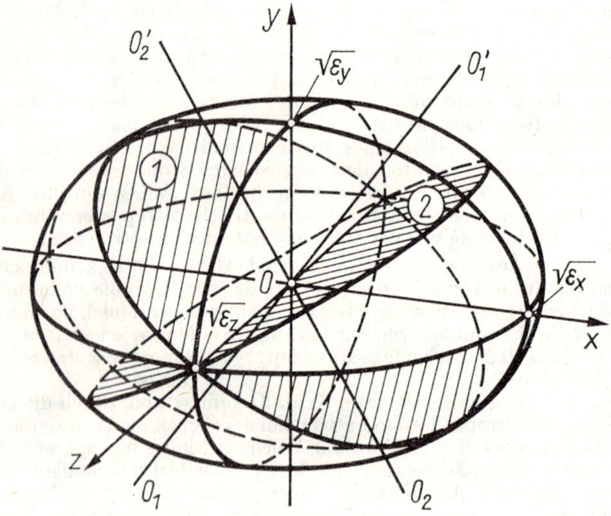

V.7.1.

wenn die x-, y- und z-Achse den Hauptrichtungen entsprechen. Hierbei sind ε_x, ε_y, ε_z die Werte von ε für die Hauptrichtungen; man bezeichnet sie als *Hauptwerte der Dielektrizitätskonstante des Kristalls.* Die optischen Indikatrizen aller Punkte eines homogenen Kristalls, der den besagten Anforderungen entspricht, sind identisch, d. h., die Orientierung und die Längen ihrer Halbachsen sind gleich.

2. Bei optisch isotropen Kristallen ist ε richtungsunabhängig ($\varepsilon_x = \varepsilon_y = \varepsilon_z = \varepsilon$); die optische Indikatrix wird zu einer Kugel, deren Radius $r = \sqrt{\varepsilon} = n$ ist, wobei n den absoluten Brechungsindex des isotropen Kristalls bedeutet.

Als *optische Achse* (oder *Binormale*) eines anisotropen Kristalls im Punkt O bezeichnet man die Gerade, die senkrecht zur Ebene des kreisförmigen Schnittes der optischen Indikatrix durch den Punkt O verläuft. Die optische Indikatrix besitzt ganz allgemein die Form eines dreiachsigen Ellipsoides ($\varepsilon_x \neq \varepsilon_y \neq \varepsilon_z$). Durch den Punkt O können zwei verschiedene kreisförmige Schnitte geführt werden (die Ebenen *1* und *2* in Bild V.7.1). Ihnen entsprechen die beiden optischen Achsen O_1O_1' und O_2O_2'. Einen solchen Kristall bezeichnet man als *zweiachsig*. Ist $\varepsilon_x > \varepsilon_z > \varepsilon_y$ (Bild V.7.1), so liegen die optischen Achsen in der x,y-Ebene symmetrisch in bezug auf die y-Achse. Die entsprechenden optischen Achsen der verschiedenen Kristallpunkte verlaufen paarweise parallel, d. h., sie charakterisieren die beiden bevorzugten Richtungen des zweiachsigen Kristalls.

3. Stellt die optische Indikatrix ein Rotationsellipsoid dar, so besitzt der Kristall nur eine optische Achse, die mit der Rotationsachse identisch ist. Er wird als *einachsig* bezeichnet. Einachsige Kristalle sind *optisch positiv*, wenn ihre optische Achse mit der großen Achse der ellipsoiden optischen Indikatrix zusammenfällt (das Ellipsoid ist in der Rotationsachse verlängert). Sie sind *optisch negativ*, wenn ihre optische Achse mit der kleinen Achse der Indikatrix zusammenfällt (das Ellipsoid ist in der Rotationsachse verkürzt).

4. Der Zusammenhang zwischen den Vektoren der Verschiebung des elektrischen Feldes $\boldsymbol{D}$ und der Feldstärke $\boldsymbol{E}$ und den Hauptrichtungen eines optisch inaktiven, nichtmagnetischen, durchsichtigen Kristalls ist aus folgenden Beziehungen ersichtlich:

$$D_x = \varepsilon_0\varepsilon_x E_x, \quad D_y = \varepsilon_0\varepsilon_y E_y, \quad D_z = \varepsilon_0\varepsilon_z E_z \quad \text{(im SI)},$$

$$D_x = \varepsilon_x E_x, \quad D_y = \varepsilon_y E_y, \quad D_z = \varepsilon_z E_z \quad \text{(im GAUSSschen System)}.$$

Die Richtung der Vektoren $\boldsymbol{D}$ und $\boldsymbol{E}$ ist nur dann die gleiche, wenn $\boldsymbol{E}$ parallel zu einer der Hauptrichtungen verläuft.

5. Da in einem anisotropen Kristall die Richtungen der Vektoren $\boldsymbol{D}$ und $\boldsymbol{E}$ zusammenfallen, wird eine linear polarisierte, ebene, monochromatische Welle durch zweimal drei aufeinander senkrechten Vektoren charakterisiert: $\boldsymbol{D}$, $\boldsymbol{H}$, $\boldsymbol{v}$ sowie $\boldsymbol{E}$, $\boldsymbol{H}$, $\boldsymbol{v}'$ (Bild V.7.2). Die Geschwindigkeit $\boldsymbol{v}'$ hat dieselbe Richtung wie der POYNTING-Vektor (S. 489); $\boldsymbol{v}'$ ist die Geschwindigkeit der Energieübertragung durch die Welle. Man nennt sie die *Strahlgeschwindigkeit der Welle*. Die Geschwindigkeit $\boldsymbol{v}$ heißt *Normalgeschwindigkeit der Welle* und entspricht der Fortpflanzungsgeschwindigkeit der Phase und der Wellenfront in Richtung der von ihr ausgehenden Normalen. Zwischen v und v' besteht folgender Zusammenhang:

$$v' = \frac{v}{\cos\alpha},$$

wobei α der Winkel zwischen den Vektoren $\boldsymbol{D}$ und $\boldsymbol{E}$ ist. Ist $\boldsymbol{N}$ der Einheitsvektor der Normalen zur Wellenfront und $\boldsymbol{S}$ der Einheitsvektor des Strahles (der mit dem POYNTING-Vektor gleichgerichtet ist), so gilt im GAUSSschen System:

$$\boldsymbol{D} = n^2\{\boldsymbol{E} - \boldsymbol{N}(\boldsymbol{EN})\}$$

und

$$E = \frac{1}{n^2 \cos^2 \alpha} \{D - S(DS)\}$$

(im SI wird lediglich n^2 durch $\varepsilon_0 n^2$ ersetzt); dabei ist $n = c/v$ der absolute Brechungsindex in der Richtung von $\boldsymbol{N}$.
Sind $\boldsymbol{i}, \boldsymbol{j}, \boldsymbol{k}$ die Hauptrichtungen des Kristalls, so ist $\boldsymbol{N} = N_x \boldsymbol{i} + N_y \boldsymbol{j} + N_z \boldsymbol{k}$; die Normalgeschwindigkeit der Welle $\boldsymbol{v}$ in Richtung des Vektors $\boldsymbol{N}$ läßt sich aus der *Gleichung der* FRESNEL*schen Normalen* berechnen:

$$\frac{N_x^2}{v^2 - b_x^2} + \frac{N_y^2}{v^2 - b_y^2} + \frac{N_z^2}{v^2 - b_z^2} = 0.$$

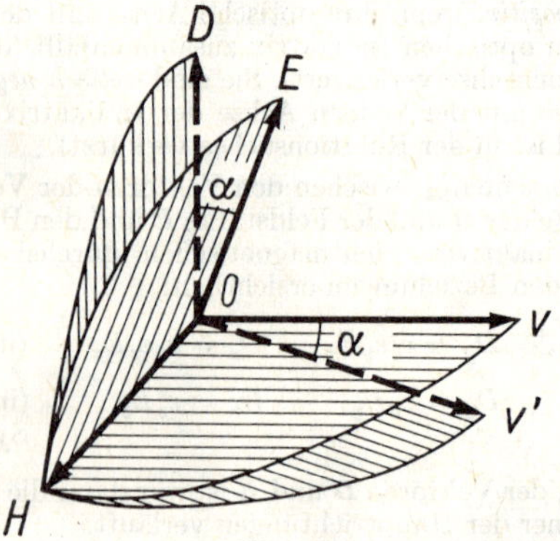

V.7.2.

Für den Brechungsindex n in der Richtung von $\boldsymbol{N}$ gilt

$$\frac{N_x^2}{\frac{1}{n^2} - \frac{1}{n_x^2}} + \frac{N_y^2}{\frac{1}{n^2} - \frac{1}{n_y^2}} + \frac{N_z^2}{\frac{1}{n^2} - \frac{1}{n_z^2}} = 0;$$

hierbei sind $b_x = c/n_x$, $b_y = c/n_y$ und $b_z = c/n_z$ die *Hauptphasengeschwindigkeiten der Welle*; sie entsprechen den Normalgeschwindigkeiten jener Wellen, deren Vektoren $\boldsymbol{D}$ parallel zu den entsprechenden Hauptrichtungen verlaufen; c ist die Lichtgeschwindigkeit im Vakuum; $n_x = \sqrt{\varepsilon_x}$, $n_y = \sqrt{\varepsilon_y}$ und $n_z = \sqrt{\varepsilon_z}$ sind die *Hauptbrechungsindizes des Kristalls.*
Für die Strahlgeschwindigkeit $\boldsymbol{v}'$ in der durch den Einheitsvektor $\boldsymbol{S} = S_x \boldsymbol{i} + S_y \boldsymbol{j} + S_z \boldsymbol{k}$ bestimmten Richtung gilt

$$\frac{b_x^2 S_x^2}{v'^2 - b_x^2} + \frac{b_y^2 S_y^2}{v'^2 - b_y^2} + \frac{b_z^2 S_z^2}{v'^2 - b_z^2} = 0.$$

Demnach kann der Brechungsindex des Kristalls für den Strahl $n' = c/v'$ aus der Gleichung

$$\frac{S_x^2}{n'^2 - n_x^2} + \frac{S_y^2}{n'^2 - n_y^2} + \frac{S_z^2}{n'^2 - n_z^2} = 0$$

berechnet werden.

6. Aus der Gleichung der FRESNELschen Normalen geht hervor, daß bei einer beliebigen Richtung von $\boldsymbol{N}$ zwei verschiedene Werte der Normalgeschwindigkeit der Welle v_1 und v_2 existieren. Werden die Koordinatenachsen so gewählt, daß $\varepsilon_x < \varepsilon_y < \varepsilon_z$ bzw. $b_x > b_y > b_z$ ist, so besitzt die Normalgeschwindigkeit v in Richtung von $\boldsymbol{N}$ nur einen Wert ($v_1 = v_2$), und es gilt:

$$N_x^2 = \frac{b_x^2 - b_y^2}{b_x^2 - b_z^2}, \qquad N_y = 0 \qquad \text{und} \qquad N_z^2 = \frac{b_y^2 - b_z^2}{b_x^2 - b_z^2}.$$

Bei einem zweiachsigen Kristall (S. 631) existieren insgesamt vier Richtungen von $\boldsymbol{N}$ entsprechend zwei Binormalen, nämlich den optischen Achsen des Kristalls. In einem einachsigen Kristall gibt es für $\boldsymbol{N}$ zwei Richtungen entsprechend seiner einzigen optischen Achse.

Die aus Punkt O in sämtliche möglichen Richtungen von $\boldsymbol{N}$ geführten Vektoren $\boldsymbol{v}$ der den jeweiligen Richtungen entsprechenden Normalgeschwindigkeiten enden alle an einer Fläche, der sogenannten *Fläche der Normalen* (*Normalenfläche*). Wählt man den Ursprung des kartesischen Koordinatensystems im Punkt O und läßt seine Achsen längs der Hauptrichtungen des Kristalls verlaufen, so lautet ihre Gleichung

$$\left(b_y^2 - r^2\right)\left(b_z^2 - r^2\right)x^2 + \left(b_z^2 - r^2\right)\left(b_x^2 - r^2\right)y^2 + \left(b_x^2 - r^2\right)\left(b_y^2 - r^2\right)z^2 = 0,$$

wobei $r^2 = x^2 + y^2 + z^2 = v^2$ ist. Dies ist eine Gleichung sechsten Grades in den Koordinaten für eine zweischalige Fläche. Die beiden Schalen entsprechen den beiden Werten der Normalgeschwindigkeit bei einer gegebenen Richtung von $\boldsymbol{N}$. Die Schalen schneiden sich in vier Punkten, die auf den zwei Binormalen eines zweiachsigen Kristalls gelegen sind.

Bei einem einachsigen Kristall, dessen optische Achse der x-Achse entspricht ($b_y = b_z = v_0$ und $b_x = v_{e0}$) ist eine der beiden Schalen kugelförmig ($r^2 = v_0^2$), die zweite hat die Form eines Ovaloides: $(v_0^2 - r^2)x^2 + \left(v_{eo}^2 - r^2\right)(y^2 + z^2) = 0$. Das Ovaloid berührt die Kugel in ihren beiden Schnittpunkten mit der optischen Achse.

7. Den geometrischen Ort jener Punkte, deren Abstand zu Punkt O $r = v'$ beträgt (v' ist die Strahlgeschwindigkeit der gegebenen Richtung), nennt man die *Strahlenfläche* oder *Wellenfläche*. Sie stellt die Fläche gleicher Phase dar, d. h. die Front einer Welle, die sich von einer im Punkt O gelegenen Quelle innerhalb eines anisotropen Kristalls ausbreitet. Die Strahlenfläche wird durch die folgende Gleichung

vierten Grades in den Koordinaten beschrieben:

$$\frac{b_x^2 x^2}{r^2 - b_x^2} + \frac{b_y^2 y^2}{r^2 - b_y^2} + \frac{b_z^2 z^2}{r^2 - b_z^2} = 0$$

oder

$$r^2(b_x^2 x^2 + b_y^2 y^2 + b_z^2 z^2) - b_x^2(b_y^2 + b_z^2)x^2 - b_y^2(b_z^2 + b_x^2)y^2$$
$$- b_z^2(b_x^2 + b_y^2)z^2 + b_x^2 b_y^2 b_z^2 = 0.$$

Diese Fläche ist ebenfalls zweischalig, da jeder Richtung des Einheitsvektors $\boldsymbol{S}$ des Strahles zwei verschiedene Werte der Strahlgeschwindigkeit v' entsprechen. Die beiden Schalen schneiden sich in vier Punkten, die auf zwei sich in Punkt O überschneidenden Geraden liegen (je zwei Punkte auf einer Geraden). Diese Geraden nennt man die *Biradialen* (oder *optische Achsen erster Art*).

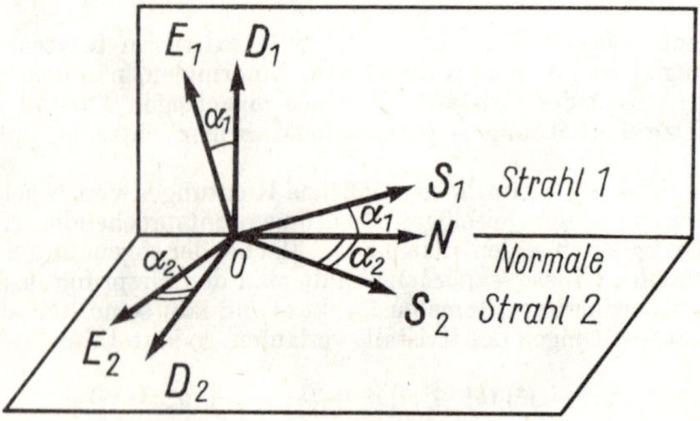

V.7.3.

Ein einachsiger Kristall hat eine Biradiale, die mit seiner optischen Achse (der x-Achse) übereinstimmt. Eine der beiden durch die Strahlfläche begrenzten Schalen ist kugelförmig ($r^2 = v_0^2 = b_x^2 = c^2/\varepsilon_x$), die zweite stellt ein Rotationsellipsoid dar, dessen Rotationsachse die optische Achse (x-Achse) ist:

$$\frac{x^2}{v_o^2} + \frac{y^2 + z^2}{v_{eo}^2} = 1;$$

hierbei ist $v_{eo}^2 = b_y^2 = b_z^2 = c^2/\varepsilon_y = c^2/\varepsilon_z$. Die Kugel und das Ellipsoid berühren einander in ihren Schnittpunkten mit der optischen Achse. Ist $v_o > v_{eo}$ (optisch positiver Kristall), so umgibt die Kugel das Ellipsoid; ist $v_o < v_{eo}$ (optisch negativer Kristall), so liegt die Kugel innerhalb des Ellipsoides.

8. In einem anisotropen Kristall können sich in einer beliebigen Richtung von $\boldsymbol{N}$ nur zwei ebene Wellen ausbreiten; sie sind in zwei aufeinander senkrechten Ebenen linear polarisiert. Die Richtungen

der Vektoren $\boldsymbol{D}_1$ und $\boldsymbol{D}_2$ dieser Wellen decken sich mit den Achsen der Ellipse, die aus dem Schnitt der optischen Indikatrix mit der senkrecht zum Vektor $\boldsymbol{N}$ durch den Punkt O gehenden Ebene erhalten wird. Die Normalgeschwindigkeiten v_1 und v_2 dieser Wellen hängen mit den Halbachsen ε_1 und ε_2 des elliptischen Schnittes durch die Beziehungen $v_1 = c/\sqrt{\varepsilon_1}$ und $v_2 = c/\sqrt{\varepsilon_2}$ zusammen. Die Vektoren $\boldsymbol{E}_1$ und $\boldsymbol{E}_2$ dieser Wellen verlaufen ebenfalls in zwei zueinander senkrechten Ebenen (Bild V.7.3); ihnen entsprechen zwei richtungsverschiedene Strahlenvektoren $\boldsymbol{S}_1$ und $\boldsymbol{S}_2$ und zwei verschieden große Strahlgeschwindigkeiten $v_1' = v_1 \cos \alpha_1$ und $v_2' = v_2 \cos \alpha_2$.
Analog dazu sind für eine gegebene Strahlrichtung (Vektor $\boldsymbol{S}$) nur zwei aufeinander senkrechte Schwingungsrichtungen des Vektors $\boldsymbol{E}$ ($\boldsymbol{E}_1 + \boldsymbol{E}_2$), entsprechend den Werten von v_1' und v_2' der Strahlgeschwindigkeit in Richtung von $\boldsymbol{S}$ möglich (Bild V.7.4).

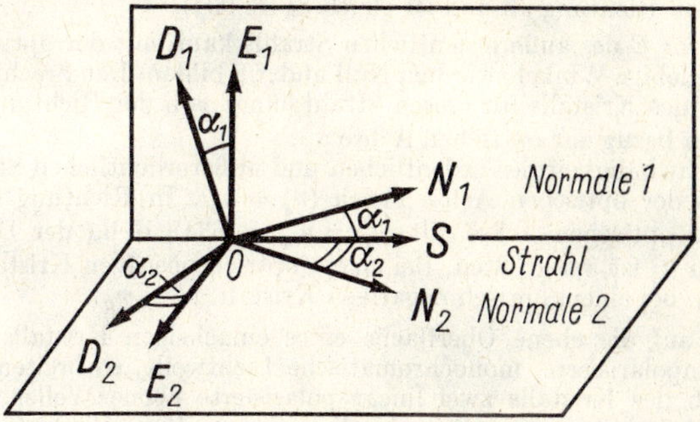

V.7.4.

7.3. Die Doppelbrechung

1. Da die Strahlgeschwindigkeit einer ebenen Welle in einem anisotropen Kristall von ihrer Fortpflanzungsrichtung und der Art der Polarisation abhängt, kommt es zur Aufspaltung der an der Oberfläche des Kristalls gebrochenen Strahlen. Diese Erscheinung nennt man *Doppelbrechung*; anisotrope Kristalle sind *doppelbrechende Kristalle.*

2. Bei einem zweiachsigen Kristall sind beide gebrochenen Strahlen nicht den üblichen Gesetzen der Lichtbrechung an der Grenzfläche zweier isotroper Medien (S. 565) unterworfen. Bei einem einachsigen Kristall folgt einer der gebrochenen Strahlen diesen Gesetzen; er wird als *ordentlicher Strahl* bezeichnet. Der zweite untersteht den üblichen Gesetzen nicht und heißt daher *außerordentlicher Strahl.* Der außerordentliche Strahl liegt allgemein nicht in der Einfallsebene; das Snelliussche Gesetz (S. 566) ist für ihn nicht gültig.

3. Die Ebene, die durch den Strahl verläuft und die optische Achse eines einachsigen Kristalls schneidet, nennt man die *Hauptebene* (den

Hauptschnitt) des Kristalls für diesen Strahl. Der ordentliche Strahl ist in der Hauptebene polarisiert, d. h., der Vektor $\boldsymbol{E}$ dieses Strahls verläuft senkrecht zur Hauptebene. Der außerordentliche Strahl ist in der zur Hauptebene senkrechten Ebene polarisiert: Der Vektor $\boldsymbol{E}$ schwingt in der Hauptebene. Allgemein stehen die Polarisationsebenen des ordentlichen und des außerordentlichen Strahls nicht exakt senkrecht zueinander, da die Hauptebenen des Kristalls für diese Strahlen nicht identisch sein können. Allerdings ist der Winkel zwischen den Hauptebenen für die beiden Strahlen (so sie von ein und demselben Strahl herrühren) zumeist klein. Er ist genau Null, wenn die optische Achse des Kristalls in der Einfallsebene liegt.

4. Der Vektor $\boldsymbol{E}$ des ordentlichen Strahls ist stets senkrecht zur optischen Achse gerichtet, d. h., seine Richtung stimmt mit der Hauptrichtung des einachsigen Kristalls überein. Der Brechungsindex dieses Kristalls hängt für den ordentlichen Strahl daher nicht von dessen Richtung ab und ist gleich n_0 (S. 634).

Der Vektor $\boldsymbol{E}$ des außerordentlichen Strahls kann mit der optischen Achse beliebige Winkel zwischen Null und $\pi/2$ bilden. Der Brechungsindex n_e' des Kristalls für diesen Strahl hängt von der Richtung des Strahls in bezug zur optischen Achse ab.
Die Geschwindigkeit des ordentlichen und außerordentlichen Strahls ist längs der optischen Achse gleich ($n_e' = n_o$). In Richtung senkrecht zur optischen Achse gilt $n_e' = n_{eo}$ (S. 634), d. h., der Unterschied zu n_o ist am größten. Bei einem optisch positiven Kristall ist $n_e' \geqq n_o$, bei einem optisch negativen Kristall $n_e' \leqq n_o$.

5. Fällt auf die ebene Oberfläche eines einachsigen Kristalls eine ebene, unpolarisierte, monochromatische Lichtwelle, so breiten sich innerhalb des Kristalls zwei linear polarisierte ebene Wellen, eine ordentliche und eine außerordentliche, aus. Ihre Wellenflächen können nach dem HUYGHENSschen Prinzip ermittelt werden, d. h. als Flächen, die die Wellenflächen der entsprechenden Sekundärwellen umgeben. Die Wellenflächen der Sekundärwellen werden auf Grund ihrer Strahlgeschwindigkeiten bestimmt. Bei ordentlichen Wellen stellen sie Kugeloberflächen dar, bei außerordentlichen Wellen Oberflächen von Rotationsellipsen; die Rotationsachsen sind Gerade, die durch die jeweiligen punktförmigen Sekundärwellenquellen parallel zur optischen Achse des Kristalls verlaufen.
In Bild V.7.5 wird die graphische Konstruktion der ordentlichen und außerordentlichen Wellen und der ihnen entsprechenden Strahlen in einem optisch negativen einachsigen Kristall aufgrund des HUYGHENSschen Prinzips gezeigt. AB stellt die Front der ebenen Welle dar, die auf die ebene Oberfläche AC des Kristalls einfällt; MN ist die Richtung der optischen Achse (sie liegt in der Einfallsebene); Co ist die Front der ordentlichen, Ce die Front der außerordentlichen Welle; AS_0 bedeutet den ordentlichen, AS_e den außerordentlichen Strahl. Die Schwingungsrichtung des Vektors $\boldsymbol{E}$ im ordentlichen Strahl ist durch Punkte, die im außerordentlichen Strahl durch entsprechende Querstriche angezeigt.
Bei ordentlichen Wellen fällt die Richtung des Strahles stets mit der Normalen auf die Front zusammen. Bei außerordentlichen Wellen

unterscheiden sich im allgemeinen diese beiden Richtungen. Die Normale auf die Front einer außerordentlichen Welle liegt, zum Unterschied vom außerordentlichen Strahl, stets in der Einfallsebene.

6. Die Gesetze, nach denen sich das Licht in einem Plättchen ausbreitet, das aus einem einachsigen Kristall geschnitten wurde, hängen von der Richtung der optischen Achse in bezug auf die Oberfläche des Plättchens und den einfallenden Strahl ab.

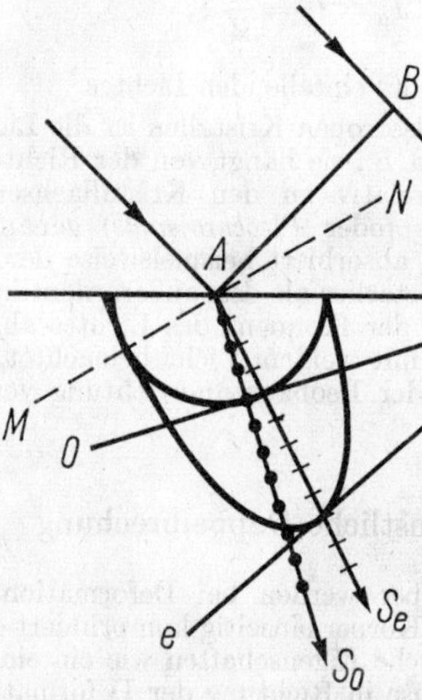

V.7.5.

a) Das Plättchen ist senkrecht zur optischen Achse ausgeschnitten. Ist der Lichtstrahl parallel zur optischen Achse, so kommt keine Doppelbrechung zustande; das Licht bleibt unpolarisiert. Schließt der Lichtstrahl mit der optischen Achse den Winkel i ein, so tritt Doppelbrechung auf. Der Quotient $\sin i/\sin r_0$ (r_0 ist der Brechungswinkel des ordentlichen Strahls) ist konstant. Der Quotient $\sin i/\sin r_e$ (r_e ist der Brechungswinkel des außerordentlichen Strahls) ändert sich in Abhängigkeit vom Einfallswinkel i.

b) Das Plättchen ist parallel zur optischen Achse ausgeschnitten. Verläuft die Einfallsebene des Lichtes parallel zur optischen Achse, so liegen der ordentliche und der außerordentliche Strahl in der gleichen Ebene. Bei einem negativen (positiven) Kristall wird die Normale auf die Front der außerordentlichen Welle schwächer (stärker) gebrochen als die Normale auf die Front der ordentlichen Welle. Für die entsprechenden Strahlen können die Gesetze anders sein. Schließt die Einfallsebene mit der optischen Achse den Winkel α ($0 < \alpha < \pi/2$), so bleibt der ordentliche Strahl in der Einfallsebene, während der außerordentliche aus ihr heraustritt. Verläuft die Einfallsebene senkrecht zur optischen Achse, so bleiben beide Strahlen in der Einfallsebene. Der Brechungsindex des außerordentlichen Strahls ist in diesem Fall von der Richtung des Strahls unabhängig und ist gleich n_{eo}.

7. Fällt natürliches Licht auf einen einachsigen Kristall, so sind die Intensitäten der ordentlichen Welle I_o und der außerordentlichen Welle I_e beim Eintritt in den Kristall gleich groß:

$$I_o = I_e = \frac{1}{2} I;$$

dabei ist I die Intensität des einfallenden Lichtes.

8. Bei absorbierenden anisotropen Kristallen ist die Lichtabsorption zumeist auch anisotrop, d. h., sie hängt von der Richtung des elektrischen Wellenvektors relativ zu den Kristallachsen ab. Dieser Effekt wird *Dichroismus* (oder *Pleochroismus*) genannt. Ein einachsiger Turmalinkristall absorbiert beispielsweise den ordentlichen Strahl um ein Vielfaches stärker als den außerordentlichen. Die Absorption hängt auch von der Frequenz des Lichtes ab. Wird daher ein dichroischer Kristall mit weißem Licht beleuchtet, so erscheint er in Abhängigkeit von der Beobachtungsrichtung verschieden gefärbt.

7.4. Künstliche Doppelbrechung

1. Optisch isotrope Körper werden bei Deformation optisch anisotrop. Wird ein solcher Körper einseitig komprimiert oder gedehnt, so zeigt er ähnliche optische Eigenschaften wie ein einachsiger Kristall, dessen optische Achse in Richtung der Deformation liegt. Ein maximaler Unterschied in den Brechungsindizes für den ordentlichen und den außerordentlichen Strahl stellt sich bei einer Strahlrichtung senkrecht zur optischen Achse ein. Dieser Unterschied hängt von der Größe der Deformation ab:

$$n_o - n_{eo} = k\sigma;$$

dabei ist σ die Normalspannung (S. 272) und k ein Proportionalitätsfaktor, der von den Eigenschaften des Körpers abhängt. Die Erscheinung der künstlichen Anisotropie liefert eine äußerst empfindliche Methode zur Bestimmung der Spannungen in Festkörpern (*Methode der Photoelastizität*).

2. Ein optisch isotropes Dielektrikum (fest, flüssig oder gasförmig) kann optisch anisotrop werden, wenn man es in ein äußeres homogenes elektrisches Feld bringt. Diesen Effekt nennt man den Kerr-*Effekt*. Unter Einwirkung des Feldes wird das Dielektrikum in seinen optischen Eigenschaften ähnlich einem einachsigen Kristall, dessen optische Achse parallel zur Feldrichtung verläuft.

Für monochromatisches Licht, das sich in einem solchen Stoff senkrecht zur Richtung des Vektors $\boldsymbol{E}_{au}$ (dies ist der Feldstärkenvektor des äußeren homogenen elektrischen Feldes) ausbreitet, ist die Differenz zwischen den Brechungsindizes des außerordentlichen und des ordentlichen Strahles

$$n_{eo} - n_o = kE_{\text{au}}^2.$$

Die Größe $B = k/\lambda$ (wobei λ die Wellenlänge des Lichtes im Vakuum ist) nennt man die KERR-*Konstante*. B hängt von der Natur des Stoffes, der Wellenlänge λ und der Temperatur ab; in der Regel sinkt B bei steigender Temperatur rasch ab.
Bei Raumtemperatur und $\lambda = 598$ nm liegt die absolute Größe der KERR-Konstante für Flüssigkeiten in der Größenordnung von 10^{-14} bis 10^{-12} m/V² entsprechend etwa 10^{-7} bis 10^{-5} CGS-Einheiten und für Gase in der Größenordnung von 10^{-19} bis 10^{-16} m/V² entsprechend etwa 10^{-12} bis 10^{-9} CGS-Einheiten. Für die meisten Stoffe ist $B > 0$, d. h., diese Stoffe entsprechen in einem homogenen elektrischen Feld hinsichtlich ihrer optischen Eigenschaften optisch positiven einachsigen Kristallen.
Häufig wird auch die zweite KERR-Konstante $K = B\lambda/n$ gebraucht, wobei n der absolute Brechungsindex des Stoffes in Abwesenheit des äußeren elektrischen Feldes ist. Die Größe K ist gleich der relativen Differenz zwischen den Brechungsindizes des außerordentlichen und des ordentlichen Strahls $(n_{eo} - n_o)/n$ in einem äußeren elektrischen Feld mit der Feldstärke Eins. Der KERR-Effekt tritt praktisch ohne Trägheit auf: Die Verzögerung bei der Änderung von $n_{eo} - n_o$ ist im Vergleich zur Änderung von E_{au} geringer als 10^{-9} s.

3. In Gasen mit unpolaren elektrisch anisotropen Molekülen ist der KERR-Effekt durch die Polarisation dieser Moleküle im äußeren elektrischen Feld und die dadurch auftretende zunehmende Ordnung der Moleküle bedingt. Durch Anlegen des gleichzeitig auf die Dipolmomente der Moleküle sowie auf die Zusammenstöße zwischen den Molekülen (infolge der Wärmebewegung) orientierend wirkenden elektrischen Feldes kommt das Gas in einen vorwiegend geordneten Zustand. Hierbei besitzt die Dielektrizitätskonstante ε des Gases ihren Maximalwert in der Richtung des Vektors $\boldsymbol{E}_{\text{au}}$, da $n_{eo} > n_o$ und $B > 0$ ist.
In Gasen mit polaren elektrisch anisotropen Molekülen kommt es beim Anlegen eines äußeren elektrischen Feldes vornehmlich zur Orientierung der konstanten Dipolmomente der Moleküle in Richtung des Vektors $\boldsymbol{E}_{\text{au}}$. Allerdings kann die Richtung der maximalen Polarisierbarkeit der Moleküle einen bestimmten Winkel α mit der Richtung ihres konstanten Dipolmomentes bilden. Bei $\alpha = 0$ ist $n_{eo} > n_o$ und $B > 0$; bei $\alpha = \pi/2$ ist $n_{eo} < n_o$ und $B < 0$.
Die klassische Orientierungstheorie von LANGEVIN-BORN ermöglicht für Flüssigkeiten nur eine qualitative Beschreibung des KERR-Effektes, da sie die Molekülkräfte, die bei Flüssigkeiten eine wesentliche Rolle spielen, nicht berücksichtigt.

4. Die künstliche Verwandlung optisch isotroper Stoffe (Flüssigkeiten, Gläser, Kolloide) in anisotrope unter Einwirkung eines starken homogenen äußeren Magnetfeldes nennt man den COTTON-MOUTON-*Effekt*. Dabei liegt die optische Achse in Richtung des Magnetfeldes. Der Unterschied zwischen den Brechungsindizes des

ordentlichen und des außerordentlichen Strahles in der Richtung senkrecht zur optischen Achse hängt von der Feldstärke des Magnetfeldes $\boldsymbol{H}_{au}$ ab:

$$n_{eo} - n_o = k' H_{au}^2 .$$

Die Größe $C = k'/\lambda$ heißt COTTON-MOUTON-*Konstante*. Sie hängt von der Natur des Stoffes, der Wellenlänge λ und der Temperatur ab.

7.5. Polarisationsanalyse des Lichtes. Elliptisch und zirkular polarisiertes Licht

1. Vorrichtungen zur Untersuchung der Polarisationseigenschaften und des Polarisationsgrades des Lichtes nennt man *Analysatoren*. Als Analysatoren verwendet man dieselben Vorrichtungen wie zur Erzeugung linear polarisierten Lichtes (*Polarisatoren*).

2. Sind die in den Analysator eintretenden Lichtwellen linear polarisiert, so gilt für die Intensität des austretenden Lichtes das *Gesetz von* MALUS:

$$I = k_a I_0 \cos^2 \gamma ;$$

dabei ist I_0 die Intensität der eintretenden Welle, k_a der *Durchlaßkoeffizient des Analysators* und γ der Winkel zwischen den Polarisationsebenen des eintretenden und des austretenden Lichtes.

3. Trifft eine ebene, monochromatische, linear polarisierte Lichtwelle senkrecht auf die Oberfläche einer doppelbrechenden Platte auf, die parallel zur optischen Achse geschnitten ist, so breiten sich im Inneren der Platte zwei Lichtstrahlen mit verschiedenen Geschwindigkeiten aus (ordentlicher und außerordentlicher Strahl). Die elektrischen Schwingungen der beiden Strahlen stehen senkrecht aufeinander (S. 636). Der Phasenunterschied $\Delta \varphi$, der zwischen den beiden Strahlen nach Durchgang durch eine Platte mit der Dicke d vorhanden ist, ist

$$\Delta \varphi = - \frac{2\pi}{\lambda} (n_o - n_{eo}) d ;$$

dabei ist λ_0 die Wellenlänge des Lichtes im Vakuum. n_o und n_{eo} sind die Brechungsindizes für den ordentlichen und für den außerordentlichen Strahl.

4. Die Schwingungsamplituden der elektrischen Vektoren $\boldsymbol{E}_e$ und $\boldsymbol{E}_o$ des außerordentlichen und des ordentlichen Strahles betragen unter den Bedingungen aus Punkt 3

$$a = A \cos \alpha , \qquad b = A \sin \alpha ;$$

dabei ist A die Amplitude der einfallenden Welle und α der Winkel zwischen der Schwingungsrichtung des Vektors $\boldsymbol{E}$ im einfallenden polarisierten Licht und der Richtung der optischen Achse im Kristall (S. 630). Die Feldstärke $\boldsymbol{E}$ der aus der Platte austretenden Welle läßt sich durch die Gleichung einer Ellipse beschreiben:

$$\frac{E_x^2}{a^2} + \frac{E_y^2}{b^2} - \frac{2E_xE_y}{ab}\cos(\Delta\varphi) = \sin^2(\Delta\varphi);$$

dabei ist E_x die Feldstärke des elektrischen Feldes des außerordentlichen Strahles, E_y die Feldstärke des ordentlichen Strahles, a und b sind die Amplituden der entsprechenden Strahlen, und $\Delta\varphi$ ist der Phasenunterschied zwischen den beiden Strahlen. (Die Schwingungsrichtungen in den beiden Strahlen, die längs der zueinander senkrechten Richtungen x und y polarisiert sind, stehen senkrecht auf der Ausbreitungsrichtung z der Welle; S. 545.) Für $n_o > n_{eo}$ bleibt der ordentliche Strahl in der Phase zurück, für $n_o < n_{eo}$ eilt er in der Phase voraus. Die nach Durchlaufen der Platte entstandene eben polarisierte Welle ist im allgemeinen elliptisch polarisiert (S. 548).

5. Ist der Winkel $\alpha = 0°$, so kann sich in der Platte nur der außerordentliche Strahl ausbreiten. Ist $\alpha = 90°$, so kann sich in der Platte nur der ordentliche Strahl ausbreiten. In beiden Fällen verläßt die Welle die Platte ohne Änderung der Polarisation.

6. Ist die Dicke der Platte so bemessen, daß die optische Gangdifferenz zwischen ordentlichem und außerordentlichem Strahl $\Delta s = (2m+1)\lambda/4$ $\big((\lambda/4)$-*Blättchen*$\big)$ und der Phasenunterschied $\Delta\varphi = -(2m+1)\pi/2$ ist mit $m = 0, \pm 1, \pm 2, \ldots,$ so gilt für die resultierende Welle (bei $0° < \alpha < 90°$)

$$\frac{E_x^2}{a^2} + \frac{E_y^2}{b^2} = 1.$$

Die Achsen der Polarisationsellipse fallen mit den Hauptrichtungen der Platte zusammen. Im Fall $\alpha = 45°$ sind die Amplituden des ordentlichen und des außerordentlichen Strahles gleich, und es gilt

$$E_x^2 + E_y^2 = a^2,$$

d. h., die Welle ist zirkular polarisiert. Bei $\Delta\varphi = -\pi/2$ ist sie *linkszirkular*, bei $\Delta\varphi = \pi/2$ *rechtszirkular*.

7. Ist die Dicke der Platte so bemessen, daß die optische Gangdifferenz zwischen den beiden Strahlen $\Delta s = (2m+1)\lambda/2$ $\big((\lambda/2)$-*Blättchen*$\big)$ beträgt, so ist $\Delta\varphi = -(2m+1)\pi$ und (bei $0° < \alpha < 90°$)

$$\frac{E_x}{a} + \frac{E_y}{b} = 0,$$

d. h., das Licht bleibt eben polarisiert. Die Polarisationsebene dreht sich dabei um den Winkel $180° - 2\alpha$.

8. Ist die Dicke der Platte so bemessen, daß die optische Gangdifferenz der beiden Strahlen $\Delta s = m\lambda$ ist (λ-*Blättchen*), so ist $\Delta\varphi = -2\pi m$ und (bei $0° < \alpha < 90°$)

$$\frac{E_x}{a} - \frac{E_y}{b} = 0,$$

d. h., das Licht bleibt eben polarisiert ohne Änderung der Polarisationsrichtung.

9. Ist die in den Analysator einfallende Welle elliptisch polarisiert, so hängt die Intensität des austretenden Lichtes von der Lage der Hauptebene des Analysators (d. h. der Polarisationsebene des durchgelassenen Lichtes) relativ zu der die Polarisation charakterisierenden Achse der Ellipse ab. Bei Drehung der Hauptebene des Analysators um die Richtung der einfallenden elliptisch polarisierten Lichtstrahlen ändert sich die Intensität des durch den Analysator gehenden Lichtes. Einen analogen Effekt beobachtet man, wenn das einfallende Licht zwar nicht elliptisch, wohl aber teilweise polarisiert ist, d. h., wenn die Schwingungen der Vektoren $\boldsymbol{E}$ und $\boldsymbol{H}$ überwiegend orientiert sind. Fällt eine zirkular polarisierte Welle in den Analysator ein, so ändert sich die Intensität des durchgehenden Lichtes bei Drehung der Hauptebene nicht.

7.6. Interferenz polarisierten Lichtes

A. Parallele Strahlen

1. Das natürliche Licht besteht aus einer Vielzahl elementarer, inkohärenter Wellenzüge, entsprechend den verschiedenen spontanen Strahlungsakten der Atome oder Moleküle der Lichtquelle. Diese Wellenzüge sind in allen erdenklichen Ebenen linear polarisiert. Bei Einfall natürlichen Lichtes auf einen einachsigen Kristall wird die sich in diesem ausbreitende ordentliche Welle aus jenen Wellenzügen gebildet, deren Polarisationsebenen mit der Hauptebene des Kristalls die Winkel $\alpha < \pi/4$ einschließen. Die außerordentliche Welle bildet sich dementsprechend im wesentlichen aus Wellenzügen, bei denen $\alpha > \pi/4$ ist. Die aus natürlichem Licht in einem einachsigen Kristall gebildete ordentliche und außerordentliche Welle sind daher inkohärent.
Bei Einfall linear polarisierten Lichtes auf einen einachsigen Kristall sind die ordentliche und die außerordentliche Welle kohärent, da sie paarweise kohärente Komponenten enthalten, entsprechend den einzelnen durch den Polarisator gegangenen Wellenzügen.

2. Fällt eine ebene, monochromatische, linear polarisierte Welle senkrecht auf ein planparalleles Plättchen, das aus einem einachsigen Kristall parallel zur optischen Achse geschnitten wurde, ein, so ergibt sich zwischen der austretenden ordentlichen und außerordentlichen Welle ein Phasenunterschied (S. 640)

$$\Delta\varphi = -\frac{2\pi}{\lambda}(n_o - n_{eo})\,d.$$

Obwohl diese Wellen kohärent sind und ihre Ausbreitungsrichtung dieselbe ist, können sie doch nicht interferieren, solange ihre Polarisationsebenen senkrecht aufeinander stehen. Das Ergebnis ihrer Überlagerung ist elliptisch polarisiertes Licht.
Um von diesen beiden Wellen Interferenzerscheinungen zu erhalten, muß man mit Hilfe eines Analysators (S. 640) solche Komponenten abtrennen, die in einer gemeinsamen Ebene polarisiert sind und daher interferieren können (Bild V.7.6).

Die vom Analysator vermittelten Interferenzbilder hängen von der Phasendifferenz $\Delta\varphi$, von der Wellenlänge des einfallenden Lichtes, vom Winkel α zwischen der Polarisationsebene und der optischen Achse der Platte sowie von der gegenseitigen Orientierung der Polarisationsebenen I und II des Lichtes nach Austritt aus dem Polarisator und dem Analysator ab.
Der Analysator und der Polarisator heißen *gekreuzt*, wenn der Winkel β zwischen den Ebenen I und II gleich $\pi/2$ ist, sie heißen *parallel*, wenn $\beta = 0$ ist.

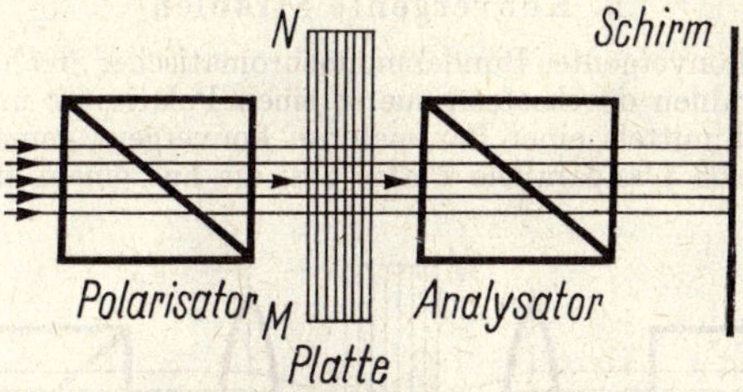

V.7.6

3. *Interferenz monochromatischen Lichtes:* Das Interferenzergebnis ist in Tabelle V.7.1 schematisch dargestellt.

Tabelle V.7.1

$\Delta\varphi$	β	α	Interferenzergebnis
$(2m+1)\pi$	0	$\pi/4$	Dunkelheit
	0	$0;\pi/2$	Licht
	$\pi/2$	$\pi/4$	Licht
$m = 0; \pm 1; \pm 2; \ldots$	$\pi/2$	$0;\pi/2$	Dunkelheit
$2m\pi$	0	$\pi/4$	Licht
	0	$0;\pi/2$	Licht
	$\pi/2$	$\pi/4$	Dunkelheit
$m = 0; \pm 1; \pm 2; \ldots$	$\pi/2$	$0;\pi/2$	Dunkelheit

4. *Interferenz von weißem Licht:* Der Wert von $\Delta\varphi$ ist für die einzelnen Wellenlängen verschieden. Aus den Beziehungen in Punkt 3 für die monochromatischen Komponenten des weißen Lichtes folgt, daß bei beliebigen Werten von $\Delta\varphi$, β und α der Schirm beleuchtet ist, außer im Fall $\beta = \pi/2$ und $\alpha = 0$ oder $\pi/2$, wenn das Licht den Analysator nicht durchsetzen kann. Ist $\beta = 0$ und $\alpha = 0$ oder $\pi/2$, so wird der Schirm mit weißem Licht beleuchtet. Bei allen anderen Strahlen ist der Schirm gefärbt, wobei für $\alpha = \pi/4$ eine Änderung

des Winkels β von 0 nach $\pi/2$ den Übergang einer Farbe in ihre Komplementärfarbe bewirkt.

5. Bei veränderlicher Plattendicke d ändert sich die Phasendifferenz längs der Platte. Bei Beleuchtung mit monochromatischem Licht beobachtet man am Schirm ein System von hellen und dunklen Interferenzlinien, die den Punkten gleicher Plattendicke entsprechen (Streifen gleicher Dicke, S. 580). Bei Beleuchtung mit weißem Licht beobachtet man am Schirm gefärbte Streifen gleicher Dicke.

B. Konvergente Strahlen

1. Fällt ein konvergentes Bündel monochromatischer Strahlen (parallele Lichtstrahlen durchsetzen zuerst einen Polarisator und werden anschließend mittels einer Sammellinse konvergent gemacht; Bild V.7.7) auf eine planparallele Platte ein, die aus einem einachsigen

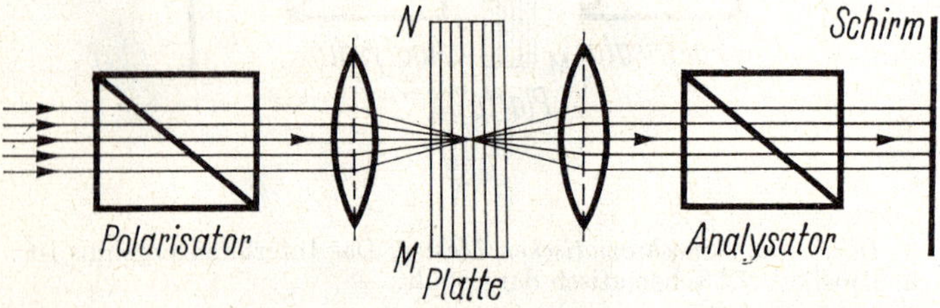

V.7.7

Kristall parallel zu dessen optischer Achse geschnitten wurde, so beträgt die Phasendifferenz zwischen dem ordentlichen und dem außerordentlichen Strahl, nachdem sie die Platte in der gleichen Richtung durchsetzt haben,

$$\Delta\varphi = -\frac{2\pi}{\lambda}\frac{d}{\cos\psi}(n_o - n_e');$$

hierbei ist λ die Wellenlänge des Lichtes im Vakuum, d die Dicke der Platte längs der Normalen zu ihrer Oberfläche; n_o und n_e' sind die Brechungsindizes des ordentlichen bzw. außerordentlichen Strahles in der Richtung, die mit der Normalen zur Plattenebene den Winkel ψ bildet. Steht die Achse des Strahlenkegels senkrecht zur Plattenoberfläche, so entsteht bei gekreuztem Polarisator und Analysator ($\beta = \pi/2$, S. 643) ein Interferenzbild, wie es in Bild V.7.8 wiedergegeben ist. Die Interferenzmaxima bilden ein System dunkler und heller konzentrischer Ringe. Mit weißem Licht entsteht ein System *isochromatischer Ringe* in verschiedenen Farben. Die Ringe werden von einem dunklen oder hellen rechtwinkligen Kreuz durchschnitten. Die Lage des Kreuzes entspricht dem Schnitt der Schirmebene mit der Polarisations- und Schwingungsebene des vom Polarisator durchgelassenen Lichtes. Bei $\alpha = 0$ oder $\pi/2$ und $\beta = 0$ ist das Kreuz hell, bei $\alpha = 0$ oder $\pi/2$ und $\beta = \pi/2$ ist das Kreuz dunkel.

Durchsetzen konvergente Strahlen weißen Lichtes eine planparallele Platte, die aus einem einachsigen Kristall parallel zur optischen Achse geschnitten ist, so sind die *isochromatischen Kurven* nahezu Hyperbeln (Bild V.7.9).

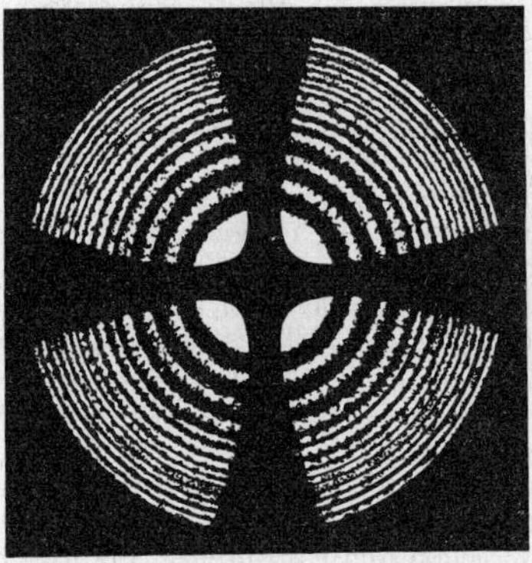

V.7.8.

V.7.9.

V.7.10

4. Bei zweiachsigen Kristallen haben die isochromatischen Kurven die Form von Hyperbeln, wenn die Platte parallel zur optischen Achse geschnitten ist. Sie haben die Form von Lemniskaten, durch die insgesamt zwei Hyperbeln verlaufen (anstelle des Kreuzes bei einachsigen Kristallen), wenn die Platte senkrecht zur Bisektrix des Winkels zwischen den Achsen geschnitten ist (Bild V.7.10).

7.7. Drehung der Polarisationsebene

1. Beim Durchgang einer Lichtwelle durch gewisse Stoffe, die man *optisch aktiv* nennt, erfolgt eine *Drehung der Polarisationsebene.*
Optische Aktivität besitzen gewisse Kristalle, mitunter auch solche ohne doppelbrechende Eigenschaften (S. 635), viele reine Flüssigkeiten, Lösungen und Gase. Alle Stoffe, die im flüssigen Zustand (bzw. in Lösung) optisch aktiv sind, sind es in mehr oder weniger großem Ausmaß auch im kristallinen Zustand. Der umgekehrte Fall gilt nicht immer.

2. Bei anisotropen Kristallen kann die Drehung der Polarisationsebene in exakter Form nur dann beobachtet werden, wenn sich das Licht längs der optischen Achse ausbreitet. Bei Ausbreitung in andere Richtungen kompliziert sich der Effekt infolge der Doppelbrechung.
Bei den meisten optisch aktiven Kristallen gibt es zwei Arten, bei denen die Drehung entweder im Uhrzeigersinn oder entgegengesetzt dazu erfolgt (für einen Beobachter, der dem Strahl entgegenblickt). Die erste Art heißt *rechtsdrehend* oder *positiv*, die zweite Art *linksdrehend* oder *negativ*.

3. Bei Festkörpern ist der Drehwinkel der Polarisationsebene φ direkt proportional der Weglänge d des Lichtstrahles im Körper:

$$\varphi = \alpha d,$$

wobei α die *spezifische Drehung* ist, die von der Natur des Stoffes, der Temperatur und der Wellenlänge abhängt. Diese Beziehung gilt auch für doppelbrechende Kristalle, wenn sich das Licht längs der optischen Achse (S. 630) ausbreitet. In zweiachsigen Kristallen kann der Wert von α längs der verschiedenen Achsen verschieden groß sein. Die spezifische Drehung ist dem Betrag nach für die linksdrehende und für die rechtsdrehende Modifikation gleich.

4. Bei Lösungen gilt für den Drehwinkel φ der Polarisationsebene

$$\varphi = [\alpha]\, c d = [\alpha] \varrho K d;$$

dabei ist $[\alpha]$ die spezifische Drehung, c die Volumen-Gewichts-Konzentration des gelösten optisch aktiven Stoffes (das Verhältnis der Masse des Stoffes zum Volumen der Lösung), ϱ die Dichte der Lösung und $K = c/\varrho$ die Gewichtskonzentration (das Verhältnis der Masse des optisch aktiven Stoffes zur Masse der Lösung).
Der Wert von $[\alpha]$ hängt von der Natur des optisch aktiven Stoffes und des Lösungsmittels ab sowie von der Temperatur und von der Wellenlänge des Lichtes. Die äußerst exakte Methode zur Bestimmung der Konzentration c oder K, die auf dieser Beziehung beruht, heißt *Polarimetrie* (*Sacharimetrie*).

5. Die FRESNELsche Theorie stellt die polarisierte Welle vor dem Eintritt in den optisch aktiven Stoff als Überlagerung zweier zirkular polarisierter Wellen mit gleichen Frequenzen und Amplituden dar und erklärt die Drehung der Polarisationsebene durch zwei verschiedene Phasengeschwindigkeiten im optisch aktiven Stoff für die rechtszirkulare und die linkszirkulare Welle. Werden die Phasengeschwindigkeiten mit v_d (Brechungsindex n_d) und v_g (Brechungsindex n_g) bezeichnet, so erhält man nach einer Weglänge d im Stoff einen Drehwinkel der Polarisationsebene (Bild V.7.11):

$$\varphi = \frac{\varphi_d - \varphi_g}{2} = \frac{\pi d}{\lambda}(n_g - n_d),$$

wobei λ_0 die Wellenlänge des Lichtes im Vakuum ist. Stoffe mit $n_g > n_d$ erweisen sich als rechtsdrehend, solche mit $n_g < n_d$ als linksdrehend.

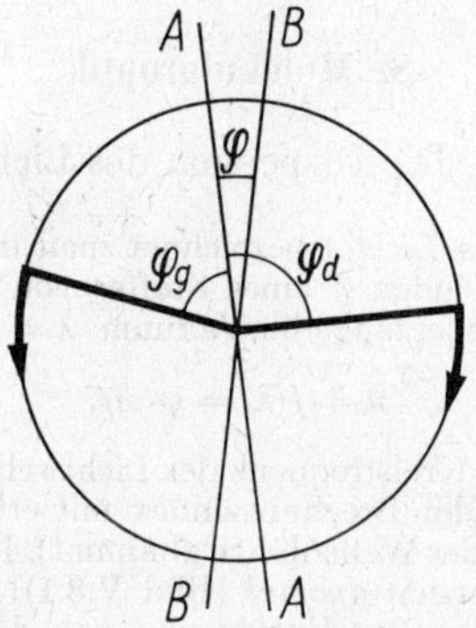

V.7.11.

6. Optisch inaktive Stoffe erhalten unter dem Einfluß eines Magnetfeldes die Fähigkeit, die Polarisationsebene des Lichtes zu drehen, das sich längs der Richtung des Magnetfeldes ausbreitet. Diese Erscheinung heißt FARADAY-*Effekt*. Der Drehwinkel der Polarisationsebene ist

$$\varphi = V\,dB;$$

dabei ist B die Induktion des Magnetfeldes (S. 407), d die Weglänge des Lichtes im Stoff und V die VERDET-*Konstante* (*spezifische magnetische Drehung*), die von der Natur des Stoffes, der Temperatur und von der Wellenlänge des Lichtes abhängt. Die Drehrichtung der Polarisationsebene hängt nur von der Art des Stoffes und von der Richtung des Magnetfeldes ab. Das Vorzeichen der Drehung gilt für einen Beobachter, der in die Richtung des Magnetfeldes blickt. Die meisten Stoffe ergeben eine (positive) Rechtsdrehung, z. B. alle Diamagnetika (S. 450) und einige Paramagnetika (S. 452). Einige paramagnetische Stoffe sind linksdrehend (negativ).

7. Die natürliche optische Aktivität in nichtkristallinem Zustand ist durch eine Asymmetrie der Moleküle bedingt. In kristallinen Stoffen wird die optische Aktivität durch eine spezielle Anordnung der Moleküle im Gitter hervorgerufen.
Die magnetische Drehung der Polarisationsebene ergibt sich dadurch, daß unter dem Einfluß des Magnetfeldes im Stoff eine Asymmetrie bezüglich der optischen Eigenschaften eintritt.

8. Die Abhängigkeit der Drehung der Polarisationsebene von der Wellenlänge bezeichnet man als *Rotationsdispersion.* Für hinreichend große, von den Absorptionsbanden des Stoffes (S. 658) entfernte Wellenlängen gilt in erster Näherung das BIOT*sche Gesetz,* wonach der Drehwinkel der Polarisationsebene umgekehrt proportional dem Quadrat der Wellenlänge ist:

$$\varphi \sim \lambda^{-2}.$$

8. Molekularoptik

8.1. Die Dispersion des Lichtes

1. Als *Dispersion des Lichtes* bezeichnet man die Abhängigkeit des absoluten Brechungsindex n eines Stoffes von der Frequenz ν des Lichtes (oder der Wellenlänge im Vakuum $\lambda = c/\nu$):

$$n = f(\lambda) = \varphi(\omega),$$

wobei $\omega = 2\pi\nu$ die Kreisfrequenz der Lichtwelle ist. Die Dispersion heißt *normal,* wenn der Brechungsindex mit erhöhter Frequenz zunimmt (mit wachsender Wellenlänge abnimmt). Im entgegengesetzten Fall heißt die Dispersion *anomal* (Bild V.8.1). Normale Dispersion beobachtet man in großer Entfernung von den Absorptionslinien oder Absorptionszonen des Lichtes im Stoff (S. 658), anomale Dispersion zwischen den Absorptionslinien oder den Absorptionszonen.

2. Nach der klassischen Elektronentheorie ist die Dispersion des Lichtes durch seine Wechselwirkung mit den geladenen Teilchen eines Stoffes bedingt; die Teilchen vollführen im elektromagnetischen Wellenfeld erzwungene Schwingungen. Die Frequenzen des sichtbaren Lichtes ($\nu \sim 10^{15}$ Hz) reichen lediglich dazu aus, die äußeren (am schwächsten gebundenen) Elektronen der Atome, Moleküle oder Ionen zu erzwungenen Schwingungen anzuregen. Solche Elektronen bezeichnet man als *optische Elektronen* (*Leuchtelektronen*). Beim erzwungenen Schwingen optischer Elektronen im Feld einer monochromatischen Welle der Frequenz ν kommt es zu einer periodischen Änderung der elektrischen Dipolmomente der Moleküle, wodurch die letzteren sekundäre elektromagnetische Wellen der gleichen Frequenz ν emittieren.
Die Länge eines Wellenzuges ist um ein Vielfaches größer als der mittlere Abstand zwischen den Molekülen. In einem optisch homogenen Medium sind die durch eine Vielzahl benachbarter Moleküle emittierten Sekundärwellen daher sowohl untereinander als auch mit

der Primärwelle kohärent. Bei Überlagerung interferieren sie, wobei das Ergebnis vom Verhältnis ihrer Amplituden sowie Anfangsphasen zueinander abhängt. In optisch homogenen und isotropen Medien bildet sich hierbei eine durch das Medium gehende Welle, deren Phasengeschwindigkeit von der Frequenz abhängt. Ihre Fortpflanzungsrichtung entspricht der der Primärwelle.

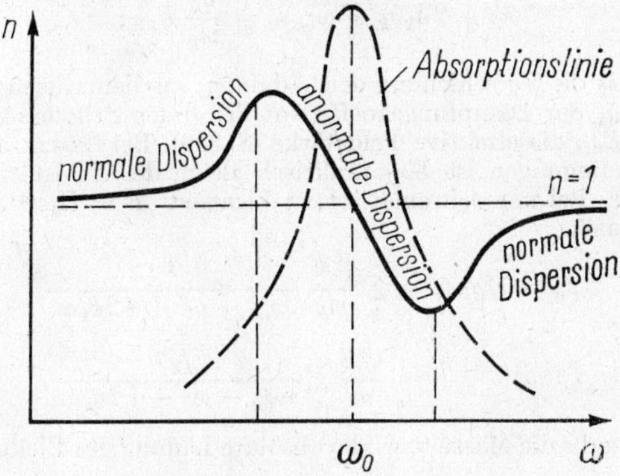

V.8.1.

3. Für isotrope Medien gilt

$$n'^2 = \varepsilon' = 1 + \varkappa_e' \qquad \text{(im SI)},$$

$$\boldsymbol{n}'^2 = \varepsilon' = 1 + 4\pi\varkappa_e' \qquad \text{(im Gaussschen System)};$$

hierbei ist $n' = n(1 - i\varkappa)$ der komplexe Brechungsindex des Mediums (S. 572), ε' die komplexe Dielektrizitätskonstante und $\varkappa_e'$ die komplexe dielektrische Suszeptibilität des Mediums. Die beiden letzten Größen sind komplex, da die Vektoren $\boldsymbol{P}_e$ der Polarisation und $\boldsymbol{E}$ der elektrischen Feldstärke mit Phasenverschiebung schwingen. In einem nicht absorbierenden Medium ist diese Phasenverschiebung gleich Null. Ein solches Medium wird daher durch die reellen Werte $\varkappa_e$, ε und n ($\varkappa = 0$) charakterisiert.
Ist N_0 die Zahl der Moleküle pro Volumeneinheit, so gilt

$$n'^2 = 1 + \frac{N_0}{\varepsilon_0}\frac{p_e}{E} \qquad \text{(im SI)},$$

$$n'^2 = 1 + 4\pi N_0 \frac{p_e}{E} \qquad \text{(im Gaussschen System)};$$

dabei ist ε_0 die elektrische Konstante*), $\boldsymbol{p}_e$ das im Wellenfeld der Stärke $\boldsymbol{E}$ induzierte Dipolmoment des Moleküls.

*) Dielektrizitätskonstante des Vakuums.

4. In der klassischen Elektronentheorie gilt jedes Molekül als eine Gesamtheit linearer Oszillatoren (S. 113), nämlich geladener Teilchen mit der Ladung q_k und der Masse m_k. Die Eigen-Kreisfrequenzen ω_{0k} der Oszillatoren entsprechen allen Kreisfrequenzen des durch den untersuchten Stoff absorbierten Lichtes. Die Differentialgleichung der erzwungenen Schwingungen lautet

$$\ddot{s}_k + 2\delta_k \dot{s}_k + \omega_{0k}^2 s_k = \frac{q_k}{m_k} E_{\text{eff}};$$

dabei ist s_k die Verschiebung der Ladung q_k aus dem Gleichgewichtszustand, δ_k der Dämpfungskoeffizient der freien Schwingungen der Ladung, E_{eff} die effektive Feldstärke (S. 349). Bei Gasen unter normalen Bedingungen ist E_{eff} praktisch gleich der Feldstärke E der Lichtwelle. Bei monochromatischem Licht ist $E = E_0 e^{i\omega t}$, und es gilt für Gase

$$p_e = \sum_k q_k s_k = \sum_k \frac{q_k^2 E}{m_k} \frac{1}{\omega_{0k}^2 - \omega^2 + i\,2\delta_k \omega}$$

$$= \frac{e^2 E}{m} \sum_k \frac{f_k}{\omega_{0k}^2 - \omega^2 + i\,2\delta_k \omega},$$

wobei m und e die Masse bzw. die absolute Ladung des Elektrons und

$$f_k = \left(\frac{q_k}{e}\right)^2 \frac{m}{m_k}$$

die Oszillationsstärke des k-ten Oszillators bedeuten. Hieraus folgt für Gase

$$\left.\begin{aligned} n^2(1 - \varkappa^2) &= 1 + \frac{N_0 e^2}{\varepsilon_0 m} \sum_k \frac{(\omega_{0k}^2 - \omega^2) f_k}{(\omega_{0k}^2 - \omega^2)^2 + 4\delta_k^2 \omega^2}, \\ n^2 \varkappa &= \frac{N_0 e^2 \omega}{\varepsilon_0 m} \sum_k \frac{\delta_k f_k}{(\omega_{0k}^2 - \omega^2)^2 + 4\delta_k^2 \omega^2} \end{aligned}\right\} \quad \text{(im SI)},$$

$$\left.\begin{aligned} n^2(1 - \varkappa^2) &= 1 + \frac{4\pi N_0 e^2}{m} \sum_k \frac{(\omega_{0k}^2 - \omega^2) f_k}{(\omega_{0k}^2 - \omega^2)^2 + 4\delta_k^2 \omega^2}, \\ n^2 \varkappa &= \frac{4\pi N_0 e^2 \omega}{m} \sum_k \frac{\delta_k f_k}{(\omega_{0k}^2 - \omega^2)^2 + 4\delta_k^2 \omega^2} \end{aligned}\right\} \quad \text{(im Gaussschen System)}.$$

5. Der Einfluß der Absorption wird erst bei Frequenzen in der Nähe von ω_{0k} bedeutsam. Außerhalb dieses Frequenzbereiches ist $\delta_k^2 \omega^2 \ll (\omega_{0k}^2 - \omega^2)^2$; es gilt für Gase $(n^2 + 1 \approx 2n)$

$$n \approx 1 + \frac{N_0 e^2}{2\varepsilon_0 m} \sum_k \frac{f_k}{\omega_{0k}^2 - \omega^2} \quad \text{(im SI)},$$

$$n \approx 1 + \frac{2\pi N_0 e^2}{m} \sum \frac{f_k}{\omega_{0k}^2 - \omega^2} \quad \text{(im Gaussschen System)}.$$

In der klassischen Lichtstreuungstheorie sind die Werte von f_k und ω_{0k} experimentell zu ermittelnde Größen. Sie können nur mit der Quantentheorie theoretisch berechnet werden.

6. In einem isotropen Medium, dessen Polarisation im Hochfrequenzfeld einer Lichtwelle ausschließlich auf den Elektronen beruht, ist die effektive Feldstärke

$$E_{\text{eff}} = \frac{\varepsilon' + 2}{3} E = \frac{n'^2 + 2}{3} E,$$

wobei E die Feldstärke des Wellenfeldes ist. Für diesen Fall gilt die LORENZ-LORENTZ*sche Gleichung*:

$$\frac{n'^2 - 1}{n'^2 + 2} = \frac{N_0 e^2}{3m} \alpha_e \qquad \text{(im SI)},$$

$$\frac{n'^2 - 1}{n'^2 + 2} = \frac{4\pi N_0 e^2}{3m} \alpha_e \qquad \text{(im GAUSSschen System)};$$

hierbei ist α_e die elektronische Polarisierbarkeit des Moleküls (S. 345).
Tritt keine Lichtabsorption auf, so lautet die Gleichung

$$\frac{n^2 - 1}{n^2 + 2} = \frac{N_0 e^2}{3m\varepsilon_0} \sum_k \frac{f_k}{\omega_{0k}^2 - \omega^2} \qquad \text{(im SI)},$$

$$\frac{n^2 - 1}{n^2 + 2} = \frac{4\pi N_0 e^2}{3m} \sum_k \frac{f_k}{\omega_{0k}^2 - \omega^2} \qquad \text{(im GAUSSschen System)}.$$

7. Die Größe

$$r = \frac{n^2 - 1}{n^2 + 2} \frac{1}{\varrho}$$

(wobei ϱ die Dichte ist) nennt man die *spezifische Refraktion des Stoffes*. Der Wert von r eines Stoffes ist von ϱ unabhängig. Die Größen $A_i r_i$ und $\Omega = \mu r$ (wobei A_i das Atomgewicht und r_i die spezifische Refraktion der Atome der i-ten Sorte eines Moleküls mit dem Molekulargewicht μ bedeuten) heißen *atomare* bzw. *molekulare Refraktion* (*Molrefraktion*) (S. 353). Häufig ist die Molrefraktion additiv aus den atomaren Refraktionen zusammengesetzt: $r = \frac{1}{\mu} \sum_i k_i A_i r_i$; k_i ist die Anzahl der Atome der i-ten Sorte des Moleküls.

8. In der klassischen Theorie der Lichtstreuung in Metallen werden sowohl die freien als auch die in den Metallionen gebundenen Elektronen in Betracht gezogen. Bei den freien Elektronen sind die

Frequenzen $\omega_{0k} = 0$. Es gilt daher

$$n'^2 - 1 = \frac{e^2}{m\varepsilon_0}\left[\frac{N_e}{2i\delta_e\omega - \omega^2} + N_0 \sum_k \frac{f_k}{\omega_k^2 - \omega^2 + i\,2\delta_k\omega}\right] \quad \text{(im SI)},$$

$$n'^2 - 1 = \frac{4\pi e^2}{m}\left[\frac{N_e}{2i\delta_e\omega - \omega^2} + N_0 \sum_k \frac{f_k}{\omega_{0k}^2 - \omega^2 + i\,2\delta_k\omega}\right]$$

(im GAUSSschen System);

N_e ist die Zahl der freien Elektronen pro Volumeneinheit, δ_e der Koeffizient, der die Energieverluste bei den erzwungenen Schwingungen der freien Elektronen berücksichtigt. Im Bereich niedriger Frequenzen ($\omega \ll \delta_e$) gilt

$$n'^2 - 1 \approx \frac{e^2}{m\varepsilon_0}\,\frac{N_e}{2i\delta_e\omega} \quad \text{(im SI)},$$

und

$$n^2\varkappa \approx \frac{e^2 N_e}{4m\varepsilon_0\delta_e\omega} \quad \text{(im SI)}.$$

Der letzte Ausdruck wird mit dem auf S. 572 angeführten identisch, wenn

$$\delta_e = \frac{e^2 N_e}{2m\gamma} = \frac{1}{\tau}$$

ist, wobei γ die spezifische Leitfähigkeit des Metalls und τ die mittlere freie Weglänge der Elektronen im Metall bedeuten.

8.2. Spektralanalyse

1. Ein beliebiger zeitlich periodischer physikalischer Prozeß, dessen Zeitabhängigkeit durch eine periodische, der DIRICHLETschen Bedingung genügenden Funktion $\varphi(t)$ mit der Kreisfrequenz ω beschrieben wird, läßt sich durch Superposition unendlich vieler harmonischer Schwingungsprozesse darstellen, deren Frequenzen eine diskrete Folge bilden. Die so erhaltene Reihe heißt FOURIER-*Reihe*:

$$\varphi(t) = \sum_{n=0}^{\infty} (A_n \cos n\omega t + B_n \sin n\omega t).$$

Für die FOURIER-*Koeffizienten* A_n und B_n gilt

$$A_0 = \frac{1}{T}\int_{t_0}^{t_0+T} \varphi(t)\,dt, \qquad B_0 = 0;$$

$$A_n = \frac{2}{T}\int_{t_0}^{t_0+T} \varphi(t)\cos n\omega t\,dt, \qquad B_n = \frac{2}{T}\int_{t_0}^{t_0+T} \varphi(t)\sin n\omega t\,dt,$$

dabei ist $T = 2\pi/\omega$. Der Anfangszeitpunkt t_0 ist willkürlich.

Die FOURIER-Reihe läßt sich auch auf die folgende Form bringen:

$$\varphi(t) = C_0 + \sum_{n=1}^{\infty} C_n \cos(n\omega t - \psi_n).$$

Die Gesamtheit der Größen C_n bildet das *Amplitudenspektrum der Funktion* $\varphi(t)$, die Gesamtheit der ψ_n das *Spektrum der Anfangsphasen*. Das *Intensitätsspektrum* wird durch die Gesamtheit der Größen C_n^2 gebildet.

2. Ein beliebiger zeitlich aperiodischer Prozeß läßt sich im Zeitintervall (in dem er der DIRICHLETschen Bedingung genügt) $t_0 \leqq t \leqq t_0 + T$ in Form einer FOURIER-Reihe (Punkt 1) darstellen, wobei die Größen t_0 und $T > 0$ beliebig sind. Jedoch braucht außerhalb dieses Zeitintervalles die FOURIER-Reihe nicht gleich der darzustellenden Funktion sein. Die Darstellung einer periodischen Funktion durch ihre FOURIER-Reihe gilt jedoch in jedem Zeitpunkt.

3. Einen beliebigen zeitlich aperiodischen physikalischen Prozeß, dessen Zeitabhängigkeit durch die Funktion $f(t)$ beschrieben wird, die in jedem beliebigen endlichen Zeitintervall der DIRICHLETschen Bedingung genügt und für die das Integral $\int_{-\infty}^{\infty} |f(t)|\, dt$ konvergiert, kann man in Form einer unendlichen Summe zeitlich periodischer Schwingungsprozesse darstellen, deren Kreisfrequenzen ω eine stetige Folge bilden. Diese Summe heißt FOURIER-*Integral*:

$$f(t) = \frac{1}{2\pi} \int_{-\infty}^{\infty} C(\omega) e^{i\omega t}\, d\omega = \frac{1}{\pi} \operatorname{Re} \int_{0}^{\infty} C(\omega) e^{i\omega t}\, d\omega$$

oder

$$f(t) = \frac{1}{\pi} \int_{0}^{\infty} [A(\omega) \cos \omega t + B(\omega) \sin \omega t]\, d\omega$$

mit

$$C(\omega) = \int_{-\infty}^{\infty} f(\xi) e^{-i\omega\xi}\, d\xi = A(\omega) - iB(\omega).$$

Das Symbol Re bezeichnet den Realteil des folgenden komplexen Ausdruckes. Die Größe

$$C = \frac{1}{\pi} C(\omega)\, d\omega$$

hat die Bedeutung unendlich kleiner komplexer Amplituden von Sinusschwingungen mit den Kreisfrequenzen ω bis $\omega + d\omega$, aus denen sich $f(t)$ zusammensetzt. Die Größe $C(\omega)$ heißt *Amplitudenfunktion*. Als *Intensitätsfunktion* bezeichnet man die Größe

$$g^2(\omega) = C(\omega) C^*(\omega) = |C(\omega)|^2,$$

wobei $C^*(\omega) = A(\omega) + iB(\omega)$ eine zu $C(\omega)$ konjugiert-komplexe Funktion ist. Sie charakterisiert die Energieverteilung im Spektrum.

4. Als Beispiel für einen zeitlich begrenzten Schwingungsprozeß diene der Strahlungsakt, bei dem ein Wellenzug emittiert wird. Die Funktion $f(t)$ entspricht einem einfachen Wellenzug in Form einer abgerissenen Sinuskurve (Bild V.8.2), der von einer mit der Kreisfrequenz ω^* oszillierenden Quelle ausgestrahlt wurde:

$$f(t) = \begin{cases} 0 & \text{für} \quad t < -\tau/2, \\ a \sin \omega^* t & \text{für} \quad -\tau/2 \leqq t \leqq \tau/2, \\ 0 & \text{für} \quad t > \tau/2; \end{cases}$$

dabei ist τ die Ausstrahlungsdauer für einen Wellenzug und a die Amplitude.

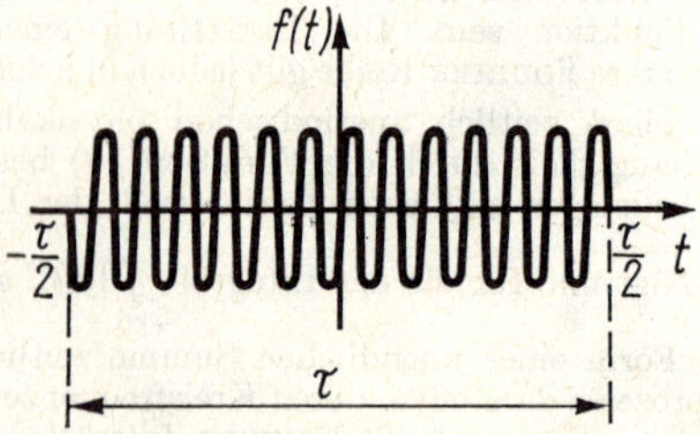

V.8.2.

Die Darstellung von $f(t)$ als FOURIER-Integral hat die Form

$$f(t) = \frac{1}{\pi} \int_0^\infty B(\omega) \sin \omega t \, d\omega$$

mit

$$B(\omega) = 2a \int_0^{\tau/2} \sin \omega^* \xi \sin \omega \xi \, d\xi$$

$$= a \left\{ \frac{\sin\left[(\omega^* - \omega)\dfrac{\tau}{2}\right]}{\omega^* - \omega} - \frac{\sin\left[(\omega^* + \omega)\dfrac{\tau}{2}\right]}{\omega^* + \omega} \right\}.$$

Ist $\omega^* \tau \gg 2\pi$, d. h., ist die Strahlungsdauer äußerst groß im Vergleich zu der Schwingungsperiode der Quelle, so erhält man für die Funktion $g^2(\omega) = [B(\omega)/\pi]^2$, welche die *Intensitätsverteilung im Spektrum von* $f(t)$ bestimmt, den folgenden Näherungsausdruck:

$$g^2(\omega) = \frac{a^2}{\pi^2} \left\{ \frac{\sin\left[(\omega^* - \omega)\dfrac{\tau}{2}\right]}{\omega^* - \omega} \right\}^2.$$

Der Verlauf dieser Funktion ist in Bild V.8.3 dargestellt. Das zentrale Maximum entspricht $\omega = \omega^*$ und hat den Wert $(a\tau/2\pi)^2$. Der Abstand $\Delta\omega$ zwischen den zwei Nullstellen links und rechts vom zentralen Maximum ist $4\pi/\tau$. Folglich ist

$$\tilde{\Delta}\omega \cdot \tau = 4\pi$$

und

$$\tilde{\Delta}\omega \cdot \Delta x = 4\pi c,$$

wobei $\Delta x = \tau \cdot c$ die räumliche Ausdehnung des Wellenzuges im Vakuum ist. Je kürzer der Wellenzug ist, um so breiter ist sein Spektrum, d. h., um so mehr unterscheidet er sich von einer monochromatischen Welle.

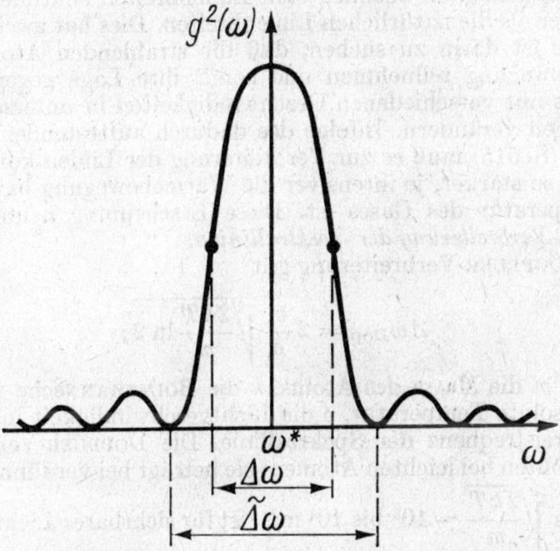

V.8.3.

5. Ein Wellenspektrum wird als *kontinuierlich* bezeichnet, wenn seine Intensitätsfunktion $g^2(\omega)$ (sie stellt eine stetige Funktion von ω dar) in einem breiten Frequenzintervall ungleich Null ist. Von glühenden festen oder flüssigen Körpern ausgestrahltes Licht besitzt ein kontinuierliches Spektrum. Licht mit einem kontinuierlichen Spektrum kann als Gesamtheit monochromatischer Wellen, deren Frequenzen eine ununterbrochene Folge bilden, angesehen werden.

Ein Spektrum wird als *Linienspektrum* bezeichnet, wenn $g^2(\omega)$ praktisch nur in engen diskreten Frequenzintervallen $\omega_i \pm \frac{1}{2}\tilde{\Delta}\omega_i$ $(\tilde{\Delta}\omega_i \ll \omega_i)$ ungleich Null ist. Jedem solchen Intervall entspricht eine *Spektrallinie*. Licht mit Linienspektren strahlen beispielsweise die Atome verdünnter glühender Gase aus. Solches Licht kann in erster Näherung als Gesamtheit der monochromatischen Wellen mit den Frequenzen ω_i aufgefaßt werden.

Als *Bandenspektrum* bezeichnet man ein Spektrum, dessen Spektrallinien diskrete Gruppen, sogenannte *Banden*, bilden. Eine Bande besteht aus einer Vielzahl eng aneinander geordneter Linien.

6. Als *Linienbreite* (*Halbwertsbreite*) *einer Spektrallinie* bezeichnet man das Frequenzintervall $\Delta\omega$ (oder Wellenlängenintervall $\Delta\lambda$) zwischen zwei Kurvenpunkten, für die $g^2 = \frac{1}{2} g_{\max}^2$ gilt (Bild V.8.3). Die natürliche Linienbreite steht mit der Dauer des einzelnen atomaren Strahlungsaktes ($\tau \sim 10^{-8}$ s), die durch die Abstrahlung von Energie bedingt ist, in Zusammenhang (*Strahlungsdämpfung*):

$$\Delta\omega_{\text{Li}} \sim 2\pi \cdot 10^8\ \text{s}^{-1} \qquad \text{und} \qquad \Delta\lambda_{\text{Li}} \sim 10^{-4}\ \text{Å}.$$

7. Die experimentell beobachteten Linienbreiten sind meist wesentlich größer als die natürlichen Linienbreiten. Dies hat zwei Ursachen. Die erste ist darin zu suchen, daß die strahlenden Atome an der Wärmebewegung teilnehmen und somit ihre Lage gegenüber dem Meßgerät mit verschiedenen Geschwindigkeiten in unterschiedlichen Richtungen verändern. Infolge des dadurch auftretenden DOPPLER-Effektes (S. 515) muß es zur Verbreiterung der Linien kommen, und zwar um so stärker, je intensiver die Wärmebewegung bzw. je höher die Temperatur des Gases ist. Diese Erscheinung nennt man die DOPPLER-*Verbreiterung der Spektrallinien.*
Für die DOPPLER-Verbreiterung gilt

$$\Delta\omega_{\text{Dop}} = 2\frac{\omega}{c}\sqrt{\frac{2kT}{m}\ln 2};$$

dabei ist m die Masse des Atoms, k die BOLTZMANNsche Konstante, T die absolute Temperatur, c die Lichtgeschwindigkeit im Vakuum, ω die Kreisfrequenz der Spektrallinie. Die DOPPLER-Verbreiterung ist am größten bei leichten Atomen; sie beträgt bei verdünnten Gasen, bei denen $\sqrt{\frac{2kT}{m}} \sim 10^3$ bis 10^4 m/s ist für sichtbares Licht

$$\Delta\omega_{\text{Dop}} \sim 10^{10} \text{ bis } 10^{11}\ \text{s}^{-1} \qquad \text{und} \qquad \Delta\omega_{\text{Dop}} \sim 0{,}01 \text{ bis } 0{,}1\ \text{Å}.$$

8. Die zweite Ursache der Verbreiterung der Spektrallinien ist in der Verringerung der Strahlungsdauer τ der angeregten Atome infolge ihrer Wechselwirkung mit anderen Atomen zu suchen. Diesen Effekt bezeichnet man als *Stoßverbreiterung der Spektrallinien.* Sie hängt von der Art der Wechselwirkung der Teilchen, ihrer Konzentration und anderem ab. Entsprechend der jeweiligen Gasdichte liegt die Stoßverbreiterung in der gleichen Größenordnung wie die DOPPLER-Verbreiterung bzw. sie ist größer. Die Stoßverbreiterung kommt auch auf Grund einer gewissen Asymmetrie in der Energieverteilung an den Grenzen der Spektrallinie zustande, deren Intensitätsmaximum in der Regel ein wenig in Richtung der höheren Frequenzen verschoben ist.

9. Das durch einen beliebigen Stoff emittierte Spektrum elektromagnetischer Wellen nennt man sein *Emissionsspektrum.* Das durch einen beliebigen Stoff absorbierte Spektrum elektromagnetischer Wellen nennt man sein *Absorptionsspektrum.*

8.3. Die Absorption des Lichtes

1. Unter der *Absorption des Lichtes* versteht man die Verminderung der Energie einer Lichtwelle bei deren Ausbreitung in einem Stoff; sie kommt durch die Umwandlung der Wellenenergie in innere Energie dieses Stoffes oder in die Energie einer Sekundärstrahlung mit anderer spektraler Zusammensetzung oder anderer Ausbreitungsrichtung (Photolumineszenz, S. 681) zustande. Als Folgeerscheinungen der Lichtabsorption können auftreten: die Erwärmung des Stoffes, die Ionisation der Atome oder Moleküle, photochemische Reaktionen, Photolumineszenz usw. Die Lichtabsorption („wirkliche Absorption") darf mit der Verminderung der Energie einer durch ein optisch inhomogenes Medium gehenden Welle, die infolge der Lichtstreuung (S. 658) zustande kommt, nicht verwechselt werden.

2. Die Lichtabsorption wird durch das Lambert*sche Gesetz* beschrieben:

$$I = I_0 e^{-\mu d};$$

dabei ist I_0 die Intensität einer ebenen monochromatischen Welle beim Eintritt in eine Schicht absorbierenden Stoffes der Dicke d und I die Intensität dieser Welle beim Austritt aus dieser Schicht; μ ist der *Absorptionskoeffizient* des Stoffes. Der Absorptionskoeffizient ist gleich jener Schichtdicke eines Stoffes, bei der die Intensität des durchgehenden Lichtes auf $e = 1/2{,}718$ verringert wird. Der Wert von μ hängt von der Frequenz (Wellenlänge) des Lichtes, dem chemischen Aufbau und dem Zustand des Stoffes ab. μ steht mit dem komplexen Brechungsindex des absorbierenden Stoffes (S. 652) in folgendem Zusammenhang:

$$\mu = \frac{4\pi}{\lambda} n\varkappa,$$

wobei λ die Wellenlänge im Vakuum ist.
Bei bestimmten Stoffen werden bei höheren Lichtintensitäten Abweichungen vom Lambertschen Gesetz beobachtet: Der Absorptionskoeffizient μ nimmt mit steigendem I_0 ab. Diese Erscheinung läßt sich mit der Quantentheorie der Lichtabsorption (S. 710) erklären. Sie hängt damit zusammen, daß bei Stoffen, deren Moleküle verhältnismäßig lange im angeregten Zustand (S. 719) verbleiben, der Anteil an solchen angeregten Molekülen sehr hoch werden kann und um so mehr zunimmt, je größer I_0 ist.

3. Für verdünnte Lösungen eines absorbierenden Stoffes in einem nicht absorbierenden Lösungsmittel gilt das Beer*sche Gesetz*:

$$\mu = Ac;$$

das Lambert-Beer*sche Gesetz* lautet

$$I = I_0 e^{-Acd},$$

wobei c die Konzentration des gelösten Stoffes ist und A eine Konstante, die von den Eigenschaften des gelösten Stoffes und der Frequenz des Lichtes abhängt.

Bei höheren Konzentrationen verliert das BEERsche Gesetz seine Gültigkeit, da die Größe A auf Grund der Wechselwirkung zwischen den einander stark angenäherten Molekülen des absorbierenden Stoffes konzentrationsabhängig wird.

4. Das Absorptionsspektrum eines Stoffes wird durch die Art der Abhängigkeit von μ von der Frequenz bestimmt. Ein verdünntes Gas, das aus Atomen besteht, die sich in größeren mittleren Abständen voneinander befinden, weist ein *Linienspektrum* auf. Die Frequenzen der Absorptionslinien sind mit den Frequenzen der Emissionslinien desselben Gases identisch. Ein verdünntes, aus Molekülen bestehendes Gas besitzt ein *Bandenspektrum*. Die Struktur der Absorptionsbanden wird durch die Struktur der Energieniveaus der Moleküle (S. 761 bis 764) bestimmt. Flüssige und feste Dielektrika besitzen *kontinuierliche Absorptionsspektren*, die aus verhältnismäßig breiten Frequenzbanden, für die der Absorptionskoeffizient $\mu \neq 0$ ist, bestehen. Außerhalb dieser Frequenzbereiche sind die Dielektrika durchsichtig ($\mu \approx 0$). Durch die *selektive Absorption* läßt sich die Farbe vieler Minerale und Farblösungen erklären.
Über die Lichtabsorption durch Metalle siehe S. 571.

8.4. Die Streuung des Lichtes

1. Unter der *Streuung des Lichtes* (*Lichtstreuung*) versteht man die durch einen Stoff bewirkte Änderung der Ausbreitungsrichtung des Lichtes, infolge der es zu einem nicht selbständigen Leuchten des Stoffes kommt. Das nicht selbständige Leuchten läßt sich auf die erzwungenen Schwingungen der Elektronen der Atome, Moleküle oder Ionen des streuenden Mediums zurückführen, die unter Einwirkung des einfallenden Lichtes zustande kommen. Lichtstreuung tritt ein, wenn sich Licht in optisch inhomogenen Medien ausbreitet.

2. Ein Medium heißt *optisch homogen*, wenn der Brechungsindex nicht von den Koordinaten abhängt und daher in allen Volumenbereichen des Mediums konstant ist. Unter dem Einfluß der einfallenden Lichtwelle führen die Leuchtelektronen der Moleküle des Mediums erzwungene Schwingungen aus und strahlen dabei Sekundärwellen ab. Volumenbereiche, deren Ausdehnungen klein sind im Vergleich mit der Wellenlänge, die jedoch noch eine hinreichend große Zahl von Molekülen enthalten, kann man als Quellen von kohärenten Sekundärwellen betrachten (Streuungszentren). Infolge der gleichmäßigen Molekülverteilung tritt in optisch homogenen Medien keine Streuung des Lichtes auf. Die Sekundärwellen längs aller von der Richtung des ursprünglichen Strahles abweichenden Richtungen löschen sich gegenseitig durch Interferenz aus.

3. Ein Medium heißt *optisch inhomogen*, wenn sein Brechungsindex nicht konstant ist, sondern von Punkt zu Punkt unregelmäßig variiert (z. B. auf Grund von Dichteänderungen, infolge der Anwesenheit kleiner Fremdkörper im Medium u. ä.). Die Sekundärwellen haben in diesem Fall inkohärente Komponenten, wodurch man eine Streuung des Lichtes beobachtet. Das Auftreten inkohärenter Se-

kundärwellen hängt damit zusammen, daß die Streuung des Lichtes an „inkohärenten", d. h. nicht untereinander verknüpften Inhomogenitäten, vor sich geht, die sich außerdem infolge der Wärmebewegung in ungeordneter Weise im Medium verschieben. Genauso ungeordnet ist auch die Änderung der Gangdifferenzen zwischen den Sekundärwellen, die von den einzelnen Teilen des inhomogenen Mediums abgestrahlt werden. Beispiele für optisch inhomogene Medien sind *trübe Medien*, wie Aerosole (Rauch, Nebel), Emulsionen, kolloidale Lösungen usw.; sie enthalten feine Partikel, deren Brechungsindex von dem des sie umgebenden Mediums verschieden ist.

4. Die Lichtstreuung in trüben Medien, in denen der Durchmesser der Inhomogenitäten (Partikel) $0{,}1\,\lambda$ bis $0{,}2\,\lambda$ (λ ist die Lichtwellenlänge) nicht überschreitet, nennt man RAYLEIGH-*Streuung* oder TYNDALL-*Effekt*. Sind die Partikel eines trüben Mediums elektrisch isotrop und nicht absorbierend, so gilt bei RAYLEIGH-Streuung für die Intensität des von einer Volumeneinheit des Mediums unter dem Winkel ϑ zur Fortpflanzungsrichtung des einfallenden Lichtes gestreuten natürlichen Lichtes (S. 628)

$$I_\vartheta = a \frac{N_0 V^2}{R^2 \lambda^4} I_0 (1 + \cos^2 \vartheta);$$

dabei ist V das Volumen des Partikels, N_0 die Anzahl der Partikel in der Volumeneinheit des Mediums, R der Abstand zwischen dem streuenden Raum und dem Beobachtungspunkt, λ die Lichtwellenlänge, I_0 die Intensität des einfallenden Lichtes, a ein Koeffizient, dessen Größe vom Inhomogenitätsgrad des Mediums, d. h. von den Brechungsindizes n und n_0 der Partikel bzw. des sie umgebenden Mediums (bei $n = n_0$ ist $a = 0$) abhängt. Aus der Formel ist ersichtlich, daß die Intensität des gestreuten Lichtes unter den genannten Bedingungen umgekehrt proportional λ^4 ist (RAYLEIGHsches Gesetz). Bei Durchgang polychromatischen Lichtes durch ein feindisperses trübes Medium wird daher im gestreuten Licht die kürzerwellige, im durchgehenden Licht die längerwellige Strahlung vorherrschen.

Bei der RAYLEIGH-Streuung von natürlichem Licht an elektrisch isotropen Partikeln hängt die Intensität des gestreuten Lichtes wie folgt vom Streuwinkel ϑ ab:

$$I_\vartheta = I_{\pi/2}(1 + \cos^2 \vartheta);$$

$I_{\pi/2}$ ist die Intensität des unter dem Winkel $\vartheta = \pi/2$ gestreuten Lichtes.

Die in Kugelkoordinaten dargestellte Beziehung zwischen I_ϑ und ϑ heißt *Streuungsindikatrix*. Die Indikatrix der RAYLEIGH-Streuung ist in Bild V.8.4 wiedergegeben. Sie besitzt die Form einer Rotationsfläche, die sowohl in bezug auf die Richtung des einfallenden Lichtbündels ($\vartheta = 0$) als auch bezüglich der Ebene $\vartheta = \pi/2$, die durch den Koordinatenursprung (Zentrum der Indikatrix) geht, symmetrisch ist. Das unter dem Winkel $\vartheta = \pi/2$ gestreute Licht ist völlig in der durch den einfallenden und den gestreuten Strahl gehenden Ebene polarisiert.

5. Ist der Durchmesser der Inhomogenitäten mit der Wellenlänge vergleichbar oder größer, so wird die Abhängigkeit der Intensität I des gestreuten Lichtes von λ geringer: $I \sim \lambda^{-p}$, wobei $p < 4$ ist und mit wachsendem Durchmesser der Inhomogenitäten abnimmt. Die Beziehung zwischen I_ϑ und dem Winkel ϑ ist infolge der Interferenz des von einzelnen Teilen der Inhomogenitäten gestreuten Lichtes komplizierter als bei der RAYLEIGH-Streuung. Die Indikatrix besitzt nur eine Symmetrieachse, die in der Richtung des einfallenden Lichtes liegt. Je größer der Teilchendurchmesser ist, um so stärker überwiegt die Streuung nach vorne (d. h. in den Bereich, in dem ϑ ein spitzer Winkel ist) gegenüber der nach hinten (wo ϑ ein stumpfer Winkel ist).

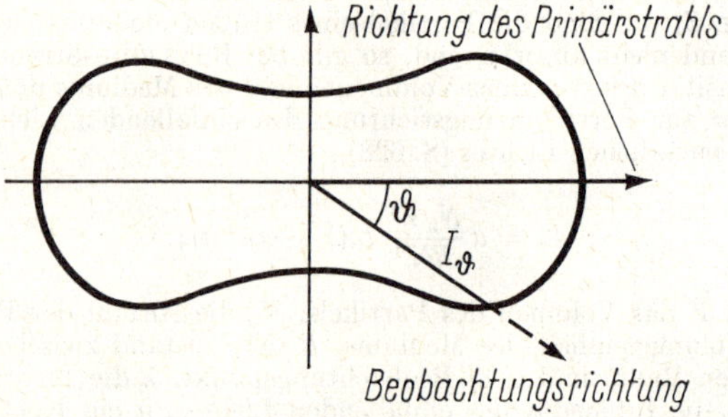

V.8.4.

Diese Erscheinung nennt man MIE-*Effekt*. Das unter dem Winkel $\vartheta = \pi/2$ gestreute Licht ist nur zum Teil polarisiert, wobei der Polarisationsgrad von der Form und der Größe der streuenden Partikel abhängt.

6. Auch in *optisch reinen Medien*, d. h. in Medien, die keine inhomogenen Partikel enthalten (z. B. in reinen Gasen und Flüssigkeiten, in echten Lösungen, S. 255), kann Lichtstreuung beobachtet werden. Dieser Effekt wird als *molekulare Streuung* bezeichnet. Sie ist durch Dichtefluktuationen (S. 233) bedingt, die durch Wärmebewegung der Moleküle zustande kommen. Als zusätzliche Ursache für das Auftreten optischer Inhomogenitäten erweisen sich in reinen Medien mit elektrisch anisotropen Molekülen Fluktuationen in der Orientierung der Moleküle (Fluktuationen der Anisotropie) und außerdem in echten Lösungen Konzentrationsfluktuationen.
Bei Gasen sind Dichtefluktuationen im kritischen Punkt (S. 245) besonders stark. Die dabei beobachtete starke molekulare Streuung nennt man die *kritische Opaleszenz*.

7. Nach der statistischen Theorie der Fluktuationen (S. 231) ist der Durchmesser jener Bereiche des Mediums, in denen es zu stärkeren Dichtefluktuationen (und damit auch zur Fluktuation des Brechungsindex) kommt, unter normalen Bedingungen wesentlich geringer als

die Wellenlängen des sichtbaren Lichtes. Die Intensität des gestreuten Lichtes hängt daher bei der molekularen Streuung wie bei der RAYLEIGH-Streuung in feindispersen trüben Medien von der Wellenlänge λ und dem Streuwinkel ϑ ab. Bei natürlichem Licht ist die Intensität I_ϑ des unter dem Winkel ϑ von einer Volumeneinheit eines Mediums aus isotropen Molekülen gestreuten Lichtes

$$I_\vartheta = \frac{2\pi^2 kT}{R^2\lambda^4}\beta\left(\varrho n\frac{\partial n}{\partial\varrho}\right)^2(1+\cos^2\vartheta)I_0;$$

dabei ist k die BOLTZMANN-Konstante, T die absolute Temperatur, β der Kompressionsmodul des Mediums (S. 184), ϱ die Dichte des Mediums, n der Brechungsindex des Mediums für die Wellenlänge λ, R der Abstand zwischen dem streuenden Raum und dem Beobachtungspunkt. Für die molekulare Streuung natürlichen Lichtes in einem idealen Gas gilt speziell

$$I_\vartheta = \frac{2\pi^2(n-1)^2}{R^2 N_0 \lambda^4}(1+\cos^2\vartheta)I_0;$$

dabei ist n der Brechungsindex des Gases, N_0 die Anzahl der in einer Volumeneinheit enthaltenen Gasmoleküle. Das Blau des Himmels läßt sich durch die starke Streuung der kurzen Lichtwellen in der Atmosphäre erklären und ebenso die bläuliche Färbung des Streulichtes eines Gases, das mit weißem Licht beleuchtet wird.
Die durch Fluktuationen der Anisotropie verursachte Streuung ist wesentlich geringer als die durch Dichtefluktuationen bewirkte.

8. Natürliches Licht (S. 628) wird bei der molekularen Streuung teilweise polarisiert. Besteht das Medium aus elektrisch isotropen unpolaren Molekülen (S. 345), so ist das unter dem Winkel $\vartheta = \pi/2$ gestreute Licht in der Ebene, die durch den einfallenden und den gestreuten Strahl verläuft, völlig polarisiert. Sind die Moleküle elektrisch anisotrop, so ist das unter demselben Winkel gestreute Licht nur teilweise polarisiert. Als Maß für die Unvollständigkeit der Polarisation erweist sich die Größe

$$\Delta = \frac{2I_\perp}{I_\parallel + I_\perp};$$

dabei ist $I_\parallel$ die Intensität der in der oben erwähnten Ebene polarisierten Komponente der gestreuten Welle und $I_\perp$ die Intensität der senkrecht dazu polarisierten Komponente.

9. Durch die in einem optisch inhomogenen Medium erfolgte Lichtstreuung verringert sich die Intensität einer ebenen Lichtwelle in dem Maße, wie sich die Welle in dem Medium ausbreitet. Diese Beziehung ist dem LAMBERTschen Gesetz (S. 657) analog:

$$I = I_0 e^{-hd};$$

dabei ist d die Schichtdicke und h der Extinktionskoeffizient. Absorbiert das streuende Medium auch noch Licht, so gilt

$$I = I_0 e^{-(\mu+h)d},$$

wobei μ der Absorptionskoeffizient (S. 657) ist.
Als *Streuungskoeffizient* bezeichnet man die Größe

$$K_\vartheta = \frac{I_\vartheta}{I_0} \frac{R^2}{V},$$

wobei V das streuende Volumen, R den Abstand zwischen diesem und dem Beobachtungspunkt ist, in dem die Intensität des unter dem Winkel ϑ gestreuten Lichtes gleich I_ϑ ist; I_0 ist die Intensität des einfallenden Lichtes. Für die molekulare Streuung auf Grund von Dichtefluktuationen gilt bei Medien mit elektrisch isotropen Molekülen (zur Bedeutung der Symbole siehe Punkt 7)

$$K_\vartheta = \frac{2\pi^2}{\lambda^4}\left(\varrho n \frac{\partial n}{\partial \varrho}\right)^2 \beta k T (1 + \cos^2\vartheta) = K_{\pi/2}(1 + \cos^2\vartheta).$$

Für ideale Gase im besonderen gilt

$$K_\vartheta = \frac{2\pi^2(n-1)^2}{N_0 \lambda^4}(1 + \cos^2\vartheta) = K_{\pi/2}(1 + \cos^2\vartheta).$$

Für den Extinktionskoeffizient gilt

$$h = \int_0^{2\pi} d\varphi \int_0^{\pi} K_\vartheta \sin\vartheta \, d\vartheta = \frac{16}{3}\pi K_{\pi/2}.$$

Über die RAMAN-Streuung siehe S. 764.

9. Wärmestrahlung

9.1. Wärmestrahlung

1. Erwärmte Körper strahlen elektromagnetische Wellen aus. Die Strahlung kommt durch Umwandlung der kinetischen Energie der Partikel, aus denen der Körper aufgebaut ist, in Strahlungsenergie zustande. Die elektromagnetische Ausstrahlung eines in einem thermodynamischen Gleichgewichtszustand befindlichen Körpers nennt man *Wärmestrahlung* (*Temperaturstrahlung*)[1]. Eine solche *Gleichgewichtsstrahlung* tritt auf, wenn sich beispielsweise ein strahlender Körper in einem abgeschlossenen Hohlraum befindet, dessen Wände undurchsichtig sind und die gleiche Temperatur wie der Körper besitzen.

---

[1]) Unter Wärmestrahlung wird bisweilen nicht nur die Gleichgewichtsstrahlung, sondern auch die von erwärmten Körpern emittierte Strahlung verstanden.

In einem wärmeisolierten System von gleichtemperierten Körpern kann das vorhandene thermodynamische Gleichgewicht durch Wärmeaustausch zwischen den Körpern auf dem Wege der Emission und Absorption von Wärmestrahlung nicht gestört werden, da dies im Widerspruch mit dem zweiten Hauptsatz der Thermodynamik stünde. Die Wärmestrahlung untersteht daher der PREVOST*schen Regel*: Absorbieren zwei gleichtemperierte Körper verschiedene Energiemengen, so ist auch ihre Strahlung bei dieser Temperatur verschieden.

2. Die Größe $E_{\nu,T}$ nennt man das *Emissionsvermögen* (*Strahlungsvermögen*) eines Körpers. Sie ist gleich der Dichte der Strahlungsleistung einer wärmestrahlenden Oberfläche für ein Frequenzintervall $d\nu$:

$$E_{\nu,T} = \frac{dW}{d\nu};$$

dabei ist dW die Energie der Wärmestrahlung im Frequenzbereich ν bis $\nu + d\nu$, die in der Zeiteinheit von der Flächeneinheit der Oberfläche eines Körpers abgestrahlt wird.

Das Emissionsvermögen $E_{\nu,T}$ erweist sich als charakteristisch für das Wärmestrahlungsspektrum eines Körpers. Es hängt von der Frequenz ν, der absoluten Temperatur T des Körpers, dessen Material, Form und Oberflächenbeschaffenheit ab. Im SI wird $E_{\nu,T}$ in J/m^2 gemessen.

3. Die Größe $A_{\nu,T}$ nennt man das *Absorptionsvermögen* oder den *monochromatischen Absorptionskoeffizient* eines Körpers. Sie gibt den Bruchteil der in der Zeiteinheit auf einen Körper durch elektromagnetische Wellen der Frequenzen ν bis $\nu + d\nu$ übertragenen Energie dW_{em} an, der von einer Flächeneinheit seiner Oberfläche absorbiert wird:

$$A_{\nu,T} = \frac{dW_{\text{abs}}}{dW_{\text{em}}};$$

$A_{\nu,T}$ ist eine unbenannte Zahl. Sie hängt außer von der Strahlungsfrequenz und von der Temperatur des Körpers auch von dessen Material, Form und Oberflächenbeschaffenheit ab.

4. Ein Körper heißt *absolut schwarz*, wenn er bei beliebigen Temperaturen alle auf ihn einfallenden elektromagnetischen Wellen absorbiert: $A_{\nu,T}^{\text{schw}} = 1$.

In Wirklichkeit ist kein Körper absolut schwarz. Jedoch gibt es einige Körper, deren optische Eigenschaften denen des absolut schwarzen Körpers recht nahe kommen (Ruß, Platinschwärze, schwarzer Samt haben im sichtbaren Bereich ein Absorptionsvermögen, das sich wenig von 1 unterscheidet).

Als vollkommenstes Modell einer absolut schwarzen Oberfläche kann eine kleine Öffnung in der undurchsichtigen Wand eines abgeschlossenen Hohlraumes dienen. Die elektromagnetische Strahlung, die von außen in den Hohlraum dringt, wird nach vielfacher Reflexion von der Innenfläche des Hohlraumes unabhängig vom Material der Wände des Hohlraumes praktisch völlig absorbiert.

Ein Körper heißt *grau*, wenn sein Absorptionsvermögen für alle Frequenzen ν gleich ist und nur von der Temperatur, vom Material und vom Zustand der Oberfläche des Körpers abhängt $\left(A_{\nu,T}^{\text{gr}} = A_T\right)$.

5. Zwischen dem Emissionsvermögen $E_{\nu,T}$ und dem Absorptionsvermögen $A_{\nu,T}$ eines beliebigen undurchsichtigen Körpers besteht die Beziehung (KIRCHHOFF*sches Gesetz in Differentialform*)

$$\frac{E_{\nu,T}}{A_{\nu,T}} = \varepsilon_{\nu,T}.$$

Das Verhältnis des Emissionsvermögens eines Körpers zu seinem Absorptionsvermögen hängt nicht vom Material des Körpers ab und ist gleich dem Emissionsvermögen $\varepsilon_{\nu,T}$ eines absolut schwarzen Körpers. Das Verhältnis ist nur eine Funktion der Frequenz und der absoluten Temperatur (KIRCHHOFF*sche Funktion*).

Aus dem KIRCHHOFFschen Gesetz folgt, daß ein Körper, der bei gegebener Temperatur T im Frequenzintervall zwischen ν und $\nu + d\nu$ keine Strahlung absorbiert $(A_{\nu,T} = 0)$, in diesem Frequenzintervall bei der Temperatur T auch keine Gleichgewichtsstrahlung emittiert $(E_{\nu,T} = A_{\nu,T}, \ \varepsilon_{\nu,T} = 0)$.

6. Das *Gesamtemissionsvermögen eines Körpers* E_T ist

$$E_T = \int_0^\infty E_{\nu,T} \, d\nu;$$

es stellt die Dichte der Strahlungsleistung der Oberfläche dar, d. h. die Strahlungsenergie aller Frequenzen, die in der Zeiteinheit von einer Flächeneinheit der Oberfläche eines Körpers emittiert wird.

Das Gesamtemissionsvermögen ε_T eines absolut schwarzen Körpers ist

$$\varepsilon_T = \int_0^\infty \varepsilon_{\nu,T} \, d\nu.$$

Die Beziehung zwischen dem Gesamtemissionsvermögen E_T eines grauen Körpers und dessen Absorptionsvermögen A_T ist

$$E_T^{\text{gr}} = A_T \varepsilon_T.$$

Das KIRCHHOFF*sche Gesetz in Integralform* (für graue Körper) lautet:

Das Verhältnis des Gesamtemissionsvermögens eines grauen Körpers zu dessen Absorptionsvermögen ist gleich dem Gesamtemissionsvermögen eines absolut schwarzen Körpers.

7. Das Gesamtemissionsvermögen eines beliebigen Körpers ist

$$E_T = \int_0^\infty A_{\nu,T} \varepsilon_{\nu,T} \, d\nu$$

oder

$$E_T = \alpha \varepsilon_T,$$

wobei α der *Schwärzegrad des Körpers* ist:

$$\alpha = \frac{\int\limits_0^\infty A_{\nu,T}\,\varepsilon_{\nu,T}\,d\nu}{\varepsilon_T} = \frac{\int\limits_0^\infty A_{\nu,T}\,\varepsilon_{\nu,T}\,d\nu}{\int\limits_0^\infty \varepsilon_{\nu,T}\,d\nu};$$

α hängt von der Temperatur, dem Material und von der Beschaffenheit der Oberfläche des Körpers ab.

Das Absorptionsvermögen eines Körpers $A_{\nu,T}$ kann zwischen 0 und 1 variieren. Daher gilt $0 \leqq \alpha \leqq 1$. Für einen absolut schwarzen Körper ist $\alpha = 1$. Ein durchsichtiger Körper, für den der Schwärzegrad $\alpha = 0$ ist, emittiert und absorbiert keine elektromagnetische Strahlung ($E_{\nu,T} = A_{\nu,T} = 0$). Die auf ihn einfallende Strahlung wird vollständig reflektiert. Wenn die Reflexion nach den Gesetzen der geometrischen Optik verläuft, dann nennt man den Körper einen *Spiegel*.

9.2. Die Strahlungsgesetze für einen absolut schwarzen Körper

1. Die Strahlungsgesetze für einen absolut schwarzen Körper legen die Abhängigkeit von ε_T und $\varepsilon_{\nu,T}$ von der Frequenz und der Temperatur fest.

Das STEFAN-BOLTZMANN*sche Gesetz* lautet

$$\varepsilon_T = \sigma T^4.$$

Das Gesamtemissionsvermögen ε_T eines absolut schwarzen Körpers ist proportional der vierten Potenz seiner absoluten Temperatur. Die Größe σ wird *universelle* STEFAN-*Konstante* genannt und ist gleich $5{,}67 \cdot 10^{-8}\ \mathrm{W/m^2 \cdot grd^4}$.

2. Die Energieverteilung im Emissionsspektrum eines absolut schwarzen Körpers, d. h. die Abhängigkeit der Größe $\varepsilon_{\nu,T}$ von der Frequenz bei verschiedenen Temperaturen, ist von der Art, wie sie in Bild V.9.1 dargestellt ist. Für kleine Frequenzen ist $\varepsilon_{\nu,T}$ proportional $\nu^2 T$. Im Bereich größerer Frequenzen wird jedoch $\varepsilon_{\nu,T}$ proportional $\nu^3 \cdot e^{-a\nu/T}$, wobei a eine Konstante ist.

Die Fläche S, die von der Kurve $\varepsilon_{\nu,T}$ und der Abszisse eingeschlossen wird, ist proportional ε_T:

$$S \sim \varepsilon_T = \int\limits_0^\infty \varepsilon_{\nu,T}\,d\nu.$$

Auf Grund des STEFAN-BOLTZMANNschen Gesetzes ist diese Fläche proportional der vierten Potenz der absoluten Temperatur.

3. Das WIENsche *Gesetz* lautet

$$\varepsilon_{\nu,T} = c\nu^3 f\left(\frac{\nu}{T}\right);$$

dabei ist c die Lichtgeschwindigkeit im Vakuum und $f(\nu/T)$ eine universelle Funktion vom Quotienten aus der Frequenz der Strahlung eines absolut schwarzen Körpers zu dessen Temperatur.
Die Frequenz der Strahlung ν_{max}, die dem Maximalwert des Emissionsvermögens $\varepsilon_{\nu,T}$ des absolut schwarzen Körpers entspricht, ist in Übereinstimmung mit dem WIENschen Gesetz

$$\nu_{max} = b_1 T,$$

wobei b_1 eine Konstante ist, die von der Form der Funktion $f(\nu/T)$ abhängt.

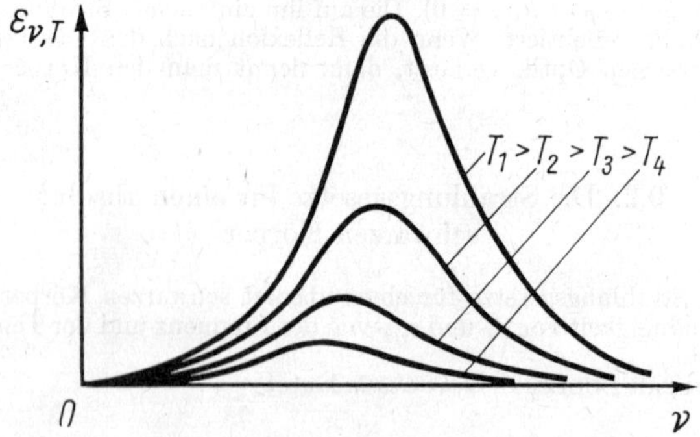

V.9.1.

Das WIENsche *Verschiebungsgesetz*: Die Frequenz, die dem Maximalwert des Emissionsvermögens $\varepsilon_{\nu,T}$ eines absolut schwarzen Körpers entspricht, ist direkt proportional dessen absoluter Temperatur.
4. Die Beziehung zwischen dem Emissionsvermögen $\varepsilon_{\nu,T}$ im Frequenzintervall $d\nu$ und dem Emissionsvermögen $\varepsilon_{\lambda,T}$ im Wellenlängenintervall $d\lambda$ lautet

$$\varepsilon_{\lambda,T} = \frac{c}{\lambda^2}\,\varepsilon_{\nu,T}\,.$$

Eine zweite Form des WIENschen *Gesetzes* ist

$$\varepsilon_{\lambda,T} = \frac{c^5}{\lambda^5} f\left(\frac{c}{\lambda T}\right).$$

Die Wellenlänge λ_{max}, die dem Maximalwert des Emissionsvermögens $\varepsilon_{\lambda\,T}$ entspricht, hat den Wert

$$\lambda_{max} = \frac{b}{T}$$

Die zweite Form des WIEN*schen Verschiebungsgesetzes* lautet: Die Wellenlänge, die dem Maximalwert des Emissionsvermögens $\varepsilon_{\lambda,T}$ entspricht, ist umgekehrt proportional dessen absoluter Temperatur. Die Größe b heißt WIEN*sche Konstante*. Ihr Wert ist 0,002898 m · grd.
Das WIENsche Verschiebungsgesetz erklärt, warum bei Herabsetzung der Temperatur eines erhitzten Körpers die langwellige Strahlung stärker hervortritt.
Die Werte von $\lambda_{\max}$ und $\nu_{\max}$ sind *nicht* durch die Beziehung $\lambda = c/\nu$ verknüpft, so daß die Maxima von $\varepsilon_{\nu,T}$ und $\varepsilon_{\lambda,T}$ in verschiedenen Gebieten des Spektrums liegen.

5. Die Gleichgewichtsstrahlung in einem abgeschlossenen Hohlraum mit wärmeisolierten Wänden nennt man *schwarze Strahlung*, da sie unabhängig vom Material der Wände identisch mit der Wärmestrahlung eines absolut schwarzen Körpers bei gleicher Temperatur ist. Diese Strahlung ist isotrop, d. h., sie kann als Gesamtheit der elementaren unpolarisierten und inkohärenten ebenen Wellen der Frequenzen 0 bis ∞, die sich gleichmäßig nach allen Richtungen ausbreiten, betrachtet werden. Die räumliche Dichte w der Energie des Feldes der schwarzen Strahlung ist überall gleich und hängt lediglich von der Temperatur ab:

$$w = \frac{4\varepsilon_T}{c} = \frac{4\sigma}{c} T^4;$$

dabei ist ε_T das Gesamtemissionsvermögen eines absolut schwarzen Körpers, c die Lichtgeschwindigkeit im Vakuum, σ die STEFAN-BOLTZMANNsche Konstante.
Die räumliche Energiedichte des Feldes der schwarzen Strahlung ist

$$w_\nu = \frac{dw}{d\nu} = \frac{4}{c} \varepsilon_{\nu,T};$$

dabei ist dw die räumliche Energiedichte des Strahlungsfeldes im Frequenzintervall zwischen ν und $\nu + d\nu$, $\varepsilon_{\nu,T}$ das Emissionsvermögen des absolut schwarzen Körpers.
Der Druck, den die schwarze Strahlung auf die Wände des Hohlraums ausübt, ist

$$p = \frac{w}{3} = \frac{4}{3c} \sigma T^4.$$

6. In energetischer Hinsicht ist die schwarze Strahlung der Strahlung eines Systems unendlich vieler, einander nicht beeinflussender harmonischer Oszillatoren, der *Oszillatoren des Strahlungsfeldes*, äquivalent. Ist $\bar{\varepsilon}(\nu)$ die mittlere Energie eines Oszillators mit der Eigenfrequenz ν, so gilt

$$w_\nu = \frac{8\pi\nu^2}{c^3} \bar{\varepsilon}(\nu) \quad \text{und} \quad \varepsilon_{\nu,T} = \frac{2\pi\nu^2}{c^2} \bar{\varepsilon}(\nu).$$

Nach dem klassischen Gleichverteilungssatz (S. 217) ist $\bar{\varepsilon}(\nu) = kT$; dabei ist k die BOLTZMANNsche Konstante und

$$\varepsilon_{\nu,T} = \frac{2\pi\nu^2}{c^2} kT.$$

Diese Beziehung nennt man die RAYLEIGH-JEANS*sche Formel.*
Im Bereich höherer Frequenzen führt diese Beziehung zu einer groben Abweichung vom Experiment, die unter dem Namen „*Ultraviolettkatastrophe*" bekannt ist: $\varepsilon_{\nu,T}$ wächst monoton mit wachsender Frequenz, ohne je einen Maximalwert zu erreichen. Das Gesamtemissionsvermögen eines absolut schwarzen Körpers wird unendlich groß.

7. Die oben angezeigten Schwierigkeiten bei der Suche nach einer Formulierung für die KIRCHHOFFsche Funktion von $\varepsilon_{\nu,T}$ sind durch jenen Grundsatz der klassischen Physik bedingt, nach welchem sich die Energie jedes Systems kontinuierlich ändert, d. h. beliebig nahe beieinander liegende Werte annehmen kann.
Nach der PLANCKschen Quantentheorie kann die Energie eines Oszillators mit der Eigenfrequenz ν nur bestimmte diskrete (gequantelte) Werte annehmen, die sich um ein ganzzahliges Vielfaches eines Elementarquantums (*Energiequantes*) voneinander unterscheiden:

$$\varepsilon_0 = h\nu;$$

dabei ist $h = 6{,}625 \cdot 10^{-34}\,\mathrm{J \cdot s}$ die PLANCK*sche Konstante* (*Wirkungsquantum*). Demnach muß die Ausstrahlung und Absorption von Energie durch die Atome, Moleküle oder Ionen eines strahlenden Körpers sprunghaft und diskret, d. h. quantenhaft, vor sich gehen.

8. Für die mittlere Energie eines Oszillators gilt

$$\bar{\varepsilon}(\nu) = \frac{h\nu}{e^{\frac{h\nu}{kT}} - 1}.$$

Die PLANCK*sche Formel* für das Emissionsvermögen eines absolut schwarzen Körpers lautet

$$\varepsilon_{\nu,T} = \frac{2\pi\nu^2}{c^2} \frac{h\nu}{e^{\frac{h\nu}{kT}} - 1}.$$

Die zweite Form der PLANCK*schen* Formel ist

$$\varepsilon_{\lambda,T} = \frac{2\pi c^2}{\lambda^5} \frac{h}{e^{\frac{hc}{k\lambda T}} - 1}.$$

Die PLANCKsche Formel stimmt mit den experimentellen Ergebnissen bei der Messung der Energieverteilung im Spektrum eines absolut schwarzen Körpers für verschiedene Temperaturen gut überein. Als Spezialfälle enthält sie das RAYLEIGH-JEANSsche Gesetz ($h\nu \ll kT$).

Im Bereich hoher Frequenzen ($h\nu \gg kT$) liefert die PLANCKsche Formel

$$\varepsilon_{\nu,T} \approx \frac{2\pi h\nu^3}{c^2} e^{-\frac{h\nu}{kT}}$$

(WIENsches Gesetz).
Aus der PLANCKschen Formel folgen das WIENsche Verschiebungsgesetz und das STEFAN-BOLTZMANNsche Gesetz. Die STEFAN-Konstante kann man durch die PLANCKsche Konstante ausdrücken:

$$\sigma = \frac{2\pi^5 k^4}{15 h^3 c^2}.$$

Der Wert der PLANCKschen Konstanten ergibt sich aus den Werten von k, σ und c. Man kann sie auch durch die WIENsche Konstante b ausdrücken.

9.3. Grundlagen der optischen Pyrometrie

1. Unter *optischer Pyrometrie* versteht man die Gesamtheit der Methoden zur Messung hoher Temperaturen unter Benutzung der Beziehungen zwischen der Temperatur und dem Emissionsvermögen (dem gesamten wie dem spektralen) eines untersuchten Körpers. Die zu diesem Zweck verwendeten Vorrichtungen heißen *Strahlungspyrometer*; sie registrieren die Gesamtstrahlung des untersuchten erhitzten Körpers; *optische Pyrometer* registrieren die Strahlung eines oder zweier schmaler Teile des Spektrums. Strahlungspyrometer können zur Temperaturmessung bei festen, flüssigen oder gasförmigen Körpern nur angewandt werden, wenn sich die Körper in einem thermodynamischen Gleichgewichtszustand befinden (oder genügend nahe daran sind).

2. Als *Strahlungstemperatur* T_S eines Körpers bezeichnet man die Temperatur eines schwarzen Körpers, dessen Gesamtstrahlung gleich der Strahlung des untersuchten Körpers ist. Die wirkliche Temperatur des Körpers ist

$$T = \frac{T_0}{\sqrt[4]{\alpha_T}};$$

dabei ist $\alpha_T = E_T/\varepsilon_T$ der Schwärzegrad (S. 665) des Körpers bei der Temperatur T. Da $\alpha_T \leqq 1$ ist, gilt $T \geqq T_S$.

3. Unter der *Farbtemperatur* T_F eines nichtschwarzen Körpers versteht man die Temperatur T eines schwarzen Körpers, dessen Energieverteilung im Spektrum mit der Energieverteilung des untersuchten Körpers bei der gegebenen Temperatur am besten übereinstimmt. Man mißt sie, indem man das Emissionsvermögen ($E_{\lambda,T}$) und Absorptionsvermögen ($A_{\lambda,T}$) des untersuchten Körpers für zwei verschiedene Wellenlängen λ_1 und λ_2 bestimmt. Da bei $\lambda T \ll hc/k$ die vereinfachte

Form der PLANCKschen Formel,

$$\varepsilon_{\lambda,T} = \frac{2\pi c^2 h}{\lambda^5} e^{-hc/k\lambda T},$$

anwendbar ist, gilt

$$\frac{1}{T} - \frac{1}{T_c} = \frac{k}{hc\left(\frac{1}{\lambda_1} - \frac{1}{\lambda_2}\right)} \ln \frac{A_{\lambda_1,T}}{A_{\lambda_2,T}}.$$

Bei grauen Körpern ist $A_{\lambda_1,T} = A_{\lambda_2,T}$ und $T_F = T$. Für Körper, die sich von grauen Körpern stark unterscheiden (die beispielsweise Licht selektiv absorbieren oder emittieren), ist der Begriff der Farbtemperatur bedeutungslos.

4. Als *schwarze Temperatur* T_s *eines Körpers* bezeichnet man die Temperatur eines absolut schwarzen Körpers, dessen Emissionsvermögen für die Wellenlänge λ_0 (zumeist ist $\lambda_0 = 660$ nm), gleich der des untersuchten Körpers für die gleiche Wellenlänge in der zu seiner Oberfläche senkrechten Richtung ist.
Das Emissionsvermögen eines strahlenden Körpers mit der Temperatur T ist

$$b(\lambda, T) = \frac{dB_e}{d\lambda};$$

dabei ist dB_e die Energie, die von der Oberfläche des Körpers pro Flächeneinheit und Zeiteinheit im Wellenlängenintervall zwischen λ und $\lambda + d\lambda$ in gegebener Richtung in den Einheits-Raumwinkel abgestrahlt wird. Für einen dem LAMBERTschen Gesetz (S. 657) unterworfenen strahlenden Körper gilt

$$b(\lambda, T) = \frac{1}{\pi} E_{\lambda,T},$$

wobei $E_{\lambda,T}$ das Emissionsvermögen des Körpers ist. Für einen absolut schwarzen Körper gilt im besonderen

$$b_0(\lambda, T) = \frac{1}{\pi} \varepsilon_{\lambda,T}.$$

Ist $\lambda_0 T \ll hc/k$ (s. Punkt 3), so besteht zwischen der wirklichen Temperatur und der schwarzen Temperatur (bei $\lambda = \lambda_0$) eines Körpers folgende Beziehung:

$$\frac{1}{T} - \frac{1}{T_s} = \frac{k\lambda_0}{hc} \ln \frac{b(\lambda_{0,T})}{b_0(\lambda_{0,T})}.$$

Für einen Körper, der dem LAMBERTschen Gesetz unterworfen ist, gilt im besonderen

$$\frac{1}{T} - \frac{1}{T_s} = \frac{k\lambda_0}{hc} \ln A_{\lambda_0,T},$$

wobei $A_{\lambda_0,T}$ das Absorptionsvermögen des Körpers ist. Für alle Körper, außer dem absolut schwarzen, gilt $T > T_s$.

10. Die Wirkung des Lichtes auf die Materie

10.1. Der photoelektrische Effekt

1. Das Licht besitzt eine Doppelnatur, es hat sowohl *Welleneigenschaften* als auch die *Eigenschaften einer Korpuskularstrahlung*. Einerseits verhält es sich wie eine Welle und zeigt Interferenz, Diffraktion und Polarisation. Andrerseits erweist es sich als Fluß von Teilchen, den sogenannten *Photonen*, deren Ruhmasse gleich Null ist und die sich mit einer Geschwindigkeit bewegen, die gleich der Lichtgeschwindigkeit im Vakuum ist. Die Energie W des Photons und sein Impuls p sind für eine elektromagnetische Welle mit der Frequenz ν und der Wellenlänge λ im Vakuum

$$W = h\nu = \frac{hc}{\lambda}, \qquad p = \frac{h\nu}{c} = \frac{h}{\lambda},$$

wobei h die PLANCKsche Konstante ist (S. 668).
Das Photon besitzt einen Spin $\hbar$ (s. Tabelle VI.6.1, S. 823) und gehorcht der Quantenstatistik von BOSE-EINSTEIN (S. 219). Bei kleinen Frequenzen ν herrschen die Welleneigenschaften, bei großen ν die Korpuskulareigenschaften vor.
Ein Photon entsteht (wird abgestrahlt) als Ergebnis der Beschleunigung und Bremsung geladener Teilchen beim Übergang eines Moleküls, Atoms, Ions oder Atomkerns aus einem angeregten Zustand (S. 719) in einen Zustand mit geringerer Energie sowie beim Zerfall oder der Vernichtung (S. 837) von Teilchen. Emittiert (absorbiert) ein System ein Photon, so verliert (erhält) es den Drehimpuls $m\hbar$ ($m = 1, 2, 3, \ldots$) des Photons.

2. Als *photoelektrischen Effekt* (*Photoeffekt*) bezeichnet man den Wechselwirkungsprozeß elektromagnetischer Strahlung mit der Materie, bei dem die Energie der Photonen auf die Elektronen der Materie übertragen wird. Bei kondensierten Systemen (festen und flüssigen Körpern) unterscheidet man einen *äußeren Photoeffekt*, bei dem die Absorption der Photonen von einem Austritt der Elektronen aus dem Körper begleitet wird, und einen *inneren Photoeffekt*, bei dem die Elektronen im Körper verbleiben und den energetischen Zustand in diesem selbst ändern. Bei Gasen besteht der Photoeffekt aus einer Ionisation der Atome oder Moleküle unter dem Einfluß der Strahlung (*Photoionisation*, S. 768).
Als spezielle Form des Photoeffektes erweist sich die Absorption von Photonen harter Gammastrahlen durch Atomkerne, begleitet von einem Austritt von Nukleonen, die am Kernaufbau beteiligt sind (*Kernphotoeffekt*, s. S. 813).

3. Die Elektronen, die beim äußeren Photoeffekt den Körper verlassen, nennt man *Photoelektronen*. Wenn man zwischen dem bestrahlten Körper und irgendeinem Leiter (Anode) ein elektrisches Feld mit dem Potentialunterschied φ anbringt und dadurch die Photoelektronen beschleunigt, so entsteht eine geordnete Bewegung dieser Elektronen, die man *photoelektrischen Strom* (*Photostrom*) nennt. Bei

einem gewissen Wert von φ erreicht der Strom I seinen Sättigungswert ($I = I_S$), wobei alle Elektronen, die den bestrahlten Körper verlassen, die Anode erreichen. Zur Vermeidung eines Photostromes zwischen Anode und Kathode ist ein Gegenfeld mit einem Potentialunterschied φ_1 nötig, der gleich

$$\varphi_1 = -\frac{W_{k\,max}}{e} < 0$$

sein muß, wobei e der Betrag der Elektronenladung und $W_{k\,max}$ die maximale kinetische Energie der Photoelektronen ist. Beim Photoeffekt der durch Strahlen im sichtbaren Bereich oder im Ultraviolett hervorgerufen wird, ist die maximale Anfangsgeschwindigkeit der Elektronen $v_{max} \ll c$ und $W_{k\,max} = mv_{max}^2/2$, wobei m die Ruhmasse des Elektrons ist.

4. Aus dem Erhaltungssatz für die Energie folgt die EINSTEIN*sche Gleichung für den äußeren Photoeffekt*:

$$h\nu = A + W_{k\,max};$$

dabei ist $A = e\varphi_0$ die Austrittsarbeit des Elektrons aus dem bestrahlten Stoff (S. 389), φ_0 das Austrittspotential und $h\nu$ die Photonenenergie. A und φ_0 hängen vom anfänglichen Energiezustand des Photoelektrons ab.
Nach dem Energie- und dem Impulserhaltungssatz können freie Elektronen keine Photonen absorbieren. Ein Photoeffekt kann nur bei Elektronen, die an Atome, Moleküle und Ionen gebunden sind, sowie bei Elektronen in kristallinen Festkörpern auftreten.

5. Die Gesetze des äußeren Photoeffektes.

a) Die maximale Anfangssgeschwindigkeit der Photoelektronen hängt von der Frequenz des Lichtes ab, nicht aber von seiner Intensität.

b) Die Anzahl der in der Zeiteinheit aus der Kathode austretenden Elektronen ist der Intensität des Lichtes proportional. Der photoelektrische Sättigungsstrom (Punkt 3) ist dem gesamten Strahlungseinfall auf die Kathode proportional. Die Zahl der Photoelektronen, die die Kathode in der Sekunde verlassen, ist der Anzahl der durch den Stoff in der Zeiteinheit absorbierten Photonen proportional. Letztere Zahl ist bei konstanter spektraler Zusammensetzung der Strahlung der Beleuchtung der Kathode proportional.

c) Für jeden Stoff existiert eine *Rotgrenze* (*Schwelle*) *des Photoeffektes*. Sie stellt die niedrigste Frequenz $\nu_0 = A/h$ dar, bei der ein äußerer Photoeffekt eben noch auftritt, ν_0 hängt vom chemischen Aufbau und von der Oberflächenbeschaffenheit des Stoffes ab. Die ν_0 entsprechende Wellenlänge $\lambda_0 = ch/A$ liegt für die meisten Metalle im ultravioletten Bereich.
Der Photoeffekt tritt praktisch ohne Trägheit auf.

6. Die Zahl der Photoelektronen, die durch ein einfallendes Photon erbracht werden, nennt man die *Quantenausbeute I* des Photoeffektes. Die Quantenausbeute hängt von der Eigenheit des Stoffes und der Wellenlänge der Strahlung ab. Die Abhängigkeit der Quantenausbeute des äußeren Photoeffektes bei Metallen von der Energie der Photonen

wird das *charakteristische Spektrum des Photoeffektes* genannt und in eV ausgedrückt. Bei Metallen beträgt I an der Rotgrenze ν_0 (Punkt 5) größenordnungsmäßig 10^{-4} und wächst proportional mit $(\nu - \nu_0)^2$. Bei Photoenergien von etwa 10 eV beginnt I rasch anzusteigen und erreicht sein Maximum, das in der Größenordnung von 0,1 bis 0,15 liegt, bei $h\nu \sim 18$ eV. Die maximale Quantenausbeute tritt in jenem Frequenzbereich auf, in dem der Reflexionskoeffizient sein Minimum hat.

7. Der beträchtliche Anstieg der Quantenausbeute (und des photoelektrischen Sättigungsstromes) bei gewissen Frequenzen der einfallenden Strahlung heißt *selektiver Photoeffekt.* In diesem Fall ist die Quantenausbeute stark vom Einfallswinkel der Strahlung und von deren Polarisation abhängig. Bei einer Strahlung, die in der Einfallsebene polarisiert ist, fehlt der selektive Photoeffekt. Ist die Strahlung senkrecht zur Einfallsebene polarisiert, so ist der selektive Photoeffekt maximal und hängt vom Einfallswinkel i ab. Er wächst bei dessen Änderung von 0 bis $\pi/2$. Die genannten Besonderheiten zeigen den Einfluß der Wellennatur der Strahlung auf den äußeren Photoeffekt.

8. Im Fall *zusammengesetzten Kathodenmaterials* (Verbindung von Alkalimetallen mit Antimon oder Wismut, Kathoden mit einer Halbleiterschicht) wird der äußere Photoeffekt durch Absorption von Photonen durch diejenigen Elektronen hervorgerufen, die sich entweder in einer besetzten Zone befinden oder auf den zusätzlichen Niveaus (S. 385). Infolge der geringen Austrittsarbeit übersteigt die Quantenausbeute zusammengesetzter Kathoden im sichtbaren Bereich des Spektrums die der metallischen Kathoden bei weitem.

9. Der durch Photonen von Röntgen- oder Gammastrahlen hervorgerufene äußere Photoeffekt besteht in der Absorption der Photonenenergie durch Atome und dem Austritt von Elektronen aus beliebigen inneren Schalen der Atomhülle. Das Atom wird dadurch angeregt, und der Photoeffekt ist begleitet von der Aussendung eines Photons einer Sekundärröntgenstrahlung, oder wenn die Energie des Atoms ganz auf eines seiner Elektronen übertragen wird, von der Aussendung eines zusätzlichen Elektrons (AUGER-*Effekt*, S. 743).

10. Bei kristallinen Halbleitern und Dielektrika wird außer dem äußeren noch ein innerer Photoeffekt (die *Photoleitfähigkeit*) beobachtet. Er besteht in der Erhöhung der elektrischen Leitfähigkeit dieser Stoffe, die durch die Zunahme der freien Stromträger (Leitfähigkeitselektronen und Löcher) zustande kommt. Ist die Energie der Photonen $h\nu_0 \geqq W_a$ (wobei W_a die Aktivierungsenergie der Leitfähigkeit in reinen Stoffen bedeutet; gemeint ist die Energiedifferenz zwischen dem unteren Niveau des Leitfähigkeitsbandes und dem oberen Niveau des Valenzbandes), so können die Elektronen des aufgefüllten Valenzbandes in das Leitfähigkeitsband (S. 384) hinüberwechseln. ν_0 nennt man die *Rotgrenze der Photoleitfähigkeit.* Paare ungleichnamiger Ladungsträger (Elektronen in der Leitfähigkeitszone und Löcher in der Valenzzone) werden beim Anlegen eines elektrischen Feldes in Bewegung versetzt, wodurch ein elektrischer Strom zu-

stande kommt. Die Elektroleitfähigkeit eines solchen Stoffes ist der Intensität des monochromatischen Lichtes proportional.
Durch Einführen von Beimengungen in einen Halbleiter werden die Frequenzen ν_0 herabgesetzt, da entweder die Elektronen von den beigemengten Donatorniveaus in das Leitfähigkeitsband überwechseln oder von dem Valenzband in die Niveaus der beigemengten Akzeptoren (S. 386). Die Photoleitfähigkeit eines n-Halbleiters (S. 385) beruht ausschließlich auf Elektronen. Die Photoleitfähigkeit eines p-Halbleiters (S. 384) kommt ausschließlich durch Löcher zustande. Starke Lichtabsorption kann eine Leitfähigkeitsverminderung des Halbleiters hervorrufen, da die Photonen die Rekombination der Elektronen und Löcher intensivieren, wodurch die Konzentration an freien Ladungen in benachbarten Teilen des Halbleiters herabgesetzt wird.

11. Der *Ventilphotoeffekt* (Photoeffekt in der Sperrzone) besteht im Auftreten elektrodynamischer Kräfte infolge des inneren Photoeffektes in der Nähe der Kontaktfläche zwischen Metall und Halbleiter oder zwischen zwei Halbleitern vom p- und n-Typ. Ein solcher Kontakt leitet nur in einer Richtung; dies ist durch die Verarmung der an die Kontaktfläche anliegenden Halbleiterschichten an Stromträgern (Leitfähigkeitselektronen und Löchern) (S. 384) bedingt. Der innere Photoeffekt in Halbleitern führt zu einer Störung des Verteilungsgleichgewichtes der Stromträger im Kontaktbereich (S. 408) sowie zu einer Änderung der Potentialdifferenz an den Kontakten im Vergleich zur Potentialdifferenz des Gleichgewichts, d. h., es entsteht eine *photoelektromotorische Kraft* (*Photo-EMK*). Die unter Einwirkung monochromatischen Lichtes zustande kommende Photo-EMK ist der Intensität des Lichtes proportional. Die Rotgrenze des Ventilphotoeffektes wird durch die Größe W_a (Punkt 10) bestimmt. Der Ventilphotoeffekt im p-n-Übergang stellt somit die unmittelbare Umwandlung der elektromagnetischen Strahlungsenergie in elektrische Stromenergie dar. Diesen Effekt benutzt man bei *photoelektrischen Stromquellen* (*Sonnenzellen*) (Silizium-, Germaniumphotoelemente).

10.2. Der Compton-Effekt

1. Die Änderung der Frequenz oder der Wellenlänge von Photonen bei deren Streuung an Elektronen oder Nukleonen nennt man Compton-*Effekt*. Dieser Effekt unterscheidet sich vom Photoeffekt dadurch, daß das Photon seine Energie nicht vollständig an ein Materieteilchen abgibt. Ein Spezialfall des Compton-Effektes ist die Streuung von Röntgenstrahlen an den Elektronen der Atomhülle oder die Streuung von Gammastrahlen an Atomkernen. Im einfachen Fall stellt der Compton-Effekt die Streuung monochromatischer Röntgenstrahlen durch leichte Stoffe (Graphit, Paraffin, u. a.) dar; bei der theoretischen Betrachtung wird hierbei das Elektron als frei angenommen.

2. Die Streuung eines Photons an einem gebundenen Elektron oder Nukleon betrachtet man als elastischen Stoß. Die Untersuchung führt

man üblicherweise im Labor(koordinaten)system (S. 697) durch, in dem das Elektron anfänglich ruht und sich nach dem Stoß mit der Geschwindigkeit v bewegt, die nicht klein im Vergleich mit der Geschwindigkeit c des stoßenden Photons ist. Aus dem Energiesatz folgt

$$\frac{hc}{\lambda} + m_0 c^2 = \frac{hc}{\lambda'} + mc^2;$$

dabei sind λ und λ' die Wellenlängen des primären und des sekundären Photons, m_0 ist die Ruhmasse des Elektrons, $m = m_0/\sqrt{1 - (v^2/c^2)}$ die relativistische Masse des Elektrons (S. 509). Aus dem Satz von der

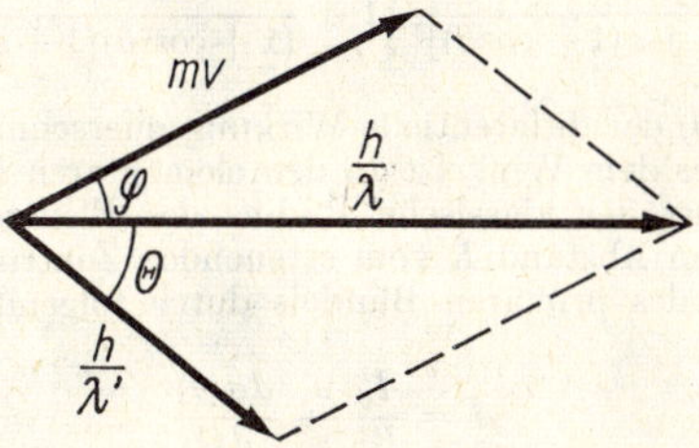

V.10.1.

Erhaltung des Impulses (S. 49) beim Stoß folgt

$$(mv)^2 = \left(\frac{h}{\lambda}\right)^2 + \left(\frac{h}{\lambda'}\right)^2 - \frac{2h^2}{\lambda\lambda'}\cos\theta,$$

wobei θ der Winkel zwischen der Richtung des ursprünglichen und des gestreuten Photons ist (Bild V.10.1). Somit erhält man für die Wellenlängenänderung bei der COMPTON-Streuung

$$\Delta\lambda = \frac{2h}{m_0 c}\sin^2\frac{\theta}{2}.$$

Die Größe

$$\lambda_C = \frac{h}{m_0 c} = 2{,}426 \cdot 10^{-10}\ \text{cm}$$

heißt COMPTON-*Wellenlänge* des Elektrons.

Die COMPTON-Formel für die Frequenz des Photons nach der Streuung lautet

$$\nu' = \frac{\nu}{1 + \varepsilon(1 - \cos\theta)};$$

dabei ist $\varepsilon = h\nu/m_0c^2$ die Energie des primären Photons in Einheiten der Ruhenergie des Elektrons: $m_0c^2 = 511$ keV.

3. Die Änderung (Verschiebung) der Wellenlänge beim COMPTON-Effekt hängt vom Streuwinkel θ des Photons ab und hat ihren größten Wert bei der Rückwärtsstreuung ($\theta = 180°$). Bei Beobachtung längs der ursprünglichen Bewegungsrichtung des Photons ($\theta = 0°$) verschwindet der Effekt.

Unter der Bedingung $h\nu \gg m_0 c^2$ ($\lambda \ll \lambda_C$) ist die Wellenlänge λ' der rückwärtsgestreuten Strahlung $\lambda' = 2\lambda_C$ unabhängig von der Wellenlänge λ der einfallenden Strahlung. Die Winkelverteilung unpolarisierter Strahlung, deren Streuung an einem freien ruhenden Elektron untersucht wird, läßt sich nach der *Formel von* KLEIN-NISHINA und TAMM (s. auch S. 801) berechnen:

$$d\sigma(\theta) = \frac{r_e^2}{2} \frac{1 + \cos^2\theta}{[1 + \varepsilon(1 - \cos\theta)]^2} \left\{1 + \frac{\varepsilon^2(1 - \cos\theta)^2}{(1 + \cos^2\theta)[1 + \varepsilon(1 - \cos\theta)]}\right\} d\Omega;$$

dabei ist $d\sigma(\theta)$ der differentielle Wirkungsquerschnitt der Photonenstreuung unter dem Winkel θ in den elementaren Raumwinkel $d\Omega$; $r_e = e^2/m_0 c^2$ ist der klassische Radius des Elektrons (S. 862). Die Intensität I im Abstand R vom streuenden Zentrum hängt mit der Intensität I_0 des primären Bündels durch folgende Beziehung zusammen:

$$I = \frac{I_0}{R^2} \frac{\nu'}{\nu} \frac{d\sigma(\theta)}{d\Omega};$$

dabei ist der Quotient ν'/ν durch die COMPTONsche Formel (Punkt 2) gegeben. Bei $h\nu \gg m_0 c^2$ nimmt $d\sigma(\theta)$ rasch mit wachsendem θ ab; die gestreute Strahlung ist praktisch nach vorwärts gerichtet längs des primären Lichtbündels. Bei $h\nu \ll m_0 c^2$ geht die KLEIN-NISHINA-Formel in die G. THOMSONsche Gleichung für die Streuung am Elektron über:

$$d\sigma(\theta) = \frac{r_e^2}{2}(1 + \cos^2\theta)\, d\Omega$$

(s. auch S. 801). Die KLEIN-NISHINA-Formel wird zur Berechnung der Lichtstreuung an beliebigen geladenen Teilchen mit dem Spin $\hbar/2$ und dem magnetischen Moment $\dfrac{e\hbar}{2M_c}$ (M ist die Masse des Teilchens) verwendet.

4. Das streuende Elektron, das seine Geschwindigkeit durch den Stoß des Photons im COMPTON-Effekt erlangt, heißt *Rückstoßelektron*. Die Winkelverteilung der Rückstoßelektronen erhält man durch

$$d\sigma_e(\varphi) = 4r_e^2 \frac{(1 + \varepsilon)^2 \cos\varphi}{(1 + 2\varepsilon + \varepsilon^2 \sin^2\varphi)^2}$$
$$\times \left\{1 + \frac{2\varepsilon^2 \cos^4\varphi}{(1 + 2\varepsilon + \varepsilon^2 \sin^2\varphi)\,[1 + \varepsilon(\varepsilon + 2)\sin^2\varphi]} - \frac{2(1 + \varepsilon)^2 \sin^2\varphi \cos^2\varphi}{[1 + \varepsilon(\varepsilon + 2)\sin^2\varphi]^2}\right\} d\Omega_\varphi;$$

dabei ist $d\sigma_e(\varphi)$ der differentielle Wirkungsquerschnitt der Elektronenstreuung unter dem Winkel φ in den elementaren Raumwinkel $d\Omega_\varphi$; r ist der klassische Radius des Elektrons. Über die Bedeutung von ε s. Punkt 2.

Die kinetische Energie des Rückstoßelektrons ist

$$T = h\nu \frac{2\varepsilon}{1 + 2\varepsilon + (1 + \varepsilon)^2 \tan^2 \varphi};$$

dabei ist $-\pi/2 \leqq \varphi \leqq \pi/2$ für alle Werte von θ. Aus dem Energie- und dem Impulssatz geht hervor, daß für den COMPTON-Effekt

$$(1 + \varepsilon) \tan \varphi = -\cot \frac{\theta}{2}$$

ist. Der Maximalwert $T_{\max}$ wird bei $\theta = 180°$ $(\varphi = 0°)$ erreicht:

$$T_{\max} = h\nu \frac{2\varepsilon}{1 + \varepsilon}.$$

10.3. Der Lichtdruck

1. Die mechanische Wirkung einer elektromagnetischen Welle beihrem Einfall auf eine beliebige Oberfläche bezeichnet man als *Lichts druck.*

2. In Übereinstimmung mit der elektromagnetischen Theorie der Lichtes erklärt man den Lichtdruck durch das Auftreten mechanische- Kräfte, die auf die an der Oberfläche des beleuchteten Körpers befindlichen Elektronen einwirken, hervorgerufen durch die elektrischen und magnetischen Komponenten des Feldes der Lichtwelle. Das elektrische Feld der Lichtwelle ruft Schwingungen der Ladungen in der Oberflächenschicht des Körpers hervor. Das Magnetfeld wirkt auf diese Ladungen mit der LORENTZ-Kraft (S. 425), deren Richtung mit der Richtung des POYNTINGschen Vektors der Lichtwelle übereinstimmt (S. 489). Den Betrag des Lichtdruckes auf eine Oberfläche, auf der parallele Lichtstrahlen senkrecht einfallen, bestimmt man aus dem Betrag des POYNTINGschen Vektors.

3. Ist P die Energie der elektromagnetischen Strahlung, die in der Zeiteinheit auf die Flächeneinheit der senkrecht bestrahlten Oberfläche auftrifft, c die Geschwindigkeit der Lichtausbreitung im Vakuum und R der Reflexionskoeffizient des Lichtes an der Oberfläche (S. 566), so erhält man für den Lichtdruck p auf dieser Oberfläche

$$p = \frac{P}{c}(1 + R) = w(1 + R);$$

dabei ist w die räumliche Energiedichte der elektromagnetischen Strahlung.

Der Lichtdruck ist gegeben durch

$$p = \begin{cases} P/c & \text{für einen vollständig absorbierenden (absolut schwarzen) Körper } (R = 0), \\ 2P/c & \text{für einen vollständig reflektierenden Körper } (R = 1). \end{cases}$$

Für den Druck einer isotropen Gleichgewichtsstrahlung (S. 667), die einen bestimmten Raum erfüllt, gilt

$$p = \frac{1}{3} w.$$

4. Die Quantentheorie (Photonentheorie) erklärt den Lichtdruck durch eine Impulsübertragung von den Photonen auf die Atome und Moleküle der Oberfläche des Körpers. Der Lichtfluß mit der Frequenz ν, der auf die Flächeneinheit der Körperoberfläche pro Sekunde die Energie P überträgt, besteht aus $N = P/h\nu$ Photonen, wobei der Impuls jedes einzelnen Photons $h\nu/c$ beträgt (S. 671). Bei der Absorption eines Photons wird der Impuls $h\nu/c$, bei der Reflexion $2h\nu/c$ abgegeben, so daß sich der Photonenimpuls dabei von $+h\nu/c$ auf $-h\nu/c$ ändert. Allgemein ist der von einem Photon übertragene Impuls bei einem Reflexionskoeffizienten R

$$(1 + R) N \frac{h\nu}{c} = \frac{P}{c} (1 + R).$$

In dieser Form entsprechen sich die Ergebnisse der elektromagnetischen Theorie und der Quantentheorie des Lichtes bei der Berechnung des Lichtdruckes.

5. Der Lichtdruck, der durch die Versuche von P. N. Lebedew experimentell nachgewiesen wurde, erweist sich als einer der Gründe für den Schweif eines Kometen, wenn sich dieser der Sonne nähert. In Anbetracht der geringen Abmessungen der Materieteilchen im Kometen übertrifft die Abstoßung, die diese durch den der Oberfläche proportionalen Lichtdruck erleiden, die Anziehungskraft im Gravitationsfeld der Sonne, die proportional dem Teilchenvolumen ist. Der Lichtdruck, die Gravitationskräfte und der Gasdruck bestimmen gemeinsam die Abmessungen der Sterne. Das Vorherrschen des Lichtdruckes über die Anziehungskräfte ist möglicherweise einer der Gründe für die Instabilität helleuchtender Sterne mit übermäßig großer Energieflußdichte (Novae), die bei gewissen Störungen auf dem Wege thermodynamischer Kreisprozesse in den Sternen entsteht.

10.4. Der chemische Einfluß des Lichtes

1. Das von einem Stoff absorbierte Licht kann in jenem chemische Veränderungen bewirken, die man als *photochemische Reaktionen* bezeichnet. Man unterscheidet einen primären photochemischen Akt und Sekundärreaktionen. Zu derartigen Reaktionen zählt der Zerfall

komplizierter Moleküle, Radikale sowie vielatomiger Ionen in ihre Bestandteile, weiter die Bildung komplizierterer Moleküle aus einfachen und die Bildung von Komplexen gleichartiger Moleküle (Polymerisation, S. 282).

2. Den Zerfall komplizierter Moleküle in einfachere oder in die einzelnen in ihm enthaltenen Atome nennt man *photochemische Dissoziation der Moleküle* (*Photodissoziation, Photolyse, Photozerfall*). Folgeprodukte der Photodissoziation sind Atome, Radikale und Ionenradikale. Nach dem Zerfall befindet sich stets eines der Teilchen im angeregten Zustand; es übernimmt die Energie, die der Differenz zwischen der Energie des absorbierten Lichtes und der Dissoziationsenergie entspricht. Photodissoziation tritt ein, wenn die Frequenz ν des Lichtes der Bedingung

$$\nu \geqq \nu_0 = \frac{D}{h}$$

genügt; dabei ist ν_0 die Grenzfrequenz der Photodissoziation, D die Energie der Photodissoziation; sie ist zumeist kleiner als die Dissoziationsenergie des Grundzustandes des Systems. Als Beispiele für photochemische Reaktionen seien angeführt: die Zersetzung von Kohlendioxyd unter Einwirkung von Sonnenlicht

$$2CO_2 + 2h\nu \rightarrow 2CO + O_2,$$

die Dissoziation von Chlormolekülen unter Lichteinfluß

$$Cl_2 + h\nu \rightarrow Cl + Cl,$$

die bei der Belichtung von photographischem Material eintretende Zersetzung von Silberbromid

$$AgBr + h\nu \rightarrow Ag + Br.$$

Photodissoziation kann nach dem Reaktionsmechanismus der Prädissoziation (S. 765) erfolgen.

3. Für photochemische Reaktionen gilt das EINSTEIN*sche Äquivalenzgesetz*: Für jeden photochemischen Umwandlungsakt wird ein absorbiertes Lichtquant benötigt. Die Menge der reagierenden Moleküle steht mit der Energie der absorbierten Quanten im Zusammenhang. Für die Zahl N der Moleküle, die bei Absorption einer Energieeinheit Lichtes photochemisch umgesetzt werden, gilt $N \sim 1/h\nu = \lambda/hc$. Für die Masse M des umgesetzten Stoffes gilt $M = Nm$, wobei m die Masse eines Moleküles darstellt.

Das *Gesetz von* BUNSEN-ROSCOE (*Lichtmengengesetz*) lautet: Die Stoffmenge, die bei der photochemischen Reaktion umgesetzt wird, ist proportional der Strahlungsleistung Φ und der Belichtungszeit t:

$$m = k\Phi t,$$

wobei k ein Proportionalitätsfaktor ist, der von der Art der Reaktion abhängt (vorausgesetzt ist, daß die spektrale Zusammensetzung des Lichtes konstant und der ungestörte Ablauf der Reaktion gewährleistet ist).

Nach dem Gesetz von BUNSEN-ROSCOE ist $m = \text{const}$, wenn $(\Phi_1 t_1)_{c=\text{const}} = (\Phi_2 t_2)_{c=\text{const}}$ ist; dabei ist c die Konzentration des Reaktionsproduktes der photochemischen Umsetzung. Das Gesetz verliert seine Gültigkeit, wenn der primäre photochemische Akt mit nichtphotochemischen Sekundärreaktionen verbunden ist. Bei photographischen Silberhalogenidschichten bewahrt das Gesetz von BUNSEN-ROSCOE seine Gültigkeit bei Belichtungszeiten von 10^{-5} s bis 10^{-2} bis 10^{-1} s.

4. Eine Lichtfrequenz ν, die nicht absorbiert wird und die somit außerhalb der Absorptionsbanden des betrachteten Stoffes liegt, bewirkt auch keine photochemischen Reaktionen. Eine Reaktion kann allerdings hervorgerufen werden, wenn dem Stoff ein *Sensibilisator* beigemengt wird, d. h. eine Substanz, in deren Absorptionsbande die Frequenz ν enthalten ist. Die Photonen werden von den Sensibilisatormolekülen absorbiert, die die aufgenommene Energie beim Zusammenstoß mit den Molekülen des untersuchten Stoffes an diese weitergeben. Solche photochemischen Reaktionen bezeichnet man als *sensibilisiert*. Für ihr Zustandekommen sind häufige Zusammenstöße zwischen den Molekülen beider Substanzen nötig. Dies wird durch hohe Drücke erreicht.

Ein Beispiel für eine derartige Reaktion ist die Bildung von Wasserstoffsuperoxid H_2O_2 aus H_2 und O_2 bei der Sensibilisation durch Quecksilberatome und Beleuchtung der Mischung mit Licht von der Wellenlänge 2537 Å, die der Absorptionslinie der Quecksilberatome entspricht. Die Reaktion verläuft nach den folgenden möglichen Schemen:

$$\mathrm{Hg} + h\nu \to \mathrm{Hg}^*,$$

$$\mathrm{Hg}^* + \mathrm{H}_2 \to \mathrm{HgH} + \mathrm{H} \qquad (\mathrm{Hg}^* + \mathrm{H}_2 \to \mathrm{Hg} + 2\mathrm{H}),$$

$$2\mathrm{H} + \mathrm{O}_2 \to \mathrm{H}_2\mathrm{O}_2,$$

wobei Hg^* das angeregte Quecksilberatom bezeichnet. Die Anregung des Quecksilberatoms verringert sich durch Abgabe der Anregungsenergie an das Wasserstoffmolekül.

11. Lumineszenz

11.1. Einteilung der Lumineszenzerscheinungen und ihr Verlauf

1. Unter *Lumineszenz* versteht man eine von einem Körper zusätzlich zur Wärmestrahlung (S. 662) emittierte Lichtstrahlung, deren Dauer wesentlich länger ist als die Strahlungsperioden des optischen Spektralbereiches. Eine solche Strahlung kann ausgelöst werden durch Beschuß eines Stoffes mit Elektronen oder anderen geladenen Teilchen, beim Auftreten eines elektrischen Stromes in einem Stoff, bei Bestrahlen eines Stoffes mit sichtbarem Licht, Röntgen- und Gammastrahlen, durch bestimmte, innerhalb eines Stoffes ablaufende chemische Reaktionen.

2. Die Lumineszenzstrahlung besitzt zum Unterschied von der Wärmestrahlung (S. 662) keinen Gleichgewichtscharakter. Sie wird von einer verhältnismäßig geringen Anzahl von Atomen, Molekülen oder Ionen hervorgerufen. Die Teilchen werden durch einen der genannten auslösenden Faktoren in einen angeregten Zustand versetzt. Bei ihrer Rückkehr in den Normalzustand oder einen weniger angeregten Zustand emittieren sie die Lumineszenzstrahlung. Die Leuchtdauer ist durch die Dauer des angeregten Zustandes bedingt, die ihrerseits von den Eigenschaften des lumineszierenden Stoffes und des ihn umgebenden Mediums abhängt. Ein metastabiler angeregter Zustand kann bis zu 10^{-4} s dauern. Dementsprechend ist auch die Lumineszensdauer verlängert.

3. Die Lumineszenz, die sofort nach Beendigung der Einwirkung aufhört, heißt *Fluoreszenz*. Die Lumineszenz, bei der noch lange nach Aufhören der Einwirkung des Leuchterregers eine Nachwirkung vorhanden ist, heißt *Phosphoreszenz*.
Die Fluoreszenz ist durch den Übergang angeregter Atome, Moleküle oder Ionen in den Normalzustand bedingt. Die Phosphoreszenz ist durch das Vorhandensein metastabiler angeregter Zustände bei Atomen und Molekülen bedingt, aus denen die Rückkehr in den Normalzustand durch verschiedene Ursachen (S. 710) verhindert wird. Der Übergang in den Normalzustand ist nur durch eine zusätzliche Anregung, z. B. Erwärmung, möglich. Die Unterscheidung in Fluoreszenz und Phosphoreszenz ist hinreichend konventionell. Die Lumineszenz unter der Einwirkung von Licht heißt *Photolumineszenz*, die Lumineszenz unter dem Beschuß mit Elektronen heißt *Kathodenlumineszenz*, die unter dem Einfluß eines elektrischen Stromes *Elektrolumineszenz* und die unter dem Einfluß chemischer Reaktionen *Chemolumineszenz*. Ein lumineszierender Stoff heißt *Luminophor*.

4. Je nach Art des auslösenden Elementarvorganges unterscheidet man spontane und erzwungene Lumineszenzprozesse, Rekombinationsprozesse sowie die Resonanzfluoreszenz. Die *Resonanzfluoreszenz* tritt in Dämpfen auf und besteht in einem spontanen Aufleuchten der Dampfatome; dies erfolgt aus jenem Energieniveau, in das das Atom bei Absorption der vom lumineszenzanregenden Faktor übertragenen Energie gehoben wurde. Wird die Resonanzfluoreszenz durch Licht angeregt, so spricht man von *Resonanzstrahlung*. Sie geht bei erhöhter Dampfdichte in *Resonanzstreuung* über. *Spontane Lumineszenz* tritt auf, wenn die angeregten Atome (Moleküle oder Ionen) ihre Energie stufenweise abgeben. Der erste Übergang geschieht meist ohne Lichtemission. Der zweite, vom nunmehr erreichten Energieniveau erfolgende, ist von Lumineszenzleuchten begleitet. Lumineszenz solcher Art wird bei Dämpfen und Lösungen komplizierter Moleküle in den Mischungszentren von Festkörpern (S. 384) sowie bei Übergängen aus Exitonzuständen (S. 708) beobachtet.
Die *erzwungene* (*metastabile*) Lumineszenz ist dadurch charakterisiert, daß primär durch Anregung ein Übergang auf ein metastabiles Niveau erfolgt, von dem aus ein weiterer Übergang auf das Niveau der Lumineszenzstrahlung führt. Als Beispiel hierfür sei die Phos-

phoreszenz organischer Stoffe genannt. Als *Rekombinationslumineszenz* bezeichnet man jene Strahlung, die bei der Wiedervereinigung von Partikeln entsteht, die durch Energieabsorption getrennt wurden (in Gasen sind dies Radikale oder Ionen, in Kristallen Elektronen und Löcher) (S. 384).
Rekombinationslumineszenz kann an defekten Stellen oder Mischungszentren (*Lumineszenzzentren*) entstehen, wenn sich die Löcher auf dem Grundniveau des Zentrums und die Elektronen auf dem Niveau des angeregten Zustandes befinden.

5. Bei der elektronischen Anregung der Lumineszenz überträgt sich die Energie der aufprallenden Elektronen auf die Elektronen der Atome (Moleküle oder Ionen), wodurch diese in einen angeregten Zustand versetzt werden. Die Energieübertragung ist nur unter der Bedingung möglich, daß die kinetische Energie der aufprallenden Elektronen

$$T = \frac{mv^2}{2} \geqq E_A - E_N$$

ist, wobei E_N und E_A die Gesamtenergien des Atoms (Moleküls, Ions) im Normalzustand und im ersten angeregten Zustand bezeichnen. Das Atom (Molekül, Ion) geht vom angeregten Zustand in den Normalzustand über, wobei es ein Lichtquant (Photon) der Frequenz ν aussendet:

$$h\nu = E_A - E_N .$$

Bei hinreichend großen Anregungsenergien kann die Rückkehr des Atoms (Moleküls, Ions) aus dem angeregten Zustand in den Normalzustand in einigen Etappen verlaufen, wobei alle dazwischen liegenden Anregungsstufen erreicht werden können. Diesem Vorgang entspricht die Ausstrahlung mehrerer Photonen verschiedener Frequenz, wobei die gesamte Energie der Photonen gleich der ursprünglichen Anregungsenergie ist.

6. Die Photolumineszenz wird durch sichtbares oder ultraviolettes Licht angeregt. Das Photolumineszenzspektrum komplizierter Luminophore (komplizierter Moleküle, kondensierter Medien) ist von der Wellenlänge des anregenden Lichtes unabhängig und der STOKESschen Regel (S. 683) unterworfen.
Man kennt Linien-, Banden- und kontinuierliche Photolumineszenzspektren. Ihr Charakter hängt wesentlich vom Aggregatzustand des Körpers ab. Bei den kristallinen Luminophoren wächst die Quantenausbeute (S. 683) mit zunehmender Frequenz des anregenden Lichtes, wenn $h\nu > 2\Delta W$ ist; dabei ist ΔW die Breite der verbotenen Zone (S. 704) (Vermehrung der Photonen bei der Lumineszenz).

7. Die Elektrolumineszenz in Gasen wird durch elektrische Entladungen hervorgerufen, wobei die Gasmoleküle ihre Anregungsenergien durch Stöße von Elektronen oder Ionen (S. 766) erhalten. Elektrolumineszenz wird stets durch elektrischen Strom angeregt und ist daher vom Vorhandensein eines elektrischen Feldes abhängig. Bei Festkörpern wird Elektrolumineszenz häufig am p-n-Übergang von Halbleitern (S. 397) beobachtet.

8. Chemolumineszenz tritt bei gewissen exothermen chemischen Reaktionen auf. Chemische Umwandlungen vollziehen sich durch Umbau der äußeren Elektronenschale der Atome. Das Abstrahlen von Licht führt zur Bildung einer chemischen Verbindung, deren Elektronenkonfiguration (S. 728) im vorhandenen Milieu unter den gegebenen Umständen stabiler ist. Chemolumineszenz tritt häufig als Begleiterscheinung von Oxydationsprozessen auf, die unter Bildung stabiler Verbrennungsprodukte verlaufen.
Das Leuchten wird durch die in angeregten Elektronen-, Schwingungs- und Rotationszuständen befindlichen Moleküle der Reaktionsprodukte hervorgerufen. Beispiele für die Chemolumineszenz sind das Leuchten heißer und kalter Flammen, das Leuchten während der Rekombination von Peroxidradikalen bei der Oxydation der Ketten flüssiger Kohlenwasserstoffe.

11.2. Die Gesetze der Lumineszenz

1. Die STOKES*sche Regel* lautet: Die Wellenlänge der Photolumineszenzstrahlung ist in der Regel größer als die des anregenden Lichtes. Allgemeiner formuliert: Das Maximum des Lumineszenzspektrums ist im Vergleich zum Maximum des Absorptionsspektrums zur Seite der größeren Wellenlängen hin verschoben. Von der Quantentheorie gesehen, besagt die STOKESsche Regel, daß die Energie $h\nu$ eines Quantes des anregenden Lichtes zum Teile an nicht optischen Vorgängen verloren geht:

$$h\nu = h\nu_{\text{lum}} + W, \quad \text{d. h.} \quad \nu_{\text{lum}} < \nu \quad \text{oder} \quad \lambda_{\text{lum}} > \lambda;$$

dabei ist W die Energie, die bei diversen Nicht-Photolumineszenzprozessen verbraucht wird.

2. In einigen Fällen treten im Spektrum der Lumineszenz Wellenlängen auf, die kleiner als die Wellenlängen des anregenden Lichtes sind (*antistokessche Strahlung*). Diesen Effekt erklärt man dadurch, daß zur Energie des erregenden Photons noch die Energie der Wärmebewegung der Atome oder Moleküle des Luminophors hinzukommt:

$$h\nu_{\text{lum}} = h\nu_{\text{ges}} + akT,$$

dabei ist a ein von der Art des Luminophors abhängiger Koeffizient, k die BOLTZMANN-Konstante und T die absolute Temperatur des Luminophors. Die antistokessche Strahlung erscheint deutlich bei erhöhter Temperatur des Luminophors.

3. Das Verhältnis der Energie der Lumineszenzstrahlung zu der unter stationären Bedingungen vom Luminophor absorbierten anregenden Energie nennt man die *Energieausbeute* der Lumineszenz.
Als *Quantenausbeute der Photolumineszenz* bezeichnet man das Verhältnis der Anzahl der Photonen der Lumineszenzstrahlung zur Anzahl der absorbierten Photonen des anregenden Lichtes. Die Energieausbeute der Photolumineszenz nimmt zunächst proportional mit der Wellenlänge λ der absorbierten Strahlung zu, erreicht bei einem

gewissen Intervall bei $\lambda \sim \lambda_{max}$ ihren Höchstwert und sinkt bei weiter zunehmendem λ rasch auf Null ab (WAWILOW*sches Gesetz*). Je größer die Wellenlänge des anregenden Lichtes ist, um so höher ist die Anzahl der in einer gegebenen Menge Primärstrahlungsenergie enthaltenen Photonen mit der Energie $h\nu$. Da jedes Photon in der Lage ist, ein Quant $h\nu_{lum}$ auszulösen, kommt es mit zunehmender Wellenlänge auch zu einem Anstieg der Energieausbeute der Photolumineszenz. Ihr rasches Absinken bei $\lambda > \lambda_{max}$ wird dadurch erklärt, daß die Energie der absorbierten Photonen zur Anregung des Luminophores zu gering ist.

Nach dem WAWILOWschen Gesetz ist die Quantenausbeute der Photolumineszenz im STOKESschen Bereich ($\nu_{anr} > \nu_{lum}$) (Punkt 1) von der Wellenlänge des anregenden Lichtes unabhängig. Sie sinkt jedoch im Bereich der antistokesschen Strahlung (Punkt 2) ($\nu_{anr} < \nu_{lum}$) rasch ab.

Die Werte der Quantenausbeute und der Energieausbeute hängen stark von der Natur des Luminophors und den äußeren Bedingungen ab. Dies hängt zusammen mit der Möglichkeit des strahlungslosen Überganges der Teilchen aus dem angeregten Zustand in den Normalzustand (*gedämpfte Lumineszenz*). Die Hauptrolle bei den Dämpfungsprozessen spielen die Stöße zweiter Art, bei denen die Anregungsenergie in die innere Energie der Wärmebewegung ohne Strahlung übergeht. Eine scharfe Verminderung der Intensität der Fluoreszenz findet auch bei übermäßig großen Molekülkonzentrationen des lumineszierenden Stoffes statt (*Konzentrationsdämpfung*). In diesem Fall ist wegen der starken Bindung zwischen den Teilchen die Bildung von Lumineszenzzentren nicht möglich.

4. Die Lichtintensität der spontanen sowie der metastabilen Lumineszenz (Punkt 4, S. 681) ändert sich exponentiell mit der Zeit nach dem Gesetz

$$I_t = I_0 e^{-t/\tau};$$

dabei ist I_t die Lichtintensität zur Zeit t, I_0 die Lichtintensität nach Beendigung der Anregung der Lumineszenz, τ die mittlere Dauer des angeregten Zustandes der Atome oder Moleküle des Luminophors. Der Wert von τ hat gewöhnlich die Größenordnung 10^{-9}—10^{-8} s. In Abwesenheit von Dämpfungsprozessen hängt τ schwach von den Bedingungen ab, unter denen die Strahlung der Moleküle stattfindet und wird durch innermolekulare Prozesse bestimmt.

5. Die Lichtintensität der Rekombinationslumineszenz (Punkt 4, S. 682) ändert sich mit der Zeit nach dem Gesetz

$$I_t = \frac{I_0}{(1 + at)^n}$$

(die graphische Darstellung ergibt eine Hyperbel); dabei sind a und n Konstante. Der Wert von a liegt zwischen Bruchteilen von s^{-1} und einigen Tausend s^{-1}, und es ist $a \sim \sqrt{I_0}$, wobei I_0 die Intensität der Rekombinationslumineszenz im Zeitpunkt ihrer Anregung ist. Der Wert von n liegt zwischen 1 und 2.

VI. Atomphysik und Kernphysik

1. Grundlagen der nichtrelativistischen Quantenmechanik

1.1. Die Wellennatur der Materieteilchen. Die Wellenfunktion

1. *Quantenmechanik* (*Wellenmechanik*) heißt jenes Teilgebiet der theoretischen Physik, das die Bewegungsgesetze von Teilchen im Bereich der Mikrowelt untersucht (Ausdehnungen von 10^{-6} bis 10^{-13} cm). Bei Bewegungsgeschwindigkeiten der Teilchen $v \ll c$, wobei c die Lichtgeschwindigkeit im Vakuum ist, verwendet man die nichtrelativistische Wellenmechanik. Bei $v \sim c$ ist diese durch die relativistische Wellenmechanik zu ersetzen. Gegenstand der Untersuchungen der Wellenmechanik sind Kristalle, Moleküle, Atome, Atomkerne und Elementarteilchen.

2. In der Wellenmechanik liegt die Begründung für die PLANCKschen Energiequanten (S. 668), die EINSTEINschen Photonen, die Angaben über die Existenz diskreter Werte bestimmter physikalischer Größen, die den Zustand der Teilchen im Mikrokosmos charakterisieren (z. B. ihre Energie) (S. 688), sowie für die Hypothese von DE BROGLIE über die Wellennatur der Materieteilchen. Die *Formel von* DE BROGLIE lautet

$$\lambda = \frac{h}{mv} = \frac{h}{p};$$

dabei ist m die Masse des bewegten Teilchens, v dessen Geschwindigkeit, h die PLANCKsche Konstante (S. 668) und λ die Wellenlänge, die der Bewegung des Materieteilchens zugeordnet ist. Diese Wellen heißen DE-BROGLIE-*Wellen*. In anderer Form lautet die Beziehung von DE BROGLIE

$$\boldsymbol{p} = \frac{h}{2\pi}\boldsymbol{k}$$

mit dem Wellenvektor $\boldsymbol{k} = 2\pi\boldsymbol{n}/\lambda$, wobei $\boldsymbol{n}$ der Einheitsvektor in der Ausbreitungsrichtung der Welle ist.

Die DE-BROGLIE-Wellenlänge eines Elektrons nach Durchlaufen der Beschleunigungsspannung U ist

$$\lambda = \frac{h}{\sqrt{2meU}} = \sqrt{\frac{150{,}5}{U}}\ \text{Å} \quad (U \text{ in Volt}).$$

Die Welleneigenschaften makroskopischer Körper treten nicht zutage, da deren DE-BROGLIE-Wellenlänge verschwindend klein ist.

3. Die Formel von DE BROGLIE, mit deren Hilfe sich die Auffassungen über die Doppelnatur, nämlich die Korpuskular- und Wellennatur der elektromagnetischen Strahlung (S. 671) auch auf materielle Teilchen übertragen lassen — man spricht hier vom Korpuskel-Welle-Dualismus der Teilchen des Mikrokosmos — wird durch Reflexionsversuche und durch Beugungsversuche von Elektronen und anderen Teilchen an Kristallen bestätigt. Bei diesen Versuchen beobachtet man Beugungsbilder, deren Anwesenheit auf einen Wellenprozeß schließen läßt. Diesen Effekt beobachtet man, wenn die Länge der Elektronenwellen von der Größenordnung der interatomaren Abstände in den Kristallen ist (S. 602). Die Methode der Untersuchung des Materieaufbaus, die auf der Beugung von Elektronenstrahlen beruht, heißt *Elektronographie*.

4. In Übereinstimmung mit der statistischen Interpretation besitzt die DE-BROGLIE-Welle eine eigene physikalische Bedeutung, nämlich die einer „*Wahrscheinlichkeitswelle*". Jedem freien Elektron des auf den Kristall einfallenden Strahles entspricht eine ebene DE-BROGLIE-Welle. Die Wechselwirkung der Elektronen mit den Knoten des Kristallgitters bewirkt eine Streuung der Elektronen, die man als Beugung der ebenen Welle an einer dreidimensionalen Struktur beobachtet. Das Beugungsbild ist in diesem Fall der Ausdruck einer statistischen Gesetzmäßigkeit, der zufolge die Elektronen mit größerer Wahrscheinlichkeit auf eine bestimmte Stelle der Platte (dunkle Ringe) eintreffen und mit geringerer Wahrscheinlichkeit auf andere Stellen (helle Ringe). Die ebene einfallende Welle entspricht der für beliebige Raumpunkte gleich großen Wahrscheinlichkeit, das Elektron dort anzutreffen. Werden die Elektronenstrahlen von einer punktförmigen Quelle ausgesandt, so entspricht dem Strahl eine auslaufende Kugelwelle. Die *Intensität der Wahrscheinlichkeitswelle* dient als Maß für die Wahrscheinlichkeit, mit der das Teilchen in einem gegebenen Raumpunkt anzutreffen ist.

5. Die Wahrscheinlichkeit für das Antreffen eines Teilchens in einem gegebenen Raumpunkt zur Zeit t wird durch die *Funktion* $\psi(x, y, z, t)$ dargestellt, die man *Wellenfunktion* (oder *ψ-Funktion*) nennt. Diese Funktion kann reell oder komplex sein. Eine physikalische Bedeutung hat nur das Quadrat ihres Betrages $I = |\psi|^2 = \psi\psi^*$, wobei ψ^* die zu ψ konjugiert komplexe Funktion ist. Die Größe I hat die Bedeutung einer Wahrscheinlichkeitsdichte. Die Wahrscheinlichkeit $w(x, y, z, t)$ dafür, ein Teilchen im Volumenelement $dV = dx\,dy\,dz$ anzutreffen, ist

$$w(x, y, z, t) = |\psi(x, y, z, t)|^2\, dV.$$

6. In der Quantenmechanik führt man den *Begriff der Dichte einer physikalischen Größe* ein. Die Ladungsdichte z. B. ist (beim Einelektronenproblem)

$$\varrho = e\,|\psi|^2,$$

und die Stromdichte eines Teilchens mit der Ladung e und der Masse m ist

$$\boldsymbol{j} = \frac{ihe}{4\pi m}\,(\psi \operatorname{grad} \psi^* - \psi^* \operatorname{grad} \psi).$$

Für ϱ und $\boldsymbol{j}$ gilt der Satz von der Erhaltung der elektrischen Ladung (Kontinuitätsgleichung, S. 489).

7. Ein freies Teilchen hängt mit einer ebenen Welle zusammen:

$$\psi(\boldsymbol{r}, t) = a e^{i[2\pi\nu t - (\boldsymbol{k}\boldsymbol{r})]};$$

dabei ist ν die Frequenz ($\nu = c/\lambda$), $\boldsymbol{k}$ der Wellenvektor und $\boldsymbol{r}$ der Radiusvektor, der die Lage des Teilchens im Raum beschreibt. Die Frequenz ν und der Wellenvektor $\boldsymbol{k}$ sind mit der Energie und dem Impuls des Teilchens durch die Formel von DE BROGLIE (S. 685),

$$\boldsymbol{p} = \frac{h\boldsymbol{k}}{2\pi},$$

und denselben Ausdruck, der auch für die Lichtquanten gilt,

$$E = h\nu,$$

verknüpft. Für die DE-BROGLIE-Welle existiert zum Unterschied von den elektromagnetischen Wellen auch im Vakuum eine Dispersion (S. 549). Die Phasengeschwindigkeit der DE-BROGLIE-Welle ist

$$v = \frac{2\pi\nu}{k} = \frac{2\pi E}{hk} = \sqrt{c^2 + \frac{4\pi^2 m_0^2 c^4}{k^2 h^2}} > c.$$

Sie ist demnach größer als die Vakuumlichtgeschwindigkeit und eine Funktion von k (Dispersion).
Die Gruppengeschwindigkeit der DE-BROGLIE-Welle ist

$$V = \frac{d\omega}{dk} = \frac{hk}{2\pi m} = \tilde{v},$$

wobei $\tilde{v}$ die Teilchengeschwindigkeit ist. Die Dispersion bewirkt, daß die Wellengruppen (Wellenpakete, S. 549) der DE-BROGLIE-Wellen mit der Zeit auseinanderfließen. Diese Tatsache verbietet die Darstellung eines Teilchens in der Form einer Gruppe von DE-BROGLIE-Wellen.

1.2. Die SCHRÖDINGER-Gleichung

1. Die Grundgleichung der Quantenmechanik, welche die Funktion ψ für die verschiedenen Fälle der Bewegung und der Wechselwirkung von Mikroteilchen festlegt, heißt SCHRÖDINGER-*Gleichung*. Für ein einzelnes Teilchen und ohne Magnetfeld lautet sie

$$\frac{ih}{2\pi}\frac{\partial\psi}{\partial t} = -\frac{h^2}{8\pi^2 m}\Delta\psi + U(x, y, z, t)\psi,$$

wobei Δ der LAPLACE-Operator ist, U die potentielle Energie des Teilchens (S. 68) (wenn die auf das Teilchen wirkenden Kräfte Potentialkräfte sind), m die Masse des Teilchens und $i = \sqrt{-1}$.

Die SCHRÖDINGER-Gleichung läßt sich auch in der Form

$$\frac{ih}{2\pi}\frac{\partial\psi}{\partial t} = H\psi$$

schreiben, wobei H der HAMILTON-Operator ist (S. 96).

2. Im Fall der freien Bewegung eines Teilchens ($U = 0$) besitzt die SCHRÖDINGER-Gleichung die Lösung

$$\psi(x, y, z, t) = a\,e^{-\frac{2\pi i}{h}(Et - p_x x - p_y y - p_z z)},$$

die eine ebene Welle beschreibt (S. 546).

3. Der Fall $\frac{\partial}{\partial t}|\psi|^2 = 0$ entspricht einem *stationären*, d. h. zeitlich unveränderlichen, *Bewegungszustand des Teilchens*. Die SCHRÖDINGER-Gleichung lautet hier (zeitunabhängige SCHRÖDINGER-Gleichung)

$$\Delta\psi + \frac{8\pi^2 m}{h^2}[E - U(x, y, z)]\,\psi = 0$$

oder

$$H\psi = E\psi,$$

wobei der HAMILTON-Operator H mit dem Energieoperator übereinstimmt. Lösungen dieser Gleichung, *Eigenfunktionen* genannt, existieren nur für gewisse Werte von E, den *Eigenwerten*. Die Gesamtheit der Eigenwerte von E heißt *Energiespektrum* des Teilchens (oder Teilchensystems). Ist U eine monotone Funktion und gilt $U \to 0$ im Unendlichen, so bilden im Bereich $E < 0$ die Eigenwerte ein diskretes Spektrum.

Die Grundaufgabe der Quantenmechanik besteht in der Bestimmung der Eigenwerte und Eigenfunktionen des Teilchens (oder Teilchensystems).

4. Die Eigenfunktionen normiert man durch die Bedingung, daß die Wahrscheinlichkeit für das Auftreffen eines Teilchens im gesamten Raumbereich gleich 1 sein soll:

$$\int_{-\infty}^{+\infty} |\psi|^2\, dV = 1.$$

1.3. Die HEISENBERGsche Unschärferelation

1. Die Begriffe der klassischen Mechanik, z. B. die Orts- und Impulskoordinaten, lassen sich in begrenztem Maße auch auf Mikroteilchen, welche Welleneigenschaften besitzen (S. 685), anwenden. Wie jedoch dem Begriff „Koordinate einer Welle“ jeder physikalische Sinn fehlt, so hat auch in der Quantenmechanik der Begriff der Teilchentrajektorie keinen Sinn. In der klassischen Mechanik entspricht jedem bestimmten Wert einer Koordinate eines Teilchens ein exakter Wert

seines Impulses. In der Quantenmechanik ist die Bestimmung der räumlichen Lage und des Impulses eines Teilchens prinzipiell ungenau; dies liegt in der nichtklassischen Natur der Mikroteilchen.

2. Die Unschärfe Δx bei der Bestimmung der Koordinate x eines Teilchens ist mit der Unschärfe Δp_x bei der Bestimmung der Projektion p_x des Impulses durch die HEISENBERG*sche Unschärferelation* verknüpft:

$$\Delta x \, \Delta p_x \geqq \frac{h}{4\pi}.$$

Analog gilt $\Delta y \, \Delta p_y \geqq h/4\pi$ und $\Delta z \, \Delta p_z \geqq h/4\pi$.
Je genauer die Koordinaten eines Teilchens bestimmt sind (d. h., je kleiner Δx, Δy und Δz sind), um so ungenauer wird die Bestimmung der Projektionen des Impulses (d. h., um so größer sind Δp_x, Δp_y und Δp_z). Exakte Koordinatenbestimmung entspricht völliger Unkenntnis der Werte der Impulsprojektionen.
Es ist daher unter keinen Umständen möglich, die Koordinaten und den Impuls eines Teilchens gleichzeitig absolut genau zu messen.

3. Mit Hilfe der mittleren quadratischen Abweichung (S. 231) $\overline{\Delta x^2}$ und $\overline{\Delta p_x^2}$ für die Abschätzung der Abweichung der in den einzelnen Fällen gemessenen Werte der Größen x und p_x von ihrem Mittelwert schreibt man die HEISENBERGsche Relation in der Form

$$\overline{\Delta p_x^2} \; \overline{\Delta x^2} \geqq \frac{h^2}{16\pi^2}.$$

4. Die endliche Größe des Wirkungsquantums h (S. 668) hat nach der HEISENBERGschen Beziehung zur Folge, daß jeder Versuch, irgendeine ein Mikroobjekt charakterisierende physikalische Größe zu messen, die durch die HEISENBERGsche Beziehung gegebene Änderung einer anderen, die Eigenschaften dieses Objektes ebenfalls charakterisierenden Größe, nach sich zieht. Die HEISENBERGsche Beziehung gilt für jedes beliebige Paar kanonisch konjugierter Größen (S. 104). Die Relation zwischen der Energie E und der Zeit t lautet

$$\Delta E \, \Delta t \geqq \frac{h}{2\pi}.$$

Die Energie eines Teilchens in einem beliebigen Zustand kann um so genauer bestimmt werden, je länger das Teilchen sich in diesem Zustand befindet.

5. Der HEISENBERGschen Unschärferelation liegt die komplizierte Wechselbeziehung zwischen der Korpuskular- und der Wellennatur der Mikroteilchen zugrunde, für deren Beschreibung man die inadäquaten Begriffe der Koordinaten und des Impulses aus der klassischen Physik entlehnt hat.
Die Korpuskulareigenschaft der Teilchen könnte mit Hilfe der klassischen Begriffe beschrieben werden, wenn man diese Eigenschaft getrennt von der Welleneigenschaft betrachten könnte. Der *Korpuskel-Wellen-Dualismus* (*Doppelnatur*) *der Mikroteilchen* ist die allgemeinste

Wechselbeziehung zwischen zwei Grundformen der Materie, die von der Physik untersucht werden, nämlich der Stoffe und der Felder (S. 837).

6. In der Quantenmechanik erscheint vor allem (im Vergleich mit der klassischen Physik) eine veränderte Vorstellung vom Meßprozeß und dem Meßinstrument. Der Meßprozeß im Mikrobereich ist unvermeidbar mit einer Beeinflussung der zu messenden Größe durch das Meßinstrument verbunden. Zum Beispiel ist zur Bestimmung der Lage eines Elektrons dessen Beleuchtung mit einem Quant kleiner Wellenlänge notwendig. Aber mit der Verringerung der Wellenlänge des Quants wächst dessen Frequenz und dessen Energie, was beim Zusammenstoß des Quants mit dem Elektron zu einer wesentlichen Impulsänderung des letzteren und außerdem zur Unbestimmtheit (Größenordnung $h/2\pi \Delta x$) der Impulsgröße führt.

7. Die HEISENBERGsche Relation stellt nicht eine Behauptung über die prinzipielle Begrenzung unseres Wissens von der Mikrowelt dar. Sie zeigt jedoch, daß sich die Begriffe der klassischen Physik auf die Mikrowelt nur im begrenzten Maße anwenden lassen.

1.4. Elementare Probleme der Quantenmechanik

Die Wellenfunktion $\psi(r, t)$, die den Zustand eines Mikroteilchens beschreibt und deren HAMILTON-Operator nicht explizit von der Zeit abhängt, kann man durch Superposition der vollständigen Reihe der Wellenfunktionen für die stationären Zustände darstellen:

$$\psi(\boldsymbol{r}, t) = \sum_n c_n \psi_n(\boldsymbol{r}, t)$$

oder

$$\psi(\boldsymbol{r}, t) = \sum_n c_n \psi_n(\boldsymbol{r}) e^{\frac{-2\pi i E_n}{h}};$$

dabei sind c_n konstante Koeffizienten, $\psi_n(r, t)$ die Wellenfunktionen für die stationären Zustände, die Lösungen der stationären SCHRÖDINGER-Gleichung sind, E_n die Eigenwerte, die das Energiespektrum der Zustände des Teilchens oder des Teilchensystems bilden. Die Summe erstreckt sich über alle stationären Zustände. Das Auffinden des Spektrums der Eigenwerte $E_1, \ldots, E_n$ ist das Hauptproblem der Quantenmechanik.

A. Der harmonische Oszillator

1. Ein Teilchen mit der Masse m, das unter dem Einfluß einer elastischen Kraft (S. 114) längs einer gewissen Richtung Schwingungen mit der Eigenfrequenz ω_0 (S. 114) ausführt, heißt *eindimensionaler harmonischer Oszillator*.

Die potentielle Energie des Oszillators, der längs der x-Achse schwingt, ist gegeben durch

$$U = \frac{m\omega_0^2}{2} x^2.$$

Die SCHRÖDINGER-Gleichung des eindimensionalen harmonischen Oszillators lautet

$$\frac{d^2\psi}{dx^2} + \frac{8\pi^2 m}{h^2}\left(E - \frac{m\omega_0^2}{2}x^2\right)\psi = 0 .$$

2. Die Gesamtheit der Energieniveaus ist

$$E_n = h\nu_0\left(n + \frac{1}{2}\right) \qquad (n = 0, 1, 2, 3, \ldots)$$

mit $\nu_0 = \omega_0/2\pi$. Die Niveaus E_n haben voneinander gleiche Abstände. Die kleinste Energie

$$E_{\min} = E_0 = \frac{h\nu_0}{2},$$

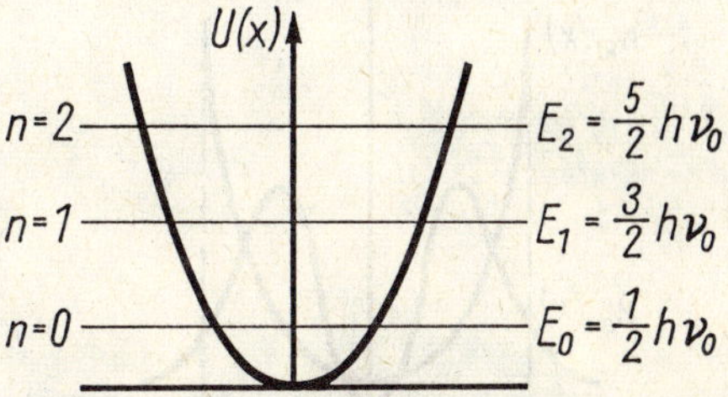

VI.1.1.

die der harmonische Oszillator haben kann, heißt *Nullpunktenergie*. Diese kann nur durch Änderung der Oszillatoreigenschaften selbst, d. h. durch Änderung von ω_0, vermindert werden, nicht jedoch durch eine äußere Beeinflussung. Null wird E_0 auch nicht bei solchen Bedingungen, auch nicht etwa bei $T = 0\,°\mathrm{K}$. Das Schema der Quantenenergieniveaus und der Verlauf der potentiellen Energie des harmonischen Oszillators ist in Bild VI.1.1 dargestellt.

3. Die Eigenfunktionen (Wellenfunktionen) sind

$$\psi_n(x) = \frac{1}{\sqrt{x_0}}\exp\left(-\frac{\xi^2}{2}\right)H_n(\xi), \qquad \xi = \frac{x}{x_0},$$

mit $x_0 = \sqrt{h/2\pi m\omega_0}$; H_n sind die HERMITEschen Polynome n-ter Ordnung:

$$H_n(\xi) = \frac{(-1)^n}{\sqrt{2^n n!\sqrt{\pi}}}\, e^{\xi^2}\,\frac{d^n e^{-\xi^2}}{d\xi^n}.$$

Für $n = 0, 1, 2,$ ist

$$\psi_0(x) = \frac{1}{\sqrt{x_0\sqrt{\pi}}}\, e^{-x^2/2x_0^2},$$

$$\psi_1(x) = \frac{1}{\sqrt{2x_0\sqrt{\pi}}}\,\frac{2x}{x_0}\, e^{-x^2/2x_0^2},$$

$$\psi_2(x) = \frac{1}{\sqrt{8x_0\sqrt{\pi}}}\left(\frac{4x^2}{x_0^2} - 2\right) e^{-x^2/2x_0^2}.$$

Die Zahl der Knoten der Funktionen $\psi_n(x)$, d. h. die Zahl ihrer Nullstellen, ist gleich der Quantenzahl n (S. 695).

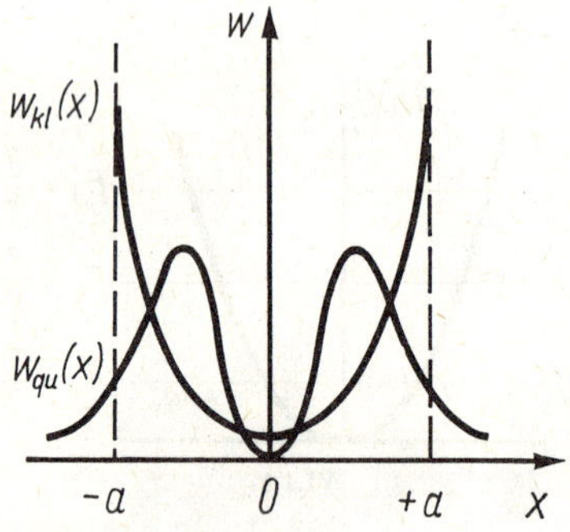

VI.1.2.

4. Ein Vergleich der Ortswahrscheinlichkeitsdichten eines Teilchens, das harmonische Schwingungen mit der Amplitude a um die Gleichgewichtslage ausführt, berechnet auf Grund der Wellenmechanik (für $n = 1$) und der klassischen Mechanik, ist in Bild VI.1.2 wiedergegeben. Die Maxima der Wellenfunktion liegen in der Nähe der Punkte maximaler Auslenkung, unterscheiden sich aber von ihnen $\sqrt{h/2\pi\omega_0 m}$ im Gegensatz zu $\sqrt{3h/2\pi\omega_0 m}$ im klassischen Fall). In der Quantenmechanik ist die Wahrscheinlichkeit, das Teilchen bei $x > a$ anzutreffen, d. h. in einem Bereich, für den die potentielle Energie größer als die Gesamtenergie des Teilchens ist, von Null verschieden. Dies widerspricht nicht dem Energiesatz, da ja auf Grund der HEISENBERGschen Unschärferelation (S. 689) die Größen der kinetischen und der potentiellen Energie des Teilchens (des harmonischen Oszillators) nicht gleichzeitig exakt bestimmbar sind (die kinetische Energie hängt von der Geschwindigkeit oder dem Impuls ab, die potentielle Energie von den Koordinaten des Teilchens).

5. Mit wachsender Quantenzahl n nähern sich die quantenmechanischen Wahrscheinlichkeitsdichten des eindimensionalen harmonischen Oszillators immer mehr den klassischen Werten. Darin drückt sich das von Bohr aufgestellte *Korrespondenzprinzip* aus: Die Ergebnisse und Resultate der Quantenmechanik müssen für große Quantenzahlen in die klassischen Resultate übergehen. In seiner allgemeineren Form postuliert das Korrespondenzprinzip, daß zwischen irgendeiner aus der klassischen Theorie abgeleiteten Theorie und der ursprünglichen klassischen Theorie ein gesetzmäßiger Zusammenhang bestehen muß, d. h., in bestimmten Grenzfällen muß die neue Theorie in die alte übergehen. So geht die Wellenoptik bei $\lambda \to 0$ (wobei λ die Wellenlänge, S. 523, ist) in die geometrische Optik über; die Formeln der Kinematik und Dynamik der Relativitätstheorie gehen bei kleinen Geschwindigkeiten v, d. h. für $\left(\frac{v}{c}\right)^2 \to 0$ (wobei c die Vakuumlichtgeschwindigkeit ist), in die Formeln der klassischen Mechanik über.

6. Für den Zustand mit $E = E_0$ (*Nullpunktsschwingung*) hat die klassische Wahrscheinlichkeit den Wert 1 für $x = 0$. (Der Oszillator ruht im Gleichgewicht.) Die quantenmechanische Wahrscheinlichkeit hat bei $x = 0$ ein Maximum, nimmt auf beiden Seiten davon allmählich ab und wird Null erst im Unendlichen.

B. Der Rotator

1. Als starren *Rotator* bezeichnet man ein Teilchen mit der Masse m, das im Raum mit konstantem Abstand um ein ruhendes Zentrum rotiert.

Die Wellenfunktion des Rotators erweist sich als Produkt aus einer Radialfunktion $R_{nl}(r)$ und einer Kugelfunktion $Y_{lm}(\vartheta, \varphi)$:

$$\psi_n(r, \vartheta, \varphi) = R_{nl}(r)\, Y_{lm}(\vartheta, \varphi);$$

r, ϑ und φ haben die übliche Bedeutung von Kugelkoordinaten.

Die Schrödinger-Gleichung liefert für die Radialfunktion $u(r) = rR(r)$ bei $u = 0$

$$\frac{d^2u}{dr^2} + \frac{8\pi^2 m}{h^2}\left[E - \frac{h^2 l(l+1)}{8\pi^2 m r^2}\right] u = 0.$$

Die Gleichungen für die orbitale und die azimutale Wellenfunktion lauten

$$Y_{lm}(\vartheta, \varphi) = \Theta(\vartheta)\, \Phi(\varphi),$$

$$\frac{1}{\sin\vartheta}\frac{d}{d\vartheta}\left(\sin\vartheta \frac{d\Theta}{d\vartheta}\right) + \left(\lambda - \frac{m_l^2}{\sin^2\vartheta}\right)\Theta = 0,$$

$$\frac{d^2\Phi}{d\varphi^2} + m_l^2 \Phi = 0,$$

wobei λ eine Konstante ist.

2. Das Energiespektrum des Rotators ist

$$E_l = \frac{h^2 l(l+1)}{8\pi^2 I_l} = \frac{p_l^2}{2I_l};$$

dabei ist I_l das Trägheitsmoment des Rotators, l die Bahnquantenzahl. Der Ausdruck stimmt mit dem klassischen Ausdruck für die kinetische Energie der Rotationsbewegung überein (S. 68). Der Drehimpuls p_l hat für verschiedene Quantenzahlen l verschiedene Werte. Der Abstand zwischen den Energieniveaus wächst mit wachsendem l. Die Energieniveaus eines Rotators sind in Bild VI.1.3 dargestellt.

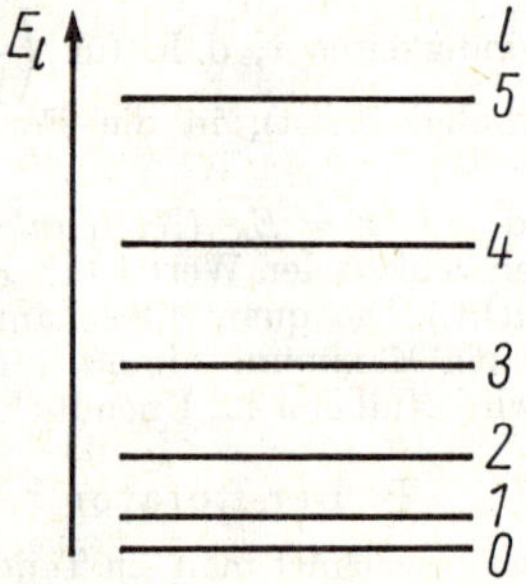

VI.1.3.

3. Die orbitale und die azimutale Wellenfunktion des Rotators sind

$$\Theta(\vartheta) = c(1-x^2)^{|m_l|/2} \frac{d^{l+|m_l|}}{dx^{l+|m_l|}}(x^2-1)^l,$$

$$x = \cos\vartheta,$$

$$\Phi = e^{im_l\varphi};$$

dabei ist $c = \text{const}$ und m_l eine ganze Zahl, die man als magnetische Quantenzahl bezeichnet (S. 731). Es gilt $-l < m_l < +l$, so daß jedem Zustand mit gegebenem l gerade $2l+1$ Nebenzustände mit $m = \pm l, \pm(l-1), \ldots, \pm 1, 0$ entsprechen.

C. Die Bewegung eines Elektrons im Coulomb-Feld des Kerns (wasserstoffähnliche Systeme)

1. Die potentielle Energie der Coulombschen Wechselwirkung (S. 335) eines Einzelelektrons $-e$ mit dem Kern Ze eines Wasserstoffatoms (S. 768) ist

$$U(r) = -\frac{Ze^2}{r};$$

r ist der Abstand zwischen Elektron und Kernmittelpunkt, Z die Ordnungszahl des Kerns (S. 768). Im SI ist

$$U(r) = -\frac{Ze^2}{4\pi\varepsilon_0 r},$$

wobei ε_0 die Influenzkonstante ist (Dielektrizitätskonstante des Vakuums).

2. Die SCHRÖDINGER-Gleichung für den Radialteil $u(r) = rR(r)$ der vollen Wellenfunktion $\psi(r, \vartheta, \varphi)$ (S. 693) lautet

$$\frac{d^2u}{dr^2} + \frac{8\pi^2 m}{h^2}\left[E - \frac{h^2 l(l+1)}{8\pi^2 m r^2} + \frac{Ze^2}{r}\right]u = 0 \quad \text{(im GAUSSschen System).}$$

Im SI ändert sich nur das Aussehen von $U(r)$ (s. Punkt 1).
Für $E < 0$ hat die SCHRÖDINGER-Gleichung ein diskretes Spektrum von Eigenwerten (Energieniveaus), für $E > 0$ ist das Spektrum kontinuierlich. $E > 0$ entspricht einem freien Elektron, $E = 0$ der Ionisation eines Atoms.

3. Für $E < 0$ existieren stetige, endliche und eindeutige Lösungen $u(r)$ oder $R(r)$ der SCHRÖDINGER-Gleichung nur für die folgenden Eigenwerte E_n:

$$E_n = -\frac{2\pi^2 Z^2 e^4 m}{h^2}\frac{1}{n^2} = -\frac{RhZ^2}{n^2} \quad \text{(im GAUSSschen System),}$$

$$E_n = -\frac{Z^2 e^4 m}{8h^2\varepsilon_0^2}\frac{1}{n^2} = -\frac{Z^2 Rh}{n^2} \quad \text{(im SI).}$$

Diese bilden das Energiespektrum eines wasserstoffähnlichen Systems. Hier heißt $n = 1, 2, \ldots$ *Hauptquantenzahl* und R *RYDBERG-Konstante* (S. 714). Die Energien eines wasserstoffähnlichen Systems hängen nicht von der Bahnquantenzahl l ab, welche die Werte $l = 0, 1, \ldots, n-1$ annimmt (S. 718), d. h., alle Zustände mit verschiedenem l bei festem n sind entartet.
Die Berücksichtigung relativistischer Effekte und des Elektronenspins (S. 447) führt zu einer Multiplettstruktur der Energieniveaus des wasserstoffähnlichen Systems. Die mit diesen Effekten verknüpfte zusätzliche Energie ergibt die Feinstrukturformel

$$E_{nj} = -\frac{RhZ^2}{n^2}\left[1 + \frac{Z^2 a^2}{n^2}\left(\frac{n}{j + {}^1/_2} - \frac{3}{4}\right)\right],$$

wobei $j = l \pm 1/2$ die innere Quantenzahl (S. 726) und $a = 2\pi e^2/hc \approx 1/137$ die *Feinstrukturkonstante* ist.
Relativistische Effekte und Spin-Bahn-Wechselwirkung (S. 728) beseitigen die Entartung der Energieniveaus.

4. Die radialen Wellenfunktionen R_{nl} lauten

$$R_{nl}(\xi) = N_{nl} e^{-\xi/2} \xi^l L_{n+l}^{2l+1}(\xi)$$

mit $\xi = 2Z\varrho/n = 2Zr/na_0$; a_0 ist der Radius der ersten Elektronenbahn im Wasserstoffatom (siehe unten);

$$L_{n+l}^{2l+1}(\xi) = \frac{d^{2l+1}}{d\xi^{2l+1}}\left[e^{\xi}\frac{d^{n+l}}{d\xi^{n+l}}(e^{-\xi}\xi^{n+l})\right]$$

sind die zugeordneten LAGUERREschen Polynome. Den Faktor N_{nl} bestimmt man aus der Bedingung

$$\int_{-\infty}^{\infty} R_{nl}^2 r^2 dr = 1.$$

5. Die Gleichungen für die orbitale und die azimutale Wellenfunktion sind analog den Gleichungen für diese Funktionen im Fall des Rotators (S. 693). Die Wellenfunktionen für die ersten Werte von n und l lauten:

$n = 1,\ l = 0$ (1*s*-Untergruppe, S. 737)

$$\psi_{10} = \frac{1}{\sqrt{\pi}}\left(\frac{Z}{a_0}\right)^{3/2} e^{-Zr/a_0};$$

$n = 2,\ l = 0$ (2*s*-Untergruppe)

$$\psi_{20} = \frac{1}{4\sqrt{2\pi}}\left(\frac{Z}{a_0}\right)^{3/2}\left(2 - \frac{Zr}{a_0}\right) e^{-Zr/2a_0};$$

$n = 2,\ l = 1,\ m_l = 0$ (2*p*-Untergruppe)

$$\psi_{210} = \frac{1}{4\sqrt{2\pi}}\left(\frac{Z}{a_0}\right)^{5/2} r e^{-Zr/2a_0}\cos\vartheta;$$

$n = 2,\ l = 1,\ m_l = \mp 1$ (2*p*-Untergruppe)

$$\psi_{21\pm 1} = \frac{1}{8\sqrt{\pi}}\left(\frac{Z}{a_0}\right)^{5/2} r e^{-Zr/2a_0}\sin\vartheta\, e^{\pm i\varphi}$$

Dabei ist $a_0 = h^2/4\pi^2 m e^2$ der *erste* BOHR*sche Radius* im GAUSSschen System, m_l die magnetische Quantenzahl (S. 732). Im SI ist

$$a_0 = \frac{\varepsilon_0 h^2}{\pi m e^2}.$$

D. Die Streuung von Teilchen im Feld einer Zentralkraft

1. Die Abweichung eines Teilchens von der ursprünglichen Bewegungsrichtung infolge der Wechselwirkung mit dem Streuzentrum heißt *Streuung*. Insbesondere können solche Streuzentren Atome oder Ionen sein.

Die Anzahl der Teilchen, die in der Zeiteinheit unter dem Winkel θ relativ zur Richtung z der ursprünglichen Bewegung in den Raumwinkel $d\Omega$ gestreut werden, ist

$$dN = \sigma(\theta)\, n\, d\Omega;$$

dabei ist n die Anzahl der Teilchen, die in der Zeiteinheit die Flächeneinheit des Querschnittes im ursprünglichen Teilchenstrahl durchlaufen (*Strahlintensität, Teilchenfluß*).

Die Größe σ hat die Dimension einer Fläche und heißt *differentieller Wirkungsquerschnitt der Streuung* in den Raumwinkel $d\Omega$. Die Größe

$$\tilde{\sigma} = \int_0^{4\pi} \sigma(\theta)\, d\Omega = 2\pi \int_0^{\pi} \sigma(\theta) \sin\theta\, d\theta$$

heißt *totaler Wirkungsquerschnitt der Teilchenstreuung*. Manchmal bezeichnet man den differentiellen Wirkungsquerschnitt mit $d\sigma$ und den totalen mit σ. Der totale Wirkungsquerschnitt ist definiert als die Anzahl der Teilchen, die in der Zeiteinheit bei einem Strahl mit der Einheitsintensität gestreut werden.

Erfolgt die Streuung ohne Verlust an kinetischer Energie der Teilchen, so heißt sie *elastisch*, andernfalls *unelastisch*.

2. Wenn die streuenden Zentren nicht ruhen, verwendet man zur Untersuchung der Stöße eines der beiden folgenden Koordinatensysteme: *das Laborsystem* (*L-System*), relativ zu dem sich sowohl die gestreuten als auch die streuenden Teilchen bewegen, oder das *Schwerpunktssystem* (S. 44) der stoßenden Teilchen (*S-System*).

Wenn im L-System das Streuzentrum mit der Masse M vor dem Stoß ruht und das stoßende Teilchen die Masse m und die Geschwindigkeit v_0 hat, dann ist die kinetische Energie beider Teilchen

$$E_0 = \frac{m v_0^2}{2}.$$

Die Geschwindigkeit des Schwerpunktes der Teilchen relativ zum L-System ist

$$v_l = \frac{\sqrt{2 m E_0}}{M + m}.$$

Im S-System ist die kinetische Energie der Relativbewegung der beiden Teilchen

$$E = E_0 \frac{M}{M + m}; \qquad E = \frac{1}{2} E_0 \quad \text{für} \quad M = m.$$

Die Energie der Teilchen im L-System nach der Streuung steht mit ihrer Energie vor der Streuung im Zusammenhang:

$$\frac{E_1}{E_0} = \frac{M^2 + m^2 + 2Mm\cos\theta}{(M + m)^2};$$

es ist $E_{1\min} = \frac{(M-m)^2}{(M+m)^2} E_0$ für $\theta = 180°$, d. h. bei einem zentralen Stoß (θ ist der Streuwinkel). Die Relation zwischen den Streuwinkeln der Teilchen im S-System (θ) und im L-System (ϑ) ist

$$\tan\vartheta = \frac{M\sin\theta}{m + M\cos\theta}, \qquad \cos\vartheta = \frac{m + M\cos\theta}{\sqrt{m^2 + M^2 + 2mM\cos\theta}}.$$

3. Besitzt das Potential U des Streuzentrums Kugelsymmetrie, so läßt sich der Fluß der gestreuten Teilchen in Form einer auslaufenden Kugelwelle darstellen:

$$\psi = a(\theta)\frac{e^{ikr}}{r},$$

wobei $a(\theta)$ *Streuamplitude* heißt; $|a(\theta)|^2 = \sigma(\theta)$.

4. Die SCHRÖDINGER-Gleichung für die Streuung eines Teilchens im zentralsymmetrischen Kraftfeld hat die Form, wie sie auf S. 695 angegeben wurde. Man betrachtet die Lösungen mit $E > 0$, die der freien Bewegung der Teilchen (S. 695) entsprechen. Das Potential der Kräfte nimmt dabei mit r hinreichend rasch ab (nicht weniger rasch als $1/r$).

5. Die Streuamplitude für elastische Stöße lautet

$$a(\theta) = \frac{1}{2ik}\sum_{i=0}^{\infty}(2l+1)\left(e^{2i\eta_l} - 1\right)P_l(\cos\theta),$$

wobei $a(\theta)$ eine komplexe Funktion ist. Die Streuintensität $I(\theta)$ ist durch das Quadrat des Absolutbetrages von $a(\theta)$ gegeben:

$$I(\theta) = A^2 + B^2$$

mit

$$A = \frac{1}{2k}\sum_{l=0}^{\infty}(2l+1)(\cos 2\eta_l - 1)P_l(\cos\theta),$$

$$B = \frac{1}{2k}\sum_{l=0}^{\infty}(2l+1)\sin 2\eta_l \cdot P_l(\cos\theta).$$

Der totale Wirkungsquerschnitt ist

$$\tilde{\sigma} = 2\pi\int_0^{\pi}|a(\theta)|^2\sin\theta\,d\theta = \frac{4\pi}{k^2}\sum_{l=0}^{\infty}(2l+1)\sin^2\eta_l;$$

dabei ist $k^2 = 8\pi^2 mE/h^2$ das Quadrat der Wellenzahl des heranfliegenden Teilchens, l die Quantenzahl des Drehimpulses (S. 725), $P_l(\cos\theta)$ ein LEGENDRE-Polynom und η_l die sogenannte *Streuphase*, die von den Eigenschaften des streuenden Feldes abhängt. Die einzelnen Glieder der Reihe heißen *partielle Wirkungsquerschnitte der Streuung* $\tilde{\sigma}_l$. Der Maximalwert ist

$$\tilde{\sigma}_{l\max} = \frac{4\pi^2}{k^2}(2l+1).$$

Für $l = 0$ hat die Streuung Kugelsymmetrie, für $l = 1$ Dipolsymmetrie, für $l = 2$ Quadrupolsymmetrie usw.
Der Wirkungsquerschnitt für unelastische Streuung hat kompliziertere Form, die von der Struktur der Teilchen, die am Zusammenstoß beteiligt sind, wie auch von deren Energie abhängt.

6. Wenn man U als schwache Störung betrachten darf, welche die Bewegung der Teilchen nur wenig beeinflußt (diesem Fall entsprechen kleine Werte der Streuphasen $\eta_l \ll \pi/2$), erhält man für $\sigma(\theta)$ bei elastischen Stößen die Bornsche *Formel*:

$$d\sigma = \frac{64\pi^4 m^2}{h^4} \left| \int_0^\infty U(r) \frac{\sin Kr}{Kr} r^2 \, dr \right|^2 d\Omega,$$

wobei $K = 2k \sin \frac{\theta}{2}$ der Betrag des Vektors ist, der sich aus den Impulsen des streuenden und des gestreuten Teilchens zusammensetzt, und $d\Omega$ den Raumwinkel bezeichnet.
Die Bornsche Näherung gilt für beliebige Geschwindigkeiten v des von einem Kraftzentrum gestreuten Teilchens unter der Bedingung, daß $|U(a)| \ll \frac{h^2}{4\pi^2 m a^2}$ ist, wobei a die Linearabmessung des Bereiches bedeutet, in dem das Zentrum auf das Teilchen wirkt. Ist diese Bedingung nicht erfüllt, so gilt die Bornsche Formel nur für schnelle Teilchen, die die Bedingung $\frac{hv}{2\pi a} \gg |U(a)|$ erfüllen. Für schnelle Teilchen, für die $v \gg \frac{h}{2\pi m a}$ gilt, ist der totale Wirkungsquerschnitt $\tilde{\sigma}$ (S. 698) umgekehrt proportional der Energie des ankommenden Teilchens.

7. Der differentielle Wirkungsquerschnitt für die elastische Streuung genügend schneller Teilchen mit Masse m, Geschwindigkeit v und Ladung e_1 an einem Atom der Kernladung Z und der Raumladungsdichte ϱ der Elektronenhülle ist

$$\sigma(\theta) = \frac{e_1^2 e^2}{4m^2 v^4} [Z - F(\theta)]^2 \operatorname{cosec}^4 \frac{\theta}{2},$$

wobei

$$F(\theta) = 4\pi \int_0^\infty \frac{\sin Kr}{Kr} r^2 \, dr$$

der sogenannte *atomare Streufaktor* und θ der Streuwinkel im S-System (S. 698) ist. Nimmt ϱ mit Vergrößerung des Abstandes vom Mittelpunkt des Atoms exponentiell ab,

$$\varrho = \varrho_0 e^{-r/a},$$

wobei a die unter Punkt 6 angeführte Bedeutung hat, d. h. der „Atomradius" ist, so ist

$$F(\theta) = \frac{Z}{\left(1 + 4k^2a^2 \sin^2 \frac{\theta}{2}\right)^2}$$

und

$$\sigma(\theta) = \frac{e_1^2 e^2 Z^2}{4m^2 v^4} \left[1 - \frac{1}{\left(1 + 4k^2a^2 \sin^2 \frac{\theta}{2}\right)^2}\right]^2 \operatorname{cosec}^4 \frac{\theta}{2}.$$

Für schnelle Teilchen ($ka \gg 1$) und nicht zu kleine Streuwinkel gilt die RUTHERFORD*sche Streuformel*:

$$\sigma(\theta) = \frac{Z^2 e_1^2 e^2}{4m^2 v^4} \operatorname{cosec}^4 \frac{\theta}{2}.$$

E. Durchgang von Teilchen durch einen Potentialwall

1. Bei der Wechselwirkung zweier Teilchen, bei der zwei Kräfte verschiedener Natur beteiligt sind – eine Abstoßungskraft großer und eine anziehende Kraft kleiner Reichweite – hat das Potential der resultierenden Kraft einen Verlauf, wie er in Bild VI.1.4 dargestellt ist. (Ein solches Potential entspricht z. B. der Wechselwirkung eines α-Teilchens mit dem Atomkern, S. 784.)

2. *Potentialtopf* heißt das Gebiet ($r < r_{max}$) nahe dem anziehenden Zentrum, in dem die potentielle Energie $U < U_{max}$ ist (Bild VI.1.4). Für Teilchen, die sich im Potentialtopf befinden, ist die Gesamtenergie $E < U_{max}$. In Übereinstimmung damit sind seine Energieniveaus diskret. Der Teil hinter der Krümmung der Potentialkurve heißt *Potentialwall*. Seine Höhe h und seine Breite a hängen von der Energie E des Teilchens im Potentialtopf ab. Damit das Teilchen den Potentialtopf verlassen oder von außen in diesen eindringen kann, muß man ihm einen Energiebetrag zuführen, der gleich oder größer der Differenz aus der Wallhöhe und der Teilchenenergie E ist ($|U_{max} - E| = h$).

3. Das Verhalten des Teilchens im Potentialtopf beschreibt man durch die stationäre SCHRÖDINGER-Gleichung für $E < U_{max}$ mit der potentiellen Energie $U(r)$, die von der Form des Potentialtopfes abhängt. Das Teilchen im Potentialtopf kann neben der Translationsbewegung auch Schwingungen ausführen (Oszillator, S. 690) oder eine Umlaufbewegung (Rotator, S. 693) oder eine Kombination beider Bewegungsarten. Alle diese Bewegungen sind nicht frei, sondern erfolgen im Feld der Anziehung durch das Zentrum.

4. Die Wellenfunktion $\psi(x)$ eines Teilchens in einem eindimensionalen Potentialtopf mit einem Potentialwall endlicher Höhe und Breite hat in der Wallwand und außerhalb davon keine Nullstelle. Im Gegensatz zu den Ergebnissen der klassischen Mechanik ist in der Quantenmechanik die Wahrscheinlichkeit, das Teilchen außerhalb des Potentialwalles anzutreffen, auch dann von Null verschieden, wenn die

Energie des Teilchens zur Überwindung des Walles nicht ausreicht (S. 692). Trennt der Potentialwall zwei Potentialtöpfe, so ist die Wahrscheinlichkeit für den Durchtritt des Teilchens durch den Wall nur dann von Null verschieden, wenn es auf der anderen Seite des Walles ein Niveau oder mehrere Niveaus mit gleicher oder kleinerer Energie gibt. Der Durchgang durch den Wall auf ein Niveau gleicher Energie heißt *Resonanzdurchtritt*.

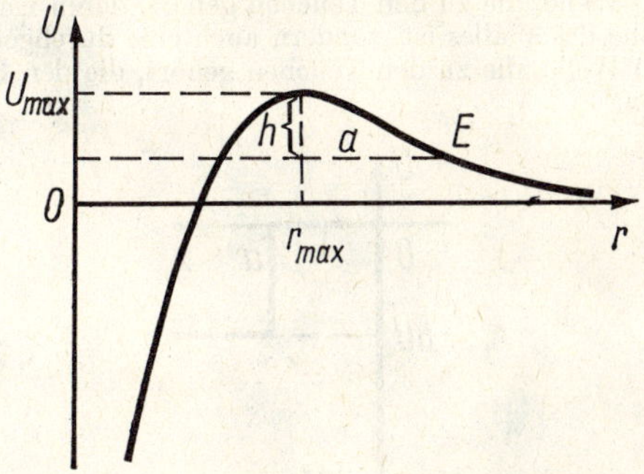

VI.1.4.

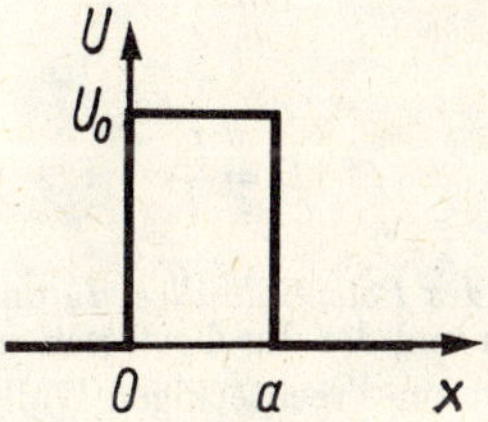

VI.1.5.

5. Im einfachen Fall eines eindimensionalen Potentialwalles von rechteckiger Form hängt das Potential von den Koordinaten in der folgenden Weise ab (Bild VI.1.5):

$$-\infty < x < 0 \qquad U = 0 \quad \text{(Gebiet I)},$$

$$0 < x < a \qquad U = U_0 \quad \text{(Gebiet II)},$$

$$a < x < \infty \qquad U = 0 \quad \text{(Gebiet III)}.$$

Die Bedingung $U_I = -aU$, $U_{II} = 0$, $U_{III} = -bU$ (Bild VI.1.6) entspricht einem Wall zwischen zwei Potentialtöpfen verschiedener

Tiefe. Man kann ein Teilchen betrachten, das in freier Bewegung auf den Wall eintrifft, oder ein Teilchen, das den Wall vom Topf aus erreicht. Der erste Fall entspricht dem Eindringen eines Teilchens in den Topf, der zweite der Befreiung eines Teilchens aus dem Topf.

6. Den drei verschiedenen Potentialgebieten entsprechend hat die SCHRÖDINGER-Gleichung für das Problem der Überwindung des Potentialwalles drei verschiedene Lösungen. Für einen Fluß freier Teilchen, die auf den Wall einfallen, liefern die Lösungen nicht nur die reflektierte Welle, die zu den Teilchen gehört, deren Energie kleiner als die Höhe des Walles ist, sondern auch eine durchgelassene („gebrochene") Welle, die zu den Teilchen gehört, die den Potentialwall überwinden.

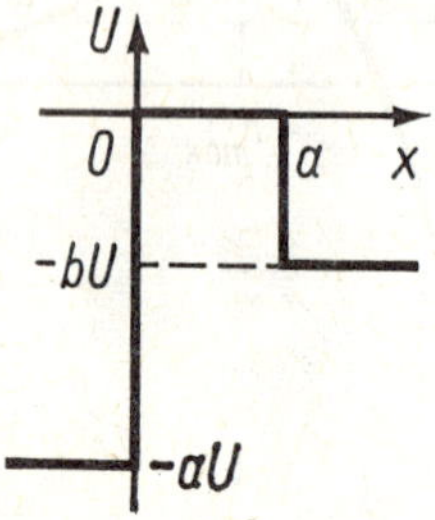

VI.1.6.

7. Die Größe

$$D = \frac{I_{\mathrm{d}}}{I_{\mathrm{e}}}$$

heißt *Durchlässigkeit des Potentialwalles.* I_{e} und I_{d} sind die Intensitäten der einfallenden und der durchgelassenen Wellen (S. 686).

8. Die Durchlässigkeit eines rechteckigen Walles ist

$$D = D_0 e^{-\frac{4\pi}{h}\sqrt{2m(U_0 - E)}\,a};$$

dabei ist a die Breite und U_0 die Höhe des Potentialwalles, E die Energie der Teilchen (beide bezogen auf den Boden des Potentialtopfes als Nullpunkt), m die Masse des Teilchens und D_0 ein Koeffizient, der nahezu 1 ist. Wenn der Wall nicht rechteckig ist, sondern eine kompliziertere Form besitzt, so gilt

$$D = D_0 e^{-\frac{4\pi}{h}\int\limits_{x_1}^{x_2}\sqrt{2m\left(U(x) - E\right)}\,dx},$$

wobei x_1 und x_2 die Koordinaten des Anfangs- und des Endpunktes des Walles für die gegebene Energie E sind. Die Durchlässigkeit eines rechteckigen Walles wird wesentlich für

$$\frac{4\pi}{h}\sqrt{2m(U-E)}\,a \approx 1 .$$

9. Der Durchlaßeffekt („Durchsickern") eines Teilchens durch einen Potentialwall heißt GAMOW*scher Tunneleffekt*. Nach der klassischen Physik kann ein Teilchen nur dann über den Wall hinweg gelangen, wenn seine Energie $E > U_0$ ist. Für Bereiche mit $U(x) > E$ wird $p^2/2m < 0$, da $E = T + U = p^2/2m + U$ ist, d. h., der Impuls des Teilchens wird imaginär. Das ist jedoch sinnlos und führt zu dem klassischen Verbot für den Durchtritt eines Teilchens durch den Wall für $U(x) > E$. Die Größe D geht für $U > E$ bei $h \to 0$ (Übergang zur klassischen Physik) ebenfalls gegen Null, d. h., der Wall wird für Teilchen undurchlässig.
Der Tunneleffekt ist ein Quanteneffekt, der mit der Unmöglichkeit der gleichzeitigen exakten Bestimmung der kinetischen und der potentiellen Energie des Teilchens verbunden ist (S. 692). Zum Fehler $\overline{\Delta x^2}$ bei der Bestimmung der Koordinaten des Teilchens, das den Wall durchsetzt ($\overline{\Delta x^2} \leqq a^2$, wobei a die Wallbreite ist), gehört ein entsprechend großer Fehler bei der Impulsbestimmung $\overline{\Delta p_x^2}$, so daß $\overline{\Delta p_x^2}/2m \geqq U - E$ ist, d. h., die Änderung der kinetischen Energie des Teilchens, die durch die Unbestimmtheit (Unschärfe) seiner Koordinaten hervorgerufen wurde, übertrifft jene Energie, die dem Teilchen zur Überwindung des Potentialwalles fehlt. Infolgedessen erhält das Teilchen die Fähigkeit, den Potentialwall zu überwinden.

F. Die Bewegung von Elektronen in periodischen Feldern

1. Die Eigenschaft der Periodizität eines Potentialfeldes $U(x, y, z)$ mit dreidimensionaler Periodizität läßt sich mit Hilfe der Gleichungen

$$U(x + a, y, z) = U(x, y, z),$$

$$U(x, y + b, z) = U(x, y, z),$$

$$U(x, y, z + c) = U(x, y, z)$$

ausdrücken; dabei charakterisieren die Größen a, b und c die Periode des Feldes in bezug auf die x-, y- bzw. z-Achse. Ein Feld dieser Art ist in idealen Kristallen realisiert, in welchen die Atomkerne und die mittlere elektrische Ladung periodisch verteilt sind. Das Potential des elektrischen Feldes ist dabei dreidimensional periodisch. Die Bewegung von Elektronen in Kristallen ist ein Beispiel für die Bewegung in einem dreidimensional periodischen Feld. Die exakte Lösung für eine derartige Bewegung (Vielelektronen-Probleme) ist nicht möglich. Man beschränkt sich daher auf das angenäherte Problem der Bewegung eines einzelnen Elektrons in einem gewissen äußeren periodischen Feld des kristallischen Gitters. Die Lösung dieses Falles besitzt viele wesentliche Eigenschaften der Lösung des exakten Problems.

2. Beim eindimensionalen Problem drückt man die Wellenfunktion des Elektrons in Form einer ebenen Welle als FOURIER-Integral im Impulsraum aus:

$$\psi(x) = \frac{1}{\sqrt{2\pi}} \int_{-\infty}^{\infty} c(k) e^{ikx} \, dk;$$

dabei ist $k = k_x = 2\pi p_x/h$, $p = p_x$ ist der Impuls des Elektrons in der x-Richtung, und $c(k)$ ist die Amplitude im Impulsraum. Die potentielle Energie des Elektrons im Kristall stellt man als FOURIER-Reihe dar:

$$U(x) = \sum_{n=-\infty}^{\infty} U_n e^{-\frac{2\pi i n x}{a}};$$

dabei ist a der Parameter des Kristallgitters, der die Periodizität des Kristalls oder die Periodizität des Potentialfeldes im Kristall beschreibt. Die Größen $c(k)$ und E_n bestimmt man aus dem gegebenen Verlauf von $U(x)$.

3. Die Energieniveaus des Elektrons im periodischen Feld bilden verschiedene Zonen

$$E = E_i(k) \qquad (i = 1, 2, 3, \ldots),$$

in denen die Energie von der Wellenzahl abhängt (quasikontinuierliches Streifenspektrum). Diese Zonen heißen *erlaubte Energiebänder*. Die erlaubten Bänder sind durch Intervalle verbotener Energiewerte getrennt (*verbotene Bänder*). Bei Vergrößerung der Bandnummer i werden die verbotenen Zonen schmaler (es sind auch kontinuierliche erlaubte Energiebänder möglich), bis ein vollständig kontinuierliches Spektrum (bei $i = \infty$) entsteht. An den Grenzen der Energiebänder springt der Wert der Elektronenenergie. Der allgemeine Verlauf der Energie in der Gesamtheit der Bänder ist in Bild VI.1.7 dargestellt.

4. Die Ausbildung eines Energiebänderspektrums der Elektronen im Kristall ist eine Folge der Unschärferelation (S. 689). Wegen der endlichen Lebensdauer der Elektronen im angeregten Zustand in einem freien Atom ($\tau \approx 10^{-8}$ s) ist die natürliche Breite ΔE der Energieniveaus $\Delta E \approx h/2\pi\tau \approx 10^{-7}$ eV.

Im Kristall sind die Valenzelektronen der Atome schwächer an die Kerne gebunden als die inneren Elektronen; sie können deshalb infolge des Tunneleffektes den Potentialwall (S. 700) zwischen den Kristallatomen durchdringen und von einem Atom zum anderen hinüberwechseln. Das führt zu einer beträchtlichen Verkürzung von τ, so daß sich die Energieniveaus solcher Elektronen zu Bändern erlaubter Energiewerte verbreitern.

Die Häufigkeit ν, mit der ein Elektron einen rechteckigen Potentialwall durchdringt, ist durch das Produkt

$$\nu = \frac{v}{d} D$$

gegeben; dabei ist v die Geschwindigkeit des Elektrons im Atom, d die Linearabmessung des Atoms und D die Durchlässigkeit des Potentialwalls. Diese Frequenz führt zu einer mittleren Lebensdauer τ (Verweilzeit) des Elektrons bei einem gegebenen Atom von ca. 10^{-15} s. Damit folgt aus der Unschärferelation $\Delta E \approx 1$ eV.

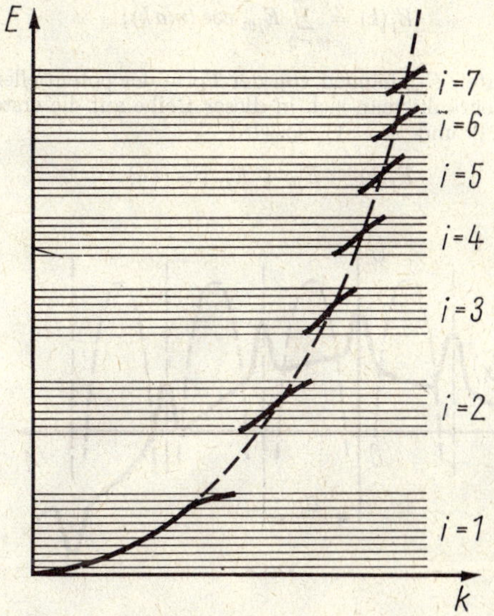

VI.1.7.

Das bedeutet, daß an die Stelle der natürlichen Breite $\Delta E \approx 10^{-7}$ eV der Elektronen-Energieniveaus im freien Atom im Kristall ein Band erlaubter Energiewerte mit einer Breite von größenordnungsmäßig einigen Elektronvolt tritt.

Die Wellenfunktionen eines Elektrons, das sich in einem periodischen eindimensionalen Feld bewegt, sind

$$\psi_{jk}(x) = \sum_{n=-\infty}^{\infty} c_j\left(k + \frac{2\pi n}{a}\right) \frac{e^{i(k+2\pi n/a)x}}{\sqrt{2\pi}}$$

$$= e^{ikx} \sum_{n=-\infty}^{\infty} c_j(k') \frac{e^{i\frac{2\pi n}{a}x}}{\sqrt{2\pi}},$$

wobei die $k' = k + 2\pi n/a$ ebenen Wellen entsprechen, die mit der Periode a des Potentials moduliert sind. Die durchgehend ausgezogene

Kurve in Bild VI.1.8 zeigt die Form des Realteils von $\psi(x)$. In der Nähe von x-Werten, die dem Ort von Gitterionen entsprechen, wird $\psi(x)$ annähernd gleich der Wellenfunktion der Atomelektronen.

5. Die Energie eines Elektrons im Kristall ist eine periodische Funktion von k; sie läßt sich als FOURIER-Reihe darstellen:

$$E_j(k) = \sum_{m=0}^{\infty} E_{jm} \cos(mak);$$

die Koeffizienten E_{jm} hängen von der Form der potentiellen Energie $U(x)$ ab. Beschränkt man sich in dieser Reihe auf die ersten beiden Glieder ($m = 0$ und $m = 1$), so wird

$$E_j(k) = E_{j0} + E_{j1} \cos(ka).$$

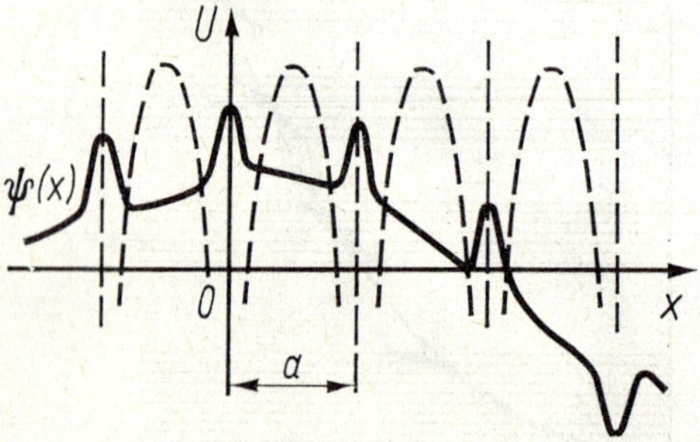

VI.1.8.

Für $k \approx 0$ kann man $E_j(k)$ in der Mitte eines Bandes nach Potenzen von k entwickeln,

$$E_j(k) = E_{j0} + E_{j1}\left(1 - \frac{k^2 a^2}{2} + \cdots\right),$$

und in der Form

$$E_j(k) = \text{const} + \frac{h^2 k^2}{8\pi^2 m^*}$$

darstellen.

Der Vergleich mit der Energie eines sich frei bewegenden Elektrons,

$$E_k = \text{const} + \frac{h^2 k^2}{8\pi^2 m},$$

zeigt, daß sich der Unterschied zwischen der Bewegung eines Elektrons im Kristall und der freien Bewegung darin äußert, daß an die Stelle der gewöhnlichen Masse m des Elektrons eine *effektive Masse* m^* tritt. Die effektive Masse des Elektrons in der Mitte und am „Rand“ eines Bandes hat gerade entgegengesetztes Vorzeichen. Gewöhnlich ist in der Mitte eines Bandes $m^* > 0$, während am „Rand“ $m^* < 0$ ist. Der Impuls eines Elektrons im Kristall,

$$\boldsymbol{p} = \frac{h}{2\pi} \frac{m}{m^*} \boldsymbol{k},$$

unterscheidet sich vom Impuls eines freien Elektrons durch den Faktor m/m^*. Unter dem Einfluß eines an den Kristall angelegten elektrischen Feldes beginnt ein Elektron, dessen Energie der Bandgrenze entspricht, sich so zu bewegen, als ob es die effektive Ladung

$$e^* = e \frac{m}{m^*}$$

trüge. Das Vorzeichen der effektiven Ladung ist dem der üblichen Ladung entgegengesetzt (weil $m/m^* < 0$ ist).

6. Auf den dargelegten Gesetzmäßigkeiten beruht das *Energiebändermodell von Festkörpern*, das viele Eigenschaften von Metallen und nichtmetallischen Kristallen erklärt (Halbleiter und Isolatoren). Die Modulation der ebenen Welle durch das periodische Potential des Feldes des Kristallgitters führt zur Änderung der Wahrscheinlichkeitsdichte (S. 686) $|\psi|^2$ der Elektronen im Gitter, verglichen mit ihrem Wert bei der Bewegung freier Elektronen. Bei Störungen der strengen Periodizität des Potentialfeldes des Gitters infolge von anharmonischen Wärmeschwingungen seiner Atome (S. 261) oder infolge von Defekten der Gitterstruktur tritt eine Streuung der Elektronenwellen auf, wodurch sich der Wert von $|\psi|^2$ und der Stromdichte j der Elektronen (S. 686) in einer gegebenen Richtung ändert. Die Größe der Streuung ist proportional der Größe und der Zahl der Störungen der Periodizität des Potentials. Eine Vergrößerung der Amplitude der Schwingungen (mit steigender Temperatur) und der Zahl der Strukturfehler des Gitters (z. B. durch Beimengungen) führt zum Anwachsen des elektrischen Widerstandes. In der Nähe des absoluten Nullpunktes der Temperatur verschwindet die Wärmestreuung der Elektronenwellen, aber der Teil der Streuung, der durch Gitterdefekte hervorgerufen wird, bleibt unvermindert und ergibt so den Restwiderstand, der von den individuellen Eigenschaften des Kristalls abhängt. Der durch die thermische Streuung der Elektronenwellen hervorgerufene Widerstand hängt nicht von den Kristalleigenschaften ab.

7. Die Energiebänder in Kristallen unterteilt man in:

a) vollständig von Elektronen besetzte Bänder (*Valenzbänder*), gebildet aus den energetischen Niveaus der Elektronen der inneren Hüllen freier Atome;

b) teilweise oder ganz unbesetzte Bänder (*Leitungsbänder*), bei welchen die Energieniveaus den Energien der äußeren kollektivierten Elektronen isolierter Atome (oder Ionen) entsprechen. Der Übergang von Elektronen aus einem Band auf ein anderes erfolgt auf dem Wege der Absorption oder Abgabe von Energie, die zum Sprung über die verbotene Zone ausreicht.

8. In Metallen bei Zimmertemperatur ($T \sim 300\,°K$) sind die Energieniveaus im Leitungsband nicht vollständig besetzt (S. 362), wovon die gute elektrische Leitfähigkeit der Metalle herrührt. In Isolatoren ist das erste nicht vollständig besetzte Band vom letzten vollen Band durch eine breite verbotene Zone getrennt. Ein Durchschlag des Isolators erfolgt daher nur bei extrem starken elektrischen Feldern.

Kristallische Halbleiter gehören zu solchen Typen von Festkörpern, bei welchen zum Unterschied von den Isolatoren die verbotene Zone zwischen einem vollständig besetzten (Valenz-) Band und dem ersten nicht voll besetzten Band nicht sehr groß ist, so daß ein Überspringen der Elektronen bei Wärmeanregung möglich ist. Bei $T > 0$ ist in ihnen daher ein elektrischer Strom möglich. Das oberste Band bildet dabei das Leitungsband.

Als *Exiton* bezeichnet man eine quasiteilchenhafte elementare, elektrisch neutrale Anregung in Halbleitern und Dielektrika. Ein Exiton entsteht bei der Erzeugung eines *Elektron-Loch-Paares* in einem Kristall, wenn dabei Elektronen aus dem Valenzband (S. 707) in das Leitfähigkeitsband (S. 707) übergehen. Ist die Anregungsenergie geringer als die Breite der verbotenen Zone, so können sich das Elektron und das Loch nicht mehr unabhängig im Kristall verschieben, sondern befinden sich im gebundenen Zustand eines elektrisch neutralen Quasiteilchens – sie bilden zusammen ein Exiton. Bei Verschiebung im Kristall überträgt das Exiton Energie. Man schreibt ihm ganz bestimmte Quantenzahlen zu, und es besitzt ein Energie-Bänderspektrum (S. 704). Exitonen haben ganzzahligen Spin (in Einheiten $\hbar$), d. h., sie sind Bosonen (S. 219).

9. Legt man an ein Metall oder einen Halbleiter ein homogenes Magnetfeld an, so beginnen die Elektronen, die sich im Leitungsband des Stoffes befinden, in der Ebene senkrecht zur Richtung des Magnetfeldes zu kreisen, oder sie beschreiben Spiralen (wenn sie eine Geschwindigkeitskomponente in Richtung des Magnetfeldes besitzen). Die Rotationsfrequenz der Bewegung längs der Kreise (oder Spiralen) ist (*Zyklotron-* oder LARMOR-*Frequenz*)

$$\nu_L = \frac{eB}{2\pi m^*} \quad \text{(im SI)},$$

wobei e die Elektronenladung, m^* die effektive Masse der Elektronen (S. 706), B das Magnetfeld im Stoff und ν_L die LARMOR-Frequenz (S. 449) der Elektronen im Metall oder Halbleiter ist. Bei gleichzeitigem Anlegen eines veränderlichen elektrischen Feldes an den Stoff beobachtet man starke selektive Absorption der Feldenergie bei der Frequenz ν_L, die man *Zyklotronresonanz* nennt (angesichts der großen Ähnlichkeit der Trajektorien der Elektronen mit ihren Trajektorien im Zyklotron, S. 428). Mit Hilfe der Zyklotronresonanz läßt sich die effektive Masse m^* der Elektronen in Halbleitern und Metallen bestimmen, ihre freie Weglänge (S. 363) u. a.

1.5. Quantenübergänge

1. Die Änderung des Zustandes eines Mikroteilchens oder eines Systems von Mikroteilchen unter dem Einfluß beliebiger innerer oder äußerer Ursachen heißt *Quantenübergang des Teilchens oder des Systems* aus dem Anfangszustand A (zur Zeit $t = 0$) in den Endzustand B (zur Zeit $t = T$). Ein Quantenübergang ist gewöhnlich mit einer Energieänderung des Teilchens (oder des Teilchensystems) verbunden.

2. Die Zustandsänderung beschreibt man durch die Größe P_{AB}, die man als *Übergangswahrscheinlichkeit* des Teilchens aus dem Zustand A in den Zustand B bezeichnet. Berechnet wird die Wahrscheinlichkeit für die Übergänge im kontinuierlichen Spektrum, zwischen den Energieniveaus im diskreten Spektrum sowie für die Übergänge aus dem kontinuierlichen Spektrum in das diskrete Spektrum und umgekehrt.

3. Die Berechnung der Wahrscheinlichkeit für einen Quantenübergang läßt sich durchführen, wenn das Ereignis, das die Zustandsänderung einleitet, während eines endlichen Zeitintervalles einwirkt. Die Lösung der SCHRÖDINGER-Gleichung (S. 687), welche $\psi(x,y,z,t)$ aus der Wellenfunktion $\psi(x,y,z,0)$ zum Zeitpunkt $t = 0$ liefert, erweist sich als äußerst mühevoll. Sie gelingt nur, wenn der Übergang des Systems durch Wechselwirkungen erzwungen wird, die schwach sind im Vergleich mit den im System wirkenden Kräften. In diesen Fällen läßt sich der Einfluß auf das System als kleine Störung auffassen.

4. In der Störungstheorie stellt man den HAMILTON-Operator des Systems (S. 96) als Summe aus dem HAMILTON-Operator des ungestörten Systems H^0 und einem Störglied $W(r,t)$ dar, wobei $W \ll H^0$ ist. Das Problem löst man durch die folgende Näherung: Zuerst sucht man die Lösung der entsprechenden Gleichung für H^0 auf. Hierauf setzt man in diese Lösung die Korrekturglieder W ein, welche der ersten Näherung entsprechen, usw.

5. In der ersten Näherung der Störungstheorie lautet die SCHRÖDINGER-Gleichung für eine Bewegung längs der x-Achse

$$\frac{ih}{2\pi}\frac{\partial\psi}{\partial t} = H^0(x)\psi + W(x,\, t)\psi.$$

Unter Benutzung der Entwicklung von $\psi(x,t)$ nach den Wellenfunktionen der stationären Zustände (S. 690) des ungestörten Systems,

$$\psi(x,\, t) = \sum_k c_k(t)\, \psi_k(x)\, e^{-i2\pi E_k t/k},$$

erhält man

$$\frac{ih}{2\pi}\frac{dc_m}{dt} = \sum_k W_{mk}(t)\, e^{i\omega_{mk}}\, c_k(t),$$

wobei

$$W_{mk}(t) = \int \psi_m^*(x)\, W(x,\, t)\, \psi_k(x)\, dx$$

das *Matrixelement der Störung der Energie* (*Übergangsmatrix*) ist; $\omega_{mk} = 2\pi(E_m - E_k)/h$, $\omega_{mk} = 2\pi\nu_{mk}$ ist die Bohr*sche Frequenz* des Überganges $E_m \to E_k$ für eine gegebene Störung. Befindet sich das System zur Zeit $t = 0$ im Zustand n, so genügen die Koeffizienten $c_k(t)$ der Bedingung

$$c_k(0) = \begin{cases} 1 & \text{für} \quad k = n \\ 0 & \text{für} \quad k \neq n. \end{cases}$$

6. Die Wahrscheinlichkeit, das System zur Zeit t im Zustand m mit der Energie E_m anzutreffen, ist $|c_m(t)|^2$. Die Größe

$$P_{mn}(t) = |c_m(t)|^2$$

heißt daher Wahrscheinlichkeit für den Übergang aus dem Zustand mit der Energie E_n in den Zustand mit der Energie E_m zur Zeit t. In erster Näherung der Störungstheorie (wenn $c_n^{(0)} = 0$ für $t = 0$ und $c_m^{(1)}$ klein ist) erhält man für die Quantenübergänge im diskreten Spektrum

$$P_{mn} = \frac{64\pi^4}{h^2} |W_{mn}(\omega_{mn})|^2.$$

Der Übergang ist möglich, wenn die Störung im eigenen Spektrum die Frequenz ν_{mn} enthält, die dem Übergang zukommt, da P_{mn} nur dann von Null verschieden ist, wenn $W_{mn}(\nu_{mn}) \neq 0$ ist. Die Formel für P_{mn} gilt für diskrete Energiespektren ($E_m, E_n < 0$) und kann auf die folgenden Fälle verallgemeinert werden: Übergänge in einem kontinuierlichen Spektrum ($E > 0$), Übergänge aus dem kontinuierlichen Spektrum in ein diskretes Spektrum und umgekehrt und Übergänge unter dem Einfluß von Störungen, die nicht von der Zeit abhängen.

7. Ein Beispiel für Quantenübergänge eines Systems unter dem Einfluß schwacher Störungen ist die Wechselwirkung von Atomen mit einem elektromagnetischen Feld. Die Absorption der Photonen durch Atome ist begleitet von Übergängen der atomaren Elektronen aus einem Grundzustand mit der Energie E_n in einen anderen Zustand mit der Energie E_m. Hat die auf das Atom einfallende elektromagnetische Welle in ihrem Spektrum die Frequenz $\nu_{mn} = (E_m - E_n)/h$ (*Frequenzbedingung von* Bohr), so tritt der Übergang bei der Frequenz $\nu = \nu_{mn}$ ein.

8. Ist die Wellenlänge der auf das Atom einfallenden Strahlen viel größer als die Abmessungen eines Atoms, so ist die Feldstärke des elektrischen Feldes der Welle $\mathcal{E}$ innerhalb der Grenzen des Atoms beinahe konstant. Die Energie der Störung ist $W = -\mathcal{E} e r$, wobei $e r = p_e$ das Dipolmoment der atomaren Elektronen ist.
Die Elemente der Übergangsmatrix sind

$$W_{mn}(\omega_{mn}) = -\mathcal{E}(\omega_{mn}) p_{mn},$$

wobei

$$p_{mn} = -e \int \psi_m^* r \psi_n \, dV$$

die Elemente der *Matrix des Dipolmomentes* sind.

Die Übergangswahrscheinlichkeit ist

$$P_{mn} = \frac{64\pi^4}{h^2} |\mathcal{E}(\omega_{mn})|^2 |p_{mn}|^2.$$

Die Übergangswahrscheinlichkeit pro Zeiteinheit für den Übergang des Atoms aus dem Zustand E_n in den Zustand E_m ist gleich der Wahrscheinlichkeit für die Absorption eines Strahlungsquants mit der Frequenz ν_{mn} in der Zeiteinheit:

$$B_{mn} = \frac{8\pi^3}{3h^2} \sum_{m,n} |p_{mn}|^2,$$

wobei die Summe über alle möglichen Kombinationen entarteter Niveaus E_n und E_m zu erstrecken ist, die zur selben Frequenz ν_{mn} der BOHRschen Bedingung gehören (S. 710). Der Ausdruck B_{mn} heißt EINSTEIN*scher Koeffizient der Absorption von Licht* mit der Frequenz ν_{mn}.

9. Die entsprechende Größe für den umgekehrten spontanen Übergang $E_n \to E_m$, der von der Ausstrahlung eines Lichtquants mit derselben Frequenz begleitet wird, ist

$$A_{nm} = \frac{64\pi^4 \nu_{mn}^3}{3hc^3} \sum_{m,n} |p_{mn}|^2;$$

A_{nm} heißt EINSTEIN*scher Koeffizient für die spontane Emission von Licht* mit der Frequenz ν_{mn}. Der Zusammenhang zwischen A_{mn} und B_{mn} lautet

$$A_{nm} = \frac{8\pi h \nu_{mn}^3}{c^3} \frac{g_m}{g_n} B_{mn},$$

wobei g_m und g_n die statistischen Gewichte der Zustände m und n sind (Anzahl der verschiedenen Quantenzustände mit den Energien E_m und E_n).

Die Größe A_{mn} bestimmt die *Lebensdauer* τ_{mn} des Systems im Zustand n in bezug auf einen spontanen Übergang aus diesem Zustand in den Zustand m:

$$\tau_{nm} = \frac{1}{A_{nm}}.$$

Auf Grund des endlichen Wertes von τ_{nm} besitzt die ihm entsprechende Energie des Zustandes n eine gewisse Unschärfe in Übereinstimmung mit der HEISENBERGschen Relation (S. 689):

$$\Delta E_n \geqq \frac{h}{2\pi\tau_{nm}}.$$

Die Größe $\Delta E_n = \Gamma_n$ heißt *Breite des Niveaus* E_n. Der Wert von Γ_n bestimmt die natürliche Breite der Spektrallinien (S. 656):

$$\Delta\nu_{nm} = \frac{c}{\lambda_{nm}^2} |\Delta\lambda_{nm}| = \frac{\Gamma_n}{h} \geqq \frac{1}{2\pi\tau_{nm}}.$$

Wird τ_{nm} aus irgendwelchen Gründen kleiner, so verbreitert sich das Niveau, das diesem Zustand entspricht, und damit auch die Spektrallinien (S. 655).
Für die elektromagnetische Wechselwirkung der Atome liegt τ_{nm} im Größenordnungsbereich 10^{-8} s. Für kleine A_{nm} ($\tau_{nm} \gg 10^{-8}$ s) heißt der entsprechende Zustand mit der Energie E_n *metastabil* (S. 719).

10. Den metastabilen Zuständen eines Systems entsprechen Übergänge, die in mehr oder weniger hohem Grade verboten sind. Dieses Verbot hängt damit zusammen, daß aus der Zahl der möglichen Übergänge aus dem Zustand E_n in den Zustand E_m und umgekehrt nur jene realisierbar sind, für die das Matrixelement $W_{mn}(\nu_{mn}) > 0$ ist. Diese Bedingung führt zur sogenannten *Auswahlregel* (S. 719), die den Zusammenhang zwischen den Quantenzahlen des Anfangszustandes und des Endzustandes des Systems unter dem Einfluß einer gegebenen Störung formuliert.

11. Die Existenz einer Auswahlregel hängt damit zusammen, daß das Matrixelement des Dipolmomentes (oder eines anderen Multipolmomentes, S. 710) und die Übergangswahrscheinlichkeit P_{mn} einen höheren Wert besitzen, wenn die Wellenfunktionen ψ_m, ψ_n des Anfangs- und des Endzustandes des Systems bei einem Übergang sich in einem beliebigen Raumbereich merklich überschneiden. Die Übergänge zwischen den Zuständen, für die das Matrixelement vernachlässigbar klein ist, heißen *verbotene Übergänge* für eine gegebene Form der Matrixelemente (gegebene Störung). Dieses Verbot ist jedoch nicht absolut. Es sagt nur aus, daß bei den verbotenen Übergängen das Matrixelement und die Wahrscheinlichkeit klein sind im Vergleich mit ihren Werten bei Übergängen, die nach der Auswahlregel erlaubt sind.

12. Zum Beispiel überschneiden sich die Wellenfunktionen des harmonischen Oszillators (S. 691), die zu den verschiedenen Quantenzahlen n gehören, in einem beträchtlich großen Raumbereich, woraus auch eine beträchtliche Wahrscheinlichkeit für die Übergänge aus einem beliebigen Zustand n' in einen Zustand n'' folgt, wobei der Unterschied zwischen n' und n'' groß sein kann (S. 692). Wenn der Oszillator während der Zeit des Überganges einer zusätzlichen Störung unterliegt, die $\psi_{n''}$ wesentlich ändert, dann ist der Übergang äußerst unwahrscheinlich. Die Intensitäten der von der Auswahlregel erlaubten Linien sind größer, wenn keine äußeren Ereignisse den Zustand des Systems im Augenblick des Überganges stören (*adiabatische Näherung*). In Anwendung auf die Elektronenübergänge in Molekülen, deren Kerne Schwingungen ausführen, heißt dieser Satz FRANCK-CONDON-*Prinzip* (S. 761).

13. Die Wechselwirkung elektromagnetischer Felder mit den Atomen begründet die Theorie der Absorptions- und Emissionsspektren atomarer Systeme. Die Form der Spektren (Lage der Spektrallinien) wird durch das Energieniveauschema des Quantensystems bestimmt. Die Wellenlängen hängen mit den Übergangsfrequenzen durch die

Relation

$$\lambda_{mn} = \frac{c}{\nu_{mn}}$$

zusammen, während die Intensität der Spektrallinien mit der Anzahl der Atome des strahlenden Systems, mit der statistischen Zustandsverteilung und mit der Übergangswahrscheinlichkeit verknüpft ist:

$$I_{mn} = \alpha_n A_{nm} = \beta_m B_{mn};$$

dabei sind α_n und β_n gewisse für Absorption und Emission verschiedene Koeffizienten. Durch diese wird auch das statistische Gewicht der Zustände berücksichtigt.

Die Bestimmung von Energiewerten E_n eines Quantensystems (Schema der Energieniveaus) aus der Form seines Spektrums auf dem Wege der Kombination von verschiedenen beobachteten Werten ν_{mn} nennt man RITZ*sches Kombinationsprinzip.*

14. In Abwesenheit äußerer Einwirkungen auf ein Quantensystem (z. B. ein Atom) verbleibt es im stationären Zustand niedrigster Energie E_m. Bei Beeinflussung des Systems (z. B. durch elektromagnetische Strahlung) geht es auf ein höheres Niveau mit der Energie E_n über, indem es ein Strahlungsquant absorbiert. Die Wahrscheinlichkeit dafür bestimmt man durch den EINSTEIN*schen Koeffizienten* B_{mn} (Punkt 8).

Von diesem höheren Niveau kann das System auf das Ausgangsniveau entweder durch einen spontanen Akt zurückkehren mit einer Wahrscheinlichkeit, die aus dem Koeffizienten A_{nm} folgt, oder es wird dazu gezwungen (induzierter Übergang) mit einer Wahrscheinlichkeit, die vom *Koeffizienten der erzwungenen Emission* $B_{nm} = B_{mn}$ abhängt. Im Gleichgewichtszustand sind die Anzahlen der Akte der Absorption und der Emission von Quanten $h\nu_{nm}$ pro Sekunde einander gleich:

$$N_m B_{mn} \varrho_{mn} = N_n (B_{nm} \varrho_{nm} + A_{nm});$$

dabei sind N_m und $N_n < N_m$ die Anzahlen der Atome mit den Energieniveaus E_m und E_n. $\varrho_{nm} = \varrho_{mn}$ ist die Volumendichte der Strahlungsenergie bei der Frequenz ν_{nm}.

Ist $\varrho_{nm} B_{nm} \gg A_{nm}$, so kann man mit Hilfe spezieller Methoden das System in einen Zustand mit $N_n > N_m$ überführen. Eine derartige „inverse“ Zustandsverteilung kann man (mit Vorbehalten) durch eine BOLTZMANN-Verteilung (S. 218) mit negativer absoluter Temperatur (S. 149),

$$T = -\frac{E_n - E_m}{k \ln (N_n/N_m)},$$

beschreiben.

Wirkt auf ein solches System entweder ein äußeres elektromagnetisches Feld mit der Frequenz ν_{mn} oder ein von benachbarten Atomen spontan emittiertes Feld ein, so kann kurzzeitig eine induzierte Emission bei einer größeren Anzahl von Atomen des Systems erzeugt werden. Die induzierte Strahlung besitzt dann eine hohe Kohärenz (S. 574), große Leistung und scharfe Richtungsbündelung. Entsprechende Geräte, die im Bereich der Ultrakurzwellen arbeiten, werden *Maser*, im optischen Bereich *Laser* genannt.

2. Das Atom

2.1. Atome und Ionen mit einem Valenzelektron

1. Ein *Atom* nennt man das kleinste Teilchen eines chemischen Elementes, das dessen chemische Eigenschaften besitzt. Das Atom besteht aus einem positiv geladenen *Kern* und *Elektronen*, die sich im COULOMB-Feld des Kerns bewegen. Die Ladung des Kerns (S. 768) ist in ihrer absoluten Größe gleich der Summe der Ladungen aller Elektronen des Atoms. Als *Ion* eines gegebenen Atoms bezeichnet man ein elektrisch geladenes Teilchen, das sich beim Verlust oder bei der Aufnahme von Elektronen durch das Atom bildet.

2. Das einfachste Atom ist das Wasserstoffatom, das aus einem Elektron besteht, das sich im COULOMB-Feld eines Protons bewegt. *Wasserstoffähnlich* (*isoelektronisch mit dem Wasserstoff*), d. h. im Besitz eines Elektrons, sind die Ionen He^{+}, Li^{2+}, Be^{3+}, B^{4+}, C^{5+} usw. Zu den Atomen mit einem Valenzelektron, das keiner kompletten Elektronenschale angehört (S. 736), gehören die Atome Li, Na, K, Rb, Cs und Fr.

3. Das Emissionsspektrum des Wasserstoffs ist ein Linienspektrum (ein diskretes Spektrum). Die Frequenzen der Linien dieses Spektrums werden durch die BALMER-RYDBERG-*Formel* beschrieben:

$$\nu = cR'\left(\frac{1}{n^2} - \frac{1}{m^2}\right) = R\left(\frac{1}{n^2} - \frac{1}{m^2}\right)$$

mit

$$R = \frac{2\pi^2 e^4 m_e}{h^3} \qquad \text{(im GAUSSschen System)},$$

$$R = \frac{m_e e^4}{8\varepsilon_0^2 h^3} \qquad \text{(im SI)}.$$

Die Größen R und R' werden RYDBERG-*Konstanten* genannt (jeweils entsprechend in s^{-1} und cm^{-1} oder m^{-1}). Es ist $R = 3{,}288 \cdot 10^{15}\ s^{-1}$; bezüglich des Wertes von R' siehe S. 720. Die Größen m und n nennt man *Hauptquantenzahlen* (S. 695), wobei $m = n + 1, n + 2, \ldots$ ist. Eine Gruppe von Linien mit gleichem n nennt man eine *Serie*. Bei $n = 1$ erhält man die LYMAN-*Serie*, bei $n = 2$ die BALMER-*Serie*, bei $n = 3$ die PASCHEN-*Serie*, bei $n = 4$ die BRACKETT-*Serie*, bei $n = 5$ die PFUND-*Serie*, bei $n = 6$ die HUMPHREY-*Serie*. Die erste liegt im fernen ultravioletten Bereich, die zweite umfaßt den sichtbaren Bereich, die übrigen Spektralserien des Wasserstoffs liegen im infraroten Bereich. Für die mit dem Wasserstoff isoelektronischen

Ionen gilt die Serienformel nach BALMER-RYDBERG:

$$\nu = Z^2 R \left(\frac{1}{n^2} - \frac{1}{m^2}\right),$$

wobei Z die Ordnungszahl des periodischen Systems der Elemente bedeutet (S. 738).

4. In der BALMER-Formel entspricht (für das jeweilige n) die höchste Frequenz (bei $m = \infty$) der *Seriengrenze*. Die Frequenz, die der Seriengrenze entspricht, nennt man *Term*:

$$T_n = \frac{R}{n^2} \qquad \text{(für Wasserstoff).}$$

Für ein mit dem Wasserstoff isoelektronisches Atom ist der Term $T_n = Z^2 R/n^2$.

5. Die dem Term eines wasserstoffähnlichen Ions entsprechende Energie beträgt

$$E_n = -\frac{hRZ^2}{n^2}; \qquad T_n = \frac{|E_n|}{h}.$$

Die absolute Größe von E_n nennt man die *Bindungsenergie des Elektrons im Atom*, das sich in einem Zustand mit dem gegebenen n befindet. Das kleinste E_n,

$$E_{\text{min}} = -hRZ^2,$$

entspricht dem *Grund-* oder *Normalzustand des Atoms*. Das größte, $E_{\text{max}} = 0$, entspricht der Ionisierung des Atoms oder Ions, d. h. der Abtrennung eines Elektrons. Die Ionisierungsarbeit ist gleich der absoluten Größe der Bindungsenergie des Elektrons im Atom oder Ion. Das Ionisationspotential φ (S. 373) ist durch hRZ^2/en^2 gegeben. Das Schema der Energieniveaus des Wasserstoffs wird in Bild VI.2.1 gezeigt. Das Wasserstoffspektrum wird durch die BOHRschen Postulate erklärt.

6. *Erstes* BOHR*sches Postulat* (*Postulat der stationären Zustände*): Atome können sich in bestimmten stationären Zuständen befinden, in denen sie keine Energie ausstrahlen. Diesen stationären Zuständen entsprechen stationäre Umlaufbahnen, auf denen sich Elektronen bewegen. Ungeachtet ihrer Beschleunigung emittieren sie auf diesen Bahnen keine elektromagnetischen Wellen (S. 554).

Zweites BOHR*sches Postulat* (*Regel der Quantelung der Umlaufbahnen*): der Drehimpuls eines Elektrons, das sich auf einer stationären kreisförmigen Umlaufbahn bewegt, ist gequantelt. Seine Werte genügen der Bedingung

$$m_e v_n r_n = \frac{nh}{2\pi},$$

wobei r_n der Radius der n-ten Umlaufbahn, $m_e v_n r_n$ der Bahndrehimpuls des Elektrons auf dieser Bahn und n eine ganze Zahl ($n \neq 0$ ist.

Drittes BOHR*sches Postulat* (BOHR*sche Frequenzbedingung*, S. 710): Ein Atom emittiert (absorbiert) ein Quant elektromagnetischer

Energie, wenn ein Elektron von einer Umlaufbahn mit größerem (kleinerem) n auf eine Umlaufbahn mit kleinerem (größerem) n übergeht. Die Energie des Quants ist gleich der Differenz der Energie des Elektrons auf den Umlaufbahnen vor und nach dem Übergang:

$$E = h\nu_{mn} = E_m - E_n.$$

Die Frequenz des beim Übergang entstandenen oder absorbierten Quants (Photons) ist

$$\nu_{mn} = \frac{E_m - E_n}{h}.$$

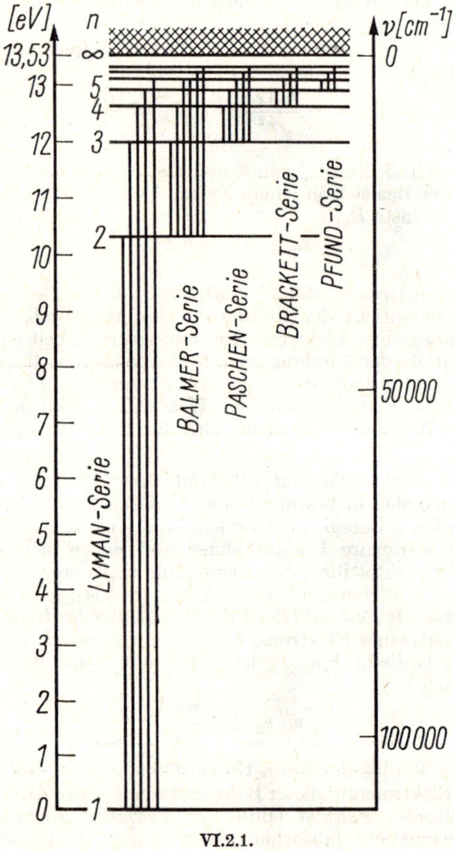

VI.2.1.

7. Die BOHRschen Postulate lassen sich aus keinem Grundsatz der klassischen Physik ableiten; sie erhalten ihre Erklärung erst auf Grund der Wellenmechanik. Die im ersten BOHRschen Postulat genannten stationären Zustände der Elektronen stellen stationäre Zustände der Elektronenbewegung im COULOMB-Feld dar, die von der Lösung der entsprechenden SCHRÖDINGER-Gleichung (S. 688) gegeben werden. Die Möglichkeit der Aussendung und der Absorption von Quanten ergibt sich aus den Quantenübergängen der Elektronen von einem stationären Zustand in einen anderen. Die Wahrscheinlichkeit eines solchen Überganges läßt sich nach der auf S. 710 angeführten Formel ermitteln; die Frequenz ergibt sich mit Hilfe der Frequenzbedingung (S. 710). Die Wellenmechanik erlaubte es, die Intensitäten der Spektrallinien zu berechnen, was mit Hilfe der BOHRschen Theorie nicht möglich war.

8. Der durch die BOHRsche Theorie eingeführte Begriff der *Elektronenumlaufbahn* im Atom erweist sich infolge der Wellennatur des Elektrons und auf Grund der HEISENBERGschen Relation (S. 689) nur bedingt gültig. Dies gilt auch allgemein für den Begriff der Bahn für ein Mikropartikel, das über Welleneigenschaften verfügt. Die Elektronen im Atom stellt man sich entsprechend den Eigenschaften ihrer Wellenfunktionen (S. 686) als geladene „Wolken" vor, deren Dichte (Wahrscheinlichkeitsdichte, S. 686) in den Abständen r vom Kern, den sogenannten Radien der „Umlaufbahnen", am größten ist. In einem wasserstoffähnlichen Atom ($Z > 1$) ist der mittlere Abstand zwischen Elektron und Kern für den Elektronenzustand mit den Quantenzahlen n und l (S. 695)

$$r_{nl} = \frac{a_0}{2Z}[3n^2 - l(l + 1)].$$

Dies ist eine Näherungsformel, da sie das Fehlen der sphärischen Symmetrie der „Umlaufbahnen" mit $l \neq 0$ nicht berücksichtigt. Die Größe $a_0 = 0{,}529 \cdot 10^{-8}$ cm nennt man den Radius der ersten BOHRschen Bahn des Wasserstoffatoms (S. 696).

9. Zur Ermittlung der Terme von Atomen mit einem Valenzelektron nimmt man an, daß die Wirkung der Elektronen der abgeschlossenen Schalen des Atoms auf das Valenzelektron, durch die von ihnen bewirkte *Abschirmung* der positiven Ladung des Kerns ersetzt werden kann. Es wird die Bewegung des einen Valenzelektrons im Feld des *Atomrumpfes*, bestehend aus dem Kern und den abgeschlossenen Elektronenschalen, betrachtet. Den Zuständen des Elektrons mit verschiedenen Werten von l entsprechen, im Einklang mit der Wellenmechanik, „Elektronenwolken" unterschiedlicher Symmetrie. Zum Beispiel besitzt die „Wolke" bei $l = 0$ sphärische Symmetrie. Die Form der „Umlaufbahn" hängt von der Quantenzahl l der Umlaufbahn (S. 718) ab. Bei $l = 0$ ist die „Umlaufbahn" kreisförmig, bei $l = 1, 2, 3, \ldots$ geht sie in Ellipsen über, die mit zunehmenden l schlanker werden (Bild VI.2.2). „Umlaufbahnen" mit $l = 1, 2, 3, \ldots,$ die in den Bereich eindringen, durch den die „Umlaufbahnen" der Elektronen der kompletten Elektronenschalen gehen, sind einer zusätzlichen Wechselwirkung mit den „Umlaufbahnen" des Atom-

rumpfes ausgesetzt. Die Energieniveaus E_{nl} von Atomen mit einem äußeren Elektron berechnet man mit der Näherungsformel

$$E_{nl} = -\frac{hRZ^{*2}}{(n - \Delta)^2};$$

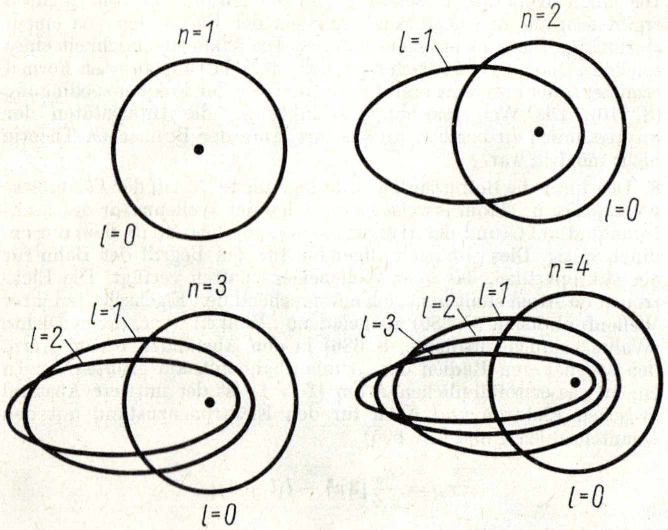

VI.2.2.

hierbei ist die *effektive Kernladungszahl*

$$Z^* = Z - \sigma;$$

σ ist die sogenannte *Abschirmungskonstante*, die mit zunehmendem Z größer wird, und

$$\Delta = \frac{3}{4} \frac{\alpha Z^{*2}}{a_0} \frac{1 - \frac{l(l+1)}{3n^2}}{(l - {}^1/_2)\, l(l + {}^1/_2)\, (l+1)(l + {}^3/_2)}$$

nennt man den *Quantendefekt*; hierbei ist α die Polarisierbarkeit des Atoms (S. 345), a_0 der erste BOHRsche Radius des Wasserstoffatoms (S. 696), l die *Quantenzahl des Drehimpulses*, die mit den Hauptquantenzahlen durch die Bedingung

$$l = n - 1, \quad n - 2, \quad \ldots, \quad 0$$

zusammenhängt.

10. Entsprechend verschiedenem l werden die Terme wie folgt bezeichnet:

l	0	1	2	3	4
Term	s	p	d	f	g

Die Buchstaben s, p, d, f entsprechen den englischen Bezeichnungen für die Spektralserien von Atomen mit einem äußeren Elektron; s — sharp (*scharfe Nebenserie*), p — principal (*Hauptserie*), d — diffuse (*diffuse Nebenserie*), f — fundamental (*Fundamentalserie*). Die Auswahlregel (S. 712) lautet für die Quantenzahl des Drehimpulses

$$\Delta l = \pm 1.$$

Übergänge sind lediglich zwischen den Termen $T_{n,l}$ und $T_{m,l\pm1}$ möglich, wobei den Zahlen (Hauptquantenzahlen) m und n keinerlei Grenzen durch Auswahlregeln gesetzt sind. Es können hiernach nur s- und p-Terme, p- und d-Terme usw. miteinander kombiniert werden.

11. Ein beliebiger Term kann sowohl der Anfangs- als auch der Endterm eines Überganges sein. Wegen

$$|E_{n,l} - E_{m,l\pm1}| = |E_{m,l\pm1} - E_{n,l}|$$

mit $E_n \gtrless E_m$ erhält man bei der Kombination gleiche Frequenzen sowohl für die Absorptionsspektren ($E_m < E_n$) als auch für die Emissionsspektren ($E_m > E_n$). Die Intensitäten der einander entsprechenden Linien sind bei den beiden Spektrenarten wegen der ungleichen Bedingungen der Anregung des Absorptionsspektrums und des Emissionsspektrums im allgemeinen nicht gleich.

12. Den Zustand eines Atoms, in dem es eine größere Energie besitzt als im Grundzustand (S. 715), nennt man einen *angeregten Zustand*. Die Absorptionsspektren entsprechen dem Übergang der Atome aus dem Grundzustand in den angeregten Zustand, die Emissionsspektren dem aus dem angeregten in den Grundzustand oder einem geringer angeregten Zustand. Den Grad der Anregung beurteilt man auf Grund der Energiedifferenz zwischen dem angeregten und dem Normalzustand. Ein angeregter Zustand, der durch eine relativ lange Lebensdauer charakterisiert ist, wird als *metastabil* bezeichnet (S. 712).

13. Die Existenz stationärer angeregter Zustände von Atomen wurde durch die Versuche von Franck und Hertz bewiesen, die ein Gas mit Elektronen definierter Energie bombardierten. Es wurde gleichzeitig der Energieverlust der Elektronen gemessen und das Leuchtspektrum des Gases beobachtet, das durch das Elektronenbombardement hervorgerufen wurde. Bei Versuchen mit Quecksilberdämpfen wurde festgestellt, daß Elektronen mit einer Energie $E < 4{,}9$ eV das Gas nicht zum Leuchten bringen und von den Atomen des Gases elastisch zurückgeschleudert werden. Bei $E \geqq 4{,}9$ eV treten langsame Elektronen in Erscheinung, was darauf hinweist, daß die Elektronen mit $E = 4{,}9$ eV ihre ganze Energie an die Quecksilberatome abgegeben haben; gleichzeitig tritt die Quecksilber-Spektrallinie mit

$\lambda = 2537$ Å in Erscheinung, deren Frequenz nach der BOHRschen Regel der Energiedifferenz zwischen dem angeregten und dem Normalzustand des Quecksilberatoms entspricht. Dieses Ergebnis besagt, daß das Quecksilberatom, das durch den Elektronenstoß in den angeregten Zustand gebracht wurde, bei seiner Rückkehr in den Grundzustand ein Quant mit der Wellenlänge $\lambda = 2537$ Å aussendet.

14. Berücksichtigt man die im Wasserstoffatom stattfindende Bewegung des Elektrons und auch des Kerns in bezug auf den gemeinsamen Schwerpunkt, dann ist in der Serienformel (S. 715) unter m_e die reduzierte Masse des Systems Elektron—Kern zu verstehen:

$$\mu = \frac{m_e M}{m_e + M} = \frac{m_e}{1 + \frac{m_e}{M}},$$

wobei M die Masse des Kerns und m_e die Masse des Elektrons ist. Bei Berücksichtigung der Kernbewegung nimmt die RYDBERG-Konstante ihren kleinsten Wert beim Wasserstoffatom an: $R'_H = 109677{,}6\ \text{cm}^{-1}$ Ihren Grenzwert erreicht sie bei $M = \infty$: $R'_\infty = 109737{,}3\ \text{cm}^{-1}$.

Infolge der unterschiedlichen Werte von R bei verschiedenem M tritt in den Spektren der *Isotopeneffekt* auf (s. auch S. 761), der mit dem Vorhandensein einiger Isotope ein und desselben chemischen Elementes zusammenhängt (S. 768). Bei einem Isotopengemisch besteht dieser Effekt im Auftreten zusätzlicher Spektrallinien zu den Linien jener Atome, deren Kerne dem Isotop mit dem größten Mengenanteil angehören. Die Intensitäten dieser Linien verhalten sich wie die prozentualen Gehaltsanteile der Isotopen in dem betreffenden Stoff; für das Wellenlängenintervall, in dem eine Linie von der anderen abgesetzt ist, gilt — wenn die Isotope die Massen M' und M'' besitzen — die Beziehung

$$\frac{\Delta\lambda}{\lambda} = \frac{m_e\,\Delta M}{M^2};$$

dabei ist $\Delta M = M'' - M'$ die Differenz zwischen den Massen der Isotope, M die mittlere Masse. Andererseits gilt

$$\frac{\Delta\lambda}{\lambda} = \frac{R_1 - R_2}{R_1};$$

R_1 und R_2 sind die RYDBERG-Konstanten (S. 714) der beiden Isotope.

15. Bei der Wechselwirkung negativer μ-Mesonen (Myonen) (S. 823) mit Materie können Atomkerne diese Mesonen einfangen und auf Umlaufbahnen bringen, wobei *Mesoatome* entstehen. Das Verhalten der Myonen in den Atomen ist nicht wesentlich anders als das der Elektronen, mit Ausnahme ihrer kurzen Lebensdauer. Der Radius einer Myonenbahn im Mesoatom beträgt annähernd 1/207 des Radius der entsprechenden Elektronenbahn, da $m_{\mu-}/m_e \approx 207$ ist (S. 823). Es üben daher die Elektronen des Atoms keinen starken Einfluß

auf die Bewegung der Myonen im Atom aus. Der kleine Radius der Myonenbahn und seine Verringerung mit zunehmender Kernladungszahl (S. 714) führt dazu, daß schon bei $Z \approx 30$ die Myonen in den Kern eindringen müssen. Die Energieniveaus der Myonen weisen daher die Abmessungen und Struktur eines Kernes auf, der schon nicht mehr als punktförmig angesehen werden kann, wie dies bei der Lösung der SCHRÖDINGER-Gleichung für das Atom geschieht (S. 694).

16. Bei der Verlangsamung von Positronen (S. 823) bildet sich in der Materie manchmal *Positronium*, ein System aus Positronen und Elektronen, die sich um den gemeinsamen Schwerpunkt bewegen. Das Positron darf nicht als unbeweglich angesehen werden, da seine Masse gleich der Masse des Elektrons ist. Der Radius der Elektronenbahnen im Positronium ist doppelt so groß wie der Radius der entsprechenden Bahnen im Wasserstoffatom; die Bindungsenergie des Positroniums beträgt die Hälfte der Bindungsenergie des Wasserstoffatoms.
In Abhängigkeit von der Orientierung des Spin (S. 447) des Elektrons und Positrons kann das Positron in zwei verschiedene Zustände versetzt werden: in den *Orthozustand*, bei paralleler Spinorientierung, und in den *Parazustand*, bei antiparallelem Spin (s. auch S. 725). Das Orthopositronium besitzt eine mittlere Lebensdauer von $1{,}4 \cdot 10^{-7}$ s und verwandelt sich bei der Annihilation in drei Gammaphotonen, bedingt durch den Impulssatz (S. 49, 107) und den Spin $\hbar$ (S. 671) der Photonen. Das Parapositronium hat eine mittlere Lebensdauer von $1{,}25 \cdot 10^{-10}$ s und verwandelt sich bei Annihilation in zwei Gammaphotonen. Das Energieniveau des Grundzustandes des Orthopositroniums (Triplettzustand, S. 728) liegt um $0{,}84 \cdot 10^{-3}$ eV höher als das des Parapositroniums (Singulettzustand, S. 728). Ein Orthopositronium kann beim Zusammenprall mit Molekülen mit ungerader Elektronenzahl und kleinem Abstand zwischen den Niveaus mit verschiedenem resultierenden Spin (beispielsweise beträgt der Abstand beim NO-Molekül $13{,}6 \cdot 10^{-3}$ eV) bei Raumtemperatur in ein Parapositronium übergehen.

2.2. Mehrelektronenatome

1. *Mehrelektronenatome* sind Atome mit zwei und mehr Elektronen. Die SCHRÖDINGER-Gleichung (S. 687) lautet für Mehrelektronenatome

$$\sum_{i=1}^{N} \Delta_i \psi + \frac{2m}{\hbar^2}\left[E + \sum_{i=1}^{N} \frac{Ze^2}{r_i} - U\right]\psi = 0,$$

wobei $\Delta_i = \frac{\partial^2}{\partial x_i^2} + \frac{\partial^2}{\partial y_i^2} + \frac{\partial^2}{\partial z_i^2}$, r_i der Abstand des i-ten Elektrons vom Kern, $U = \frac{1}{2} \sum_{i \neq k}^{N} \frac{e^2}{r_{ik}}$ die potentielle Energie der Wechselwirkung zwischen dem i-ten und allen übrigen Elektronen ist; die Summierung erstreckt sich über die N Elektronen des Atoms. Für ein neutrales Atom gilt $N = Z$; Ze^2/r_i ist die potentielle Energie der Wechselwirkung des i-ten Elektrons mit dem Kern, E die Gesamtenergie des Atoms. Die übrigen Bezeichnungen siehe S. 687.

2. Die SCHRÖDINGER-Gleichung kann für Mehrelektronenatome nur mit Näherungsmethoden gelöst werden, vor allem mit den Methoden der Störungstheorie. Die Grundlage der Lösung ist die Darstellung der Energie U der Wechselwirkung zwischen den Elektronen als geringe Störung im Vergleich zur Energie der Wechselwirkung mit dem Kern. Als nullte Näherung werden Eigenwerte von E_n und Eigenfunktionen von ψ_n erhalten, entsprechend der Lösung mit $U = 0$:

$$E_n = \sum_{i=1}^{N} E_{ni}, \qquad \psi_n = \prod_{i=1}^{N} \psi_{ni};$$

dabei bedeutet $\prod_{i=1}^{N}$ das Produkt von N Wellenfunktionen ψ_{ni}. Die Lösung der SCHRÖDINGER-Gleichung nach den Methoden der Störungstheorie ist praktisch nur bei kleinen Werten von N möglich.

3. Mit der Vergrößerung von N wird sogar eine näherungsweise Lösung der SCHRÖDINGER-Gleichung nach der Methode der Störungstheorie schwierig. Bei der Näherung des zentralen Feldes im Atom werden zur Lösung im Grunde zwei Methoden verwendet: die HARTREE-Methode und die THOMAS-FERMI-Methode.

Die HARTREE-*Methode* beruht auf dem Ersatz des elektrischen Feldes des Kerns und aller Elektronen des Atoms, außer eines separierten, durch ein gewisses, zeitlich konstantes *self-consistent-field*, in welchem sich das separierte Elektron bewegt. Setzt man das Potential dieses Feldes in die SCHRÖDINGER-Gleichung ein, so ermöglicht dies, die Werte der Quantenzahlen n und l für jedes einzelne Elektron zu finden und damit auch die energetischen Zustände der Elektronen. Die HARTREE-Methode kann durch Berücksichtigung der Quantenaustausch-Effekte (HARTREE-FOCK) verfeinert werden.

Die THOMAS-FERMI-*Methode* beruht auf dem sogenannten *statistischen Atommodell*, in welchem eine kontinuierliche Verteilung der Elektronenladungen im Atom mit einer Dichte, die der POISSONschen Gleichung (S. 337) für das Potential eines elektrischen Feldes genügt, vorausgesetzt wird. Die Dichte der Elektronenladungen wird mit Hilfe der Quantenstatistik (S. 220) und des PAULI-Prinzips (S. 736) berechnet.

Die THOMAS-FERMI-Methode ist sowohl beim Atom als auch beim Ion anwendbar, wobei das jeweilige Potential (des Atoms oder Ions) eingesetzt wird.

Im Fall eines neutralen Atoms gilt für die mit dem Potential des Atoms $V(\varkappa)$ zusammenhängende Funktion $\varphi(\varkappa)$

$$V(x) = \frac{Ze}{r}\varphi(x) \quad \text{mit} \quad x = \frac{r}{\mu}, \qquad \mu = \frac{0{,}885\,a_0}{Z^{1/3}}.$$

Aus der statistischen Theorie folgt die THOMAS-FERMI-*Gleichung*:

$$\frac{d^2\varphi}{dx^2} = \frac{\varphi^{3/2}}{\sqrt{x}};$$

hierbei ist r der Abstand vom Atomkern, a_0 der erste BOHRsche Radius des Wasserstoffatoms und Ze die Kernladung. Die THOMAS-FERMI-Gleichung ergibt eine gute Beschreibung der Elektronenverteilung in schweren Atomen.

4. Für $N = 2$ (Helium) lautet die SCHRÖDINGER-Gleichung

$$\Delta_1 \Psi + \Delta_1 \Psi + \frac{8\pi^2 m}{h^2}\left(E + \frac{Ze^2}{r_1} + \frac{Ze^2}{r_2} - \frac{e^2}{r_{12}}\right)\Psi = 0,$$

wobei Δ_1 und Δ_2 LAPLACE-Operatoren, E die Gesamtenergie des Atoms, Ze^2/r_1 und Ze^2/r_2 die potentiellen Energien der Wechselwirkung der einzelnen Elektronen mit dem Kern, r_{12} der Abstand zwischen den Elektronen, e^2/r_{12} die Energie der Wechselwirkung zwischen den Elektronen bedeuten.

Die Energieniveaus und die Eigenfunktion bei der nullten Näherung, bei der die Wechselwirkung der Elektronen vernachlässigt wird, sind:

$$E = E_{n_1} + E_{n_2}, \quad \Psi_n = \psi_{n_1}\psi_{n_2},$$

wobei $E_n = -2\pi^2 m e^4 Z^2/h n^2$ und ψ_n die wasserstoffähnliche Wellenfunktion des Elektrons (S. 696) ist.

In der ersten Näherung der Störungstheorie wird der Normalzustand des Heliumatoms unter Einbeziehung der gegenseitigen Abstoßungsenergie der Elektronen berechnet, die als Wellenfunktionen des Normalzustandes vom wasserstoffähnlichen Typ beschrieben werden.

Die Gesamtenergie des Grundzustandes eines Zweielektronensystems nach der nullten Näherung ist

$$E_0 = 2Z^2 E_{\mathrm{H}}.$$

In erster Näherung gilt

$$E_1 = \left(2Z^2 - \frac{5}{4}Z\right)E_{\mathrm{H}},$$

wobei E_{H} die Energie des Wasserstoffatoms im Normalzustand ist.

5. Ist ein beliebiger Zustand der Elektronen im Heliumatom zur Lösung aufgegeben, so muß berücksichtigt werden, daß die Elektronen voneinander nicht unterscheidbar sind (S. 219). Da sich die beiden Elektronen des Heliumatoms voneinander nicht unterscheiden, können die Eigenfunktionen zwei Formen annehmen:

$$\Psi = \psi_{n_1}(1)\,\psi_{n_2}(2) \qquad \text{und} \qquad \Psi = \psi_{n_1}(2)\,\psi_{n_2}(1),$$

wobei die eingeklammerten Ziffern die „Nummern“ der Elektronen bezeichnen. Da die Energie E_n, die diesen beiden Fällen entspricht, ein und dieselbe ist, wird durch Ψ zweimal der entartete Zustand (S. 213) beschrieben. Die Entartung der Energieniveaus, die mit der mangelnden Unterscheidbarkeit der Elektronen im Atom (und im allgemeinen beliebiger gleichartiger Mikropartikel) zusammenhängt, nennt man *Austausch-Entartung*. Sie ist typisch für Quantensysteme.

6. Die allgemeine Lösung der SCHRÖDINGER-Gleichung für das Heliumatom kann als Linearkombination (Summe oder Differenz) ihrer Teillösungen dargestellt werden:

$$\Psi_A = \psi_{n_1}(1)\,\psi_{n_2}(2) - \psi_{n_1}(2)\,\psi_{n_2}(1)$$

oder

$$\Psi_S = \psi_{n_1}(1)\,\psi_{n_2}(2) + \psi_{n_1}(2)\,\psi_{n_2}(1).$$

Die Wellenfunktion Ψ_A ändert das Vorzeichen beim Austausch der Ziffern (der Elektronen) *1* und *2*; man bezeichnet sie als *antisymmetrisch*. Die Wellenfunktion Ψ_S ändert hierbei ihr Vorzeichen nicht und wird als *symmetrisch* bezeichnet.

7. Bei Berücksichtigung der Störung e^2/r_{12}, d. h. der gegenseitigen Abstoßung der Elektronen, verschwindet die Austauschentartung, und der zweifach entartete Zustand wird in zwei Zustände mit den Energien E_S und E_A aufgespalten. Die mittlere Störenergie ΔE, die durch die Wechselwirkung der beiden Elektronen des Heliums hervorgerufen wird, beträgt

$$\Delta E = \iint |\Psi|^2 \frac{e^2}{r_{12}}\, d V_1\, d V_2.$$

Bei Normierung der Wellenfunktion (S. 688)

$$\int \int_{-\infty}^{\infty} |\Psi|^2\, d V_1\, d V_2 = 1$$

wird sie durch die symmetrische und die antisymmetrische Wellenfunktion in folgender Form ausgedrückt:

$$\Delta E = \iint |\Psi|^2 \frac{e^2}{r_{12}}\, d V_1\, d V_2 / \iint |\Psi|^2\, d V_1\, d V = C \pm A$$

mit

$$|\Psi|^2 = \{|\psi_{n_1}(1)|^2\, |\psi_{n_2}(2)|^2 \pm \psi_{n_1}(1)\,\psi_{n_2}(1)\,\psi^*_{n_1}(2)\,\psi^*_{n_2}(2)\}.$$

Hier ist das erste Integral im Nenner infolge der Normierung der Wellenfunktionen gleich 1; das zweite ist gleich 0, da die Wellenfunktionen orthogonal sind. Das erste Integral im Zähler entspricht der COULOMBschen Wechselwirkung der Elektronen, da es das Produkt der Wahrscheinlichkeitsdichten der einzelnen Elektronen darstellt, und wird als COULOMB-*Integral* bezeichnet. Das zweite Integral besitzt kein Analogon in der klassischen Physik und hängt mit der Wechselwirkung der Elektronen durch ihren Austausch, bedingt durch die mangelnde Unterscheidbarkeit, zusammen; es wird *Austauschintegral* genannt (s. auch S. 747).

8. Das Vorhandensein des Spins (S. 447) als einer neuen unabhängig Veränderlichen, die zugleich mit den Koordinaten den Zustand von Mikropartikeln beschreibt, führt zur Komplikation der Wellenfunktionen. Unter Berücksichtigung des Spins werden sie in folgender

Form geschrieben:

$$\Psi = \Psi\left(x, y, z, \pm \frac{\hbar}{2}, t\right) \quad \text{mit} \quad \hbar = \frac{h}{2\pi}.$$

Gewöhnlich wird von Ψ eine separate *Spinwellenfunktion* $S_\alpha(p_s)$ abgezweigt:

$$\Psi = \psi(x, y, z, t)\, S_\alpha(p_s),$$

wobei der Index $\alpha = \pm 1/2$ und $p_s = \pm\hbar/2$ (S. 447) ist. Das Argument dieser Funktion besitzt nur zwei Werte; die Funktion selbst wird in folgender Form geschrieben:

$$S_\alpha(p_s) = \begin{cases} 1 & \text{für} \quad \alpha = \pm 1/2 \quad \text{bei} \quad p_s = \pm \hbar/2, \\ 0 & \text{für} \quad \alpha = \mp 1/2 \quad \text{bei} \quad p_s = \pm \hbar/2. \end{cases}$$

Die Spin-Funktion besitzt bestimmte Symmetrieeigenschaften. Für ein Zweielektronensystem sind vier Spin-Funktionen möglich:

$$S_S = S_\alpha(1)\, S_\alpha(2),$$

$$S_S = S_\beta(1)\, S_\beta(2),$$

$$S_S = S_\alpha(1)\, S_\beta(2) + S_\alpha(2)\, S_\beta(1),$$

$$S_A = S_\alpha(1)\, S_\beta(2) - S_\alpha(2)\, S_\beta(1),$$

wobei die Indizes α und β den Spins der Elektronen entsprechen, die gleich $\hbar/2$ und $-\hbar/2$ sind; die Ziffern bezeichnen die „Nummern“ der Elektronen. Die ersten drei Funktionen sind symmetrisch und entsprechen dem dreifach entarteten *Orthozustand* des Atoms, der durch den Gesamtspin $S = 1$ (in $\hbar$-Einheiten, S. 726) charakterisiert ist; die letzte Funktion ist antisymmetrisch und bezieht sich auf den *Parazustand* mit dem resultierenden Spin $S = 0$ (in $\hbar$-Einheiten).
Im Einklang mit dem PAULI-Prinzip (S. 736) müssen die gesamten Wellenfunktionen, die den Zuständen eines Systems mit zwei Elektronen entsprechen, antisymmetrisch sein: $\Psi_A = \psi_S S_A$ (oder $\Psi_A = \psi_A S_S$).

2.3. Das Vektormodell des Atoms

1. Das *Vektormodell* wird zur Systematik komplizierter Spektren von Mehrelektronenatomen und zur Untersuchung der Feinstruktur der Spektren (S. 728) verwendet. In diesem Modell wird der Bahndrehimpuls jedes Elektrons durch den Vektor $\boldsymbol{l}$, der Spindrehimpuls durch den Vektor $\boldsymbol{s}$ (s. S. 726) dargestellt.
Die in eine gewisse Richtung (Richtung des äußeren Magnetfeldes) projizierten Vektoren $\boldsymbol{l}$ und $\boldsymbol{s}$ sind gequantelt und nehmen Werte an, die ein Vielfaches von $\hbar$ sind. Man nennt dies die *Richtungsquantelung* des Bahn- und Spindrehimpulses eines Elektrons im Atom.

Der Vektor $\boldsymbol{l}$ kann die Werte (in $\hbar$-Einheiten) $l, l-1, \ldots, 0, \ldots, -l$, d. h. $2l+1$ Werte, annehmen; der Vektor $\boldsymbol{s}$ die Werte $+{}^1/_2$ und $-{}^1/_2$ (in $\hbar$-Einheiten). Die Beträge der Vektoren $\boldsymbol{l}$ und $\boldsymbol{s}$ sind $|\boldsymbol{l}| = \sqrt{l(l+1)}\,\hbar$ und $|\boldsymbol{s}| = (\sqrt{3/2})\,\hbar$.

Die Summe $\boldsymbol{j} = \boldsymbol{l} + \boldsymbol{s}$, wobei $|\boldsymbol{j}| = \sqrt{j(j+1)}\,\hbar$, nennt man den *Vektor des Gesamtdrehimpulses eines Elektrons*; j heißt die *innere Quantenzahl*; die Größen l und s werden entsprechend die *Bahn-* und die *Spinquantenzahl* genannt.

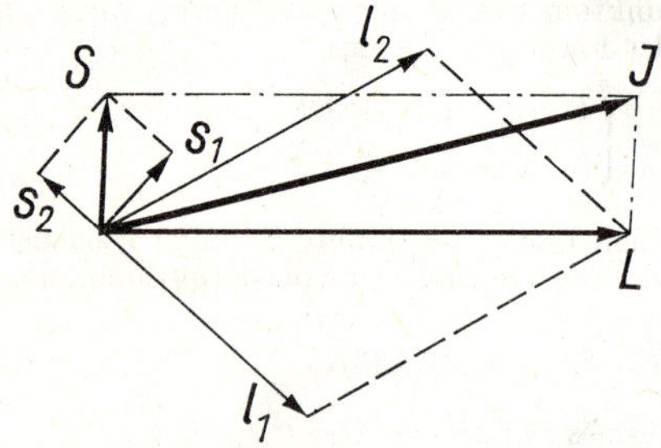

VI.2.3.

2. In einem Atom (Ion) mit zwei und mehr Elektronen können die Bahn- und die Spindrehimpulse aller Elektronen nach zwei Verfahren addiert werden. Das erste Verfahren verwendet man, wenn die Wechselwirkung der Bahndrehimpulse der Elektronen $\boldsymbol{l}_i$ und $\boldsymbol{l}_k$ und der Spindrehimpulse $\boldsymbol{s}_i$ und $\boldsymbol{s}_k$ untereinander stärker ist als die Wechselwirkung der Drehimpulse $\boldsymbol{l}_i$ und $\boldsymbol{s}_i$. Die Kopplung des Bahn- mit dem Spindrehimpuls nennt man in diesem Fall eine *schwache* (Russell-Saunders-, *LS*-)*Kopplung*. Sie kommt in leichten Atomen am häufigsten vor. Die Vektoren des Bahn- und des Spindrehimpulses der Elektronen werden in diesem Fall separat addiert, und der *resultierende Vektor des Bahndrehimpulses des Atoms* (Bild VI.2.3),

$$\boldsymbol{L} = \sum_{i=1}^{N} \boldsymbol{l}_i, \quad |\boldsymbol{L}| = \sqrt{L(L+1)}\ \hbar,$$

sowie der *resultierende Vektor des Spindrehimpulses des Atoms*,

$$\boldsymbol{S} = \sum_{i=1}^{N} \boldsymbol{s}_i, \quad |\boldsymbol{S}| = \sqrt{S(S+1)}\ \hbar,$$

ermittelt, wobei N die Anzahl der Elektronen im Atom ist. Die beiden resultierenden Drehimpulse werden dann zum resultierenden *Gesamt-Drehimpuls des Atoms* zusammengefaßt:

$$\boldsymbol{J} = \boldsymbol{L} + \boldsymbol{S}, \quad |\boldsymbol{J}| = \sqrt{J(J+1)}\ \hbar.$$

Die Größe J (Betrag des Vektors $\boldsymbol{J}$) in $\hbar$-Einheiten ausgedrückt, nennt man die *resultierende innere Quantenzahl des Atoms*, die Größen L und S dementsprechend die *resultierende Bahn-* bzw. *Spinquantenzahl des Atoms*. In Anbetracht der verschiedenen möglichen Orientierung der Vektoren $\boldsymbol{L}$ und $\boldsymbol{S}$ kann die Quantenzahl J folgende Werte annehmen:

$$J = L + S,\ L + S - 1,\ \ldots,\ |L - S|,$$

d. h., J besitzt $2S + 1$ Werte bei $L \geqq S$ und $2L + 1$ Werte bei $L \leqq S$. Der geometrischen Addition der Vektoren $\boldsymbol{L}$ und $\boldsymbol{S}$ entspricht die algebraische Addition von L und S.

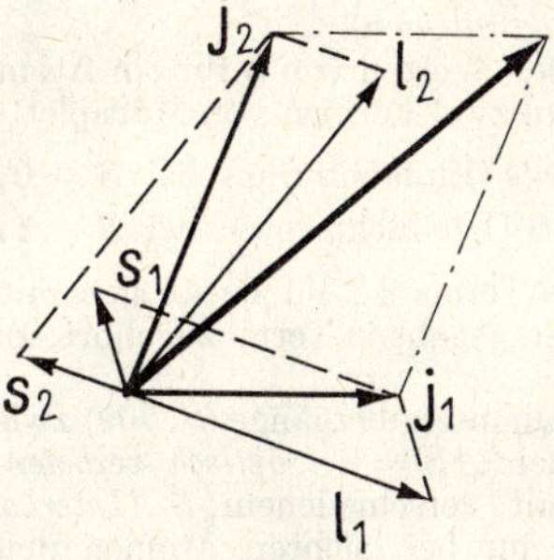

VI.2.4.

3. Das zweite Verfahren zur Addition der Bahn- und Spindrehimpulse der Elektronen im Atom wendet man an, wenn die Wechselwirkung zwischen $\boldsymbol{l}_i$ und $\boldsymbol{s}_i$ bei den einzelnen Elektronen stärker ist als die separate Wechselwirkung der Bahn- und der Spindrehimpulse verschiedener Elektronen untereinander. Die Kopplung der Elektronen-Drehimpulse nennt man in diesem Fall eine *starke* oder *jj-Kopplung*. Diese Kopplung ist vorwiegend in schweren Atomen vorhanden. Es werden die Vektoren des Bahn- und des Spindrehimpulses der einzelnen Elektronen des Atoms addiert und der Vektor des Gesamtdrehimpulses des jeweiligen Elektrons ermittelt (Bild VI.2.4):

$$\boldsymbol{j}_i = \boldsymbol{l}_i + \boldsymbol{s}_i.$$

Den resultierenden Gesamtdrehimpuls des Atoms erhält man durch Addition der Gesamtdrehimpulse der einzelnen Elektronen:

$$\boldsymbol{J} = \sum_{i=1}^{N} \boldsymbol{j}_i, \quad |\boldsymbol{J}| = \sqrt{J(J+1)}\ \hbar.$$

4. Für ein Atom mit zwei Außenelektronen beträgt der resultierende Bahndrehimpuls bei schwacher Kopplung

$$\boldsymbol{L} = \boldsymbol{l}_1 + \boldsymbol{l}_2, \quad \text{d. h.} \quad L = l_1 + l_2,\ l_1 + l_2 - 1, \ldots, |l_1 - l_2|.$$

Im Vektormodell entspricht der Maximalwert von L der parallelen, der Minimalwert der antiparallelen Orientierung der Bahndrehimpulse der beiden Außenelektronen. Für den resultierenden Spindrehimpuls gilt

$$\boldsymbol{S} = \boldsymbol{s}_1 + \boldsymbol{s}_2 \quad \text{bzw.} \quad S = s_1 \pm s_2 = 1 \text{ oder } 0,$$

entsprechend der parallelen oder antiparallelen Orientierung der Spindrehimpulse.

5. Die Größe $2S+1$ nennt man die *Multiplizität des Terms* (S. 715). Sie zeigt die Zahl der Komponenten an, in die sich der jeweilige Spektralterm infolge der (zur COULOMBschen Wechselwirkung der Elektronen untereinander) zusätzlichen Wechselwirkungen der Spin- und der Bahndrehimpulse (*Spin-Bahn-Wechselwirkung*) aufspaltet (*Feinstruktur der Spektrallinien*).
Entsprechend den zwei Werten von S für ein Atom mit zwei Außenelektronen erhält man zwei Formen von Multipletts:

Singuletts (Einfachterme) bei $S = 0$,
Tripletts (Dreifachterme) bei $S = 1$.

Die Multiplizität des Terms $2S+1$ deckt sich mit der *Multiplizität des Systems*, dem der gegebene Term zugehört, nur, wenn $L \geqq S$ ist.
Optisch erlaubt sind Quantenübergänge (S. 709) zwischen Termen mit gleichem S, d. h. bei $\Delta S = 0$; *optisch verboten* sind Übergänge zwischen Termen mit verschiedenem S (*Interkombinationsverbot*). Dieses Verbot tritt nur bei leichten Atomen deutlich in Erscheinung.

6. Zur Charakterisierung der Terme von Mehrelektronenatomen ist die folgende Bezeichnung üblich:

$$(n_1 l_1)^{k_1} (n_2 l_2)^{k_2} \dots {}^{2S+1} L_J,$$

wobei am Anfang die *Elektronenkonfiguration* des Atoms angezeigt wird, die dem gegebenen Term entspricht, d. h. die Zahlen der Elektronen $k_1, k_2, \dots$ in den Zuständen mit den jeweils gegebenen Haupt- und Bahnquantenzahlen der Elektronen n_i, l_i; außerdem sind die Multiplizität des Terms $2S+1$, die Bezeichnung des Terms L des Atoms und der Wert der Gesamtquantenzahl des Atoms J angegeben. Die Größen, die den Zustand des Atoms charakterisieren, symbolisiert man mit Großbuchstaben, die der einzelnen Elektronen mit Kleinbuchstaben.

7. Die Wechselwirkung der magnetischen Momente der Elektronen und des Atomkerns führt zur Entstehung der *Hyperfeinstruktur* der Spektralterme. Das magnetische Moment des Kerns setzt sich aus den magnetischen Momenten seiner Nukleonen (S. 768) zusammen und liegt in der Größenordnung des Kernmagnetons (S. 776), $\mu_K = e\hbar/2cM_p$, wobei M_p die Masse des Protons (S. 823) darstellt. Entsprechend der Kleinheit des Kernmagnetons im Vergleich zum BOHRschen Magneton (S. 447) ist die Hyperfeinstruktur der Spektrallinien durch Linienaufspaltungen charakterisiert, die etwa ein Tausendstel der der Feinstruktur ausmachen.

Die magnetische Wechselwirkung zwischen Elektronen und Kern, die der Wechselwirkung zwischen den Elektronen untereinander ähnlich ist, wird im Vektormodell durch den Vektor des Kerndrehimpulses $\boldsymbol{I}$ (Spin) ausgedrückt:

$$\boldsymbol{F} = \boldsymbol{I} + \boldsymbol{J}, \qquad |\boldsymbol{F}| = \sqrt{F(F+1)}\,\hbar,$$

wobei $\boldsymbol{J}$ der resultierende Vektor des gesamten Bahndrehimpulses der Elektronen des Atoms, $\boldsymbol{F}$ der Vektor des gesamten Drehimpulses des Atoms (inklusive des Kerns) ist. Die dem Vektor $\boldsymbol{F}$ entsprechende Quantenzahl F kann folgende Werte (bei festgehaltenem J) annehmen:

$$F = J + I,\ J + I - 1,\ \ldots,\ |J - I|.$$

Die Systematik der Spektrallinien bei Hyperfeinstruktur unterscheidet sich im Fall der schwachen Kopplung nicht von der für die Feinstruktur angewandten Systematik.
Bezüglich des Vektormodells des Moleküls s. S. 751.

2.4. Der ZEEMAN-Effekt und die Elektronenresonanz

1. Als ZEEMAN-*Effekt* bezeichnet man die Aufspaltung der Energieniveaus und der Spektrallinien, die unter Einwirkung eines äußeren Magnetfeldes auf den emittierenden Stoff zustande kommt. Man unterscheidet den *normalen* und den *anomalen* ZEEMAN-Effekt sowie den *Längs-* und den *Quereffekt*. Der Längseffekt wird längs der Richtung des Magnetfeldes beobachtet, der Quereffekt in Richtungen senkrecht zur Richtung des Magnetfeldes.

2. Beim normalen ZEEMAN-Längseffekt spaltet sich jede Spektrallinie in zwei Komponenten (*normales* ZEEMAN-*Dublett*), deren Frequenzen $\nu \pm \Delta\nu$ sind, wobei ν die Frequenz der Linie in Abwesenheit des Magnetfeldes bedeutet. Beim normalen ZEEMAN-Quereffekt beobachtet man zugleich mit dem besagten Dublett noch eine Linie in der ursprünglichen Lage, somit insgesamt drei Linien (*normales* ZEEMAN-*Triplett*) mit den Frequenzen ν, $\nu \pm \Delta\nu$. Beim Längseffekt ist die Linie mit der Frequenz $\nu - \Delta\nu$ links zirkular polarisiert (S. 548), die Linie mit der Frequenz $\nu + \Delta\nu$ rechts. Beim Quereffekt verläuft die Polarisationsebene (S. 548) der beiden verschobenen Komponenten parallel zur Richtung des äußeren Magnetfeldes (*σ-Komponenten*), während die der mittleren Linie senkrecht auf dieser Richtung steht (*π-Komponente*). Beim Längseffekt nennt man die Linie mit der Frequenz $\nu - \Delta\nu$ die *rote*, die mit der Frequenz $\nu + \Delta\nu$ die *violette* Linie (Bild VI.2.5).

3. Den in Absorptionsspektren beobachteten ZEEMAN-Effekt nennt man den *inversen* ZEEMAN-*Effekt*. Die Gesetzmäßigkeiten des inversen ZEEMAN-Effekts sind denen des nicht inversen analog. Da die Frequenzen der Komponenten in einem streuenden Medium nahe der Frequenz der Grundlinie liegen, kommt es zur Dispersion des Brechungsindex, wodurch dieser für die rote und die violette Linie denselben Wert annimmt. Da diese beiden Linien zueinander gegenseitig

zirkular polarisiert sind, kommt es bei der Ausbreitung des Lichtes dieser Frequenzen in der Materie dazu, daß die eine der beiden gegenüber der anderen in der Phase zurückbleibt: Es kommt zu einer Drehung der Polarisationsebene (S. 647, Punkt 5).

4. In der klassischen Theorie des normalen ZEEMAN-Effekts wird die Bewegung des Elektrons als harmonische Schwingung eines linearen Oszillators (S. 690) betrachtet.
Jede beliebige linear polarisierte Schwingung eines Elektrons kann in zwei Schwingungen zerlegt (S. 111) werden: Die eine erfolgt längs der Richtung des Magnetfeldes, die zweite in der zu dieser Richtung senkrechten Ebene. Die letztere kann wiederum in zwei entgegengesetzt zirkular polarisierte Schwingungen (S. 129) zerlegt werden,

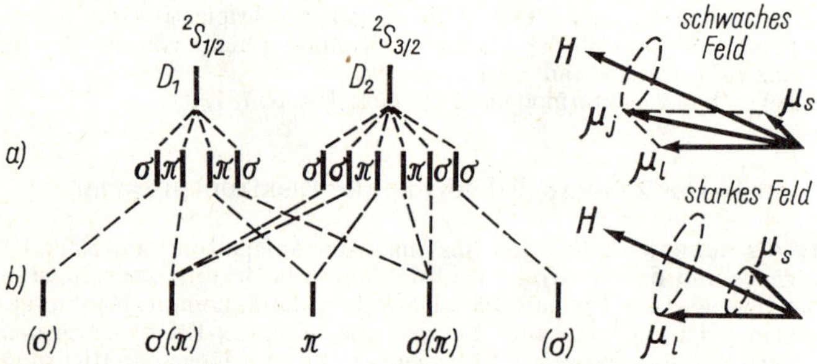

VI.2.5.

deren Frequenz mit der Frequenz der LARMOR-Präzession (S. 449) übereinstimmt. Die Frequenz des im Sinne dieser Präzession schwingenden emittierenden Elektrons ist $\nu + \Delta\nu$ (violette Linie), die des entgegengesetzt schwingenden $\nu - \Delta\nu$ (rote Linie). Die längs des Magnetfeldes linear polarisierten, in dessen Richtung erfolgenden Schwingungen ergeben keine Strahlung, da ein harmonischer Oszillator längs seiner Achse nicht emittiert (S. 553). Beim Längseffekt werden daher nur zwei zirkular polarisierte Schwingungen beobachtet, deren Frequenzen sich von der ursprünglichen um $\Delta\nu$ unterscheiden. Beim Quereffekt ergeben alle drei Schwingungen linear polarisierte Strahlungen mit den Frequenzen ν und $\nu \pm \Delta\nu$.
Beim normalen ZEEMAN-Effekt ist die Aufspaltung $\Delta\nu$ der Linien gleich der LARMOR-Frequenz:

$$\Delta\nu = \frac{\mu_0 e H}{4\pi m} \qquad \text{(im SI)},$$

$$\Delta\nu = \frac{1}{4\pi}\,\frac{eH}{mc} \qquad \text{(im GAUSSschen System)};$$

dabei sind e und m die Ladung bzw. Masse des Elektrons, H die Stärke des Magnetfeldes. $\Delta\nu$ ist zumeist sehr klein; bei $H \sim 10^6$ a/m

ist $\Delta \nu/\nu \sim 10^{-5}$. Der ZEEMAN-Effekt kann daher nur mit Geräten von hohem Auflösungsvermögen (S. 622) beobachtet werden.

5. Der normale ZEEMAN-Effekt wird nur in starken Magnetfeldern beobachtet. In schwachen Magnetfeldern tritt der anomale ZEEMAN-Effekt auf. Bei diesem Effekt ist die Aufspaltung der Linien wesentlich komplizierter als beim normalen. Die Anzahl der Komponenten ist nicht selten wesentlich größer als beim normalen Effekt; die Verteilung der Intensitäten im Komponenten-System (ZEEMAN*sches Multiplett*) erweist sich als besonders kompliziert. Die Abstände zwischen den Komponenten der aufgespaltenen Linien werden wie vorher durch die Stärke des Magnetfeldes H bestimmt. Die in Bild VI.2.5 gezeigten Linien entsprechen dem Natrium-Dublett im Fall des anomalen (*a*) und des normalen (*b*) ZEEMAN-Effektes; auch ist der Übergang vom ersteren in den letzteren ersichtlich. Der Übergang vom anomalen in den normalen ZEEMAN-Effekt bei allmählicher Vergrößerung der Feldstärke wird PASCHEN-BACK-*Effekt* genannt.

6. Die klassische Theorie gibt keine Erklärung für den anomalen ZEEMAN-Effekt. Die Quantentheorie betrachtet den ZEEMAN-Effekt (den normalen und den anomalen) als Resultat der Veränderung der Energieniveaus der Elektronen im Atom infolge der Wechselwirkung ihres Spin- und Bahndrehimpulses miteinander und mit dem äußeren Magnetfeld (starke oder jj-Kopplung, S. 727). Zur Beschreibung dieser Wechselwirkung wird das Vektormodell (S. 725) herangezogen. Man unterscheidet den Fall eines *schwachen* und eines *starken* Magnetfeldes.

7. Ein schwaches Magnetfeld liegt vor, wenn die Aufspaltung $\mu_0 \mu_B H$ der Niveaus beim normalen ZEEMAN-Effekt der Bedingung

$$\mu_0 \mu_B H \ll |E_i - E_j| \quad \text{(im SI)}$$

entspricht; dabei ist μ_B das BOHRsche Magneton (S. 447), E_i und E_j sind die Energien zweier benachbarter Niveaus in Abwesenheit des Magnetfeldes. Die Bedingung für ein in bezug auf den ZEEMAN-Effekt starkes Magnetfeld lautet

$$\mu_0 \mu_B H \gg |E_i - E_j| \quad \text{(im SI)}.$$

In einem schwachen Magnetfeld ist die Wechselwirkung zwischen dem magnetischen Bahnmoment und dem Spindrehimpuls stärker als die Wechselwirkung des einen oder des anderen mit dem Feld (s. Bild VI.2.5). Die letzte Wechselwirkung wird als geringe Störung betrachtet, die in einem Magnetfeld der Stärke H die Energie des Atoms um ΔE ändert:

$$\Delta E = g m \mu_B \mu_0 H \quad \text{(im SI)},$$

wobei m die *magnetische Quantenzahl*, μ_B das BOHRsche Magneton (S. 447), g der sogenannte LANDÉ-*Faktor* (*Aufspaltungsfaktor*) ist:

$$g = 1 + \frac{J(J+1) - L(L+1) + S(S+1)}{2J(J+1)}.$$

(Bezüglich der Symbole s. S. 726.) Ist kein Spin vorhanden ($S = 0$, $J = L$), so gilt $g = 1$; ist $L = 0$, so gilt $g = 2$. Die Anzahl der Komponenten im Multiplett wird durch das Verhältnis zwischen L und S bestimmt.

Für die Größe der Aufspaltung beim anomalen ZEEMAN-Effekt gilt

$$\Delta\nu = (m_1 g_1 - m_2 g_2)\nu_L,$$

wobei m_1 und m_2 die magnetischen Quantenzahlen, g_1 und g_2 die LANDÉ-Faktoren, $\nu_L = \mu_0 eH/4\pi m$ die LARMOR-Frequenz bedeuten. Für Licht, das parallel zu dem Vektor $\boldsymbol{H}$ linear polarisiert ist, gilt $m_1 = m_2$; für Licht, das senkrecht zum Vektor $\boldsymbol{H}$ zirkular polarisiert ist, gilt $m_1 = m_2 \pm 1$.

8. In einem starken Magnetfeld hört die Wechselwirkung zwischen Bahndrehimpuls und Spindrehimpuls der Elektronen auf, und jedes dieser Momente reagiert getrennt mit dem Magnetfeld. Bei Verstärkung des Magnetfeldes nimmt die Größe der Aufspaltung der Linien zu, bis sich diese mit den Multiplett-Komponenten der benachbarten Spektrallinien vermischen. Von sämtlichen Komponenten eines Multipletts bleiben schließlich nur drei (beim ZEEMAN-Quereffekt) oder zwei Linien (beim Längseffekt) mit den Frequenzen

$$\nu = \nu_0 + \frac{\mu_0 eH}{4\pi m}(m_1 - m_2) \quad \text{(im SI)}$$

übrig, wobei ν_0 die Frequenz der ursprünglichen Linie, $\mu_0 eH/4\pi m$ die LARMOR-Frequenz und m_1 und m_2 die magnetischen Quantenzahlen sind. Für diese gilt die Auswahlregel

$$m_1 - m_2 = \pm 1, 0,$$

auf Grund derer das ZEEMAN-Triplett erhalten wird. Für starke Felder stimmen die Resultate nach der klassischen Theorie und nach der Quantentheorie überein.

9. Das Vorhandensein des Spin führt dazu, daß jedes Energieniveau eines Elektrons im Atom zweifach entartet ist (S. 213). Das Anlegen eines Magnetfeldes an das Atom hebt diese Entartung auf, und jede Spektrallinie spaltet sich zumindest in zwei Komponenten auf (*Spin-Dublett*).

10. Die selektive Absorption elektromagnetischer Strahlung durch einen Stoff, die mit den Übergängen der atomgebundenen Elektronen zwischen den durch Anlegen eines konstanten Magnetfeldes entstehenden ZEEMANschen Energieniveaus zusammenhängt, nennt man die *paramagnetische Elektronenresonanz*. Für die Resonanzfrequenz der Übergänge, die der Auswahlregel für die magnetische Quantenzahl (Punkt 8) $\Delta m = \pm 1$, unterworfen sind, gilt

$$\nu_{\text{per}} = \frac{g\mu_B \mu_0 H}{h} \quad \text{(im SI)},$$

wobei g den LANDÉ-Faktor (Punkt 7), der für freie Elektronen (Leitungselektronen in den Metallen) gleich 2 ist, μ_B das BOHRsche

Magneton, H die Stärke des konstanten Magnetfeldes, das auf die Materie einwirkt, und h die PLANCKsche Konstante bedeuten.

11. Das Magnetfeld, das an eine Substanz angelegt wird, ist gewöhnlich stark genug, um die Spin-Entartung der magnetischen Subniveaus (Punkt 9) aufzuheben. Gleichzeitig mit diesem Magnetfeld wird an die Substanz ein schwaches, Übergänge hervorrufendes elektromagnetisches Feld angelegt, dessen magnetischer Vektor senkrecht zum Vektor des konstanten Magnetfeldes steht.
Die Größe von ν_{per} bei $H \sim 10^{10}\ a/m$ liegt in der Größenordnung von 10^3 MHz; diese Frequenz kann nur mit radiotechnischen Hilfsmitteln (Bereich der Zentimeterwellen) beobachtet werden.

12. Die Form und Intensität der Linien, die bei der paramagnetischen Elektronenresonanz beobachtet werden, hängt von der Wechselwirkung der Spins der atomgebundenen Elektronen miteinander und mit dem Gitter des Feststoffes ab.
Die *Spin-Spin-Wechselwirkung* der Atome ist bedingt durch das Vorhandensein eines von Null verschiedenen resultierenden magnetischen Spinmomentes im Atom (S. 726). Im allgemeinen tritt die Spin-Spin-Wechselwirkung zusätzlich zur Wechselwirkung der Atome mit dem äußeren Magnetfeld auf; sie verbreitert die Resonanzlinien. Diese Wechselwirkung vermindert sich rasch mit der Vergrößerung des Abstandes zwischen den Atomen und kann durch Verdünnen des paramagnetischen Stoffes mit nicht-magnetischen Lösungsmitteln vernachlässigbar klein gemacht werden.

13. *Die Spin-Gitter-Wechselwirkung* kommt dadurch zustande, daß das magnetische Bahnmoment des Atoms, das durch die LS-Kopplung (S. 726) mit dem Spindrehimpuls des Atoms verbunden ist, zugleich auch durch elektrische Kräfte mit dem inneren Feld des Kristalls verbunden ist. (Der Spin tritt nicht unmittelbar mit dem Gitter in Wechselwirkung.) Diese Wechselwirkung bedingt es, daß die Spins der Atome sich nicht augenblicklich, sondern erst allmählich in die Richtung des äußeren Magnetfeldes orientieren. Diese Erscheinung wird *Spin-Gitter-Relaxation* genannt und ist durch die Periode τ charakterisiert, die durch die HEISENBERGsche Unschärferelation (S. 689) mit der Energie der Atomübergänge zusammenhängt. Der Übergang eines Atoms auf ein höheres (Absorption) oder niedrigeres (Emission) Niveau der ZEEMANschen Aufspaltung kommt nicht früher zustande, als bis die benachbarten Atome im Gitter in der Lage sind, ein Quant der Energie $h\nu_{\text{per}} = \Delta E$ abzugeben oder aufzunehmen.
Kommt die Spin-Gitter-Relaxation durch Austausch von Phononen (S. 265) mit dem Gitter zustande, so beträgt die Relaxationszeit für wasserstoffähnliche Systeme (mit der resultierenden Spinquantenzahl $S = 1/2$, S. 726)

$$\tau \sim \frac{C}{H^4 T^2}.$$

Diese Formel gilt üblicherweise bei $T > \Theta_{\text{D}}$, wobei Θ_{D} die DEBYEsche Kristalltemperatur (S. 266) ist.

Kommt die Spin-Gitter-Relaxation dadurch zustande, daß die Atome akustische Wellen im Gitter streuen, so beträgt

$$\tau \sim \frac{C}{H^2 T^7}.$$

Diese Formel gilt üblicherweise bei $T \ll \Theta_D$. τ ist die Relaxationsperiode, H die Feldstärke des Magnetfeldes, C ein Proportionalitätsfaktor, der von der Stärke der jj-Kopplung (S. 727) und der Aufspaltung der Bahnniveaus im inneren Feld des Kristallgitters abhängt, T ist die absolute Temperatur des Stoffes. Diese Formeln gelten bei Vernachlässigung der Spin-Spin-Wechselwirkung.

14. Bei ferromagnetischen Stoffen hängt die Elektronenresonanz außer von den oben aufgezählten Faktoren auch noch von der Anwesenheit entmagnetisierender Felder ab. Allgemein gilt für die Resonanzfrequenz eines Überganges mit $\Delta m = \pm 1$

$$\nu_{\text{res}} = \frac{g\mu_B}{h} \sqrt{[H_z + (N_y - N_z) I_z]\,[H_z + (N_x - N_z) I_z]}\,,$$

wobei N_x, N_y, N_z Entmagnetisierungsfaktoren bezüglich der x-, y- bzw. z-Achse sind und I_z die Magnetisierungsstärke der Probe in Richtung des einwirkenden Magnetfeldes H_z ist. Es wird vorausgesetzt, daß die magnetische Komponente des elektromagnetischen Hochfrequenzfeldes längs der x-Achse gerichtet ist sowie daß die Probe homogen magnetisiert ist und der LANDÉ-Faktor g für die ganze Probe gleich ist.

Sind das konstante Magnetfeld und die magnetische Komponente des Wechselfeldes parallel der Oberfläche der Probe gerichtet, so gilt

$$\nu_{\text{res}} = \frac{g\mu_B}{h} \sqrt{BH}\,,$$

wobei B die magnetische Induktion in der Probe ist. Ist das konstante Magnetfeld senkrecht und das Wechselfeld parallel zur Probenoberfläche gerichtet, so ist

$$\nu_{\text{res}} = \frac{g\mu_B}{h} (H - 4\pi I),$$

wobei I die Magnetisierungsstärke der Probe ist.

Für kleine sphärische Proben gilt

$$\nu_{\text{res}} = \frac{g\mu_B}{h} H.$$

Für lange Kreiszylinder gilt, wenn das konstante Magnetfeld längs der Zylinderachse und die magnetische Komponente des Hochfrequenzfeldes senkrecht dazu gerichtet sind:

$$\nu_{\text{res}} = \frac{g\mu_B}{h} (H + 2\pi I).$$

Diese Beziehungen gelten unter der Bedingung, daß die Eindringtiefe (S. 443) des Hochfrequenzfeldes in die auf die Resonanzfrequenz zu untersuchende Probe mit den Dimensionen der Probe vergleichbar ist. Die in Punkt 14 aufgeführten Formeln beziehen sich auf das Gausssche System.

2.5. Der Stark-Effekt bei wasserstoffähnlichen Atomen

1. Die Aufspaltung der Spektrallinien unter der Einwirkung eines äußeren elektrischen Feldes wird als Stark-*Effekt* bezeichnet. Da aber auch sehr starke äußere elektrische Felder im Verhältnis zu den inneratomaren schwach sind, kann ihre Wirkung auf die Bewegung der Elektronen im Atom als geringe Störung betrachtet werden. Dementsprechend ist auch die Starksche Aufspaltung der Linien sehr gering, so daß zu ihrer Beobachtung Geräte mit hohem Auflösungsvermögen (S. 622) benötigt werden. Die Linien spalten in eine Reihe von Komponenten auf (*Satelliten*), die bei Wasserstoff symmetrisch zu beiden Seiten der Grundlinie verteilt sind.

2. Bei Wasserstoff und wasserstoffähnlichen Systemen tritt in der ersten Näherung der Störungstheorie (S. 709) der *lineare* Stark-*Effekt* auf, der die Entartung zwischen den Niveaus des einzigen Elektrons teilweise aufhebt. Für die Aufspaltung gilt

$$\Delta \nu_1 = \frac{3}{8\pi^2} \frac{h}{meZ} (n_1 - n_2)\, n \mathcal{E},$$

wobei $\mathcal{E}$ die Stärke des homogenen elektrischen Feldes und n_1 und n_2 sogenannte *parabolische Quantenzahlen* bedeuten ($n_1 + n_2 < n$, n ist die Hauptquantenzahl, S. 695). Das Auftreten des linearen Stark-Effektes zeigt, daß das System ein mittleres Dipolmoment,

$$p_e = \frac{3}{8\pi^2} \frac{h^2}{m_e e^2 Z} (n_1 - n_2)\, n,$$

besitzt, das durch Polarisation im elektrischen Feld erzeugt wird.

3. Nach der teilweisen Aufhebung der Entartungen durch den linearen Stark-Effekt verbleibt die Entartung der Zustände, die sich durch die Werte der magnetischen Quantenzahl m unterscheiden. Die weitere Aufhebung der Entartungen erfolgt durch den Effekt der zweiten Näherung, den *quadratischen* Stark-*Effekt*. Bei elektrischen Feldern, deren Stärke $\mathcal{E}$ größer als 10^5 V/cm ist, gilt für die beobachtete Aufspaltung (im Gaussschen System)

$$\Delta \nu_2 = B_0 \left(\frac{n}{Z}\right)^4 [17 n^2 - 3(n_1 - n_2)^2 - 9 m^2 + 19] \mathcal{E}^2,$$

wobei

$$B_0 = - \frac{h^5}{1024 \pi^6 m_e^3 e^6},$$

das außer von den übrigen Quantenzahlen auch von der magnetischen Quantenzahl m abhängt. Der quadratische STARK-Effekt ist immer negativ; die Energieniveaus werden durch ihn auf die Seite der geringeren Energie verschoben.

2.6. Das PAULI-Prinzip. Das Periodensystem der Elemente

1. Die Quantenmechanik führt auf Grund des Prinzips der Ununterscheidbarkeit gleichartiger Teilchen (S. 219) zu dem Schluß des Vorhandenseins zweier Typen von Teilchen, die lediglich von ihrer Natur abhängen. In der Natur existieren: a) Teilchen, die einen Spin besitzen, der gleich einem ganzzahligen Wert der Einheit $\hbar$ ist (Bosonen, S. 219), und die durch symmetrische Wellenfunktionen Ψ_S (S. 724) beschrieben werden; b) Teilchen, deren Spin einem halbzahligen Wert der Einheit $\hbar$ gleichkommt (Fermionen, S. 220), und die durch antisymmetrische Wellenfunktionen Ψ_A (S. 724) beschrieben werden.

2. Für alle Teilchen, die über einen halbzahligen Spin verfügen (Fermionen), gilt folgendes Prinzip: In einem gegebenen Quantensystem kann sich nicht mehr als ein Fermion in ein und demselben Zustand befinden. Diese Festlegung wird als *Ausschließungsprinzip* oder PAULI-*Prinzip* bezeichnet. Die quantenmechanische Formulierung des PAULI-Prinzips besteht in der Forderung der Antisymmetrie der Wellenfunktion für das Teilchensystem.

3. In Anwendung auf das Atom, in dem der Zustand der Elektronen eindeutig durch vier Quantenzahlen: die Hauptquantenzahl n, die Bahnquantenzahl l, die magnetische Bahnquantenzahl m_l und die magnetische Spinquantenzahl m_s bestimmt wird, lautet das PAULI-Prinzip: In einem Atom besitzt jedes Elektron seinen eigenen Satz der Quantenzahlen n, l, m_l und m_s, der sich von dem Zahlensatz eines beliebigen anderen Elektrons unterscheidet.

4. Das PAULI-Prinzip liegt der Systematik der Auffüllung der Elektronenzustände zugrunde und erklärt die Periodizität der Eigenschaften der chemischen Elemente — *das Periodensystem der Elemente* von D. I. MENDELEJEW.

Die Gesamtzahl der Elektronenzustände in einem Mehrelektronenatom ist bei gegebener Hauptquantenzahl n

$$2 \sum_{l=0}^{n-1} (2l+1) = 2n^2.$$

Die Gesamtheit der Elektronen, die alle Zustände mit gleicher Hauptquantenzahl n besetzen, bilden eine *Elektronenschale*.

Hauptquantenzahl n	1	2	3	4	5	6	7
Höchstzahl der möglichen Zustände der Elektronen	2	8	18	32	50	72	98
Symbol für die Schale	*K*	*L*	*M*	*N*	*O*	*P*	*Q*

5. In jeder der Schalen werden die Elektronen nach *Untergruppen* oder *Subschalen* eingeteilt, die dem gegebenen Wert von l ($l < n$, S. 718) entsprechen. Die Höchstzahl der Elektronenzustände in einer Subschale mit gegebenem l ist gleich $2(2l+1)$.

Wert der Bahnquantenzahl l	0	1	2	3	4 ...
Zahl der möglichen Elektronenzustände	2	6	10	14	18 ...
Symbol der Untergruppe	s	p	d	f	g ...

6. Die Reihenfolge der Auffüllung der Elektronenzustände in den Schalen sowie in den Untergruppen entspricht der Reihenfolge der Energieniveaus mit gegebenem n und l. Zu Beginn werden die Zustände mit der kleinstmöglichen Energie aufgefüllt, dann die Zustände mit immer höherer Energie. Bei leichten Atomen ist diese Reihenfolge so, daß zu Beginn die Schale mit dem kleinsten n aufgefüllt wird und erst dann die Auffüllung der nächsten Schale mit Elektronen beginnt. Innerhalb einer Schale wird zuerst der Zustand mit $l = 0$ besetzt und danach die Zustände mit größerem l bis $l = n - 1$.

7. Beginnend mit Kalium ($Z = 19$) wird die angezeigte Reihenfolge der Auffüllung der Elektronenschalen oft gestört, da es sich erweist, daß gewissen Elektronenzuständen mit größerem Wert von n eine kleinere Energie entspricht als den noch nicht besetzten Zuständen mit kleinerem n. Dies bezieht sich auf die Zustände $(n+1)s$ und $(n+1)p$ im Vergleich zu den Zuständen nd und nf. Die Elemente, bei denen der weitere Ausbau der vorhergehenden Schalen (Subschalen $3d$, $4d$, $4f$, $5d$ und $5f$) bei schon teilweise ausgefüllten nachfolgenden Schalen erfolgt, nennt man *Übergangselemente.*

8. In Tabelle VI.2.1 werden die Verteilung der Elektronen nach ihren Zuständen (in Schalen und Subschalen) in den Atomen der verschiedenen chemischen Elemente sowie die Grundterme der entsprechenden Atome angegeben.

9. *Die äußeren (Valenz-)Elektronen* eines Atoms nennt man die Elektronen, die zum Bestand der s- und p-Untergruppen der Schale mit dem höchsten Wert von n eines gegebenen Atoms gehören. Durch diese Elektronen werden die chemischen und optischen Eigenschaften der Atome bestimmt.

10. In einer aufgefüllten s-Untergruppe sind die magnetischen Spinmomente der Elektronen kompensiert; in den aufgefüllten p-, d-, f-, ... Untergruppen sind zusätzlich die magnetischen Bahnmomente der Elektronen kompensiert. Es ist daher das magnetische Moment eines Atoms mit aufgefüllten Untergruppen gleich Null; das entsprechende Element verfügt aber über diamagnetische Eigenschaften (S. 452). Bei Atomen, deren Untergruppen nicht aufgefüllt sind, bedingt das nicht kompensierte magnetische Moment den Paramagnetismus (S. 452) sowie in einer Reihe von Fällen den Ferromagnetismus oder Antiferromagnetismus (S. 456).

11. Die Auffüllung der nd-Untergruppe und der nf-Untergruppe in den Atomen vollzieht sich bei völlig unveränderter Elektronen-

Tabelle VI.2.1 Verteilung der Elektronen in den Atomen

Z	Element	K	L		M			N				O				P			Q	Normalzustand
		1s	2s	2p	3s	3p	3d	4s	4p	4d	4f	5s	5p	5d	5f	6s	6p	6d	7s	
1	H	1																		$^2S_{1/2}$
2	He	2																		$^1\mathrm{S}_0$
3	Li	2	1																	$^2S_{1/2}$
4	Be	2	2																	$^1S_0$
5	B	2	2	1																$^2P^\circ_{1/2}$
6	C	2	2	2																$^3P_0$
7	N	2	2	3																$S^\circ_{3/2}$
8	O	2	2	4																$^3P_2$
9	F	2	2	5																$P^\circ_{3/2}$
10	Ne	2	2	6																$^2S_0$
11	Na	2	2	6	1															$^2S_{1/2}$
12	Mg	2	2	6	2															$^1S_0$
13	Al	2	2	6	2	1														$^2P^\circ_{1/2}$
14	Si	2	2	6	2	2														$^3P_0$
15	P	2	2	6	2	3														$^4S^\circ_{3/2}$
16	S	2	2	6	2	4														$^3P_2$
17	Cl	2	2	6	2	5														$^2P^\circ_{3/2}$
18	Ar	2	2	6	2	6														$^1S_0$
19	K	2	2	6	2	6		1												$^2S_{1/2}$
20	Ca	2	2	6	2	6		2												$^1S_0$
21	Sc	2	2	6	2	6	1	2												$^2D_{3/2}$
22	Ti	2	2	6	2	6	2	2												$^3F_2$
23	V	2	2	6	2	6	3	2												$^4F_{3/2}$
24	Cr	2	2	6	2	6	5	1												$^7S_3$
25	Mn	2	2	6	2	6	5	2												$^6S_{5/2}$
26	Fe	2	2	6	2	6	6	2												$^5D_4$
27	Co	2	2	6	2	6	7	2												$^4F_{1/2}$
28	Ni	2	2	6	2	6	8	2												$^3F_4$
29	Cu	2	2	6	2	6	10	1												$^2S_{1/2}$
30	Zn	2	2	6	2	6	10	2												$^1S_0$
31	Ga	2	2	6	2	6	10	2	1											$^2P^\circ_{1/2}$
32	Ge	2	2	6	2	6	10	2	2											$^3P_0$
33	As	2	2	6	2	6	10	2	3											$^4S^\circ_{3/2}$
34	Se	2	2	6	2	6	10	2	4											$^3P_2$

Fortsetzung

Z	Element	K	L		M			N				O				P			Q	Normalzustand
		1s	2s	2p	3s	3p	3d	4s	4p	4d	4f	5s	5p	5d	5f	6s	6p	6d	7s	
35	Br	2	2	6	2	6	10	2	5											$^2P^\circ_{3/2}$
36	Kr	2	2	6	2	6	10	2	6											$^1S_0$
37	Rb	2	2	6	2	6	10	2	6			1								$^2S_{1/2}$
38	Sr	2	2	6	2	6	10	2	6			2								$^1S_0$
39	Y	2	2	6	2	6	10	2	6	1		2								$^2D_{3/2}$
40	Zr	2	2	6	2	6	10	2	6	2		2								$^3F_2$
41	Nb	2	2	6	2	6	10	2	6	4		1								$^6D_{1/2}$
42	Mo	2	2	6	2	6	10	2	6	5		1								$^7S_3$
43	Tc	2	2	6	2	6	10	2	6	5		2								$^6S_{5/2}$
44	Ru	2	2	6	2	6	10	2	6	7		1								$^5F_5$
45	Rh	2	2	6	2	6	10	2	6	8		1								$^4F_{9/2}$
46	Pd	2	2	6	2	6	10	2	6	10										$^1S_0$
47	Ag	2	2	6	2	6	10	2	6	10		1								$^2S_{1/2}$
48	Cd	2	2	6	2	6	10	2	6	10		2								$^1S_0$
49	In	2	2	6	2	6	10	2	6	10		2	1							$^2P^\circ_{1/2}$
50	Sn	2	2	6	2	6	10	2	6	10		2	2							$^3P_0$
51	Sb	2	2	6	2	6	10	2	6	10		2	3							$^4S^\circ_{1/2}$
52	Te	2	2	6	2	6	10	2	6	10		2	4							$^3P_2$
53	J	2	2	6	2	6	10	2	6	10		2	5							$^2P^\circ_{3/2}$
54	Xe	2	2	6	2	6	10	2	6	10		2	6							$^1S_0$
55	Cs	2	2	6	2	6	10	2	6	10		2	6			1				$^2S_{1/2}$
56	Ba	2	2	6	2	6	10	2	6	10		2	6			2				$^1S_0$
57	La	2	2	6	2	6	10	2	6	10		2	6	1		2				$^2D_{3/2}$
58	Ce	2	2	6	2	6	10	2	6	10	2	2	6			2				$^3H_4$
59	Pr	2	2	6	2	6	10	2	6	10	3	2	6			2				$^4I^\circ_{3/2}$
60	Nd	2	2	6	2	6	10	2	6	10	4	2	6			2				$^5I_4$
61	Pm	2	2	6	2	6	10	2	6	10	5	2	6			2				$^6H^\circ_{5/2}$
62	Sm	2	2	6	2	6	10	2	6	10	6	2	6			2				$^7F_0$
63	Eu	2	2	6	2	6	10	2	6	10	7	2	6			2				$^8S^\circ_{7/2}$
64	Gd	2	2	6	2	6	10	2	6	10	7	2	6	1		2				$^9D^\circ_2$
65	Tb	2	2	6	2	6	10	2	6	10	8	2	6	1		2				$^8H^\circ_{17/2}$
66	Dy	2	2	6	2	6	10	2	6	10	10	2	6			2				$^5I^\circ_8$
67	Ho	2	2	6	2	6	10	2	6	10	11	2	6			2				$^4I^\circ_{15/2}$
68	Er	2	2	6	2	6	10	2	6	10	12	2	6			2				$^3H_6$
69	Tu	2	2	6	2	6	10	2	6	10	13	2	6			2				$^2F^\circ_{7/2}$
70	Yb	2	2	6	2	6	10	2	6	10	14	2	6			2				$^1S_0$

Fortsetzung

Z	Element	K	L	M	N	O	P	Q	Normalzustand
		1s	2s 2p	3s 3p 3d	4s 4p 4d 4f	5s 5p 5d 5f	6s 6p 6d	7s	
71	Lu	2	2 6	2 6 10	2 6 10 14	2 6 1 1	2		$^2D_{3/2}$
72	Hf	2	2 6	2 6 10	2 6 10 14	2 6 2	2		$^3F_2$
73	Ta	2	2 6	2 6 10	2 6 10 14	2 6 3	2		$^4F_{3/2}$
74	W	2	2 6	2 6 10	2 6 10 14	2 6 4	2		$^5D_0$
75	Re	2	2 6	2 6 10	2 6 10 14	2 6 5	2		$^6S_{5/2}$
76	Os	2	2 6	2 6 10	2 6 10 14	2 6 6	2		$^5D_4$
77	Ir	2	2 6	2 6 10	2 6 10 14	2 6 7	2		$^4F_{9/2}$
78	Pt	2	2 6	2 6 10	2 6 10 14	2 6 9	1		$^3D_3$
79	Au	2	2 6	2 6 10	2 6 10 14	2 6 10	1		$^2S_{1/2}$
80	Hg	2	2 6	2 6 10	2 6 10 14	2 6 10	2		$^1S_0$
81	Tl	2	2 6	2 6 10	2 6 10 14	2 6 10	2 1		$^2P^\circ_{1/2}$
82	Pb	2	2 6	2 6 10	2 6 10 14	2 6 10	2 2		$^3P_0$
83	Bi	2	2 6	2 6 10	2 6 10 14	2 6 10	2 3		$^4S^\circ_{3/2}$
84	Po	2	2 6	2 6 10	2 6 10 14	2 6 10	2 4		$^3P_2$
85	At	2	2 6	2 6 10	2 6 10 14	2 6 10	2 5		$^3P^\circ_{3/2}$
86	Ru	2	2 6	2 6 10	2 6 10 14	2 6 10	2 6		$^1S_0$
87	Fr	2	2 6	2 6 10	2 6 10 14	2 6 10	2 6	1	$^2S_{1/2}$
88	Ra	2	2 6	2 6 10	2 6 10 14	2 6 10	2 6	2	$^1S_0$
89	Ac	2	2 6	2 6 10	2 6 10 14	2 6 10	2 6 1	2	$^3D_2$
90	Th	2	2 6	2 6 10	2 6 10 14	2 6 10	2 6 2	2	$^3F_2$
91	Pa	2	2 6	2 6 10	2 6 10 14	2 6 10 2	2 6 1	2	$^4K_{11/2}$
92	U	2	2 6	2 6 10	2 6 10 14	2 6 10 3	2 6 1	2	$^5L^\circ_6$
93	Np	2	2 6	2 6 10	2 6 10 14	2 6 10 4	2 6 1	2	$^6L_{11/2}$
94	Pu	2	2 6	2 6 10	2 6 10 14	2 6 10 6	2 6	2	$^7F_6$
95	Am	2	2 6	2 6 10	2 6 10 14	2 6 10 7	2 6	2	$^8S^\circ_{7/2}$
96	Cm	2	2 6	2 6 10	2 6 10 14	2 6 10 7	2 6 1	2	^9D
97	Bk	2	2 6	2 6 10	2 6 10 14	2 6 10 8	2 6 1	2	$^8H^\circ_{7/2}$
98	Cf	2	2 6	2 6 10	2 6 10 14	2 6 10 10	2 6	2	$^5I_8$
99	Es	2	2 6	2 6 10	2 6 10 14	2 6 10 11	2 6	2	$^4I_{15/2}$
100	Fm	2	2 6	2 6 10	2 6 10 14	2 6 10 12	2 6	2	$^3H_6$
101	Md	2	2 6	2 6 10	2 6 10 14	2 6 10 13	2 6	2	$^2F_{7/2}$
102	No	2	2 6	2 6 10	2 6 10 14	2 6 10 14	2 6	2	$^1S_0$
103	Lw	2	2 6	2 6 10	2 6 10 14	1 6 10 14	2 6 1	2	....

konfiguration der $(n+1)s$- und $(n+1)p$-Untergruppen und übt daher überhaupt keinen Einfluß auf die chemischen Eigenschaften der Übergangselemente aus, die sich im Bereich der gegebenen Gruppe von Elementen als ähnlich erweisen. Die Auffüllung der nd- und nf-Untergruppen äußert sich dennoch wesentlich in den Röntgenspektren (s. u.) der Atome, die mit den Elektronenübergängen in den inneren Schalen des Atoms zusammenhängen.

12. Die Gesamtzahl der Elektronen in der $(s+p)$-Untergruppe ist gleich 8 (S. 734). Der Mechanismus der Abgabe oder Anlagerung von Valenz- (äußeren) Elektronen liegt der Mehrheit der chemischen Reaktionen zugrunde (s. auch S. 744). Energetisch erweisen sich zur Abgabe von Elektronen jene Atome geeignet, deren $(s+p)$-Untergruppe weniger als zur Hälfte besetzt ist, zur Anlagerung von Elektronen eignen sich Atome mit mehr als zur Hälfte besetzter $(s+p)$-Untergruppe. Atome mit halbbesetzter $(s+p)$-Untergruppe können, in Abhängigkeit von einer Reihe von Bedingungen, Elektronen entweder abgeben oder anlagern.

2.7. Röntgenstrahlen

1. Es gibt zwei Typen der Röntgenstrahlung: Der eine ergibt ein Linienspektrum (S. 655) und wird die *charakteristische Strahlung* genannt, der zweite ergibt ein kontinuierliches Spektrum (S. 655) und heißt die *weiße* (oder *kontinuierliche*) *Strahlung*. Die weiße Röntgenstrahlung wird durch die Abbremsung schneller Elektronen in ihrer Bewegung durch Materie hervorgerufen (Bremsstrahlung, S. 559). Die charakteristische Strahlung hängt mit den Elektronenübergängen innerhalb der tieferliegenden Schalen mittlerer und schwerer Atome zusammen. Bei diesen Schalen sind die Energiedifferenzen $E_m - E_n$ bedeutend größer als die Energiedifferenzen in den äußeren Schalen. Es sind daher auch die Frequenzen der charakteristischen Röntgenspektren um einige Ordnungen größer als die Frequenzen der optischen Spektren.

2. Die charakteristische Strahlung entsteht durch Abtrennen eines Elektrons aus einer kernnahen Schale des Atoms. An seine Stelle springt ein Elektron aus einer weiter vom Kern entfernten Schale (mit einer größeren Hauptquantenzahl n). Dies führt zur Entstehung eines Röntgenphotons der Frequenz $\nu = (E_m - E_n)/h$. Kommt diese Ionisierung auf Grund von Zusammenstößen schneller Elektronen mit Atomen zustande, so nennt man diese Röntgenstrahlung *Primärstrahlung*. *Sekundär-* oder *Fluoreszenzstrahlung* nennt man jene Röntgenstrahlung, die infolge einer Photoionisierung der Atome (S. 767) auftritt, die durch Absorption von Röntgenphotonen seitens der Atome zustande kommt.

3. Wird ein Elektron aus der K-Schale geschlagen, so sind Übergänge aus der L-$(n=2)$, M-$(n=3)$Schale usw. in die K-Schale möglich; ihnen folgen Elektronenübergänge auf die nun freigewordenen Plätze in diesen Schalen; der Prozeß ist abgeschlossen, wenn sämtliche Zustände des Atoms wiederum von Elektronen besetzt sind. Die bei

diesen Übergängen entstehenden Photonen bilden die charakteristische Röntgenstrahlung. In Bild VI.2.6 wird das allgemeine Schema dieser Übergänge gezeigt, die folgenden Auswahlregeln genügen: $|\Delta l| = 1$, $|\Delta j| = 0, 1$ für die Dipolemission, $|\Delta l| = 0, 2$, $|\Delta j| = 0, 1, 2$, für die bedeutend schwächere Quadrupolemission.

Die Spektrallinien, die durch Elektronenübergänge in die K-, L- usw. Schale des Atoms bedingt sind, bilden die K-, L- usw. *Serie des*

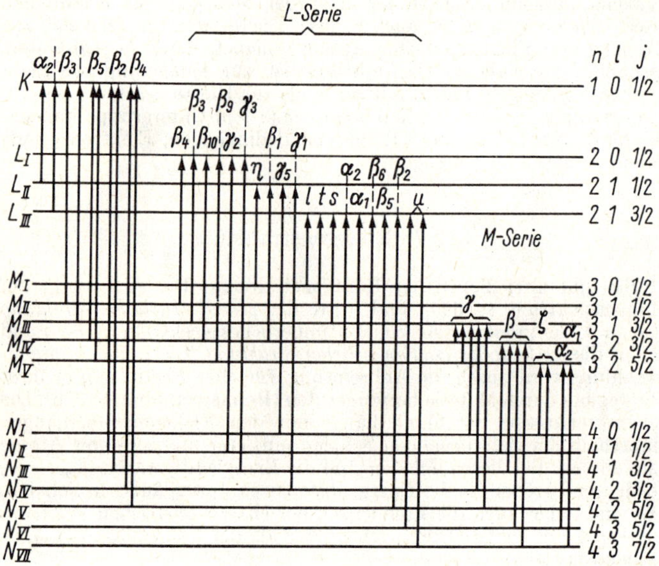

VI.2.6.

charakteristischen Spektrums. Die Linien einer Serie werden gewöhnlich mit griechischen Buchstaben, mit Index unter der Zeile bezeichnet (beispielsweise K_{α_1}, K_{β_2}, L_{α_2} usw.).

4. Das *Gesetz von* MOSELEY gilt für die charakteristischen Frequenzen des Spektrums

$$\sqrt{\frac{\nu_{mn}}{R}} = a(Z - \sigma)$$

und für die Wellenzahlen

$$\sqrt{\frac{1}{\lambda R'}} = a(Z - \sigma);$$

dabei sind R und R' die RYDBERG-Konstanten in s^{-1} bzw. cm^{-1} (S. 714), Z ist die Ordnungszahl des chemischen Elementes, σ die Abschirmungskonstante (S. 718), a eine Konstante, die von den Quantenzahlen der Schalen abhängt, zwischen denen sich der Übergang vollzieht.

5. Das kontinuierliche Röntgenspektrum (Bremsstrahlungsspektrum) ist durch eine bestimmte kleinste Wellenlänge $\lambda_{\min}$ begrenzt, die man als *Grenze des kontinuierlichen Spektrums* bezeichnet. Die Begrenzung ist dadurch bedingt, daß die Energie der größten Röntgenquanten $h\nu_{\max}$ nicht größer sein kann als die Energie W_k der Elektronen, durch die sie ausgelöst werden:

$$W_k = e\varphi_0 = h\nu_{\max};$$

dabei ist φ_0 die Potentialdifferenz, durch die das Elektron die Energie W_k erhält:

$$\lambda_{\min} = \frac{c}{\nu_{\max}} = \frac{ch}{e\varphi_0} = \frac{ch}{W_k}.$$

Der aus der Messung der kurzwelligen Grenze des kontinuierlichen Röntgenspektrums hervorgehende Wert von h ist äußerst genau.

6. Die Röntgen-Absorptionsspektren enthalten, zum Unterschied von den optischen, keine einzelnen Absorptionslinien. Der Absorptionskoeffizient (S. 803) von Röntgenstrahlen durch Materie nimmt mit Erhöhung ihrer Frequenz ab. Diese monotone Abhängigkeit wird im Bereich jener Frequenzen, bei denen die Energie der Röntgenquanten genügend groß ist, um Elektronen aus der K-, L-, M-, ... Schale des Atoms freizumachen, sprunghaft unterbrochen (*Absorptionskanten*).

7. Bei Absorption eines Röntgenquants kann es im angeregten Atom zu einer Autoionisation kommen. Diese, AUGER-*Effekt* genannte Erscheinung, wird durch eine inneratomare Verlagerung der Anregungsenergie hervorgerufen. Der AUGER-Effekt tritt in zwei Stadien auf. Primär wird das Atom durch die Absorption des Röntgenquants angeregt; dabei wird ein Elektron aus einer tiefer liegenden Schale (zumeist aus der K-Schale, S. 736) gelöst. An seine Stelle springt ein Elektron aus einer weniger tief gelegenen Schale (L-, M- oder N-Schale). Die dabei frei werdende Energie ΔE wird jedoch nicht als neues Röntgenquant emittiert, sondern sie bewirkt die Abtrennung eines Elektrons aus einer der äußeren Schalen des Atoms. Der AUGER-Effekt ist ein Beispiel für *strahlungslose* (*emissionslose*) *Übergänge*.

3. Das Molekül

3.1. Heteropolare Moleküle

1. *Molekül* nennt man das kleinste beständige Teilchen eines gegebenen Stoffes, das dessen chemische Grundeigenschaften besitzt und aus gleichen oder verschiedenen Atomen besteht, die durch chemische Bindung (*chemische Kräfte*) zu einem Ganzen vereint sind.

Den chemischen Kräften liegen verschiedene Wechselwirkungen der äußeren Elektronen der Atome zugrunde.

2. Die größte Molekülklasse bilden die *heteropolaren Moleküle*, die aus Ionen der chemischen Elemente bestehen, die zu einem Molekül zusammentreten. Die Gesamtsumme der positiven und negativen Ladungen der Ionen ist im Molekül gleich Null, weswegen die heteropolaren Moleküle elektrisch neutral sind. Die Kräfte, welche die Beständigkeit dieser Moleküle gewährleisten, sind elektrischer Natur.

3. Die Bildung von heteropolaren Molekülen wird durch die erhöhte Beständigkeit der äußeren, acht-elektronigen $(s+p)$-Schale der Atome bedingt (S. 741). Atome, deren äußere Schale mehr als vier Elektronen aufweist, streben danach, die zur Ergänzung auf die Achterschale nötigen Elektronen zu erlangen (sie sind *elektronegativ*). Die besondere Beständigkeit der Konfiguration mit acht Elektronen erklärt sich dadurch, daß die $(s+p)$-Schale nach Auffüllung aller ihrer acht Zustände und somit bei völliger Kompensation der Bahn- und Spinmomente der Elektronen (S. 741) gegenüber äußeren Einwirkungen wenig empfindlich ist.

4. Die Bildung eines heteropolaren Moleküls aus Atomen erfolgt bei deren Annäherung, indem die äußeren Elektronen der elektropositiven Atome zu den elektronegativen übergehen und es dadurch zur Entstehung der positiven und negativen Ionen dieser Atome kommt. In diesem Zusammenhang unterscheidet man die *positive Wertigkeit* eines Elementes (*die Wertigkeit in bezug auf Wasserstoff*), deren maximale Größe gleich der Anzahl der äußeren Elektronen N des Elementes ist. Man nennt die äußeren Elektronen daher auch *Valenzelektronen*.

Die *negative Wertigkeit* eines Elements (*Wertigkeit in bezug auf Fluor*) wird durch die Anzahl der Fluoratome (oder die doppelte Anzahl der Sauerstoffatome), die es zu binden vermag, bestimmt. Die maximale negative Wertigkeit ist $8-N$.

5. Die potentielle Energie eines zweiatomigen heteropolaren Moleküls vom Typ NaCl, das aus den einfach geladenen Ionen A^- und B^+ zusammengesetzt ist, beträgt

$$U = -\frac{e^2}{r} + \frac{be^2}{r^9} - \frac{ep_{e1}}{r^2} - \frac{ep_{e2}}{r^2} - \frac{2p_{e1}p_{e2}}{r^3} + \frac{p_{e1}^2}{2\alpha_1} + \frac{p_{e2}^2}{2\alpha_2}$$

(im GAUSSschen System),

wobei r den Abstand zwischen den Ionenmittelpunkten, p_{e1} und p_{e2} Dipolmomente der einzelnen Ionen (S. 345), α_1 und α_2 Polarisierbarkeit der Ionen (S. 345) und b eine Konstante bedeuten. Bei Dissoziation der Moleküle in Ionen ($r \to \infty$) ist $U = 0$. Das erste Glied auf der rechten Seite entspricht der Energie der COULOMBschen Anziehung der ungleichnamig geladenen Ionen, das zweite Glied der Energie der gegenseitigen Abstoßung der Ionen, das dritte und vierte Glied der Energie der Anziehung freier Ionenladungen durch die Dipole mit den Dipolmomenten p_{e1} und p_{e2}, die sich infolge der gegenseitigen Polarisation der Elektronenschalen der Ionen bilden, das fünfte Glied der Wechselwirkung der selbstinduzierten Dipolmomente, das sechste und siebente Glied der Deformationsenergie der quasielastischen Dipole (der quasielastischen Energie).

6. Die potentielle Energie U des heteropolaren Moleküls besitzt ein Minimum $U_{\min}$ bei $r = r_e$, entsprechend dem *Gleichgewichtsabstand* zwischen den Ionen (Bild VI.3.1):

$$U_{\min} = -\frac{e^2}{r_e}\left[\frac{8}{9} + \frac{5(\alpha_1 + \alpha_2)}{18 r_e^3}\right] + \frac{4\alpha_1\alpha_2}{9 r_e^6}\Bigg]$$

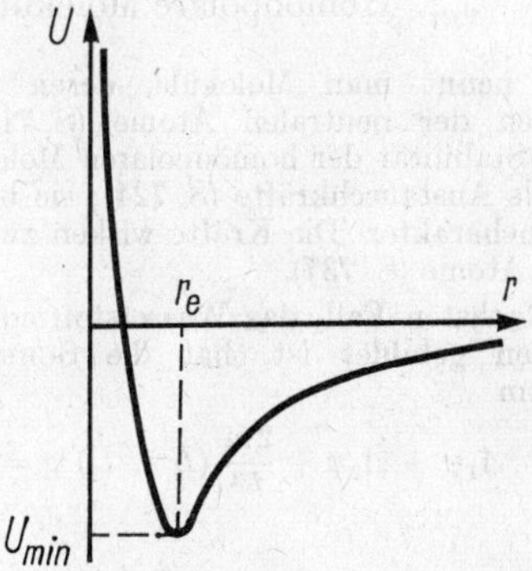

VI.3.1.

Die Größe von r_e ermittelt man aus der Bedingung $\left.\frac{dU}{dr}\right|_{r=re} = 0$, die das Minimum der potentiellen Energie bestimmt. Die Näherungsgleichung für r_e besitzt folgendes Aussehen (wenn bei der Zerlegung von p_{e1} und p_{e2} nach Potenzen von $1/r$ diejenigen Glieder weggelassen werden, bei denen r in höherer Potenz als r^9 vorkommt):

$$1 + \frac{2(\alpha_1 + \alpha_2)}{r_e^3} + \frac{14\alpha_1\alpha_2}{r_e^6} = \frac{9b}{r_e^2}.$$

7. Den Zerfall eines Moleküls in Ionen nennt man *Dissoziation*. Die Größe U_e hängt mit der zur Dissoziation des Moleküls in zwei Ionen nötigen Arbeit D_i durch die Beziehung

$$D_i = -U_e$$

zusammen.

Mit der zur Dissoziation eines Moleküls in neutrale Atome nötigen Arbeit D steht die Größe D_i durch die Beziehung

$$D_i = D + e\varphi - E$$

im Zusammenhang, wobei φ das Ionisationspotential des elektropositiven Atoms (S. 744) und E die Energie der Elektronenaffinität des elektronegativen Atoms ist.

8. Als typische Beispiele für heteropolare Moleküle sind die Moleküle der Alkalihalogenide anzusehen, die aus Ionen der Elemente der I. und VII. Gruppe des Periodensystems aufgebaut sind: NaCl (Na^+Cl^-), RbBr, CsJ usw. Da die heteropolaren Moleküle lediglich aus Ionen verschiedener chemischer Elemente gebildet werden können, nennt man die in diesen Molekülen vorhandene Bindung *heteropolar* (vom griechischen „hetero" – „verschieden").

3.2. Homöopolare Moleküle

1. *Homöopolar* nennt man Moleküle, deren Grundzustand den Normalzuständen der neutralen Atome (S. 715) entspricht. Die Kräfte, die die Stabilität der homöopolaren Moleküle gewährleisten, erweisen sich als Austauschkräfte (S. 724); sie besitzen einen spezifischen Quantencharakter. Die Kräfte wirken zwischen den äußeren Elektronen der Atome (S. 737).

2. Für den einfachsten Fall, das Wasserstoffmolekül, das aus zwei gleichen Atomen gebildet ist, hat die SCHRÖDINGER-Gleichung (S. 721) die Form

$$\Delta_1\psi + \Delta_2\psi + \frac{2m}{\hbar^2}(E - U)\,\psi = 0$$

mit

$$U = \frac{e^2}{r_{12}} + \frac{e^2}{r_{\mathrm{I,II}}} - e^2 \sum_{i=1}^{2} \left(\frac{1}{r_{\mathrm{I}i}} + \frac{1}{r_{\mathrm{II}i}}\right).$$

Das erste Glied von U entspricht der COULOMBschen Wechselwirkung zwischen den Elektronen der Atome I und II, das zweite der COULOMBschen Wechselwirkung zwischen den Kernen der Atome I und II (näherungsweise wird $r_{\mathrm{I,II}} = \mathrm{const}$ angenommen, d. h., die Kerne von I und II werden als unbeweglich angesehen), das dritte Glied berücksichtigt die COULOMBsche Wechselwirkung des Elektrons von Atom I mit dem Kern des Atoms II sowie des Elektrons von Atom II mit dem Kern des Atoms I.

3. Bei der Lösung der Gleichung für das Wasserstoffmolekül wird in nullter Näherung $r_{\mathrm{I,II}} = \infty$ angenommen, d. h., es wird die Störung, die bei Atom I durch die Anwesenheit von Atom II hervorgerufen wird, vernachlässigt und umgekehrt. Die SCHRÖDINGER-Gleichung zerfällt dabei in zwei Gleichungen für je ein isoliertes Wasserstoffatom. Zu ihrer Lösung dient in dieser Näherung die Wellenfunktion

$$\psi_0 = \psi_{\mathrm{I}}(1)\,\psi_{\mathrm{II}}(2),$$

die der Bindung jedes Elektrons an seinen Kern entspricht. Bei gegenseitiger Annäherung der Atome I und II wird infolge der Ununterscheidbarkeit der beiden Elektronen die Wellenfunktion der

Form $\psi' = \psi_{\mathrm{I}}(2)\psi_{\mathrm{II}}(1)$ möglich, die der Bindung jedes Elektrons an den fremden Kern entspricht. Die ganze Wellenfunktion hat die Form

$$\psi_{A,S} = N_{A,S}[\psi_{\mathrm{I}}(1)\,\psi_{\mathrm{II}}(2) \pm \psi_{\mathrm{I}}(2)\,\psi_{\mathrm{II}}(1)],$$

wobei $N_{A,S}$ ein Normierungsfaktor ist; der Index A und das Minuszeichen entsprechen der antisymmetrischen Wellenfunktion, der Index S und das Pluszeichen der symmetrischen.

Die Wellenfunktion $\psi_{A,S}$ erweist sich als Lösung der SCHRÖDINGER-Gleichung für das Wasserstoffmolekül bei großen Abständen zwischen den Atomen. Sie gilt als Näherungslösung bei kleinen Abständen $r_{\mathrm{I,II}}$:

$$|\psi_{A,S}|^2 = N_{A,S}^2[|\psi_{\mathrm{I}}(1)|^2\,|\psi_{\mathrm{II}}(2)|^2 + |\psi_{\mathrm{I}}(2)|^2\,|\psi_{\mathrm{II}}(1)|^2 \pm 2\psi_{\mathrm{I}}(1)\,\psi_{\mathrm{II}}(2)\,\psi_{\mathrm{I}}(2)\,\psi_{\mathrm{II}}(1)].$$

Durch sie wird die Verteilung der Elektronendichte im Molekül beschrieben. Die ersten zwei Glieder entsprechen den beiden bei ihren Kernen befindlichen Elektronen. Sie stellen den elektrostatischen (COULOMBschen) Anteil an der Wechselwirkungsenergie der Atome dar. Das dritte Glied entspricht der Austauschenergie (s. auch S. 724).

Die Austauschwechselwirkung der Elektronen im Wasserstoffmolekül kann so verstanden werden, daß das Elektron des einen Atoms eine gewisse Zeit beim Kern des anderen verbringt und umgekehrt, wodurch die Bindung zwischen den beiden Atomen zustande kommt.

Die potentielle Energie des Wasserstoffmoleküls beträgt

$$U = \frac{C \pm A}{1 \pm S},$$

wobei

$$S = \int \int_{-\infty}^{\infty} \psi_1(1)\,\psi_{\mathrm{II}}(1)\,\psi_{\mathrm{I}}(2)\,\psi_{\mathrm{II}}(2)\,d V_1\,d V_2,$$

C das COULOMB-Integral (S. 724):

$$C = e^2 \iint_{-\infty}^{\infty} \left[-\frac{1}{r_{\mathrm{I}1}} - \frac{1}{r_{\mathrm{I}2}} + \frac{1}{r_{12}} + \frac{1}{r_{\mathrm{III}}}\right] \cdot |\psi_1(1)|^2\,|\psi_{\mathrm{II}}\ (2)|^2\,d V_1\,d V_2,$$

und A das Austauschintegral (S. 724):

$$A = e^2 \iint_{-\infty}^{\infty} \left[-\frac{1}{r_{\mathrm{I}1}} - \frac{1}{r_{\mathrm{I}2}} + \frac{1}{r_{12}} + \frac{1}{r_{\mathrm{III}}}\right] \cdot \psi_{\mathrm{I}}(1)\,\psi_{\mathrm{II}}(2)\,\psi_{\mathrm{I}}(2)\,\psi_{\mathrm{II}}(1)\,d V_1\,d V_2$$

ist.

4. Die Integrale C und A sind negativ, wobei $|A| > |C|$ ist, und das Integral $S < 1$. Für die beiden Vorzeichen im Ausdruck für U gilt

$$U_+ = \frac{C + A}{1 + S} < 0, \qquad U_- = \frac{C - A}{1 - S} > 0.$$

Die Größe U_+ entspricht dem stabilen, die Größe U_- dem instabilen Zustand des Wasserstoffmoleküls. Die Abhängigkeit von U_+ und U_- vom Abstand der Atomkerne im Molekül ist in Bild VI.3.2 dargestellt. Die $U_+(r)$-Kurve ist der Potentialkurve für heteropolare

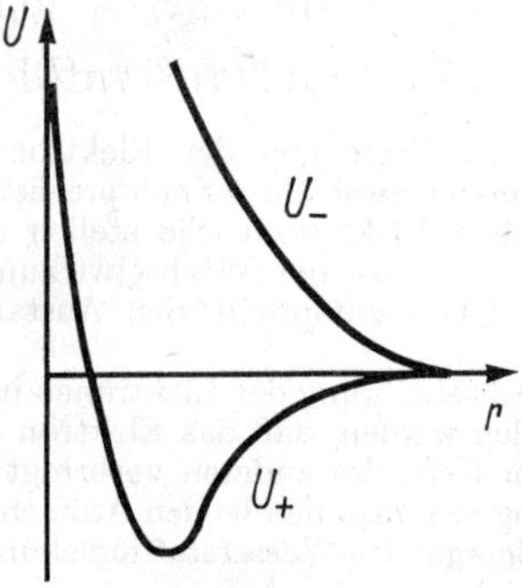

VI.3.2.

Moleküle ähnlich. In Bild VI.3.3 wird die Verteilung der Elektronendichte (der Größe von $e|\psi|^2$) entsprechend dem stabilen und instabilen Zustand des Wasserstoffmoleküls veranschaulicht. Im Einklang mit dem Pauli-Prinzip (S. 736) gilt: Befindet sich das Molekül im stabilen Zustand, so sind die Spins der beiden Elektronen antiparallel, und der resultierende Spin ist $S = 0$; diesem Zustand entspricht eine symmetrische Wellenfunktion der Bahn (*Singulettzustand*). Ist das Wasserstoffmolekül im stabilen Zustand, so sind die Spins der Elektronen parallel, und der resultierende Spin ist $S = 1$; die Wellenfunktion der Bahn ist antisymmetrisch (*Triplettzustand*).

5. Im allgemeinen sind in den Molekülen sowohl die heteropolare als auch die homöopolare Bindung vorhanden. Im Fall der heteropolaren Moleküle vom Typ NaCl, CsJ usw. tritt die Coulombsche Wechselwirkung der Ionen an die erste Stelle, im Fall der Moleküle vom Typ H_2, N_2, O_2 usw. spielt die Austauschwechselwirkung der Atome die Hauptrolle.

6. Die chemischen Bindungen in den Molekülen werden durch Elektronen der *s*- und *p*-Schalen mit dem höchsten Wert der Hauptquantenzahl *n* (S. 695) realisiert. In den Molekülen ist keine Individualisierung der Zustände der Valenzelektronen vorhanden, d. h., es ist unmöglich, den Zustand eines einzelnen Valenzelektrons im

Molekül durch eine Wellenfunktion zu beschreiben, die ausschließlich diesem Zustand eigen ist und sich von den Wellenfunktionen der anderen Valenzelektronen unterscheidet. Die Valenzelektronen eines Moleküls befinden sich nicht im *s*- oder *p*-Zustand, sondern in einem gemischten $(s-p)$-Zustand, der durch eine Wellenfunktion beschrieben wird, die eine Linearkombination der Funktionen darstellt, die dem *s*- und dem *p*-Zustand entsprechen. Einen solchen Mischzustand nennt man *Hybridzustand*.

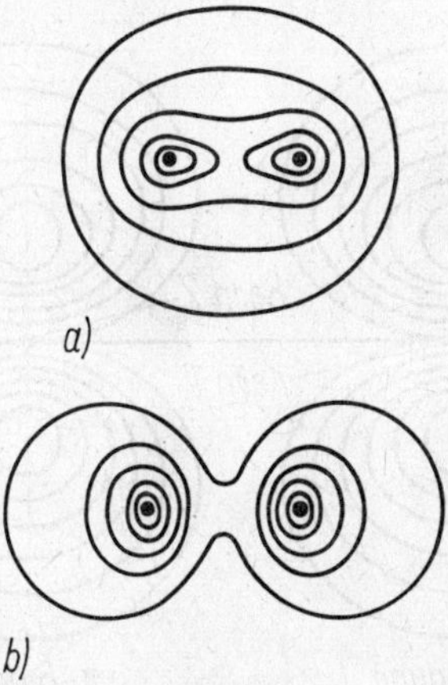

VI.3.3.

7. Im Fall einer einfachen chemischen Bindung zwischen Atomen, auch *Sigma*(σ)*-Bindung* genannt, ist die Elektronendichte der Valenzelektronen symmetrisch um die Verbindungslinie der Atomkerne des Moleküls verteilt. Die Sigma-Bindung kann sowohl durch *s*- als auch durch *p*-Elektronen zustande kommen. Sie ist in allen Molekülen mit abgesättigten Valenzen vorhanden. Dank der Symmetrie der Sigma-Bindung ist die relative Rotation einzelner Molekülteile möglich; die Rotationsachse fällt mit der Symmetrieachse der Bindung zusammen. In ungesättigten und aromatischen Verbindungen, also solchen mit nicht abgesättigten Valenzen, sind *Pi*(π)*-Bindungen* vorhanden, die durch *p*-Elektronen gebildet werden und über keine Symmetrieachse verfügen.

Die Elektronenwolken zweier Pi-Elektronen gehen zu beiden Seiten der Verbindungslinie zwischen den Kernen ineinander über; es bilden sich zwei „Verwaschungen", die der Pi-Bindung ihre Starrheit verleihen. Eine Doppelbindung (beispielsweise die Bindung zwischen den beiden Kohlenstoffatomen im Äthylenmolekül $H_2C{=}CH_2$) besteht aus einer Sigma- und einer Pi-Bindung (Bild VI.3.4). Die Elektronenwolke der Pi-Bindung hat zwei Symmetrieebenen, die durch die Verbindungslinie zwischen den Kernen gehen. Infolge der Asymmetrie der Elektronendichte ist bei dieser Form der Bindung eine Drehung von Molekülteilen im Verhältnis zueinander nicht möglich. Dies zeigt sich beispielsweise in der *cis-trans-Isomerie*, d. h. dem Vorhandensein von Stoffen gleicher Zusammensetzung, jedoch verschiedener geometrischer Struktur, die durch die unterschiedliche relative Lage der Molekülteile zueinander bedingt ist. Dies führt zu Unterschieden in den physikalisch-chemischen Eigenschaften der *Isomeren.*

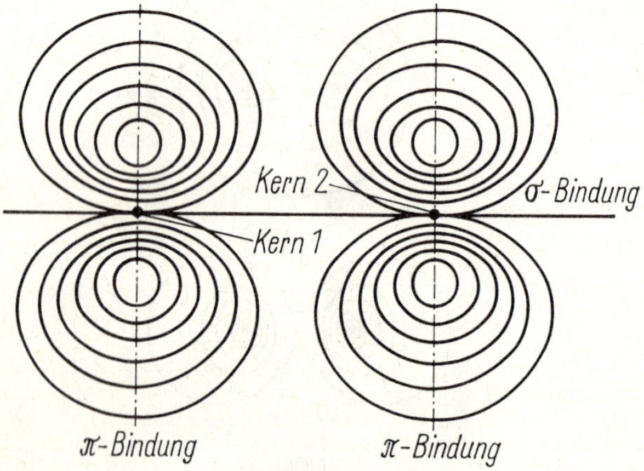

VI.3.4.

Die Symmetrieeigenschaften der Elektronendichten, durch welche die Pi-Bindung zustande kommt, bestimmen die Ausrichtung der *Valenzen*; auf ihr begründet sich die *Stereochemie*, die Lehre vom räumlichen Aufbau der chemischen Verbindungen. Man unterscheidet gestreckte, ebene, dreieckige, pyramidenförmige Moleküle, Moleküle mit Tetraederform, zickzackgewinkelte, kettenförmige, ringförmige und andere Moleküle. Eine durch die Ausrichtung der Valenzen bedingte räumliche Struktur besitzt Moleküle, die aus mehr als zwei Atomen aufgebaut sind. Das Wassermolekül stellt beispielsweise ein gleichschenkliges Dreieck dar, dessen Winkel zwischen den Katheten (H—O—H) 105° beträgt.

8. Eine Reihe von Molekülen ist aus gleichartigen Atomen aufgebaut. Die Bindung der Atome in solchen Molekülen nennt man daher *homöopolar* (vom griechischen „homöo“ — „gleich“) oder *kovalent.* Homöopolar sind die Moleküle H_2, N_2, O_2, die Hydridmoleküle, beispielsweise LiH, PdH usw., die Metallboride usw., Moleküle, die aus Atomen der Elemente der ersten drei Gruppen des periodischen Systems aufgebaut sind.

3.3. Elektronenspektren der Moleküle

1. Gemäß den möglichen Typen innermolekularer Bewegung (S. 227) kann die Wellenfunktion des Moleküls annähernd als Produkt dreier Wellenfunktionen dargestellt werden, die den Elektronenbewegungen, den Schwingungen und den Rotationen des Moleküls entsprechen. Unter der Bedingung der gegenseitigen Unabhängigkeit dieser Bewegungen gilt dann

$$\Psi = \psi_e \psi_s \psi_r .$$

Wird Ψ in die entsprechende SCHRÖDINGER-Gleichung eingesetzt, so kann diese in drei Gleichungen zerfallen, deren einzelne Lösungen die Energiespektren der entsprechenden Bewegungen ergeben: E_e, E_s, E_r. Die Gesamtenergie eines Moleküls ist annähernd gleich

$$E = E_e + E_s + E_r .$$

Es gilt die Reihenfolge $E_e \gg E_s \gg E_r$ (s. auch S. 227).

2. Die *Elektronenterme der Moleküle* unterscheiden sich nach ihrem Ursprung nicht von den Elektronentermen der isolierten Atome (S. 715). Die Anzahl der Elektronenterme der Moleküle übersteigt die Anzahl solcher Terme von Atomen wesentlich. Im Molekül befindet sich jedes beliebige Atom im elektrischen Feld der übrigen Atome (*innermolekulares elektrisches Feld*). Es bewirkt eine Aufspaltung der Elektronenniveaus analog jener, die bei Atomen im elektrischen Feld auftritt. Die Elektronenniveaus eines Moleküls werden aus den Elektronenniveaus seiner Atome gebildet, die infolge des STARK-Effekts (S. 735), der im innermolekularen Feld auftritt, in vielfache Unterniveaus aufgespalten sind.

3. Die Elektronen-Energieniveaus eines Moleküls werden durch dessen Elektronenkonfiguration bestimmt; diese stellt die Gesamtheit der den Zuständen sämtlicher Elektronen des Moleküls entsprechenden Quantenzahlen dar. Auf Grund der Systematik dieser Niveaus und Molekülspektren läßt sich das *Vektormodell des Moleküls* zusammensetzen, das eine Verallgemeinerung des Vektormodells des Atoms (S. 725) darstellt.

4. Die Grundlage der Systematik der Elektronenniveaus zweiatomiger und linearer mehratomiger Moleküle stellt in der überwiegenden Anzahl der Fälle die *Bahnquantenzahl der Moleküle* dar:

$$\Lambda = \sum_{i=1}^{N} \lambda_i ,$$

wobei die Bahnquantenzahlen sämtlicher Elektronen des Moleküls summiert werden. Die Zahl Λ bestimmt die Größe der Projektion des gesamten (resultierenden) Bahndrehimpulses des Moleküls in eine bestimmte Richtung (beispielsweise auf die Achse des Moleküls). Die Größe λ_i bestimmt die Projektion des Bahndrehimpulses des i-ten Elektrons auf die Achse des Moleküls.

Die $\Lambda = 0, 1, 2, 3, \ldots$ entsprechenden Terme bezeichnet man mit Σ, Π, Δ usw. In Molekülen findet sich die schwache Kopplung (S. 726), da der Vektor des Bahndrehimpulses $\boldsymbol{\Lambda}$ sich als

$$\boldsymbol{\Lambda} = \sum_{k=1}^{m} \boldsymbol{L}_k$$

erweist, wobei sich $\boldsymbol{L}_k$ auf die einzelnen Atome des Moleküls bezieht, deren Anzahl gleich m ist.

5. Analog wird die *Spinquantenzahl des Moleküls* abgeleitet, indem man die in eine gewisse Richtung (beispielsweise auf die Achse des Moleküls) zu projizierende Größe des gesamten Spindrehimpulses $\boldsymbol{S}$ bestimmt:

$$\boldsymbol{S} = \sum_{k=1}^{m} \boldsymbol{S}_k,$$

wobei

$$\Sigma = \sum_{i=1}^{N} s_i$$

ist. Die Summierung erfolgt wie in Punkt 4. Auch die *innere Quantenzahl des Moleküls* ist eingeführt:

$$\Omega = \Lambda \pm \Sigma.$$

Die nach den Zahlen Ω, Λ, Σ aufgebaute Systematik der Elektronenterme des Moleküls ist eine Verallgemeinerung der Elektronenterme-Systematik des Atoms nach den Zahlen J, L, S. Zur Kennzeichnung eines Molekülterms verwendet man das Symbol $^{2\Sigma+1}\Lambda_\Omega$. Bei $\Lambda = 0$ (Σ-Terme) ist keine Orientierung des Spins in bezug auf die Achse des Moleküls vorhanden, wodurch die Quantenzahlen Σ und Ω sinnlos werden.

6. Im Vektor-Molekülmodell wird die Rotation des Moleküls berücksichtigt, als deren Folge es zum Aufbau eines innermolekularen Magnetfeldes kommt. In der Systematik der Molekülterme wird berücksichtigt, daß das elektrische Feld des Moleküls, das die Aufspaltung der entsprechenden Atomterme bewirkt, nicht immer genügend stark ist, um die Kopplung von $\boldsymbol{L}_i$ und $\boldsymbol{S}_i$ in den einzelnen Atomen zu stören. Diese Verallgemeinerung der Systematik der Molekülterme führt bei zweiatomigen Molekülen zu drei Typen von HUND*schen Termen.*

1. Typ. Die Wechselwirkung der Spindrehimpulse der Atome eines Moleküls ($\boldsymbol{S}_i$, $\boldsymbol{S}_k$) sowie die Wechselwirkung der verschiedenen $\boldsymbol{L}_i$ mit dem Feld ($\boldsymbol{L}_i$, $\mathscr{E}$) sind im Vergleich zu den Wechselwirkungen ($\boldsymbol{L}_i$, $\boldsymbol{S}_i$) stark; $\mathscr{E}$ ist die Stärke des innermolekularen elektrischen Feldes, dessen Wert groß ist. Der Kombination der Vektoren

$$\boldsymbol{\Omega} = \boldsymbol{\Lambda} + \boldsymbol{\Sigma}$$

entspricht die in Punkt 4 und 5 angezeigte Systematik der Molekülterme. Der Vektor $\boldsymbol{\Omega}$ wird mit dem Vektor des Drehimpulses der

Kerne $\boldsymbol{Y}$ (Rotation des Moleküls ohne Einbeziehung der Kernspins) kombiniert, woraus sich der resultierende Vektor

$$\boldsymbol{J} = \boldsymbol{\Omega} + \boldsymbol{Y}$$

ergibt. Die dem Vektor $\boldsymbol{J}$ entsprechende Quantenzahl J nimmt ganzzahlige Werte an, wenn Ω und Y ganzzahlig sind.

2. Typ. Die Wechselwirkung $(\boldsymbol{L}_i, \boldsymbol{Y})$ ist stark im Vergleich zu $(\boldsymbol{L}_i, \boldsymbol{S}_i)$ wie auch zu $(\boldsymbol{S}_i, \boldsymbol{S}_k)$. Die Quantenzahl Σ und mit ihr auch Ω werden sinnlos. Anstatt nach diesen wird die Systematik nach der Zahl K weitergeführt, die dem Vektor

$$\boldsymbol{K} = \boldsymbol{\Lambda} + \boldsymbol{Y}$$

entspricht. Dieser Vektor ergibt zusammen mit dem Vektor des Spins $\boldsymbol{S}$ den Vektor des Gesamtdrehimpulses des Moleküls:

$$\boldsymbol{J} = \boldsymbol{K} + \boldsymbol{S}.$$

Bei genügend großen Werten von K wird die Quantenzahl $\mathfrak{S} = \pm S, \pm(S-1), \ldots$ eingeführt, die der Projektion des Spins der Atome auf die Rotationsachse des Moleküls entspricht. Bei verstärkter Kernrotation (Anstieg von $\boldsymbol{K}$) geht der Typ 2 in den Typ 1 über.

3. Typ. Die Spin-Bahn-Wechselwirkung einzelner Atome $(\boldsymbol{L}_i, \boldsymbol{S}_i)$ ist groß im Vergleich zu den übrigen Wechselwirkungen. Dieser Fall tritt in einem schwachen elektrischen Feld ein und entspricht der starken Kopplung im Atom (S. 727). Der Vektor des Gesamtdrehimpulses des Atoms $\boldsymbol{J}_i$ und die Zahl Ω, die die Projektion von $\boldsymbol{J}_i$ auf die Molekülachse darstellt, werden sinnvoll, während die Zahlen Λ und Σ nicht mehr anwendbar sind. Die Kombination der Vektoren $\boldsymbol{\Omega}$ und $\boldsymbol{Y}$ ergibt den Gesamtvektor

$$\boldsymbol{J} = \boldsymbol{\Omega} + \boldsymbol{Y}.$$

Die Vektordiagramme, die den drei HUNDschen Termtypen entsprechen, sind in Bild VI.3.5 wiedergegeben.

7. Die Elektronenterme, die einem gegebenen Paar von Übergangsniveaus — einem Anfangs- und einem Endniveau — entsprechen (deren Zahl durch die Zahl der möglichen Kombinationen von L_i der einzelnen Atome, die zusammen die gegebene resultierende Zahl Λ ergeben, bestimmt wird), nennt man *positiv*, wenn ihre Wellenfunktion symmetrisch ist (ψ_+); sie sind *negativ* im Fall einer antisymmetrischen Funktion (ψ_-). Die Molekülterme werden auf Grund der Summe der Bahnquantenzahlen $\sum l_i$ jener Atomterme, aus denen sie hervorgehen, in *gerade* (gekennzeichnet mit dem Symbol $\{L\}_g$), wenn $\sum l_i = 2n$ ist, und ungerade (gekennzeichnet mit dem Symbol $\{L\}_u$), wenn $\sum l_i = 2n + 1$ ist, eingeteilt; n stellt eine ganze Zahl dar. Die Aufspaltung der Terme in positive und negative entspricht der zweifachen Entartung der Niveaus. Bei vorhandener Molekülrotation hebt das innermolekulare Magnetfeld diese Entartung auf, und die Gesamtzahl der Terme mit $\Lambda > 0$ verdoppelt

sich (sogenannte *Λ-Verdoppelung*). Die Entartung wird auch bei Molekülen aufgehoben, die aus verschiedenen Isotopen der gleichen Atomart zusammengesetzt sind, beispielsweise bei den Molekülen HD, $O^{16}O^{18}$, $Cl^{35}Cl^{37}$ usw. Bei Molekül-Elektronentermen von Molekülen, die aus völlig gleichen Atomen aufgebaut sind, erfolgt keine Λ-Verdoppelung.

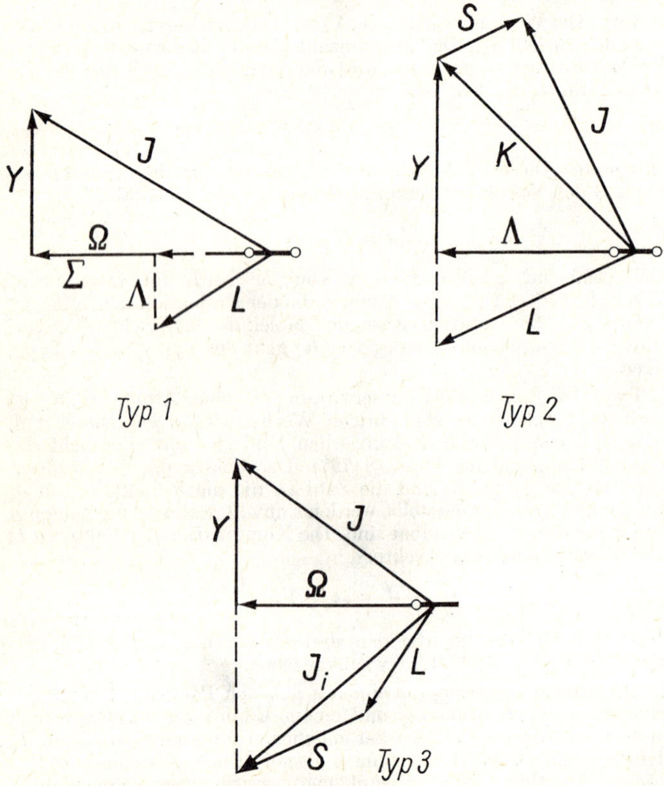

VI.3.5.

8. Die Auswahlregeln für die Elektronenspektren der Moleküle sind denen für die Atomspektren (S. 719) analog:

$$\Delta\Lambda = 0, \ \pm 1;$$

in Übereinstimmung mit dieser Regel sind nur folgende Termkombinationen erlaubt: $\Sigma \leftrightarrow \Sigma$, $\Pi \leftrightarrow \Pi, \ldots,$ sowie $\Sigma \leftrightarrow \Pi$, $\Pi \leftrightarrow \Delta, \ldots;$

$$\Delta\Sigma = 0,$$

d. h., daß lediglich Kombinationen von Termen mit gleichen Gesamtspinzahlen erlaubt sind, sowie

$$\Delta\Omega = 0, \pm 1.$$

Außer den aufgezeigten Regeln gilt auch die Regel des Interkombinationsverbotes (S. 728):

$$\Delta S = 0,$$

der zufolge Kombinationen von Termen verschiedener Multiplizität verboten sind (dieses Verbot äußert sich nur bei Molekülen mit kleiner Summe der Kernladungen), außerdem gelten die Auswahlregeln, die mit der Symmetrie der Molekülterme zusammenhängen und denen zufolge nur Kombinationen positiver Terme mit negativen sowie gerader mit ungeraden möglich sind.

3.4. Schwingungsspektren der Moleküle

1. Werden die Atome eines Moleküls aus ihrer Gleichgewichtslage verschoben, so können sie dadurch zum Schwingen um ihre Gleichgewichtslage gebracht werden (*innermolekulare Schwingungen*). Das Schwingen der Atome im Molekül kann im Rahmen der analytischen Mechanik (S. 91) betrachtet werden. Nach der Quantentheorie werden die innermolekularen Schwingungen als Ursache für die Entstehung der Schwingungsspektren betrachtet. Die schwingenden Atome eines Moleküls werden in vielen Fällen als anharmonische Oszillatoren (S. 135) angesehen.

2. Im einfachsten Fall des zweiatomigen Moleküls wird dessen potentielle Energie mit Hilfe des LENARD-JONES-*Potentials*

$$U(r) = \left(\frac{a}{r^6} - \frac{b}{r^{12}}\right),$$

wobei a und b Konstanten sind, oder mit Hilfe des MORSE-Potentials

$$U(\varrho) = D(1 - e^{-a\varrho})^2$$

ausgedrückt, wobei $\varrho = \frac{r - r_e}{r_e}$ ist; a ist eine Konstante, r_e der Gleichgewichtsabstand zwischen den Atomen, entsprechend dem Minimum von $U(r)$, ϱ die relative Verschiebung der Atome aus ihren Gleichgewichtslagen. D bedeutet die Dissoziationsarbeit zur Aufspaltung in die Atome (S. 745), $D = U(\infty) - U(0)$. Die SCHRÖDINGER-Gleichung für Molekülschwingungen lautet

$$\frac{d^2\psi}{d\varrho^2} + \frac{8\pi^2 I_e}{h^2}[E_S - U(\varrho)]\,\psi = 0,$$

wobei I_e das Trägheitsmoment des Moleküls im Gleichgewichtszustand (S. 758) und E_s die Schwingungsenergie des Moleküls ist.

3. Bei kleinen Molekülschwingungen ist $U(\varrho) \approx Da^2\varrho^2$, wobei die SCHRÖDINGER-Gleichung in die Gleichung für den harmonischen Oszillator (S. 690) übergeht. Für das Schwingungsspektrum gilt

$$E_v = h\nu\left(v + \frac{1}{2}\right),$$

wobei

$$\nu = \frac{a}{2\pi}\sqrt{\frac{2D}{I_e}}$$

ist; ν ist die Frequenz der Eigenschwingungen des Oszillators; $v = 0, 1, 2, 3, \ldots$ wird *Schwingungsquantenzahl* genannt. Für sie gilt die Auswahlregel

$$\Delta v = \pm 1.$$

Die Größe

$$E_0 = \frac{1}{2} h\nu$$

nennt man die *Nullpunktsenergie der Schwingung* (S. 691). Die Schwingungsenergie-Niveaus der betrachteten Moleküle befinden sich in gleichen Abständen voneinander.

4. Für das Schwingungsspektrum eines zweiatomigen Moleküls gilt im Fall anharmonischer Schwingungen

$$E_v = h\nu\left(v + \frac{1}{2}\right) - hx\nu\left(v + \frac{1}{2}\right)^2;$$

hierbei nennt man

$$x = \frac{h\nu}{4D} \ll 1$$

die *Anharmonizitätskonstante*. Das Schwingungsspektrum ist in Bild VI.3.6 dargestellt. Der Abstand zwischen den Energieniveaus

$$\Delta E = h\nu - 2(v + 1)\,xh\nu$$

nimmt mit steigenden Werten von v ab. Für v existieren in diesem Fall keine Auswahlregeln. Die Intensität der Spektrallinien nimmt rasch mit wachsendem Δv ab. Die Energieniveaus gehen an der Grenze $\Delta E = 0$ in ein Kontinuum über; für die Grenze gilt

$$v_{\max} = \frac{1}{2x} - 1$$

und

$$E_{\max} = \frac{h\nu}{4x}(1 - x^2) = D(1 - x^2).$$

Da $x^2 \ll 1$ ist, gilt

$$E_{\max} = \frac{h\nu}{4x} = D,$$

d. h., die maximale Schwingungsenergie eines Moleküls ist gleich seiner Dissoziationsarbeit D.

5. Werden die räumlich verschieden gelegenen Atome eines Moleküls durch Potentialwälle voneinander getrennt, so ist die innermolekulare Rotation (s. u.) völlig gehemmt; es sind lediglich Torsionsschwingungen möglich (S. 117); das Energiespektrum kleiner Schwingungsamplituden symmetrischer Moleküle (C_2H_4, C_2H_6 u. a.)

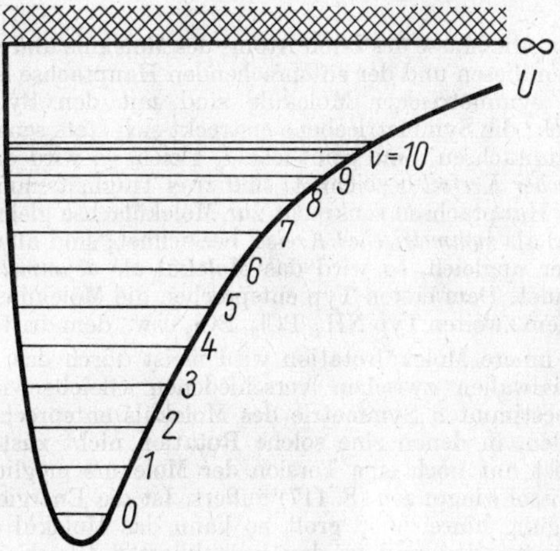

VI.3.6.

wird durch die Formel (in Punkt 3) dargestellt, in der

$$\nu = \frac{n}{\pi} \sqrt{U_0 B}$$

ist. Hierbei ist U_0 die Höhe des Potentialwalles, der die Gleichgewichtskonfigurationen der Atome im Molekül trennt, n die Anzahl der gleichen Minima von U, d. h. die Anzahl der energetisch identischen Atomkonfigurationen im Molekül; B ist die Rotationskonstante (S. 228).

3.5. Rotationsspektren der Moleküle

1. Es sind zwei Grundarten von Molekülrotation möglich: a) die Rotation des Moleküls als Ganzes um eine bestimmte Achse oder einen Punkt; b) die Rotation einzelner Teile des Moleküls im Verhältnis zueinander – *die innere Rotation.* Die innere Rotation ist eine Folge der Drehungsisomerie sowie einer Reihe anderer physikalisch-chemischer Eigenschaften von Molekülen mit Sigma-Bindungen (S. 749).

2. Die Rotation eines Moleküls als Ganzes wird durch die räumliche Anordnung seiner Atome, d. h. durch die Form des Moleküls charakterisiert; das Molekül kann ähnlich einem Festkörper durch drei Hauptträgheitsmomente (S. 76), die den drei Hauptachsen des Moleküls (S. 75) entsprechen, charakterisiert werden:

$$I_i = \sum_k m_k r_k^2 \qquad (i = 1, 2, 3),$$

wobei m_k die Masse des k-ten Atoms des Moleküls und r_k der Abstand zwischen diesen und der entsprechenden Hauptachse ist. Die Hauptachsen symmetrischer Moleküle sind mit den Symmetrieachsen identisch; die Symmetrieebene erstreckt sich stets senkrecht zu einer der Hauptachsen. Sind sämtliche I_i gleich, so wird das Molekül als *sphärischer Kreisel* bezeichnet; sind zwei Trägheitsmomente in bezug auf die Hauptachsen senkrecht zur Molekülachse gleich, so wird das Molekül als *symmetrischer Kreisel* bezeichnet; sind alle drei I_i untereinander ungleich, so wird das Molekül als *asymmetrischer Kreisel* bezeichnet. Dem ersten Typ entsprechen die Moleküle P_4, CH_4, CCl_4 usw., dem zweiten Typ NH_3, PCl_3, BCl_3 usw., dem dritten H_2O usw.

3. Die innere Molekülrotation wird meist durch das Auftreten von Potentialwällen zwischen verschiedenen Gleichgewichtslagen, die einer bestimmten Symmetrie des Moleküls entsprechen, erschwert. In Fällen, in denen eine solche Rotation nicht zustande kommen kann, ist nur noch eine Torsion der Moleküle möglich, die sich in Torsionsschwingungen (S. 117) äußert. Ist die Energie der Torsionsschwingung hinreichend groß, so kann das Molekül den Potentialwall überwinden und in den benachbarten Gleichgewichtszustand übergehen.

4. Das Rotationsspektrum eines als Ganzes rotierenden zweiatomigen Moleküls läßt sich durch die Lösung der SCHRÖDINGER-Gleichung für den Rotator (S. 693) ermitteln, wenn die Abstände zwischen den Kernen seiner Atome unverändert und gleich dem r_e der Gleichgewichtslage sind:

$$E_{\mathrm{r}} = \frac{h^2}{8\pi^2 I_e} J(J+1) = hBJ(J+1);$$

hierbei ist $I_e = Mr_e^2$ das Trägheitsmoment des Moleküls, B die *Rotationskonstante des Moleküls* (S. 228), J die *Rotationsquantenzahl.* Dieselbe Form besitzt auch das Rotationsspektrum der Moleküle vom Typ des sphärischen Kreisels. Die Projektion des Vektors des Gesamtdrehimpulses J auf die gegebene Rotationsrichtung des Moleküls wird durch die Quantenzahl

$$M_J = \pm J, \pm(J-1), \ldots, 0$$

bestimmt, die $2J+1$ Werte annimmt. Wird J auf die Richtung des Magnetfeldes projiziert, so ist M_J gleichbedeutend mit der magnetischen Quantenzahl (S. 731). Die Zahl J unterliegt der Auswahlregel

$$\Delta J = 0, \pm 1 \quad \text{bei} \quad \Lambda \neq 0,$$
$$\Delta J = \pm 1 \quad \text{bei} \quad \Lambda = 0.$$

Berücksichtigt man die Dehnung des Moleküls (Verformbarkeit des Rotators) während der Rotation, so wird die Form des Rotationsspektrums des Moleküls verändert:

$$E_r = hBJ(J+1) + hD_e J^2 (J+1)^2;$$

hierbei ist $D_e = \text{const} \ll B$ eine Konstante, die die Verformbarkeit des Rotators charakterisiert.

5. Durch die Molekülrotation kommt es zum Aufbau eines innermolekularen Magnetfeldes, in welchem die entarteten Terme, die den Werten $\pm\Lambda$ entsprechen, in zwei Terme — einen positiven und einen negativen — aufgespalten werden. Zur Aufhebung von Entartungen kommt es nur bei $\Lambda > 0$ (bei $\Lambda = 0$ ist keine Entartung vorhanden); der Effekt wird Λ-Verdoppelung (S. 754) genannt.

6. Die Wellenfunktionen, mit denen Rotationszustände charakterisiert werden, die einem gegebenen Elektronenzustand im Molekül entsprechen, stellt man in der Form $\psi = \psi_e \psi_r$ dar; es bedeuten ψ_e die Elektronen-Wellenfunktion, ψ_r die Rotations-Wellenfunktion der entsprechenden Form. Die Funktionen ψ_e und ψ_r können jede für sich sowohl positiv als auch negativ sein; es hängt dies davon ab, ob die Funktion ψ_e bei Änderung der Vorzeichen der Koordinaten aller Elektronen und Kerne ihr Vorzeichen ändert bzw. ob die Funktion ψ_r ihr Vorzeichen bei Änderung der Vorzeichen der Koordinaten der Kerne wechselt. Die Funktionen ψ_r, die geraden Werten von J entsprechen, sind positiv, die, die ungeraden entsprechen, sind negativ. Im Fall der positiven Elektronenfunktion ψ_{e+} sind alle Rotationsterme mit geradzahligem J positiv: $\psi_+ = \psi_{e+}\psi_0$, $\psi_{e+}\psi_2$, $\psi_{e+}\psi_4, \ldots, \psi_{e+}\psi_{2n}$. Die Terme mit ungeradem J sind negativ: $\psi_- = \psi_{e+}\psi_1, \psi_{e+}\psi_3, \ldots, \psi_{e+}\psi_{2n+1}$. Bei der negativen Elektronenfunktion ψ_{e-} entsprechen geraden Werten von J negative Rotationsterme: $\psi_- = \psi_{e-}\psi_0, \psi_{e-}\psi_2, \ldots, \psi_{e-}\psi_{2n}$; ungeraden Werten von J entsprechen positive Rotationsterme $\psi^+ = \psi_{e-}\psi_1, \psi_{e-}\psi_3, \psi_{e-}\psi_5, \ldots,$ $\psi_{e-}\psi_{2n+1}$. Bei gegebener Funktion ψ_r hängt das positive oder negative Vorzeichen des Terms von der Symmetrie von ψ_e ab. Bei Molekülen, die aus gleichen Atomen bestehen, unterscheidet man *symmetrische* (*s*) *Terme*, zu denen alle positiven und geraden sowie negativen und ungeraden Terme gehören, und *antisymmetrische* (*a*) *Terme*, zu denen die negativen und geraden sowie die positiven und ungeraden Terme gehören. Es lassen sich nur positive mit negativen Termen (S. 753) sowie symmetrische bzw. antisymmetrische Terme untereinander kombinieren. Da eine Kombination von Rotationstermen bei Molekülen mit gleichen Kernen unmöglich ist, treten bei solchen, aus einem Isotop gebauten Verbindungen vom Typ X_2, keine Rotationsspektren auf.

7. Wegen des Kombinationsverbotes symmetrischer mit antisymmetrischen Termen zerfallen die Rotationsterme von Molekülen mit gleichen Kernen in zwei miteinander nicht kombinierbare Gruppen. Die Einbeziehung des Kernspins und der Symmetrieeigenschaften der gesamten Wellenfunktion des Moleküls (S. 746) führt zur Bildung zweier Termsysteme; dem einen entsprechen die geraden, dem anderen die ungeraden Werte der Rotationsquantenzahl J. Da die

Größe $2J+1$ das statistische Gewicht eines gegebenen Rotationszustandes (S. 710), aber auch die Intensität der Spektrallinien bestimmt (S. 711), besitzen die Linien jedes Termsystems unterschiedliche Intensitäten (*Intensitätenwechsel*). Die Terme mit größeren Werten von $2J+1$ nennt man *Orthoterme*, die mit geringerem $2J+1$ *Paraterme*. Zum Beispiel sind im Fall des H_2-Moleküls die Paraterme mit $J=0$ symmetrisch, die Orthoterme mit $J=1$ jedoch antisymmetrisch. Das Verhältnis der Spektrallinien-Intensitäten des Ortho- und Parawasserstoffs ist

$$\frac{2J_{\text{ortho}}+1}{2J_{\text{para}}+1} = 3:1.$$

8. Im allgemeinen hängt die Verteilung der Intensitäten unter den einzelnen Linien des Rotationsspektrums mit der Aufteilung der Moleküle auf die — durch die Werte von J charakterisierten — Rotationszustände zusammen. Handelt es sich hierbei um eine BOLTZMANN-Verteilung (S. 218), so gilt

$$N(J) = N\frac{(2J+1)e^{-\frac{hBJ(J+1)}{kT}}}{\sum\limits_{J=0}^{\infty}(2J+1)e^{-\frac{hBJ(J+1)}{kT}}},$$

wobei $N(J)$ die Anzahl der Moleküle ist, die sich auf dem J-ten Rotationsniveau befinden, und N die Gesamtzahl der Moleküle.

9. Für das Energiespektrum der Moleküle vom Typ des symmetrischen Kreisels gilt

$$E_r = hBJ(J+1) + h(A-B)K^2 + h\frac{A_1A_2}{A}\left(k_1 - k_2\frac{A}{A_1}\right)^2$$

mit

$$A = \frac{h}{4\pi I_{\parallel}}, \quad B = \frac{h}{4\pi I_{\perp}}, \quad A_1 = \frac{h}{4\pi I_{\parallel}^{(1)}}, \quad A_2 = \frac{h}{4\pi I_{\parallel}^{(2)}};$$

$I_{\parallel}$ ist das Trägheitsmoment des Moleküls in bezug auf seine Achse, $I_{\parallel}^{(1)}$ und $I_{\parallel}^{(2)}$ sind die Trägheitsmomente der in bezug zueinander rotierenden Molekülteile bezüglich der Molekülachse, $I_{\perp}$ ist das Trägheitsmoment zur senkrecht zur Molekülachse stehenden Achse, J, K, k_1 und k_2 sind Rotationsquantenzahlen, die folgende Werte annehmen können:

$$J = K, K+1, K+2, \ldots; \quad K = 0, 1, 2, \ldots; \quad k_2 = \pm K;$$
$$k_1 = 0, \pm 1, \pm 2, \ldots.$$

Die ersten beiden Glieder der Formel entsprechen der Rotation des Moleküls als Ganzes, das dritte der inneren Rotation des Moleküls (s. auch S. 757).

3.6. Elektronen-Schwingungsspektren der Moleküle

1. Die Elektronen-Schwingungsspektren der Moleküle hängen mit den Elektronenübergängen in den um ihre Gleichgewichtslage schwingenden Atomen eines Moleküls zusammen. Die Überlagerung des Elektronenspektrums wirkt sich dahingehend aus, daß jede Linie eines Elektronenüberganges durch eine Reihe von Schwingungslinien, auch *Bande* genannt, ersetzt wird.

2. Für die nullte Linie (s. Punkt 3) der Elektronen-Schwingungsbande eines zweiatomigen Moleküls gilt bei Vernachlässigung der Rotationsfrequenzen die DESLANDRES*sche Formel*:

$$\nu_{\mathrm{cs}} = \nu_{\mathrm{e}} + \nu'\left(v' + \frac{1}{2}\right) - \nu' x'\left(v' + \frac{1}{2}\right)^2 - \nu\left(v + \frac{1}{2}\right) + \nu x\left(v + \frac{1}{2}\right)^2,$$

wobei sich die mit Apostroph gekennzeichneten Symbole auf das oberste Niveau des Überganges beziehen; die Größen ν und x ergeben sich aus den Formeln von S. 756.

3. Die $v = \mathrm{const}$ (dem festgesetzten unteren Niveau eines Überganges) entsprechenden Frequenzen eines Spektrums bilden eine DESLANDRES-*Quer-Serie*; sie sind für die Absorptionsspektren der Moleküle charakteristisch. Die $v' = \mathrm{const}$ (dem festgesetzten obersten Niveau eines Überganges) entsprechenden Frequenzen bilden eine DESLANDRES-*Längs-Serie,* die für die Emissionsspektren der Moleküle charakteristisch ist. Als charakteristische Konstante einer Bandenserie erweist sich die *nullte Linie* jener Bande, die dem Übergang $v = 0 \to v' = 0$ entspricht; sie wird auch *nullte Bande* genannt. Die Frequenz der nullten Linie der nullten Bande ist in Anbetracht der Nullpunktsenergie der Schwingung (S. 756) nicht mit der Frequenz ν_e identisch.

4. Bei den Elektronen-Schwingungsspektren sind die Intensitäten von Banden, die verschiedenen Werten von $\Delta v = v' - v$ entsprechen, innerhalb eines größeren Intervalles Δv vergleichbar. Dies hängt damit zusammen, daß die Wahrscheinlichkeit der Übergänge durch die Änderung der Elektronenkonfiguration des Moleküls, das sogenannte *Übergangsmoment des Moleküls,* bestimmt wird. Im Fall eines erlaubten Elektronenüberganges sind beliebige Werte von Δv möglich. Die Elektronenübergänge in den Molekülen vollziehen sich so rasch, daß es während eines Überganges zu keinen wesentlichen Änderungen weder des Abstandes zwischen den Kernen noch ihrer Impulse kommt. Die Elektronenübergänge vollziehen sich bei praktisch konstantem Abstand zwischen den Kernen. Derartig stationären äußeren Bedingungen entspricht eine größere Wahrscheinlichkeit (und damit auch die größere Intensität der betreffenden Spektrallinien; FRANCK-CONDON-*Prinzip*).

5. Bei isotopen Molekülen führt der Unterschied zwischen den Frequenzen der Eigenschwingungen sowie zwischen den Anharmonizitätskonstanten (S. 756) zum *Isotopen-Schwingungseffekt.* Der Unterschied zwischen den Trägheitsmomenten isotoper Moleküle bewirkt den *Isotopen-Rotationseffekt.* Für die nullte Bande eines Elektronen-

Schwingungsspektrums beträgt die so zustande kommende Verschiebung der Linien

$$\Delta \nu_0 = (y - 1)\left[\nu\left(v' + \frac{1}{2}\right) - \nu\left(v + \frac{1}{2}\right)\right]$$
$$- (y^2 - 1)\left[\nu' x'\left(v' + \frac{1}{2}\right)^2 - \nu x\left(v + \frac{1}{2}\right)^2\right],$$

wobei $y = \sqrt{\mu'/\mu}$ ist und μ, μ' die reduzierten Massen der aus zwei verschiedenen Isotopen zusammengesetzten Moleküle bedeuten: $\mu = \dfrac{m_1 m_2}{m_1 + m_2}$; m_1 und m_2 sind die Massen der Atome des Moleküls (eines zweiatomigen Moleküls), x besitzt den auf S. 756 angegebenen Wert. In den Ausdruck für ν kommt das Trägheitsmoment $I = \mu R^2$ hinein, wobei R der reduzierte Radius des Moleküls ist.

3.7. Rotations-Schwingungsspektren der Moleküle

1. Die *Rotations-Schwingungsspektren der Moleküle* entstehen bei Änderungen des Schwingungszustandes, die sich praktisch immer bei gleichzeitigen Änderungen des Rotationszustandes vollziehen. Die Frequenzen des Rotationsspektrums betragen größenordnungsmäßig ein Hundertstel bis ein Tausendstel der Frequenzen des Schwingungsspektrums. Infolge der Überlagerung der Schwingungsfrequenzen durch die geringen Rotationsfrequenzen verwandeln sich die Linien des Schwingungsspektrums in *Banden*, die eine Gruppe von Rotationslinien darstellen. Auf diese Weise entsteht die *Linien-Bandenstruktur* der Rotations-Schwingungsspektren. Da $E_e \gg E_r$ ist, übt die Molekülrotation praktisch keinen Einfluß auf das Spektrum der Elektronenübergänge aus.

2. Unter Vernachlässigung der Wechselwirkung zwischen Schwingung und Rotation und Einbeziehung der Konstanz der Elektronenenergie des Moleküls gilt für die Frequenz ν_{rs} des Rotations-Schwingungsspektrums

$$\nu_{\mathrm{rs}} \doteq \nu_{\mathrm{r}} + \nu_{\mathrm{s}} = \frac{E'_{\mathrm{r}} - E_{\mathrm{r}}}{h} + \frac{E'_{\mathrm{s}} - E_{\mathrm{s}}}{h},$$

wobei der oberste energetische Zustand des jeweiligen Übergangs durch einen Apostroph gekennzeichnet ist.

3. Bei Überlagerung der Elektronenfrequenzen auf das Rotations-Schwingungsspektrum und unter Berücksichtigung der Anharmonizität des Oszillators (S. 756) sowie der Verformbarkeit des Rotators (S. 758) gilt für ν_{rse} des Spektrums eines zweiatomigen Moleküls

$$\nu_{\mathrm{rse}} = \nu_{\mathrm{e}} + \left[\nu\left(v + \frac{1}{2}\right) - \nu x\left(v + \frac{1}{2}\right)^2\right]$$
$$+ \left[B_v J(J + 1) + D_v J^2 (J + 1)^2\right]$$

mit

$$B_v = B - \alpha_e \left(v + \frac{1}{2}\right) + \gamma_e \left(v + \frac{1}{2}\right)^2,$$

$$D_v = D_e + \beta_e \left(v + \frac{1}{2}\right),$$

wobei α_e, β_e, γ_e empirische Konstanten sind, die dem Gleichgewichtszustand des Moleküls entsprechen. (Die übrigen Symbole findet man auf S. 756 und ff.) Hierbei ist $x \ll 1$, $D_v \ll B_v$, da der Einfluß der zweiten, eingeklammerten und zum Quadrat erhobenen Glieder erst bei sehr hohen Werten von v und J wesentlich wird.

4. Die *Bandenstruktur* des Rotations-Schwingungsspektrums zweiatomiger Moleküle wird durch die Frequenzen

$$\nu_{rs}^{s} = \nu(1 - x)(v' - v) - \nu x(v'^2 - v^2)$$

charakterisiert, wobei $v' - v = \Delta v$ die Differenz der Schwingungsquantenzahlen des obersten und untersten Übergangsniveaus ist. Die Struktur hat die Form von Linienserien; die Seriennummer wird vom Wert von v für das Anfangsniveau bestimmt. Die Linien jeder Serie gehen nahe der Grenzfrequenz ν_{sp} (ν_{max}) in ein Kontinuum über; die Grenzfrequenz entspricht der Dissoziation der Moleküle (S. 745). Die Intensität der Linien nimmt mit ansteigendem Δv rasch ab.

5. Die *Rotationsstruktur* des Rotations-Schwingungsspektrums wird durch die Frequenzen

$$\nu_{rs}^{r} = \nu_{rs}^{s} + B_0[J'(J' + 1) - J(J + 1)]$$

charakterisiert. Man erhält sie aus der Gleichung der Rotationsenergie

$$E_r = h[B_v J(J + 1) - D_v J^2 (J + 1)^2]$$

unter der Voraussetzung, daß das Molekül starr ist ($D_v = 0$) und daß $B_v = B_0$ gesetzt wird. Auf Grund der Auswahlregel $\Delta J = 0, \pm 1$ (S. 758) erhält man für Moleküle, deren Normalzustand der Σ-Zustand ist, folgende Gruppen von Linien:

$J' = J + 1$,	$\nu_{+1} = \nu_s + 2B_0(J + 1)$	*positiver oder R-Zweig* der Bande,
$J' = J - 1$,	$\nu_{-1} = \nu_s - 2B_0 J$	*negativer oder P-Zweig* der Bande.

Die Linien dieses Zweiges beginnen mit $J = 1$. Die R- und P-Zweige einer Bande bilden eine Reihe, in gleichen Abständen voneinander entfernter Linien, wobei die sogenannte nullte Linie ν_s der Bande fehlt. Der Abstand $\Delta\nu$ zwischen zwei benachbarten Linien beträgt $2B_0$.

3.8. RAMAN-Spektren der Moleküle

1. *Das Phänomen der* SMEKAL-RAMAN-*Streuung* besteht darin, daß durch einen beliebigen flüssigen oder festen Körper gestreutes Licht in seinem Spektrum neben den von der Lichtquelle ausgesandten Frequenzen auch andere, verschobene aufweist. Spektrallinien, für die $\nu_s = \nu_0 - \nu$ gilt, nennt man STOKESsche Linien, Linien mit $\nu_a = \nu_0 + \nu$ heißen antistokessch; hierbei ist ν_0 die ursprüngliche Lichtfrequenz. Die Linien ν_s, ν_a bilden das RAMAN-Spektrum der Moleküle.

2. Die einfachste Erklärung für das Zustandekommen der RAMAN-Spektren ergibt sich aus folgenden zwei Schemata für die Wechselwirkung zwischen einem Quant und dem streuenden Molekül:

$$h\nu_0 + E(1) \to h\nu_s + E(2),$$
$$h\nu_0 + E(2) \to h\nu_a + E(1),$$

wobei $E(1)$ und $E(2)$ die Energien der Schwingungszustände des Moleküls bedeuten; $E(1) < E(2)$. Im ersten Fall geht das Molekül durch die Energie des Photons $h\nu_0$ in einen höheren Zustand über, während ein Photon mit geringerer Frequenz ν_s abgestrahlt wird. Im zweiten Fall führt die Wechselwirkung zwischen einem Quant und einem angeregten Molekül zum Auftreten eines Photons mit höherer Frequenz ν_a,

$$\nu_a = \nu_0 + \frac{E(2) - E(1)}{h}$$

und zum Übergang des Moleküls in einen tieferen Schwingungszustand.

3. Bei der SMEKAL-RAMAN-Streuung werden Schwingungs-, Rotations- und Rotations-Schwingungsspektren beobachtet. Außerdem sind RAMAN-Spektren möglich, bei denen die Frequenzdifferenz die Anregungsenergie der Elektronen des Moleküls darstellt. Bei den RAMAN-Spektren besitzen die Auswahlregeln für die herkömmlichen Spektren keine Gültigkeit und müssen durch neue ersetzt werden. So werden manchmal bei Elektronenspektren Linien des kombinierten Spektrums beobachtet, die das Verbot $\Delta\Sigma = 0$ übertreten; für die Rotationsspektren ergibt sich die Auswahlregel $\Delta J = 0, \pm 2$.

3.9. Kontinuierliche und diffuse Molekülspektren

1. Die *kontinuierlichen Molekülspektren* sind dadurch gekennzeichnet, daß sie in keiner Weise, auch nicht mit Spektralgeräten höchsten Auflösungsvermögens, in einzelne Linien oder Banden (S. 761) aufgegliedert werden können. Sie lassen sich auf Übergänge aus diskreten Zuständen mit $E < 0$ in Zustände mit $E > 0$ zurückführen. Solchen Übergängen entsprechen sowohl die Ionisation als auch die Dissoziation

der Moleküle in Ionen oder neutrale Atome. Die Dissoziation kann durch Erhöhung der Schwingungsenergie hervorgerufen werden. Die Energiezufuhr muß so groß sein, daß den Schwingungsübergängen Quantenzahlen der Größe $v \geqq v_{\max}$ (S. 756) zukommen. Das durch solche Übergänge angeregte Molekül kehrt nicht mehr in den Ausgangszustand zurück, sondern dissoziiert. Dissoziation kann auch durch Zusammenstöße von Molekülen mit raschen Partikeln (beispielsweise Neutronen) oder durch Absorption von Lichtquanten erfolgen (*Photodissoziation*).

2. Auch durch Erhitzen des zu untersuchenden Stoffes kann ein kontinuierliches Spektrum erzeugt werden. Beim Erwärmen nehmen die Moleküle größere Geschwindigkeiten an. Die dadurch eintretende Doppler-Verschiebung der Spektrallinien-Frequenzen (S. 656) führt zu einer gegenseitigen teilweisen Überdeckung der Linien, die bis zur Verschmelzung von Einzellinien fortschreiten kann. Als weitere Ursache für die Verwandlung eines diskreten Molekülspektrums in ein kontinuierliches ist die „Stoßverbreiterung" (S. 656) zu nennen, die vornehmlich in Rotationsspektren auftritt. Sie wird durch starke Verkürzung der Dauer der angeregten Zustände hervorgerufen und bewirkt eine entsprechende Vergrößerung der Linienbreite. Der Effekt kann solche Ausmaße annehmen, daß die Rotationsstruktur eines Spektrums zum Verschwinden kommt; bei weiterer Erhöhung von Druck und Temperatur kann die Stoßverbreiterung zu einer gegenseitigen Überdeckung der einzelnen Banden führen.

3. *Diffuse Molekülspektren* sind durch verwaschene Banden charakterisiert; sie sind durch eine starke Verbreiterung der Rotationslinien bedingt, die schon bei gewöhnlichen Drucken und Temperaturen hervorgerufen wird. In solchen Fällen ist die Lebensdauer des angeregten Zustandes um eine bis zwei Größenordnungen kürzer als die Dauer einer Rotationsperiode des Moleküls. Die Quantenhaftigkeit der Rotation und damit auch die diskrete Struktur der Rotationsbanden kommt dadurch zum Verschwinden. Dieses Phänomen wird durch die sogenannte *Prädissoziation* der Moleküle hervorgerufen. Der Unterschied zwischen dieser und der Dissoziation liegt darin, daß letztere durch den unmittelbaren Übergang der Moleküle aus dem stabilen, diskreten Zustand in den instabilen Zustand erfolgt (er ist durch jenen Teil der Potentialkurve, S. 745, charakterisiert, der der gegenseitigen Abstoßung der Atome des Moleküls entspricht), während die Prädissoziation aus dem angeregten Zustand heraus erfolgt. Die Prädissoziation kommt in zwei Etappen zustande: Zuerst findet der Übergang aus dem normalen in den angeregten Zustand statt, und anschließend erfolgt der Übergang — anstatt in den normalen — in den instabilen Zustand.

Die Wahrscheinlichkeit des Übergangs in den Normalzustand unter Aussendung eines Lichtquants und des Übergangs in den instabilen Zustand durch Prädissoziation bestimmen die Lebensdauer des angeregten Zustandes. Ist die Wahrscheinlichkeit des emissionslosen Überganges größer, so erweist sich die Lebensdauer des angeregten Zustandes gering, und die Breite der entsprechenden Spektrallinien wird größer.

3.10. Molekülspektroskopie

1. Die Erforschung der Elektronenspektren der Moleküle erlaubt Rückschlüsse gleichen Charakters wie die Erforschung der Atomspektren. Zusätzlich werden Aussagen über die Elektronenniveaus im Molekül, die Verteilung der Elektronendichten in den Molekülen und die Natur der chemischen Bindungen ermöglicht. Zur Erforschung der Molekülstruktur erweist sich das Studium der Schwingungs- und Rotationsspektren der Moleküle als besonders nützlich.

2. Die Schwingungs- und Rotationsspektren erlauben Rückschlüsse über die räumliche Anordnung der Atome in den Molekülen, über ihre möglichen Gleichgewichtskonfigurationen sowie über die Einteilung der Moleküle auf Grund dieser Konfigurationen. Ein Wissen um die Formen der Moleküle ermöglicht das Verständnis für die Natur ihrer Valenzbindungen und damit auch die Erklärung ihrer Reaktionseigenschaften. Die Rotationsspektren sind gewöhnlich im Infrarotbereich zu finden; zu ihrer Beobachtung müssen die speziellen Techniken der Infrarotspektroskopie herangezogen werden.

3. Die Raman-Spektroskopie verfügt dank der Einfachheit der Methoden über eine Reihe von Vorteilen gegenüber der Infrarotspektroskopie. Aus den Raman-Spektren lassen sich die Frequenzen der Eigenschwingungen (auf Grund der Schwingungsspektren), die Trägheitsmomente und die Form der Moleküle (auf Grund der Rotationsspektren) ermitteln; es lassen sich auch Strukturänderungen feststellen, die die Moleküle bei Änderungen des Aggregatzustandes erleiden.

4. Ein neueres Gebiet der Molekülspektroskopie — die *Radiospektroskopie* — gründet sich auf den Zeeman-Effekt (S. 729) (Aufspaltung der Spektrallinien in einem äußeren Magnetfeld). Die Radiospektroskopie untersucht, zum Unterschied von der optischen Spektroskopie, keine Spektrallinien, die auf Übergänge von einem beliebigen Niveau auf die Subniveaus eines anderen Niveaus zurückgehen, sondern solche Linien, die durch Übergänge zwischen den Subniveaus selbst hervorgerufen werden. Die Frequenzen dieser Spektrallinien (S. 730) liegen gewöhnlich im Bereich der ultrakurzen Radiowellen (von $\sim$10 MHz). Die Radiospektren erweisen sich um vieles einfacher als die optischen, weswegen ihnen auch eine größere Bedeutung bei der Analyse komplizierter Molekülspektren zukommt, die im optischen Bereich mitunter aus vielen tausend Linien bestehen. Dieser Umstand und die hohe Empfindlichkeit der radiospektroskopischen Methoden, welche die der optischen Methoden um ein Vielfaches übertrifft, sichern der Radiospektroskopie bei der Molekülforschung einen großen Vorrang.

3.11. Die Ionisation der Atome und Moleküle

1. Die Ionisation, d. h. die Abtrennung von Elektronen von Atomen oder Molekülen, kann durch vielerlei Ursachen zustande kommen. Die *thermische Ionisation* wird durch Erhöhung der Wärmeenergie

hervorgerufen. Sie erfolgt beim Erhitzen eines Stoffes durch hinreichende energetische Zusammenstöße zwischen Atomen oder Molekülen. Die *Ionisation* durch *Elektronen-* oder *Ionenstoß* kommt in starken elektrischen Feldern zustande, in denen die Ionen oder Elektronen die zur Ionisation nötige Energie erhalten (z. B. bei der Gasentladung; S. 375). Ähnlich vollzieht sich auch die Ionisation durch Korpuskelstrahlen (Alphateilchen, Protonen, Deuteronen usw.). Die *Photoionisation* erfolgt durch Absorption genügend energiereicher elektromagnetischer Quanten durch Atome oder Moleküle.

2. Die Ionisierungsarbeit eines Atoms hängt von der Größe seiner Kernladung und der Schale ab, aus der das Elektron herausgeschlagen wird; sie nimmt annähernd mit dem Quadrat der Atomnummer Z zu und verringert sich in dem Maße, als die Schalen-Nummer n größer wird. Zahlenmäßig ist die Ionisierungsarbeit gleich der Bindungsenergie eines auf einem gegebenen Niveau (S. 715) des Atoms befindlichen Elektrons.

3. Die thermische Ionisation, die oft in Flammen beobachtet wird, kommt durch den Zusammenprall von Atomen oder Molekülen zustande, deren kinetische Energie hierbei in Ionisierungsarbeit umgesetzt wird:

$$\frac{mv^2}{2} = e\varphi,$$

wobei φ das Ionisationspotential (S. 373) ist. Der Ionisationsgrad α, der gleich ist dem Verhältnis des partiellen Gasdruckes (S. 153) der Ionen zur Summe der Gasdrucke der Ionen und neutralen Atome, wird zur Berechnung der *Ionisations-Gleichgewichtskonstante* K_p (S. 197 und 198) in der SAHA-Formel, herangezogen; diese beruht auf der Annahme eines thermodynamischen Gleichgewichtes

$$K_p = \frac{\alpha^2}{1-\alpha^2} p = \left(\frac{2\pi m}{h^2}\right)^{3/2} (kT)^{5/2} e^{-e\varphi/kT},$$

wobei p der Gasdruck, m die Masse des Elektrons, φ das Ionisationspotential, k die BOLTZMANNsche Konstante (S. 152) und T die absolute Temperatur bedeuten. Die SAHA-Formel gilt nur näherungsweise, da sie die Verteilung der Elektronen auf die verschiedenen Zustände der Atome sowie die nicht zur Ionisation führende Anregung der Atome und die emissionslosen Übergänge (S. 743) nicht berücksichtigt.

4. Bei Molekülen kann zugleich mit der Ionisation der Atome auch Dissoziation eintreten. Der Effekt wird *dissoziierende Ionisation* genannt; das Molekül zerfällt unter gleichzeitiger Ionisation der Dissoziationsprodukte. Die dissoziierende Ionisation ist vornehmlich bei vielatomigen Molekülen anzutreffen. Die hierbei entstehenden Ionen können sich mit neutralen Atomen oder Molekülen unter Bildung komplexer Ionen vereinigen. Der Ionisationsgrad hängt bei gegebener Energie der ionisierenden Teilchen von der Verteilung der Atome und Moleküle auf ihre energetischen Zustände ab.

5. Die *Photoionisation* erfolgt durch Photonen, deren Energie gleich oder größer ist als die Ionisierungsarbeit:

$$E = h\nu = \frac{hc}{\lambda} \geqq e\varphi,$$

wobei φ wieder das Ionisationspotential und ν die Frequenz des Photons ist. Für die untere, im roten Bereich liegende Grenze der Photoionisation gilt

$$\nu_0 = \frac{e\varphi}{h}.$$

Bei der Photoionisation mit harten (Gamma-, Röntgen-) Photonen werden im wesentlichen Elektronen aus den tiefer liegenden Elektronenschalen der Atome abgetrennt; bei der Photoionisation mit optischen Photonen kommt es zur Abtrennung der außen liegenden Valenzelektronen. Es sind auch Vorgänge möglich, die eine *Photoneutralisation negativer Ionen* zur Folge haben; diese besteht in der Abtrennung der überschüssigen äußeren Elektronen der betreffenden Ionen.

4. Der Atomkern[1])

4.1. Zusammensetzung und Dimensionen der Atomkerne

1. Die Atomkerne bestehen aus Elementarteilchen (S. 820), sogenannten *Protonen und Neutronen*. Die Protonen besitzen eine positive Ladung, deren Absolutwert gleich dem der Ladung eines Elektrons ist; die Neutronen sind elektrisch neutral. Das Proton und das Neutron werden als zwei verschiedene Ladungszustände (S. 822) ein und desselben Teilchens, des *Nukleons*, betrachtet.

2. Die Anzahl der Protonen eines Kernes wird als *Kernladung* Z bezeichnet; sie deckt sich mit der Ordnungszahl des entsprechenden chemischen Elements im Periodensystem von D. I. MENDELEJEW (S. 736). Es sind bis heute die Kerne mit Z von 1 (Wasserstoff) bis 104 (Kurchatovium) bekannt. Dieses letzte Element wurde im Vereinigten Institut für Kernforschung zu Dubna im Sommer 1964 entdeckt. Die Anzahl der Neutronen eines Kernes wird mit N bezeichnet. $N \geqq Z$ gilt für alle Kerne (mit Ausnahme von ${}_1H^1$, ${}_2He^3$ und anderen kürzlich entdeckten *Kernen mit Neutronendefizit*). Bei leichten Kernen besteht das Verhältnis $N/Z \approx 1$; bei dem am Ende des Periodensystems befindlichen gilt $N/Z \approx 1{,}6$.

3. Die Gesamtzahl der Nukleonen eines Kernes, $A = N + Z$, nennt man seine *Massenzahl*. Kerne mit gleichen Werten von Z und verschiedenen Werten von A (bzw. verschiedenen Werten von N) nennt man *Isotope*. Kerne mit gleichen Werten von A und verschiedenen Werten von Z heißen *Isobare*. Konkrete Kerne mit definiertem

---

[1]) Sämtliche in diesem Kapitel aufgeführten Formeln gelten im GAUSSschen System.

A und Z werden auch Nuklide genannt. Die Kerne werden allgemein mit den Symbolen $_{Z}X^{A}$ oder X_{Z}^{A} bezeichnet; X ist das chemische Symbol des dem gegebenen Z entsprechenden Elements.

4. Bis heute sind ungefähr 300 stabile und mehr als 1000 instabile (radioaktive) Isotope bekannt. Die stabilen Isobare findet man am häufigsten in *Paaren* vor. Unter den leichten Kernen existieren keine Isobare. Die stabilen isobaren Paare besitzen mit Ausnahme des Paares mit $A = 113$ und 123 gerade Werte von A, Z und N, wobei sich Z innerhalb eines Paares um zwei Einheiten unterscheidet.
Es sind 59 stabile isobare Paare (Tabelle VI.4.1) und 5 isobare *Triaden* (Tabelle VI.4.2) bekannt.

Tabelle VI. 4.1. Isobare Paare

A	Paar	A	Paar	A	Paar
36	$_{16}S$ $_{18}Ar$	104	$_{44}Ru$ $_{46}Pd$	152	$_{62}Sm$ $_{64}Gd$
40	$_{18}Ar$ $_{20}Ca$	106	$_{46}Pd$ $_{48}Cd$	154	$_{62}Sm$ $_{64}Gd$
46	$_{20}Ca$ $_{22}Ti$	108	$_{46}Pd$ $_{48}Cd$	156	$_{64}Gd$ $_{66}Dy$
48	$_{20}Ca$ $_{22}Ti$	110	$_{46}Pd$ $_{48}Cd$	158	$_{64}Gd$ $_{66}Dy$
54	$_{24}Cr$ $_{26}Fe$	112	$_{48}Cd$ $_{50}Sn$	160	$_{64}Gd$ $_{66}Dy$
58	$_{26}Fe$ $_{28}Ni$	113	$_{48}Cd$ $_{49}In$	162	$_{66}Dy$ $_{68}Er$
64	$_{28}Ni$ $_{30}Zn$	114	$_{48}Cd$ $_{50}Sn$	164	$_{66}Dy$ $_{68}Er$
70	$_{30}Zn$ $_{32}Ge$	116	$_{48}Cd$ $_{50}Sn$	168	$_{68}Er$ $_{70}Yb$
74	$_{32}Ge$ $_{34}Se$	120	$_{50}Sn$ $_{52}Te$	170	$_{68}Er$ $_{70}Yb$
76	$_{32}Ge$ $_{34}Se$	122	$_{50}Sn$ $_{52}Te$	174	$_{70}Yb$ $_{72}Hf$
78	$_{34}Se$ $_{36}Kr$	123	$_{51}Sb$ $_{52}Te$	176	$_{70}Yb$ $_{72}Hf$
80	$_{34}Se$ $_{36}Kr$	126	$_{52}Te$ $_{54}Xe$	180	$_{72}Hf$ $_{74}W$
82	$_{34}Se$ $_{36}Kr$	128	$_{52}Te$ $_{54}Xe$	184	$_{74}W$ $_{76}Os$
84	$_{36}Kr$ $_{38}Sr$	132	$_{54}Xe$ $_{56}Ba$	186	$_{74}W$ $_{76}Os$
86	$_{36}Kr$ $_{38}Sr$	134	$_{54}Xe$ $_{56}Ba$	190	$_{76}Os$ $_{78}Pt$
92	$_{40}Zr$ $_{42}Mo$	138	$_{56}Ba$ $_{58}Ce$	192	$_{76}Os$ $_{78}Pt$
94	$_{40}Zr$ $_{42}Mo$	142	$_{58}Ce$ $_{60}Nd$	196	$_{78}Pt$ $_{80}Hg$
98	$_{42}Mo$ $_{44}Ru$	144	$_{60}Nd$ $_{62}Sm$	198	$_{78}Pt$ $_{80}Hg$
100	$_{42}Mo$ $_{44}Ru$	148	$_{60}Nd$ $_{62}Sm$	204	$_{80}Hg$ $_{82}Pb$
102	$_{44}Ru$ $_{46}Pd$	150	$_{60}Nd$ $_{62}Sm$		

Tab. VI. 4.2. Isobare Triaden

A	Triade	A	Triade
50	$_{22}Ti$ $_{23}V$ $_{24}Cr$	130	$_{52}Te$ $_{54}Xe$ $_{56}Ba$
96	$_{40}Zr$ $_{42}Mo$ $_{44}Ru$	136	$_{54}Xe$ $_{56}Ba$ $_{58}Ce$
124	$_{50}Sn$ $_{52}Te$ $_{54}Xe$		

5. Kerne, die aus einer geraden (ungeraden) Anzahl von Protonen und einer geraden (ungeraden) Zahl von Neutronen zusammengesetzt sind, nennt man *gerade-gerade* (*ungerade-ungerade*). Kerne, die aus einer geraden (ungeraden) Zahl von Protonen und aus einer ungeraden (geraden) Zahl von Neutronen bestehen, nennt man *gerade-ungerade* (*ungerade-gerade*).

6. Der Atomkern besitzt keine scharf umrissene Grenze. Der Begriff des *Kernradius* ist daher nur bedingt zu verstehen. Die empirische Formel für den Kernradius lautet:

$$R = R_0 A^{1/3} \quad \text{mit} \quad R_0 = (1{,}3 - 1{,}7) \cdot 10^{-13}\,\text{cm}.$$

Das Volumen eines Kernes ist der Anzahl seiner Nukleonen proportional. Die Dichte der Kernsubstanz ist für alle Kerne konstant; ihr Wert beträgt größenordnungsmäßig $\delta \sim 10^{14}\,\text{g/cm}^3 = 10^8\,\text{t/cm}^3$. Die Annahme, daß der Kern eine kugelförmige Gestalt besitzt, ist nicht immer gerechtfertigt (S. 775).

4.2. Bindungsenergie der Kerne. Kernkräfte

1. Als *Kern-Bindungsenergie* $\Delta W(A,Z)$ (Energie der Nukleonenbindung im Kern) wird die Energiedifferenz bezeichnet, durch die sich Protonen und Neutronen im freien Zustand und im Kernverband unterscheiden:

$$\Delta W(A, Z) = \{M_\text{K} - [Z M_\text{p} + (A - Z) M_\text{n}]\} c^2,$$

wobei M_K die Masse des Kerns, M_p und M_n die Massen des Protons und Neutrons sind. Wird E in MeV und M_K, M_p und M_n in atomaren Masseeinheiten (S. 860) ausgedrückt, so gilt

$$\Delta W(A, Z) = 931{,}141 \{M_\text{K} - [1{,}0075957\, Z + 1{,}008982 (A - Z)]\}$$

oder

$$\Delta W(A, Z) = 931{,}141 \{M - [1{,}0081445\, Z + 1{,}008982 (A - Z)]\},$$

wobei M die Masse des Atoms ist. Die Kern-Bindungsenergie ist negativ und in ihrem Absolutwert gleich der Arbeit, die zur Auflösung eines Kerns in seine Nukleonen nötig ist. Unter der Kern-Bindungsenergie wird sehr häufig die positive Größe $-\Delta W$ verstanden.

Die Kern-Bindungsenergie wird durch die Masse des neutralen Atoms ausgedrückt:

$$\Delta W = \{M_\text{K}(A, Z) - [Z M_\text{H} + (A - Z) M_\text{n}]\} c^2,$$

wobei M_H die Masse des Wasserstoffatoms ${}_1\text{H}^1$ ist.

Als *spezifische Kern-Bindungsenergie* (*Bindungsenergie pro Nukleon*) bezeichnet man die Größe $\Delta W/A$, die gleich der im Mittel einem Nukleon zukommenden Bindungsenergie ist.

2. Der *Massendefekt*[1]) ist die Differenz zwischen der Masse des Atoms gemessen in AME (atomare Masseeinheit), und der Massenzahl:

$$\varDelta = M - A.$$

Die experimentell beobachtete Abhängigkeit $\varDelta(A)$ wird hinreichend genau durch die Gleichung

$$\varDelta \approx [0{,}01(A - 100)^2 - 64] \cdot 10^{-3}\,\mathrm{AME}$$

beschrieben.
Der *Packungsanteil*

$$P = \frac{\varDelta}{A} = \frac{M}{A} - 1$$

stellt den „spezifischen" (auf ein Nukleon bezogenen) Massendefekt dar. Die Abhängigkeit der spezifischen Bindungsenergie, des Massendefektes und des Packungsanteils von der Massenzahl des Kernes A ist aus Bild VI.4.1 ersichtlich.

3. Die Größe der Bindungsenergie eines Kernes bestimmt seine *Stabilität in bezug auf den Zerfall.* Im Fall benachbarter isobarer Atome (S. 768), bei denen

$$M(A, Z) > M(A, Z + 1)$$

gilt (wobei M die Masse des Atoms ist), da für die Bindungsenergien der Kerne

$$\varDelta W(A, Z) > \varDelta W(A, Z + 1) + (M_\mathrm{H} - M_\mathrm{n})c^2$$

gilt (wobei M_H die Masse des Wasserstoffatoms ${}_1\mathrm{H}^1$ ist, $(M_\mathrm{H} - M_\mathrm{n})c^2 = 0{,}782\,\mathrm{MeV}$), ist der Kern ${}_Z\mathrm{X}^A$ instabil und neigt zum Zerfall durch Elektronenemission (S. 787): ${}_Z\mathrm{X}^A \to {}_{Z+1}\mathrm{Y}^A + \mathrm{e}^- + \tilde{\nu}_e$, wobei e^- ein Elektron, $\tilde{\nu}_e$ ein elektronisches Antineutrino (S. 825) bedeutet. Im Fall

$$M(A, Z + 1) > M(A, Z) + 2m_0$$

ist wegen

$$\varDelta W(A, Z + 1) > \varDelta W(A, Z) + 2m_0c^2 - (M_\mathrm{H} - M_\mathrm{n})c^2$$

(wobei m_0 die Masse des Elektrons ist) der Kern ${}_{Z+1}\mathrm{Y}^A$ instabil und neigt zum Zerfall durch Positronenemission (S. 787): ${}_{Z+1}\mathrm{Y}^A \to {}_Z\mathrm{X}^A + \mathrm{e}^+ + \nu_\mathrm{e}$, wobei e^+ ein Positron, ν_e ein elektronisches Neutrino (S. 825) ist.
Für

$$M(A, Z + 1) > M(A, Z) + \frac{\varepsilon}{c^2}$$

ist wegen

$$\varDelta W(A, Z + 1) > \varDelta W(A, Z) + \varepsilon - (M_\mathrm{H} - M_\mathrm{n})c^2$$

[1]) Unter dem Massendefekt wird häufig auch die Größe $-\varDelta W(A, Z)/c^2$ verstanden.

(wobei ε die Bindungsenergie des Elektrons im Atom ist, S. 723) der Kern in der Lage, ein Elektron aus einer der Schalen des Atoms einzufangen (Elektroneneinfang, S. 780): ${}_{Z+1}Y^A + e^- \to {}_Z X^A$. Instabile, zur Positronenemission neigende Kerne sind auch zum Elek-

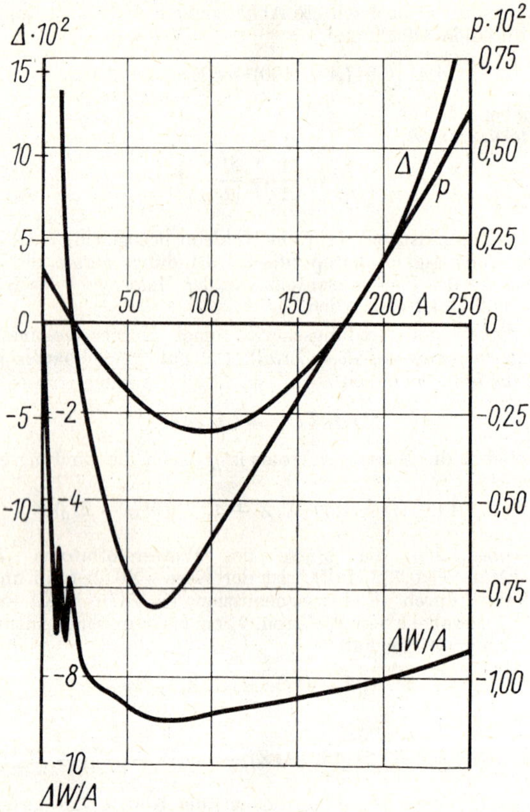

VI.4.1.

troneneinfang befähigt. Bezüglich anderer Formen der Instabilität von Kernen siehe S. 784 und 814.

4. Die isobaren Kerne ${}_Z X^A$ und ${}_{Z+1}Y^A$ sind bei Bindungsenergien stabil, die im Intervall

$$\Delta W(A, Z) + (M_n - M_H)c^2 + \varepsilon > \Delta W(A, Z+1) > \Delta W(A, Z) + (M_n - M_H)c^2$$

liegen.

5. Besitzt ein Kern die für ihn kleinstmögliche Energie, nämlich nur die Bindungsenergie, so befindet er sich im *Grundzustand*. Ist die Energie eines Kerns $E > E_{\min}$, so spricht man vom *angeregten Zustand*. Der Fall $E = 0$ entspricht der Dissoziation des Kerns in seine Nukleonen.

6. Aus der Tatsache, daß stabile Kerne existieren, folgt, daß zwischen den Nukleonen, aus denen sie zusammengesetzt sind, verbindende Kräfte wirken. Man nennt sie *Kernkräfte*. Die Energie der Kernkräfte und der COULOMBschen Wechselwirkung der Protonen ist gleich der Bindungsenergie. Die Kernkräfte verfügen über folgende Eigenschaften:

a) *Ladungsunabhängigkeit*: Die Kernkräfte, die zwischen zwei Protonen oder zwischen zwei Neutronen oder zwischen Proton und Neutron wirken, sind gleich. Das besagt, daß die Kernkräfte nichtelektrischer Natur sind.

b) *Sättigung*: Jedes Nukleon befindet sich nur mit einer begrenzten Anzahl der ihm nächststehenden Nukleonen in Wechselwirkung. Dies ergibt sich aus der Art der Abhängigkeit der Bindungsenergie und des Massendefekts von der Massenzahl (S. 771 und 768). Gäbe es keine Sättigung, so müßte $E \sim A(A-1)$ sein.

c) Die Kernkräfte sind anziehend.

d) Die Kernkräfte haben eine kurze Reichweite; sie wirken nur in Abständen, die größenordnungsmäßig mit den Dimensionen der Nukleonen vergleichbar sind. Diesen Abstand nennt man den Wirkungsradius R der Kernkräfte ($R \approx 1{,}5 \cdot 10^{-13}$ cm).

e) Die Kernkräfte haben keinen zentralen Charakter; ihr Potential entbehrt der sphärischen Symmetrie.

f) Die Kernkräfte hängen von der Spinorientierung der in Wechselwirkung befindlichen Nukleonen ab.

7. In der derzeit gültigen Variante der Kernkrafttheorie wird angenommen, daß die Wechselwirkung zwischen den Nukleonen durch den Austausch von π-Mesonen (S. 825) zustande kommt.

8. Diese Theorie (Punkt 7) erklärt auch die kurze Reichweite der Kernkräfte. Hierbei ist wesentlich, daß die Ruhmasse der π-Mesonen ungleich Null ist. Entsprechend der HEISENBERGschen Unschärferelation (S. 688) muß die zum Austausch der π-Mesonen benötigte Zeit Δt die Bedingung

$$\Delta E \, \Delta t \geqq \hbar$$

erfüllen; hierbei ist $\Delta E = m_\pi c^2$ die Ruhenergie des π-Mesons. Die Strecke, um die sich ein π-Meson, selbst wenn es sich mit annähernder Lichtgeschwindigkeit im Vakuum fortbewegt, in der Zeit Δt von einem Nukleon im Kern entfernen kann, beträgt $R_0 \approx \hbar/m_\pi c \approx 1{,}2 \cdot 10^{-13}$ cm; der Wert deckt sich ungefähr mit dem Kernradius (S. 770) und entspricht größenordnungsmäßig der Reichweite der Kernkräfte. (Für Photonen gilt $m_{\text{ph}} = 0$ und $R_0 = \infty$, d. h., ein elektromagnetisches Feld besitzt eine unendlich große Reichweite; s. auch S. 837.)

Andererseits kann unter der Voraussetzung, daß das π-Meson den Abstand R_0, der gleich dem Wirkungsradius der Kernkräfte (Punkt 6) ist, in der Zeit Δt durchläuft, die Ruhmasse des π-Mesons m_π berechnet werden: $m_\pi = \hbar/R_0 c \approx 250 m_e$; dabei ist m_e die Ruhmasse des Elektrons (S. 825). Dies stimmt mit den Werten der Masse von π-Mesonen (S. 825) überein.

4.3. Magnetische und elektrische Eigenschaften der Kerne

1. Die Nukleonen eines Kerns verfügen über Bahn- und Spindrehimpulse sowie magnetische Momente und mechanische Impulse (S. 447 und S. 448). Nukleonen sind Fermionen (S. 220), deren Spin gleich $\hbar/2$ ist. Für die magnetischen Momente der Bahn $\boldsymbol{\mu}_l$ und des Spins $\boldsymbol{\mu}_s$ gilt

$$\boldsymbol{\mu}_l = g_l \boldsymbol{l}, \quad \boldsymbol{\mu}_s = g_s \boldsymbol{s}, \quad \mu_l = g_l l \hbar, \quad \mu_s = g_s s \hbar,$$

wobei l und s die Bahn- und Spinquantenzahlen, g_l und g_s die entsprechenden *gyromagnetischen Faktoren* sind; für diese gilt

$$g_l \frac{\hbar}{\mu_K} = \begin{cases} 1 & \text{für das Proton,} \\ 0 & \text{für das Neutron,} \end{cases} \qquad g_s \frac{\hbar}{\mu_K} = \begin{cases} +5{,}585 & \text{für das Proton,} \\ -3{,}826 & \text{für das Neutron.} \end{cases}$$

Hierbei ist

$$\mu_K = \frac{e\hbar}{2 M_p c} = 5{,}050 \cdot 10^{-24} \text{ erg/G}$$

das sogenannte *Kernmagneton* (M_p ist die Masse des Protons) im GAUSSschen System.

2. In der Kernphysik wird unter dem *Kernspin* der Gesamtdrehimpuls (S. 726) des Kerns verstanden. Er entspricht der geometrischen Summe der Gesamtdrehimpulse aller Nukleonen eines Kerns (siehe unten). Die inneren Quantenzahlen der Nukleonen werden demgemäß algebraisch zusammengezählt; ihre Summe ist ganzzahlig (0, 1, 2, 3, ...) bei gerader Massenzahl A, und halbzahlig (1/2, 3/2, 5/2, ...) bei ungeraden Werten von A. Im ersten Fall unterstehen die Kerne der BOSE-EINSTEINschen Statistik, im zweiten der FERMI-DIRACschen (S. 220 und 221).

3. Die Ausführungen von Punkt 2 gründen sich auf die Tatsache, daß im Atomkern die Spin- und Bahndrehimpulse der Nukleonen stark gekoppelt sind (jj-Kopplung; S. 727). Es wird daher jedes Nukleon durch seinen Gesamtdrehimpuls charakterisiert:

$$\boldsymbol{j} = \boldsymbol{l} + \boldsymbol{s}.$$

Für den Spin $\boldsymbol{J}$ und das magnetische Moment $\boldsymbol{\mu}$ eines Kerns gilt

$$\boldsymbol{J} = \sum_{i=1}^{A} \boldsymbol{j}_i, \qquad \boldsymbol{\mu} = g \mu_K \boldsymbol{J}, \qquad |\boldsymbol{J}| = \sqrt{J(J+1)}\, \hbar,$$

wobei g eine dem LANDÉ-Faktor (S. 731) analoge Größe darstellt.

Die Klassifikation der Kernzustände nach den Werten der resultierenden Bahn- und Spinquantenzahl L und S (im Fall der starken Kopplung sind die Zahlen nur bedingt sinnvoll, S. 727) wird ebenso wie beim Vektormodell des Atoms vorgenommen. Zur Bezeichnung dieser Zustände bedient man sich der Symbolik der Spektroskopie (S. 728). Die Quantenzahl J ist bei geraden Werten von A ganzzahlig und bei ungeraden halbzahlig (in $\hbar$-Einheiten).

4. Die magnetischen Momente von gerad-geraden Kernen (S. 770) sind gleich Null. Die Verhältnisse betreffend die magnetischen Momente gerade-ungerader und ungerade-gerader Kerne (S. 770) lassen sich anhand des *Einzelnukleon-Kernmodells* betrachten. Bei diesem wird vorausgesetzt, daß die magnetischen Momente der Kerne durch die Bewegung eines „Valenznukleons" um den übrigen Teil des Kerns — der aus einer geraden Anzahl von Nukleonen besteht, deren vektorielle Summe der Bahn- und Spindrehimpulse gleich Null ist — bedingt sind. In diesem Fall gilt

$$\boldsymbol{J} = \boldsymbol{l} + \boldsymbol{s}, \quad \boldsymbol{\mu} = g_l \boldsymbol{l} + g_s \boldsymbol{s}.$$

Die Absolutwerte der magnetischen Momente der Kerne betragen:

$$\mu_{\text{u.g.}} = \begin{cases} \dfrac{J^2 - 1{,}293\,J}{J+1}\,\mu_{\text{K}} & \text{für } l = J + \dfrac{1}{2}, \\[2ex] (J + 2{,}293)\,\mu_{\text{K}} & \text{für } l = J - \dfrac{1}{2}, \end{cases}$$

$$\mu_{\text{g.u.}} = \begin{cases} -\,1{,}913\,\mu_{\text{K}} & \text{für } l = J + \dfrac{1}{2}, \\[2ex] \dfrac{1{,}913}{J+1}\,\mu_{\text{K}} & \text{für } l = J - \dfrac{1}{2}, \end{cases}$$

wobei die Indizes „u. g." und „g. u." ungerade-geraden und gerade-ungeraden Kernen entsprechen.

5. In den Atomkernen sind die elektrischen Ladungen (Protonen) im allgemeinen asymmetrisch verteilt. Als Maß für die Abweichung der Verteilung von der Kugelform dient das *elektrische Quadrupolmoment des Kerns* Q_0. Die Ladungsverteilung im Kern wird annähernd in Form eines Rotationsellipsoids angenommen. Für das Quadrupolmoment eines Kerns gilt

$$Q_0 = \frac{2}{5} Ze(b^2 - a^2),$$

wobei b und a die Halbachsen des Ellipsoids bedeuten. Bei einem längs der Spinrichtung (die der Halbachse b entspricht) ausgezogenen Kern ist $Q_0 > 0$; bei einem in dieser Richtung abgeplatteten Kern ist $Q_0 < 0$. Sind die Ladungen sphärisch im Kern verteilt, so ist $Q_0 = 0$; dies tritt ein, wenn der Spin des Kerns gleich 0 oder 1/2 (in $\hbar$-Einheiten) ist.

6. Das elektrische Dipolmoment (S. 329) eines im Grundzustand befindlichen Kerns ist gleich Null.

7. In einem äußeren Magnetfeld kommt es zur Quantelung des Kernspin (Richtungsquantelung, S. 725), wodurch sich jedes seiner Energieniveaus in $2J+1$ Unterniveaus aufspaltet (ZEEMAN*sche Aufspaltung der Kernniveaus*).
Die selektive Absorption elektromagnetischer Strahlung, die mit den Übergängen der Kerne zwischen verschiedenen ZEEMANschen Energie-Unterniveaus zusammenhängt, nennt man die *paramagnetische Kernresonanz.* Für die Resonanzfrequenzen der Übergänge, die der Auswahlregel für die magnetische (innere) Quantenzahl m_J (S. 731), $\Delta m_J = \pm 1$, unterworfen sind, gilt

$$\nu_{\mathrm{pkr}} = \frac{g \mu_{\mathrm{K}} H}{h};$$

g ist der Aufspaltungsfaktor für Kerne, die den Ausführungen von Punkt 3 entsprechen; er wird aus den gyromagnetischen Faktoren (S. 774) des Spin und der Bahn ermittelt; μ_{K} ist das Kernmagneton, H die Stärke des äußeren konstanten Magnetfeldes, h die PLANCKsche Konstante (im GAUSSschen System).

Die Frequenzen der paramagnetischen Kernresonanz sind entsprechend $\mu_{\mathrm{B}}/\mu_{\mathrm{K}} \sim m_{\mathrm{K}}/m_{\mathrm{e}} \sim 10^4$ gleich dem Bruchteil 10^{-4} der paramagnetischen Elektronenresonanz (S. 732) bei gleichem Wert von H; bei den üblich angewandten Magnetfeldern ($\sim 10^3$ Oe) liegen diese Frequenzen im Bereich von $10^5 - 10^6$ Hz.
Die Perioden der Spin-Gitterrelaxation (S. 733) können, angesichts der schwachen Wechselwirkung zwischen Kernspins und Gitter, bis zu vielen Stunden dauern; sie sind etwa tausendmal länger als die der paramagnetischen Elektronenresonanz.

8. Besitzt ein Kern ein elektrisches Quadrupolmoment Q (S. 775), so kommt es infolge Wechselwirkung mit dem innermolekularen oder innerkristallinen elektrischen Feld zur Aufspaltung der Kernniveaus in eine Reihe von Subniveaus durch den STARK-Effekt (S. 735). Die selektive Absorption elektromagnetischer Strahlung, die mit den Übergängen der Kerne zwischen den STARKschen Energie-Unterniveaus zusammenhängt (Punkt 8), nennt man die *Quadrupol-Kernresonanz.* Diese wird mit Erfolg zu Strukturuntersuchungen bei Molekülen und Kristallen herangezogen; es werden dabei Lage und Intensität der Resonanzlinien bestimmt.

4.4. Kernmodelle

A. Tröpfchenmodell

1. Bei der Erforschung der Atomkerne stellen die *Kernmodelle* wichtige Behelfe dar. Sie beruhen auf Ähnlichkeiten zwischen Kernen und bereits bekannten Systemen aus der Natur: Flüssigkeitstropfen, Elektronenhülle des Atoms usw. Demnach werden die Modelle als Tröpfchen-, Schalenmodell usw. bezeichnet.

2. Beim *Tröpfchenmodell* nimmt man an, daß die im Kern wirkenden Kräfte analog den Molekülkräften in einem Flüssigkeitstropfen (S. 246) sind. Die durch die Kernkraft bedingte Anziehungsenergie

der Nukleonen entspricht der durch Molekülkräfte bedingten Energie der Molekülanziehung im Flüssigkeitstropfen. Der zweiten Komponente der Kernenergie, der COULOMBschen Abstoßung gleichnamig geladener Protonen E_C (die mit zunehmender Anzahl dieser Teilchen im Kern ansteigt), entspricht die Verminderung der Stabilität eines Tropfens mit zunehmender Masse (Molekülzahl) des Tropfens. Die Nukleonen an der Kernoberfläche erfahren eine nur einseitige Anziehung, die durch den Koeffizienten der „Oberflächenspannung" σ (S. 250) charakterisiert wird.

3. Die gesamte positive Bindungsenergie eines Kerns (S. 770) läßt sich nach der halbempirischen WEIZSÄCKER*schen Formel* ermitteln:

$$\Delta W = \alpha A - \beta A^{2/3} - \gamma Z^2 A^{-1/3} - \varepsilon \left(\frac{A}{2} - Z\right)^2 A^{-1} + \delta,$$

dabei ist $\alpha = 15{,}75$ MeV, $\beta = 17{,}8$ MeV, $\gamma = 0{,}71$ MeV, $\varepsilon = 94{,}8$ MeV, $|\delta| = 34\,\mathrm{A}^{-3/4}$ MeV;

$$\delta = \begin{cases} +|\delta| & \text{für gerade-gerade Kerne; } A \text{ ist die Massenzahl;} \\ 0 & \text{für ungerade } A; \\ -|\delta| & \text{für ungerade-ungerade Kerne; } Z \text{ ist die Kernladung.} \end{cases}$$

Aus dem ersten Glied ist die Proportionalität zwischen der Bindungsenergie und A ersichtlich, aus dem zweiten die Verringerung von ΔW (auf Grund der einseitigen Anziehung der an der Oberfläche des Kerns befindlichen Nukleonen) proportional der Tröpfchenoberfläche, nämlich $A^{2/3}$ (Oberflächenspannung). Das dritte Glied berücksichtigt die COULOMBsche Abstoßung der Protonen, die proportional Z^2/r, d. h. $Z^2 A^{-1/3}$, ist. Aus dem vierten Glied ist die Tendenz zum symmetrischen Aufbau des Kerns, zu gleichen Anzahlen von Protonen und Neutronen ersichtlich; zudem werden durch dieses Glied Abweichungen von der Gleichung $Z = A/2$ nach beiden Seiten hin berücksichtigt. Dieses Glied leitet sich nicht vom Tröpfchenmodell ab, sondern ergibt sich aus dem PAULI-Prinzip (S. 736). Das letzte Glied berücksichtigt die Unterschiede in der Beständigkeit gerade-gerader, ungerade-gerader und ungerade-ungerader Kerne. Die Stabilität dieser Kerntypen nimmt in der genannten Reihenfolge ab. Das letzte Glied steht mit der Abhängigkeit der Kernkräfte von der Spinrichtung der Nukleonen in Zusammenhang. Der universelle Charakter der WEIZSÄCKERschen Formel konnte durch das Experiment bestätigt werden. Aus ihr ergibt sich insbesondere für den Radius R sämtlicher Kerne $R = (1{,}45 - 1{,}5) \cdot 10^{-13} A^{1/3}$ cm.

B. Schalenmodell

1. Beim *Schalenmodell* wird angenommen, daß die energetische Struktur (Energieniveaus der Nukleonen) des Kerns ähnlich den Elektronenschalen eines Atoms ist.

Die starke Wechselwirkung der Nukleonen und die geringe Reichweite dieser Wechselwirkung erlauben es, die Nukleonen eines Kerns so zu betrachten, als bewegten sie sich unabhängig voneinander in einem Feld mit kugelsymmetrischer Potentialverteilung. Die Nukleonen können sich hierbei in verschiedenen energetischen Zuständen befinden. Im Grundzustand müssen alle unteren Niveaus aufgefüllt sein. Durch den Energieverlust, den ein Nukleon durch Zusammenstoß mit anderen Nukleonen erleidet, kann dieses nicht auf ein tiefer liegendes Niveau gebracht werden, da alle Niveaus entsprechend dem PAULI-Prinzip (S. 736) besetzt sind. Dies führt dazu, daß die freie Weglänge eines Nukleons in einem nicht angeregten Kern größer ist als der Radius des Kerns. Es ergibt sich somit die Möglichkeit, die Nukleonen im Rahmen dieses Modells so zu beobachten, als ob sie weder miteinander in Wechselwirkung stünden noch zusammenstießen. Die Bewegung der miteinander nicht in Wechselwirkung befindlichen Nukleonen in einem Feld mit kugelförmiger Potentialverteilung, in dem der Bahndrehimpuls die gesamte Bewegung darstellt, wird dadurch charakterisiert, daß sämtlichen $2l+1$ möglichen Richtungen des Vektors $\boldsymbol{l}$ ein gleiches Energieniveau entspricht. Auf diesem Niveau befinden sich $2(2l+1)$ Nukleonen des gegebenen Typs. Auf diese Weise besitzt jede *Nukleonenschale* des Schalenmodells eine bestimmte Anzahl von Nukleonen. Jedes Nukleon wird durch eine individuelle Wellenfunktion und individuelle Werte der Quantenzahlen n und l (S. 695) charakterisiert. Es existieren zwei Systeme von Nukleonen-Zuständen: das der Protonen und das der Neutronen; die Niveaus beider Systeme werden unabhängig voneinander mit Nukleonen aufgefüllt. Kerne, in denen alle Nukleonen-Schalen abgeschlossen sind, müßten über erhöhte Stabilität verfügen (die sich dadurch äußern sollte, daß sie in der Natur häufig vorkommen). Die Verteilung der Ladung muß der sphärischen Symmetrie entsprechen. (Das Quadrupolmoment müßte nahe Null sein; (S. 775).

2. Die Reihenfolge, in der die Nukleonen-Schalen mit zunehmendem A aufgefüllt werden, stimmt mit der Auffüll-Reihenfolge der Elektronenschalen (mit zunehmendem Z) überein. Angesichts der vorhandenen starken Spin-Bahn-Kopplung werden alle Niveaus mit $l \neq 0$ in zwei Unterniveaus mit $j = l \pm 1/2$ aufgespalten, die unabhängig voneinander besetzt werden.

3. Die auf Grund des Schalenmodells möglichen Voraussagen stimmen im allgemeinen mit der Wirklichkeit überein. Kerne, bei denen die Werte von N oder Z 2, 8, 20, 28, 50, 82, 126 und 152 betragen, sind im Vergleich zu den ihnen benachbarten am stabilsten. Man nennt diese Zahlen die *magischen Zahlen.* Kerne dieser Art kommen in der Natur am häufigsten vor; ihre Quadrupolmomente sind nahe Null. Kerne, bei denen sowohl N als auch Z magische Zahlen sind, werden als *doppelt magisch* bezeichnet. Diese Kerne ($_2He^4$, $_8O^{16}$, $_{20}Ca^{40}$, $_{82}Pb^{208}$) verfügen über eine besondere Stabilität, die sich darin kundtut, daß sie die in der Natur am häufigsten vorkommenden Isotope darstellen.

4. Die Analogie zwischen Nukleonenschalen und Elektronenschalen scheint in einer Hinsicht von nur äußerlichem Charakter. Die Elektronen bewegen sich im zentralen Feld des Kerns, während das Feld, in dem sich die Nukleonen bewegen, keinen zentralen Charakter besitzt. Unter den Elektronen eines Atoms kommt es zu keinen Zusammenstößen; man kann aber nur unter dieser Bedingung von der Zahl l (die das System der Energieniveaus eines Atoms bestimmt)

als ausdrücklicher Quantenzahl, die einer stationären Bewegung entspricht, reden. Bei der hohen Dichte der Kernsubstanz müßte es zu häufigen Zusammenstößen unter den Nukleonen kommen, wodurch sich die Quantelung ihrer Bewegung als unmöglich erwiese.
Es spricht jedoch andererseits für das Schalenmodell, daß l auch für den Kern eine richtige Quantenzahl darstellt. Anscheinend können die Nukleonen im Grundzustand nicht miteinander zusammenstoßen (Punkt 1).

5. Das Schalenmodell ist bei leichten Kernen und Kernen, die sich im Grund- (nicht angeregten) Zustand befinden, gut gerechtfertigt.

C. Verallgemeinertes (kollektives) Modell

1. Das *verallgemeinerte (kollektive) Kernmodell* stellt die Synthese des Tröpfchen- und Schalenmodells dar. Bei diesem Modell nimmt man an, daß sich die Nukleonen des Kerns in einem bestimmten zentralsymmetrischen self-consistent-field (S. 722) bewegen, das auf das einzelne Nukleon von seiten aller anderen her wirkt. Der zentralsymmetrische Charakter des Feldes geht in der Nähe der „Kernoberfläche" verloren, da die zu keiner aufgefüllten Schale gehörenden Nukleonen („Valenznukleonen") das Potential des self-consistent-field zum Fluktuieren bringen, wodurch es zu „Deformierungen" der „Kernoberfläche" kommt. Solche Deformierungen kommen um so leichter zustande, als im Kern kein zentraler Körper vorhanden ist, der die Bewegung des Nukleonensystems stabilisierte. Durch die Deformierungen wird der sphärische Charakter der Ladungsverteilung im Kern gestört: Er erhält ein elektrisches Quadrupolmoment (S. 775).

2. Das Schalen- sowie das Tröpfchenmodell werden als Grenzfälle des kollektiven Kernmodells betrachtet. Der Aspekt der Schalen bewahrt die Bedeutung individueller Nukleonenzustände und der Nukleonenschalen für das kollektive Modell. Zugleich aber werden hier die Zustände nicht durch die unmittelbare Wechselwirkung einzelner Nukleonen, sondern durch ihre kollektive Wechselwirkung bestimmt (so wie beim Tröpfchenmodell, das auf Störungen des Potentials mit „Deformierungen" der Kernoberfläche reagiert). Der Tröpfchen-Aspekt tritt in den Vordergrund, wenn es sich um hoch angeregte Kernzustände handelt (um starke „Deformierungen" und starke Verzerrungen des self-consistent-field), bei denen die Individualität des einzelnen Nukleons und seines Zustandes verlorengehen. Bei besonders hoher Anregung können sogar einzelne Nukleonen aus dem Kern „verdampfen".

4.5. Radioaktivität

1. Als *Radioaktivität* bezeichnet man die unter Emission gewisser Teilchen (beispielsweise Heliumkerne) spontan erfolgende Umwandlung instabiler Isotopen (S. 768) gegebener chemischer Elemente in Isotopen anderer Elemente. Häufig versteht man unter Radioaktivität auch die Umwandlung von Elementarteilchen (beispielsweise von Neutronen und Hyperonen, S. 823).

Als *natürliche Radioaktivität* bezeichnet man die Radioaktivität instabiler Isotopen, die in der Natur vorkommen.
Unter *künstlicher Radioaktivität* versteht man die Radioaktivität von Isotopen, die durch Kernreaktionen (s. auch S. 820) erhalten werden. Die Eigenschaften eines Isotops sind unabhängig von der Art seiner Darstellung.
In Anbetracht der bei Kernreaktionen (S. 809) möglichen Bildung zusammengesetzter Kerne kann die Radioaktivität als von selbst erfolgende Änderung der Kernzusammensetzung angesehen werden, die sich durch Emission von Elementarteilchen oder Kernen aus dem Grundzustand oder einem metastabilen Zustand des Kerns während einer Zeitspanne vollzieht, die wesentlich länger ist als die Lebensdauer des angeregten zusammengesetzten Kerns bei der Kernreaktion. Die kürzeste Lebensdauer radioaktiver Isotopen wird zu $10^{-12} - 10^{-13}$ s angenommen.

2. Tabelle der Grundarten der Radioaktivität:

Tabelle VI.4.3

Typ der Radioaktivität	Änderung der Kernladung Z	Änderung der Massenzahl A	Art des Vorgangs
Alphazerfall	$Z - 2$	$A - 4$	Emission von α-Teilchen; sie bestehen aus zwei Protonen (p) und zwei Neutronen (n), die miteinander zu einem Ganzen verbunden sind
Betazerfall	$Z \pm 1$	A	Umwandlung eines Neutrons (n) in ein Proton (p) bzw. umgekehrt innerhalb eines Kerns
β^--Zerfall	$Z + 1$	A	$n \rightarrow p + (e^- + \tilde{\nu}_e)$
β^+-Zerfall	$Z - 1$	A	$p \rightarrow n + (e^+ + \nu_e)$
Elektroneneinfang	$Z - 1$	A	$p + e^- \rightarrow n + (\nu_e)$; ν_e und $\tilde{\nu}_e$ sind das elektronische Neutrino bzw. Antineutrino; die eingeklammerten Teilchen werden vom Kern emittiert
Spontanspaltung	$Z - {}^1/_2 Z$	$A - {}^1/_2 A$	Spaltung des Kerns zumeist in zwei Teile mit annähernd gleicher Masse und Ladung
Protonenaktivität	$Z - 1$	$A - 1$	Emission eines Protons
Zweiprotonenaktivität	$Z - 2$	$A - 2$	gleichzeitige Emission zweier Protonen

3. Die genannten fünf Grundarten der Radioaktivität sind durch verhältnismäßig lange Lebensdauer charakterisiert; die Lebensdauer ist entweder durch die Art der Wechselwirkung (schwache Wechselwirkung bei β-Zerfall S. 822) oder durch die Verzögerung der Emission positiv geladener Teilchen durch den COULOMBschen Potentialwall im Kern (α-Zerfall, Spontanspaltung, Ein- und Zweiprotonenaktivität) bedingt. Radioaktiver Zerfall jeder Art ist zumeist mit der Emission von harten, elektromagnetischen Strahlen, *Gamma-Strahlen*, verbunden; die Wellenlängen der Gammaphotonen liegen größenordnungsmäßig zwischen 10^{-9} und 10^{-11} cm. γ-Strahlen stellen die verbreitetste Form der Abgabe von Energie dar, die aus den angeregten Produkten des radioaktiven Zerfalls frei wird. Zerfallende Kerne werden als *Mutterkerne*, die aus ihnen entstehenden als *Tochterkerne* bezeichnet. Zerfallen auch diese, so spricht man bisweilen von „Enkelkernen" und von *Zerfallsreihen.*

4. Der *natürliche Zerfall* folgt dem Gesetz

$$N = N_0 e^{-\lambda t};$$

dabei bedeutet N_0 die Anzahl der Kerne in einem gegebenen Volumen zur Zeit $t = 0$, N die Zahl der Kerne im gleichen Volumen zur Zeit t, λ ist die *Zerfallskonstante.* λ bedeutet die Wahrscheinlichkeit, mit der ein Kern innerhalb einer Sekunde zerfällt, und ist daher gleich dem Bruchteil der Kerne, die während einer Sekunde zerfallen. Die Größe $1/\lambda$ nennt man die *mittlere Lebensdauer eines radioaktiven Isotops.* Die Stabilität der radioaktiven Kerne wird auch durch die *Halbwertszeit* $T_{1/2}$ charakterisiert. Sie entspricht der Zeit, nach der eine gegebene Ausgangsmenge eines radioaktiven Stoffes zur Hälfte zerfallen ist. Zwischen λ und $T_{1/2}$ besteht folgender Zusammenhang:

$$T_{1/2} = \frac{\ln 2}{\lambda} = \frac{0{,}693}{\lambda}.$$

Für radioaktive Isotope, die nach mehreren Arten zerfallen (Punkt 2), ist die allgemeine Zerfallskonstante $\lambda = \sum_k \lambda_k$; die Addition erfolgt über alle Zerfallsarten; λ_k ist die *partielle Zerfallskonstante.* Die Anzahl der Zerfälle pro Zeiteinheit nennt man die *Aktivität* eines gegebenen Präparates. Bezieht man diese auf die Masseeinheit, so erhält man die *spezifische Aktivität* der vorliegenden Substanz. Für die Aktivität gilt

$$A = \lambda N = \lambda N_0 e^{-\lambda t}.$$

5. Ist das durch einen Zerfall entstandene Folgeprodukt selbst wieder radioaktiv und möglicherweise auch dessen Tochtersubstanz usw., d. h., kommt es nicht schon nach der ersten Umwandlung, sondern erst über eine Serie instabiler Zwischenprodukte zur Bildung einer stabilen Kernart, so spricht man von einer *radioaktiven Zerfallsreihe* (*Zerfallskette*). Die Gesamtaktivität einer solchen Kette ist kompliziert durch Messungen zu bestimmen, da die Zerfallsart und die Zerfallskonstanten der Glieder nicht gleich groß sind; außerdem registrier

ein beliebiges Meßgerät (Beispiel S. 806) verschiedene Strahlungsarten und -energien mit unterschiedlichem Wirkungsgrad.
Bezeichnet man mit λ_i die Zerfallskonstante des i-ten Gliedes der Kette und mit k_i die Empfindlichkeit des Detektors gegenüber der Strahlung des i-ten Gliedes, so beträgt die Gesamtaktivität der Zerfallskette

$$A = \sum_{i=1}^{n} k_i \lambda_i N_i .$$

Die Aktivität einer zweigliedrigen Kette ($n = 2$) beträgt

$$A = k_1 \lambda_1 N_{10} \left[\left(1 - \frac{k_2}{k_1} \frac{\lambda_2}{\lambda_1 - \lambda_2} \right) e^{-\lambda_1 t} + \frac{k_2}{k_1} \frac{\lambda_2}{\lambda_1 - \lambda_2} e^{-\lambda_2 t} \right];$$

der Index „Null" bezieht sich auf den Zeitpunkt $t = 0$.
6. Die Stabilität der Kerne verringert sich (durchschnittlich) mit zunehmender Massenzahl (S. 768). Die Anzahl der leichteren und mittleren radioaktiven Kerne ist gering ($_{19}K^{40}$, $_{37}Rb^{87}$, $_{49}In^{115}$, $_{57}La^{138}$, $_{62}Sm^{147}$, $_{71}Lu^{176}$ und $_{75}Re^{187}$). Bei schweren Kernen (beginnend mit $A > 200$) ist die natürliche Radioaktivität eine universelle Erscheinung. Es existieren insgesamt drei natürliche und eine künstliche *radioaktive Familie* (Zerfallsreihe), die nach dem jeweils langlebigsten Glied (mit höchstem $T_{1/2}$, S. 781) benannt ist: *Uranreihe* (nach $_{92}U^{238}$), *Thoriumreihe* (nach $_{90}Th^{238}$), *Actiniumreihe* (nach $_{89}Ac^{235}$) und *Neptuniumreihe* (nach dem künstlichen $_{93}Np^{237}$). Die Massenzahlen der Glieder der einzelnen radioaktiven Familien lassen sich durch die Formel

$$A = 4n + a$$

charakterisieren; n ist eine ganze Zahl; es gilt $a = 0$ in der Thoriumreihe, $a = 1$ in der Neptuniumreihe, $a = 2$ in der Uranreihe, $a = 3$ in der Actiniumreihe. Die Glieder einer Zerfallsreihe gehen durch Alpha- und Betazerfall ineinander über. Die stabilen Endprodukte der einzelnen Reihen sind $_{82}Pb^{208}$ in der Reihe mit $a = 0$, $_{83}Bi^{209}$ in der mit $a = 1$, $_{82}Pb^{206}$ in der mit $a = 2$ und $_{82}Pb^{207}$ in der mit $a = 3$. Die vier Zerfallsreihen sind in Bild VI.4.2 veranschaulicht. Die parallel zur A-Achse zeigenden Pfeile bedeuten Alphazerfall, die senkrecht auf sie weisenden Betazerfall. Für die Kernumwandlungen dieser Zerfallsreihen gilt der FAJANS SODDY*sche Verschiebungssatz* (s. auch Tabelle VI.4.3):

$$\left. \begin{aligned} A' &= A - 4 \\ Z' &= Z - 2 \end{aligned} \right\} \alpha\text{-Zerfall}, \qquad \left. \begin{aligned} A' &= A \\ Z' &= Z + 1 \end{aligned} \right\} \beta\text{-Zerfall};$$

(A, Z) und (A', Z') sind Mutter- bzw. Tochterkerne.
7. Die Elemente mit $Z > 92$ nennt man *Transurane*. Es sind bis heute zwölf von ihnen bekannt, die alle auf künstlichem Wege dargestellt wurden (S. 812); sie konnten in der Natur nicht vorgefunden werden. Die Transurane sind durchweg radioaktiv; ihre Halbwerts-

zeiten verringern sich rasch mit ansteigendem Z. Ihre Namen lauten: Neptunium ($_{93}Np^{237}$), Plutonium ($_{94}Pu^{244}$,) Americium ($_{95}Am^{243}$), Curium ($_{96}Cm^{248}$), Berkelium ($_{97}Bk^{247}$), Californium ($_{98}Cf^{249}$), Einsteinium ($_{99}Es^{254}$), Fermium ($_{100}Fm^{253}$), Mendelevium ($_{101}Md^{256}$),

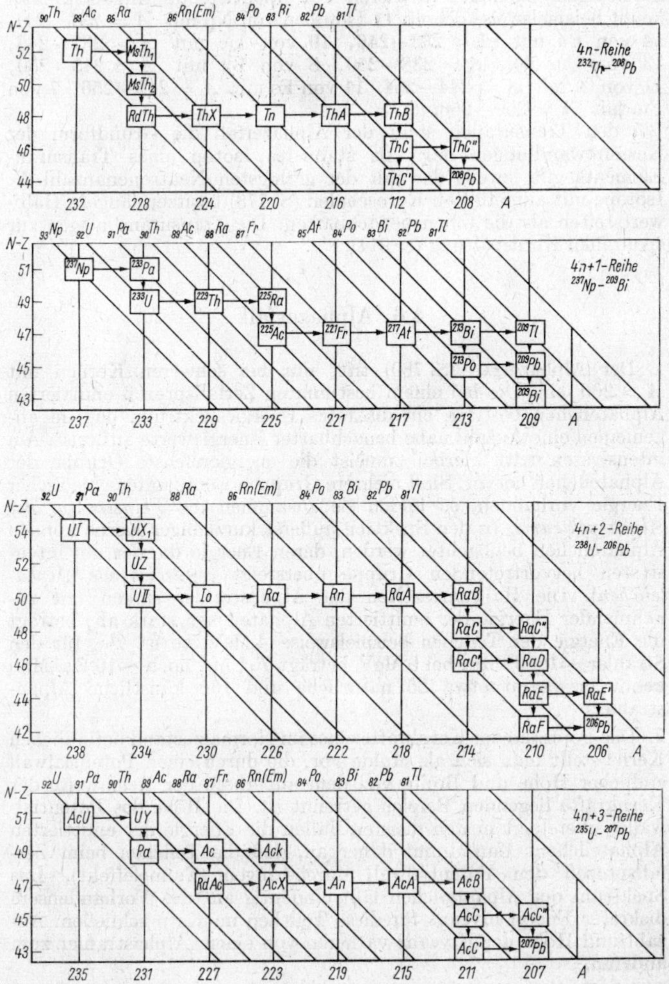

VI.4.2.

Nobelium ($_{102}No^{257}$) und Lawrentium sowie das im Sommer 1964 im Vereinigten Institut für Kernforschung zu Dubna entdeckte Kurchatovium (Kernladung $Z = 104$). Die angegebenen Massenzahlen gehören in den meisten Fällen dem jeweils am längsten lebenden Isotop des betreffenden Elementes an. Für die Massenzahlen der kurzlebigen Elemente existieren nur orientierende Angaben. Man kennt beispielsweise derzeit 11 Isotopen von Np mit $A = 231-241$, 14 von Pu mit $A = 232-246$, 10 von Am mit $A = 237-246$, 13 von Cm mit $A = 238-250$, 8 von Bk mit $A = 243-250$, 11 von Cf mit $A = 244-254$, 11 von Es mit $A = 246-256$, 7 von Fm mit $A = 250-256$.

Bei den Transuranen stellt der Alphazerfall die Grundform der Kernumwandlungen dar. Als stabilstes Isotop eines Transuran-Elements gilt jeweils das mit der geringsten Neutronenanzahl N. Isotope mit aufgefüllten Kernschalen (S. 778) besitzen längere Halbwertszeiten als die ihnen benachbarten. Die Transurane neigen zur spontanen Kernspaltung (S. 814).

4.6. Alphazerfall

1. Der Alphazerfall (S. 780) tritt nur bei schweren Kernen mit $A > 200$ ein. Die bei einem bestimmten Zerfallsprozeß emittierten Alphateilchen besitzen ein diskretes Energiespektrum, das im allgemeinen eine Anzahl nahe benachbarter Energiewerte aufweist. Am intensivsten tritt hierbei zumeist die energiereichste Gruppe der Alphateilchen hervor. Sind mehrere Gruppen wenig unterschiedlicher Energie vorhanden, so bilden sie zusammen die *Feinstruktur des Alphaspektrums*. In den Spektren äußerst kurzlebiger Kerne können Alphateilchen beobachtet werden, deren Energie die der am intensivsten hervortretenden Gruppe übersteigt (*weitreichende Alphateilchen*). Die Halbwertszeiten der Alphastrahler sinken mit zunehmender Energie der emittierten Alphateilchen stark ab; beträgt die Energie der Teilchen beispielsweise 4 MeV, so ist $T_{1/2}$ für den Strahler $\sim 10^9$ Jahre; bei 9 MeV beträgt $T_{1/2}$ nur noch $\sim 10^{-7}$ s. Man kennt insgesamt etwa 25 natürliche und 100 künstliche Alphastrahler.

2. Das Potential der Kernkräfte eines im Normalzustand befindlichen Kerns stellt man sich als Mulde vor, die durch einen Potentialwall endlicher Höhe und Breite von dem außerhalb der Reichweite der Kernkräfte liegenden Bereich getrennt ist. Die Höhe des Potentialwalles übersteigt in den meisten Fällen die Energie der emittierten Alphateilchen. Man nimmt daher an, daß die Teilchen beim Zerfallsprozeß den Potentialwall durchdringen (Tunneleffekt). Das Spektrum der Alphateilchen läßt eindeutig auf das Vorhandensein diskreter Energieniveaus für diese Teilchen im Kern schließen. Anzahl und Höhe der Niveaus variieren von einem Alphastrahler zum anderen.

3. Die Energie der Alphateilchen entspricht der Differenz zwischen den Energieniveaus der Mutter- und Tochterkerne. Sie ist um so

größer, je weniger der Tochterkern angeregt ist. Bei stark angeregten alphaaktiven Mutterkernen mit kleiner Halbwertszeit (S. 781) durchdringt das Alphateilchen den Potentialwall noch bevor ein Gammaquant (S. 792) emittiert wird. Das hierbei ausgesandte Alphateilchen besitzt eine übergroße Reichweite, die diejenige gewöhnlicher Alphateilchen übersteigt.

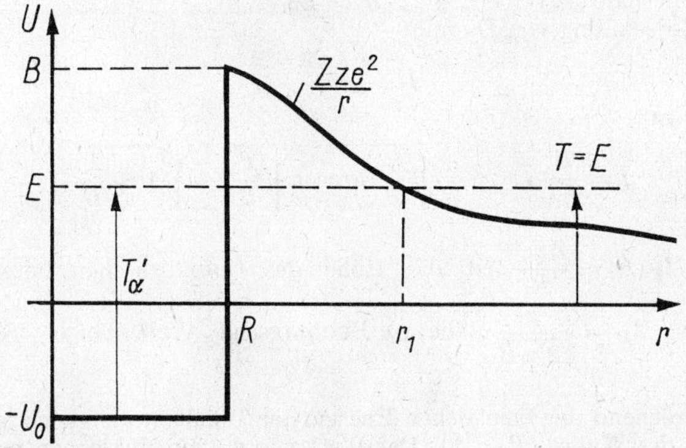

VI.4.3.

4. Beim Alphazerfall unterscheidet man zwei Stadien: die Bildung eines Alphateilchens aus Nukleonen innerhalb des Kernes und die Emission des Teilchens. Der erste Vorgang ist wesentlich weniger erforscht als der zweite. Die Bildung der Alphateilchen erfolgt mit erheblicher Wahrscheinlichkeit. Die Lebensdauer alphaaktiver Kerne wird daher im Grunde durch das zweite, bisweilen länger währende Stadium bestimmt. Die Vereinigung zweier Protonen und zweier Neutronen zu einem Alphateilchen ist auf Grund der Sättigung der Kernkräfte (S. 773) möglich: das neu gebildete Alphateilchen wird durch diese Kräfte geringer angezogen als die übrigen Nukleonen, wodurch es in erhöhtem Maß der Coulombschen Abstoßung durch die Protonen ausgesetzt ist.
Dies erklärt, warum der Alphazerfall wesentlich wahrscheinlicher ist als die Ein- oder Zweiprotonenaktivität (S. 780).

5. Für die Durchlässigkeit D des Potentialwalles (S. 702) für Alphateilchen (Bild VI.4.3) gilt

$$D = \exp\left\{-\frac{2}{\hbar}\int_R^{r_T}\sqrt{2m\left(\frac{Zze^2}{r} - E\right)}\,dr\right\};$$

dabei ist $E = T$ die kinetische Energie des Alphateilchens ($z = 2$), R der Kernradius, $r_T = \frac{Zze^2}{T}$ der Umkehrpunkt, der sich auf Grund der Bedingung $U_K(r_T) = T$ ermitteln läßt (dabei ist $U_K(r) = \frac{Zze^2}{r}$ das COULOMBsche Potential zwischen Alphateilchen und dem Kern mit der Ladung Ze); m ist die Masse des Alphateilchens. Die kinetische Energie T' des Alphateilchens innerhalb eines Kerns ist größer als außerhalb desselben: $T' > T = E$.
Die Berechnung von D ergibt

$$D = e^{-2g\gamma},$$

dabei ist

$$g = \frac{R}{\lambda\!\!\!^{-}_{\mathrm{B}}}, \quad \gamma = \sqrt{\frac{B}{T}} \arccos \sqrt{\frac{T}{B}} - \sqrt{1 - \frac{T}{B}},$$

$B = U_K(R) = \frac{Zze^2}{R}$ ist die Höhe des COULOMBschen Potentialwalles, $\lambda\!\!\!^{-}_{\mathrm{B}} = \frac{\hbar}{\sqrt{2mB}}$ die DE BROGLIEsche Wellenlänge (S. 685) entsprechend der kinetischen Energie der Teilchen, die gleich ist der Höhe des Walles ($T = B$). Der Wert von $\lambda\!\!\!^{-}_T$ für Nukleonen mit der kinetischen Energie T ist

$$\lambda\!\!\!^{-}_T = \frac{\hbar}{\sqrt{2mT}} \approx \frac{4{,}5 \cdot 10^{-13}}{\sqrt{T\,(\mathrm{MeV})}}\ \mathrm{cm}.$$

6. Die Alphazerfallskonstante (S. 781) λ hängt mit der Größe D durch die Beziehung

$$\lambda = \frac{vD}{2R}$$

zusammen; hierbei ist R der Kernradius ($2R$ ist die Breite der Potentialmulde) und v die Geschwindigkeit des Alphateilchens im Kern.
7. Der Zusammenhang zwischen der Reichweite $\bar{R}_\alpha$ der Alphateilchen in Materie (S. 800) und der Alphazerfallskonstante λ ist aus der folgenden empirischen Formel, der GEIGER-NUTTALL*schen Beziehung*, ersichtlich:

$$\ln \lambda = A \ln \bar{R}_\alpha + B;$$

A und B stellen Konstanten dar, die für die einzelnen Zerfallsreihen unterschiedliche Werte besitzen. Aus der Formel geht hervor, daß λ mit zunehmender Reichweite bzw. Energie der Alphateilchen ebenfalls zunimmt und $T_{1/2}$ dementsprechend rasch absinkt.

4.7. Betazerfall

1. Unter dem Betazerfall versteht man drei Formen von Kernumwandlungen: den *Elektron*(β^-)*-Zerfall*, den *Positron*(β^+)*-Zerfall* und den *Elektroneneinfang* (S. 780). Die Erklärung der einzelnen Betazerfallsarten siehe S. 780. Man kennt derzeit ca. 900 betaaktive Isotopen. Von diesen sind lediglich etwa 20 natürlich, während die übrigen auf künstlichem Wege erhalten werden. Beim weitaus größten Teil dieser Isotopen erfolgt der β^--Zerfall, bei dem jeweils ein Elektron emittiert wird. Theoretisch ist auch ein *doppelter Betazerfall* möglich; hierbei würden pro Zerfall zwei Elektronen (Positronen) abgestoßen werden. Diese Zerfallsart ist jedoch bislang experimentell nicht beobachtet worden.

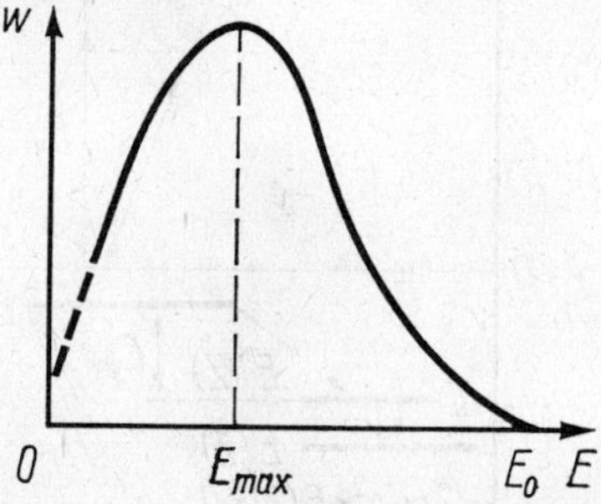

VI.4.4.

2. Das Energiespektrum der beim Betazerfall emittierten Elektronen oder Positronen ist kontinuierlich und erstreckt sich von $E = 0$ bis $E = E_0$, wobei E_0 die sogenannte *obere Grenzenergie des Betaspektrums* ist.
Die mittlere Energie $\overline{E}$ der Elektronen, die von einem schweren Kern emittiert werden, beträgt $\overline{E} \approx E_0/3$; bei natürlichen β^--Strahlern ist $\overline{E} = (0{,}25 - 0{,}45)$ MeV. Bei leichten Kernen ist das Energiespektrum der Elektronen (Positronen) fast symmetrisch: $\overline{E} \approx E_0/2$. Die beim Betazerfall vorkommenden Halbwertszeiten liegen im Bereich von $2{,}5 \cdot 10^{-2}$ s bis $4 \cdot 10^{12}$ Jahren; sie sind unvergleichlich länger als die charakteristische Kernzeit ($\sim 10^{-21}$ bis 10^{-22} s). Dies deutet darauf hin, daß der Betazerfall durch die schwache Wechselwirkung (S. 822) zustande kommt. Der Betazerfall erfolgt zumeist unter gleichzeitiger Emission von Gammastrahlen mit diskretem Energiespektrum. Die Form eines Betaspektrums ist in Bild VI.4.4 gezeigt.

3. Beim Betazerfall wird zugleich mit einem Elektron auch ein elektronisches Antineutrino, mit einem Positron ein elektronisches Neutrino (S. 823) emittiert. Die Wechselwirkung des elektronischen Neutrino

(Antineutrino) mit dem Kern ist unendlich klein im Vergleich zur Wechselwirkung zwischen den Nukleonen eines Kerns (Kernwechselwirkungen). Elektron (Positron) und elektronisches Antineutrino (Neutrino) müssen hierbei gleich große, jedoch entgegengesetzte Spins besitzen, da beim Betazerfall keine Änderung des Kernspins zustande kommt. Die β-Spektren verdanken ihre Kontinuität der unterschiedlichen Energieverteilung zwischen Elektron (Positron) und Antineutrino (Neutrino); die Summe der Energie beider Teilchen ist jeweils gleich E_0.

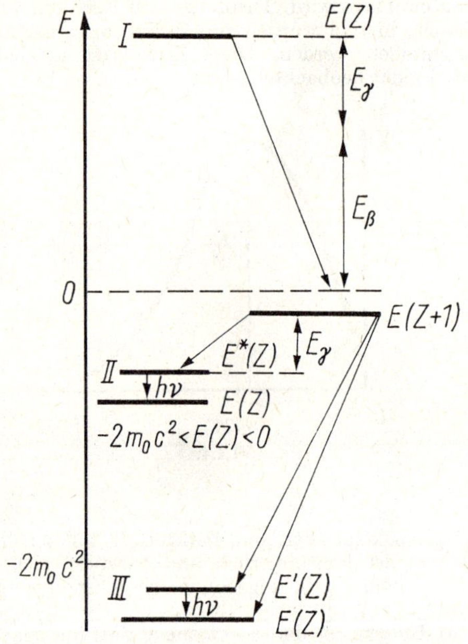

VI.4.5.

4. In den Atomkernen existieren nach heutigen Vorstellungen weder Elektronen (Positronen) noch elektronische Antineutrinos (Neutrinos); sie bilden sich erst im Augenblick, indem sie aus dem Kern geschleudert werden. Ihr Zustandekommen ist auf die schwache Wechselwirkung (S. 822) zwischen den Nukleonen des Kerns zurückzuführen. Da es beim Betazerfall zur Entstehung neuer Teilchen kommt, sind hier die Methoden der nicht-relativistischen Quantenmechanik nicht anwendbar; zur Behandlung der gestellten Probleme bediene man sich der Methoden der Quantenfeldtheorie.

5. Die bei Betazerfallsprozessen stattfindenden energetischen Veränderungen sind schematisch in Bild VI.4.5 veranschaulicht. Beim

Betazerfall wechselt der Kern zwischen diskreten Energiezuständen. Auf der Ordinate sind die Ruhenergien der Atome (A, Z) abzüglich der Ruhenergien der aus ihnen beim β^--Zerfall entstehenden Tochterionen und Elektronen aufgetragen. Ein Übergang aus Zustand I $(E(Z) > 0)$ entspricht einem β^--Zerfall, bei dem $E(Z) > E(Z+1)$ ist. Ein Übergang in den Zustand II entspricht der Umwandlung $Z+1 \to Z$, nämlich dem Elektroneneinfang. Je nach der Schale, aus der das Elektron eingefangen wurde, unterscheidet man den K-, L-, M-Einfang usw. Der durch Elektroneneinfang entstandene angeregte Tochterkern geht nach Aussendung eines Gammaquants entsprechender Energie (S. 792) in den Grundzustand über. Der Übergang eines Kerns in den Zustand III $(E(Z) < -2m_0c^2)$ entspricht der Umwandlung $Z+1 \to Z$ entweder durch Elektroneneinfang oder β^+-Zerfall; im ersten Fall wird ein Gammaquant emittiert. Entstehen die Tochterkerne immer in ein und demselben Zustand, so bezeichnet man den Vorgang als *einfachen* Betazerfall, zum Unterschied vom *komplizierten*, bei dem in verschiedenen Zuständen befindliche Tochterkerne gebildet werden.

6. Nach der Theorie des Betazerfalls wird die Entstehung eines Elektrons und elektronischen Antineutrinos (bzw. Positrons und elektronischen Neutrinos) als Resultat der Wechselwirkung zwischen den Nukleonen und den Feldern der Elektronen (Positronen) und Neutrinos eines Kerns betrachtet. Bei der Entstehung der Teilchen e^- und $\tilde{\nu}_e$ (oder e^+ und ν_e) (S. 825) kommt es gleichzeitig zu einem Übergang von ${}_0n^1$ in ${}_1p^1$ (oder umgekehrt: ${}_1p^1 \to {}_0n^1$). Die Intensität dieser Wechselwirkung wird durch die Konstante g der schwachen Wechselwirkung (Wechselwirkungskonstante zwischen Nukleonen- und Elektronen-Positronenfeld charakterisiert; sie beträgt: $g \approx 1{,}4 \cdot 10^{-49}$ erg $\cdot$ cm^3.

Die Wahrscheinlichkeit eines Betazerfalls wird durch das Matrixelement $|H_{ik}|$ des Kernüberganges charakterisiert; es enthält die Wellenfunktion des Nukleons für den Anfangszustand i, die Wellenfunktionen des Nukleons, Elektrons (Positrons) und elektronischen Antineutrinos (Neutrinos) für den Endzustand k, weiter die Wechselwirkungsenergie des Überganges $i \to k$, und schließlich eine Größe, die die Dichte der Endzustände des Systems bestimmt. Nach den für den Betazerfall geltenden Auswahlregeln ist die Wahrscheinlichkeit der erlaubten Betaübergänge groß, die der sogenannten verbotenen Betaübergänge hingegen klein.

7. Zur Erforschung des Betazerfalls ist die Analyse des Energiespektrums $N(E)$ der emittierten Elektronen (Positronen) von wesentlicher Bedeutung. (N ist die Anzahl der emittierten Elektronen bzw. Positronen.) Entsprechend dem Charakter der $N(E)$-Verteilungskurven unterscheidet man *erlaubte* (FERMI*sche*) und *verbotene Betaspektren*. Die verbotenen Spektren unterscheiden sich voneinander durch den Verbotsgrad. Wird die Masse des Neutrinos gleich Null angenommen, so gilt für erlaubte Betaspektren

$$N(E)\,dE \approx F(Z, E)\,pE(E_0 - E)^2\,dE;$$

dabei ist p der Impuls und E die Energie der Elektronen in $m_e c$- bzw. $m_e c^2$-Einheiten; m_e ist die Ruhmasse des Elektrons (S. 823), E_0 die obere Grenzenergie der Elektronen (Positronen) des Betaspektrums (S. 787). Durch die Funktion $F(Z, E)$ wird der Einfluß des Kernfeldes auf die Form der $N(E)$-Kurve berücksichtigt. Bei verbotenen Betaspektren ist in $N(E)$ ein Faktor enthalten, der von E_0, E und dem Verbotsgrad abhängt.

Um die Zugehörigkeit eines Betaspektrums zu den FERMIschen oder den verbotenen Spektren beurteilen zu können, konstruiert man sein FERMI-*Diagramm* (CURIE-*Diagramm*):

$$K(E) = \left[\frac{N_{\exp}(E)}{p E F(Z, E)}\right]^{1/2};$$

dabei ist $N_{\exp}(E)$ die Kurve des beobachteten Betaspektrums.

Bei FERMIschen Betaspektren ist $K(E)$ eine Gerade, die die Abszisse bei $E = E_0$ schneidet. Stellt $K(E)$ keine Gerade dar, so gehört das Betaspektrum zu den verbotenen Spektren.

8. Für die Zerfallskonstante λ des Betazerfalls (S. 781) gilt

$$\lambda = C \int_0^E N(E)\, dE = C F(Z, E_0).$$

Der Faktor C wird gemäß der Theorie des Betazerfalls (Punkt 6) wie folgt berechnet:

$$C = \frac{g^2 m_e^5 c^4}{2\pi^3 \hbar^7} |H_{ik}|^2;$$

dabei ist g die Konstante der schwachen Wechselwirkung, $|H_{ik}|$ das Matrixelement des Kerns (Punkt 6). Da $\lambda = \frac{\ln 2}{T_{1/2}}$ ist (wobei $T_{1/2}$ die Halbwertszeit bedeutet, S. 781), gilt

$$F(Z, E_0) T_{1/2} = T_{1/2\,\mathrm{rel}} = \frac{2\pi^3 \hbar^7}{g^2 m_e^5 c^4} \frac{\ln 2}{|H_{ik}|^2}.$$

Das Produkt $F(Z, E_0) T_{1/2}$ nennt man die *relative Halbwertszeit*. $T_{1/2\,\mathrm{rel}}$ hängt ausschließlich von der Art der Wechselwirkung zwischen den Nukleonen und dem Elektronen-Neutrinofeld des Kerns ab. Auf Grund der experimentell ermittelten Werte von $T_{1/2\,\mathrm{rel}}$ ist es möglich, $|H_{ik}|$ zu bestimmen.

9. Der Betazerfall wird auf Grund von $T_{1/2\,\mathrm{rel}}$ in folgende Zerfallstypen eingeteilt:

Bei $\lg T_{1/2\,\mathrm{rel}} \approx 3{,}5$ liegen *höchsterlaubte Übergänge* vor: Zu ihnen gehören der Betazerfall von Neutronen, von ${}_1H^3$ und Übergänge zwischen Spiegelkernen (d. h. Übergänge, bei denen für den Ausgangskern $N - Z = 1$ und den entstehenden Kern $N - Z = -1$ gilt, sowie Übergänge, bei denen für den einen isobaren Kern $N - Z = \pm 1$, für den anderen $N - Z = \pm 2$ gilt; N ist die Anzahl der Neutronen eines Kerns). Bei höchsterlaubten Übergängen nähert sich $|H_{ik}|$ seinem Maximalwert.

Bei $\lg T_{1/2\,\text{rel}} \approx 5$ liegen *erlaubte Übergänge* vor.

Bei $\lg T_{1/2\,\text{rel}} \approx 9$, ≈ 13, ≈ 18 handelt es sich um *verbotene Übergänge ersten, zweiten* und *dritten Grades*. Bei den letzten Übergängen ist die Wahrscheinlichkeit des Betazerfalls stark vermindert; dies ist bedingt durch größere Änderungen des Kerndrehimpulses sowie in einer Reihe von Fällen durch die Änderung der Parität des Kernzustandes (Punkt 11).

10. Bei einem erlaubten Elektroneneinfang ist die Zerfallskonstante λ_E gleich

$$\lambda_E = \frac{g^2 m_e^5 c^4}{2\pi^3 \hbar^7} \, |H_{ki}|^2 \, F_E(\varepsilon_0, Z)$$

mit

$$F_E(\varepsilon_0, Z) = 2\pi \left(\frac{2\pi Z e^2}{hc}\right)^3 \left[\varepsilon_0 + 1 - \frac{1}{2}\left(\frac{2\pi Z e^2}{hc}\right)^2\right]^2,$$

$$\varepsilon_0 = \frac{E_0}{m_e c^2}.$$

Relativistische Effekte, die bedeutend werden, wenn E_0 (S. 787) sich der Ruhenergie des Elektrons (0,511 MeV) nähert, sind in dieser Formel nicht berücksichtigt.

11. Der Zustand eines Quantensystems wird als *gerade* bezeichnet, wenn seine Wellenfunktion beim Vorzeichenwechsel sämtlicher Teilchenkoordinaten des Systems (Spiegelung) ihr Vorzeichen selbst nicht ändert; im entgegengesetzten Fall gilt er als *ungerader Zustand*.
Bei räumlicher Spiegelung kann die Erhaltung des Vorzeichens der Wellenfunktion durch die *positive Parität* P ($P = +1$) charakterisiert werden. Wechselt die Wellenfunktion ihr Vorzeichen, wenn sich die Vorzeichen ihrer Koordinaten ändern, so wird die Parität als *negativ* ($P = -1$) betrachtet. Die Parität einer Wellenfunktion hängt mit der Symmetrie des Raumes zusammen, d. h. mit der in ihm geltenden Symmetrie von rechts und links, oben und unten usw.
Ein beliebiges Teilchensystem kann sich, wenn seine Teilchenzahl gleich bleibt oder sich um eine gerade Zahl ändert, in einem Zustand bestimmter Parität befinden.
Aus der SCHRÖDINGER-Gleichung (S. 687) geht hervor, daß bei gleichbleibender Energie eines Teilchens (oder Teilchensystems) auch dessen Parität erhalten bleibt (*Gesetz der Erhaltung der Parität*). Einem dem Zerfall unterworfenen Teilchensystem müssen vor und nach dem Zerfallsprozeß Wellenfunktionen gleicher Parität zu eigen sein (Kern — bis zum Zerfall; Kern, Betateilchen und (Anti-) Neutrino — nach dem Zerfall).

12. In letzter Zeit stellte sich heraus, daß bei schwachen Wechselwirkungen, wie sie den Betazerfall hervorrufen, die Parität der Wellenfunktion des Systems sich ändern kann (*Nichterhaltung der Parität*). Neben einem Zustand, der durch eine gerade Funktion beschrieben wird, kann auch ein ungerader Zustand entstehen. Dieser Effekt wurde zum erstenmal beim Betazerfall von K-Mesonen (S. 825) beobachtet. Eine Folge davon ist, daß bei diesem Zerfall aus einem

K-Meson zwei oder drei π-Mesonen entstehen können. Die Verletzung der Paritätserhaltung beim Betazerfall drückt sich auch in einer räumlichen Asymmetrie der Richtungen der von den Kernen beim Betazerfall ausgesandten Elektronen aus. In Richtung des Spins der Kerne verlassen weniger Elektronen die Kerne als in der entgegengesetzten Richtung. Aus dieser Asymmetrie läßt sich der Zusammenhang der Spinrichtung des Teilchens mit seiner Bewegungsrichtung im Raum bestimmen. Insbesondere stellt man für Antineutronen eine „linke" Orientierung der Bewegung (*linke Spiralität* oder *Helizität*) fest, d. h. eine Drehung entgegen dem Uhrzeigersinn, wenn man in die Bewegungsrichtung blickt; für Neutronen ergibt sich eine rechte Spiralität. Einzelheiten über die Verletzung der Parität findet man auf S. 831.

4.8. Gammastrahlung

1. *Gammastrahlung* nennt man eine harte elektromagnetische Strahlung, die beim Übergang von Atomkernen aus einem angeregten Zustand in den Grundzustand oder in einen weniger angeregten Zustand frei wird. Die Strahlung tritt auch bei Kernreaktionen auf.
Im ersten Fall ist die Energie der Gammaquanten gleich der Energiedifferenz des Anfangs- und Endniveaus des Kerns. Bei jedem Übergang strahlt der Kern ein Gammaquant ab. Als Folge der diskreten Energieniveaus des Kerns besitzt die Gammastrahlung ein Linienspektrum. Die Frequenzen der Gammaquanten sind mit den Energiedifferenzen durch die Bohrsche Frequenzbedingung (S. 710) verknüpft.

2. In Übereinstimmung mit dem Erhaltungssatz für den Drehimpuls (S. 81) nimmt das Gammaquant aus dem Kern einen Drehimpuls $\sqrt{l(l+1)}\,\hbar$ mit, der gleich der Differenz zwischen dem Drehimpuls des Kerns im Anfangs- (k) und im Endzustand (i) ist.
Dabei ist

$$|J_i - J_k| \leqq l \leqq |J_i + J_k|.$$

Auf Grund des Erhaltungssatzes für die Parität bei elektromagnetischen Wechselwirkungen gilt (S. 791)

$$P_k \cdot P_f = P_i,$$

wobei P_k und P_i die Paritäten der Kernzustände sind und P_f die Parität des Gammaquants bedeutet.
Der Drehimpuls des Gammaquants und dessen Parität bestimmen die Multiplettstruktur der Strahlung.

3. Die Größe l heißt *Multiplettordnung*. Die Parität $(-1)^{l+1}$ des Gammaquants entspricht einer *magnetischen Strahlung*; ist die Parität $(-1)^l$, so liegt *elektrische Strahlung* vor.
Die Größe 2^l bestimmt die Multipolordnung der Strahlung ($l = 1$ bei *Dipolstrahlung*, $l = 2$ bei *Quadrupolstrahlung*, $l = 3$ *Oktopolstrahlung*). Die elektrische Strahlung gegebener Multipolordnung wird mit E_l, die magnetische Strahlung mit Ml bezeichnet. Diese Bezeich-

nung wurde deshalb gewählt, weil die Vektoren $\boldsymbol{E}$ und $\boldsymbol{H}$ der elektrischen und magnetischen Feldstärken im elektromagnetischen Feld, das einem Gammaquant mit gegebenem l und P_f entspricht, wie im Strahlungsfeld eines elektrischen Dipols, magnetischen Dipols usw. gerichtet sind. Die Beziehung zwischen der Größe l, dem Charakter der Multiplettstruktur (E oder M), der Parität P_f des Photons und der Änderung der Parität des Kernzustandes ist in Tabelle VI.4.4 wiedergegeben.

Tabelle VI.4.4

l	Die Parität des Kernzustandes ändert sich nicht; $P_f = 1$	Die Parität des Kernzustandes ändert sich; $P_f = -1$
1	$M1$	$E1$
2	$E2$	$M2$
3	$M3$	$E3$
4	$E4$	$M4$
5	$M5$	$E5$

Nachdem das Gammaquant abgestrahlt worden ist und eine bestimmte Richtung genommen hat, kann man ihm keine Multiplettstruktur mehr zuschreiben. Es wird durch eine ebene Welle beschrieben, die eine Überlagerung von Multiplettstrukturen aller Ordnungen von 1 bis ∞ darstellt.

4. Die Auswahlregel verbietet γ-Übergänge, die gewisse Forderungen nicht erfüllen, entweder vollkommen oder gibt ihnen nur eine sehr geringe Wahrscheinlichkeit. Vollkommen verboten sind Übergänge, welche die Bedingungen aus Punkt 2 nicht erfüllen. Als wenig wahrscheinlich erweisen sich Übergänge des Kerns zwischen Niveaus, die einer größeren Spindifferenz entsprechen, d. h. Übergänge mit sehr großem Wert von l. Mit wachsender Multiplettordnung nimmt die Wahrscheinlichkeit der γ-Übergänge der Kerne rasch ab: gewöhnlich um das 10^{-5}–10^{-8}fache bei Erhöhung von l auf $l+1$. Gewöhnlich besitzt die Gammastrahlung die Multiplettordnungen $E1$, $M1$, $E2$. Diesen Multiplettordnungen entspricht ein Gammaphoton in einer Zeit von 10^{-8}–10^{-15} s (Lebensdauer des angeregten Kerns) in Abhängigkeit von der Energie des Übergangs.
Neben dem mit Strahlung verbundenen Übergang der Kerne, bei dem ein Gammaquant abgegeben wird, gibt es einen damit konkurrierenden strahlungslosen Übergang, den man *innere Konversion der Gammastrahlung* nennt. (Diese Prozesse treten bei Energien $<0{,}2$ bis 0,5 MeV auf.) Bei diesem Prozeß wird die beim Kernübergang freiwerdende Energie ohne Vermittlung durch ein Gammaquant einem der atomaren Elektronen übertragen, wodurch Ionisation des Atoms erfolgt. Die innere Konversion zerlegt man zur Erleichterung der Berechnung formal in zwei Stadien: Im ersten Stadium gibt der

Kern ein Gammaquant ab, das im zweiten Stadium vom Elektron absorbiert wird und diesem seine Energie überträgt (*Konversion*).

5. Das Verhältnis der Wahrscheinlichkeiten für das Abtrennen eines K-Elektrons bei der inneren Konversion und für die Abstrahlung eines Gammaquants, bezogen auf dasselbe Zeitintervall, heißt *partieller Konversionskoeffizient* für die K-Schale des Atoms. Analog führt man die partiellen Koeffizienten der inneren Konversion für die L-, M-, ... Schale der Atome ein:

$$w_K = \frac{\lambda_K}{\lambda_\gamma}, \qquad w_L = \frac{\lambda_L}{\lambda_\gamma}, \qquad w_M = \frac{\lambda_M}{\lambda_\gamma}, \ldots .$$

Die Summe der partiellen Koeffizienten heißt *totaler Koeffizient der inneren Konversion*:

$$w = \frac{\lambda_e}{\lambda_\gamma} = w_K + w_L + w_M + \cdots,$$

wobei λ_e die Wahrscheinlichkeit für die Abgabe eines Konversionselektrons aus allen Schalen der Hülle ist. Der Wert von λ_e wächst mit Verringerung der Multipolordnung der Gammastrahlung.

6. Wenn die Energien, die beim Kernübergang frei werden, die doppelte Ruhenergie (S. 510) des Elektrons $2 m_0 c^2 = 1{,}02$ MeV übertreffen, werden innere Konversionen mit *Elektron-Positron-Paarbildung* möglich (S. 837). Der entsprechende Konversionskoeffizient wächst mit Vergrößerung der Energie des Kernübergangs und mit Verminderung der Multipolordnung der γ-Strahlung.

7. In einer Reihe von Fällen kann die Lebensdauer des angeregten Kerns die gewöhnlich beobachtete Zeit wesentlich übersteigen (S. 793). Bei solchen metastabilen Zuständen kann dieser Wert bis zu vielen Jahren anwachsen. In Abhängigkeit von den Eigenschaften der Energieniveaus der Kerne und den Energiedifferenzen zwischen den Niveaus kann sich die Größe der Lebensdauer des Kerns in einem metastabilen Zustand in weiten Grenzen ändern. Bei Np beispielsweise hat man eine Lebensdauer angeregter Kerne gefunden, die einer Zerfallszeit von 5500 Jahren entspricht. Die Verschiedenheit in der Halbwertszeit der γ-Strahlung bei einer einzigen Isotopenart — die Halbwertszeiten entsprechen dem üblichen γ-Übergang sowie dem γ-Übergang aus einem metastabilen angeregten Zustand — heißt *kernphysikalische Isomerie*. In der Regel haben kernphysikalisch isomere Kerne desselben Isotops verschiedene Spinwerte.

8. Die Erscheinung der *kernphysikalischen Isomerie* erklärt man an Hand des Schalenmodells des Kerns (S. 777) durch das Auftreten angeregter Zustände in Kernen mit nahezu vollbesetzten Nukleonenschalen (wenn N und Z in der Nähe von magischen Zahlen liegen, S. 778) mit einer Quantenzahl l, die sich stark von der Quantenzahl l des Grundzustands unterscheidet. In Anbetracht der großen Verschiedenheit der Wellenfunktionen für den angeregten Zustand und für den Grundzustand ist in solchen Fällen die Wahrscheinlichkeit für einen Übergang zwischen diesen beiden Zuständen gering (S. 712), die Lebensdauer des Kerns im angeregten Zustand also groß. Die Er-

fahrung zeigt, daß die Kernisomerie in Wirklichkeit nur bei Werten von N und Z, die (wenig) kleiner als 50, 82 oder 126 (S. 778) sind, beobachtbar ist, wobei „*Isomerieinseln*“ auftreten.

9. Ein Kern in einem metastabilen angeregten Zustand kann seine Energie auf zwei Arten abgeben. Der Kern kann unter Aussendung eines Gammaquants oder eines inneren Konversionselektrons in den Grundzustand übergehen, oder er strahlt Betateilchen mit einem Energiespektrum ab, wie es beim üblichen Betazerfall auftritt. Da jedoch in diesem Fall die Lebensdauer des metastabilen Zustands größer ist als die Halbwertszeit des üblichen Betazerfalls, beobachtet man bei diesem Betazerfall auch eine größere Halbwertszeit. Im zweiten Fall, wenn die Wahrscheinlichkeit des Strahlungsübergangs mit der Wahrscheinlichkeit für den Betazerfall vergleichbar wird, kann aus dem metastabilen Zustand ebenfalls ein Betazerfall hervorgehen, jedoch unterscheidet sich das Energiespektrum der Betateilchen vom Spektrum im ersten Fall.

10. Bei der Ausstrahlung eines Gammaquants erhält der Kern infolge der Impulserhaltung einen Impuls in entgegengesetzter Richtung (*Rückstoß*). Wenn die Kerne, welche die Gammaquanten abstrahlen, einem Festkörper angehören, besteht das Spektrum der Gammastrahlung aus zwei Komponenten: a) Eine Komponente mit der Energie E und mit einer natürlichen Breite Γ der Spektrallinien, die aus der Lebensdauer des Kerns in dem gegebenen angeregten Zustand folgt (S. 656). b) Eine Komponente mit einer Linienbreite $\Gamma_R \sim E\bar{u}/c \gg \Gamma$, wobei $\bar{u}$ das quadratische Mittel der Geschwindigkeit der Wärmebewegung (S. 203) der gammaradioaktiven Kerne des Festkörpers ist. Diese Komponente besitzt eine Energie, die relativ zu E um den Energiebetrag

$$R = \frac{E^2}{2M_0c^2}$$

verschoben ist, wobei M_0 die Masse des strahlenden Kerns ist (wenn man diesen als frei betrachtet und seine Bewegungsgeschwindigkeit $\bar{u} \ll c$ ist).

Als Folge davon sind die Linien der Gammaemission und -absorption stark verschwommen und außerdem voneinander durch den Energiebetrag $2R$ getrennt. In Anbetracht dessen, daß R für die Gammastrahlung im allgemeinen nicht klein ist im Vergleich mit E, kann man die Erscheinung der *Resonanzabsorption von Gammastrahlen* ($E_e = E_a$ oder $\nu_e = \nu_a$) praktisch nicht beobachten.

11. Unter bestimmten Bedingungen läßt sich erreichen, daß das abgestrahlte Gammaquant seinen Impuls nicht nur dem strahlenden Kern überträgt, sondern dem Kristall als Ganzen. Als Folge ergeben sich Emissionslinien mit $R \approx 0$ (M groß) und $\Gamma_R \approx \Gamma$, d. h., die Linienbreite nähert sich dem natürlichen Wert, und die Energieverschiebung verschwindet praktisch. Diese Erscheinung heißt MÖSSBAUER-*Effekt*. Eine der Bedingungen für eine deutliche Beobachtung dieses Effektes ist

$$R \leqq 2k\Theta_{\mathrm{D}},$$

wobei Θ_D die DEBYEsche Temperatur des Kristalls (S. 266) und k die BOLTZMANN-Konstante (S. 152) ist. Für $R \ll k\Theta_D$ können Gammaübergänge „ohne Rückstoß" auch bei Zimmertemperatur beobachtet werden. Bei $R \sim k\Theta_D$ benötigt man zur Beobachtung des Effektes niedrige Temperaturen.

12. Die außerordentlich kleine natürliche Breite vieler Gammalinien im Vergleich mit der Energie der Gammaübergänge erlaubt die Verwendung des MÖSSBAUER-Effektes für die Durchführung von Experimenten mit hohem Genauigkeitsgrad (Empfindlichkeit von der Größenordnung Γ/E bei Werten bis zu 10^{-16}). Der Effekt dient zur Messung der Frequenzverschiebung bei Photonen im Gravitationsfeld, zur Messung extrem kleiner ZEEMAN-Aufspaltungen (S. 729) von Kernenergieniveaus u. a.

4.9. Durchgang von geladenen Teilchen und Gammaquanten durch Materie

1. Geladene Teilchen und Gammaquanten, die Materie durchsetzen, treten in Wechselwirkung mit den Hüllenelektronen und den Atomkernen. Diese Wechselwirkung besteht in einer elastischen Streuung der Teilchen und Quanten (S. 698), in einer unelastischen Streuung (S. 699), begleitet von einer Anregung oder Ionisation der Atome, in einer Anregung zu Kernreaktionen (S. 890) sowie in einer Störung der Struktur der Materie, die man *Strahlenschädigung* nennt.

2. Der Energieverlust von geladenen Teilchen bei Durchtritt durch einen Stoff infolge der Ionisation und Anregung von Atomen heißt *Ionisationsverlust*. Der Energieverlust durch Bremsung (S. 559) und ČERENKOV-Strahlung heißt *Strahlungsverlust*. Gewöhnlich berechnet man den mittleren Energieverlust des Teilchens pro Längeneinheit seines Weges im Stoff zu $-(\overline{\partial E/\partial x})$, wobei E die Gesamtenergie des Teilchens ist.
Die spezifischen Ionisationsverluste $(-dE/dx)_{\text{Ion}}$ betragen für ein schweres geladenes Teilchen (Protonen, Alphateilchen) bei Energien $E \ll \frac{M}{m_e} Mc^2$, wobei M die Teilchenmasse und m_e die Elektronenmasse bedeutet:

$$\left(-\frac{dE}{dx}\right)_{\text{Ion}} = \frac{4\pi n_e e^4 z^2}{m_e v^2}\left[\ln\frac{2m_e v^2}{\bar{I}} - \ln(1-\beta^2) - \beta^2\right];$$

dabei bedeutet n_e die Dichte der Elektronen im betreffenden Medium, ze die Ladung des Teilchens, das mit einer Geschwindigkeit v heranfliegt, I die mittlere Ionisationsenergie der Atome des Stoffes, $\bar{I} = 13{,}5\,Z$ eV, Z die Ordnungszahl des Stoffes und $\beta = v/c$.
Die spezifischen Ionisationsverluste geladener Teilchen sind von der Masse M unabhängig. Sie sind proportional der Elektronenkonzentration im Stoff und hängen von der Teilchengeschwindigkeit ab: $(-dE/dx)_{\text{Ion}} \sim z^2 n_e \varphi(v)$, wobei $\varphi(v) \sim 1/v^2$. Mit wachsender

Energie des Teilchens nehmen seine spezifischen Ionisationsverluste anfangs schnell ab (wie $1/E$). Später verlangsamt sich die Abnahme. Nachdem die Ionisationsverluste bei $E = Mc^2$ ein Minimum erreicht haben, wachsen sie logarithmisch wieder an (vgl. Tabelle VI.4.5).

Die Abhängigkeit von $(-dE/dx)_{\text{Ion}}$ von den Parametern des Teilchens und des Mediums erlaubt die Berechnung der Verluste für andere Medien: $(-dE/dx)_{\text{Ion}} \sim n_e = n_k Z$, wobei Z die Kernladung des Mediums ist und n_k die Konzentration der Kerne: Da $n_k \approx$ const für alle Stoffe ist, gilt $(-dE/dx)_{\text{Ion}\,Z_2} = Z_2/Z_1 \cdot (-dE/dx)_{\text{Ion}\,Z_1}$, wobei Z_1 und Z_2 die Kernladungen des ersten und des zweiten Mediums sind.

Tabelle VI.4.5. Vergleich der spezifischen Ionisationsverluste für Protonen, die sich mit verschiedenen Energien in Luft und in Blei bewegen

E [MeV]	$(dE/d\xi)_{\text{Luft}}$ [MeV/g·cm⁻²]	$(dE/d\xi)_{\text{Pb}}$ [MeV/g·cm⁻²]	E [MeV]	$(dE/d\xi)_{\text{Luft}}$ [MeV/g·cm⁻²]	$(dE/d\xi)_{\text{Pb}}$ [MeV/g·cm⁻²]
1	300	150	100	7,5	5
10	50	30	1000	2,3	1,6

Die spezifischen Ionisationsverluste kann man auf die Einheit der Größe $\xi = x\varrho$ beziehen, wobei ϱ die Dichte des Mediums ist. ξ drückt die Dicke des Stoffes in Gramm pro Quadratzentimeter aus:

$$\frac{dE}{d\xi} = \frac{dE}{dx}\frac{1}{\varrho}.$$

3. Die spezifischen Ionisationsverluste für Elektronen sind gegeben durch

$$\left(-\frac{dE_e}{dx}\right)_{\text{Ion}} = \frac{2\pi e^4 n_e}{m_e v^2}$$

$$\cdot\left\{\left[\ln\frac{m_e v^2 T_e}{2\bar{I}^2(1-\beta^2)} - \ln 2\left(2\sqrt{1-\beta^2}\right) - 1 + \beta^2\right] + 1 - \beta^2\right\},$$

wobei T_e die relativistische kinetische Energie des Elektrons ist. Bezüglich der übrigen Bezeichnungsweise siehe Punkt 2.

Im Bereich relativistischer Energien ist der Unterschied in den spezifischen Ionisationsverlusten für Elektronen und schwere Teilchen geringfügig.

4. Die spezifischen Strahlungsverluste infolge der Bremsstrahlung $(-dE/dx)_{\text{Str}}$ sind proportional dem Quadrat der Beschleunigung a des geladenen Teilchens mit der Masse M. Im Coulomb-Feld der Atomkerne des Stoffes ist $a \sim 1/M$ und daher $(-dE/dx)_{\text{Str}} \sim 1/M^2$. Für schwere Teilchen bleiben sogar in Stoffen mit hoher Ordnungs-

zahl Z die Verluste bei der Bremsstrahlung geringfügig. Für Elektronen hoher Energien machen wegen der geringen Elektronenmasse m_e die Bremsstrahlungsverluste den Hauptteil der Energieverluste aus. Die Energieverluste mit der Entfernung werden in diesem Fall durch ein Exponentialgesetz beschrieben. Der Abstand L, nach dem die Energie des Elektrons infolge der Bremsstrahlung auf das $(1/e)$-fache gesunken ist, heißt *Strahlungslänge*.

Die spezifischen Strahlungsverluste der Elektronen sind gegeben durch

$$\left(-\frac{dE_e}{dx}\right)_{\text{Str}} = nE_0\Phi(Z, E_0),$$

wobei n die Zahl der Atome pro cm^3 bedeutet, E_0 die kinetische Anfangsenergie des Elektrons und

$$\Phi(Z, E_0) = \begin{cases} 5{,}79 \cdot 10^{-28} Z(Z+1)\left[4 \ln\left(\dfrac{2E_0}{m_e c^2}\right) - \dfrac{4}{3}\right] \\ \qquad\qquad \text{für} \quad m_e c^2 \leqq E_0 \ll \dfrac{137\, m_e c^2}{Z^{1/3}}, \\ 5{,}79 \cdot 10^{-28} Z(Z+\xi)\left[4 \ln(183 \cdot Z^{-1/3}) + \dfrac{2}{9}\right] \\ \qquad\qquad \text{für} \quad E_0 \gg 137\, \dfrac{m_e c^2}{Z^{1/3}}. \end{cases}$$

$\xi = 1{,}2 - 1{,}4$ beschreibt den Einfluß des Feldes der Atomelektronen. Bei einer Verminderung der Elektronenenergie nehmen dessen Bremsstrahlungsverluste $\sim E_0$ ab. Die Ionisationsverluste ändern sich dabei nur unbeträchtlich. Bei einer gewissen kritischen Energie E_{kr} sind die Strahlungsverluste den Ionisationsverlusten gleich. Bei $E_0 < E_{kr}$ überwiegen die Ionisationsverluste. Die Beziehung zwischen den Ionisationsverlusten und den Strahlungsverlusten eines Elektrons in Abhängigkeit von der Energie E_e (MeV) lautet für ein Medium mit gegebener Kernladung Z

$$\frac{\left(\dfrac{dE_e}{dx}\right)_{\text{Str}}}{\left(\dfrac{dE_e}{dx}\right)_{\text{Ion}}} \approx \frac{E_e Z}{800}.$$

5. Die Energieverluste geladener Teilchen bei der ČERENKOV-Strahlung (S. 514) lauten

$$\left(-\frac{\partial E}{\partial x}\right)_{\text{Čer}} = \frac{4\pi^2 e^2}{c^2} \int \left[1 - \frac{1}{(\beta n)^2}\right] \nu\, d\nu,$$

wobei ν die Frequenz der Strahlung ist, $n(\nu)$ der Brechungsindex des Mediums für die gegebene Frequenz und $\beta = v/c$. Die Integration ist über alle Frequenzen ν zu erstrecken, für die $\beta n(\nu) > 1$ ist. Im wesentlichen sind das die Frequenzen im sichtbaren Bereich und im nahen Ultraviolett. In festen Medien beträgt $(-dE/dx)_{Čer}$ ein Tausendstel der gesamten Energieverluste der Teilchen. In gasförmigen Medien mit mittlerer bis hoher Kernladungszahl Z wächst dieser Anteil auf ein Hundertstel und in leichten Gasen (Wasserstoff, Helium) auf ein Zehntel der gesamten Energieverluste.

6. Für ein gegebenes Medium und ein gegebenes Teilchen mit einer bestimmten Masse und Ladung ze ist der Wert der spezifischen Ionisationsverluste eine Funktion der kinetischen Energie allein (Punkt 2):

$$\frac{dE}{dx} = \varphi(T).$$

Hieraus ergibt sich die Reichweite des Teilchens, d. h. die Länge seines Weges in der Materie bis zur vollständigen Abbremsung.
Die Reichweite R des Teilchens mit der kinetischen Energie T_1 ist

$$R(T_1) = \int_0^{T_1} \frac{dT}{\varphi(T)}.$$

Unter Verwendung der Formel aus Punkt 2 kann man den Ausdruck für R auf die Form

$$R = \frac{m}{(ze)^2} \int_0^{v_1} \frac{v}{\varphi(v)}\, dv$$

bringen, wobei m die Masse des Teilchens und ze seine Ladung ist.
Für zwei Teilchen, die in einem gegebenen Medium gleiche Geschwindigkeiten aufweisen, gilt

$$R_1 : R_2 = \frac{m_1}{z_1^2} : \frac{m_2}{z_2^2}.$$

Die Reichweite R und die kinetische Energie T eines Teilchens mit der Ladung ze läßt sich durch die Reichweite R_p und die kinetische Energie T_p des Protons im gleichen Medium ausdrücken:

$$R = \frac{m}{m_p z^2} R_p, \qquad T = \frac{m}{m_p} T_p.$$

7. Empirische Formeln für die Beziehung zwischen den Reichweiten und den Energien gibt es für einige schwere Teilchen und bestimmte Medien.
Für Protonen in einer Photoemulsion gilt $T_p = a R_p^n$, wobei $a = 0{,}25$ und $n = 0{,}58$ ist. Die Werte von a und n variieren etwas je nach Art der Photoemulsion. T_p wird in MeV gemessen, R_p in μ.
Für beliebige schwere geladene Teilchen in einer Photoemulsion gilt $T = a(m/m_p)^{1-n} z^{2n} R^n$. Die Werte von a und n sind dieselben wie vorhin.

Für Alphateilchen, die von einem natürlichen Alphastrahler in Luft abgestrahlt werden, ist $\bar{R} = 0{,}318\,T^{3/2}$ ($\bar{R}$ in cm, T in MeV). Die Formel gilt für $3 < \bar{R}_\alpha < 7$ cm.
Für Alphateilchen mit Energien bis zu 200 MeV in Luft gilt $\bar{R} = (T_\alpha/37{,}2)^{1,8}$ ($\bar{R}_\alpha$ in m, T in MeV).
Für Protonen mit denselben Energien gilt in Luft $\bar{R}_p = (T_p/9{,}3)^{1,8}$ ($\bar{R}_p$ in m, T_p in MeV).
Oft verwendet man auch eine empirische Formel, die den Zusammenhang zwischen der ursprünglichen Teilchenenergie und der Weglänge des Teilchens im Stoff bis zur vollständigen Abbremsung der *Reichweite* des Teilchens wiedergibt.
Alphateilchen rufen bei Energien, die der Mehrzahl der alphaaktiven Kerne entsprechen, hauptsächlich eine Ionisation hervor. Sie leiten aber auch eine Reihe von Kernreaktionen ein (S. 812). Daneben erfolgt eine elastische Streuung der Alphateilchen an den Atomkernen, die sich durch die RUTHERFORDsche Formel beschreiben läßt (S. 700).

8. Elektronen erleiden beim Durchgang durch Materie sowohl eine elastische als auch eine unelastische Streuung. Die Ionisation pro Längeneinheit ist in erster Näherung proportional $\varrho N_\mathrm{L} Z/A v_0^2$, wobei ϱ die Dichte, A das Atomgewicht, N_L die LOSCHMIDTsche Zahl, Z die Ordnungszahl, v_0 die Anfangsgeschwindigkeit des Elektrons ist.

9. Die Beziehung zwischen der Reichweite R_e und der kinetischen Energie T_e der Elektronen in Aluminium lautet

$$R_\mathrm{e} = 0{,}407\,T_\mathrm{e}^{1,38}\ \mathrm{g\cdot cm^{-2}} \quad \text{für} \quad 0{,}15 < T_\mathrm{e} < 0,$$

$$R_\mathrm{e} = (0{,}542\,T_\mathrm{e} - 0{,}133)\ \mathrm{g\cdot cm^{-2}} \quad \text{für} \quad T_\mathrm{e} > 0 \quad [\mathrm{MeV}].$$

Diese Formeln lassen sich auch für andere Medien verwenden. Für eine gröbere Abschätzung verwendet man die Formel

$$R_\mathrm{e}\,[\mathrm{g\cdot cm^{-2}}] = 0{,}5\,T_\mathrm{e}\,\mathrm{MeV} - 0{,}1\,.$$

Neben R_e führt man auch die *Halbwert-Schichtdicke* $d_{1/2}$ ein, d. h. die Dicke einer Stoffschicht, nach deren Durchdringen die Betastrahlung auf die Hälfte abgeschwächt worden ist. Die Werte von $d_{1/2}$ sind im allgemeinen in verschiedenen Tiefen des absorbierenden Stoffes nicht gleich groß.

10. Beim Durchtritt der Gammastrahlung durch die Materie erfolgt eine Wechselwirkung mit den Atomen (Molekülen). Als Grundformen der Wechselwirkung treten der Photoeffekt (S. 671), der COMPTON-Effekt (S. 674) und die Bildung von Elektron-Positron-Paaren (S. 837) auf. Außerdem können unter dem Einfluß von Gammastrahlen Kernreaktionen eintreten (Kern-Photoeffekt, S. 813). Beim Photoeffekt unter dem Einfluß eines Gammaquants wird aus der i-ten Schale des Atoms ein Elektron herausgeschlagen, das die kinetische Energie $T_\mathrm{e} = E_\gamma - I_i$ mitnimmt, wobei E_γ die Energie des Gammaquants und I_i die Ionisationsenergie der i-ten Schale des Atoms ist. Der freie Platz wird von Elektronen aus höher gelegenen Schalen unter Ausstrahlung von Röntgenlicht oder von AUGER-Elektronen (S. 743) ausgefüllt.

Der Wirkungsquerschnitt des Photoeffekts σ_{Ph} hängt von der Ordnungszahl Z des Atoms und der Energie E_γ des Gammaquants ab:

$$\sigma_{\mathrm{Ph}} \sim \frac{Z^5}{E_\gamma} \quad \text{für} \quad E_\gamma \gg I_K; \qquad \sigma_{\mathrm{Ph}} \sim \frac{Z^5}{E_\gamma^{7/2}} \quad \text{für} \quad E_\gamma > I_K,$$

wobei I_k die Ionisationsenergie der K-Schale des Atoms ist.

11. Der differentielle Wirkungsquerschnitt der Compton-Streuung ergibt sich durch die *Formel von* Klein-Nishina-Tamm:

$$\sigma_{\mathrm{C}} = 2\pi r^2 \left\{\frac{1+\varepsilon}{\varepsilon^2}\left[\frac{2(1+\varepsilon)}{1+2\varepsilon} - \frac{1}{\varepsilon}\ln(1+2\varepsilon)\right] + \frac{1}{2\varepsilon}\ln(1+2\varepsilon) - \frac{1+3\varepsilon}{(1+2\varepsilon)^2}\right\},$$

wobei $r_{\mathrm{e}} = e^2/m_{\mathrm{e}}c^2$ der klassische Elektronenradius ist und $\varepsilon = h\nu/m_{\mathrm{e}}c^2 = E_\gamma/0{,}511\,\mathrm{MeV}$ der Quotient aus der Energie des Gammaquants und der Ruhenergie des Elektrons.

a) Bei $\varepsilon \ll 1$ gilt $\sigma_{\mathrm{C}} = \sigma_{\mathrm{Thom}}\left(1 - 2\varepsilon + \frac{26}{5}\varepsilon^2 + \cdots\right)$, wobei $\sigma_{\mathrm{Thom}} = (8\pi/3)r_{\mathrm{e}}^2$ der klassische Streuquerschnitt ist, berechnet für ein Elektron (Thomson-*Streuquerschnitt*). Bei kleinen Werten von E_γ nimmt σ_{C} linear mit wachsender Energie ab.

b) Bei $\varepsilon \gg 1$ gilt $\sigma_{\mathrm{C}} = \pi r_{\mathrm{e}}^2 \frac{1}{\varepsilon}\left(\frac{1}{2} + \ln 2\varepsilon\right)$, d. h., bei $E_\gamma \gg m_{\mathrm{e}}c^2$ ist $\sigma_{\mathrm{C}} \sim 1/E_\gamma$. Bei Berücksichtigung aller Z Elektronen im Atom gilt für den gesamten Querschnitt σ_{C}, berechnet für ein Atom, $\sigma_{\mathrm{C}} \sim Z/E_\gamma$.

12. Wenn der Prozeß der Elektron-Positron-Paarbildung im Coulomb-Feld des Kerns stattfindet, dann ist die Energie, die an den Kern zurückgegeben wird, unbeträchtlich, und die Schwellenergie $E_{0\gamma}$, die für die Paarbildung nötig ist, ist gleich

$$E_{0\gamma} \approx 2m_{\mathrm{e}}c^2 = 1{,}02\,\mathrm{MeV}.$$

Bei der Paarbildung im Coulomb-Feld eines Elektrons ist $E_{0\gamma} \approx 4m_{\mathrm{e}}c^2 = 2{,}04\,\mathrm{MeV}$.
Ein Elektron-Positron-Paar bildet sich unter dem Einfluß zweier Photonen unter der Bedingung $E_{\gamma 1} + E_{\gamma 2} > 2m_{\mathrm{e}}c^2$.
Die Bedingung für die Paarbildung beim Zusammenstoß zweier Elektronen lautet $E_{\mathrm{e}} > 7m_{\mathrm{e}}c^2$. Dabei ist E_{e} die Gesamtenergie des bewegten Elektrons.
Der Wirkungsquerschnitt σ_{Paar} für die Paarbildung im Kernfeld ist

$$\sigma_{\mathrm{Paar}} \sim Z^2 \ln E_\gamma \quad \text{für} \quad 5m_{\mathrm{e}}c^2 < E_\gamma < 50m_{\mathrm{e}}c^2.$$

Bei $E_\gamma < 5m_{\mathrm{e}}c^2$ und $E_\gamma > 50m_{\mathrm{e}}c^2$ wächst σ_{Paar} mit Erhöhung der Energie langsamer. Im ultrarelativistischen Fall hängt σ_{Paar} nicht von E_γ ab.

13. Der Gesamtquerschnitt σ für die Wechselwirkung eines Gammastrahls mit der Materie lautet

$$\sigma = \sigma_{\mathrm{Ph}} + \sigma_{\mathrm{K}} + \sigma_{\mathrm{Paar}}.$$

Die Formeln für die Wirkungsquerschnitte der einzelnen Prozesse wurden in den Punkten 10–12 angegeben.

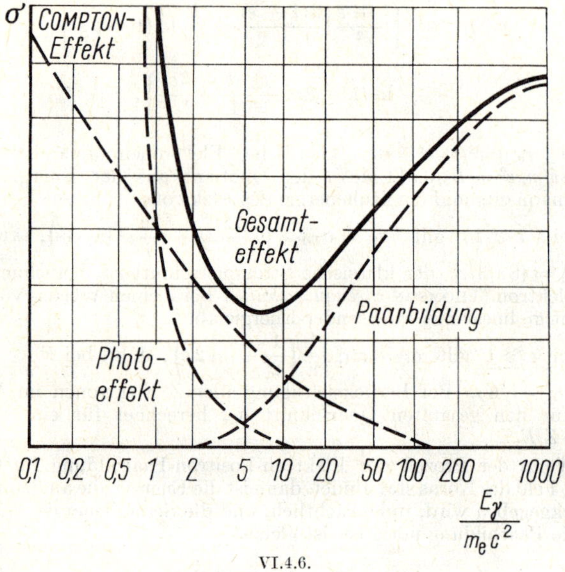

VI.4.6.

Im Energiebereich des Gammastrahls $E_\gamma < E_1$, wo E_e die Größenordnung 10^{-2}–10^{-1} MeV besitzt, entfällt der Hauptanteil der Wechselwirkung eines Gammastrahls mit der Materie auf den Photoeffekt. Im Energiebereich $E_1 < E_\gamma < E_2$, wobei E_2 von der Größenordnung 1–10 MeV ist, entfällt der Hauptanteil auf den COMPTON-Effekt, im Bereich höherer Energien $E > E_2$ auf den Prozeß der Paarbildung. In Bild VI.4.6 ist die Energieabhängigkeit des Wirkungsquerschnitts der Wechselwirkung eines Gammastrahls in Blei für jeden der drei Prozesse und für den Gesamtprozeß dargestellt.

14. Die Schwächung der Intensität des Gammastrahles erfolgt bei sehr dünnen Materieschichten nach dem Gesetz

$$I = I_0 e^{-\mu x},$$

wobei I die Intensität in der Tiefe x und I_0 die Intensität bei Eintritt in den Stoff ist. Für breitere Schichten gilt

$$I = I_0 e^{-\mu x} B(\mu x, E_\gamma, Z);$$

B heißt *Korrekturfaktor bei Mehrfachstreuung*, $B \sim (1 + \mu x)^n > 1$, $n \approx 2-3$. μ heißt (*linearer*) *Absorptionskoeffizient*; er ist gleich dem Reziprokwert jener Eindringtiefe, bei der die Strahlenintensität auf den e-ten Teil ($e = 2{,}718$) gesunken ist. Da die Schwächung der Gammastrahlen im Stoff direkt proportional dessen Dichte ϱ ist, verwendet man oft neben μ auch den *Massenabsorptionskoeffizienten* μ/ϱ. Ebenso verwendet man auch die *Halbwertschichtdicke für Gammastrahlen* $d_{1/2} = \ln 2/\mu = 0{,}69/\mu$. Das Durchdringungsvermögen der Gammastrahlen wird bestimmt durch die ursprüngliche Energie der Strahlung, durch die Dichte des Stoffes und durch dessen Ordnungszahl. Für sehr harte Gammastrahlen mit Energien im Bereich 10^6—10^8 eV kann das Durchdringungsvermögen bis zu einigen Metern betragen (in kondensierten Medien) (vgl. Tabelle VI.4.6).

Tabelle VI.4.6. Linearer Absorptionskoeffizient mit der Gammastrahlung in verschiedenen Medien

Energie [MeV]	Linearer Absorptionskoeffizient μ [cm^{-1}]		
	Luft	Wasser	Blei
0,1	$1{,}98 \cdot 10^{-4}$	0,172	5,99
0,5	$1{,}11 \cdot 10^{-4}$	0,096	1,67
1,0	$0{,}81 \cdot 10^{-4}$	0,070	0,75

15. Befindet sich die Strahlungsquelle in einem anderen Medium, so muß man bei der Berechnung der Intensität eines Gammastrahles in einem gegebenen Medium auch die Reflexion der Strahlung an der Grenze der beiden Medien berücksichtigen (S. 565) sowie die Absorption der Strahlung von der Quelle selbst (infolge ihrer endlichen Abmessungen). Der Faktor, der dies berücksichtigt, heißt *Albedo*. Der Wert des Albedos wächst rasch mit der Verminderung der Energie des Gammastrahles.

16. Die Einheiten der Aktivität (Radioaktivität) von Präparaten bestimmt man durch die Anzahl der Atomkerne, die in der Zeiteinheit zerfallen. Die Einheit *Curie* (Ci) ist die Aktivität eines Präparates, bei dem pro Sekunde $3{,}7 \cdot 10^{10}$ Zerfallsakte stattfinden.
Man verwendet auch Vielfache und Bruchteile dieser Einheit: Mikrocurie (10^{-6} Curie), Millicurie (10^{-3} Ci), Kilocurie (10^3 Ci), Megacurie (10^6 Ci). Neben der Einheit Curie verwendet man auch die Einheit *Rutherford* (rd), nämlich die Aktivität eines Präparates, bei dem pro Sekunde 10^6 Zerfallsakte stattfinden:

$$1\ \text{Ci} = 3{,}7 \cdot 10^6\ \text{rd}.$$

Teileinheiten sind Millirutherford (mrd), Mikrorutherford (μrd):

$$1\,\text{rd} = 10^3\,\text{mrd} = 10^6\,\mu\text{rd},$$

$$1\,\mu\text{rd} = 1\,\text{Zerfallsakt/s}.$$

Die Einheiten Curie oder Rutherford verwendet man gewöhnlich zur Charakterisierung der Alpha- und Betaaktivität von radioaktiven Stoffen.

17. In Flüssigkeiten und Gasen verwendet man die folgenden Einheiten für die Konzentration des radioaktiven Stoffes:

$$1\,\text{Ci/l} = 2{,}2 \cdot 10^{12}\,\text{Zerfallsakte/min} \cdot \text{l},$$

$$(1\,\text{Eman} =)\quad 1\,\text{Em} = 10^{-10}\,\text{Ci/l} = 220\,\text{Zerfallsakte/min} \cdot \text{l},$$

$$(1\,\text{Mache-Einheit} =)\quad 1\,\text{ME} = 3{,}64 \cdot 10^{-10}\,\text{Ci/l} = 780\,\text{Zerfallsakte/min} \cdot \text{l}.$$

Bei Uran, Thorium und Radium drückt man die Volumenkonzentration auch in g/l aus.

18. Die Einheit der Gammaaktivität ist ein Milligrammäquivalent (mg-Äqu) des Radiums, also die Aktivität eines radioaktiven Präparates, dessen Gammastrahlung bei gleichen Meßbedingungen in einer mit Luft gefüllten Ionisationskammer dieselbe Ionisation erzeugt wie 1 mg von in der UdSSR staatlich geeichtem Radium. Eine Punktquelle von 1 mg Radium, das sich im Gleichgewicht mit den Zerfallsprodukten befindet, liefert hinter einem 0,5 mm dicken Platinfilter im Abstand von 1 cm in Luft die Wirkung einer physikalischen Dosis von 8,4 r/Std (siehe Punkt 20). 1 mg-Äqu des Radiums entspricht einer Gammaaktivität eines beliebigen radioaktiven Stoffes, von dem eine Punktquelle im Abstand von 1 cm die Wirkung einer physikalischen Dosis von 8,4 r/Std liefert.
In Verwendung steht auch die Einheit Röntgen-Stunden-Meter (r/Std · m). Es handelt sich dabei um die Gammaaktivität einer Quelle, die im Abstand 1 m die Leistung von einer Dosis von 1 r/Std (siehe Punkt 20) erbringt. Eine Quelle mit einer Gammaaktivität von 1,2 g-Äqu des Radiums liefert die Leistung einer Dosis von 1 r/Std · m.

19. Die Intensität I der Gammastrahlung bestimmt man aus dem Energiebetrag des Gammastrahls, der in der Zeiteinheit die Einheit einer Fläche durchsetzt, die senkrecht zur Ausbreitungsrichtung des Gammastrahls gelegen ist. I mißt man in $\text{MeV/cm}^2 \cdot \text{s}$, $\text{erg/cm}^2 \cdot \text{s}$ oder Vm/cm^2.

20. Ein Maß für die Wirkung der Strahlung in einem beliebigen Medium liefert eine Größe, die man als *Strahlungsdosis* bezeichnet. Man unterscheidet:

a) Die *Bestrahlungsdosis* ist eine Größe, welche die Strahlung in einem Medium quantitativ charakterisiert und die durch die ionisierende Wirkung in Luft gemessen wird. Bei Röntgen- und Gammastrahlung mißt man die Bestrahlungsdosis in Röntgen, bei den übrigen ionisie-

renden Strahlungen in einer als physikalisches Röntgenäquivalent (rep) bezeichneten Einheit.
Ein Röntgen (r) ist eine Dosis, bei der in 0,001293 g Luft so viele Ionen erzeugt werden, daß deren Gesamtladung beiderlei Vorzeichens eine elektrostatische Ladungseinheit darstellt. Das entspricht der Bildung von $2{,}083 \cdot 10^9$ Paaren von einwertigen Ionen in 1 cm^3 Luft unter Normalbedingungen (S. 151) und ist mit einem Energieaufwand von 0,11 erg oder $6{,}8 \cdot 10^4$ MeV verbunden. Bezogen auf 1 g Luft entspricht 1 r der Bildung von $1{,}61 \cdot 10^{12}$ einwertigen Ionenpaaren und einem Energieaufwand von 84 erg oder $6{,}8 \cdot 10^4$ MeV.
1 rep ist die Dosis einer beliebigen ionisierenden Strahlung, bei der die in 1 g des bestrahlten Stoffes absorbierte Energie gleich dem Energieverlust durch Ionisation ist, den eine Röntgen- oder Gammastrahlung in 1 g Luft bei einer Dosis von 1 r erleidet:

$$1 \text{ rep} = 84 \text{ erg/g} = 1{,}61 \cdot 10^{12} \text{ Ionenpaare/g} = 5{,}3 \cdot 10^7 \text{ MeV/g}.$$

b) Unter der *Absorptionsdosis* versteht man die Energie einer beliebigen Strahlungsform, die von der Masseneinheit des bestrahlten Stoffes *absorbiert* wird. Bei allen ionisierenden Strahlungen mißt man die Absorptionsdosis in rad.
1 rad entspricht einer Energieabsorption von 100 erg in 1 g bestrahltem Stoff: 1 rad = 1,19 rep; 1 rep = 0,84 rad.

c) Die *biologische Dosis* ist eine Größe, welche die biologische Wirkung der Strahlung auf den Organismus charakterisiert und die in einer Einheit gemessen wird, die man als biologisches Röntgenäquivalent bezeichnet (rem).
Ein rem ist jener von einem Gewebe absorbierte Energiebetrag, der biologisch äquivalent 1 r einer Röntgen- oder Gammastrahlung ist. Bei Bestrahlung eines biologischen Gewebes mit Gammastrahlung der Dosis von 1 r werden in 1 g des Gewebes ungefähr 93 erg Strahlungsenergie absorbiert.

d) Unter der *Gesamtdosis* versteht man die allgemeine Dosis einer ionisierenden Strahlung beliebigen Typs, die von der Gesamtmasse des Stoffes absorbiert wird. Man mißt sie in Gramm-Röntgen oder Gramm-rad.

21. Die auf die Zeiteinheit bezogene Strahlungsdosis heißt *Dosisleistung N*.
Die Beziehung zwischen der Dosisleistung N der Gammastrahlung (in r/s) und ihrer Intensität I (in erg/$cm^2 \cdot$ s) (Punkt 19) lautet:

$$N = \frac{I\mu}{0{,}11} \text{ r/s} = nh\nu \, \frac{1{,}6 \cdot 10^{-6}\mu}{0{,}11} \text{ r/s},$$

wobei μ der lineare Absorptionskoeffizient (Punkt 14) ist, n die Anzahl der Photonen, die eine Fläche von 1 cm^2 pro Sekunde durchsetzen und $h\nu$ die Photonenenergie in MeV. 0,11 ist das energetische Röntgenäquivalent in Luft (Punkt 20).

In Tabelle VI.4.7 findet man einige Angaben über Strahlungsdosen.

Tabelle VI.4.7

Strahlungsquelle	Strahlendosis oder Dosisleistung
Natürlicher radioaktiver Untergrund (kosmische Strahlung, Radioaktivität des umgebenden Mediums und des menschlichen Körpers)	1 rem/Jahr
In der Medizin verwendete Strahlungsdosis (örtliche Bestrahlung)	bis 10000 rem
Strahlungsdosis, die bei Bestrahlung des gesamten Körpers tötet (Strahlungskrankheit mit tödlichem Ausgang)	400–500 rem

22. Die biologische Wirkung verschiedener Strahlungsarten ist in Tabelle VI.4.8 angegeben.

Tabelle VI.4.8

Strahlungsart	1 rep entspricht	1 rem entspricht
β-Strahl und γ-Strahl	1 rem	1 rep
α-Teilchen und Proton	10 rem	0,1 rep
Thermische Neutronen	5 rem	0,2 rep
Schnelle Neutronen (<40 MeV)	10 rem	0,1 rep

4.10. Methoden der Beobachtung und Registrierung ionisierender Teilchen und Quanten

1. Zur Registrierung und Beobachtung verschiedener ionisierender und nicht ionisierender Strahlungen verwendet man *Ionisationskammern.*

Im Fall nicht ionisierender Strahlung tritt Ionisation in einem sekundären Prozeß auf. Sie erfolgt durch sekundäre geladene Teilchen, die in der Materie infolge der Wechselwirkung mit der Strahlung frei werden. Unter einer *Ionisationskammer* versteht man ein geschlossenes Gehäuse mit einem Fenster für den Eintritt der Strahlung und zwei eingebauten Elektroden. Unter dem Einfluß der an die Elektroden angelegten Spannung bewegen sich die von der Strahlung gebildeten Ionen im Gas auf die Elektroden zu. Der Ionenstrom ist gewöhnlich schwach und erfordert zu seiner Messung empfindliche *Elektrometer*. Die Spannung an den Elektroden wählt man so, daß der Arbeitspunkt der Kammer im Sättigungsbereich ihrer Kennlinie liegt (S. 375).

2. Zur Beobachtung der Spuren einzelner ionisierender Teilchen bei deren Wechselwirkung mit Atomen und Atomkernen verwendet man WILSON-Kammern, kernphotographische Emulsionen oder Blasenkammern.

3. In der WILSON-*Kammer* befindet sich gesättigter Dampf (S. 243) einer beliebigen Flüssigkeit. In periodischer Folge wird durch plötzliche Volumenexpansion der Kammer der Dampf übersättigt (S. 244). Dringt während der Expansion ein ionisierendes Teilchen in die Kammer ein, so erweisen sich die von ihm im Dampf gebildeten Ionen als Kondensationskerne (S. 244) für die Moleküle des übersättigten Dampfes. In diesem Augenblick beleuchtet man den Arbeitsraum der Kammer mit starken Lichtbündeln und photographiert stereographisch die ionisierte Spur (Bahn) der Trajektorie des ionisierten Teilchens in der Kammer.
Bringt man die Kammer in ein Magnetfeld (Methode von WILSON und SKOBELTZYN), so liefert eine Untersuchung der Parameter der Bahnspur Aufschlüsse über die Natur und die Eigenschaften der Teilchen. Die Krümmung der Teilchenbahn im Magnetfeld bestimmt das Vorzeichen seiner Ladung. Die Länge und die Dicke der Bahn, die Abweichung von der Geradlinigkeit (ohne Feld) auf Grund der Mehrfachstreuung sowie die Tröpfchenzahl pro Längeneinheit der Spur gestatten die *Identifizierung* der Teilchen. Die Inbetriebnahme der Kammer kann auch durch ein Signal eines Zählwerkes erfolgen (Punkt 8), welches das Auftreten der Teilchen mit Hilfe der Koinzidenzmethode registriert (Punkt 11).

4. Die *Methode der kernphotographischen Emulsion* (insbesondere der *dicken Photoplattensätze*) beruht darauf, daß geladene Teilchen bei ihrem Durchgang durch die Emulsion die Atome und Moleküle des Mediums ionisieren, aus dem die Emulsion besteht. Insbesondere werden die Kristalle der Silberhalogene auf der Photoplatte unter dem Einfluß ionisierender Teilchen zerstört. Das von den Teilchen so erzeugte latente photographische Bild wird bei der Entwicklung der Platte sichtbar gemacht und stereographisch in den Schichten der Photoemulsion untersucht. Die Photoplattenmethode hat gegenüber der WILSON-Kammer den Vorzug einer größeren Verzögerungsfähigkeit, d. h. einer stärkeren Abbremsung des Teilchens. Sie eignet sich daher auch zur Untersuchung von Teilchen sehr hoher Energien (S. 842).

5. Die Vorzüge direkter räumlicher Bilder der Teilchenbahnen bei großem Verzögerungsvermögen für Teilchen hoher Energien vereinigt die *Blasenkammer* in sich. Es handelt sich dabei um ein mit einer beliebigen durchsichtigen und überhitzten Flüssigkeit gefülltes Gefäß. Die in die Kammer einfallenden ionisierenden Teilchen rufen ein plötzliches Aufkochen der Flüssigkeit in einem schmalen Kanal längs ihrer Bahn hervor. Die dabei entstehende Kette von Dampfbläschen photographiert man wie bei der WILSON-Kammer. Die gebräuchlichsten reinen Betriebsflüssigkeiten für Blasenkammern

sind flüssiger Wasserstoff, Propan C_3H_8 sowie die Familie der Chlorofluormenthane ($CClF_3$, $CClF_2$, Bromfreon $CBrF_3$ u. a.). In einer mit flüssigen Wasserstoff betriebenen Kammer untersucht man die Wirkung der Zusammenstöße von Teilchen hoher Energie mit Wasserstoffkernen (Protonen). Außer reinen Flüssigkeiten verwendet man auch übersättigte Lösungen von Gasen in Flüssigkeiten sowie Gemische von Flüssigkeiten, die ein Arbeiten bei Zimmertemperatur gestatten.

6. Zur Registrierung ionisierender Teilchen bei geringen Aktivitäten verwendet man *Zähler*: Proportionalzähler, GEIGER-MÜLLER-Zählrohre, Funken- und Szintillationszähler. Dabei ist keine unmittelbare Identifizierung der Teilchen möglich. Der Zähler bietet aber die Möglichkeit, die Dichte des Teilchenstromes und dessen Energieverteilung zu bestimmen.

7. Ein *Proportionalitätszähler* besteht aus einem meist zylindrischen Gefäß, das mit einem beliebigen Gas gefüllt und mit zwei konzentrischen Elektroden versehen ist, von denen die eine (Anode) als längs der Zylinderachse angebrachter Draht ausgebildet ist, während die andere (Kathode) den äußeren metallischen Mantel des Arbeitsvolumens des Zählers bildet. Bei Einfall ionisierender Teilchen in den Zähler erfolgt, da der Zähler im linearen Bereich der Kennlinie des Arbeitsgases arbeitet (S. 375), eine unselbständige Entladung (S. 374). An der Anode entsteht infolge des größeren elektrischen Spannungsgradienten Stoßionisation (S. 374) der Gasmoleküle durch die primären Ionen. Dies führt zu einem Stromimpuls, dessen Größe proportional der primären Ionisation ist, d. h. proportional der Energie der in den Zähler einfallenden Teilchen.

8. Das *Zählrohr von* GEIGER-MÜLLER unterscheidet sich in der Konstruktion und in der Wirkungsweise von einem Proportionalzähler nicht wesentlich. Es arbeitet jedoch im Sättigungsbereich der Kennlinie des Füllgases (*Plateau*). Infolgedessen liefert es gleichartige Stromimpulse unabhängig von der Primärionisation, d. h., es registriert unmittelbar die Anzahl der ionisierenden Teilchen.

9. Die Wirkungsweise eines *Szintillationszählers* beruht auf der Erscheinung der Lumineszenz (S. 680). Die Lichtblitze, die bei Einfall geladener Teilchen in den Szintillationskristall auftreten, fängt man mit einem *Photomultiplier* auf und zählt sie auf elektronischem Wege. Die Höhe des Impulses hängt von der Intensität der Lichtblitze ab, die durch die Teilchenenergie bestimmt wird. Der Zähler erlaubt daher die Unterscheidung der Teilchen nach ihrer Energie.

10. Ist die Ionisation, die von den Teilchen im Arbeitsvolumen des Zählers oder der Ionisationskammer hervorgerufen wird, zu gering oder fehlt sie völlig (neutrale Teilchen), so bringt man vor der Registriervorrichtung Stoffe an, aus denen die Primärteilchen geladene Teilchen herausschlagen. Zur Registrierung von Gammastrahlen, die in Gasen und in Stoffen mit kleiner Ordnungszahl nur geringe Ionisation hervorrufen, verwendet man dünne Metallfolien. Der Zähler registriert die aus der Folie herausgeschlagenen Photoelektronen. Zur Registrierung von Neutronen verwendet man wasserstoffhaltige

Stoffe, wobei der Zähler die Protonen registriert, die von den Neutronen herausgeschlagen werden.

11. Zur Beobachtung der Bewegung eines beliebigen Teilchens im Teilchenfluß oder zur Beobachtung der Bewegung von Teilchen einer Sorte in einem Fluß, der aus mehreren Teilchensorten besteht, verwendet man mehrere Zähler auf der Basis der *Koinzidenzschaltung*. Bei dieser Methode werden die Impulse der Zähler nur dann gezählt, wenn die Ionisation von allen Zählern hintereinander innerhalb eines sehr kurzen Zeitintervalls registriert wurde. Die Koinzidenzmethode liefert die Möglichkeit, die Bewegungsrichtung der Teilchen, ihre Geschwindigkeit, die räumliche Verteilung der Teilchenflüsse, die genetische Beziehung zwischen den Primärteilchen und den von diesen als Folge der Wechselwirkung im Stoff erzeugten Sekundärteilchen u. a. m. festzustellen.

12. Hat das Zählwerk in der Zeiteinheit eine größere Zahl von Teilchen zu registrieren, so werden die mechanisch arbeitenden Zähler infolge ihrer Trägheit unbrauchbar. In diesen Fällen bringt man vor den Zählern *Vorzählstufen* an, d. h. spezielle elektronische Bauteile, welche die Anzahl der Impulse des Zählwerkes im Verhältnis $1:2^m$ oder $1:10^n$ verringern (große Verbreitung besitzen die Schaltungen vom ersten Typ mit $m = 6$, d. h. mit einer Zählung bis 64).

5. Kernreaktionen

5.1. Grundbegriffe

1. Unter *Kernreaktionen* versteht man die Umwandlung von Atomkernen, die durch Wechselwirkung mit Elementarteilchen oder durch gegenseitige Wechselwirkung der Kerne hervorgerufen wird. An den meisten Kernreaktionen sind zwei Kerne und zwei Teilchen beteiligt. Das eine Paar Kern-Teilchen heißt Ausgangspaar, das andere Endpaar.

2. Kernreaktionen beschreibt man symbolisch in der Form

$$A + a \rightarrow B + b + Q \qquad \text{oder} \qquad A(a, b)B,$$

wobei A und B der Ausgangs- und der Endkern und a und b das Ausgangs- und das Endteilchen sind. Die Kernreaktion wird durch die *Kernreaktionsenergie* charakterisiert. Sie ist gleich der Differenz der kinetischen Energien des Anfangs- und des Endpaares der Reaktion. Bei $Q < 0$ ist die Reaktion mit Absorption von Energie verbunden und heißt *endotherm*. Bei $Q > 0$ ist die Reaktion von Energieabgabe begleitet und heißt *exotherm*.

3. Endotherme Kernreaktionen werden möglich bei einem *Schwellwert* der kinetischen Energie der die Reaktion hervorrufenden Teilchen

$$E_{\text{Schw}} = \frac{M_A + M_a}{M_A} |Q|,$$

wobei M_A die Masse des ruhenden Kerns (*Targetkern, Auffänger*), M_a die Masse des auf den Kern aufliegenden Teilchens und v_a dessen Geschwindigkeit ist.

4. Die Wechselwirkung des Ausgangspaares Kern-Teilchen (Punkt 1) kann bestehen aus: a) *elastischer Streuung*, bei der nur eine Übertragung der kinetischen Energie der stoßenden Teilchen erfolgt, b) *unelastischer Streuung*, bei der aus dem Kern ein Teilchen $b = a'$ abgestoßen wird, das mit dem auf das Ziel heranfliegenden Teilchen identisch ist, jedoch eine geringere Energie besitzt. Der getroffene Kern geht dabei in einen angeregten Zustand über ($A = A^*$). Symbolisch beschreibt man die unelastische Streuung durch: $a + A \to A^* + a'$ oder $A(a, a')A^*$. c) *Kernreaktionen*, als deren Ergebnis ein neuer Kern $B \neq A$ und ein neues Teilchen $b \neq a$ entstehen, so daß ein durch das Schema $a + A \to B + b$ oder $A(a, b)B$ beschriebener Prozeß abläuft. Eine Kernreaktion führt zur Änderung der Eigenschaften und des Zustandes des Ausgangspaares oder zu einer Umwandlung des Elementarteilchens. Bei allen Kernreaktionen bleiben erhalten: die Summe der elektrischen Ladung und die Anzahl der Nukleonen (Baryonenzahl, S. 830), die Energie, der Impuls, der Drehimpuls, die Parität (S. 791) sowie der Isospin (S. 822) oder dessen Projektionen.

5. Kernreaktionen berechnet man nach der Stoßtheorie. Die Wahrscheinlichkeit für eine Kernreaktion charakterisiert man durch den Wirkungsquerschnitt σ (S. 697). Neben dem Wirkungsquerschnitt dient zur Beschreibung der Kernreaktionen die *Ausbeute*, nämlich das Verhältnis der Anzahl der umgewandelten Kerne B zur Anzahl der Ausgangsteilchen a. Die Funktion, welche die Abhängigkeit von σ von der Energie E der Teilchen beschreibt, heißt *Anregungsfunktion der Kernreaktion*. Kernreaktionen lassen sich als Quantenübergänge des Systems $A + a$ in das System $B + b$ deuten.
Eine Reihe von Kernreaktionen können verzweigt verlaufen, d. h., neben dem Schema $a + A \to B + b$ ist auch ein Ablauf nach dem Schema $a + A \to C + c$ möglich, also $A(a, c)C$, oder auch nach anderen Schemata. Die möglichen Wege für den Ablauf einer Kernreaktion nennt man *Kanäle*. Das Anfangsteilstück einer Kernreaktion heißt *Anfangskanal*.

6. In Übereinstimmung mit dem Charakter der Wechselwirkung des Teilchens a mit dem Zielkern A unterscheidet man *direkte Wechselwirkungen*, bei denen die Kernreaktion in einer Etappe abläuft, und Kernreaktionen, die in zwei Etappen erfolgen. In der ersten Etappe bleibt das heranfliegende Teilchen im Zielkern stecken. Die Energie des angekommenen Teilchens wird schnell zwischen den Nukleonen des Kerns verteilt, wobei keines genügend Energie erhält, um aus dem Kern wegfliegen zu können. Es dauert eine gewisse Zeit, die mit der charakteristischen Kernzeit (10^{-22}—10^{-23} s) vergleichbar ist, bis sich die Energie im Kern von neuem auf ein einziges Teilchen konzentriert hat und dieses dann aus dem Kern wegfliegt (zweite Etappe der Kernreaktion). Kerne, die durch Absorption eines Teilchens gebildet werden und die sich in einem angeregten Zustand befinden, heißen *Zwischenkerne* (*Compound-Kerne*). Die Kernreaktion verläuft dabei

in zwei Etappen

$$a + A \to C^* \to B + b,$$

wobei C^* der Zwischenkern ist. Die Lebensdauer der Zwischenkerne erreicht 10^{-15}—10^{-16} s.

7. Der Charakter des Zerfalls des Zwischenkerns hängt nicht davon ab, auf welche Weise er gebildet wurde. Die verschiedenen möglichen Zerfallsarten besitzen verschiedene Wahrscheinlichkeiten, welche durch die *partiellen Niveaubreiten* Γ_i bestimmt werden, die zu der gegebenen Zerfallsart gehören. Die Wahrscheinlichkeit w_b für den Zerfall eines Zwischenkerns unter Aussendung eines Teilchens b (Punkt 4) ist $w_b = \Gamma_b/\Gamma$, wobei Γ_b die Niveaubreite des gegebenen Zerfallstyps ist und Γ die Gesamtbreite, die gleich der Summe der zu allen möglichen Zerfallsarten gehörenden Niveausbreiten ist. Die Niveaubreite $\Gamma = \sum \Gamma_b$ ist ein Maß für die Unbestimmtheit der Energie des Kerns im gegebenen Zustand als Folge der Unschärferelation zwischen Energie und Zeit (S. 689). Der Wirkungsquerschnitt $\sigma(a, b)$ der Kernreaktion $A(a, b)B$ (Punkt 4) ist gegeben durch $\sigma(a, b) = \sigma(a) w_b$, wobei $\sigma(a)$ der Wirkungsquerschnitt für die Bildung des Zwischenkerns ist: $\sigma(a) = \sum_{l=0}^{\infty} (2l + 1) \frac{\lambda^2}{4\pi} D_l \eta_l$. Dabei bedeutet l den Drehimpuls der heranfliegenden Teilchen, λ deren de Broglie-Wellenlänge (S. 685), D_l die Wahrscheinlichkeit für den Durchtritt des heranfliegenden Teilchens mit dem Drehimpuls l durch die Potentialbarriere und η_l die Wahrscheinlichkeit für das Steckenbleiben dieses Teilchens im Zielkern, bestimmt durch die Art der Wechselwirkung zwischen a und A (Punkt 4).
Im Tröpfchenmodell des Kerns (S. 776) betrachtet man das heranfliegende Teilchen als Ursache für die Erhöhung der Temperatur der Kerntröpfchen und das wegfliegende Teilchen als Ergebnis einer Verdampfung der Kernflüssigkeit.

8. Der Wirkungsquerschnitt σ_n für eine Kernreaktion mit Bildung eines Zwischenkerns unter dem Einfluß eines Neutrons, dessen Drehimpuls Null ist ($l = 0$), wird in der Umgebung eines der Energieniveaus des beteiligten Kerns (bei isolierten Niveaus) durch die *Formel von* Breit-Wigner ausgedrückt:

$$\sigma_n \approx \pi \bar{\lambda}^2 \frac{\Gamma_n \Gamma}{(E - E_0)^2 + \frac{\Gamma^2}{4}},$$

wobei $\bar{\lambda} = \lambda/2\pi$ bedeutet, λ die de Broglie-Wellenlänge des Neutrons, Γ die Gesamtbreite des Niveaus, Γ_n die Niveaubreite des Neutrons, E die Energie des Neutrons, E_0 die Resonanzenergie des Neutrons, die gleich der Energie des Niveaus des Zwischenkerns ist. Bei $\Gamma = \Gamma_n$ erreicht im Resonanzfall ($E = E_0$) der Wirkungsquerschnitt den Maximalbetrag $\sigma_n \approx 4\pi\bar{\lambda}$ (Spinfaktor vernachlässigt).

5.2. Allgemeine Klassifikation der Kernreaktionen

1. Die Kernreaktionen unterteilt man: a) nach der Energie der sie hervorrufenden Teilchen, b) nach der Art der daran beteiligten Teilchen, c) nach der Art der daran beteiligten Kerne, d) nach dem Charakter der dabei erfolgenden Kernumwandlungen.

2. Man unterscheidet Kernreaktionen bei kleinen, mittleren und hohen Energien. Die Reaktionen bei kleinen Energien (Größenordnung eV) erfolgen hauptsächlich unter Beteiligung von Neutronen. Reaktionen bei mittleren Energien (bis zu einigen MeV) werden auch durch geladene Teilchen, durch Gammaquanten und durch sekundäre kosmische Strahlung (S. 842) eingeleitet. Reaktionen bei hohen Energien (hundert und tausend MeV) führen zum Zerfall der Kerne in seine nuklearen Komponenten und zur Entstehung von Elementarteilchen, die in freier Form nicht existieren (Mesonen, Hyperonen u. a.) (S. 825).

3. Nach den bei Kernreaktionen beteiligten Teilchen unterscheidet man: a) Reaktionen unter dem Einfluß von Neutronen, b) Reaktionen unter dem Einfluß geladener Teilchen, Protonen, Deuteronen (Kerne des schweren Wasserstoffes), Alphateilchen (Heliumkerne) und mehrwertige Ionen schwererer Elemente. Quellen für geladene Teilchen sind: Elemente mit natürlicher Radioaktivität (S. 780), Beschleuniger für geladene Teilchen (S. 428), kosmische Strahlen (S. 841). c) Reaktionen unter dem Einfluß von Gammaquanten.

4. Nach den an Kernreaktionen beteiligten Kernen unterscheidet man Reaktionen von leichten Kernen (Massenzahl $A < 50$), Reaktionen mittlerer Kerne ($50 < A < 100$) und Reaktionen schwerer Kerne ($A > 100$).

5. Für Reaktionen unter dem Einfluß geladener Teilchen ist die Existenz des Coulombschen Potentialwalls charakteristisch, den die Teilchen überwinden müssen, ehe sie den Kern erreichen und die Reaktion auslösen können. Infolge des Tunneleffektes (S. 703) treten solche Reaktionen auch bei Teilchenenergien auf, die kleiner als die Höhe des Potentialwalls sind. Eine Ähnlichkeit zwischen dem Ablauf von Kernreaktionen unter dem Einfluß von geladenen Teilchen und Neutronen zeigt sich in der Bildung eines angeregten Zwischenkerns (S. 810) und in dessen darauf folgenden Zerfall. Der Unterschied zwischen Kernreaktionen durch geladene Teilchen und den durch Neutronen bewirkten Kernreaktionen äußert sich innerhalb des Kerns und ist durch die für geladene Teilchen und für Neutronen unterschiedlichen Durchlässigkeit des Coulombschen Potentialwalls bedingt.
Im Bereich kleiner Energien besitzt die unelastische Streuung eines Protons p oder eines Alphateilchens α, d. h. die Reaktion (p, p) oder (α, α), eine größere Wahrscheinlichkeit. Im Bereich mittlerer Energien ($E \sim 1$ MeV) werden die Reaktionen (p, n), (α, n), (α, 2n) und (α, 3n) möglich, wobei bei jedem Reaktionsakt ein, zwei oder drei Neutronen wegfliegen.

6. Die häufigsten Reaktionsformen sind die *Stripping-Reaktionen* mit Deuteronen d vom Typ (d, p) und (d, n).

Infolge der schwachen Bindung des Protons mit dem Neutron im Deuteron und wegen der größeren Ausdehnung des Deuterons dringt das Neutron bei dessen Annäherung an den Zielkern in das Kerninnere vor, während das Proton außerhalb davon bleibt. Das Ergebnis ist die Bildung eines Kerns, der ein Isotop des Zielkerns darstellt. Derartige Kernreaktionen treten bei Deuteronenenergien von der Größenordnung MeV auf. Man nennt sie *Stripping-Reaktionen*. Dabei besitzt die Reaktion (d, p) eine höhere Wahrscheinlichkeit als (d, n), und der Kern wird durch eine niedrige Anregungsenergie charakterisiert, die oft niedriger ist als die Bindungsenergie des Neutrons (S. 770), was den beschriebenen Zerfall ermöglicht. Bei höheren Deuteronenenergien bilden die Stripping-Reaktionen den überwiegenden Anteil an den mit Deuteronen eingeleiteten Reaktionen. Aber in diesem Fall kann das Proton ebenso wie das Neutron in den Kern eindringen, wobei jeweils der andere Teil des Deuterons außerhalb des Kerns bleibt. Daher haben bei höheren Deuteronenenergien die Reaktionen (d, p) und (d, n) dieselbe Wahrscheinlichkeit.

7. Für Reaktionen mit Neutronen sind große Wirkungsquerschnitte im Bereich der Wärmeenergien der Neutronen ($E_n \sim 0{,}025$ eV) charakteristisch. Für Neutronen, die in einen Kern eindringen sollen, existiert kein Potentialwall. Reaktionen mit Neutronen erfolgen bei niedrigen Energien unter Bildung eines Zwischenkerns und zeigen Resonanzeigenschaften. Die häufigsten Reaktionen mit langsamen Neutronen (ausgenommen bei leichten Kernen) sind Einfangreaktionen durch die Protonen der Kerne (n, γ), bei welchen kein Zwischenkern gebildet wird. Der Kern geht dabei aus dem angeregten Zustand in den Grundzustand über, indem er ein Gammaquant abgibt (S. 794). Daneben ist auch eine Abstrahlung des Neutrons mit der ursprünglichen Energie möglich (elastische Streuung der Neutronen). Bei hohen Energien der Neutronen wird die Streuung unelastisch. Es wird zusätzlich ein Gammaquant abgestrahlt (n, nγ). Neutronen rufen auch Kernspaltungen hervor (ausführliche Beschreibung Punkt 9).

8. Bei Wechselwirkung von Kernen mit Gammaquanten treten *Photokernreaktionen* (*Kernphotoeffekt*) auf. Das Ergebnis der Reaktionen ist: Vom Kern wird ein Proton oder ein Neutron abgestrahlt, oder es erfolgt eine Kerndissoziation. Eine der häufigsten Reaktionen ist die *Photodissoziation des Deuterons*: $\mathrm{d} + \gamma \rightarrow \mathrm{n} + \mathrm{p}$, die möglich wird, wenn die Energie des Gammaquants die Bindungsenergie des Protons und Neutrons im Deuteron (2,23 MeV) übertrifft. Den Kernphotoeffekt erklärt man mit Hilfe eines durch Absorption eines Gammaquants angeregten Zwischenkerns. Bei dieser Reaktion hat die Abstrahlung eines Neutrons die größte Wahrscheinlichkeit. Daneben (hauptsächlich bei schweren Kernen) gibt es auch einen Prozeß, bei dem ein Nukleon aus dem Kern durch einen geraden „Stoß" des Gammaquants abgesprengt wird und bei dem das wegfliegende Nukleon beinahe die gesamte Energie des Gammaquants mitnimmt (*direkter Kernphotoeffekt*). Der Wirkungsquerschnitt von Photokernreaktionen ist durch ein äußerst breites Maximum (*Riesenresonanz* genannt) im Energiebereich $E_\gamma = 10 - 20$ MeV charakterisiert. Bei $E_\gamma \geqq 2 m_\pi c^2$, $E_\gamma \geqq 2 m_{p,n} c^2$ treten Reaktionen mit Erzeugung von

Photomesonen, Photonukleonen u. a. auf (m_π ist die Ruhmasse des π-Mesons, $m_{p,n}$ die Ruhmasse eines Nukleons). Der Bereich, in dem solche Teilchen erzeugt werden, entspricht einem Energiebereich von 10^8-10^9 eV.

9. *Kernspaltungsreaktionen* (auch die *spontane Kernspaltung*) sind nur bei Kernen von sehr schweren Elementen möglich. Am häufigsten sind sie bei den Kernen am Ende des periodischen Systems. Die Instabilität der Kerne bezüglich Spaltung ist durch ein Übergewicht an Protonen bedingt. Diese bewirken eine Vergrößerung der COULOMBschen Abstoßungskraft, hauptsächlich in der Nähe der Kernoberfläche. Daher ist der Potentialwall für die Spaltung der Kerne in zwei oder mehrere grobe Teile (*Kernbruchstücke*) nicht sehr hoch und kann schon bei niedrigen Aktivierungsenergien überwunden werden, wie sie dem Kern schon beim Zusammenstoß mit einem Neutron von kleiner kinetischer Energie vermittelt wird. Daher folgt aus dem Resonanzeinfang eines Neutrons durch einen Kern die Bildung eines Zwischenkerns und dessen Spaltung. Der erwähnte Potentialwall kann auch spontan auf Grund des Tunneleffektes überwunden werden (spontane Kernspaltung).

10. Im Rahmen des Tröpfchenmodells des Kerns (S. 776) betrachtet man die Kernspaltung als Ergebnis einer Deformation der Kernoberfläche, bei der eine Instabilität eintritt, die zu einer „Einschnürung" und zu einer Abtrennung zweier oder mehrerer Kernbruchstücke auf den verschiedenen Seiten des „eingeschnürten" Kerns führt (ähnlich der Teilung eines Flüssigkeitsströpfchens). Das Tröpfchenmodell (S. 776) führt zur folgenden Bedingung dafür, daß eine Kernspaltung möglich wird: $Z^2/A \geqq 17$. Die Größe Z^2/A heißt *Spaltparameter*. Diese Bedingung ist für alle Kerne ab Silber ${}_{47}Ag^{108}$ erfüllt. Für Silber ist der Spaltparameter ≈ 20. Aus dem Tröpfchenmodell folgt ebenfalls, daß Kerne mit $(Z^2/A)_{\text{krit}} \geqq 49$ (*kritischer Spaltparameter*) bezüglich der Spaltung instabil sind (der Potentialwall für die Spaltung verschwindet) und in der Natur nicht vorkommen können. Für das im Sommer 1964 in Dubna gefundene Element Kurchatovium ($Z = 104$) ist der Spaltparameter $Z^2/A \approx 41$, d. h., er liegt in der Nähe des kritischen Wertes. Die energetische Instabilität schwerer Kerne bezüglich der Spaltung ist dadurch bedingt, daß die spezifische Bindungsenergie (S. 770) in schweren Kernen $\approx 7{,}6$ MeV beträgt, während für Atomkerne in der Mitte des periodischen Systems die Bindungsenergie pro Nukleon $\approx 8{,}7$ MeV ist.

11. Die größte Wahrscheinlichkeit bei Spaltungsreaktionen hat die Spaltung in zwei Teile. Bei der Kernspaltung durch thermische Neutronen und bei der Spontanspaltung ist das Massenverhältnis beispielsweise 3 : 2. Die Wahrscheinlichkeit für die Kernspaltung in drei Teile beträgt nur mehr das $10^{-2}-10^{-6}$fache der Wahrscheinlichkeit für die Spaltung in zwei Teile. Die Kernspaltung in eine noch größere Anzahl von Teilen hat bei gewöhnlichen Teilchenenergien eine vernachlässigbar kleine Wahrscheinlichkeit. Die gebildeten Bruchstücke sind mit Neutronen überladen und befinden sich daher in einem stark angeregten Zustand, aus dem sie in den Grundzustand übergehen, in

dem sie eine Reihe von Zwischenstadien mit mehreren Betazerfallsakten (S. 780) und mit Ausstrahlung von Neutronen (die man *retardierte Neutronen* nennt) durchlaufen. Die Kernspaltung ist gewöhnlich exotherm mit einer Energieabgabe von $Q \sim 10^8$ eV pro Kern. Die Reaktionsenergie wird in Form der kinetischen Energie der Bruchstücke und der Neutronen frei, die unmittelbar zum Zeitpunkt der Reaktion aus dem sich teilenden Kern davonfliegen (*prompte Neutronen*).

12. Eine wichtige Kernreaktion stellt die (exotherme) Fusion leichter Kerne dar, die bei extrem hohen Temperaturen (Größenordnung $10^7 - 10^9$ °K) eintritt und die sich auf Grund ihrer großen Energieabgabe selbst erhalten können. Solche Reaktionen nennt man *thermonuklear*. Die hohen Temperaturen sind notwendig, damit die kinetische Energie der Wärmebewegung der Kerne zur Überwindung des COULOMBschen Potentialwalls für die Fusion ausreicht. Thermonukleare Reaktionen treten schon bei Energien der Wärmebewegung der Kerne auf, die etwas kleiner als die Höhe des Potentialwalls sind (Tunneleffekt, S. 703).

13. Thermonukleare Reaktionen sind, wie es scheint, die wesentlichste Energiequelle der Sterne. Entdeckt wurden zwei *thermonukleare Zyklen*, bei welchen die Energieabgabe bei der Umwandlung von Wasserstoffkernen in Heliumkerne erfolgt. Eine der Varianten des *Proton-Proton-Zyklus* ist

$$\mathrm{p} + \mathrm{p} \rightarrow \mathrm{d} + \mathrm{e}^+ + \nu_e,$$

$$\mathrm{d} + \mathrm{p} \rightarrow {}_2\mathrm{He}^3 + \gamma,$$

$$2\,{}_2\mathrm{He}^3 \rightarrow 2\mathrm{p} + {}_2\mathrm{He}^4.$$

Der Heliumkern bildet sich aus vier Protonen, und eine Energie von ungefähr 25 MeV wird frei. Eine andere Variante ist der *Kohlenstoff-Stickstoff-Zyklus*:

$${}_6\mathrm{C}^{12} + \mathrm{p} \rightarrow {}_7\mathrm{N}^{13} + \gamma, \qquad {}_7\mathrm{N}^{14} + \mathrm{p} \rightarrow {}_8\mathrm{O}^{15} + \gamma,$$

$${}_7\mathrm{N}^{13} \rightarrow {}_6\mathrm{C}^{13} + \mathrm{e}^+ + \nu_e, \qquad {}_8\mathrm{O}^{15} \rightarrow {}_7\mathrm{N}^{15} + \mathrm{e}^+ + \nu_e,$$

$${}_6\mathrm{C}^{13} + \mathrm{p} \rightarrow {}_7\mathrm{N}^{14} + \gamma, \qquad {}_7\mathrm{N}^{15} + \mathrm{p} \rightarrow {}_6\mathrm{C}^{12} + {}_2\mathrm{He}^4,$$

d. h. $4\mathrm{p} \rightarrow {}_2\mathrm{He}^4 + 2\mathrm{e}^+ + 2\nu$ (ν_e Neutrino, γ Gammaquant). Der Kohlenstoffkern ${}_6\mathrm{C}^{12}$ spielt die Rolle eines „Katalysators“. Dieser Zyklus ist von einer größeren Energieabgabe begleitet.

5.3. Die physikalischen Grundlagen der Kernenergietechnik

1. Die Abhängigkeit des Wirkungsquerschnittes der Kernspaltung von der Energie der den Zerfall einleitenden Neutronen ist für die einzelnen Kernarten verschieden. Für eine der Kerngruppen (beispielsweise U^{233}, U^{235}, Pu^{239}) hat der Wirkungsquerschnitt ein Maximum für langsame Neutronen ($E \sim 0{,}025$ eV) und für mittlere

epithermische Neutronen ($E \sim 1-10^3$ eV). Für eine andere Gruppe (beispielsweise Th^{232}, U^{238}, Pu^{240}) ist der Spaltungsquerschnitt bei schnellen Neutronen ($E \sim 10^6$ eV) am größten. Dies hängt mit der unterschiedlichen Bindungsenergie für Neutronen in Kernen mit gerader oder ungerader Nukleonenzahl zusammen. Im Fall eines Neutroneneinfangs durch den Kern ${}_{92}U^{235}$ wird die Nukleonenzahl gerade und die Bindungsenergie des eingefangenen Neutrons größer als die Bindungsenergie eines Neutrons, das von einem ${}_{92}U^{238}$-Kern eingefangen wird, wodurch dessen Nukleonenzahl ungerade wird.

2. Bei jeder Spaltung schwerer Kerne werden aus stark angeregten Kernen 2–3 prompte Neutronen abgegeben (S. 815). Die Spaltneutronen treten mit den benachbarten Kernen des Spaltmaterials in Wechselwirkung und rufen ihrerseits wieder neue Kernspaltungen hervor, so daß die Anzahl der Spaltakte lawinenartig anwächst. Solche Spaltreaktionen nennt man *Kettenreaktionen* (in Analogie zu den chemischen Kettenreaktionen), worunter man Reaktionen versteht, deren Produkte von neuem mit dem Ausgangsstoff eine Verbindung eingehen können. Die Besonderheit solcher Reaktionen ist die ununterbrochene Wiederherstellung der Aktivitätszentren. Das Auftreten jedes neuen Zentrums ist von einer größeren Zahl neuerlicher Kettenreaktionen begleitet. Bei Kettenreaktionen mit Kernspaltung spielen die Spaltneutronen die Rolle der Aktivitätszentren.

3. Die Geschwindigkeitsrate v der Kettenreaktion ist gleich der Anzahl der Spaltprozesse pro Zeiteinheit im gesamten spaltbaren Stoff:

$$v = \frac{\alpha v_0}{1 - \mu\alpha}\left[1 - e^{-(v_1+v_2)(1-\mu\alpha)t}\right].$$

Hier bedeuten v_1 die Reaktionsgeschwindigkeitsrate (in bezug auf ein Ausgangsneutron), v_0 die Rate der Neutronenerzeugung im aktiven Stoff, v_2 die Verminderungsrate der Neutronen, die sich an den Reaktionen beteiligen, α die Wahrscheinlichkeit für den Einfang eines Neutrons, das im vorhergehenden Reaktionsakt durch einen aktiven Kern frei wurde, μ den *Neutronenvermehrungsfaktor*, t die Zeit.
Die Größe v_0 bestimmt man auf Grund der Wahrscheinlichkeit für eine Spontanspaltung (S. 814) eines gegebenen Isotops bei Fehlen einer äußeren Bestrahlung mit Neutronen. Den Wert von v_2 bestimmt man durch den sekundlichen Betrag des Neutronenabflusses aus dem Bereich des aktiven Stoffes und aus der Geschwindigkeitsrate ihrer Entfernung aus dem Reaktionsablauf durch Absorption (ohne Einleitung einer Spaltung) durch Fremdkerne und nicht spaltbare Isotope des aktiven Elementes.
Der Neutronenvermehrungskoeffizient μ ist gleich dem Quotienten aus der Anzahl der in einem Glied der Reaktionskette entstehenden Neutronen zur Anzahl der Neutronen im vorangehenden Glied der Kette. Eine notwendige Bedingung für das Eintreten einer Kettenreaktion ist $\mu \geqq 1$. Bei $\mu > 1$ spricht man von *beschleunigten Kettenreaktionen* (*explosionsartige Kettenreaktionen*). Die Arbeitsbedingungen dafür heißen *überkritisch*. Bei $\mu = 1$ spricht man von *selbsterhaltenden* Reaktionen, die Arbeitsbedingungen dafür heißen

kritisch. Bei $\mu < 1$ handelt es sich um *erlöschende Kettenreaktionen,* die Arbeitsbedingungen heißen *unterkritisch.* Den Neutronenvermehrungskoeffizienten bestimmt man aus der geometrischen Konfiguration und den Abmessungen des Raumes, in dem die Reaktion abläuft, sowie aus den Abmessungen und dem Material des Neutronenbremsmittels und des Neutronenreflektors (S. 818).
Außerdem hängt μ vom Verhältnis der Wahrscheinlichkeiten verschiedener Wechselwirkungsprozesse der Neutronen mit den Kernen des Spaltmaterials und der Beimengungen ab. Für die Ermöglichung einer Kettenreaktion haben die Abmessungen der *aktiven Zone* große Bedeutung. Es handelt sich dabei um den Raumbereich, in dem die Kettenreaktion stattfindet. Bei Verminderung der Abmessungen der aktiven Zone wächst der Anteil der Neutronen, die diese verlassen. Dadurch wird die Entwicklung der Kettenreaktion gehemmt. Die Minimalabmessungen, bei der eine Kettenreaktion möglich wird, heißen *kritische Abmessungen.* Die Masse des Spaltmaterials, welches sich in einem System mit kritischen Abmessungen befindet, heißt *kritische Masse* (bzw. *kritisches Volumen*).

4. Die Geschwindigkeitsrate der Spaltungsreaktion ist

$$v_1 = \sigma(v)\, vN,$$

wobei $\sigma(v)$ der Spaltungsquerschnitt eines gegebenen Isotops bei der Neutronengeschwindigkeit v und N die Anzahl der Kerne des aktiven Isotops im Stoff ist.
Für $\mu\alpha < 1$ ist

$$\lim_{t\to\infty} v = \frac{\alpha v_0}{1 - \mu\alpha},$$

und die Kettenreaktion des Kernzerfalls ist *stationär.* Für $\mu\alpha > 1$ ist

$$\lim_{t\to\infty} v \approx \lim_{t\to\infty} \frac{v_1 v_0}{A} e^{At} = \infty$$

mit $A = (v_1 + v_2)(\mu\alpha - 1)$, d. h., die Kettenreaktion beschleunigt sich *selbständig,* sie ist *instationär.*

5. Kernreaktionen kann man durch Vergrößerung von v_1 oder durch Verminderung von v_2 begünstigen. Das erste erreicht man durch Erhöhung der Masse des aktiven Stoffes. Das zweite erfolgt durch eine rasche Abbremsung der Neutronen auf Energien, bei denen der Wirkungsquerschnitt für die Kernspaltung des Stoffes maximal ist, oder auch durch Reflexion der Neutronen am Reflektormaterial.

6. Einrichtungen, in welchen *selbsterhaltende* Kettenreaktionen der Spaltung von Kernen schwerer Elemente unter dem Einfluß von Neutronen ablaufen, heißen *Kernreaktoren.* Diese bestehen aus fünf Hauptbestandteilen: dem spaltbaren (aktiven) Stoff, dem Bremsmaterial, dem Neutronenreflektor, einem Kühlsystem und einem Sicherungs- und Kontrollsystem.

7. Als aktive Stoffe verwendet man gewöhnlich die Uranisotope U^{233}, U^{235}, U^{238}, das Thoriumisotop Th^{232} und die Plutoniumisotope Pu^{239}, Pu^{240}, Pu^{241}.

8. Als Bremsmittel verwendet man ein Material, das einen großen Wirkungsquerschnitt für die unelastische Streuung der Neutronen und einen kleinen Wirkungsquerschnitt für den Neutroneneinfang besitzt. Als Bremsmittel dienen gewöhnlich Graphit, schweres Wasser (D_2O) aber auch Berylliumoxid, Hydride der Metalle und organische Flüssigkeiten. Die Kerne der genannten Stoffe absorbieren Neutronen nur schwach.

9. Für Neutronenreflektoren, welche die aktive Zone des Reaktors umhüllen, in der sich der Spaltstoff und das Bremsmittel befindet, verwendet man meist denselben Stoff wie für das Bremsmittel. Die Wirksamkeit des Reflektors wächst rasch mit Vergrößerung seiner Dicke und erreicht ihre Grenze, wenn diese die mittlere freie Weglänge (S. 204) der Neutronen im gegebenen Material einigemale übertrifft.
In einer *Atombombe* entsteht eine gesteuerte Kettenreaktion mit schnellen Neutronen, die wegen der äußerst raschen Abgabe großer Energiemengen Explosionscharakter besitzt. Man realisiert eine Atombombe, indem man die Masse des Spaltmaterials durch rasche Vereinigung einzelner Teile der Bombe über den kritischen Wert (Punkt 3) anwachsen läßt.

10. Das Kühlsystem ist für die Ableitung der in der aktiven Zone abgegebenen Spaltungsenergie bestimmt, gewöhnlich in Form einer bestimmten Wärmemenge, in die die kinetische Energie der Spaltbruchstücke bei ihrer Abbremsung im aktiven Stoff und im Bremsmittel übergeht. Durch die aktive Zone des Reaktors fließt ein Kühlmittel (Wasser, Wasserdampf, He, CO_2, flüssige Metalle und Legierungen), die hierauf durch Wärmeaustausch die Wärme auf ein sekundäres Kühlsystem übertragen.

11. Steuersysteme und Abschirmsysteme gewährleisten die Kontrolle der Kettenreaktionen und verhindern deren selbständigen Ablauf (S. 817). Außerdem gewährleisten sie den Schutz des den Reaktor umgebenden Raumes vor intensiven Neutronenflüssen und Gammastrahlen, die in der aktiven Zone des Reaktors auftreten. Für den ersten Zweck verwendet man Stäbe aus einem Material mit großem Wirkungsquerschnitt für die Neutronenabsorption (beispielsweise Kadmium), die in die aktive Zone eingeschoben werden, Das zweite Ziel erreicht man, indem man den Reaktor durch eine massive Schicht eines Stoffes umgibt, der Neutronen und Gammastrahlen stark absorbiert (z. B. eine Kombination von Beton und Blei), sowie durch einen totalen Verschluß des Kühlmittels, wobei man dessen Aussickern völlig zu verhindern hat.

12. Kernreaktoren unterscheidet man nach dem Charakter des Kernbrennstoffes, des Bremsmittels und des Wärmeträgers. Als Spaltmaterial verwendet man ${}_{92}U^{235}$, ${}_{94}Pu^{239}$, ${}_{92}U^{233}$, ${}_{92}U^{238}$, ${}_{50}Th^{232}$. Bezüglich Bremsmittel und Wärmeträger siehe die Punkte 8 und 10.
Je nach der räumlichen Verteilung des Brennstoffs und des Bremsmittels unterscheidet man *homogene* Kernreaktoren, bei denen beide Stoffe gleichmäßig miteinander vermengt sind, und *heterogene*, in denen der Brennstoff in Form von Blöcken angeordnet ist. Je nach

dem Energiebereich der Neutronen unterscheidet man *thermische, mittlere* und *schnelle* Reaktoren. In den letzten verwendet man die Spaltneutronen unmittelbar, und das Bremsmittel fehlt.
Je nach ihrer Bestimmung unterteilt man die Kernreaktoren in Energiereaktoren, Forschungsreaktoren, Versuchsreaktoren, Reaktoren zur Herstellung von neuem spaltbaren Material, zur Erzeugung von radioaktiven Isotopen u. a.
Aus der Gesamtheit aller aufgezählten Merkmale unterscheidet man: *Uran-Graphit-Reaktoren, Wasser-Wasser-Reaktoren, Siedewasserreaktoren* u. a.

13. Beim *Brütreaktor* werden Kerne eines aktiven Elementes durch Kernreaktionen in Kerne eines anderen aktiven Elementes umgewandelt, wobei auf Grund der Zusammensetzung des ursprünglichen aktiven Elementes aus verschiedenen Isotopen die Menge des reproduzierten aktiven Stoffes größer ist als die Menge des ursprünglichen Isotops. In typischen Brütreaktoren bestehen der reproduzierte Stoff und der ursprüngliche Stoff aus den Isotopen ein und desselben chemischen Elementes (beispielsweise „verbrennt" U^{235}, und es entsteht U^{233}); im Konverter (Brütreaktor im weiteren Sinne) handelt es sich um Isotope verschiedener chemischer Elemente (beispielsweise „verbrennt" U^{235}, und es entsteht Pu^{239}).

14. Zur Erzeugung hoher Temperaturen in ungeregelten thermonuklearen Reaktionen ($T \sim 5 \cdot 10^7\,°K$) verwendet man Atombomben (S. 817), die solche Temperaturen während der Explosion in einem äußerst kurzen Zeitintervall ($\sim 10^{-6}$ s) liefern, nach dessen Ablauf aber die thermonukleare Reaktion in der Masse der Wasserstoffatome einsetzt (*Wasserstoffbombe*).

15. Die thermonukleare Energiegewinnung beruht auf der Ausnutzung der Energien exothermer Reaktionen bei der Fusion leichter Kerne (S. 815). Die bezüglich der notwendigen Temperaturbereiche zugänglichste Reaktion ist die zwischen den Kernen von Deuterium und Tritium: ${}_1D^2 + {}_1T^3 \rightarrow {}_2H^4 + n$. Bei dieser Reaktion werden 17,6 MeV frei. Die Energieabgabe pro an der Reaktion beteiligten Nukleonen ist hier $\approx 3{,}5$ MeV/Nukleon, während sie bei der Spaltung des ${}_{92}U^{238}$-Kerns 0,85 MeV/Nukleon beträgt.
Eine gesteuerte thermonukleare Reaktion, die sich auf Kosten der abgegebenen Energie selbst aufrechterhält, kann lange Zeit unter Kontrolle andauern. Das Aufheizen und die Steuerung der thermonuklearen Mischung verlaufen so, daß die Mischung bei sehr hohen Temperaturen in den Plasmazustand (S. 379) übergeht. Zum Aufheizen muß die Geschwindigkeit der Energiezufuhr zur Mischung die Geschwindigkeit des Energieabflusses aus dieser übersteigen. Die Energieabfuhr erfolgt hauptsächlich durch den Wärmefluß durch die Gefäßwände, aber auch durch die Bremsstrahlung im Plasma (S. 559).
Eine äußerst wichtige Aufgabe bei der praktischen Realisierung gesteuerter thermonuklearer Reaktionen liegt in der Bereitstellung von solchen Bedingungen, bei denen ein Plasma hoher Temperatur mit Hilfe eines Magnetfeldes im Zustand der Wärmeisolation stabil gehalten werden kann. Zu diesem Zweck verwendet man *magnetische*

Fallen (*magnetische Flaschen*) und spezielle toroidförmige Gehäuse, in denen ein longitudinales Magnetfeld hergestellt wird. Magnetische Fallen besitzen in der Konfiguration äußerst komplizierte Magnetfelder. Sie verhindern den Kontakt des Plasmas mit den Reaktorwänden. Dies wird durch den Pinch-Effekt realisiert, der in einer Zusammenschnürung (radialen Kompression) des Plasmas durch das Magnetfeld des Stromes besteht, der im Plasma fließt.

16. Die Bildung angeregter Kerne bei Reaktionen mit (meist langsamen) Neutronen führt zu einem Kernzerfall lange Zeit nach Beendigung der Reaktionen, die durch die Bestrahlung mit Neutronen hervorgerufen wurden. Die Strahlung solcher Kerne, die meist aus Betateilchen und Gammastrahlen besteht, heißt *künstliche Radioaktivität* (*induzierte Radioaktivität*). Die Halbwertszeit der künstlich radioaktiven Kerne liegt zwischen Bruchteilen von Sekunden und tausenden von Jahren. Heute kann man künstlich radioaktive Isotope mit hoher spezifischer Aktivität erzeugen; dies erlaubt die Herstellung von äußerst kompakten radioaktiven Strahlungsquellen, die in Wissenschaft und Technik vielfache Anwendung finden.

6. Elementarteilchen

6.1. Grundsätzliches über Elementarteilchen

1. Unter *Elementarteilchen* versteht man Teilchen, denen man nach dem gegenwärtigen Stand der Entwicklung der Physik keine bestimmte innere Struktur zuschreiben kann, die in einfacher Beziehung zu anderen Teilchen steht. Ein Elementarteilchen verhält sich bei der Wechselwirkung mit anderen Teilchen und Feldern wie ein einheitliches Ganzes. Die Frage nach der Struktur der Elementarteilchen tritt in zweifacher Weise auf. In einer Reihe von Fällen erscheinen die Elementarteilchen strukturlos, d. h. als materielle Punkte mit bestimmten Eigenschaften: Ruhmasse, elektrische Ladung, Baryonen- und Leptonenzahl (S. 822), Strangeness (S. 831), vorherrschendes Zerfallsschema (S. 824). Die Vorstellung von einem punktförmigen Elementarteilchen steht in Übereinstimmung mit den Postulaten der Relativitätstheorie. Ein ausgedehntes Teilchen, als Einheit betrachtet, müßte sich deformieren können, somit wären unabhängige Bewegungen der einzelnen Teile des einheitlichen Ganzen möglich. Ein äußerer Einfluß auf ein ausgedehntes Elementarteilchen müßte sich augenblicklich von einem dieser Teile auf andere übertragen, was dem speziellen Relativitätsprinzip widerspricht (S. 502).

Die Vorstellung von der Strukturlosigkeit der Elementarteilchen ist nur in Bereichen solcher Teilchenenergien zulässig, bei denen ihre Struktur das Ergebnis der Wechselwirkung zwischen ihnen nicht beeinflußt. Der dieser Vorstellung entsprechende Energiebereich liegt unter $2m_0c^2$, wobei m_0 die Ruhmasse (S. 509) des Teilchens bedeutet.

2. Gegenwärtig kennt man mehrere Gruppen von Elementarteilchen, die sich durch ihre Eigenschaften und den Charakter der Wechsel-

wirkung unterscheiden. Die wichtigsten Eigenschaften der Elementarteilchen sind in den Tabellen VI.6.1 und VI.6.2 aufgeführt. Nach der Größe der Ruhmasse unterscheidet man *Leptonen* (leichte Teilchen), *Mesonen* (mittelschwere Teilchen) und *Baryonen* (schwere Teilchen). Nach dem Vorzeichen der elektrischen Ladung unterscheidet man positive und negative Teilchen mit der Ladung $|e|$ und elektrisch neutrale Teilchen. Bis zur heutigen Zeit wurden Teilchen mit einer elektrischen Ladung $|e| > 1$ nur unter Resonanzen (Punkt 3) festgestellt. Man vermutet auch die Existenz von Teilchen mit einer durch eine Bruchzahl ausgedrückten elektrischen Ladung (*Quarks* und *Antiquarks*). Die Mehrzahl der in den Tabellen VI.6.1 und VI.6.2 aufgeführten Teilchen besitzen den Spin 1/2 (in Einheiten $\hbar$ gemessen). Es gibt auch Teilchen ohne Spin (π-Mesonen und K-Mesonen) sowie Teilchen mit dem Spin $\hbar$ (Photonen). Teilchen mit dem Spin 3/2 sind anscheinend das Omega-Minus-Hyperon und sein Antiteilchen, das Anti-Omega-Minus-Hyperon (Ω^-- und $\tilde{\Omega}^-$-Hyperon).

3. Die Vereinigung des positiven μ^+-Mesons mit einem Elektron kann zur Bildung des *Myoniums* führen, eines eigentümlichen „Atoms", in dem ein Elektron um das μ^+-Meson kreist. Beim Myonium hat man experimentell eine Hyperfeinstruktur festgestellt, nämlich eine hyperfeine Verteilung der Energieniveaus und der Spektrallinien, die mit der Möglichkeit einer parallelen oder antiparallelen Orientierung des Spins des μ^+-Mesons und des Elektronenspins zusammenhängt. Die Größe der Hyperfeinstruktur entspricht den Vermutungen, daß das μ^+-Meson die in den Tabellen VI.6.1 und VI.6.2 angegebenen Eigenschaften besitzt.

4. Neben den in Tabelle VI.6.1 aufgeführten Elementarteilchen hat man in den letzten Jahren eine große Zahl neuer Teilchen entdeckt, die als *Resonanzteilchen*, *Resonanzzustände* oder *Resonanzen* (*Resonen*) bezeichnet werden. Diese kurzlebigen Gebilde mit Lebensdauern, wie sie für die starke Wechselwirkung charakteristisch sind, haben bestimmte Eigenschaften, wie sie unter Punkt 1 aufgezählt worden sind, und man kann ihnen Impuls und Energie zuschreiben, so daß die Auffassung der Resonanzen als Teilchen gerechtfertigt erscheint. Die Eigenschaften von Baryonen- und Mesonen-Resonanzen sind in den Tabellen VI.6.3 und VI.6.4 angegeben.

5. Man nimmt an, daß zwischen Elementarteilchen zumindest drei Typen von Wechselwirkungen möglich sind: starke Wechselwirkung, elektromagnetische Wechselwirkung und schwache Wechselwirkung. Jede davon wird durch eine eigene Konstante und eine Zeitkonstante charakterisiert (s. Tabelle VI.6.5).

6. *Starke Wechselwirkungen* charakterisieren Prozesse, die im Beisein von Baryonen, Antibaryonen sowie von π- und K-Mesonen ablaufen (Tabellen VI.6.1 und VI.6.2). Diese Wechselwirkungen erzeugen die Kernkräfte zwischen den Nukleonen sowie die Prozesse der Bildung und des Zerfalls von Mesonen und Hyperonen bei hohen Energien. Die Intensität der starken Wechselwirkung wird durch die *Fermi-Konstante* $f^2/hc \approx 1$ charakterisiert, wobei f^2 die „Ladung" des Nukleons ist, die das Feld der Kernkräfte erzeugt. Prozesse, bei denen starke Wechselwirkungen auftreten, heißen *schnelle Prozesse*. Die für

sie charakteristische Zeit (*Zeitkonstante der starken Wechselwirkung*) liegt bei 10^{-23}–10^{-22} s. Starkwechselwirkende Teilchen heißen *Hadronen*.

7. *Elektromagnetische Wechselwirkung* tritt zwischen Teilchen auf, die eine elektrische Ladung besitzen (z. B. die COULOMBsche Wechselwirkung geladener Teilchen, Prozesse der Paarbildung durch Gammaquanten u. a.). Für die Intensität der Wechselwirkungen ist die Feinstrukturkonstante $\alpha = e^2/\hbar c = 1/137$ (S. 862) maßgebend. Die entsprechenden Prozesse heißen *elektromagnetische Prozesse*, ihre Dauer beträgt 10^{-20}–10^{-18} s.

8. *Schwache Wechselwirkungen* sind charakteristisch für Leptonen (Wechselwirkung von μ-Mesonen mit Kernen, von Elektronen und Positronen, Neutrinos und Antineutrinos mit Kernen, Betazerfall von Kernen). Für die Intensität der Wechselwirkung ist die Konstante $g^2/hc \approx 10^{-14}$ maßgebend, wobei g die Bedeutung einer „Ladung" besitzt, die das hypothetische Feld der schwachen Wechselwirkung erzeugt. Die entsprechenden Prozesse heißen *langsame Prozesse*, ihre charakteristische Zeit beträgt 10^{-10}–10^{-8} s. Vergleichsgrößen für die verschiedenen Typen der Wechselwirkung zwischen Elementarteilchen sind in Tabelle VI.6.1 angegeben.

Tabelle VI.6.1

Wechselwirkungstyp	Vergleichsgröße	Zeitkonstante [s]
Starke Wechselwirkung	1	10^{-23}–10^{-22}
Elektromagnetische Wechselwirkung	1/137	10^{-20}–10^{-18}
Schwache Wechselwirkung	10^{-14}	10^{-10}–10^{-8}

9. Bei allen Typen der Wechselwirkung zwischen Elementarteilchen gelten die Erhaltungssätze für die physikalischen Größen, welche die Eigenschaften der Teilchen vor und nach der gegebenen Wechselwirkungsart charakterisieren, also der Erhaltungssatz für die Energie, den Impuls, den Drehimpuls und die elektrische Ladung.

10. Zur Charakterisierung von Elementarteilchen, die zur Leptonengruppe gehören, führt man eine Größe ein, die als *Leptonenzahl L* bezeichnet wird. Man nimmt an, daß Leptonen (Tabelle VI.6.2) eine Leptonenzahl $L = +1$, die Antileptonen $L = -1$ besitzen. Für die übrigen Teilchen gilt $L = 0$. Prozesse, an denen Leptonen beteiligt sind, verlaufen so, daß die algebraische Summe der Leptonenzahlen erhalten bleibt (*Erhaltungssatz für die Leptonenzahl*).

11. Die *Ladungsunabhängigkeit* starker Wechselwirkungen beinhaltet die Tatsache, daß der Charakter dieser Wechselwirkung nicht von der

Anwesenheit oder dem Fehlen einer elektrischen Ladung der Teilchen abhängt.
Die starke Wechselwirkung ist daher in Kernen zwischen Protonen und Neutronen, zwischen Protonen und Protonen und zwischen Neutronen und Neutronen völlig gleichartig.
Die Weiterentwicklung des Begriffes der Ladungsunabhängigkeit führt zu einer Charakterisierung der Elementarteilchen durch den sogenannten *Isospin* $\boldsymbol{T}$. Teilchen nahezu gleicher Masse erscheinen in verschiedenen Ladungszuständen. Nukleonen z. B. treten als Ladungsdublett auf, nämlich als Protonen und Neutronen. π-Mesonen erscheinen als Ladungstriplett mit π^+-, π^-- und π^0-Mesonen. Die Zahl der Ladungszustände einer gegebenen Multiplettstruktur ist $2T+1$. Als individuelle Charakteristik für ein einzelnes Glied der Multiplettstruktur bietet sich die *Projektion* T_ζ *des Isotopenspins* auf eine beliebige ζ-Achse an. T_ζ nimmt die Werte $T, T-1, \ldots, 0, \ldots, -T$ an. Der Begriff des Vektors $\boldsymbol{T}$ und seiner Projektion T_ζ bedeutet nicht eine Orientierung von T und T_ζ im gewöhnlichen Raum. Er dient nur zur Beschreibung der Eigenschaften von Elementarteilchen und deren Änderung.
Für die bis heute untersuchten Elementarteilchen (Tabellen VI.6.2 und VI.6.3) ist $T = 1/2$ (Ladungsdublett aus Protonen und Neutronen), $T = 1$ (Ladungstriplett aus π^+-, π^-- und π^0-Mesonen) oder $T = 0$. Werte von T, die größer als 1 sind, hat man bei einigen Resonanzen beobachtet (Tabelle VI.6.4).
Die Komponenten eines Ladungsmultipletts mit gleichem Betrag, aber verschiedenem Vorzeichen von T_ζ, entsprechen einem *Teilchen* und seinem *Antiteilchen*. Bei geladenen Teilchen entspricht verschiedenes Vorzeichen von T_ζ den verschiedenen Vorzeichen der elektrischen Ladung des Teilchens und des Antiteilchens. Bei neutralen Teilchen entspricht verschiedenes Vorzeichen von T_ζ verschiedenen Vorzeichen des magnetischen Moments und einer Reihe anderer Eigenschaften der Teilchen. Teilchen, deren Eigenschaften vollkommen mit den Eigenschaften ihres Antiteilchens identisch sind, heißen *echt neutral*.
Bei allen Prozessen, bei denen eine Umwandlung von Elementarteilchen erfolgt und die durch die ladungsunabhängige starke Wechselwirkung bedingt sind (S. 821), gilt der *Erhaltungssatz für den Isospin*: Der gesamte Isospin $\boldsymbol{T}$ aller Teilchen eines beliebigen Systems bleibt bei allen durch starke Wechselwirkung hervorgerufenen Umwandlungen unverändert. Die Projektion T_ζ des Isospins bleibt sowohl bei starken als auch bei elektromagnetischen Wechselwirkungen erhalten.

12. Zur Charakterisierung von Elementarteilchen, die zur Gruppe der Baryonen gehören, dient der Begriff der *Baryonenzahl* B. Man setzt fest, daß für *Baryonen* (Tabellen VI.6.2 und VI.6.3) $B = 1$ gilt, für *Antibaryonen* $B = -1$ und für alle übrigen Teilchen $B = 0$. Bei allen Kernumwandlungen in beliebigen Systemen bleibt die algebraische Summe der Baryonenzahl erhalten (Erhaltungssatz für die Baryonenzahl).

13. Eigenheiten bei der Entstehung und dem Zerfall von K-Mesonen sowie von Λ-, Σ- und Ξ-*Hyperonen* zeichnen diese Teilchen besonders

aus. Man nennt sie daher *strange particles*. Charakteristische Merkmale der strange particles sind:

a) Ihre Erzeugung wird durch die starke Wechselwirkung bedingt (S. 821).

b) Die in kernaktive π-Mesonen zerfallenden K-Mesonen besitzen eine Lebensdauer, die für schwache Wechselwirkung charakteristisch ist.

c) Die strange particles entstehen paarweise und nicht in beliebigen Kombinationen. Zum Beispiel entsteht ein K^+-Meson in Verbindung mit einem K^--Meson oder mit einem Hyperon. Ein K^--Meson entsteht nur in Verbindung mit einem K^+-Meson.

Zur theoretischen Erklärung der Eigenschaften der strange particles führt man eine eigene charakteristische Größe ein, die als *Strangeness* S bezeichnet wird. Sie steht mit der elektrischen Ladung Z (in Einheiten e), der Baryonenzahl B und der Projektion T_ζ des Isospins im Zusammenhang (GELLMAN-*Formel*):

$$S = 2(z - T_\zeta) - B,$$

wobei $S = 0, \pm 1, \pm 2, \pm 3, \ldots$ den Wert der Strangeness für das betreffende Elementarteilchen bedeutet. Dieser Wert ist nur für strange particles von Null verschieden. Für alle übrigen Teilchen ist er Null. Die Größe $Y = B + S = 2\bar{z}$, wobei $\bar{z}$ die „mittlere" elektrische Ladung eines Ladungsmultipletts ist, heißt *Hyperonenzahl* (*Hyperladung*) des gegebenen Multipletts von Teilchen.

Bei starken und bei elektromagnetischen Wechselwirkungen bleibt die algebraische Summe der Strangeness aller Teilchen eines beliebigen Systems konstant (*Erhaltungssatz für die Strangeness*).

14. Die Erhaltungssätze in der Physik sind mit speziellen Eigenschaften des Raumes und der Zeit verbunden (*Theorem von* NÖTHER). Insbesondere führt die Isotropie und Homogenität des Raumes und der Zeit — der Grundformen für die Existenz von Materie — zu Erhaltungssätzen. Aus der Isotropie des Raumes folgt der Impulserhaltungssatz, aus der Homogenität des Zeitablaufes der Energieerhaltungssatz. Aus der Symmetrie des Raumes bezüglich Inversionen (Spiegelungen) folgt der Satz von der Erhaltung der Parität (S. 791).

15. Bei schwachen Wechselwirkungen werden die Erhaltungssätze für die Parität und für die Strangeness verletzt. Bei allen Zerfallsprozessen von Mesonen und Hyperonen gilt $\Delta S = 0, \pm 1$.

16. Unter *Ladungskonjugation* versteht man den Übergang von einem Teilchen zu seinem Antiteilchen. Bei einem solchen Übergang geht gleichzeitig in den entsprechenden Gleichungen das Vorzeichen aller Ladungen, der magnetischen Momente sowie anderer charakteristischer Größen des Teilchens in das entgegengesetzte Vorzeichen über. Die Ladungskonjugation ändert die Vorzeichen von z, T_ζ, B, L, S und Y.

17. Die Nichterhaltung der Parität bei schwachen Wechselwirkungen deutet auf eine Asymmetrie der räumlichen Eigenschaften der Teilchen bezüglich Spiegelungen (S. 791) hin, was jedoch der Isotropie des Raumes angesichts der beobachteten Impulserhaltung bei

Tabelle VI.6.2. Grundeigenschaften von Elementarteilchen[1])

Klasse	Teilchen	Antiteilchen	Spin J in Einheiten $\hbar$	Isotopenspin T	Projektion des Isotopenspins	Strangeness S	Ruhmasse [MeV]	Mittlere Lebensdauer [s]
Photon	γ	γ	1	—	—	0	0	stabil
Leptonen	ν_e	$\tilde{\nu}_e$	$1/2$	—	—	0	0 (< 0,60 eV)	stabil
	ν_μ	$\tilde{\nu}_\mu$	$1/2$	—	—	0	0 (< 1,6 eV)	,,
	e^-	e^+	$1/2$	—	—	0	0,511006 ± 0,000002	,,
	μ^-	μ^+	$1/2$	—	—	0	105,659 ± 0,002	$(2{,}1983 \pm 0{,}0008) \cdot 10^{-6}$
Mesonen	π^0	π^0	0	1	(0, 0)	0	134,975 ± 0,05	$(0{,}89 \pm 0{,}29) \cdot 10^{-16}$
	π^+	π^-	0	1	(+1, −1)	0	139,60 ± 0,05	$(2{,}60 \pm 0{,}26) \cdot 10^{-8}$
	K^+	K^-	0	$1/2$	$(+1/2, -1/2)$	(+1, −1)	493,8 ± 0,2	$(1{,}235 \pm 0{,}008) \cdot 10^{-8}$
	K^0	$\tilde{K}^0$	0	$1/2$	$(-1/2, +1/2)$	(+1, −1)	497,76 ± 0,5	$K_1^0\ (0{,}86 \pm 0{,}02) \cdot 10^{-10}$ $K_2^0\ (5{,}38 \pm 0{,}68) \cdot 10^{-8}$
	η	$\tilde{\eta}$	0	0	(0, 0)	?	548,8	?
Nukleonen	p	$\tilde{p}$	$1/2$	$1/2$	$(+1/2, -1/2)$	0	938,256 ± 0,005	stabil
	n	$\tilde{n}$	$1/2$	$1/2$	$(-1/2, +1/2)$	0	939,550 ± 0,005	$(1{,}01 \pm 0{,}03) \cdot 10^{+3}$
Hyperonen	Λ^0	$\tilde{\Lambda}^0$	$1/2$	0	(0, 0)	(−1, +1)	1115,60 ± 0,11	$(2{,}51 \pm 0{,}02) \cdot 10^{-10}$
	Σ^+	$\tilde{\Sigma}^+$	$1/2$	1	(+1, −1)	(−1, +1)	1189,41 ± 0,14	$(0{,}802 \pm 0{,}027) \cdot 10^{-10}$
	Σ^0	$\tilde{\Sigma}^0$	$1/2$	1	(0, 0)	(−1, +1)	1192,3 ± 0,3	$< 1{,}0 \cdot 10^{-14}$
	Σ^-	$\tilde{\Sigma}^-$	$1/2$	1	(−1, +1)	(−1, +1)	1197,08 + 0,19	$(1{,}49 \pm 0{,}05) \cdot 10^{-10}$
	Ξ^0	$\tilde{\Xi}^0$	$1/2$	$1/2$	$(+1/2, -1/2)$	(−2, +2)	1314,3 ± 1,0	$(3{,}06 \pm 0{,}40) \cdot 10^{-10}$
	Ξ^-	$\tilde{\Xi}^-$	$1/2$	$1/2$	$(-1/2, +1/2)$	(−2, +2)	1321,3 ± 0,2	$(1{,}66 + 0{,}05) \cdot 10^{-10}$
	Ω	$\tilde{\Omega}^-$	$3/2$ (?)	0 (?)	0	(−3, +3)	1672 ± 3	$\sim 1{,}3 \cdot 10^{-10}$

[1]) Siehe Rev. Mod. Phys. **36**, Nr. 4, 977 (1964), **42**, Nr. 1, January 1970.

Tabelle VI.6.3. Grundzerfallstypen, Energieabgabe Q und Zerfallswahrscheinlichkeiten für Mesonen und Baryonen[1])

Teilchen	Zerfallstyp	Energieabgabe Q [MeV]	Relative Zerfallswahrscheinlichkeit
$\mu^- \to$	$e^- + \nu_\mu + \tilde{\nu}_e$	105,659	~100%
$\pi^+ \to$	$\mu^+ + \nu_\mu$	33,95	~100%
	$e^+ + \nu_e$	139,60	$(1{,}24 \pm 0{,}05) \cdot 10^{-4}$
	$\mu^+ + \nu_\mu + \gamma$	33,94	$(1{,}24 \pm 0{,}25) \cdot 10^{-4}$
	$\pi^0 + e^+ + \nu_e$	4,08	$(1{,}02 \pm 0{,}3) \cdot 10^{-8}$
	$e + \nu_e + \gamma$		$(3{,}0 \pm 0{,}5) \cdot 10^{-8}$
$\pi^0 \to$	$\gamma + \gamma$	135,01	98 8%
	$e^+ + e^- + \gamma$	133,99	$(1{,}17 \pm 0{,}5)\%$
	$\gamma + \gamma, 2e^+ + 2e^-$		10^{-6}
$K^+ \to$	$\mu^+ + \nu_\mu$	388,1	$(63{,}1 \pm 0{,}5)\%$
	$\pi^+ + \pi^0$	219,2	$(21{,}5 \pm 0{,}4)\%$
	$\pi^+ + \pi^+ + \pi^-$	75,0	$(5{,}5 \pm 0{,}1)\%$
	$\pi^+ + \pi^0 + \pi^0$	84,2	$(1{,}7 \pm 0{,}1)\%$
	$\pi^0 + \mu^+ + \nu_\mu$	253,1	$(3{,}4 \pm 0{,}2)\%$
	$\pi^0 + e^+ + \nu_e$	358,3	$(4{,}8 \pm 0{,}2)\%$
	$\pi^+ + \pi^- + e^+ + \nu_e$	214,1	$(4{,}3 \pm 0{,}9) \cdot 10^{-5}$
	$\pi^+ + \pi^+ + e^- + \tilde{\nu}_e$	214,1	$< 0{,}1 \cdot 10^{-5}$
	und andere Arten		
$K_1^0 \to$	$\pi^+ + \pi^-$	218,8	$(69{,}4 \pm 5{,}1)\%$
	$\pi^0 + \pi^0$	228,0	$(30{,}6 \pm 1{,}1)\%$
	$\pi^+ + \pi^- + \gamma$		$(3{,}3 \pm 1{,}2) \cdot 10^{-3}$
$K_2^0 \to$	$\pi^0 + \pi^0 + \pi^0$	93,0	$(27{,}1 \pm 3{,}6)\%$
	$\pi^+ + \pi^- + \pi^0$	83,8	$(12{,}7 \pm 1{,}7)\%$
	$\pi^+ + \mu^- + \tilde{\nu}_\mu$ $\pi^- + \mu^+ + \nu_\mu$	} 252,7	$(26{,}6 \pm 3{,}2)\%$
	$\pi^+ + e^- + \tilde{\nu}_e$ $\pi^- + e^+ + \nu_e$	} 357,9	$(33{,}6 \pm 3{,}3)\%$
	$\pi^+ + \pi^-$	218,8	$\sim 2 \cdot 10^{-3}$
	$\mu^+ + \mu^-$ etc.		10^{-6}
$n \to$	$p + e^- + \tilde{\nu}_e$	0,78	100%

[1]) Siehe A. H. Rosenfeld, A. Barbaro-Galtieri, W. H. Barkas, P. L. Bastien, J. Kirz, M. Roos, Rev. Mod. Phys. 36, Nr. 4, 977 (1964).

Fortsetzung

Teilchen	Zerfallstyp	Energieabgabe Q [MeV]	Relative Zerfallswahrscheinlichkeit
$\Lambda^0 \to$	$p + \pi^-$	37,5	$(65{,}3 \pm 1{,}0)\%$
	$n + \pi^0$	40,9	$(34{,}7 \pm 2{,}6)\%$
	$p + \mu^- + \tilde{\nu}_\mu$	71,5	$(0{,}88 \pm 0{,}08) \cdot 10^{-3}$
	$p + e^- + \tilde{\nu}_e$	176,6	$< 1 \cdot 10^{-4}$
$\Sigma^+ \to$	$p + \pi^0$	116,1	$(51{,}7 \pm 2{,}4)\%$
	$n + \pi^+$	110,3	$(48{,}3 \pm 2{,}4)\%$
	$n + \pi^+ + \gamma$	110,3	$1{,}3 \cdot 10^{-4}$
	$\Lambda^0 + e^+ + \nu_e$	73,5	$\sim 0{,}2 \cdot 10^{-4}$
	$p + \gamma$	251,1	$1{,}16 \cdot 10^{-3}$
	$n + \mu^+ + \nu_\mu$	144,2	$1{,}1 \cdot 10^{-4}$
	$n + e^+ + \nu_e$	249,3	$0{,}7 \cdot 10^{-4}$
$\Sigma^0 \to$	$\Lambda^0 + \gamma$	77,0	100%
	$\Lambda^0 + e^+ + e^-$		10^{-3}
$\Sigma^- \to$	$n + \pi^-$	117,9	$\sim 100\%$
	$n + \pi^- + \gamma$	117,9	$1{,}06 \cdot 10^{-4}$
	$n + \mu^- + \tilde{\nu}_\mu$	151,9	$(0{,}45 \pm 0{,}14) \cdot 10^{-3}$
	$n + e^- + \tilde{\nu}_e$	257,0	$(1{,}0 \pm 0{,}3) \cdot 10^{-3}$
	$\Lambda^0 + e^- + \tilde{\nu}_e$	81,2	$(0{,}60 \pm 0{,}28) \cdot 10^{-4}$
$\Xi^0 \to$	$\Lambda^0 + \pi^0$	76,9	$\sim 100\%$
	$p + \pi^-$	249,4	10^{-3}
	$p + e^- + \tilde{\nu}_e$	388,5	10^{-3}
	$\Sigma^+ + e^- + \tilde{\nu}_e$	137,4	10^{-3}
	$\Sigma^- + e^+ + \nu_e$	129,7	10^{-3}
	$\Sigma^+ + \mu^- + \nu$		10^{-3}
	$\Sigma^- + \mu^+ + \nu$		10^{-3}
	$\gamma + \mu^- + \nu$		10^{-3}
$\Xi^- \to$	$\Lambda^0 + \pi^-$	65,8	$\sim 100\%$
	$\Lambda^0 + e^- + \tilde{\nu}_e$	204,9	$(0{,}67 \pm 1{,}7) \cdot 10^{-3}$
	$n + \pi^-$	214,7	$< 5 \cdot 10^{-3}$
	$\Sigma^0 + e^- + \nu$		10^{-3}
	$\Lambda + \mu^- + \nu$		10^{-3}
	$\Sigma^0 + \mu^- + \nu$		0,5
	$n + e^- + \nu$		1%
$\Omega^- \to$	$\Xi^- + \pi^0$	221	?
	$\Lambda^0 + K^-$	66	?
	$\Xi^- + \pi^-$	?	?

Tabelle VI.6.4. Baryonen und die wichtigsten Baryonen-Resonanzen[1])

Gruppe	Zustand Bezeichnung	Masse M [MeV]	Niveau-breite [MeV]	Spin J und Pari-tät P	Isospin T	Strange-ness S	Grund-kanal des Zerfalls	Relative Wahr-schein-lichkeit [%]	Energie-abgabe Q [MeV]
N	p, n (N_α)	938,2; 939,6		$^1/_2{}^+$	$^1/_2$	0		s. Tab. VI.6.3	
	$N^*_{1/2}(N_\alpha)$	~1480	~240	$^1/_2{}^+$	$^1/_2$	0	πN, $\pi\pi N$	60,40	402
	$N^*_{1/2}(N_\gamma)$	1518 ± 10	125 ± 12	$^3/_2{}^-$	$^1/_2$	0	πN	50	440
							$N\pi\pi$, ηN	50,5	301
	$N^*_{1/2}(N^{II}_\alpha)$	1688	100	$^5/_2{}^+$	$^1/_2$	0	πN	80	610
							$N\pi\pi$	?	471
	$N^*_{1/2}(N^{II}_\alpha)$	2190	~200	$^9/_2{}^+$	$^1/_2$	0	πN	30	1112
							ΛK		577
	$N^*_{1/2}(N)$	2700	~100	??	$^1/_2$	0	ηN	überwiegend	1213
							πN	~6	1622
Δ	$N^*_{3/2}(\Delta_\delta)$	1236 ± 2	125	$^3/_2{}^+$	$^3/_2$	0	πN	100	160
	$N^*_{3/2}(\Delta^{II}_\delta)$	1924	170	$^7/_2{}^+$	$^3/_2$	0	πN	34	842
							ΣK	?	237
	$N^*_{3/2}(\Delta^{II}_\delta)$	2360	~200	$^{11}/_2{}^+$ (??)	$^3/_2$	0	πN	10	1282
Λ	$\Lambda(\Lambda^-)$	1115,4		$^1/_2{}^+$	0	−1		s. Tab. VI.6.3	
	$Y^*_0(\Lambda_\beta)$	1405	50	$^1/_2{}^-$ (??)	0	−1	$\Sigma\pi$	~100	76
							$\Lambda\pi\pi$	<1	10
	$Y^*_0(\Lambda_\gamma)$	1518,9 ± 1,5	16 ± 2	$^3/_2{}^-$	0	−1	$\Sigma\pi$	55 ± 7	190
							$\tilde{K}N$	29 ± 4	87
							$\Lambda\pi\pi$	16 ± 2	124

	$Y_0^*(\Lambda_\alpha^{II})$	1815	70	$^5/_2{}^+$ (?)	0	−1	$\tilde{K}N$	80	383
							$\Sigma\pi$	<10	486
							$\Lambda\pi\pi$	<15	420
							$\Lambda\eta$	?	151
Σ	$\Sigma(\Sigma_\alpha)$	(+) 1189,4 (−) 1197,1 (0) 1192,4		$^1/_2{}^+$	1	−1		s. Tab. VI.6.3	
	$Y_1^*(\Sigma_\delta)$	1382,1 ± 0,9	53 + 2	$^3/_2{}^+$	1	−1	$\Lambda\pi$	96 ± 4	127
							$\Sigma\pi$	4 ± 4	55
	$Y_1^*(\Sigma)$	1660 ± 10	44 ± 5	??	1	−1	$\tilde{K}N$	16	225
							$\Sigma\pi$	~32	328
							$\Lambda\pi$	~ 6	405
							$\Sigma\pi\pi$	~33	188
							$\Lambda\pi\pi$	~23	265
	$Y_1^*(\Sigma)$	1765 ± 10	60 ± 10	$^5/_2{}^-$ (?)	1	−1	$\tilde{K}N$	60	343
							$\Lambda\pi$	?	510
							$\Sigma\pi$, $\Lambda\pi\pi$ } ?	?	
Ξ	$\Xi(\Xi)$	(−) 1321 (0) 1314		$^1/_2{}^+$	$^1/_2$	−2		s. Tab. VI.6.3	
	$\Xi^*(\Xi_\delta)$	1529,1 ± 1,0	7,5 ± 1,7	$^3/_2{}^+$ (?)	$^1/_2$	−2	$\Xi\pi$	~100	73
	$\Xi^*(\Xi)$	1810 ± 20	~70	??	$^1/_2$	−2	$\Xi^*\pi$	~45	141
							$\Lambda\tilde{K}$	~45	197
							$\Xi\pi$	<10	354
							$\Sigma\tilde{K}$	≤10	127
Ω	$\Omega^-(\Omega_\delta)$	1675 ± 3		$^3/_2$ (??)	0	−3		s. Tab. VI.6.3	

[1]) Siehe Rev. Mod. Phys. **36**, Nr. 4, 977 (1964), **42**, Nr. 1, January 1970.

Tabelle VI.6.5. Mesonen und Mesonen-Resonanzen[1])

Gruppe	Zustand Bezeichnung	Masse M [MeV]	Niveaubreite [MeV]	Spin J, Parität P, G-Parität (J^{PG})	Isospin T	Strangeness S	Grundkanal des Zerfalls	Relative Wahrscheinlichkeit [%]	Energieabgabe Q [MeV]
η	$\eta\ (\eta_\beta)$	$548{,}7 \pm 0{,}5$	<10	0^{-+}	0	0	$\gamma\gamma$	$(35{,}3 \pm 3{,}0)\%$	548,7
							$\pi^0\pi^0\pi^0$	} $(31{,}8 + 2{,}3)\%$	143,7
							$\pi^0\gamma\gamma$		
							$\pi^+\pi^-\pi^0$	$(27{,}4 \pm 2{,}5)\%$	134,5
							$\pi^+\pi^-\gamma$	$(5{,}5 \pm 1{,}3)\%$	269,5
	$\omega\ (\eta_\gamma)$	$782{,}8 \pm 0{,}5$	$9{,}4 \pm 1{,}7$	1^{--}	0	0	$\pi^+\pi^-\pi^0$	86	369
							$\pi^+\pi^-$	<1	504
							$\pi^0\gamma$	11 ± 1	648
							$\pi^+\pi^-\gamma$	$3{,}2 \pm 1$	504
							e^+e^-	$<0{,}3$	782
							$\mu^+\mu^-$	$<0{,}5$	572
	$\chi\ (\eta)$	959 ± 2	<12	0^{-+} (???)	0	0	$\eta\, 2\pi$	groß	131
							2π	<20	680
							3π	<30	540
							4π	<3	400
							6π	<3	121
							$\pi\pi\gamma$	?	680
	$\varphi\ (\eta_\gamma)$	$1019{,}5 \pm 0{,}3$	$3{,}1 \pm 0{,}6$	1^{--}	0	0	$K_1^0K_2^0$	41 ± 6	23
							K^+K^-	59 ± 6	32
							$\pi\pi$	<8	740
							$\pi\varrho + 3\pi$	<10	117
							$\pi^0\gamma$		885
	$f\ (\eta_\alpha^{II})$	1253 ± 20	100 ± 25	2^{++}	0	0	$\pi\pi$	groß	974
							4π	8 ± 6	695
							$\tilde{K}K$	?	265

	$K\tilde{K}$ (η)	1020	?	???	0	0	$K_0^1K_0^1$	?	24
	($\tilde{K}K\pi$) (η)	1410	60	0^{-+} (???)	0	0	$K^*\tilde{K}$ $\tilde{K}K\pi$ 2π $\tilde{K}K$ 3π	groß klein ? ? ?	25 283 1131 422 991
π	$\pi^\pm$ π^0 } (π_β)	139,6 135,0		0^{--}	1	0	s. Tab. VI.6.3		
	ϱ (π_γ)	763 ± 4	106 ± 5	1^{-+}	1	0	2π 4π	100 klein	483 204
	$A1$ (π)	$1090 \pm$ (?)	125 ± 25	0^{--} (??)	$\geqq 1$	0	$\varrho\pi$ $\tilde{K}K$	~ 100 <5	188 94
	B (π_δ)	1215 ± 18	122 ± 17	1^{++} (???)	1	0	$\omega\pi$ $\pi\pi$ $\tilde{K}K$ 4π	~ 100 <30 <10 <50	293 657
	$A2$ (π_α^{II})	1310	80	2^{+-}	1	0	$\varrho\pi$ $\tilde{K}K$ $\eta\pi$	~ 70 30 ± 7 beobachtet	408 816 622
K	K^+ K^0 } (K_β)	493,8 498,0		0^-	$^1/_2$	1	s. Tab. VI.6.3		
	$\varkappa$ (K)	725 ± 3	$\leqq 12$	?	$^1/_2$	1	$K\pi$		92
	K^* (K_γ)	891 ± 1	50 ± 2	1^-	$^1/_2$	1	$K\pi$ $K\pi\pi$ $\varkappa\pi$	~ 100 $< 0,2$ $< 0,2$	258 118 27
	K_C (K)	1215 ± 15	60 ± 10	1^+ (??)	$\leqq ^3/_2$	1	$K\varrho$ $K^*\pi$	sehr groß ?	−30 84

[1]) Siehe A. H. Rosenfeld, A. Barbaro-Galtieri, W. H. Barkas, P. L. Bastien, J. Kirz, M. Roos, Rev. Mod. Phys. **36**, Nr. 4, 977 (1964).

schwachen Wechselwirkungen widerspricht. Dieser Widerspruch wird durch das *Prinzip von* LANDAU-LEE beseitigt. Dieses Prinzip besagt, daß bei schwachen Wechselwirkungen, zum Unterschied von den starken, der Paritätserhaltungssatz und die Invarianz bezüglich der Ladungskonjugation („Teilcheninversion") einzeln nicht erfüllbar sind. Vielmehr zeigt sich eine Invarianz bezüglich der Gesamtheit beider Transformationen, die man *kombinierte Konjugation* nennt. Bei solcher Invarianz tritt eine Asymmetrie nur bei der Teilchenladung ein. Der Raum jedoch ist symmetrisch (G-Parität).

18. Über die Erhaltung der Parität kann man nur bei den echt neutralen Teilchen (S. 823) sprechen, da ja die übrigen Teilchen bei der kombinierten Konjugation in die anders gearteten Antiteilchen übergehen. Bei den echt neutralen Teilchen fällt der Satz von der Erhaltung der kombinierten Parität mit dem Satz von der Erhaltung der gewöhnlichen Parität zusammen. Die Verletzung der Paritätserhaltung beim Zerfall von K^0-Mesonen erklärt man dadurch, daß die neutralen K^0- und $\tilde{K}^0$-Mesonen miteinander zwei Kombinationen K_1^0 und K_2^0 bilden, wobei für die eine Kombination die kombinierte Parität $+1$, für die andere -1 ist. Die Erhaltung der kombinierten Parität führt dazu, daß die K_1^0- und die K_2^0-Mesonen verschiedene Lebensdauer und unterschiedliche Zerfallsschemata besitzen. Registriert wurde der Zerfall $K_2^0 \to 2\pi$, der im Fall seiner Bestätigung die Nichterhaltung der Parität bei schwachen Wechselwirkungen unter Beteiligung von strange particles zeigen würde.

6.2. Grundsätzliches über Symmetrien bei starken Wechselwirkungen

1. Im gegenwärtigen Bezeichnungssystem für *Baryonen* bzw. *Hadronen* bezeichnet man alle Hadronen mit der Strangeness $S = 0$ und dem Isospin $\boldsymbol{T} = 1/2$ [Nukleonen und ($\tilde{n}$-N)-Isobare] durch N_M, wobei M die Masse in MeV bedeutet. Hadronen mit der Strangeness $S = 0$ und dem Isospin $\boldsymbol{T} = 3/2$ [($\tilde{n}$-N)-Isobare mit $\boldsymbol{T} = 3/2$] bezeichnet man durch Δ_M. Λ-Hyperonen und Baryonen-Reonanzen mit $S = -1$ und $\boldsymbol{T} = 0$ bezeichnet man durch Λ_M, Σ-Hyperonen und Baryonen-Resonanzen mit $S = -1$ und $\boldsymbol{T} = 1$ durch Σ_M, Ξ_M-Hyperonen und Baryonen mit $S = 2$ und $\boldsymbol{T} = 1/2$ durch Ξ_M, Ω-Hyperonen und Baryonen-Resonanzen mit $S = -3$ und $\boldsymbol{T} = 0$ (falls solche beobachtbar sind) mit Ω_M. Manchmal verwendet man zur Bezeichnung des Teilchens oder der Resonanz mit der kleinsten Masse innerhalb der Gruppe den entsprechenden Buchstaben ohne Massenindex. Dies liefert für die Elementarteilchen ihre alte Bezeichnungsweise [N, (n, p), Λ, Σ, Ξ, Ω]. Antihadronen bezeichnet man mit demselben Buchstaben unter Angabe des entgegengesetzten Vorzeichens der elektrischen Ladung und mit einer Tilde darüber (beispielsweise $\Sigma^- \to \tilde{\Sigma}^+$). In Tabelle VI.6.3 sind die Eigenschaften von Baryonen und Baryonen-Resonanzen angegeben.

2. Für mesonische Hadronen (*Mesonen-Resonanzen*) ist die Bezeichnungsweise so gewählt worden, daß durch gleiche Buchstaben

Teilchen und Resonanzen mit dem gleichen Wert der Strangeness S und des Isospins T bezeichnet werden. Der Index gibt wieder den Betrag der Masse in MeV an. Durch den Buchstaben η bezeichnet man Mesonen und Mesonen-Resonanzen mit $S = 0$ und $\boldsymbol{T} = 0$, durch den Buchstaben π solche mit $S = 0$ und $\boldsymbol{T} = 1$, mit dem Buchstaben K solche mit $S = 1$ und $\boldsymbol{T} = 1/2$. In Tabelle VI.6.4 sind die Eigenschaften von Mesonen-Resonanzen angeführt.

3. Die Quantenzahlen B, S und $\boldsymbol{T}$ sind grundlegend für alle Untersuchungen von Baryonen, Mesonen und Resonanzen. Sie sind in Tabelle VI.6.6 angegeben, ebenso wie der Wert der *Hyperladung* $Y = B + S$, die Multiplizität des Isotopenmultipletts $(2T + 1)$ und die mittlere elektrische Ladung des Multipletts $\bar{z} = Y/2 = (B + S)/2$. Die angezeigten Größen können bei gegebener Wahl der Grundquantenzahlen als „abgeleitete" Quantenzahlen angesehen werden.

Tabelle VI.6.6

Quantenzahlen	N	Δ	Λ	Σ	Ξ	Ω	η	π	K
B	1	1	1	1	1	1	0	0	0
S	0	0	−1	−1	−2	−3	0	0	+1
$\boldsymbol{T}$	$^1/_2$	$^3/_2$	0	1	$^1/_2$	0	0	1	$^1/_2$
$Y = B + S$	1	1	0	0	−1	−2	0	0	+1
$\bar{z} = {^1/_2}(B + S)$	$^1/_2$	$^1/_2$	0	0	$-^1/_2$	−1	0	0	$+^1/_2$
$2T + 1$	2	4	1	3	2	1	1	3	2

4. Hadronen mit gleichem Spin und gleicher Parität, die sich also im Zustand J^P befinden, wobei J den Spin des Teilchens und P seine Parität bezeichnen, bilden eine Gruppe. Es gibt acht Mesonen im Zustand 0^- ($J = 0$, $P = -1$), neun Mesonen im Zustand 1^-, acht Baryonen im Zustand ${^1/_2}^+$ und zehn Baryonen-Resonanzen im Zustand ${^3/_2}^+$. Die ersten drei Gruppen bestehen aus Multipletts, die in der Ebene $T_\zeta S(Y)$ in Form einer symmetrischen sechseckigen Figur (Bild VI.6.1—VI.6.4) angebracht sind. Die folgende Gruppe der zehn Resonanzen bildet ein regelmäßiges Dreieck mit dem Teilchen Ω^- in seinen Ecken. Alle Figuren vereinigen Teilchen mit nahezu gleicher Masse und besitzen Symmetrie bezüglich einer Drehung um 120°. Symmetrische Gruppen von Teilchen mit gleichem Spin und gleicher Parität betrachtet man als *Supermultipletts von Teilchen*, die als Ergebnis einer „Verschiebung" eines einzigen Teilchens auftreten, dessen Zustand durch J^P bestimmt ist und allen Gliedern des gegebenen Supermultipletts gemeinsam ist.

5. Man nimmt an, daß die Rolle jeder der drei Wechselwirkungen (S. 821) bei der Entstehung der Teilchenmasse durch die relative Stärke der Wechselwirkung bestimmt wird. Mit wachsender Stärke der Wechselwirkung (und wachsender Schnelligkeit ihres Ablaufes) wächst die Rolle der Wechselwirkung bei der Massenbildung. Die (starke) Kernwechselwirkung ist isospininvariant, d. h., sie hängt nicht von der elektrischen Ladung der Teilchen ab und ist näherungsweise 10^2-10^3mal stärker als die elektromagnetische Wechselwirkung, die von der elektrischen Ladung abhängt. Die Stärke der schwachen Wechselwirkung ist $10^{13}-10^{14}$mal schwächer (S. 822).

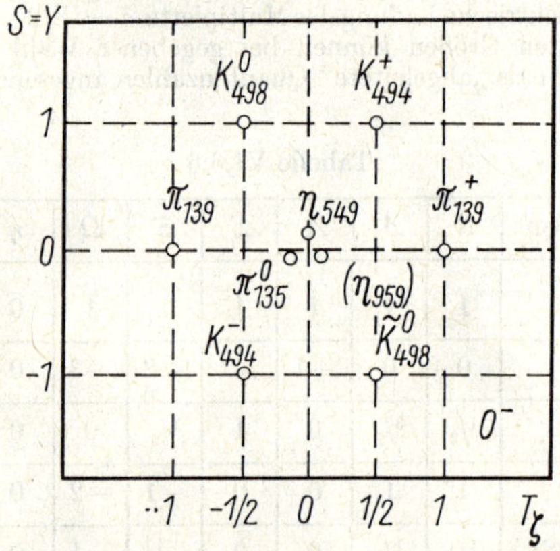

VI.6.1.

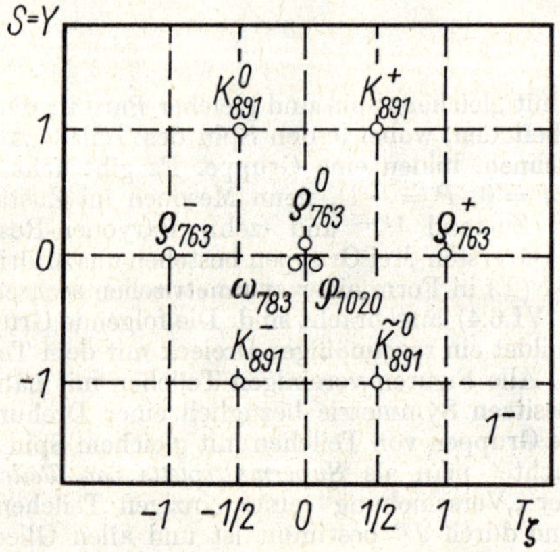

VI.6.2.

Für Hadronen erweist sich die starke Wechselwirkung als grundlegend. Sie ist für die Bildung der Masse der Teilchen maßgebend. Die elektromagnetische Wechselwirkung spielt dabei nur eine geringe Rolle. Praktisch die gesamte Masse (~99%) der Hadronen entsteht auf Grund der starken Wechselwirkung und nur ein geringfügiger Teil (~1%) auf Grund der elektromagnetischen Wechselwirkung. Ein Ausdruck für diese Tatsache ist die große Masse aller stark wechselwirkenden Teilchen. Das leichteste unter ihnen ist das π-Meson, seine Masse ist $m_\pi = 273 m_e$. Teilchen, die an starken Wechselwirkungen nicht beteiligt sind (e^-, e^+, ν_e, $\tilde{\nu}_e$, ν_μ, $\tilde{\nu}_\mu$) haben eine Masse $m \leqq m_e$.

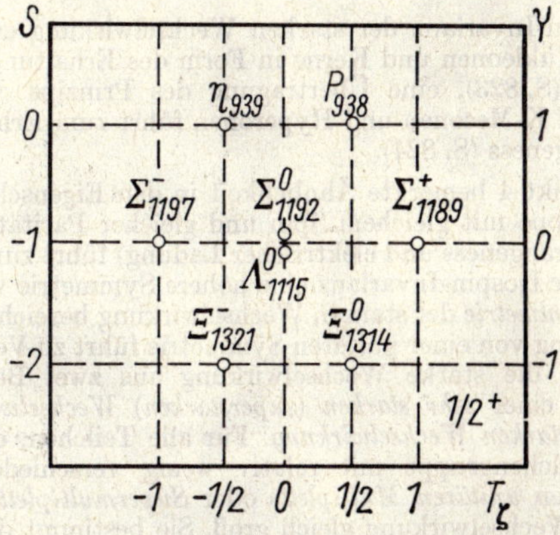

VI.6.3.

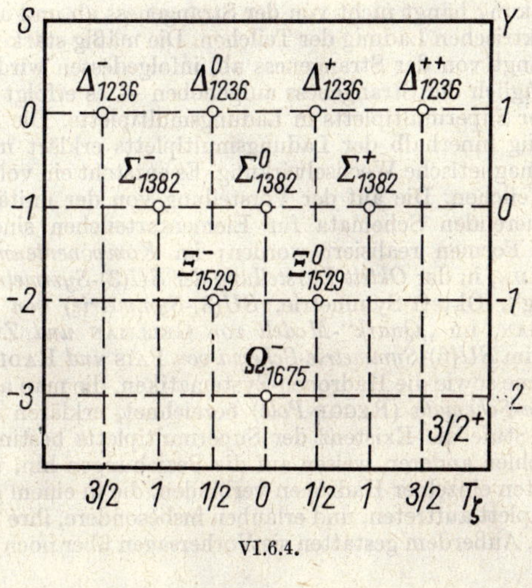

VI.6.4.

Eine Ausnahme bilden die μ-Mesonen mit einer Masse von $207 m_e$, die an keiner starken Wechselwirkung beteiligt sind und eine unklare Stellung im System der Elementarteilchen einnehmen.

6. Der Hauptteil der Masse eines Hadrons, der auf Grund der starken, ladungsunabhängigen Wechselwirkung entsteht, muß für die verschiedenen Glieder eines Isotopen-Multipletts gleich sein. Ein Unterschied in der Größe ihrer Masse entsteht durch die schwächere elektromagnetische Wechselwirkung, welche die Entartung aufhebt. Mit anderen Worten, die Verschiebung der Masse bewirkt die Nichterhaltung des Isospins bei elektromagnetischen Wechselwirkungen (S. 822).

7. Die Isospin-Invarianz der starken Wechselwirkung erscheint für π-Mesonen, Nukleonen und Kerne in Form des Erhaltungssatzes für den Isospin (S. 823), eine Übertragung des Prinzips der Isospin-Invarianz auf K-Mesonen und Hyperonen führt zum Erhaltungssatz für die Strangeness (S. 824).

8. Die in Punkt 4 bemerkte Ähnlichkeit in den Eigenschaften einer Hadronengruppe mit gleichem Spin und gleicher Parität (aber verschiedener Strangeness und elektrischer Ladung) führt zur Annahme, daß neben der Isospin-Invarianz eine höhere Symmetrie vorliegt, die als *unitäre Symmetrie* der starken Wechselwirkung bezeichnet wird. Die Vorstellung von einer unitären Symmetrie führt zu Vermutungen darüber, daß die starke Wechselwirkung aus zwei Bestandteilen besteht: aus einer *sehr starken* (*superstarken*) *Wechselwirkung* und einer *mäßig starken Wechselwirkung*. Für alle Teilchen, die zu einer größeren Teilchengruppe mit relativ wenig verschiedener Masse gehören — den *unitären Multipletts* oder *Supermultipletts* — ist die superstarke Wechselwirkung gleich groß. Sie bestimmt die Struktur der unitären Multipletts und ihre Quantität. Die besonders starke Wechselwirkung hängt nicht von der Strangeness ab und auch nicht von der elektrischen Ladung der Teilchen. Die mäßig starke Wechselwirkung hängt von der Strangeness ab, infolgedessen wird die Entartung bezüglich der Strangeness aufgehoben — es erfolgt eine Aufspaltung der Supermultipletts in Ladungsmultipletts. Die Breite der Verschiebung innerhalb der Ladungsmultipletts erklärt man durch die elektromagnetische Wechselwirkung. Es entsteht ein vollständiger Satz von Teilchen. Die auf der Vorstellung von der unitären Symmetrie basierenden Schemata für Elementarteilchen sind in verschiedenen Formen realisiert worden: im *Komponentenmodell von* SAKATA-OKUN, in der *Oktett-Darstellung der* $SU(3)$*-Symmetrie* („achtfacher Weg", Oktett-Symmetrie, $SU(3)$*-Symmetrie*) *von* GELLMAN *und* NEWMAN, im „*Quark*"*-Modell von* GELLMAN *und* ZWEIG und schließlich im $SU(6)$*-Symmetrie-Schema von* PAIS *und* RADICATI. Alle diese Systeme sowie die Hadronen-Systematiken, die man als REGGE-*Trajektorien-Schemata* (REGGE-*Pole*) bezeichnet, erklären auf dieser oder jener Stufe die Existenz der Supermultipletts bestimmter Art und das Fehlen anderer, weisen auf die Beziehungen hin, welche die Eigenschaften einzelner Hadronen verbinden, die in einem gegebenen Supermultiplett auftreten, und erlauben insbesondere, ihre Massen zu bestimmen. Außerdem gestatten sie Vorhersagen über noch nicht ent-

deckte Teilchen aus dem gegebenen Supermultiplett und lösen weitere Probleme. Die Vorteile der verschiedenen Schemata unitärer Symmetrie hängen stark von experimentellen Tatbeständen ab, die im Augenblick des Auftretens des einen oder anderen Schemas vorliegen.

6.3. Teilchen und Felder

1. Zu jedem Feld gehören Teilchen, die sogenannten *Quanten des Feldes*. Die Quanten des elektromagnetischen Feldes sind die Photonen, die Quanten der Kernfelder die π-Mesonen, die Quanten des Gravitationsfeldes die hypothetischen *Gravitonen*. Die Quanten der Felder sind durchweg Bosonen (S. 219). Der Unterschied zwischen den Feldquanten und den echten Teilchen läßt sich nicht dadurch erfassen, daß die Ruhmasse der Quanten Null zu setzen ist. Für π-Mesonen ist z. B. $m_0 \neq 0$ (Tabelle VI.6.2).

2. Die Wechselwirkung zweier Teilchen äußert sich in ihrer Anziehung oder Abstoßung. Man beschreibt sie durch einen *virtuellen Austausch zwischen den Teilchen von Quanten des Feldes*, je nach der Art der gegebenen Wechselwirkung. Der genaue Mechanismus der Wechselwirkung von Teilchen ist bis heute noch nicht erforscht. Die Darstellung der elektromagnetischen Wechselwirkung durch Photonenaustausch gibt die Abhängigkeit der Wechselwirkungskräfte (Feldstärken) vom Abstand r zwischen den Teilchen richtig wieder ($\sim r^{-2}$).

3. Beim Zusammenstoß eines Teilchens mit $m_0 \neq 0$ mit seinem Antiteilchen ist eine sogenannte *Paarvernichtung* möglich, bei der die beiden Teilchen in Quanten der zur entsprechenden Wechselwirkung gehörenden Felder umgewandelt werden. Bei der Paarvernichtung Elektron—Positron entstehen Quanten der elektromagnetischen Gammastrahlung, bei der Paarvernichtung Nukleon—Antinukleon entstehen π-Mesonen usw. Die Zahl der Quanten bei der Paarvernichtung wird durch die Sätze von der Erhaltung der Ladung (auch der Nukleonenladung bei Baryonen), der Energie und des Impulses bestimmt. Die Wahrscheinlichkeit für eine bestimmte Paarvernichtung hängt auch von den Spinrichtungen des Teilchens und des Antiteilchens ab. Eine *Einphotonen-Paarvernichtung* von Elektron und Positron ist nur in der Nähe irgendeines dritten Teilchens möglich (z. B. in der Nähe eines Kerns). Bei nichtrelativistischen Geschwindigkeiten des Elektrons und des Positrons hat die Paarvernichtung mit Bildung eines metastabilen Systems, dem Positronium (S. 721), höhere Wahrscheinlichkeit. Am häufigsten ist die *Zweiphotonen-Paarvernichtung*. Nachgewiesen ist auch eine Paarvernichtung, bei der ein Elektron und ein Positron in drei Photonen umgewandelt werden.

4. Der zur Paarvernichtung inverse Prozeß ist die *Paarbildung* von Teilchen und ihren Antiteilchen aus Feldquanten, deren Energie den Wert $2m_0c^2$ erreicht, wobei m_0 die Ruhmasse der entstehenden Teilchen ist. Für ein Elektron-Positron-Paar ist diese Energie 1,11 MeV. Für den Energiebetrag, der für die Bildung eines Proton-Antiproton-Paares notwendig ist, ergibt die Rechnung in einem

Koordinatensystem, in dem eines der Nukleonen ruht, 5,6 GeV. Bei der praktischen Realisierung dieser Paarbildung reduziert sich dieser Energiebetrag auf Grund der Bewegung der Nukleonen in den Zielkernen und auf Grund anderer Effekte bis auf 4,3 GeV.

5. Eine Besonderheit der Antiteilchen Positron, Antineutron und Antiproton ist die Fähigkeit der raschen Wiedervereinigung mit dem eigenen Teilchen. Beim Zusammentreffen mit einem in der Materie überschüssigen „Partner" vereinigen sich die Antiteilchen wieder mit diesem und hören auf zu existieren. Dabei entstehen neue Teilchen und Felder in Übereinstimmung mit den Erhaltungssätzen. Beim Kontakt von Materie mit der hypothetischen „Antimaterie", deren „Antiatome" in ihren Kernen Antiprotonen und Antineutronen enthalten, wobei deren Hülle aus Positron gebildet wird, vereinigen sich Elektron und Positron sowie Protonen und Neutron mit ihren Antiteilchen ebenso schnell wie beim Zusammentreffen mit den einzelnen Partnern. Die Stabilität eines Teilchens und die Instabilität des Antiteilchens sind relative, umgebungsbedingte Erscheinungen. Im Vakuum sind die Antiteilchen Positron, Antiproton und Antineutron ebenso stabil wie die entsprechenden Teilchen Elektron, Proton und Neutron.

6. Die Prozesse der Paarbildung und Paarvernichtung von Teilchen und Antiteilchen erklärt man formal mit Hilfe der DIRAC*schen Theorie* als Ergebnis der Wechselwirkung der Teilchen mit dem Vakuum. Das Vakuum stellt ein Energieband (S. 704) dar, das vollständig mit Fermionen besetzt ist, deren oberstes energetisches Niveau der Energie $-m_0c^2$ entspricht. Die Fermionen treten im Vakuum (bei $E \leqq -m_0c^2$) nicht in Erscheinung, so daß sie sich an keinem Wechselwirkungsprozeß beteiligen können. Das würde nämlich bedeuten, daß sie Energie verlieren und ein niedrigeres Niveau im Band einnehmen können. Für Fermionen ist dies jedoch infolge des PAULI-Prinzips (S. 736) nicht möglich. Nach Übermittlung einer Energie $\Delta E \geqq 2m_0c^2$ durch Teilchen im Vakuum überspringen die Fermionen das besetzte „Band", und mit einer Energie $E \geqq m_0c^2$ werden sie beobachtbar. Die dabei im Band frei werdende Lücke negativer Energie veranschaulicht das Antiteilchen.

7. Unter *Vakuum* versteht man in der Theorie der Elementarteilchen den Grundzustand der Felder, welche in der relativistischen Quantentheorie die entsprechenden Teilchen beschreiben (siehe Punkt 1). Dieser Vakuumbegriff unterscheidet sich von der Vorstellung eines Vakuums als Zustand eines Gases bei Drucken unter einer Atmosphäre (S. 210). Der Vakuumbegriff in der Quantentheorie gestattet die Erzielung quantitativer Ergebnisse, wenn man von den Feldern annimmt, daß sie in gegenseitiger Wechselwirkung stehen. Dann erweist sich das Vakuum als Ausdruck der Fähigkeit der Felder, im Grundzustand *nicht* in Wechselwirkung zu stehen. In der Quantenelektromechanik unterscheidet man das Vakuum eines elektromagnetischen Feldes und das Vakuum eines Elektron-Positron-Feldes. Aus der Unschärferelation folgt, daß im Vakuumzustand die Felder Nullpunktsschwingungen ausführen, die man als Zustände betrachtet, in denen Photonen, Elektron-Positron-Paare und all-

gemein Paare von Teilchen und Antiteilchen *virtuell* erzeugt und wieder vernichtet werden. Die Wechselwirkung äußerer elektromagnetischer Felder mit den Nullpunktsschwingungen ruft eine Inhomogenität in der räumlichen Verteilung der Gesamtladung der virtuellen Paare hervor, was zur Erscheinung der *Vakuumpolarisation* führt, mit der eine Reihe von experimentell bestätigten Effekten zusammenhängen. Die Vakuumpolarisation tritt innerhalb kleiner Raumbereiche auf, deren Abmessungen von der Größenordnung der COMPTON-Wellenlänge der Teilchen sind, die dem gegebenen Feld entsprechen, insbesondere also von der Größenordnung der COMPTON-Wellenlänge des Elektrons. Die Vakuumpolarisation bewirkt, daß die beobachtete Teilchenladung von der Entfernung abhängig wird. Ein Elektron z. B., das sich in kleinen Abständen vom Kern bewegt, steht unter dem Einfluß einer größeren Ladung, als der wirklichen Kernladung entsprechen würde. Dies zeigt sich in einer *Verschiebung der Energieniveaus* der Hüllenelektronen (RUTHERFORD-LAMB-Verschiebung). Die Vakuumpolarisation bedingt die Streuung des Lichtes im COULOMB-Feld eines Kerns und andere Effekte. Die Vakuumpolarisation zeigt sich auch in einer Abweichung des Potentials einer unbewegten Punktladung q vom COULOMB-Potential. In Entfernungen $r \ll r_0$, wobei $r_0 = \hbar/m_e c$ die COMPTON-Wellenlänge des Elektrons ist, gilt mit einer Genauigkeit bis auf Glieder der Größenordnung e^2

$$\varphi(r) = \frac{q}{4\pi\varepsilon_0 r}\left(1 - \frac{e^2}{6\pi^2}\ln\frac{\hbar}{m_e c r}\right).$$

Hier bedeutet e die Elektronenladung, m_e die Ruhmasse des Elektrons, c die Lichtgeschwindigkeit im Vakuum und ε_0 die Dielektrizitätskonstante.

8. Die Nullpunktsschwingungen des elektromagnetischen Feldes rufen erzwungene Bewegungen des Elektrons hervor und führen zu Effekten, die man als *Strahlungskorrekturen* bezeichnet. Dazu gehören:

a) Die *Anomalie des magnetischen Moments* eines Elektrons, das sich von seinem aus der DIRACschen Theorie folgenden Wert unterscheidet. Bei Berücksichtigung von Effekten vierter Ordnung gilt bei der Wechselwirkung eines Elektrons mit den Nullpunktsschwingungen eines elektromagnetischen Feldes

$$\mu_e = \mu_B\left(1 + \frac{\alpha}{2\pi} - 2{,}973\,\frac{\alpha^2}{\Gamma^2}\right),$$

wobei α die Feinstrukturkonstante ist (S. 862) und μ_B das BOHRsche Magneton (S. 447). Der experimentelle Wert für μ_e von $1{,}001\,145\,35\,\mu_B$ bestätigt diese Formel.

b) Eine größere Abweichung zwischen den Energieniveaus der Elektronen in wasserstoffähnlichen Atomen (S. 694), die man in der relativistischen Theorie auf Grund der DIRAC-Gleichungen erhält, und den experimentell beobachteten Niveaus (LAMB-*Verschiebung*). Die Energieniveaus $2^2S_{1/2}$ und $2^2P_{1/2}$ im Wasserstoffatom haben gleiche Quantenzahlen n und l und müssen entartet sein. In Wirklichkeit hat das Niveau $2^2S_{1/2}$ eine größere Energie als das Niveau $2^2P_{1/2}$. Die Aufspaltung der Niveaus beläuft sich in Frequenzen auf $(1057{,}77 \pm 0{,}1)$ MHz. Sie wird mit radiospektrographischen Methoden beobachtet. Bei Deuterium beträgt der Unterschied zwischen den Niveaus $2^2S_{1/2}$ und $2^2P_{1/2}$ 1058 MHz, bei Helium 14020 ± 60 MHz. Die *Formel von* BETHE für die Korrektur der Energieniveaus in wasserstoffähnlichen Systemen lautet

$$\Delta E = \frac{8Z^4}{6\pi^2}\alpha^3 \frac{Rh}{n^3} \ln \frac{2n^2}{\alpha^3},$$

wobei n die Hauptquantenzahl (S. 695) bedeutet, R die RYDBERG-Konstante (S. 714) und α die Feinstrukturkonstante.
Eine verbesserte Berechnung der relativen Verschiebung der Niveaus $2^2S_{1/2}$ und $2^2P_{1/2}$ im Wasserstoff mit einer Genauigkeit bis zu Gliedern von der Größenordnung $Z\alpha^3$ unter Berücksichtigung des Einflusses der Wechselwirkung des Elektrons mit dem magnetischen Dipolmoment des Kerns, der Struktur des Kerns und der endlichen Kernmasse führt zu einem Wert von 1057,8 MHz.
Die Wechselwirkung der Teilchen mit dem Vakuum erweist sich als Ausdruck einer universellen Wechselwirkung und wechselseitigen Umwandlung von Materieteilchen und Feldquanten.

9. Die Struktur der Elementarteilchen läßt sich nicht durch anschauliche geometrische Gebilde beschreiben. Ihre Struktur ist anscheinend auch nicht stationär. Einerseits bestimmt sie die Art der Wechselwirkung eines gegebenen Elementarteilchens mit einem anderen und zeigt sich erst in dieser Wechselwirkung. Andererseits spiegelt die Struktur alle Wechselwirkungen wider, welchen das Teilchen in einem gegebenen Zeitpunkt unterliegt.

10. Auskunft über die Struktur von Nukleonen erhält man bei der Untersuchung der elastischen Streuung von π-Mesonen mit Energien von der Größenordnung 7 GeV an Protonen und der elastischen Streuung von Elektronen an Protonen und Neutronen. Man nimmt an, daß Nukleonen einen zentralen Teil (*„Kern" des Nukleons*) mit einem Radius $r_K \approx 0{,}2 \cdot 10^{-13}$ cm besitzen, in dem eine positive Ladung $e_K \approx 0{,}35e$ konzentriert ist, wobei e den Wert einer Elementarladung bedeutet. Der Kern eines Nukleons besteht wahrscheinlich aus einigen Schichten schwerer virtueller Teilchen, die in Paaren aus Teilchen und Antiteilchen erzeugt und vernichtet werden. In einem Bereich mit den linearen Abmessungen $r_\pi \approx 0{,}8 \cdot 10^{-13}$ cm befindet sich eine Wolke aus virtuellen π-Mesonen (*π-Mesonen-Hülle des Protonkerns, π-Mesonen-Atmosphäre*), deren Dichte gegen den Rand des Nukleons hin abnimmt. Auf die π-Mesonenhülle entfällt eine Ladung von $e_\pi \approx \pm 0{,}5e$. Das Vorzeichen „+" oder „−" bezieht sich auf das Proton bzw. das Neutron. Auf einen äußeren Bereich mit den Abmessungen $r_C \approx 1{,}45 \cdot 10^{-13}$ cm (*π-Mesonen-Stratosphäre*) verteilt sich die Nukleonenladung von $e_C = 0{,}15e$.

11. Die in Punkt 10 angeführte Struktur erklärt die Anomalie des magnetischen Moments des Protons, das $2{,}9\mu_K$ beträgt, wobei μ_K ein Kernmagneton bedeutet. Ebenso erklärt sie das negative magnetische Moment der Neutronen von $-1{,}9\mu_K$. Die Rotation der π-

Mesonen-Wolke um ihre „Achse" muß mit dem Auftreten eines „Stromes" und einem entsprechenden magnetischen Moment verbunden sein. Im Fall des Protons erzeugt die positive π-Mesonen-Wolke zusätzlich zum magnetischen Moment des Kerns ein magnetisches Moment gleichen Vorzeichens, woraus sich die Anomalie im Betrag des magnetischen Moments des Protons ergibt. Im Fall des Neutrons erzeugt die negative π-Mesonen-Wolke ein negatives magnetisches Moment, das dem magnetischen Moment des Kerns entgegenwirkt, wodurch sich insgesamt ein negatives magnetisches Moment des Neutrons ergibt. Die elektromagnetische Wechselwirkung des Nukleonkerns mit der π-Mesonen-Wolke liefert auch die Ursache für den Unterschied zwischen den Ruhmassen des Neutrons und des Protons (siehe auch S. 836).

6.4. Kosmische Strahlen

1. Unter der *kosmischen Strahlung* versteht man Flüsse von Atomkernen hoher Energie, die hauptsächlich aus Protonen bestehen und die aus dem Kosmos auf die Erde eintreffen, sowie eine sekundäre Strahlung, die durch diese Kerne innerhalb der Erdatmosphäre erzeugt wird. Die Strahlung an der Grenze der Erdatmosphäre heißt *Primärstrahlung*. Die primäre kosmische Strahlung setzt sich aus Atomkernen verschiedener Massenzahlen (siehe Tabelle VI.6.7) und mit Nukleonenenergien im Intervall $1\,\text{GeV} \leqq E \leqq 10^{13}\,\text{eV}$ zusammen.

Tabelle VI.6.7

Kerngruppe	Ladung Z	Flußdichte $[\text{m}^{-2}\cdot\text{sr}^{-1}\cdot\text{s}^{-1}]$	% im Gesamtfluß
Protonen	1	1300	92,9
Heliumkerne	2	88	6,3
Leichte Kerne	3–5	1,9	0,13
Mittlere Kerne	6–9	5,6	0,4
Schwere Kerne	$\geqq 10$	2,5	0,18
Superschwere Kerne	$\geqq 20$	0,7	0,05

In den primären kosmischen Strahlen befinden sich Kerne chemischer Elemente in einer Verteilung, wie sie im großen und ganzen der Verteilung in der Erdkruste und in der Sonnenatmosphäre entspricht. Die Volumendichte der Energie der kosmischen Strahlung beträgt im Mittel $1\,\text{eV/cm}^3$. Der Fluß der Primärstrahlung mit einer Energie von über 2,5 GeV/Nukleon besitzt eine Dichte von $\approx 0{,}14\,\text{cm}^{-2}\cdot\text{sr}^{-1}\cdot\text{s}^{-1}$. Die auf ein einzelnes Nukleon entfallende mittlere Energie ist demnach für alle Kerne ungefähr gleich. Deshalb entfällt rund ein Drittel der Gesamtenergie auf mittlere und schwere Kerne. Die primäre kosmische Strahlung ist räumlich isotrop. In

Höhen über 50—60 km ist ihre Intensität konstant. Bei Annäherung an die Erde tritt eine Verminderung ihrer Intensität zugunsten der sekundären Strahlung ein.

2. Die *sekundäre* kosmische Strahlung bildet sich als Folge des unelastischen Zusammenstoßes der primären Strahlen mit den Stickstoff- und Sauerstoffatomen der Luft in den obersten Schichten der Atmosphäre. Unterhalb 20 km Höhe ist die gesamte kosmische Strahlung sekundärer Art. Die Durchdringungsfähigkeit der kosmischen Strahlen mißt man mit Hilfe der Dicke d einer Bleischicht, welche die kosmischen Strahlen durchsetzen. Bei einer Dicke d zwischen 0 und 10—13 cm erfolgt eine rasche Abschwächung der Intensität, bei einer weiteren Vergrößerung der Dicke ändert sich die Intensität praktisch nicht mehr. Im Zusammenhang damit unterscheidet man bei der sekundären Strahlung eine *weiche* und eine *harte* Komponente. *Weich* heißt jener Teil der Strahlung, welcher der starken Absorption durch Blei ausgesetzt ist. *Hart* heißt die andere Komponente dank ihrer großen Durchdringungsfähigkeit von Blei. Die weiche Komponente besteht aus Elektronen, Positronen und Photonen. μ-Mesonen, die beim Zerfall von π-Mesonen und bei der schwachen Wechselwirkung mit Atomkernen der Atmosphäre entstehen, bilden die harte Komponente. Die Beziehung zwischen der Intensität der weichen und der harten Komponente ändert sich mit der Höhe infolge der ungleichmäßigen Absorption verschiedener Teilchen in der Atmosphäre sowie infolge des Zerfalls instabiler Teilchen.

3. Bei hohen Energien der Primärteilchen ($>5 \cdot 10^9$ eV) führen Kollisionen mit den Luftatomen in der Regel zu *Elektron-Kern-Schauern*. Das Ergebnis der Wechselwirkung der Primärteilchen mit den Atomkernen der Atmosphäre ist eine *Verdampfung* dieser Kerne in die einzelnen Nukleonen und in größere Bestandteile sowie die Bildung instabiler Teilchen (π^+- und π^0-Mesonen). Die folgenden Zerfallsakte $\pi^+ \to \mu^\pm \to e^\pm$ und $\pi^0 \to 2\gamma \to e^+ + e^-$ führen zur Bildung der weichen Elektron-Photon-Komponente (Punkt 4) des Schauers. Diese Komponente wird hierauf stark intensiviert durch die folgende (kaskadenartige) Bildung neuer Paare $e^+ - e^-$ (S. 837) und neuer Gammaquanten durch die Bremsstrahlung (S. 559) dieser Teilchen (*Elektronenkaskadenprozeß*). Die bei der Kernverdampfung entstehenden energiereichen freien Nukleonen leiten ihrerseits einen *Elektron-Kern-Schauer* ein (*Kernkaskadenprozeß*). Die Gesamtheit der aufeinanderfolgenden nuklearen Wechselwirkungen bei hohen Energien führt zur Bildung breiter atmosphärischer Schauer (auch AUGER-*Schauer* genannt). Letztere enthalten bei Energien der Primärteilchen über 10^{13} eV viele Millionen Teilchen (hauptsächlich $e^\pm$) und haben Querdimensionen, die 1 km² übersteigen können.

4. Die kosmische Strahlung, die isotrop aus dem Weltraum einfällt, erfährt durch das Magnetfeld der Erde eine Ablenkung, so daß ihre Intensität von der geographischen Breite abhängig wird. In den äquatornahen Bereichen ist der ablenkende Einfluß des Erdmagnetfeldes stark. Der Großteil der Teilchen wird so stark abgelenkt, daß sie nicht in die Erdatmosphäre eindringen (*Breiteneffekt*). Positiv geladene Teilchen der kosmischen Strahlung werden durch das Erd-

magnetfeld nach Osten, negativ geladene nach Westen abgelenkt (*Ost-West-Effekt*). Der Breiteneffekt und der Ost-West-Effekt wachsen mit der Höhe. Die Intensität der kosmischen Strahlung hängt auch von der geographischen Länge ab (*Längeneffekt*).

5. Außerhalb der Erdatmosphäre beobachtet man zwei die Erde umgebende *Strahlungsgürtel* (VAN ALLEN-*Gürtel*), nämlich zwei begrenzte Bereiche mit stark erhöhter Intensität der ionisierenden kosmischen Strahlung (im Vergleich mit den Beobachtungen in relativ geringeren Höhen). Die Bildung der Strahlungsgürtel ist mit dem Einfang und dem Festhalten geladener Teilchen durch das Erdmagnetfeld verbunden. Der innere Strahlungsgürtel befindet sich in einer Entfernung von 600—6000 km von der Erdoberfläche. An einigen Stellen nähert er sich bis auf 300 km (z. B. im Bereich der magnetischen Anomalien im südlichen Teil des Atlantik). Dieser Strahlungsgürtel enthält vorwiegend Protonen hoher Energien (bis 100 MeV) mit einer Flußdichte von $\approx 10^2$ $cm^{-2} \cdot sr^{-1} \cdot s^{-1}$. Der äußere Strahlungsgürtel befindet sich im Abstand $2 \cdot 10^4$ bis $6 \cdot 10^4$ km von der Erde. An einigen Stellen (auf der Breite 55—70°) senkt er sich bis auf 300—1500 km herab. Der äußere Strahlungsgürtel ist aus Elektronen solaren Ursprungs gebildet, welche bis in Erdnähe gelangt sind. Er besteht vorwiegend aus Elektronen mit Energien unter 100 KeV und einem Fluß von 10^9 $cm^{-2} \cdot sr^{-1} \cdot s^{-1}$. Strahlungsgürtel sind für alle Himmelskörper charakteristisch, die ein Magnetfeld besitzen. Der Mond hat kein eigenes Magnetfeld. Er besitzt daher auch keinen Strahlungsgürtel.

6. Die Intensitätsschwankungen der sekundären kosmischen Strahlung bezeichnet man kurz als *Schwankungen der kosmischen Strahlung*. Die *atmosphärischen Schwankungen* hängen von der unregelmäßigen Änderung des atmosphärischen Druckes, von der veränderlichen Sonnenaktivität u. a. m. ab. Der *Tagesgang* ist mit der Erddrehung verknüpft (d. h. mit der Bewegung der vermutlichen Quellen der Primärstrahlung innerhalb des Sonnensystems). Außerdem beobachtet man Schwankungen der kosmischen Strahlung mit 27tägiger, vierteljährlicher, einjähriger, elfjähriger, ... Periodizität.

7. Die Hypothese von der Herkunft der primären kosmischen Strahlung stützt sich auf die Kenntnis von den Energien der Primärteilchen und auf radioastronomische Befunde. Man rechnet damit, daß in der primären Strahlung die geladenen Teilchen ihre hohen Energien infolge der Beschleunigung erlangen, der sie in den elektromagnetischen Feldern zwischen Erde und Sonne oder in der Galaxis ausgesetzt sind. Die Beschleunigung der geladenen Teilchen muß stufenweise erfolgen. Andernfalls würden schwere und superschwere Kerne mit Energien bis zu 10^{13} eV, wie sie in der Primärstrahlung vorkommen, sofort in ihre Nukleonen zerfallen, wenn sie diese Energie auf einmal übermittelt bekämen. Bei schneller Übertragung von Energien in der Größenordnung von 10^{13} eV würden nämlich die Bindungsenergien im Kern nicht ausreichen, um die Nukleonen zusammenzuhalten. Die stufenweise Beschleunigung der Teilchen der primären kosmischen Strahlung kann durch analoge Beschleunigung der Teilchen im Betatron (S. 428) nachvollzogen werden. Bei der Rotation von

Sternen, die ein Magnetfeld besitzen, entsteht ein elektrisches Wirbelfeld. Das Magnetfeld der Sterne wirkt auf Protonen und Kerne ein und führt sie auf geschlossene Trajektorien, längs denen sie durch die Einwirkung der elektrischen Felder eine sehr große Beschleunigung erfahren. Der Mechanismus der Beschleunigung der Teilchen in der primären kosmischen Strahlung weist auch Effekte auf, die mit dem Zusammentreffen der Teilchen mit Wolken aus interstellarer Materie verbunden sind, die ein inhomogenes Magnetfeld besitzen. Im Bereich der interstellaren Materie treten Bewegungen geladener Massen auf, die ein veränderliches elektrisches Feld erzeugen. In diesen Feldern dürften die geladenen Teilchen der primären kosmischen Strahlung so stark beschleunigt werden, daß sie die an ihnen beobachteten Energien erhalten. Man nimmt an, daß die Anfangsenergie der Primärteilchen (*Injektionsschwelle*) durch Stoßwellen erzeugt wird, die auf Grund des Zusammenstoßes gasförmiger Massen bei *Supernova-Explosionen* auftreten. Die Energien solcher Explosionen haben inneratomaren Ursprung, daher ist die Energie der kosmischen Strahlung ursprünglich Kernenergie.
Die Sternmaterie fliegt bei solchen Nova-Explosionen in weite Entfernungen auseinander und gerät in die interstellaren veränderlichen Magnetfelder, wo sie eine weitere Beschleunigung erfährt. Infolge der geringen Dichte der interstellaren Materie ist die mittlere freie Weglänge der beschleunigten Teilchen extrem groß, so daß bei der langen Dauer (10^8—10^9 Jahre) der Beschleunigungsprozesse die Teilchen der kosmischen Strahlen extrem hohe Energien erhalten. Bei der Beschleunigung und Abbremsung durch die interstellaren Magnetfelder treten Bremsstrahlung und Zyklotronstrahlung (S. 559) der Teilchen auf, die im sichtbaren Bereich und im Bereich kurzer Radiowellen liegen (*kosmische Radiowellen*).
Kosmische Strahlen geringer Energie sendet auch die Sonne aus. Die Intensität dieser Strahlen wächst bei Sonneneruptionen scharf an.

Anhang

1. Maßeinheiten und Dimensionen physikalischer Größen in verschiedenen Maßsystemen[1])

1.1. Die Maßeinheiten mechanischer Größen

1. Bis zum Jahre 1963 waren drei metrische Einheitensysteme in Benutzung:

a) das *absolute physikalische Maßsystem* oder CGS-System mit den Grundeinheiten Zentimeter, Gramm und Sekunde,

b) das *absolute praktische Maßsystem* oder MKS-System mit den Grundeinheiten Meter, Kilogramm und Sekunde,

c) das *Technische Maßsystem* oder MKGS-System mit den Grundeinheiten Meter, Kilopond (Kilogrammgewicht) und Sekunde.

Seit 1963 wird in der UdSSR das *internationale Einheitensystem* (SI) bevorzugt, dessen mechanische Einheiten mit denen des MKS-Systems und dessen elektromagnetische Einheiten mit denen des MKSA-Systems zusammenfallen.
Als Einheit für ebene Winkel gilt in allen Systemen der Radiant, für räumliche Winkel der Steradiant.

2. Definition der Grundeinheiten:

Die Längeneinheit, ein Meter (m), ist gleich dem 1650763,73fachen der Vakuumwellenlänge jener Lichtwellenlänge, die dem Übergang zwischen den Niveaus $2p_{10}$ und $5d_5$ der Atome von Krypton-86 entspricht. Der Übergang zu dieser neuen Definition des Meters ist mit keiner Abänderung der alten Definition (Abstand zwischen zwei Strichen von Platin-Iridium-Eichwellenlängen verbunden. Die neue Definition erhöht nur die Genauigkeit der Reproduktion.
Ein Zentimeter (cm) ist der hundertste Teil eines Meters.
Ein Kilogramm, die Einheit der Masse, ist durch die Masse eines internationalen Prototypes gegeben.
Ein Gramm (g) ist ein Tausendstel eines Kilogramms.
Die Sekunde (s) ist der 31556925,9747ste Teil eines tropischen Jahres für 1900, Jan 0, 12 Uhr Ephemeridenzeit. Tropisches Jahr heißt das Zeitintervall zwischen zwei aufeinanderfolgenden Durchgängen der Sonne durch den Frühlingspunkt (Tag- und Nachtgleiche). *Ephemeridenzeit* heißt ein gleichmäßiger Zeitablauf, den man in der Astronomie seit jener Zeit verwendet, da man feststellte, daß die Erddrehung und der darauf beruhende Ablauf der universellen Zeit ungleichmäßig erfolgt. Die neue Definition der Sekunde ist im Vergleich mit der alten mit keiner Größenänderung verbunden.

[1]) Grunddefinitionen und Grundsätzliches aus der Theorie der Dimensionen s. S. 314 und 315.

Ein Kilopond (kp) ist jene Kraft, die einer Masse von der Größe der Masse des internationalen Prototyps des Kilogramms eine Beschleunigung von 9,806 65 m/s^2 erteilt.

Ein Radiant (rad) ist der Winkel zwischen zwei Kreisradien, die am Kreisumfang einen Bogen abschneiden, dessen Länge gleich der Radiuslänge ist.

Ein Steradiant (sr) ist ein Raumwinkel, der mit der Spitze im Zentrum einer Kugel auf deren Oberfläche ein „quadratisches" Flächenstück ausschneidet, dessen Seitenlänge gleich dem Kugelradius ist.

3. Die Vorsilben, die zur Bezeichnung von Vielfachen und Bruchteilen beliebiger Einheiten metrischer Systeme dienen, lauten:

Bezeichnung	Verhältnis zur Grundeinheit	Internationale Abkürzung
Piko	10^{-12}	p
Nano	10^{-9}	n
Mikro	10^{-6}	μ
Milli	10^{-3}	m
Centi	10^{-2}	c
Dezi	10^{-1}	d
Deka	10	da
Hekto	10^{2}	h
Kilo	10^{3}	k
Mega	10^{6}	M
Giga	10^{9}	G
Tera	10^{12}	T

4. Dimensionen und Maßeinheiten einiger geometrischer und mechanischer Größen in verschiedenen Maßsystemen.

Größe	Dimensionsformel im Einheitensystem[1])		Maßeinheiten im System					
			CGS		MKS und SI		MKGS	
	CGS, MKS und SI	MKGS	Bezeichnung	Abkürzung	Bezeichnung	Abkürzung	Bezeichnung	Abkürzung
Länge	L	L	Zentimeter	cm	Meter	m	Meter	m
Masse	M	$L^{-1}FT^2$	Gramm	g	Kilogramm	kg	—	$kp \cdot s^2/m$
Zeit	T	T	Sekunde	s	Sekunde	s	Sekunde	s
Fläche	L^2	L^2	Quadratzentimeter	cm^2	Quadratmeter	m^2	Quadratmeter	m^2
Volumen	L^3	L^3	Kubikzentimeter	cm^3	Kubikmeter	m^3	Kubikmeter	m^3
Frequenz	T^{-1}	T^{-1}	Hertz	Hz	Hertz	Hz	Hertz	Hz
Winkelgeschwindigkeit	T^{-1}	T^{-1}	—	rad/s	—	rad/s	—	rad/s
Winkelbeschleunigung	T^{-2}	T^{-2}	—	rad/s^2	—	rad/s^2	—	rad/s
Geschwindigkeit	LT^{-1}	LT^{-1}	—	cm/s	—	m/s	—	m/s

Fortsetzung

Größe	Dimensionsformel im Einheitensystem[1])		Maßeinheiten im System					
			CGS		MKS und SI		MKGS	
	CGS, MKS und SI	MKGS	Bezeichnung	Abkürzung	Bezeichnung	Abkürzung	Bezeichnung	Abkürzung
Beschleunigung	LT^{-2}	LT^{-2}	—	cm/s^2	—	m/s^2	—	m/s^2
Kraft	LMT^{-2}	F	Dyn	dyn [2])	Newton	N	Kilopond	Kp, kp
Impuls	LMT^{-1}	FT	—	$g \cdot cm/s$	—	$kg \cdot m/s$	—	$kp \cdot s$
Kraftstoß	LMT^{-1}	FT	—	$dyn \cdot s$	—	$N \cdot s$	—	$kp \cdot s$
Dichte	$L^{-3}M$	$L^{-4}FT^2$	—	g/cm^3	—	kg/m^3	—	$kp \cdot s^2/m^4$
Spezifisches Gewicht	$L^{-2}MT^{-2}$	$L^{-3}F$	—	dyn/cm^3	—	N/m^3	—	kp/m^3
Arbeit und Energie	L^2MT^{-2}	LF	Erg	erg	Joule	J	—	$kp \cdot m$
Leistung	L^2MT^{-3}	LFT^{-1}	—	erg/s	Watt	W	—	$kp \cdot m/s$
Kraftmoment	L^2MT^{-2}	LF	—	$dyn \cdot cm$	—	$N \cdot m$	—	$kp \cdot m$
Trägheitsmoment	L^2M	LFT^2	—	$g \cdot cm^2$	—	$kg \cdot m^2$	—	$kp \cdot m \cdot s^2$
Impulsmoment, Drehimpuls	L^2MT^{-1}	LFT	—	$g \cdot cm^2/s$	—	$kg \cdot m^2/s$	—	$kp \cdot m \cdot s$

Fortsetzung

Größe	Dimensionsformel im Einheitensystem[1])		Maßeinheiten im System					
			CGS		MKS und SI		MKGS	
	CGS, MKS und SI	MKGS	Bezeichnung	Abkürzung	Bezeichnung	Abkürzung	Bezeichnung	Abkürzung
Impulsmoment der Kraft	L^2MT^{-1}	LFT	—	dyn · cm · s	—	N · m · s	—	kp · m · s
Druck (Spannung)	$L^{-1}MT^{-2}$	$L^{-2}F$	—[3])	dyn/cm^2	—[4])	N/m^2	—	kp/m^2
Dynamische Zähigkeit (Koeffizient der inneren Reibung)	$L^{-1}MT^{-1}$	$L^{-2}FT$	Poise	P	—	$N \cdot s/m^2$	—	$kp \cdot s/m^2$
Kinematische Zähigkeit	L^2T^{-1}	L^2T^{-1}	Stokes	St	—	m^2/s	—	m^2/s
Linearer Ausdehnungsmodul, Schub- und Kompressionsmodul	$L^{-1}MT^{-2}$	$L^{-2}F$	—	dyn/cm^2	—	N/m^2	—	kp/m^2

[1]) Die Symbole L und T bezeichnen die Einheiten der Länge und der Zeit, M die Einheit der Masse (in den Systemen CGS, MKS und SI), F die Einheit der Kraft (im MKGS-System).
[2]) Frühere Bezeichnung dn.
[3]) Frühere Bezeichnung Bar (bar), neue Definition des Bar s. S. 851.
[4]) Frühere Bezeichnung Millipe (mB).

5. Beziehungen zwischen den Maßeinheiten einiger Größen (für den Standardwert der Beschleunigung 9,80665 m/s² wurde der Näherungswert 9,81 m/s² verwendet).

Größe	Beziehung zwischen den Maßeinheiten im CGS-, MKS-, SI- und MKGS-System
Länge	$1\ \mathrm{cm} = 10^{-2}\ \mathrm{m}$
Masse	$1\ \mathrm{g} = 10^{-3}\ \mathrm{kg}$; $1\ \mathrm{kp} \cdot \mathrm{s}^2/\mathrm{m} = 9{,}81\ \mathrm{kg}$
Fläche	$1\ \mathrm{cm}^2 = 10^{-4}\ \mathrm{m}^2$
Volumen	$1\ \mathrm{cm}^3 = 10^{-6}\ \mathrm{m}^3$
Kraft	$1\ \mathrm{dyn} = 10^{-5}\ \mathrm{N}$; $1\ \mathrm{kp} = 9{,}81\ \mathrm{N}$
Dichte	$1\ \mathrm{g/cm}^3 = 10^3\ \mathrm{kg/m}^3$; $1\ \mathrm{kp} \cdot \mathrm{s}^2/\mathrm{m}^4 = 9{,}81\ \mathrm{kg/m}^3$
Spezifisches Gewicht	$1\ \mathrm{dyn/cm}^3 = 10\ \mathrm{N/m}^3$; $1\ \mathrm{kp/m}^3 = 9{,}81\ \mathrm{N/m}^3$
Arbeit und Energie	$1\ \mathrm{erg} = 10^{-7}\ \mathrm{J}$; $1\ \mathrm{kp} \cdot \mathrm{m} = 9{,}81\ \mathrm{J}$
Leistung	$1\ \mathrm{erg/s} = 10^{-7}\ \mathrm{W}$; $1\ \mathrm{kp} \cdot \mathrm{m/s} = 9{,}81\ \mathrm{W}$
Druck, linearer Ausdehnungsmodul, Schub- und Kompressionsmodul	$1\ \mathrm{dyn/cm}^2 = 10^{-1}\ \mathrm{N/m}^2$; $1\ \mathrm{kp/m}^2 = 9{,}81\ \mathrm{N/m}^2$
Dynamische Zähigkeit	$1\ \mathrm{P} = 10^{-1}\ \mathrm{N} \cdot \mathrm{s/m}^2$; $1\ \mathrm{kp} \cdot \mathrm{s/m}^2 = 9{,}81\ \mathrm{N} \cdot \mathrm{s/m}^2$

6. Nicht systemgebundene Einheiten und ihre Beziehung zu den Einheiten des SI.

Größe	Maßeinheit		
	Bezeichnung	Abkürzung	Beziehung zur Einheit im SI
Länge	Mikron	μ	$1\ \mu = 10^{-6}\ \mathrm{m}$
	Ångström	Å	$1\ \text{Å} = 10^{-10}\ \mathrm{m}$
Masse	Tonne	t	$1\ \mathrm{t} = 10^3\ \mathrm{kg}$
	Zentner	Ztr	$1\ \mathrm{Ztr} = 10^2\ \mathrm{kg}$
	Karat	—	$1\ \mathrm{Karat} = 2 \cdot 10^{-4}\ \mathrm{kg}$
Zeit	Stunde	h	$1\ \mathrm{h} = 3600\ \mathrm{s}$
	Minute	m	$1\ \mathrm{m} = 60\ \mathrm{s}$
Ebener Winkel	Grad	°	$1° = \pi/180\ \mathrm{rad}$
	Minute	′	$1' = \pi/108 \cdot 10^{-2}\ \mathrm{rad}$
	Sekunde	″	$1'' = \pi/648 \cdot 10^{-3}\ \mathrm{rad}$

Fortsetzung

Größe	Maßeinheit		
	Bezeichnung	Abkürzung	Beziehung zur Einheit im SI
Fläche	Ar Hektar	a ha	$1\ a = 10^2\ m^2$ $1\ ha = 10^4\ m^2$
Volumen	Liter	l	$1\ l = 1{,}000028 \cdot 10^{-3}\ m^3$
Drehwinkel	Umdrehungen	Umdr.	1 Umdr. = 2π rad
Winkelgeschwindigkeit	Umdrehungen/Minute Umdrehungen/Sekunde	Umdr./min Umdr./s	1 Umdr./min = $\frac{\pi}{30}$ rad/s 1 Umdr./s = 2π rad/s
Kraft	Megapond, Tonnenpond	Mp, tp	$1\ Mp = 9{,}80665 \cdot 10^3\ N$
Arbeit	Wattstunde	Wh	$1\ Wh = 3{,}6 \cdot 10^3\ J$
Leistung	Pferdestärke	PS	1 PS = 735,499 W (75 kp·m/s)
Druck	Bar (neues)[1] Millimeter Quecksilbersäule, Torr, Millimeter Wassersäule Technische Atmosphäre Physikalische Atmosphäre	bar mmHg, mmQS, Torr mmWS at oder kp/cm² atm	$1\ bar = 10^5\ N/m^2$ 1 mm Hg = 133,322 N/m² = 1 Torr 1 mm WS = 9,80665 N/m² 1 at = $9{,}80665 \cdot 10^4\ N/m^2$ 1 atm = $1{,}01325 \cdot 10^5\ N/m^2$ (760 mmHg)

[1]) Alte Definition s. S. 849, Fußnote 3.

1.2. Die Maßeinheiten der Wärmegrößen

1. Zur Messung der Wärmegrößen bevorzugt man das internationale Einheitensystem (SI), dessen Grundeinheiten Meter, Kilogramm, Sekunde und Grad Kelvin sind.

Größe	Dimension in den Systemen SI und CGS[1])	Maßeinheiten im System SI	Maßeinheiten im System CGS	Nicht systemgebundene Einheit	Beziehung zwischen den Einheiten der verschiedenen Systeme
Diffusionskoeffizient	L^2T^{-1}	m^2/s	cm^2/s	—	$1\ cm^2/s = 10^{-4}\ m^2/s$
Koeffizient der inneren Reibung	$L^{-1}MT^{-1}$	$kg/m \cdot s$	$g/cm \cdot s$ (Poise)	—	$1\ P = 10^{-1}\ kg/m \cdot s$
Koeffizient der Oberflächenspannung	MT^{-2}	kg/s^2 (N/m; J/m^2)	g/s^2 (dyn/cm; erg/cm^2)	—	$1\ g/s^2 = 10^{-3}\ kg/s^2$
Spezifisches Volumen	L^3M^{-1}	m^3/kg	cm^3/g	—	$1\ cm^3/g = 10^{-3}\ m^3/kg$
Molekulargewicht	$M \cdot Mol^{-1}$ (CGS) $M \cdot kMol^{-1}$ (SI)	kg/mol	g/mol	—	1 g/mol = 1 kg/kmol
Wärmemenge, innere Energie, Enthalpie, isochor-isothermes und isobar-isothermes Potential	L^2MT^{-1}	J	erg	Internationale Kalorie (cal), Thermochemische Kalorie (cal_{tch})	$1\ erg = 10^{-7}\ J$. $1\ cal = 4{,}1868\ J$ $1\ kcal = 10^3\ cal$ $1\ cal_{tch} = 4{,}1840\ J$
Wärmekapazität, Entropie	$L^2MT^{-2} \cdot Grad^{-1}$	J/grd	erg/grd	cal/grd	
Spezifische Wärme, spezifische Entropie	$L^2T^{-2} \cdot Grad^{-1}$	$J/kg \cdot grd$	$erg/g \cdot grd$	$cal/g \cdot grd$ $kcal/kg \cdot grd$	$1\ erg/g \cdot grd = 10^{-4}\ J/kg \cdot grd$ $1\ cal/g \cdot grd = 4{,}1868 \cdot 10^3\ J/kg \cdot grd$

Fortsetzung

Größe	Dimension in den Systemen SI und CGS[1])	Maßeinheiten im System		Nicht systemgebundene Einheit	Beziehung zwischen den Einheiten der verschiedenen Systeme
		SI	CGS		
Spezifische Wärme des Phasenwechsels	L^2T^{-2}	J/kg	erg/g	cal/g kcal/kg	1 erg/g = 10^{-4} J/kg 1 cal/g = 1 kcal/kg = $4{,}1868 \cdot 10^3$ J/kg
Koeffizient der Wärmeleitfähigkeit	LMT^{-3} · $Grad^{-1}$	W/m · grd	erg/cm · s · grd	cal/cm · s · grd kcal/m · h · grd	1 erg/cm · s · grd = 10^{-5} W/m · grd 1 cal/cm · s · grd = $4{,}1868 \cdot 10^2$ W/m · grd 1 kcal/m · h · grd = 1,1630 W/m · grd
Koeffizient der Wärmeübertragung	MT^{-3} · $Grad^{-1}$	W/m² · grd	erg/cm² · s · grd	cal/cm² · s · grd kcal/m² · h · grd	1 erg/cm² · s · grd = 10^{-3} W/m² · grd 1 cal/cm² · s · grd = $4{,}1868 \cdot 10^4$ W/m² · grd 1 kcal/m² · h · grd = 1,1630 W/m² · grd
Koeffizient der Temperaturleitfähigkeit	L^2T^{-1}	m²/s	cm²/s		

[1]) Die Symbole L, M und T bezeichnen die Einheiten der Länge, der Masse und der Zeit in den entsprechenden Systemen.

In Verwendung stehen auch Einheiten, die an kein System gebunden sind, hauptsächlich die Kalorie.

2. Als Grundlage für die Temperaturmessung dient die absolute thermodynamische Temperaturskala (T °K) und die internationale hundertgradige Temperaturskala (t °C). Als Bezugspunkt für die erste Skala verwendet man im SI die Temperatur des Tripelpunktes (S. 270) von Wasser, die gleich 273,16 °K ist. Als Bezugspunkte für die zweite Skala gelten die Temperaturen des Schmelzpunktes von Eis (0 °C) und des Siedepunktes von Wasser (100 °C) bei Normaldruck (101325 N/m²).

3. Eine *Kalorie* (*internationale Kalorie*) ist durch die folgende Beziehung definiert:

$$1 \text{ cal} = 4{,}1868 \text{ J}.$$

Thermochemische Kalorie:

$$1 \text{ cal}_{\text{tch}} = 4{,}1840 \text{ J}.$$

(Bezüglich der Dimensionen und der Maßeinheiten einiger molekularer Größen und einiger Wärmegrößen siehe die Tabellen auf den Seiten 852–853.)

1.3. Die Maßeinheiten elektrischer und magnetischer Größen

1. Die Einheiten für die elektrischen und die magnetischen Größen im SI fallen mit den entsprechenden Einheiten zusammen, die früher schon im MKSA-System üblich waren. Als vierte Grundeinheit verwendet man die Stromstärkeneinheit Ampere. Bei Verwendung dieses Einheitensystems müssen alle elektromagnetischen Feldgleichungen in rationaler Form geschrieben werden.

2. Die Definition der Stromstärkeneinheit Ampere (A): Zwei parallele, geradlinige und unendlich lange Leiter, die sich im gegenseitigen Abstand von einem Meter im Vakuum befinden, sollen von einem unveränderlichen Strom durchflossen werden. Die Stromstärke beträgt 1 Ampere, wenn zwischen den Leitern auf ihre Längeneinheit eine Kraft wirkt, die gleich dem $2 \cdot 10^{-7}$-fachen der Krafteinheit im SI pro Meter ist.
Im Internationalen Einheitensystem (SI) ist die *absolute Dielektrizitätskonstante des Vakuums* gleich

$$\varepsilon_0 = \frac{10^7}{4\pi c^2} \text{ As/Vm},$$

wobei c die Lichtgeschwindigkeit im Vakuum bedeutet (in m/s).
Die *absolute magnetische Permeabilität des Vakuums* ist

$$\mu_0 = 4\pi \cdot 10^{-7} \text{ Vs/Am}.$$

3. In der Physik verwendet man außerdem die drei folgenden Einheitensysteme, die auf dem CGS-System für mechanische Einheiten begründet sind:

a) das *absolute elektrostatische Einheitensystem* (elst. S.), bei dem als Grundeinheiten Zentimeter, Gramm und Sekunde verwendet werden und in dem die absolute Dielektrizitätskonstante des Vakuums dimensionslos und dem Betrag nach gleich 1 angenommen wird:

$$\varepsilon_0 = 1;$$

b) das *absolute elektromagnetische Einheitensystem* (elm.S.), bei dem als Grundeinheiten Zentimeter, Gramm und Sekunde verwendet werden und bei dem die absolute magnetische Permeabilität des Vakuums dimensionslos und dem Betrag nach gleich 1 angenommen wird:

$$\mu_0 = 1;$$

c) das absolute GAUSSsche Maßsystem, in dem als Grundeinheiten Zentimeter, Gramm und Sekunde verwendet werden und bei dem die absolute Dielektrizitätskonstante und die absolute magnetische Permeabilität des Vakuums dimensionslos und dem Betrag nach gleich 1 sind:

$$\varepsilon_0 = \mu_0 = 1.$$

Bei Verwendung des elektrostatischen, des elektromagnetischen oder des GAUSSschen Maßsystems erscheinen die elektromagnetischen Feldgleichungen in nichtrationaler Form.

4. Die Dimensionen und die Maßeinheiten der elektrischen und magnetischen Grundgrößen im SI (MKSA):

Größe	Dimension	Maßeinheiten	
		Bezeichnung	Abkürzung
Arbeit und Energie	$m^2 \cdot kg/s^2$	Joule	J
Leistung	$m^2 \cdot kg/s^3$	Watt	W
Elektrizitätsmenge (elektrische Ladung)	$A \cdot s$	Coulomb Amperesekunde	C
Fluß der elektrischen Verschiebung (Induktion)	$A \cdot s$	Coulomb	C
Elektrische Verschiebung (Induktion)	$A \cdot s/m^2$	Coulomb pro Quadratmeter	C/m^2
Potentialunterschied, Spannung, elektromotorische Kraft	$m^2 \cdot kg/A \cdot s^3$	Volt	V
Kapazität	$A^2 \cdot s^4/m^2 \cdot kg$	Farad	F
Elektrisches Moment	$A \cdot s \cdot m$	—	$C \cdot m$
Vektor der Polarisation (Polarisierung)	$A \cdot s/m^2$	—	C/m^2

Fortsetzung

Größe	Dimension	Maßeinheiten: Bezeichnung	Maßeinheiten: Abkürzung
Dielektrizitätskonstante	$A^2 \cdot s^4/m^3 \cdot kg$	Farad pro Meter	F/m
Elektrische Feldstärke	$m \cdot kg/A \cdot s^3$	Volt pro Meter	V/m
Elektrischer Widerstand	$m^2 \cdot kg/A^2 \cdot s^3$	Ohm	Ω
Spezifischer elektrischer Widerstand	$m^3 \cdot kg/A^2 \cdot s^3$	Ohm mal Meter	$\Omega \cdot m$
Spezifische elektrische Leitfähigkeit	$A^2 \cdot s^3/m^3 \cdot kg$	Siemens pro Meter	$\Omega^{-1} \cdot m^{-1}$
Ionenbeweglichkeit	$A \cdot s^2/kg$	—	$m^2/V \cdot s$
Magnetischer Fluß	$m^2 \cdot kg/A \cdot s^2$	Weber	Wb
Magnetische Induktion	$kg/A \cdot s^2$	Tesla	T
Magnetisches Moment	$A \cdot m^2$	—	$A \cdot m^2$
Vektor der Magnetisierungsintensität) (Magnetisierung)	A/m	Amperewindungen pro Meter	A/m
Induktivität und Gegeninduktivität	$m^2 \cdot kg/A^2 \cdot s^2$	Henry	H
Magnetische Permeabilität	$m \cdot kg/A^2 \cdot s^2$	Henry pro Meter	H/m
Magnetische Feldstärke	A/m	Ampere pro Meter	A/m
Magnetomotorische Kraft	A	Ampere oder Amperewindungen	A oder Aw
Magnetischer Widerstand	$A^2 \cdot s^2/m^2 \cdot kg$	—	A/Wb oder Aw/Wb

5. Dimensionen elektrischer Größen und Beziehungen zwischen ihren Maßeinheiten im elektrostatischen, elektromagnetischen und im Gaussschen Maßsystem (c elektromagnetische Konstante, gleich der Lichtgeschwindigkeit im Vakuum: $c \approx 3 \cdot 10^{10}$ cm/s)

(siehe Tabelle S. 857)

6. Die Dimensionen magnetischer Größen und die Beziehungen zwischen ihren Einheiten im elektrostatischen, elektromagnetischen und im Gaussschen Maßsystem (c elektromagnetische Konstante, gleich der Lichtgeschwindigkeit im Vakuum: $c \approx 3 \cdot 10^{10}$ cm/s)

(siehe Tabelle S. 858)

Größe	Dimension in den Systemen		Beziehung zwischen den Einheiten		
	elektrostatisches und GAUSSsches System	elektro-magnetisches System	elst. Einh.[1]) Einh. i. SI	elm. Einh. Einh. i. SI	elst. Einh.[2]) elm. Einh.
Elektrizitätsmenge (elektrische Ladung)	$cm^{3/2} \cdot g^{1/2} \cdot s^{-1}$	$cm^{1/2} \cdot g^{1/2}$	$10c^{-1}$	10	c^{-1}
Fluß der elektrischen Verschiebung (Induktion)	$cm^{3/2} \cdot g^{1/2} \cdot s^{-1}$	$cm^{1/2} \cdot g^{1/2}$	$10 \cdot (4\pi c)^{-1}$	$10/4\pi$	c^{-1}
Elektrische Verschiebung (Induktion)	$cm^{-1/2} \cdot g^{1/2} \cdot s^{-1}$	$cm^{-3/2} \cdot g^{1/2}$	$10^5 \cdot (4\pi c)^{-1}$	$10^5/4\pi$	c^{-1}
Potentialunterschied, Spannung, elektromotorische Kraft	$cm^{1/2} \cdot g^{1/2} \cdot s^{-1}$	$cm^{3/2} \cdot g^{1/2} \cdot s^{-2}$	$10^{-8}c$	10^{-8}	c
Kapazität	cm	$cm^{-1} \cdot s^2$	$10^9 c^{-2}$	10^9	c^{-2}
Elektrisches Moment	$cm^{5/2} \cdot g^{1/2} \cdot s^{-1}$	$cm^{3/2} \cdot g^{1/2}$	$(10c)^{-1}$	10^{-1}	c^{-1}
Polarisation	$cm^{-1/2} \cdot g^{1/2} \cdot s^{-1}$	$cm^{-3/2} \cdot g^{1/2}$	$10^5 c^{-1}$	10^5	c^{-1}
Dielektrizitätskonstante	—	$cm^{-2} \cdot s^2$	$10^{11}/4\pi c^2$	$10^{11}/4\pi$	c^{-2}
Elektrische Feldstärke	$cm^{-1/2} \cdot g^{1/2} \cdot s^{-2}$	$cm^{1/2} \cdot g^{1/2} \cdot s^{-2}$	$10^{-6}c$	10^{-6}	c
Stromstärke	$cm^{3/2} \cdot g^{1/2} \cdot s^{-2}$	$cm^{1/2} \cdot g^{1/2} \cdot s^{-1}$	$10c^{-1}$	10	c^{-1}
Elektrischer Widerstand	$cm^{-1} \cdot s$	$cm \cdot s^{-1}$	$10^{-9}c^2$	10^{-9}	c^2
Spezifischer elektrischer Widerstand	s	$cm^2 \cdot s^{-1}$	$10^{-11}c^2$	10^{-11}	c^2
Spezifische elektrische Leitfähigkeit	s^{-1}	$cm^{-2} \cdot s$	$10^{11}c^{-2}$	10^{11}	c^{-2}
Beweglichkeit der Ladung	$cm^{3/2} \cdot g^{-1/2}$	$cm^{1/2} \cdot g^{-1/2} \cdot s$	$10^4 c^{-1}$	10^4	c^{-1}

[1]) Dasselbe Verhältnis gilt auch für die Einheiten im GAUSSschen System und im SI (MKSA).
[2]) Dasselbe Verhältnis gilt auch für die Einheiten im GAUSSschen und im elm. Maßsystem.

Größe	Dimension in den Systemen: elektrostatisches System	Dimension in den Systemen: elektromagnetisches und GAUSSsches System	Maßeinheiten im elektromagnetischen und im GAUSSschen System: Bezeichnung	Maßeinheiten im elektromagnetischen und im GAUSSschen System: Abkürzung	Beziehung zwischen den Einheiten: elst. Einh. / Einh. i. SI	Beziehung zwischen den Einheiten: elm. Einh.[1]) / Einh. i. SI	Beziehung zwischen den Einheiten: elst. Einh.[2]) / elm. Einh.
Magnetischer Fluß	$cm^{1/2} \cdot g^{1/2}$	$cm^{3/2} \cdot g^{1/2} \cdot s^{-1}$	Maxwell	Mx	$10^{-8}c$	10^{-8}	c
Magnetische Induktion	$cm^{-3/2} \cdot g^{1/2}$	$cm^{-1/2} \cdot g^{1/2} \cdot s^{-1}$	Gauß	G	$10^{-4}c$	10^{-4}	c
Magnetisches Moment	$cm^{3/2} \cdot g^{1/2}$	$cm^{5/2} \cdot g^{1/2} \cdot s^{-1}$	—	—	$10^{-3}c^{-1}$	10^{-3}	c^{-1}
Magnetisierungsvektor (Intensität der Magnetisierung)	$cm^{-3/2} \cdot g^{1/2}$	$cm^{-1/2} \cdot g^{1/2} \cdot s^{-1}$	—	—	$10^{3}c^{-1}$	10^{3}	c^{-1}
Induktivität und Gegeninduktivität	$cm^{-1} \cdot s^{2}$	cm	Zentimeter[3])	cm	$10^{-9}c^{2}$	10^{-9}	c^{2}
Magnetische Permeabilität	$cm^{-2} \cdot s^{2}$	—	—	—	$10^{-7} \cdot 4\pi c^{2}$	$10^{-7} \cdot 4\pi$	c^{2}
Magnetische Feldstärke	$cm^{1/2} \cdot g^{1/2} \cdot s^{-2}$	$cm^{-1/2} \cdot g^{1/2} \cdot s^{-1}$	Oersted	Oe	$10^{3}/4\pi c$	$10^{3}/4\pi$	c^{-1}
Magnetomotorische Kraft	$cm^{3/2} \cdot g^{1/2} \cdot s^{-2}$	$cm^{1/2} \cdot g^{1/2} \cdot s^{-1}$	Gilbert	gb	$10/4\pi c$	$10/4\pi$	c^{-1}
Magnetischer Widerstand	$cm \cdot s^{-2}$	cm^{-1}	—	—	$10^{9}/4\pi c^{2}$	$10^{9}/4\pi$	c^{-2}

[1]) Dasselbe Verhältnis gilt auch für die Einheiten des GAUSSschen Systems und des SI (MKSA).
[2]) Dasselbe Verhältnis gilt auch für die Einheiten des elektrostatischen und des GAUSSschen Systems.

7. Nicht systemgebundene Energieeinheiten:

a) Elektronenvolt (eV), $1\,\text{eV} = (1{,}60210 \pm 0{,}00007) \cdot 10^{-19}\,\text{J}$,

b) Kiloelektronenvolt (keV), $1\,\text{keV} = 10^3\,\text{eV}$,

c) Megaelektronenvolt (MeV), $1\,\text{MeV} = 10^6\,\text{eV}$,

d) Gigaelektronenvolt (GeV), $1\,\text{GeV} = 10^9\,\text{eV}$ (in den USA BeV).

1.4. Maßeinheiten für den Schalldruck

Das Schalldruckniveau $L = 2k \lg \frac{p_{\text{eff}}}{p_0}$ (S. 526) mißt man in Bel (b) oder in Dezibel (db). Im ersten Fall ist $k = 1$, im zweiten Fall $k = 10$.

1.5. Maßeinheiten für photometrische Größen

1. Als Grundeinheit verwendet man im SI die Einheit der Lichtstärke, die Kerze (Candela, cd). Ihr Wert ist so bemessen, daß die Leuchtdichte eines absolut schwarzen Körpers bei der Temperatur des erstarrenden Platins 60 cd pro cm² beträgt.

2. Verschiedene Lichteinheiten:

Größe	Maßeinheiten		Nicht systemgebundene Einheiten	
	Bezeichnung	Abkürzung	Bezeichnung	Abkürzung
Lichtstrom	Lumen[1])	lm	—	—
Lichtmenge	Lumensekunde	lm · s	—	—
Spezifische Lichtausstrahlung	Lumen pro Quadratmeter (Lux)	lm/m² (lx)	Phot	ph
Beleuchtungsstärke	Lux[2])	lx	Phot[4])	ph
Belichtung	Luxsekunde	lx · s	—	—
Leuchtdichte	Nit[3])	nt	Stilb[5])	sb
	Candela pro Quadratmeter	cd/m²	—	—

[1]) Der Lichtstrom, der von einer punktförmigen Lichtquelle von der Lichtstärke 1 cd in den Raumwinkel 1 steradian ausgesandt wird.

[2]) Die Beleuchtungsstärke einer Kugelfläche von 1 m Radius, wenn sich im Kugelzentrum eine punktförmige Lichtquelle von der Lichtstärke 1 cd befindet.

[3]) Die Leuchtdichte senkrecht zu einer homogen leuchtenden ebenen Fläche, wenn in dieser Richtung die Lichtstärke pro cm² Oberfläche 1 cd beträgt.

[4]) $1\,\text{ph} = 1\,\text{lm/cm}^2 = 10^4\,\text{lx}$.

[5]) $1\,\text{sb} = 10^4\,\text{nt}$.

1.6. Einige Maßeinheiten in der Atom- und Kernphysik

1. Die atomare Masseneinheit (ME) ist 1/16 der Masse des Atoms des Sauerstoffisotops O^{16}:

$$1\,\mathrm{ME} = 1{,}6597 \cdot 10^{-27}\,\mathrm{g}.$$

2. Unter einer vereinheitlichten atomaren Masseneinheit (VAME) versteht man 1/12 der Masse eines Atoms des Isotops $_6C^{12}$:

$$1\,\mathrm{VAME} = 1{,}6603 \cdot 10^{-27}\,\mathrm{kg}.$$

3. Ein Barn ist die Maßeinheit für den Wirkungsquerschnitt von Kernreaktionen:

$$1\,\mathrm{b} = 10^{-24}\,\mathrm{cm}^2.$$

2. Universelle physikalische Konstante

Die hier angegebenen neuen Werte physikalischer Konstanten sind von der Generalversammlung der Internationalen Union für Reine und Angewandte Physik in Warschau (September 1963) empfohlen worden.

Normaler Atmosphärendruck

$$p_0 = 1\,\mathrm{atm} = 1{,}01325 \cdot 10^5\,\mathrm{N \cdot m^{-2}}$$

Elementarladung

$$e = (1{,}60210 \pm 0{,}00007) \cdot 10^{-19}\,\mathrm{C}$$
$$= (4{,}80298 \pm 0{,}00020) \cdot 10^{-10}\,\mathrm{esE}$$

Spezifische Ladung des Elektrons

$$\frac{e}{m_e} = (1{,}758796 \pm 0{,}000019) \cdot 10^{11}\,\mathrm{C \cdot kg^{-1}}$$
$$= (5{,}27274 \pm 0{,}00006) \cdot 10^{17}\,\mathrm{esE \cdot g^{-1}}$$

COMPTON-Wellenlänge des Protons

$$\lambda_p = (1{,}32140 \pm 0{,}00004) \cdot 10^{-15}\,\mathrm{m}$$
$$\frac{\lambda_p}{2\pi} = (2{,}10307 \pm 0{,}00006) \cdot 10^{-16}\,\mathrm{m}$$

COMPTON-Wellenlänge des Elektrons

$$\lambda_e = (2{,}42621 \pm 0{,}00006) \cdot 10^{-12}\,\mathrm{m}$$
$$\frac{\lambda_e}{2\pi} = (3{,}86144 \pm 0{,}00009) \cdot 10^{-13}\,\mathrm{m}$$

BOHRsches Magneton

$$\mu_B = (9{,}2732 \pm 0{,}00006) \cdot 10^{-24}\,\mathrm{J \cdot T^{-1}}$$

Kernmagneton

$$\mu_K = (5{,}0505 \pm 0{,}0004) \cdot 10^{-27}\,\mathrm{J} \cdot \mathrm{T}^{-1}$$

Ruhmasse des Neutrons

$$m_n = (1{,}67482 \pm 0{,}00008) \cdot 10^{-27}\,\mathrm{kg}$$
$$= (1{,}0086654 \pm 0{,}0000013)\ \mathrm{VAME}$$

Ruhmasse des Protons

$$m_p = (1{,}67252 \pm 0{,}00008) \cdot 10^{-27}\,\mathrm{kg}$$
$$= (1{,}00727663 \pm 0{,}00000024)\ \mathrm{VAME}$$

Ruhmasse des Elektrons

$$m_e = (9{,}1091 \pm 0{,}0004) \cdot 10^{-31}\,\mathrm{kg}$$
$$= (5{,}48597 \pm 0{,}00009) \cdot 10^{-4}\ \mathrm{VAME}$$

Magnetisches Moment des Protons

$$\mu_p = (1{,}41049 \pm 0{,}00031) \cdot 10^{-26}\,\mathrm{J} \cdot \mathrm{T}^{-1}$$
$$\frac{\mu_p}{\mu_K} = 2{,}79276 \pm 0{,}00007$$

Magnetisches Moment des Elektrons

$$\frac{\mu_e}{\mu_B} - 1 = (1{,}159615 \pm 0{,}000015) \cdot 10^{-3}$$

Volumen eines Kilomols eines idealen Gases bei Normalbedingungen

$$V_0 = (22{,}4136 \pm 0{,}0030)\,\mathrm{m}^3$$

Boltzmann-Konstante

$$k = (1{,}38054 \pm 0{,}00018) \cdot 10^{-23}\,\mathrm{J} \cdot (^\circ\mathrm{K})^{-1}$$
$$\frac{1}{k} = (1{,}16049 \pm 0{,}00016) \cdot 10^{4}\,^\circ\mathrm{K} \cdot \mathrm{eV}^{-1}$$

Wiensche Konstante

$$b = (2{,}8978 \pm 0{,}0004) \cdot 10^{-3}\,\mathrm{m} \cdot {}^\circ\mathrm{K}$$

Gaskonstante

$$R = (8{,}3143 \pm 0{,}0012) \cdot 10^{3}\,\mathrm{J} \cdot (^\circ\mathrm{K})^{-1} \cdot \mathrm{kmol}^{-1}$$

Gravitationskonstante

$$\gamma = (6{,}670 \pm 0{,}015) \cdot 10^{-11}\,\mathrm{m}^3 \cdot \mathrm{kg}^{-1} \cdot \mathrm{s}^{-2}$$

Konstante der Zeeman-Verschiebung

$$\frac{\mu_B}{hc} = (46{,}6858 \pm 0{,}0004)\,\mathrm{m}^{-1} \cdot \mathrm{T}^{-1}$$

Plancksche Konstante

$$h = (6{,}6256 \pm 0{,}0005) \cdot 10^{-34}\,\mathrm{J} \cdot \mathrm{s}$$
$$\hbar = \frac{h}{2\pi} = (1{,}05450 \pm 0{,}00007) \cdot 10^{-34}\,\mathrm{J} \cdot \mathrm{s}$$

$$\frac{h}{e} = (4{,}13556 \pm 0{,}00012) \cdot 10^{-15}\ \mathrm{J \cdot s \cdot C^{-1}}$$

$$= (1{,}37947 \pm 0{,}00004) \cdot 10^{-17}\ \mathrm{erg \cdot s \cdot esE^{-1}}$$

$$\frac{1}{h} = (2{,}41804 \pm 0{,}00007) \cdot 10^{14}\ \mathrm{Hz \cdot eV^{-1}}$$

$$ch = (1{,}23981 \pm 0{,}00004) \cdot 10^{-6}\ \mathrm{m \cdot eV}$$

$$\frac{1}{ch} = (8{,}06573 \pm 0{,}00023) \cdot 10^{5}\ \mathrm{m^{-1} \cdot eV^{-1}}$$

Erste Strahlungskonstante

$$c_1 = 2\pi h c^2 = (3{,}7405 \pm 0{,}0003) \cdot 10^{-16}\ \mathrm{W \cdot m^2}$$

Zweite Strahlungskonstante

$$c_2 = \frac{hc}{k} = (1{,}43879 \pm 0{,}00019) \cdot 10^{-2}\ \mathrm{m \cdot {}^\circ K}$$

RYDBERG-Konstante

$$R'_\infty = (1{,}0973731 \pm 0{,}0000003) \cdot 10^{7}\ \mathrm{m^{-1}}$$

STEFAN-BOLTZMANN-Konstante

$$\sigma = (5{,}6697 \pm 0{,}0029) \cdot 10^{-8}\ \mathrm{W \cdot m^2 \cdot ({}^\circ K)^{-4}}$$

Feinstrukturkonstante

$$\alpha = (7{,}29720 \pm 0{,}00010) \cdot 10^{-3}$$

$$\frac{1}{\alpha} = 137{,}0388 \pm 0{,}0019$$

$$\frac{\alpha}{2\pi} = (1{,}161385 \pm 0{,}000016) \cdot 10^{-3}$$

$$\alpha^2 = (5{,}32492 \pm 0{,}00014) \cdot 10^{-5}$$

Radius der ersten BOHRschen Bahn

$$a_0 = (5{,}29167 \pm 0{,}00007) \cdot 10^{-11}\ \mathrm{m}$$

Klassischer Elektronenradius

$$r_\mathrm{e} = (2{,}81777 \pm 0{,}00011) \cdot 10^{-15}\ \mathrm{m}$$

$$r_\mathrm{e}^2 = (7{,}9398 \pm 0{,}0006) \cdot 10^{-30}\ \mathrm{m^2}$$

THOMSON-Querschnitt

$$\frac{8}{3}\pi r_\mathrm{e}^2 = (6{,}6516 \pm 0{,}0005) \cdot 10^{-29}\ \mathrm{m^2}$$

Lichtgeschwindigkeit im Vakuum

$$c = (2{,}997925 \pm 0{,}000003) \cdot 10^{8}\ \mathrm{m \cdot s^{-1}}$$

Standardbeschleunigung des freien Falls

$$g = 9{,}80665\ \mathrm{m \cdot s^{-2}}$$

LOSCHMIDTsche Zahl

$$N_L = (6{,}02252 \pm 0{,}00028) \cdot 10^{26}\,\text{kmol}^{-1}$$

FARADAYsche Zahl

$$F = (9{,}64870 \pm 0{,}00016) \cdot 10^{7}\,\text{C} \cdot (\text{kg-Äqu})^{-1}$$
$$= (2{,}89261 \pm 0{,}00005) \cdot 10^{14}\,\text{esE} \cdot (\text{g-Äqu})$$

Ruhenergie des Neutrons

$$m_n c^2 = (939{,}550 \pm 0{,}015)\,\text{MeV}$$

Ruhenergie des Protons

$$m_p c^2 = (938{,}256 \pm 0{,}015)\,\text{MeV}$$

Ruhenergie des Elektrons

$$m_e c^2 = (0{,}511006 \pm 0{,}000005)\,\text{MeV}$$

Die zu einer vereinheitlichten atomaren Masseneinheit gehörende Energie ist

$$(931{,}478 \pm 0{,}015)\,\text{MeV/VAME}.$$

Im Jahre 1967 sind präzisere Messungen der Konstanten $2e/h$ (e Elektronenladung, h PLANCKsche Konstante) durchgeführt worden, die auf dem instationären JOSEPHSON-*Effekt* beruhen. Dieser Effekt besteht darin, daß bei Anwendung einer konstanten Potentialdifferenz zwischen zwei Flächen, die durch eine dünne (Größenordnung 10^{-7} cm) Isolierschicht getrennt sind, ein veränderlicher Oberflächenstrom mit der Frequenz

$$\nu = \frac{2e}{h} V$$

entsteht.

Die angegebenen Experimente lieferten die Werte

$$\frac{2e}{h} = (483{,}5912 \pm 0{,}0030)\,\text{MHz/V},$$

$$\frac{h}{e} = (4{,}135725 \pm 0{,}000026) \cdot 10^{-15}\,\text{J} \cdot \text{s} \cdot \text{C}^{-1}$$
$$= (1{,}379526 \pm 0{,}000008) \cdot 10^{-17}\,\text{erg} \cdot \text{s} \cdot \text{esE}^{-1}.$$

Dabei ergibt sich für den reziproken Wert der Feinstrukturkonstanten der verbesserte Wert

$$\frac{1}{\alpha} = \left(\frac{c}{4R'_\infty g_p} \cdot \frac{\mu_p}{\mu_B} \cdot \frac{2e}{h}\right)^{1/2} = 137{,}0359 \pm 0{,}0004.$$

Genauere Werte erhält man dadurch auch für die Lichtgeschwindigkeit im Vakuum c, die RYDBERG-Konstante R'_∞, das gyromagnetische Verhältnis des Protons g_p und das magnetische Moment des Protons, bezogen auf ein BOHRsches Magneton μ_p/μ_B:

$$c = 2{,}997925 \cdot (1 \pm 0{,}3 \cdot 10^{-6}) \cdot 10^8\ \text{m} \cdot \text{s}^{-1},$$
$$R'_\infty = 1{,}0973731 \cdot (1 \pm 0{,}1 \cdot 10^{-6}) \cdot 10^7\ \text{m}^{-1},$$
$$g_p = 2{,}675192 \cdot (1 \pm 3 \cdot 10^{-6}) \cdot 10^8\ \text{C} \cdot \text{kg}^{-1},$$
$$\frac{\mu_p}{\mu_B} = 1{,}5210325 \cdot (1 \pm 0{,}5 \cdot 10^{-6}) \cdot 10^{-3}.$$

In Übereinstimmung damit erhält man verbesserte Werte für einige fundamentale physikalische Konstanten (die Zahl in den Klammern ergibt mit 10^{-6} multipliziert die Standardabweichung, die mit der 1963 eingeführten Standardabweichung übereinstimmt):

Elementarladung $e = 1{,}60220\ (13) \cdot 10^{-19}\ \text{C}$
$= 4{,}80328\ (13) \cdot 10^{-10}\ \text{esE},$

PLANCKsche Konstante $h = 6{,}62628\ (24) \cdot 10^{-34}\ \text{J} \cdot \text{s},$

LOSCHMIDTsche Zahl $N_L = 6{,}02214\ (15) \cdot 10^{26}\ \text{kmol}^{-1},$

Ruhmasse des Elektrons $m_e = 9{,}10965\ (14) \cdot 10^{-31}\ \text{kg}.$

Sachverzeichnis

PHYSIK

Brink, Kernkräfte. Einführung und Originaltexte (Bd. 80)

Brush, Kinetische Theorie I. Die Natur der Gase und der Wärme. Einführung und Originaltexte (Bd. 65)

Kinetische Theorie II. Irreversible Prozesse. Einführung und Originaltexte (Bd. 67)

Cap, Einführung in die Plasmaphysik I. Theoretische Grundlagen (Bd. 72)

Dautcourt, Relativistische Astrophysik (Bd. 86)

Einstein, Grundzüge der Relativitätstheorie (Bd. 58)

Über die spezielle und die allgemeine Relativitätstheorie (Bd. 59)

ter Haar, Quantentheorie. Einführung und Originaltexte (Bd. 56)

Hindmarsh, Atomspektren. Einführung und Originaltexte (Bd. 76)

Keßler, Einführung in die physikalischen Grundlagen der Kernenergiegewinnung (Bd. 60)

Ludwig, Wellenmechanik (Bd. 55)

Paul, Lasertheorie I (Bd. 53)

Lasertheorie II (Bd. 54)

Pfeifer, Elektronik für den Physiker

Theorie linearer Bauelemente (Bd. 38)

Die Elektronenröhre (Bd. 39)

Schaltungen mit Elektronenröhren (Bd. 40)

Leitungen und Antennen (Bd. 41)

Mikrowellenelektronik (Bd. 42)

Halbleiterelektronik (Bd. 43)

Sanders, Die Lichtgeschwindigkeit. Einführung und Originaltexte (Bd. 57)

Sokolow, Elementarteilchen (Bd. 25)

Treder, Relativität und Kosmos (Bd. 52)

Vinson, Optische Kohärenz in der klassischen Theorie und in der Quantentheorie (Bd. 85)

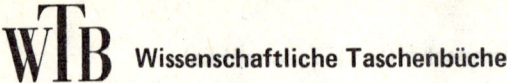